KB148399

인간공학 기사 8판

필기편

인간공학 기사 8판

필기편

8판 1쇄 발행 2023년 7월 28일

감 수 김유창
지은이 세이프티넷 인간공학기사/기술사 연구회
펴낸이 류원식
펴낸곳 **교문사**

편집팀장 성혜진 | **책임편집** 윤지희 | **디자인** 신나리 | **본문편집** 북이데아

주소 10881, 경기도 파주시 문발로 116
대표전화 031-955-6111 | **팩스** 031-955-0955
홈페이지 www.gyomoon.com | **이메일** genie@gyomoon.com
등록번호 1968.10.28. 제406-2006-000035호

ISBN 978-89-363-2510-7 (13530)
정가 39,000원

잘못된 책은 바꿔 드립니다.

ENGINEER **ERGONOMICS**

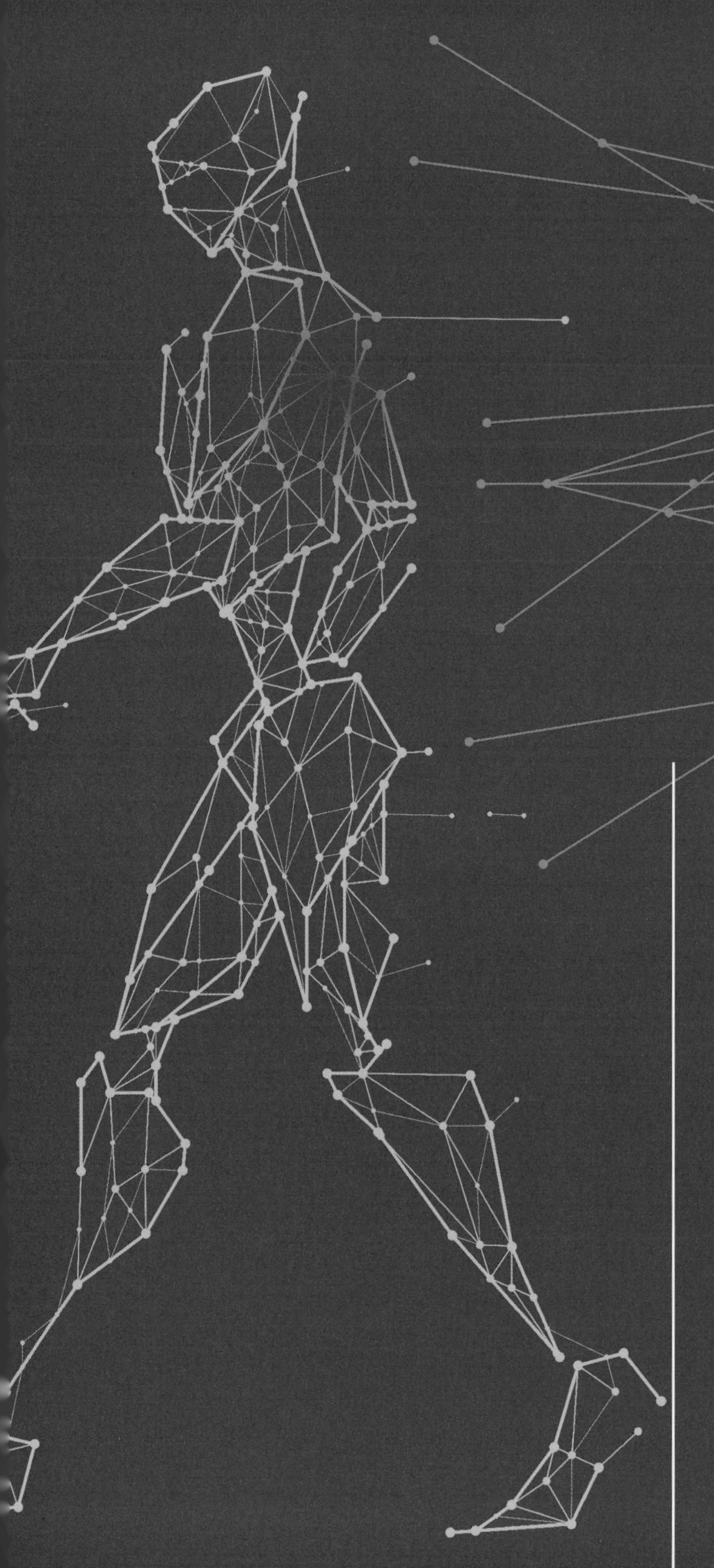

인간공학 기사 8판

필기편

김유창 감수

세이프티넷 인간공학기사/기술사 연구회 지음

교문사

2005년 인간공학기사/기술사 시험이 처음 시행되었습니다. 인간공학기사/기술사 제도는 인간공학이 일반인들에게 알려지는 계기가 되었으며, 각 사업장마다 인간공학이 뿌리를 내리면서 안전하고, 아프지 않고, 편안하게 일하는 사업장이 계속해서 생길 것입니다.

2005년 첫 인간공학기사/기술사 시험에서 대부분의 수험생이 본 교재로 공부하여 원하는 결과를 얻은 것에 힘입어, 2005년 출간된 교재를 수정하고 인간공학기사/기술사 시험문제를 분석·정리하여 8번째 판을 내게 된 것을 기쁘게 생각합니다. 인간공학기사 시험 문제를 분석하여 출제빈도를 교재에 ★로 표시하여 인간공학기사 공부를 효율적으로 하도록 하였습니다.

인간공학의 기본철학은 작업을 사람의 특성과 능력에 맞도록 설계하는 것입니다. 지금까지 한국의 인간공학은 단지 의자, 침대와 같은 생활도구의 설계 등에 적용되어 왔으나, 최근에는 작업장에서 근골격계질환, 인간실수 등의 문제해결을 위한 가장 중요한 대안으로 대두되고 있습니다. 이에 정부, 산업체, 그리고 학계에서는 인간공학적 문제해결을 위한 전문가를 양성하기 위해 인간공학기사/기술사 제도를 만들게 되었습니다. 이제 한국도 선진국과 같이 고가의 장비나 도구보다도 작업자가 더 중요시되는 시대를 맞이하고 있습니다.

인간공학은 학문의 범위가 넓고 국내에 전파된 지도 오래되지 않은 새로운 분야이며, 인간공학을 응용하기 위해서는 학문적 지식을 바탕으로 한 다양한 경험을 동시에 필요로 합니다. 이러한 이유로 그동안 인간공학 전문가의 배출이 매우 제한되어 있었습니다. 그러나 인간공학기사/기술사 제도는 올바른 인간공학 교육방향과 발전에 좋은 토대가 될 것입니다.

한국에서는 인간공학 전문가 제도가 시작단계이지만, 일부 선진국에서는 이미 오래전부터 이 제도를 시행해 오고 있습니다. 선진국에서 인간공학 전문가는 다양한 분야에서 활발히 활동하고 있으며, 한국에서도 인간공학기사/기술사 제도를 하루빨리 선진국과 같이 한국의 실정에 맞도록 만들어 나가야 할 것입니다.

본 저서의 특징은 새로운 원리의 제시에 앞서 오랜 기간 동안 인간공학을 연구하고 적용하면서 모아온 많은 문헌과 필요한 자료들을 정리하여 인간공학기사 시험 대비에 시간적 제약을 받고 있는 수험생들에게 시험 대비 교재로서의 활용과 다양한 인간공학 방면의 연구활동에 하나의 참고서적이 되도록 하였습니다. 특히, 짧은 시간 동안에 인간공학을 집필하면서 광범위한 내용을 수록, 정리하는 가운데 미비한 점이 다소 있으리라 생각됩니다. 그렇기 때문에 앞으로 거듭 보완해 나갈 것을 약속드립니다. 독자 여러분께서 세이프티넷(http://cafe.naver.com/safetynet)의 인간공학기사/기술사 연구회 커뮤니티에 의견과 조언을 주시면 그것을 바탕으로 독자들과 함께 책을 만들어 나갈 생각입니다.

본 저서의 출간이 인간공학에 대한 지식과 이해를 넓히고, 이 분야의 발전을 촉진하고 활성화시키는 계기가 되었으면 합니다. 그리고 이 책을 통하여 "작업자를 위해 알맞게 설계된 인간공학적 작업은 모든 작업의 출발점이어야 한다."라는 철학이 작업장에 뿌리내렸으면 합니다.

본 저서의 초안을 만드는 데 도움을 준 우동필 박사, 홍창우 박사, 배창호 연구원과 자료제공과 보완을 맡은 정현욱, 최은진, 김창제, 안욱태, 이준팔, 장은준, 김대수, 신용석, 김효수, 박경환, 최원식, 신동욱, 홍석민, 이현재, 배황빈, 김재훈, 서대교, 곽희제, 안대은, 고명혁, 류병욱, 최성욱, 이병호 연구원에게 진심으로 감사드립니다. 또한, 본 교재가 세상에 나올 수 있도록 기획에서부터 출판까지 물심양면으로 도움을 주신 교문사의 관계자 여러분께도 심심한 사의를 표합니다.

2023년 6월
수정산 자락 아래서 안전하고 편안한 인간공학적 세상을 꿈꾸면서
김유창

인간공학기사 자격안내

1. 개요

국내의 산업재해율 증가에 있어 근골격계질환, 뇌심혈관질환 등 작업관련성 질환에 의한 증가현상이 특징적이며, 특히 단순반복작업, 중량물 취급작업, 부적절한 작업자세 등에 의하여 신체에 과도한 부담을 주었을 때 나타나는 요통, 경견완장해 등 근골격계질환은 매년 급증하고 있고, 향후에도 지속적인 증가가 예상됨에 따라 동 질환예방을 위해 사업장 관련 예방 전문기관 및 연구소 등에 인간공학 전문가의 배치가 필요하다.

2. 변천과정

2005년 인간공학기사로 신설되었다.

3. 수행직무

작업자의 근골격계질환 요인분석 및 예방교육, 기계, 공구, 작업대, 시스템 등에 대한 인간공학적 적합성 분석 및 개선, OHSMS 관련 인증을 위한 업무, 작업자 인간과오에 의한 사고분석 및 작업환경 개선, 사업장 자체의 인간공학적 관리규정 제정 및 지속적 관리 등을 수행한다.

4. 응시자격 및 검정기준

(1) 응시자격

인간공학기사 자격검정에 대한 응시자격은 다음과 각 호의 1에 해당하는 자격요건을 가져야 한다.

가. 산업기사의 자격을 취득한 후 응시하고자 하는 종목이 속하는 동일직무 분야에서 1년 이상 실무에 종사한 자

나. 기능사자격을 취득한 후 응시하고자 하는 종목이 속하는 동일직무 분야에서 3년 이상 실무에 종사한 자

다. 다른 종목의 기사자격을 취득한 자

라. 대학졸업자 등 또는 그 졸업예정자(4학년에 재학 중인 자 또는 3학년 수료 후 중퇴자를 포함한다.)

마. 전문대학 졸업자 등으로서 졸업 후 응시하고자 하는 종목이 속하는 동일직무 분야에서 2년 이상 실무에 종사한 자

바. 기술자격 종목별로 산업기사의 수준에 해당하는 교육훈련을 실시하는 기관으로서 고용노동부령이 정하는 교육훈련 기관의 기술훈련 과정을 이수한 자로서 이수 후 동일직무 분야에서 2년 이상 실무에 종사한 자

사. 기술자격 종목별로 기사의 수준에 해당하는 교육훈련을 실시하는 기관으로서 고용노동부령이 정하는 교육훈련 기관의 기술훈련 과정을 이수한 자 또는 그 이수예정자

아. 응시하고자 하는 종목이 속하는 동일직무 분야에서 4년 이상 실무에 종사한 자

자. 외국에서 동일한 등급 및 종목에 해당하는 자격을 취득한 자

차. 학점인정 등에 관한 법률 제8조의 규정에 의하여 대학졸업자와 동등 이상의 학력을 인정받은 자 또는 동법 제7조의 규정에 의하여 106학점 이상을 인정받은 자(고등교육법에 의거 정규대학에 재학 또는 휴학 중인 자는 해당되지 않음)

카. 학점인정 등에 관한 법률 제8조의 규정에 의하여 전문대학 졸업자와 동등 이상의 학력을 인정받은 자로서 응시하고자 하는 종목이 속하는 동일직무 분야에서 2년 이상 실무에 종사한 자

(2) 검정기준

인간공학기사는 인간공학에 관한 공학적 기술이론 지식을 가지고 설계·시공·분석 등의 기술업무를 수행할 수 있는 능력의 유무를 검정한다.

5. 검정시행 형태 및 합격결정 기준

(1) 검정시행 형태

인간공학기사는 필기시험 및 실기시험을 행하는데 필기시험은 객관식 4지 택일형, 실기시험은 주관식 필답형을 원칙으로 한다.

(2) 합격결정 기준

가. 필기시험: 100점을 만점으로 하여 과목당 40점 이상, 전과목 평균 60점 이상

나. 실기시험: 100점을 만점으로 하여 60점 이상

6. 검정방법(필기, 실기) 및 시험과목

(1) 검정방법

가. 필기시험

① 시험형식: 필기(객관식 4지 택일형)시험 문제

② 시험시간: 검정대상인 4과목에 대하여 각 20문항의 객관식 4지 택일형을 120분 동안에 검정한다(과목당 30분).

나. 실기시험

① 시험형식: 필기시험의 출제과목에 대한 이해력을 토대로 하여 인간공학 실무와 관련된 부분에 대하여 필답형으로 검정한다.

② 시험시간: 2시간 30분(필답형)

(2) 시험과목

인간공학기사의 시험과목은 다음 표와 같다.

인간공학기사 시험과목

검정방법	자격종목	시험과목
필기 (매과목 100점)	인간공학기사	1. 인간공학 개론
		2. 작업생리학
		3. 산업심리학 및 관계 법규
		4. 근골격계질환 예방을 위한 작업관리
실기 (100점)		인간공학 실무

7. 출제기준

(1) 필기시험 출제기준

필기시험은 수험생의 수험준비 편의를 도모하기 위하여 일반대학에서 공통적으로 가르치고 구입이 용이한 일반교재의 공통범위에 준하여 전공분야의 지식 폭과 깊이를 검정하는 방법으로 출제한다. 시험과목과 주요항목 및 세부항목은 다음 표와 같다.

필기시험 과목별 출제기준의 주요항목과 세부항목

시험과목	출제 문제수	주요항목	세부항목
1. 인간공학 개론	20문항	1. 인간공학적 접근	(1) 인간공학의 정의 (2) 연구절차 및 방법론
		2. 인간의 감각기능	(1) 시각기능 (2) 청각기능 (3) 촉각 및 후각기능
		3. 인간의 정보처리	(1) 정보처리과정 (2) 정보이론 (3) 신호검출이론
		4. 인간기계 시스템	(1) 인간기계 시스템의 개요 (2) 표시장치(Display) (3) 조종장치(Control)
		5. 인체측정 및 응용	(1) 인체측정 개요 (2) 인체측정 자료의 응용원칙
2. 작업생리학	20문항	1. 인체구성 요소	(1) 인체의 구성 (2) 근골격계 구조와 기능 (3) 순환계 및 호흡계의 구조와 기능
		2. 작업생리	(1) 작업 생리학 개요 (2) 대사 작용 (3) 작업부하 및 휴식시간
		3. 생체역학	(1) 인체동작의 유형과 범위 (2) 힘과 모멘트 (3) 근력과 지구력
		4. 생체반응 측정	(1) 측정의 원리 (2) 생리적 부담 척도 (3) 심리적 부담 척도
		5. 작업환경 평가 및 관리	(1) 조명 (2) 소음 (3) 진동 (4) 고온, 저온 및 기후 환경 (5) 교대작업

시험과목	출제 문제수	주요항목	세부항목
3. 산업심리학 및 관계 법규	20문항	1. 인간의 심리특성	(1) 행동이론 (2) 주의 / 부주의 (3) 의식단계 (4) 반응시간 (5) 작업동기
		2. 휴먼 에러	(1) 휴먼에러 유형 (2) 휴먼에러 분석기법 (3) 휴먼에러 예방대책
		3. 집단, 조직 및 리더십	(1) 조직이론 (2) 집단역학 및 갈등 (3) 리더십 관련 이론 (4) 리더십의 유형 및 기능
		4. 직무 스트레스	(1) 직무 스트레스 개요 (2) 직무 스트레스 요인 및 관리
		5. 관계 법규	(1) 산업안전보건법의 이해 (2) 제조물 책임법의 이해
		6. 안전보건관리	(1) 안전보건관리의 원리 (2) 재해조사 및 원인분석 (3) 위험성 평가 및 관리 (4) 안전보건실무
4. 근골격계질환 예방을 위한 작업관리	20문항	1. 근골격계질환 개요	(1) 근골격계질환의 종류 (2) 근골격계질환의 원인 (3) 근골격계질환의 관리방안
		2. 작업관리 개요	(1) 작업관리의 정의 (2) 작업관리절차 (3) 작업개선원리
		3. 작업분석	(1) 문제분석도구 (2) 공정분석 (3) 동작분석
		4. 작업측정	(1) 작업측정의 개요 (2) work－sampling (3) 표준자료
		5. 유해요인 평가	(1) 유해요인 평가 원리 (2) 중량물취급 작업 (3) 유해요인 평가방법 (4) 사무/VDT 작업
		6. 작업설계 및 개선	(1) 작업방법 (2) 작업대 및 작업공간 (3) 작업설비 / 도구 (4) 관리적 개선 (5) 작업공간 설계
		7. 예방관리 프로그램	(1) 예방관리 프로그램 구성요소

(2) 실기시험 출제기준

실기시험은 인간공학 개론, 작업생리학, 작업심리학, 작업설계 및 관련 법규에 관한 전문지식의 범위와 이해의 깊이 및 인간공학 실무능력을 검정한다. 출제기준 및 문항수는 필기시험의 과목과 인간공학 실무에 관련된 필답형 문제를 출제하여 2시간 30분에 걸쳐 검정이 가능한 분량으로 한다. 이에 대한 시험과목과 주요항목 및 세부항목은 다음 표와 같다.

실기시험 출제기준의 주요항목과 세부항목

시험과목	주요항목	세부항목
인간공학 실무	1. 작업환경 분석	(1) 자료분석하기 (2) 현장조사하기 (3) 개선요인 파악하기
	2. 인간공학적 평가	(1) 감각기능 평가하기 (2) 정보처리 기능 평가하기 (3) 행동기능 평가하기 (4) 작업환경 평가하기 (5) 감성공학적 평가하기
	3. 시스템 설계 및 개선	(1) 표시장치 설계 및 개선하기 (2) 제어장치 설계 및 개선하기 (3) 작업방법 설계 및 개선하기 (4) 작업장 및 작업도구 설계 및 개선하기 (5) 작업환경 설계 및 개선하기
	4. 시스템 관리	(1) 안전성 관리하기 (2) 사용성 관리하기 (3) 신뢰성 관리하기 (4) 효용성 관리하기 (5) 제품 및 시스템 안전설계 적용하기
	5. 작업관리	(1) 작업부하 관리하기 (2) 교대제 관리하기 (3) 표준작업 관리하기
	6. 유해요인조사	(1) 대상공정 파악하기
	7. 근골격계질환 예방관리	(1) 근골격계 부담작업조사하기 (2) 증상 조사하기 (3) 인간공학적 평가하기 (4) 근골격계 부담작업 관리하기

차례

2편 작업생리학

3편 산업심리학 및 관계 법규

4편 근골격계질환 예방을 위한 작업관리

5편 부록

한국산업인력공단 출제기준에 따른 자격시험 준비서

인간공학기사 필기편

PART

인간공학 개론

1장 | 인간공학적 접근

01 인간공학의 역사적 배경

1.1 인간공학의 역사적 배경

출제빈도 ★★★★

(1) 인류가 시작된 이래로 우리 선조들은 사용하기에 더 편리하고 즐거운 삶을 추구하기 위해 다양한 디자인의 도구, 무기, 기구들을 고안하였다.

(2) 작업자의 안전과 건강에 최초로 관심을 갖고 인간공학이 시작된 것은 18세기 중반에서 19세기 초반에 유럽에서 일어난 산업혁명 이후이다.

가. 과학적 관리법의 원리를 발표한 테일러(F. W. Taylor)는 표준작업량을 과학적으로 결정함으로써 임금 결정의 합리적 근거를 마련하였다. 과업을 기준으로 임금 결정을 합리화하고, 능률 향상과 효율적인 생산관리를 위해 차별성과급제도를 도입하였다. 그 후 그는 베들레헴 철강회사에서 1898년부터 3년간 일을 하게 되었는데, 여기서 유명한 삽 작업 연구를 발표하게 된다.

나. 길브레스(Gilbreth) 부부는 '방법연구' 및 '동작연구' 등의 이론을 창안하였으며, 특히 현장에서 벽돌쌓기 작업을 하는 동작 중 불필요한 동작을 제거하여 생산성을 향상시켰다.

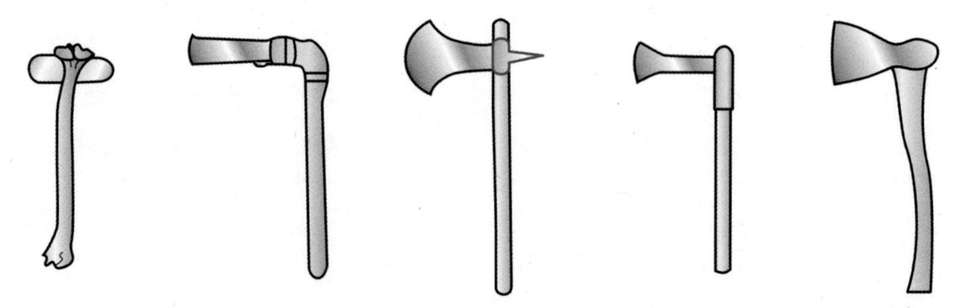

그림 1.1.1 기본적인 인간공학 개념의 역사적인 사실을 보여주는 예제인 도끼 디자인의 개선과정

다. 많은 기계들이 공장과 동력시대를 가져온 인쇄업에서 발명되었다. 이런 장치들은 인간을 고려하기보다는 생산을 늘리는 데에만 초점이 맞추어졌다.

라. 많은 작업자들이 다치고 죽게 되었고 주요 사회적 문제로 대두되면서 주로 영국, 프랑스, 미국 등 여러 국가들에서 작업자를 보호하기 위한 법이 제정되었다.

(3) 제2차 세계대전이 일어나면서 군용장비가 효과적으로 안전하게 작동되지 않는 것으로 판명되면서 연구는 인간의 능력과 한계를 고려한 디자인 개선에 초점을 맞추었다.

가. 인간공학을 다룬 최초의 책 『Applied Experiment Design(Chapanis, Garner, and Morgan)』이 1949년 발행되었다.

나. 1950년 이래로 대학 연구자들을 포함한 많은 사람들이 제조, 통신, 수송산업에 인간공학을 응용하였다.

다. 미국의 HFS(Human Factors Society)가 1957년 Oklahoma의 Tulsa에 설립되었다.

(4) 1980년대의 인간공학은 컴퓨터의 발전과 함께 대중의 각광을 받았다.

(5) 1986년 International Foundation of Industrial Ergonomics and safety Research가 설립되었으며, 국제적으로 인간공학에 대한 연구, 응용 프로젝트의 지원을 목적으로 한다.

(6) 1982년에는 대한인간공학회가 설립되어 학술적인 교류가 시작되었다.

(7) 1890년대부터 100년간 인간공학에 대한 개념을 중심으로 계속적인 발전을 해온 미국에 비해, 우리나라의 경우는 이제 35년 정도의 역사를 가지고 있을 뿐이며, 1990년대에 들어와서야 사업장에 적용되고 있는 실정이다.

1.2 인간공학의 철학적 배경

시스템이나 기기를 개발하는 과정에서 필수적인 한 공학분야로서 인간공학이 인식되기 시작한 것은 1940년대부터이며, 인간공학이 시스템의 설계나 개발에 응용되어 온 역사는 비교적 짧지만 많은 발전을 통해 여러 관점의 변화를 가져왔다.

(1) 기계위주의 설계철학: 기계가 존재하고 여기에 맞는 사람을 선발하거나 훈련

(2) 인간위주의 설계철학: 기계를 인간에게 맞춤(fitting the task to the man)

(3) 인간-기계 시스템 관점: 인간과 기계를 적절히 결합시킨 최적 통합체계의 설계를 강조

(4) 시스템, 설비, 환경의 창조과정에서 기본적인 인간의 가치기준(human values)에 초점을 두어 개인을 중시

1.3 미래의 인간공학

(1) 기술, 특히 정보와 통신기술의 발전은 인간의 정보처리와 기계의 정보처리와의 통합에 대한 문제를 해결하기 위해 계속되었다.

(2) physical ergonomics를 다루는 인간공학자들은 현재 일반회사의 보건관리 실무자와 산업의학 전문가들과 협력하고 있다.

(3) 재활공학 분야, 의료보장구의 설계나 노인용 제품과 시설의 설계뿐만 아니라 컴퓨터와 관련 기술의 응용분야로까지 그 영역이 확대되고 있다.

(4) 인간공학의 또 다른 중요한 발전은 표준, 지침, 제어(조정)의 입안이다.

가. 만족스럽지 못한 조건이 주어졌을 때 인간공학이 해야 할 일은 작업장에서 받아들여질 수 있거나, 또는 작업장 디자인에 대한 규정을 포함하는 실행 가능하고 쉽게 사용될 수 있는 표준을 마련하는 것이다.

나. 인간공학의 최근 추세는 개발도상국과 그들에게 최고의 기술을 이전하는 문제에 대한 흥미의 급증이다.

다. 선진국에서 인간공학자들에 의해 개발(발전)된 많은 기술들이 개발도상국에서의 문제에 대한 연구에 적용될 수 있다.

02 인간공학의 정의

인간공학이란 인간활동의 최적화를 연구하는 학문으로 인간이 작업활동을 하는 경우에 인간으로서 가장 자연스럽게 일하는 방법을 연구하는 것이며, 인간과 그들이 사용하는 사물과 환경 사이의 상호작용에 대해 연구하는 것이다. 또한, 인간공학은 인간의 행동, 능력, 한계, 특성 등에 관한 정보를 발견하고, 이를 도구, 기계, 시스템, 과업, 직무, 환경의 설계에 응용함으로써, 인간이 생산적이고 안전하며 쾌적하고 효과적으로 이용할 수 있도록 하는 것이다.

2.1 Jastrzebowski의 정의

출제빈도 ★★★★

폴란드의 학자인 자스트러제보스키(Jastrzebowski)는 1857년에 철학을 연구하는 학문, "과학의 본질로부터 나온 사실에 근거한 문헌"에서 인간공학이란 용어를 최초로 사용하였다.

(1) 인간공학(Ergonomics)이라는 용어는 그리스 단어 *ergon*(일 또는 작업)과 *nomos*(자연의

원리 또는 법칙)로부터 유래되었다.

(2) 자스트러제보스키는 “일 또는 작업”이라는 용어의 사용이 직업적인 관점에서뿐만 아니라 매우 광범위한 함축의 뜻을 가지고 있음을 나타내었다.

우제익 자스트러제보스키
(Wojciech Jastrzebowski)

2.2 A. Chapanis의 정의

인간공학은 기계와 그 조작 및 환경조건을 인간의 특성 및 능력과 한계에 잘 조화되도록 설계하는 수단을 연구하는 것으로 인간과 기계의 조화 있는 체계를 갖추기 위한 학문이다.

(1) 인간공학의 초점은 인간이 만들어 생활의 여러 가지 면에서 사용하는 물건, 기구 또는 환경을 설계하는 과정에서 인간을 고려하는 데 있다.

(2) 인간이 만든 물건, 기구 또는 환경의 설계과정에서 인간공학의 목표는 2가지이다.

가. 사람이 잘 사용할 수 있도록 실용적 효능을 높이고 건강, 안정, 만족과 같은 특정한 인간의 가치 기준을 유지하거나 높이는 데 있다.

나. 인간의 복지를 향상시킨다.

(3) 인간공학의 접근방법은 인간이 만들어 사람이 사용하는 물건, 기구 또는 환경을 설계하는 데 인간의 특성이나 행동에 관한 적절한 정보를 체계적으로 적용하는 것이다.

2.3 인간공학 전문가 인증위원회(BCPE)의 정의

인간공학 전문가 인증위원회(The Board of Certification in Professional Ergonomics, 1993)는 다음과 같이 인간공학을 정의하였다.

(1) 인간공학은 디자인과 관련하여 인간능력, 인간한계, 그리고 인간특징에 관한 학문의 체계이다.

(2) 인간공학적 디자인은 공구, 기계, 시스템, 직무, 작업, 환경의 디자인에 있어서 인간이 안전하고, 편안하고, 그리고 효과적으로 사용하는 데 응용되는 학문의 체계이다.

2.4 미국 산업안전보건청(OSHA)의 정의

미국 산업안전보건청(The Occupational Safety and Health Administrator, 1999)은 인간공

학을 다음과 같이 정의하였다.

(1) 인간공학은 사람들에게 알맞도록 작업을 맞추어 주는 과학(지식)이다.
(2) 인간공학은 작업 디자인과 관련된 다른 인간특징뿐만 아니라 신체적인 능력이나 한계에 대한 학문의 체계를 포함한다.

2.5 ISO(International Standard for Organization)의 정의

인간공학은 건강, 안전, 복지, 작업성과 등의 개선을 요구하는 작업, 시스템, 제품, 환경을 인간의 신체적·정신적 능력과 한계에 부합시키기 위해 인간과학으로부터 지식을 생성·통합한다.

03 인간공학의 내용

(1) 아동, 청년, 노인의 각종 작업능력의 발달, 쇠퇴 및 개인차 작업의 종류와 그 작업을 수행하는 사람들의 유형에 따라 작업의 수행능력에 차이가 있으며, 또한 각 개인의 능력 차이에 따라서 작업의 성과가 다르게 나타난다.
(2) 작업숙달: 만일 사람이 장치에 적합하고, 또한 장치가 사람에게 적합하고 직무절차가 가장 적합하다면 시간, 비용, 노력을 보다 적게 들이고도 요구되는 작업의 숙련도에 도달할 수 있다.
(3) 인간의 생리적인 면과 작업능률과의 관계: 피로, 중압감 등의 인간의 생리적인 특성들은 작업성과에 커다란 영향을 미친다.
(4) 작업방법과 작업능률과의 관계: 어느 개인이나 집단의 능력 및 특성에 적합한 작업방법에 따라서 작업을 수행하면 작업의 능률이 향상된다.
(5) 작업형태와 작업능률과의 관계: 근로시간, 근로일정 등의 작업기간과 휴식시간, 휴일 및 근무교대(보기: 1일 3교대) 등에 관한 작업제도는 작업의 능률에 영향을 미친다.
(6) 작업환경과 작업능률과의 관계: 대기조건(기후, 온도, 기압, 고도 등), 조명, 소음, 먼지, 방사선, 그리고 작업장의 기계장비 및 부품의 배치 등은 작업의 성과에 영향을 미친다.
(7) 작업의 사회적 조건: 작업조직제도, 교통, 주거 및 기업의 형태 등을 들 수 있다.
(8) 문제되는 장비나 설비의 운용방법 및 절차: 문제되는 장치에 대한 적절한 운용방법 및 그 특성들을 작업자가 확실히 알 수 있도록 한다.

(9) 이들 품목들의 인간요소적 측면에서의 시험 및 평가: 문제시되는 장치들이 인간의 특성에 적합한지를 시험 및 평가한다.

(10) 작업의 설계: 작업자에게 자신의 작업항목에 대한 검사 책임을 부여하거나, 작업자로 하여금 자신에게 적합한 작업방법을 스스로 선택할 수 있는 기회를 준다. 또한, 수행해야 할 작업에 대한 인원을 적절히 결정하여 작업자들을 적재적소에 배치한다.

04 인간공학의 필요성

(1) 인간공학의 목적은 작업환경 등에서 작업자의 신체적인 특성이나 행동하는 데 받는 제약조건 등이 고려된 시스템을 디자인하여 인간과 기계 및 작업환경과의 조화가 잘 이루어질 수 있도록 하여 작업자의 안전, 작업능률을 향상시키는 데 있다.

가. 일과 활동을 수행하는 효능과 효율을 향상시키는 것으로, 사용편의성 증대, 오류 감소, 생산성 향상 등을 들 수 있다.

나. 바람직한 인간가치를 향상시키고자 하는 것으로, 안전성 개선, 피로와 스트레스 감

그림 1.1.2 인간공학적 설계 대상 제품들

소, 쾌적감 증가, 사용자 수용성 향상, 작업만족도 증대, 생활의 질 개선 등을 들 수 있다.

(2) 최근 기술개발의 속도가 빨라지면서 설계 초기단계에서부터 인간요소를 체계적으로 고려할 필요가 있게 되었다.

(3) 회사(기관)들은 인간공학을 적용하지 않을 경우 비용이 증가되는 것을 경험하게 되면서 인간공학에 대한 필요성이 증대되었다.

(4) 인간공학적 원칙을 반영한 디자인이 자주 광고되면서 관리자들은 '인간공학'이라는 용어와 의미에 친숙하게 되었다.

(5) 인간공학은 단순히 적용하면 좋은 것으로만 생각되었지만 지금은 해야 할 필요가 있는 것으로 인식되고 있다.

(6) 사업가들은 인간공학이 작업자에게 안전과 보건(건강)을 보장해 주는 중요한 역할을 하기 때문에 회사에 비용을 절감해주고 이익을 주는 것으로 받아들이고 있다.

4.1 비용적 측면

(1) 교통사고의 96%(운전자과실), 항공기사고의 80%(조종자과실), 안전사고의 84%(작업자, 관리자과실) 등이 모두 인간의 과실이나 잘못 설계된 주변 환경 때문이다.

(2) 작업자의 인적 오류나 잘못 설계된 주변 환경을 인간특성에 적합하게 평가하여 작업장, 작업방법 등을 재설계, 개선하기 위해 인간공학이 필요하다.

(3) 작업장은 물론이고, 일반가정에서도 근골격계질환, 요통 등과 같은 인간공학과 관련된 상해가 증가하고 있으며, 이로 인한 비용도 급격히 늘어나고 있다.

(4) 미국의 경우 작업관련 질병 및 상해의 50%는 직·간접적으로 인간공학과 관련이 있다고 보고하고 있다.

(5) 적절한 인간공학적 디자인의 장점은 재해와 상해를 줄이고 법적 소송과 결함이 발생할 가능성을 감소시키는 것이다.

4.2 생산성 및 품질 향상

(1) 좋은 인간공학적 디자인은 생산성과 품질을 향상시킬 수 있고, 따라서 비용을 절감시킬 수 있다.

(2) 인간공학을 도입함으로써 불필요하거나 부자연스러운 자세 및 고된 작업을 줄일 수 있으며, 이는 주어진 작업을 끝마치는 데 소요되는 시간을 필연적으로 줄여주며, 생산성을 향상시킨다.

4.3 노동조합의 지지

노동조합들은 인간공학에 대해 강력한 지지를 하고 있다. UAW(United Auto Workers)는 Ford 공장에 인간공학적 예방을 위한 투자를 하도록 Ford Motor company와 협약을 맺었다.

4.4 경영진의 관심

출제빈도 ★★★★

인간공학은 작업자의 안전과 보건(건강)에 대한 개관(개략) 부분으로서 경영학에 알려지게 되었고, 관리자들은 그들의 법적 책임, 종업원에 대한 사회적 요구와 관심, 인간공학에 대한 경제적 현실에 좀 더 책임감을 갖게 되었다.

(1) 인간공학의 기업적용에 따른 기대효과

가. 생산성의 향상
나. 작업자의 건강 및 안전 향상
다. 직무만족도의 향상
라. 제품과 작업의 질 향상
마. 이직률 및 작업손실 시간의 감소
바. 산재손실비용의 감소
사. 기업 이미지와 상품 선호도의 향상
아. 노사 간의 신뢰 구축
자. 선진수준의 작업환경과 작업조건을 마련함으로써 국제적 경제력의 확보

(2) 인간공학적 작업관리의 필요성

선진국의 인간공학적 작업관리 기법을 우리 실정에 맞도록 수정·개선하고 문화적·사회적 여건에 따라 실행전략을 구축하는 단계가 반드시 필요하다.

가. 관·산·학의 연계체제 구축

① 학계에서만 외국자료와 이론을 중심으로 연구가 진행되고 있으며, 산업계에서는

작업안전에 대한 중요성이 무시되거나 기피되는 현상이 있다.

② 공동 포럼, 비전 및 전략추진팀 구성, 연구대상 등을 유기적으로 연결하는 컨소시엄이나 연구센터 등의 연구 연계체제의 구축이 시급하다.

나. 정보화 작업

① 산업안전 보건 및 인간공학 관련 정보의 교환, 표준자료의 제공 및 표준업무의 개발 등과 같은 업무는 정보화 작업이 필수적인 요건이다.

② 미국, 유럽의 경우 인터넷을 통하여 산업안전보건 전담기관의 주요업무인 업무 통계, 표준작업 관리지침, 인간공학 관련 학술자료, 주요 사례연구 등이 정보 네트워크에 제공되고 있다.

표 1.1.1 개선된 인간공학을 적용한 기업수행의 성공적인 결과를 보여주는 전형적인 예제들

기업	인간공학 개선	결과
(실리콘칩 산업에서 공급자의) 재료에 적용	7,000파운드가 나가는 청소용 제조 장비를 수동으로 이동하는 것에 대하여 올바르게 디자인되고 검사된 캐스터	잠재적 작업실수를 줄임으로써 공수(시간당 작업시간) 절감 면에서 생산성이 400% 증가
	연구하여 개선된 토크 손 드라이버 공구	생산성이 50% 증가
원격통신 공장	4개 작업장에 대하여 인간공학적으로 재디자인	자료입력 실수율을 줄이고 작업 만족을 향상시킴으로써 생산성이 증가
패스트푸드 공급자	작업자의 인체측정학적 치수를 고려한 작업장의 재디자인	생산성이 20% 증가
철강회사	관측 갱의 인간공학적 재디자인	낭비를 줄이고 높은 생산성을 달성하여 연간 150,000달러 이상 절약
D 조선회사(김유창 등)	인간공학 프로그램 운영	근골격계질환자수 30% 감소 3년간 재해손실비용 123억 원 감소

05 연구절차 및 방법론

5.1 인간공학의 학문적 연구분야

인간공학은 인간을 연구대상으로 하기 때문에 상당히 다양한 분야와 관련되며, 크게 분류하면 다음과 같다.

(1) 심리학에 바탕을 둔 분야(mental side)

(2) 생리학이나 역학에 바탕을 둔 분야(physical side)

5.1.1 생리학(Physiology)

순환계와 호흡계의 능력을 파악하여 적정운동량 내지 작업량을 결정한다.

5.1.2 감성공학(Human Sensibility Engineering)

인간이 가지고 있는 이미지나 감성을 구체적인 제품설계로 실현해내는 공학적인 접근방법이다. 감성의 정성적·정량적 측정을 통해 제품이나 환경의 설계에 반영한다.

5.1.3 생체역학(Biomechanics)

인체해부학과 생리학, 그리고 역학에 바탕을 두고 우리 인체구조와 동작을 역학적으로 표현한다. 인간의 한계근력, 활동범위, 작업시야, 활동 시 인체 각 부위에 걸리는 힘의 상관관계 등을 연구한다. 이를 통해 작업환경의 설계, 개선, 제품의 개발, 근골격계질환 예방 등에 적용된다.

5.1.4 인체측정학(Anthropometry)

인체의 형태적 측정평가를 통해서 각 치수와 특성을 계측하는 것을 말한다. 인체측정에는 구조적 인체치수(structural(or static) body dimensions)와 기능적 인체치수(functional(or dynamic) body dimensions)로 분류한다.

5.1.5 인지공학(Cognitive Engineering)

인간의 문제해결 능력인 인지과정에 중점을 두는 분야이며, 인지의 작용과 그것을 지탱하는 구조에 대해서 학제적·종합적으로 연구하는 과학이다. 인지공학은 지적 능력과 지적 행동원리의 정밀한 지식을 얻는 것을 목적으로 한다.

5.1.6 안전공학(Safety Engineering)

안전은 위험으로부터 상대적으로 얼마나 멀리 떨어져 있느냐에 달려 있으며, 이러한 안전을 공학적으로 연구하고 분석하여 실제작업에 적용한다.

5.1.7 심리학(Psychology)

작업수행에 따르는 정신적 부하(mental stress)와 인간의 성능(human performance)을 연구한다. 인간의 학습, 동기부여, 개인차, 사회적 행동 등이 주요 연구대상이 된다.

5.1.8 작업연구(Work Study)

낭비를 최소화하고 인간이 좀 더 편할 수 있는 작업방법을 연구하여, 이를 표준화하기 위한 방법론을 말한다.

5.1.9 산업위생학(Industrial Hygiene)

소음, 진동, 조명, 온·습도, 분진, 공중위생 등 산업위생과 관련된 분야이다.

5.1.10 제어공학(Control Engineering)

기계와 사람 사이의 정보전달, 협력, 분담 등을 통하여 전체 시스템의 목적을 달성하는 것과 관련된다(Man-Machine Interface System, 수동제어, 자동제어 등).

5.1.11 산업디자인(Industrial Design)

인간에게 편리함과 안락함을 줄 수 있도록 생활공간이나 의자, 가구, 의류, 가전제품 등의 설계에 적용하는 분야이다.

5.1.12 HCI(Human-Computer Interaction)

최근 업무의 전산화가 많이 이루어져 컴퓨터의 사용이 증대됨에 따라 컴퓨터 및 소프트웨어의 개발에 인간의 인지과정 규명과 적용에 중점을 두고 연구하는 분야이다.

5.2 인간공학 연구의 분석방법

(1) 순간조작 분석
(2) 지각운동 정보분석
(3) 연속 control 부담분석
(4) 전 작업부담 분석
(5) 사용빈도 분석
(6) 기계의 상호연관성 분석

5.3 인간공학의 연구방법

(1) 묘사적 연구(descriptive study): 현장 연구로 인간기준을 사용
(2) 실험적 연구(experimental research): 작업성능에 대한 모의실험
(3) 평가적 연구(evaluation research): 체계성능에 대한 man-machine system이나 제품 등을 평가

5.4 인간공학의 연구방법 및 실험계획

출제빈도 ★★★★

인간공학 분야의 주 접근방법은 인간의 특성과 행동에 관한 적절한 정보를 인간이 만든 물건, 기구 및 환경의 설계에 응용하는 것이다. 이러한 목적에 적합한 정보원으로는 본질적으로 경험과 연구 두 가지가 있다.

5.4.1 연구방법의 개관

(1) 연구에 사용되는 변수의 유형 및 용어의 개념

가. 가설검정(hypothesis test): 미지의 모수에 대해 가설을 설정하고 모집단으로부터 표본을 추출하여 조사한 표본결과에 따라 그 가설의 진위 여부를 결정하는 통계적 방법이다.

나. 귀무가설(null hypothesis, H0): 모집단의 특성에 대해 옳다고 제안하는 잠정적인 주장 또는 가정이다.

다. 대립가설(alternative hypothesis, H1): 귀무가설의 주장이 틀렸다고 제안하는 가설로서 H_0가 기각되면 채택하게 되는 가설이다.

라. 독립변수(independent variable)

① 연구자가 실험에 영향을 줄 것이라고 판단하는 변수로서 그 효과를 검증하기 위한 조작변수이다.

② 독립변수란 연구자가 반응(response)변수 또는 종속변수(관찰변수)를 관찰하기 위해서 조작되거나, 측정되거나, 선택되어진 변수이다.

③ 독립변수는 다른 변수에 영향을 줄 수 있는 변수로서 정량·정성조사에 관계없이 반드시 설정되어야 하며, 보통 실험의 목표와 가설에 일치되고, 독립변수가 도출된 근거가 있어야 한다. 예로서 조명, 기기의 설계, 정보경로, 중력 등과 같이 조사·연구되어야 할 인자이다.

마. 종속변수(dependent variable)

① 독립변수의 영향을 받아 변화될 것이라고 보는 변수이자 결과 값이다. 즉, 독립변수에 대한 반응으로서 측정되거나 관찰이 된 변수를 말하므로 종속변수는 독립변수에 의해 항상 영향을 받는 변수이다.

② 독립변수의 가능한 '효과'의 척도이다. 반응시간과 같은 성능의 척도일 경우가 많고, 종속변수는 보통 기준이라고도 부른다.

바. 통제변수(제어변수, control variable)

① 영향을 미칠지도 모르는 연구의 목적 이외의 다른 변수들의 영향을 통제시키고자 할 때 사용한다.

② 실험이나 설문조사를 하는 동안 변수의 여러 가지 수준들 중에서 한 표본에 대해서 일정한 수준의 값이 유지되는 변수로서 외재변인(extraneous variable)이라고도 한다. 그러나 실질적으로 많은 실험연구나 설문조사 연구에서 모든 외재변인을 통제한다는 것은 사실상 불가능하다고 볼 수 있다. 예로서 로그인 빈도를 동일하게 맞춘 후 그룹 간 비교 등이 있다.

예제

사업장의 안전보건 관리자는 작업에 따라 산소소비량을 이용하여 육체적인 작업부하 정도를 조사하려 한다. 육체적 부하정도는 성별, 나이, 작업내용에 의하여 영향을 받는다고 알려져 있으나, 작업자들의 대부분이 남자이기 때문에 연구조사는 남자만 고려하고자 한다. 이 연구에서 종속변수, 독립변수, 제어변수는 무엇인가?

풀이

(1) 종속변수: 산소소비량
(2) 독립변수: 나이, 작업내용
(3) 제어변수: 성별

(2) 실험실 연구 대 현장 연구

조사연구자가 특정한 연구목적을 생각하고 있을 때 흔히는 그 연구를 어떤 상황에서 실시할 것인가를 선택할 수 있다. 연구자가 선택할 수 있는 경우에는 결정을 내리는데 실험의 목적, 변수관리 용이성, 사실성, 피실험자의 동기, 피실험자의 안전 등을 고려해야 한다.

가. 실험실 연구: 조사연구자가 진폭을 식별할 수 있는 threshold에 대해서 연구하고자 한다면, 실험실 밖에서는 이런 상황을 얻기 어려우므로 실험실에서 해야 할 것이다.

① 피실험자 내 실험: 실험하고자 하는 특성을 알아내기 위해 개인의 특성, 즉 실험조건이나 상황에 따라서 달라지는 개인의 특성을 연구하는 경우이다.

② 피실험자 간 실험: 군 간이나 집단 개개의 특성, 즉 서로 다른 개인들 간의 차이를 나타내는 특성을 연구하는 경우이다.

나. **현장 연구**: 속도표지판의 여러 가지 유형이 운전자의 행동에 얼마나 영향을 끼치는가 하는 것은 실험실에서는 사실적으로 연구할 수 없다. 이런 경우 실험자는 명백히 고속도로나 도로 연변에 '개점'할 것이다.

다. **모의실험**: 보통 현장상황에서 연구를 수행하는 것이 비실제적이거나 불가능할 때 이용된다. 어떤 상황에서는 컴퓨터 모의실험이나 가상현실이 이용되기도 한다.

표 1.1.2 실험실 연구, 현장 연구, 모의실험의 장단점

구분	장점	단점
실험실 연구	변수통제 용이 환경간섭 제거 가능 안전 확보	사실성이나 현장감 부족
현장 연구	사실성이나 현장감	변수통제 곤란 환경간섭 제거 곤란 시간과 비용
모의실험	어느 정도 사실성 확보 변수통제 용이 안전 확보	고비용

(3) 표본 추출

가. 실제로 거의 모든 연구나 실험에서는 어떤 이론적 모집단으로부터의 표본을 다룬다.

나. 모집단으로부터 추출한 표본에서 나오는 자료는 모집단에 관해서 외삽하거나 추정하는 기초가 된다.

다. 표본은 모집단을 대표할 수 있을 만한 크기와 특성을 가져야 한다.

(4) 자료의 통계적 분석

일단 실험이나 연구가 수행되고 자료가 수집되면 실험자는 독립변수와 종속변수들 사이에 어떤 관계가 있는지 알아보기 위해 적절한 통계분석을 이용하여 자료분석을 하게 된다.

가. **표준편차**: 자료의 원래 수치에 의해서 구해지며 표본분포의 산포의 정도를 나타낸다.

나. **상관관계**: 두 변수 사이의 상관정도를 나타내는 척도이다. 상관계수의 크기는 $+1.0$에서부터 -1.0 사이의 값을 가진다. 상관계수 값 $0 < r < 1$은 양의 상관관계를 나

타내며, $-1 < r < 0$은 음(부)의 상관관계를 나타낸다.

다. 제1종 오류(α), 제2종 오류(β)

① 제1종 오류(α): 귀무가설이 맞을 때, 귀무가설을 기각하는 확률이다.

② 제2종 오류(β): 귀무가설이 틀렸을 때, 귀무가설을 채택하는 확률로 $1-\beta$를 검출력(power)이라고 한다.

라. 평균치검정(T-test):

① T-검정은 두 집단 간의(평균치) 차이를 분석하고자 하는 경우 사용한다.

② 이를 통계학적으로 설명하면 "두 집단의 평균치 차이가 표본오차에 의한 것인지, 두 집단의 속성에 의한 것인지를 밝히는 통계적 가설검정 기법"이다. 예를 들면, "남녀별 급여의 차이가 있는가?"를 분석하고자 할 때 사용한다.

마. 통계적 유의: 그 결과가 우연히 발생할 확률을 말한다. 보통 관례로는 '5%' 혹은 '1%' 수준을 통계적 유의수준으로 사용한다.

5.5 연구 및 체계개발에 있어서의 평가기준

출제빈도 ★★★★

5.5.1 평가기준의 유형

시스템은 수행할 공통의 목표를 가지고 있기 때문에 얼마나 효율적으로 목표가 수행되는가를 평가하기 위한 기준이 필요하다. 인간과 관련한 작업분석 영역은 다음 세 가지 유형의 기준으로 구분된다(Meister, 1985).

(1) 시스템 기준(system-descriptive criteria)

시스템 기준은 시스템이 원래 의도하는 바를 얼마나 달성하는가를 나타내는 척도이다. 예를 들어, 시스템 수명, 운영비, 생산량, 수익률, 장치의 신뢰도(고장 나지 않을 확률) 등의 시스템 성능이나 산출물에 관련된 기준이다.

(2) 작업성능 기준(task-performance criteria)

작업성능 기준은 작업의 결과에 관한 효율을 나타내며, 일반적으로 작업에 따른 출력의 양(quantity of output)이나 출력의 질(quality of output), 작업시간(performance time) 등이 작업의 성능을 나타내는 데 이용된다. 예를 들어, 타자 입력 작업에서 단위시간당 얼마나 많은 글자를 입력하는지는 출력의 양에 대한 기준, 얼마나 많은 오타가 있는지는 출력의 질에 관한 기준, 특정 입력분량을 얼마 동안의 시간에 끝냈는지는 작업시간에 관한 기준이다.

(3) 인간기준(human criteria)

가. 인간기준은 작업 실행 중의 인간의 행동과 응답을 다루는 것으로서 성능척도, 생리학적 지표, 주관적 반응 등으로 측정한다.

나. 인간성능 척도는 키를 누른 수와 같은 빈도수, 최대근력 등의 강도, 반응시간, 얼마나 유지할 수 있는가에 대한 지속성 등으로 분류된다.

다. 생리학적 지표는 신체활동에 관한 육체적, 정신적 활동정도를 측정하는 데 사용되며, 심장활동지표(심박수, 혈압 등), 호흡지표(호흡률, 산소소비량 등), 신경지표(뇌전위, 근육활동 등), 감각지표(시력, 청력 등) 등이 이용된다.

라. 주관적 반응은 의자의 안락감, 컴퓨터 시스템의 사용 편의성, 도구 손잡이 길이에 대한 선호도 등과 같이 피실험자의 의견이나 평가를 나타내는 것이다.

5.5.2 평가기준의 요건

시스템의 평가기준을 어떻게 정의하느냐 하는 문제는 시스템이 달성하고자 하는 목표에 기반을 두고 정해야 한다. 사람이 관여하는 시스템에서는 평가기준을 어떤 것으로 정하느냐에 따라 구성요소들이 시스템의 목표를 왜곡하는 방향으로 작용할 수 있으므로 여러 가지 지수 중에서 어떤 지수를 평가기준으로 정할 것인가에 주의를 기울여야 한다.

또한 시스템의 목표를 하나의 지수로 평가하기 어려운 경우에는 복수의 평가기준들을 상호 보완적으로 사용해야 한다. 일반적으로 평가기준은 다음과 같은 요건을 만족해야 한다.

(1) 실제적 요건(practical requirement)

객관적이고, 정량적이며, 강요적이 아니고, 수집이 쉬우며, 특수한 자료수집 기반이나 기기가 필요 없고, 돈이나 실험자의 수고가 적게 드는 것이어야 한다.

(2) 타당성(validity) 및 적절성(relevance)

어떤 변수가 실제로 의도하는 바를 어느 정도 평가하는지 결정하는 것이다.

가. 표면타당성: 어떤 기준이 의도한 바를 어느 정도 측정하는 것처럼 보이는가를 말함

나. 내용타당성: 어떤 변수의 기준이 지식분야나 일련의 직무행동과 같은 영역을 망라하는 정도를 말함

다. 구조타당성: 임의기준이 실제로 관심을 가진 것의 하부구조(가령 행동의 기본유형이나 문제가 되는 능력)를 다루는 정도를 말함

(3) 신뢰성(reliability)

시간이나 대표적 표본의 선정에 관계없이, 변수측정의 일관성이나 안정성을 말한다.

(4) 순수성 또는 무오염성(freedom from contamination)

측정하는 구조 외적인 변수의 영향을 받지 않는 것을 말한다.

(5) 측정의 민감도(sensitivity of measurement)

실험변수 수준 변화에 따라 기준값의 차이가 존재하는 정도를 말하며, 피검자 사이에서 볼 수 있는 예상 차이점에 비례하는 단위로 측정해야 한다.

2장 | 인간의 감각기능

01 시각기능

인간은 주로 시각에 의존하여 외부세계의 상태에 대한 정보를 수집한다. 인간의 눈은 상당히 복잡하며, 많은 정보를 처리할 수 있다. 또한, 우리는 눈을 통해 정보의 약 80%를 수집한다.

1.1 시각과정

출제빈도 ★★★★

물체로부터 나오는 반사광은 동공을 통과하여 수정체에서 굴절되고 망막에 초점이 맞추어진다. 망막은 광자극을 수용하고 시신경을 통하여 뇌에 임펄스(impulse)를 전달한다.

1.1.1 눈의 구조

인간의 눈은 그 원리가 카메라와 매우 흡사하다. 동공을 통하여 들어온 빛은 수정체를 통하여 초점이 맞추어지고 감광 부위인 망막에 상이 맺히게 된다.

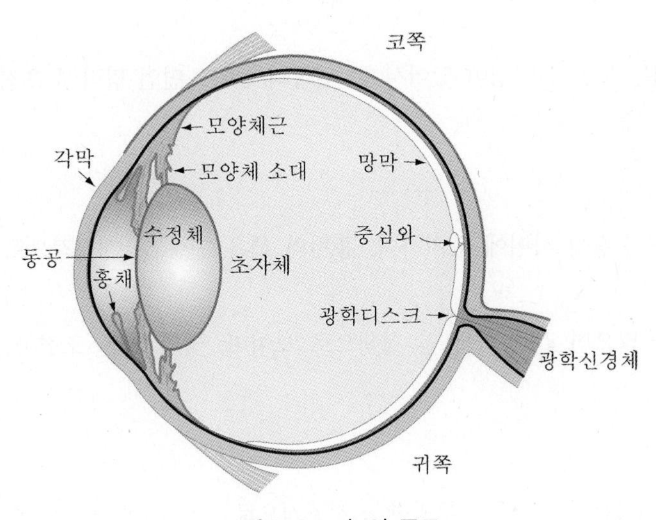

그림 1.2.1 눈의 구조

(1) 각막

눈의 가장 바깥쪽에 있는 투명한 무혈관 조직이다.

가. 각막의 기능은 안구를 보호하는 방어막의 역할과 광선을 굴절시켜 망막으로 도달시키는 창의 역할을 한다.

나. 어떤 물체로부터 나오는 반사광은 각막, 각막과 동공 사이의 액, 수정체를 통과하게 된다. 각막은 눈의 앞쪽 창문에 해당되며 광선을 질서정연한 모양으로 굴절시킴으로써 시각과정의 첫 단계를 담당한다.

(2) 동공

홍채의 중앙에 구멍이 나 있는 부위를 말한다.

가. 동공은 원형이며, 홍채근육으로 인해 그 크기가 변한다.

나. 시야가 어두우면 그 크기가 커지고, 밝으면 작아져서 들어오는 빛의 양을 조절한다. 동공을 통과한 빛은 수정체에서 굴절되고, 초자체(안구에 차 있는 맑은 젤리 형태)를 지난다.

(3) 수정체

수정체의 크기와 모양은 타원형의 알약같이 생겼으며, 그 속에 액체를 담고 있는 주머니 모양을 하고 있다.

가. 수정체는 비록 작지만 모양체근으로 둘러싸여 있어서 긴장을 하면 두꺼워져 가까운 물체를 볼 수 있게 되고, 긴장을 풀면 납작해져서 원거리에 있는 물체를 볼 수 있게 된다.

나. 수정체는 보통 유연성이 있어서 눈 뒤쪽의 감광표면인 망막에 초점이 맞추어지도록 조절할 수 있다.

(4) 홍채

가. 각막과 수정체 사이에 위치하며, 홍채의 색은 인종별, 개인적으로 차이가 있을 수 있다.

나. 색소가 많으면 갈색, 적으면 청색으로 보이며, 빛의 양을 조절하는 조리개 역할을 한다.

(5) 망막

안구 뒤쪽 2/3를 덮고 있는 투명한 신경조직으로 카메라의 필름에 해당하는 부위이며, 눈으로 들어온 빛이 최종적으로 도달하는 곳이다. 또한 망막의 시세포들이 시신경을 통해 뇌로 신호를 전달하는 기능을 한다.

가. 관찰자와 물체 사이의 거리에 따라 수정체에 붙어 있는 근육이 수축하거나 이완하여 초점에 맞도록 한다. 물체가 가까우면 이 근육이 수축하여 수정체가 볼록해지고, 물체가 멀면 이 근육이 이완하여 수정체가 평평해진다.

나. 망막은 원추체와 간상체로 되어 있다.

① 원추체

(a) 낮처럼 조도 수준이 높을 때 기능을 하며 색을 구별한다. 원추체가 없으면 색깔을 볼 수 없다.

(b) 600~700만 개의 원추체가 망막의 중심 부근, 즉 황반에 집중되어 있는데, 이 황반은 시력이 가장 예민한 영역이다.

(c) 물체를 분명하게 보려면 원추체를 활성화시키기에 충분한 빛이 있어야 하고, 물체의 상이 황반 위에 초점을 맞출 수 있는 방향에서 물체를 보아야 한다.

② 간상체

(a) 밤처럼 조도 수준이 낮을 때 기능을 하며 흑백의 음영만을 구분한다.

(b) 약 1억 3,000만 개의 간상체는 주로 망막 주변에 있는데, 황반으로부터 10~20도인 부분에서 밀도가 가장 크다.

(c) 조도가 낮을 때 기능을 하는 간상체는 주로 망막 주변에 있으므로, 희미한 물체를 바로 보기보다는 약간 비스듬히 보아야 잘 볼 수 있다.

③ 간상체나 원추체가 빛을 흡수하면 화학반응이 일어나며, 이어서 신경임펄스를 일으켜서 시신경을 거쳐 뇌로 전달한다. 뇌는 여러 임펄스를 통합하여 외부세계의 시각적 인상을 제공한다.

(6) 중심와

망막 중 뒤쪽의 빛이 들어와서 초점을 맺는 부위를 말한다. 이 부분은 망막이 얇고 색을 감지하는 세포인 원추체가 많이 모여 있다. 중심와의 시세포는 신경섬유와 연결되어 시신경을 통해 뇌로 영상신호가 전달한다.

1.1.2 시력

시력(visual acuity)은 세부적인 내용을 시각적으로 식별할 수 있는 능력을 말한다. 여러 유형의 시력은 주로 망막 위에 초점이 맞추어지도록 수정체의 두께를 조절하는 눈의 조절능력(accommodation)에 달려 있다.

(1) 조절능력

눈의 수정체가 망막에 빛의 초점을 맞추는 능력을 말한다.

가. 인간이 정상적인 조절능력을 가지고 있다면, 멀리 있는 물체를 볼 때는 수정체가 얇아지고(그림 1.2.2(a)), 가까이 있는 물체를 볼 때에는 수정체가 두꺼워진다(그림 1.2.2(b)).

나. 수정체의 이러한 조절능력에는 한계가 있으며 눈이 초점을 맞출 수 있는 가장 가까운 거리를 근점(near point)이라 하고, 가장 먼 거리를 원점(far point)이라 하는데 정상시각에서는 원점은 거의 무한하다.

다. 광학에서 렌즈의 굴절률을 따질 때는 초점거리 대신에 이의 역수를 사용하는 것이 편리하다. 단위는 디옵터(D)이며, 1/초점거리(m)로 정의된다.

(2) 근시와 원시

사람에 따라서는 눈의 조절능력이 불충분한 경우 근시(nearsightedness) 또는 원시(farsightedness)가 된다.

가. 근시는 수정체가 두꺼워진 상태로 남아 있어 원점이 너무 가깝기 때문에 멀리 있는 물체를 볼 때에는 초점을 정확히 맞출 수 없다(그림 1.2.2(c)).

나. 원시(노안)인 경우에는 수정체가 얇은 상태로 남아 있어서 근점이 너무 멀기 때문에 가까운 물체를 보기가 힘들다(그림 1.2.2(d)).

(3) 시력의 척도

가. **최소가분시력**(minimum separable acuity): 눈이 식별할 수 있는 과녁(target)의 최소특징이나 과녁 부분들 간의 최소공간을 말한다.

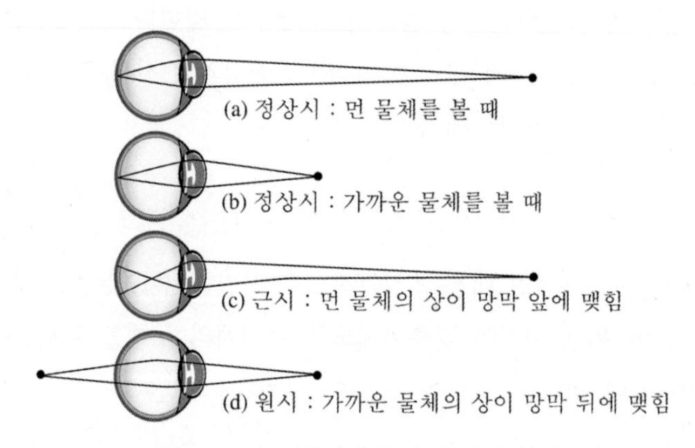

그림 1.2.2 정상시와 근시, 원시의 원리

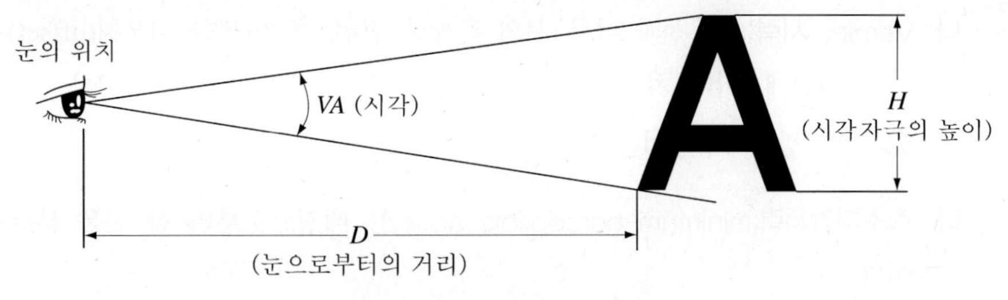

그림 1.2.3 시각(visual angle)

① 최소가분시력을 측정할 때에는 문자나 여러 가지 기하학적 형태를 가진 시각적 과녁을 사용한다.

② 시각적 과녁을 사용하여 시력을 측정할 때, 시력은 그가 정확히 식별할 수 있는 최소의 세부사항을 볼 때 생기는 시각의 역수로 측정한다.

③ 시각은 보는 물체에 의한 눈에서의 대각인데(그림 1.2.3), 일반적으로 호의 분이나 초단위로 나타낸다($1° = 60' = 3,600''$). 시각에 대한 개념은 그림 1.2.3과 같으며, 시각이 10° 이하일 때는 다음 공식에 의해 계산된다.

$$\text{시각}(') = \frac{(57.3)(60)H}{D}$$

여기서, H: 시각자극(물체)의 크기(높이)

D: 눈과 물체 사이의 거리

(57.3)(60): 시각이 600′ 이하일 때 라디안(radian) 단위를 분으로 환산하기 위한 상수

④ 보통 시력의 우열을 가늠하는 기본척도로, 시각 1분의 역수를 표준단위로 사용하는데, 표 1.2.1에 몇 가지 최소시각에 대한 시력을 나타내었다.

표 1.2.1 최소시각에 대한 시력

최소각	시력
2분(′)	0.5
1분	1
30초(″)	2
15초	4

주) radian: 원의 중심에서 인접한 두 반지름에 의해 형성된 호(arc)의 길이가 반지름의 길이와 같은 경우 각의 크기(1 rad: 57.3°)

나. Vernier 시력: 한 선과 다른 선의 측방향 변위, 즉 미세한 치우침(offset)을 분간하는 능력인데, 이때 치우침이 없으면 두 선은 하나의 연속선이 된다.

예 어떤 광학기구에서는 여러 선의 "끝"을 정렬한다.

다. 최소지각시력(minimum perceptible acuity): 배경으로부터 한 점을 분간하는 능력이다.

라. 입체시력(stereoscopic): 깊이가 있는 하나의 물체에 대해 두 눈의 망막에서 수용할 때 상이나 그림의 차이를 분간하는 능력을 말한다.

(4) 우리는 두 눈을 통해 물체에 수렴(convergence)시킴으로써 하나의 물체로 인식할 수 있으며, 이를 상응하는 두 상이 융합(fuse)되었다고 한다. 수렴은 안구 주위의 근육들에 의해 자동적으로 조절된다.

1.1.3 시감각

(1) 색의 인식

가. 인간의 눈이 느낄 수 있는 빛(가시광선)의 파장은 380~780μm이며, 그보다 긴 적외선과 전파, 또 이것보다 짧은 X선, Y선 등은 가시범위 밖에 있다.

나. 시각적으로 어떤 물체의 색채감을 인식할 때 우리는 그 물체로부터 반사되는 빛을 수용하고, 다음과 같은 세 가지 물리적 특성을 갖는다.

① 주파장(dominant wavelength)

② 포화도(saturation)

③ 광도(luminance)

다. 빛은 다음 세 가지 속성에 의하여 우리가 색을 인식하는 데 영향을 준다.

① 색상(hue)

② 채도(saturation): 탁한 정도

③ 명도(lightness): 밝은 정도

라. 색원추

빛의 세 가지 속성을 그림 1.2.4와 같이 색원추로 나타낼 수 있다.

① 색원추에서 색상은 원주상의 위치(적, 황, 녹, 청)이며, 채도(또는 순도(purity))는 색원추의 반지름으로 나타내고, 명도(brightness)는 색원추의 수직축 위에 나타내며, 중심축에는 백색에서 회색, 흑색에 이르는 밝기수준에 따라 위치한다.

② 어떤 색의 색상과 채도를 바꾼다 하더라도 명도에는 변함이 없다. 또한, 같은 양

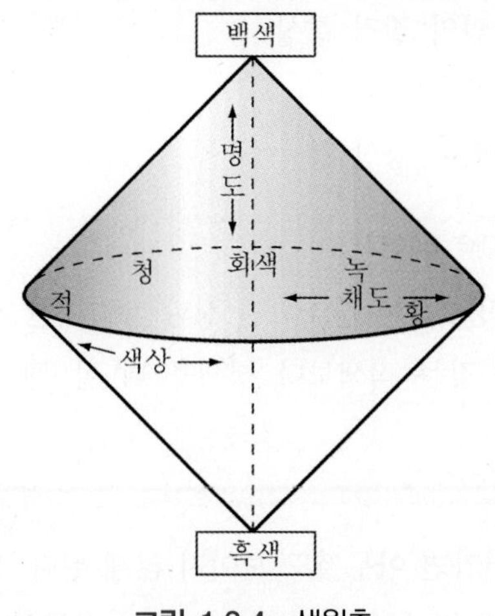

그림 1.2.4 색원추

의 빛을 반사하는 색들이라고 해서 같은 명도로 인식(주관적인 명도감)되지는 않는다(여러 파장에 대한 민감도 차이 때문).

(2) 색의 식별

가. 색을 지각하는 것은 망막의 원추세포에 의해 일어나는데, 적, 녹, 청의 삼원색에 대응하는 빛의 파장범위에 민감하다.

나. 색을 인식하려면 원추세포가 활성화되어야 하기 때문에 어두운 상황에서는 그 기능이 감소하게 된다.

다. 색맹은 근본적으로 여러 파장의 빛을 구별하는 원추세포의 기능결함 때문이다(적록색맹, 황록색맹 등).

(3) 색채의 기능

가. 조도조절 기능, 휘도조절 기능, 색광조절 기능, 시속도조절 기능, 대소감조절 기능, 거리조절 기능, 온도감조절 기능, 중량감조절 기능, 주의력조절 기능, 감정조절 기능, 정서조절 기능, 신체생리조절 기능 등이 있다.

나. 온도조절 기능: 복사열에 의한 온도를 상승시키지 않기 위해서는 밝은 색을 상승시키기 위해서는 어두운 색을 사용한다.

다. 명시도조절 기능: 명시도는 물건의 윤곽을 명확히 판별할 수 있는 정도를 말한다.

라. 욕구조절 기능: 색채는 구매욕, 소유욕 및 기타 여러 욕구를 지배하는 힘이 있다.

(4) 색채조절의 효과

가. 밝기의 증가

나. 생산의 증진, 작업의 질적 향상

다. 피로 경감, 재해율 감소

라. 결근 감소, 작업의욕 향상 등

(5) 푸르키네 효과(Purkinje effect)

푸르키네 효과란 조명수준이 감소하면 장파장에 대한 시감도가 감소하는 현상이다. 즉, 밤에는 같은 밝기를 갖는 적색보다 청색을 더 잘 볼 수 있다.

1.1.4 순응

갑자기 어두운 곳에 들어가면 아무것도 보이지 않게 된다. 또한 밝은 곳에 갑자기 노출되면 눈이 부셔서 보기 힘들다. 그러나 시간이 지나면 점차 사물의 현상을 알 수 있다. 이러한 새로운 광도수준에 대한 적응을 순응(adaptation)이라고 한다. 동공의 축소, 확대라는 기능에 의해 이루어진다. 우선 어두운 곳에서는 동공이 확대되어 눈으로 더 많은 양의 빛을 받아들이고, 밝은 곳에서는 동공이 축소되어 눈에 들어오는 빛의 양을 제한한다.

(1) 암순응(dark adaptation)

밝은 곳에서 어두운 곳으로 이동할 때의 순응을 암순응이라 하며, 두 가지 단계를 거치게 된다.

가. 두 가지 순응단계

① 약 5분 정도 걸리는 원추세포의 순응단계

② 약 30~35분 정도 걸리는 간상세포의 순응단계

나. 어두운 곳에서 원추세포는 색에 대한 감수성을 잃게 되고, 간상세포에 의존하게 되므로 색의 식별은 제한된다.

(2) 명순응(light adaptation)

밝은 곳에서의 순응을 명순응이라 하는데, 어두운 곳에 있는 동안 빛에 아주 민감하게 된 시각계통을 강한 광선이 압도하게 되기 때문에 일시적으로 안 보이게 되는 것이다.

가. 완전 암순응에는 보통 30~40분이 걸리지만, 명순응은 몇 초밖에 안 걸리며, 넉넉잡아 1~2분이다.

나. 같은 밝기의 불빛이라도 적색이나 보라색보다는 백색 또는 황색광이 암순응을 더 빨리 파괴한다. 즉, 암순응 되어 있는 눈이 적색이나 보라색으로의 변화에 가장 둔감하다.

1.2 시식별에 영향을 주는 인자

출제빈도 ★★★★

인간의 시식별 능력은 그의 시각적 기술, 특히 시력과 같은 개인차 외에도 시식별에 영향을 주는 외적 변수(조건)들이 있다.

1.2.1 조도(illuminance)

조도는 어떤 물체나 표면에 도달하는 광의 밀도를 말한다.

(1) 척도

foot-candle과 lux가 흔히 쓰인다(그림 1.2.5).

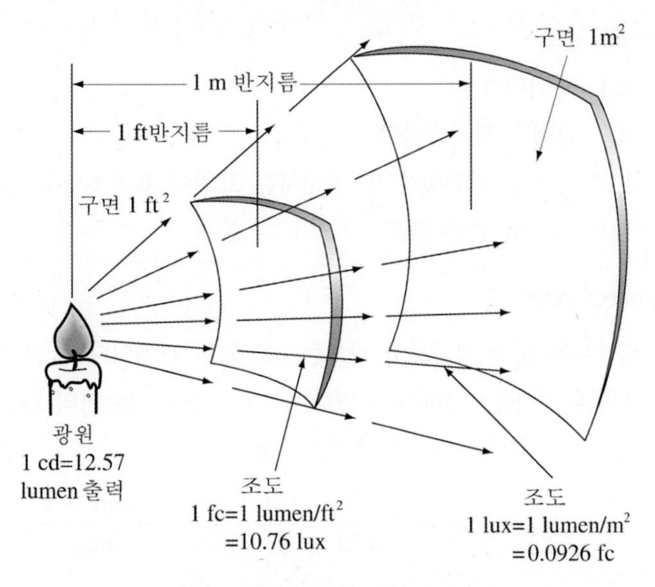

그림 1.2.5 조도와 거리의 관계

가. foot-candle(fc): 1 cd의 점광원으로부터 1 foot 떨어진 구면에 비추는 광의 밀도; 1 lumen/ft^2

나. lux(meter-candle): 1 cd의 점광원으로부터 1 m 떨어진 구면에 비추는 광의 밀도; 1 lumen/m^2

(2) 광량

빛의 세기를 광도라고 한다. 광량을 비교하기 위한 목적으로 제정된 표준은 고래기름으로 만든 국제표준 촛불(Candle)이었으나, 현재는 Candela(cd)를 채택하고 있다. 광속(luminous flux)의 개념으로 표시하면 1 cd의 광원이 발하는 광량은 4π(12.57) lumen이다.

(3) 거리가 증가할 때에 조도는 다음 식에서처럼 거리의 제곱에 반비례한다. 이는 점광원에 대해서만 적용된다.

$$조도 = \frac{광량}{거리^2}$$

(4) 광도(luminance), 휘도

대부분의 표시장치에서 중요한 척도가 되는데, 단위면적당 표면에서 반사 또는 방출되는 광량을 말하며, 종종 휘도라고도 한다. 단위로는 L(Lambert)을 쓴다.

$$B = \frac{dF}{dA} \text{ [lambert]}$$

여기서, B: 광도

dA: 단위면적

dF: 단위당 광속발산량

Lambert(L): 완전발산 및 반사하는 표면이 표준촛불로 1 cm 거리에서 조명될 때의 조도와 같은 광도

(5) 반사율(reflectance)

표면에 도달하는 빛과 결과로서 나오는 광도와의 관계이다. 빛을 완전히 발산 및 반사시키는 표면의 반사율은 100%가 된다. 그러나 실제로는 거의 완전히 반사하는 표면에서 얻을 수 있는 최대반사율은 약 95% 정도이다.

$$반사율(\%) = \frac{광도}{조명} = \frac{fL}{fc} \quad 혹은 \quad \frac{\text{cd/m}^2 \times \pi}{\text{lux}}$$

1.2.2 대비(contrast)

(1) 대비는 보통 과녁의 광도(L_t)와 배경의 광도(L_b)의 차를 나타내는 척도이다. 단, 대비의 계산식에 광도 대신 반사율을 사용할 수 있다.

$$대비(\%) = 100 \times \frac{L_b - L_t}{L_b}$$

(2) 과녁이 배경보다 어두울 경우는 대비가 0에서 100 사이에 오며, 과녁이 배경보다 밝을 경우에는 0에서 $-\infty$ 사이에 오게 된다. 그러나 과녁과 배경의 구분이 모호하고 밝고 어두운 부분이 같을 경우에는 밝은 부분의 광도를 배경으로 보고 대비를 계산한다.

1.2.3 노출시간(exposure time)

일반적으로 조도가 큰 조건에서는 노출시간이 클수록(100~200 ms까지는 개선) 식별력이 커지지만 그 이상에서는 같다.

1.2.4 광도비(luminance ratio)

시야 내에 있는 주시영역과 주변영역 사이의 광도의 비를 광도비라 하며, 사무실 및 산업상황에서의 추천광도비는 보통 3 : 1이다.

1.2.5 과녁의 이동(movement)

(1) 과녁이나 관측자(또는 양자)가 움직일 경우에는 시력이 감소한다. 이런 상황에서의 시식별 능력을 동적시력(dynamic visual acuity)이라 한다. 예를 들어, 자동차를 운전하면서 도로변에 있는 물체를 보는 경우에 동적시력이 활동한다.

(2) 일반적으로 동적시력과 정적시력(static visual acuity)은 서로 상관시킬 수 없다고 하지만, 최근 입증된 바에 의하면 중간 정도의 상관관계($r=0.5$)가 있다.

1.2.6 휘광(glare)

휘광(눈부심)은 눈이 적응된 휘도보다 훨씬 밝은 광원이나 반사광으로 인해 생기며, 가시도(visibility)와 시성능(visual performance)을 저하시킨다. 휘광에는 직사휘광과 반사휘광이 있다.

1.2.7 연령(age)

(1) 나이가 들면 시력과 대비감도가 나빠진다. 일반적으로 40세를 넘어서면서부터 이러한 기능의 저하는 계속된다.

(2) 고령자가 사용하는 표시장치는 이를 고려하여 과녁이 크고 조도가 적절한 설계가 이루어져야 한다.

1.2.8 훈련(training)

초점을 조절하는 훈련이나 실습으로 시력을 개선할 수 있다. 완전해지지는 않지만 어느 정도의 시력 개선에 도움을 줄 것이다.

02 청각기능

2.1 청각과정

출제빈도 ★★★★

청각과정(hearing process)에 대하여 검토하기 위해서 귀의 해부학적 특성과 귀에서 감지하는 물리적 자극(즉, 음의 진동)에 대하여 알아본다.

2.1.1 귀의 구조

귀는 그림 1.2.6에 있는 것과 같이 해부학적으로 외이, 중이, 내이로 나뉜다.

(1) 외이(outer ear, external ear)

외이는 소리를 모으는 역할을 수행한다.

가. 귓바퀴(auricle, pinna, concha): 레이더처럼 음성에너지를 수집해서 초점을 맞추어 증폭하는 역할을 한다.

나. 외이도(auditory canal, meatus): 귓바퀴에서 고막까지의 부분으로 음파의 통로역할을 한다.

다. 고막(ear drum, tympanic membrane): 외이와 중이의 경계이다.

(2) 중이(middle ear)

외이와 중이는 고막을 경계로 하여 분리된다.

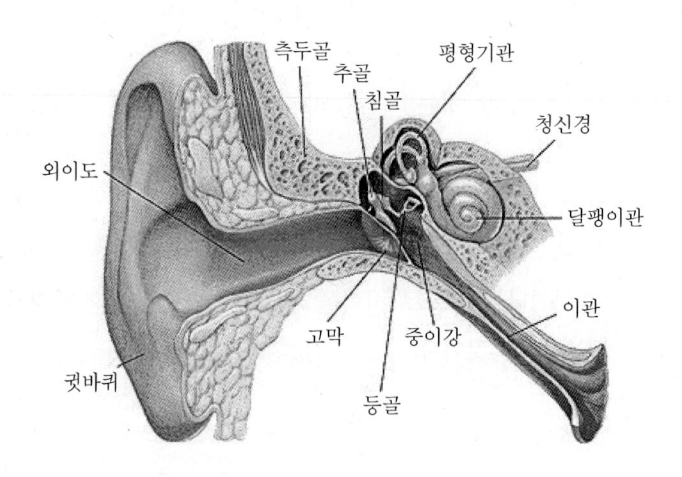

그림 1.2.6 귀의 구조

가. 중이소골(ossicle)

① 3개의 작은 뼈들(추골(malleus), 침골(incus), 등골(stapes))이 서로 연결되어 있어 고막의 진동을 내이의 난원창(oval window)에 전달한다.

② 등골은 난원창막 바깥쪽에 있는 내이액에 음압 변화를 전달한다. 이 전달과정에서 고막에 가해지는 미세한 압력 변화는 22배로 증폭되어 내이로 전달된다(Pulat, 1992).

(3) 내이(inner ear, internal ear)

가. 내이의 달팽이관(cochlea)은 달팽이 모양의 나선형으로 생긴 관으로 내이는 림프액으로 차 있다.

나. 중이소골(등골)이 음압의 변화에 반응하여 움직이면, 그 움직임이 전달되어 림프액이 진동한다. 이에 따라 얇은 기저막(basilar membrane)이 진동하고, 이 기저막의 진동은 극미한 압력 변화에 민감한 유모세포(hair cell)와 말초신경(nerve ending)이 있는 코르티(Corti) 기관에 전달된다.

다. 말초신경에서 포착된 신경충동(neural impulse: 전기신호)은 청신경을 통해서 뇌에 전달된다.

2.1.2 음파의 인지과정

(1) 진동수 또는 전화기설(電話器說)

가. 기저막(basilar membrane)이 전체적으로 진동한다는 원리에 근거를 두고 있다.

나. 달팽이관은 진동수 분석을 하는 것이 아니라 음파에 의해 가해지는 진동을 그대로 신경계에 전달할 뿐이다.

다. 중추신경의 충동(impulse)을 분석하고 해석하는 것은 뇌가 한다.

라. 60 Hz 이하의 저주파에서는 기저막의 진동이 신경충동을 일으킴으로써 음량과 음의 높이를 전달한다.

(2) 위치 또는 공진설

가. 기저막의 섬유는 그 위치에 따라 길이가 서로 다르기 때문에 진동수에 따라 감수성이 다르므로 음의 높낮이를 감지할 수 있다는 가정에 근거를 두고 있다.

나. 진동수가 60 Hz를 넘으면서부터는 기저막이 전체적으로 진동하지 않고 음에 따라 최대진동위치가 달라지게 된다.

다. 진동수가 4,000 Hz를 넘으면 음의 높이는 전적으로 기저막상의 최대진폭의 위치에 의하여 결정된다.

2.1.3 음의 특성 및 측정

음(sound)은 어떤 음원으로부터 발생되는 진동에 의하여 발생되며, 여러 가지 매체를 통해서 전달된다. 음의 가장 기본이 되는 특성으로는 음의 진동수(또는 주파수)와 강도(또는 진폭)가 있다.

(1) 음파의 진동수(frequency of sound wave)

가. 음차(tuning fork: 소리굽쇠)

① 음차를 두드리면 음차는 고유진동수로 진동하게 되는데, 음차가 진동함에 따라 공기의 입자는 전후방으로 움직이게 된다. 이에 따라 공기의 압력은 증가 또는 감소한다.

② 정현파(sine wave: 사인파)

(a) 음차 같은 간단한 음원의 진동은 정현파를 만든다.

(b) 단순 사인파는 중심선 상하가 거울상의 파형을 보이며, 이러한 파형이 계속 반복된다.

(c) 1초당 사이클 수를 음의 진동수(주파수)라 하고, Hz(hertz) 또는 cps(cycle/s)로 표시한다.

(d) 물리적 음의 진동수는 인간이 감지하는 음의 높낮이와 관련된다.

나. 음계(musical scale)에서 중앙의 C(도)음은 256 Hz이며, 음이 한 옥타브(octave) 높아질 때마다 진동수는 2배씩 높아진다. 보통 인간의 귀는 약 20~20,000 Hz의 진동수를 감지할 수 있으나 진동수마다 감도가 다르고 개인에 따라 차이가 있다.

(2) 음의 강도(sound intensity)

가. 음의 강도는 단위면적당의 에너지(Watt/m^2)로 정의되며, 일반적으로 음에 대한 값은 그 범위가 매우 넓기 때문에 로그(log)를 사용한다.

나. Bell(B; 두 음의 강도비의 로그값)을 기본 측정단위로 사용하고, 보통은 dB(decibel)을 사용한다(1 dB = 0.1 B).

다. 음은 정상기압에서 상하로 변하는 압력파(pressure wave)이기 때문에 음의 진폭 또는 강도는 이러한 기압의 변화를 이용하여 직접 측정할 수 있다. 그러나 음에 대한 기압값은 그 범위가 너무 넓어서 음압수준을 사용하는 것이 일반적이다.

라. 음압수준(Sound-Pressure Level; SPL)

음원출력(sound power of source)은 음압비의 제곱에 비례하므로, 음압수준은 다음과 같이 정의될 수 있다.

$$\mathrm{SPL(dB)} = 10\log_{10}\left(\frac{P_1^2}{P_0^2}\right)$$

여기서, P_1: 측정하고자 하는 음압

P_0: 기준음압($P_0 = 20\mu\mathrm{N/m^2}$)

이 식을 다시 정리하면 다음과 같다.

$$\mathrm{SPL(dB)} = 20\log_{10}\left(\frac{P_1}{P_0}\right)$$

또한, dB은 상대적인 단위이며, 두 음압 P_1, P_2를 갖는 두 음의 강도 차는 다음과 같다.

$$\mathrm{SPL_2} - \mathrm{SPL_1} = 20\log\left(\frac{P_2}{P_0}\right) - 20\log\left(\frac{P_1}{P_0}\right) = 20\log\left(\frac{P_2}{P_1}\right)$$

그리고 거리에 따른 음의 강도 변화는 다음과 같다.

$$\mathrm{dB_2} = \mathrm{dB_1} - 20\log(d_2/d_1)$$

여기서, d_1, d_2: 음원으로부터 떨어진 거리

예제

비행기에서 15 m 떨어진 거리에서 잰 제트엔진(jet engine)의 소음이 130 dB(A)이었다면, 100 m 떨어진 격납고에서의 소음수준은 얼마인가?

풀이

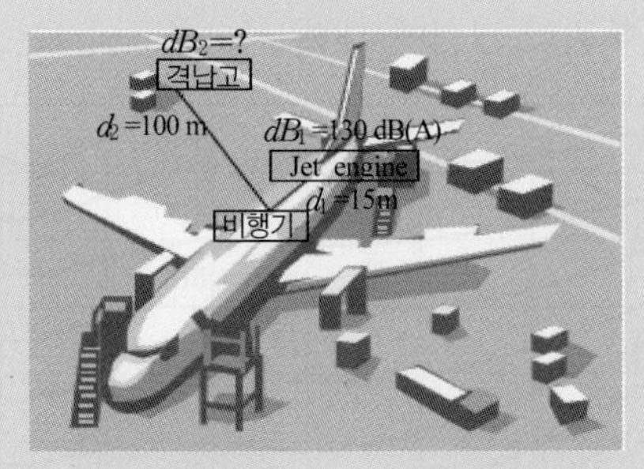

$$\mathrm{dB_2} = \mathrm{dB_1} - 20\log\frac{d_2}{d_1} = 130\,\mathrm{dB(A)} - 20\log\frac{100\,\mathrm{m}}{15\,\mathrm{m}} = 113.52\,\mathrm{dB(A)}$$

(3) 복합음(complex sound)

순음이란 거의 없으며, 악기의 음도 순음이 아닌 다른 음과의 조합으로 구성되어 있다.

복합음을 묘사하는 데는 개별적인 성분음파형을 복합파형으로 합성하는 것과, 음을 여러 주파수대(frequency band)로 나누고 각 대의 음의 강도를 나타내는 주파수대별 분포(spectrum)를 사용하는 것의 두 가지 방법이 있다(Miller, 1947; 박경수, 1994).

2.1.4 음량(sound volume)

소리의 크고 작은 느낌은 주로 강도와 진동수에 의해서 일부 영향을 받는다. 음량의 기본속성에는 phon, sone 등의 척도가 있다.

(1) phon

가. 두 소리가 있을 때 그중 하나를 조정해 나가면 두 소리를 같은 크기가 되도록 할 수 있는데, 이러한 기법을 사용하여 정량적 평가를 하기 위한 음량수준척도를 만들 수 있다. 이때의 단위는 phon이다.

나. 어떤 음의 음량수준을 나타내는 phon값은 이 음과 같은 크기로 들리는 1,000 Hz 순음의 음압수준(dB)을 의미한다.

예 20 dB의 1,000 Hz는 20 phon이 된다.

다. 순음의 등음량곡선

특정 세기의 1,000 Hz 순음의 크기와 동일하다고 판단되는 다른 주파수위 음의 세기를 표시한 등음량곡선을 나타내고 있다(Robinson 등, 1957).

라. phon은 여러 음의 주관적 등감도(equality)는 나타내지만, 상이한 음의 상대적 크기에 대한 정보는 나타내지 못하는 단점을 지니고 있다.

예 40 phon과 20 phon 음간의 크기 차이 정도

(2) sone

다른 음의 상대적인 주관적 크기에 대해서는 sone이라는 음량척도를 사용한다.

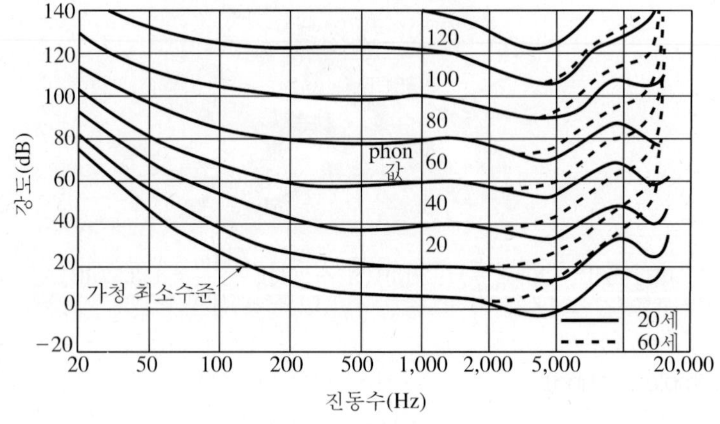

그림 1.2.7 순음의 등음량곡선

가. 40 dB의 1,000 Hz 순음의 크기(40 phon)를 1 sone이라 한다. 그리고 이 기준음에 비해서 몇 배의 크기를 갖느냐에 따라 음의 sone값이 결정된다. 기준음보다 10배 크게 들리는 음이 있다면 이 음의 음량은 10 sone이다.

나. 음량(sone)과 음량수준(phon) 사이에는 다음과 같은 공식이 성립된다.

$$\text{sone값} = 2^{(\text{phon값} - 40)/10}$$

(20 phon 이상의 순음 또는 복합음의 경우)

즉, 음량수준이 10 phon 증가하면 음량(sone)은 2배가 된다(Stevens, 1955). 일반적으로 같은 dB 수준을 가질 때 복합음의 음량(sone)은 순음의 음량보다 크다.

(3) 명료도지수

산업현장에서 소음과 관련된 명료도지수(Articulation Index)는 소음환경을 알고 있을 때의 이해도를 추정하기 위해 개발되었으며, 각 옥타브대의 음성과 잡음의 dB값에 가중치를 곱하여 합계를 구한다(Van Cott & Kinkade). 송화음의 통화이해도를 추정할 수 있는 근거로 명료도지수를 사용한다. 명료도지수는 여러 종류의 송화자료의 이해도 추산치로 전환할 수도 있다.

2.1.5 음의 은폐효과(masking effect)

은폐(masking)란 음의 한 성분이 다른 성분의 청각감지를 방해하는 현상을 말한다. 즉, 은폐란 한 음(피은폐음)의 가청역치가 다른 음(은폐음) 때문에 높아지는 것을 말한다. 산업현장에서 소음(은폐음)이 발생할 경우에는 신호검출의 역치가 상승하며 신호가 확실히 전달되기 위해서는 신호의 강도가 이 역치상승분을 초과해야 한다.

03 피부감각(촉각) 및 후각기능

3.1 피부감각(촉각)

출제빈도 ★★★★

피부감각(촉각)은 다음과 같이 분류한다.

(1) 정성적(qualitative)

관찰유사성(즉, 발생된 감각)에 기초한 분류한다. 즉, 자극(즉, 열, 기계, 화학, 전기 에너지와 같이 감각을 일으키는 에너지 형태)에 따라 분류한다.

(2) 해부학적(anatomically)

관여하는 감각기관이나 조직의 성질에 따른 분류한다. 그리고 피부감각별 수용기관은 다음과 같다.

가. 압각: 모근신경관, 마이스너소체, 메르켈 촉각반, 파시니소체

나. 온각: 루피니소체

다. 냉각: 크라우제소체

라. 통각: 자유신경종말

3.1.1 피부의 세 가지 감각계통

(1) 압력수용(압각)

(2) 통각(고통): 피부감각기 중 통각의 감수성이 가장 높다.

(3) 온도 변화(온각 또는 열각, 냉각)

3.1.2 피부감각 수용기

(1) 피부감각 수용기 중에는 한 가지 이상의 에너지 형태(기계적 압력과 열에너지 변화 등)나 특정 범위의 에너지에 응답하는 것이 있다.

(2) 여러 가지 에너지 형태와 양에 의하여 말초신경들이 자극을 받으면, 말초신경들 간의 상호작용으로 만짐이나 접촉, 간지러움, 누름 등의 감각을 경험한다.

3.2 후각

출제빈도 ★★★★

(1) 후각의 수용기는 콧구멍 위쪽에 있는 4~6 cm^2의 작은 세포군이며, 뇌의 후각영역에 직접 연결되어 있다.

(2) 인간의 후각은 특정 물질이나 개인에 따라 민감도의 차이가 있으며, 어느 특정 냄새에 대한 절대식별 능력은 다소 떨어지나, 상대적 기준으로 냄새를 비교할 때는 우수한 편이다.

(3) 훈련되지 않은 사람이 식별할 수 있는 일상적인 냄새의 수는 15~32종류이지만, 훈련을 통하며 60종류까지도 식별 가능하다(Desor and Beauchamp, 1974).

(4) 강도의 차이만 있는 냄새의 경우에는 3~4가지밖에 식별할 수 없다.

(5) 후각은 특정 자극을 식별하는 데 사용되기보다는 냄새의 존재 여부를 탐지하는 데 효과적이다.

04 체성감각 기능

(1) 체성감각(somatic sensation)

가. 눈, 코, 귀, 혀와 같은 감각기 이외의 피부, 근육 및 관절 등에서 유래되는 수용기를 체성감각이라고 하는데, 체성감각의 수용기는 신체 전체에 분포한다. 수용기의 밀도는 감각의 종류 및 부위에 따라서 차이가 난다.

나. 체성감각은 크게 피부감각과 심부감각으로 나뉜다. 피부에서 느끼는 촉각, 압각, 온각, 냉각 및 통각 등을 표면감각 또는 피부감각이라고 하고, 근육, 건 및 관절 등에서 유래되는 감각 또는 위치감각 등을 심부감각이라고 부른다.

(2) 시각정보와 체성감각 정보의 차이점

가. 시각정보는 빛에 의한 자극이 전기적 신호로 바뀌어 시신경을 통하여 뇌의 시상을 거쳐 대뇌피질의 후두엽에 있는 시각중추에 전달된다. 그러나 체성감각 정보는 체성신경을 통하여 시상을 거쳐 감각중추로 전달된다.

나. 시각정보와 같은 특수감각에 의한 정보는 중추신경계를 통해 대뇌에 전달되지만, 체성감각 정보는 말초신경계를 통하여 전달된다.

다. 시각적 정보는 일반적 정보를 전달할 수 있으며, 체성감각 정보는 특수한 경우의 정보, 예를 들어, 온감, 통각 등의 정보만 전달이 가능하다. 체성감각 정보를 전달하기 위해서는 고가의 장비와 훈련이 필요하다. 가상현실, 게임 등에서 현실감을 높이기 위하여 체성감각 정보의 제시가 요구된다.

3장 | 인간의 정보처리

01 신경계

(1) 인체의 입력계통을 대별하면 수용부, 전달부, 적분부로 나누어진다. 이 중에서 전달부와 적분부는 신경세포 또는 뉴런(neuron)이라고 하는 세포로 구성되어 있다.

(2) 외부로부터 입력되는 신호는 기본적으로 신경세포의 흥분에 의하여 신경세포에서 신경세포로 전달되는데, 이는 신경세포의 전기적 활동을 매개로 하여 수행된다.

(3) 신경섬유

가. 길이는 1 m 이상인 것에서 수십 마이크론에 이르는 것까지 다양하다.

나. 신경섬유는 중간에서 가지로 갈라져 옆가지를 내는 경우도 있으며, 말단 가까이에는 복잡하게 갈라져 있는 것도 있다.

(4) 임펄스

신경섬유로부터 전류의 펄스가 나타나는데 이는 대단히 짧고 예리하여 스파이크라고 불리며, 이러한 스파이크 계열을 임펄스라 한다.

1.1 말초신경계

1.1.1 말초신경계와 척수

(1) 말초신경계

중추신경계와 신체 모든 부위 사이의 정보전달 경로이며, 형태학적으로 뇌신경과 척수신경이 있다.

(2) 척수

32~35개의 척수골로 연결된 척추 가운데에 있는 봉상의 것으로 31쌍의 척수신경으로

구성된다(경신경 8쌍, 흉신경 12쌍, 요신경 5쌍, 천골신경 5쌍, 미골신경 1쌍).

1.1.2 자율신경계

자율신경계는 원심성신경(efferent nerve)만으로 내장, 혈관, 선, 평활근 등 불수의적으로 작용하는 조직 및 기관을 지배한다.

1.2 중추신경계

(1) 중추신경계의 기능

가. 반사: 감각 → 구심성신경 → 반사중추 → 원심성신경 → 효과기

나. 통합: 어떤 목적을 위해 반사가 조합되어 조정되는 기능

(2) 뇌간–척수계

가. 제1기능: 체심성신경계에 의한 반사활동과 자율신경계에 의한 조절작용

나. 제2기능: 자율신경계와 내분비계에 의한 조절작용

1.3 대뇌피질

(1) 감각영역 · 연합영역 · 운동영역

가. 전두엽(40%), 두정엽(21%), 측두엽(21%), 후두엽(18%)

나. 체성감각 영역: 피부감각을 관장하는 신경세포가 신체 부위에 따라 나열, 피부감각이 예민할수록 점유면적이 크다.

다. 운동영역: 골격근에 보내는 신경세포가 신체 부위에 따라 나열한다.

라. 민첩한 운동이 가능한 부위일수록 차지면적이 넓다.

02 정보처리 과정

2.1 인간의 정보처리 과정

출제빈도 ★★★★

(1) 여러 가지 인간활동에 있어서 인간이 취하는 신체적 반응은 어떤 입력에 대해 직접적이고 분명한 관계를 갖는다. 그러나 교통이 폭주하는 속에서 운전할 때와 같이 좀 더 복잡한 임무에 있어서는 정보입력 단계와 실제반응 사이에(판단 및 의사결정을 포함하여) 더 많은 정보처리를 하게 된다.

(2) 정보처리의 복잡한 정도의 차이는 있다 할지라도 여러 중간 과정들은 일반화하여 나타낼 수 있다. 일반화된 표현은 그림 1.3.1과 같다.

(3) 감각기관에 의한 감지, 인식, 단기보관(기억), 인식을 행동으로 옮김(반응의 기초), 반응의 제어, 발효기의 행동 등의 기능과 더불어 장기보관(기억) 및 궤환경로의 관련 기능들을 보여준다.

(4) 정보입력원이 단지 하나일 경우는 그림 1.3.1과 같이 정보처리의 여러 "단계"를 상당히 정확하게 나타낸다고 할 수 있다.

(5) 여러 감각입력이 동시에 발생하는 경우에는 신경계가 어느 한도까지는 단일통신 경로와 같이 작용하고, 따라서 제한된 용량을 갖는다는 학설이 있다(경로용량, channel capacity).

(6) 사람은 그가 받는 모든 감각입력 중에서 어떤 것을 "선택"하며, 이러한 선택은 자극의 특성과 개인의 상태에 따라서 이루어진다. 이 이론은 우리가 한 번에 한 가지 것에만 유의한다는 것을 의미한다. 그리고 2개 이상의 것에 대해서 돌아가며 재빨리 교번하여 처리하는 것을 시배분이라 한다.

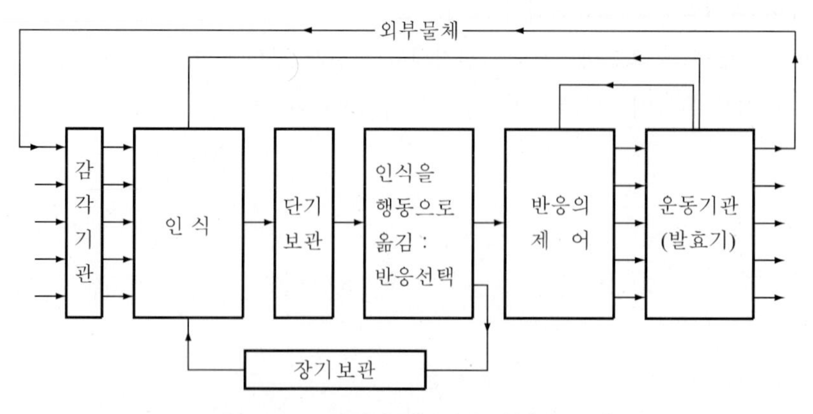

그림 1.3.1 인간의 정보처리 과정(Welford)

(7) 감각기관에 의해 최초로 받아들여진 후 중간과정을 거쳐 영구보관(기억)되는 사이에 정보응축(reduction)이 일어나며, 여기에 대한 자세한 과정은 잘 알 수 없으나, 이에 따른 정보량 감소는 표 1.3.1과 같이 추산된다.

표 1.3.1 정보처리 과정에서의 정보량 추정

과정	최대정보흐름량(bit/초)
감각기관의 감수	1,000,000,000
신경접속	3,000,000
의식	16
영구보관	0.7

2.2 자극차원

출제빈도 ★★★★

(1) 인간이 시각, 청각 등의 어떤 특정 감각을 통하여 환경으로부터 받아들이는 자극입력은 그 특성이 다양하다(크기, 색, 위치 등의 시각적 식별과 진동수 등의 청각적 식별을 한다).

(2) 표시장치를 통해 정보를 전달할 때에는 사용되는 자극의 특성을 단순하게 하는 것이 보통이어서 진동수의 변화와 같이 자극들의 어떤 한 가지 종류 내의 변화로 이루어지는 것이 전형적이며, 이를 하나의 자극차원이라고 한다.

(3) 어떤 자극차원이라도 정보를 전달하기 위한 효용성은 어떤 한 자극을 다른 자극과 변별하는 데 필요한 인간의 감각 및 인식적 판별력에 달려 있다.

(4) 인간의 절대식별 능력은 일반적으로 상대적으로 식별하는 능력에 비해서 훨씬 떨어진다(상대적 색 비교: 100,000~300,000구별, 절대적 색 식별: 10~20개 정도).

(5) 상대식별: 웨버의 법칙(Weber' s law)

물리적 자극을 상대적으로 판단하는 데 있어 특정 감각의 변화감지역은 기준자극의 크기에 비례한다. 웨버의 비가 작을수록 감각의 분별력이 뛰어나다.

$$\text{웨버의 비} = \frac{\text{변화감지역}}{\text{기준자극의 크기}}$$

여기서, 변화감지역(JND): 두 자극 사이의 차이를 식별할 수 있는 최소강도의 차이

이 법칙의 예시는 다음과 같다.

가. 무게감지: 웨버의 비가 0.02라면 100 g을 기준으로 무게의 변화를 느끼려면 2 g 정도면 되지만, 10 kg의 무게를 기준으로 한 경우에는 200 g이 되어야 무게의 차이를 감지할 수 있다.

나. 마케팅: 제품의 가격과 관련한 소비자들의 웨버의 비를 조사하여 변화감지역 내에서 제품가격을 인상한다면 소비자가 가격이 인상된 것을 쉽게 지각하지 못한다.

다. 제조과정: 맥주 제조업체들은 계절에 따라 원료의 점도와 효소의 양을 변화감지역의 범위 안에서 조절함으로써 소비자로 하여금 맥주의 맛이 사계절 동일하다고 느끼게 한다.

(6) 절대식별

절대식별은 다음 두 종류(가, 나)의 상황에서 필요하다.

가. 한 자극차원 내의 몇 가지 이산적인 위치수준 또는 수치가 암호로 사용되어 각 위치가 각기 다른 정보를 나타내는 경우(진동수가 다른 여러 가지 음을 자극으로 사용하는 경우이며 듣는 사람은 특정한 음을 식별하여야 한다.)

나. 자극이 연속변수로서 자극차원 내의 어떤 값도 가질 수 있으며, 사람이 그 차원 내에서의 수치나 위치를 판별해야 하는 경우

다. 인간이 한 자극차원 내의 자극을 절대적으로 식별할 수 있는 능력은 대부분의 자극차원의 경우 크지 못하며, 표 1.3.2에서와 같이 일반적으로 4~9개 정도, bit 수로 2.0에서 3.0 bit 정도이다.

라. 신비의 수 7±2

Miller는 절대식별 범위가 대개 7±2(5~9)라고 하였다.

표 1.3.2 자극차원별 절대식별 능력

자극차원	평균식별수	bit 수
단순음	5	2.3
음량	4~5	2~2.3
보는 물체의 크기	5~7	2.3~2.8
광도(휘도)	3~5	1.7~2.3

2.3 인간기억 체계

출제빈도 ★★★★

인간의 기억체계는 다음과 같은 3개의 하부체계에서는 감각보관, 작업기억, 장기기억으로 개념화된다.

2.3.1 감각보관(sensory storage)

(1) 개개의 감각경로는 임시보관장치를 가지고 있으며, 자극이 사라진 후에도 잠시 동안 감각이 지속된다. 촉각 및 후각의 감각보관에 대한 증거가 있다. 잘 알려진 감각보관은 시각계통의 상(像)보관(iconic storage)과 청각계통의 향(響)보관(echoic storage)이다.
   가. 상보관: 시각적인 자극이 영사막에 순간적으로 비춰지며, 상보관 기능은 잔상을 잠시 유지하여 그 영상을 좀 더 처리할 수 있게 한다(1초 이내 지속).
   나. 향보관: 청각적 정보도 향보관 기능을 통해서 비슷한 양상으로 일어나며, 수 초간 지속된 후에 사라진다.

(2) 감각보관은 비교적 자동적이며, 좀 더 긴 기간 동안 정보를 보관하기 위해서는 암호화되어 작업기억으로 이전되어야 한다.

2.3.2 작업기억(working memory)

(1) 인간의 정보보관의 유형에는 오래된 정보를 보관하도록 마련되어 있는 것과 순환하는 생각이라 불리며, 현재 또는 최근의 정보를 기록하는 일을 맡는 두 가지의 유형이 있다.
(2) 감각보관으로부터 정보를 암호화하여 작업기억 혹은 단기기억으로 이전하기 위해서는 인간이 그 과정에 주의를 집중해야 한다.
(3) 복송(rehearsal): 정보를 작업기억 내에 유지하는 유일한 방법
(4) 작업기억 내의 정보는 시간이 흐름에 따라 쇠퇴할 수 있다.
(5) 작업기억에 저장될 수 있는 정보량의 한계: 7±2 chunk
(6) chunk: 의미 있는 정보의 단위를 말한다.
(7) chunking(recoding): 입력정보를 의미가 있는 단위인 chunk로 배합하고 편성하는 것을 말한다.
(8) 단기기억의 정보는 일반적으로 시각(visual), 음성(phonetic), 의미(semantic) 세 가지로 코드화된다.
(9) 시공간 스케치북
   가. 시공간 스케치북은 주차한 차의 위치, 편의점에서 집까지 오는 길과 같이 시각적, 공간적 정보를 잠시 동안 보관하는 것을 가능하게 해 준다.
   나. 사람들에게 자기 집 현관문을 떠올리라고 지시하고 문손잡이가 어느 쪽에 위치하는지를 물으면, 사람들은 마음속에 떠올린 자기 집 현관문의 손잡이가 문 왼쪽에 있는지 오른쪽에 있는지 볼 수 있다.
   다. 이러한 시각적 심상을 떠올리는 능력은 시공간 스케치북에 의존한다.

(10) 음운고리(phonological loop)

가. 음운고리는 짧은 시간 동안 제한된 수의 소리를 저장한다. 음운고리는 제한된 정보를 짧은 시간 동안 청각부호로 유지하는 음운저장소와 음운저장소에 있는 단어들을 소리 없이 반복할 수 있도록 하는 하위 발성암송 과정이라는 하위요소로 이루어져 있다.

나. 음운고리의 제한된 저장공간은 발음시간에 따른 국가 이름 암송의 차이에 대한 연구로 알 수 있다. 예를 들어, 가봉, 가나 같은 국가의 이름은 빨리 발음할 수 있지만, 대조적으로 리히텐슈타인이나 미크로네시아와 같은 국가의 이름은 정해진 시간 안에 제한된 수만을 발음할 수 있다.

다. 따라서 이러한 긴 목록을 암송해야 하는 경우에 부득이 일부 국가 이름은 음운고리에서 사라지게 된다.

2.3.3 장기기억(long-term memory)

(1) 작업기억 내의 정보는 의미론적으로 암호화되어 그 정보에 의미를 부여하고 장기기억에 이미 보관되어 있는 정보와 관련되어 장기기억에 이전된다.

(2) 장기기억에 많은 정보를 저장하기 위해서는 정보를 분석하고, 비교하고, 과거 지식과 연계시켜 체계적으로 조직화하는 작업이 필요하다.

(3) 체계적으로 조직화되어 저장된 정보는 시간이 지나서도 회상(retrieval)이 용이하다.

(4) 정보를 조직화하기 위해 기억술(mnemonics)을 활용하면 회상이 용이해진다.

2.4 인체반응의 정보량

출제빈도 ★★★★

인체반응도 정보를 전달한다. 사람들이 인체반응을 통해서 정보를 전송하는 효율은 최초 정보입력의 특성과 요구되는 반응의 종류에 달려 있다.

2.4.1 타건속도에 관한 실험

(1) 여러 가지 실험조건 하에서 2, 4 또는 8종류의 아라비아 숫자를 초당 1, 2 또는 3개 등 특정한 속도로 피실험자에게 제시하고, 이를 구두로 반복하거나(구두반응), 제시된 숫자에 해당하는 건을 누르도록(타건운동 반응) 한 실험

(2) 최대속도

가. 구두반응: 초당 7.9 bit

나. 타건운동 반응: 초당 2.8 bit

2.4.2 막대꽂기 실험

(1) 좀 더 복잡한 임무로 작은 막대를 구멍에 끼우는 작업에서 유극(막대와 구멍의 지름차)과 진폭(이동거리)을 변화시켜가며 정보량을 분석한 실험
(2) bit 단위로 정보량을 측정한 결과: 여러 실험조건 하에서 정보량은 3~10 bit이다.

(3) Fitts의 법칙

막대꽂기 실험에서와 같이 A는 표적중심신까지의 이동거리, W는 표적 폭이라 하고, 작업의 난이도(Index of Difficulty; ID)와 이동시간(Movement Time; MT)을 다음과 같이 정의한다.

$$ID\,(\text{bits}) = \log_2 \frac{2A}{W}$$

$$MT = a + b \cdot ID$$

이를 Fitts의 법칙이라 한다.

가. 표적이 작을수록, 그리고 이동거리가 길수록 작업의 난이도와 소요 이동시간이 증가한다.

나. 사람들이 신체적 반응을 통하여 전송할 수 있는 정보량은 상황에 따라 다르지만, 대체적으로 그 상한값은 약 10 bit/sec 정도로 추정된다.

2.5 반응시간

출제빈도 ★★★★

(1) 인간의 행동은 환경의 자극에 의해서 일어나며, 거기에 작용하는 것이다. 환경으로부터의 자극은 눈이나 귀 등의 감각기관에서 수용되고, 신경을 통해서 대뇌에 전달되고, 여기에서 해석되고 판단되어 반응하게 된다.
(2) 다시 필요한 행동의 경우에 말단기관에 명령을 내려서 언어로 응답하거나, 손이나 발 등의 신체기관을 움직여서 기계 및 장비 등을 조작한다.
(3) 어떤 자극에 대한 반응을 재빨리 하려고 해도 인간의 경우에는 감각기관만이 아니고, 반응하기 위해 시간이 걸린다. 즉, 어떠한 자극을 제시하고 여기에 대한 반응이 발생하기까지의 소요시간을 반응시간(Reaction Time; RT)이라고 하며, 반응시간은 감각기관의 종류에 따라서 달라진다.

(4) 하나의 자극만을 제시하고 여기에 반응하는 경우를 단순반응, 두 가지 이상의 자극에 대해 각각에 대응하는 반응을 고르는 경우를 선택반응이라고 한다. 이때 통상 되도록 빨리 반응 동작을 일으키도록 지시되어, 최대의 노력을 해서 반응했을 때의 값으로 계측된다. 이 값은 대뇌중추의 상태를 짐작할 수 있도록 해주며, 정신적 사건의 과정을 밝히는 도구나 성능의 실제적 척도로서 사용된다.

가. 단순반응시간(simple reaction time)

① 하나의 특정 자극에 대해 반응을 시작하는 시간으로 항상 같은 반응을 요구한다.

② 통제된 실험실에서의 실험을 수행하는 것과 같은 상황을 제외하고 단순반응 시간과 관련된 상황은 거의 없다. 실제상황에서는 대개 자극이 여러 가지이고, 이에 따라 다른 반응이 요구되며, 예상도 쉽지 않다.

③ 단순반응시간에 영향을 미치는 변수에는 자극양식(stimulus detectability: 강도, 지속시간, 크기 등), 공간주파수(spatial frequency), 신호의 대비 또는 예상(preparedness 또는 expectancy of a signal), 연령(age), 자극위치(stimulus location), 개인차 등이 있다.

나. 선택반응시간(choice reaction time)

① 여러 개의 자극을 제시하고, 각각에 대해 서로 다른 반응을 요구하는 경우의 반응시간이다.

② 일반적으로 정확한 반응을 결정해야 하는 중앙처리 시간 때문에 자극과 반응의 수가 증가할수록 반응시간이 길어진다. Hick－Hyman의 법칙에 의하면 인간의 반응시간(Reaction Time; RT)은 자극정보의 양에 비례한다고 한다. 즉, 가능한 자극－반응 대안들의 수(N)가 증가함에 따라 반응시간(RT)이 대수적으로 증가한다. 이것은 $RT = a + b\ \log2N$ 의 공식으로 표시될 수 있다.

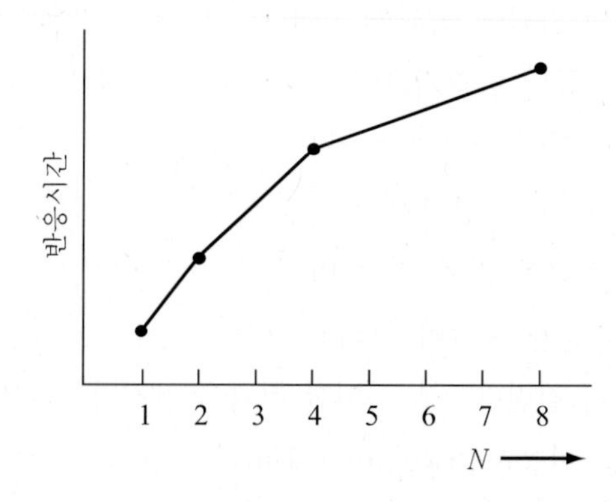

그림 1.3.2 반응시간(RT)에 대한 Hick-Hyman의 법칙

예제

힉-하이만(Hick-Hyman)의 법칙에 의하면 인간의 반응시간(Reaction Time; *RT*)은 자극 정보의 양에 비례한다고 한다. 인간의 반응시간(*RT*)이 다음 식과 같이 예견된다고 하면, 자극정보의 개수가 2개에서 8개로 증가한다면 반응시간은 몇 배 증가하겠는가? (단, $RT = a \times \log_2 N$, a : 상수, N : 자극정보의 수)

풀이

a 는 상수이므로 자극정보의 수만으로 계산을 한다. $\log_2 2 = 1$이고, $\log_2 8 = 3$이므로 3배 증가한다.

③ 선택반응시간은 자극발생확률의 함수이다. 대안수가 증가하면 하나의 대안에 대한 확률은 감소하게 되고, 선택반응시간이 증가하게 된다. 여러 개의 자극이 서로 다른 확률로 발생하면, 발생가능성이 많은 자극에 대한 반응시간은 짧아지고 발생 가능성이 낮은 자극에 대한 반응시간은 길어진다.

④ 발생가능성이 높은 자극이 발생하면 미리 이에 대한 반응을 준비하고 있기 때문에 적절한 반응을 찾는 시간이 빨라져서 반응시간이 빠르다. 그 반대의 경우에는 예상한 자극이 아니므로, 적절한 반응을 찾는 데 시간이 걸리게 된다.

⑤ 선택반응시간에 영향을 미치는 인자는 자극의 발생가능성 이외에도 많은데, 그 인자들로는 자극과 응답의 양립성(compatibility), 연습(practice), 경고(warning), 동작유형(type of movement), 자극의 수 등이 있다.

(5) 반응시간은 여러 가지 조건에 따라서 상당한 변동을 나타낸다. 시각, 청각, 촉각의 자극별 반응시간을 비교하면, 시각자극이 가장 크며, 청각, 촉각의 차이는 적으며, 또한 자극의 강도, 크기와도 관계가 있다.

(6) 청각적 자극은 시각적 자극보다도 시간이 짧고, 신속하게 반응할 수 있는 이점이 있다. 청각자극이 경보로서 사용되고 있는 것도 이 때문이다. 즉, 감각기관별의 반응시간은 청각 0.17초, 촉각 0.18초, 시각 0.20초, 미각 0.29초, 통각 0.70초이다.

(7) 시각 및 청각자극은 자극하는 강도의 저하는 반응시간의 연장을 초래한다. 그리고 다른 여러 가지 요인들이 반응시간에 영향을 미친다.

03 정보이론

정보이론이란 여러 가지 상황 하에서의 정보전달을 다루는 과학적 연구분야이다. 정보이론은 공학분야뿐 아니라 심리학이나 생체과학 같은 다른 분야에도 널리 응용될 수 있다.

3.1 정보전달 경로

(1) 인간에게 입력되는 것은 물론 감각기관을 통해서 받는 정보이다. 실제로는 감각기관을 통하여 정보 그 자체를 받는 것은 아니고, 우리의 감각장치가 어떤 특정한 자극에 민감하고, 그것이 우리에게 어떤 의미를 전달하는 것이다.

(2) 자극은 빛, 소리, 열, 기계적 압력과 같은 여러 가지 형태의 에너지이다.

(3) 전형적인 근원은 어떤 사물이나 사상 또는 환경조건 등이다.

(4) 근원으로부터 나온 정보는 우리에게 직접적 또는 다른 장치나 기구를 통해 간접적으로 올 수 있다.

(5) 어떤 경우에서든지 원자극은 그것이 발생시키는 에너지에 의한(빛, 소리, 기계적 힘과 같은) 근자극을 통해서만 감지할 수 있다.

(6) 간접적으로 감지하는 경우 새로운 원자극은 두 가지 유형이 있다.

가. 시각적·청각적 표시장치처럼 코딩된 자극

나. TV, 라디오, 사진이나 현미경, 마이크로필름 투시장치, 쌍안경, 보청기 등의 장치를 통한 것과 같은 재생된 자극: 재생은 확대, 축소, 증폭, 여과 등에 의해서와 같이 어떤 방식으로 의도적으로나 비의도적으로 수정될 수 있다.

(7) 코딩 또는 재생된 자극의 경우 인간의 감각기관에 대해서는 새로 변환된 자극이 실제 원자극이 된다. 그림 1.3.3은 위 내용을 도식화한 것이다.

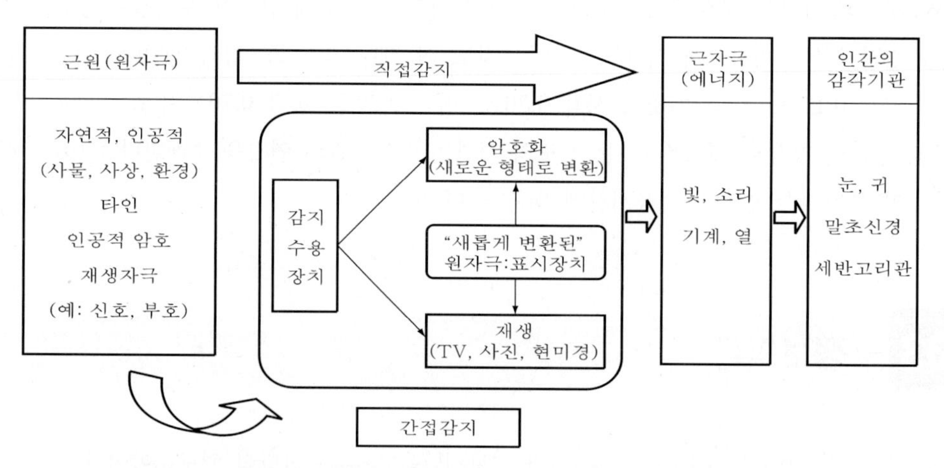

그림 1.3.3 근원으로부터 감각기관에 이르는 정보전달 경로의 도식적 설명

3.2 정보의 측정단위

출제빈도 ★★★★

(1) 과학적 탐구를 하기 위해서는 연구에 관련된 변수들을 비교적 계량적이고 객관적인 입장에서 측정하거나 식별할 수 있어야 한다. 이러한 점에서 본다면 정보이론의 주된 업적은 정보의 척도인 bit(Binary Digit의 합성어)의 개발이라 할 수 있다.

(2) Bit란 실현가능성이 같은 2개의 대안 중 하나가 명시되었을 때 우리가 얻는 정보량으로 정의된다.

(3) 일반적으로 실현 가능성이 같은 n개의 대안이 있을 때 총 정보량 H는 아래 공식으로부터 구한다.

$$H = \log_2 n$$

그리고 각 대안의 실현 확률(즉, n의 역수)로 표현할 수 있다. 즉, p를 각 대안의 실현 확률이라 하면 다음과 같다.

$$H = \log_2 \frac{1}{p}$$

(4) 두 대안의 실현 확률의 차이가 커질수록 정보량 H는 줄어든다.

(5) 여러 개의 실현가능한 대안이 있을 경우에는 평균정보량은 각 대안의 정보량에 실현 확률을 곱한 것을 모두 합하면 된다.

$$H = \sum_{i=1}^{n} P_i \log_2 \left(\frac{1}{P_i} \right) \quad (P_i : \text{각 대안의 실현 확률})$$

3.3 정보량

자극의 불확실성과 반응의 불확실성은 정보전달을 완벽하게 할 수 없게 한다. X는 자극의 입력, Y는 반응의 출력을 나타낸 것이고, 중복된 부분은 제대로 전달된 정보량을 나타낸다(그림 1.3.4 참조).

(1) 정보의 전달량은 다음 식과 같이 나타낼 수 있다.

$$T(X, Y) = H(X) + H(Y) - H(X, Y)$$

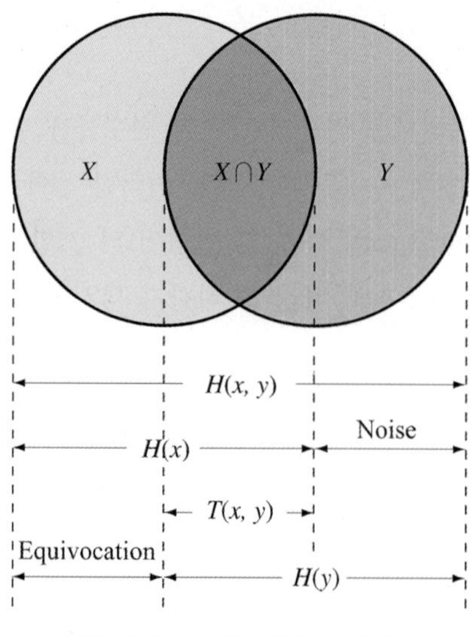

그림 1.3.4 정보전달의 개념도

(2) 정보전달체계는 완벽하지 못하기 때문에 전달하고자 하는 자극의 정보량($H(X)$), 반응의 정보량($H(Y)$), 전달된 정보량($T(X, Y)$)이 다를 수 있는데, 이는 정보손실량(Equivocation)과 정보소음량(Noise)이 존재하기 때문이다.

가. **정보손실량**(Equivocation): 전달하고자 의도한 입력정보량 중 일부가 체계 밖으로 빠져나간 것을 말한다.

$$\text{Equivocation} = H(X) - T(X, Y) = H(X, Y) - H(Y)$$

나. **정보소음량**(Noise): 전달된 정보량 속에 포함되지 않았지만 전달체계 내에서 또는 외부에서 생성된 잡음으로 출력정보량에 포함된다.

$$\text{Noise} = H(Y) - T(X, Y) = H(X, Y) - H(X)$$

3.4 정보측정의 한계

인간이 받는 어떤 형태의 정보는 (직접적으로 받거나 혹은 암호화 내지 재생된 형태로 받거나 간에) 실제로 bit 수로 계량화할 수 있다. 그러나 다음과 같이 측정할 수 없는 다른 형태의 정보도 많이 있다.

(1) 추적(tracking) 임무의 표적
(2) 계기눈금의 계속적인 변화
(3) 축구경기 등

예제

낮은 음이 들리면 빨강 버튼을 누르고, 중간 음은 노랑 버튼, 높은 음은 파랑 버튼을 누르도록 하는 자극-반응실험을 총 100회 시행한 결과가 아래 표와 같다. 자극-반응표를 이용하여 자극정보량 $H(X)$, 반응정보량 $H(Y)$, 자극-반응 결합정보량 $H(X, Y)$, 전달된 정보량 $T(X, Y)$, 손실정보량, 소음정보량을 구하시오.

소리 \ 버튼		Y			ΣX
		빨강	노랑	파랑	
X	낮은 음	33	0	0	33
	중간 음	14	20	0	34
	높은 음	0	0	33	33
ΣY		47	20	33	100

풀이

(1) $H(X) = 0.33\ \log2(1/0.33)+0.34\log2(1/0.34)+0.33\log2(1/0.33)$
$= 1.585$ bits

(2) $H(Y) = 0.47\ \log2(1/0.47)+0.2\log2(1/0.2)+0.33\log2(1/0.33)$
$= 1.504$ bits

(3) $H(X, Y) = 0.33\ \log2(1/0.33)+0.14\log2(1/0.14)+0.2\log2(1/0.2)+0.33\log2(1/0.33)$
$= 1.917$ bits

(4) $T(X, Y) = H(X) + H(Y) - H(X, Y)$
$= 1.585 + 1.504 - 1.917 = 1.172$ bits

(5) 손실정보량 $= H(X, Y) - H(Y)$
$= 1.917 - 1.504$
$= 0.413$ bits

(6) 소음정보량 $= H(X, Y) - H(X)$
$= 1.917 - 1.585$
$= 0.332$ bits

04 신호검출 이론(signal detection theory)

어떤 상황에서는 의미 있는 자극이 이의 감수를 방해하는 '잡음(noise)'과 함께 발생하며, 잡음이 자극검출에 끼치는 영향을 다루는 것이 신호검출 이론이다. 신호검출 이론은 식별이 쉽지 않은 독립적인 두 가지 상황에 적용된다. 레이더 상의 점, 배경 속의 신호등, 시끄러운 공장에서의 경고음 등이 그 좋은 예이다.

4.1 신호검출 이론(SDT)의 근거

출제빈도 ★★★★

(1) 잡음은 공장에서 발생하는 소음처럼 인간의 외부에 있을 수도 있지만 신경활동처럼 내부에 있는 것도 있다.

(2) 잡음은 시간에 따라 변하며 그 강도의 높고 낮음은 정규분포를 따른다고 가정한다. 신호의 강도는 배경 잡음에 추가되어 전체 강도가 증가된다.

(3) 음의 강도가 매우 약하거나 강할 경우에는 소음만 있는지 신호도 있는지 판정하는데 별 문제가 없다. 그러나 중첩된 부분에서는 혼동이 일어나기 쉽다. 이 경우 신호로 혼동할 확률 또는 소음으로 혼동할 실제 확률은 그림 1.3.5에서 두 분포가 중첩되는 부분의 상대적 크기에 따른다.

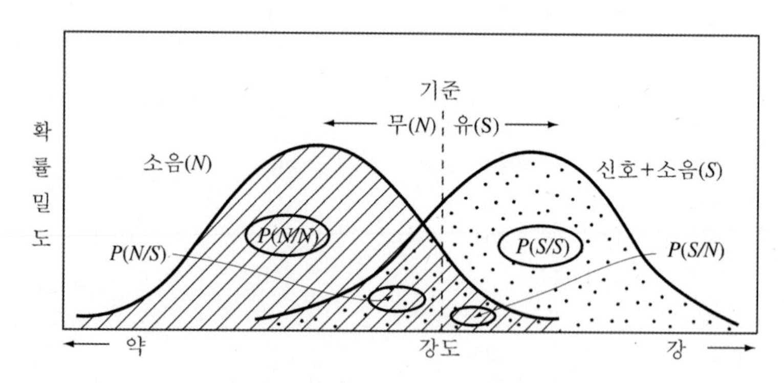

그림 1.3.5 소리강도를 매개변수로 사용한 신호검출 이론(SDT)의 개념설명

(4) 신호의 유무를 판정하는 과정에서 네 가지의 반응 대안이 있으며, 각각의 확률은 다음과 같이 표현한다.

가. 신호의 정확한 판정(Hit): 신호가 나타났을 때 신호라고 판정, $P(S/S)$

나. 허위경보(False Alarm): 잡음을 신호로 판정, $P(S/N)$

다. 신호검출 실패(Miss): 신호가 나타났는데도 잡음으로 판정, $P(N/S)$

라. 잡음을 제대로 판정(Correct Noise): 잡음만 있을 때 잡음이라고 판정, $P(N/N)$

4.2 판단기준

출제빈도 ★★★★

(1) 소리의 강도는 연속선상에 있으며, 신호가 나타났는지의 여부를 결정하는 반응기준은 연속선상의 어떤 점에서 정해지며, 이 기준에 따라 네 가지 반응 대안의 확률이 결정된다.

(2) 판정자는 반응기준보다 자극의 강도가 클 경우 신호가 나타난 것으로 판정하고, 반응기준보다 자극의 강도가 작을 경우 신호가 없는 것으로 판정한다.

(3) 반응기준을 나타내는 값을 β라고 하며, 반응기준점에서의 두 분포의 높이의 비로 나타낸다.

$$\beta = b/a$$

여기서, a : 소음분포의 높이

b : 신호분포의 높이

(4) 반응기준점에서 두 곡선이 교차할 경우 $\beta = 1.0$이다.

(5) 반응기준이 오른쪽으로 이동할 경우($\beta > 1$): 판정자는 신호라고 판정하는 기회가 줄어들게 되므로 신호가 나타났을 때 신호의 정확한 판정은 적어지나 허위경보를 덜하게 된다. 이런 사람을 일반적으로 보수적이라고 한다.

(6) 반응기준이 왼쪽으로 이동할 경우($\beta < 1$): 신호로 판정하는 기회가 많아지게 되므로 신호의 정확한 판정은 많아지나 허위경보도 증가하게 된다. 이런 사람을 흔히 진취적, 모험적이라 한다.

(7) 반응기준을 결정하는 데 영향을 미치는 요인으로는 신호와 잡음의 발생확률과 반응기준에 따라 결정되는 네 가지 대안의 비용 및 이익효과가 있다. 외부적인 요인으로 작업을 수행하는 과정에서 발생하는 심리적 피로, 궤환정보, 환경의 변화 등이 있다.

4.3 민감도

(1) 민감도는 반응기준과는 독립적이며, 두 분포의 떨어진 정도(separation)를 말한다.

(2) 민감도는 d로 표현하며, 두 분포의 꼭짓점의 간격을 분포의 표준편차 단위로 나타낸다.

즉, 두 분포가 떨어져 있을수록 민감도는 커지며, 판정자는 신호와 잡음을 정확하게 판정하기가 쉽다.

(3) 신호검출 이론의 적용대상 문제의 민감도는 대개 0.5~2.0 정도이다.

4.4 신호검출 이론의 의의

(1) 신호 및 경보체계의 설계 시 가능하다면 잡음에 실린 신호의 분포는 잡음만의 분포와는 뚜렷이 구분될 수 있도록 설계하여 민감도가 커지도록 하는 것이 좋다. 이는 신호 및 경보의 관측자가 신호와 잡음을 혼돈함으로써 발생하는 인간실수를 줄일 수 있는 방안이 될 수 있다.

(2) 현실적으로 신호와 잡음의 분포를 뚜렷이 구분할 수 없는 경우가 발생할 수 있다. 이렇게 신호와 잡음의 중첩이 불가피할 경우에는 허위경보와 신호를 검출하지 못하는 실수 중 어떤 실수를 좀 더 묵인할 수 있는가를 결정하여 판정자의 반응기준을 제공하여야 한다.

(3) 경제적 관점에서의 반응기준 설정의 한 예

가. 변수 정의

① $P(N)$: 잡음이 나타날 확률

② $P(S)$: 신호가 나타날 확률

③ V_{CN}: 잡음을 제대로 판정했을 경우 발생하는 이익

④ V_{HIT}: 신호를 제대로 판정했을 경우 발생하는 이익

⑤ C_{FA}: 허위경보로 인한 손실

⑥ C_{MISS}: 신호를 검출하지 못함으로써 발생하는 손실

나. 판정자가 어떤 반응기준에 의하여 판정했을 경우 발생할 수 있는 기대값

$$\text{기대값(Expected Value)} = V_{\mathrm{CN}} \times P(N) \times P(N/N) + V_{\mathrm{HIT}} \times P(S) \times P(S/S) - C_{\mathrm{FA}} \times P(N) \times P(S/N) - C_{\mathrm{MISS}} \times P(S) \times P(N/S)$$

다. 식에서 $P(N)$, $P(S)$, V_{CN}, V_{HIT}, C_{FA}, C_{MISS}는 구할 수 있고, 반응기준에 의해서 네 가지 반응대안의 확률은 결정된다. 따라서 구해진 기대값을 최대화하는 반응기준을 제공하는 것이 경제적 관점에서의 반응기준 제시라고 할 수 있다.

4.5 신호검출 이론의 응용

신호검출 이론은 공장에서의 소음과 같은 청각신호에 대한 것뿐만 아니라, 소리의 파형, 빛 같은 시각신호 등 다른 유형의 신호나 잡음에도 적용될 수 있다. 또한, SDT는 음파탐지(sound navigation ranging; sonar), 품질검사 임무, 의료진단, 증인증언, 항공기관제 등 광범위한 실제상황에 적용된다(Sanders and McCormick, 1993). 그러나 신호검출 이론은 제어된 실험실에서 개발된 것으로, 실제상황에 적용하기 위해서는 세심한 주의가 필요하다.

4장 | 인간-기계 시스템

01 인간-기계 시스템의 개요

시스템을 설계하는 데에는 많은 방법이 있으며, 인간성능에 대해서 각별한 고려가 필요하다.

1.1 인간-기계 시스템의 정의

(1) 인간과 기계가 조화되어 하나의 시스템으로 운용되는 것을 인간-기계 시스템(man-machine system)이라 한다.

(2) 인간이 기계를 사용하여 어떤 목적물을 생산하는 경우, 인간이 갖는 생리기능에 의한 동작 메커니즘의 구사와 기계에 도입된 에너지에 의해서 움직이도록 되어 있는 메커니즘이 하나로 통합된 계열로 운동, 동작함으로써 이루어지는 것을 말한다.

1.2 인간-기계 시스템의 구조

(1) 인간-기계 시스템에서의 주체는 어디까지나 인간이며, 인간과 기계의 기능분배, 적합성, 작업환경 검토, 그리고 시스템의 평가와 같은 역할을 수행한다.

(2) 인간-기계 시스템은 정보라는 매개물을 통하여 서로 기능을 수행하며, 전체적인 시스템의 상호작용을 하게 된다. 이때의 정보는 인간의 감각기관을 통해 자극의 형태로 입력된다.

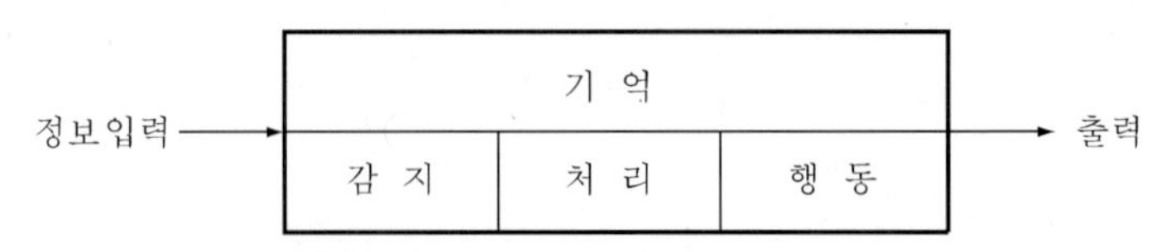

그림 1.4.1 인간-기계 시스템의 일반적인 구조

(3) 인간과 기계의 접점이 되는 표시장치나 조종장치의 하드웨어와 소프트웨어를 man-machine interface라고 한다. 이 표시장치나 조종장치는 인간의 감각, 정보처리, 동작의 생리학적, 심리학적 특성에 부합되도록 설계되어야 한다.

1.3 인간–기계 시스템의 기능

출제빈도 ★★★★

인간공학적 측면에서의 인간–기계 시스템의 기능은 다음 3가지 기능에 대한 가정으로 만들어진다.

(1) 인간–기계 시스템에서의 효율적 인간기능이다. 만약 인간이 시스템에서 효과적으로 기능을 수행하지 못하면 그 시스템의 역할은 아마도 퇴화될 것이다.

(2) 작업에 대한 동기부여이다. 작업자는 작업에 대해 적당한 동기가 부여됨으로써 좀 더 적극적으로 행동하게 될 것이다.

(3) 인간의 수용능력과 정신적 제약을 고려한 설계이다. 제품, 장비, 작업자, 그리고 작업방법들이 인간의 수용능력과 정신적 제약을 고려하여 설계된다면 시스템 수행에 대한 결과는 더욱 향상될 것이다.

1.4 인간과 기계의 능력비교

출제빈도 ★★★★

인간과 기계의 장점과 단점은 표 1.4.1과 같다.

1.4.1 인간–기계 시스템에서의 기본적인 기능

인간–기계 시스템에서의 인간이나 기계는 감각을 통한 정보의 수용, 정보의 보관, 정보의 처리 및 의사결정, 행동의 네 가지 기본적인 기능을 수행한다.

(1) 감지(sensing: 정보의 수용)

가. 인간: 시각, 청각, 촉각과 같은 여러 종류의 감각기관이 사용된다.

나. 기계: 전자, 사진, 기계적인 여러 종류가 있으며, 음파탐지기와 같이 인간이 감지할 수 없는 것을 감지하기도 한다.

표 1.4.1 인간과 기계의 능력

구분	장점	단점
인간	1. 시각, 청각, 촉각, 후각, 미각 등의 작은 자극도 감지한다. 2. 각각으로 변화하는 자극패턴을 인지한다. 3. 예기치 못한 자극을 탐지한다. 4. 기억에서 적절한 정보를 꺼낸다. 5. 결정 시에 여러 가지 경험을 꺼내 맞춘다. 6. 원리를 여러 문제해결에 응용한다. 7. 주관적인 평가를 한다. 8. 아주 새로운 해결책을 생각한다. 9. 조작이 다른 방식에도 몸으로 순응한다. 10. 귀납적인 추리가 가능하다.	1. 어떤 한정된 범위 내에서만 자극을 감지할 수 있다. 2. 드물게 일어나는 현상을 감시할 수 없다. 3. 수 계산을 하는 데 한계가 있다. 4. 신속고도의 신뢰도로서 대량정보를 꺼낼 수 없다. 5. 운전작업을 정확히 일정한 힘으로 할 수 없다. 6. 반복작업을 확실하게 할 수 없다. 7. 자극에 신속 일관된 반응을 할 수 없다. 8. 장시간 연속해서 작업을 수행할 수 없다.
기계	1. 초음파 등과 같이 인간이 감지하지 못하는 것에도 반응한다. 2. 드물게 일어나는 현상을 감지할 수 있다. 3. 신속하면서 대량의 정보를 기억할 수 있다. 4. 신속정확하게 정보를 꺼낸다. 5. 특정 프로그램에 대해서 수량적 정보를 처리한다. 6. 입력신호에 신속하고 일관된 반응을 한다. 7. 연역적인 추리를 한다. 8. 반복동작을 확실히 한다. 9. 명령대로 작동한다. 10. 동시에 여러 가지 활동을 한다. 11. 물리량을 셈하거나 측량한다.	1. 미리 정해 놓은 활동만을 할 수 있다. 2. 학습을 하거나 행동을 바꿀 수 없다. 3. 추리를 하거나 주관적인 평가를 할 수 없다. 4. 즉석에서 적응할 수 없다. 5. 기계에 적합한 부호화된 정보만 처리한다.

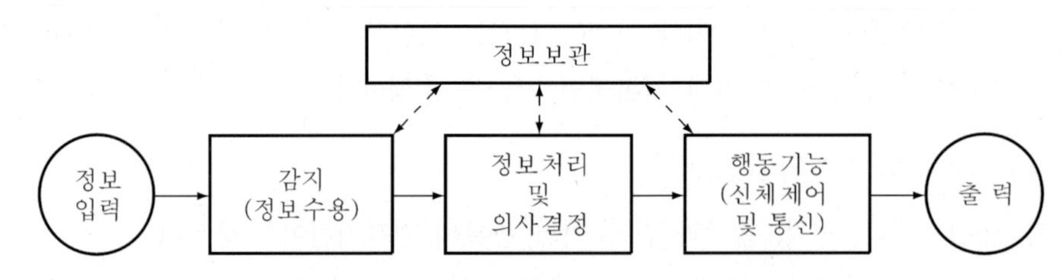

그림 1.4.2 인간–기계 시스템의 기본 기능

(2) 정보의 보관(information storage)

인간-기계 시스템에 있어서의 정보보관은 인간의 기억과 유사하며, 여러 가지 방법으로 기록된다. 또한, 대부분은 코드화나 상징화된 형태로 저장된다.

가. 인간: 인간에 있어서 정보보관이란 기억된 학습내용과 같은 말이다.
나. 기계: 기계에 있어서 정보는 펀치 카드(punch card), 형판(template), 기록, 자료표 등과 같은 물리적 기구에 여러 가지 방법으로 보관될 수 있다. 나중에 사용하기 위해서 보관되는 정보는 암호화(code)되거나 부호화(symbol)된 형태로 보관되기도 한다.

(3) 정보처리 및 의사결정(information processing and decision)

정보처리란 수용한 정보를 가지고 수행하는 여러 종류의 조작을 말한다.

가. 인간의 정보처리 과정은 그 과정의 복잡성에 상관없이 행동에 대한 결정으로 이어진다. 즉 인간이 정보처리를 하는 경우에는 의사결정이 뒤따르는 것이 일반적이다.
나. 기계에 있어서는 정해진 절차에 의해 입력에 대한 예정된 반응으로 이루어지는 것처럼, 자동화된 기계장치를 쓸 경우에는 가능한 모든 입력정보에 대해서 미리 프로그램된 방식으로 반응하게 된다.

(4) 행동기능(action function)

시스템에서의 행동기능이란 결정 후의 행동을 의미한다. 이는 크게 어떤 조종기기의 조작이나 수정, 물질의 취급 등과 같은 물리적인 조종행동과 신호나 기록 등과 같은 전달행동으로 나눌 수 있다.

1.4.2 인간과 기계의 기능적 상호작용

인간과 기계 사이에는 어떤 기능적 상호작용이 존재하는데, 기계의 표시장치의 정보가 인간의 감각기관을 통해 자극으로 입력되면, 이 자극은 정보처리과정을 거친 후, 다시 기계의 조작을 위한 기기로의 명령으로 출력되는 과정을 거친다.

1.5 인간-기계 시스템의 분류

출제빈도 ★★★★

인간-기계 시스템을 분류할 때, 정보의 피드백(feedback) 여부에 따른 분류와 인간에 의한 제어의 정도와 자동화의 정도에 따른 기준으로 시스템을 분류할 수 있다.

1.5.1 정보의 피드백(feedback) 여부에 따른 분류

시스템은 정보의 피드백 여부에 따라 개회로 시스템과 폐회로 시스템으로 구분한다.

(1) 개회로(open-loop) 시스템

가. 일단 작동되면 더 이상 제어가 안 되거나 제어할 필요가 없는 미리 정해진 절차에 의해 진행되는 시스템이다.

나. 예를 들면, 총이나 활을 쏘는 것 등이다.

(2) 폐회로(closed-loop) 시스템

가. 현재 출력과 시스템 목표와의 오차를 연속적으로 또는 주기적으로 피드백 받아 시스템의 목적을 달성할 때까지 제어하는 시스템이다.

나. 예를 들면, 차량운전과 같이 연속적인 제어가 필요한 것 등이다.

1.5.2 인간에 의한 제어정도에 따른 분류

인간에 의한 제어의 정도에 따라 수동 시스템, 기계화 시스템, 자동화 시스템의 3가지로 분류한다.

(1) 수동 시스템(manual system)

가. 입력된 정보에 기초해서 인간 자신의 신체적인 에너지를 동력원으로 사용한다.

나. 수공구나 다른 보조기구에 힘을 가하여 작업을 제어하는 고도의 유연성이 있는 시스템이다.

(2) 기계화 시스템(mechanical system)

가. 반자동 시스템(semiautomatic system)이라고도 하며, 여러 종류의 동력 공작기계와 같이 고도로 통합된 부품들로 구성되어 있다.

나. 일반적으로 이 시스템은 변화가 별로 없는 기능들을 수행하도록 설계되어 있다.

다. 동력은 전형적으로 기계가 제공하며, 운전자의 기능이란 조종장치를 사용하여 통제를 하는 것이다.

라. 인간은 표시장치를 통하여 체계의 상태에 대한 정보를 받고 정보 처리 및 의사결정 기능을 수행하여 결심한 것을 조종장치를 사용하여 실행한다. 다시 말하면 인간 운전자는 기계적·전자적 표시장치와 기계의 조종장치 사이에 끼워진 유기체적인 데이터 전송 및 처리 유대를 나타낸다.

표 1.4.2 인간에 의한 제어의 정도에 따른 분류

시스템의 분류	수동 시스템	기계화 시스템	자동화 시스템
구성	수공구 및 기타 보조물	동력기계 등 고도로 통합된 부품	동력기계화 시스템 고도의 전자회로
동력원	인간사용자	기계	기계
인간의 기능	동력원으로 작업을 통제	표시장치로부터 정보를 얻어 조종장치를 통해 기계를 통제	감시, 정비유지 프로그래밍
기계의 기능	인간의 통제를 받아 제품을 생산	동력원을 제공 인간의 동세 아래에서 제품을 생산	감시, 정보처리, 의사결정 및 행동의 프로그램에 의해 수행
예	목수와 대패 대장장이와 화로	Press 기계, 자동차 Milling M/C	자동교환대, 로봇, 무인공장, NC 기계

(3) 자동화 시스템(automated system)

가. 자동화 시스템은 인간이 전혀 또는 거의 개입할 필요가 없다.

나. 장비는 감지, 의사 결정, 행동기능의 모든 기능들을 수행할 수 있다.

다. 이 시스템은 감지되는 모든 가능한 우발상황에 대해서 적절한 행동을 취하게 하기 위해서는 완전하게 프로그램되어 있어야 한다.

1.5.3 자동화의 정도에 따른 분류

(1) 수동제어 시스템

컴퓨터의 도움 없이 또는 감지와 제어 루프에 컴퓨터의 변환과 도움을 받으면 수행되고, 제어에 관한 모든 의사결정을 인간에게 완전히 의존한다.

(2) 감시제어 시스템

제어에 있어서 인간과 컴퓨터의 의사결정에 관한 역할 분담을 지향한다. 인간이 대부분의 의사결정을 하는 경우와 컴퓨터에 의해 제어의 의사결정이 이루어지고, 인간은 단지 보조역할을 하는 형태가 있을 수 있다.

(3) 자동제어 시스템

제어 시스템이 구성되면 인간은 시스템의 구동조건을 준비하고, 모든 의사결정이 컴퓨터에 의하여 이루어진다.

02 인간-기계 시스템의 설계

2.1 기본단계와 과정

시스템 설계 시 인간요소와 연관된 기능들은 그림 1.4.3과 같이 복잡한 체계에 적용된다.

(1) 제 1 단계 - 목표 및 성능명세 결정

시스템이 설계되기 전에 우선 그 목적이나 존재이유가 있어야 한다.

가. 시스템의 목적은 목표라고 불리며, 통상 개괄적으로 표현된다.

나. 시스템 성능명세는 목표를 달성하기 위해서 시스템이 해야 하는 것을 서술한다.

다. 시스템 성능명세는 기존 혹은 예상되는 사용자 집단의 기술이나 편제상의 제약을 고려하는 등 시스템이 운영될 맥락을 반영해야 한다.

(2) 제 2 단계 - 시스템의 정의

가. 시스템의 목표나 성능에 대한 요구사항들이 모두 식별되었으면, 적어도 어떤 시스템의 경우에 있어서는 목적을 달성하기 위해서 특정한 기본적인 기능들이 수행되어야 한다.

예 우편업무 - 우편물의 수집, 일반 구역별 분류, 수송, 지역별 분류, 배달 등

나. 기능분석 단계에 있어서는 목적의 달성을 위해 어떠한 방법으로 기능이 수행되는가 보다는 어떤 기능들이 필요한가에 관심을 두어야 한다.

(3) 제 3 단계 - 기본설계

시스템 개발 단계 중 이 단계에 와서 시스템이 형태를 갖추기 시작한다.

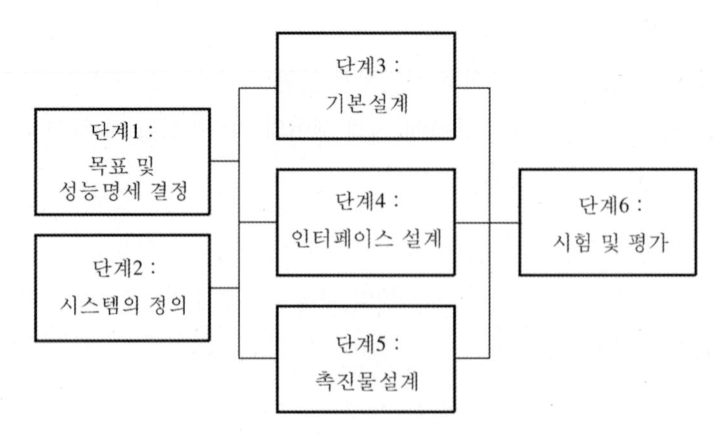

그림 1.4.3 시스템 설계과정의 주요단계

가. 인간, 하드웨어, 소프트웨어에 기능을 할당 수행되어야 할 기능들이 주어졌을 때, 특정한 기능을 인간에게 또는 물리적 부품에게 할당해야 할지를 명백한 이유를 통해 결정해야 한다.

나. 인간-기계 비교의 한계점

① 일반적인 인간-기계 비교가 항상 적용되지 않는다.

② 상대적인 비교는 항상 변하기 마련이다.

③ 최선의 성능을 마련하는 것이 항상 중요한 것은 아니다.

④ 기능의 수행이 유일한 기준은 아니다.

⑤ 기능의 할당에서 사회적인 또는 이에 관련된 가치들을 고려해야 한다.

다. 인간성능 요건명세: 설계팀이 인간에 의해서 수행될 기능들을 식별한 후 다음 단계는 그 기능들의 인간 성능 요구조건을 결정하는 것이다.

① 인간 성능 요건이란 시스템이 요구조건을 만족하기 위하여 인간이 달성하여야 하는 성능특성들이다.

② 필요한 정확도, 속도, 숙련된 성능을 개발하는 데 필요한 시간 및 사용자 만족도 등이 있다.

라. 직무분석

다음 2가지 목표를 향한 어떤 형태의 직무분석이 이루어져야 한다.

① 설계를 좀 더 개선시키는 데 기여해야 한다.

② 최종설계에 사실상 있게 될 각 작업의 명세를 마련하기 위한 것이며, 이러한 명세는 요원명세, 인력수요, 훈련계획 등의 개발 등 다양한 목적에 사용된다.

마. 작업설계

사람들이 사용하는 장비나 다른 설비의 설계는 그들이 수행하는 작업의 특성을 어느 정도 미리 결정한다. 따라서 어떤 종류의 장비를 설계하는 사람은 사실상 그 장비를 사용하는 사람의 작업을 설계하는 것이다. 작업능률과 동시에 작업자에게 작업만족의 기회를 제공하는 작업설계가 이루어져야 한다.

(4) 제 4 단계-인터페이스 설계

이 시기에 내려지는 설계결정들의 특성은 사용자에게 영원히 불편을 주어 시스템의 성능을 저하시킬 수 있다.

가. 작업공간, 표시장치, 조종장치, 제어, 컴퓨터 대화 등이 포함된다.

나. 인간-기계 인터페이스는 사용자의 특성을 고려하여 신체적 인터페이스, 지적 인터페이스, 감성적 인터페이스로 분류할 수 있다.

다. 인터페이스 설계를 위한 인간요소 자료

① 상식과 경험: 디자이너가 기억하고 있는 것, 타당한 것도 있고, 그렇지 못한 것도 있음

② 상대적인 정량적 자료: 두 종류의 시각적 계기를 읽을 때의 상대적 정확도 등

③ 정량적 자료집: 인구표본의 인체 계측값, 여러 직무를 수행할 때의 착오율 등

④ 원칙: 가능하면 휘광을 최소화하라는 원칙과 같이 상당한 경험과 연구를 통한 것으로써 설계의 지침을 제공하는 것

⑤ 수학적 함수와 등식: 특정한 모의실험모형에서와 같이 인간성능에 대한 특정한 기본 관계를 묘사하는 것

⑥ 도식적 설명물: 계산도표 등

⑦ 전문가의 판단

⑧ 설계 표준 혹은 기준: 표시장치, 조종장치, 작업구역, 소음수준 등과 같은 특정 응용방면에 대한 명세

(5) 제 5 단계 – 촉진물 설계

시스템 설계과정 중 이 단계에서의 주 초점은 만족스러운 인간성능을 증진시킬 보조물에 대해서 계획하는 것이다. 지시수첩(instruction manual), 성능보조자료 및 훈련도구와 계획이 포함된다.

가. **내장훈련**: 훈련 프로그램이 시스템에 내장되어 있어 설비가 실제 운용되지 않을 때에는 훈련 방식으로 전환될 수 있는 것을 말한다.

나. **지시수첩**: 시스템을 어떻게 운전하고 경우에 따라서는 보전하는가까지도 명시한 시스템 문서의 한 형태이다.

(6) 제 6 단계 – 시험 및 평가

가. **시스템 개발과 연관된 평가**: 시스템 개발의 산물(기기, 절차 및 요인)이 의도된 대로 작동하는가를 입증하기 위하여 산물을 측정하는 것이다.

나. **인간요소적 평가**: 인간성능에 관련되는 속성들이 적절함을 보증하기 위하여 이러한 산물들을 검토하는 것을 말한다.

① 실험절차

② 시험조건

③ 피실험자

④ 충분한 반복횟수

2.2 인간-기계 시스템 설계 시 고려사항

출제빈도 ★★★★

(1) 인간, 기계, 또는 목적 대상물의 조합으로 이루어진 종합적인 시스템에서 그 안에 존재하는 사실들을 파악하고 필요한 조건 등을 명확하게 표현한다.

(2) 인간이 수행해야 할 조작의 연속성 여부(연속적인가 아니면 불연속적인가)를 알아보기 위해 특성을 조사하여야 한다.

(3) 시스템 설계 시 동작 경제의 원칙에 만족되도록 고려하여야 한다.

(4) 대상 시스템이 배치될 환경조건이 인간의 한계치를 만족하는가의 여부를 조사한다.

(5) 단독의 기계에 대하여 수행해야 할 배치는 인간의 심리 및 기능에 부합되도록 한다.

(6) 인간과 기계가 다 같이 복수인 경우, 전체에 대한 배치로부터 발생하는 종합적인 효과가 가장 중요하며 우선적으로 고려되어야 한다.

(7) 인간이 기계조작 방법을 습득하기 위해 어떤 훈련방법이 필요한지, 시스템의 활용에 있어서 인간에게 어느 정도 필요한지를 명확히 해 두어야 한다.

(8) 시스템 설계의 성공적인 완료를 위해 조작의 능률성, 보존의 용이성, 제작의 경제성 측면에서 재검토되어야 한다.

(9) 최종적으로 완성된 시스템에 대해 불량여부의 결정을 수행하여야 한다.

2.3 인간-기계 시스템 설계원칙

(1) 양립성

자극과 반응, 그리고 인간의 예상과의 관계를 말하는 것으로, 인간공학적 설계의 중심이 되는 개념이다. 양립성에는 개념양립성(정보암호화, 색상), 운동양립성(방향에 대한 심리), 공간양립성(표시장치, 조종장치)의 3가지 개념으로 분류할 수 있다.

(2) 정합성(整合性, matching)

정합성은 양립성의 3가지 개념이 효과적일 때, 학습효과, 작업방법, 기능의 습득이 가능하다. 또한 시스템을 이루는 물리적 부품 간의 상호용량이 잘 맞아 전체 시스템의 유효성을 극대화할 수 있을 때, 부품 간에는 정합성이 좋다고 말한다. 예를 들면, 증폭기의 출력용량이 20W로 설계되어 있으면 스피커의 용량도 20W를 연결해야지, 40W 또는 10W를 연결하면, 제대로의 성능을 발휘할 수 없는 것이다. 마찬가지 논리로 인간-기계 시스템의 설계에서도 인간의 형태적, 기능적 치수와 기계의 치수 간에, 또는 인간의 근력과 조절기구의 조작에 필요한 힘 간에 정합이 되어야 좋은 시스템이라고 할 수 있다.

(3) 계기판이나 제어장치의 배치는 중요성, 사용빈도, 사용순서, 기능에 따라 이루어져야 한다.

(4) 인체특성에 적합하여야 한다.

(5) 인간의 기계적 성능에 부합되도록 설계하여야 한다.

2.4 인간-기계 시스템에 사용되는 표시장치

인간-기계 시스템에 사용되는 표시장치는 정보입력의 시간경과에 따라 동적 표시장치와 정적 표시장치로 대별된다.

(1) 양적인 정보

어떤 값의 양적인 변동값을 반영하는 정보이며, 온도나 속도 등이 이에 속한다. 대부분의 이런 정보는 동적이지만, 모노그래프나 표처럼 정적인 정보도 있다.

(2) 질적인 정보

어떤 변동값의 대략적인 값이나 경향, 변화의 방향 등 질적인 면을 반영하는 정보이다.

(3) 상태정보

어떤 시스템의 위치나 상태를 나타내는 정보이며, on-off 표시, 어떤 제한된 수의 상태 등이 이에 속한다.

(4) 경보, 신호정보

긴급 또는 위험 상태를 알리거나 어떤 상황의 유무를 알려주는 정보이다.

(5) 표시정보

어떤 물체나 지역 또는 정보를 그림이나 그래프 등을 사용해서 나타내는 정보이다. TV나 영화 같은 동적인 이미지나 그래프나 도표, 지도와 같은 정적인 정보를 나타내기도 한다.

(6) 확인정보

어떤 정적인 상황이나 경우, 사물을 식별하는 정보이다.

(7) 수치, 문자와 상징적인 정보

여러 가지 형태의 문자, 수치, 관련된 상징적인 정보의 표시이다.

(8) 시간에 따른 정보

시간과 관계된 정보이다. 모스 부호와 같이 신호의 지속시간에 따라 구별되는 정보신호 등이 여기에 속한다.

03 기계의 신뢰도

3.1 기계의 신뢰성 요인

(1) 재질

(2) 기능

(3) 작동방법

3.2 고장곡선

제어계에는 많은 계기 및 제어장치가 조합되어 만들어지고, 고장 없이 항상 완전히 작동하는 것이 중요하며 고장이 기계의 신뢰를 결정한다.

(1) 고장의 유형

가. 초기고장

① 감소형 고장(Decreasing Failure Rate; DFR)

② 설계상, 구조상 결함, 불량제조·생산과정 등의 품질관리 미비로 생기는 고장형태

③ 점검작업이나 시운전작업 등으로 사전에 방지할 수 있는 고장

④ 디버깅(debugging) 기간: 기계의 결함을 찾아내 고장률을 안정시키는 기간

⑤ 번인(burn-in) 기간: 물품을 실제로 장시간 가동하여 그동안 고장 난 것을 제거하는 기간

⑥ 초기고장의 제거방법: 디버깅, 번인

나. 우발고장

① 일정형 고장(Constant Failure Rate; CFR)

② 과사용, 사용자의 과오, 디버깅 중에 발견되지 않은 고장 등 때문에 발생하며, 예측할 수 없을 때 생기는 고장으로 시운전이나 점검작업으로는 방지할 수 없다.

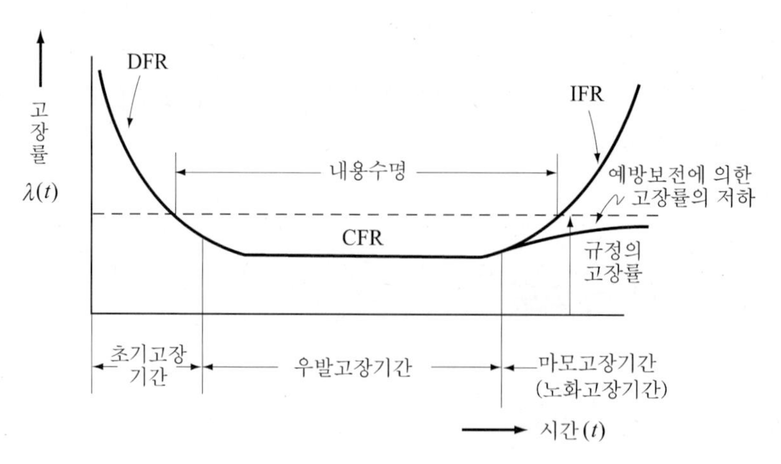

그림 1.4.4 고장의 발생과 상황

③ 극한 상황을 고려한 설계, 안전계수를 고려한 설계 등으로 우발고장을 감소시킬 수 있으며, 정상 운전 중의 고장에 대해 사후보전을 실시하도록 한다.

다. 마모고장

① 증가형 고장(Increasing Failure Rate; IFR)

② 점차적으로 고장률이 상승하는 형으로 볼베어링 등 기계적 요소나 부품의 마모, 부식이나 산화 등에 의해서 나타난다.

③ 고장이 집중적으로 일어나기 직전에 교환을 하면 고장을 사전에 방지할 수 있다.

④ 장치의 일부가 수명을 다해서 생기는 고장으로 안전진단 및 적당한 보수에 의해서 방지할 수 있는 고장이다.

(2) 고장률과 평균고장간격(Mean Time Between Failure; MTBF)

가. MTTF(Mean Time To Failure, 평균고장시간): 체계가 작동한 후 고장이 발생할 때까지의 평균작동시간

나. MTBF(평균고장간격): 체계의 고장발생 순간부터 수리가 완료되어 정상 작동하다가 다시 고장이 발생하기까지의 평균시간(교체)

다. 고장률$(\lambda) = \dfrac{\text{고장건수}(r)}{\text{총 가동시간}(t)}$

라. MTBF $= \dfrac{1}{\lambda}$

마. 신뢰도 $R(t) = e^{-\lambda t}$

3.3 설비의 신뢰도

출제빈도 ★★★★

(1) 직렬연결

제어계가 n개의 요소로 만들어져 있고 각 요소의 고장이 독립적으로 발생하는 것이면, 어떤 요소의 고장도 제어계의 기능을 잃은 상태로 있다고 할 때에 신뢰성공학에는 직렬이라 하고 다음과 같이 나타낸다.

$$R_S = R_1 \cdot R_2 \cdot R_3 \cdots R_n = \prod_{i=1}^{n} R_i$$

(2) 병렬연결(parallel system 또는 fail safe)

항공기나 열차의 제어장치처럼 한 부분의 결함이 중대한 사고를 일으킬 염려가 있을 경우에는 병렬연결을 사용한다. 이는 결함이 생긴 부품의 기능을 대체시킬 수 있는 장치를 중복 부착시켜 두는 시스템이다. 합성된 요소 또는 시스템의 신뢰도는 다음 식으로 계산된다.

$$R_p = 1 - \{(1-R_1)(1-R_2)\cdots(1-R_n)\} = 1 - \prod_{i=1}^{n}(1-R_i)$$

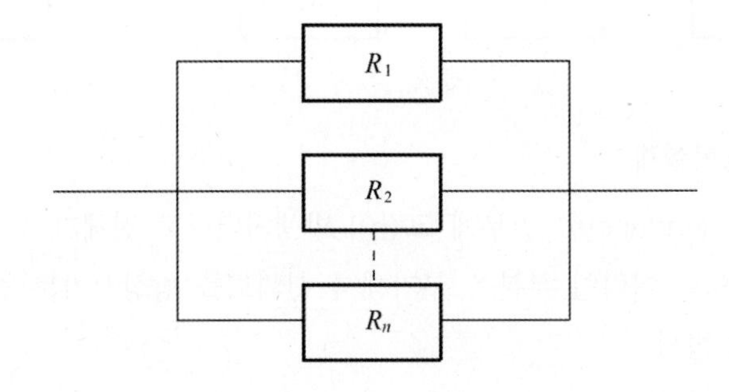

(3) 요소의 병렬

요소의 병렬 fail safe 작용으로 조합된 시스템의 신뢰도는 다음 식으로 계산된다.

$$R = \prod_{i=1}^{n} \{1-(1-R_i)^m\}$$

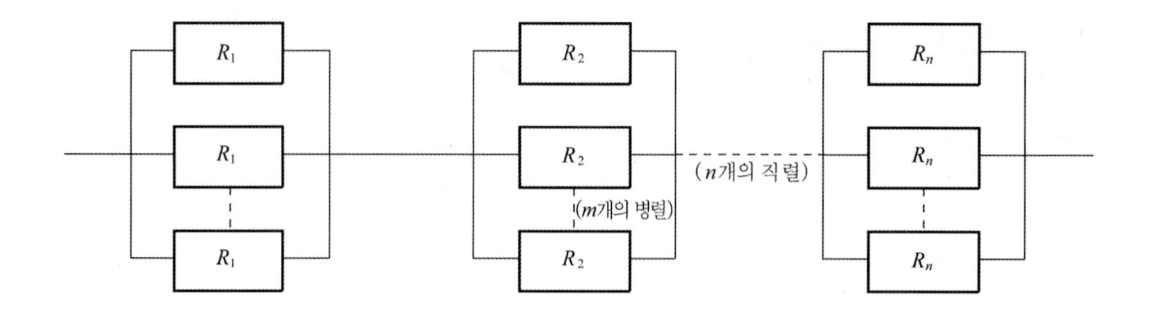

(4) 시스템의 병렬

항공기의 조종장치는 엔진 가동 유압 펌프계와 교류전동기 가동유압 펌프계의 쌍방이 고장을 일으켰을 경우의 응급용으로서 수동 장치 3단의 fail safe 방법이 사용되고 있다. 이 같은 시스템을 병렬로 한 방식은 다음과 같이 나타낸다.

$$R = 1 - \left(1 - \prod_{i=1}^{n} R_i\right)^m$$

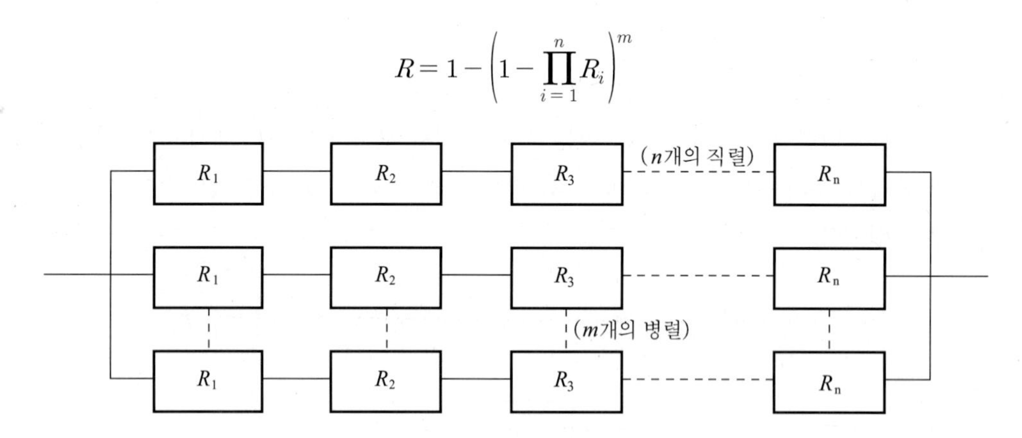

(5) 병렬 모델과 중복설계

가. 리던던시(redundancy): 일부에 고장이 발생되더라도 전체가 고장이 일어나지 않도록 기능적으로 여력인 부분을 부가해서 신뢰도를 향상시키는 중복설계를 말한다.

나. 리던던시의 방식

① 병렬 리던던시

② 직렬 리던던시

③ M out of N 리던던시

④ 스페어에 의한 교환

⑤ Fail-safe

3.4 인간에 대한 감시방법

현대 산업사회에서 주요 안전사고의 원인으로는 인간의 불안전한 행동이 많은 비중을 차지하고 있다. 인간의 불안전한 행동 및 휴먼에러의 예방이라는 관점에서 인간에 대한 다양한 모니터링 방법의 적용은 매우 중요한 안전조건으로 볼 수 있으며, 작업현장에서 안전대책 적용 시에는 작업장의 구조, 작업자의 심신상태, 작업환경, 근무시간 및 근로강도 등 제반여건을 고려하여 아래의 2가지 이상의 모니터링 방법을 결합하여 적용할 수 있도록 계획되어야 소정의 목적을 달성할 수 있다.

(1) 셀프 모니터링 방법(자기감시)

자극, 고통, 피로, 권태, 이상 감각 등의 자각에 의해서 자신의 상태를 알고 행동하는 감시(monitoring) 방법이다. 결과를 파악하여 자신 또는 monitoring center에 전달하는 경우가 있다.

(2) 생리학적 모니터링 방법

맥박수, 호흡 속도, 체온, 뇌파 등으로 인간 자체의 상태를 생리적으로 모니터링하는 방법이다.

(3) 비주얼 모니터링 방법(시각적 감시)

작업자의 태도를 보고 작업자의 상태를 파악하는 것으로 졸리는 상태는 생리적으로 분석하는 것보다 태도를 보고 상태를 파악하는 것이 쉽고 정확하다.

(4) 반응에 대한 모니터링 방법(반응적 감시)

인간에게 어떤 종류의 자극을 가하여 이에 대한 반응을 보고 정상 또는 비정상을 판단하는 방법이다.

(5) 환경의 모니터링 방법

간접적인 감시방법으로서 환경조건의 개선으로 인체의 안락과 기분을 좋게 하여 정상 작업을 할 수 있도록 만드는 방법이다.

3.5 인간-기계 신뢰도 유지방안

출제빈도 ★★★★

(1) 페일세이프(Fail-safe)

고장이 발생한 경우라도 피해가 확대되지 않고 단순고장이나 한시적으로 운영되도록 하여 안전을 확보하는 개념이다. 즉, 시스템의 일부에 고장이 발생해도 안전한 가동이 자동적으로 취해질 수 있는 구조로 설계하는 방식이다. 예를 들면, 과전압이 흐르면 내려지는 차단기나 퓨즈 등을 설치하여 시스템을 운영하는 방법이다.

가. 다경로(중복)구조

나. 교대구조

(2) 풀 프루프(Fool-proof)

풀(fool)은 어리석은 사람으로 번역되며, 제어장치에 대하여 인간의 오동작을 방지하기 위한 설계를 말한다. 미숙련자가 잘 모르고 제품을 사용하더라도 고장이 발생하지 않도록 하거나 작동을 하지 않도록 하여 안전을 확보하는 방법이다. 예를 들면, 사람이 아무리 잘못된 조작을 해도 시스템이나 장치가 동작하지 않고 올바른 조작에만 응답하도록 한다든가, 사람이 잘못하기 쉬운 순서조작을 순서회로에 의해서 자동화하여 시동 버튼을 누르면 자동적으로 올바른 순서로 조작해 가는 방법이다.

가. 격리

나. 기계화

다. 시건장치

(3) Tamper-proof

작업자들은 생산성과 작업용이성을 위하여 종종 안전장치를 제거한다. 작업자가 안전장치를 고의로 제거하는 것을 대비하는 예방설계를 Tamper-proof라고 한다. 예를 들면, 화학설비의 안전장치를 제거하는 경우에 화학설비가 작동되지 않도록 설계하는 것이다.

(4) Lock system

가. 어떠한 단계에서 실패가 발생하면 다음 단계로 넘어가는 것을 차단하는 것을 잠금시스템(Lock system)이라고 한다.

나. 잠금(lock)의 종류

① 맞잠금(interlock)

조작들이 올바른 순서대로 일어나도록 강제하는 것을 말한다.

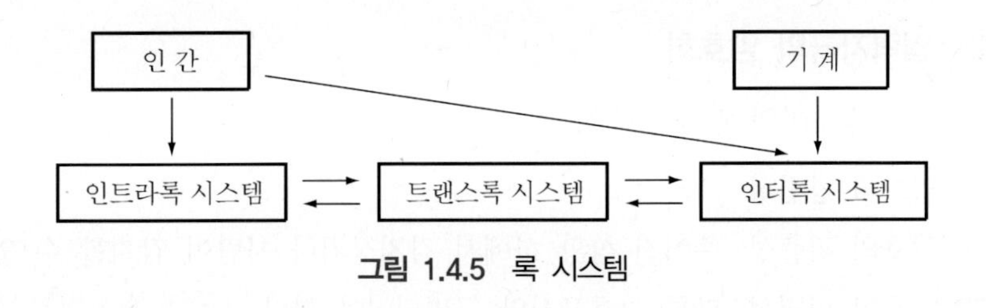

그림 1.4.5 록 시스템

② 안잠금(lockin)

작동하는 시스템을 계속 작동시킴으로써 작동이 멈추는 것으로부터 오는 피해를 막기 위한 것을 말한다. 예를 들면, 컴퓨터 작업자가 파일을 저장하지 않고 종료할 때 파일을 저장할 것이냐고 물어 피해를 예방하는 것이다.

③ 바깥잠금(lockout)

위험한 상태로 들어가거나 사건이 일어나는 것을 방지하기 위하여 들어가는 것을 제한하는 것을 말한다.

다. interlock system, translock system, intralock system의 3가지로 분류한다. 기계와 인간은 각각 기계 특수성과 생리적 관습에 의하여 사고를 일으킬 수 있는 불안정한 요소를 지니고 있기 때문에 기계에 interlock system, 인간의 중심에 intralock system, 그 중간에 translock system을 두어 불안전한 요소에 대해서 통제를 가한다.

04 표시장치(display)

4.1 표시장치의 개요

출제빈도 ★★★★

4.1.1 표시장치의 종류

(1) 정적(static) 표시장치

간판, 도표, 그래프, 인쇄물, 필기물 등과 같이 시간에 따라 변하지 않는 표시장치

(2) 동적(dynamic) 표시장치

온도계, 속도계 등과 같이 어떤 변수나 상황을 나타내며 시간에 따라 변하는 표시장치

가. CRT(음극선관) 표시장치: 레이더

나. 전파용정보 표시장치: 전축, TV, 영화

다. 어떤 변수를 조종하거나 맞추는 것을 돕기 위한 것

4.1.2 입력자극의 암호화

(1) 입력자극 암호화의 일반적 지침

가. 암호의 양립성

나. 암호의 검출성: 주어진 상황 하에서 감지장치나 사람이 감지할 수 있어야 한다.

다. 암호의 변별성: 다른 암호표시와 구별되어야 한다.

(2) 청각장치가 이로운 경우

가. 전달정보가 간단할 때

나. 전달정보가 후에 재참조되지 않음

다. 전달정보가 즉각적인 행동을 요구할 때

라. 수신 장소가 너무 밝을 때

마. 직무상 수신자가 자주 움직이는 경우

(3) 시각장치가 이로운 경우

가. 전달정보가 복잡할 때

나. 전달정보가 후에 재참조됨

다. 수신자의 청각계통이 과부하일 때

라. 수신 장소가 시끄러울 때

마. 직무상 수신자가 한곳에 머무르는 경우

4.1.3 표시장치로 나타내는 정보의 유형

(1) 정량적(quantitative) 정보

변수의 정량적인 값

(2) 정성적(qualitative) 정보

가변변수의 대략적인 값, 경향, 변화율, 변화방향 등

(3) 상태(status) 정보

체계의 상황 혹은 상태

(4) 경계(warning) 및 신호(signal) 정보

비상 혹은 위험상황 또는 어떤 물체나 상황의 존재유무

(5) 묘사적(representational) 정보

사물, 지역, 구성 등을 사진, 그림 혹은 그래프로 묘사

(6) 식별(identification) 정보

어떤 정적 상태, 상황 또는 사물의 식별용

(7) 문자-숫자 및 부호(symbolic) 정보

구두, 문자, 숫자 및 관련된 여러 형태의 암호화 정보

(8) 시차적(time phased) 정보

펄스화되었거나 혹은 시차적인 신호, 즉 신호의 지속시간, 간격 및 이들의 조합에 의해 결정하는 신호

4.1.4 표시장치의 정보편성

인간의 능력은 감각과정보다는 인식 및 지각과정에서 더 많이 달려 있다. 따라서 표시장치에서의 정보의 편성은 다음 2가지 사항을 고려하여야 한다.

(1) 자극의 속도와 부하(load): 속도압박(speed stress)과 부하압박(load stress)
(2) 신호들 간의 시간차(time-phasing): 신호 간 간격이 0.5초보다 짧으면 자극이 혼동됨

4.2 시각적 표시장치

출제빈도 ★★★★

4.2.1 정량적 표시장치

정량적 표시장치는 온도와 속도 같이 동적으로 변화하는 변수나 자로 재는 길이와 같은 정적변수의 계량값에 관한 정보를 제공하는 데 사용된다.

(1) 정량적인 동적 표시장치의 3가지

가. 동침(moving pointer)형: 눈금이 고정되고 지침이 움직이는 형
나. 동목(moving scale)형: 지침이 고정되고 눈금이 움직이는 형
다. 계수(digital)형: 전력계나 택시요금 계기와 같이 기계, 전자적으로 숫자가 표시되는 형

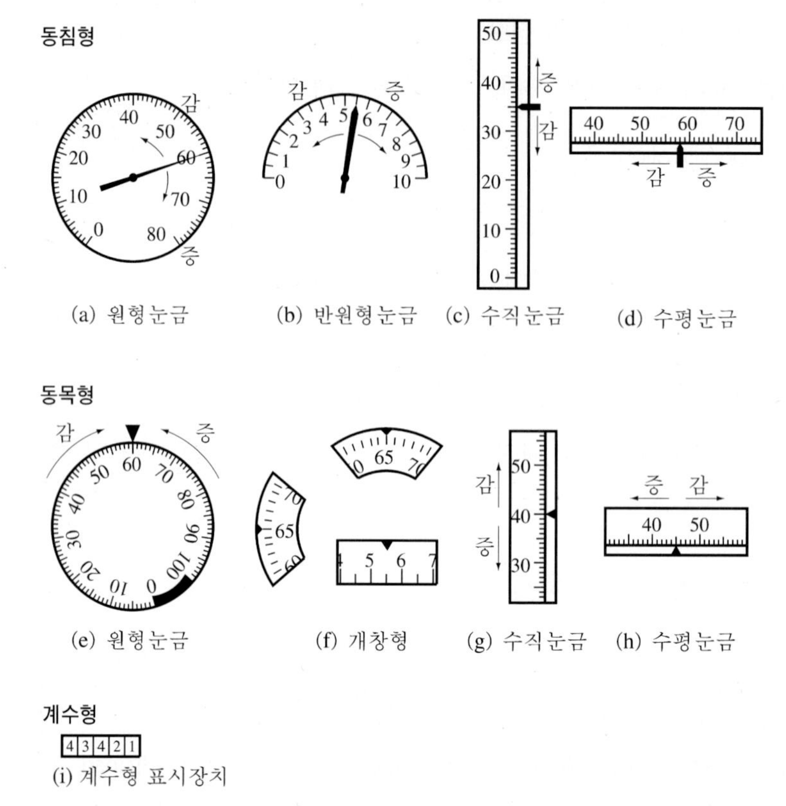

그림 1.4.6 정량적 정보제공에 사용되는 표시장치의 예

(2) 정량적 눈금의 세부특성

가. 눈금의 길이

눈금단위의 길이란 판독해야 할 최소측정단위의 수치를 나타내는 눈금상의 길이를 말하며, 정상시거리인 71 cm를 기준으로 정상조명에서는 1.3 mm, 낮은 조명에서는 1.8 mm가 권장된다.

나. 눈금의 표시

일반적으로 읽어야 하는 매 눈금 단위마다 눈금표시를 하는 것이 좋으며, 여러 상황 하에서 1/5 또는 1/10 단위까지 내삽을 하여도 만족할 만한 정확도를 얻을 수 있다(Cohen and Follert).

다. 눈금의 수열

일반적으로 0, 1, 2, 3, …처럼 1씩 증가하는 수열이 가장 사용하기 쉬우며, 색다른 수열은 특수한 경우를 제외하고는 피해야 한다.

라. 지침설계

① (선각이 약 20°되는) 뾰족한 지침을 사용한다.

② 지침의 끝은 작은 눈금과 맞닿되 겹치지 않게 한다.

③ (원형 눈금의 경우) 지침의 색은 선단에서 중심까지 칠한다.

④ (시차(時差)를 없애기 위해) 지침을 눈금면과 밀착시킨다.

예제

정상조명 하에서 100 m 거리에서 볼 수 있는 원형시계탑을 설계하고자 한다. 시계의 눈금 단위를 1분 간격으로 표시하고자 할 때 원형문자판의 직경은 어느 정도인가?

풀이

71 cm 거리일 때 문자판의 원주 = 1.3 mm × 60 = 78 mm
원주 공식에 의해, 78 mm = 지름 × 3.14
지름 = 2.5 cm
100 m 거리에서 문자판의 직경
0.71 m : 2.5 cm = 100 m : X
X = 350 cm

4.2.2 정성적 표시장치

(1) 정성적 정보를 제공하는 표시장치는 온도, 압력, 속도와 같이 연속적으로 변하는 변수의 대략적인 값이나 변화 추세, 비율 등을 알고자 할 때 주로 사용한다.

(2) 정성적 표시장치는 색을 이용하여 각 범위의 값들을 따로 암호화하여 설계를 최적화시킬 수 있다.

(3) 색채암호가 부적합한 경우에는 구간을 형상 암호화할 수 있다.

(4) 정성적 표시장치는 상태점검, 즉 나타내는 값이 정상상태인지의 여부를 판정하는 데에도 사용한다.

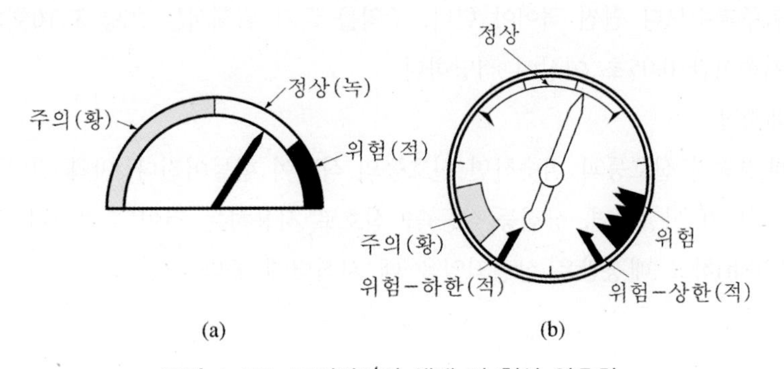

그림 1.4.7 표시장치의 색채 및 형상 암호화

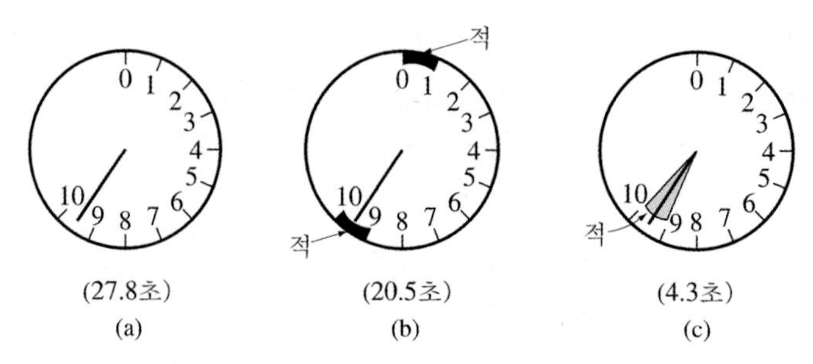

그림 1.4.8 상태점검에 사용되는 정성적 계기의 설계형과 평균반응시간

4.2.3 상태표시기와 신호 및 경보등

(1) 상태표시기

엄밀한 의미에서 상태 표시기는 on-off 또는 교통신호의 멈춤, 주의, 주행과 같이 별개의 이산적 상태를 나타낸다. 그리고 정량적 계기가 상태 점검 목적으로만 사용된다면, 정량적 눈금 대신에 상태표시기를 사용할 수 있다(신호등).

(2) 신호 및 경보등

점멸등이나 상점등을 이용하며 빛의 검출성에 따라 신호, 경보효과가 달라진다. 빛의 검출성에 영향을 주는 인자는 다음과 같다.

가. 크기, 광속발산도 및 노출시간

섬광을 검출할 수 있는 절대역치는 광원의 크기, 광속 발산도, 노출시간의 조합에 관계된다.

나. 색광

효과척도가 빠른 순서는 적색, 녹색, 황색, 백색의 순서이다.

다. 점멸속도

점멸등의 경우 점멸속도는 깜박이는 불빛이 계속 켜진 것처럼 보이게 되는 점멸융합주파수보다 훨씬 적어야 한다. 주의를 끌기 위해서는 초당 3~10회의 점멸속도에 지속시간 0.05초 이상이 적당하다.

라. 배경광

배경광이 신호등과 비슷하면 신호등의 식별이 힘들어진다. 만약 점멸잡음광의 비율이 1/10 이상이면, 상점등(점등)을 신호로 사용하는 것이 효과적이다. 신호는 점멸(flash)하고 배경광은 상점되었을 때 시식별에 좋다.

표 1.4.3 신호등과 배경등의 관계

신호등	배경등(배경광)	효과
점멸	상점(점등)	최선
상점(점등)	상점(점등)	보통
상점(점등)	점멸	보통
점멸	점멸	최악

4.2.4 묘사적 표시장치

동적 및 정적인 묘사적 표시장치는 실제 사물을 재현하는 장치로 주로 본래 회화적으로서 TV 화면이나 항공사진 등에 사물을 재현시키는 것과 지도나 비행자세 표시장치 같이 도해 및 상징적인 것으로 나눌 수 있다.

(1) 항공기이동형(외견형)

지면이 고정되고, 항공기가 이에 대해 움직이는 형태

(2) 지평선이동형(내견형)

항공기가 고정되고, 지평선이 이에 대해 움직이는 형태를 말하며 대부분의 항공기 표시장치는 이 형태이다.

(3) 빈도분리형

외견형과 내견형의 혼합형

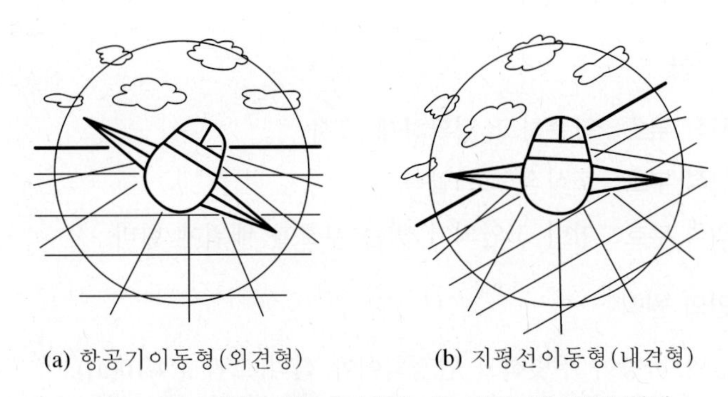

그림 1.4.9 비행자세를 표시하는 두 가지 기본이동 관계

4.2.5 문자-숫자 및 연관표시 장치

문자-숫자 및 상형문자를 통한 의사전달의 효율성은 글자체, 내용, 단어의 선택, 문체 등과 같은 여러 인자에 달려 있다.

(1) 글자체

문자-숫자의 글자체란 글자들의 모양과 이들의 배열상태를 말한다.

가. 획폭(stroke width)

① 문자-숫자의 획폭은 보통 문자나 숫자의 높이에 대한 획 굵기의 비로 나타낸다.

② 획폭비: 높이에 대한 획 굵기의 비

(a) 영문자

㉠ 양각(black on white) 1 : 6~1 : 8

㉡ 음각(white on black) 1 : 8~1 : 10

(b) 광삼효과: 흰 모양이 주위의 검은 배경으로 번져 보이는 현상

나. 종횡비(width-height ratio)

① 문자-숫자의 폭 대 높이의 관계는 통상 종횡비로 표시된다.

② 영문 대문자는 1 : 1이 적당하며, 3 : 5까지 줄더라도 독해성에 큰 영향이 없다.

③ 숫자의 경우 약 3 : 5를 표준으로 권장하고 있다.

④ 한글의 경우 1 : 1이 일반적이다.

4.2.6 시각적 암호, 부호, 기호

현대 문명사회에는 어떤 의미를 전달하기 위한 시각적 암호, 부호 및 기호들이 수없이 많고 여행, 사업, 의료, 과학, 종교 등 인간활동 분야에서 사용되고 있으며, 부호는 다음과 같은 세 가지 유형으로 분류할 수 있다.

(1) 부호의 유형

가. 묘사적 부호: 단순하고 정확하게 묘사

나. 추상적 부호: 도식적으로 압축

다. 임의적 부호: 이미 고안되어 있는 부호를 배워야 한다.

(2) 표지도안의 원칙

가. 그림과 바탕이 뚜렷하고 안정되어야 한다(그림 1.4.10(a)).

나. 속이 찬 경계 대비가 선(線) 경계보다 낫다(그림 1.4.10(b)).

다. 테두리 속의 그림은 지각과정을 높여준다(그림 1.4.10(c)).

라. 필요한 특징을 다 포함하면서도 단순해야 한다(그림 1.4.10(d)).

마. 부호는 가능한 한 통일되어야 한다(그림 1.4.10(e)).

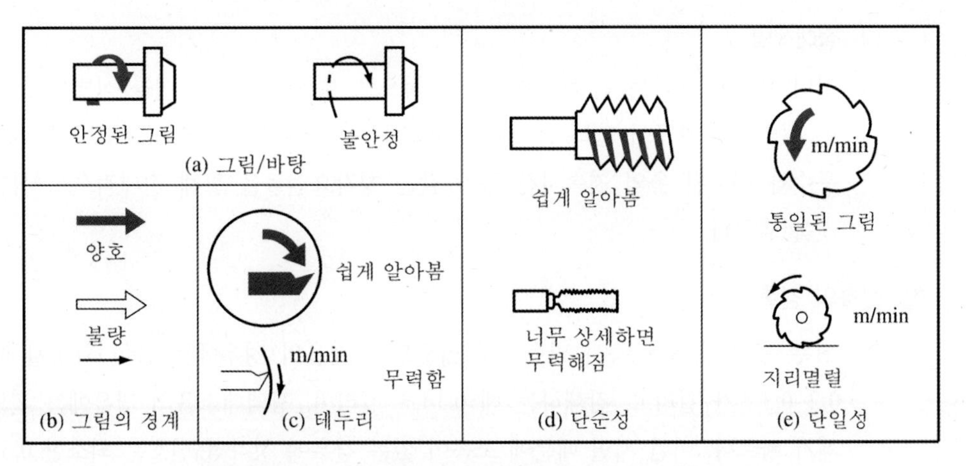

그림 1.4.10 시각적 표지도안에 관한 도안원칙의 몇 가지 예

4.2.7 시각적 정보전달의 유효성을 결정하는 요인

가. 명시성(legibility): 두 색을 서로 대비시켰을 때 멀리서 또렷하게 보이는 정도를 말한다. 명도, 채도, 색상의 차이가 클 때 명시도가 높아진다. 특히 노랑과 검정의 배색은 명시도가 높아서 교통표지판 등에 많이 쓰인다.

나. 가독성(readability): 얼마나 더 편리하게 읽힐 수 있는가를 나타내는 정도이다. 인쇄, 타자물의 가독성(읽힘성)은 활자 모양, 활자체, 크기, 대비, 행 간격, 행의 길이, 주변 여백 등 여러 가지 인자의 영향을 받는다.

4.3 청각적 표시장치

출제빈도 ★★★★

4.3.1 청각신호 수신기능 및 신호의 검출

(1) 청각신호 수신기능

가. 청각신호 검출

신호의 존재 여부를 결정한다. 즉, 어떤 특정한 정보를 전달해 주는 신호가 존재할 때에 그 신호음을 알아내는 것을 말한다.

나. 상대식별

두 가지 이상의 신호가 근접하여 제시되었을 때 이를 구별한다. 예를 들면, 어떤 특정한 정보를 전달하는 신호음이 불필요한 잡음과 공존할 때에 그 신호음을 구별하는 것을 말한다.

다. 절대식별

어떤 부류에 속하는 특정한 신호가 단독으로 제시되었을 때 이를 식별한다. 즉, 어떤 개별적인 자극이 단독적으로 제시될 때, 그 음만이 지니고 있는 고유한 강도, 진동수와 제시된 음의 지속시간 등과 같은 청각요인들을 통해 절대적으로 식별하는 것을 말한다.

(2) 신호의 검출

가. 귀는 음에 대해서 즉시 반응하지 않으므로 순음의 경우에는 음이 확정될 때까지 0.2~0.3초가 걸리고, 감쇄하는 데 0.14초 걸리며, 광역대소음의 경우에는 확립, 감쇄가 빠르다. 이런 지연 때문에 소음이 있는 경우에 청각적 신호는 최소한 0.3초 지속해야 하며, 이보다 짧아질 경우에는 가청성의 감소를 보상하기 위해서 강도를 증가시켜주어야 한다.

나. 주변소음은 주로 저주파이므로 은폐효과를 막기 위해 500~1,000 Hz의 신호를 사용하면 좋으며, 적어도 30 dB 이상 차이가 나야 한다.

다. 잡음(은폐음)이 발생할 경우에는 신호 검출의 역치가 상승하며 신호가 확실히 전달되기 위해서는 신호의 강도는 이 역치 상승분을 초과해야 한다.

라. 주위가 조용한 경우에는 40~50 dB의 음 정도이면 검출되기에 충분할 정도로 주위배경 소음보다 높다. 그러나 검출성은 신호의 진동수와 지속시간에 따라 약간 달라진다.

마. 소음이 심한 조건에서 신호의 수준은 110 dB과 소음에 은폐된 신호의 가청역치의 중간 정도가 적당하다.

바. 두 음사이의 진동수 차이가 33 Hz 이상이 되면 울림이 들리지 않고 각각 두 개의 음으로 들린다.

사. 고주파음원(3,000 Hz)의 방향을 결정하는 암시신호는 양이 간 강도차, 양이 간 시간차, 양이 간 위상차이다.

4.3.2 청각을 이용한 경계 및 경보신호의 선택 및 설계

(1) 귀는 중음역(中音域)에 가장 민감하므로 500~3,000 Hz의 진동수를 사용한다.

(2) 중음은 멀리 가지 못하므로 장거리(>300 m)용으로는 1,000 Hz 이하의 진동수를 사용한다.

(3) 신호가 장애물을 돌아가거나 칸막이를 통과해야 할 때는 500 Hz 이하의 진동수를 사용한다.

(4) 주의를 끌기 위해서는 초당 1~8번 나는 소리나 초당 1~3번 오르내리는 변조된 신호를 사용한다.

(5) 배경소음의 진동수와 다른 신호를 사용한다.

(6) 경보효과를 높이기 위해서 개시시간이 짧은 고강도 신호를 사용하고, 소화기를 사용하는 경우에는 좌우로 교번하는 신호를 사용한다.

(7) 가능하면 다른 용도에 쓰이지 않는 확성기(speaker), 경적(horn) 등과 같은 별도의 통신계통을 사용한다.

4.3.3 음성통신

(1) 음성은 소음, 전화나 라디오 등과 통신계통에 의해 악영향을 받을 수 있으므로 이때 인간공학이 간여하게 된다.

(2) 통화이해도

여러 통신상황에서 음성통신의 기준은 수화자의 이해도이다. 통화이해도의 평가척도로서 명료도지수, 이해도점수, 통화간섭 수준 등이 있다.

가. **명료도지수**: 통화이해도를 추정할 수 있는 지수로, 각 옥타브대의 음성과 잡음의 dB 값에 가중치를 곱하여 합계를 구한다. 명료도지수가 0.3 이하이면 이 계통은 음성통화 자료를 전송하는 데 부적당하다.

나. **이해도점수**: 통화 중 알아듣는 비율이다.

다. **통화간섭 수준**: 통화이해도에 끼치는 잡음의 영향을 추정하는 지수이다.

4.4 촉각적 표시장치와 후각적 표시장치

출제빈도 ★★★★

4.4.1 동적 정보전달하는 촉각적 표시장치

(1) 촉각적 표시장치의 용도 중에 보다 흥미로운 가능성은 동적인 정보를 전송하는 것이다.

(2) 촉감은 피부온도가 낮아지면 나빠지므로, 저온환경에서 촉각적 표시장치를 사용할 때는 주의하여야 한다.

가. 기계적 자극

촉각적 통신에서 기계적 자극을 사용하는 데는 일반적으로 두 가지 접근방법이 있다.

① 피부에 진동기를 부착하는 방법으로 진동기의 위치, 진동수, 강도, 지속시간 등의 변수를 사용하여 암호화할 수 있다.

② 증폭된 음성을 하나의 진동기를 사용하여 피부에 전달하는 방법

나. 전기적 자극

전기자극을 사용할 때의 문제는 통증을 주지 않을 정도의 전류자극을 사용해야 한다. 이 경계는 강도, 지속기간, 시간간격, 전극의 종류, 크기, 전극간격 등에 좌우된다.

(2) 촉각적 영상변환

옵타콘(optacon)은 과학적 영상을 촉각적 진동으로 변화시켜 시작장애인이 해석하도록 하기 위한 장치이다.

4.4.2 후각적 표시장치

(1) 후각적 표시장치가 많이 쓰이지 않는 이유

여러 냄새에 대한 민감도의 개인차가 심하고, 코가 막히면 민감도가 떨어진다. 또한 냄새에 빨리 익숙해져서 노출 후에는 냄새의 존재를 느끼지 못하고, 냄새의 확산을 통제하기 힘들기 때문이다.

(2) 후각적 표시장치의 예

주로 경보장치로 유용하게 응용되며, 가스누출 탐지, 갱도탈출신호로 사용한다.

05 조종장치(control)

모든 기계에는 작동을 통제할 수 있는 장치를 해야 하며, 따라서 인간과 기계의 기능계에서 조종이 중요한 문제로 다루어지고 있다. 조종장치의 조작은 여러 형태의 정신운동작용을 요하므로 그 기능을 효과적으로 설계하여야 한다.

5.1 조종장치의 기능과 유형

조종장치는 제어정보를 어떤 기구나 체계에 전달하는 장치이다. 이렇게 전달되는 정보는 표시장치와 관련이 되고, 표시장치가 제공하는 정보와도 관련이 있다. 조종장치는 크게 다음 3가지로 나눌 수 있다.

(1) 이산적인 정보를 전달하는 장치
(2) 연속적인 정보를 전달하는 장치
(3) Cursor positioning 정보를 제공하는 장치

발누름버튼

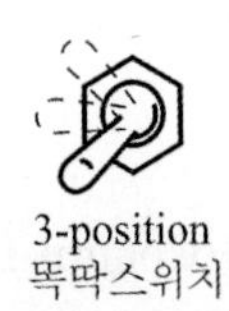

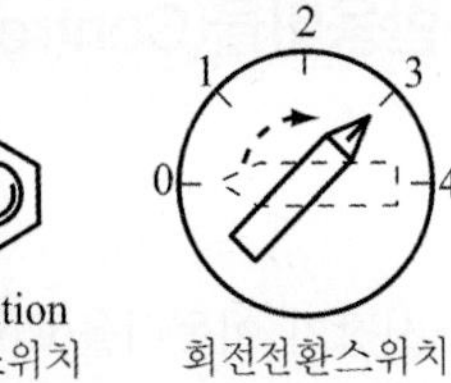

(a) 이산적인 정보를 전달하는 장치

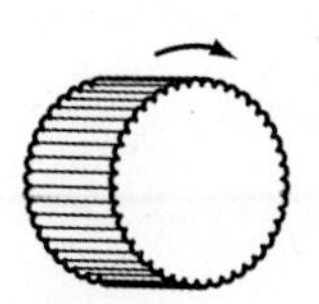

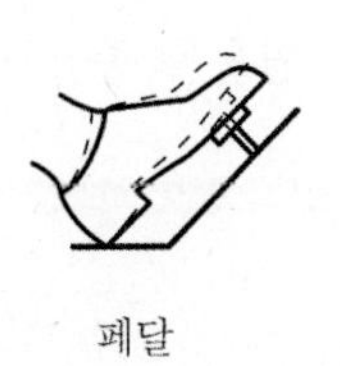

(b) 연속적인 정보를 전달하는 장치

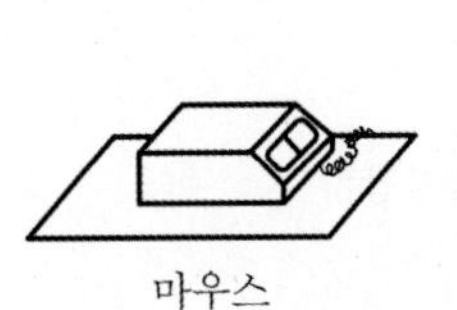

(c) cursor positioning 정보를 제공하는 장치

그림 1.4.11 조종장치의 예

표 1.4.4 조종장치의 조종기능 및 관련정보의 유형

조종장치의 유형	조종기능	관련정보
손누름버튼(hand push button)	개폐	상태
발누름버튼(foot push button)	개폐	상태
똑딱스위치(toggle switch)	개폐, 이산위치	상태, 정량, 경계, 신호
회전전환스위치 (rotary selector switch)	개폐, 이산위치	상태, 정량, 경계, 신호
노브(knob)	위치(이산, 연속) 연속제어	상태, 정량, 정성, 경계, 신호, 묘사
크랭크(crank)	연속위치, 연속제어	정량, 정성, 묘사
핸들(hand wheel)	연속위치, 연속제어	정량, 정성, 묘사
조종간(lever)	연속위치, 연속제어	정량, 정성, 묘사
페달(pedal)	연속위치, 연속제어	정량, 정성, 묘사
누름쇠(keyboard)	자료입력	문자, 숫자, 부호

5.2 조종-반응비율(Control-Response ratio)

출제빈도 ★★★★

(1) 개념

조종-표시장치 이동비율(Control-Display ratio)을 확장한 개념으로 조종장치의 움직이는 거리(회전수)와 체계반응이나 표시장치상의 이동요소의 움직이는 거리의 비이다. 표시장치가 없는 경우에는 체계반응의 어떤 척도가 표시장치 이동거리 대신 사용된다. 이는 연속 조종장치에만 적용되는 개념이고 수식은 다음과 같다.

$$C/R\text{비} = \frac{(a/360)\times 2\pi L}{\text{표시장치 이동거리}}$$

여기서, a: 조종장치가 움직인 각도

L : 반지름(조종장치의 길이)

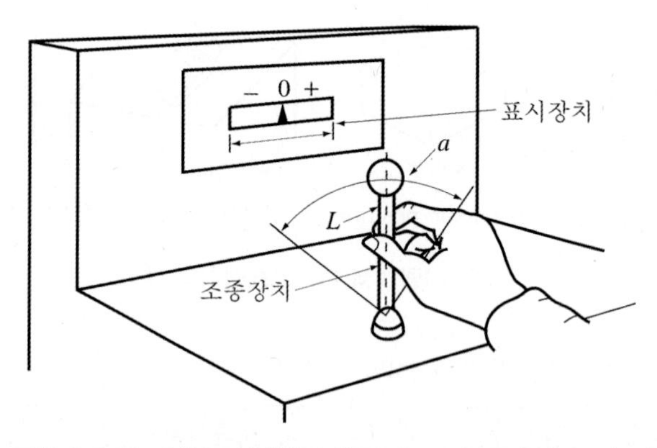

그림 1.4.12 선형표시장치를 움직이는 조종구에서의 C/R비

(2) 최적 C/R비

일반적으로 표시장치의 연속위치에 또는 정량적으로 맞추는 조종장치를 사용하는 경우에 두 가지 동작이 수반되는데 하나는 큰 이동동작이고, 또 하나는 미세한 조종동작이다. 최적 C/R비를 결정할 때에는 이 두 요소를 절충해야 한다. Jenkins와 Connor는 노브의 경우 최적 C/R비는 0.2~0.8, Chapanis와 Kinkade는 조종간의 경우 2.5~4.0이라고 주장하였다.

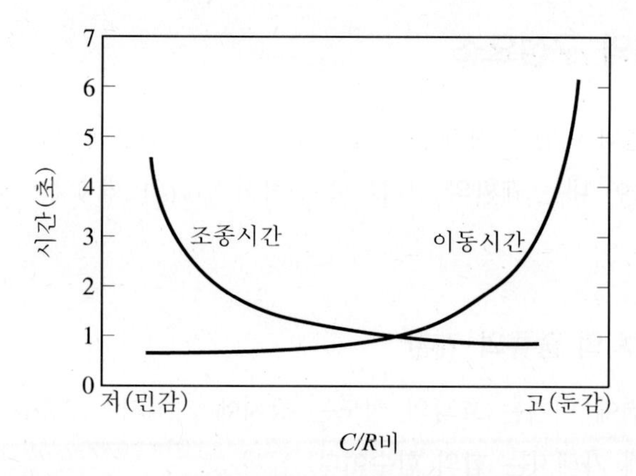

그림 1.4.13 C/R비에 따른 이동시간과 조종시간의 관계

(3) 최적 C/R비 설계 시 고려사항

가. 계기의 크기

계기의 조절시간이 가장 짧게 소요되는 크기를 선택해야 하며 크기가 너무 작으면 오차가 커지므로 상대적으로 생각해야 한다.

나. 공차

계기에 인정할 수 있는 공차는 주행시간의 단축과의 관계를 고려하여 짧은 주행시간 내에서 공차의 인정 범위를 초과하지 않는 계기를 마련해야 한다. 이것은 요구되는 정비도와 깊은 관계를 갖는다.

다. 목시거리

작업자의 눈과 표시장치의 거리는 주행과 조절에 크게 관계된다. 목시거리가 길면 길수록 조절의 정확도는 낮고 시간이 걸리게 된다.

라. 조작시간

조종장치의 조작시간 지연은 직접적으로 C/R비가 가장 크게 작용하고 있다. 작업자의 조절동작과 계기의 반응운동 간에 지연시간을 가져오는 경우에는 C/R비를 감소시키는 것 이외에 방법이 없다.

마. 방향성

조종장치의 조작방향과 표시장치의 운동방향에 일치하지 않으면 작업자의 동작에 혼란이 생기고, 조작시간이 오래 걸리며 오차가 커진다. 특히, 조작의 정확성을 감소시키고 조작시간을 지연시킨다. 계기의 방향성은 안전과 능률에 크게 영향을 미치고 있으므로 설계 시 주의해야 한다.

5.3 조종장치의 구성요소

조종장치 설계면의 어떤 특정한 요소들도 이들을 작동하는데 필요한 신체 또는 정신운동상의 요건이나, 이들이 내는 궤환의 성격으로 인하여 인간의 체계제어 성능에 직접적인 영향을 미친다.

5.3.1 조종장치의 종류와 궤환

조종장치가 출력에 미치는 효과의 정도는 장치에 가해지는 2종류의 입력, 즉 조종장치의 변위와 조종장치에 가해지는 힘의 함수이다.

(1) 변위 조종장치

저항력이 거의 없는 등장성(isotonic) 조종장치이며, 여기서 얻는 유일한 궤환은 근육운동 지각이 감지하는 신체 부위의 움직인 양이다.

(2) 힘으로 작동되는 등척성(isometric) 조종장치

출력은 조종장치에 가해지는 힘과 관계되며, 조종장치를 놓으면 효과는 영으로 돌아간다. 여기서, 얻는 궤환은 가해지는 힘에 따라 느껴지는 조종장치의 저항감이다.

5.3.2 조종장치의 저항력

순수한 등장성 조종장치를 제외하고는 대부분의 조종장치는 저항력을 갖는다. 저항력은 궤환원으로 조작자에게 유용할 수도 있고 해로울 수도 있다.

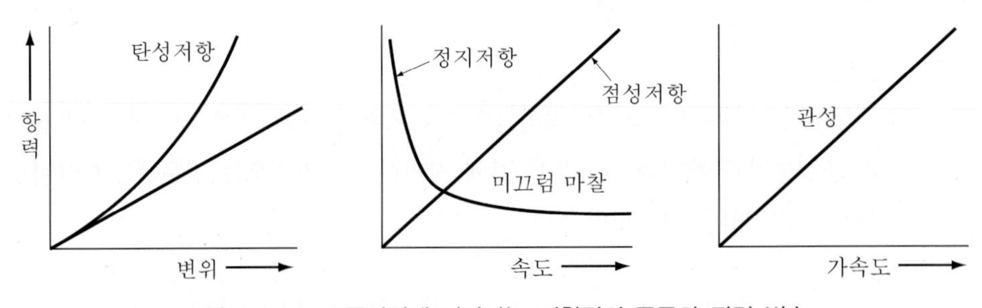

그림 1.4.14 조종장치에 나타나는 저항력의 종류와 관련 변수

(1) 탄성저항

용수철이 장치된 조종장치에서와 같이 탄성저항은 조종장치의 변위에 따라 변하며, 탄

성저항의 이점은 변위에 대한 궤환이 항력과 체계적인 관계를 가지고 있기 때문에 유용한 궤환원으로 작용한다는 것이다.

(2) 점성저항

출력과 반대방향으로 그 속도에 비례해서 작용하는 힘 때문에 생기는 항력을 말한다.

(3) 관성

관계된 기계장치의 질량으로 인한 운동에 대한 저항으로 가속도에 따라 변한다. 일반적으로 원활한 제어를 돕고, 우발적인 작동 가능성을 감소시킨다.

(4) 정지 및 미끄럼마찰

처음 움직임에 대한 저항력인 정지마찰은 급격히 감소하나, 미끄럼마찰은 계속하여 운동에 저항하며, 변위나 속도와는 무관하다. 이 때문에 마찰은 제어동작에 도움이 되는 궤환을 주지 못하며 통상 인간성능을 저하시킨다.

5.3.3 압력과 변위 궤환 암시신호

(1) 궤환의 주근원으로 시각이 사용되지 않을 때는 압력과 변위 궤환 암시신호 혹은 그 조합의 상대적인 유용성을 아는 것이 설계에 도움이 될 것이다.
(2) 추적 임무에서는 압력형 조종장치가 자유로이 움직이는 변위형보다 추적오차가 작다. 또한, 주어진 변위에 더 큰 힘이 필요한 경우, 즉 힘의 변역이 클 때 오차가 작아진다.
(3) 추적 임무가 아닌 위치동작에서는 조종장치를 움직여 피제어 요소를 특정한 위치나 장소로 이동시키게 되면 변위(동작의 크기)가 더 나은 궤환이다.
(4) 두 암시신호가 조합 사용될 때, 동작의 크기(힘) 암시신호는 다른 암시신호인 힘(동작의 크기)이 큰 경우에만 성능에 영향을 준다.

5.3.4 체계의 반응지연

(1) 전송지연(transmission lag)에서는 입력과 출력 간에는 일정한 시간지연이 있으나, 같은 모양을 한다. 지수지연(exponential lag)은 다름 아닌 입력신호의 지수평활효과이다.
(2) 과도한 지연은 성능을 저하시키지만, 조종－반응 비율에 따라서는 그림 1.4.15에 있는 보정추적 성능비교에서와 같이 C/R비가 낮은(민감) 경우에는 지연이 오히려 성능을 개선한다.

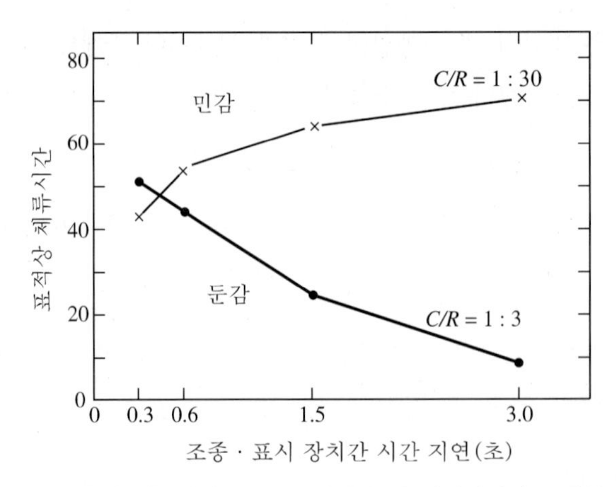

그림 1.4.15 보정추적 임무에서 조종–표시장치 간 시간지연과 표적상 체류시간(%)

5.3.5 이력현상과 사공간

(1) 이력현상

제어계통의 이력현상(hysteresis) 혹은 반발(backlash)이란 그림 1.4.16(a)와 같이 제어 동작이 멈추면 체계반응이 거꾸로 돌아오는 것을 말한다.

(2) 사공간

그림 1.4.16(b)와 같이 조종장치를 움직여도 피제어 요소에 변화가 없는 곳을 말한다. 어떠한 조종장치에도 약간의 사공간은 피할 수 없으며, 성능에 미치는 효과나 대처방법은 이력현상의 것과 같다.

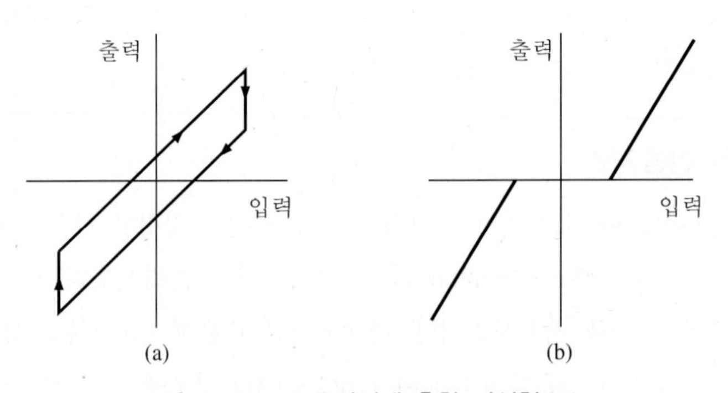

그림 1.4.16 조종장치에 흔한 비선형요소

5.4 조종장치의 인간공학적 설계지침

출제빈도 ★★★★

5.4.1 설계원칙

(1) 부하의 분산

조종장치의 운용자의 특정 팔과 다리에 과부하가 걸리지 않도록 고루 분산시켜야 한다.

(2) 운동관계

조종장치는 관련된 표시장치, 장비요소 혹은 운송기기의 운동방향과 일치되게 선택하고, 배열해야 한다.

(3) 중력부하

가속부하가 발생하는 곳에서의 조종장치 선택 시에는 운용 시의 간격 멈춤 가속부하효과를 고려하여야 한다.

(4) 다중회전 조종장치

넓은 범위의 정확한 조절이 요구되는 곳은 다중회전 조종장치를 사용해야 한다.

(5) 이산 및 연속 조종장치

조종되는 객체가 이산적 위치나 값으로 조절될 때는 연속조절 조종장치보다는 이산조절 조종장치, 즉 간격멈춤 조종장치나 누름버튼을 사용해야 한다.
반면, 정확한 연속적 조종이 요구될 때 혹은 많은 수의 이산적 조절이 요구될 때는 연속조절 조종장치를 사용해야 한다.

(6) 정지점

지정된 위치나 한계를 넘는 범위의 조절이 요구되지 않는다면 조종장치 조절범위의 시작점과 종착점에 정지점을 제공하여야 한다.

(7) 조종장치의 표준화

조종장치는 쉽게 식별할 수 있는 것을 선택하여야 하며, 모든 조종장치는 부분별로 위치의 표준화를 통하여 식별할 수 있어야 한다.

(8) 조종장치의 그룹화

도달동작을 줄이고 순서적 혹은 동시에 일어나는 작동을 도와줌과 동시에 패널공간을 경제적으로 활용하기 위하여 기능적으로 관련된 조종장치는 결합해야 한다.

(9) 조종장치의 선택

조종장치를 조종하는 힘과 조절범위가 주요 고려사항일 때 다음 표 1.4.5에 나와 있는 종류의 조종장치를 선택하여야 한다.

가. 손으로 작동해야 하는 조종장치

① 조작을 빠르게 하여야 하는 경우

② 힘을 적게 가할 필요가 있는 경우

③ 조작을 정확하게 하여야 하는 경우

나. 발로 작동해야 하는 조종장치

① 조작 중 누르고 있어야 하는 경우

② 큰 힘을 필요로 하는 발 조종장치의 경우 신체중심의 앞쪽에 위치하여야 한다.

다. 막식 스위치(membrane switch)

얇은 회로막으로 이루어진 스위치로 스위치를 누를 때 스냅돔과 엠보싱에서 촉감과 청각음 피드백을 제공한다.

표 1.4.5 힘과 조종범위가 중요한 경우 권장되는 조종장치

적은 힘이 요구되는 경우	조종장치
2단계 조종	누름버튼 또는 똑딱스위치
3단계 조종	똑딱스위치 또는 회전선택스위치
4~24단계 조종	회전선택스위치
작은 범위의 연속조종	손잡이 또는 레버
큰 범위의 연속조종	크랭크 또는 다중회전손잡이
큰 힘이 요구되는 경우	**조종장치**
2단계 조종	간격멈춤레버, 대형 누름스위치
3~24단계 조종	간격멈춤레버
작은 범위의 연속조종	손핸들 또는 레버
큰 범위의 연속조종	대형 크랭크

5.4.2 코딩(암호화)

여러 개의 콘솔이나 기기에서 사용되는 조종장치의 손잡이는 운용자가 쉽게 인식하고 조작할 수 있도록 코딩을 해야 한다. 가장 자연스러운 코딩 방법은 공통의 조종장치를 각 콘솔이나 조종장치 패널의 같은 장소에 배치하는 것이다. 이 밖에 손잡이의 형상이나 색을 사용하는 방법도 있다.

(1) 코딩 설계 시 고려사항

가. 이미 사용된 코딩의 종류

나. 사용될 정보의 종류

다. 수행될 과제의 성격과 수행조건

라. 사용 가능한 코딩 단계나 범주의 수

마. 코딩의 중복 혹은 결합에 대한 필요성

바. 코딩 방법의 표준화

(2) 코딩의 종류

가. **색 코딩**: 색에 특정한 의미가 부여될 때(예를 들어, 비상용 조종장치에는 적색) 매우 효과적인 방법이 된다.

나. **형상 코딩**: 조종장치는 시각적뿐만 아니라 촉각으로도 식별 가능해야 하며, 날카로운 모서리가 없어야 한다. 조종장치에 대한 형상 코딩의 주요 용도는 촉감으로 조종장치의 손잡이나 핸들을 식별하는 것이다.

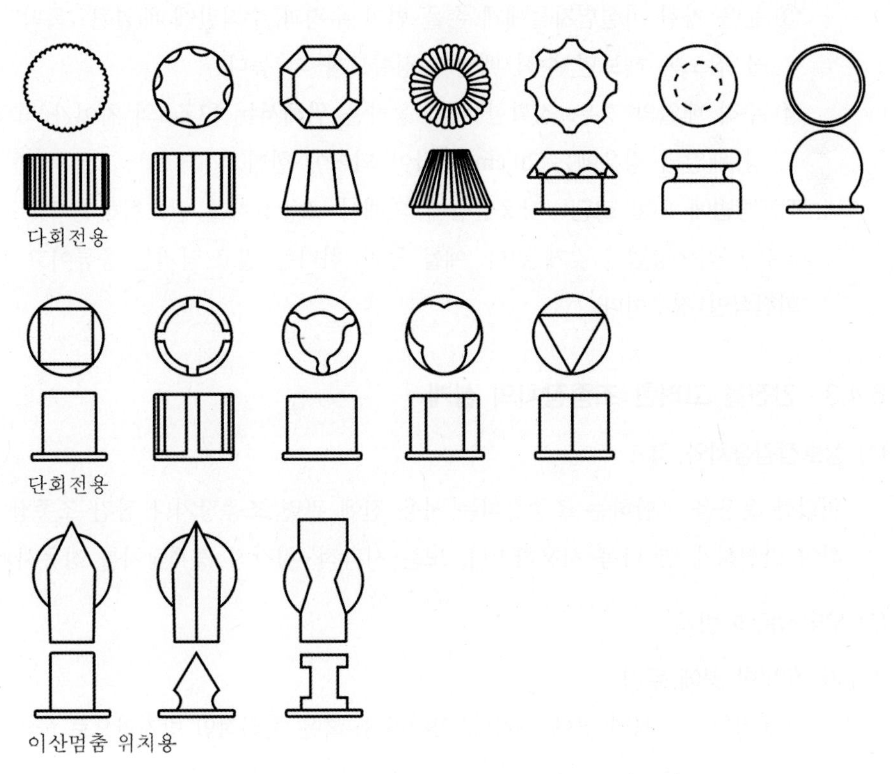

그림 1.4.17 만져서 혼동되지 않는 꼭지들(Hunt)

조종장치를 선택할 때에는 일반적으로 상호간에 혼동이 안 되도록 해야 한다. 이러한 점을 염두에 두어 15종류의 꼭지를 고안하였는데 용도에 따라 크게 다회전용, 단회전용, 이산멈춤 위치용이 있다.

다. 크기 코딩: 운용자가 적절한 조종장치를 선택하기 전에 촉감으로 구별하지 못할 때는 조종장치의 크기를 두 종류 혹은 많아야 세 종류만 사용하여야 한다(지름 1.3 cm, 두께 0.95 cm 차이 이상이면 촉각에 의해서 정확하게 구별할 수 있다).

라. 촉감 코딩: 표면의 촉감을 달리하는 코딩을 할 수 있다. 흔히 사용되는 표면가공 중 매끄러운 면, 세로 홈, 깔쭉면 표면의 3종류로 정확하게 식별할 수 있다.

마. 위치 코딩: 유사한 기능을 가진 조종장치는 모든 패널에서 상대적으로 같은 위치에 있어야 하며, 운용자는 조종장치가 그들의 정면에 있을 때 위치를 좀 더 정확하게 구별할 수 있다.

① 깜깜한 방의 전등을 켜기 위해 스위치를 더듬는 것은 위치 암호화에 반응하는 것이다.

② 여러 개의 비슷한 조종장치 중에서 선택을 해야 할 때에는 이들이 우리의 근육 운동 감각으로 분별할 수 있을 정도로 충분히 멀리 떨어져 있지 않다면 정확한 것을 찾기가 힘들 것이다.

③ 눈을 가린 피실험자들에게 손을 뻗어 수평과 수직판에 배열된 "똑딱" 스위치들을 잡도록 해보면 수직 배열의 정확도가 더 높다.

④ 수직 배열의 경우, 정확한 위치 동작을 위해서는 13 cm의 차이가 적당하고, 수평 배열의 경우에는 20 cm 이상이 되어야 한다.

바. 작동방법에 의한 코딩: 작동방법에 의해서 조종장치를 암호화하면 각 조종장치는 고유한 작동방법을 갖게 된다. 예를 들면, 하나는 밀고 당기는 종류이고, 다른 것은 회전식인 경우이다.

5.4.3 안전을 고려한 조종장치의 설계

(1) 상호잠김장치와 경고

위험한 운용을 포함하는 조종장치는 사용 전에 관련 조종장치나 잠김 조종장치를 이용하여 안전하게 한 다음 사용하거나, 또는 시각적·청각적 경계장치를 작동시켜야 한다.

(2) 우발작동의 방지

가. 오목한 곳에 두기

조종장치를 오목한 곳에 두거나, 가리거나, 혹은 물리적인 방지판으로 둘러싸야 한다.

나. 위치와 방향

운용자가 조종장치를 정상순서로 조작하는 중에 우발적으로 조종장치를 켜거나 움직이게 하지 않도록 위치와 방향을 잡아야 한다.

다. 덮개

조종장치는 덮거나 방호하여야 한다.

라. 잠금장치

순서적 작동이 요구될 때 조종장치가 어떤 위치를 지나쳐 버리는 것을 방지하기 위하여 조종장치에 잠금장치를 제공해야 한다.

마. 저항

작동을 위해 일정한 힘이나 지속적인 힘이 요구되는 곳에는 조종장치에 저항을 제공해야 한다.

바. 내부 조종장치

내부 혹은 은닉된 조종장치는 일반적으로 그것의 존재가 불명확하고, 배치와 재조종이 어려울 뿐만 아니라 시간이 많이 소요되므로 안전장치를 하여야 한다.

사. 신속한 운용

조종장치의 우발적 운용을 방지하기 위한 어떠한 방법도 제한된 시간 안에 조작을 해야 한다는 것을 무시해서는 안 된다.

5.5 체계제어와 추적작업

5.5.1 체계제어의 개요

(1) 제어

제어란 어떤 대상에 대하여 원하는 목적에 적합하도록 소요의 조작을 가하는 것을 말하며, 제어하고자 하는 대상을 일반적으로 제어량이라고 한다. 자동제어란 사람의 힘으로 하지 않고 자동적으로 제어하는 것을 말한다.

(2) 체계의 제어계수

가. 0계(위치제어)

나. 1계(율 또는 속도제어)

다. 2계(가속도제어): 가장 긴 인간의 처리시간을 요한다.

5.5.2 자동제어의 종류

(1) sequential control

미리 정하여진 순서에 따라 제어의 각 단계를 차례로 진행시키는 제어를 말하며, 이때 신호는 한 방향으로만 전달된다.

(2) feedback control

폐회로를 형성하여 출력신호를 입력신호로 되돌아오도록 하는 것을 feedback이라 하며, feedback에 의한 목푯값에 따라 자동적으로 제어하는 것을 말한다. feedback control에는 반드시 입력과 출력을 비교하는 장치가 있다.

(3) feedback control의 장점

가. 제어대상의 특성을 파악할 수 없어도 소기의 목적을 달성할 수 있다.
나. 제어계의 동작상태를 방해하는 외부의 작용을 제거할 수 있다.

5.5.3 추적작업

가. 추적작업은 체계의 목표를 달성하기 위하여 인간이 체계를 제어해 나가는 과정이다. 목표와 추종요소의 관계를 표시하는 방법은 보정추적 표시장치(compensatory tracking)와 추종추적 표시장치(pursuit tracking)가 있다. 일반적으로 추종추적 표시장치가 보정추적 표시장치보다 우월하다.

① 보정추적 표시장치: 목표와 추종요소 중 하나가 고정되고 나머지는 움직이며 목표와 추종요소의 상대적 위치의 오차만을 표시하는 장치이다. 둘이 중첩된 경우는 목표상에 있는 것이며 조종자의 기능은 조종장치를 조작하여 오차를 최소화시키는 것이다. 그러나 오차의 원인을 진단할 수 없으며, 목표가 움직였는지, 진로를 바꾸었는지, 추적이 부정확한지를 나타내지 않는다.

② 추종추적 표시장치: 목표와 추종요소가 다 움직이며 표시장치가 나타내는 공간에 대한 각각의 위치를 보여준다.

③ 추종추적 표시장치는 두 요소의 실제 위치에 대한 정보를 조종자에게 제공하는 데 반해, 보정추적 표시장치는 절대오차나 차이만을 보여줄 뿐이다. 그러나 보정추적표시장치는 두 요소의 가능한 값이나 위치의 전 범위를 나타낼 필요가 없기 때문에 계기판의 공간을 절약하는 실질적인 이점이 있을 때가 있다.

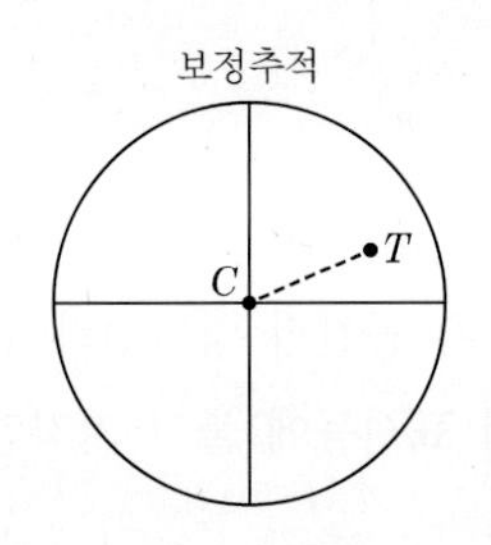

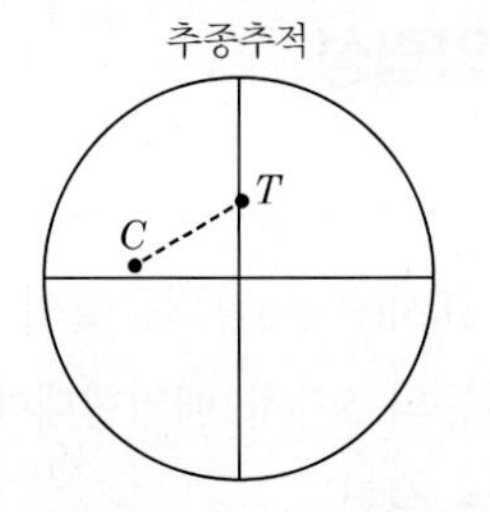

그림 1.4.18 보정 및 추종추적 표시장치(T=목표, C=추종요소)

나. 촉진(促進, quickening): 제어체계를 궤환(feedback) 보상해 주는 것이다. 본질적으로 폐회로 체계를 수정하여 조작자 자신이 미분 기능을 수행할 필요성을 덜어 주는 절차이다.

06 양립성

양립성(compatibility)이란 자극들 간의, 반응들 간의 혹은 자극-반응조합의 공간, 운동 혹은 개념적 관계가 인간의 기대와 모순되지 않는 것을 말한다. 표시장치나 조종장치가 양립성이 있으면 인간성능은 일반적으로 향상되므로 이 개념은 이들 장치의 설계와 밀접한 관계가 있다.

(1) 개념양립성(conceptual compatibility)

코드나 심벌의 의미가 인간이 갖고 있는 개념과 양립하는 것

예 비행기 모형과 비행장

(2) 운동양립성(movement compatibility)

조종기를 조작하여 표시장치상의 정보가 움직일 때 반응결과가 인간의 기대와 양립하는 것

예 라디오의 음량을 줄일 때 조절장치를 반시계 방향으로 회전

(3) 공간양립성(spatial compatibility)

공간적 구성이 인간의 기대와 양립하는 것

예 button의 위치와 관련 display의 위치가 양립

(4) 양식양립성(modality compatibility)

직무에 알맞은 자극과 응답의 양식과 양립하는 것

6.1 공간적 양립성

출제빈도 ★★★★

(1) 표시장치와 이에 대응하는 조종장치 간의 실체적(physical) 유사성이나 이들의 배열 혹은 비슷한 표시(조종)장치군들의 배열 등이 공간적 양립성과 관계된다.

(2) 4개의 표시등의 5가지 배열형태에 대해서 표시등에 불이 켜지면 관련 누름단추를 눌러 끄도록 하는 실험

가. 4개의 표시등의 배열

나. 4개의 누름단추의 위치는 (a)와 동일

다. 숫자는 반응시간(초)을 나타냄

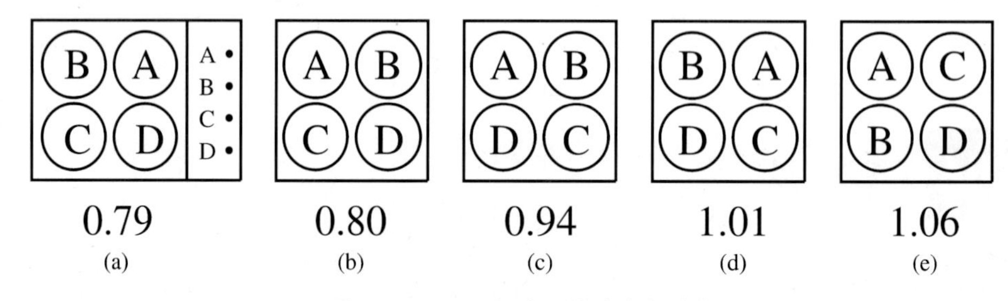

그림 1.4.19 표시 및 조종장치의 배열

6.2 운동관계의 양립성

출제빈도 ★★★★

차를 우회전하기 위하여 운전륜을 우회전하는 것 같이 자연적으로 타고난 연상 때문이거나 혹은 문화적으로 익혀진 어떤 관계들 때문에 대부분 운동관계는 양립성과 관계가 있다.

6.2.1 동일평면상의 표시장치와 회전식 조종장치 간의 운동관계

(1) 조종장치로 원형 혹은 수평 표시장치의 지침을 움직이는 경우, 일반적인 원칙은 그림 1.4.20(a)와 같이, 조종장치의 시계방향 회전에 따라 지시 값이 증가하는 것이다.

(2) 동침형 수직눈금의 경우에는 그림 1.4.20(b)와 같이 지침에 가까운 부분과 같은 방향으로 움직이는 것이 가장 양립성이 큰 관계이다.

가. 직접구동－눈금과 손잡이가 같은 방향으로 회전

나. 눈금숫자는 우측으로 증가

다. 꼭지의 시계방향 회전이 지시 값을 증가

(3) 워릭의 원리(Warrick's principle)

표시장치의 지침(pointer)의 설계에 있어서 양립성(兩立性, compatibility)을 높이기 위한 원리로서, 제어기구가 표시장치 옆에 설치될 때는 표시장치상의 지침의 운동방향과 제어기구의 제어방향이 동일하도록 설계하는 것이 바람직하다.

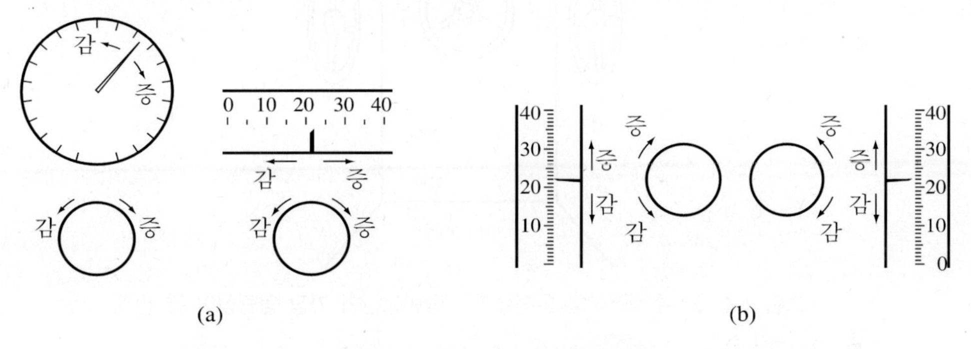

그림 1.4.20 동일평면상의 동침형 표시장치와 조종장치의 운동관계

6.2.2 다른 평면상의 표시장치와 회전식 조종장치 간의 운동관계

손잡이와 지침이 그림 1.4.21에서와 같이 다른 평면에 있을 때에는 "오른나사"가 움직이는 방향이 가장 양립성이 큰 관계이다.

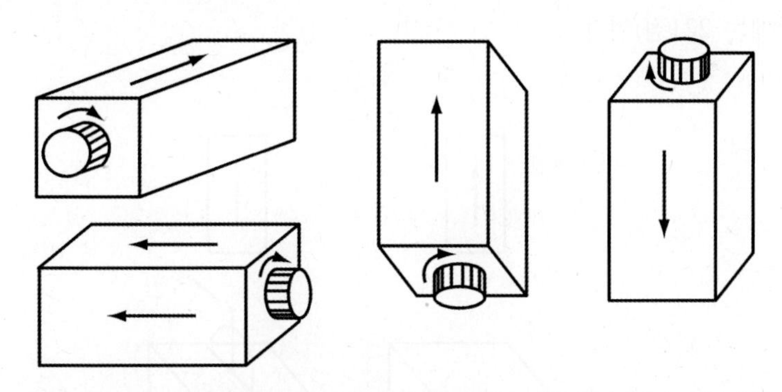

그림 1.4.21 다른 평면상의 표시장치와 회전식 조종장치 간의 운동관계

6.2.3 운전륜의 운동관계

대부분의 차량에는 체계의 출력을 나타내는 표시장치는 없고, 차량의 반응이 있을 뿐이다. 운전륜이 수평면상에 있을 때에는 운전자는 운전륜 뒷부분에 앉아 앞부분을 바라보는 것과 같은 방향을 취한다(즉, 우회전 시는 운전륜을 우회전). 운전륜이 수직면 상에 있을 때에는 운전자는 그림 1.4.22에서와 같이 운전륜을 정면으로 바라보는 것과 같은 방향을 취한다.

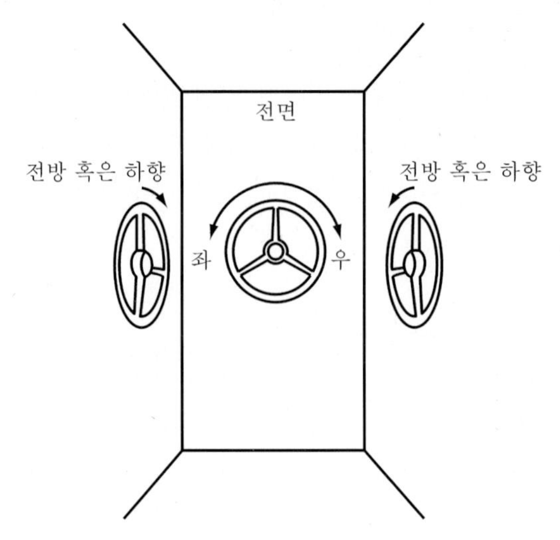

그림 1.4.22 수직면상의 운전륜과 차량반응간의 가장 양립성이 큰 관계

6.2.4 조종간의 운동관계

조종간과 표시장치 지침 간의 가장 양립성이 큰 운동관계는 그림 1.4.23에 있는 것과 같으며, 실험결과를 보면 수평조종간의 경우 상−상 관계(조종간 상−지침상)의 추적점수는 239로(상−하 관계의 149점에 비해) 훨씬 우수하다. 수직조종간의 경우는 전(前)−상 관계의 점수는 227(전−하 관계는 221점)이다.

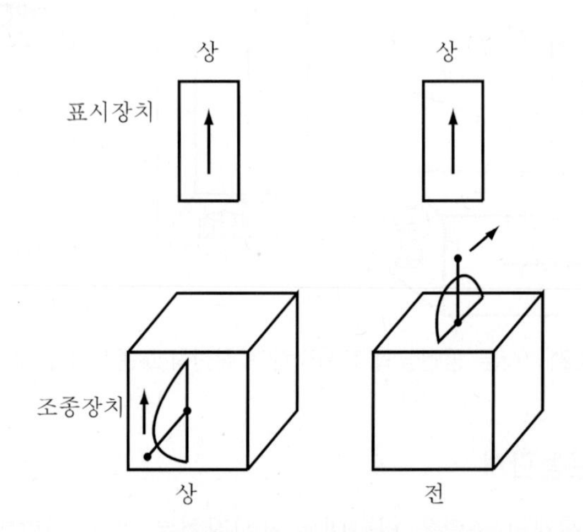

그림 1.4.23 수평·수직조종간과 가장 양립성이 큰 지침의 운동관계

07 사용자 인터페이스

7.1 사용자 인터페이스의 개요

정보기술 측면에서 말하는 사용자 인터페이스란 디스플레이 화면, 키보드, 마우스, 라이트펜, 데스크톱 형태, 채색된 글씨들, 도움말 등 사람들과 상호작용을 하도록 설계된 모든 정보 관련 고안품을 포함하여 응용프로그램이나 웹사이트 등이 상호작용을 초래하거나 그것에 반응하는 방법 등을 의미한다.

(1) 사용자중심 설계(User-Centered Design)

가. 사용자가 쉽고 효율적으로 기능을 사용할 수 있도록 사용자의 관점에서 제품을 설계하는 개념이다.

나. 사용자중심 설계는 사용자와 사용행위에 관한 정보 및 제품이 사용되는 상황 등을 고려하여 제품의 사용성(usability)을 높이도록 설계하는 개념을 말한다.

(2) 사용자경험 설계(User Experience Design)

가. 제품의 외관에 관한 설계뿐만 아니라 소비자들의 행동양식과 심리, 제품사용을 종합적으로 추적해 그 결과를 제품에 반영하는 것을 말한다.

나. 사용자입장을 고려하고 사용자경험을 바탕으로 사용자에게 '어떻게 보이고, 어떻게 작용하며, 무엇을 경험할 수 있는가' 에 초점을 두고, 제품과 상호작용하는 데 영향을 줄 수 있는 인터페이스 요소와 인터랙션 요소까지를 고려하여 설계하는 과정이라고 할 수 있다.

(3) 닐슨(Nielsen)의 사용성 정의

닐슨은 사용성을 학습용이성, 효율성, 기억용이성, 에러 빈도 및 정도, 그리고 주관적 만족도로 정의하였다.

가. 학습용이성(learnability): 초보자가 제품의 사용법을 얼마나 배우기 쉬운가를 나타낸다.

나. 효율성(efficiency): 숙련된 사용자가 원하는 일을 얼마나 빨리 수행할 수 있는가를 나타낸다.

다. 기억용이성(memorability): 오랜만에 다시 사용하는 재사용자들이 사용방법을 얼마나 기억하기 쉬운가를 나타낸다.

라. 에러 빈도 및 정도(error frequency and severity): 사용자가 에러를 얼마나 자주 하는가와 에러의 정도가 큰지 작은지 여부, 그리고 에러를 쉽게 만회할 수 있는지를 나타낸다.

마. 주관적 만족도(subjective satisfaction): 제품에 대해 사용자들이 얼마나 만족하게 느끼고 있는가를 나타낸다.

7.2 사용자 인터페이스 설계원칙

출제빈도 ★★★★

7.2.1 사용자 인터페이스의 일반적인 설계원칙

(1) 사용자의 작업에 적합해야 한다.

(2) 이용하기 쉬워야 하고, 사용자의 지식이나 경험수준에 따라 사용자에 맞는 기능이나 내용이 제공되어야 한다.

(3) 작업 실행에 대한 피드백이 제공되어야 한다.

(4) 정보의 디스플레이가 사용자에게 적당한 형식과 속도로 이루어져야 한다.

(5) 인간공학적 측면을 고려해야 한다.

7.2.2 노먼(Norman)의 설계원칙

(1) 가시성(visibility)

가시성은 제품의 중요한 부분은 눈에 띄어야 하고, 그런 부분들의 의미를 바르게 전달할 수 있어야 한다는 것이다.

(2) 대응(mapping)의 원칙

대응은 어떤 기능을 통제하는 조절장치와 그 기능을 담당하는 부분이 잘 연결되어 표현되는 것을 의미한다.

(3) 행동유도성(affordance)

가. 사물에 물리적, 의미적인 특성을 부여하여 사용자의 행동에 관한 단서를 제공하는 것을 행동유도성(affordance)이라 한다. 제품에 사용상 제약을 주어 사용방법을 유인하는 것도 바로 행동유도성에 관련되는 것이다.

나. 좋은 행동유도성을 가진 디자인은 그림이나 설명이 필요 없이 사용자가 단지 보기만 하여도 무엇을 해야 할지 알 수 있도록 설계되어 있는 것이다. 이러한 행동유도

성은 행동에 제약을 가하도록 사물을 설계함으로써 특정한 행동만이 가능하도록 유도하는 데서 온다.

(4) 피드백(feedback)의 제공

가. 피드백이란 제품의 작동결과에 관한 정보를 사용자에게 알려주는 것을 의미하며, 사용자가 제품을 사용하면서 얻고자 하는 목표를 얻기 위해서는 조작에 대한 결과가 피드백되어야 한다.

나. 제품설계 시에는 가능한 사용자의 입력에 대한 피드백 기능을 두는 것이 필요하며, 피드백의 방법에는 경고등, 점멸, 문자, 강조 등의 시각적 표시장치를 이용하거나, 음향이나 음성표시, 촉각적 표시 등을 이용할 수도 있다.

다. 적절한 피드백은 사용자들의 작업수행에 있어 동기부여에 중요한 요소이며, 만약 시스템의 작업수행에 지연이 발생했을 때 사용자가 좌절이나 포기를 하지 않도록 하는 데 있어 피드백은 중요한 기능을 발휘한다.

7.2.3 존슨(Johnson)의 설계원칙

존슨은 특정 설계규칙을 제시하기보다는 일반적인 그래픽 사용자 인터페이스 설계 규칙의 기본이 되는 원칙을 제시하고 있다.

존슨의 설계원칙은 다음과 같이 여덟 가지로 요약될 수 있다.

(1) 사용자와 작업중심의 설계

사용자를 이해하고 사용자의 특성을 파악하며 사용자와 협력하는 것이 인터페이스 설계의 핵심적인 부분이다.

(2) 기능성 중심의 설계

인터페이스 설계에 있어서 기능적인 면이 보여지는 것에 우선해야 한다. 좋은 인터페이스는 화려한 화면이 아니라 시스템이 제공하는 기능 혹은 역할에 염두에 두는 인터페이스여야 한다.

(3) 사용자 관점에서의 설계

사용자로 하여금 부자연스러운 기능수행을 요구하지 말아야 하며, 언어사용에 있어 사용자들이 이해하기 쉬운 단어나 표현을 사용하며, 프로그램 코딩에 관련된 전문용어가 사용자에게 노출되지 않도록 해야 한다.

(4) 사용자가 작업수행을 간단, 명료하게 진행하도록 설계

인터페이스는 사용자가 작업을 간단하게 처리하도록 지원해야 하며, 사용자에게 요구되는 노력의 범위를 최소화시켜야 한다.

(5) 배우기 쉬운 인터페이스의 설계

바람직한 인터페이스는 사용자가 이해하고 알고 있는 방식을 시스템에 적용시키는 것이다. 또한, 배우기 쉬운 인터페이스는 일관성 있는 설계를 통하여도 이루어진다.

(6) 데이터가 아닌 정보를 전달하는 인터페이스 설계

단순 데이터가 아닌 정보를 전달하는 인터페이스는 사용자로 하여금 중요한 정보를 쉽게 볼 수 있도록 한다. 인터페이스 설계 시에 보는 시점의 이동순서, 전달되는 정보에 적합한 매체를 사용하고, 상세부분에도 주목할 수 있도록 적절하게 배치하여야 한다.

(7) 적절한 피드백을 제공하는 인터페이스 설계

사용자가 작업 실행을 명령했을 경우, 시스템은 명령의 이행을 수행하는 것과 병행하여 사용자로 하여금 명령을 인식하였음과 현재 처리 중임을 표시해야 한다.

(8) 사용자 테스트를 통한 설계 보완

사용자 테스트가 인터페이스 설계에 중요한 요소이다. 사용자 테스트를 통하여 인터페이스의 문제점을 파악하도록 하고, 이를 시스템 개발자에게 인식시켜서 수정, 보완하도록 한다.

7.2.4 GOMS 모델

(1) 숙련된 사용자가 인터페이스에서 특정 작업을 수행하는 데 얼마나 많은 시간을 소요하는지 예측할 수 있는 모델이다. 또한 하나의 문제 해결을 위하여 전체 문제를 하위문제로 분해하고 분해된 가장 작은 하위문제들을 모두 해결함으로써 전체 문제를 해결한다는 것이 GOMS 모델의 기본논리이다.

(2) 4가지 구성요소

GOMS는 인간의 행위를 목표(goals), 연산자 또는 조작(operator), 방법(methods), 선택규칙(selection rules)으로 표현한다.

(3) 장점

가. 실제 사용자를 포함시키지 않고 모의실험을 통해 대안을 제시할 수 있다.

나. 사용자에 대한 별도의 피드백 없이 수행에 대한 관찰결과를 알 수 있다.

다. 실제로 사용자가 머릿속에서 어떠한 과정을 거쳐서 시스템을 이용하는지 자세히 알 수 있다.

(4) 문제점

가. 이론에 근거하여 실제적인 상황이 고려되어 있지 않다.
나. 개인을 고려하고 있어서 집단에 적용하기 어렵다.
다. 결과가 전문가 수준이므로 다양한 사용자 수준을 고려하지 못한다.

7.3 사용자 인터페이스 평가요소(Jacob)

(1) 배우는 데 걸리는 시간

사용자가 작업수행에 적합한 명령어나 기능을 배우기 위한 시간이 얼마나 필요한가?

(2) 작업실행속도

벤치마크 작업을 수행하는 데 시간이 얼마나 걸리는가?

(3) 사용자에러율

벤치마크 작업을 수행하는 데 사용자는 얼마나 많은, 그리고 어떤 종류의 에러를 범하는가?

(4) 기억력

사용자는 한 번 이용한 시스템의 이용법을 얼마나 오랫동안 기억할 것인가? 기억력은 배우는 데 걸린 시간, 이용빈도 등과 관련이 있다.

(5) 사용자의 주관적인 만족도

시스템의 다양한 기능들을 이용하는 것에 대한 사용자의 선호도는 얼마나 되는가? 인터뷰나 설문조사 등을 통하여 얻어질 수 있다.

7.4 사용자평가기법

개발된 시스템에 대해 사용자에게 직접 시스템을 사용하게 하여 이를 관찰하여 획득한 데이터를 바탕으로 시스템을 평가하는 것이 사용자평가기법이다. 사용자평가기법을 통해 설계자는 놀라울 만큼 생생하고 중요한 사실, 즉 자신이 미처 생각지 못하거나 잘못된 개념이 얼마나 많은가를 알게 된다.

7.4.1 설문조사

(1) 설문조사에 의한 시스템 평가방법은 제일 손쉽고 경제적인 방법으로 사용자에게 시스템을 사용하게 하고, 준비된 설문지에 의해 그들의 사용경험을 조사하는 방법이다.

(2) 설문지의 설문방법은 어떤 항목의 평가를 구체적으로 할 수도 있고, 일반적인 사용경험을 물을 수도 있다. 구체적인 항목평가를 위해 척도를 마련할 수도 있다(리커트 척도, VAS 척도 등).

(3) 특별한 형식 없이 서술식으로 답변을 구할 수도 있다. 이러한 설문조사방법은 매우 이용이 간편하기 때문에 시스템 평가 시에 가장 잘 이용되는 방법이다.

(4) 설문조사에 의한 평가를 행할 때 다음과 같은 점을 주의하여야 한다.

가. 설문항목의 내용을 일반적인 내용이 아닌 시스템의 실제 경험을 알 수 있는 구체적인 내용으로 질문하여야 한다는 것이다. 예를 들면, '그 시스템의 명령어는 외우기가 쉽습니까?'라는 식으로 질문하는 것이 중요하다.

나. 질문 시에 가설적인 내용(예를 들면, 시스템에 대한 변경)을 묻는 것이 아니라 실제의 시스템의 사용경험(어떤 키를 누를 경우의 시스템의 반응)을 구체적으로 질문하는 것이 바람직하다.

(5) 설문조사방법의 단점은 시스템의 사용경험에 대해서 질문할 경우 시스템을 실제로 사용하는 동안의 경험에 대해 직접적으로 묻는 것은 아니기 때문에 시스템을 실제로 사용할 당시의 경험이 그대로 드러나지 않았을 수도 있다는 점이다. 즉, 인간이 가지는 단기기억 용량의 한계가 노출될 수도 있다는 것이다.

7.4.2 구문기록법

(1) 구문기록법이란 사용자에게 시스템을 사용하게 하면서 지금 머릿속에 떠오른 생각을 생각나는 대로 말하게 하여 이것을 기록한 다음 기록된 내용에 대해서 해석하고, 그 결과에 의해 시스템을 평가하는 방법이다.

(2) 구문기록법에 의해 기록한 데이터를 분석하기가 쉽지 않기 때문에 시스템의 평가 시에 잘 쓰여지는 방법은 아니다.

(3) 구문기록법에 의해 시스템 사용에 대한 생생한 데이터를 얻을 수 있기 때문에 좀 더 체계적이고 심층적인 분석을 행할 때 이 방법이 사용된다.

(4) 구문기록법을 이용할 경우 주의할 점은 다음과 같다.

가. 사용자가 말하는 내용만 기록할 것이 아니라 사용자의 시스템에 의한 업무수행들도 동시에 기록하여야 한다는 점이다. 사용자의 대화내용과 당시의 업무수행 상태를

비교 가능하게 하기 위해서이다.

나. 기록 중에는 가능한 한 기록자가 사용자를 방해하지 않아야 한다. 따라서 평가자가 사용자의 시스템 사용 중에 어떤 질문을 던지고 사용자가 그것에 대답하는 식으로 사용자의 경험을 기록해서는 안 된다.

(5) 사용자에게 일을 수행하면서 떠오르는 생각을 얘기해 달라는 것은 어려운 일이기 때문에 사용자에게 구문 분석에 들어가기 전에 연습과제를 부여하는 것이 효과적이다.

(6) 구문기록법의 절차

가. 피실험자에게 해야 할 업무를 부여한다.

나. 연습과제를 부여하여 생각나는 대로 얘기하는 것에 익숙하게 한다.

다. 평가할 시스템을 부여한다.

라. 사용자의 대화내용을 기록한다.

마. 기록된 내용을 분석한다.

(7) 데이터가 수집되면 이 데이터를 분석하는 방법으로는 미리 정해진 분류에 의해 체계화 한다든지, 아니면 단순히 사용자의 반응을 본다든지 하는 방법이 이용될 수 있다.

7.4.3 실험평가법

(1) 실험평가법이란 평가해야 할 시스템에 대해 미리 어떤 가설을 세우고, 그 가설을 검증할 수 있는 객관적인 기준(예를 들면, 업무의 수행시간, 에러율 등)을 설정하여 실제로 시스템에 대한 평가를 수행하는 방법이다.

(2) 이 방법은 대단히 학문적인 방법으로 볼 수 있으며, 사실 실험심리학이나 인간공학 등의 학문에서는 자주 이용되는 방법이다.

(3) 실험평가법의 장점은 평가하고자 하는 특성을 설정하여 과학적인 분석방법에 의해 객관적으로 그것에 대한 평가를 내릴 수 있다는 점이다.

(4) 실험평가법은 가장 평가하기 어렵고 평가에 대한 비용이 많이 든다는 단점을 가지고 있다.

(5) 피실험자를 어떻게 선택할 것인가에 대해 신중히 고려하여야 한다. 피실험자를 선택하는 일반적인 방법은 '대표적 사용자'를 설정하여 이들에 대해 평가하는 것인데, 대표적 사용자를 어떤 기준으로 선택할 것인가 등 어려움이 따른다.

7.4.4 포커스 그룹 인터뷰(Focus Group Interview)

(1) 대표적인 정성적 조사방법 중의 하나로 집단심층 면접조사 또는 표적집단 면접조사라고 부른다.

(2) 이 방법은 관심이 있는 특성을 기준으로 표적집단을 3∼5개 그룹으로 분류한 뒤, 각 그룹별로 6∼8명의 참가들을 대상으로 진행자가 조사목적과 관련된 토론을 함으로써 평가대상에 대한 의견이나 문제점 등을 조사하는 방법이다.

7.4.5 인지적 시찰법(cognitive walkthrough)

(1) 시스템 개발초기의 모형을 작업 시나리오를 바탕으로 이리저리 탐색하면서 인지적 측면에서의 문제점을 발견하는 방법이다.

(2) 이 방법은 친숙하지 않은 시스템을 이용하는 데 매뉴얼을 깊이 읽지 않고 이리저리 탐색하는 사용자들의 특성을 이용하고 있으며, 학습용이성이나 발생 가능한 오류의 개선에 초점을 둔다.

7.4.6 관찰 에쓰노그래피(observation ethnography)

실제 사용자들의 행동을 분석하기 위하여 이용자가 생활하는 자연스러운 생활환경에서 비디오, 오디오에 녹화하여 시험하는 사용성 평가방법이다.

7.5 감성공학의 개요

출제빈도 ★★★★

"감성공학"이라는 말은 일본에서 나온 최신어이기 때문에 다른 나라의 일반인에게도 익숙하지 않은 말이다. 최근까지 "정서공학"이라고 불리다가 "정서"라는 말이 외국에서는 통용되지 않아서 "감성공학"이라고 바뀌어서 불리고 있다. "감성공학"이란 인간-기계 체계 인터페이스 설계에 감성적 차원의 조화성을 도입하는 공학이라고 정의할 수 있다.

7.5.1 감성공학의 의미

일본의 마쓰다 자동차회사의 야마모토 회장이 1986년 미국 미시간 대학에서 자동차 문화론을 강연하면서 감성공학을 이용한 자동차설계를 제안하였는데, 이때 처음으로 "감성공학"이란 용어가 등장하였다.

(1) 감성공학이란 표현을 사용하기 이전인 1979년에 일본 히로시마 대학의 나가마치 교수가 정서공학(Emotional Engineering)이란 표현을 사용하고 있었으며, 1988년 호주의 시드니에서 열린 국제인간공학회에서 감성공학이란 용어로 바꾸어 감성공학의 연구성과를 발표하여 주목을 끌었다.

(2) 영어로는 감성의 일본식 발음인 "칸세이"를 딴 "Kansei Engineering" 또는 나가마치 교수가 영어로 발표한 논문제목을 따서 "Image Technology"라고 불린다. 우리나라에서는 "Sensibility Ergonomics(감성인간공학)"이라고 불린다.

(3) 미국이나 유럽에서는 감성공학이란 표현을 특별히 사용하고 있지 않기 때문에, 외국의 인간공학전문가들이라도 위의 용어로는 알아듣기가 어려울 것이다. 왜냐하면 인간공학의 범주 내에서 감성공학의 개념이 사용되고 있기 때문이다. 인간공학 중에서 감성공학과 가장 유사한 분야가 미국에서는 아마도 "User Interface(사용자 인터페이스)"가 될 것이다.

(4) 나가마치 교수(1989)의 정의에 의하면, 인간이 가지고 있는 소망으로서의 이미지나 감성을 구체적인 제품설계로 실현해 내는 공학적인 접근방법이라고 하였다. 쉽게 이야기하자면, 인간의 이미지를 구체적인 물리적 설계요소로 번역하여 그것을 실현하는 기술인 것이다.

(5) 이남식 교수의 정의에 의하면, 인간의 감정을 측정하고 과학적으로 분석하여 이를 제품설계나 환경설계에 응용하여 보다 편리하고 안락하며 안전하게 하고 더 나아가 인간의 삶을 쾌적하게 하고자 하는 기술이다.

7.5.2 감성(feeling, image)이란?

감성이라는 말은 여러 가지로 사용되어 간단히 정의하기 어렵다. 그러나 기기 설계라는 공학적 입장에서 보면 그림 1.4.24와 같이 "외계의 물리적 자극에 부응하여 생긴 감각, 지각으로 사람의 내부에서 야기되는 고도의 심리적 체험"이라고 생각할 수 있다. 따라서 생리적 반응과는 달리 보편성이 적고 분석적으로 취급하기 어려운 특징이 있다. 이 같은 체험 가운데

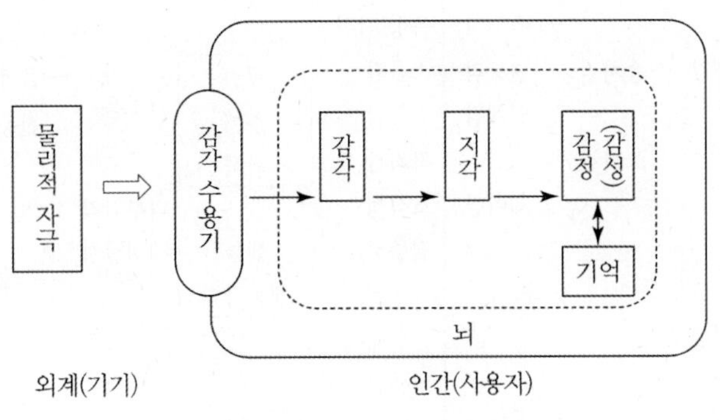

그림 1.4.24 감성의 생성모형

직접적이며 비교적 단순한 것을 감정이라 부르고 다의적이고 복잡한 평가적 판단을 야기하는 것을 감성이라 부른다.

(1) 즉, 감성이란 빛을 보고 단순히 "밝다"라고 느끼는 것보다는 쾌적감, 온화감 등의 복합적인 감정을 말한다.

(2) 산업분야에서 비교적 중요한 문제로 인식되고 있는 영역은 제품설계나 생활공간의 설계 등이다. 감성에 호소하는 디자인, 감성이 풍부한 공간 등이 추구되어 제품화, 구체화된다.

표 1.4.6을 보면 감각과 감성과의 관련이 잘 이해된다. 이것은 자동차의 디자인을 의식한 것인데, 예를 들어 "주행감"이라는 감성으로 말하면, 첫째로는 속도감과 관련되는 속도 및 엔진 소리에 관한 감각, 둘째로는 차체진동에 관한 감각 등이 관련된다. 전자에 관해서는 청각, 체성감각이, 후자에는 피부감각 및 체성감각이 관계되는데, 이들 감각과 물리량과의 관련성을 구하면 된다. 이렇게 해서 음향감, 속도감, 진동감 등의 관능이 명확히 되고 이들이 종합되어 "주행감"이라는 감성이 생겨나게 된다.

따라서 특정 대상에 관한 감성을 명확히 하기 위해서는 그 대상의 심상을 정확히 표현할 수 있는 "형용사군"을 선택할 필요가 있다. 예를 들면, 승용차의 심상에는 "호화스런"이라든지 "현대적인" 등의 형용사가 있고 복식에서는 "평상" 복장이라든지 "우아한" 복장 등의 형용사가 있다.

표 1.4.6 자동차에 관한 감성의 구조

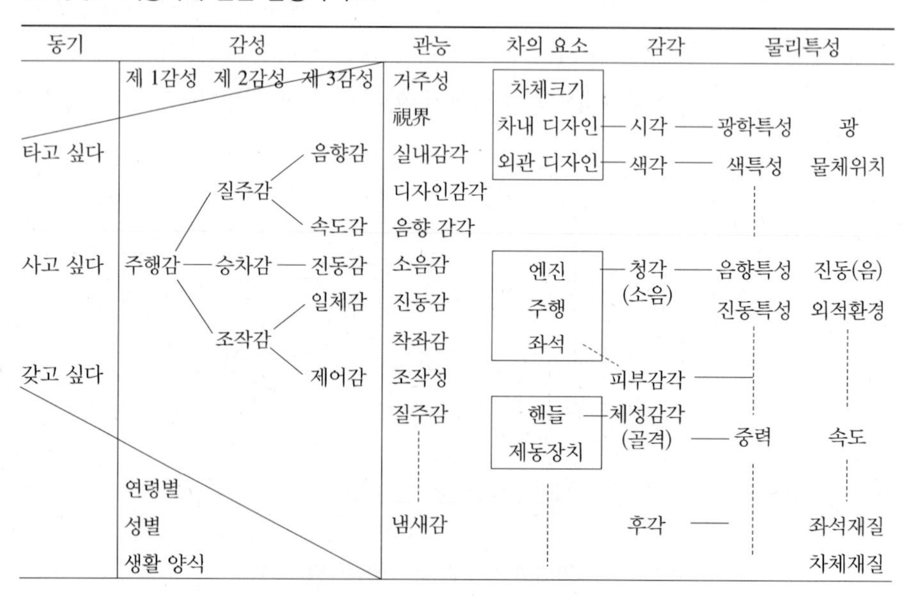

7.6 감성공학의 유형 및 절차

출제빈도 ★★★★

7.6.1 감성공학적 접근방법

감성공학이란 그림 1.4.25와 같이 어휘적으로 표현된 이미지를 구체적으로 설계하여 표현하기 위해 번역하는 시스템을 말한다. 인간의 이미지를 물리적인 설계요소로 번역하는 방법은 여러 가지 접근방법이 있겠으나 이 중 3가지 방법을 소개하기로 한다.

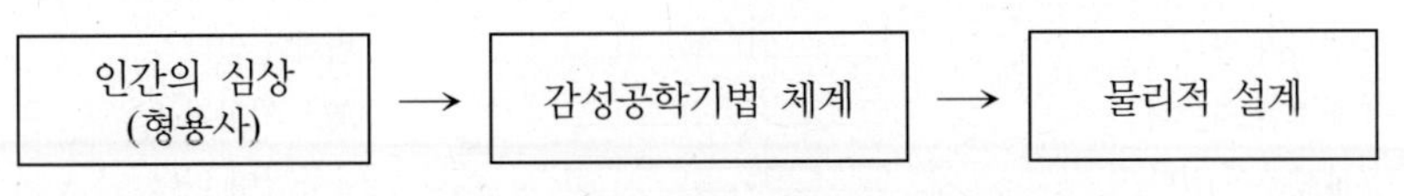

그림 1.4.25 감성공학적 접근방법의 흐름

7.6.2 감성공학 I류

인간의 심상을 물리적인 설계요소로 번역하는 방법으로는 여러 가지 접근 방법이 있겠으나 지금까지 고안된 방법 중에서 가장 기본적인 감성공학 기법 I류를 소개한다. 인간의 감성은 거의 대부분의 경우 형용사로 표현할 수 있다. 의미미분(Semantic Difference; SD)법이란 형용사를 소재로 하여 인간의 심상 공간을 측정하는 방법이다.

감성공학 I류는 SD법으로 심상을 조사하고, 그 자료를 분석해 심상을 구성하는 설계요소를 찾아내는 방법이다. 주택, 승용차, 유행의상 등 사용자의 감성에 의해 제품이 선택될 기회가 많은 대상에 대하여 어떠한 감성이 어떠한 설계요소로 번역되는지에 관한 자료기반(Data Base)을 가지며, 그로부터 의도적으로 제품개발을 추진하는 방법이다.

- **1단계:** 먼저, 제품개발의 대상을 정하고 이에 관련된 감성조사를 하는 단계이다. 가령, 승용차를 1,500~2,000 cc급으로 제한하고, 연령으로서는 청년으로부터 중년까지의 판매층을 대상으로 하는 제품개발을 한다고 생각하자.

  맨 처음 해야 할 것은 승용차에 관한 감성어휘의 수집이다. 녹음기를 이용하여 고객과 판매원 사이에서 교환되는 어휘를 녹음하고 그중에서 차의 감성어휘를 추출하는 작업을 실행하거나 차에 관한 잡지 중에서 이용되고 있는 어휘로부터 감성어휘를 추출하는 것이다. 현재 600개 이상의 감성어휘의 자료기반이 만들어져 있다. 600개의 감성어휘 가운데에서 평소에 거의 사용되지 않는 말을 버리고 많이 사용되거나 혹은 개발에서 열쇠가 되는 어휘만을 묶어 나간다.

  표 1.4.7은 그중의 한 예이며, 이것을 차의 외관설계용의 감성어휘로서 42개로 집약하고 있다. 몇 개의 감성어휘로 집약하는가에 대해서는 제약이나 조건도 없으며, 개발에 사용되기 위한 다양성에 달렸다.

표 1.4.7 차의 설계를 위한 SD 척도

실험자 No.		년　　월　　일 성명 (　　　　) 운전 면허 유 · 무 운전 경력　　　년
1 귀엽다	□□□□□	귀엽지 않다
2 質感이 있다	□□□□□	질감이 없다
3 변화가 있다	□□□□□	변화가 없다
4 乘車者 지향적	□□□□□	萬人 지향적
5 流動感이 있다	□□□□□	유동감이 없다
～～～		
41 타고 싶다	□□□□□	타고 싶지 않다
42 빠르다	□□□□□	늦다

표 1.4.7과 같이 감성어휘를 반의어로 SD 척도의 형식으로 정리한다. 평가척도는 5단계 평가로 충분하며, 단계의 수를 늘려도 더 정밀하게 되지는 않을 것이다. 어느 감성어휘를 남기고 어느 것을 버릴 것인가에 대해서는 다음 제3단계의 통계분석 결과를 참조하는 것이 바람직하다.

- 2단계: 다음에 여러 가지 형의 차를 준비해 놓고 각각의 외관에 관한 슬라이드를 작성하고 한 장씩에 대하여 표 1.4.7의 척도로 평가시킨다. 이때 고려할 수 있는 모든 디자인의 차가 포함될 수 있도록 해두는 것이 바람직하다. 기존의 디자인에서는 장래를 내다본 감성공학 기법체계가 파악되지 않으므로 디자이너에게 미래제품을 상상시켜 그린 묘출(Rendering) 같은 것만으로 슬라이드를 작성하는 방법도 있다.
- 3단계: 2단계의 평가가 끝나면 통계분석에 들어간다. 먼저 자료에 요인(factor)분석이나 주성분(principal component)분석을 하여 요인구조를 파악한 후 각 요인축으로부터 설계에 있어서 중요하다고 생각되는 것만을 추출하여(예를 들어, 42개) 심상형용사로 집약한다. 이렇게 얻어진 집약 평가자료를 다변량(multivariate) 분석기법을 이용하여 감성어휘를 외적 기준(exogenous criteria)으로 한 차 외관의 분석을 한다. 그렇게 하면 각각의 감성어휘에 대하여 어떤 디자인 요소가 어떻게 공헌하고 있는지를 알 수 있다.
- 4단계: 다변량(multivariate) 분석기법에 의한 분석결과를 감성어휘마다에 종합하고, 어떤 감성을 실현하는 데는 어떤 설계요소를 중요시하고 어떻게 표현하는 것이 중요한가를 일람표로 요약해 두는 것이 좋다. 이를 제품개발 매뉴얼로 구축해 두면 디자

이너에게 있어서 대단히 유익하게 된다. 또한, 위에서 언급한 절차 중에서 시장동향, 유행과 그 경향, 상품 등도 분석하여 이들과의 관련성을 맺어두면 한층 유익하게 될 것이다.

7.6.3 감성공학 II류

감성어휘로 표현했을지라도 성별이나 연령차에 따라 품고 있는 이미지에는 다소의 차이가 있게 된다. 특히, 생활양식이 다르면 표출하고 있는 이미지에 커다란 차이가 존재한다. 연령, 성별, 연간수입 등의 인구통계적(demographic) 특성 이외에 생활양식 등을 포함하여 이러한 관련성으로부터 그 사람의 이미지를 구체적으로 결정하는 방법을 감성공학 II류라고 한다.

이 방법에도 몇 가지의 방법이 있으나 그 중에서 하나를 실례로 들어보면 평가원(panel)의 여러 가지 속성 외에 생활양식에 대한 질문을 해 둔다. 별도로 그들의 생활에 필요한 제품요구도 조사해 둔다. 양자에 대한 군집(cluster)분석을 하면 생활양식과 제품요구에 대한 관계가 연결되며 여기에 감성을 부가시켜 두면 생활양식-감성-제품요구 3자 간의 관계를 알 수 있다.

7.6.4 감성공학 III류

감성어휘 대신에 평가원(panel)이 특정한 시제품을 사용하여 자기의 감각척도로 감성을 표출하고, 이에 대하여 번역체계를 완성하거나 혹은 제품개발을 수행하는 방법을 감성공학 III류라고 한다. 이 경우의 특징은 인간평가원의 감성을 목적함수로 하고, 이를 실현해 나가기 위한 수학적 모형을 구축하고 그 계수를 특정화하는 데 있다. 감성공학 III류도 감성에 관한 기법이지만 3가지 종류 중에서 가장 공학적인 기법이다.

승차감의 예를 들어 보면, 승차감에 관련된 기제(mechanism)로서의 완충장치(shock absorber)의 각종 계수, 스프링에 관한 각종 계수 등을 면밀한 실험계획법에 따라 실험을 통해 구한다. 외적 기준은 시험운전자의 승차감 감성이다. 이렇게 하여 양자 간의 관계를 실험적으로 구하여 부드러운 승차감이나 딱딱한 승차감 등의 계수를 임의로 선택할 수 있도록 해나가면 된다. 이 경우에 수학적 다변량분석이나 기타의 통계적 기법에 의해 최적 조건을 선택할 수 있게 하는 방법도 좋을 것이다.

5장 | 인체측정 및 응용

01 인체측정의 개요

1.1 인체측정의 의의

일상생활에서 우리는 의자, 책상, 작업대, 작업공간, 피복, 안경, 보호구 등 신체의 모양이나 치수에 관계있는 설비들을 자주 사용한다. 경험을 통해서도 알 수 있듯이, 이런 설비가 얼마나 사람에게 잘 맞는가는 신체의 안락뿐만 아니라 인간의 성능에까지 영향을 미치게 하므로 man-machine system을 인간공학적 입장에서 조화 있게 설계하여 개선을 할 때 가장 기초가 되는 것이 인체측정 자료이다.

1.2 인체측정의 방법

출제빈도 ★★★★

인체측정학과 또 이와 밀접한 관계를 가지고 있는 생체역학(Biomechanics)에서는 신체 부위의 길이, 무게, 부피, 운동범위 등을 포함하여 신체모양이나 기능을 측정하는 것을 다루며 일반적으로 몸의 치수측정을 정적측정과 동적측정으로 나눈다.

1.2.1 정적측정(구조적 인체치수)

(1) 형태학적 측정이라고도 하며, 표준자세에서 움직이지 않는 피측정자를 인체측정기로 구조적 인체치수를 측정하여 특수 또는 일반적 용품의 설계에 기초자료로 활용한다.

(2) 사용 인체측정기: 마틴식 인체측정기(Martin type Anthropometer)

(3) 측정항목에 따라 표준화된 측정점과 측정방법을 적용한다.

(4) 측정원칙: 나체측정을 원칙으로 한다.

(5) 표 1.5.1은 성인에 대한 몇 가지 구조적 인체치수를 나타낸 것이며, 그림 1.5.1은 표 1.5.1에 나오는 구조적 인체치수의 설명이다.

표 1.5.1 성인에 대한 몇 가지 구조적 인체치수

신체 부위	미국인(inch)				한국인(cm)			
	남		여		남		여	
	5%	95%	5%	95%	5%	95%	5%	95%
1. 수직파악한계(vertical grip reach)	76.8	88.5	72.9	84.0	–	–	–	–
2. 신장(stature)	63.6	72.8	59.0	67.1	158.4	175.9	147.2	163.0
3. 선 눈높이(standing eye height)	60.8	68.6	56.3	64.1	147.4	164.8	136.8	151.9
4. 측방파악한계(side arm reach)	29.0	39.0	27.0	38.0	–	–	–	–
5. 최대몸깊이(maximum body depth)	10.1	13.0	–	–	18.3	23.4	17.6	24.1
6. 선 팔꿈치높이(standing elbow height)	41.3	47.3	38.6	43.6	97.5	111.6	91.4	103.8
7. 전방파악한계(forward arm reach)	29.7	35.0	26.6	31.7	70.6	80.5	65.1	74.3
8. 앉은 수직파악높이(sitting vertical reach height)	51.6	59.0	49.1	55.2	124.9	139.8	114.7	129.1
9. 앉은 키(sitting height)	31.6	36.6	29.6	34.7	85.7	94.6	78.5	88.0
10. 앉은 눈높이(sitting eye height)	30.0	33.9	28.1	31.7	75.0	84.2	68.7	78.2
11. 앉은 팔꿈치높이(seated elbow height)	7.4	11.6	7.1	11.0	23.1	30.9	21.3	29.1
12. 대퇴여유(thigh clearance)	4.3	6.9	4.1	6.9	35.2	40.9	30.2	36.0
13. 무릎높이(knee height)	19.3	23.4	17.9	21.5	–	–	–	–
14. 오금높이(popliteal height)	15.5	19.3	14.0	17.5	47.9	53.9	44.9	50.7
15. 볼기−발끝길이(buttock-toe length)	32.0	37.0	27.0	37.0	–	–	–	–
16. 엉둔부 폭(hip breadth)	12.2	15.9	12.3	17.1	29.6	34.7	30.0	35.7
17. 팔꿈치간 폭(elbow-to-elbow breadth)	18.8	22.8	–	–	40.8	49.2	37.1	44.7

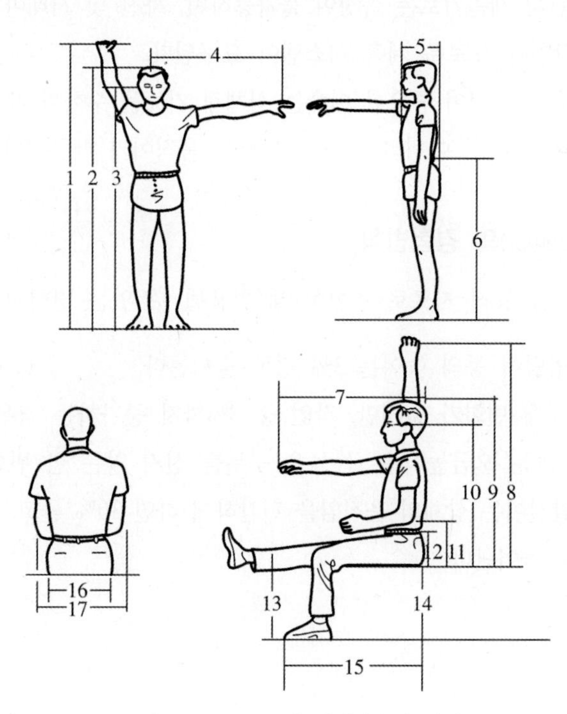

그림 1.5.1 구조적 인체치수의 설명

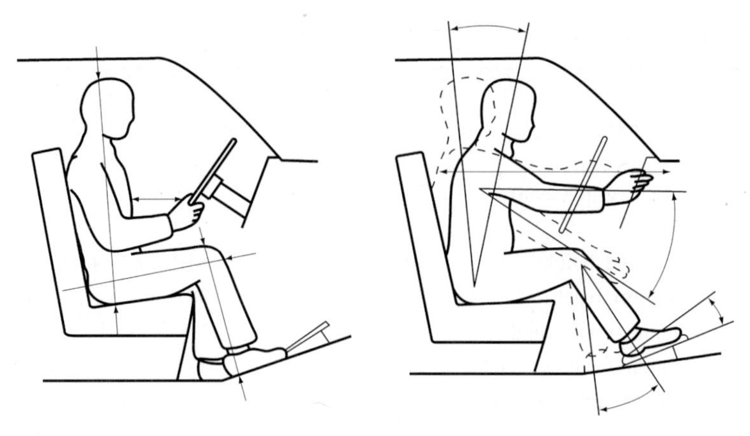

그림 1.5.2 자동차의 설계 시 구조적 치수와 기능적 치수를 적용할 때의 차이

1.2.2 동적측정(기능적 인체치수)

(1) 동적 인체측정은 일반적으로 상지나 하지의 운동, 체위의 움직임에 따른 상태에서 측정하는 것이다.

(2) 동적 인체측정은 실제의 작업 혹은 실제 조건에 밀접한 관계를 갖는 현실성 있는 인체치수를 구하는 것이다.

(3) 동적측정은 마틴식 계측기로는 측정이 불가능하며, 사진 및 시네마 필름을 사용한 3차원(공간) 해석장치나 새로운 계측 시스템이 요구된다.

(4) 동적측정을 사용하는 것이 중요한 이유는 신체적 기능을 수행할 때, 각 신체 부위는 독립적으로 움직이는 것이 아니라 조화를 이루어 움직이기 때문이다.

1.2.3 크로머(Kroemer)의 경험법칙

정적 인체측정 자료를 동적 자료로 변환할 때 활용될 수 있는 경험법칙을 말한다.

(1) 키, 눈, 어깨, 엉덩이 등의 높이는 3% 정도 줄어든다.

(2) 팔꿈치높이는 대개 변화가 없지만, 작업 중 5%까지 증가하는 경우가 있다.

(3) 앉은 무릎높이 또는 오금높이는 굽 높은 구두를 신지 않는 한 변화가 없다.

(4) 전방 및 측방 팔길이는 상체의 움직임을 편안하게 하면 30% 줄고, 어깨와 몸통을 심하게 돌리면 20% 늘어난다.

1.3 측정상의 주의사항

(1) 목적의 확인

측정목적을 확인한다. 이것은 아래 항목의 결정에 중요하다.

(2) 피측정자 선정

통계적으로는 수백 명 이상의 집단을 계측하는 것이 바람직하다. 같은 연령의 사람에게도 여러 가지 변동요인(성차, 지역차, 운동차, 학력차, 일 등)에 의해서 계측값에 편차가 생기기 때문에 그것을 명심하고 피측정자를 선정한다.

(3) 정밀도와 측정방법

인체측정치를 mm 정도로 계측하기 위해서는 직접적인 측정방법이 바람직하다. 그러나 이 측정에는 상당한 숙련을 필요로 한다. 그 때문에 동작범위 등의 해석에는 사진측정 등의 방법을 고려하는 것이 좋다.

가. 인체측정 방법의 선택기준

① 계측의 경제성

② 계측기기의 정밀성

③ 조사대상자의 선정용이성

나. 측정에 사용되는 기구

① 정적인 계측에 적당한 것: 마틴 측정기, 실루엣 사진기 등

② 동적인 자세의 계측에 적당한 것: 사이클그래프, 마르티스트로보, 시네마 필름, VTR 등

(4) 기록용지의 작성

측정월일, 장소, 피측정자명, 측정 부위를 명기한 그림, 측정 부위 등을 기입한 카드를 준비한다.

(5) 자세의 규제

기본이 되는 선 자세와 앉은 자세에 관하여 서술하면 다음과 같다.

가. 선 자세

등줄기를 긴장하지 않고 펴서 어깨 힘을 뺀다. 손바닥을 몸쪽으로 돌리고, 손가락을 대퇴부 쪽으로 가볍게 붙인다. 무릎은 자연스럽게 펴고, 피측정자의 발꿈치를 붙이고, 양발의 첫째 발가락을 약 45°로 벌리고, 머리는 귀와 눈이 수평이 되게 한다.

나. 앉은 자세

연골머리 높이로 조절한 수평면에 앉아 등줄기를 펴고 걸터앉는다. 손을 가볍게 쥐고 대퇴부 위에 놓고, 좌우 대퇴부는 대략 평행하게 하고, 무릎을 직각으로 하고, 발바닥을 바닥에 평행하게 붙인다. 머리는 귀와 눈을 수평하게 한다.

(6) 측정요령

가. 측정점을 확인하고 랜드마크(landmark)를 붙인다.
나. 피측정자의 자세를 점검한다.
다. 피측정자에게는 가능한 한 접촉하지 않는다.
라. 정확하게 기구를 유지한다.
마. 측정은 원칙적으로 우측에서 한다.
바. 복창하고 기록한다.
사. 측정에 누락이 없는가를 확인한다.

02 인체측정 자료의 응용

인체측정 자료를 물건의 설계에 이용할 때는 그 자료가 그 물건을 사용할 집단을 대표하는 것이어야 한다. 대개의 경우 대상집단은 '대부분의 사람들'로 구성되지만, 설계특성은 광범위한 사람들에게 맞아야 한다. 특수집단을 위한 물건을 설계할 때는 특정 국가나 문화권에서 특정 집단에 맞는 자료를 사용해야 한다.

2.1 인체측정 자료의 응용원칙

출제빈도 ★★★★

특정 설계 문제에 인체측정 자료를 응용할 때에는 각각 다른 상황에 적용되는 세 가지 일반 원리가 있다.

(1) 극단치를 이용한 설계

특정한 설비를 설계할 때, 어떤 인체측정 특성의 한 극단에 속하는 사람을 대상으로 설계하면 거의 모든 사람을 수용할 수 있는 경우가 있다.

가. 최대집단값에 의한 설계

① 통상 대상집단에 대한 관련 인체측정변수의 상위 백분위수를 기준으로 하여 90, 95 혹은 99%값이 사용된다.

② 문, 탈출구, 통로 등과 같은 공간여유를 정하거나 줄사다리의 강도 등을 정할 때 사용한다.

③ 예를 들어, 95%값에 속하는 큰 사람을 수용할 수 있다면, 이보다 작은 사람은 모두 사용된다.

나. 최소집단값에 의한 설계

① 관련 인체측정 변수분포의 1%, 5%, 10% 등과 같은 하위 백분위수를 기준으로 정한다.

② 선반의 높이, 조종장치까지의 거리 등을 정할 때 사용된다.

③ 예를 들어, 팔이 짧은 사람이 잡을 수 있다면, 이보다 긴 사람은 모두 잡을 수 있다.

(2) 조절식 설계

체격이 다른 여러 사람에게 맞도록 조절식으로 만드는 것을 말한다.

가. 자동차 좌석의 전후조절, 사무실 의자의 상하조절 등을 정할 때 사용한다.

나. 통상 5%값에서 95%값까지의 90% 범위를 수용대상으로 설계하는 것이 관례이다.

다. 퍼센타일(%ile) 인체치수 = 평균 ± 퍼센타일(%ile)계수 × 표준편차

(3) 평균치를 이용한 설계

가. 인체측정학 관점에서 볼 때 모든 면에서 보통인 사람이란 있을 수 없다. 따라서 이런 사람을 대상으로 장비를 설계하면 안 된다는 주장에도 논리적 근거가 있다.

나. 특정한 장비나 설비의 경우, 최대집단값이나 최소집단값을 기준으로 설계하기도 부적절하고 조절식으로 하기도 불가능할 경우 평균값을 기준으로 하여 설계하는 경우가 있다.

다. 평균 신장의 손님을 기준으로 만들어진 은행의 계산대가 특별히 키가 작거나 큰 사람을 기준으로 해서 만드는 것보다는 대다수의 일반 손님에게 덜 불편할 것이다.

2.2 인체측정치의 적용절차

인체측정치를 제품설계에 적용하는 절차는 다음과 같다

(1) 설계에 필요한 인체치수의 결정
(2) 설비를 사용할 집단의 정의
(3) 적용할 인체자료 응용원리를 결정(극단치, 조절식, 평균치설계)
(4) 적절한 인체측정 자료의 선택
(5) 특수복장 착용에 대한 적절한 여유를 고려
(6) 설계할 치수의 결정
(7) 모형을 제작하여 모의실험

예제

가벼운 정도의 힘을 사용하고 정교한 동작을 위한 조절식 입식작업대를 5~95퍼센타일의 범위로 설계하시오. (단, 경사진 작업대는 고려하지 않고, 정규분포를 따르며, 5퍼센타일계수는 1.645이다.)

	팔꿈치의 높이	어깨높이
평균	105	138
표준편차	3	4

풀이

퍼센타일 인체치수 = 평균 ± 표준편차 × 퍼센타일계수
① 상한치: 95퍼센타일 = 105 + 3 × 1.645 = 109.94(cm)
② 하한치: 5퍼센타일 = 105 − 3 × 1.645 = 100.07(cm)
따라서 조절식 입식작업대의 높이를 100.07~109.94(cm)의 범위로 설계한다.

2.3 인체측정 자료활용 시 주의사항

(1) 측정값에는 연령, 성별, 민족, 직업 등의 차이 외에 지역차 혹은 장기간의 근로조건, 스포츠의 경험에 따라서도 차이가 있다. 따라서 설계대상이 있는 집단에 적용할 때는 참고로 하는 측정값 데이터의 출전이나 계측시기 등 여러 요인을 고려할 필요가 있다.
(2) 측정값의 표본수는 신뢰성과 재현성이 높은 것이 보다 바람직하며, 최소표본수는 50~100명으로 되어 있다.

(3) 인체측정값은 어떤 기준에 따라 측정된 것인가를 확인할 필요가 있다. 가령 신장이나 앉은키 등은 계측 시의 자세의 규제에 따라 차이가 생긴다.

(4) 인체측정값은 일반적으로 나체치수로서 나타나는 것이 통상이며, 설계대상에 그대로 적용되지 않는 때가 많다. 장치를 조작할 때는 작업 안전복이나 개인장비로서 안전화, 안전모, 각종의 보호구 등을 착용하므로 실제의 상태에 맞는 보정이 필요하다. 또, 동작공간의 설계에서는 인체측정값에 사람의 움직임을 고려한 약간의 틈(clearance)을 치수에 가감할 필요가 있다.

(5) 설계대상의 집단은 항상 일정하게 안정된 것이 아니므로 적용범위로서의 여유를 고려할 필요가 있다. 일반적으로 평균값을 사용하면 좋을 것이라고 생각할 것이나, 평균값으로서는 반수의 사람에게는 적합하지 않으므로 주의해야 할 것이다.

03 작업공간 설계

3.1 작업자세

출제빈도 ★★★★

작업자세는 작업동작과 구분되며, 작업자세는 인체의 각 부분이 작업대상물과 관계하여 상대적으로 공간을 점유하고 있는 상태를 말한다. 일단 작업이 시작되어 신체의 각 부분이 움직일 때의 동작은 작업동작이다.

(1) 작업자세의 분류

가. 선 자세
나. 앉은 자세
다. 의자에 앉은 자세
라. 엎드린 자세

(2) 작업자세의 결정

작업자세를 결정할 때는 신체의 각 부위와 작업대상물의 각 부분과의 상호관계를 고려하여 분석자료를 얻어야 한다.

가. 작업자와 작업점의 거리 및 높이
나. 작업자의 힘과 작업자의 성별

다. 작업의 정밀도
라. 작업장소의 넓이와 사용하는 장비, 기계, 도구
마. 작업시간의 장단
바. 작업기술과 작업자의 능력

3.2 작업공간

출제빈도 ★★★★

(1) 작업공간포락면(workspace envelope)

한 장소에서 앉아서 수행하는 작업활동에서 사람이 작업하는 데 사용하는 공간을 말한다. 포락면을 설계할 때에는 물론 수행해야 하는 특정 활동과 공간을 사용할 사람의 유형을 고려하여 상황에 맞추어 설계해야 한다.

(2) 파악한계(grasping reach)

앉은 작업자가 특정한 수작업기능을 편히 수행할 수 있는 공간의 외곽 한계이다.

(3) 특수작업역

특정 공간에서 작업하는 구역

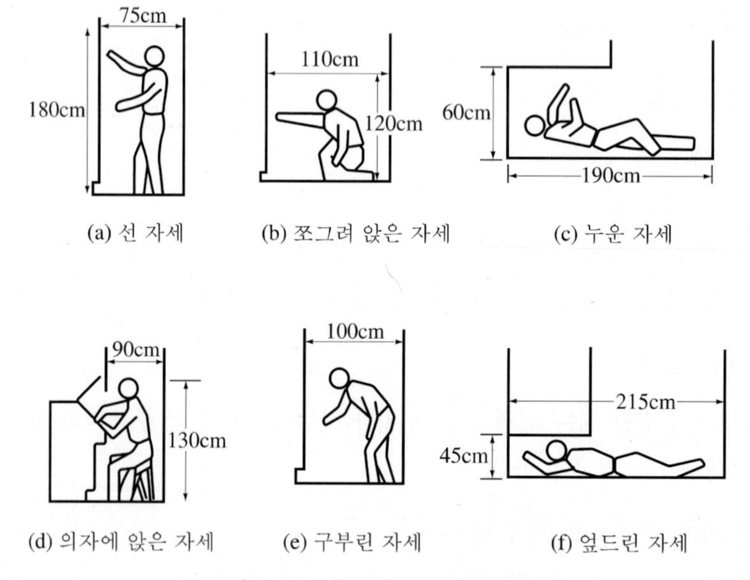

그림 1.5.3 특수작업역의 작업자세

(4) 개별작업공간 설계지침

표시장치와 조종장치를 포함하는 작업장을 설계할 때 따를 수 있는 지침은 다음과 같다(Van Cott and KinKade).

가. 1순위: 주된 시각적 임무
나. 2순위: 주시각 임무와 상호작용하는 주조종장치
다. 3순위: 조종장치와 표시장치 간의 관계
라. 4순위: 순서적으로 사용되는 부품의 배치
마. 5순위: 체계 내 혹은 다른 체계의 여타 배치와 일관성 있게 배치
바. 6순위: 자주 사용되는 부품을 편리한 위치에 배치

3.3 구성요소(부품) 배치의 원칙

출제빈도 ★★★★

(1) 중요성의 원칙

부품을 작동하는 성능이 체계의 목표달성에 긴요한 정도에 따라 우선순위를 설정한다.

(2) 사용빈도의 원칙

부품을 사용하는 빈도에 따라 우선순위를 설정한다.

(3) 기능별 배치의 원칙

기능적으로 관련된 부품들(표시장치, 조종장치 등)을 모아서 배치한다.

(4) 사용순서의 원칙

사용순서에 따라 장치들을 가까이에 배치한다.

필기시험 기출문제

PART I | 인간공학 개론

1 표시장치의 설계에서 signal과 B/G light가 각각 어떤 상태일 때가 가장 시식별이 좋겠는가?

㉮ Flashing-steady
㉯ Steady-steady
㉰ Steady-flashing
㉱ Flashing-flashing

> **해설** 시식별이 가장 좋은 표시장치의 설계에서 signal과 B/G light의 상태
> ① signal은 flashing 상태
> ② B/G(Back Ground) light는 steady 상태

2 정적 측정방법에 대한 설명 중 틀린 것은?

㉮ 형태학적 측정을 의미한다.
㉯ 마틴식 인체측정 장치를 사용한다.
㉰ 나체측정을 원칙으로 한다.
㉱ 상지나 하지의 운동범위를 측정한다.

> **해설** 정적 측정방법
> ① 형태학적 측정이라고도 하며, 표준자세에서 움직이지 않는 피측정자를 인체측정기로 구조적 인체치수를 측정하여 특수 또는 일반적 용품의 설계에 기초자료로 활용
> ② 사용 인체측정기: 마틴식 인체측정장치(Martin type Anthropometer)
> ③ 측정점과 측정항목(일본 인간공학회): 57점 205항목
> ④ 측정원칙: 나체측정을 원칙으로 한다.

3 출입문, 탈출구, 통로의 공간, 줄사다리의 강도 등은 어떤 설계기준을 적용하는 것이 바람직한가?

㉮ 최소치수의 원칙
㉯ 최대치수의 원칙
㉰ 평균치수의 원칙
㉱ 최대 또는 평균수치의 원칙

> **해설** 인체측정 자료의 응용원칙
> ① 극단치(최소, 최대)를 이용한 설계
> ② 조절식 설계
> ③ 평균치를 이용한 설계

4 반지름이 1.5 cm인 다이얼 스위치를 1/2 회전시킬 때 계기판의 눈금이 비례하여 3 cm 움직이는 표시장치가 있다. 이 표시장치의 C/R(control/response)비는 얼마인가?

㉮ 0.79 ㉯ 1.57
㉰ 3.14 ㉱ 6.28

> **해설** C/R비
> $$\text{C/R비} = \frac{(a/360)\times 2\pi L}{\text{표시장치의 이동거리}}$$
> a: 조정장치가 움직인 각도
> L: 반지름(조종장치의 길이)
> $$\frac{(180/360)\times(2\times 3.14\times 1.5)}{3} = 1.57$$

5 제품 디자인에 있어 인간공학적 고려대상이 아닌 것은?

㉮ 개인차를 고려한 설계
㉯ 사용편의성의 향상
㉰ 학습효과를 고려한 설계
㉱ 하드웨어 신뢰성 향상

> **해설** 제품 디자인에 있어 인간공학 고려대상
> ① 개인차를 고려한 설계
> ② 사용편의성의 향상
> ③ 학습효과를 고려한 설계
> ④ 적절한 피드백을 제공하는 설계
> ⑤ 사용자와 작업 중심의 설계

해답 1 ㉮ 2 ㉱ 3 ㉯ 4 ㉯ 5 ㉱

6 신호검출 이론에 의하면 시그널(signal)에 대한 인간의 판정결과는 네 가지로 구분된다. 이 중 시그널을 노이즈(noise)로 판단한 결과를 지칭하는 용어는 무엇인가?

㉮ 올바른 채택(hit)
㉯ 허위경보(false alarm)
㉰ 누락(miss)
㉱ 올바른 거부(correct rejection)

> **해설** 신호검출 이론
> ① 신호의 정확한 판정: Hit
> ② 허위경보: False Alarm
> ③ 신호검출 실패: Miss
> ④ 잡음을 제대로 판정: Correct Noise

7 정량적인 동적 표시장치 중 눈금이 고정되고 지침이 움직이는 형태는?

㉮ 계수형
㉯ 동침형
㉰ 동목형
㉱ 원형눈금

> **해설** 표시장치
> ① 동침(moving pointer)형: 눈금이 고정되고 지침이 움직이는 형
> ② 동목(moving scale)형: 지침이 고정되고 눈금이 움직이는 형
> ③ 계수(digital)형: 전력계나 택시요금 계기와 같이 기계, 전자적으로 숫자가 표시되는 형

8 인간-기계 통합체계의 유형으로 볼 수 없는 것은?

㉮ 수동체계
㉯ 기계화 체계
㉰ 자동체계
㉱ 정보체계

> **해설** 인간-기계 통합체계의 유형
> ① 수동체계
> ② 기계화 체계
> ③ 자동체계

9 60 Hz 이상의 음역에서 청각신호 전달과정을 옳게 설명한 이론은?

㉮ 진동수설
㉯ 공진(resonance)설
㉰ 전화기설
㉱ 전도(conduction)설

> **해설** 60 Hz 이상의 음역에서 청각신호 전달과정을 설명한 이론은 공진(resonance)설이다.

10 인간의 기억의 여러 가지의 형태에 대한 설명으로 틀린 것은?

㉮ 단기기억의 용량은 보통 7청크(chunk)이며 학습에 의해 무한히 커질 수 있다.
㉯ 자극을 받은 후 단기기억에 저장되기 전에 시각적인 정보는 아이코닉 기억(iconic memory)에 잠시 저장된다.
㉰ 계속해서 갱신해야 하는 단기기억의 용량은 보통의 단기기억 용량보다 작다.
㉱ 단기기억에 있는 내용을 반복하여 학습(research)하면 장기기억으로 저장된다.

> **해설** 단기기억의 용량은 7±2청크(chunk)이다.

해답 6 ㉰ 7 ㉯ 8 ㉱ 9 ㉯ 10 ㉮

11 인간의 기억체계 중 감각보관(sensory storage)에 대한 설명으로 옳은 것은?

㉮ 시·청·촉·후각정보가 짧은 시간 동안 보관된다.

㉯ 정보가 암호화(coded)되어 보관된다.

㉰ 상(像) 정보는 수 초간 보관된다.

㉱ 감각보관된 정보는 자동으로 작업 기억으로 이전된다.

> **해설** 감각보관
> 개개의 감각경로는 임시보관 장치를 가지고 있으며, 자극이 사라진 후에도 잠시 감각이 지속된다. 가장 잘 알려진 감각보관 기구는 시각계통의 상보관과 청각계통의 향보관이다. 감각보관은 비교적 자동적이며, 좀 더 긴 기간 동안 정보를 보관하기 위해서는 암호화되어 작업기억으로 이전되어야 한다.

12 VDT work station의 인간공학적 설계에 맞지 않는 것은?

㉮ 작업자의 눈과 화면은 최소 40 cm 이상 떨어져야 한다.

㉯ 키보드에 손을 얹었을 때 팔꿈치각도는 90° 내외가 좋다.

㉰ 의자에 앉았을 때 몸통의 각도는 90° 이내가 좋다.

㉱ 키보드에 손을 얹었을 때 팔의 외전은 15~20°가 적당하다.

> **해설** 의자에 앉았을 때 몸통의 각도는 100~110°가 좋다.

13 비행기에서 15 m 떨어진 거리에서 잰 제트엔진(jet engine)의 소음이 130 dB(A)이었다면, 100 m 떨어진 격납고에서의 소음수준은?

㉮ 192.2 dB(A) ㉯ 131.8 dB(A)

㉰ 113.5 dB(A) ㉱ 150.0 dB(A)

> **해설** 소음수준
> $dB_2 = dB_1 - 20\log(d_2/d_1)$
> $dB_2 = 130 - 20\log(100/15) = 113.5$ dB(A)

14 고주파대역(3,000 Hz 이상) 음원의 방향을 결정하는 암시(cue)신호가 아닌 것은?

㉮ 양이 간 강도차(intensity difference)

㉯ 양이 간 시간차(time difference)

㉰ 양이 간 위상차(phase difference)

㉱ 고주파음은 음원의 방향을 알 수 없다.

> **해설** 고주파대역(3,000 Hz 이상) 음원의 방향을 결정하는 암시(cue)신호
> ① 양이 간의 강도차(intensity difference)
> ② 양이 간의 시간차(time difference)
> ③ 양이 간의 위상차(phase difference)

15 인간공학의 주요목적에 대한 설명으로 옳지 않은 것은?

㉮ 제품의 사용자수요성 및 사용편의성 증대

㉯ 작업오류 감소 및 생산성 향상

㉰ 제품판매비용 및 운송비용 절감

㉱ 작업의 안전성 및 작업만족도 개선

> **해설** 인간공학의 주요목적
> 인간공학은 인간과 사물의 설계가 인간에게 미치는 영향에 중점을 둔다. 즉, 인간의 능력, 한계, 특성 등을 고려하면서 전체 인간-기계 시스템의 효율을 증가시키는 것이다.

해답 11 ㉮ 12 ㉰ 13 ㉰ 14 ㉱ 15 ㉰

16 다음 중 제품, 공구, 장비의 설계 시에 적용하는 인체계측 자료의 응용원칙에 해당되지 않는 것은?

㉮ 조절식 설계
㉯ 극단치를 기준으로 한 설계
㉰ 평균치를 기준으로 한 설계
㉱ 기계중심의 설계

> **해설** 인체측정 자료의 응용원칙
> ① 극단치(최소, 최대)를 이용한 설계
> ② 조절식 설계
> ③ 평균치를 이용한 설계

17 인간공학 연구에 사용되는 기준(criterion, 종속변수) 중 인적 기준(human criterion)에 해당하지 않는 것은?

㉮ 체계(system)기준
㉯ 인간성능
㉰ 주관적 반응
㉱ 사고 빈도

> **해설** 인적 기준
> 인간성능 척도, 생리학적 지표, 주관적 반응, 사고 빈도

18 자극들 간의, 반응들 간의, 혹은 자극-반응 조합의 관계가 인간의 기대와 모순되지 않는 성질을 무엇이라고 하는가?

㉮ 적응성　　㉯ 변별성
㉰ 양립성　　㉱ 신뢰성

> **해설** 양립성(compatibility)
> 양립성이란 자극들 간의, 반응들 간의 혹은 자극-반응조합의 공간, 운동 혹은 개념적 관계가 인간의 기대와 모순되지 않는 것을 말한다.

19 다음 중 빛이 어떤 물체에 반사되어 나온 양을 의미하는 휘도(brightness)를 나타내는 단위는?

㉮ L(Lambert)　　㉯ cd(Candela)
㉰ lux　　㉱ lumen

> **해설** 휘도의 단위: L(Lambert)

20 정보의 전달량의 공식을 올바르게 표현한 것은?

㉮ Noise$=H(X)+\mathrm{T}(X,Y)$
㉯ Equivocation$=H(X)+T(X,Y)$
㉰ Noise$=H(X)-T(X,Y)$
㉱ Equivocation$=H(X)-T(X,Y)$

> **해설** 정보량 공식
> Equivocation $= H(X) - T(X, Y)$
> Noise $= H(Y) - T(X, Y)$

21 정량적 표시장치의 지침을 설계할 경우 고려해야 할 사항 중 틀린 것은?

㉮ 끝이 뾰족한 지침을 사용할 것
㉯ 지침의 끝이 작은 눈금과 겹치게 할 것
㉰ 지침의 색은 선단에서 눈금의 중심까지 칠할 것
㉱ 지침을 눈금의 면과 밀착시킬 것

> **해설** 정량적 표시장치의 지침설계 시 고려사항
> ① (선각이 약 20° 되는)뾰족한 지침을 사용하라.
> ② 지침의 끝은 작은 눈금과 맞닿되, 겹치지 않게 하라.
> ③ (원형눈금의 경우) 지침의 색은 선단에서 눈금의 중심까지 칠하라.
> ④ (시차(時差)를 없애기 위해) 지침을 눈금면과 밀착시켜라.

해답 16 ㉱ 17 ㉮ 18 ㉰ 19 ㉮ 20 ㉱ 21 ㉯

22 세면대 수도꼭지에서 찬물은 오른쪽 푸른색으로 되어 있는 곳에서 나오기를 기대하는데 이는 무엇과 연관이 있는가?

㉮ compatibility ㉯ lock-out
㉰ fail-safe ㉱ possibility

> **해설** 양립성(compatibility)
> 자극들 간의, 반응들 간의 혹은 자극-반응조합의 공간, 운동 혹은 개념적 관계가 인간의 기대와 모순되지 않는 것을 말한다.

23 다음 중 phon의 설명으로 틀린 것은?

㉮ 상이한 음의 상대적 크기에 대한 정보는 나타내지 못한다.
㉯ 1,000 Hz대의 20 dB 크기의 소리는 20 phon이다.
㉰ 40 dB의 1,000 Hz 순음을 기준으로 하여 다른 음의 상대적인 크기를 설정하는 척도의 단위이다.
㉱ 1,000 Hz의 주파수를 기준으로 각 주파수별 동일한 음량을 주는 음압을 평가하는 척도의 단위이다.

> **해설** 40 dB의 1,000 Hz 순음을 기준으로 하여 다른 음의 상대적인 크기를 설정하는 척도의 단위는 sone에 대한 설명이다.

24 작업장에 인간공학을 적용함으로써 얻게 되는 효과로 틀린 것은?

㉮ 이직률 및 작업손실 시간의 감소
㉯ 회사의 생산성 증가
㉰ 노사 간의 신뢰성 저하
㉱ 작업자에게 더 건강하고 안전한 작업조건

> **해설** 인간공학의 기업적용에 따른 기대효과
> ① 생산성 향상
> ② 작업자의 건강 및 안전 향상
> ③ 직무 만족도의 향상
> ④ 제품과 작업의 질 향상
> ⑤ 이직률 및 작업손실 시간의 감소
> ⑥ 산재손실비용의 감소
> ⑦ 기업 이미지와 상품선호도 향상
> ⑧ 노사 간의 신뢰 구축
> ⑨ 선진수준의 작업환경과 작업조건을 마련함으로써 국제적 경제력의 확보

25 두 가지 이상의 신호가 인접하여 제시되었을 때, 이를 구별하는 것은 인간의 청각 신호 수신기능 중에서 어느 것과 관련 있는가?

㉮ 위치판별 ㉯ 절대식별
㉰ 상대식별 ㉱ 청각신호 검출

> **해설** 청각신호 수신기능 중 상대식별
> 두 가지 이상의 신호가 근접하여 제시되었을 때 이를 구별함을 말한다.

26 구조적 인체치수 측정방법 중 틀린 것은?

㉮ 형태학적 측정이라고 한다.
㉯ 마틴식 인체측정기를 사용한다.
㉰ 측정은 나체로 측정함을 원칙으로 한다.
㉱ 일반적으로 하지나 상지의 운동상태에서 측정한다.

> **해설** 정적측정(구조적 인체치수)
> ① 형태학적 측정이라고도 하며, 표준자세에서 움직이지 않는 피측정자를 인체측정기로 구조적 인체치수를 측정하여 특수 또는 일반적 용품의 설계에 기초자료로 활용한다.
> ② 마틴식 인체측정기를 사용한다.
> ③ 측정항목에 따라 표준화된 측정점과 측정방법을 적용한다.
> ④ 나체측정을 원칙으로 한다.

해답 22 ㉮ 23 ㉰ 24 ㉰ 25 ㉰ 26 ㉱

27 인간이 한 자극차원 내에서 절대적으로 식별할 수 있는 자극의 수를 나열한 것 중 거리가 먼 것은?

㉮ 음량: 4~5개
㉯ 단순음: 5개
㉰ 광도(휘도): 7~8개
㉱ 보는 물체의 크기: 5~7개

해설 자극차원별 절대식별 능력

자극차원	평균식별수	bit 수
단순음	5	2.3
음량	4~5	2~2.3
보는 물체의 크기	5~7	2.3~2.8
광도(휘도)	3~5	1.7~2.3

28 인간이 정보를 작업기억(working memory) 혹은 장기기억(long-term memory) 내에 효율적으로 유지할 수 있는 방법으로 틀린 것은?

㉮ 암송(rehearsal)
㉯ 다차원(multidimensional)의 암호 사용
㉰ 의미론적(semantical) 암호 사용
㉱ 정보를 이미지화(형상화)하여 기억

해설 암송(rehearsal)은 정보를 작업기억 내에 유지하는 유일한 방법이며, 작업기억 내의 정보는 의미론적으로 암호화되어 그 정보에 의미를 부여하고 장기기억에 이미 보관되어 있는 정보와 관련되어 장기기억에 이전된다.

29 작업자세 결정 시 고려해야 할 분석자료로 가장 거리가 먼 것은?

㉮ 작업자와 작업창의 거리 및 높이
㉯ 작업자의 힘과 작업자의 성별
㉰ 기계의 신뢰도
㉱ 작업장소의 넓이

해설 작업자세 결정 시 고려해야 할 분석자료
① 작업자와 작업점의 거리 및 높이
② 작업자의 힘과 작업자의 성별
③ 작업의 정밀도
④ 작업장소의 넓이와 사용하는 장비, 기계, 도구
⑤ 작업시간의 장단
⑥ 작업기술과 작업자의 능력

30 인간의 피부가 느끼는 3종류의 감각에 속하지 않는 것은?

㉮ 압각 ㉯ 통각
㉰ 미각 ㉱ 열각

해설 피부의 3가지 감각 계통
① 압력수용
② 고통
③ 온도 변화

31 인간공학에 대한 설명으로 가장 옳은 것은?

㉮ 인간공학의 다른 이름인 작업경제학(Ergonomics)은 경제학에서 파생되었다.
㉯ 인간공학에서 다루는 내용은 상식 수준이다.
㉰ 인간이 사용할 수 있도록 설계하는 과정이다.
㉱ 초점이 인간보다는 장비/도구의 설계에 맞추어져 있다.

해설 인간공학의 정의
인간활동의 최적화를 연구하는 학문으로 인간이 작업활동을 하는 경우에 인간으로서 가장 자연스럽게 일하는 방법을 연구하는 것이며, 인간과 그들이 사용하는 사물과 환경 사이의 상호작용에 대해 연구하는 것이다.

해답 27 ㉰ 28 ㉯ 29 ㉰ 30 ㉰ 31 ㉰

32 평균치기준의 설계원칙에서 조절식 설계가 바람직하다. 이때의 조절범위는?

㉮ 1~99% ㉯ 5~95%
㉰ 5~90% ㉱ 10~90%

> **해설** 조절식 설계 시 통상 5%값에서 95%값까지의 90% 범위를 수용대상으로 설계하는 것이 관례이다.

33 인체계측치 중 기능적(functional) 치수를 사용하는 이유로 가장 올바른 것은?

㉮ 사용공간의 크기가 중요하기 때문
㉯ 인간은 닿는 한계가 있기 때문
㉰ 인간이 다양한 자세를 취하기 때문
㉱ 각 신체 부위는 조화를 이루면서 움직이기 때문

> **해설** 기능적 치수를 사용하는 것이 중요한 이유는 신체적 기능을 수행할 때, 각 신체 부위는 독립적으로 움직이는 것이 아니라 조화를 이루어 움직이기 때문이다.

34 정보량을 구하는 수식 중 틀린 것은?

㉮ $H = \log_2 n$; $n =$ 대안의 수

㉯ $H = \log_2(\frac{1}{p})$; $p =$ 대안의 실현확률

㉰ $H = \sum_{k=0}^{n} p_k + \log_2(\frac{1}{p_k})$; $p_k =$ 각 대안의 실패확률

㉱ $H = \sum_{i=0}^{n} p_i \log_2(\frac{1}{p_i})$; $p_i =$ 각 대안의 실현확률

> **해설** 정보량을 구하는 수식
> ① 실현가능성이 같은 n개의 대안이 있을 때 총 정보량 H
> $H = \log_2 n$; $n =$ 대안의 수
> ② 각 대안의 실현확률로 표현하였을 때
> $H = \log_2(\frac{1}{p})$; $p =$ 대안의 실현확률
> ③ 여러 개의 실현 가능한 대안이 있을 경우에는 평균정보량은 각 대안의 정보량에 실현확률을 곱한 것을 모두 합하면 된다.
> $H = \sum_{i=0}^{n} p_i \log_2(\frac{1}{p_i})$; $p_i =$ 각 대안의 실현확률

35 종이의 반사율이 70%이고, 인쇄된 글자의 반사율이 15%일 경우 대비는?

㉮ 15% ㉯ 21%
㉰ 70% ㉱ 79%

> **해설** 대비
> 대비(%) $= \frac{L_b - L_t}{L_b} \times 100$
> L_t: 과녁의 광도
> L_b: 배경의 광도

36 표시장치를 사용할 때 자극 전체를 직접 나타내거나 재생시키는 대신, 정보(즉, 자극)를 암호화하는 경우가 흔하다. 이와 같이 정보를 암호화하는 데 있어서 지켜야 할 일반적 지침으로 틀린 것은?

㉮ 암호의 양립성 ㉯ 암호의 검출성
㉰ 암호의 변별성 ㉱ 암호의 민감성

> **해설** 자극암호화의 일반적 지침
> ① 암호의 양립성
> ② 암호의 검출성
> ③ 암호의 변별성

해답 32 ㉯ 33 ㉱ 34 ㉰ 35 ㉱ 36 ㉱

37 반지름이 10 cm인 조종장치를 30° 움직일 때마다 표시장치는 1 cm 이동한다고 할 때, C/R 비는 얼마인가?

㉮ 2.09
㉯ 3.49
㉰ 4.11
㉱ 5.23

해설 C/R비

$$C/R비 = \frac{(a/360) \times 2\pi L}{표시장치\ 이동거리} = \frac{(30/360) \times 2\pi 10}{1} \fallingdotseq 5.23$$

a: 조종장치가 움직인 각도
L: 반지름(조종장치의 길이)

38 다음 중 시각적 표시장치보다 청각적 표시장치를 사용해야 할 경우는?

㉮ 전언이 복잡하다.
㉯ 전언이 길다.
㉰ 전언이 시간적 사상을 다룬다.
㉱ 전언이 후에 재참조된다.

해설 시각장치가 청각장치보다 이로운 경우
① 전달정보가 복잡할 때
② 전달정보가 후에 재참조됨
③ 수신자의 청각계통이 과부하일 때
④ 수신 장소가 시끄러울 때
⑤ 직무상 수신자가 한 곳에 머무르는 경우

39 동목정침형(moving scale and fixed pointer) 표시장치가 정목동침형(moving pointer and fixed scale) 표시장치에 비하여 더 좋은 경우는?

㉮ 나타내고자 하는 값의 범위가 큰 경우에 유리하다.
㉯ 정량적인 눈금을 정성적으로도 사용할 수 있다.
㉰ 기계의 표시장치 공간이 협소한 경우에 유리하다.
㉱ 특정값을 신속, 정확하게 제공할 수 있다.

해설 아날로그 표시장치에서 일반적으로 정목동침형 표시장치가 동목정침형 표시장치보다 좋으나 나타내고자 하는 값의 범위가 큰 경우 동목정침형 표시장치가 정목동침형 표시장치에 비하여 더 좋다.

40 신호검출 이론(SDT)과 관련이 없는 것은?

㉮ 신호검출 이론은 신호와 잡음을 구별할 수 있는 능력을 측정하기 위한 이론의 하나이다.
㉯ 민감도는 신호와 소음분포의 평균 간의 거리이다.
㉰ 신호검출 이론 응용분야의 하나는 품질검사능력의 측정이다.
㉱ 신호검출 이론이 적용될 수 있는 자극은 시각적 자극에 국한된다.

해설 신호검출 이론의 적용은 시각적 자극에 국한되는 것이 아니라 청각적, 지각적 자극에도 적용이 된다.

해답 37 ㉱ 38 ㉰ 39 ㉮ 40 ㉱

41 다음 중 인간의 눈에 관한 설명으로 옳은 것은?

㉮ 망막의 간상세포(rod)는 명시(明視)에 사용된다.
㉯ 간상세포는 황반(fovea)에 밀집되어 있다.
㉰ 원시는 수정체가 두꺼워지면 물체의 상이 망막 앞에 맺히는 현상을 말한다.
㉱ 시각(時角)은 물체와 눈 사이의 거리에 반비례한다.

> **해설** 간상세포는 주로 망막 주변에 있으며 흑백의 음영만을 구분한다. 원시는 수정체가 얇은 상태로 남아 있어서 근점이 너무 멀기 때문에 가까운 물체를 보기 힘든 현상이다.

42 인간의 기억체계 중 감각보관(sensorystorage)에 대한 설명으로 옳은 것은?

㉮ 촉각 및 후각의 감각보관에 대한 증거가 있으며, 주로 시각 및 청각 정보가 보관된다.
㉯ 감각보관 내의 정보는 암호화되어 유지된다.
㉰ 모든 상(像)의 정보는 수십 분간 보관된다.
㉱ 감각보관된 정보는 자동으로 작업기억으로 이전된다.

> **해설** 감각보관은 정보가 코드화되지 않고 원래의 표현상태로 유지되며, 모든 상의 정보는 수 초 지속된 후에 사라진다. 좀 더 긴 기간 동안 정보를 보관하기 위해서는 암호화되어 작업기억으로 이전되어야 한다.

43 다음 중 표시장치의 설계에서 시식별이 가장 좋은 것은?

㉮ 신호등(점멸) – 배경등(점등)
㉯ 신호등(점등) – 배경등(점등)
㉰ 신호등(점등) – 배경등(점멸)
㉱ 신호등(점멸) – 배경등(점멸)

> **해설** 신호–배경등의 설계 시 신호등(점멸), 배경등(점등)이 최선의 효과를 나타내는 방법이다.

44 다음 중 촉각적 감각과 피부에 있는 소체와의 연결이 틀린 것은?

㉮ 통각: 마이스너(Meissner)소체
㉯ 압각: 파시니(Pacini)소체
㉰ 온각: 루피니(Ruffini)소체
㉱ 냉각: 크라우제(Krause)소체

> **해설** 피부감각별 수용기관
> ① 압각: 모근신경관, 마이스너소체, 메르켈 촉각 반, 파시니소체
> ② 온각: 루피니소체
> ③ 냉각: 크라우제소체
> ④ 통각: 자유신경종말

45 비행기에서 20 m 떨어진 거리에서 측정한 엔진의 소음이 130 dB(A)이었다면, 100 m 떨어진 위치에서 소음수준은 얼마인가?

㉮ 113.5 dB(A) ㉯ 116.0 dB(A)
㉰ 121.8 dB(A) ㉱ 130.0 dB(A)

> **해설** 소음수준
> $dB_2 = dB_1 - 20\log(d_2/d_1)$이므로,
> $= 130 - 20\log(100/20) = 116.0$ dB

해답 41 ㉱ 42 ㉮ 43 ㉮ 44 ㉮ 45 ㉯

46 손잡이의 설계에 있어 촉각정보를 통하여 분별, 확인할 수 있는 코딩(coding) 방법이 아닌 것은?

㉮ 색에 의한 코딩
㉯ 크기에 의한 코딩
㉰ 표면의 거칠기에 의한 코딩
㉱ 형상에 의한 코딩

> **해설** 색에 의한 코딩은 색에 특정한 의미가 부여될 때 매우 효과적인 방법이며 시각정보를 통하여 분별할 수 있는 방법이다.

47 다음 중 효율적 설비배치를 위해 고려해야 하는 원칙으로 가장 거리가 먼 것은?

㉮ 중요성의 원칙
㉯ 설비가격의 원칙
㉰ 사용빈도의 원칙
㉱ 사용순서의 원칙

> **해설** 부품배치의 원칙
> ① 중요성의 원칙
> ② 사용빈도의 원칙
> ③ 기능별 배치의 원칙
> ④ 사용순서의 원칙

48 다음 중 시각적 암호화(coding)의 설계 시 고려사항이 아닌 것은?

㉮ 사용될 정보의 종류
㉯ 코딩의 중복 또는 결합에 대한 필요성
㉰ 수행될 과제의 성격과 수행조건
㉱ 코딩 방법의 분산화

> **해설** 시각적 암호화 설계 시 고려사항
> ① 이미 사용된 코딩의 종류
> ② 사용될 정보의 종류
> ③ 수행될 과제의 성격과 수행조건
> ④ 사용가능한 코딩 단계나 범주의 수
> ⑤ 코딩의 중복 혹은 결합에 대한 필요성

49 기능적 인체치수 측정에 대한 설명으로 옳은 것은?

㉮ 앉은 상태에서만 측정하여야 한다.
㉯ 움직이지 않는 표준자세에서 측정하여야 한다.
㉰ 5~95%에 대해서만 정의된다.
㉱ 신체 부위의 동작범위를 측정하여야 한다.

> **해설** 동적측정(기능적 측정)
> 일반적으로 상지나 하지의 운동, 체위의 움직임에 따른 상태에서 측정하는 것이며, 실제의 작업 혹은 실제조건에 밀접한 관계를 갖는 현실성 있는 인체 치수를 구하는 것이다.

50 특정한 설비를 설계할 때 인체계측 특성의 한 극단치에 속하는 사람을 대상으로 설계하게 되는데 다음 중 최소집단치를 적용하는 경우에 해당하는 것은?

㉮ 조종장치까지의 거리
㉯ 출입문의 높이
㉰ 의자의 폭
㉱ 그네의 최소지지 중량

> **해설** ㉯, ㉰, ㉱는 최대집단치에 의한 설계이다.

해답 46 ㉮ 47 ㉯ 48 ㉱ 49 ㉱ 50 ㉮

51 다음은 인간공학 연구에서 사용되는 기준척도(criterion measure)가 갖추어야 하는 조건을 나열한 것이다. 각 조건에 대한 설명으로 틀린 것은?

㉮ 신뢰성: 우수한 결과를 도출할 수 있는 정도

㉯ 타당성: 실제로 의도하는 바를 측정할 수 있는 정도

㉰ 민감도: 실험변수 수준변화에 따라 척도의 값의 차이가 존재하는 정도

㉱ 순수성: 외적 변수의 영향을 받지 않는 정도

해설 기준척도
① 신뢰성: 시간이나 대표적 표본의 선정에 관계없이 변수 측정결과가 일관성 있게 안정적으로 나타나는 것을 말한다.
② 타당성: 기준이 의도된 목적에 적당하다고 판단되는 정도를 말한다.
③ 민감도: 기준에서 나타나는 예상차이점의 변이성으로 표시된다.
④ 순수성: 측정하고자 하는 변수 외의 다른 변수들의 영향을 받아서는 안 된다.

52 다음 중 정보에 관한 설명으로 옳은 것은?

㉮ 정보이론에서 정보란 불확실성의 감소라 정의할 수 있다.

㉯ 선택반응 시간은 선택대안의 개수에 선형으로 반비례한다.

㉰ 대안의 수가 늘어나면 정보량은 감소한다.

㉱ 대안이 2가지뿐이라면, 정보량은 2 Bit이다.

해설 선택반응 시간은 선택대안의 개수에 로그(log) 함수의 정비례로 증가하며, 대안의 수가 늘어남에 따라 정보량은 증가한다. Bit란 실현가능성이 같은 2개의 대안 중 하나가 명시되었을 때 우리가 얻는 정보량이다. 대안이 2가지뿐이면 정보량은 1 Bit이다.

53 다음 시각적 표시장치 중 동적 표시장치에 해당하는 것은?

㉮ 도로표지판 ㉯ 고도계

㉰ 지도 ㉱ 도표

해설 동적(dynamic) 표시장치
어떤 변수나 상황을 나타내는 표시장치 혹은 어떤 변수를 조종하거나 맞추는 것을 돕기 위한 것이다.
예) 온도계, 기압계, 속도계, 고도계, 레이더
㉮, ㉰, ㉱는 정적(static) 표시장치이다.

54 다음 중 신호검출 이론에 대한 설명으로 옳은 것은?

㉮ 잡음에 실린 신호의 분포는 잡음만의 분포와 구분되지 않아야 한다.

㉯ 신호의 유무를 판정함에 있어 반응대안은 2가지뿐이다.

㉰ 판정기준은 B(신호/노이즈)이며, B>1이면 보수적이고, B<1이면 자유적이다.

㉱ 신호검출의 민감도에서 신호와 잡음 간의 두 분포가 가까울수록 판정자는 신호와 잡음을 정확하게 판별하기 쉽다.

해설 신호검출 이론(signal detection theory)
어떤 상황에서는 의미 있는 자극이 이의 감수를 방해하는 "잡음(noise)"과 함께 발생하며, 잡음이 자극 검출에 끼치는 영향을 다루는 이론이다. 신호의 유무를 판정하는 과정에서 네 가지의 반응대안은 신호의 정확한 판정(Hit), 허위경보(False Alarm), 신호검출 실패(Miss), 잡음을 제대로 판정(Correct Noise)이 있다. 두 분포가 떨어져 있을수록 민감도는 커지며, 판정자는 신호와 잡음을 정확하게 판정하기가 쉽다.

해답 51 ㉮ 52 ㉮ 53 ㉯ 54 ㉰

55 다음 중 정상작업역에 대한 설명으로 옳은 것은?

㉮ 아래팔과 위팔을 곧게 펴서 파악할 수 있는 구역

㉯ 위팔을 자연스럽게 수직으로 늘어뜨린 채, 아래팔만으로 편하게 뻗어 파악할 수 있는 구역

㉰ 허리, 아래팔, 위팔을 사용하여 최대한 파악할 수 있는 구역

㉱ 위팔을 사용하여 움직일 때, 팔꿈치가 닿을 수 있는 구역

> **해설** 정상작업역(표준영역)
> 작업자가 위팔을 자연스럽게 수직으로 늘어뜨린 채, 아래팔만 편하게 뻗어 작업을 진행할 수 있는 구역

56 다음 중 연구조사에 사용되는 기준(criterion)이 가져야 할 조건이 아닌 것은?

㉮ 사용성

㉯ 적절성

㉰ 무오염성

㉱ 신뢰성

> **해설** 기준의 요건
> ① 적절성
> ② 무오염성
> ③ 기준 척도의 신뢰성

57 다음 인간-기계 시스템 중 폐회로(closed loop)에 속하는 것은?

㉮ 전자레인지

㉯ 팩시밀리

㉰ 소총

㉱ 계장(display panel) 시스템

> **해설** 폐회로를 형성하여 출력신호를 입력신호로 되돌아오도록 하는 것을 feedback이라 하며, feed- back에 의한 목푯값에 따라 자동적으로 제어하는 것을 말한다. feedback control에는 반드시 입력과 출력을 비교하는 장치가 있다.

58 다음의 13개 철자를 외워야 하는 과업이 주어질 때 몇 개의 청크(chunk)를 생성하게 되겠는가?

V.E.R.Y.W.E.L.L.C.O.L.O.R

㉮ 1개　　㉯ 2개

㉰ 3개　　㉱ 5개

> **해설** 청크(chunk)는 의미 있는 정보의 단위를 말한다. VERY / WELL / COLOR

59 다음 중 청각표시 장치를 사용할 경우 가장 유리한 것은?

㉮ 수신하는 장소가 소음이 심할 경우

㉯ 정보가 즉각적인 행동을 요구하는 경우

㉰ 전달하고자 하는 정보가 나중에 다시 참조되는 경우

㉱ 전달하고자 하는 정보가 길거나 복잡한 경우

> **해설** 청각장치가 이로운 경우
> ① 전달정보가 간단하다.
> ② 전달정보는 후에 재참조되지 않음
> ③ 전달정보가 즉각적인 행동을 요구할 때
> ④ 수신 장소가 너무 밝을 때
> ⑤ 직무상 수신자가 자주 움직이는 경우

해답 55 ㉯ 56 ㉮ 57 ㉯ 58 ㉰ 59 ㉯

60 다음 중 조종-반응비율(C/R비)에 대한 설명으로 틀린 것은?

㉮ 표시장치의 이동거리에 반비례하고, 조종장치의 움직인 거리에 비례한다.
㉯ 설계 시 이동시간과 조종시간을 고려하여야 한다.
㉰ C/R비가 높으면 미세조종이 가능하다.
㉱ C/R비가 낮으면 제어장치의 조종시간과 표시장치의 이동시간이 단축된다.

> **해설** C/R비가 낮으면 표시장치의 이동시간은 단축되고, 제어장치의 조종시간은 증가하게 된다.

61 다음 중 인간의 제어정도에 따른 인간-기계 시스템의 일반적인 분류에 속하지 않는 것은?

㉮ 수동 시스템
㉯ 기계화 시스템
㉰ 감시제어 시스템
㉱ 자동 시스템

> **해설** 인간에 의한 제어의 정도에 따라 수동 시스템, 기계화 시스템, 자동화 시스템의 3가지로 분류한다. 감시제어 시스템은 자동화의 정도에 따른 분류에 속한다.

62 다음 중 신호나 정보 등의 검출성에 영향을 미치는 요인과 가장 거리가 먼 것은?

㉮ 노출시간　　㉯ 점멸속도
㉰ 배경광　　㉱ 반응시간

> **해설** 검출성에 영향을 미치는 요인
> ① 크기, 광속, 발산도 및 노출시간
> ② 색광
> ③ 점멸속도
> ④ 배경광

63 다음 중 일반적으로 입식작업에서 작업대 높이를 정할 때 기준점이 되는 것은?

㉮ 어깨높이
㉯ 팔꿈치높이
㉰ 배꼽높이
㉱ 허리높이

> **해설** 입식작업대의 높이는 작업자의 체격에 따라 팔꿈치높이를 기준으로 하여 작업대의 높이를 조정해야 한다.

64 1 cd의 점광원으로부터 3 m 떨어진 구면의 조도는 몇 Lux인가?

㉮ $\frac{1}{27}$　　㉯ $\frac{1}{9}$
㉰ $\frac{1}{6}$　　㉱ $\frac{1}{3}$

> **해설** 조도
> $\text{조도} = \frac{\text{광량}}{\text{거리}^2} = \frac{1}{3^2} = \frac{1}{9}\ \text{Lux}$

65 다음 중 반응시간이 가장 빠른 감각은?

㉮ 시각　　㉯ 미각
㉰ 청각　　㉱ 촉각

> **해설** 감각별 반응속도
> ① 청각: 0.17초
> ② 촉각: 0.18초
> ③ 시각: 0.20초
> ④ 미각: 0.70초

해답 60 ㉱ 61 ㉰ 62 ㉱ 63 ㉯ 64 ㉯ 65 ㉰

66 음의 한 성분이 다른 성분에 대한 귀의 감수성을 감소시키는 상황을 무슨 효과라 하는가?

㉮ 은폐 ㉯ 밀폐
㉰ 기피 ㉱ 방해

> **해설** 은폐란 음의 한 성분이 다른 성분의 청각 감지를 방해하는 현상을 말한다. 즉, 은폐란 한 음(피은폐음)의 가청역치가 다른 음(은폐음) 때문에 높아지는 것을 말한다.

67 다음 중 인간의 후각특성에 대한 설명으로 틀린 것은?

㉮ 후각은 특정 물질이나 개인에 따라 민감도의 차이가 있다.
㉯ 특정한 냄새에 대한 절대적 식별능력은 떨어진다.
㉰ 훈련을 통하면 식별능력을 향상시킬 수 있다.
㉱ 후각은 냄새 존재 여부보다는 특정 자극을 식별하는 데 사용되는 것이 효과적이다.

> **해설** 후각의 특성
> ① 후각의 수용기는 콧구멍 위쪽에 있는 4~6 cm^2의 작은 세포군이며, 뇌의 후각영역에 직접 연결되어 있다.
> ② 인간의 후각은 특정 물질이나 개인에 따라 민감도의 차이가 있으며, 어느 특정 냄새에 대한 절대 식별능력은 다소 떨어지나, 상대적 기준으로 냄새를 비교할 때는 우수한 편이다.
> ③ 훈련되지 않은 사람이 식별할 수 있는 일상적인 냄새의 수는 15~32종류이지만, 훈련을 통하면 60종류까지도 식별 가능하다.
> ④ 강도의 차이만 있는 냄새의 경우에는 3~4가지밖에 식별할 수 없다.
> ⑤ 후각은 특정 자극을 식별하는 데 사용되기보다는 냄새의 존재 여부를 탐지하는 데 효과적이다.

68 각각의 신뢰도가 0.85인 기계 3대가 병렬로 되어 있을 경우 이 시스템의 신뢰도는 약 얼마인가?

㉮ 0.614
㉯ 0.850
㉰ 0.992
㉱ 0.997

> **해설** 신뢰도(병렬연결)
> $R_p = 1-(1-R_1)(1-R_2)\cdots(1-R_n)$
> $= 1-\prod_{i=1}^{n}(1-R_i)$
> $R_p = 1-(1-0.85)(1-0.85)(1-0.85)$
> $= 0.996625$
> $\fallingdotseq 0.997$

69 악력(grip strength)측정 프로그램에 의하면 악력계는 아무것도 지지되지 않은 상태에서 악력을 측정하여야 한다고 한다. 만일, 악력검사 결과 정상범위보다 높게 분포되어 있어 분석해 보니 악력계(grip strength)를 책상 위에 놓은 상태에서 악력을 잿음을 알았을 때, 이 실험 결과는 다음 중 어떤 기준에 문제가 있겠는가?

㉮ 신뢰성(reliability)
㉯ 타당성(validity)
㉰ 상관성(correlation)
㉱ 민감성(sensitivity)

> **해설** 타당성은 어떤 검사나 척도가 측정하고자 하는 변인의 내용이나 특징을 정확하게 반영하고 있는 정도. 흔히 검사가 측정하고자 하는 것을 제대로 측정하는 정도라고 정의한다.

해답 66 ㉮ 67 ㉱ 68 ㉱ 69 ㉯

70 다음 중 [보기]와 같은 사항을 설계하고자 할 때 인체측정 자료에 대하여 적용할 수 있는 설계원리는?

> [보기]
> – 버스의 승객 의자 앞뒤의 간격
> – 비행기의 비상탈출구의 크기
> – 줄사다리의 지지장치의 강도

㉮ 최대집단치에 의한 설계원리
㉯ 최소집단치에 의한 설계원리
㉰ 평균치에 의한 설계원리
㉱ 가변적 설계원리

> **해설** 집단치에 의한 설계
> ① 통상 대상집단에 대한 관련 인체측정 변수의 상위 백분위수를 기준으로 하여 90, 95 혹은 99%tile값이 사용된다.
> ② 95%tile값에 속하는 큰 사람을 수용할 수 있다면, 이보다 작은 사람은 모두 사용할 수 있다. 예를 들어, 문, 탈출구, 통로 등과 같은 공간 여유를 정하거나 줄사다리의 강도 등을 정할 때 사용한다.

71 반지름 5 cm 레버식 조정구(ball control)를 20° 움직일 때 표시판의 눈금이 1 cm 이동하였다면 조종–반응비율은 약 얼마인가?

㉮ 0.95　　㉯ 1.75
㉰ 3.15　　㉱ 4.23

> **해설** 조작–표시장치 이동비율(control–display ratio)
>
> $$\text{C/R비} = \frac{(a/360)\times 2\pi L}{\text{표시장치 이동거리}}$$
>
> a: 조종장치가 움직인 각도
> L: 반지름(조종장치의 길이)
>
> $$\text{C/R비} = \frac{(20/360)\times 2\times 3.14\times 5}{1} = 1.745329 \fallingdotseq 1.75$$

72 다음 중 작업대 공간배치의 원리와 가장 거리가 먼 것은?

㉮ 기능성의 원리
㉯ 사용순서의 원리
㉰ 중요도의 원리
㉱ 오류방지의 원리

> **해설** 작업대 공간배치의 원리
> ① 중요성의 원칙
> ② 사용빈도의 원칙
> ③ 기능별 배치의 원칙
> ④ 사용순서의 원칙

73 차를 우회전하고자 할 때 핸들을 오른쪽으로 돌리는 것은 양립성(compatibility)의 유형 중 어느 것에 해당하는가?

㉮ 공간적 양립성
㉯ 운동양립성
㉰ 개념적 양립성
㉱ 인지적 양립성

> **해설** 양립성이란 자극들 간의, 반응들 간의 혹은 자극–반응조합의 공간, 운동 혹은 개념적 관계가 인간의 기대와 모순되지 않는 것을 말한다. 표시장치나 조종장치가 양립성이 있으면 인간성능은 일반적으로 향상되므로 이 개념은 이들 장치의 설계와 밀접한 관계가 있다.
> ① 개념양립성(conceptual compatibility): 코드나 심볼의 의미가 인간이 갖고 있는 개념과 양립
> 예) 비행기 모형–비행장
> ② 운동양립성(movement compatibility): 조종기를 조작하거나 display상의 정보가 움직일 때 반응결과가 인간의 기대와 양립
> 예) 라디오의 음량을 줄일 때 조절장치를 반시계 방향으로 회전
> ③ 공간양립성(spatial compatibility): 공간적 구성이 인간의 기대와 양립
> 예) button의 위치와 관련 display의 위치가 양립

해답 70 ㉮ 71 ㉯ 72 ㉱ 73 ㉯

74 다음 중 1,000 Hz, 40 dB을 기준으로 나타내는 몸과 관련된 측정단위는?

㉮ sone ㉯ siemens
㉰ dB ㉱ W

해설 1 sone은 40 dB의 1,000 Hz 순음의 크기를 말한다.

75 다음 중 온도, 압력, 속도와 같이 연속적으로 변하는 변수의 대략적인 값이나 추세 등을 알고자 할 경우 가장 적절한 표시장치는?

㉮ 묘사적 표시장치
㉯ 추상적 표시장치
㉰ 정량적 표시장치
㉱ 정성적 표시장치

해설
① 묘사적 표시장치: 사물, 지역, 구성 등을 사진, 그림 혹은 그래프로 묘사
② 정량적 표시장치: 변수의 정량적인 값
③ 정성적 표시장치: 가변변수의 대략적인 값, 경향, 변화율, 변화방향 등

76 위팔을 자연스럽게 수직으로 늘어뜨린 채 아래팔만으로 편하게 뻗어 파악할 수 있는 영역을 무엇이라 하는가?

㉮ 최대작업역 ㉯ 작업공간역
㉰ 파악한계역 ㉱ 정상작업역

해설 정상작업역이란 상완(上腕)을 자연스럽게 수직으로 늘어뜨린 채, 전완(前腕)만으로 편하게 뻗어 파악할 수 있는 구역(34~45 cm)이다.

77 다음 중 실현가능성이 같은 N개의 대안이 있을 때 총 정보량(H)을 구하는 식으로 옳은 것은?

㉮ $H = \log_2 N$
㉯ $H = \log N^2$
㉰ $H = \log 2N$
㉱ $H = 2\log N^2$

해설 일반적으로 실현가능성이 같은 N개의 대안이 있을 때 총 정보량 H는 $H = \log_2 N$로 구한다.

78 다음 중 시배분(time-sharing)에 대한 설명으로 적절하지 않은 것은?

㉮ 음악을 들으며 책을 읽는 것처럼 주의를 번갈아 가며 2가지 이상을 돌보아야 하는 상황을 말한다.
㉯ 시배분이 필요한 경우 인간의 작업 능률은 떨어진다.
㉰ 청각과 시각이 시배분되는 경우에는 보통 시각이 우월하다.
㉱ 시배분작업은 처리해야 하는 정보의 가치수와 속도에 의하여 영향을 받는다.

해설 청각과 시각이 시배분되는 경우에는 보통 청각이 더 우월하다.

해답 74 ㉮ 75 ㉱ 76 ㉱ 77 ㉮ 78 ㉰

79 다음 중 신호검출 이론(SDT)에서 반응 기준(β)를 구하는 식으로 옳은 것은?

㉮ (소음분포의 높이) × (신호분포의 높이)
㉯ (소음분포의 높이) + (신호분포의 높이)
㉰ (신호분포의 높이)÷(소음분포의 높이)
㉱ (신호분포의 높이)+(소음분포의 높이)^2

해설 반응기준을 나타내는 값을 β라고 하면 반응기준점에서의 두 분포의 높이의 비로 나타낸다.

$$\beta = b/a$$

(a= 소음분포의 높이, b= 신호분포의 높이)

80 다음 중 암호체계 사용상의 일반적인 지침과 가장 거리가 먼 것은?

㉮ 정보를 암호화한 자극은 검출이 가능해야 한다.
㉯ 모든 암호 표시는 감지장치에 의하여 다른 암호표시와 구별되어서는 안 된다.
㉰ 자극과 반응 간의 관계가 인간의 기대와 모순되지 않아야 한다.
㉱ 2가지 이상의 암호차원을 조합해서 사용하면 정보전달이 촉진된다.

해설 암호화의 일반적 지침
모든 암호 표시는 감지장치에 의하여 다른 암호 표시와 구별되어야 한다.

81 다음 중 음 세기(sound intensity)에 관한 설명으로 옳은 것은?

㉮ 음 세기의 단위는 Hz이다.
㉯ 음 세기는 소리의 고저와 관련이 있다.
㉰ 음 세기는 단위시간에 단위면적을 통과하는 음의 에너지를 말한다.
㉱ 음압수준(Sound Pressure Level)측정 시 주로 1,000 Hz 순음을 기준 음압으로 사용한다.

해설 음의 세기는 단위면적당의 에너지(Watt/m^2)로 정의된다.

82 음압수준이 120 dB인 1,000 Hz 순음의 sone값은 얼마인가?

㉮ 256
㉯ 128
㉰ 64
㉱ 32

해설 Sone의 공식

$$\text{sone값} = 2^{(\text{phon값} - 40)/10} = 2^{(120-40)/10} = 256$$

해답 79 ㉰ 80 ㉯ 81 ㉰ 82 ㉮

83 다음 중 정적 인체측정 자료를 동적 자료로 변환할 때 활용될 수 있는 크로머(Kroemer)의 경험법칙을 설명한 것으로 틀린 것은?

㉮ 키, 눈, 어깨, 엉덩이 등의 높이는 3% 정도 줄어든다.

㉯ 팔꿈치높이는 대개 변화가 없지만, 작업 중 5%까지 증가하는 경우가 있다.

㉰ 앉은 무릎높이 또는 오금높이는 굽 높은 구두를 신지 않는 한 변화가 없다.

㉱ 전방 및 측방 팔길이는 편안한 자세에서 30% 정도 늘어나고, 어깨와 몸통을 심하게 돌리면 20% 정도 감소한다.

> **해설** 전방 및 측방 팔길이는 상체의 움직임을 편안하게 하면 30% 줄고, 어깨와 몸통을 심하게 돌리면 20% 늘어난다.

84 청각의 특성 중 2개음 사이의 진동수 차이가 얼마 이상이 되면 울림(beat)이 들리지 않고 각각 다른 두 개의 음으로 들리는가?

㉮ 33 Hz

㉯ 50 Hz

㉰ 81 Hz

㉱ 101 Hz

> **해설** 2개음 사이의 진동수 차이가 33 Hz 이상 되면 울림이 들리지 않고 각각 다른 두 개의 음으로 들린다.

85 다음 중 청각적 표시장치에 관한 설명으로 옳은 것은?

㉮ 청각신호의 지속시간은 최대 0.3초 이내로 한다.

㉯ 청각신호의 차원은 세기, 빈도, 지속시간으로 구성된다.

㉰ 즉각적인 행동이 요구될 때에는 청각적 표시장치보다 시각적 표시장치를 사용하는 것이 좋다.

㉱ 신호의 검출도를 높이기 위해서는 소음 세기가 높은 영역의 주파수로 신호의 주파수를 바꾼다.

> **해설** 청각신호는 세기, 빈도, 지속시간의 여러 자극 차원으로 구성된다.

86 계기판에 등이 8개가 있고, 그중 하나에만 불이 켜지는 경우에 정보량은 몇 bit인가?

㉮ 2

㉯ 3

㉰ 4

㉱ 8

> **해설** 정보량
> 정보량 $H=\log_2 N$
> 따라서, $H=\log_2 8=3$ bit

해답 83 ㉱ 84 ㉮ 85 ㉯ 86 ㉯

87 4가지 대안이 일어날 확률이 다음과 같을 때 평균정보량(Bit)은 약 얼마인가?

0.5	0.25	0.125	0.125

㉮ 1.00
㉯ 1.75
㉰ 2.00
㉱ 2.25

> **해설** 여러 개의 실현가능한 대안이 있을 경우, 평균정보량은 각 대안의 정보량에 실현확률을 곱한 것을 모두 합하면 된다.
>
> $$H=\sum_{i=1}^{n} P_i \log_2\left(\frac{1}{P_i}\right)$$
>
> (P_i : 각 대안의 실현확률)
> = 1.75 bit

88 다음과 같은 인간의 정보처리 모델에서 구성요소의 위치(A~D)와 해당 용어가 잘못 연결된 것은?

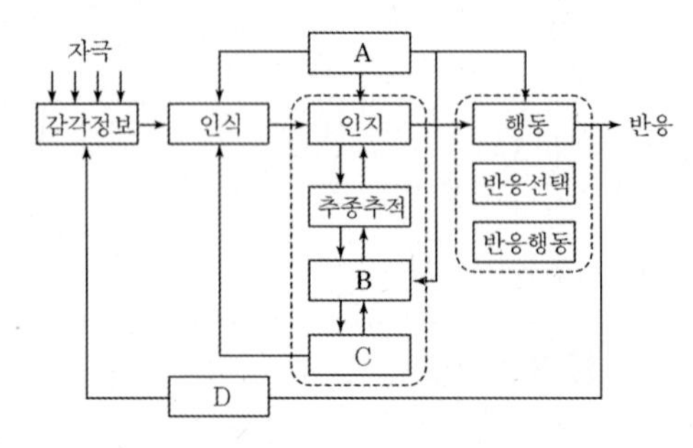

㉮ A－주의
㉯ B－작업기억
㉰ C－단기기억
㉱ D－피드백

> **해설** C는 장기보관(기억)이다.

89 다음 중 정보이론에 관한 설명으로 틀린 것은?

㉮ 인간에게 입력되는 것은 감각기관을 통해서 받은 정보이다.
㉯ 간접적 원자극의 경우 암호화된 자극과 재생된 자극의 2가지 유형이 있다.
㉰ 자극은 크게 원자극(distal stimuli)과 근자극(proximal stimuli)으로 나눌 수 있다.
㉱ 암호화(coded)된 자극이란 현미경, 보청기 같은 것에 의하여 감지되는 자극을 말한다.

> **해설** 재생된 자극이란 TV, 라디오, 사진, 현미경, 보청기 등의 장치를 통해 감지되는 자극을 말한다.

90 새로운 광도수준에 대한 눈의 적응을 무엇이라 하는가?

㉮ 시력
㉯ 순응
㉰ 간상체
㉱ 조도

> **해설** 갑자기 어두운 곳에 들어가면 아무것도 보이지 않게 된다. 또한, 밝은 곳에 갑자기 노출되면 눈이 부셔서 보기 힘들다. 그러나 시간이 지나면 점차 사물의 현상을 알 수 있다. 이러한 새로운 광도 수준에 대한 적응을 순응(adaptation)이라 한다.

해답 87 ㉯ 88 ㉰ 89 ㉱ 90 ㉯

91 다음 중 Fitts의 법칙에 관한 설명으로 옳은 것은?

㉮ 표적이 작을수록, 이동거리가 길수록 작업의 난이도와 소요 이동시간이 증가한다.

㉯ 표적이 클수록, 이동거리가 길수록 작업의 난이도와 소요 이동시간이 증가한다.

㉰ 표적과 이동거리는 작업의 난이도와 소요 이동시간과 무관하다.

㉱ 표적이 작을수록, 이동거리가 짧을수록 작업의 난이도와 소요 이동시간이 증가한다.

해설 Fitts의 법칙
표적이 작을수록 또 이동거리가 길수록 작업의 난이도와 소요 이동시간이 증가한다.

92 다음 그림은 인간-기계 통합체계의 인간 또는 기계에 의해서 수행되는 기본 기능의 유형이다. A 부분에 해당하는 내용은?

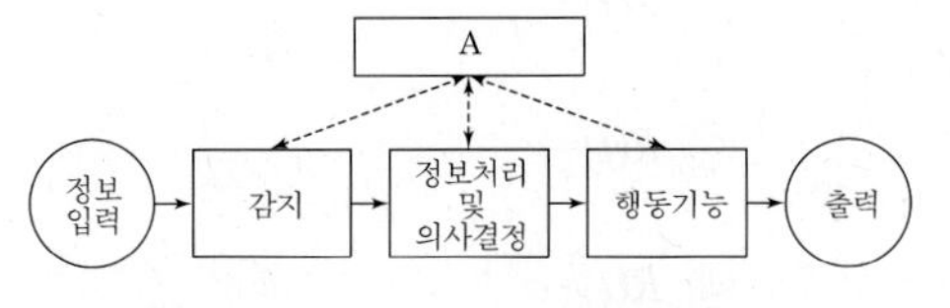

㉮ 정보보관　　㉯ 정보수용
㉰ 신체제어　　㉱ 통신

해설 정보의 보관(information storage)
인간-기계 시스템에 있어서의 정보보관은 인간의 기억과 유사하며, 여러 가지 방법으로 기록된다. 또한, 대부분은 코드화나 상징화된 형태로 저장된다.

93 다음 중 인체측정에 관한 설명으로 옳은 것은?

㉮ 인체측정기는 별도로 지정된 사항이 없다.

㉯ 제품설계에 필요한 측정자료는 대부분 정규분포를 따른다.

㉰ 특정된 고정자세에서 측정하는 것을 기능적 인체치수라 한다.

㉱ 특정 동작을 행하면서 측정하는 것을 구조적 인체치수라 한다.

해설 제품이나 작업장 설계에 필요한 인체특성치를 측정하는 경우에 일반적으로 특성치는 정규분포를 따르므로 인체측정 결과를 주로 평균과 표준편차로 표시한다.

94 다음 중 정보이론의 응용과 가장 거리가 먼 것은?

㉮ 자극의 수에 따른 반응시간설정

㉯ Hick-Hyman 법칙

㉰ Magic number = 7±2

㉱ 주의 집중과 이중과업

해설 정보이론의 응용으로는 Hick-Hyman 법칙, Magic number, 자극의 수에 따른 반응시간 설정 등이 있다.

해답 91 ㉮ 92 ㉮ 93 ㉯ 94 ㉱

95 다음 중 변화감지역(JND)과 웨버(Weber)의 법칙에 관한 설명으로 틀린 것은?

㉮ 물리적 자극을 상대적으로 판단하는 데 있어 특정 감각의 변화감지역은 사용되는 표준자극에 비례한다.
㉯ 동일한 양의 인식(감각)의 증가를 얻기 위해서는 자극을 지수적으로 증가해야 한다.
㉰ 웨버(Weber)비는 분별의 질을 나타내며, 비가 작을수록 분별력이 떨어진다.
㉱ 변화감지역은 동기, 적응, 연습, 피로 등의 요소에 의해서도 좌우된다.

> **해설** 웨버의 비가 작을수록 분별력이 높아진다.

96 다음 중 인지특성을 고려한 설계원리에 있어 물건에 물리적 또는 의미적인 특성을 부여하여 사용자의 행동에 관한 단서를 제공하는 것을 무엇이라 하는가?

㉮ 양립성
㉯ 제약성
㉰ 행동유도성
㉱ 가시성

> **해설** 행동유도성(affordance)
> 물건들은 각각 모양이나 다른 특성에 의해 그것들을 어떻게 이용하는가에 대한 암시를 제공한다는 것이다.

97 다음 중 직렬 시스템과 병렬 시스템의 특성에 대한 설명으로 옳은 것은?

㉮ 직렬 시스템에서 요소의 개수가 증가하면 시스템의 신뢰도도 증가한다.
㉯ 병렬 시스템에서 요소의 개수가 증가하면 시스템의 신뢰도는 감소한다.
㉰ 시스템의 높은 신뢰도를 안정적으로 유지하기 위해서는 병렬 시스템으로 설계해야 한다.
㉱ 일반적으로 병렬 시스템으로 구성된 시스템은 직렬 시스템으로 구성된 시스템보다 비용이 감소한다.

> **해설** 시스템의 높은 신뢰도를 안정적으로 유지하기 위해서는 병렬 시스템을 사용한다.

98 다음 중 시스템의 고장률이 지수함수를 따를 때, 이 시스템의 신뢰도를 올바르게 표시한 것은? (단, 고장률은 λ, 가동시간은 t, 신뢰도는 $R(t)$로 표시한다.)

㉮ $R(t)=e^{-\lambda t}$
㉯ $R(t)=e^{\lambda t^2}$
㉰ $R(t)=e^{\frac{\lambda}{t}}$
㉱ $R(t)=e^{\frac{-\lambda}{t}}$

> **해설** 신뢰도
> $$R(t)=e^{-\lambda t}$$

해답 95 ㉰ 96 ㉰ 97 ㉰ 98 ㉮

99 인간이 기계를 조종하여 임무를 수행해야 하는 인간-기계체계가 있다. 인간의 신뢰도가 0.9, 기계의 신뢰도가 0.8이라면 이 인간-기계 통합체계의 신뢰도는 얼마인가?

㉮ 0.72　㉯ 0.81
㉰ 0.64　㉱ 0.98

> **해설** 신뢰도
>
> $$R_s = \prod_{i=1}^{n} R_i = 0.9 \times 0.8 = 0.72$$

100 막식 스위치(membrane switch)의 키누름 과업에 있어 피드백 과업으로 볼 수 없는 것은?

㉮ 키 이동거리(distance)
㉯ 엠보싱(embossing)
㉰ 스냅 돔(snap dome)
㉱ 청각음(auditory tone)

> **해설** 막식 스위치(membrane switch)는 얇은 회로막으로 이루어진 스위치로, 스위치를 누를 때 스냅 돔과 엠보싱에서 촉감과 청각음 피드백을 제공한다.

101 제어장치와 표시장치의 일반적인 설계원칙이 아닌 것은?

㉮ 눈금이 움직이는 동침형 표시장치를 우선 적용한다.
㉯ 눈금을 조절 노브와 같은 방향으로 회전시킨다.
㉰ 눈금 수치는 왼쪽에서 오른쪽으로 돌릴 때 증가하도록 한다.
㉱ 증가량을 설정할 때 제어장치를 시계방향으로 돌리도록 한다.

> **해설** 나타내고자 할 눈금이 많을 경우에는 동목형이 좋다.

102 암순응에 대한 설명으로 맞는 것은?

㉮ 암순응 때에 원추세포는 감수성을 갖게 된다.
㉯ 어두운 곳에서는 주로 간상세포에 의해 보게 된다.
㉰ 어두운 곳에서 밝은 곳으로 들어갈 때 발생한다.
㉱ 완전 암순응에는 일반적으로 5~10분 정도 소요된다.

> **해설** 암순응(dark adaptation)
> 밝은 곳에서 어두운 곳으로 이동할 때의 순응을 암순응이라 하며, 두 가지 단계를 거치게 된다. 어두운 곳에서 원추세포는 색에 대한 감수성을 잃게 되고, 간상세포에 의존하게 된다. 두 가지 순응단계는 다음과 같다.
> ① 약 5분 정도 걸리는 원추세포의 순응단계
> ② 약 30~35분 정도 걸리는 간상세포의 순응단계

103 Norman이 제시한 사용자 인터페이스 설계원칙에 해당하지 않는 것은?

㉮ 가시성(visibility)의 원칙
㉯ 피드백(feedback)의 원칙
㉰ 양립성(compatibility)의 원칙
㉱ 유지보수 경제성(maintenance economy)의 원칙

> **해설** 노먼(Norman)의 설계원칙
> ① 가시성
> ② 대응의 원칙
> ③ 행동유도성
> ④ 피드백의 제공

해답 99 ㉮ 100 ㉮ 101 ㉮ 102 ㉯ 103 ㉱

104 어떤 물체나 표면에 도달하는 빛의 밀도를 무엇이라 하는가?

㉮ 시력　　㉯ 순응
㉰ 조도　　㉱ 간상체

> **해설** 조도
> 조도는 어떤 물체나 표면에 도달하는 광의 밀도를 말한다.

105 시(視)감각 체계에 관한 설명으로 틀린 것은?

㉮ 동공은 조도가 낮을 때는 많은 빛을 통과시키기 위해 확대된다.
㉯ 1디옵터는 1미터 거리에 있는 물체를 보기 위해 요구되는 조절능(調節能)이다.
㉰ 망막의 표면에는 빛을 감지하는 광수용기인 원추체와 간상체가 분포되어 있다.
㉱ 안구의 수정체는 공막에 정확한 이미지가 맺히도록 형태를 스스로 조절하는 일을 담당한다.

> **해설** 수정체
> 수정체의 크기와 모양은 타원형의 알약같이 생겼으며, 그 속에 액체를 담고 있는 주머니 모양을 하고 있다.
> ① 수정체는 비록 작지만 모양체근으로 둘러싸여 있어서 긴장을 하면 두꺼워져 가까운 물체를 볼 수 있게 되고, 긴장을 풀면 납작해져서 원거리에 있는 물체를 볼 수 있게 된다.
> ② 수정체는 보통 유연성이 있어서 눈 뒤쪽의 감광표면인 망막에 초점이 맞추어지도록 조절할 수 있다.

106 피부의 감각기 중 감수성이 제일 높은 감각기는?

㉮ 온각　　㉯ 통각
㉰ 압각　　㉱ 냉각

> **해설** 피부감각기 중 통각의 감수성이 가장 높다.

107 사용성에 관한 설명으로 틀린 것은?

㉮ 실험 평가로 사용성을 검증할 수 있다.
㉯ 편리하게 제품을 사용하도록 하는 원칙이다.
㉰ 비용절감 위주로 인간의 행동을 관찰하고 시스템을 설계한다.
㉱ 인간이 조작하기 쉬운 사용자 인터페이스를 고려하여 설계한다.

> **해설** 사용성이란 사용자가 쉽고 효율적으로 기능을 사용할 수 있도록 사용자의 관점에서 제품을 디자인하는 개념으로 비용절감 위주로 사용성을 검증할 수는 없다.

108 실제 사용자들의 행동 분석을 위해 사용자가 생활하는 자연스러운 생활환경에서 관찰하는 사용성 평가기법은?

㉮ heuristic evaluation
㉯ observation ethnography
㉰ usability lab testing
㉱ focus group interview

> **해설** 관찰 에쓰노그라피(observation ethnography)
> 실제 사용자들의 행동을 분석하기 위하여 이용자가 생활하는 자연스러운 생활환경에서 비디오, 오디오에 녹화하여 시험하는 사용성 평가방법이다.

해답 104 ㉰ 105 ㉱ 106 ㉯ 107 ㉰ 108 ㉯

109 다음 중 인간이 기계를 능가하는 기능에 해당하는 것은?

㉮ 암호화된 정보를 신속하게 대량으로 보관한다.

㉯ 완전히 새로운 해결책을 찾아낸다.

㉰ 입력신호에 대해 신속하고 일관성 있게 반응한다.

㉱ 주위가 소란하여도 효율적으로 작동한다.

해설 인간 기능의 장점

① 시각, 청각, 촉각, 후각, 미각 등의 작은 자극도 감지한다.
② 각각으로 변화하는 자극패턴을 인지한다.
③ 예기치 못한 자극을 탐지한다.
④ 기억에서 적절한 정보를 꺼낸다.
⑤ 결정시에 여러 가지 경험을 꺼내 맞춘다.
⑥ 귀납적으로 추리한다.
⑦ 원리를 여러 문제해결에 응용한다.
⑧ 주관적인 평가를 한다.
⑨ 아주 새로운 해결책을 생각한다.
⑩ 조작이 다른 방식에도 몸으로 순응한다.

110 다음 중 신호검출이론에서 판정기준(criterion)이 오른쪽으로 이동할 때 나타나는 현상으로 옳은 것은?

㉮ 허위경보(false alarm)가 줄어든다.

㉯ 신호(signal)의 수가 증가한다.

㉰ 소음(noise)의 분포가 커진다.

㉱ 적중, 확률(실제 신호를 신호로 판단)이 높아진다.

해설 반응기준의 오른쪽으로 이동할 경우($\beta>1$): 판정자는 신호라고 판정하는 기회가 줄어들게 되므로 신호가 나타났을 때 신호의 정확한 판정은 적어지나 허위경보를 덜하게 된다.

해답 109 ㉯ 110 ㉮

한국산업인력공단 출제기준에 따른 자격시험 준비서
인간공학기사 필기편

PART

II 작업생리학

1장 | 인체의 구성요소

01 인체의 구성

1.1 인체의 기본적 구성

출제빈도 ★★★★

유사한 세포가 모여 조직을 구성하고 조직이 모여 기관을 이루고 많은 계통이 모여 인체라는 유기체를 형성한다.

(1) 세포

인체의 구성과 기능을 수행하는 최소단위이며, 위치에 따라 모양과 크기가 다르며 수명과 그 기능에 차이가 있다. 기능에 따라 근육세포, 신경세포, 상피세포, 결합(체)조직세포로 분류된다.

(2) 조직

구조와 기능이 비슷한 세포들이 그 분화의 방향에 따라 형성 분화된 집단을 말하며, 그 구조와 기능에 따라 근육조직, 신경조직, 상피조직, 결합조직을 인체의 4대 기본조직이라 한다.

(3) 기관

기능과 구조가 비슷한 세포들이 특수한 기능을 수행하기 위해 결합된 형태를 말하며, 간이나 심장 등과 같이 장기의 내부가 조직으로 차 있는 실질성 기관과 위나 방광처럼 내부가 비어 있는 유강성 기관으로 구분한다.

(4) 계통

몇 개의 기관이 모여서 기능적 단위를 이루는데 다음과 같은 계통으로 구성된다.

가. 골격계: 뼈, 연골, 관절로 구성되는 인체의 수동적 운동기관으로 인체를 구성하고 지주역할을 담당하며, 장기를 보호하는 계통이다.

나. 근육계: 골격근, 심장근, 평활근, 근막, 건, 건막, 활액낭으로 구성되는 인체의 능동적 운동장치와 부속기관들이다.

다. 신경계: 중추신경 및 말초신경으로 구성되며, 인체의 감각과 운동 및 내외환경에 대한 적응 등을 조절하는 기관이다.

라. 감각기: 피부, 눈, 귀, 코, 혀 등으로 구성되며, 인체의 감각을 감수하는 장기를 말한다.

마. 순환계: 심장, 혈액, 혈관, 림프, 림프관, 비장 및 흉선 등으로 구성되며, 영양분과 가스 및 노폐물 등을 운반하고, 림프구 및 항체의 생산으로 인체의 방어작용을 담당한다.

바. 소화기계: 입에서부터 위, 소장, 대장 및 항문에 이르는 소화를 담당하는 장기와 그 부속기관인 간, 췌장 및 담낭으로 구성된다.

사. 호흡기계: 코, 인후두, 기관, 기관지 및 폐 등으로 구성되며, 인체의 호흡을 담당한다.

아. 비뇨기계: 신장, 요관, 방광 및 요도로 구성되며, 요의 생성과 배설을 담당한다.

자. 생식기계: 남성의 고환 및 그 생식기관과 부속기관, 여성의 자궁과 난소 및 그 부속기관 등으로 구성되며, 남녀의 성호르몬과 정자 및 난자를 생산하는 기관을 말한다.

차. 내분비계: 뇌하수체, 갑상선, 췌장, 부갑상선, 부신 등으로 구성되며, 호르몬의 생산과 분비에 관여한다.

1.2 인체의 부위

인체는 중요한 기관들이 들어 있는 체간부와 운동을 할 수 있는 사지부로 크게 나눌 수 있다.

(1) 체간부

두부, 경부, 흉부, 복부, 골반부 등으로 구분된다.

(2) 사지부

상지와 하지로 구분된다.

1.3 인체의 구조와 관련된 용어

출제빈도 ★★★★

(1) 해부학적 자세

인체의 각 부위 또는 장기들의 위치 또는 방향을 표현하기 위한 인체의 기본자세를 일컫는 것으로 전방을 향해 똑바로 서서 양쪽 손바닥을 펴고 발가락과 함께 전방을 향한 자세를 해부학적 자세라고 한다.

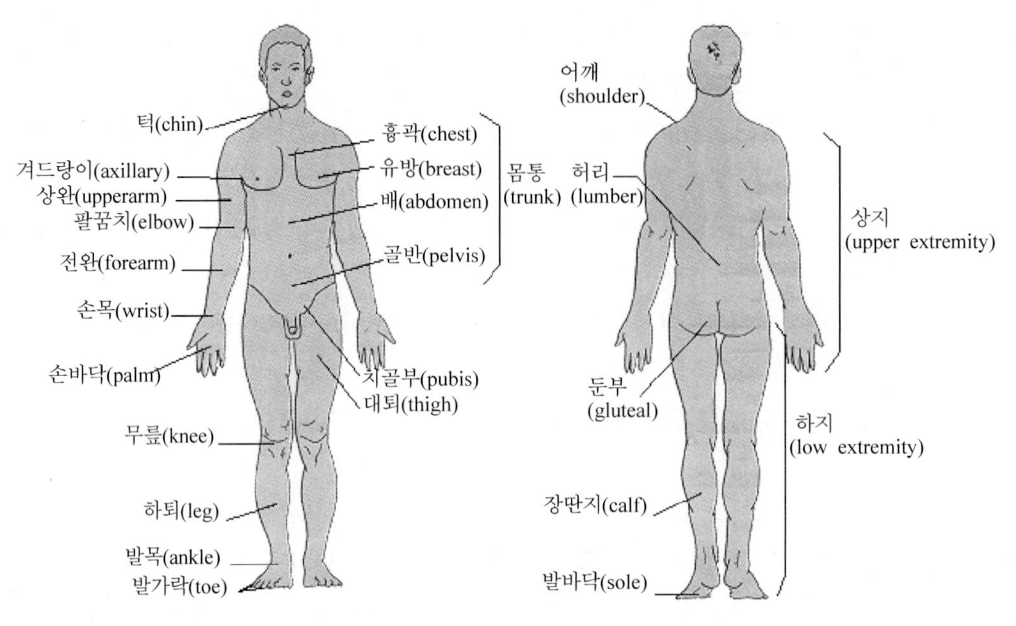

그림 2.1.1 인체 부위의 명칭

(2) 인체의 면을 나타내는 용어

가. **시상면**(sagittal plane): 인체를 좌우로 양분하는 면을 시상면이라 하고, 앞·뒤로 일어나는 움직임을 시상면에서의 움직임이라고 한다. 정중면(median plane)은 인체를 좌우대칭으로 나누는 면이다.

나. **관상면**(frontal 또는 coronal plane): 인체를 전후로 나누는 면이다.

다. **횡단면, 수평면**(transverse 또는 horizontal plane): 인체를 상하로 나누는 면이다.

(3) 위치 및 방향을 나타내는 용어

가. **전측**(anterior)과 **후측**(posterior): 인체 또는 장기에서 앞면(배쪽)을 전측이라 하고, 뒷면(등쪽)을 후측이라 한다.

나. **내측**(medial)과 **외측**(lateral): 인체 또는 장기에서 정중면에 가까운 위치를 내측이라 하고, 먼 위치를 외측이라 한다.

다. **근위**(proximal)와 **원위**(distal): 인체 또는 장기에서 중심에 가까운 위치를 근위라 하고, 먼 위치를 원위라 한다.

라. **천부**(superficial)와 **심부**(deep): 인체 또는 장기에서 표면에 가까운 위치나 얕은 부분을 천부라 하고, 깊은 부위를 심부라 한다.

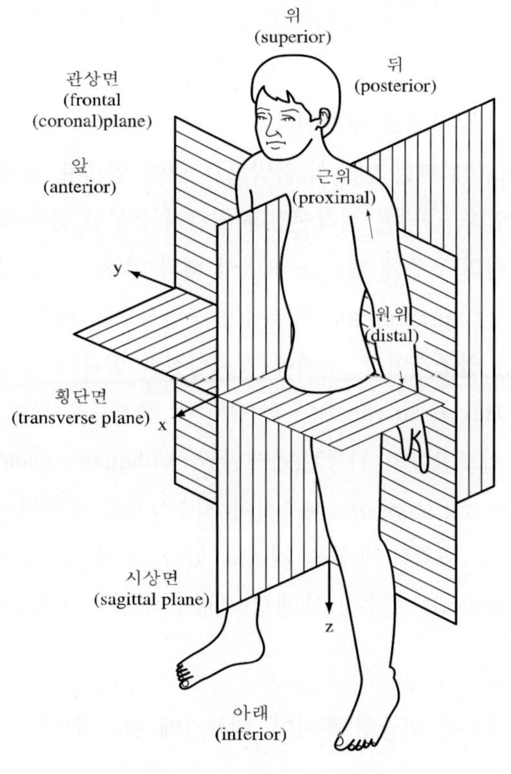

그림 2.1.2 해부학적 자세

마. 상지에서 손바닥 쪽을 향할 때 장측(palmar)이라 하고, 내측을 척골측(ulnar), 외측을 요골측(radial)이라 한다. 하지에서는 발바닥 쪽으로 향할 때 저측(plantar)이라 하고, 내측을 경골측(tibial), 외측을 비골측(fibular)이라 한다. 손등 또는 발등 쪽을 등측(dorsal)이라 한다.

02 근골격계 해부학적 구조

2.1 골격

출제빈도 ★★★★

2.1.1 구성

(1) 인체의 골격계

인체의 골격계는 전신의 뼈(bone), 연골(cartilage), 관절(joint), 인대(ligament)로 구성된다.

(2) 뼈의 구성

뼈는 다시 골질(bone substance), 연골막(cartilage substance), 골막(periosteum)과 골수(bone marrow)의 4부분으로 구성된다.

가. 골막(periosteum): 뼈는 반드시 골막으로 덮여 있으며, 관절면은 골막이 없고 관절 연골로 덮여 있다. 골막은 지각신경과 혈관이 풍부한 얇은 막으로 구성되어 뼈를 보호하는 외에 뼈의 표층에 혈관을 보내어 뼈의 영양, 성장, 골절 시 재생에 관여한다.

나. 치밀질(compact substance): 골조직이 층판상으로 배열된 것으로 뼈의 표층을 구성하는 단단한 골조직이다. 긴뼈에서는 신경과 혈관이 통과하는 세로 방향의 중심관(하버스관, Haversian canal)이 있으며, 이 중심관은 골막으로부터의 신경과 혈관을 도입하는 가로방향의 관통관(폴크만관, Volkman's canal)과 교통하고 있다.

다. 해면질(spongy substance): 뼈조직이 지주상으로 배열되어 있고, 외력에 잘 견딜 수 있는 역학적·구조적 배열을 가지고 있다. 중심부를 골수강이라 한다.

라. 골수(bone marrow): 골수강 내에서 세망조직으로 이루어져 조혈작용을 한다.

(3) 뼈의 발생과 성장

가. 인간의 뼈는 대부분 연골성 뼈이며, 태생기에 뼈의 원형을 이루는 연골이 발생하여 골화된 것이다.

① 연골성 뼈 발생: 연골세포가 직접 골세포가 되는 식의 단순한 과정이 아니고, 파골세포, 골아세포 등의 작용에 의해 기존의 연골조직이 파괴 흡수된 후에 새로 결합조직성 골화와 같은 복잡한 기전에 의해서 뼈 조직이 형성된다.

나. 두개관과 안면의 일부에서는 연골의 원형이 만들어지지 않고 막을 형성하는 치밀결합조직에 Ca^{++}염이 침착되어 딱딱한 골조직이 되는 과정이 있다.

다. 긴뼈에서 골화중심은 먼저 연골의 중앙부, 즉 뼈 몸통에 생기고, 이어서 양측의 뼈끝에 생긴다. 즉, 3개소에서 골화가 진행된다. 특히, 뼈 끝의 골화는 출생 후에 시작되므로, 뼈 몸통 부위와의 경계에는 장기간에 걸쳐서 연골판이 남게 된다. 이것을 뼈 끝 연골이라고 하며, 뼈 끝 부위가 골화가 진행됨에 따라서 이 연골판은 점점 얇아져서 선상이 되고, 이 선을 뼈 끝선이라 한다. 뼈 끝 연골, 뼈끝선 등은 방사선 해부학적 또는 인류학적으로 뼈 연령의 판정기준이 된다.

라. 뼈의 생성이 완성되는 것은 각 뼈에 따라 다르지만, 약 20세경이다. 그 과정에서 길이의 성장은 뼈 끝 연골 부위의 증식에 의해 이루어지고, 굵기는 골막 내면의 골질화에 의해서 이루어진다.

(4) 골격

모든 낱개의 뼈는 "골"이라 하고, 집단으로 되어 있는 뼈를 통틀어 부를 때는 "뼈"라 하며, 기능적으로 하나의 단위를 이루는 것을 골격이라 하며, 인체의 골격은 몸통골격과 사지골격으로 나눈다. 골격은 인종, 연령 및 성에 따라 차이가 있다.

2.1.2 기능

(1) 인체의 지주 역할을 한다.
(2) 가동성 연결, 즉 관절을 만들고, 골격근의 수축에 의해 운동기로서 작용한다.
(3) 체강의 기초를 만들고 내부의 장기들을 보호한다.
(4) 골수는 조혈기능을 갖는다.
(5) 칼슘, 인산의 중요한 저장고가 되며, 나트륨과 마그네슘 이온의 작은 저장고 역할을 한다.

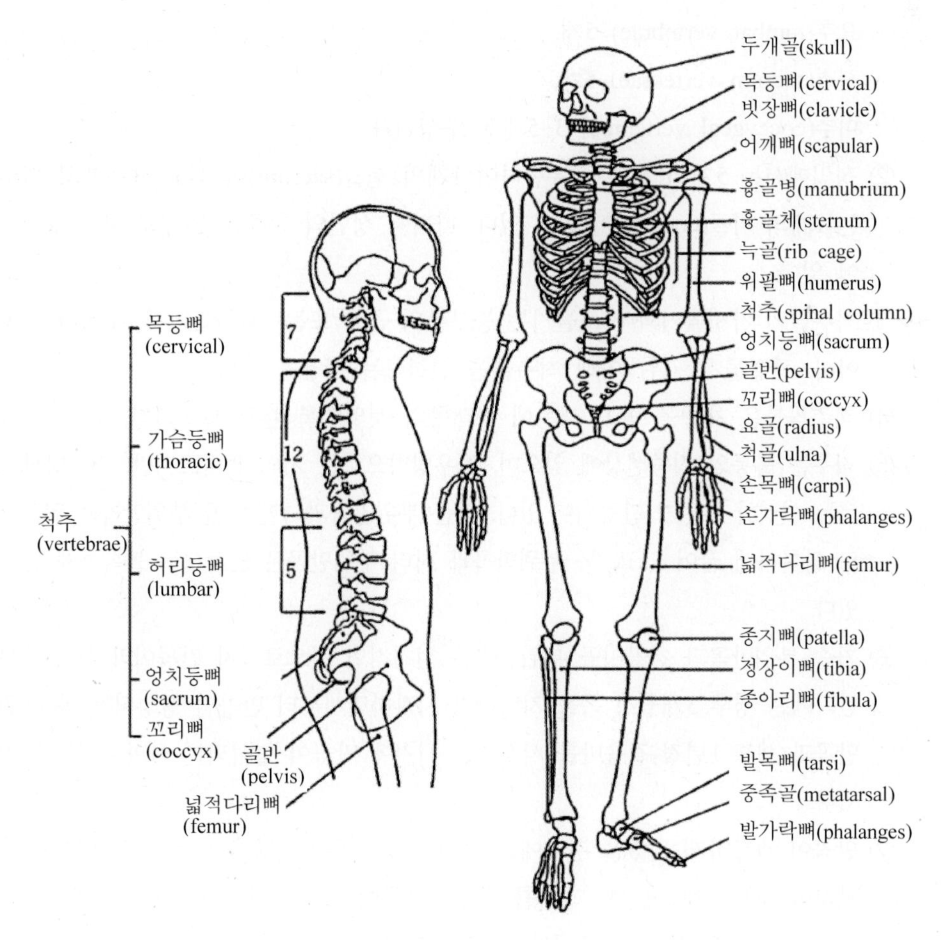

그림 2.1.3 골격의 구조

2.1.3 전신의 뼈

각 뼈들은 기능상 많은 차이가 존재하며, 전신은 크고 작은 206개의 뼈로 구성된다.

(1) 몸통뼈(axial skeleton)

가. 머리뼈(skull): 23개

나. 흉곽(thoracic cage): 25개, 늑골(ribs) 12쌍, 흉골(sternum) 1개

다. 척주(vertebral column): 32~35개, 몸통을 이루는 32~35개의 척추골과 각 척추골 사이의 척추골사이원반으로 이루어졌으며, 몸통의 지주를 이루고, 상단의 두개골과 하단의 골반을 연결한다.

① 척추골은 위로부터
경추(cervical vertebrae) 7개,
흉추(thoracic vertebrae) 12개,
요추(lumbar vertebrae) 5개,
선추(sacrum vertebrae) 5개,
미추(coccygeal vertebrae) 3~5개로 구성된다.

② 성인에서는 5개의 선추가 유합하여 1개의 선골(sacrum)이 되고, 3~5개의 미추는 1개의 미골(coccyx)이 되어 있다. 따라서 성인의 척주는 26개의 뼈로 구성되어 있다.

③ 척추골의 가시돌기와 가로돌기는 등부분의 근육 또는 인대가 기시, 부착하는 곳이며, 관절돌기는 위·아래 척추골을 연결하는 작용을 한다.

④ 척추몸통은 체중을 받기 때문에 아래쪽의 것일수록 튼튼하고 크다.

⑤ 척주는 몸통의 정중선상에 있으며, 좌우방향으로는 거의 똑바르지만, 전후방향으로는 일정한 부위가 만곡되어 있다. 가슴 부위만곡과 천골미골 부위만곡은 뒤쪽으로 볼록하게 굽어 있고, 목 부위만곡과 허리 부위만곡은 앞쪽으로 볼록하게 굽어 있다.

⑥ 가슴 부위만곡과 천골미골 부위만골은 선천적인 것으로 1차 만곡이라 한다. 2차 만곡에는 생후 3개월경 목을 지탱하기 시작하면서부터 만곡이 형성되는 목 부위만곡과 생후 1년경 걸음마를 시작하는 시기에 만곡이 형성되는 허리 부위만곡이 있다.

⑦ 만곡이 과도하게 되었을 경우에는 장애를 초래하며 통증을 일으킬 수 있다. 1차 만곡이 과도하게 형성된 경우를 척추후굴증이라고 하며, 2차 만곡이 과도하게 형성된 경우를 척추전굴증이라고 한다. 뒤쪽에서 볼 때 일직선이 되어야 할 척

주가 좌우로 만곡이 생긴 경우를 척추측굴증이라고 한다.

(2) 팔다리뼈(appendicular skeleton)

가. **상지뼈**: 상지의 골격은 양측에 모두 64개의 뼈로 이루어진다. 상지를 몸통 간에 결합하는 상지대의 뼈에는 빗장뼈(clavicle)와 어깨뼈(scapula)가 있고, 자유상지의 뼈로서 상완부에는 위팔뼈(humerus), 전완부에는 요골(radius)과 척골(ulna), 손에는 손목뼈(carpal bones), 손바닥뼈(metacarpal bones) 및 손가락뼈(phalanges)가 있다.

상지뼈(좌우 합계 64개)

상지대	1. 빗장뼈	(1×2=2)
	2. 어깨뼈	(1×2=2)
자유상지	3. 위팔뼈	(1×2=2)
	4. 요골	(1×2=2)
	5. 척골	(1×2=2)
	6. 손목뼈	(8×2=16)
	7. 손바닥뼈	(5×2=10)
	8. 손가락뼈	(14×2=28)

나. **하지뼈**: 하지의 골격은 양측에서 모두 62개의 뼈로 이루어진다. 하지를 몸통에 결합하는 하지대의 뼈로서는 볼기뼈(hip bone)가 있으며, 자유하지의 뼈로서 대퇴부에는 넓적다리뼈(femur) 및 종지뼈(patella)가 있고, 하퇴부에는 정강이뼈(tibia)와 종아리뼈(fibula)가 있으며, 발에는 손과 마찬가지로 발목뼈(tarsal bones), 발바닥뼈(metatarsal bone) 및 발가락뼈(phalanges of toe)로 구분한다.

하지뼈(좌우 합계 62개)

하지대	1. 볼기뼈	(1×2=2)
자유하지	2. 넓적다리뼈	(1×2=2)
	3. 종지뼈	(1×2=2)
	4. 정강이뼈	(1×2=2)
	5. 종아리뼈	(1×2=2)
	6. 발목뼈	(7×2=14)
	7. 발바닥뼈	(5×2=10)
	8. 발가락뼈	(14×2=28)

2.2 근육

출제빈도 ★★★★

2.2.1 근육의 종류

근육은 수축성이 강한 조직으로 인체의 여러 부위를 움직이는데, 근육이 위치하는 부위에 따라 그 역할이 다르다. 인체의 근육은 골격근, 심장근, 평활근으로 나눌 수 있다.

(1) 골격근(skeletal muscle 또는 striated muscle)

가. 형태: 가로무늬근, 원주형세포

나. 특징: 뼈에 부착되어 전신의 관절운동에 관여하며 뜻대로 움직여지는 수의근(뇌척수신경의 운동신경이 지배)이다. 명령을 받으면 짧은 시간에 강하게 수축하며 그만큼 피로도 쉽게 온다. 체중의 약 40%를 차지한다.

(2) 심장근(cardiac muscle)

가. 형태: 가로무늬근, 단핵세포로서 원주상이지만 전체적으로 그물조직

나. 특징: 심장벽에서만 볼 수 있는 근으로 가로무늬가 있으나 불수의근이다. 규칙적이고 강력한 힘을 발휘한다. 재생이 불가능하다.

(3) 평활근(smooth muscle)

가. 형태: 민무늬근, 긴 방추형으로, 근섬유에 가로무늬가 없고 중앙에 1개의 핵이 존재한다.

나. 특징: 소화관, 요관, 난관 등의 관벽이나 혈관벽, 방광, 자궁 등을 형성하는 내장근이다. 뜻대로 움직여지지 않는 불수의근으로 자율신경이 지배한다.

(4) 지배하는 신경에 따라 근육을 수의근과 불수의근으로 나눌 수 있다.

가. 수의근(voluntary muscle): 뇌와 척수신경의 지배를 받는 근육으로 의사에 따라서 움직이며, 골격근이 이에 속한다.

나. 불수의근(involuntary muscle): 자율신경의 지배를 받으며 스스로 움직이는 근육으로 내장근과 심장근이 이에 속한다.

2.2.2 골격근

(1) 골격근의 명칭

전신의 골격근은 약 650개나 되며, 각 근육의 명칭은 그 근육의 모양, 크고 작음, 존재부위, 기시, 부착, 주행 혹은 작용 등과 관계가 있다.

가. 형에 따른 명칭: 삼각형근, 등세모근, 원근(큰·작은), 마름모근(큰·작은), 판모양근, 올림근, 네모근 등

나. 존재 부위에 따른 명칭: 후두전두근, 측두근, 가슴근(큰·작은), 늑골사이근(속·바깥), 상완근, 둔부근(큰·중간·작은), 경골근(앞·뒤) 등

다. 기시, 부착부에 의한 명칭: 흉쇄유돌근(흉골·쇄골 → 유돌기), 흉골설골근(흉골 → 설골), 견갑설골근(견갑골 → 설골), 부리상완근(부리돌기 → 상완골) 등

라. 주행에 의한 명칭: 배곧은근, 배경사근, 배가로근, 회음가로근, 눈둘레근, 입둘레근 등

마. 작용에 의한 명칭: 교근, 견갑올림근, 손가락굽힘근, 손가락펴짐근, 손목굽힘근, 원회내근, 회외근, 항문조임근, 항문올림근 등

바. 근육머리(갈래), 힘살의 수에 의한 명칭: 상완두갈래근, 상완세갈래근, 대퇴네갈래근, 대퇴두갈래근, 하퇴세갈래근, 두힘살근 등

(2) 근육의 보조장치

가. 근막(fascia): 각 근육의 표면을 싸거나 혹은 근육무리 전체를 싸는 결합조직의 막이다. 각 근육의 보호에 쓰임과 동시에 근육사이중격으로서 근육무리를 구분한다.

나. 힘줄(건, tendon): 근육머리, 근육꼬리는 원칙적으로 힘줄로 되어 있으며, 골막에 고착한다.

다. 힘줄집(윤활집, tendon sheath): 길다란 힘줄을 싸서 이것을 보호하는 주머니 모양의 막 장치이다. 관절주머니와 마찬가지로 외층은 섬유집이지만 그 내층은 윤활막(synovial membrane)으로 이루어지는 윤활집이며, 윤활액을 분비하여 뼈와 마찰하는 힘줄의 움직임을 원활하게 하는 작용을 한다.

라. 윤활주머니(synovial bursa): 힘줄집과 마찬가지로 근육, 힘줄의 작용을 원활하게 하기 위한 작은 주머니 모양의 막 장치이다. 근육의 기시부 가까이서 뼈 혹은 관절 주변과 피부 밑에서 볼 수 있다.

마. 도르래(trochlea): 힘줄의 주행방향을 전환시키기 위한 뼈의 작은 융기 또는 연골 장치이다.

바. 종자골(sesamoid bone): 힘줄이나 인대 속에 생기는 작은 뼈이며, 힘줄 속에 묻혀 있는 상태에서 관절에 접하며, 힘줄과 뼈의 마찰을 줄이는 데 유용하다.

(3) 근육의 분류

가. 머리근육: 후두전두근, 눈둘레근, 입둘레근, 큰·작은 권골근, 입꼬리내림근, 아랫입술내림근, 볼근, 입꼬리당김근, 측두근, 교근, 내측날개근, 외측날개근 등

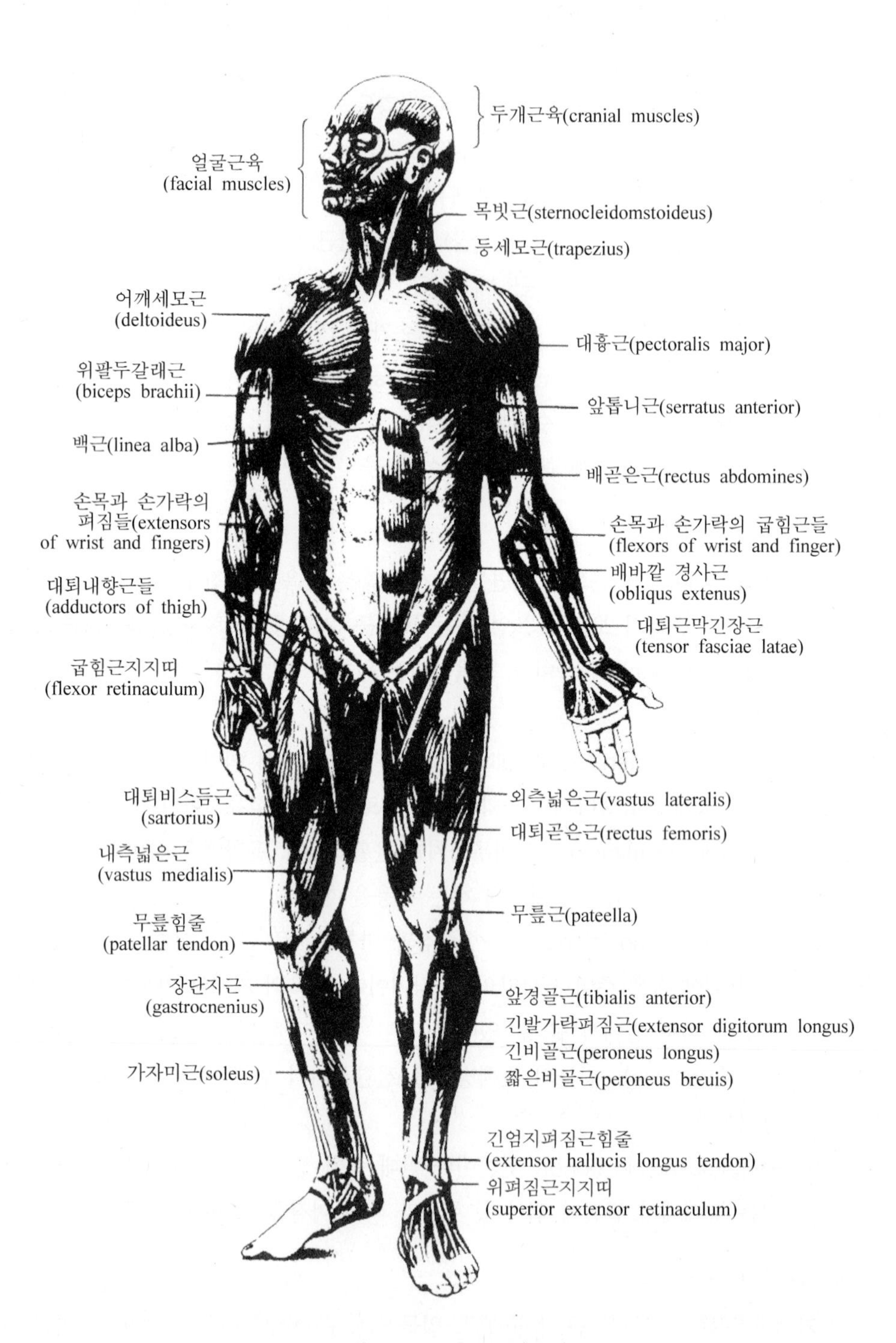

그림 2.1.4 전신근육(앞쪽)

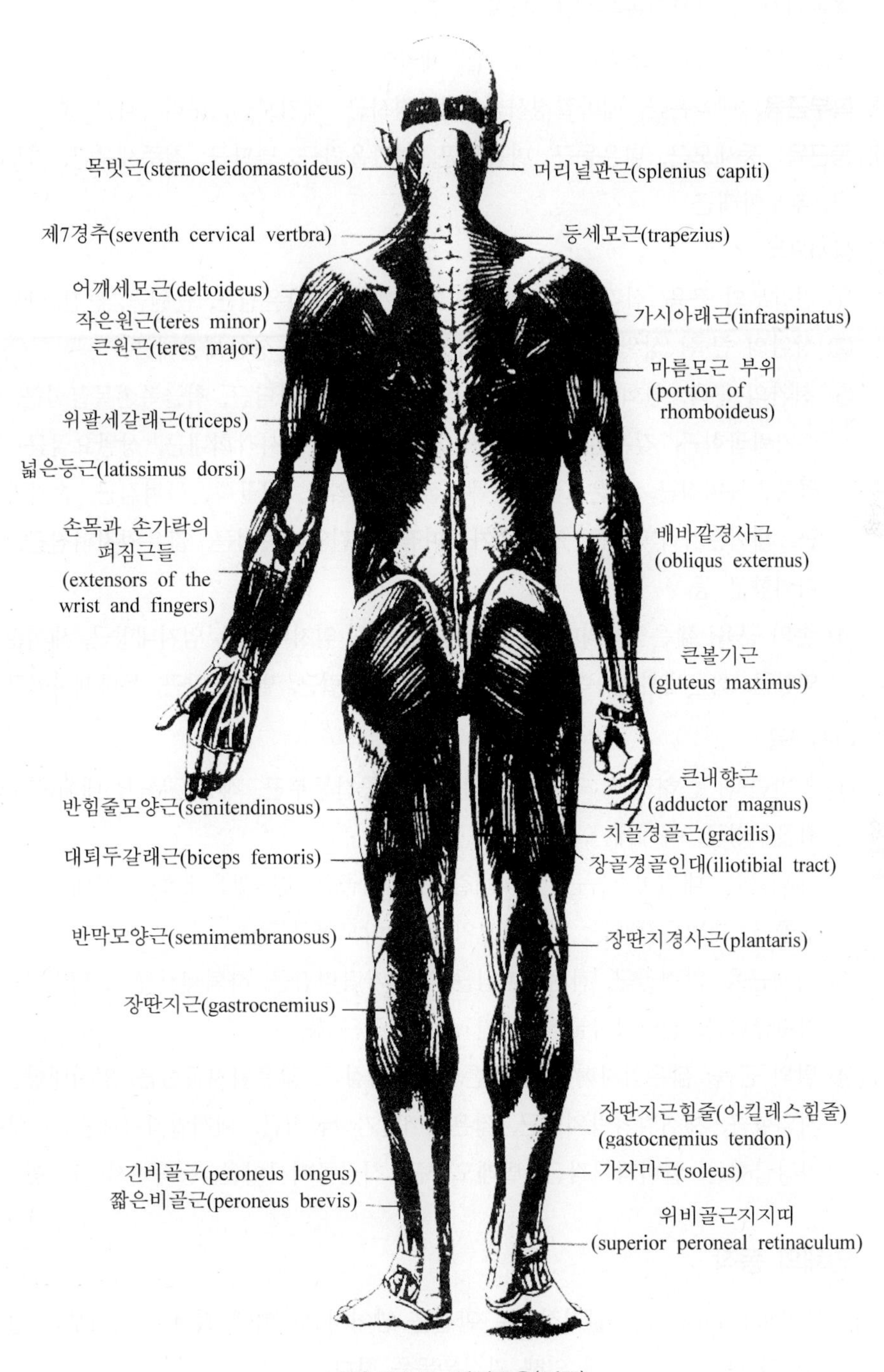

그림 2.1.5 전신근육(뒤쪽)

나. 목근육: 넓은목근, 흉쇄유돌근, 하악두힘살근, 하악설골근, 견갑설골근, 흉골설골근, 흉골갑상근, 갑상설골근, 경추늑골근 등

다. 가슴근육: 대흉근, 소흉근, 앞톱니근, 쇄골아래근, 늑골사이근 등

라. 복부근육: 배곧은근, 배바깥경사근, 배속경사근, 배가로근, 허리사각근 등

마. 등근육: 등세모근, 넓은등근, 마름모근, 견갑올림근, 널판근, 척주세움근, 가로가시근, 후두아래근

바. 상지근육

① 견갑부의 근육: 삼각근, 가시위근, 가시아래근, 작은원근, 큰원근, 견갑오목근 등

② 상완의 근육: 상완두갈래근, 부리상완근, 상완근, 상완세갈래근

③ 전완의 근육: 원회내근, 요골쪽손목굽힘근, 긴손바닥근, 척골쪽손목굽힘근, 얕은손가락굽힘근, 깊은손가락굽힘근, 긴엄지굽힘근, 사각회내근, 상완요골근, 긴요골쪽손목펴짐근, 짧은요골쪽손목펴짐근, 회외근, 척골쪽손목펴짐근, 손가락펴짐근, 새끼손가락펴짐근, 집게손가락펴짐근, 긴엄지펴짐근, 짧은엄지펴짐근, 긴엄지외향근 등

④ 손의 근육: 짧은엄지외향근, 짧은엄지굽힘근, 엄지대립근, 엄지내향근, 새끼손가락외향근, 짧은새끼손가락굽힘근, 새끼손가락대립근, 벌레모양근, 등쪽뼈사이근 등

사. 하지근육

① 골반근육: 큰허리근, 장골근, 큰둔부근, 중간둔부근, 작은둔부근, 대퇴근막긴근, 좌골구멍근, 속폐쇄근, 대퇴사각근 등

② 대퇴근육: 대퇴비스듬근, 대퇴네갈래근, 치골근, 긴·짧은내향근, 큰내향근, 치골경골근, 대퇴두갈래근, 반힘줄모양근, 반막모양근 등

③ 하퇴근육: 앞경골근, 긴엄지펴짐근, 긴발가락펴짐근, 하퇴세갈래근, 뒤경골근, 긴엄지굽힘근, 긴발가락굽힘근, 긴·짧은비골근 등

④ 발의 근육: 짧은엄지펴짐근, 짧은발가락펴짐근, 짧은엄지굽힘근, 엄지내향근, 엄지외향근, 새끼발가락외향근, 짧은새끼발가락굽힘근, 새끼발가락대립근, 짧은발가락굽힘근, 발바닥사각근, 벌레모양근, 척골쪽뼈사이근, 등쪽뼈사이근 등

2.2.3 인체의 동작

(1) 골격근(skeletal muscle)은 원칙적으로 관절을 넘어서 두 뼈에 걸쳐서 기시부와 정지부를 가지고 있으며, 그 수축에 의해 관절운동을 한다.

(2) 골격근의 기시부(origin)는 근두(갈래, head)에 해당되며, 정지부는 근육꼬리(tail)이고,

대부분이 힘줄(tendon)로 되어 있으며, 골막에 부착되어 있다.

(3) 근육의 수축은 근육꼬리가 근육머리에 당겨지는 방향으로 일어나며, 이때 근육은 단축되므로 힘살은 굵어진다.

(4) 근원섬유인 actin(얇은 필라멘트)과 myosin(굵은 필라멘트)의 작용에 의해 근육의 수축 및 이완작용을 한다.

(5) 근육작용의 표현

가. 주동근(agonist): 운동 시 주역을 하는 근육

나. 협력근(synergist): 운동 시 주역을 하는 근을 돕는 근육, 동일한 방향으로 작용하는 근육

다. 길항근(antagonist): 주동근과 반대되는 작용을 하는 근육

라. 예를 들어, 주관절이 굴곡되는 경우 굴곡에 주로 참여하는 주관절의 굴곡근이 주동근이 되고 반대방향으로 이완되는 근육인 주관절의 신장근이 길항근으로 작용한다.

2.3 관절

출제빈도 ★★★★

2.3.1 관절의 분류

관절이란 둘 이상의 뼈들 사이의 연결을 말한다. 관절은 운동성이 매우 좋은 가동관절, 약간의 움직임이 있는 반가동관절, 전혀 움직임이 없는 부동관절로 되어 있다. 일반적으로 관절을 분류하는 방법은 다음과 같다.

(1) 관절을 구성하는 뼈 사이의 연결재료에 따라서 분류

(2) 관절의 운동성에 따라서 분류

(3) 관절의 부위와 형태에 따라서 분류

부동관절은 관절주머니를 갖지 못하며, 두 골단이 서로 밀접하게 위치하고 그 사이에 섬유를 가지고 있어서 골화작용에 의해 완전 부동상태이지만, 반가동관절은 관절연골을 가지며 미약한 움직임을 볼 수 있다. 그러나 가동관절, 일명 윤활관절은 관절주머니를 가지며, 운동이 매우 자유스럽다.

2.3.2 윤활관절

인체의 윤활관절(synovial joint)은 가동관절이고, 대부분의 뼈가 이 결합양식을 하고 있으

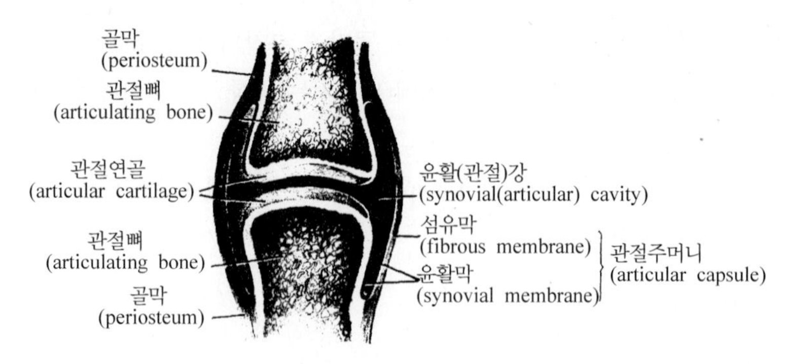

그림 2.1.6 윤활관절의 구조

며, 2개 또는 3개가 가동성으로 연결되어 있는 관절이다. 결합되는 두 뼈의 관절면이 반드시 연골로 되어 있다.

(1) 구성

가. **관절강**: 연골 사이 일정한 간격을 말한다.

나. **관절주머니**: 관절강을 싸고 있는 주머니를 말한다.

다. **윤활막**: 관절주머니 내면을 윤활막이라고 하며, 관절강 내에 윤활액을 분비하여 관절운동을 원활하게 한다.

라. **관절머리**: 관절부에 융기된 부분을 말한다.

마. **관절오목**: 관절부에 오목하게 패어져 있는 부분을 말한다.

바. **오목테두리**: 관절오목이 얕을 때 그 주변을 연골성 판이 테두리를 만들어서 관절머리가 쉽사리 탈구되지 않도록 한다.

사. **관절반달, 관절원반**: 관절강 내의 연골판이며 두 골의 관절면을 결합시킨다.

아. **인대**: 관절주머니 주변에 부착되어 뼈와 뼈 사이를 연결한다.

(2) 관절의 보강과 안정

가. 관절면의 모양과 관절주머니로 1차적인 안정성을 유지한다.

나. 관절주머니는 그 운동축에 따라 질긴 아교섬유인 인대로 보강된다.

다. 관절 주위의 뼈와 뼈 사이를 많은 인대로 연결하고, 경우에 따라서는 관절강 속에도 인대가 있어 관절을 보강하고 있다.

라. 관절의 안정에 가장 중요한 요인은 관절을 넘나들면서 배열되어 있는 근육의 작용으로 서로 반대로 작용하는 길항근(antagonists)과 협력근(synergists)이 조화 있게 배치되어 관절의 안정에 결정적인 역할을 한다.

(3) 종류

가. **구상(절구)관절**(ball and socket joint): 관절머리와 관절오목이 모두 반구상의 것이며, 3개의 운동축을 가지고 있어 운동범위가 가장 크다.

예 어깨관절, 대퇴관절

나. **경첩관절**(hinge joint): 두 관절면이 원주면과 원통면 접촉을 하는 것이며, 한 방향으로만 운동할 수 있다.

예 무릎관절, 팔굽관절, 발목관절

다. **안장관절**(saddle joint): 두 관절면이 말안장처럼 생긴 것이며, 서로 직각방향으로 움직이는 2축성 관절이다.

예 엄지손가락의 손목손바닥뼈관절

절구관절 (ball and socket joint)

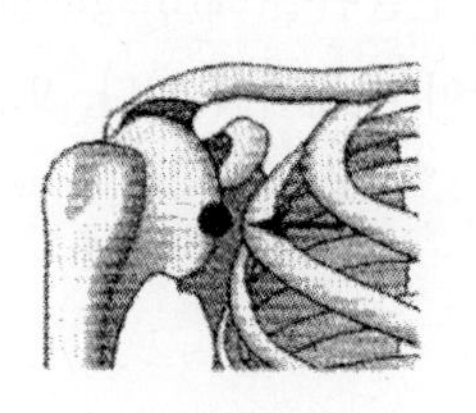

견관절 (shoulder joint)

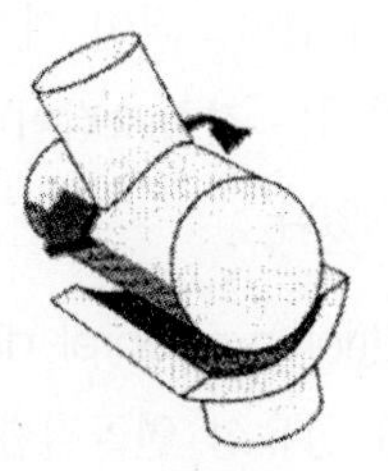

경첩관절 (hinge joint)

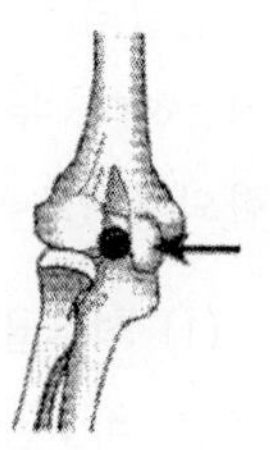

주관절 (elbow joint)

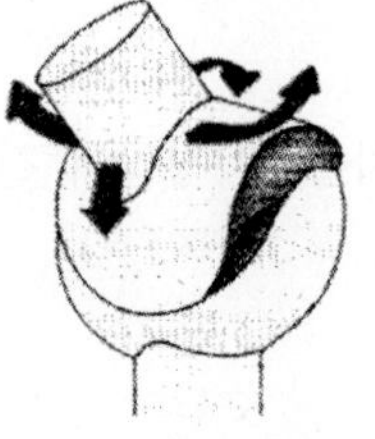

안장관절 (saddle joint)

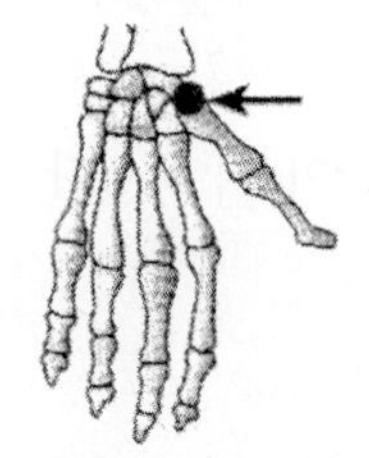

무지의 수근중수관절 (carpometacarpal joint of thumb)

타원관절 (condyloid joint)

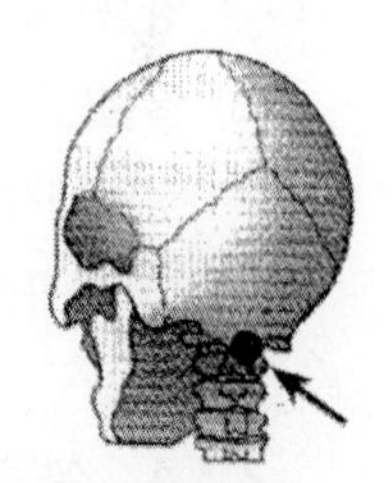

환추후두관절 (atlantooccipital joint)

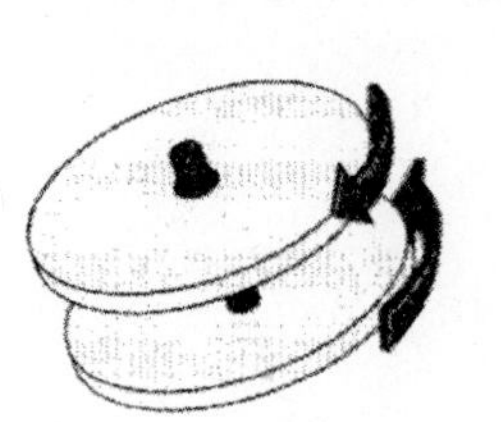

차축관절 (pivot joint)

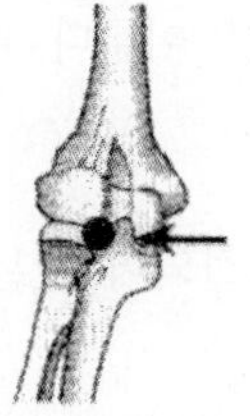

척골과 반대로 회전하는 요골두(head of radius rotating against ulna)

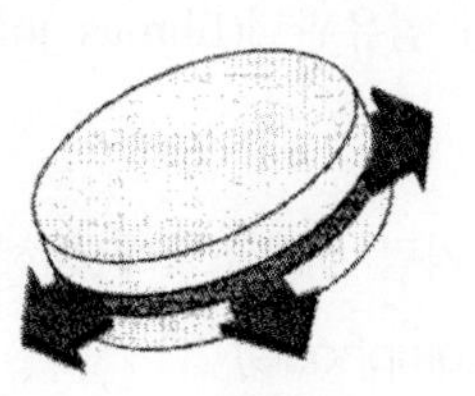

평면(활주)관절 (plane or gliding joint)

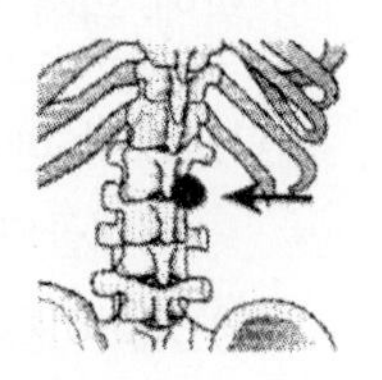

척주의 관절돌기 (articular process between vertebrae)

그림 2.1.7 윤활관절의 종류

라. 타원관절(condyloid joint): 두 관절면이 타원상을 이루고, 그 운동은 타원의 장단축에 해당하는 2축성 관절이다.

예 요골손목뼈관절

마. 차축관절(pivot joint): 관절머리가 완전히 원형이며, 관절오목 내를 자동차 바퀴와 같이 1축성으로 회전운동을 한다.

예 위아래 요골척골관절

바. 평면관절(gliding joint): 관절면이 평면에 가까운 상태로서, 약간의 미끄럼운동으로 움직인다.

예 손목뼈관절, 척추사이관절

2.3.3 연골관절

연결되는 뼈 사이에 연골조직이 끼어 있는 연골관절(cartilaginous joint)로서 약간의 운동이 가능하다. 두 뼈 사이에는 결합조직이나 연골이 개제되어 있다. 또, 두 개 이상이 완전히 골결합되어 있는 부위도 있다.

(1) 척추골사이원반(intervertebral disk)

척추골 사이의 섬유성 연골결합이다.

(2) 치골결합(symphysis pubis)

양측 치골 사이의 섬유성 연골결합이다.

(3) 골결합(osseous joint)

성인에서는 5개의 천추가 골결합하여 천골이 되어 있다. 좌골, 치골 및 장골이 결합되어 관골이 되어 있다.

2.3.4 섬유관절

두 개의 뼈가 부동성으로 결합하는 것이며, 사람의 골격에서는 일부에 한정되어 있다. 섬유성 막에 의해 연결된 섬유관절(fibrous joint)을 이룬다.

(1) 봉합(suture)

두개골의 뼈들처럼 섬유조직에 의해 연결되어 있는 관절이다.

(2) 치아이틀관절(gomphosis)

치아와 이틀뼈 사이와 같이 뾰족한 끝이 구멍에 박힌 결합이다.

(3) 인대결합(syndemosis)

두 뼈 사이가 인대로 결합되어 있는 것이다.

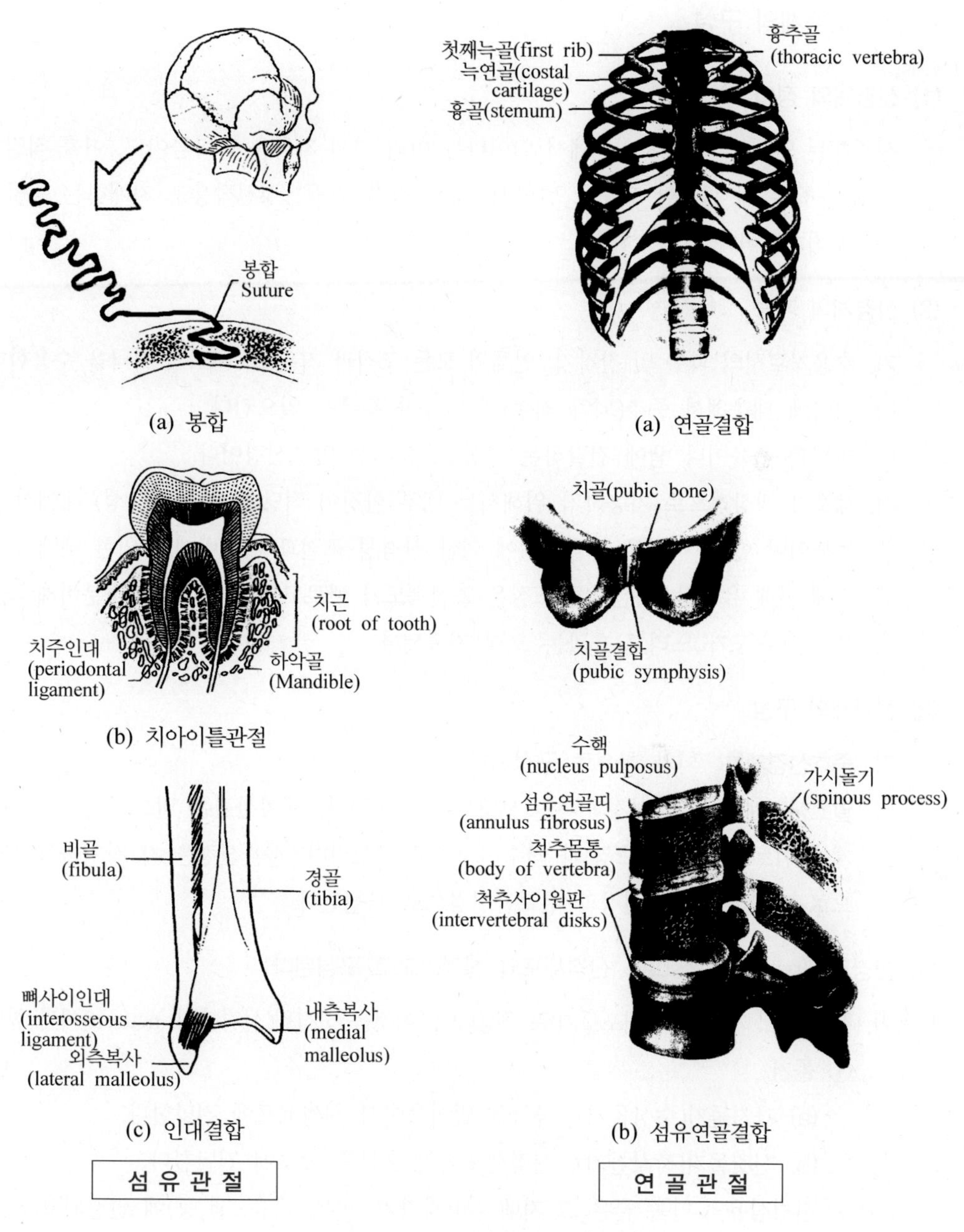

그림 2.1.8 섬유관절과 연골관절

2.4 신경

출제빈도 ★★★★

2.4.1 신경계의 구성

(1) 신경계의 정의

신경계는 인체의 내부와 외부에서 일어나는 여러 가지 자극을 받아들이고, 이를 적절하게 반응하는 데 필요한 고도로 발달된 지각, 감각, 운동, 정신작용을 지배하는 동물의 특수조직계통이다.

(2) 신경계의 기능

가. 수용기로서의 피부 및 감각기, 인체의 모든 조직과 기관으로부터의 자극을 수용한다.

나. 자극에 대응해서 중추(뇌와 척수)에 반응과 흥분을 일으킨다.

다. 변화를 근육이나 샘에 전달하는 운동성, 분비성 말초신경이다.

라. 세포가 정상적으로 기능하기 위해서는 내부 환경이 적당한 범위(항상성) 내에서 조절되어야 한다. 이것은 자율신경에 의한 신경성 조절과 내분비계에 의한 체액성 조절에 의해 유지된다. 신경성 조절은 조절속도가 빠르고 효과가 짧고, 내분비계 조절은 조절속도가 느리고 효과는 오래 지속된다.

(3) 신경계의 구성

가. **중추신경계통**: 뇌와 척수로 구성된다.

나. **말초신경계통**: 체성신경과 자율신경으로 구성된다. 체성신경은 말초에서 중추신경계에 이르는 뇌신경(12쌍)과 척수신경으로 구성되며, 자율신경은 각 장기를 자율적으로 지배하는 교감신경과 부교감신경으로 구성된다.

(4) 신경조직(nervous tissue): 신경세포와 신경아교로 구성된다.

가. **신경세포**: 세포체와 세포돌기로 구성되며, 이것을 신경원(신경단위, neuron)이라 한다.

① 돌기

(a) 가지돌기(수상돌기): 자극을 받아들여서 신경세포에 전달한다.

(b) 신경돌기(축삭돌기): 신경세포체의 흥분을 말초에 전달한다.

② 신경섬유의 한쪽 끝은 그 지배기관(감각기, 피부, 근육, 샘 등)에 연결되고, 다른 한쪽 끝은 중추(대뇌의 감각중추, 지각중추, 운동중추)에 연결된다.

③ 시냅스(연접, synapse): 한쪽 신경세포의 신경돌기가 다른 쪽 신경세포의 신경돌기 혹은 세포체 표면과 만나는 곳이다.

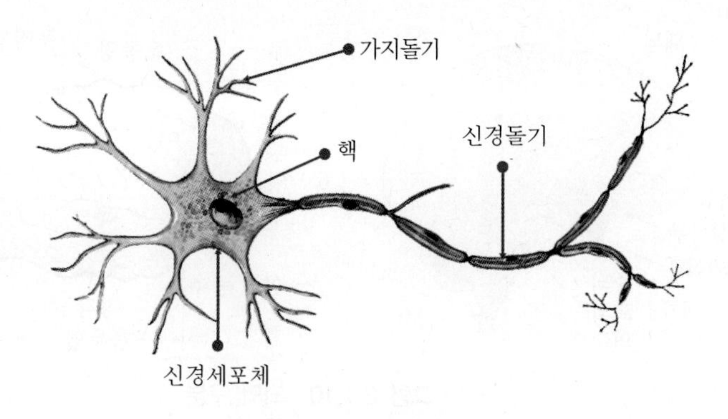

그림 2.1.9 신경세포

나. 신경아교(neuroglia)

① 중추신경 내의 결합조직

② 신경세포의 지지, 영양공급, 이물질의 식작용 등을 수행한다.

③ 구성: 중추성 아교세포, 신경아교세포

2.4.2 중추신경계

(1) 기능

가. 말초신경계의 자극을 느끼고 판단한다.

나. 출력신호를 전압으로 변환시켜 원심성 섬유를 통해 효과기로 전달하여 반응을 일으킨다.

다. 학습과 기억 등 복잡하게 계획된 행동, 목적에 부합된 행동, 정신적 정서반응, 사고, 생각, 판단 등 고도로 분화된 뇌기능의 과정을 일으킨다.

(2) 구성

중추신경계(Central Nerve System)는 뇌(brain)와 척수(spinal cord)로 구성된다.

가. 뇌

대뇌반구(cerebral hemispheres), 뇌간(brain stem), 소뇌(cerebellum)로 구성된다.

① 대뇌반구: 좌우 두 개의 반구로 나누어져 있으며, 표면에 주름이 많아 표면적이 매우 넓다.

(a) 대뇌의 구분

㉠ 피질: 회백색으로 뉴런의 세포체로 구성되며, 대뇌 기능의 대부분이 여기에서 이루어진다.

㉡ 수질: 백색으로 신경섬유(축삭돌기)로 구성된다.

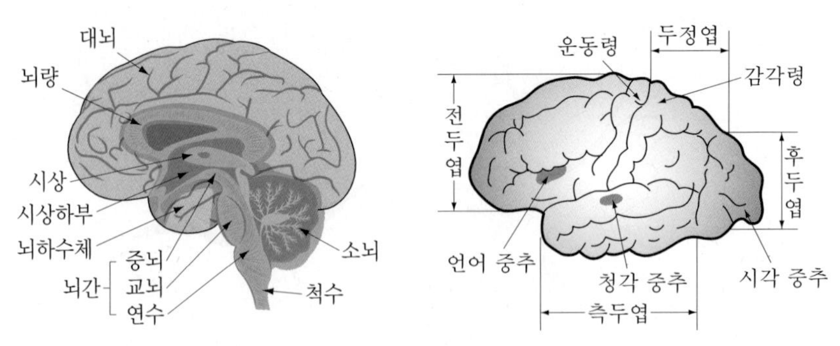

그림 2.1.10 뇌의 구분

(b) 대뇌 피질의 구분

㉠ 위치에 따른 구분: 전두엽, 두정엽, 측두엽, 후두엽으로 구분한다.

㉡ 기능에 따른 구분: 감각령, 운동령, 연합령으로 구분한다.

- 감각령: 감각신경이 전달한 자극을 받아들여 어떠한 자극인지를 인식하는 부분이다.
- 연합령: 대뇌 피질의 약 2/3를 차지하며, 감각령에서 받은 정보를 판단, 선별하여 운동령에 명령하고 기억한다.
- 운동령: 운동신경에 운동명령을 내리는 부분이다.

② 뇌간

(a) 뇌교: 중뇌와 연수를 이어주는 다리 역할을 한다.

(b) 중뇌: 안구의 운동, 홍채의 수축(동공반사) 등을 조절한다.

(c) 연수(숨뇌): 호흡운동, 심장박동, 소화운동, 재채기, 하품, 침분비 등의 반사중추가 있다.

③ 소뇌: 대뇌처럼 좌우 2개의 반구로 구성되며, 수의 운동을 조절하고 몸의 균형을 유지한다.

④ 간뇌: 시상과 시상하부로 구분한다.

(a) 시상: 대뇌로 들어가는 신경의 중계소 역할을 한다.

(b) 시상하부: 자율신경의 조절중추로 항상성 유지, 뇌하수체 호르몬의 분비를 조절한다.

나. 척수(spinal cord)

뇌의 연장이며, 척주관 내부에 보호되어 있다.

① 구조: 척추 속에 들어 있으며, 대뇌와 반대로 피질이 백질이고, 수질이 회백질로 되어 있는 목에서 엉덩이에 이르는 긴 관 모양이다.

(a) 전근: 척수의 배 쪽으로 빠져나온 신경다발로 운동신경이 지나간다.

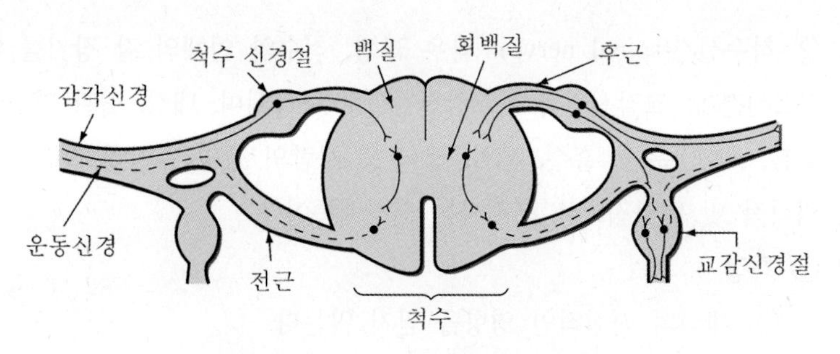

그림 2.1.11 척수의 단면과 척수신경

(b) 후근: 척수의 등 쪽으로 빠져나온 신경다발로 감각신경이 지나간다.

② 기능: 뇌와 말초신경 사이의 신경전달 통로, 무릎 반사, 땀의 분비, 배뇨 등의 반사 중추 역할을 한다.

③ 척수반사 경로: 자극 → 척수의 후근(감각신경) → 척수의 전근(운동신경) → 반응

2.4.3 말초신경계

중추신경계에서 나와 몸의 각 부분을 연결한다.

(1) 기능

가. 자극의 전달을 담당한다.

나. 뇌와 척수에서 나와 온몸에 분포하며, 감각신경과 운동신경으로 되어 있다.

다. 중추신경계의 명령을 수행할 뿐 아니라 여러 가지 내장의 기능을 자율적으로 조절하는 역할을 한다.

(2) 구성

말초신경계는 체성신경계와 자율신경계로 구성된다.

가. **체성신경계**: 뇌신경와 척수신경으로 구성되며, 중추신경계와 수용기(receptor) 또는 효과기(effector) 사이를 연결하는 신경계이다.

① 뇌신경(cranial nerve): 좌우 12쌍, 뇌와 인체의 각 장기를 연결하는 신경

후신경	시각신경
동안신경	도르래신경
삼차신경	외향신경
얼굴신경	전정달팽이관신경
설인신경	미주신경
부신경	설하신경

② 척수신경(spinal nerve): 좌우 31쌍, 척수와 인체의 각 장기를 연결하는 신경

나. **자율신경계**: 교감신경과 부교감신경으로 구성되며, 내장, 혈관 및 샘 등에 분포하여 호흡, 소화, 순환, 흡수, 분비, 생식 등 사람의 생명 유지에 직접 필요한 기능을 무의식적 및 반사적으로 조절하는 신경계통이다.

① 특징

(a) 대뇌의 직접적인 영향을 받지 않는다.

(b) 교감신경과 부교감신경은 길항적으로 작용한다.

(c) 체성신경과 달리 운동신경만으로 되어 있다.

② 자율신경의 중추: 간뇌

③ 자율신경의 길항작용

표 2.1.1 자율신경의 길항작용

구분	심장박동	소화운동	동공	혈관(혈압)	방광	침분비	심장 축소속도
교감신경	촉진(증가)	억제	확대	수축(증가)	이완	억제	감소
부교감신경	억제(감소)	촉진	축소	이완(감소)	수축	촉진	증가

03 순환계 및 호흡계

3.1 순환계

3.1.1 순환계의 기능

순환계는 인체의 각 조직의 산소와 영양소를 공급하고, 대사산물인 노폐물과 이산화탄소를 제거해 주는 폐쇄회로 기관이다.

3.1.2 순환계의 구성

혈관계통과 림프계통으로 구성된다.

(1) 혈관계통

가. **심장**: 혈액순환의 중추적 펌프장치이다.

① 심장의 구조

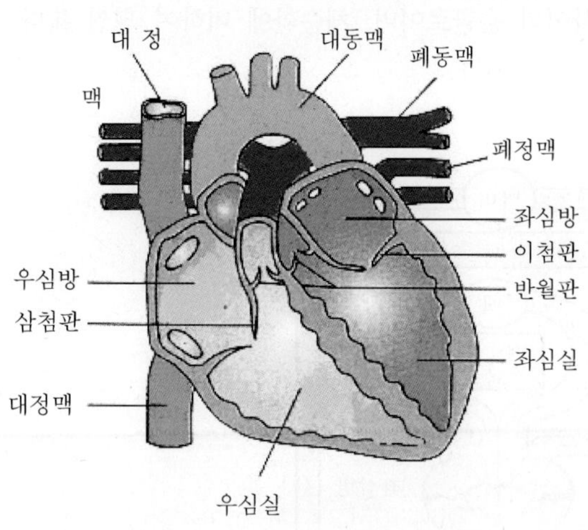

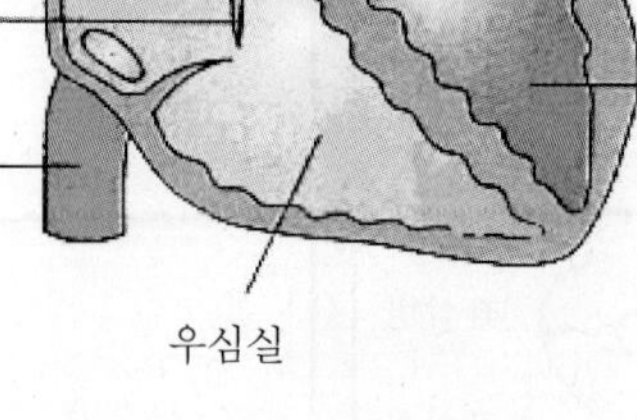

그림 2.1.12 심장의 단면

그림 2.1.13 심장박동조절

② 심장박동과 조절

(a) 박동의 자동성: 심장은 자율신경계와 관계없이 독립된 자극 전달계가 있어서 스스로 박동을 계속할 수 있다.

(b) 박동의 순서: **동방결절(박동원) → 심방수축 → 방실결절 → 히스색 → 푸르키네 섬유 → 심실근육수축**

(c) 박동의 조절: 혈액 속의 CO_2 농도에 따라 연수에 의해 조절된다.
연수 → 교감신경 → 아드레날린 분비 → 박동촉진 → 부교감신경 → 아세틸콜린 분비 → 박동 억제

나. 동맥: 심장에서 나와서 말초로 향하는 원심성 혈관이며, 음식물을 섭취하여 소화관에서 흡수한 영양소와 폐에서 얻은 산소를 인체의 여러 곳으로 운반한다.

다. 정맥: 말초에서 심장으로 되돌아가는 구심성 혈관이며, 대사과정에서 생긴 노폐 물질을 신장, 폐 및 피부 등을 통하여 몸 밖으로 배설하는 역할을 한다.

라. 모세혈관: 소동맥과 소정맥을 연결하는 매우 가늘고 얇은 혈관이며, 그물처럼 분포되어 있다. 모세혈관의 지름은 약 7~9μm이며, 적혈구가 1개 내지 2개가 나란히 지나갈 수 있을 정도의 굵기이다.

마. 순환경로

① 체순환(대순환): 혈액이 심장으로부터 온몸을 순환한 후 다시 심장으로 되돌아오는 순환로이다. **좌심실 → 대동맥 → 동맥 → 소동맥 → 모세혈관 → 소정맥 → 대정맥 → 상대정맥 → 하대정맥 → 우심방**

② 폐순환(소순환): 심장과 폐 사이의 순환로이며, 체순환에 비하여 훨씬 짧다. 우심실 → 폐동맥 → 폐 → 폐정맥 → 좌심방

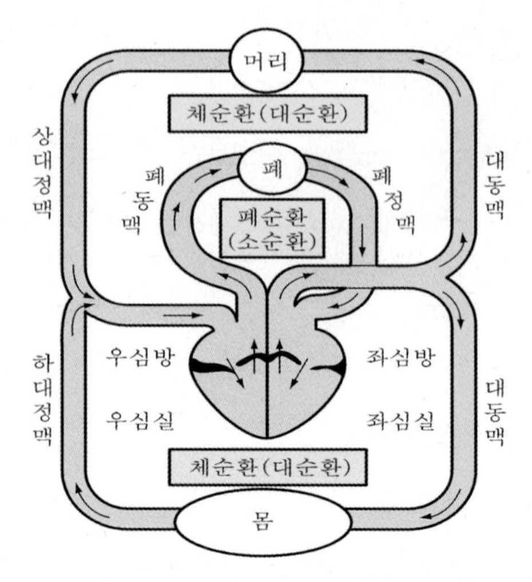

그림 2.1.14 체순환과 폐순환

바. 혈액

① 산소는 혈액에서 혈색소(Hb)와 결합한 상태로 체내의 각 조직으로 운반된다.

② 백혈구는 골수, 림프절 등에서 생성되고, 비장에서 파괴된다.

③ 백혈구에는 핵이 있지만, 적혈구와 혈소판에는 핵이 없다.

④ 적혈구의 수명은 100~120일이지만 혈소판의 수명은 7일 정도이다.

(2) 림프 계통

가. **모세림프관**: 모세혈관과 마찬가지로 한 층의 내피세포관이며, 전신의 조직 속에 망상을 이루며, 림프판막이 있다.

나. **림프관**: 모세림프관이 합류되어 이루어지며, 오른림프관(몸의 우상부에서의 림프를 모음)과 가슴림프관(그 밖의 모든 영역에서 림프를 모음)으로 정맥에 주입되고 림프판막이 존재한다.

다. **림프절**: 림프관 사이를 따라 전신에 널리 분포되어 있다. 림프 속의 유해물질을 거르고, 림프구를 생산하여 식작용이 왕성한 방어장치이다. 국소적으로 집단을 이루며 일정한 부위의 림프를 모으는 것을 부위림프절이라고 한다.

라. **림프관 줄기**: 전신의 림프관은 일정한 부위에서 부위림프절로부터의 림프관이 모여서 림프관 줄기를 만들고 있는데, 이러한 림프관 줄기라는 개념은 형태학적으로 명확한 뜻을 가진 것은 아니다.

3.2 호흡계

3.2.1 호흡계의 기능

기도를 통하여 폐의 폐포 내에 도달한 공기와 폐포벽을 싸고 있는 폐동맥과 폐정맥의 모세혈관망 사이에서 가스 교환을 하는 기관계이다. 즉, 공기 중에서 산소를 취해서 이것을 혈액에 주고 혈액 중의 탄산가스를 공기 중으로 내보내는 작용을 한다. 호흡계의 기능을 요약하면 다음과 같다.

(1) 가스 교환
(2) 공기의 오염물질, 먼지, 박테리아 등을 걸러내는 흡입공기 정화작용
(3) 흡입된 공기를 진동시켜 목소리를 내는 발성기관의 역할
(4) 공기를 따뜻하고 부드럽게 함

3.2.2 호흡계의 구성

호흡계는 코, 인두, 후두, 기관·기관지, 폐로 이루어진다. 코, 인두, 후두, 기관·기관지는 공기의 출입과 발성에 관여하며, 폐는 공기와 혈액 사이의 가스 교환을 하는 장소이다.

(1) 코

가. 외비: 안면의 중앙에 돌출해 있는 삼각추 모양의 부분으로 콧부리, 콧등, 코끝, 콧

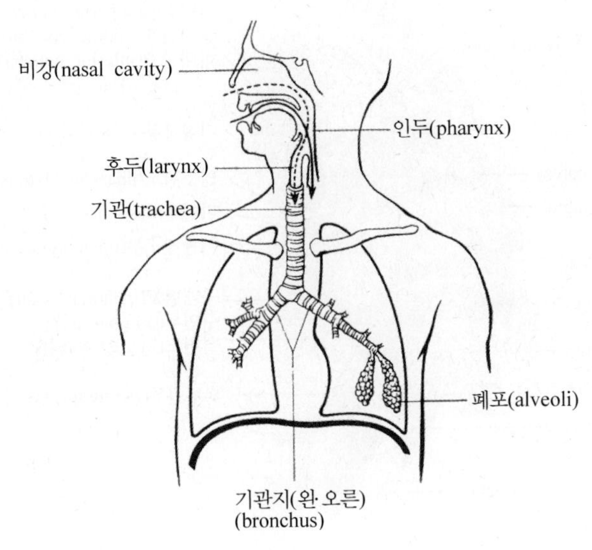

그림 2.1.15 호흡계

방울로 구별한다. 외비공의 내면에는 비모가 나와 있어 공기 중의 먼지를 막는 역할을 한다.

나. **비강**: 코중격에 의해서 좌우 비강으로 나누어지고, 비강의 위쪽 일부는 후각 부위로서 후각점막이 있으며, 후각기로서 작용한다. 코점막은 혈관망이 풍부하다. 폐에 들어가는 공기는 비강을 통과하는 동안 일정한 온도와 습도를 얻게 된다.

다. **부비강**: 코 주변에 있는 4종의 공기뼈(상악골, 전두골, 사골, 접형골)를 가진 함기강이고, 비강과 교통하고, 내강은 비강의 점막에 연속된 점막으로 덮여 있다.

(2) 인두

인두는 근육성 관으로 길이 약 12 cm로 두개저 아래에서 식도 앞까지에 이르는 막성기관으로 호흡 및 소화관으로 작용한다. 인두는 비강 뒤의 비인두, 구강 뒤의 구인두, 후두 뒤의 후두인두로 나눈다.

가. **비인두**: 비인두 후벽은 인두편도라고 하는 림프조직이 모여 이루어지며, 인두편도의 비대는 비호흡을 힘들게 한다. 이관개구부는 고실 내에 바깥공기를 도입하여 고막의 안쪽과 바깥귀의 기압을 같게 함으로써 고막의 진동을 정상적으로 유지하는 작용을 한다.

나. **구인두**: 인두의 중간부분으로 호흡기계, 소화기계 모두로 작용한다.

다. **후두인두**: 인두의 아랫부분으로 호흡, 소화기계로 작용하며 후두 뒤에 놓여 있으며 식도로 이어진다.

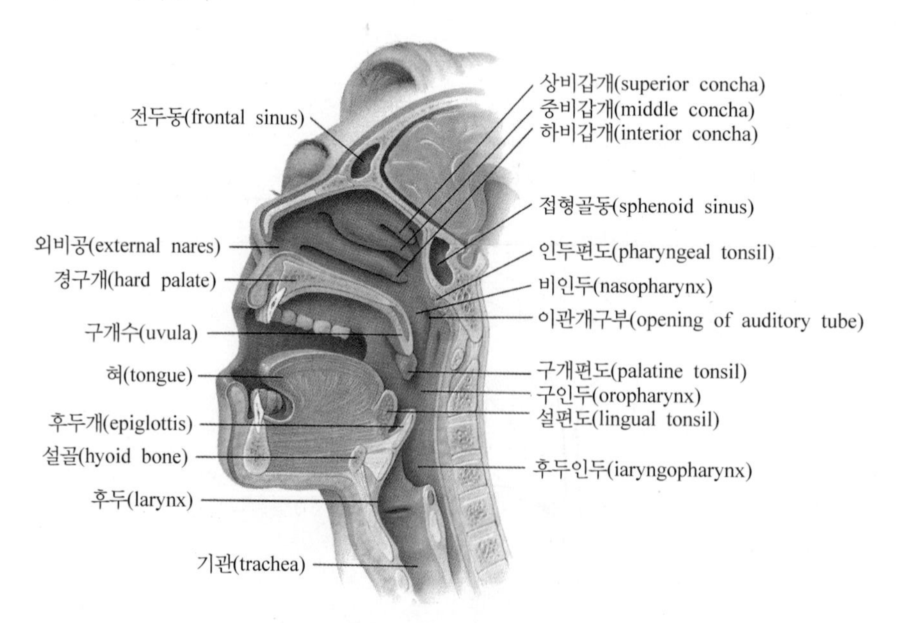

그림 2.1.16 상기도의 해부

(3) 후두

후두는 기도의 일부를 이루고 동시에 그 속에 발성기를 수용하고 있다. 후두연골, 후두근육, 후두강으로 구성되며 기관에 이어진다.

가. **후두연골**: 갑상연골, 윤상연골, 후두개연골, 피열연골이 주요한 구성연골이다. 윤상관상관절과 윤상피열관절이 성대의 개폐, 즉 발성의 기초가 되는 가동관절이다. 피열연골에는 성대돌기가 있으며, 여기서 갑상연골을 향해 성대가 걸쳐 있어 연골의 위치 또는 상태의 변화가 성대에 영향을 주어 발성의 기본이 된다.

나. **후두근육**: 후두연골 사이의 가동관절을 움직여서 후두연골 사이의 위치이동에 의해 갑상연골과 피열연골 사이에 걸쳐 있는 성대를 개폐함으로써 발성에 관여한다.

다. **후두강**: 후두벽의 내면은 점막으로 덮여 있고, 그 속에는 후두강이 들어 있다. 후두강의 상후방은 후두구에 의해 인두강에 개구하고, 아래는 기관에 연속된다. 후두구의 전상방에는 라켓 모양의 후두개가 있어 연하작용을 할 때 후두구를 닫아 음식물이 기도로 들어가는 것을 막는다.

(4) 기관·기관지

기관은 식도의 앞을 수직으로 내려가 좌·우 기관지로 나누어진다. 각 기관지는 세기관지라 불리는 더 작은 관으로 계속 나뉘어져 폐조직 안으로 퍼져 있다. 기관지의 벽에는 기관지선이 있고, 여기서 점액이 분비되고 있다. 또, 기관, 기관지의 상피세포에는 섬모라고 하는 조직이 있어 섬모운동을 하고 있다.

가. 기관: 자율신경의 지배를 받으며, 기관의 혈액은 하갑상선동맥으로부터 공급 받으며 갑상선정맥총 안의 종말정맥으로 혈액이 유입된다.

나. 기관지: 기관지의 계속적인 분지로 만들어지는 탄력성 관으로 1차, 2차, 3차 기관지로 구분한다.

① 1차 기관지: 좌우 1차 기관지로 제5흉추 높이에서 기관이 2분되는 것을 말하며, 이곳은 폐의 바깥부분이다. 우 1차 기관지는 좌측보다 짧고 굵으며 수직에 가깝다. 이와 같은 구조적 특성으로 이물질이 기도로 들어갈 경우 우 1차 기관지로 들어가기 쉽다.

② 2차 기관지: 1차 기관지가 폐 속으로 들어와 2차 기관지로 분지되며, 우 1차 기관지는 3지로, 좌 1차 기관지는 2지로 2차 기관지를 분지한다.

③ 3차 기관지: 폐 속에서 2차 기관지가 3차 기관지로 분리되는데, 좌우 모두 10개의 3차 기관지가 되며 폐구역 수만큼 분리된다.

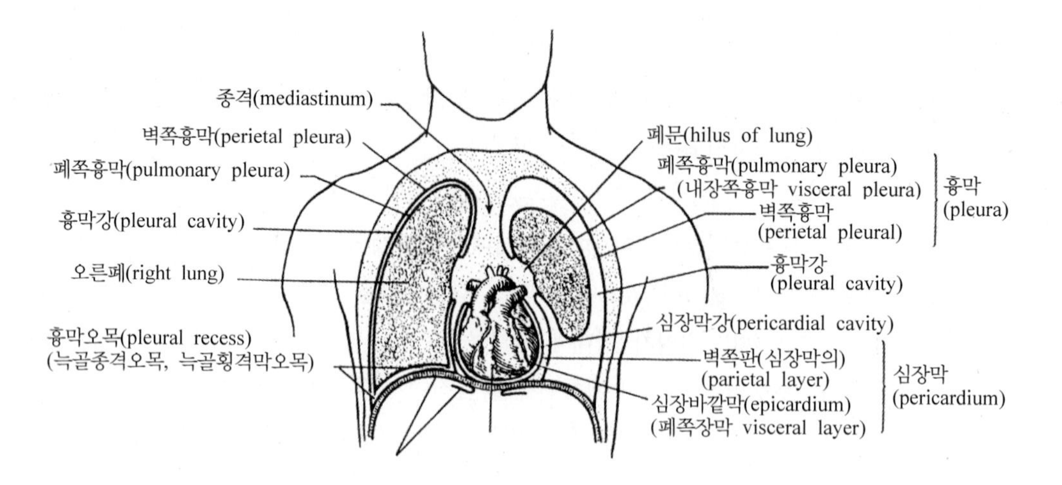

그림 2.1.17 흉막, 심막, 종격의 구성

(5) 폐

사람의 호흡기관은 폐로, 좌우 가슴속에 1개씩 있는데 기관을 통해 외부와 통하고 있다. 사람의 폐는 수없이 많은 폐포로 되어 있고, 폐포의 겉은 모세혈관이 싸고 있어 모세혈관과 폐포 사이에 산소와 이산화탄소의 가스 교환이 일어난다. 폐의 혈액 공급을 담당하는 혈관은 폐동맥과 기관지동맥이다. 폐는 전체가 흉막(늑막, pleura)이라는 두 겹의 막으로 싸여 있어서 외부의 충격으로부터 보호받을 수 있으며, 아래로는 횡경막에 얹혀 있다.

2장 | 작업생리

01 작업생리학의 개요

1.1 정의

작업생리학(Work Physiology)은 작업자가 근력을 이용한 작업을 수행할 때 받게 되는 다양한 형태의 스트레스와 관련 인간조직체(organism)의 생리학적 기능에 대한 연구를 주 연구 대상으로 한다. 이러한 연구의 궁극적인 목적은 작업자들이 과도한 피로 없이 작업을 수행할 수 있도록 하는데 있다.

1.2 작업생리학의 요소

작업생리학은 작업 시 개인의 능력에 영향을 줄 수 있는 여러 요소에 대한 이해를 돕는 데 그 목적이 있다. 에너지 생성과정에 영향을 주는 여러 요소들은 생리학적 특성뿐만 아니라, 작업 자체의 특성과 작업이 수행되어지는 환경 및 작업자의 건강상태와 동기부여 등 다양한 분야를 포함하고 있다. 이러한 요소는 근육 대사에 필요한 영양분과 산소를 공급하는 생리적 서비스 기능을 통하여 에너지 출력에 영향을 미친다. 작업 수행 시 인간의 능력에 영향을 주는 요소는 다음과 같다.

1.2.1 서비스 기능

기본적으로 육체적 작업을 수행하기 위한 능력은 우리가 섭취하는 음식에서 생성되는 화학적 에너지가 기계적 에너지로 전환하는 근육세포의 능력에 의존한다. 즉, 작업근육섬유에 대한 영양분과 산소를 순서적으로 전달하는 서비스 기능에 의존한다.

(1) 영양소의 섭취
(2) 저장과 동원

(3) 폐를 통한 호흡
(4) 심장혈관 시스템의 산소공급 활동

1.2.2 훈련과 적응

훈련은 심장의 박동량을 증가시키며, 이는 심장의 출력이 증가하여 폐로부터 근육으로 공급되는 산소의 양을 증가시킬 수 있다는 것이다. 육체적으로 적응한 작업자들은 적응하지 못한 사람보다 작업 후에 피로를 덜 느낀다.

(1) 서비스 기능의 일부는 훈련에 의해 향상

(2) 심장박동량(stroke volume)의 증가

폐로부터 근육으로 공급되는 산소량을 증가시킨다.

(3) 열환경 노출

발한(sweating), 피부온도와 체온 저하, 심박수 감소

(4) 저기압(고산지역)

폐호흡 증가, 혈액 속의 헤모글로빈 증가, 모세혈관 확장, 미오글로빈 함량의 증가, 조직 내 효소활동 변화

1.2.3 신체적 요소

(1) 건강상태
(2) 성별
(3) 인체치수: 호기력(aerobic power)과 근력에 영향
(4) 나이: 최대산소흡입량, 심박수, 심박용량, 폐활량, 근력은 나이가 들어감에 따라 감소
(5) 영양상태
(6) 개인차: 직무수행에 영향을 미치기 때문에 적절한 선발 절차가 필요

1.2.4 심리적 요소

(1) 일에 대한 태도
(2) 동기부여
(3) 수면 부족: 정신적 작업수행의 저하
(4) 스트레스: 적절한 스트레스는 수행도를 향상

1.2.5 수행되는 작업의 본질

(1) 작업의 형태(육체적 또는 정신적)

(2) 육체적 작업

(3) 작업부하

(4) 피로

(5) 작업에 동원되는 근육의 크기

(6) 일의 리듬

(7) 지속적인 작업: 작업강도와 지속시간은 반비례

(8) 간헐성 작업: 작업과 휴식비율

(9) 정적·동적 작업

(10) 작업 스케줄

(11) 교대근무

(12) 작업자세

1.2.6 환경

(1) 체온

(2) 저온(cold)

(3) 열

(4) 습도

(5) 공기속도

(6) 저압가스 압력

(7) 고압가스 압력

(8) 소음

(9) 진동

(10) 초저음

(11) 자장

(12) 공기오염

(13) 일산화탄소

(14) 흡연

02 대사작용

2.1 근육의 구성

2.1.1 기능

인체는 약 650개의 근육으로 구성되며, 체중의 40~50%를 차지한다. 근육은 인체 에너지 중 약 1/2을 사용하며 인체자세 유지, 인체활동 수행, 체온 유지의 역할을 한다.

2.1.2 근육의 구조

근섬유(muscle fibers), 연결조직(connective tissues), 신경(nerve)으로 구성된다. 근내막은 근섬유를 싸고 있으며, 근섬유의 구조를 지지하는 역할을 한다.

(1) 근섬유

긴 원주형세포로 대부분 근원섬유(myofibrils)이라 불리는 수축성 요소들로 구성된다.

가. 근육섬유(fiber)에는 패스트 트위치(백근, fast twitch; FT)와 슬로 트위치(적근, slow twitch; ST)의 2가지 섬유가 있다.

나. 패스트 트위치는 미오글로빈이 적어서 백색으로 보이며(백근), 슬로 트위치는 반대로 많아서 암적색으로 보인다(적근).

다. FT섬유는 무산소성 운동에 동원되며, 단거리 달리기와 같이 단시간운동에 많이 사용된다.

라. ST섬유는 유산소성 운동에 동원되며, 장시간 지속되는 운동에 사용된다.

마. FT는 ST보다 근육섬유가 거의 2배 빨리 최대장력에 도달하고, 빨리 완화된다.

바. FT섬유(백근)는 ST섬유(적근)보다 지름도 더 크며, 고농축 미오신 ATP아제(myosin-ATPase)로 되어 있다.

사. 이러한 차이 때문에 FT섬유가 보다 높은 장력을 나타내지만, 피로도 빨리 오게 된다.

(2) 연결조직

신경이나 혈관이 근육 속으로 드나들 수 있는 경로를 제공한다.

(3) 신경

감각신경섬유(근육의 길이나 긴장도에 대한 정보에 관여)와 운동신경섬유(근육활동과 관련하여 중추신경으로부터 오는 임펄스(impulse)를 근육에 전달하여 섬유가지에 의해 근육섬유통제)로 구성된다.

(4) 운동단위(motor unit)

동일한 운동신경섬유 가지들에 의해 통제되는 근육섬유집단, 근육의 기본기능단위이다.

(5) 근육의 구성

가. 근육은 근섬유(muscle fiber), 근원섬유(myofibril), 근섬유분절(sarcomere)로 구성되어 있고, 근섬유는 골격근의 기본구조 단위이다. 근섬유분절은 근원섬유를 따라 반복적인 형태로 배열되어 있는데 골격근의 수축단위가 된다. 근섬유분절은 가는 액틴(actin)과 두꺼운 미오신(myosin)이라는 단백질 필라멘트로 구성되어 있다.

나. 근섬유분절은 어둡고 밝은 띠들을 이루며, 서로 겹쳐져 배열되어 있으며 Z선, I대, H대와 끊어진 A대, I대, Z선 순으로 반복된 형태로 구성되어 있다. 두꺼운 필라멘트(myosin) 층들은 근섬유분절의 가운데 부분에서 발견되며, 어두운 띠를 형성하는데 이것을 A대라 한다.

가는 필라멘트(actin) 층들은 Z선이라고 불리는 근섬유분절의 양쪽 끝부분과 연결

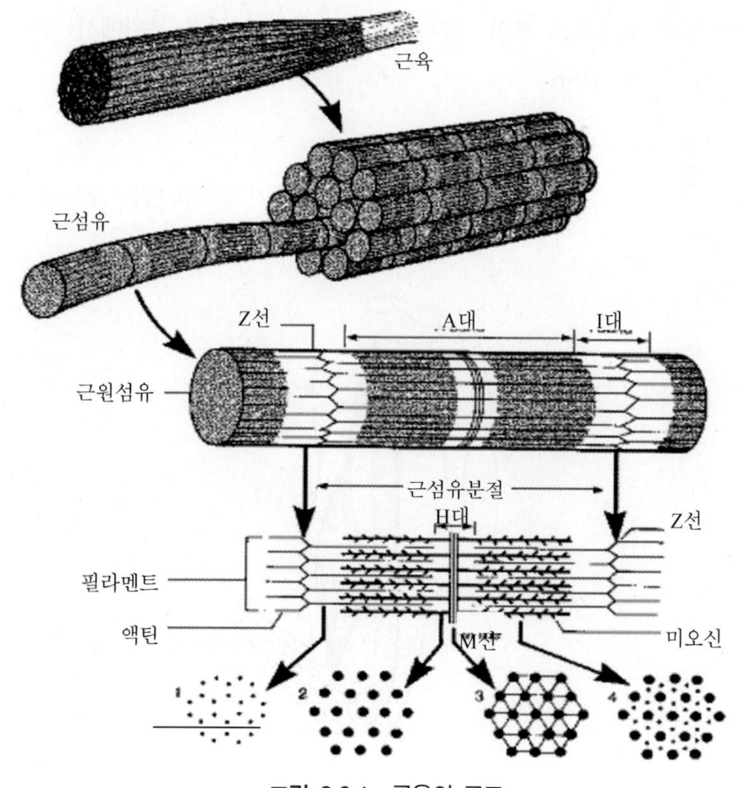

그림 2.2.1 근육의 구조

되어 있고, 근섬유분절 하나의 양끝에는 2개의 Z선이 있다.

① A대: 액틴과 미오신의 중첩된 부분, 어둡게 보임

② I대: 액틴 존재, 밝게 보임

③ H대: A대의 중앙부, 약간 밝은 부분, 미오신만 존재

④ M선: H대의 중앙부에 위치한 가느다란 선

⑤ Z선: I대의 중앙부에 위치한 가느다란 선

2.1.3 근육의 부착

골격근(skeletal muscle)은 원칙적으로 관절을 넘어서 두 뼈에 걸쳐서 기시부와 정지부를 가지고 있으며, 대부분이 건(힘줄, tendon)에 의해 골막에 부착되어 수축에 의해 관절운동을 한다.

(1) 힘줄(건, tendons)

근육을 뼈에 부착시키고 있는 조밀한 섬유 연결 조직으로 근육에 의해 발휘된 힘을 뼈에 전달해 주는 기능을 한다.

(2) 인대(ligaments)

조밀한 섬유 조직으로 뼈의 관절을 연결시켜 주고 관절 부위에서 뼈들이 원활하게 협응할 수 있도록 한다.

(3) 연골(cartilage)

관절뼈의 표면, 코, 그리고 귀 같은 인체 기관에서 볼 수 있는 것으로 반투명의 탄력조직을 말한다.

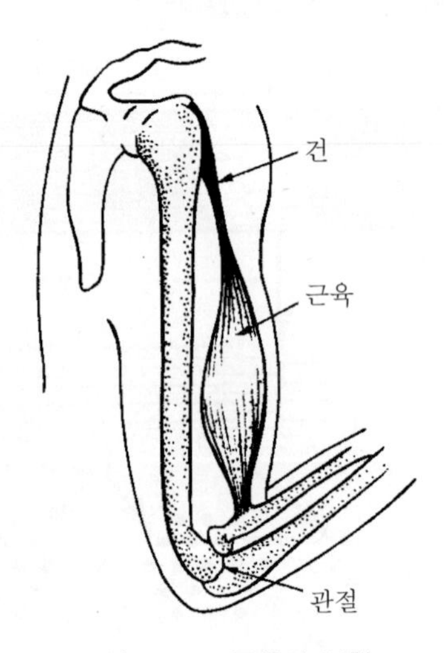

그림 2.2.2 근육의 부착

(4) 근막(fascia)

근육과 다른 인체 구조물을 둘러싸서 이것들을 서로 분리시키는 역할을 한다.

2.2 근육의 운동원리

출제빈도 ★★★★

2.2.1 근육수축의 원리

(1) 근육수축 이론(sliding－filament theory)

근육은 자극을 받으면 수축을 하는데, 이러한 수축은 근육의 유일한 활동으로 근육의 길이는 단축된다. 근육이 수축할 때 짧아지는 것은 미오신 필라멘트 속으로 액틴 필라멘트가 미끄러져 들어간 결과이다.

(2) 특징

가. 액틴과 미오신 필라멘트의 길이는 변하지 않는다.

나. 근섬유가 수축하면 I대와 H대가 짧아진다. 최대로 수축했을 때는 Z선이 A대에 맞닿고 I대는 사라진다.

다. 각 섬유는 일정한 힘으로 수축하며, 근육 전체가 내는 힘은 활성화된 근섬유 수에 의해 결정된다.

라. 능동적인 힘은 근육의 안정길이에서 가장 큰 힘을 내며, 수동적인 힘은 근육의 안정길이에서부터 발생한다. 따라서, 능동적인 힘과 수동적인 힘의 합은 근절의 안정길이에서 최대로 발생한다.

2.2.2 근육활동의 측정

관절운동을 위해 근육이 수축할 때 전기적 신호를 검출할 수 있는데, 근무리가 있는 부위의 피부에 전극을 부착하여 기록할 수 있다. 근육에서의 전기적 신호를 기록하는 것을 근전도라 하며, 국부근육활동의 척도로서 사용된다.

2.2.3 근육수축의 유형

(1) 등장성 수축(isotonic contraction)

수축할 때 근육이 짧아지며 동등한 내적 근력을 발휘한다.

(2) 등척성 수축(isometric contraction)

수축과정 중에 근육의 길이가 변하지 않는다.

2.3 근육의 활동 및 대사

출제빈도 ★★★★

2.3.1 근육활동의 신경통제

근육활동의 조절은 체성감관(proprioceptor)과 운동신경(motor nerve)에 의해서 일어나며, 실질적으로 운동신경에 의해서 근육의 운동이 제어된다.

(1) 신경충동

가. 신경세포는 본체와 하나의 긴 신경돌기(axon)로 이루어져 있다.

나. 신경돌기는 신경충동(nerve impulse)을 전달한다.

다. 신경충동이란 신경에 의해 전달되는 물리화학적 변화로 감각세포로부터 얻은 정보를 뇌로 전달하고, 또 뇌로부터 내려진 명령을 근육세포에 전달한다.

라. 연축: 골격근 또는 신경에 전기적인 단일자극을 가하면, 자극이 유효할 때 활동전위가 발생하여 급속한 수축이 일어나고 이어서 이완현상이 생기는 것을 말한다.

마. 가로세관: 근세포막에 전달된 흥분을 근세포 내부로 전달하는 통로역할을 한다.

(2) 막전위차(membrane potential)

신경세포와 신경돌기 내·외부의(K^+이온과 단백질$^-$) 이온 간의 전위차를 말하며, 평형상태에서 전위차는 −90 mV이다.

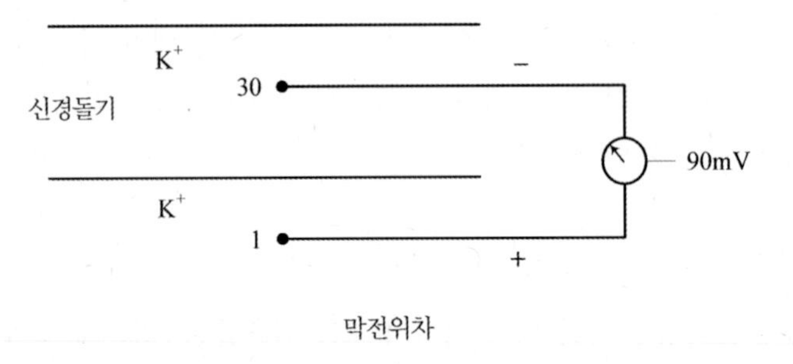

막전위차

(3) 활동전위차(action potential)

신경세포에 자극이 주어지면, 세포막은 갑자기 Na^+ 이온을 투과시키고, 그 후에 세포는 K^+ 이온을 투과시켜 평형전위차가 이루어지도록 한다. 이러한 세포의 급격한 기복의 전위차를 활동전위차라 하고, −85~+60 mV까지 변한다.

2.3.2 근육의 대사

(1) 신진대사(metabolism)

구성물질이나 축적되어 있는 단백질, 지방 등을 분해하거나 음식을 섭취하여 필요한 물질

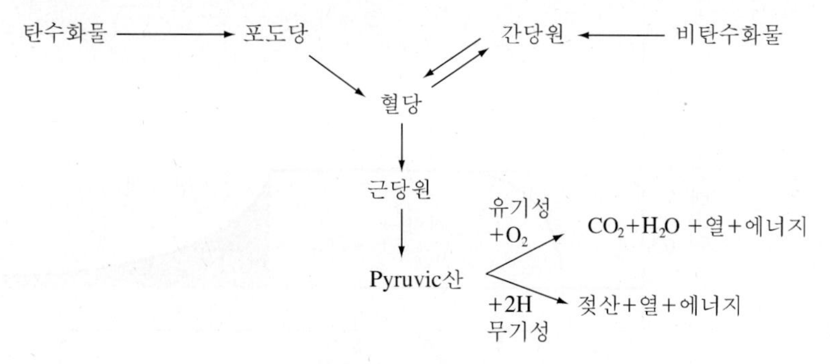

그림 2.2.3 대사과정

을 합성하여 기계적인 일이나 열을 만드는 화학적인 과정이다. 기계적인 일은 내부적으로 호흡과 소화, 그리고 외부적으로 육체적인 활동에 사용되며, 이때 열이 외부로 발산된다.

가. 무기성(혐기성) 환원과정

충분한 산소가 공급되지 않을 때, 에너지가 생성되는 동안 피루브산이 젖산으로 바뀐다. 활동 초기에 순환계가 대사에 필요한 충분한 산소를 공급하지 못할 때 일어난다. 무기성 운동이 시작되고 처음 몇 초 동안 근육에 필요한 에너지는 이미 저장되어 있던 ATP를 이용하며, ATP 고갈 후 CP를 통해 5~6초 정도 운동을 더 유지할 수 있는 에너지를 공급한다. 그 후에 당원(glycogen)이나 포도당이 무기성 해당과정을 거쳐 젖산(유산)으로 분해되면서 에너지를 발생한다.

나. 유기성 산화과정

산소가 충분히 공급되면 피루브산은 물과 이산화탄소로 분해되면서 많은 양의 에너지를 방출한다. 이 과정에 의해 공급되는 에너지를 통해 비교적 긴 시간 동안 작업을 수행할 수 있다.

(2) 젖산의 축적 및 근육의 피로

가. 젖산의 축적

인체활동의 초기에서는 일단 근육 내의 당원을 사용하지만, 이후의 인체활동에서는 혈액으로부터 영양분과 산소를 공급받아야 한다. 이때 인체활동 수준이 너무 높아 근육에 공급되는 산소량이 부족한 경우에는 혈액 중에 젖산이 축적된다.

나. 근육의 피로

육체적으로 격렬한 작업에서는 충분한 양의 산소가 근육활동에 공급되지 못해 무기성 환원과정에 의해 에너지가 공급되기 때문에 근육에 젖산이 축적되어 근육의 피로를 유발하게 된다.

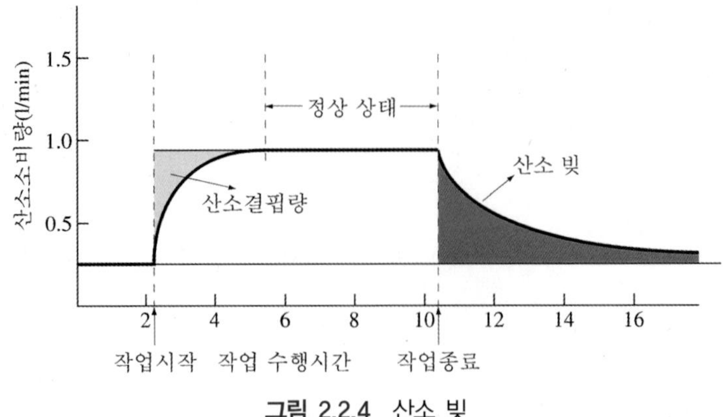

그림 2.2.4 산소 빚

(3) 산소 빚(oxygen debt)

평상시보다 활동이 많아지거나 인체활동의 강도가 높아질수록 산소의 공급이 더 요구되는데 이런 경우 호흡수를 늘리거나 심박수를 늘려서 필요한 산소를 공급한다. 그러나 활동수준이 더욱 많아지면 근육에 공급되는 산소의 양은 필요량에 비해 부족하게 되고 혈액에는 젖산이 축적된다.

이렇게 축적된 젖산의 제거속도가 생성속도에 미치지 못하면 작업이 끝난 후에도 남아 있는 젖산을 제거하기 위하여 산소가 필요하며 이를 산소 빚이라고 한다. 그 결과 산소 빚을 채우기 위해서 작업종료 후에도 맥박수와 호흡수가 휴식상태의 수준으로 바로 돌아오지 않고 서서히 감소하게 된다.

(4) 정상상태(steady state)

인체활동의 강도가 높지 않다면 산소를 사용하는 대사과정이 모든 에너지 요구량을 충족시켜줄 만큼 충분한 에너지를 생산해 내는 정상상태에 도달한다.

2.4 육체적 작업부하

출제빈도 ★★★★

2.4.1 육체활동에 따른 에너지소비량

여러 종류의 인체활동에 따른 에너지소비량은 다음과 같으며 걷기, 뛰기와 같은 인체적 운동에서는 동작속도가 증가하면 에너지소비량은 더 빨리 증가한다.

예 수면 1.3 kcal/분, 앉아 있기 1.6 kcal/분, 서 있기 2.25 kcal/분, 걷기(평지) 2.1 kcal/분, 세탁/다림질 2.0~3.0 kcal/분, 자전거 타기(16 km/시간) 5.2 kcal/분

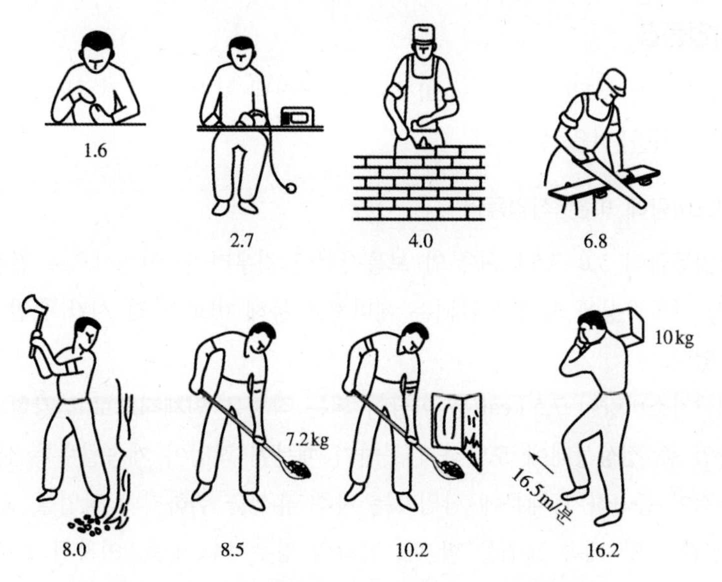

그림 2.2.5 인체활동에 따른 에너지소비량(kcal/분)

인체활동에 따른 에너지소비량에는 개인차가 있지만 몇몇 특정 작업에 대한 추산치는 그림 2.2.5와 같다.

2.4.2 작업효율

사람이 소비하는 에너지가 전부 유용한 일에 쓰이는 것은 아니며, 대부분(약 70%)은 열로 소실되며, 일부는 비생산적 정적 노력(물건을 들거나 받치고 있는 일)에 소비된다. 사람의 작업효율은 다음과 같이 계산할 수 있다.

표 2.2.1 여러 가지 활동의 작업효율

활동	효율(%)
삽질(구부린 자세)	3
삽질(정상자세)	6
무거운 망치 사용	15
계단 오르내리기(맨몸)	23
카트 끌기	24
카트 밀기	27
자전거 타기	25
평지 걷기(맨몸)	27

$$\text{작업효율}(\%) = \frac{\text{한 일}}{\text{에너지소비량}} \times 100$$

2.4.3 작업등급

일상활동의 생리적 부담(physiological cost)을 나타내 보면, 육체적 활동의 종류에 따른 에너지소비량의 수치를 얻을 수 있다.

(1) 에너지소비량에 따른 작업등급

가. 작업등급이 5.0~7.5 kcal/분의 보통작업인 경우라면, 인체적으로 건강한 사람은 유기성 산화과정에 의해 공급되는 에너지를 통해 비교적 긴 시간 동안 작업을 수행할 수 있다.

나. 에너지소비량이 7.5 kcal/분 이상이 되는 작업은 인체적으로 건강한 사람이라 해도 작업 중 정상상태에 도달하지 못하기 때문에 작업이 계속될수록 산소결핍과 젖산 축적이 증가하기 때문에 작업자는 자주 휴식을 취하거나 작업을 중단해야 한다.

다. 8시간 동안 계속 작업을 할 때, 남자의 경우 5 kcal/분, 여자의 경우 3.5 kcal/분을 초과하지 않도록 한다.

표 2.2.2에는 에너지소비량에 따라 몇 가지 작업등급을 정의하고 이 등급에서의 심박수와 산소소비량을 함께 나타냈다.

표 2.2.2 에너지 소비수준에 기초한 육체적 작업등급(AIHA, 성인남자기준)

작업등급	에너지소비량 (kcal/분)	에너지소비량 8h(kcal/일)	심박수 (박동수/분)	산소소비량 (L/분)
휴식(앉은 자세)	1.5	<720	60~70	0.3
아주 가벼운 작업	1.6~2.5	768~1200	65~75	0.3~0.5
가벼운 작업	2.5~5.0	1200~2400	75~100	0.5~1.0
보통작업	5.0~7.5	2400~3600	100~125	1.0~1.5
힘든 작업	7.5~10.0	3600~4800	125~150	1.5~2.0
아주 힘든 작업	10.0~12.5	4800~6000	150~180	2.0~2.5
견디기 어려운 작업	>12.5	>6000	>180	>2.5

(2) 기초대사량(Basal Metabolic Rate; BMR)

생명을 유지하기 위한 최소한의 에너지소비량을 의미하며, 성, 연령, 체중은 개인의 기초 대사량에 영향을 주는 중요한 요인이다.

가. 성인 기초대사량: 1,500~1,800 kcal/일

나. 기초+여가대사량: 2,300 kcal/일

다. 작업 시 정상적인 에너지소비량: 4,300 kcal/일

(3) 에너지대사율(Relative Metabolic Rate; RMR)

작업강도 단위로서 산소소비량으로 측정한다.

가. 계산식

$$R = \frac{\text{작업 시 소비 에너지} - \text{안정 시 소비 에너지}}{\text{기초대사량}} = \frac{\text{작업대사량}}{\text{기초대사량}}$$

나. 작업강도

① 초중작업: 7 RMR 이상

② 중(重)작업: 4~7 RMR

③ 중(中)작업: 2~4 RMR

④ 경(輕)작업: 0~2 RMR

2.4.4 에너지소비량에 영향을 미치는 인자

(1) 작업방법

특정 작업의 에너지소비량은 작업수행 방법에 따라 달라진다. 그 예로 여러 나라에서 사용되고 있는 짐 나르는 방법에 대한 상대적인 에너지가가 그림 2.2.6에 나와 있다.

(2) 작업자세

과업실행 중의 작업자의 자세도 에너지소비량에 영향을 미친다. 손으로 받치면서 무릎을 바닥에 댄 자세와 쪼그려 앉은 자세는 무릎을 펴고 허리를 굽힌 자세에 비해 에너지 소비량이 작다.

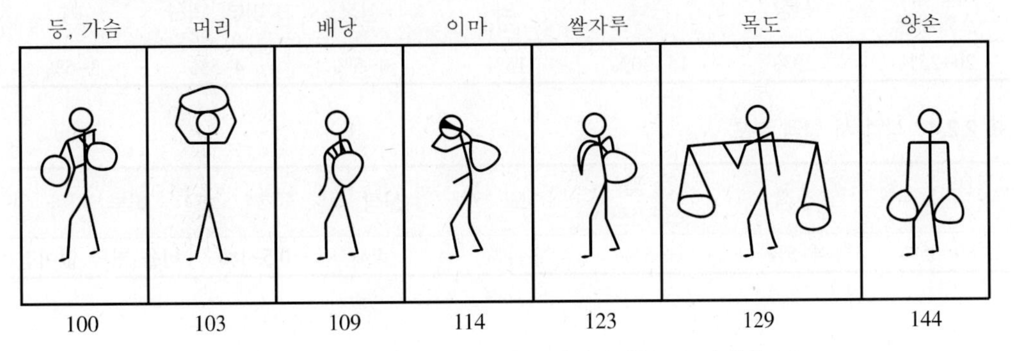

그림 2.2.6 짐 나르는 방법에 따른 에너지가(산소소비량)의 비교

(3) 작업속도

빠른 작업속도는 심박수와 다른 생리적 부담을 증가시킨다.

(4) 도구설계

작업도구의 설계는 에너지소비량과 작업 수행량에 영향을 미친다.

2.5 작업에 따른 인체의 생리적 반응

출제빈도 ★★★★

필요한 포도당과 산소의 원활한 공급을 위해 다음과 같은 생리적 반응을 나타낸다.

(1) 산소소비량의 증가

휴식 시 분당 0.5 L에서 작업 시 최대 5 L까지 증가한다.

(2) 심박출량의 증가

휴식 시 분당 5 L에서 작업 시 최대 25 L까지 증가하며, 혈압상승을 일으킨다.

(3) 심박수의 증가

휴식 시 분당 70회에서 작업 시 최대 200회까지 증가한다.

(4) 혈류의 재분배

휴식 시 소화기관, 신장, 근육, 뇌 등으로 흐르던 혈류를 작업 시에는 근육 쪽으로 집중시킨다. 심장의 경우에는 휴식 시와 작업 시에 혈류의 분배가 동일하게 분포한다. 휴식 시와 작업 시의 혈액 분포는 표 2.2.3, 표 2.2.4와 같다.

표 2.2.3 휴식 시 혈액 분포

간 및 소화기관	신장	근육	뇌	심장	피부, 피하	뼈
20~25%	20%	15~20%	15%	4~5%	4~5%	3~5%

표 2.2.4 작업 시 혈액 분포

근육	심장	간 및 소화기관	뇌	신장	뼈	피부, 피하
80~85%	4~5%	3~5%	3~4%	2~4%	0.5~1%	비율 거의 없어짐

03 작업부하 및 휴식시간

3.1 인체활동 부하의 측정

출제빈도 ★★★★

3.1.1 산소소비량

(1) 산소소비량과 에너지소비량 사이에 선형관계가 있다.

(2) 1 L의 산소가 소비될 때 약 5 kcal의 에너지가 방출된다.

(3) 걷기, 달리기, 들어올리기, 내려놓기와 같이 근육의 수축과 이완이 반복되는 동적인 작업에 대한 에너지 요구량을 추정하는 데 사용한다.

(4) 최대산소소비량: 작업의 속도가 증가하면 산소소비량이 선형적으로 증가하여 일정한 수준에 이르게 되고, 작업의 속도가 증가하더라도 산소소비량은 더 이상 증가하지 않고 일정하게 되는 수준에서의 산소소모량이다.

3.1.2 심박수

(1) 분당 심장이 뛰는 횟수로 작업부하나 에너지 요구량이 증감함에 따라 증가한다.

(2) 산소소비량과 심박수 사이에는 선형관계가 있다.

(3) 심박수 증가는 심장혈관계가 작업하고 있는 근육에 더 많은 산소를 공급해 주고 이들로부터 부산물들을 제거해야 하는 요구가 증가했음을 반영한다.

(4) 산소소모량에 비해 측정하기가 쉽다.

(5) 산소소모량에 비해 스트레스, 카페인 섭취, 기온 등과 같은 요인에 쉽게 영향을 받는다.

(6) 최대심박수에 영향을 미치는 요인: 연령, 성별, 건강상태 등

3.1.3 심박출량

심장은 일정한 주기로 수축과 팽창을 되풀이하며 혈액을 동맥으로 박출하는 펌프 기능을 한다. 이 펌프 기능은 1분 동안에 박출하는 혈액의 양으로 표시되는데 이를 심박출량이라 한다. 심박출량은 1회의 수축으로 박출되는 양과 1분 동안에 수축하는 횟수(심박수)의 곱에 의하여 결정되며 단위는 mL로 나타낸다.

$$심박출량 = 평균\ 심박수 \times 1회\ 박출량$$

3.1.4 혈압과 분당 환기율

(1) 혈압(blood pressure)

가. 대동맥의 압력을 의미한다.

나. 동맥압력은 심실이 수축될 때 최대가 되고 심실의 이완이 종료되는 시점에서 최소가 된다.

다. 불편한 자세로 계속해야 하는 작업에 좋은 지표가 될 수 있다.

라. 혈압은 나이에 많은 차이를 보이나 20대 초반의 경우 최고 혈압은 120 mmHg, 최저 혈압은 80 mmHg이면 정상이고, 심실의 수축기압이 160 mmHg, 이완기압이 95 mmHg 이상이면 고혈압이라고 한다.

(2) 분당 환기율(minute ventilation)

가. 분당 호흡된 공기의 양을 말한다.

나. 산소소비량과 함께 측정되며, 위급상황이나 시간 압력과 같은 정서적 스트레스에 대한 지표로 사용된다.

3.1.5 작업부하에 대한 주관적 측정값

많이 사용되는 주관적 평정척도는 Borg의 RPE(Ratings of Perceived Exertion) 척도이다.

(1) 작업자들이 주관적으로 지각한 인체적 노력의 정도를 6에서 20 사이의 척도로 평정하게 한다.

(2) 이 척도의 양끝은 최소심박수와 최대심박수를 나타낸다.

(3) 작업자의 작업장에 대한 만족, 동기 및 정서적 요인에 의해 영향을 받을 수 있다.

3.2 육체적 작업능력

출제빈도 ★★★★

육체적 작업능력(physical work capacity)은 작업을 할 수 있는 개인의 능력을 의미한다. 육체적 작업능력은 최대산소소비량을 측정함으로써 평가할 수 있다. 육체적 작업능력을 평가하는 목적은 작업에 필요한 능력과 개인의 능력을 맞춤으로써 과도한 피로를 방지하는 데 있다. NIOSH(미국 국립산업안전보건연구원)에는 직무를 설계할 때 작업자의 육체적 작업능력의 33%보다 높은 조건에서 8시간 이상 계속 작업하지 않도록 권장한다. 최대산소소비능력을 측정할 때 부하를 증가시키기 위하여 트레드밀(Treadmill)이나 자전거 에르고미터(Ergometer)를 주로 활용한다. 젊은 여성의 최대산소소비능력은 젊은 남성의 최대산소소비능력의 15~30% 정도이다.

3.2.1 최대산소소비량의 직접측정(Maximum Stress Test)

(1) 낮은 단계의 부하에서 운동을 시작하여 최대한계부하까지 일정한 시간 간격으로 피실험자가 완전히 지칠 때까지 부하를 증가시킨다.

(2) 부하가 증가하더라도 더 이상 산소소비량이 증가하지 않고 일정하게 유지되는 수준이 최대산소소비량이다.

(3) 피실험자에게 극도의 피로를 유발하며 상해의 위험이 있다.

(4) 최대에너지소비량은 산소소비량으로부터 계산할 수 있다(산소 1 L = 5 kcal).

3.2.2 최대산소소비량의 간접측정(Submaximal Stress Test)

(1) 직접측정법에 비해 피로와 위험이 적으나 정확성이 떨어진다.

(2) 심박수(heart rate)와 산소소비량은 선형관계라고 가정한다.

(3) 최대심박수는 나이에 따라 비교적 정확히 예측할 수 있다.

$$HR_{\text{MAX}} = 220 - \text{나이}$$

$$HR_{\text{MAX}} = 190 - 0.62(\text{나이} - 25)$$

(4) 절차

가. 3개 이상의 작업수준에서 산소소비량과 심박수를 측정한다.

나. 회귀분석을 통하여 산소소비량과 심박수의 선형관계를 파악한다.

다. 피실험자의 최대심박수를 계산한다.

라. 최대산소소비량을 회귀분석을 통하여 구한다.

3.3 휴식시간의 산정

출제빈도 ★★★★

인간은 요구되는 육체적 활동수준을 오랜 시간동안 유지할 수 없다. 작업부하 수준이 권장한계를 벗어나면, 휴식시간을 삽입하여 초과분을 보상하여야 한다. 피로를 가장 효과적으로 푸는 방법은 총 작업시간 동안 몇 번의 휴식을 짧게 여러 번 주는 것이다.

Murrell(1965)은 작업활동에 필요한 휴식시간을 추산하는 공식을 다음과 같이 제안하였다.

(1) 휴식시간 계산

작업에 대한 평균에너지값의 상한을 5 kcal/분으로 잡을 때 어떤 활동이 이 한계를 넘는다면 휴식시간을 삽입하여 에너지값의 초과분을 보상해 주어야 한다. 작업의 평균에너지값이 E[kcal/분]이라 하고, 60분간의 총 작업시간에 포함되어야 하는 휴식시간 R(분)은

$$E\times(\text{작업시간})+1.5\times(\text{휴식시간})=5\times(\text{총 작업시간})$$

즉, $E(60-R)+1.5R=5\times60$이어야 하므로

$$R=\frac{60(E-5)}{E-1.5}$$

여기서, E는 작업에 소요되는 에너지가, 1.5는 휴식시간 중의 에너지소비량 추산값이고, 5는 평균에너지값이다.

(2) 휴식시간 산출 시 유의사항

가. 공식에 의하여 필요한 휴식시간을 산출하여 작업 중에 삽입하여 작업의 능률과 안전을 도모하는 것은 꼭 필요한 일이나 개인의 건강상태에 따라서 많은 차이가 있으므로 공식 적용 시 주의를 요한다.

나. $E=5$ kcal/분일 때는 $R=0$, 즉 휴식시간이 필요 없다는 결론에 이르지만 이 공식은 단지 생리적인 부담만을 다루고 있는 것이므로 정신적인 피로, 권태감 등을 피하기 위해서는 어떤 종류의 작업에도 어느 정도의 휴식시간이 필요하다.

예제

남성 작업자의 육체작업에 대한 에너지가를 평가한 결과 산소소모량이 2 L/min이 나왔다. 작업자의 8시간에 대한 휴식시간은 약 몇 분 정도인가? (단, Murrell의 공식을 이용한다.)

풀이

Murrell의 공식: $R=\frac{T(E-S)}{E-1.5}$

R: 휴식시간(분)
T: 총 작업시간(분)
E: 평균에너지소모량(kcal/min) = 2 L/min × 5 kcal/L = 10 kcal/min
S: 권장 평균에너지소모량 = 5 kcal/min

따라서, $R=\frac{480(10-5)}{10-1.5}$
$=282.4$

3.4 위치동작

출제빈도 ★★★★

위치동작은 손을 뻗어 어떤 것을 잡거나, 어떤 물건을 다른 위치로 옮기는 동작이며, 신체부위의 이동동작이다. 위치동작의 시간과 정확성은 동작을 개시하는 계기가 되는 자극의 성질, 이동거리와 방향, 신체부위의 동작을 볼 수 있을 때와 없을 때 등 여러 요소에 의해서 영향을 받는다.

(1) 이동거리와 반응시간: 반응시간은 이동거리와 무관하며, 동작시간은 거리의 함수이기는 하나 비례하지 않는다.
(2) 주로 팔꿈치의 선회로만 팔 동작을 할 때가 어깨를 많이 움직일 때보다 정확하다.
(3) 일반적으로 위치동작의 정확도는 그 방향에 따라 달라진다. 오른손의 위치동작에서 좌하(左下) ⇄ 우상(右上) 방향의 시간이 짧고, 정확도가 높다.
(4) 맹목위치 동작: 눈으로 다른 것을 보면서 손을 뻗어 조종장치를 잡을 때와 같이 손이나 발을 공간의 한 위치에서 다른 위치로 이동하는 동작을 말한다. 맹목위치 동작은 정면 방향이 정확하고 측면은 부정확하다.
(5) 사정효과: 눈으로 보지 않고 손을 수평면상에서 움직이는 경우에 짧은 거리는 지나치고 긴 거리는 못 미치는 경향을 사정효과라 한다.

3.5 정적자세

출제빈도 ★★★★

정적자세를 유지할 때는 평형을 유지하기 위해 몇 개의 근육들이 반대방향으로 작용하기 때문에, 정적자세를 유지한다는 것은 움직일 수 있는 자세보다 더 힘들다.

(1) 정적자세를 유지할 때의 진전(tremor, 잔잔한 떨림)은 신체 부위를 정확히 유지하여야 하는 작업활동에서 매우 중요하다.

(2) 진전을 감소시키는 방법

가. 시각적 참조(reference)
나. 몸과 작업에 관계되는 부위를 잘 받친다.
다. 손이 심장 높이에 있을 때가 손 떨림이 적다.
라. 시작업 대상물에 기계적인 마찰이 있을 때

3장 | 생체역학

생체역학은 인체를 뉴턴(Newton)의 운동법칙과 생명체의 생물학적 법칙에 의하여 움직이는 하나의 시스템으로 보고 인체에 작용하는 힘(force)과 그 결과로 생기는 운동(movement)에 관하여 연구한다. 생체역학은 인체에 작용하는 힘이 평형상태인 정지하고 있는 인체를 연구하는 정역학(Statics)과 운동하고 있는 인체를 연구하는 동역학(Dynamics)으로 나누어지며, 동역학은 다시 운동학(Kinematics)과 운동역학(Kinetics)으로 세분된다. 운동학은 힘과 관계되는 운동 중의 인체변위, 속도 및 가속도 등을 연구하고, 운동역학은 운동을 생기게 하거나 변화시키게 하는 힘을 연구한다.

01 인체동작의 유형과 범위

출제빈도 ★★★★

(1) 굴곡(屈曲, flexion)

팔꿈치로 팔굽히기를 할 때처럼 관절에서의 각도가 감소하는 인체부분의 동작

(2) 신전(伸展, extension)

굴곡과 반대방향의 동작으로서, 팔꿈치를 펼 때처럼 관절에서의 각도가 증가하는 동작. 몸통을 아치형으로 만들 때처럼 정상 신전자세 이상으로 인체부분을 신전하는 것을 과신전(過伸展, hyperextension)이라 한다.

(3) 외전(外轉, abduction)

팔을 옆으로 들 때처럼 인체 중심선(midline)에서 멀어지는 측면에서의 인체 부위의 동작

(4) 내전(内轉, adduction)

팔을 수평으로 편 위치에서 수직위치로 내릴 때처럼 중심선을 향한 인체 부위의 동작

(5) 회전(回轉, rotation)

인체 부위 자체의 길이 방향 축 둘레에서 동작. 인체의 중심선을 향하여 안쪽으로 회전

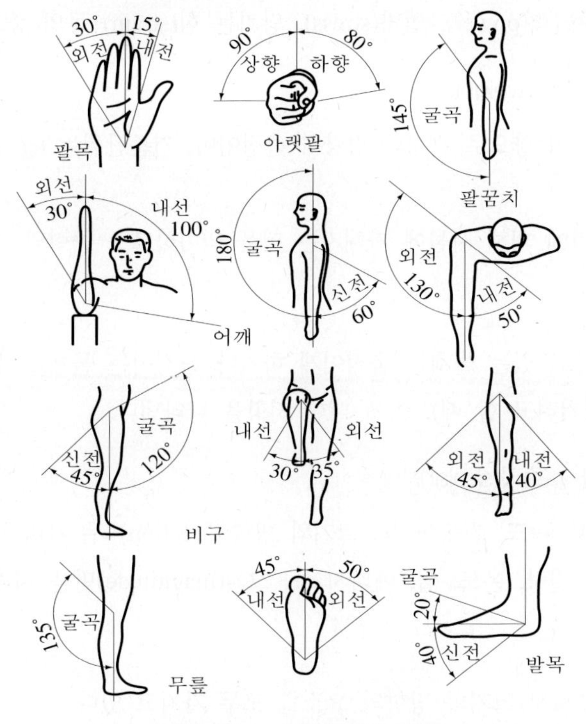

그림 2.3.1 인체동작의 유형

하는 인체 부위의 동작을 내선(內旋, medial rotation)이라 하고, 바깥쪽으로 회전하는 인체 부위의 동작을 외선(外旋, lateral rotation)이라 한다. 손과 전완의 회전의 경우에는 손바닥이 아래로 향하도록 하는 회전을 회내(pronation), 손바닥을 위로 향하도록 하는 회전을 회외(supination)라고 한다.

(6) 선회(旋回, circumduction)

팔을 어깨에서 원형으로 돌리는 동작처럼 인체 부위의 원형 또는 원추형 동작

02 힘과 모멘트

2.1 역학의 기초개념

공학역학은 길이, 시간, 질량, 관성의 기초개념을 가지고 있는 뉴턴역학에 기초를 두고 있다. 공학역학에는 기본적 개념에서 유도된 힘, 모멘트(moment), 회전력(torque), 속도(velocity), 가

속도, 일, 에너지, 순발력(power), 압박(stress), 당기는 힘(strain) 등의 중요 개념이 있다.

(1) 질량(mass)과 중량(weight)

가. **질량**: 물질의 양으로 관성의 정량적 측정이며, 기준단위는 kg 중력의 유무에 영향이 없음

나. **중량**: 중력에 의해 사물에 가해지는 힘을 의미하므로 중력의 영향을 받음

(2) 관성(inertia)

관성은 정지하고 있는 물체를 움직이게 하거나 움직이는 물체를 정지하게 하려고 할 때(즉, 변화시키려고 할 때), 이에 대한 저항을 나타낸다.

(3) 벡터(vector)와 스칼라(scalar)

가. **벡터량**: 힘, 속도, 가속도 등, 크기와 방향(direction) 두 가지를 가지고 있다.

나. **스칼라량**: 질량, 온도, 일, 에너지 등, 크기(magnitude)만을 지니고 있다.

(4) 힘(force)

힘은 벡터량으로서 크기와 방향의 요소를 모두 가지고 있다.

가. 힘의 SI 단위는 newton(N)으로 표시한다.

나. 1 kg의 질량에 지구의 중력에 의해 작용되는 힘은 9.81 N이 되며, 1 N은 102 g의 질량에 의해 가해지는 힘이다.

다. 인체에 가해지는 힘의 중요요소에는 압착력(compressive force: 찌그러뜨리는 힘), 전단력(shear force: 층밀리기 힘), 인장력(tensile force: 길이를 늘림), 근력(muscle force: 내부 힘, 운동유발근원) 등의 요소가 있다.

(5) 속도(velocity)

속도(velocity)는 위치의 변화를 시간율로 정의한 것이다. 속력(speed)은 스칼라량이나 속도는 속력과 운동방향을 포함하는 벡터량이다.

(6) 가속도(acceleration)

가속도는 속도 변화의 시간비율로 정의된다. 수학적으로 위치(displacement)를 시간으로 일차미분하면 속도가 되며, 속도를 시간으로 일차미분하면 가속도가 된다.

(7) 운동량(momentum)

운동량은 물체의 질량과 속도를 곱한 것으로 정의한다.

(8) 일(work)

힘(force)에 의해 물체가 어떤 거리를 움직였을 때, 일(work)을 했다고 한다.

(9) 에너지(energy)

에너지는 일을 할 수 있는 능력이며, 줄(J)로 측정된다. 에너지에는 잠재에너지와 운동에너지의 두 가지가 있다. 대사에너지를 측정하는 단위는 칼로리(calorie = cal)를 사용하며, 1 kcal = 4,200 J = 4.2 kJ이다.

(10) 작업률(power)

작업률 또는 일률은 일이 행해진 비율을 의미하며, 1초에 1 J의 일을 하였을 때 이를 1 watt라고 한다.

(11) 무게중심(center of gravity)

무게중심은 물체의 무게가 집중된 것으로 이 점을 중심으로 물체는 완전한 균형을 이룬다. 몸의 모든 부분은 따로 무게중심을 구할 수 있으며, 이를 모두 합하여 전체 무게중심을 구할 수 있다.

(12) 모멘트(moment)와 회전력(torque)

가. 모멘트: 가해지는 힘에 구부러지는(bending) 작용(action)을 정량적으로 측정하기 위한 것. 즉, 변형시킬 수 있거나 회전시킬 수 있는 물체에 가해지는 힘이다.

예 수영선수가 수영장의 다이빙대에 서 있다고 가정한다면, 이 다이빙대는 휘게(bending) 될 것이다. 여기서, 다이빙대를 휘게 하는 것은 이 다이빙대의 고정된 끝에 대해 작용하는 체중의 모멘트이다.

나. 회전력: 회전하는(rotate) 작용과 비트는(twisting) 작용에 관한 것

(13) 뉴턴의 운동의 법칙

가. 제1법칙(관성의 법칙): 모든 물체는 외력이 작용하지 않는 한 정지상태 또는 직선에서의 등속운동을 계속 유지하려고 한다.

나. 제2법칙(가속도의 법칙($a = F/m$)): 가속도(a)는 작용한 전체 힘(F)에 비례하며, 질량(m)에 반비례한다.

다. 제3법칙(작용-반작용의 법칙): 모든 작용(action)에는 항상 같은 크기의 반작용(reaction)이 반대방향으로 생긴다. 예를 들어, 자신의 체중(가령 80 kg)으로 벽에 부딪히면, 자신의 체중이 힘만큼(80 kg) 반대로 튕겨 나온다.

2.2 힘

힘은 기계적 교란(disturbance)이나 부하(load)로 정의된다. 물체를 밀거나 끌 때 힘을 가하게 된다. 힘은 근육의 활동을 야기시킨다. 물체에 가해진 힘은 물체를 변형시키거나 운동상태를 변화시킨다.

2.2.1 힘의 분류

(1) 외적인(external) 힘

대부분의 알려진 힘들은 외적인 힘으로, 망치질이나 박스를 밀거나, 의자에 앉거나, 볼을 차는 경우를 들 수 있다.

(2) 내적인(internal) 힘

외적으로 가해진 힘 아래에서 물체를 쥐고 있을 때, 그 물체 내에서 자체적으로 생성된 힘이 내적인 힘이다. 내적인 힘의 예로는 인체의 경우, 근육의 수축(contraction)을 들 수 있다. 내적인 힘은 스트레스(stress)라고도 표현된다.

2.2.2 힘과 힘계

(1) 하나의 물체에 두 개 이상의 힘이 작용할 때 이를 힘계(force system)라 한다.

(2) 힘은 한 점에 작용하는 집중력(concentrated force)과 특정한 표면 부위에 분포되어 작용하는 분포력(distributed force)이 있다.

(3) 힘의 특성(3요소)

크기(magnitude), 방향(direction), 작용점(point of application)

(4) 힘의 효과

가. 외적 효과: 힘을 받는 강체에서 일어나는 지점의 반력과 가속도
나. 내적 효과: 힘을 받는 변형체에서 일어나는 변형

(5) 힘계

가. 동시힘계(concurrent force system): 모든 힘들이 한 점에 작용하는 힘계(공점력계)
나. 평행력계(parallel force system): 모든 힘들의 작용선이 평행한 힘계
다. 일반력계(general force system): 힘들이 모두 한 점에 모이지도 않고 모두 평행하지도 않은 힘계

2.2.3 수직(정상)힘과 접선힘

표면에 작용하는 힘은 그 표면에 대하여 수직방향으로 작용한다. 이 힘을 정상(normal)힘 또는 수직힘이라 한다. 만일 수평 책상 위에 책을 민다고 가정하면, 이 힘의 크기는 책의 중량(weight)과 같다. 접선(tangential)힘은 표면과 평행(parallel)한 방향으로 표면에 작용하는 힘이다. 접선힘의 좋은 예는 마찰력이다.

2.2.4 인장력과 압축력

인장력(tensile force)은 물체를 펴게(stretch) 하는 경향을 가진 힘이며, 압축력(compression force)은 힘이 작용하는 방향에서 물체를 움츠리게(shrink) 하는 경향을 가진 힘이다. 근육수축은 근육에 부착된 뼈를 잡아당기는 인장력을 생성하게 된다. 하지만 근육은 압축력을 생성하지 않는다.

2.2.5 동일평면상의 힘

모든 힘이 2차원(평면: plane) 표면에 작용한다면, 이 힘계는 동일평면상(coplanar)이라 한다. 동일평면계를 형성하는 힘은 x 와 y 의 2차원 좌표에서 최소한 2개의 0이 아닌 힘이 존재해야 한다.

2.2.6 동일직선상의 힘

모든 힘이 공통의 작용선(line of action)을 가지고 있다면, 이 힘계는 동일직선상(collinear)이라고 한다. 줄당기기 시합에서 줄에 가해진 힘과 같은 경우이며, 이와 유사하게 박스를 한 방향으로 앞에서 끌고 뒤에서 미는 경우도 동일직선상의 힘이라 한다.

2.2.7 동시의 힘

힘의 작용선이 공통된 삽입점(insertion point)을 가지고 있다면, 이 힘계(동시힘계 또는 공점력계)를 동시적(concurrent)이라 한다. 이러한 예는 여러 도르래의 장치에서 찾아볼 수 있다. 이때 케이블에 미치는 힘은 인장력(tensile force)이다.

2.2.8 평행의 힘

힘의 작용선이 서로 평행일 때, 이를 평행힘계라 한다.

2.2.9 힘의 평형

주어진 힘들의 영향이 미치지 않는 경우, 한 점에 작용하는 모든 힘의 합력이 0이면 이 질점(particle)은 평형상태에 있다. 이 경우, 모든 힘의 합력은 0이다($\Sigma F = 0$).

(1) 공간에서 한 질점이 평형을 이루기 위한 필요충분조건

$$\Sigma F_x = 0,\ \Sigma F_y = 0,\ \Sigma F_z = 0$$

(2) 문제풀이 방법

가. 평형상태에 있는 질점과 그 질점에 작용하는 모든 힘들을 표시한 자유물체도를 그린다.

나. 평형식: $\Sigma F_x = 0$, $\Sigma F_y = 0$, $\Sigma F_z = 0$을 작성한다.

다. 세 미지수에 대해 푼다.

2.3 모멘트

출제빈도 ★★★★

물체에 가해진 힘은 물체를 이동시키거나, 변형시키거나, 또는 회전시킨다. 모멘트는 회전(rotation)이나 구부러짐(bending)을 야기시킨다.

2.3.1 모멘트의 크기

모멘트(또는 토크)는 M으로 표시되며, 힘×모멘트팔(moment arm), 즉 $M = F \times d$로 표현된다. 모멘트팔은 레버팔(lever arm) 또는 지렛대팔이라고도 불리며, 점 O와 힘 F의 작용선 간의 짧은 거리(d)를 나타낸다. 점 O에서의 힘 F의 모멘트는 $M = F \cdot d = F \cdot r \cdot \cos\theta$ 이다.

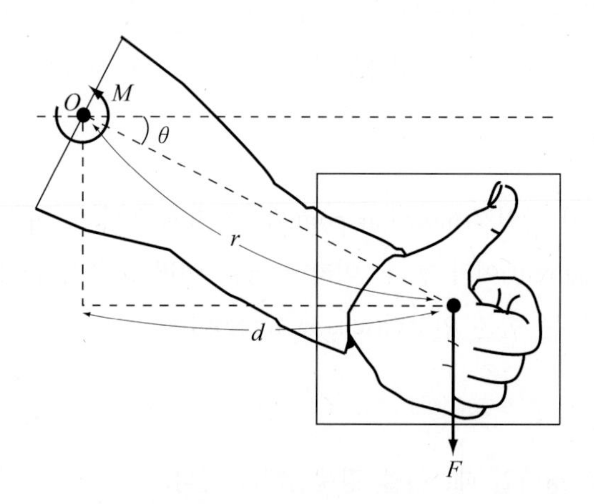

그림 2.3.2 모멘트의 크기

2.3.2 모멘트의 방향

(1) 한 점에서의 모멘트는 그 점과 힘이 놓인 면(plane)에 대해 수직으로 작용한다.

(2) 모멘트 M의 방향은 오른손의 법칙(right-hand-rule)에 의하여 정해진다. 엄지손가락으로 힘을 가리키면, 나머지 손가락은 모멘트의 방향을 가리키게 된다.

(3) 모멘트벡터의 방향은 시계 방향이나 반시계 방향으로 표시된다.

2.3.3 알짜모멘트

물체에 하나 이상의 힘이 미치는 경우, 한 점에 대한 모멘트의 합(resultant moment)은 그 점에 대해 물체에 미치는 여러 힘의 모멘트에 대한 벡터 합으로 계산할 수 있으며, 이를 알짜모멘트(net moment) 또는 "합모멘트"라 한다.

2.3.4 선형평형

만일 여러 힘이 물체에 작용한다면, 여러 힘의 합, 즉 알짜힘(net force)은 0이 되어야 한다. 즉, $\Sigma F=0$이다. 물체에 작용하는 알짜 힘이 0일 때, 물체는 "선형평형(Translational Equilibrium)" 상태에 있다고 말할 수 있다.

2.3.5 회전평형

물체의 각 점에 알짜모멘트가 외부에 작용하는 힘 때문에 0이 될 때, 물체는 "회전평형(Rotational Equilibrium)" 상태에 있다고 말할 수 있다. 즉, $\Sigma M=0$이다.

2.3.6 자유물체도

자유물체도(Free-Body Diagram)는 시스템의 개별적 구성요소들에 작용하는 힘과 모멘트를 파악하는 것을 돕기 위해 그리게 된다. 그림 2.3.3은 박스를 미는 사람에 대한 자유물체도를 표시한 것이다.

자유물체도는 필요한 선형평형과 회전평형을 표시하고, 2차원 좌표에서는 3개의 방정식($\Sigma \boldsymbol{F}_x=0$, $\Sigma \boldsymbol{F}_y=0$, $\Sigma \boldsymbol{M}_0=0$)으로 표현된다.

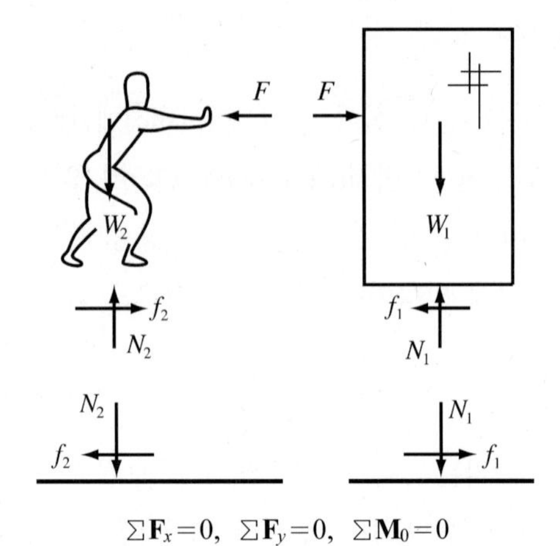

그림 2.3.3 박스를 미는 사람의 자유물체도

2.3.7 일정한 힘에 의해 한 일

(1) 정의

일(work)은 힘과 변위(displacement)의 곱으로 정의된다.

$$W = F \cdot s$$

수평과 θ의 각도를 이루고 있을 때, 수평면에 작용하는 힘의 성분은 F_x이며, 이는 $F_x = F\cos\theta$가 되기 때문에, 한 일은 $W = F\cos\theta \times s$ 가 된다.

(2) 일의 표시

가. 일은 양(positive)이나 음(negative)의 부호로 표시된다. 바벨을 들 때는 양의 일을 하고 있으며, 정지하고 있을 때는 아무런 한 일이 없고, 바벨을 내릴 때는 음의 일을 하게 된다.

나. 마찰력이 표면에 작용한다면, 마찰력은 음의 일을 한다. 이것은 $W_f = -f \times s$ 로 표시되며, 알짜 한 일(W_{net})은 $W_{\neq \mathrm{t}} = F \times s - f \times s$ 로 표시된다.

2.3.8 변하는 힘에 의해 한 일

변화하는 힘(varying force)에 의해 한 일은 변위(거리)에 대한 힘의 적분(integral)으로 표시된다.

2.3.9 에너지(energy)

(1) 에너지의 정의

다른 시스템에 대한 어떤 시스템의 일할 수 있는 능력을 말한다.

(2) 에너지의 구분

가. 잠재적 에너지(ϵ_P)=중력잠재에너지($\epsilon_{Pg} = Wh = mgh$)

+탄성잠재에너지 ($\epsilon_{Ke} = kx^2/2$)

나. 운동역학적 에너지(ϵ_K)= $mv^2/2$

2.3.10 에너지의 보존

(1) 힘의 보존

두 점 사이의 물체를 움직이는 힘이 취한 경로와 독립적이라면, 힘은 보존된다고 말할 수 있다. 보존되는 힘의 대표적인 예는 중력과 용수철의 복원력이며, 보존되지 않는 힘의 예는 마찰력이다.

(2) 에너지보존의 법칙

보존되는 힘에 의해 시스템에 한 일은 운동역학적 에너지(ϵ_K)나 잠재에너지(ϵ_P)로 전환될 수 있다. 운동역학적 에너지와 잠재에너지의 합은 움직이는 시스템의 어느 위치에서도 일정하다. 이를 기계적 에너지보존의 법칙이라 한다.

$$\epsilon_{K1} + \epsilon_{P1} = \epsilon_{K2} + \epsilon_{P2}$$(위치 1에서 2 사이의 에너지보존의 법칙)

2.3.11 운동량과 충격량

(1) 운동량(momentum) 또는 선형(linear) 운동량: 질량 × 속도로 정의되며, $p = m \times \underline{v}$로 표현된다.

(2) 충격량(impulse): 짧은 시간간격 사이에 가해진 힘의 효과

2.4 생체역학적 모형

출제빈도 ★★★★

근골격계 생체역학은 작업 조건(근육의 운동과 관절에 작용하는 힘)에 따른 역학적 부하를 측정하는 연구 분야이다. 생체역학 모델링은 정적(static)모델과 동적(dynamic)모델로 나눌 수

있으며, 이것은 다시 몸을 몇 분절로 나누어서 관찰하느냐, 그리고 2차원이냐 3차원의 관찰이냐에 따라서 세분되게 된다. 여기에서는 한 분절 정적모델과 척추모델을 살펴보기로 한다.

2.4.1 한 분절 정적모델(single-segment static model)

인체를 한 분절씩 고려하는 가장 간단하고 계산하기 쉬운 간단한 모델로서 앞 팔과 손을 하나의 인체분절로 가정한다. 50번째 백분위수에 해당하는 남자 작업자가 양손에 20 kg 질량 무게를 가진 물체를 허리쯤에서 쥐고 있는 경우 작업자의 팔꿈치에 작용하는 힘과 회전 모멘트의 크기와 방향은 다음과 같이 계산된다.

뉴턴의 운동법칙 중 관성의 법칙과 작용－반작용 법칙을 사용하고, 평형상태에 있는 경우 정적 인체에는 힘과 모멘트의 합이 0이 된다는 사실을 이용하여 풀 수 있다.

들고 있는 물체의 질량을 m, 중력을 g, 물체의 중량을 W라고 하면, 물체의 중량은 $W = mg = (20\ \text{kg})(9.8\ \text{m/s}^2) = 196\ \text{N}$이 되며 대칭하중이므로, 각 손에 걸리는 하중은 다음과 같다.

$$\sum F = 0$$

$$-196\ \text{N} + 2R_H = 0$$

$$R_H = 98\ \text{N}$$

하중의 작용선이 손의 중력중심을 거쳐서 지나간다고 가정한다. 그리고 50번째 백분위수 남자 인체치수에 해당하는 팔꿈치에서 아래팔－손 질량의 중력중심까지는 17.2 cm, 손 질량의 중력중심까지는 35.5 cm이며, 아래팔－손 질량의 중량은 15.7 N이다. 팔꿈치에 걸리는 반작용 힘(R_E)은 다음과 같이 계산된다.

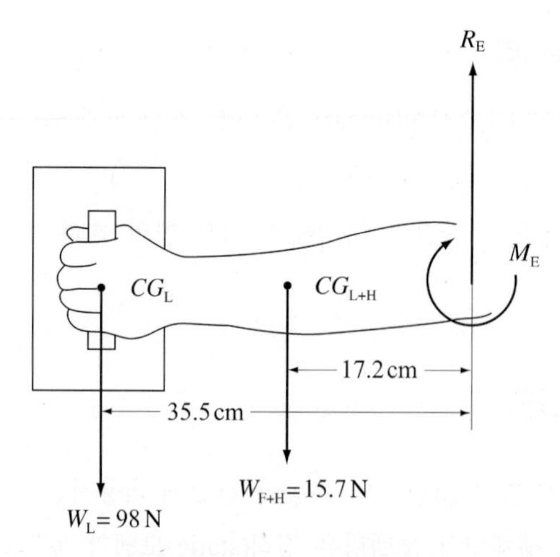

그림 2.3.4 한 분절 정적모델

$$\sum F = 0$$

$$-98\ \text{N} - 15.7\ \text{N} + R_E = 0$$

$$R_E = 113.7\ \text{N}$$

이 반작용 힘은 밑으로의 선형운동에 저항하게 되며, 반시계 방향(ccw)의 회전운동을 멈출 수는 없다. 팔꿈치 모멘트 M_E는 다음과 같다.

$$\sum M = 0$$

$$(-98\ \text{N})(0.355\ \text{m}) + (-15.7\ \text{N})(0.172\ \text{m}) + M_E = 0$$

$$M_E = 37.5\text{Nm}$$

예제

다음 그림과 같이 작업자가 한 손을 사용하여 무게(W_L)가 98 N인 작업물을 수평선을 기준으로 30° 팔꿈치각도로 들고 있다. 물체의 쥔 손에서 팔꿈치까지의 거리는 0.35 m이고, 손과 아래팔의 무게(W_A)는 16 N이며, 손과 아래팔의 무게중심은 팔꿈치로부터 0.17 m에 위치해 있다. 팔꿈치에 작용하는 모멘트는 얼마인가?

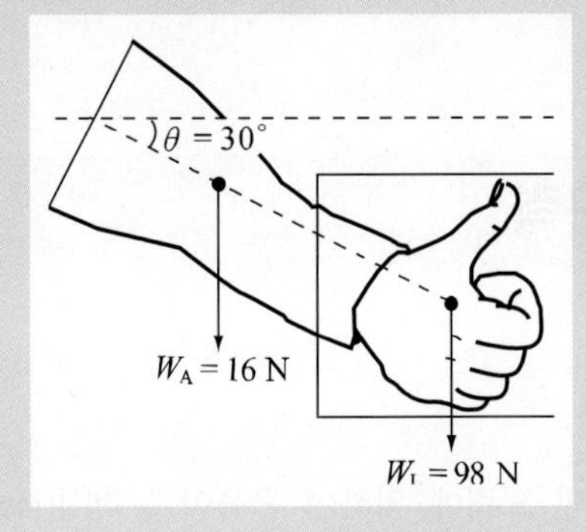

풀이

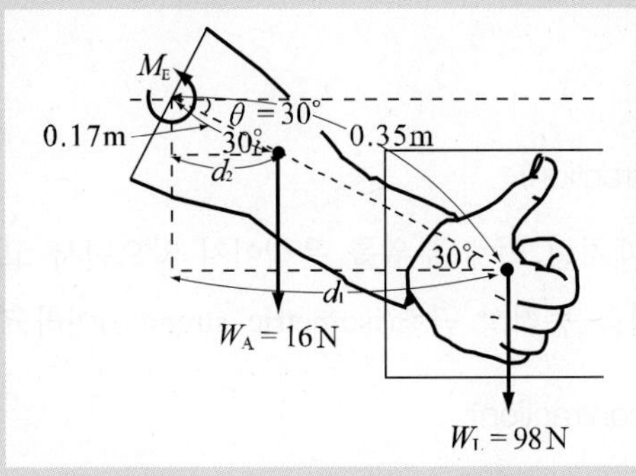

$\sum M = 0$ (모멘트 평형방정식)

$$\Rightarrow (F_1(=W_L) \times d_1 \times \cos\theta) + (F_2(=W_A) \times d_2 \times \cos\theta) + M_E(\text{팔꿈치 모멘트}) = 0$$
$$\Rightarrow (-98\text{N} \times 0.35\text{m} \times \cos 30°) + (-16\text{N} \times 0.17\text{m} \times \cos 30°) + M_E(\text{팔꿈치 모멘트}) = 0$$
$$\therefore\ M_E = 32.06\ \text{Nm}$$

2.4.2 척추모델(back model)

이것은 작업 시 허리에 많은 압력이 가게 되므로 특별히 요추(lumbar)의 마지막 부분과 천추(sacrum)의 첫 번째 부분인 L_5/S_1에 중점을 두기 위해 단순화시킨 모델이다.

L_5/S_1 조인트 디스크(joint disc)에는 압착력(compression force), 전단력(shear force), 굽힘모멘트(bending moment) 등이 발생한다.

자세는 척추모델에서 매우 중요하다. 어떠한 자세를 취하는가에 따라 다른 형태의 압력이 미치며, 부상과 사고의 위험까지도 뒤따르기 때문에 매우 중요하게 다루게 된다.

작업자가 200 N 중량의 물체를 들 때 인체에서 15 cm 정도 멀리에서 든다면, 40% 정도의 추가 굽힘모멘트가 발생하게 된다. 물체를 들 때 걸리는 하중과 가장 멀리 있는 부분이 척추이기 때문에 척추는 많은 부담을 가지게 된다. 따라서, 물체를 들 때는 가급적 손을 허리에 붙여서 척추와 가깝게 드는 것이 허리에 부담을 적게 주는 좋은 방법이다.

03 근력과 지구력

3.1 근력

출제빈도 ★★★★

근력이란 한 번의 수의적인 노력에 의하여 근육이 등척성(isometric)으로 낼 수 있는 힘의 최대값이며, 손, 팔, 다리 등의 특정 근육이나 근육군과 관련이 있다.

3.1.1 근력의 발휘

(1) 정적수축(static contraction)

물건을 들고 있을 때처럼 인체 부위를 움직이지 않으면서 고정된 물체에 힘을 가하는 상태로 이때의 근력을 등척성 근력(isometric strength)이라고도 한다.

(2) 동적수축(dynamic contraction)

물건을 들어 올릴 때처럼 팔이나 다리의 인체 부위를 실제로 움직이는 상태로 동심성

(concentric), 편심성(eccentric) 및 등속성(isokinetic) 수축으로 나눈다.

가. 동심성수축(concentric contraction): 근육이 저항보다 큰 장력(tension)을 발휘함으로써 근육의 길이가 짧아지는 수축이다.

나. 편심성수축(eccentric contraction): 근육이 길어지면서 장력을 발휘하는 수축으로서, 중력 등에 의한 인체 일부의 운동을 감속시키기 위하여 제동력을 일으키는 경우이다. 동심성 및 편심성 수축을 등장성수축(isotonic contraction)이라고 한다.

다. 등속성수축: 관절의 운동범위를 통해, 일정한 속도로 최대수축을 할 수 있는 것으로서, 저항은 매 순간의 근육의 힘(muscular force)에 맞추어 변동한다.

3.1.2 근력의 측정

(1) 정적근력

정적상태에서의 근력은 피실험자가 고정물체에 대하여 최대힘을 내도록 하여 측정한다. AIHA(미국산업위생학회)나 Chaffin에 따르면, 4~6초 동안 정적 힘을 발휘하게 하고, 이때의 순간 최대힘과 3초 동안의 평균힘을 기록하도록 권장한다.

(2) 동적근력

동적근력은 가속과 관절각도의 변화가 힘의 발휘에 영향을 미치기 때문에 측정에 다소 어려움이 있다. 동적 근력의 측정에 운동속도를 이용할 수 있는데, 운동속도는 동적근력 측정에서 중요한 인자이다. 천천히 움직이면 측정 근력값은 커진다.

(3) 측정 시 유의사항

근력측정치는 작업조건뿐만 아니라 검사자의 지시 내용, 측정방법 등에 의해서도 달라지므로 반복측정이 필요하다.

3.1.3 근력에 영향을 미치는 개인적 인자

근력은 개인에 따라 상당히 다양한데 인체치수, 육체적 훈련, 동기 등의 여러 가지 개인적 인자가 근력에 영향을 미친다.

(1) 성별

가. 여성의 평균근력은 남성의 평균근력의 약 65% 정도이다.

나. 하지에 대해서는 들어올리기, 밀기, 끌기 등의 경우 남성과 여성의 평균근력이 거의 비슷하다. 그러나 상지에서 팔의 굽힘이나 회전의 경우 남성이 큰 근력을 발휘한다.

다. 같은 성의 집단 내에서도 근력의 차이는 매우 다양하다.

라. 피고용자를 선별하기 위한 기준으로 작업수행 능력을 확인하기 위한 근력 측정값을 이용하는 것은 적절치 못하다.

(2) 연령

가. 보통 25~35세에서 최대근력이 최고에 도달하고, 40대에서부터 아주 서서히 감소하다가, 그 이후에는 급격히 감소한다.

나. 악력이나 무릎을 펴는 힘의 감소는 연령이 많아짐에 따라 크게 나타나지만, 허리를 굽히는 힘과 팔꿈치를 굽히는 힘은 크게 감소하지 않는다.

다. 운동을 통해 약 30~40%의 근력 증가효과를 가져올 수도 있다.

라. 연령별 허용하중

표 2.3.1 연령별 허용하중(IOSHIC)

성별 \ 나이	18~20	20~35	35~50	50 이상
남	23 kg	25 kg	20 kg	16 kg
여	14 kg	15 kg	13 kg	10 kg

(3) 작업자세

위팔의 각도를 변화시켜가며 밀고(push), 당기는(pull) 힘을 측정해 보면 팔꿈치의 각도에 따라서 많은 차이가 나타나며, 미는 힘은 180°, 당기는 힘은 150°에서 최대가 된다.

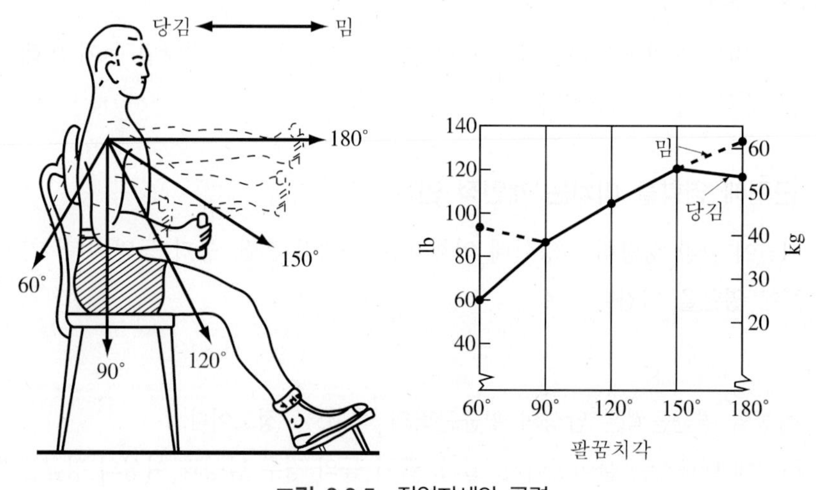

그림 2.3.5 작업자세와 근력

3.2 지구력

출제빈도 ★★★★

(1) 지구력(endurance)이란 근력을 사용하여 특정 힘을 유지할 수 있는 능력이다.

(2) 지구력은 힘의 크기와 관계가 있다.

(3) 최대근력으로 유지할 수 있는 것은 몇 초이며, 최대근력의 50% 힘으로는 약 1분간 유지할 수 있다. 최대근력의 15% 이하의 힘에서는 상당히 오래 유지할 수 있다.

(4) 반복적인 동적작업에서는 힘과 반복주기의 조합에 따라 그 활동의 지속시간이 달라진다.

(5) 최대근력으로 반복적 수축을 할 때는 피로 때문에 힘이 줄어들지만 어떤 수준 이하가 되면 장시간 동안 유지할 수 있다.

(6) 수축횟수가 10회/분일 때는 최대근력의 80% 정도를 계속 낼 수 있지만, 30회/분일 때는 최대근력의 60% 정도밖에 지속할 수 없다.

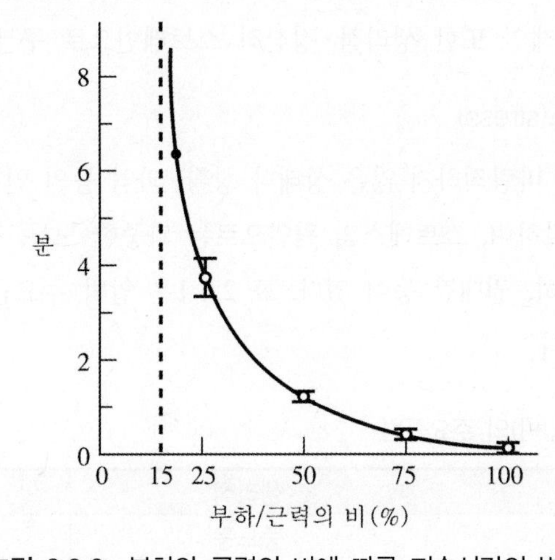

그림 2.3.6 부하와 근력의 비에 따른 지속시간의 변화

4장 | 생체반응 측정

01 측정의 원리

1.1 인체활동의 측정원리

출제빈도 ★★★★

인간이 활동을 할 때는 바람직하지 않은 고통이나 반응을 일으키는 스트레스와 스트레스의 결과로 나타나는 스트레인을 받는다. 스트레스의 근원은 작업, 환경 등에 따라 생리적·정신적 근원으로 구별되며, 스트레인 또한 생리적·정신적 스트레인으로 구분된다.

(1) 압박 또는 스트레스(stress)

개인에게 작용하는 바람직하지 않은 상태나 상황, 과업 등의 인자와 같이 내외부로부터 주어지는 자극을 말하며, 스트레스의 원인으로는 과중한 노동, 정적 자세, 더위와 추위, 소음, 정보의 과부하, 권태감 등이 있다. 표 2.4.1은 압박 주요근원을 생리적·심리적으로 세분화한 표이다.

표 2.4.1 스트레스(압박)의 주요근원

주요근원	생리적	심리적
작업	중노동 부동위치	정보 과부하 경계
환경	대기 소음/진동 열/냉	위험 유폐
일주 리듬	수면 부족	수면 부족

(2) 긴장 또는 스트레인(strain)

압박의 결과로 인체에 나타나는 고통이나 반응을 말하며, 혈액의 화학적 변화, 산소소비량, 근육이나 뇌의 전기적 활동, 심박수, 체온 등의 변화를 관찰하여 스트레인을 측정할 수 있다. 표 2.4.2는 긴장의 주요척도를 나타낸다.

표 2.4.2 스트레인(긴장)의 주요척도들

생리적 긴장			심리적 긴장	
화학적	전기적	인체적	활동	태도
혈액성분 요성분 산소소비량 산소결손 산소회복곡선 열량	뇌전도(EEG) 심전도(ECG) 근전도(EMG) 안전도(EOG) 전기피부 반응(GSR)	혈압 심박수 부정맥 박동량 박동결손 인체온도 호흡수	작업속도 실수 눈 깜박수	권태 기타 태도요소

가. 특징

사람에 따라 스트레스의 원인이 다르며, 같은 수준의 스트레스일지라도 스트레인의 양상과 수준은 사람에 따라 크게 다르다. 이러한 개인차는 육체적·정신적인 특성이 개인마다 다르기 때문이다.

(3) 작업의 종류에 따른 생체신호 측정방법

작업을 할 때에 인체가 받는 부담은 작업의 성질에 따라 상당한 차이가 있다. 이 차이를 연구하기 위한 방법이 생체신호를 측정하는 것이다. 다시 말하면 산소소비량, 근전도(EMG), 에너지대사율(RMR), 플리커치(CFF), 심박수, 전기피부 반응(GSR) 등으로 인체의 생리적 변화를 측정하는 것이다. 또, 이것과 동시에 측정할 수 있는 방법으로는 뇌파, 혈압, 안전도(EOG) 등을 들 수 있다.

가. 동적근력 작업(動的筋力作業): 에너지량, 즉 에너지대사율(RMR), 산소섭취량, CO_2 배출량 등과 호흡량, 심박수, 근전도(EMG) 등

나. 정적근력 작업(靜的筋力作業): 에너지대사량과 심박수와의 상관관계, 또 그 시간적 경과, 근전도 등

다. 정신(심)적 작업: 플리커치 등

라. 작업부하, 피로 등의 측정: 호흡량, 근전도(EMG), 플리커치

① 근전도(electromyogram; EMG): 근육활동의 전위차를 기록한 것으로 심장근의 근전도를 특히 심전도(electrocardiogram; ECG)라 한다.

② 점멸융합주파수(플리커치): 빛을 일정한 속도로 점멸시키면 '반짝반짝'하게 보이나 그 속도를 증가시키면 계속 켜져 있는 것처럼, 한 점으로 보이게 된다. 이때의 점멸빈도(Hz)를 점멸융합주파수(Critical Flicker Frequency of fusion light; CFF)라 한다. 점멸융합주파수는 피곤함에 따라 빈도가 감소하기 때문에 중추신

경계의 피로, 즉 '정신피로'의 척도로 사용될 수 있다.

마. 긴장감측정: 심박수, GSR(전기피부반응)

① 전기피부 반응(Galvanic Skin Response; GSR): 작업부하의 정신적 부담도가 피로와 함께 증대하는 양상을 수장(手掌) 내측의 전기저항의 변화에서 측정하는 것으로, 피부 전기저항 또는 정신전류 현상이라고 한다.

02 육체작업 부하평가

2.1 심장활동의 측정

출제빈도 ★★★★

(1) 심장활동

가. 수축기(systole): 심실이 수축하는 기간(약 0.3초 지속)

나. 확장기(diastole): 심실이 이완하는 기간(약 0.5초 지속)

다. 심장주기(cardiac cycle): 심실이 수축, 이완하는 일련의 사건(약 0.8초 지속), 1분간 약 70주기가 반복된다. 이것이 심박수(HR)이다.

(2) 심장활동의 측정

심실수축기가 시작되면 심방－심실 간의 판막이 닫히며 첫 번째 심음을 낸다(그림 2.4.1(상)). 수축기가 끝나면 심실 내의 압력이 떨어지고 심실－동맥 간의 판막이 닫히며 두 번째 심음을 낸다.

심장근수축에 따르는 전기적 변화를 피부에 부착한 전극들로 검출, 증폭, 기록한 것

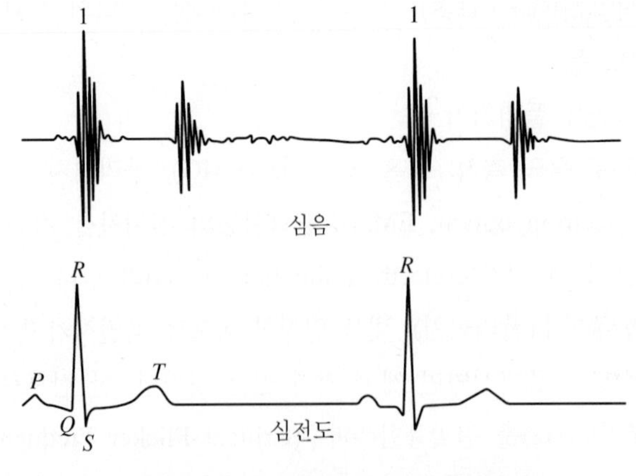

그림 2.4.1 심음도(상)와 심전도(하)

을 심전도(ECG 또는 EKG)라고 하며, 파형 내의 여러 파들은 P, QRS, T파 등으로 불린다.

가. P파: 심방탈분극, 동방결절 흥분직후에 시작
나. QRS파: 심실탈분극, 흥분이 방실결절 → 방실속 → 푸르키네 섬유에 전달되는 과정
다. T파: 심실재분극

(3) 맥박수

열 및 감정적 압박의 영향을 잘 나타내나 체질, 건강상태, 성별 등 개인적인 요소에도 좌우되므로 여러 종류의 작업부하를 나타내는 절대지표로는 산소소비량보다 덜 적합하다.

2.2 산소소비량의 측정

출제빈도 ★★★★

(1) 호흡

호흡이란 폐세포를 통하여 혈액 중에 산소를 공급하고 혈액 중에 축적된 탄산가스를 배출하는 작용이다. 작업수행시의 산소소비량을 알게 되면 생체에서 소비된 에너지를 간접적으로 알 수가 있다.

(2) 산소소비량 측정

산소소비량을 측정하기 위해서는 더글라스(Douglas)낭 등을 사용하여 우선 배기를 수집한다. 질소는 체내에서 대사되지 않고, 또 배기는 흡기보다 적으므로 배기 중의 질소비율은 커진다. 이 질소 변화로 흡기의 부피(흡기 시 $O_2=21\%$, $CO_2=0\%$, $N_2=79\%$)를 구할 수 있다.

$$\text{흡기부피}=(100-O_2\%-CO_2\%)\times\text{배기부피}/79$$
$$O_2\ \text{소비량}=21\%\times\text{흡기부피}-O_2\%\times\text{배기부피}$$

(3) 에너지소비량 계산

작업의 에너지값은 흔히 분당 또는 시간당 산소소비량으로 측정하며, 이 수치는 1 L O_2 소비=5 kcal의 관계를 통하여 분당 또는 시간당 kcal값으로 바꿀 수 있다.

예제

어떤 작업을 50분 진행하는 동안에 5분간에 걸쳐 더글라스낭에 배기를 받아 보았더니 90 L였다. 이 중에서 산소는 16%이고, 이산화탄소는 4%였다. 분당 산소소비량과 에너지가는 얼마인가?

풀이

① 분당배기량 $= \frac{90\ \text{L}}{5\text{분}} = 18\ \text{L/분}$

② 분당흡기량 $= \frac{(100\% - 16\% - 4\%)}{79\%} \times 18\ \text{L} = 18.23\ \text{L/분}$

③ 산소소비량 $= 21\% \times 18.23\ \text{L/분} - 16\% \times 18\ \text{L/분} = 0.948\ \text{L/분}$

④ 에너지가 $= 0.948 \times 5 = 4.74\ \text{kcal/분}$

2.3 근육활동의 측정

출제빈도 ★★★★

(1) 근육활동

근육이 움직일 때 나오는 미세한 전기신호를 근전도(electromyogram; EMG)라 하고, 이것을 종이나 화면에 기록한 것을 근전계(electromyograph)라고 한다. 근전도는 근육의 활동 정도를 나타낸다.

(2) 근전도의 종류

가. 심전도(ECG): 심장근육의 전위차를 기록한 근전도

나. 뇌전도(EEG): 뇌의 활동에 따른 전위차를 기록한 것

다. 안전도(EOG): 안구를 사이에 두고 수평과 수직방향으로 붙인 전위차를 기록한 것

(3) 근전도의 활용

특정 부위의 근육활동을 측정하기에 좋은 방법이고, 정성적인 정보를 정량화할 수 있다. 만약 심한 작업을 할 때는 인체 전체를 측정할 수 있는 산소소비량과 심장박동수가 더 좋은 방법이다.

(4) 근전도와 근육피로

근육이 피로해지면, 근육통제중추의 수행주파수가 감소하게 된다. 특히, 정적수축으로 인한 피로일 경우 진폭의 증가와 저주파성분의 증가가 동시에 근전도상에 관측된다. 또한, 휴식기의 근전도 상의 평균주파수는 피로한 근육의 경우보다 2배 정도 높게 나타난다.

(5) 근전도의 측정

가. 근육활동을 측정하고자 하는 근육에 전극을 부착하여 활동전위차를 검출한다.

나. 표면전극을 붙이는 위치는 조사하고자 하는 근육의 근위(proximal)단에 +전극을 붙이고 원위(distal)단에는 −전극을 붙이며, reference electrode는 이들 근육과 관계없는 부위에 붙인다.

다. 전극을 측정 부위에 부착한 다음, 보정(calibration)시켜 측정한다.

라. 측정방법에는 정성적 분석법과 정량적 분석법이 있다.

① 정성적 분석법: EMG 신호의 파형을 유형별로 서로 비교

② 정량적 분석법: Amplitude 분석, Frequency 분석, IEMG 분석 등

03 정신작업 부하평가

3.1 정신활동 측정

출제빈도 ★★★★

3.1.1 정신부하의 측정목적

(1) 정신부하에 기초하여 인간과 기계에 합리적인 작업을 배정한다.

(2) 부과된 작업의 부하를 고려하여 대체할 장비 등을 비교·평가한다.

(3) 작업자가 행하는 작업의 난이도를 검정하고, 이에 따라 합리적인 작업배정을 한다.

(4) 고급인력을 적재적소에 배치한다.

3.1.2 정신부하의 개념

(1) 정신부하의 정의

정신부하란 임무에 의해 개인에 부과되는 하나의 측정 가능한 정보처리 요구량이다. 또한, 한 사람이 사용할 수 있는 인적능력과 작업에서 요구하는 능력의 차이라고도 볼 수 있다.

(2) 정신부하 척도의 요건

가. 예민도(sensitivity): 서로 다른 수준의 작업 난이도라도 구별이 가능할 수 있는 측정이 되어야 한다.

나. 선택성(selectivity): 정신부하 측정에 있어서 관련되지 않는 사항들은 포함되지 않아야 한다.

다. 간섭(interference): 정신부하를 측정할 때 이로 인해 작업이 방해를 받아서 작업의 수행도에 영향을 끼치면 안 된다.

라. 신뢰성(reliability): 측정값은 신뢰할 수 있을 만한 것이어야 한다.

마. 수용성(acceptability): 피측정인이 납득하여 수용할 수 있는 측정방법이 사용되어야 한다.

3.1.3 정신부하의 측정방법

정신부하의 측정은 크게 네 부분으로 나뉘는데 주작업 측정, 부수작업 측정, 생리적 측정, 그리고 주관적 측정이다.

(1) 주작업 측정

이용 가능한 시간에 대해서 실제로 이용한 시간을 비율로 정한 방법이다.

(2) 부수작업 측정

주작업수행도에 직접 관련이 없는 부수작업을 이용하여 여유능력을 측정하고자 하는 것이다.

(3) 생리적 측정

주로 단일 감각기관에 의존하는 경우에 작업에 대한 정신부하를 측정할 때 이용되는 방법이다. 부정맥, 점멸융합주파수, 전기피부 반응, 눈깜박거림, 뇌파 등이 정신작업 부하 평가에 이용된다.

(4) 주관적 측정

정신부하를 평가하는 데 있어서 가장 정확한 방법이라고 주장하는 학자들이 있다. 이 방법은 측정 시 주관적인 상태를 표시하는 등급을 쉽게 조정할 수 있다는 장점이 있다.

3.1.4 부정맥

심장박동이 비정상적으로 느려지거나 빨라지는 등 불규칙해지는 현상을 부정맥(不整脈: cardiac arrhythmia)이라 하고, 정상적이고 규칙적인 심장박동을 정맥이라고 한다. 맥박 간격의 표준편차나 변동계수(coefficient of variation, 표준편차/평균치) 등으로 표현되며, 정신부하가 증가하면 부정맥 점수가 감소한다.

3.1.5 점멸융합주파수

(1) 점멸융합주파수(Critical Flicker Fusion Frequency; CFF, Visual Fusion Frequency; VFF)는 빛을 어느 일정한 속도로 점멸시키면 깜박거려 보이나 점멸의 속도를 빨리 하면 깜박임이 없고 융합되어 연속된 광으로 보일 때의 점멸주파수를 말한다.

(2) 점멸융합주파수는 피곤함에 따라 빈도가 감소하기 때문에 중추신경계의 피로, 즉 '정신피로'의 척도로 사용될 수 있다. 잘 때나 멍하게 있을 때에 CFF가 낮고, 마음이 긴장되었을 때나 머리가 맑을 때에 높아진다.

(3) VFF에 영향을 미치는 요소

가. VFF는 조명강도의 대수치에 선형적으로 비례한다.

나. 시표와 주변의 휘도가 같을 때 VFF는 최대로 영향을 받는다.

다. 휘도만 같으면 색은 VFF에 영향을 주지 않는다.

라. 암조응 시는 VFF가 감소한다.

마. VFF는 사람들 간에는 큰 차이가 있으나. 개인의 경우 일관성이 있다.

바. 연습의 효과는 아주 적다.

3.1.6 전기피부 반응(Galvanic Skin Response; GSR)

전기피부 반응(GSR)은 피부의 전기저항값이 자극에 의해서 반사적으로 감소한다는 현상이다. 인체의 온열자극으로 일어나는 체온조절을 위한 발한과 자극으로 일어나는 정신성인 발한이 있다. 고도로 긴장, 흥분할 때 대뇌의 교감신경을 거쳐 세포가 자극되어 정신성의 발한이 일어나며, 이것은 손과 발 부위에 특히 일어나기 쉽다.

3.1.7 눈깜박거림(eye blink)

눈꺼풀이 닫히는 시간은 0.05초 정도이고, 눈꺼풀이 닫혀 있는 시간은 대략 0.15초, 눈꺼풀이 다시 열리는 시간은 0.2초 정도이다. 눈깜박거림은 개인차가 크지만 평균적으로 매 5초마다 작용하며, 보통 눈깜박거림으로 시각정보의 3%를 손실한다. 시각작업의 경우 정신부하가 증가하면 눈깜박거림 횟수는 감소한다(김유창).

3.1.8 뇌파

인간이 활동하거나 수면을 취하고 있는 동안 대뇌의 표층을 덮는 신피질의 영역에서 어떤 리듬을 가진 미약한 전기활동이 일어나고 있다. 이 현상을 인간에 관해서 처음으로 기록한 것은 H. Berger이며, 이것을 뇌파(electroencephalogram; EEG)라고 명명하였다.

(1) 뇌파의 종류

가. δ(델타)파: 4 Hz 이하의 진폭이 크게 불규칙적으로 흔들리는 파

나. θ(세타)파: 4~8 Hz의 서파

다. α(알파)파: 8~14 Hz의 규칙적인 파동

라. β(베타)파: 14~30 Hz의 저진폭파

마. γ(감마)파: 30 Hz 이상의 파

3.2 정신물리학적 측정법

약 100년 전 페히너(G. Fechner)는 "감각의 크기는 자극의 강도에 대수관계로 비례한다"는 법칙을 알아내고 정신계와 물리계의 관계를 규명하는 데 역점을 두어 연구를 하면서 정신물리학(Psychophysics)이라는 독특한 학문을 만들어 냈다.

(1) 정신물리학적 측정법의 원리

전통적인 정신물리학적 측정법에는 피실험자에게 직접적으로 양적인 판단을 요구하지 않는다. 즉, <보인다, 안보인다>의 두 종류나 <크다, 같다, 작다>와 같은 세 종류와 같이 범주 내의 판단(언어반응)만을 요구하는 것을 원칙으로 한다. 이러한 판단은 피실험자에게 정량적인 추정을 요구하는 것이 아니므로, 판단기준의 주관성이나 개인차가 들어가기가 어렵다. 또한, 이러한 판단은 자극에 대한 역치에 주안점을 두었기 때문에 그 안에는 통계적으로 점차적인 변화를 나타내고 있다.

(2) 측정대상

가. 자극역(stimulus threshold)

'감각을 느끼게 되는 경계치상의 자극의 강도'를 의미한다. 즉, 인간이 무엇인가 감각할 수 있는 강도의 자극이며, 자극역보다 약한 자극은 인간에게 아무런 감각도 일으키지 못한다. 이러한 자극의 경곗값인 역치는 자극의 종류마다 특정의 절대치가 있는 것이 아니며, 역치를 구하는 방법과 개인 간의 차이에 따라서 상당한 차이가 난다.

나. 변별역(difference threshold)

자극 사이의 차이를 알 수 있는 것과 알 수 없는 것의 경계에 있는 자극변화량을 의미한다. 자극의 차이가 아주 작다면 우리는 그 차이를 느낄 수 없을 것이다.

다. 주관적 등가치(point of subjective equality)

성질을 달리하는 두 가지 자극이 어떤 특정된 속성에 관해서 균등하다고 감지할 수 있는 값을 말한다. 물론 같은 성질의 자극에 관해서 주관적 등가치를 구해도 상관은 없다.

(3) 정신물리학적 측정기법의 종류

가. 조정법(adjustment method)

피실험자 스스로 어떤 자극이 크다고 느끼면 자신이 자극의 세기를 줄이고, 또 자극이 적다고 생각된다면 스스로 자극을 증가시키면서 같은 크기의 자극에 도달할 때까지 이를 반복하여 등가치에 도달하는 방법이다. 이러한 조정법은 주로 주관적 가치를 구하는 데 이용된다.

나. 극한법(limits method)

조정법에서와 같이 자극을 연속적으로 변화시키지 않고 적은 양을 단계적으로 변화시키는 방법이다. 이러한 상태에서 피실험자의 반응을 둘이나 세 종류로 제한시켜 표현하도록 한다. 또, 자극 레벨을 조정하는 것도 피실험자가 하지 않고 실험자가 행한다. 상승방식과 하강방식을 이용하여 여러 수준의 자극으로 출발을 하면서 한 피실험자에 대한 실험을 몇 차례 반복하고 이로부터 상변별역, 하변별역 및 평균 변별역을 구한다.

다. 항상법(constant method)

실험자는 먼저 예비실험을 한 후로 4개에서 8개 정도의 자극강도를 선택한다. 이렇게 선택된 자극들을 랜덤한 순서로 50회에서 200회 정도를 피실험자에게 제시하고 이에 대한 반응을 측정한다. 즉, 자극역을 구하고자 한다면 제시된 자극이 감지되었는가 감지되지 않았는가를 주의 깊게 관찰해야 하며 변별역이 아닌 등가치를 구하고자 한다면 大, 等, 小 등의 반응을 알아낸다.

(4) 보그 스케일(Borg' s scale)

자신의 작업부하가 어느 정도 힘든가를 주관적으로 평가하여 언어적으로 표현할 수 있도록 척도화한 것이다. 작업자들이 주관적으로 지각한 신체적 노력의 정도를 6에서 20 사이의 척도로 평가한다. 이 척도의 양끝은 각각 최소심장박동률과 최대심장박동률을 나타낸다.

5장 | 작업환경 평가 및 관리

01 조명

1.1 조명의 목적

조명의 목적은 일정 공간 내의 목적하는 작업을 용이하게 하는 데 있으며 조명관리는 인간에게 유해하지 않는 범위에서 작업의 편의를 제공하게 하는 데 있다.

(1) 눈의 피로를 감소하고 재해를 방지한다.
(2) 작업이 능률 향상을 가져온다.
(3) 정밀작업이 가능하고 불량품 발생률이 감소한다.
(4) 깨끗하고 명랑한 작업환경을 조성한다.

1.2 조명의 범위와 적정조명 수준

출제빈도 ★★★★

(1) 조명의 범위

조명은 인공적인 것이지만 조명공간은 자연광선의 영향하에 있으므로 자연광선도 고려하여야 하며, 공간 내의 모든 표적도 그 대상 범위가 된다.

(2) 적정조명 수준

가. 산업안전보건법상의 조명수준

산업안전보건법상의 작업의 종류에 따른 조명수준은 표 2.5.1과 같다. 특히. 수술실과 같이 대비가 아주 낮고, 크기가 작은 특수한 시각적 작업을 할 때에는 10,000 lux 이상이어야 한다.

표 2.5.1 적정조명 수준

작업의 종류	초정밀작업	정밀작업	보통작업	기타작업
작업면 조명도	750 lux 이상	300 lux 이상	150 lux 이상	75 lux 이상

나. 노화로 인한 시각능력의 감소 시 조명수준을 결정할 때 고려해야 될 사항

① 직무의 대비뿐만 아니라 휘광의 통제도 아주 중요하다.

② 느려진 동공 반응은 과도 적응 효과의 크기와 기간을 증가시킨다.

③ 색 감지를 위해서는 색을 잘 표현하는 전대역 광원이 추천된다.

④ 과도 적응 문제와 눈의 불편을 줄이기 위해서는 보다 낮은 광도비가 필요하다.

(3) 조명단위

가. 럭스(lux): 표준 1촉광의 광원으로부터 1 m 떨어진 곡면에 비치는 빛의 밀도

나. Fc(foot candle): 표준 1촉광으로부터 1 ft 떨어진 곡면에 비치는 빛의 밀도

(4) 휘광(glare)

눈부심은 눈이 적응된 휘도보다 훨씬 밝은 광원(직사휘광) 혹은 반사광(반사휘광)이 시계 내에 있음으로써 생기며, 성가신 느낌과 불편감을 주고 시성능(visual performance)을 저하시킨다.

가. 광원으로부터의 직사휘광 처리

① 광원의 휘도를 줄이고 광원의 수를 늘린다.

② 광원을 시선에서 멀리 위치시킨다.

③ 휘광원 주위를 밝게 하여 광속발산(휘도)비를 줄인다.

④ 가리개(shield) 혹은 차양(visor)을 사용한다.

나. 창문으로부터의 직사휘광 처리

① 창문을 높이 단다.

② 창의 바깥 속에 드리우개(overhang)를 설치한다.

③ 창문 안쪽에 수직날개(fin)를 달아 직사광선을 제한한다.

④ 차양(shade) 혹은 발(blind)을 사용한다.

다. 반사휘광의 처리

① 발광체의 휘도를 줄인다.

② 일반(간접) 조명수준을 높인다.

③ 산란광, 간접광, 조절판(baffle), 창문에 차양(shade) 등을 사용한다.

④ 반사광이 눈에 비치지 않게 광원을 위치시킨다.

⑤ 무광택 도료, 빛을 산란시키는 표면색을 한 사무용 기기, 윤기를 없앤 종이 등을 사용한다.

(5) 실내의 추천반사율(IES)

천장 > 벽 > 바닥의 순으로 추천반사율이 높다.

가. 천장: 80~90%

나. 벽, blind: 40~60%

다. 가구, 사무용기기, 책상: 25~45%

라. 바닥: 20~40%

(6) 조명방식

가. **직접조명**: 등기구에서 발산되는 광속의 90% 이상을 직접작업면에 투사하는 조명방식이다. 공장이나 가정의 일반적인 조명방식으로 널리 사용되고 있다.

① 장점: 효율이 좋으며 소비전력은 간접조명의 1/2 ~ 1/3 이다. 설치비가 저렴하고, 설계가 단순하며 보수가 용이하다.

② 단점: 주위와의 심한 휘도의 차, 짙은 그림자와 반사 눈부심이 심하다.

나. **간접조명**: 등기구에서 나오는 광속의 90~100%를 천장이나 벽에 투사하여 여기에서 반사되어 퍼져나오는 광속을 이용한다.

① 장점: 방바닥면을 고르게 비출 수 있고 빛이 물체에 가려도 그늘이 짙게 생기지 않으며, 빛이 부드러워서 눈부심이 적고 온화한 분위기를 얻을 수 있다. 보통 천장이 낮고 실내가 넓은 곳에 높이감을 주기 위해 사용한다.

② 단점: 효율이 나쁘고 천장색에 따라 조명 빛깔이 변하며, 설치비가 많이 들고 보수가 쉽지 않다.

02 소음

2.1 소음의 정의

보통 원하지 않는 소리를 소음이라 한다.

(1) 가청한계: 2×10^{-4} dyne/cm^2(0 dB)~10^3 dyne/cm^2(134 dB)

(2) 가청주파수: 20~20,000 Hz

(3) 실내소음 안전한계: 40 dB 이하

(4) 심리적 불쾌: 40 dB 이상

(5) 생리적 영향: 60 dB 이상(근육긴장, 동공팽창, 혈압증가, 소화기계통)

(6) 난청: 90 dB 이상

(7) 언어를 구성하는 주파수: 250~3,000 Hz

2.2 소음의 발생원과 재해

(1) 소음의 발생원

공장소음, 교통소음, 항공기소음, 일반소음 등으로 구분되는데 이러한 모든 소음은 사람에게 불쾌감과 수면장애 및 건강장애를 주게 된다.

(2) 소음과 재해

소음의 강도나 90 dB을 넘으면 이 소리가 연속적이든, 단속적이든지 간에 사람은 과오를 범하는 횟수가 증가하여 안전사고의 요인이 된다.

2.3 소음의 영향

출제빈도 ★★★★

(1) 청력장해

가. **일시장해**: 청각피로에 의해서 일시적으로(폭로 후 2시간 이내) 들리지 않다가 보통 1~2시간 후에 회복되는 청력장해를 말한다.

나. **영구장해**: 일시장해에서 회복 불가능한 상태로 넘어가는 상태로 3,000~ 6,000 Hz 범위에서 영향을 받으며 4,000 Hz에서 청력손실이 현저히 커진다. 이러한 소음성 난청의 초기 단계를 보이는 현상을 C5-dip 현상이라고 한다.

(2) 대화방해

보통 500 Hz 이상에서는 방해를 받으며, 소음강도가 클수록, 은폐음의 주파수보다 높을수록 은폐효과(masking effect)가 크다. 일반적으로 10 dB 정도이다.

(3) 작업방해

작업능률이 저하되며, 에너지소비량이 크게 증가한다.

(4) 수면방해

55 dB(A)일 때는 30 dB(A)일 때보다 2배, 즉 100% 잠이 늦게 들고, 잠자던 사람이 깨어나는 시간도 60% 정도 단축하여 빨리 깨어난다.

(5) 기타

위액 분비 및 위 운동의 억제, 소화기능불량, 혈압상승, 맥박수 증가, 발한, 말초혈관의 수축 등

2.4 소음의 노출기준 및 대책

출제빈도 ★★★★

2.4.1 소음 노출기준

사업장에서 발생하는 소음의 노출기준은 각 나라마다 소음의 크기(dB)와 높낮이(Hz), 소음의 지속시간, 소음 작업의 근무년수, 개인의 감수성 등을 고려하여 정하고 있다. 국제표준화기구 ISO(International Organization for Standardization)에서는 소음평가지수(Noise Rating-Number)로 85 dB를 기준으로 잡고 있다.

(1) 소음의 측정

소음계는 주파수에 따른 사람의 느낌을 감안하여 A, B, C 세 가지 특성에서 음압을 측정할 수 있도록 보정되어 있다. A 특성치는 40 phon, B는 70 phon, C는 100 phon의 등음량곡선과 비슷하게 주파수에 따른 반응을 보정하여 측정한 음압수준을 말한다. 일반적으로 소음레벨은 그 소리의 대소에 관계없이 원칙으로 A 특성으로 측정한다.

(2) 소음노출지수

가. 음압수준이 다른 여러 종류의 소음에 여러 시간 동안 복합적으로 노출된 경우에는 각 음에 노출되는 개별효과보다도 이들 음의 종합효과를 고려한 누적소음 노출지수(Exposure Index)를 다음과 같이 산출할 수 있다.

$$\text{소음노출지수(D)(\%)} = \left(\frac{C_1}{T_1}+\frac{C_2}{T_2}+\cdots+\frac{C_n}{T_n}\right)\times 100$$

여기서, C_i: 특정 소음 내에 노출된 총 시간

T_i: 특정 소음 내에서의 허용노출기준

나. 시간가중 평균지수(Time-Weighted Average; TWA)

① 누적소음 노출지수를 이용하면 시간가중 평균지수를 구할 수 있다. TWA 값은 누적소음 노출지수를 8시간 동안의 평균 소음수준 dB(A) 값으로 변환한 것이다.

② TWA는 다음 식에 의하여 구할 수 있다.

$$TWA = 16.61 \log(D/100) + 90(dB(A))$$

여기서, D: 소음노출지수

dB(A): 8시간 동안의 평균소음 수준

표 2.5.2 소음의 허용기준

허용음압 dB(A)	1일 폭로시간
90	8
95	4
100	2
105	1
110	1/2
115	1/4

예제

A 작업장에서 근무하는 작업자가 85 dB(A)에 4시간, 90 dB(A)에 4시간 동안 노출되었다. 음압수준별 허용시간이 다음 [표]와 같을 때 (누적)소음노출지수(%)는 얼마인가?

음압수준 dB(A)	노출 허용시간/일
85	16
90	8
95	4
100	2
105	1
110	0.5
115	0.25
-	0.125

풀이

$$\text{누적 소음노출지수} = \left(\frac{4}{16}\times 100\right)+\left(\frac{4}{8}\times 100\right)$$

$$= 75\%$$

2.4.2 우리나라의 소음허용 기준

산업안전보건법상 1일 8시간 작업을 기준으로 소음작업과 강렬한 소음작업은 아래와 같다.

(1) 소음작업: 1일 8시간 작업을 기준으로 하여 85데시벨 이상의 소음이 발생하는 작업을 말한다.

(2) 강렬한 소음작업

가. 90데시벨 이상의 소음이 1일 8시간 이상 발생하는 작업

나. 95데시벨 이상의 소음이 1일 4시간 이상 발생하는 작업

다. 100데시벨 이상의 소음이 1일 2시간 이상 발생하는 작업

라. 105데시벨 이상의 소음이 1일 1시간 이상 발생하는 작업

마. 110데시벨 이상의 소음이 1일 30분 이상 발생하는 작업

바. 115데시벨 이상의 소음이 1일 15분 이상 발생하는 작업

2.4.3 소음관리 대책

(1) 소음원의 통제

기계의 적절한 설계, 적절한 정비 및 주유, 기계에 고무받침대(mounting) 부착, 차량에는 소음기(muffler)를 사용한다.

(2) 소음의 격리

덮개(enclosure), 방, 장벽을 사용(집의 창문을 닫으면 약 10 dB 감음된다)

(3) 차폐장치(baffle) 및 흡음재료 사용

(4) 능동소음제어

감쇠대상의 음파와 역위상인 신호를 보내어 음파 간에 간섭현상을 일으키면서 소음이 저감되도록 하는 기법

(5) 적절한 배치(layout)

(6) 방음보호구 사용

귀마개와 귀덮개

가. 차음보호구 중 귀마개의 차음력은 2,000 Hz에서 20 dB, 4,000 Hz에서 25 dB의 차음력을 가져야 한다.

나. 귀마개와 귀덮개를 동시에 사용해도 차음력은 귀마개의 차음력과 귀덮개의 차음력의 산술적 상가치(相加置)가 되지 않는다. 이는 우리 귀에 전달되는 음이 외이도만을 통해서 들어오는 것이 아니고 골전도음도 있으며, 새어들어오는 음도 있기 때문이다.

(7) BGM(Back Ground Music)

배경음악(60 ± 3 dB)

2.5 청력보존 프로그램

출제빈도 ★★★★

(1) 정의

소음노출평가, 노출기준 초과에 따른 공학적 대책, 청력보호구의 지급 및 착용, 소음의 유해성과 예방에 관한 교육, 정기적 청력검사, 기록·관리 등이 포함된 소음성 난청을 예방·관리하기 위한 종합적인 계획을 말한다. 적용 대상은 아래와 같다.

가. 소음수준이 90 dB(A)를 초과하는 사업장

나. 소음으로 인하여 작업자에게 건강장해가 발생한 사업장

(2) 프로그램의 구성요소

가. 기본 구성요소

① 소음 측정

② 공학적 관리

③ 청력 보호구 착용

④ 청력 검사(의학적 판단)

⑤ 보건 교육 및 훈련

나. 기타 구성요소

① 기록 보존

② 프로그램 효과 평가

③ 사업주의 관심과 행정적 지원

03 진동

3.1 진동의 정의와 종류

출제빈도 ★★★★

(1) 진동의 정의

진동은 물체의 전후운동을 말하며, 소음이 수반된다.

(2) 전신진동

크레인, 지게차, 대형 운송차량 등에서 발생하며, 2~100 Hz에서 장해를 유발한다.

(3) 국소진동

병타기, 착암기, 휴대용 연삭기, 자동식 톱 등에서 발생하며, 8~1,500 Hz에서 장해를 유발한다.

3.2 인체진동의 특성

출제빈도 ★★★★

(1) 모든 물체에는 공진주파수가 있으며, 인체와 각 부위, 각 기관도 고유한 공진주파수를 갖는다.

(2) 인체의 공진주파수는 인체가 진동되면, 각기 다른 진동수로 진동한다.

(3) 전신이 진동되는 과정에서 몸에 전달되는 진동은 자세, 좌석의 종류, 진동수 등에 따라 증폭되거나 감쇄된다.

3.3 진동의 영향

출제빈도 ★★★★

3.3.1 생리적 기능에 미치는 영향

(1) 심장

혈관계에 대한 영향과 교감신경계의 영향으로 혈압상승, 심박수 증가, 발한 등의 증상을 보인다.

(2) 소화기계

위장내압의 증가, 복압 상승, 내장하수 등의 증상을 보인다.

(3) 기타

내분비계 반응장애, 척수장애, 청각장애, 시각장애 등이 나타날 수 있다.

3.3.2 작업능률에 미치는 영향

(1) 전신진동은 진폭에 비례하여 시력이 손상되고 추적작업에 대한 효율을 떨어뜨린다.

(2) 안정되고 정확한 근육조절을 요하는 작업은 진동에 의하여 저하된다.

(3) 반응시간, 감시, 형태 식별 등 주로 중앙 신경처리에 달린 임무는 진동의 영향을 덜 받는다.

3.3.3 그 밖에 영향

(1) 정신적 영향

기분이 좋지 않아 안정이 안 되며 심할 경우 정신적 불안정 증상이 나타나기도 한다.

(2) 일상생활 방해

새벽에 잠을 깨거나 밤에 잠을 못 이루며 주위가 산만해진다.

3.4 진동에 의한 인체장해

출제빈도 ★★★★

진동으로 인한 인체장해는 전신장해와 국소장해로 나누는데 전신장해는 진동수와 상대적인 전위에 따라 느끼는 감각이 다르다. 진동수가 증가됨에 따라 압박감과 통증을 받게 되며 심하면 공포심, 오한을 느끼게 된다. Grandjean(1988)에 의하면 진동수가 4~10 Hz이면 사람들은 흉부와 복부의 고통을 호소하며, 요통은 특히 8~12 Hz일 때 발생하며, 두통, 안정 피로, 장과 방광의 자극은 대개 진동수 10~20 Hz 범위와 관계가 있다. 국소장해는 진동이 심한 기계조작으로 손가락을 통해 혈관신경계장해를 초래하는 것을 말한다.

3.4.1 전신장해

진동에 의한 전신장해는 진동수, 속도, 전위 및 가속도에 따라 달라진다.

(1) 원인

트랙터, 트럭, 흙 파는 기계, 버스, 자동차, 기차, 각종 영농기계에 탑승하였을 때 발생한다.

(2) 증후 및 증상

진동수가 클수록, 또 가속도가 클수록 전신장해와 진동감각이 증대하는데 이러한 진동이 만성적으로 반복되면 천장골좌상이나 신장손상으로 인한 혈뇨, 자각적 동요감, 불쾌감, 불안감 및 동통을 호소하게 된다.

3.4.2 국소장해

(1) 원인

진동이 심한 기계 조작으로 손가락을 통해 부분적으로 작용하여 특히 팔꿈치관절이나 어깨관절에 손상이 잦으며 혈관신경계 장해가 초래된다. 전기톱, 착암기, 압축해머, 병타해머, 분쇄기, 산림용 농업기기 등에 의해 발생된다.

(2) 증후 및 증상

심한 진동을 받으면 뼈, 관절 및 신경, 근육, 인대, 혈관 등 연부조직에 이상이 발생된다. 또한, 관절연골의 괴저, 천공 등 기형성 관절염, 이단성골연골염, 가성 관절염과 점액낭염 등이 나타나기도 한다.

3.4.3 진동의 대책

인체에 전달되는 진동을 줄일 수 있도록 기술적인 조치를 취하는 것과 진동에 노출되는 시간을 줄이도록 한다.

04 고온, 저온 및 기후환경

4.1 온도

출제빈도 ★★★★

4.1.1 온도의 영향

(1) 안전활동에 가장 적당한 온도인 18~21°C보다 상승하거나 하강함에 따라 사고 빈도는 증가된다.

(2) 심한 고온이나 저온상태 하에서는 사고의 강도가 증가된다.

(3) 극단적인 온도의 영향은 연령이 많을수록 현저하다.

(4) 고온은 심장에서 흐르는 혈액의 대부분을 냉각시키기 위하여 외부 모세혈관으로 순환을 강요하게 되므로 뇌중추에 공급할 혈액의 순환 예비량을 감소시킨다.

(5) 심한 저온상태와 관련된 사고는 수족 부위의 한기(寒氣) 또는 손재주의 감퇴와 관계가 깊다.

(6) 안락한계

가. 한기: 18~21°C

나. 열기: 22~24°C

(7) 불쾌한계

가. 한기: 17°C

나. 열기: 24~41°C

4.1.2 증상

(1) 10°C 이하: 옥외작업 금지, 수족이 굳어짐

(2) 10~15.5°C: 손재주 저하

(3) 18~21°C: 최적상태

(4) 37°C: 갱내 온도는 37°C 이하로 유지

4.1.3 온도 변화에 따른 인체의 조절작용

(1) 적온에서 추운 환경으로 바뀔 때

가. 피부온도가 내려간다.

나. 피부를 경유하는 혈액 순환량이 감소하고, 많은 양의 혈액이 몸의 중심부를 순환한다.

다. 직장(直腸)온도가 약간 올라간다.

라. 소름이 돋고 몸이 떨린다.

마. 체표면적이 감소하고, 피부의 혈관이 수축된다.

(2) 적온에서 더운 환경으로 변할 때

가. 피부온도가 올라간다.

나. 많은 양의 혈액이 피부를 경유한다.

다. 직장온도가 내려간다.

라. 발한이 시작된다.

4.1.4 열과 추위에 대한 순화(장기간 적응, acclimatization)

사람이 더위 혹은 추위에 계속적으로 노출되면, 생리적인 적응이 일어나면서 순화된다.

(1) 더운 기후에 대한 환경적응은 4~7일만 지나면 직장온도와 심박수가 현저히 감소하고 발한율이 증가하며, 12~14일이 지나면 거의 순화하게 된다.

(2) 추위에 대한 환경적응은 1주일 정도에도 일어날 수 있지만 완전한 순화는 수개월 혹은 수년이 걸리는 수도 있다.

4.1.5 Q10 효과

(1) 일반적으로 온도가 증가하면 분자의 운동이 활발해져서 화학적 반응이 빠르게 일어나기 때문에 작업자가 고온스트레스를 받게 되면 많은 생리적 영향이 나타난다. 생리적 과정은 신진대사율이나 음식물 섭취나 소화 등을 포함하는데 온도에 따라서 화학적 반응의

속도가 다르기 때문에 생리적 반응도 달라지게 된다.

(2) Q10 효과는 체온의 상승에 따른 세포대사반응속도를 나타낸 것으로, 체온이 10°C 상승하면 세포 대사반응속도는 2배가 된다. 즉, 온도가 1°C 상승하면 대사작용이 10% 증가하는 것을 말한다.

4.2 열압박(heat stress)

출제빈도 ★★★★

4.2.1 생리적 영향

(1) 체심(core)온도가 가장 우수한 피로지수이다.

(2) 체심온도는 38.8°C만 되면 기진하게 된다.

(3) 실효온도가 증가할수록 육체작업의 기능은 저하된다.

(4) 열압박은 정신활동에도 악영향을 미친다.

4.2.2 열압박과 성능

(1) 육체적 작업: 실효온도가 증가할수록 육체작업의 기능이 저하된다.

(2) 정신작업: 열압박은 정신활동에 악영향을 미치고, 환경조건(실효온도)과 작업시간은 관련이 있다.

(3) 추적 및 경계임무: 체심온도만이 성능을 저하시킨다.

4.2.3 열사병

고열작업에서 체온조절 기능에 장해가 생기거나 지나친 발한에 의한 탈수와 염분부족 등으로 인해 체온이 급격하게 오르고 사망에 이를 수 있는 열사병(heat stroke) 등이 발생할 수 있다.

4.2.4 고열작업에서의 대책

고열작업에 대한 대책으로는 발생원에 대한 공학적 대책, 방열보호구에 의한 관리대책, 작업자에 대한 보건관리상의 대책 등을 들 수 있다.

(1) 발생원에 대한 공학적 대책

방열재를 이용한 방열방법, 작업장 내 공기를 환기시키는 전체환기, 특정한 작업장 주위에만 환기를 하는 국소환기, 복사열의 차단, 냉방 등

(2) 방열보호구에 의한 관리대책

방열복과 얼음(냉각)조끼, 냉풍조끼, 수냉복 등의 보조냉각보호구 사용 등

(3) 작업자에 대한 보건관리상의 대책

개인의 질병이나 연령, 적성, 고온순화능력 등을 고려한 적성배치, 작업자들을 점진적으로 고열작업장에 노출시키는 고온순화, 작업주기단축 및 휴식시간, 휴게실의 설치 및 적정온도유지, 물과 소금의 적절한 공급 등

4.3 열 및 냉에 대한 순화(acclimatization)

출제빈도 ★★★★

사람이 열 또는 냉에 습관적으로 노출되면 일련의 생리적인 적응이 일어나면서 순화된다.

4.3.1 열교환과정

인간과 주위와의 열교환과정은 다음과 같은 열균형방정식으로 나타낼 수 있다. 신체가 열적 평형상태에 있으면 열함량의 변화는 없으며($\triangle S = 0$), 불균형 상태에서는 체온이 상승하거나($\triangle S > 0$) 하강한다($\triangle S < 0$). 열교환과정은 기온이나 습도, 공기의 흐름, 주위의 표면 온도에 영향을 받는다. 뿐만 아니라 작업자가 입고 있는 작업복은 열교환과정에 큰 영향을 미친다.

$$S(\text{열축적}) = M(\text{대사}) - E(\text{증발}) \pm R(\text{복사}) \pm C(\text{대류}) - W(\text{한 일})$$

여기서, S는 열이득 및 열손실량이며, 열평형상태에서는 0이 된다.

(1) 대사열

인체는 대사활동의 결과로 계속 열을 발생한다.

가. 휴식상태: 1 kcal/분(≒70 watt)
나. 앉아서 하는 활동: 1.5~2 kcal/분
다. 보통 인체활동: 5 kcal/분
라. 중노동인 경우: 10~20 kcal/분

(2) 증발(evaporation)

신체 내의 수분이 열에 의해 수증기로 증발되는 현상이며, 37°C의 물 1 g을 증발시키는데 필요한 증발열(에너지)은 2,410 joule/g(575.7 cal/g)이며, 매 1 g의 물이 증발할 때마다 이만한 에너지가 제거된다.

$$\therefore \text{ 열손실률}(R) = \frac{\text{증발에너지}(Q)}{\text{증발시간}(t)}$$

예제

더운 곳에 있는 사람은 시간당 최고 4 kg까지의 땀(증발열: 2,410 J/g)을 흘릴 수 있다. 이 사람이 땀을 증발함으로써 잃을 수 있는 열은 몇 kW인가?

풀이

$$\text{열손실률}(R) = \frac{\text{증발에너지}(Q)}{\text{증발시간}(t)} = \frac{4{,}000\,\text{g} \times 2{,}410\,\text{J/g}}{60 \times 60\,\text{sec}}$$

$$= 2677.8\ \text{W} = 2.68\ \text{kW}$$

(3) 복사(radiation)

광속으로 공간을 퍼져나가는 전자에너지이며, 전자파의 복사에 의하여 열이 전달되는 것으로 태양의 복사열로 지면과 신체를 가열시킨다.

(4) 대류(convection)

고온의 액체나 기체가 고온대에서 저온대로 직접 이동하여 일어나는 열전달이다.

(5) 클로단위(clo unit): 보온율

열교환과정 또는 입은 옷의 보온효과를 측정하는 척도로서 클로단위는 다음과 같이 정의된다.

$$\therefore \text{ 클로단위} = \frac{0.18 \times ℃}{(\text{kcal/m}^2 \times \text{시간})} = \frac{°\text{F}}{(\text{Btu/ft}^2 \times \text{시간})}$$

클로단위는 남자가 보통 입는 옷의 보온율이며, 온도 21°C, 상대습도 50%의 환기되는 (공기유통속도 6 m/분) 실내에서 앉아 쉬는 사람을 편하게 느끼게 하는 보온율이다.

4.4 환경요소의 복합지수

출제빈도 ★★★★

4.4.1 실효온도(감각온도, effective temperature)

실효온도는 온도, 습도 및 공기유동이 인체에 미치는 열효과를 하나의 수치로 통합한 경험적 감각지수로 상대습도 100%일 때 이 (건구)온도에서 느끼는 동일한 온감이다. 실효온도는 저온조건에서 습도의 영향을 과대평가하고, 고온조건에서 과소평가한다.

(1) 실효온도의 결정요소

가. 온도

나. 습도

다. 대류(공기 유동)

4.4.2 Oxford 지수

습건(WD) 지수라고도 하며, 습구온도(W)와 건구온도(D)의 가중 평균값으로서 다음과 같이 나타낸다.

$$WD = 0.85\,W + 0.15\,D$$

4.5 습도의 영향

(1) 대부분의 사람들은 70%까지는 안락하지만 가장 바람직한 상대습도는 30~35%이다.

(2) 16°C 이하의 기온에서는 대류, 복사 및 증발에 의한 열손실로 체온을 강하시킨다.

(3) 26°C 이상에서는 체온을 강하시키는 정도 이상으로 더 많은 열을 대류나 복사로 받게 된다.

(4) 고온다습한 날의 상대적 습도는 높으며, 수분증발은 느려서 덥게 느껴진다.

4.6 기류

작업장의 기류는 속도 6~7 m/분 정도가 적당하며, 환기를 위한 창의 면적은 바닥면적의 1/20 이상이어야 한다. 또한, 기온이 10°C 이하일 때는 1 m/sec 이상의 기류에 직접접촉을 금지해야 한다.

4.7 불쾌지수

기온과 습도에 의한 감각온도의 개략적 단위로 사용하며 다음 식으로 구한다.

(1) 불쾌지수 70 이상: 불쾌감을 느끼기 시작한다.
(2) 불쾌지수 70 이하: 모든 사람이 불쾌를 느끼지 않는다.
(3) 불쾌지수 80 이상: 모든 사람이 불쾌감을 느낀다.
가. 섭씨(건구온도 + 습구온도) × 0.72 + 40.6
나. 화씨(건구온도 + 습구온도) × 0.4 + 15

4.8 추위

(1) 풍냉효과

풍속이 증가하면 더 차게 느껴진다.

예 기온 −12°C, 풍속 32 km/h일 때 무풍속 −33°C와 같음

(2) 추위와 성능

추위와 성능에 끼치는 영향 중 가장 중요한 것은 다음과 같다.

가. 수작업: 손피부 온도와 손가락기민성은 일정한 관계가 있다(한계온도 13~15.5°C).
나. 추적작업: 인간의 성능은 추위에 악영향을 받는다.
다. 정신작업과 시각작업: 인간의 성능은 추위와 별 관련이 없다.

05 실내공기

공기오염은 호흡기관에 저항을 증가시켜서 폐에 대한 공기순환에 지장을 초래하여 육체적 수행능력에 직접적인 영향과 질병 유발에 간접적인 영향을 준다.

5.1 실내공기오염의 원인, 유해인자 및 유해성

5.1.1 실내공기오염의 원인

(1) 건축자재에서 발생하는 오염물질: 라돈, 포름알데히드, 석면
(2) 흡연을 통해 발생하는 오염물질

가. 미립자성분: 니코틴, 타르, 석탄산, 포로늄210(방사선 물질), 비소, 크레졸, 시안, 벤조피렌, 아크롤레인, 기타 중금속(Cr, Mn, Ni, Zn, Cu, Cd, Al) 등

나. 기체성분: 일산화탄소, 이산화탄소, 니트로소아민, 산화질소, 질소화합물, 시안화수소, 암모니아, 알데히드, 유화수소 등

(3) 난방연료를 통해 발생하는 오염물질

가. 이산화질소: 프로판가스

나. 일산화탄소: 연탄가스, 기타 보일러 사용

(4) 인간의 활동을 통해 발생하는 오염물질

냉난방시설에서 발생하는 먼지, 의류 및 기구, 건축자재 등에서 발생하는 먼지 등

(5) 생활용품을 통해 발생하는 오염물질

가. 각종 살포제, 플라스틱 제품, 페인트, 악취 제거제, 접착제, 공기정화기, 냉장고, 가습기 등

나. 애완동물, 바퀴벌레 등에 의해 미생물 전파(박테리아, 균류)

5.1.2 주요 실내오염물질의 종류 및 유해성

(1) 주요 실내오염물질

일산화탄소, 이산화탄소, 이산화질소, 아황산가스, 오존, 미세먼지, 중금속, 석면, 휘발성 유기화합물, 포름알데히드, 석면, 미생물성 물질, 라돈 등

(2) 빌딩 관련 질환

가. 정의: 빌딩 거주와 관련하여 진단 가능한 질환의 증상이 확인되고 빌딩 내에 존재하는 원인, 즉 오염물질과 직접적으로 관련지을 수 있는 질환을 말한다.

나. 원인 및 증상: 기존의 알려진 인자에 의해 야기되는 감각자극, 호흡기과민반응(천식), 가습기열병, 과민성폐렴, 레지오넬라병, 일산화탄소, 포름알데히드, 농약, 내독소, 진균독소 등 특정한 화학물질 또는 생물학적 인자에 의한 특이적인 증상과 징후, 바이러스, 곰팡이, 세균 등 생물체 노출에 기인하는 증상 등이 있다.

(3) 빌딩증후군

가. 정의: 건물의 거주자가 느끼는 급성의 건강상 증세로서 건물 내에서 보내는 시간과 관련이 있는 것으로 보이나 특정한 질병이나 원인이 규명되지 않는 증상을 나타내는 용어이다.

표 2.5.3 실내공기 오염물질의 주요발생원 및 인체영향

오염물질	주요발생원	인체영향
먼지, 중금속	대기 중 먼지가 실내로 유입, 실내 바닥의 먼지, 생활활동 등	규폐증, 진폐증, 탄폐증, 석면폐증 등
석면	단열재, 절연재, 석면타일, 석면브레이크, 방열재 등	피부질환, 호흡기질환, 석면증, 폐암, 중피증, 편평상피 등
담배연기(각종 가스, HC, PAHs, 먼지 등)	담배, 궐련, 파이프 담배 등	두통, 피로감, 기관지염, 폐렴, 기관지 천식, 폐암 등
연소가스 (CO, NO_2, SO_2 등)	각종 난로, 연료연소, 가스레인지 등	만성폐질환, 기도저항 증가, 중추신경 영향 등
라돈	흙, 바위, 지하수, 화강암, 콘크리트 등	폐기종, 폐암 등
포름알데히드	각종 합판, 보드, 가구, 단열재, 소취제, 담배연기, 화장품, 옷감 등	눈, 코, 목 자극 증상, 기침, 설사, 어지러움, 구토, 피부질환, 비염, 정서 불안증, 기억력 상실 등
미생물성 물질(곰팡이, 박테리아, 바이러스, 꽃가루 등)	가습기, 냉방장치, 냉장고, 애완동물	알레르기성질환, 호흡기질환 등
휘발성 유기화합물(벤젠, 톨루엔, 스틸렌, 알데히드, 케톤 등)	페인트, 접착제, 스프레이, 연소과정, 세탁소, 의복, 방향제, 건축자재, 왁스 등	피로감, 정신착란, 두통, 구토, 현기증, 중추신경 억제작용 등
악취	외부 악취가 실내로 유입, 채취, 음식물의 부패, 건축자재 등	식욕감퇴, 구토, 불면, 알레르기증, 신경증 등
오존	복사기기, 생활용품, 연소기기	기침, 두통, 천식, 알레르기성질환

나. 원인: 인공적인 공기조절이 잘 안 되고 실내공기가 오염된 상태에 흡연에 의한 실내공기오염이 가중되고 실내온도, 습도 등이 인체의 생리기능에 부적합함으로써 발생된다.

다. 증상: 눈 및 인후자극, 피로, 두통, 피부발적, 현기증, 무기력, 불쾌감 등

라. 영향: 작업능률을 저하시키고 기억력을 감퇴시키는 등 정신적 피로를 야기한다.

5.2 공기오염도 평가

5.2.1 측정대상

실내환경에 대한 평가를 하고자 할 때에는 다음 사항을 측정하여야 한다.

(1) 공기 중 호흡성분진 농도

(2) 공기 중 일산화탄소 농도

(3) 공기 중 이산화탄소 농도
(4) 공기 중 이산화질소 농도
(5) 공기 중 포름알데히드 농도

5.2.2 측정방법

(1) 측정대상에 대한 측정 시 표 2.5.4에 기록된 측정기 또는 이와 동등 이상의 성능을 보유한 측정기를 사용하여야 한다.

표 2.5.4 측정대상과 측정기기

측정대상	측정기기
호흡성분진 농도	분립장치 또는 호흡성분진을 포집할 수 있는 기기를 이용한 여과포집방법 (개인 시료채취기 또는 지역 시료채취기)
일산화탄소 농도	직독식으로 측정할 수 있는 기기
이산화탄소 농도	직독식으로 측정할 수 있는 기기
이산화질소 농도	표준농도로 보정된 직독식으로 측정할 수 있는 기기로 정기적로 보정을 해야 함
포름알데히드 농도	직독식으로 측정할 수 있는 기기 또는 개인용 시료포집기로 포집하여 비색법(UV) 또는 고속액체 크로마토그래피(HPLC) 등

(2) 측정지점은 당해 작업자의 호흡기 및 유해물질 발생원에 근접한 위치 또는 작업자 작업행동 범위의 주작업 위치에서 작업자의 호흡기 높이에서 측정하여야 한다.

5.3 공기오염도 관리

출제빈도 ★★★★

5.3.1 사무실 오염물질별 관리기준

공기정화설비 등을 중앙집중식 냉·난방식으로 설치한 경우, 실내에 공급되는 공기는 기준에 적합하도록 당해 대상물질을 관리해야 한다.

(1) 호흡성분진

실내 공기 중에 부유하고 있는 호흡성분진의 총량은 미세먼지(PM10) 기준 100$\mu g/m^3$, 초미세먼지(PM2.5) 기준 50$\mu g/m^3$ 이하가 되도록 하여야 한다.

(2) 일산화탄소

당해 실내 일산화탄소(CO)의 농도가 10 ppm 이하가 되도록 하여야 한다.

(3) 이산화탄소

당해 실내 공기 중 이산화탄소(CO_2)의 농도가 1,000 ppm 이하가 되도록 하여야 한다.

(4) 이산화질소

가. 이산화질소(NO_2)가 발생되는 연소기구(발열량이 극히 적은 것을 제외한다.)를 사용하는 실내작업장에는 배기통, 환기팬 및 기타 공기순환을 위한 적절한 설비를 설치하여 이산화질소의 당해 실내농도가 0.1 ppm 이하로 되도록 조치하여야 한다.

나. 사업주는 연소기구를 사용할 때 매일 당해 기구의 이상유무를 점검하여야 한다.

(5) 포름알데히드

사무실 내 포름알데히드(HCHO)의 농도가 $100\mu g/m^3$ 이하가 되도록 하여야 한다.

5.3.2 환기

(1) 공기정화 시설을 갖춘 사무실에서 작업자 1인당 필요한 최소외기량은 0.57 m^3/min이며, 환기횟수는 시간당 4회 이상으로 한다.

(2) 전체환기

유해물질을 오염원에서 완전히 제거하는 것이 아니라 신선한 공기를 공급하여 유해물질의 농도를 낮추는 방법으로, 아래와 같은 경우에 적합하다.

가. 오염물질의 독성이 비교적 낮아야 함
나. 오염물질이 분진이 아닌 증기나 가스여야 함
다. 오염물질이 균등하게 발생되어야 함
라. 오염물질이 널리 퍼져있어야 함
마. 오염물질의 발생량이 적어야 함

06 교대작업

교대작업은 각각 다른 근무시간대에 서로 다른 사람들이 일을 할 수 있도록 작업조를 2개조 이상으로 나누어 근무하는 것으로 일시적 혹은 임시적으로 시행되는 작업형태를 제외한 제도화된 근무형태를 말한다. 교대작업은 인간의 생체리듬에 역행하기 때문에 여러 가지 문제점을 가지고 있다.

6.1 생체리듬

출제빈도 ★★★★

생체리듬(biological rhythm)이란 인간뿐 아니라 지구상의 모든 생물들이 갖고 있는 것으로, 여러 생체기능이 일정한 주기로 변화를 거듭하여 고유한 리듬을 형성하고 있는 것을 말한다. 교대작업이나 야간근무를 할 때에는 항상성 유지가 어려워 작업능력이 저하된다.

6.1.1 써케이디언 리듬(circadian rhythm)

(1) 반복주기

정확하게 24시간 주기를 갖는 것이 아니라 25시간 주기로 반복된다.

(2) 생체시계

신체는 하루 일과를 맞추는 나름대로의 시계를 가지고 있으며, 이러한 시계를 생체시계라고 한다.

(3) 생체시계는 우리의 생활양식이 갑자기 변했을 때 그에 대한 적응이 매우 더디다. 그 결과가 장거리비행에서 겪는 '제트기 피로(jet lag)' 증상이나 야간 교대작업자들이 겪게 되는 전신권태 증상으로 나타나게 된다.

6.1.2 수면-각성주기(sleep-wake cycle)

(1) 수면-각성주기

8시간 잠을 자고 16시간 깨어 있는 것을 기본으로 하지만, 실제로는 하루에 두 번, 즉 한 번은 밤에 그리고 또 한 번은 정오가 조금 지난 다음에 졸음을 느끼게 된다.

(2) 수면주기에 작업을 해야 하는 야간 교대근무자들은 졸음이 심하게 밀려오면 잠깐이라도 수면을 취하는 것이 재해예방이나 작업의 질 저하방지를 위해서도 큰 도움이 된다.

6.1.3 정확성 리듬과 작업능률

(1) 아침에는 어떤 일이든 빠르고 바르게 해내지만 저녁에는 작업이 더디고 부정확해지는 경향이 있는데 이것은 정확성 리듬 때문이다.

(2) 아침에는 조직적이고 창조적인 일을 하는 것이 좋고, 저녁에는 단순하고 반복적인 작업을 하는 것이 생체리듬에 순응하는 것이다.

6.2 교대작업의 문제점

갑작스런 신체적 혹은 사회적 활동의 변화가 있게 되면 이러한 일주기성의 리듬이 깨지게 되고 이에 적응하지 못하면 건강장해가 나타나게 된다.

(1) 급성 부적응현상

불면증, 정서불안정, 소화불량, 과민성 대장증상, 사고 또는 실수의 증가, 가족관계나 사회관계의 불안정화 등

(2) 만성적 부적응현상

만성적 수면장해, 심혈관계 질환, 위장관계 질환, 결근의 증가, 별거나 이혼 등의 가족불화 등

6.3 교대작업의 관리

출제빈도 ★★★★

6.3.1 교대작업의 편성

가장 이상적인 교대제는 없다. 작업자 개개인에게 적절한 교대제를 선택하는 것이 중요하다. 오전근무 → 저녁근무 → 밤근무로 순환하는 것이 좋다.

6.3.2 교대작업자의 건강관리

(1) 확정된 업무 스케줄을 계획하고 정기적이고 예측 가능하도록 한다.

교대 스케줄이 예측 가능하여 작업자들이 가정 및 사회활동과 관련된 일들을 계획할 수 있어야 한다. 또한, 한 번 확정된 업무 스케줄을 바꾸는 것은 신중하게 고려되어야 하고 작업자들의 직장생활과 가정생활의 모든 면이 고려되어야 한다.

(2) 연속적인 야간근무를 최소화한다.

어떤 연구자들은 2~4일 밤 연속근무 후 2일의 휴일을 제안한다. 중요한 것은 너무 짧은 간격으로 근무시간이 교대되는 것을 피해야 하며, 같은 날 아침근무에서 저녁근무로 가는 등 7~10시간의 짧은 휴식시간은 좋지 않다. 야간근무 후 다른 근무로 가기 전에는 적어도 24시간 이상의 휴식이 있어야 한다.

(3) 자유로운 주말계획을 갖도록 한다.

적어도 한 달에 1~2회 정도는 주말에 쉴 수 있는 근무 스케줄이 계획되어야 한다. 그렇다고 연속적으로 며칠 일하고 며칠 쉬도록 하는 것은 오히려 문제가 될 수 있다. 예를 들어, 10~14일 일하고 5~7일 동안 연속적으로 쉰다거나 하면 나이든 작업자의 경우 휴가 후 근무로 돌아오는 것을 힘들어할 수도 있다.

(4) 긴 교대기간을 두고 잔업은 최소화한다.

잔업을 하게 되면 피로는 더 하게 되고 상대적으로 휴식시간은 줄어들게 된다. 12시간 교대제는 적절하지 않다. 야간 근무는 연달아 2일이 적당하고, 야간 근무 후에는 1~2일의 휴일이 필요하다.

(5) 일의 내용에 따라 근무시간을 탄력적으로 운영하고 업무량을 분산한다.

중노동이나 정신적 노동, 지루한 일은 특히 밤에 힘들기 때문에 야간근무일은 줄이고 가능하면 긴 근무시간에 가벼운 일을 배치한다. 또한, 가능하면 이른 아침이나 한밤중에는 과도하고 위험한 일이 배치되지 않도록 업무량을 분산하는 것도 중요하다. 이러한 시간대에 재해가 많이 일어나기 때문이다.

(6) 업무시작 및 종료시간을 배려한다.

작업종료시간이 아이를 돌보거나 통근시간이 장시간 소요되는 사람들에게는 중요한 고려 대상이다. 또한, 러시아워를 피해 교대시간을 정해야 하며 아침 교대는 밤잠이 모자랄 5~6시에 하는 것은 좋지 않다.

(7) 적정한 휴식시간을 부여한다.

작업특성에 따라 반복적인 육체노동이나 정신적인 집중을 요하는 작업은 매시간 적정한 휴식시간이 필요하다.

(8) 적절한 근무환경을 유지시킨다.

작업자들에게 저녁이나 야간근무에 따뜻하고 영양 많은 음식을 제공하는 것은 중요하다. 작업장의 온도나 소음, 조명, 공기 등은 가장 쾌적한 상태로 유지하는 것이 작업자의 부담을 덜어줄 수 있다.

(9) 개인적인 일에 대해 시간을 배려할 수 있도록 한다.

예를 들어, 병원에 가는 일이나 관공서 등과 관련된 일을 위해 시간을 배려하거나 혹은 제3자에 의해 대행할 수 있는 체제를 만드는 것은 작업자들의 사기를 증진시킬 수 있는 중요한 방법 중의 하나이다.

(10) 직장 내 취미활동을 할 수 있도록 지원한다.

스포츠나 기타 취미활동을 할 수 있는 시설이나 공간을 제공하고, 꼭 낮에만 이러한 활동을 할 수 있다는 고정관념에서 벗어나 교대근무 후 작업자들이 언제든지 취미활동을 할 수 있도록 해야 한다.

(11) 잠잘 수 있는 최적의 조건을 만든다.

잠자는 시간은 개인과 연령에 따라 많은 차이가 있다. 대부분의 사람들은 6시간의 수면으로는 충분치 않으며, 또한 충분한 수면시간이라 하더라도 질이 중요하다. 중요한 것은 자신에게 맞는 수면형태와 시간을 찾는 것이다.

(12) 적당한 운동을 한다.

적당한 운동은 스트레스 해소와 건강증진에도 도움이 된다. 특히, 정기적인 운동은 금방 피로를 느끼지 않게 해주며 신체 리듬이 새로운 적응을 하는 데 도움을 준다. 보통 주간 근무를 할 때는 이른 아침에, 저녁 근무를 할 때는 오후에, 그리고 야간근무를 할 때는 저녁에 운동을 하는 게 좋다. 중요한 것은 운동이 과도하여 업무에 지치지 않도록 해야 한다.

(13) 근육과 신경을 이완시킬 수 있는 기술을 터득한다.

편안히 쉬면서 업무시간의 스트레스를 푸는 것은 휴식의 질을 높이는 데 많은 도움이 된다. 개인에 따라 눈을 감고 조용히 명상을 하거나 기도, 독서, 목욕 등은 많은 도움이 된다. 또한, 편안한 침대나 바닥에 엎드려 몸의 근육을 하나씩 천천히 긴장시켰다가 이완시키면서 숨을 깊게, 그리고 천천히 쉬는 방법은 그날의 스트레스를 없애고 피로한 근육을 이완시키는 데 많은 도움이 된다.

(14) 적당한 식이요법을 실시한다.

비만을 방지하기 위하여 지방과 당분이 많은 음식을 피하고, 특히 한밤중에 지방분이 많은 음식을 먹는 것은 위장장애와 수면장애를 초래하기 때문에 피해야 한다.

(15) 약물복용을 피한다.

다량의 카페인 복용은 피해야 하며, 만약 카페인 음료를 마신다면 교대근무 전이나 교대 직후에 마시도록 하며 근무 후반, 특히 밤근무 후반에는 피해야 한다. 과다한 카페인이나 근무후반의 카페인은 교대 후 잠들기를 힘들게 한다. 그 외의 다른 약물을 복용하는 것은 피해야 한다.

필기시험 기출문제

PART II | 작업생리학

1 근육이 수축할 때 발생하는 전기적 활성을 기록하는 것은?

㉮ ECG(심전도)　　㉯ EEG(뇌전도)
㉰ EMG(근전도)　　㉱ EOG(안전도)

> **해설** EMG(근전도)
> 근육활동의 전위차를 기록한 것

2 움직임을 직접적으로 주도하는 주동근(prime mover)과 반대되는 작용을 하는 근육은?

㉮ 보조주동근(assistant mover)
㉯ 중화근(neutralizer)
㉰ 길항근(antagonist)
㉱ 고정근(stabilizer)

> **해설** 근육작용
> 주동근(agonist): 운동 시 주역을 하는 근육
> 협력근(synergist): 운동 시 주역을 하는 근을 돕는 근육, 동일한 방향으로 작용하는 근육
> 길항근(antagonist): 주동근과 서로 반대방향으로 작용하는 근육

3 전신진동의 진동수가 어느 정도일 때 흉부와 복부의 고통을 호소하게 되는가?

㉮ 4~10 Hz
㉯ 8~12 Hz
㉰ 10~20 Hz
㉱ 20~30 Hz

> **해설** 진동이 신체에 미치는 영향은 진동주파수에 따라 달라진다. 진동수가 4~10 Hz이면 사람들은 흉부와 복부의 고통을 호소하게 된다.

4 아래 그림과 같이 작업자가 한 손을 사용하여 무게(WL)가 98 N인 작업물을 수평선을 기준으로 30° 팔꿈치 각도로 들고 있다. 물체의 쥔 손에서 팔꿈치까지의 거리는 0.35 m이고, 손과 아래팔의 무게(WA)는 16 N이며, 손과 아래팔의 무게중심은 팔꿈치로부터 0.17 m에 위치해 있다. 팔꿈치에 작용하는 모멘트는 얼마인가?

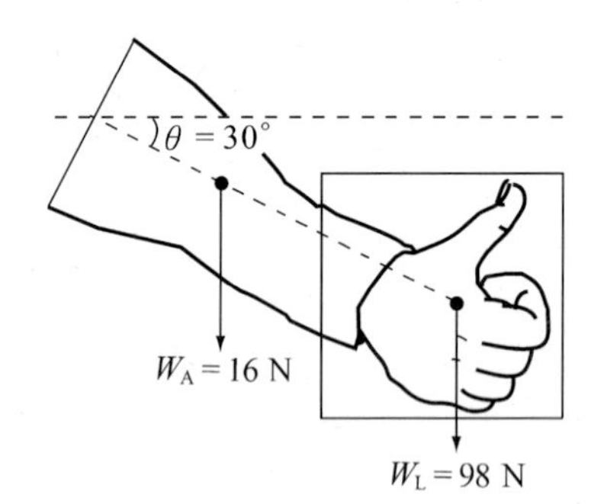

㉮ 32 Nm
㉯ 37 Nm
㉰ 42 Nm
㉱ 47 Nm

> **해설** 모멘트(moment)
> $\Sigma M = 0$
> ΣM=(−98 N){0.35*cos30° (m)}
> +(−16 N){0.17*cos30° (m)}
> +M_E(팔꿈치모멘트)=0
> ∴ M_E = 32.06 Nm

해답 1 ㉰ 2 ㉰ 3 ㉮ 4 ㉮

5 교대작업에 대한 설명으로 옳은 것은?

㉮ 교대작업은 작업공정상 또는 생활안전상 필연적인 제도이다.

㉯ 교대작업자와 주간 고정작업자들의 사고발생률 차이는 그다지 크지 않다.

㉰ 문헌에 따르면 교대작업자의 건강은 주간고정 작업자에 비해 좋지 않다.

㉱ 야간교대의 경우 교대형태를 수시로 바꿔주는 것이 작업자의 건강에 바람직하다.

> **해설** 교대작업을 신체리듬에 역행해서 갑작스런 신체적 혹은 사회적 활동의 변화를 초래하며, 이러한 일주기성의 리듬이 깨지게 되고 이에 적응하지 못하면 건강장해를 일으킬 수 있다.

6 RMR(Relative Metabolic Rate)의 값이 1.8로 계산되었다면 작업강도의 수준은?

㉮ 아주 가볍다(very light)

㉯ 아주 무겁다(very heavy)

㉰ 가볍다(light)

㉱ 보통이다(moderate)

> **해설** 에너지대사율(Relative Metabolic Rate; RMR)

작업강도	RMR
초중작업	7 RMR 이상
중(重)작업	4~7 RMR
중(中)작업	2~4 RMR
경(輕)작업	0~2 RMR

7 청력손실은 개인마다 차이가 있으나, 어떤 주파수에서 가장 크게 나타나는가?

㉮ 1,000 Hz　　㉯ 2,000 Hz

㉰ 3,000 Hz　　㉱ 4,000 Hz

> **해설** 청력손실의 정도는 노출소음 수준에 따라 증가하는데, 청력손실은 4,000 Hz에서 가장 크게 나타난다.

8 육체적 작업에 따라 필요한 산소와 포도당이 근육에 원활히 공급되기 위해 나타나는 순환기계통의 생리적 반응이 아닌 것은?

㉮ 심박출량 증가　　㉯ 심박수 증가

㉰ 혈압 감소　　㉱ 혈류의 재분배

> **해설** 혈압은 증가한다.

9 윤활관절(synovial joint)인 팔굽관절(elbow joint)은 연결형태로 보아 어느 관절에 해당되는가?

㉮ 절구관절(ball and socket joint)

㉯ 경첩관절(hinge joint)

㉰ 안장관절(saddle joint)

㉱ 차축관절(pivot joint)

> **해설** 팔굽관절(elbow joint)에는 경첩관절(hinge joint)과 차축관절(pivot joint)이 있다.

10 어깨를 올리고 내리는 데 주로 관련된 근육은?

㉮ 이두근(biceps)

㉯ 삼두근(triceps)

㉰ 삼각근(deltoid)

㉱ 승모근(trapezius)

> **해설** 위의 지문은 승모근(trapezius)의 설명이다.

해답 5 ㉰ 6 ㉰ 7 ㉱ 8 ㉰ 9 ㉯,㉱ 10 ㉱

11 육체적으로 격렬한 작업 시 충분한 양의 산소가 근육활동에 공급되지 못해 근육에 축적되는 것은?

㉮ 피루브산 ㉯ 젖산
㉰ 초성포도산 ㉱ 글리코겐

해설 젖산의 축적
인체활동의 초기에서는 일단 근육 내의 당원을 사용하지만, 이후의 인체활동에서는 혈액으로부터 영양분과 산소를 공급받아야 한다. 이때 인체활동 수준이 너무 높아 근육에 공급되는 산소량이 부족한 경우에는 혈액 중에 젖산이 축적된다.

12 더운 곳에 있는 사람은 시간당 최고 4 kg까지의 땀(증발열: 2,410 J/g)을 흘릴 수 있다. 이 사람이 땀을 증발함으로써 잃을 수 있는 열은 몇 kW인가?

㉮ 1.68 kW ㉯ 2.68 kW
㉰ 3.68 kW ㉱ 4.68 kW

해설 열손실률

$$열손실률(R) = \frac{증발에너지(Q)}{증발시간(t)} = \frac{4,000\,g \times 2,410\,J/g}{60 \times 60\,sec} = 2677.8\,W \quad = 2.68\,kW$$

13 인체의 골격에 관한 설명 중 옳지 않은 것은?

㉮ 전신의 뼈의 수는 관절 등의 결합에 의해 형성된 대소 206개로 구성되어 있으며, 이들이 모여서 골격계통을 구성하고 있다.
㉯ 인체의 골격계는 전신의 뼈, 연골, 관절 및 인대로 구성되어 있다.
㉰ 뼈는 다시 골질(bone substance), 연골막(cartilage substance), 골막과 골수의 4부분으로 구성되어 있다.
㉱ 인대는 뼈와 뼈를 연결하는 것으로 자세교정과 신경보호라는 매우 중요한 역할을 한다.

해설 인대가 자세교정과 신경보호라는 매우 중요한 역할을 하는 것은 아니다.

14 가시도(visibility)에 영향을 미치는 요소가 아닌 것은?

㉮ 과녁에 대한 노출시간
㉯ 과녁의 종류
㉰ 대비(contrast)
㉱ 조명기구

해설 가시도(visibility)
대상물체가 주변과 분리되어 보이기 쉬운 정도. 일반적으로 가시도는 대비, 광속발산도, 물체의 크기, 노출시간, 휘광, 움직임(관찰자, 또는 물체의) 등에 의해 영향을 받는다.

15 중추신경계의 피로 즉, 정신피로의 척도로 사용될 수 있는 것은?

㉮ 혈압
㉯ 점멸융합주파수(flicker fusion frequency)
㉰ 산소소비량
㉱ 부정맥(cardiac arrhythmia)점수

해설 정신피로의 척도로 사용되는 것
부정맥 지수, 점멸융합주파수, 전기피부 반응, 뇌파 등이 있다.

해답 11 ㉯ 12 ㉯ 13 ㉱ 14 ㉯ 15 ㉯

16 일정(constant) 부하를 가진 작업수행 시 인체의 산소소비 변화를 나타낸 그래프는?

㉮
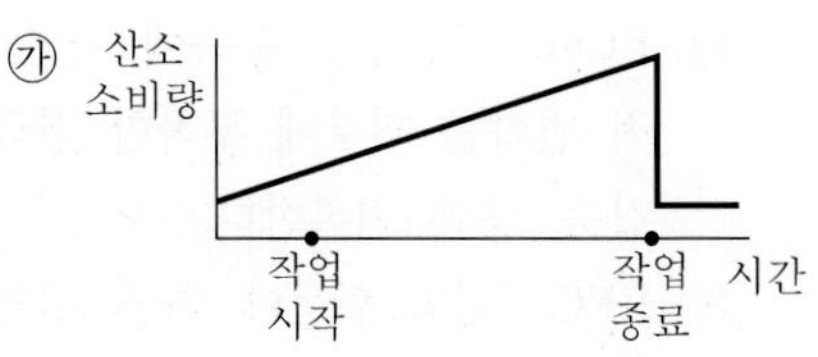

㉯
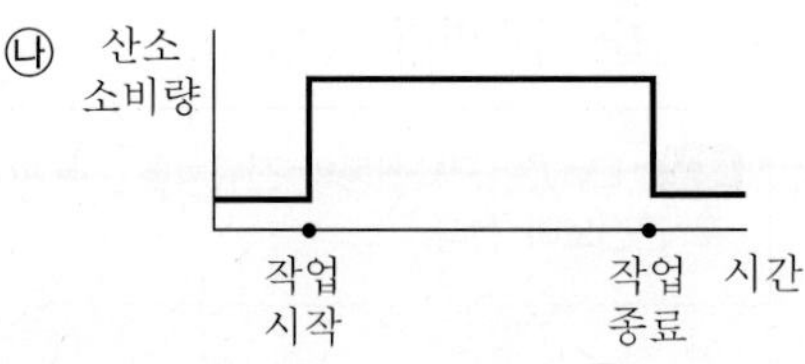

㉰
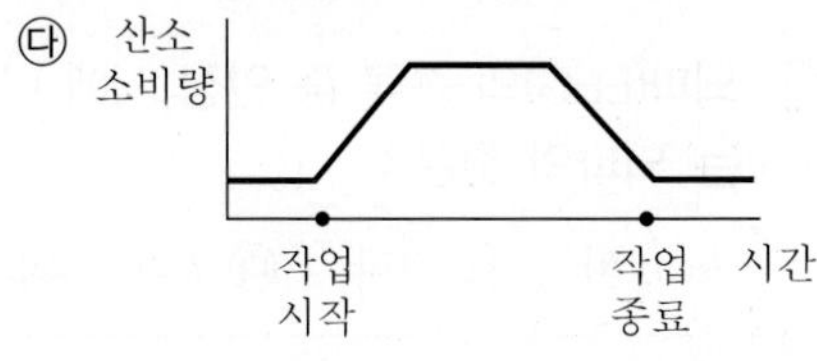

㉱
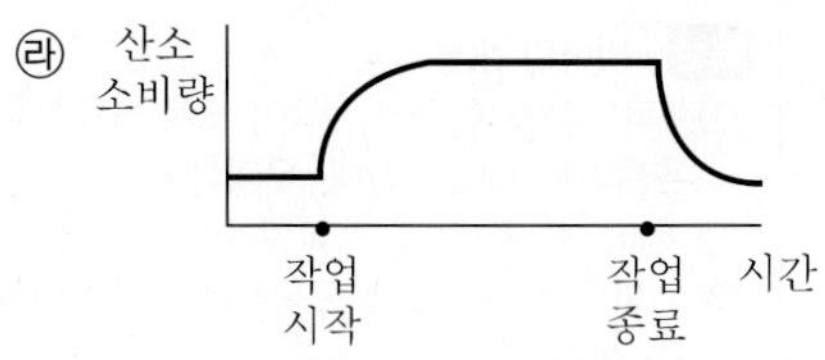

해설 산소소비량 변화 그래프

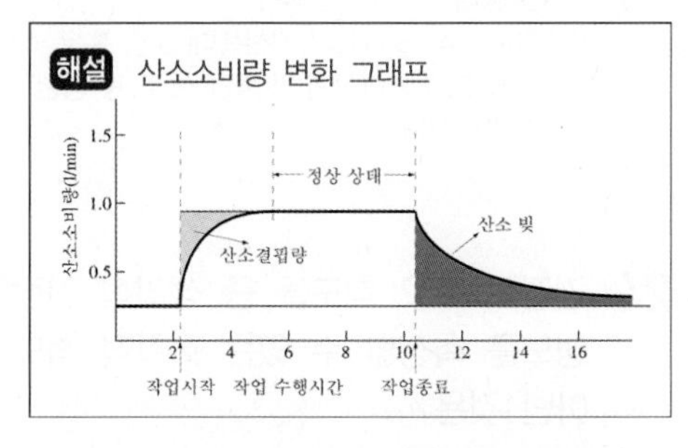

17 신체 부위가 몸의 중심선으로부터 바깥쪽으로 움직이는 동작을 일컫는 용어는?

㉮ 신전(extension)
㉯ 외전(abduction)
㉰ 내선(medial rotation)
㉱ 상향(supination)

해설 위 설명은 외전(abduction)에 대한 설명이다.

18 플리커시험(flicker test)이란?

㉮ 산소소비량을 측정하는 방법이다.
㉯ 뇌파를 측정하여 피로도를 측정하는 시험이다.
㉰ 눈동자의 움직임을 살펴 심리적 불안감을 측정하는 시험이다.
㉱ 빛에 대한 눈의 깜박임을 살펴 정신피로의 척도로 사용하는 방법이다.

해설 플리커시험
빛을 어느 일정한 속도로 점멸시키면 깜박거려 보이나 점멸의 속도를 빨리 하면 깜박이가 없고 융합되어 연속된 광으로 보일 때 점멸주파수라하며, 피곤함에 따라 빈도가 감소하기 때문에 중추신경계의 피로, 즉 '정신피로'의 척도로 사용될 수 있다.

19 실내의 추천반사율로 틀린 것은?

㉮ 바닥: 20~40%
㉯ 가구: 25~45%
㉰ 벽: 50~70%
㉱ 천장: 60~75%

해설 실내의 추천반사율

천장	80~90%
가구, 사무용기기, 책상	25~45%
벽, 창문발(blind)	40~60%
바닥	20~40%

해답 16 ㉱ 17 ㉯ 18 ㉱ 19 ㉰,㉱

20 관절의 움직임 중 모음(내전, adduction)이란 어떤 움직임을 말하는가?

㉮ 굽혀진 상태를 해부학적 자세로 되돌리는 운동이다.
㉯ 관절을 이루는 2개의 뼈가 형성하는 각(angle)이 작아지는 것이다.
㉰ 정중면 가까이로 끌어들이는 운동을 말한다.
㉱ 뼈의 긴 축을 중심으로 제자리에서 돌아가는 운동이다.

> **해설** 내전(adduction)
> 팔을 수평으로 편 위치에서 수직위치로 내릴 때처럼 중심선을 향한 인체 부위의 동작

21 기초대사율(BMR)에 대한 설명으로 틀린 것은?

㉮ 일상생활을 하는 데 단위시간당 에너지양이다.
㉯ 일반적으로 신체가 크고 젊은 남성의 BMR이 크다.
㉰ BMR은 개인차가 심하며 체중, 나이, 성별에 따라 달라진다.
㉱ 성인 BMR은 대략 1.0~1.2 kcal/min 정도이다.

> **해설** 기초대사량(Basal Metabolic Rate; BMR)
> 생명을 유지하기 위한 최소한의 에너지 소비량을 의미하며, 성, 연령, 체중은 개인의 기초 대사량에 영향을 주는 요인이다.

22 다음 중 신체반응 측정장비와 내용을 잘못 짝지은 것은?

㉮ EOG: 안구를 사이에 두고 수평과 수직방향으로 붙인 전극 간의 전위차를 증폭시켜 여러 방향에서 안구운동을 기록한다.
㉯ EMG: 정신적 스트레스를 측정, 기록한다.
㉰ ECG: 심장근의 수축에 따른 전기적 변화를 피부에 부착한 전극들로 검출, 증폭 기록한다.
㉱ EEG: 뇌의 활동에 따른 전위변화를 기록한다.

> **해설** EMG는 근육활동의 전위차를 기록한 것으로 근전도라 한다.

23 뇌파(EEG)의 종류 중 안정 시에 나타나는 뇌파의 형은?

㉮ α파 ㉯ β파 ㉰ δ파 ㉱ γ파

> **해설** 뇌파의 종류
> ① δ파: 4 Hz 이하의 진폭이 크게 불규칙적으로 흔들리는 파(혼수상태, 무의식상태)
> ② θ파: 4~8 Hz의 서파(얕은 수면상태)
> ③ α파: 8~14 Hz의 규칙적인 파동(의식이 높은 상태)
> ④ β파: 14~30 Hz의 저진폭파(긴장, 흥분상태)
> ⑤ γ파: 30 Hz 이상의 파(불안, 초조 등 강한 스트레스 상태)

24 긴장의 주요 척도들 중 생리적 긴장의 정도를 측정할 수 있는 화학적 척도가 아닌 것은?

㉮ 혈액성분
㉯ 혈압
㉰ 산소소비량
㉱ 뇨성분

> **해설** 혈압은 생리적 긴장의 정도를 측정할 수 있는 화학적 척도가 아니다.

해답 20 ㉰ 21 ㉮ 22 ㉯ 23 ㉮ 24 ㉯

25 연속적 소음으로 인한 청력손실 상황은?

㉮ 방직공정 작업자의 청력손실
㉯ 밴드부 지위자의 청력손실
㉰ 사격교관의 청력손실
㉱ 낙하 단조장치(drop-forge) 조작자의 청력손실

해설 소음 노출로 인한 청력손실
① 연속적 소음 노출로 인한 청력손실
- 청력손실의 정도는 노출소음 수준에 따라 증가
- 청력손실은 4,000 Hz에서 크게 나타남
- 강한 소음에 대해서는 노출기간에 따라 청력손실이 증가
② 비연속적 소음 노출로 인한 청력손실
- 낙하 단조직공들은 2년만 지나도 난청증세를 보임
- 포술교관들은 방음 보호용구를 착용하여도 9개월 동안에 10%의 청력손실을 나타냄

26 효율적인 교대작업 운명을 위한 방법이 아닌 것은?

㉮ 2교대 근무는 최소화하며, 1일 2교대 근무가 불가피한 경우에는 연속근무일이 2~3일이 넘지 않도록 한다.
㉯ 고정적이거나 연속적인 야간근무 작업은 줄인다.
㉰ 교대일정은 정기적이고 작업자가 예측 가능하도록 해주어야 한다.
㉱ 교대작업은 주간근무→야간근무→저녁근무→주간근무 식으로 진행해야 피로를 빨리 회복할 수 있다.

해설 교대작업의 편성
가장 이상적인 교대제는 없으므로 작업자 개개인에게 적절한 교대제를 선택하는 것이 중요하고 오전근무→저녁근무→밤근무로 순환하는 것이 좋다.

27 해부학적 자세를 표현하기 위하여 사용하는 인체의 면을 나타내는 용어 중 인체를 좌우로 양분하는 면에 해당하는 용어는?

㉮ 관상면(frontal plane)
㉯ 횡단면(transverse plane)
㉰ 시상면(sagittal plane)
㉱ 수평면(horizontal plane)

해설 인체의 면을 나타내는 용어
① 시상면(sagittal plane): 인체를 좌우로 양분하는 면을 시상면이라 하고, 정중면(median plane)은 인체를 좌우대칭으로 나누는 면이다.
② 관상면(frontal 또는 coronal plane): 인체를 전후로 나누는 면이다.
③ 횡단면, 수평면(transverse 또는 horizontal plane): 인체를 상하로 나누는 면이다.

28 교대근무는 수면과 밀접한 관계가 있으며, 수면은 체온과 밀접한 관계가 있다. 하루 중 체온이 가장 낮은 시간대는?

㉮ 오전 2시 전후
㉯ 오전 5시 전후
㉰ 오후 2시 전후
㉱ 오후 5시 전후

해설 하루 중 체온이 가장 낮은 시간대는 오전 3~5시로 알려져 있으며 밤잠이 모자랄 5~6시에는 교대를 하지 않는 것이 좋다.

해답 25 ㉮ 26 ㉱ 27 ㉰ 28 ㉯

29 신경세포(neuron)에 있어 활동전위(action potential)에 대한 설명 중 틀린 것은?

㉮ 축색(axon)의 지름이 커지면 저항이 커져 활동전위의 전도속도가 느려진다.

㉯ 신경의 세포막은 K^+과 Na^+에 대해 투과성이 변화하는 능력이 있다.

㉰ 활동전위의 전도속도는 30 m/sec로 전선에 흐르는 전기의 속도에 비해 상당히 느리다.

㉱ 특정 부위의 활동전위는 인접부분의 전위를 중화시켜 신경 충동을 전파한다.

> **해설** 축색(axon)의 지름이 커지면 신경충격의 전도속도가 상당히 증가될 수 있다.

30 아래의 윤활관절(synovial joint) 중 연결형태가 안장관절(saddle joint)은 어느 것인가?

㉮

㉯

㉰

㉱

> **해설** 안장관절
> 두 관절면이 말안장처럼 생긴 것으로 서로 직각 방향으로 움직이는 2축성 관절이다.
> 예) 엄지손가락의 손목손바닥뼈관절

31 영상표시 단말기(VDT)증후군을 예방하기 위한 작업장 조명관리 방법으로 적합하지 않은 것은?

㉮ 작업물을 보기 쉽도록 주위조명 수준을 정밀시각 작업에 적정한 1,000 lux 이상으로 높게 한다.

㉯ 화면반사를 줄이기 위해 산란된 간접조명을 사용한다.

㉰ 화면이 창과 직각이 되게 위치시킨다.

㉱ 화면상의 배경은 밝게 하고 글자는 어두운 색을 사용한다.

> **해설** 영상표시 단말기(VDT)증후군을 예방하기 위한 조명수준은 화면의 바탕이 검정색 계통이면 300~500 lux, 화면의 바탕이 흰색 계통이면 500~ 700 lux로 한다.

32 다음 중 정신부하의 측정에 사용되는 것은?

㉮ 부정맥

㉯ 산소소비량

㉰ 에너지소비량

㉱ 혈압

> **해설** 산소소비량, 에너지소비량, 혈압 등은 생리적 부하측정에 사용되는 척도들이다.

해답 29 ㉮ 30 ㉰ 31 ㉮ 32 ㉮

33 그림과 같이 한손에 70 N의 무게(weight)를 떨어뜨리지 않도록 유지하려면 노뼈(척골 또는 radius) 위에 붙어 있는 위팔두갈래근(biceps brachii)에 의해 생성되는 힘 F_m은 얼마여야 하는가?

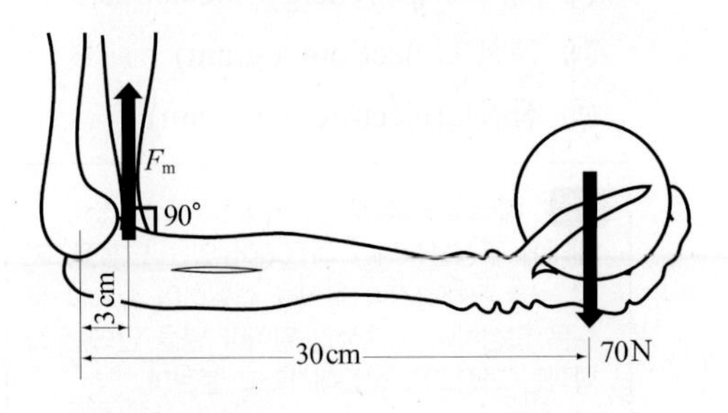

㉮ 400 N ㉯ 500 N
㉰ 600 N ㉱ 700 N

> **해설** 모멘트(moment)
> $\Sigma M = 30(\text{cm}) \times 70(\text{N}) - 3(\text{cm}) \times F_m = 0$
> $F_m = 700$ N

34 육체적 작업을 할 경우 신체의 특정 부위의 스트레스 또는 피로를 측정하는 방법은?

㉮ 에너지소비량 ㉯ 심박수
㉰ 근전도 ㉱ 산소소모량

> **해설** 근육이 움직일 때 나오는 미세한 전기신호를 근전도(EMG: electromyogram)라고 하며, 이는 특정 부위의 근육활동을 측정하기에 좋은 방법이다.

35 산업현장에서 열스트레스(heat stress)를 결정하는 주요요소가 아닌 것은?

㉮ 전도(conduction)
㉯ 대류(convection)
㉰ 복사(radiation)
㉱ 증발(evaporation)

> **해설** 열스트레스에 영향을 끼치는 주요 요소는 대사, 증발, 복사, 대류, 일이 있다.

36 근육구조에 관한 설명으로 틀린 것은?

㉮ 기본근육 세포단위는 근육다발이다.
㉯ 수축이나 이완 시 actin이나 myosin의 길이가 변한다.
㉰ 연결조직이 중추신경으로부터 신호를 근육에 전달한다.
㉱ myosin은 두꺼운 필라멘트로 근섬유 분절의 가운데 위치하고 있다.

> **해설** 근육수축 이론
> 근육은 자극을 받으면 수축을 하는데, 이러한 수축은 근육의 유일한 활동으로 근육의 길이는 단축된다. 근육이 수축할 때 짧아지는 것은 myosin 필라멘트 속으로 actin 필라멘트가 미끄러져 들어간 결과로, myosin과 actin 필라멘트의 길이가 변화하는 것이 아니다.

37 인간과 주위와의 열교환과정을 올바르게 나타낸 열균형방정식은?

㉮ S(열축적)＝M(대사)－E(증발)－R(복사)±C(대류)＋W(한 일)
㉯ S(열축적)＝M(대사)±E(증발)－R(복사)±C(대류)－W(한 일)
㉰ S(열축적)＝M(대사)－E(증발)±R(복사)－C(대류)－W(한 일)
㉱ S(열축적)＝M(대사)－E(증발)±R(복사)±C(대류)－W(한 일)

> **해설** 열교환과정
> S(열축적)＝M(대사)－E(증발)±R(복사)±C(대류)－W(한 일)

해답 33 ㉱ 34 ㉰ 35 ㉮ 36 ㉯ 37 ㉱

38 팔을 수평으로 편 위치에서 수직위치로 내릴 때처럼 신체중심선을 향한 신체 부위 동작은?

㉮ 굴곡(굽힘, flexion)
㉯ 내전(모음, adduction)
㉰ 신전(폄, extension)
㉱ 외전(벌림, abduction)

해설 인체동작의 유형과 범위
① 굴곡(flexion): 팔꿈치로 팔굽혀펴기를 할 때처럼 관절에서의 각도가 감소하는 인체부분의 동작
② 신전(extension): 굴곡과 반대방향의 동작으로, 팔꿈치를 펼 때처럼 관절에서의 각도가 증가하는 동작
③ 외전(abduction): 팔을 옆으로 들 때처럼 인체 중심선에서 멀어지는 측면에서의 인체 부위의 동작
④ 내전(adduction): 팔을 수평으로 편 위치에서 내릴 때처럼 중심선을 향한 인체 부위의 동작
⑤ 회전(rotation): 인체 부위의 자체의 길이방향 축 둘레에서 동작, 인체의 중심선을 향하여 안쪽으로 회전하는 인체 부위의 동작을 내선(medial rotation)이라 하고, 바깥쪽으로 회전하는 인체 부위의 동작을 외선(lateral rotation)이라 한다.
⑥ 선회(circumduction): 팔을 어깨에서 원형으로 돌리는 동작처럼 인체 부위의 원형 또는 원추형 동작

39 다음 중 근육의 정적상태의 근력을 나타내는 것은?

㉮ 등속성 근력(isokinetic strength)
㉯ 등장성 근력(isotonic strength)
㉰ 등관성 근력(isoinertial strength)
㉱ 등척성 근력(isometric strength)

해설 근력의 발휘에서의 정적수축
물건을 들고 있을 때처럼 인체 부위를 움직이지 않으면서 고정된 물체에 힘을 가하는 상태로 이 때의 근력을 등척성 근력(isometric strength)이라고도 한다.

40 체내에서 유기물의 합성 또는 분해에 있어서는 반드시 에너지의 전환이 따르게 되는데 이것을 무엇이라 하는가?

㉮ 산소부채(oxygen debt)
㉯ 에너지대사(energy metabolism)
㉰ 근전도(electromyogram)
㉱ 심전도(electrocardiogram)

해설 에너지대사(energy metabolism)
체내에 구성물질이나 축적되어 있는 단백질, 지방 등을 분해하거나 음식을 섭취하여 필요한 물질은 합성하여 기계적인 일이나 열을 만드는 화학적인 과정으로 신진대사라고 불린다.

41 청력손실은 개인마다 차이가 있으나, 다음 중 어떤 주파수에서 가장 크게 나타나는가?

㉮ 2,000 Hz
㉯ 4,000 Hz
㉰ 6,000 Hz
㉱ 8,000 Hz

해설 청력장해
일시장해에서 회복 불가능한 상태로 넘어가는 상태로 3,000~6,000 Hz 범위에서 영향을 받으며 4,000 Hz에서 현저히 커진다.

42 인체의 척추구조에서 요추는 몇 개로 구성되어 있는가?

㉮ 5개　　㉯ 7개
㉰ 9개　　㉱ 12개

해설 요추는 1~5번까지 5개로 구성되어 있다.

해답 38 ㉯ 39 ㉱ 40 ㉯ 41 ㉯ 42 ㉮

43 강도 높은 작업을 마친 후 휴식 중에도 근육에 추가적으로 소비되는 산소량을 무엇이라 하는가?

㉮ 산소결손　　㉯ 산소결핍
㉰ 산소부채　　㉱ 산소요구량

해설 산소 빚(oxygen debt)
인체활동의 강도가 높아질수록 산소요구량은 증가된다. 이때 에너지 생성에 필요한 산소를 충분하게 공급해주지 못하면 체내에 젖산이 축적되고 작업종료 후에도 체내에 쌓인 젖산을 제거하기 위하여 계속적으로 필요로 하는 산소량을 말한다.

44 다음 신체동작의 유형 중 관절에서의 각도가 감소하는 신체부분의 동작은?

㉮ 굽힘(flexion)
㉯ 내선(medial rotation)
㉰ 폄(extension)
㉱ 벌림(abduction)

해설 내선, 폄, 벌림은 인체로부터 관절의 각도가 증가하는 것이다.

45 다음 중 스트레스와 스트레인에 대한 설명으로 거리가 가장 먼 것은?

㉮ 스트레스란 개인에게 부과되는 바람직하지 않은 상태, 상황, 과업 등을 말한다.
㉯ 스트레인은 스트레스로 인해 우리 몸에 나타나는 현상을 말한다.
㉰ 작업관련인자 중에는 누구에게나 스트레스의 원인이 되는 것이 있다.
㉱ 같은 수준의 스트레스라면 스트레인의 양상과 수준은 개인차가 없다.

해설 ① 스트레스(stress): 개인에게 작용하는 바람직하지 않은 상태나 상황, 과업 등의 인자와 같이 내외부로부터 주어지는 자극을 말한다.
② 스트레인(strain): 스트레스의 결과로 인체에 나타나는 고통이나 반응을 말한다.

46 다음 중 에너지대사율(Relative Metabolic Rate; RMR)을 올바르게 정의한 식은?

㉮ $RMR = \frac{\text{기초대사량}}{\text{작업대사량}}$

㉯ $RMR = \frac{\text{작업시간} \times \text{소비에너지}}{\text{작업대사량}}$

㉰ $RMR = \frac{\text{작업시소비에너지} - \text{안정시소비에너지}}{\text{기초대사량}}$

㉱ $RMR = \frac{\text{작업대사량}}{\text{소비에너지량}}$

해설 에너지대사율(Relative Metabolic Rate; RMR)

$$RMR = \frac{\text{작업시소비에너지} - \text{안정시소비에너지}}{\text{기초대사량}} = \frac{\text{작업대사량}}{\text{기초대사량}}$$

47 정신적 부담작업과 육체적 부담작업 양쪽 모두에 사용할 수 있는 생리적 부하 측정 방법은?

㉮ EEG(Electroencephalogram)
㉯ RPE(Rating of Perceived Exertion)
㉰ 점멸융합주파수(Flicker Fusion Frequency)
㉱ 에너지소모량(Metabolic Energy Expenditure)

해설 ① EEG, 점멸융합주파수: 정신적 작업부하를 측정, 즉, 정신피로의 척도로 사용된다.
② 에너지소모량: 육체적 작업부하를 측정하는 데 사용된다.
③ RPE: 정신적 작업부하와 육체적 작업부하를 모두 측정하는 데 사용할 수 있다.

해답 43 ㉰ 44 ㉮ 45 ㉱ 46 ㉰ 47 ㉯

48 다음 중 조도(Illuminance)의 단위는?

㉮ lumen(lm)
㉯ lux(lx)
㉰ candela(cd)
㉱ foot-lambert(fl)

해설 lux
조도의 실용단위로 기호는 lux(lx)로 나타낸다.

49 정신적 작업부하(mental workload)를 측정하기 위한 척도가 갖추어야 할 기준으로 볼 수 없는 것은?

㉮ 감도(sensitivity)
㉯ 양립성(compatibility)
㉰ 신뢰성(reliability)
㉱ 수용성(acceptability)

해설 정신적 부하척도의 요건
① 선택성: 정신부하 측정에 있어서 관련되지 않는 사항들은 포함되지 않아야 한다.
② 간섭: 정신부하를 측정할 때 이로 인해 작업이 방해를 받아서 작업의 수행도에 영향을 끼치면 안 된다.
③ 신뢰성: 측정값은 신뢰할 수 있을 만한 것이어야 한다.
④ 수용성: 피측정인이 납득하여 수용할 수 있는 측정방법이 사용되어야 한다.

50 육체적으로 격렬한 작업 시 충분한 양의 산소가 근육활동에 공급되지 못해 근육에 축적되는 것은?

㉮ 피루브산
㉯ 젖산
㉰ 초성포도산
㉱ 글리코겐

해설 젖산의 축적
인체활동의 초기에는 일단 근육 내의 당원을 사용하지만, 이후의 인체활동에서는 혈액으로부터 영양분과 산소를 공급받아야 한다. 이때 인체활동 수준이 너무 높아 근육에 공급되는 산소량이 부족한 경우에는 혈액 중에 젖산이 축적되어 근육의 피로를 유발하게 된다.

51 다음 중 고열환경을 종합적으로 평가할 수 있는 지수로 사용되는 것은?

㉮ 습구흑구온도지수(WBGT)
㉯ 옥스퍼드지수(Oxford index)
㉰ 실효온도(ET)
㉱ 열스트레스지수(HSI)

해설
① 습구흑구온도지수: 작업장 내의 열적환경을 평가하기 위한 지표 중의 하나로 고열작업장에 대한 허용기준으로 사용한다.
② 옥스퍼드지수: 건습지수로서 습구온도와 건구온도의 가중평균치로 나타낸다.
③ 실효온도: 온도, 습도 및 공기 유동이 인체에 미치는 열 효과를 하나의 수치로 통합한 경험적 감각지수이다.

52 다음 중 구형관절에 해당하는 관절은?

㉮ 발목관절
㉯ 무릎관절
㉰ 팔꿈치관절
㉱ 어깨관절

해설 ㉮, ㉯, ㉰는 모두 경첩관절이다.

해답 48 ㉯ 49 ㉯ 50 ㉯ 51 ㉮ 52 ㉱

53 어떤 작업의 총 작업시간이 50분이고, 작업 중 분당 평균산소소비량이 1.5 L로 측정되었다면 이때 필요한 휴식시간은 약 얼마인가? (단, Murrell의 공식을 이용하며, 권장 평균에너지소비량은 분당 5 kcal, 산소 1 L당 방출할 수 있는 에너지는 5 kcal, 기초대사량은 분당 1.5 kcal이다.)

㉮ 11분 ㉯ 16분
㉰ 21분 ㉱ 26분

해설 Murrell의 공식

$$R = \frac{T(E-S)}{E-1.5}$$

R: 휴식시간(분), T: 총 작업시간(분)
E: 평균에너지소모량(kcal/min)
S: 권장 평균에너지소모량(kcal/min)
R=50(7.5−5)/(7.5−1.5)=20.83 ≒ 21

54 다음 중 근력에 있어서 등척력(isometric strength)에 대한 설명으로 가장 적절한 것은?

㉮ 물체를 들어 올릴 때처럼 팔이나 다리의 신체 부위를 실제로 움직이는 상태의 근력이다.
㉯ 물체를 들고 있을 때처럼 신체 부위를 움직이지 않으면서 고정된 물체에 힘을 가하는 상태의 근력이다.
㉰ 물체를 들어 올려 일정시간 내에 일정거리를 이동시킬 때 힘을 가하는 상태의 근력이다.
㉱ 신체 부위가 동적인 상태에서 물체에 동일한 힘을 가하는 상태의 근력이다.

해설 등척성 근력
근육의 길이가 변하지 않고 수축하면서 힘을 발휘하는 근력을 말한다.

55 다음 중 작업가동의 증가에 따른 순환기 반응의 변화에 대한 설명으로 옳지 않은 것은?

㉮ 심박출량의 증가
㉯ 혈액의 수송량 증가
㉰ 혈압의 상승
㉱ 적혈구의 감소

해설 작업가동이 증가하면 심박출량이 증가하고 그에 따라 혈압이 상승하게 된다. 그리고 혈액의 수송량 또한 증가하며, 산소소비량도 증가하게 된다.

56 신체에 전달되는 진동은 전신진동과 국소진동으로 구분되는데 다음 중 진동원의 성격이 다른 것은?

㉮ 대형 운송차량 ㉯ 지게차
㉰ 크레인 ㉱ 그라인더

해설 진동의 구분
① 전신진동: 교통 차량, 선박, 항공기, 기중기, 분쇄기 등에서 발생하며, 2~100 Hz에서 장애유발
② 국소진동: 착암기, 연마기, 자동식 톱 등에서 발생하며, 8~1500 Hz에서 장애유발

57 다음 중 진동방지 대책으로 적합하지 않은 것은?

㉮ 공장에서 진동발생원을 기계적으로 격리한다.
㉯ 작업자에게 방진장갑을 착용하도록 한다.
㉰ 진동을 줄일 수 있는 충격흡수 장치들을 장착한다.
㉱ 진동의 강도를 일정하게 유지한다.

해설 진동의 대책
인체에 전달되는 진동을 줄일 수 있도록 기술적인 조치를 취하는 것과 진동에 노출되는 시간을 줄이도록 한다.

해답 53 ㉰ 54 ㉯ 55 ㉱ 56 ㉱ 57 ㉱

58 다음 중 맹목(blind) 위치동작에 대한 설명으로 틀린 것은?

㉮ 눈으로 다른 것을 보면서 위치동작을 하는 경우를 말한다.
㉯ 표적의 높이에 있어서는 상단에 있는 경우가 하단에 있는 경우보다 더 정확하다.
㉰ 일반적으로 측면보다 정면의 방향이 정확하다.
㉱ 시각적 피드백에 의해 제어되지 않는다.

> **해설** 맹목적 위치동작
> 동작을 보면서 통제할 수 없을 때는 근육운동 지학으로부터의 제한 정보에 의존하는 수밖에 없다. 흔히 있는 유형의 맹목위치동작은 눈으로 다른 것을 보면서 손을 뻗어 조종장치를 잡는 때와 같이 손(발)을 공간의 한 위치에서 다른 위치로 움직이는 것이다.

59 다음 중 작업장의 실내면에서 일반적으로 반사율이 가장 높아야 하는 곳은?

㉮ 천정　　㉯ 바닥
㉰ 벽　　㉱ 책상면

> **해설** 실내의 추천반사율(IES)
> ① 천장: 80~90%
> ② 벽, blind: 40~60%
> ③ 가구, 사무용기기, 책상: 25~45%
> ④ 바닥: 20~40%

60 다음 중 심장근의 활동을 측정하는 것은?

㉮ 근전도(EMG)　　㉯ 심박수(HR)
㉰ 심전도(ECG)　　㉱ 뇌파도(EEG)

> **해설** 심전도(ECG)
> 심장근수축에 따르는 전기적 변화를 피부에 부착한 전극들로 검출, 증폭, 기록한 것, 파형 내의 여러 파들은 P, Q, S, T파 등으로 불린다.

61 작업 중 근육을 사용하는 육체적 작업에 따른 생리적 반응에 대한 설명으로 틀린 것은?

㉮ 호흡기반응에 의해 호흡속도와 흡기량이 증가한다.
㉯ 작업 중 각 기관에 흐르는 혈류량은 항상 일정하다.
㉰ 심박출량은 작업초기부터 증가한 후 최대작업능력의 일정 수준에서 안정된다.
㉱ 심박수는 작업초기부터 증가한 후 최대작업능력의 일정수준에서도 계속 증가한다.

> **해설** 육체적 작업에 따른 생리적 반응
> ① 산소소비량의 증가
> ② 심박출량의 증가
> ③ 심박수의 증가
> ④ 혈류의 재분배

62 다음 중 굴곡(flexion)에 반대되는 인체 동작을 무엇이라 하는가?

㉮ 벌림(abduction)
㉯ 폄(extension)
㉰ 모음(adduction)
㉱ 내전(pronation)

> **해설** 신전(폄, extension)은 굴곡과 반대방향의 동작으로서, 팔꿈치를 펼 때처럼 관절에서의 각도가 증가하는 동작, 몸통을 아치형으로 만들 때처럼 정상신전 자세 이상으로 인체부분을 신전하는 것을 과신전(過伸展, hyper extension)이라 한다.

해답 58 ㉯ 59 ㉮ 60 ㉰ 61 ㉯ 62 ㉯

63 다음 중 중추신경계의 피로 즉, 정신피로의 척도로 사용될 수 있는 것은?

㉮ 혈압(blood pressure)
㉯ 근전도(electromyogram)
㉰ 산소소비량(oxygen consumption)
㉱ 점멸융합주파수(flicker fusion frequency)

> **해설** 점멸융합주파수는 피곤함에 따라 빈도가 감소하기 때문에 중추신경계의 피로, 즉 '정신피로'의 척도로 사용될 수 있다.

64 인체의 척추를 구성하고 있는 뼈 가운데 경추, 흉추, 요추의 합은 몇 개인가?

㉮ 19개
㉯ 21개
㉰ 24개
㉱ 26개

> **해설** 척추골은 위로부터 경추(7개), 흉추(12개), 요추(5개), 선추(5개), 미추(3~5개)로 구성된다.

65 관절의 종류 중 어깨관절의 유형에 해당하는 것은?

㉮ 경첩관절(hinge joint)
㉯ 축관절(pivot joint)
㉰ 안장관절(saddle joint)
㉱ 구상관절(ball-and-socker joint)

> **해설**
> ① 경첩관절(hinge joint): 두 관절면이 원주면과 원통면 접촉을 하는 것이며, 한 방향으로만 운동할 수 있다.
> 예) 무릎관절, 팔굽관절, 발목관절
> ② 축관절(pivot joint): 관절머리가 완전히 원형이며, 관절오목 내를 자동차바퀴와 같이 1축성으로 회전운동을 한다.
> 예) 위아래 요골척골관절
> ③ 안장관절(saddle joint): 두 관절면이 말안장처럼 생긴 것이며, 서로 직각방향으로 움직이는 2축성 관절이다.
> 예) 엄지손가락의 손목손바닥뼈관절
> ④ 구상관절(ball-and-socker joint): 관절머리와 관절오목이 모두 반구상의 것이며, 운동이 가장 자유롭고, 다축성으로 이루어진다.
> 예) 어깨관절, 대퇴관절

66 특정 작업에 대한 10분간의 산소소비량을 측정한 결과 100 L 배기량에 산소가 15%, 이산화탄소가 5%로 분석되었다. 이때 산소소비량은 몇 L/min인가? (단, 공기 중 산소는 21vol%, 질소는 79vol%라고 한다.)

㉮ 0.63
㉯ 0.75
㉰ 3.15
㉱ 10.13

> **해설** 산소소비량
> – 분당 배기량: $\dfrac{\text{배기량}}{\text{시간(분)}}$
> – 분당 흡기량:
> $\dfrac{(100 - O_2\% - CO_2\%)}{N_2\%} \times \text{분당 배기량}$
> – 산소소비량:
> $(21\% \times \text{분당 흡기량}) - (O_2\% \times \text{분당 배기량})$
> ① 분당 배기량: $\dfrac{100\text{ L}}{10\text{분}} = 10\text{ L/분}$
> ② 분당 흡기량: $\dfrac{(100\% - 15\% - 5\%)}{79\%} \times 10$
> $= 10.13$
> ③ 산소소비량:
> $(21\% \times 10.13) - (15\% \times 10)$
> $= 0.6273$
> $\fallingdotseq 0.63$

해답 63 ㉱ 64 ㉰ 65 ㉱ 66 ㉮

67 다음 중 생명을 유지하기 위하여 필요로 하는 단위시간당 에너지의 양을 무엇이라 하는가?

㉮ 에너지소비율
㉯ 활동에너지가
㉰ 기초대사율
㉱ 산소소비량

> **해설** 기초대사율은 생명을 유지하기 위한 최소한의 에너지 소비량을 의미하며, 성, 연령, 체중은 개인의 기초대사율에 영향을 주는 중요한 요인이다.

68 다음 중 신체의 지지와 보호 및 조형기능을 담당하는 것은?

㉮ 골격계
㉯ 근육계
㉰ 순환계
㉱ 신경계

> **해설**
> ① 골격계는 뼈, 연골, 관절로 구성되는 인체의 수동적 운동기관으로 인체를 구성하고 지주역할을 담당하며, 장기를 보호한다.
> ② 근육계는 골격근, 심장근, 평활근, 근막, 건, 건막, 활액낭으로 구성되는 인체의 능동적 운동장치와 부속기관들이다.
> ③ 순환계는 심장, 혈액, 혈관, 림프, 림프관, 비장 및 흉선 등으로 구성되며, 영양분과 가스 및 노폐물 등을 운반하고, 림프구 및 항체의 생산으로 인체의 방어작용을 담당한다.
> ④ 신경계는 중추신경 및 말초신경으로 구성되며, 인체의 감각과 운동 및 내외환경에 대한 적응 등을 조절하는 기관이다.

69 다음 중 육체적 작업부하의 주관적 평가방법으로 작업자들이 주관적으로 지각한 신체적 노력의 정도를 일정한 값 사이의 척도로 평정하는 것은?

㉮ Borg의 RPE Scale
㉯ Flicker 지수
㉰ Body Map
㉱ Lifting Index

> **해설** Borg의 RPE Scale은 자신의 운동부하가 어느 정도 힘든가를 주관적으로 평가해서 언어적으로 표현할 수 있도록 척도화한 것이다.

70 다음 중 신경계에 대한 설명으로 틀린 것은?

㉮ 체신경계는 평활근, 심장근에 분포한다.
㉯ 기능적으로는 체신경계와 자율신경계로 나눌 수 있다.
㉰ 자율신경계는 교감신경계와 부교감신경계로 세분된다.
㉱ 신경계는 구조적으로 중추신경계와 말초신경계로 나눌 수 있다.

> **해설** 체신경계는 머리와 목 부위의 근육, 샘, 피부, 점막 등에 분포하는 12쌍의 뇌신경을 말한다.

71 소음측정의 기준에 있어서 단위작업장에서 소음발생 시간이 6시간 이내인 경우 발생시간 동안 등간격으로 나누어 몇 회 이상 측정하여야 하는가?

㉮ 2회 ㉯ 3회
㉰ 4회 ㉱ 6회

> **해설** 소음 측정은 단위작업장의 소음발생시간을 등간격으로 나누어 4회 이상 측정하여야 한다.

해답 67 ㉰ 68 ㉮ 69 ㉮ 70 ㉮ 71 ㉰

72 단일자극에 의한 1회의 수축과 이완과정을 무엇이라 하는가?

㉮ 연축(twitch)
㉯ 감축(tetanus)
㉰ 긴장(tones)
㉱ 강축(rigor)

> **해설** 골격근에 직접, 또는 신경-근접합부 부근의 신경에 전기적인 단일자극을 가하면, 자극이 유효할 때는 활동전위가 발생하여 급속한 수축이 일어나고 이어서 이완현상이 생기는데, 이것을 연축이라고 한다.

73 다음 중 인체를 전후로 나누는 면을 무엇이라 하는가?

㉮ 횡단면　　㉯ 시상면
㉰ 관상면　　㉱ 정중면

> **해설** 인체의 면을 나타내는 용어
> ① 횡단면: 인체를 상하로 나누는 면
> ② 시상면: 인체를 좌우로 양분하는 면
> ③ 관상면: 인체를 전후로 나누는 면
> ④ 정중면: 인체를 좌우대칭으로 나누는 면

74 다음 중 저온에서의 신체반응에 대한 설명으로 틀린 것은?

㉮ 체표면적이 감소한다.
㉯ 피부의 혈관이 수축된다.
㉰ 화학적 대사작용이 감소한다.
㉱ 근육긴장의 증가와 떨림이 발생한다.

> **해설** 저온에서 인체는 36.5℃의 일정한 체온을 유지하기 위하여 열을 발생시키고, 열의 방출을 최소화한다. 열을 발생시키기 위하여 화학적 대사작용이 증가하고, 근육긴장의 증가와 떨림이 발생하며, 열의 방출을 최소화하기 위하여 체표면적의 감소와 피부의 혈관 수축 등이 일어난다.

75 건강한 작업자가 부품조립 작업을 8시간 동안 수행하고 대사량을 측정한 결과 산소소비량이 분당 1.5 L이었다. 이 작업에 대하여 8시간의 총 작업시간 내에 포함되어야 하는 휴식시간은 몇 분인가? (단, 이 작업의 권장 평균에너지소모량은 5 kcal/min, 휴식 시의 에너지소비량은 1.5 kcal/min이며, Murrell의 방법을 적용한다.)

㉮ 60분　　㉯ 72분
㉰ 144분　　㉱ 200분

해설 Murrell의 공식

$$R=\frac{T(E-S)}{E-1.5}$$

R: 휴식시간(분), T: 총 작업시간(분)
E: 평균에너지소묘량(kal/min)
S: 권장 평균에너지소모량=5(kcal/min)

에너지소비량에 따른 육체적 작업의 등급

에너지소비량 (kcal/min)	산소소비량 (L/min)
7.5~10.0	1.5~2.0

따라서, $R=\frac{480(7.5-5)}{7.5-1.5}$
$=200(분)$

76 다음 중 소음에 의한 청력손실이 가장 크게 발생하는 주파수대역은?

㉮ 500 Hz　　㉯ 1,000 Hz
㉰ 2,000 Hz　　㉱ 4,000 Hz

> **해설** 청력손실의 정도는 노출소음수준에 따라 증가하는데, 청력손실은 4,000 Hz에서 가장 크게 나타난다.

해답 72 ㉮ 73 ㉰ 74 ㉰ 75 ㉱ 76 ㉱

77 다음 중 최대산소소비량(Maximum Aerobic Power; MAP)에 대한 설명으로 틀린 것은?

㉮ 개인의 MAP가 클수록 순환기계통의 효능이 크다.

㉯ MAP 수준에서는 에너지대사가 주로 호기적(aerobic)으로 일어난다.

㉰ MAP를 직접 측정하는 방법은 트레드밀(treadmill)이나 자전거 에르고미터(ergometer)에서 가능하다.

㉱ MAP이란 일의 속도가 증가하더라도 산소섭취량이 더 이상 증가하지 않는 일정하게 되는 수준이다.

> **해설** 최대산소소비량
> 작업의 속도가 증가하면 산소소비량이 선형적으로 증가하여 일정한 수준에 이르게 되고, 작업의 속도가 증가하더라도 산소소비량은 더 이상 증가하지 않고 일정하게 되는 수준에서의 산소소모량이다.

78 A 작업장에서 근무하는 작업자가 85 dB(A)에 4시간, 90 dB(A)에 4시간 동안 노출되었다. 음압수준별 허용시간이 다음 [표]와 같을 때 누적 소음노출지수(%)는 얼마인가?

음압수준 dB(A)	노출허용 시간/일
85	16
90	8
95	4
100	2
105	1
110	0.5
115	0.25
-	0.125

㉮ 55%

㉯ 65%

㉰ 75%

㉱ 85%

> **해설** 누적 소음노출지수
> $$누적\ 소음노출지수 = \frac{실제노출시간}{최대허용시간} \times 100$$
> $$= \left(\frac{4}{16} \times 100\right) + \left(\frac{4}{8} \times 100\right)$$
> $$= 75\%$$

79 강도 높은 작업을 일정 시간 동안 수행한 후 회복기에서 근육에 추가로 산소가 소비되는 것을 무엇이라 하는가?

㉮ 산소결손

㉯ 산소소비량

㉰ 산소부채

㉱ 산소요구량

> **해설** 산소부채(oxygen debt)란?
> 인체활동의 강고가 높아질수록 산소요구량은 증가된다. 이때 에너지 생성에 필요한 산소를 충분하게 공급해 주지 못하면 체내에 젖산이 축적되고 작업종료 후에도 체내에 쌓인 젖산을 제거하기 위하여 계속적으로 산소가 필요하게 되며, 이에 필요한 산소량을 산소부채라고 한다. 그 결과 산소부채를 채우기 위해서 작업종료 후에도 맥박수와 호흡수가 휴식상태의 수준으로 바로 돌아오지 않고 서서히 감소하게 된다.

해답 77 ㉯ 78 ㉰ 79 ㉰

80 다음 중 근력(strength)과 지구력(endurance)에 대한 설명으로 틀린 것은?

㉮ 지구력(endurance)이란 근육을 사용하여 간헐적인 힘을 유지할 수 있는 활동을 말한다.

㉯ 정적근력(static strength)을 등척력(isometric strength)이라 한다.

㉰ 동적근력(dynamic strength)을 등속력(isokinetic strength)이라 한다.

㉱ 근육이 발휘하는 힘은 근육의 최대자율수축(Maximum Voluntary Contraction; MVC)에 대한 백분율로 나타낸다.

> **해설** 지구력(endurance)
> 근력을 사용하여 특정 힘을 유지할 수 있는 능력이다.

81 우리 몸의 구조에서 서로 유사한 형태 및 기능을 가진 세포들의 모양을 무엇이라 하는가?

㉮ 기관계

㉯ 조직

㉰ 핵

㉱ 기관

> **해설** 조직은 구조와 기능이 비슷한 세포들이 그 분화의 방향에 따라 형성 분화된 집단을 말하며, 그 구조와 기능에 따라 근육조직, 신경조직, 상피조직, 결합조직을 인체의 4대 기본조직이라고 한다.

82 골격근의 구조적 단위 하나인 근속을 싸고 있는 결합조직을 무엇이라 하는가?

㉮ 근외막

㉯ 근내막

㉰ 근주막

㉱ 건

> **해설** 근내막
> 골격근에 있어서 각각의 근섬유는 세포막에 의해서 덮여 있고 그 외측에 기저막이 있으며 최외층 결합조직이 엷은 막으로 둘러싸여 이들 3층의 막 구조를 근초라고 한다. 이 3층의 막 구조 중 최외층 결합조직의 막을 근내막이라 부르고 근섬유의 구조를 지지하는 역할을 하고 있다.

83 다음 중 근육피로의 일차적 원인으로 축적되는 젖산은 어떤 물질이 변환되어 생성되는 것인가?

㉮ 피루브산

㉯ 락트산

㉰ 글리코겐

㉱ 글루코스

> **해설** 무기성 환원과정
> 충분한 산소가 공급되지 않을 때, 에너지가 생성되는 동안 피루브산이 젖산으로 바뀐다. 활동초기에 순환계가 대사에 필요한 충분한 산소를 공급하지 못할 때 일어난다.

해답 80 ㉮ 81 ㉯ 82 ㉯ 83 ㉮

84 근력의 측정에 있어 동적근력 측정에 관한 설명으로 옳은 것은?

㉮ 피검자가 고정물체에 대하여 최대 힘을 내도록 하여 평가한다.

㉯ 근육의 피로를 피하기 위하여 지속 시간은 10초 미만으로 한다.

㉰ 4~6초 동안 힘을 발휘하게 하면서 순간 최대힘과 3초 동안의 평균힘을 기록한다.

㉱ 가속도와 관절 각도의 변화가 힘의 발휘와 측정에 영향을 미쳐서 측정이 어렵다.

> **해설** 동적근력은 가속과 관절각도의 변화가 힘의 발휘에 영향을 미치기 때문에 측정에 다소 어려움이 있다. 또 근력측정값은 자세, 관절각도, 힘을 내는 방법 등의 인자에 따라 달라지므로 반복측정이 필요하다.

85 다음 중 하루 8시간 작업의 경우 개인 근육의 최대자율수축(MVC)은 어느 정도가 가장 적절한가?

㉮ 15% 이하 ㉯ 30% 이하
㉰ 45% 이하 ㉱ 50% 이상

> **해설** 지구력이란 근력을 사용하여 특정 힘을 유지할 수 있는 능력으로 최대근력으로 유지할 수 있는 것은 몇 초이며, 최대근력의 15% 이하에서 상당히 오래 유지할 수 있다.

86 다음 중 근육의 수축 원리에 관한 설명으로 틀린 것은?

㉮ 액틴과 미오신 필라멘트의 길이는 변하지 않는다.

㉯ 근섬유가 수축하면 I대와 H대가 짧아진다.

㉰ 최대로 수축했을 때는 Z선이 A대에 맞닿는다.

㉱ 근육 전체가 내는 힘은 비활성화된 근섬유수에 의해 결정된다.

> **해설** 근육수축의 원리
> ① 액틴과 미오신 필라멘트의 길이는 변하지 않는다.
> ② 근섬유가 수축하면 I대와 H대가 짧아진다.
> ③ 최대로 수축했을 때는 Z선이 A대에 맞닿고 I대는 사라진다.
> ④ 각 섬유는 일정한 힘으로 수축하며, 근육 전체가 내는 힘은 활성화된 근섬유 수에 의해 결정된다.

87 다음 중 가동성관절의 종류와 그 예(例)가 잘못 연결된 것은?

㉮ 절구관절(ball-and socket joint): 대퇴관절

㉯ 타원관절(ellipsoid joint): 손목뼈관절

㉰ 경첩관절(hinge joint): 손가락뼈사이 관절

㉱ 중쇠관절(pivot joint): 수근중수관절

> **해설** 중쇠관절(차축관절) – 위아래요골척골관절

88 운동하는 물체에 힘이 가해지지 않으면 그 물체는 운동상태를 바꾸지 않고 등속 직선운동을 계속하려는 것을 나타내는 법칙은?

㉮ 관성의 법칙

㉯ 가속도의 법칙

㉰ 작용－반작용의 법칙

㉱ 오른손의 법칙

> **해설** 제1법칙(관성의 법칙)
> 모든 물체는 외력이 작용하지 않는 한 정지상태 또는 직선에서의 등속운동을 계속 유지하려고 한다.

해답 84 ㉱ 85 ㉮ 86 ㉱ 87 ㉱ 88 ㉮

89 A 작업자가 한손을 사용하여 무게가 49 N인 물체를 90° 의 팔꿈치 각도로 들고 있다. 물체를 쥔 손에서 팔꿈치관절까지의 거리는 0.35 m이고, 손과 아래팔의 무게는 16 N이며, 손과 아래팔의 무게중심은 팔꿈치 관절로부터 0.17 m 거리에 위치해 있다. 이두박근(biceps)이 팔꿈치관절로부터 0.05 m 거리에서 아래팔과 90° 의 각도를 이루고 있을 때, 이두박근이 내는 힘은 약 얼마인가?

㉮ 298.5 N
㉯ 348.4 N
㉰ 397.4 N
㉱ 448.5 N

해설 모멘트(moment)

$\sum M = 0$ (모멘트 평형방정식)

① 팔꿈치에 작용하는 모멘트

$(F_1 \times d_1) + (F_2 \times d_2) + M_E(\text{팔꿈치 모멘트}) = 0$

$(-49\text{N} \times 0.35\text{m}) + (16\text{N} \times 0.17\text{m}) + M_E = 0$

$\therefore$ 팔꿈치 모멘트 $M_E = 19.87\text{N}$

② 이두박근에 작용하는 모멘트

$19.87\text{N} - (F_M(\text{이두박근모멘트}) \times 0.05) = 0$

$\therefore$ 이두박근의 모멘트 $F_M = 397.4\text{N}$

90 다음 중 정신적 작업부하에 관한 측정치가 아닌 것은?

㉮ 부정맥지수
㉯ 점멸융합주파수
㉰ 뇌전도(EEG)
㉱ 심전도(ECG)

해설 정신적 작업부하 측정치에는 부정맥지수, 점멸융합주파수, 뇌전도(EEG) 등이 있다. 심전도(ECG)는 육체적 작업부하에 관한 측정치이다.

91 다음 중 광도와 거리에 관한 조도의 공식으로 옳은 것은?

㉮ $\text{조도} = \dfrac{\text{광도}}{\text{거리}}$

㉯ $\text{조도} = \dfrac{\text{거리}}{\text{광도}}$

㉰ $\text{조도} = \dfrac{\text{광도}}{\text{거리}^2}$

㉱ $\text{조도} = \dfrac{\text{거리}}{\text{광도}^2}$

해설 조도(illuminance)

$$\text{조도} = \frac{\text{광도}}{\text{거리}^2}$$

92 다음 중 반사휘광의 처리방법으로 적절하지 않은 것은?

㉮ 간접조명 수준을 높인다.
㉯ 무광택 도료 등을 사용한다.
㉰ 창문에 차양 등을 사용한다.
㉱ 휘광원 주위를 밝게 하여 광도비를 줄인다.

해설 반사휘광의 처리

① 발광체의 휘도를 줄인다.
② 일반(간접) 조명수준을 높인다.
③ 산란광, 간접광, 조절판(baffle), 창문에 차양(shade) 등을 사용한다.
④ 반사광이 눈에 비치지 않게 광원을 위치시킨다.
⑤ 무광택 도료, 빛을 산란시키는 표면색을 한 사무용기기, 윤기를 없앤 종이 등을 사용한다.

해답 89 ㉰ 90 ㉱ 91 ㉰ 92 ㉱

93 1 cd의 점광원으로부터 3m 거리에 떨어진 구면의 조도는 몇 럭스(lux)가 되겠는가?

㉮ $\frac{1}{9}$　　㉯ $\frac{1}{6}$

㉰ $\frac{1}{3}$　　㉱ $\frac{1}{2}$

해설 조도(illuminance)

$$\text{조도} = \frac{\text{광량}}{\text{거리}^2} = \frac{1}{3^2} = \frac{1}{9}$$

94 습구온도가 40℃, 건구온도가 30℃일 때, Oxford 지수는 얼마인가?

㉮ 37°C　　㉯ 37.5°C

㉰ 38°C　　㉱ 38.5°C

해설 Oxford 지수
습건(WD)지수라고도 하며, 습구온도(W)와 건구온도(D)의 가중평균값으로서 다음과 같이 나타낸다.

$$\begin{aligned} WD &= 0.85W + 0.15D \\ &= 0.85 \times 40 + 0.15 \times 30 \\ &= 38.5 \end{aligned}$$

95 다음 중 인체의 구성과 기능을 수행하는 구조적, 기능적 기본단위는?

㉮ 조직　　㉯ 세포

㉰ 기관　　㉱ 계통

해설 세포는 인체의 구성과 기능을 수행하는 최소단위이며, 위치에 따라 모양과 크기가 다르며 수명과 그 기능에 차이가 있다. 기능에 따라 근육세포, 상피세포, 결합(체)조직세포로 분류된다.

96 다음 중 에너지소비량에 영향을 미치는 인자와 거리가 가장 먼 것은?

㉮ 작업자세　　㉯ 작업순서

㉰ 작업방법　　㉱ 작업속도

해설 에너지소비량에 영향을 미치는 인자
① 작업방법
② 작업자세
③ 작업속도
④ 도구설계

97 다음 중 소음에 의한 영향으로 틀린 것은?

㉮ 맥박수가 증가한다.

㉯ 12 Hz에서는 발성에 영향을 준다.

㉰ 1~3 Hz에서 호흡이 힘들고 O_2의 소비가 증가한다.

㉱ 신체의 공진현상은 서 있을 때가 앉아 있을 때보다 심하게 나타난다.

해설 공진현상
외부에서 들어온 진동수가 물체의 진동수와 일치해 진동이 커지는 효과로 신체의 각 부분도 고유한 진동을 가지고 있다. 신체의 공진현상은 앉아 있을 때가 서 있을 때보다 심하게 나타난다.

98 다음 중 사무실의 오염물질 관리기준에서 이산화탄소의 관리기준으로 옳은 것은?

㉮ 500 ppm 이하

㉯ 1,000 ppm 이하

㉰ 2,000 ppm 이하

㉱ 3,000 ppm 이하

해설 당해 실내공기 중 이산화탄소(CO_2)의 농도가 1,000 ppm 이하가 되도록 하여야 한다.

해답 93 ㉮ 94 ㉱ 95 ㉯ 96 ㉯ 97 ㉱ 98 ㉯

99 일반적으로 소음계는 3가지 특성에서 음악을 측정할 수 있도록 보정되어 있는데, A 특성치란 40 phon의 등음량곡선과 비슷하게 보정하여 측정한 음압수준을 말한다. B 특성치와 C 특성치는 각각 몇 phon의 등음량곡선과 비슷하게 보정하여 측정한 값을 말하는가?

㉮ B 특성치: 50phon, C 특성치: 80phon
㉯ B 특성치: 60phon, C 특성치: 100phon
㉰ B 특성치: 70phon, C 특성치: 100phon
㉱ B 특성치: 80phon, C 특성치: 150phon

해설 소음레벨의 3특성
지시소음계에 의한 소음레벨의 측정에는 A, B, C의 3특성이 있다. A는 플레처의 청감 곡선의 40 phon, B는 70 phon의 특성에 대강 맞춘 것이고, C는 100 phon의 특성에 대강 맞춘 것이다. JIS Z8371-1966은 소음레벨은 그 소리의 대소에 관계없이 원칙으로 A특성으로 측정한다.

100 "강렬한 소음작업" 이라 함은 몇 데시벨 이상의 소음이 1일 8시간 이상 발생되는 작업을 말하는가?

㉮ 85 ㉯ 90
㉰ 95 ㉱ 100

해설 산업안전보건기준에 관한 규칙에서는 90 데시벨 이상의 소음이 1일 8시간 이상 발생하는 작업을 "강렬한 소음작업" 이라고 정의하고 있다.

101 육체적 작업을 위하여 휴식시간을 산정할 때 가장 관련이 깊은 척도는?

㉮ 눈 깜박임 수(blink rate)
㉯ 점멸융합주파수(flicker test)
㉰ 부정맥 지수(cardiac arrhythmia)
㉱ 에너지 대사율(relative metabolic rate)

해설 에너지 대사율(relative metabolic rate)
작업부하량에 따라 휴식시간을 산정할 때, 가장 관련이 깊은 지수는 에너지대사율이다.

102 골격근(skeletal muscle)에 대한 설명으로 틀린 것은?

㉮ 골격근은 체중의 약 40%를 차지하고 있다.
㉯ 골격근은 건(tendon)에 의해 뼈에 붙어있다.
㉰ 골격근의 기본구조는 근원섬유(myofibril)이다.
㉱ 골격근은 400개 이상이 신체 양쪽에 쌍으로 있다.

해설 골격근에 대한 설명
근육은 근섬유(muscle fiber), 근원섬유(myofibril), 근섬유분절(sarcomere)로 구성되어 있고, 골격근의 기본구조 단위는 근섬유이다.

103 유산소(aerobic) 대사과정으로 인한 부산물이 아닌 것은?

㉮ 젖산 ㉯ CO_2
㉰ H_2O ㉱ 에너지

해설 유산소 대사과정으로 인한 부산물
충분한 산소가 공급되지 않을 때, 에너지가 생성되는 동안 피루브산이 젖산으로 바뀐다. 이는 활동 초기에 순환계가 대사에 필요한 충분한 산소를 공급하지 못할 때 일어난다.

해답 99 ㉰ 100 ㉯ 101 ㉱ 102 ㉰ 103 ㉮

104 조도가 균일하고, 눈부심이 적지만 설치비용이 많이 소요되는 조명방식은?

㉮ 직접조명　　㉯ 간접조명
㉰ 반사조명　　㉱ 국소조명

> **해설** 간접조명
> 등기구에서 나오는 광속의 90~100%를 천장이나 벽에 투사하여 여기에서 반사되어 퍼져 나오는 광속을 이용한다.
> ① 장점: 방 바닥면을 고르게 비출 수 있고 빛이 물체에 가려도 그늘이 짙게 생기지 않으며, 빛이 부드러워서 눈부심이 적고 온화한 분위기를 얻을 수 있다. 보통 천장이 낮고 실내가 넓은 곳에 높이감을 주기 위해 사용한다.
> ② 단점: 효율이 나쁘고 천장색에 따라 조명 빛깔이 변하며, 설치비가 많이 들고 보수가 쉽지 않다.

105 어떤 작업자의 평균심박수는 90회/분이며 일박출량(stroke volume)이 70 mL로 측정되었다면 이 작업자의 심박출량(cardiac output)은 얼마인가?

㉮ 0.8 L/min　　㉯ 1.3 L/min
㉰ 6.3 L/min　　㉱ 378.0 L/min

> **해설** 심박출량(cardiac output)
> 심박출량 = 90 회/min × 70 mL/회
> = 6,300 mL/min = 6.3 L/min

106 근육의 대사에 관한 설명으로 틀린 것은?

㉮ 산소소비량을 측정하면 에너지소비량을 측정할 수 있다.
㉯ 신체활동 수준이 아주 작은 작업의 경우에 젖산이 축적된다.
㉰ 근육의 대사는 음식물을 기계적인 에너지와 열로 전환하는 과정이다.
㉱ 탄수화물은 근육의 기본 에너지원으로서 주로 간에서 포도당으로 전환된다.

> **해설** 육체적으로 격렬한 작업에서는 충분한 양의 산소가 근육활동에 공급되지 못해 무기성 환원과정에 의해 에너지가 공급되기 때문에 근육에 젖산이 축적되어 근육의 피로를 유발하게 된다.

107 다음 중 육체적 강도가 높은 작업에 있어 혈액의 분포비율이 가장 높은 것은?

㉮ 소화기관　　㉯ 골격
㉰ 피부　　㉱ 근육

> **해설** 작업 시 혈액 분포

근육	심장	간 및 소화기관	뇌	신장	뼈	피부, 피하
80~85%	4~5%	3~5%	3~4%	2~4%	0.5~1%	비율 거의 없음

108 다음 중 운동을 시작한 직후의 근육 내 혐기성 대사에서 가장 먼저 사용되는 것은?

㉮ CP
㉯ ATP
㉰ 글리코겐
㉱ 포도당

> **해설** 무기성(혐기성) 운동이 시작되고 처음 몇 초 동안 근육에 필요한 에너지는 이미 저장되어 있던 ATP를 이용하며, ATP 고갈 후 CP를 통해 5~6초 정도 운동을 더 유지할 수 있는 에너지를 공급한다. 그 후에 당원(glycogen)이나 포도당이 무기성 해당과정을 거쳐 젖산(유산)으로 분해되면서 에너지를 발생한다

해답 104 ㉯ 105 ㉰ 106 ㉯ 107 ㉱ 108 ㉯

109 트레드밀(treadmill) 위를 5분간 걷게 하여 배기를 더글라스 백(Douglas bag)을 이용하여 수집하고 가스분석기로 성분을 조사한 결과 배기량이 75L, 산소가 16%, 이산화탄소(CO_2)가 4%였다. 이 피험자의 분당 산소소비량(L/min)과 에너지가(價, kcal/min)는 각각 얼마인가? (단, 흡기 시 공기 중의 산소는 21%, 질소는 79%이다.)

㉮ 산소소비량: 0.7377, 에너지가: 3.69
㉯ 산소소비량: 0.7899, 에너지가: 3.95
㉰ 산소소비량: 1.3088, 에너지가: 6.54
㉱ 산소소비량: 1.3988, 에너지가: 6.99

해설
① 분당배기량
$$\frac{\text{배기량}}{\text{시간(분)}} = \frac{75\text{L}}{5\text{분}} = 15\text{L/분}$$
② 분당흡기량
$$\frac{100 - O_2\% - CO_2\%}{N_2\%} \times \text{분당배기량}$$
$$= \frac{100\% - 16\% - 4\%}{79\%} \times 15 = 15.18$$
③ 산소소비량
$$(21\% \times \text{분당흡기량}) - (O_2\% \times \text{분당배기량})$$
$$= (21\% \times 15.18) - (16\% \times 15)$$
$$= 78.78\% \fallingdotseq 0.79$$
④ 에너지가
$$0.79 \times 5\text{kcal} = 3.95\text{ kcal/min}$$

110 다음 중 소음관리 대책의 단계로 가장 적절한 것은?

㉮ 소음원의 제거 → 개인보호구 착용 → 소음수준의 저감 → 소음의 차단
㉯ 개인보호구 착용 → 소음원의 제거 → 소음수준의 저감 → 소음의 차단
㉰ 소음원의 제거 → 소음의 차단 → 소음 수준의 저감 → 개인보호구 착용
㉱ 소음의 차단 → 소음원의 제거 → 소음 수준의 저감 → 개인보호구 착용

해설
① 소음원의 통제: 기계의 적절한 설계, 적절한 정비 및 주유, 기계에 고무 받침대(mounting) 부착, 차량에는 소음기(muffler)를 사용한다.
② 소음의 격리: 덮개(enclosure), 방, 장벽을 사용 (집의 창문을 닫으면 약 10 dB 감음된다.)
③ 차폐장치(baffle) 및 흡음재료 사용
④ 음향 처리제 사용
⑤ 적절한 배치(layout)
⑥ 방음 보호구 사용: 귀마개와 귀덮개

해답 109 ㉯ 110 ㉰

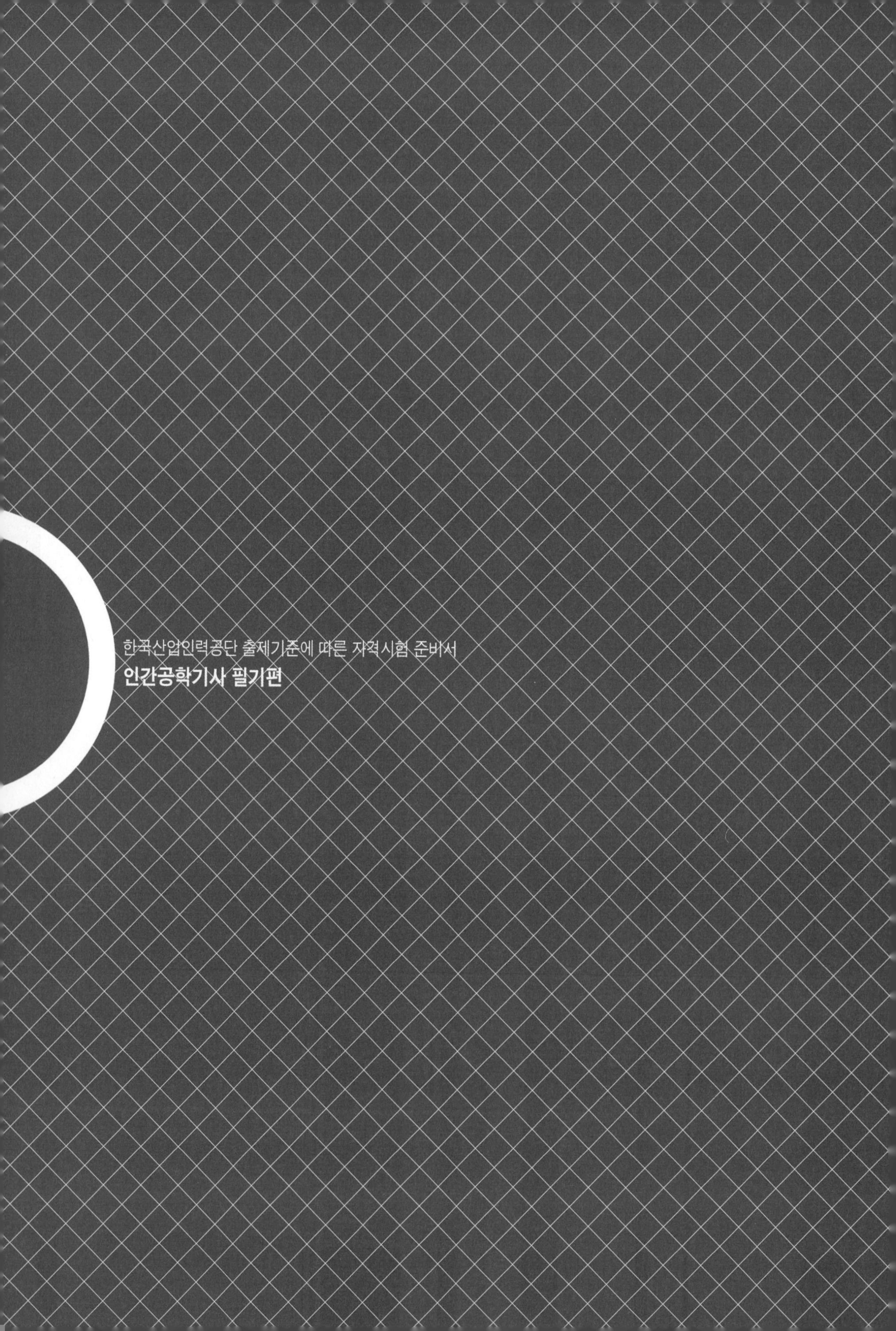
한국산업인력공단 출제기준에 따른 자격시험 준비서
인간공학기사 필기편

PART

산업심리학 및 관계 법규

1장 | 인간의 심리특성과 작업동기

01 산업심리학의 개요

1.1 산업심리학의 정의

(1) 산업심리학(Industrial Psychology)의 정의는 학자와 연구가에 따라서 달라지는 경우가 많은데, 일반적으로 산업심리학이란 산업에 있어서 인간행동을 심리학적인 방법과 식견을 가지고 연구하는 실천과학이며, 응용심리학(Applied Psychology)의 한 분야이다.

(2) 산업심리학은 산업사회에 있어서 인간행동을 심리학적으로 연구하기 위한 학문으로, 산업환경 속에서 활동하는 인간과 관련된 여러 가지 사상을 심리학적인 방법과 법칙으로 관찰, 실험, 조사, 분석하여 실제적인 경영과 노동 등에 관련된 문제를 해결하는 데 적용하여 바람직한 산업관계의 수립과 발전에 기여하려는 실천심리학(Practical Psychology)이다.

(3) 구이온(R. M. Guion)의 정의
인간과 산업과의 관계에 대한 과학적인 연구이다.

(4) 블룸(M. L. Blum)과 네일러(Naylor)의 정의
산업 및 산업환경 속에서 활동하는 인간과 관련된 문제에 심리학적인 사실과 원리를 적용시키거나 확장시키는 것이다.

(5) 산업심리학에서 호손(Hawthorne) 연구의 내용과 의의
작업장의 물리적 환경보다는 작업자들의 동기부여, 의사소통 등 인간관계가 보다 중요하다는 것을 밝힌 연구이다. 이 연구 이후로 산업심리학의 연구방향은 물리적 작업환경 등에 대한 관심으로부터 현대 산업심리학의 주요 관심사인 인간관계에 대한 연구로 변경되었다.

1.2 산업심리학의 목적

(1) 인간심리의 관찰, 실험, 조사 및 분석을 통하여 얻은 일정한 과학적 법칙을 이용하여 이를 산업관리에 적용하여 생산을 증가하고 작업자의 복지를 증진하고자 하는 데 목적을 두고 있다.
(2) 작업자를 적재적소에 배치할 수 있는 과학적 판단과 배치된 작업자가 만족하게 자기책무를 다할 수 있는 여건을 만들어 주는 방법을 연구하는 것이다.
(3) 인사관리에서 산업심리의 목적은 작업자직무에 대한 능률분석과 작업자집단의 개인 및 직무에 대한 분석을 수행하는 데 목적을 두고 있다.

1.3 산업심리학과 관련 있는 학문

(1) 인사관리학
(2) 사회심리학
(3) 안전관리학
(4) 인간공학
(5) 노동생리학
(6) 노동과학
(7) 심리학
(8) 응용심리학
(9) 신뢰성공학
(10) 행동과학

02 인간의 행동이론

2.1 인간의 행동

출제빈도 ★★★★

(1) 인간의 행동은 내·외적 환경으로부터의 자극에 의해서 일어나는 반응으로서 생리학적으로 보면 신경과 근육이 협력하여 일함으로써 나타난다.

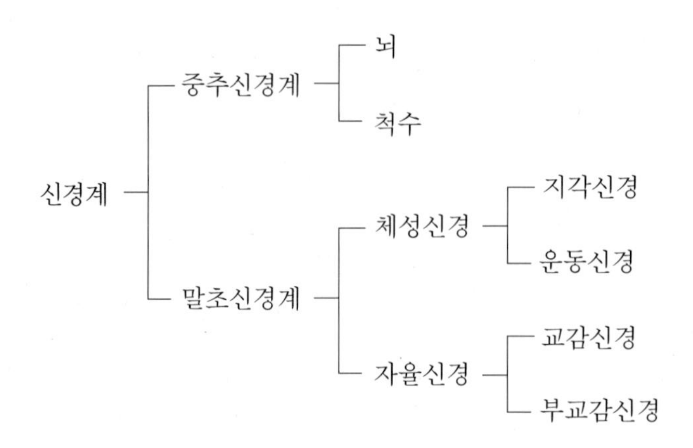

그림 3.1.1 인간신경계의 구분

(2) 인간의 신경계는 크게 중추신경계와 말초신경계로 구성되며, 그림 3.1.1과 같이 구분된다.

(3) 신경세포를 뉴런(neuron: 신경세포와 이로부터 돌기된 신경섬유의 총칭)이라고 부르기도 하며, 뉴런은 근세포와의 사이에 연락부분을 만드는 기능을 수행한다. 이 연락부분을 시냅스(synapse: 신경세포의 신경돌기 말단이 다른 신경세포에 접합하는 부위)라고 부르며, 자극은 시냅스를 통하여 일정한 방향으로 전달된다.

(4) 근육은 신경에서 보내오는 자극에 의해서 수축되며, 이러한 수축을 반복시키면 근육은 피로해져서 수축이 약해지게 된다.

(5) 근육피로는 단순히 근수축에 의해 유산이나 초성포도산(생물체 안에 포도당이 연소하여 에너지로 변환할 때 생기는 중간물질: 피루브산) 등의 피로물질이 근육에 축적되는 것이 하나의 원인이다.

(6) 눈이나 귀 등의 감각기관이 자극을 받게 되면, 이러한 자극은 지각신경으로부터 중추신경으로 전달되고, 대뇌피질에서 그 자극에 대응하는 명령을 중추신경에 전달하여 운동신경에 의해 근육에 전달되어 행동이 일어나게 된다.

(7) 인간은 단순하고 차원이 낮은 것에서부터 복잡하고 차원이 높은 다양한 행동을 수행하지만, 일반적으로 자극 → 수용기 → 중추신경 → 대뇌피질 → 중추신경 → 효과기 → 반응이라는 구조를 가지고 행동하게 된다.

(8) 행동 중에는 가장 단순한 반사적 행동과 감정이 그대로 행동에 반응하는 충동 행동은 대뇌피질의 명령을 따르지 않고, 간뇌가 명령한다. 그림 3.1.2는 인간의 다양한 행동의 종류를 나타내고 있다.

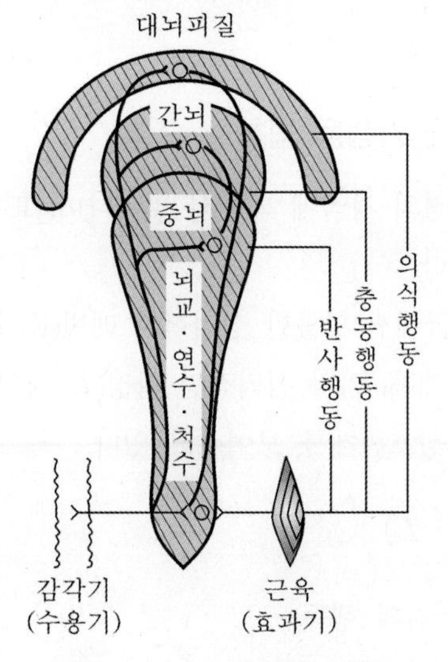

그림 3.1.2 인간행동의 종류

(9) 행동 중에서 가장 복잡하고 차원이 높은 것이 의식행동이며, 이것은 일정한 목적을 가지고 생각하거나 판단을 근거로 하여 수행되는 행동이다. 예로서 학습이나 작업 등이 여기에 해당된다.

(10) 스키마란 움직임을 결정하는데 필요한 모든 정보를 말하며, 이는 장기기억으로 뇌에 저장되어 있다.

① 상기 스키마(Recall Schema)

② 동작 스키마(Motion Schema)

③ 도구 스키마(Instrument Schema)

④ 정보 스키마(Information Schema)

(11) 인간은 환경으로부터 받은 자극은 눈(시각)이나 귀(청각) 등의 감각기관에서 받아들여 신경을 통해서 대뇌에 전달하고, 여기에서 확인, 판단, 결정 등이 이루어져서 다시 필요한 최종행동을 수행하게 된다.

(12) 카페인은 커피나 차 약품 등의 다양한 형태로 인체에 흡수된다. 중추신경계에 작용하여 정신을 각성시키고 피로를 줄이는 등의 효과가 있지만 장기간 다량을 복용할 경우에는 카페인 중독을 야기할 수 있다. 카페인은 섭취 후 30분이 지나면 효과가 나타나며, 3~4시간 정도가 지나면 감소하기 시작한다.

(13) 직무 행동의 결정요인에는 능력, 성격, 상황적 제약 등이 있다.

2.2 인간의 행동특성

출제빈도 ★★★★

2.2.1 레빈(K, Lewin)의 인간행동 법칙

(1) 인간의 행동은 주변환경의 자극에 의해서 일어나며, 또한 언제나 환경과의 상호작용의 관계에서 전개되고 있다.

(2) 독일에서 출생하여 미국에서 활동한 심리학자 레빈(K. Lewin)은 인간의 행동(B)은 그 자신이 가진 자질, 즉 개체(P)와 심리적인 환경(E)과의 상호관계에 있다고 하였다. 아래 공식은 이에 대한 상호관계를 보여주고 있다.

$$B = f(P \cdot E)$$

여기서, B: behavior(인간의 행동)
f: function(함수관계)
P: person(개체: 연령, 경험, 심신 상태, 성격, 지능 등)
E: environment(심리적 환경: 인간관계, 작업환경 등)

(3) 이 식은 인간의 행동(behavior)은 사람(person)과 환경(environment)의 함수(f)라는 것을 의미하고 있다.

(4) 개체(P)와 심리적인 환경(E)과의 통합체를 심리학적 상태(S)라고 하여 인간의 행동은 심리학적 상태에 긴밀히 의존하고 또 규정받는다고 한다. P와 E에 의해 성립되는 심리학적 상태(S)를 심리학적 생활공간(psychological life space) 또는 간단히 생활공간(life space)이라고 한다.

(5) P를 구성하는 요인(성격, 지능, 감각운동기능, 연령, 경험, 심신상태 등)과 E를 구성하는 요인(가정, 직장 등의 인간관계, 조도, 습도, 조명, 먼지, 소음, 기계나 설비 등의 물리적 환경)의 모든 요인 중에서 어딘가에 부적절한 것이 있으면 사고가 발생한다.

(6) 인간특징요인(P)은 그 사람이 태어나서 현재에 이르는 학습경험과 생활환경에서 이미 형성되어 있지만, 언제나 일정하지 않다. 여기에서 동작이 미치게 되는 환경 요인(E)은 항상 변화하는 것이며, 또한 의도적으로 변화시킬 수도 있다.

(7) 생산현장에서 작업할 때, 안전한 행동을 유발시키기 위해서는 적성 배치와 인간의 행동에 크게 영향을 주는 소질(개성적 요소)과 환경의 개선에 중점을 두게 되면 안전도에서 벗어날 만한 불안전한 행동의 방지가 가능하다.

2.2.2 라스무센(Rasmussen)의 인간행동 수준의 3단계

(1) 지식수준(knowledge based behavior)

여러 종류의 자극과 정보에 대해 심사숙고하여 의사를 결정하고 행동을 수행하는 것으로서 예기치 못한 일이나 복잡한 문제를 해결할 수 있는 행동수준의 의식수준이다.

(2) 규칙수준(rule based behavior)

일상적인 반복작업 등으로서 경험에 의해 판단하고 행동규칙 등에 따라서 반응하여 수행하는 의식수준이다.

(3) 반사조작(기능)수준(skill based behavior)

오랜 경험이나 본능에 의하여 의식하지 않고 행동하는 것으로서 아무런 생각 없이 반사운동처럼 수행하는 의식수준이다.

2.2.3 인간행동 특성

(1) 간결성의 원리

인간의 심리활동에 있어서 최소에너지에 의해 어떤 목적에 달성하도록 하려는 경향을 말하며, 이 원리는 착오, 착각, 생략, 단락 등 사고의 심리적 요인을 불러일으키는 원인이 된다.

(2) 주의의 일점 집중현상

한 지점에 주의를 집중하면 다른 곳의 주의는 약해진다.

(3) 순간적인 경우 대피방향: 좌측

(4) 동조행동

(5) 좌측통행

(6) 리스크 테이킹(risk taking)

객관적인 위험을 자기 나름대로 판정해서 의사결정을 하고 행동에 옮기는 것을 말하며, 안전태도가 양호한 자는 리스크 테이킹의 정도가 적고, 같은 수준의 안전태도에서의 작업의 달성 동기, 성격, 능률 등 각종 요인의 영향에 의해 리스크 테이킹의 정도가 변하게 된다.

2.3 인간관계와 집단

집단에서의 구성원들은 다음과 같은 인간관계를 만든다.

(1) 경쟁(competition)

상대방보다 목표에 빨리 도달하고자 노력한다.

(2) 공격(aggression)

상대방을 가해하거나 또는 압도하여 어떤 목적을 달성하려고 한다.

(3) 융합(accommodation)

상반되는 목표가 강제(coercion), 타협(compromise), 통합(integration)에 의하여 공통된 하나가 되는 것이다.

(4) 코퍼레이션(cooperation)

인간들의 힘을 하나로 함께 모으는 것이다.

가. 협력
나. 조력
다. 분업

(5) 도피(escape)와 고립(isolation)

이것들은 인간의 열등감에서 오며, 자기가 소속된 인간관계에서 이탈함으로써 얻게 되는 것이다.

2.4 인간의 집단행동

출제빈도 ★★★★

(1) 통제 있는 집단행동

집단에는 규칙이나 규율과 같은 룰(rule)이 존재한다.

가. 관습: 풍습(folkways), 도덕규범(mores: 풍습에 도덕적 제재가 추가된 사회적인 관습), 예의, 금기(taboo) 등으로 나누어진다.
나. 제도적 행동: 합리적으로 집단구성원의 행동을 통제하고 표준화함으로써 집단의 안정을 유지하려는 것이다.

다. 유행: 집단 내의 공통적인 행동양식이나 태도 등을 말한다.

(2) 비통제의 집단행동

집단구성원의 감정, 정서에 좌우되고 연속성이 희박하다.

가. 군중: 집단구성원 사이에 지위나 역할의 분화가 없고, 구성원 각자는 책임감을 가지지 않으며, 비판력도 가지지 않는다.

나. 모브(mob): 폭동과 같은 것을 말하며 군중보다 한층 합의성이 없고 감정만으로 행동한다.

다. 패닉(panic): 이상적인 상황 하에서 모브(mob)가 공격적인 데 비하여 패닉(panic)은 방어적인 것이 특징이다.

라. 심리적 전염

03 주의와 부주의

3.1 주의

출제빈도 ★★★★

주의란 행동의 목적에 의식수준이 집중되는 심리상태를 말한다. 보통의 조건에서 변화하지 않는 단순한 자극을 명료하게 의식하고 있을 수 있는 시간은 불과 수초에 지나지 않는다. 즉, 본인은 주의하고 있더라도 실제로는 의식하지 못하는 순간이 반드시 존재하는 것이다.

3.1.1 주의의 특성

(1) 선택성

가. 주의력의 중복집중의 곤란(주의는 동시에 두 개 이상의 방향을 잡지 못한다)

나. 사람은 한 번에 여러 종류의 자극을 지각하거나 수용하지 못하며, 소수의 특정한 것으로 한정해서 선택하는 기능을 말한다.

(2) 변동성

가. 주의력의 단속성(고도의 주의는 장시간 지속할 수 없다)

나. 주의는 리듬이 있어 언제나 일정한 수준을 지키지는 못한다.

(3) 방향성

가. 한 지점에 주의를 하면 다른 곳의 주의는 약해진다.

나. 주의를 집중한다는 것은 좋은 태도라고 볼 수 있으나 반드시 최상이라고 할 수는 없다.

다. 공간적으로 보면 시선의 초점에 맞았을 때는 쉽게 인지되지만 시선에서 벗어난 부분은 무시되기 쉽다.

3.1.2 주의의 수준(긴장수준: tension level)

(1) 0(zero) 수준

수면 중

(2) 중간수준

가. 다른 곳에 주의를 기울이고 있을 때

나. 가시 시야 내 부분

다. 일상과 같은 조건의 경우

(3) 고수준

가. 주시부분

나. 예기수준이 높을 때(예측하고 있을 때)

3.1.3 인간의 주의특성과 신뢰도

(1) 인간의 심리에는 수치상의 신뢰도만으로는 만족할 수 없는 문제들이 있다. 그중 하나가 주의력이다. 주의력에는 그림 3.1.3과 같이 넓이와 깊이가 있고, 또한 내향, 외향이 있다.

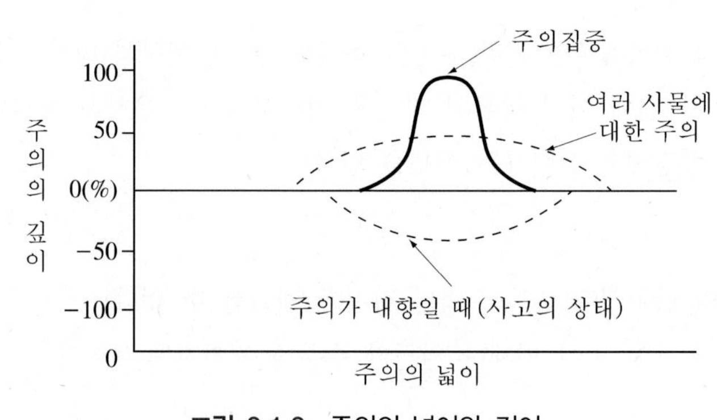

그림 3.1.3 주의의 넓이와 깊이

(2) 주의가 외향일 때는 시각신경의 작용으로 사물을 관찰하면서 주의력을 경주할 때이고, 반대로 주의가 내향일 때는 사고의 상태이며, 시신경계가 활동하지 않는 공상이나 잡념을 가지고 있는 상태이다.
(3) 감시하는 대상이 많아지면 주의의 범위는 넓어지고, 감시하는 대상이 적어질수록 주의의 넓이는 좁아지고 깊이도 깊어진다.
(4) 인간의 동작은 주의력에 의해서 좌우되며 비정상적인 동작(목적하는 동작의 실패)은 재해사고를 발생시킨다.

3.1.4 주의의 대상작업의 형태에 따른 분류

(1) 선택적 주의(selective attention)
(2) 집중적 주의(focused attention)
(3) 분할주의(divided attention)

3.1.5 주의의 외적조건과 내적조건

(1) 주의의 외적조건은 다음과 같다.

가. 자극의 대소
나. 자극의 신기성(novelty: 새롭고 기이한 성질)
다. 자극의 반복
라. 자극의 대비
마. 자극의 이동
바. 자극의 강도

(2) 주의의 내적조건은 다음과 같다.

가. 욕구
나. 흥미
다. 기대
라. 자극의 의미

3.2 부주의

출제빈도 ★★★★

부주의란 목적수행을 위한 행동전개 과정에서 목적에서 벗어나는 심리적·신체적 변화의 현상을 말한다.

3.2.1 부주의의 현상

(1) 의식의 단절

의식의 흐름에 단절이 생기고 공백상태가 나타나는 경우(의식의 중단)이다.

(2) 의식의 우회

의식의 흐름이 샛길로 빗나갈 경우로 작업 도중의 걱정, 고뇌, 욕구불만 등에 의해서 발생한다. 예로, 가정불화나 개인적 고민으로 인하여 정서적 갈등을 하고 있을 때 나타나는 부주의 현상이다.

(3) 의식수준의 저하

뚜렷하지 않은 의식의 상태로 심신이 피로하거나 단조로움 등에 의해서 발생한다.

(4) 의식의 혼란

외부의 자극이 애매모호하거나, 자극이 강할 때 및 약할 때 등과 같이 외적조건에 의해 의식이 혼란하거나 분산되어 위험요인에 대응할 수 없을 때 발생한다.

(5) 의식의 과잉

돌발사태, 긴급이상사태 직면 시 순간적으로 의식이 긴장하고 한 방향으로만 집중되는 판단력 정지, 긴급방위반응 등의 주의의 일점집중현상이 발생한다.

3.2.2 부주의 발생원인과 대책

(1) 외적원인 및 대책

가. 작업환경 조건불량: 환경 정비

나. 작업순서의 부적당: 작업순서 정비

(2) 내적원인 및 대책

가. 소질적 문제: 적성배치

나. 의식의 우회: 상담(카운슬링)

다. 경험과 미경험: 안전교육, 훈련

(3) 정신적 측면에 대한 대책

가. 주의력 집중훈련

나. 스트레스 해소대책

다. 안전 의식의 재고

라. 작업 의욕의 고취

(4) 기능 및 작업 측면의 대책

가. 적성배치

나. 안전작업 방법습득

다. 표준작업의 습관화

라. 적응력향상과 작업조건의 개선

(5) 설비 및 환경 측면의 대책

가. 표준작업 제도의 도입

나. 설비 및 작업의 안전화

다. 긴급 시 안전대책 수립

3.2.3 부주의와 신뢰도

(1) 미국 안전협회(NSC)의 통계에 의하면 전체사고 100% 중 불안전한 행동에 기인된 사고가 88%, 불안전한 상태에 기인된 사고가 10%, 인위적으로는 불가항력적인 사고가 2%였다고 한다. 그중 불안전한 행동에 의한 원인 중 부주의가 대부분을 차지한다.

(2) 인간의 신뢰도를 결정하는 요인

가. 주의력

나. 긴장수준

다. 의식수준

3.3 인간의 특성과 안전심리

(1) 인간의 안전심리 5요소

가. 동기(motive): 동기는 능동적인 감각에 의한 자극에서 일어나는 사고의 결과로서 사람의 마음을 움직이는 원동력이다.

나. 기질(temper): 인간의 성격, 능력 등 개인적인 특성을 말하는 것으로 성장 시의 생

활환경에서 영향을 받으며, 특히 여러 사람과의 접촉 및 주의환경에 따라 달라진다.

다. 감정(emotion): 감정은 지각, 사고 등과 같이 대상의 성질을 아는 작용이 아니고 희로애락 등의 의식을 말한다. 사람의 감정은 안전과 밀접한 관계를 가지고 사고를 일으키는 정신적 동기를 만든다.

라. 습성(habits): 동기, 기질, 감정 등이 밀접한 연관관계를 형성하여 인간의 행동에 영향을 미칠 수 있는 것을 말한다.

마. 습관(custom): 성장과정을 통해 형성된 특성 등이 자신도 모르게 습관화된 현상을 말하며, 습관에 영향을 미치는 요소로는 동기, 기질, 감정, 습성 등이 있다.

(2) 안전사고 요인

가. 감각운동 기능

① 시각: 감시적 역할

② 청각: 연락적 역할

③ 피부감각(촉각, 온각, 냉각, 통각): 경보적 역할

④ 심부감각(피부보다도 심부에 있는 근육이나 건 등의 감각 수용기): 조절적 역할

나. 지각

물적 작업조건 자체가 아니라 물적 작업조건에 대한 지각이 능률에 영향을 준다.

다. 안전수단을 생략(단락)하는 경우

① 의식과잉

② 피로 또는 과로

③ 주변영향

(3) 안전심리 동기유발 요인

가. 안정(security)

나. 기회(opportunity)

다. 참여(participation)

라. 인정(recognition)

마. 경제(economy)

바. 성과(accomplishment)

사. 권력(power)

아. 적응도(conformity)

자. 독자성(independence)과 의사소통(communication)

(4) 안전과 관련된 인간특성

가. **주의력 집중과 배분**: 인간은 주의를 하는 특성이 있으며, 주의를 집중하는 경우에는 주의의 범위가 좁게 되고, 주의를 확장하는 경우에는 주의의 정도가 낮게 된다.

나. **예측의 수준**: 인간은 무엇인가 일어날 것 같은 일에 대해서 미리 예측하여 대비하려는 특성이 있다. 예측의 수준(level)은 체험, 지식 등을 기초로 조절된다.

다. **망각**: 인간은 잊어버리는 특성이 있으며, 이것을 방지하기 위해서 점검표(checklist)를 이용하는 것이 효과적이다.

라. **착오**: 착오 또는 오인의 메커니즘(mechanism)으로서 위치의 착오, 순서의 착오, 패턴(pattern)의 착오, 형태의 착오, 기억의 잘못 등이 있다.

04 인간의식의 특성

4.1 의식수준의 단계

출제빈도 ★★★★

(1) 인간은 외계의 사물을 보거나 생각해서 판단한다고 하는 마음의 작용을 하고 있지만, 이러한 마음의 작용은 대뇌의 세포가 활동하고 있을 뿐만 아니라 의식이 작용하여야 한다.

(2) 의식의 작용이란 자기 자신이 여기에 존재할 수 있는 작용이며, 의식이 작용하는 정도에 따라서 대뇌는 보다 복잡하며 정도가 높은 정신활동을 할 수 있다.

(3) 의식작용의 정도라고 하는 것은 의식수준이 높아지는 정도라고 말할 수 있으며, 인간의 의식수준은 하루에도 가지각색으로 변하고 있다. 이것은 대뇌, 특히 신뇌(대뇌피질)가 출력하고 있는 뇌파의 파형(pattern) 변화에 의해서 간파될 수 있다.

(4) 그림 3.1.4는 대표적인 뇌파의 파형이며, 뇌의 활동상태 결국 의식수준에 대응해서 독특한 파형을 나타내고 있다.

가. 베타(β, beta)파: 뇌세포가 활발하게 활동하여 풍부한 정신기능을 발휘하며, 활동파라고도 부른다.

나. 알파(α, alpha)파: 뇌는 안정상태이며, 가장 보통의 정신활동으로 인정되며, 휴식파라고도 부른다.

다. 세타(θ, theta)파: 의식이 멍청하고, 졸음이 심하여 에러를 일으키기 쉬우며, 방추파(수면상태)라고도 부른다.

라. 델타(δ, delta)파: 숙면상태이다.

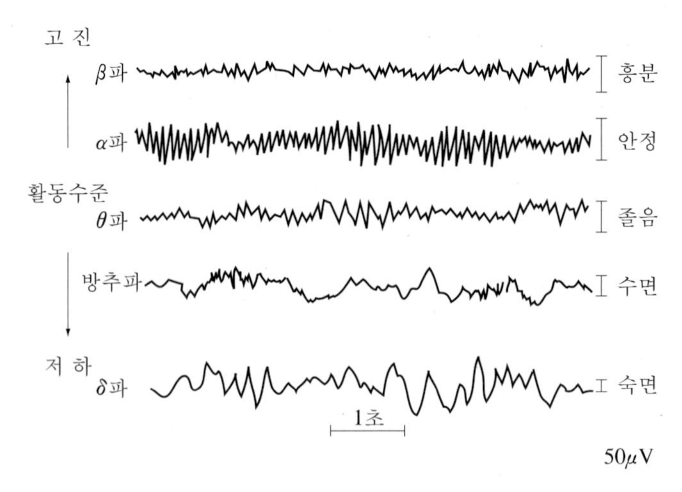

그림 3.1.4 인간의 의식수준과 뇌파형태

(5) 인간이 장시간 동안 주의를 기울이지 못하는 것도 대뇌의 활동과 관계가 있다. 이러한 인간의 의식은 항상 일정수준에 머물러 있는 것이 아니라 상황에 따라서 또는 시간에 따라서 변화하는데, 일반적으로 뇌파의 형태에 따라 표 3.1.1과 같은 5단계 모형이 널리 알려져 있다.

가. 뇌파와 의식단계

① 0단계: 의식을 잃은 상태이므로 작업수행과는 관계가 없다.

② I 단계: 과로했을 때나 야간작업을 했을 때 볼 수 있는 의식수준으로, 부주의 상태가 강해서 인간의 에러가 빈발하며, 운전작업에서는 전방주시 부주의나 졸음 운전 등이 일어나기 쉽다.

표 3.1.1 인간의식수준의 단계와 주의력

단계	의식의 모드	의식의 작용	행동상태	신뢰성	뇌파형태
제0단계	무의식, 실신	없음(zero)	수면, 뇌발작	0	δ파
제I단계	정상 이하, 의식둔화(의식 흐림)	부주의(inactive)	피로, 단조로움, 졸음	0.9 이하	θ파
제II단계	정상(느긋한 기분)	수동적(passive)	안정된 행동, 휴식, 정상작업	0.99~0.99999	α파
제III단계	정상(분명한 의식)	능동적(active), 위험예지, 주의력 범위 넓음	판단을 동반한 행동, 적극적 행동	0.999999 이상	$\alpha \sim \beta$파
제IV단계	과긴장, 흥분상태	주의의 치우침, 판단정지	감정흥분, 긴급, 당황과 공포반응	0.9 이하	β파

③ II단계: 휴식 시에 볼 수 있는데, 주의력이 전향적으로 기능하지 못하기 때문에 무심코 에러를 저지르기 쉬우며, 단순반복작업을 장시간 지속할 경우도 여기에 해당한다.

④ III단계: 적극적인 활동 시의 명쾌한 의식으로, 대뇌가 활발히 움직이므로 주의의 범위도 넓고, 에러를 일으키는 일은 거의 없다.

⑤ IV단계: 과도긴장 시나 감정흥분 시의 의식수준으로, 대뇌의 활동력은 높지만 주의가 눈앞의 한곳에만 집중되고 냉정함이 결여되어 판단은 둔화된다.

나. 대뇌활동 수준과 휴먼에러는 상관관계가 크며, 표 3.1.1에서 보는 것과 같이 에러의 가능성은 IV단계일 때 최대이고, I단계, II단계의 순이며, III단계에서 에러 발생가능성이 최소가 된다.

다. 생산현장의 작업 시에 지속적인 안전을 유지하기 위해서는 III단계가 바람직하므로 작업 중에는 항상 긴장하게 된다고도 말할 수 있으며, 이 III단계는 오랫동안 지속될 수 없다. 오히려 무리하게 계속하면 피로가 축적되기 때문에 의식수준이 I 단계로 떨어져서 생각하지도 않은 곳에서 에러가 발생하게 된다.

라. 일반적으로 작업 중의 3/4 정도는 II단계이고, 습관화된 정상작업은 대개 II단계에서도 처리될 수 있으므로, II단계의 의식수준에서도 작업정보를 식별, 처리할 수 있도록 작업을 설계하는 것이 인간을 고려한 해결 방안이다.

(6) 수면 사이클은 5단계로 이루어져 있는데 이 5단계 중 처음 4단계까지를 비(非)렘(non-REM) 수면이라 부르며 마지막 다섯 번째 단계를 렘(REM) 수면이라 한다. 수면 중 비렘 수면과 렘 수면의 사이클을 수차례 반복하게 되는데, 각각의 순환은 90분가량 걸린다.

가. 렘(REM) 단계: 수면 중이지만 뇌파가 깨어있을 때처럼 활발하고 빠른 속파(速波) 패턴을 보이는 단계로 안구가 불규칙적이면서도 빠르게 움직이기 때문에 REM(Rapid Eye Movement) 단계라 부른다.

4.2 피로(fatigue)

출제빈도 ★★★★

피로란 어느 정도 일정한 시간 작업활동을 계속하면 객관적으로 작업능률의 감퇴 및 저하, 착오의 증가, 주관적으로는 주의력 감소, 흥미 상실, 권태 등으로 일종의 복잡한 심리적 불쾌감을 일으키는 현상이다. 즉, 생리적, 심리적, 작업면의 변화이다.

(1) 피로의 종류

가. **주관적 피로:** 피로는 '피곤하다'라는 자각을 제일의 징후로 하게 된다. 대개의 경우 피로감은 권태감이나 단조감 또는 포화감이 따르며, 의지적 노력이 없어지고 주의가 산만하게 되고, 불안과 초조감이 쌓여 극단적인 경우에는 직무나 직장을 포기하게도 한다.

나. **객관적 피로:** 객관적 피로는 생산된 것의 양과 질의 저하를 지표로 한다. 피로에 의해서 작업리듬이 깨지고 주의가 산만해지고, 작업수행의 의욕과 힘이 떨어지며, 따라서 생산실적이 떨어지게 된다.

다. **생리적(기능적) 피로:** 피로는 생체의 제 기능 또는 물질의 변화를 검사결과를 통해서 추정한다. 현재 고안되어 있는 여러 가지 검사법의 대부분은 생리적·기능적 피로를 취급하고 있다. 그러나 피로란 특정한 실체가 있는 것도 아니기 때문에 피로에 특유한 반응이나 증상은 존재하지 않는다.

라. **근육피로**

① 해당 근육의 자각적 피로 ② 휴식의 욕구

③ 수행도의 양적 저하 ④ 생리적 기능의 변화

마. **신경피로**

① 사용된 신경계통의 통증 ② 정신피로증상 중 일부

③ 근육피로증상 중 일부

바. **정신피로와 육체피로**

① 정신피로: 정신적 긴장에 의해 일어나는 중추신경계의 피로이다.

② 육체피로: 육체적으로 근육에서 일어나는 신체피로이다.

사. **급성피로와 만성피로**

① 급성피로: 보통의 휴식에 의하여 회복되는 것으로 정상피로 또는 건강피로라고도 한다.

② 만성피로: 오랜 기간에 걸쳐 축적되어 일어나는 피로로서 휴식에 의해서 회복되지 않으며, 축적피로라고도 한다.

(2) 피로현상의 3단계

가. 1단계: 중추신경의 피로

나. 2단계: 반사운동신경의 피로

다. 3단계: 근육의 피로

(3) 피로의 증상

가. 신체적 증상(생리적 현상)

① 작업에 대한 몸자세가 흐트러지고 지치게 된다.

② 작업에 대한 무감각, 무표정, 경련 등이 일어난다.

③ 작업효과나 작업량이 감퇴 및 저하된다.

나. 정신적 증상(심리적 현상)

① 주의력이 감소 또는 경감된다.

② 불쾌감이 증가된다.

③ 긴장감이 해지 또는 해소된다.

④ 권태, 태만해지고, 관심 및 흥미감이 상실된다.

⑤ 졸음, 두통, 싫증, 짜증이 일어난다.

(4) 피로의 원인

피로의 원인은 표 3.1.2와 같이 기계적 요인과 인간적 요인으로 나눌 수 있다.

표 3.1.2 피로요인

기계적 요인	인간적 요인
·기계의 종류 ·조작부분의 배치 ·조작부분의 감촉 ·기계이해의 난이 ·기계의 색채	·생체적 리듬 ·정신적 상태 ·신체적 상태 ·작업시간과 시각, 속도, 강도 ·작업내용 ·작업태도 ·작업환경 ·사회적 환경

(5) 피로의 측정방법 3가지

가. 생리학적 측정방법

① 근전도(EMG): 근육활동의 전위차를 기록한다.

② 심전도(ECG): 심장근육활동의 전위차를 기록한다.

③ 뇌전도(EEG): 신경활동의 전위차를 기록한다.

④ 안전도(EOG): 안구운동의 전위차를 기록한다.

⑤ 산소소비량

⑥ 에너지대사율(RMR)

⑦ 전기피부 반응(GSR)

⑧ 점멸융합주파수(플리커법)

나. 심리학적 방법

① 주의력 테스트

② 집중력 테스트 등

다. 생화학적 방법

① 혈액

② 요중의 스테로이드양

③ 아드레날린 배설량

라. 이상의 내용을 요약하면 표 3.1.3과 같다.

표 3.1.3 피로의 측정방법

검사방법	검사항목	측정방법
생리적 방법	근력, 근활동 반사역치 대뇌피질 활동 호흡순환 기능 인지역치 혈색소농도	근전도(EMG), 뇌파계(EEG) 심전도(ECG), 청력검사, 근점거리계, flicker test, 광도계
생화학적 방법	혈액수분, 혈단백 응혈시간 혈액, 뇨전해질 요단백, 요교질 배설량 부신피질기능 변별역치	혈액굴절률계, Na, K, Cl의 상태변동 측정 요단백침전
심리학적 방법	피부(전위)저항 동작분석 행동기록 연속반응시간 정신작업 집중유지 기능 전신자각 증상	피부 전기반사(GSR) 연속촬영법 안구운동 측정 표적, 조준, 기록장치

(6) 피로측정 대상작업에 따른 분류

가. 정적 근력작업

에너지 대사량과 맥박수의 상관관계 및 시간적 경과에 따른 변화, 근전도(EMG)를 측정한다.

나. 동적 근력작업

① 에너지 대사량, 산소소비량 및 CO_2 배출량 등과 호흡량, 맥박수, EMG, 체온, 발한량 등을 측정한다.

② 산소 빚(oxygen debt): 육체적 근력작업 후 맥박이나 호흡이 즉시 정상으로 회복되지 않고 서서히 회복되는 것은 작업 중에 형성된 젖산 등의 노폐물을 재분해하기 위한 것으로 이 과정에서 소비되는 추가분의 산소량을 의미한다(그림 3.1.5 참조).

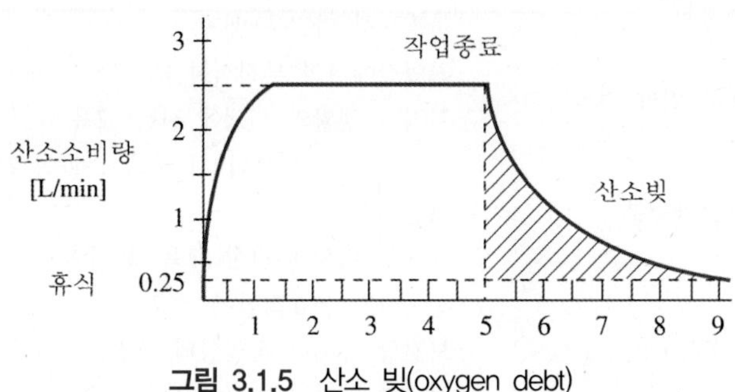

그림 3.1.5 산소 빚(oxygen debt)

다. **신경적 작업**: 맥박수, 부정맥, 평균 호흡진폭, 피부전기반사(GSR), 혈압, 안전도(眼電度), 요중의 스테로이드양, 아드레날린 배설량 등을 측정한다.

라. **심적 작업**: 점멸융합주파수, 반응시간, 안구운동, 뇌전도, 시각, 청각, 촉각, 주의력, 집중력 등을 측정한다.

(7) 허세이(Alfred Hershey) 피로회복 방법

허세이 피로의 종류와 회복대책은 표 3.1.4와 같다.

(8) 피로의 회복대책

가. 휴식과 수면을 취한다(가장 좋은 방법).

나. 충분한 영양(음식)을 섭취한다.

다. 산책 및 가벼운 체조를 한다.

라. 음악 감상, 오락 등에 의해 기분을 전환한다.

마. 목욕, 마사지 등의 물리적 요법 등을 행한다.

표 3.1.4 허세이 피로의 종류와 회복대책

피로의 종류	회복대책
신체의 활동에 의한 피로	· 기계력의 사용, 작업의 교대 · 작업 중의 휴식 · 활동을 국한하는 목적 이외의 동작을 배제
정신적 노력에 의한 피로	· 휴식양성훈련
신체적 긴장에 의한 피로	· 운동을 통한 긴장해소 · 휴식을 통한 긴장해소
정신적 긴장에 의한 피로	· 주도면밀하고 현명하며, 동적인 작업계획을 수립 · 불필요한 마찰을 배제
환경과의 관계로 인한 피로	· 작업장에서의 부적절한 제 관계를 배제하는 일 · 가정과 생활의 위생에 관한 교육
영양 및 배설의 불충분	· 조식, 중식 및 종업 시 등의 습관의 감시 · 보건식량의 준비 · 신체의 위생에 관한 교육 및 운동의 필요에 관한 계몽
질병에 의한 피로	· 신속하고 유효적절한 치료 · 보건상 유해한 작업상의 조건을 개선 · 적당한 예방법의 교육
천후에 의한 피로	· 온도, 습도, 통풍의 조절
단조감, 권태감에 의한 피로	· 일의 가치를 교육하는 일 · 동작의 교대를 교육하는 일 · 휴식의 부여

05 반응시간

출제빈도 ★★★★

(1) 인간의 행동은 환경의 자극에 의해서 일어나며, 거기에 작용하는 것이다. 환경으로부터의 자극은 눈이나 귀 등의 감각기관에서 수용되고, 신경을 통해서 대뇌에 전달되고, 여기에서 해석되고 판단되어 반응하게 된다.

(2) 행동이 필요한 경우에 말단기관에 명령을 내려서 언어로 응답하거나, 손이나 발 등의 신체기관을 움직여서 기계 및 장비 등을 조작한다.

(3) 어떤 자극에 대한 반응을 재빨리 하려고 하여도 인간의 경우에는 감각기관만이 아니고, 반응하기 위해 시간이 걸린다. 즉, 어떠한 자극을 제시하고 여기에 대한 반응이 발생하기까지의 소요시간을 반응시간(Reaction Time; RT)이라고 하며, 반응시간은 감각기관의 종류에 따라서 달라진다.

(4) 하나의 자극만을 제시하고 여기에 반응하는 경우를 단순반응, 두 가지 이상의 자극에 대해 각각에 대응하는 반응을 고르는 경우를 선택반응이라고 한다. 이때 통상 되도록 빨리 반응동작을 일으키도록 지시되어 최대의 노력을 해서 반응했을 때의 값으로 계측된다. 이 값은 대뇌중추의 상태를 짐작할 수 있도록 해주며, 정신적 사건의 과정을 밝히는 도구나 성능의 실제적 척도로 사용된다.

가. 단순반응시간(simple reaction time)

① 하나의 특정 자극에 대해 반응을 시작하는 시간으로 항상 같은 반응을 요구한다.

② 통제된 실험실에서의 실험을 수행하는 것과 같은 상황을 제외하고 단순반응시간과 관련된 상황은 거의 없다. 실제 상황에서는 대개 자극이 여러 가지이고, 이에 따라 다른 반응이 요구되며, 예상도 쉽지 않다.

③ 단순반응시간에 영향을 미치는 변수에는 자극의 양식과 특성(강도, 지속시간, 크기 등), 공간주파수, 신호의 예상, 연령, 자극위치, 개인차 등이 있다.

나. 선택반응시간(choice reaction time)

① 여러 개의 자극을 제시하고, 각각에 대해 서로 다른 반응을 요구하는 경우의 반응시간이다.

② 일반적으로 정확한 반응을 결정해야 하는 중앙처리시간 때문에 자극과 반응의 수가 증가할수록 반응시간이 길어진다. Hick－Hyman의 법칙에 의하면 인간의 반응시간(Reaction Time; RT)은 자극정보의 양에 비례한다고 한다. 즉, 가능한 자극－반응대안들의 수(N)가 증가함에 따라 반응시간(RT)이 대수적으로 증가한다. 이것은 $RT = a + b\ \log 2N$ 의 공식으로 표시될 수 있다.

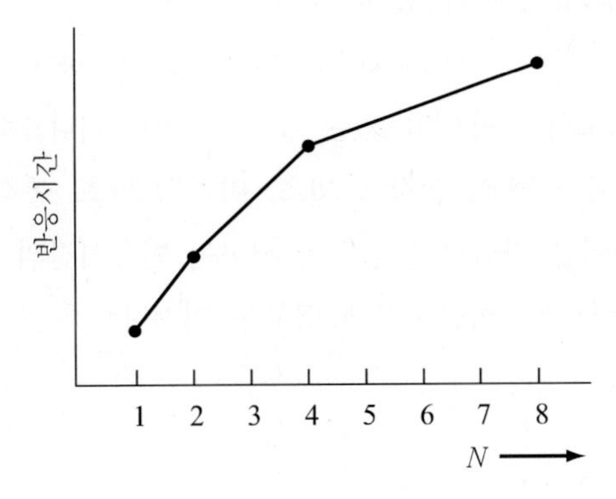

그림 3.1.6 반응시간(RT)에 대한 Hick–Hyman의 법칙

예제

힉–하이만(Hick–Hyman)의 법칙에 의하면 인간의 반응시간(Reaction Time; *RT*)은 자극정보의 양에 비례한다고 한다. 인간의 반응시간(*RT*)을 아래 식과 같이 예견된다고 하면, 자극정보의 개수가 2개에서 8개로 증가한다면 반응시간은 몇 배 증가하겠는가? (단, $RT = a \times \log_2 N$, a : 상수, N : 자극정보의 수)

풀이

a 는 상수이므로 자극정보의 수만으로 계산을 한다. $\log_2 2 = 1$이고, $\log_2 8 = 3$이므로, 3배 증가한다.

③ 선택반응시간은 자극발생확률의 함수이다. 대안수가 증가하면 하나의 대안에 대한 확률은 감소하게 되고, 선택반응시간이 증가하게 된다. 여러 개의 자극이 서로 다른 확률로 발생하면, 발생 가능성이 많은 자극에 대한 반응시간은 짧아지고 발생가능성이 적은 자극에 대한 반응시간은 길어진다.

④ 발생가능성이 높은 자극이 발생하면 미리 이에 대한 반응을 준비하고 있기 때문에 적절한 반응을 찾는 시간이 빨라져서 반응시간이 빠르다. 그 반대의 경우에는 예상한 자극이 아니므로, 적절한 반응을 찾는 데 시간이 걸리게 된다.

⑤ 선택반응시간에 영향을 미치는 인자는 자극의 발생가능성 이외에도 많은데, 그 인자들로는 자극과 응답의 양립성(compatibility), 연습(practice), 경고(warning), 동작유형(type of movement), 자극의 수 등이 있다.

(5) 반응시간은 여러 가지 조건에 따라서 상당한 변동을 나타낸다. 시각, 청각, 촉각의 자극별 반응시간을 비교하면, 시각자극이 가장 크며, 청각, 촉각의 차이는 적으며, 또한 자극의 강도, 크기와도 관계가 있다.

(6) 청각적 자극은 시각적 자극보다도 시간이 짧고, 신속하게 반응할 수 있는 이점이 있다. 청각자극이 경보로서 사용되고 있는 것도 이 때문이다. 즉, 감각기관별의 반응시간은 청각 0.17초, 촉각 0.18초, 시각 0.20초, 미각 0.29초, 통각 0.70초이다.

(7) 시각 및 청각 자극은 자극하는 강도의 저하는 반응시간의 연장을 초래한다. 그리고 다른 여러 가지 요인들이 반응시간에 영향을 미친다.

06 작업동기 및 이론

6.1 작업동기(work motivation)

출제빈도 ★★★★

(1) 의의

가. 동기는 인간행동의 주요원인이며, 인간행동을 개발하고 유지하며 일정방향으로 유도해가는 과정이다.

나. 동기의 개념은 욕구(needs), 충동(drives), 목표(goals), 유인(incentive), 자극(stimulus), 보상(rewards) 등과 관련된 용어를 포괄하려는 관점에서 이해하여야 한다.

다. 동기란 목표지향적 행동을 유발하도록 지시하고 유인하며 격려함으로써 행동을 촉진시키도록 자극하고 고무하는 내적 상태이다.

(2) 작업수행동기의 주요속성

가. 작업수행동기는 조직에서 요구하는 일을 하려는 동기이다.

나. 동기형성의 심리적 기초는 욕구이지만 신념, 태도, 가치, 목표 등도 영향을 준다.

다. 동기는 내재적·외재적으로 형성되는 인간을 움직이는 힘이다.

라. 동기는 인간의 힘을 통해 표출되는 힘이며, 목표를 달성하려는 힘이다.

마. 동기는 가시적인 것이 아닌 정신적 상태에 관한 관념적 구성이다.

바. 조직에서 구성원의 직무성과는 각자의 직무수행능력과 동기부여에 의해서 결정된다.

사. 업무수행 능력은 조직을 구성하고 있는 개인이 자기에게 부여된 직무를 수행하는데 활용할 수 있는 육체적·정신적 기능, 지식 및 경험을 포함한 것이고, 동기부여는 이러한 능력을 직무수행에 활용하려는 의지의 크기를 나타낸다.

아. 이러한 관계를 수식으로 나타내면 다음과 같다.

$$P = f(A \cdot M)$$

여기서, P: 업무성과(performance)
f : 함수관계(function)
A: 능력(ability)
M: 동기부여(motivation)

자. 결국 동기부여는 개인이 담당하는 직무수행에 있어서 그의 능력정도에 비례하여 직무성과를 올리는 요인으로서의 역할을 담당하며, 다시 말해 생산성 향상의 요인이 된다.

6.2 작업동기이론들

출제빈도 ★★★★

6.2.1 맥클랜드(D. C. McClelland)의 성취동기이론

(1) 맥클랜드는 매슬로우의 고차원적인 욕구이론 및 학습이론에 바탕을 두고 약한 성취동기를 가진 사람에게 학습을 통해서 새로운 성취경험을 갖도록 훈련을 함으로써 성취동기의 육성이 가능하며, 강한 성취동기를 가진 사람은 스스로 목표수준을 높여감으로써 보다 나은 수준으로 발전할 수 있다는 성취동기이론을 정립하였다.

(2) 맥클랜드는 조직 내 개인의 동기부여와 관련하여 매슬로우의 5단계 욕구 중에서 상위 욕구만을 대상으로 세 가지 욕구, 즉 성취욕구, 친화욕구, 권력욕구의 세 가지 욕구가 매우 중요한 역할을 한다고 주장하며, 그중에서도 특히 성취욕구의 중요성을 착안하여 집중적으로 연구하였다.

가. **성취욕구**(achievement needs): 무엇을 이루어내고 싶은 욕구이다.

나. **친화욕구**(affiliation needs): 타인들과 사이좋게 잘 지내고 싶은 욕구이다.

다. **권력욕구**(power needs): 다른 사람에게 영향을 미치고 영향력을 행사하여 상대를 통제하고 싶은 욕구이다.

라. **맥클랜드의 성취욕구**: 학습, 기억, 인지, 정서 및 사회적 지원 등 다양한 변수들의 영향을 받는다고 주장하였다.

(3) 맥클랜드는 성취욕구가 강한 사람들의 특징을 다음과 같이 제시하였다.

가. 적절한 위험(모험)을 즐긴다.

나. 즉각적인 복원조치를 강구할 줄 알고 자신이 하고 있는 일이 구체적으로 어떻게 진행되고 있는가를 알고 싶어 한다.

다. 성공에서 얻어지는 보수보다는 성취 그 자체와 그 과정에 보다 많은 관심을 기울인다.

라. 과업에 전념하여 그 목표가 달성될 때까지 자신의 노력을 경주한다.

6.2.2 데이비스(K. Davis)의 동기부여이론

데이비스는 다음과 같은 동기부여 이론을 제시하였다.

(1) 인간의 성과 × 물질의 성과 = 경영의 성과이다.

(2) 능력 × 동기유발 = 인간의 성과(human performance)이다.

(3) 지식(knowledge) × 기능(skill) = 능력(ability)이다.

(4) 상황(situation) × 태도(attitude) = 동기유발(motivation)이다.

6.2.3 허즈버그(F. Herzberg)의 동기·위생이론(2요인이론)

허즈버그는 인간에게는 전혀 이질적인 두 가지 욕구가 동시에 존재한다고 주장하였다. 즉, 표 3.1.5와 같이 위생요인과 동기요인이 있는 것으로 밝혔다.

표 3.1.5 위생요인과 동기요인

위생요인(직무환경)	동기요인(직무내용)
회사정책과 관리, 개인 상호 간의 관계, 감독, 임금, 보수, 작업조건, 지위, 안전	성취감, 책임감, 인정, 성장과 발전, 도전감, 일 그 자체

(1) 위생요인(유지욕구)

가. 회사의 정책과 관리, 감독, 작업조건, 대인관계, 금전, 지위신분, 안전 등이 위생요인에 해당하며, 이들은 모두 업무의 본질적인 면, 즉 일 자체에 관한 것이 아니고, 업무가 수행되고 있는 작업환경 및 작업조건과 관계된 것들이다.

나. 위생요인의 욕구가 충족되지 않으면 직무불만족이 생기나, 위생요인이 충족되었다고 해서 직무만족이 생기는 것이 아니다. 다만, 불만이 없어진다는 것이다. 직무만족은 동기요인에 의해 결정된다.

다. 인간의 동물적 욕구를 반영하는 것으로 매슬로우의 욕구단계에서 생리적, 안전, 사회적 욕구와 비슷하다.

라. 작업설계이론: 작업설계를 통하여 직무환경 요인을 증가시키면, 작업 시 동기부여를 증진시킬 수 있다.

(2) 동기요인(만족욕구)

가. 보람이 있고 지식과 능력을 활용할 여지가 있는 일을 할 때에 경험하게 되는 성취감, 전문직업인으로서의 성장, 인정을 받는 등 사람에게 만족감을 주는 요인을 말한다. 동기요인들이 직무만족에 긍정적인 영향을 미칠 수 있고, 그 결과 개인의 생산능력의 증대를 가져오기도 한다.

나. 위생요인의 욕구가 만족되어야 동기요인욕구가 생긴다.

다. 자아실현을 하려는 인간의 독특한 경향을 반영한 것으로 매슬로우의 자아실현욕구와 비슷하다.

6.2.4 알더퍼(C. P. Alderfer)의 ERG 이론

알더퍼는 현장연구를 배경으로 매슬로우의 욕구 5단계를 수정하여 조직에서 개인의 욕구동기를 보다 실제적으로 설명하였다. 즉, 인간의 핵심적인 욕구를 존재욕구(existence), 관계욕구

(relatedness) 및 성장욕구(growth)의 단계로 나누는 이론을 제시하였다.

(1) **존재욕구**: 생존에 필요한 물적 자원의 확보와 관련된 욕구이다.
  가. 신체적인 차원에서 유기체의 생존과 유지에 관련된 욕구
  나. 의식주
  다. 봉급, 안전한 작업조건
  라. 직무안전
(2) **관계욕구**: 사회적 및 지위상의 욕구로서 다른 사람과의 주요한 관계를 유지하고자 하는 욕구이다.
  가. 의미 있는 타인과의 상호작용
  나. 대인욕구
(3) **성장욕구**: 내적 자기개발과 자기실현을 포함한 욕구이다.
  가. 개인적 발전능력
  나. 잠재력 충족
(4) 알더퍼 이론이 매슬로우 이론과 다른 점은 매슬로우의 이론에서는 저차원의 욕구가 충족되어야만 고차원의 욕구가 등장한다고 하지만, ERG 이론에서는 동시에 두 가지 이상의 욕구가 작동할 수 있다고 주장하고 있는 점이다.

6.2.5 맥그리거(McGregor)의 X, Y이론

(1) 맥그리거에 의하면 의사결정이 상층부에 집중되고, 상사와 부하의 구성이 피라미드 모형을 이루게 되고, 작업이 외부로부터 통제되고 있는 전통적 조직은 인간성과 인간의 동기부여에 대한 여러 가지 가설에 근거하여 운영되고 있다는 것이다.
(2) X이론은 인간성에 대해 다음과 같은 가설을 설정하고 있으며, X이론은 명령통제에 관한 전통적 관점이다.
  가. 인간은 게으르며 피동적이고, 일하기 싫어하는 존재이다.
  나. 책임을 회피하며, 자기보존과 안전을 원하고, 변화에 저항적이다.
  다. 인간은 이기적이고, 자기중심적이며, 경제적 욕구를 추구한다.
  라. 관리전략(당근과 채찍, carrot and stick): 경제적 보상체계의 강화, 권위적 리더십의 확립, 엄격한 감독과 통제제도 확립, 상부책임제도의 강화, 조직구조의 고층화 등
  마. 해당 이론: 과학적 관리론, 행정관리론 등
(3) 맥그리거는 관리자가 인간성과 동기부여에 대한 보다 올바른 이해를 바탕으로 하여 관리활동을 수행하는 것이 필요하다고 주장하였다. 이리하여 Y이론이라 불리는 인간행동

에 관한 다음과 같은 가설을 설정하고 있다.

가. 인간행위는 경제적 욕구보다는 사회심리적 욕구에 의해 결정된다.

나. 인간은 이기적 존재이기보다는 사회(타인)중심의 존재이다.

다. 인간은 스스로 책임을 지며, 조직목표에 헌신하여 자기실현을 이루려고 한다.

라. 동기만 부여되면 자율적으로 일하며, 창의적 능력을 가지고 있다.

마. 관리전략: 민주적 리더십의 확립, 분권화와 권한의 위임, 목표에 의한 관리, 직무 확장, 비공식적 조직의 활용, 자체평가제도의 활성화, 조직구조의 평면화 등

바. 해당 이론: 인간관계론, 조직발전이론, 자아실현이론 등

(4) 표 3.1.6은 X이론과 Y이론을 비교하여 나타낸 것이다.

표 3.1.6 McGregor의 X, Y이론

X이론	Y이론
인간불신감	상호신뢰감
성악설	성선설
인간은 원래 게으르고, 태만하여 남의 지배를 받기를 원한다.	인간은 부지런하고, 근면적이며, 자주적이다.
물질욕구(저차원욕구)	정신욕구(고차원욕구)
명령통제에 의한 관리	목표통합과 자기통제에 의한 자율관리
저개발국형	선진국형

6.2.6 매슬로우(A. H. Maslow)의 욕구단계이론

아브라함 매슬로우는 인간은 끊임없이 보다 나은 환경을 갈망하여서 욕구가 단계를 형성하고 있으며, 낮은 단계의 욕구가 충족되면 보다 높은 단계의 욕구가 행동을 유발시키는 것으로 파악하였다.

(1) 제1단계(생리적 욕구, physiological needs)

생명유지의 기본적 욕구, 즉 기아, 갈증, 호흡, 배설, 성욕 등 인간의 의식주에 대한 가장 기본적인 욕구(종족보존)이다. 이 욕구가 충족되기 시작하면 그보다 높은 단계의 욕구가 중요해지기 시작한다는 것이다.

(2) 제2단계(안전과 안정욕구, safety and security needs)

외부의 위험으로부터 안전, 안정, 질서, 환경에서의 신체적 안전을 바라는 자기 보존의 욕구이다.

(3) 제3단계(소속과 사랑의 사회적 욕구, belongingness and love needs)

개인이 집단에 의해 받아들여지고, 애정, 결속, 동일시 등과 같이 타인과의 상호작용을 포함한 사회적 욕구이다.

(4) 제4단계(자존의 욕구, self-esteem needs)

자존심, 자기존중, 성공욕구 등과 같이 다른 사람들로부터 존경받고 높이 평가 받고자 하는 욕구이다.

(5) 제5단계(자아실현의 욕구, self-actualization needs)

각 개인의 잠재적인 능력을 실현하고자 하는 욕구(성취욕구)이다.

(6) 그림 3.1.7은 매슬로우의 인간의 욕구단계를 보여주고 있다.

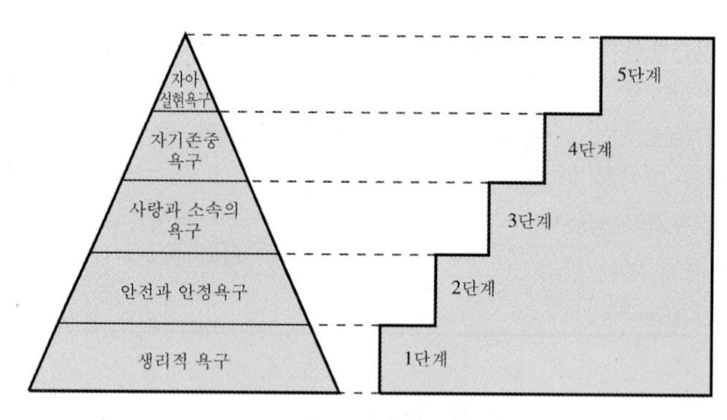

그림 3.1.7 인간의 욕구단계

6.2.7 작업동기이론들의 상호관련성

표 3.1.7은 지금까지 설명한 작업동기 이론들의 상호 관련성을 비교해 놓은 것이다.

표 3.1.7 작업동기이론들의 상호 관련성

위생요인과 동기요인 (F. Herzberg)	욕구의 5단계 (A. Maslow)	ERG이론 (Alderfer)	X이론과 Y이론 (D. McGregor)
위생요인	1단계: 생리적 욕구(종족 보존)	존재욕구	X이론
	2단계: 안전욕구		
동기요인	3단계: 사회적 욕구(친화욕구)	관계욕구	Y이론
	4단계: 인정받으려는 욕구(승인의 욕구)		
	5단계: 자아실현의 욕구(성취욕구)	성장욕구	

6.3 직무만족과 사기

직무만족(job satisfaction)은 개인이 자기직무에 대하여 가지는 유쾌하고 긍정적인 감정상태로 정의된다. 즉, 직무만족은 직무에 대하여 작업자가 가지고 있는 일련의 태도로 직장사기(morale), 개인의 건강, 이직률, 생산성, 근무태도 등에 영향을 미친다.

6.3.1 직무만족에 영향을 주는 요인

직무만족에 영향을 주는 요인으로는 조직요인, 작업환경요인, 직무내용요인 및 개인요인 등이 있다.

(1) 조직요인

가. 급여와 승진요인

① 금전적 화폐가 갖는 의미를 과소평가하려는 경향이 있지만, 최근 직무만족에 일차적인 결정요인임을 입증하는 연구들이 적지 않다.

② 급여의 절대액과 공정성이 문제가 되지만, 급여가 종업원의 기대를 충족시키고 다른 사람이나 자신의 노력에 비하여 상대적으로 공정하다고 느낄 때 종업원의 직무만족은 높아지게 된다.

③ 승진에 있어서도 그 비율과 공정성에 대한 종업원의 지각이 직무만족에 영향을 미친다.

나. 회사정책과 절차

① 회사정책은 종업원의 행위를 지배하거나 규제하기도 하므로 조직에 대한 긍정적·부정적 감정을 유발하게 된다.

② 종업원 자신이 부당하게 정책에 얽매여 있다고 느끼거나 차별대우를 느끼게 된다면, 직무만족은 낮아지게 된다.

다. 조직구조

① 조직구조와 관련해서 두 가지 요인이 직무만족과 관계가 있다.

(a) 첫째는 직위(position)로서, 이것이 높으면 높을수록 직무만족이 높아지는 경향이 있다.

(b) 둘째로 의사결정의 분권화(decentralization)로서, 그 정도가 클수록 또한 직무만족은 높아진다.

(c) 그 밖에 조직의 규모, 감독 폭, 라인과 스탭의 차이 등은 직무만족과 큰 관계가 없는 것으로 나타나고 있다.

(2) 작업환경요인

가. 감독스타일

종업원에 대한 배려가 큰 리더십 스타일이 종업원의 직무만족을 높여 준다고 주장하는 연구결과들이 있다. 하지만 이러한 연구는 두 변수 사이에 상관관계가 높다는 것일 뿐이지 과연 배려적 리더십 스타일이 직무만족을 유발시키는 것인지, 아니면 만족을 느끼는 종업원들이 리더로 하여금 배려적 리더십 스타일을 보이게 만드는 것인지 그 인과의 방향에 대해서는 밝혀내지 못하고 있다.

나. 참여적 의사결정

① 참여적 의사결정은 직무만족을 증대시켜 주는 효과가 있다.

② 종업원의 의사결정에 참여가 형식적인 것이 아니고 실질적인 것일 때, 또한 의사결정 사안이 종업원의 직무에 있어서 중요할 때 더욱더 영향을 주게 된다.

다. 작업집단의 규모

① 작업집단의 규모가 클수록 직무만족은 하락하는 것으로 밝혀지고 있다.

② 그 이유는 규모가 커지게 되면 과업전문화가 일어나게 되고, 개인 간의 의사소통의 질이 떨어지며, 집단응집성이 약해지게 되는데, 이는 결국 직무만족의 하락요인으로 작용하기 때문이다.

라. 동료작업자와의 관계

종업원은 자기 자신과 비슷한 특성, 관심, 신념을 가진 동료작업자들에게 마음이 끌리고 편안해질 수 있으며, 이에 따라서 직무만족은 높아진다.

마. 작업조건

① 종업원들은 깨끗하고 정돈된 작업장, 적절한 장비, 온도, 습도, 소음 등의 적정선 유지 등을 바란다.

② 가정에서 그리 멀지 않은 직장을 선호하며, 다른 작업장보다 장비나 설비가 좋기를 바란다.

③ 이러한 요인들은 극단적으로 좋거나 나쁘거나 한 경우에만 직무만족에 영향을 미친다고 보아야 한다.

(3) 직무내용요인

가. 직무범위

① 직무범위는 직무의 특성을 나타내는 요인으로서, 직무가 보유하고 있는 다양성, 중요성, 자율성, 피드백의 정도 등이다.

② 이러한 요인이 많을수록 직무범위는 크다고 할 수 있다.

③ 많은 연구에서 밝혀진 바에 의하면, 직무범위가 클수록 직무만족은 높다는 것이다.

④ 이것은 모든 사람에게 적용되는 것이 아니어서, 성취욕구가 적은 사람에게는 직무범위의 확대가 오히려 심적 부담이 되어 좌절과 당황을 주는 역효과를 가져올 수도 있다.

나. 역할모호성과 역할갈등

역할모호성과 역할갈등은 모두 스트레스를 유발하고, 직무만족을 감소시키는 요인이 된다.

(4) 개인적 요인

가. 연령과 근속

① 연령과 근속은 직무태도와 상당한 정의 관계에 있다.

② 나이가 들고 연공이 높아지면 보다 책임감이 크거나 도전감을 불러일으키는 직위를 갖게 된다.

③ 이러한 종업원들은 조직에 남아 있다는 것만으로도 심리적 보상을 받게 되며, 또한 나이든 종업원들은 경험상 그들의 기대를 현실적인 수준으로 조정하고 현재의 보상에 대하여 보다 만족한다.

나. 개인차 및 성격(personality)

① 몇 가지 퍼스낼러티(personality) 요인이 직무만족과 연관이 있다는 연구결과가 나와 있다.

② 자기확신, 결단력, 성숙성 등의 퍼스낼러티 변수들이 직무만족과 상관관계가 높다고 나왔다.

③ 성취나 지배에 대한 욕구가 큰 사람들이 만족이 큰 반면에, 자율성에 대한 욕구가 큰 사람들은 만족이 낮다는 연구결과가 나와 있다. 또한, 자기존중이 큰 사람일수록 직무를 훌륭하게 수행했을 때 자신의 만족감이 크다.

2장 | 휴먼에러

01 휴먼에러의 개요

(1) 휴먼에러는 허용범위에서 벗어난 일련의 불완전한 행동이며, 인간이 명시된 정확도, 순서, 시간 한계 내에서 지정된 행위를 하지 못하는 것이며, 그 결과 시스템 등의 성능과 출력에 부정적 역할이나 중단을 초래하는 것이다.

(2) 메이스터(Meister)는 휴먼에러를 시스템의 성능, 안전, 효율을 저하시키거나 감소시킬 수 있는 잠재력을 갖고 있는 부적절하거나 원치 않는 인간의 결정, 또는 행동으로 어떤 허용범위를 벗어난 일련의 인간 동작 중의 하나라고 하였다.

(3) 스와인(Swain)과 릭비(Rigby)는 "휴먼에러를 이해하기 위해 먼저 인간의 다양성(human variability)을 이해해야 하며, 인간보다 더 다양하고 변화로운 것은 없으며, 아무도 똑같은 방법으로 정확히 두 번을 수행하는 사람은 없다. 에러와 성공은 인간본질에서 분리할 수 없는 요소이며, 아무것도 하지 않으면 실수도 없게 된다."라고 하였다.

02 휴먼에러의 유형

2.1 휴먼에러의 유형별 요인

출제빈도 ★★★★

휴먼에러는 실수(slip)와 착오(mistake)를 포함한다. 실수는 의도는 올바른 것이지만 반응의 실행이 올바른 것이 아닌 경우이고, 착오는 부적합한 의도를 가지고 행동으로 옮긴 경우를 말한다.

(1) 휴먼에러의 요인

가. 능력부족: 적성, 지식, 기술, 인간관계 등

나. 주의부족: 개성, 감정의 불안정, 습관성 등

다. 환경조건 부적당: 표준불량, 규칙 불충분, 연락 및 의사소통 불량, 작업조건 불량,

인간-기계 체계의 인간공학적 설계상 결함 등

(2) 인지과정 착오의 요인

가. 생리적·심리적 능력의 한계

나. 정보량 저장능력의 한계

다. 감각차단 현상(예로, 단조로운 업무 등)

라. 정서 불안정

(3) 판단과정 착오의 요인

가. 자기합리화

나. 능력 부족(예로, 지식, 적성, 기술 등)

다. 정보 부족

라. 억측판단: 자기 멋대로 주관적인 판단이나 희망적인 관찰에 근거를 두고 다분히 이래도 될 것이라는 것을 확인하지 않고 행동으로 옮기는 판단이다. 예를 들어, 보행신호등이 막 바뀌어도 자동차가 움직이기까지는 아직 시간이 있다고 스스로 판단하여 건널목을 건너는 것과 같은 행위를 하는 것이다.

(4) 조치과정 착오의 요인

가. 작업자의 기능미숙(예로, 지식이나 기술부족 등)

나. 작업경험 부족

다. 피로

라. 착오 메커니즘(mechanism)

① 위치의 착오

② 순서의 착오

③ 패턴(pattern)의 착오

④ 형(type)의 착오

⑤ 잘못 기억

⑥ 안전대화

⑦ 카운슬링(counseling): 해당 전문가로부터 문제에 대한 상담, 협의, 권고, 조언, 충고를 받는 것을 의미한다.

(5) 심리적, 기타 요인

가. 불안이나 공포

나. 과로나 수면부족 등

(6) 착오를 유발할 수 있는 인간 의식의 공통적 경향

가. 의식은 현상의 대응력에 한계가 있다.

나. 의식은 그 초점에서 멀어질수록 희미해진다.

다. 당면한 문제에 의식의 초점이 합치되지 않고 있을 때는 대응력이 저감된다.

라. 인간의 의식은 중단되는 경향이 있다.

마. 인간의 의식은 파동한다. 즉, 극도의 긴장을 유지할 수 있는 시간은 불과 수 초이며, 긴장 후에는 반드시 이완한다.

2.2 착시현상

정상적인 시력을 가지고도 물체를 정확하게 볼 수 없는 현상을 말한다.

(1) Müller Lyer의 착시

(a)가 (b)보다 길게 보인다(실제 (a)=(b)).

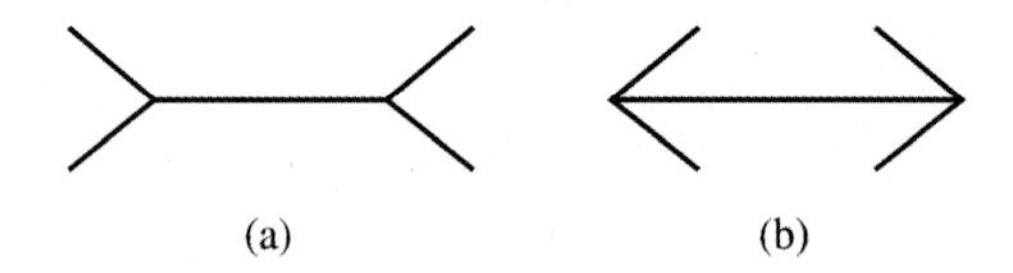

(a) (b)

(2) Helmholtz의 착시

(a)는 세로로 길어 보이고, (b)는 가로로 길어 보인다.

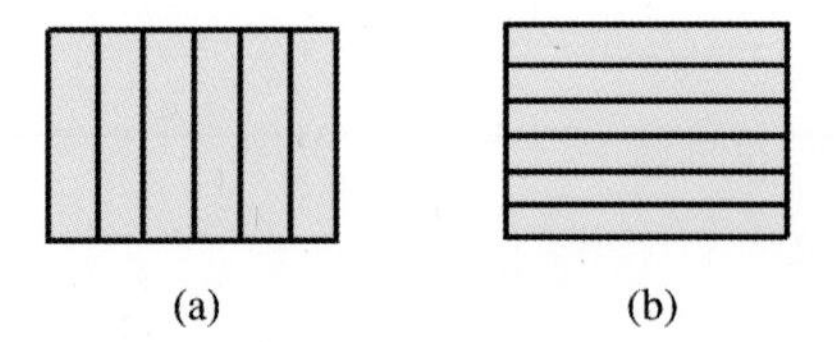

(a) (b)

(3) Herling의 착시

(a)는 양단이 벌어져 보이고, (b)는 중앙이 벌어져 보인다.

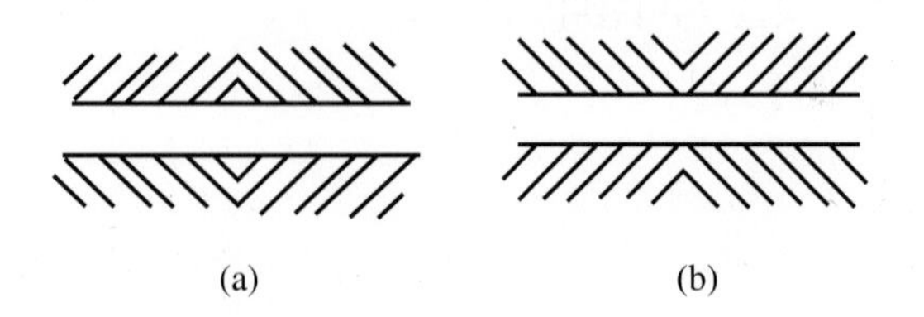

(a) (b)

(4) Köhler의 착시

우선 평행의 호를 보고 이어 직선을 본 경우에는 직선은 호와의 반대방향에 보인다.

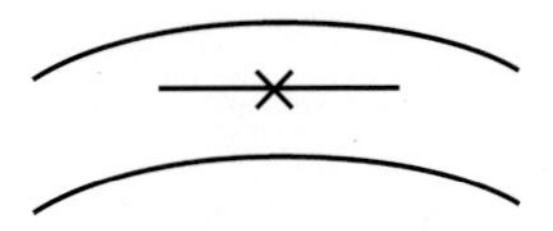

(5) Poggendorf의 착시

(a)와 (b)가 실제 일직선상에 있으나 (a)와 (c)가 일직선으로 보인다.

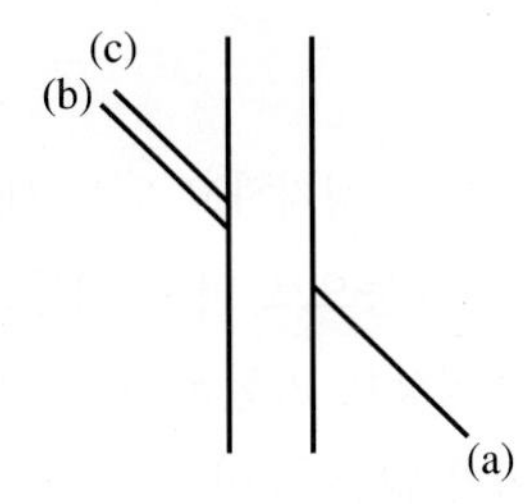

(6) Zöllner의 착시

세로의 선이 수직선인데 굽어 보인다.

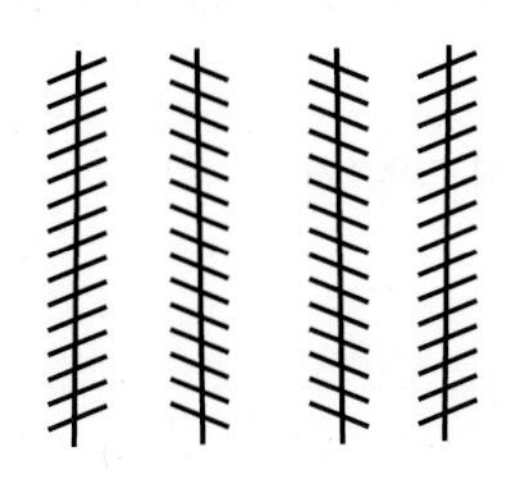

(7) 기타의 착시현상

① 동심원의 착시: (a) 중심의 원이 (b) 중심의 원보다 크게 보인다.

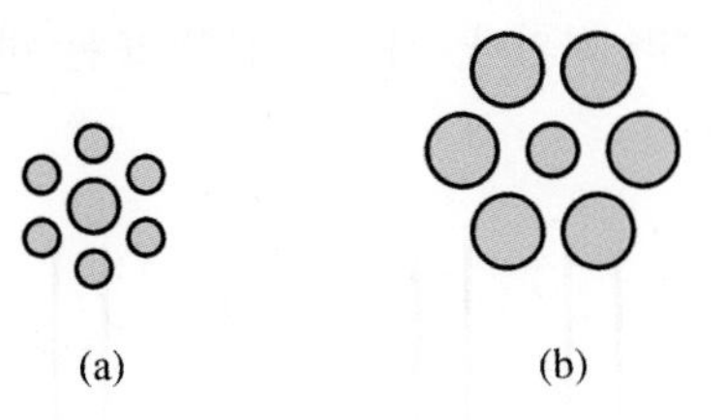

② 좌변의 절선이 꺾여 굽어 보인다.

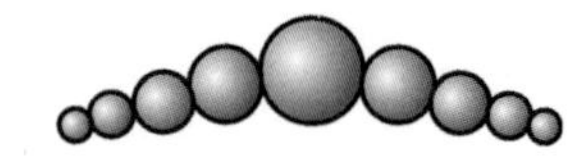

③ 평행선을 잘못 본다.

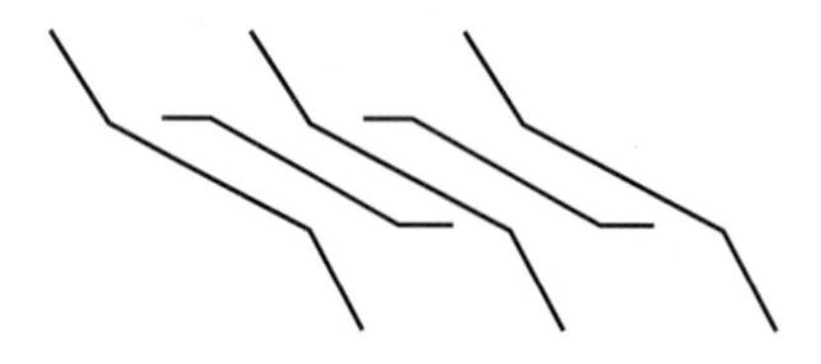

(8) 운동 착시

가. **가현운동(β – 운동)**: 객관적으로 정지하고 있는 대상물이 급속히 나타나든가 소멸하는 것으로 인하여 일어나는 운동으로 마치 대상물이 운동하는 것처럼 인식되는 현상을 말한다. 예로 영화의 영상은 가현운동(β – 운동)을 활용한 것이다.

나. **유도운동**: 실제로는 움직이지 않는 것이 어느 기준의 이동에 유도되어 움직이는 것처럼 느껴지는 현상을 말한다.

다. **자동운동**: 암실 내에서 정지된 소광점을 응시하면 그 광점이 움직이는 것같이 보이는 현상을 자동운동이라 한다. 자동운동이 생기기 쉬운 조건은 다음과 같다.

① 광점이 작을 것

② 시야의 다른 부분이 어두울 것

③ 광의 강도가 작을 것

④ 대상이 단순할 것

(9) 게스탈트(gestalt)의 지각원리

가. **근접성**: 근접성은 서로 더 가까이에 있는 것들을 그룹으로 보려고 하는 법칙이다. 어떤 대상들이 서로 붙어 있거나, 가까이 있거나, 포함되어 있는 형태들을 서로 관계가 있는 것으로 보려 하거나, 하나의 분류 또는 하나의 덩어리로 인지하려는 특징을 말한다.

나. **유사성**: 유사성은 모양이나 크기와 같은 시각적인 요소가 유사한 것끼리 하나의 모

양으로 보이는 법칙이다. 어떠한 대상들이 서로 유사한 요소를 갖고 있다면, 하나의 덩어리로 인지하려는 특징을 말한다.

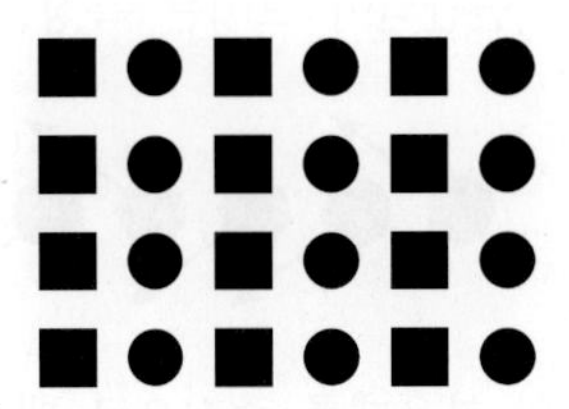

다. **연속성**: 연속성은 직선의 어느 부분이 가려져 있다 해도 그 지선이 연속되어 보이는 법칙을 말한다. 또한 어떠한 요소가 단절되어 있거나 공백이 있다고 하여도 그 요소의 일부를 전체 속에서 파악하여 하나의 연속적인 대상으로 지각하려는 특징을 말한다.

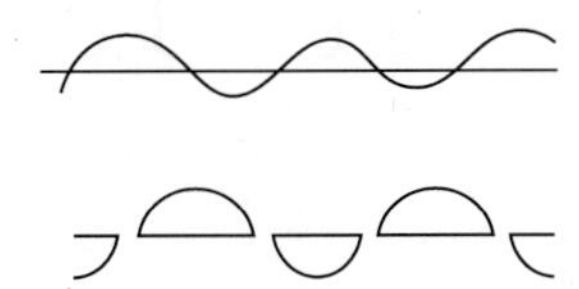

라. **폐쇄성**: 폐쇄성은 불완전한 형태에 부족한 부분을 채워 완전한 형태로 보려는 법칙을 말한다. 인간은 어떠한 지각의 구조나 의미의 완전성을 찾으려 하는 경향이 있어 벌어져 있는 도형을 완결시켜서 인지하려는 특징을 말한다.

마. **단순성**: 단순성은 모호하거나 복잡한 이미지를 가능한 단순한 형태로 인지하려는 법칙을 말한다. 좌측 이미지를 복잡하고 모호한 하나의 형상으로 보기보다는, 우측처럼 단순한 형태들로 보려는 특징을 말한다.

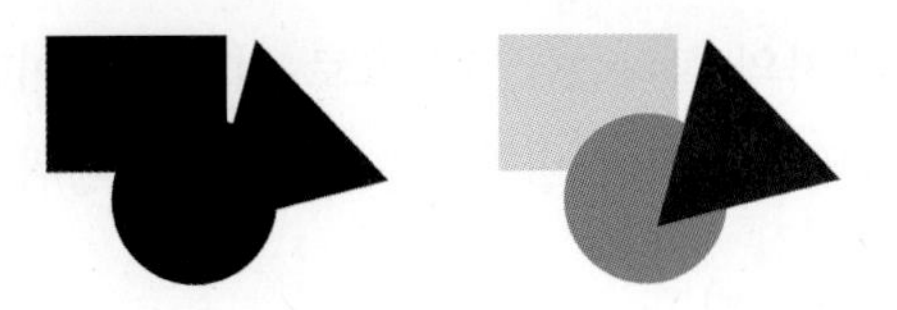

바. **공동 운명성**: 공동 운명성은 같은 방향으로 움직이는 요소들은 움직이지 않거나 서

로 다른 방향으로 움직이는 요소들보다 더욱 연관되어 보이는 법칙을 말한다. 요소들이 서로 떨어져 있거나 형태가 비슷하지 않아도, 똑같이 움직이거나 변화하고 있으면 그 요소들은 서로 연관되어 보이는 특징을 말한다.

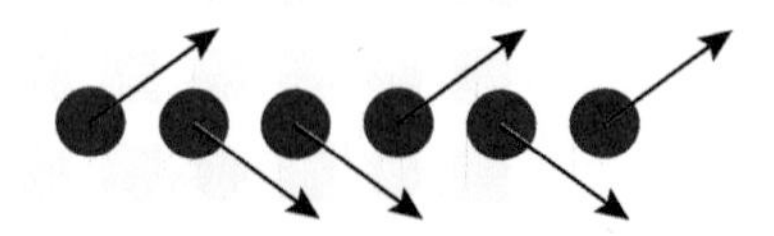

사. 대칭성: 대칭성은 사물의 가운데를 중심으로 대칭인 형태로 보려는 법칙을 말한다. 인간은 혼돈 속에서 정돈된 것을 만들고 싶어하는 경향이 있어, 사물들이 완벽하게 대칭적으로 균형을 이룰 필요가 없음에도 불구하고 균형있게 구성하려는 특징을 말한다.

2.3 휴먼에러의 분류

출제빈도 ★★★★

2.3.1 심리적 분류(Swain과 Guttman)

에러의 원인을 불확정성, 시간지연, 순서착오의 세 가지 요인으로 나누어 분류하였다.

(1) 부작위 에러, 누락(생략) 에러(omission error)

필요한 작업 또는 절차를 수행하지 않는 데 기인한 에러이다.

예 자동차 전조등을 끄지 않아서 방전되어 시동이 걸리지 않는 에러

(2) 시간 에러(time error)

필요한 작업 또는 절차의 수행 지연으로 인한 에러이다.

예 출근지연으로 지각한 경우

(3) 작위 에러, 행위 에러(commission error)

필요한 작업 또는 절차의 불확실한 수행으로 인한 에러이다.

예 장애인 주차구역에 주차하여 벌과금을 부과 받은 행위

(4) 순서 에러(sequential error)

필요한 작업 또는 절차의 순서착오로 인한 에러이다.

예 자동차 출발 시 핸드브레이크 해제 후 출발해야 하나, 해제하지 않고 출발하여 일어난 상태

(5) 과잉행동, 불필요한 행동 에러(extraneous error)

불필요한 작업 또는 절차를 수행함으로써 기인한 에러이다.

예 자동차 운전 중에 스마트폰 사용으로 접촉사고를 유발한 경우

2.3.2 원인의 수준(level)적 분류

(1) primary error

작업자 자신으로부터 직접 발생한 에러이다.

(2) secondary error

작업형태나 작업조건 중에서 다른 문제가 발생하여 필요한 사항을 실행할 수 없는 에러 또는 어떤 결함으로부터 파생하여 발생하는 에러이다.

(3) command error

요구되는 것을 실행하고자 하여도 필요한 물품, 정보, 에너지 등이 공급되지 않아서 작업자가 움직일 수 없는 상태에서 발생한 에러이다.

2.3.3 원인적 분류(James Reason)

인간의 행동을 숙련기반, 규칙기반, 지식기반 등의 3개 수준으로 분류한 라스무센(Rasmussen)의 모델을 사용해 휴먼에러를 분류하였다.

(1) 숙련기반 에러(skill-based error)

실수(slip, 자동차 하차 시에 창문 개폐 잊어버리고 내려 분실 사고 발생)와 망각(lapse, 전화통화 중에 번호 기억했으나 전화종료 후 옮겨 적는 행동 잊어버림)으로 구분한다.

(2) 규칙기반 에러(rule-based error)

잘못된 규칙을 기억하거나, 정확한 규칙이라도 상황에 맞지 않게 잘못 적용한 경우이다. 예로 일본에서 자동차를 우측 운행하다가 사고를 유발하거나, 음주 후 도로차선을 착각하여 역주행하다가 사고를 유발하는 경우이다.

(3) 지식기반 에러(knowledge-based error)

처음부터 장기기억 속에 관련 지식이 없는 경우는 추론이나 유추로 지식처리과정 중에

실패 또는 과오로 이어지는 에러이다. 예로 외국에서 도로표지판을 이해하지 못해서 교통위반을 하는 경우이다.

2.3.4 대뇌정보처리 에러

(1) 인지착오(입력) 에러

작업정보의 입수로부터 감각중추에서 하는 인지까지 일어날 수 있는 에러이며, 확인 착오도 이에 포함된다.

(2) 판단착오(의사결정) 에러

중추신경의 의사과정에서 일으키는 에러로서 의사결정의 착오나 기억에 관한 실패도 여기에 포함된다.

(3) 조작(행동) 에러

운동중추에서 올바른 지령이 주어졌으나 동작 도중에 일어난 에러이다.

2.3.5 시스템 개발 주기별 에러 분류

(1) 설계상 에러

인간의 신체적, 정신적 특성으로 고려하지 않은 디자인 설계로 인한 에러이다.

(2) 제조상 에러

제조 과정에서 잘못하였거나 제조상 오차 등으로 발생한 에러이다.

(3) 설치상 에러

설계와 제조상에는 문제가 없으나 설치과정에서 잘못되어 발생한 에러이다.

(4) 운용상 에러

시스템 사용과정에서 사용방법과 절차 등이 지켜지지 않아서 발생한 에러이다.

(5) 보전상 에러

유지/보수과정에서 잘못 조치되어 발생한 에러이다.

2.3.6 작업별 인간의 에러

(1) 조작에러

기계나 장비 등을 조작하는 데서 발생하는 에러이다.

(2) 설치에러

설비나 장비 등을 설치할 때에 잘못된 착수와 조정을 하게 되는 에러이다.

(3) 보존에러

점검보수를 주로 하는 보존작업상의 에러이다.

(4) 검사에러

검사 시 발생하는 에러로 검사에 관한 기록상의 에러 등도 여기에 포함된다.

(5) 제조에러

컨베이어 시스템 등에 의한 조립을 주로 하는 제조공정에서의 에러이다.

2.4 휴먼에러의 배후요인(4M)

출제빈도 ★★★★

휴먼에러로 이어지는 배후의 4요인으로 인간(Man), 기계설비(Machine), 매체(Media), 관리(Management)가 있다. 따라서, 인간의 불완전한 행동예방 대책에도 이 배후의 4요인에 따라서 검토하는 것이 바람직하다고 볼 수 있다.

(1) Man(인간)

가. 인간의 특성
나. 직장의 인간관계
다. 리더십
라. 팀워크 등

(2) Machine(기계나 설비)

가. 장치나 기기 등의 물적 요인
나. 본질안전화
다. 작업의 표준화
라. 표시 및 경보
마. 조작기기 등

(3) Media(매체): 인간-기계관계

가. 작업의 자세

나. 작업의 방법

다. 작업정보의 실태나 작업환경

라. 작업의 순서 등

(4) Management(관리)

가. 관리조직

나. 관리규정 및 수칙

다. 관리계획

라. 교육

마. 건강관리

바. 작업지휘 및 감독

사. 법규준수

아. 단속 및 점검 등

2.5 긴장수준과 휴먼에러

출제빈도 ★★★★

2.5.1 긴장수준 변화의 특징

(1) 긴장수준이 저하되면 인간의 기능이 저하되고 주관적으로도 여러 가지 불쾌증상이 일어남과 동시에 사고 경향이 커진다.

(2) 인간의 긴장수준이 변화하여 낮아졌을 때 휴먼에러가 생기기 쉬운 것은 인간의 안전성에 관련된 특성이라고 할 수 있다.

2.5.2 휴먼에러의 심리적 요인

(1) 현재 하고 있는 일에 대한 지식이 부족할 때

(2) 일을 할 의욕이나 모럴(moral)이 결여되어 있을 때

(3) 서두르거나 절박한 상황에 놓여 있을 때

(4) 무엇인가의 체험으로 습관적이 되어 있을 때

(5) 선입관으로 괜찮다고 느끼고 있을 때

(6) 주의를 끄는 것이 있어 그것에 치우쳐 주의를 빼앗기고 있을 때

(7) 많은 자극이 있어 어떤 것에 반응해야 좋을지 알 수 없을 때

(8) 매우 피로해 있을 때

2.5.3 휴먼에러의 물리적 요인

(1) 일이 단조로울 때
(2) 일이 너무 복잡할 때
(3) 일의 생산성이 너무 강조될 때
(4) 자극이 너무 많을 때
(5) 재촉을 느끼게 하는 조직이 있을 때
(6) 스테레오 타입에 맞지 않는 기기
(7) 공간적 배치에 맞지 않는 기기

2.6 시스템 성능과 휴먼에러의 관계

시스템 성능(system performance)과 휴먼에러는 다음과 같은 관계를 가지고 있다. 아래 공식은 이에 대한 상호관계를 보여주고 있다.

$$S.P = f(H.E) = K(H.E)$$

여기서, S.P: system performance
H.E: human error
f: function
K: constant

(1) $K>1$: H.E가 S.P에 중대한 영향을 끼친다(Human Caused Error).
(2) $K<1$: H.E가 S.P에 위험(risk)을 준다.
(3) $K \fallingdotseq 0$: H.E가 S.P에 아무런 영향을 주지 않는다(Situation Caused Error).

03 휴먼에러의 분석기법

3.1 인간의 신뢰도

출제빈도 ★★★★

휴먼에러를 정량화시킬 수 있는 인간신뢰도 문제에서 정량화된 인간신뢰도는 인간-기계 시스템의 신뢰도를 예측하고 정의하는 데 도움을 줄 뿐만 아니라 시스템 내에서의 작업자직무의 적절한 배분 및 할당에도 중요한 역할을 수행할 수 있다. 그리고 인간신뢰도에 있어서 시스템의 어떤 허용단계를 위배하는 행동으로서 휴먼에러확률(human error probability)의 기본단위로 표시되며, 주어진 작업이 수행되는 동안의 발생하는 에러 확률이다.

3.1.1 주의력

인간의 주의력에는 넓이와 깊이가 있으며, 또한 내향성과 외향성이 있다. 주의가 외향일 때는 시각을 통하여 사물을 관찰하면서 주의력을 경주할 때이고, 내향일 때는 사고의 상태로서 시각을 통한 사물의 관찰에는 시신경계가 활동하지 않는 상태이다.

3.1.2 긴장수준

긴장수준을 측정하는 방법으로 인체 에너지의 대사율, 체내수분의 손실량, 또는 흡기량의 억제도 등을 측정하는 방법이 가장 많이 사용되며, 긴장도를 측정하는 방법으로 뇌파계를 사용할 수도 있다.

3.1.3 인간의 의식수준

(1) 경험수준: 해당분야의 근무경력연수
(2) 지식수준: 휴먼에러에 대한 교육 및 훈련을 포함한 지식수준
(3) 기술수준: 생산 및 안전에 대한 기술의 정도

3.2 분석적 인간신뢰도

출제빈도 ★★★★

일반적으로 인간의 작업을 시간적 관점에서 분류해 보면 크게 이산적 직무(discrete job)와 연속적 직무(continuous job)로 구분할 수 있으며, 각각의 직무 특성에 따라 휴먼에러확률이 다르게 추정된다.

3.2.1 이산적 직무에서 인간신뢰도

(1) 이산적 직무는 직무의 내용이 시간에 따라 전개되지 않고 명확한 시작과 끝을 가지고 미리 잘 정의되어 있는 직무를 의미한다. 이와 같은 이산적 직무에서의 신뢰도의 기본 단위가 되는 휴먼에러확률은 다음과 같이 전체 에러 기회에 대한 실제 인간의 에러의 비율로 추정해 볼 수 있다.

$$휴먼에러확률(HEP) \approx \hat{p} = \frac{\text{실제 인간의 에러 횟수}}{\text{전체 에러 기회의 횟수}}$$
$$= \text{사건당 실패 수}$$

(2) 인간신뢰도는 직무의 성공적 수행확률로 정의될 수 있으므로 다음과 같이 인간신뢰도를 계산해 볼 수 있다.

$$인간신뢰도(수행직무의\ 성공적\ 수행확률)\ R = (1 - HEP)$$
$$= (1 - p)$$

(3) 반복되는 이산적 직무에서의 인간신뢰도: 일련의 작업을 성공적으로 완수할 신뢰도는 각각의 작업당 휴먼에러확률(HEP)이 $\hat{p}$으로부터 추정된 p일 때, n_1번째 시도부터 n_2번째 작업까지의 규정된 일련의 작업을 에러 없이 성공적으로 완수할 인간신뢰도로 정의할 수 있으며, 이는 다음과 같이 계산할 수 있다.

$$R(n_1, n_2) = (1 - p)^{n_2 - n_1 + 1}$$

여기서, p: 실수확률

이와 같은 계산에서 휴먼에러확률은 불변이고, 각각의 작업(사건)들은 독립적이라고 가정(즉, 과거의 성능이 무관하다고 가정)할 때 n_1부터 n_2까지의 일련의 시도를 에러 없이 완수할 신뢰도이다.

예제

어느 검사자가 한 로트에 1,000개의 부품을 검사하면서 100개의 불량품을 발견하였다. 하지만 이 로트에는 실제 200개의 불량품이 있었다면, 동일한 로트 2개에서 휴먼에러를 범하지 않을 확률은 얼마인가?

풀이

$$R(n_1, n_2) = (1 - p)^{(n_2 - n_1 + 1)} \quad [여기서,\ p: 실수확률]$$
$$= (1 - 0.1)^{[2 - 1 + 1]}$$
$$= 0.81$$

I. 인간공학 개론 II. 작업생리학 III. 산업심리학 및 관계 법규 IV. 근골격계질환 예방을 위한 작업관리

3.2.2 연속적 직무에서 인간신뢰도

(1) 연속적 직무란 시간적인 관점에서 연속적인 직무를 의미하며, 시간에 따라 직무의 내용 및 전개가 변화하는 특징을 가지고 있다. 대표적인 연속적 직무에는 연속적인 모니터링(monitoring)이 필요한 레이더 화면 감시작업, 자동차 운전작업 등이 있을 수 있다.

(2) 연속적 직무의 신뢰도 모형수립은 이산적 직무의 모형수립과는 다른 형태를 띠게 되며, 전통적인 시간 연속적 신뢰도 모형과 유사한 형태를 가지게 된다.

(3) 연속적 직무에서의 휴먼에러는 우발적으로 발생하는 특성 때문에 수학적으로 모형화하는 것이 상당히 어렵지만, 휴먼에러 과정이 이전의 작업들과 독립적으로 발생한다고 가정하게 되면 독립증분을 따르는 포아송(Poisson) 분포를 따르는 모형으로 설명할 수 있다.

(4) 시간 t에서의 휴먼에러확률을 $\lambda(t)$라고 정의하면, 이 t와 단위 증분시간 dt 사이에서의 $\lambda(t)$는 다음과 같이 정의된다.

$$\begin{aligned}\lambda(t)dt &= \text{Prob}[(t,\ t+dt)\ \text{내에서의 최소한 한 번의 에러 발생}] \\ &= E[(t,\ t+dt)\ \text{내에서의 에러의 횟수}]\end{aligned}$$

(5) 만일 $\lambda(t)$가 일정한 상수값 λ가 된다고 가정하면, 이 상수값 λ를 재생률(renewal rate)이라고 부르고, 따라서 인간의 에러과정은 균질(homogeneous)해진다. 따라서 상수값 λ는 다음과 같이 전체 직무기간에 대한 휴먼에러 횟수의 비율로 추정해 볼 수 있다.

$$\text{휴먼에러확률 } \lambda \approx \hat{\lambda} = \frac{\text{휴먼에러의 횟수}}{\text{전체 직무기간}}$$

(6) 연속적 직무에서의 휴먼에러확률이 계산되어지면, 이를 사용하여 시간적 연속 직무를 주어진 기간 동안에 성공적으로 수행할 확률(신뢰도)을 계산할 수 있다.

(7) 휴먼에러확률이 불변이고 이전의 작업들과 독립적으로 발생한다고 가정한다면, 이때의 에러확률 상수 λ는 $\hat{\lambda}$으로부터 추정될 수 있으며, 주어진 기간 t_1에서 t_2 사이의 기간 동안 작업을 성공적으로 수행할 인간신뢰도는 다음과 같다.

$$R(t_1,\ t_2) = e^{-\lambda(t_2 - t_1)}$$

여기서, 에러확률이 불변일 때, 즉 과거의 성능과 무관하다고 볼 때 $[t_1,\ t_2]$ 동안 직무를 성공적으로 수행할 확률이다.

(8) 휴먼에러확률이 상수 λ가 아니라 시간에 따라 변화한다고 가정하게 되면 휴먼에러 과정은 비불변(non-stationary)과정이 되며, 이때의 휴먼에러확률은 $\lambda(t)$가 된다.

이와 같은 경우 인간 신뢰도는 다음과 같다.

$$R(t_1, t_2) = e^{-\int_{t_1}^{t_2} \lambda(t)dt}$$

여기서, 이와 같은 모형은 비균질 포아송(Poisson) 과정으로 인간의 학습(learning)을 포함한 인간 신뢰도를 설명할 수 있는 모형이 된다.

예제

작업자의 휴먼에러 발생확률이 시간당 0.05로 일정하고, 다른 작업과 독립적으로 실수를 한다고 가정할 때, 8시간 동안 에러의 발생 없이 작업을 수행할 신뢰도는 약 얼마인가?

풀이

$$R(t_{1,} t_2) = e^{-\lambda(t_1 - t_2)}$$

$$\begin{aligned} R(t) &= e^{-0.05 \times (8-0)} \\ &= 0.6703 \\ &\fallingdotseq 0.67 \end{aligned}$$

3.3 휴먼에러확률 추정기법

출제빈도 ★★★★

특정 직무에 대한 휴먼에러확률(HEP)을 구하는 가장 좋은 방법은 그 직무에서 발생되는 에러를 직접 관찰하여 데이터를 획득하는 것이다. 하지만 이와 같은 방법은 실험 데이터가 있는 연구실이나 직무에서만 적용될 수 있으며 일반적인 직무현장에서는 적용할 수 없는 단점이 있다.

따라서 일반적인 직무현장에서의 휴먼에러확률 추정을 위한 접근법들은 전체 시스템 내에서의 인간 행위를 작은 단위의 세부 행위로 구분하고, 이들 세부 행위들에 대한 자료를 찾아 전체 직무에 대한 휴먼에러확률을 추정해내는 방법을 적용하고 있다.

이와 같은 휴먼에러확률을 추정해내는 기법들이 많이 개발되고 사용되고 있는데, 이 방법들의 대부분은 기존자료에 의한 추정이나 시뮬레이션 기법을 사용한 추정방법을 사용하고 있다.

(1) 위급사건기법(critical incident technique)

일반적으로 위험할 수 있지만 실제 사고의 원인이었다고 돌려지지 않은 디자인이나 조건들에 의해 발생될 수 있는 사고를 위급사건이라고 하며, 이에 대한 정보와 자료는 예방수단의 개발단서를 제공할 수가 있다. 따라서 이와 같은 정보를 요원면접조사 등을 사용하여 수집하고, 인간-기계요소들의 관계규명 및 중대 작업 필요조건 확인을 통한 시스템 개선을 수행하는 기법을 위급사건기법이라고 한다(Meister).

(2) 휴먼에러 자료은행(human error rate bank)

인간신뢰도 분야의 가장 큰 문제는 자료의 부족이다. 따라서 이와 같은 자료부족을 해소하기 위하여 실험적 직무자료와 판단적 직무자료 등을 수집하여 개발한 것을 휴먼에러 자료은행이라고 하며, 이와 같은 자료은행의 데이터들을 응용하여 휴먼에러확률을 추정하기도 한다(Topmiller 등).

가. 자료저장(data store, Payne)

조종, 표시장치, 계기 등과 같은 전자장비 운용직무에 대한 에러율이다.

나. SHERB(sandia human error rate bank)

여러 산업공정에 대한 휴먼에러율이다.

다. Pontecorvo

특정한 직무모수(parameter)에 대한 인간 추정값으로서 평점이 매겨진 60개의 직무 중에 data store를 적용할 수 있는 29개의 직무 신뢰도 추정값을 사용하여 회귀선을 구하고 정량적 신뢰도 추정값을 유도하는 것이다.

(3) 직무위급도분석(task criticality rating analysis method)

휴먼에러에 의한 효과의 심각성(severity)을 안전, 경미, 중대, 파국적의 4등급으로 구분하고, 이를 사용하여 빈도와 심각성을 동시에 고려하는 실수위급도평점(criticality rating)을 유도한다. 이와 같이 유도된 평점 중 높은 위급도평점에 해당하는 휴먼에러를 줄이기 위한 노력을 부과하는 것이 직무위급도분석법이다(Pickrel 등).

3.4 휴먼에러의 예방대책

출제빈도 ★★★★

(1) 휴먼에러를 줄이기 위한 일반적 고려사항 및 대책

가. 작업자 특성조사에 의한 부적격자의 배제
나. 가능한 한 많은 휴먼에러에 대한 정보의 획득
다. 시각 및 청각에 좋은 조건으로의 정비
라. 오인하기 쉬운 조건의 삭제
마. 오판하기 쉬운 방향성의 고려
바. 오판율을 적게 하기 위한 표시장치의 고려
사. 시간요소 고려

(2) 인적 요인에 관한 대책(인간측면의 행동감수성 고려)

가. 작업에 대한 교육 및 훈련과 작업 전, 후 회의소집

나. 작업의 모의훈련으로 시나리오에 의한 리허설(rehearsal)

다. 소집단 활동의 활성화로 작업방법 및 순서, 안전 포인터 의식, 위험예지활동 등을 지속적으로 수행

라. 숙달된 전문인력의 적재적소배치 등

(3) 설비 및 작업 환경요인에 관한 대책

가. 사전 위험요인의 제거

나. 페일세이프(fail－safe), 풀 프루프(fool－proof), 배타설계(exclusion design) 기능도입

① 페일세이프는 기계가 고장이 나더라도 안전사고를 발생시키지 않도록 2중 또는 3중으로 통제를 가하는 것을 말한다.

② 풀 프루프는 위험성을 모르는 아이들이 세제나 약병의 마개를 열지 못하도록 안전마개를 부착하는 것처럼, 신체적 조건이나 정신적 능력이 낮은 사용자라 하더라도 사고를 낼 확률을 낮게 설계해주는 것이다. 예로서, 회전하는 모터의 덮개를 벗기면 모터가 정지하는 방식이 해당된다.

③ 배타설계는 오류의 위험이 있는 요소를 제거하거나, 배치 또는 구조상의 분리를 통하여 휴먼에러의 가능성을 근원적으로 제거하여 오류를 범할 수 없도록 사물을 설계하는 것을 말한다.

다. 예지정보, 인공지능활용 등의 정보의 피드백

라. 경보 시스템(예고경보, 비과다정보, 의식 레벨 분류 등)

마. 대중의 선호도 활용(습관, 관습 등)

바. 시인성(색, 크기, 형태, 위치, 변화성, 나열 등)

사. 인체 측정값에 의한 인간공학적 설계 및 적합화

(4) 관리요인에 의한 대책

가. 안전에 대한 분위기 조성

① 안전에 대한 엄격함과 중요함 인식

② 사기진작과 인간관계 및 의사소통 등

나. 설비, 환경의 사전 개선

① 작업자 특성과 설비, 환경적 시스템과의 적합성 분석 등

(5) 휴먼에러의 사례수집 및 분석

데이터, 정보교류와 공유를 통한 상호논의 및 소개

가. 산업현장에서의 재해사례

① 업종별 사망재해 발생현황 및 분석

② 형태별 재해발생현황 및 분석

③ 원인별 재해발생현황 및 분석 등

3.5 시스템 분석기법

출제빈도 ★★★★

(1) 예비위험분석(Preliminary Hazard Analysis; PHA)

PHA는 모든 시스템 안전 프로그램의 최초 단계의 분석으로서 시스템 내의 위험요소가 얼마나 위험상태에 있는가를 정성적으로 평가하는 것이다.

가. PHA의 목적

시스템 개발단계에서 시스템 고유의 위험영역을 식별하고 예상되는 재해의 위험수준을 평가하는 데 있다.

나. PHA의 기법

① 체크리스트(checklist)에 의한 방법

② 기술적 판단에 의한 방법

③ 경험에 따른 방법

다. PHA의 카테고리 분류

① Class 1－파국적(catastrophic): 인간의 과오, 환경설계의 특성, 서브시스템의 고장 또는 기능불량이 시스템의 성능을 저하시켜 그 결과 시스템의 손실 또는 손실을 초래하는 상태

② Class 2－중대(critical): 인간의 과오, 환경, 설계의 특성, 서브시스템의 고장 또는 기능 불량이 시스템의 성능을 저하시켜 시스템의 중대한 지장을 초래하거나 인적 부상을 가져오므로 즉시 수정조치를 필요로 하는 상태

③ Class 3－한계적(marginal): 시스템의 성능저하가 인원의 부상이나 시스템 전체에 중대한 손해를 초래하지 않고 제어가 가능한 상태

④ Class 4－무시(negligible): 시스템의 성능, 기능이나 인적 손실이 전혀 없는 상태

라. PHA의 양식

PHA에 사용되는 양식은 표 3.2.1과 같다.

표 3.2.1 PHA의 양식 예제

1. 서브시스템 또는 기능요소	2.양식	3. 위험한 요소	4.위험한 요소의 갈고리가 되는 사상	5. 위험한 상태	6.위험한 상태의 갈고리가 되는 사상	7. 잠재적 재해	8. 영향	9. 위험한 등급	10. 재해 예방 수단			11.확인
									설비	순서	인원	

1. 해석되는 기계설비, 또는 기능요소
2. 적용되는 시스템의 단계, 또는 운용형식
3. 해석되는 기계설비, 또는 기능 중에서의 질적 위험한 요소
4. 위험한 요소를 동정된 위험상태로 만들 염려가 있는 부적절한 사상 또는 결함
5. System과 System 내의 각 위험요소와의 상호작용으로 생길 염려가 있는 위험상태
6. 위험한 상태를 잠재적 재해로 이행시킬 염려가 있는 부적절한 사상 또는 결함
7. 동정된 위험상태에서 생기는 가능성이 있는 어떤 잠재적 재해
8. 잠재적 재해가 만약 일어났을 때의 가능한 영향
9. 각각의 동정된 위험상태가 가지는 잠재적 영향에 대한 다음 기준에 준한 중요도의 정성적 척도

Class 1… 파국
Class 2… 위험
Class 3… 한계
Class 4… 안전

10. 동정된 위험상태 또는 잠재적 재해를 소멸, 또는 제어하는 주장된 예방수단, 주장된 예방수단이란 기계설비의 설계상의 필요 사항, 방호장치의 조합, 기계설비의 설계변경, 특별수준의 인원상의 필요사항 등을 말한다.
11. 확인된 예방수단을 기록하고, 예방수단의 남겨져 있는 상태를 명확하게 한다.

(2) 고장형태와 영향분석(Failure Modes and Effects Analysis; FMEA)

가. 정의

FMEA는 서브시스템 위험분석을 위하여 일반적으로 사용되는 전형적인 정성적, 귀납적 분석방법으로 시스템에 영향을 미치는 모든 요소의 고장을 형태별로 분석하여 그 영향을 검토하는 것이다.

나. FMEA의 실시순서

시스템이나 기기의 설계단계에서 FMEA의 실시순서는 표 3.2.2와 같다.

표 3.2.2 FMEA의 실시순서

순서	주요내용
1. 제1단계: 대상 시스템의 분석	① 기기, 시스템의 구성 및 기능의 파악 ② FMEA 실시를 위한 기본방침의 결정 ③ 기능 Block과 신뢰성 Block의 작성
2. 제2단계: 고장 형태와 그 영향의 해석	① 고장형태의 예측과 설정 ② 고장원인의 산정 ③ 상위 항목의 고장영향의 검토 ④ 고장 검지법의 검토 ⑤ 고장에 대한 보상법이나 대응법 ⑥ FMEA 워크시트에의 기입 ⑦ 고장등급의 평가
3. 제3단계: 치명도해석과 개선책의 검토	① 치명도해석 ② 해석결과의 정리와 설계개선으로 제언

다. FMEA에서의 고장의 형태: FMEA에서 통상 사용되는 고장형태는 다음과 같다.

① 개로 또는 개방고장

② 폐로 또는 폐쇄고장

③ 가동고장

④ 정지고장

⑤ 운전계속의 고장

⑥ 오작동 고장

라. 위험성의 분류표시

① category 1: 생명 또는 가옥의 손실

② category 2: 작업수행의 실패

③ category 3: 활동의 지연

④ category 4: 영향 없음

마. FMEA의 기재사항

① 요소의 명칭

② 고장의 형태

③ 서브시스템 및 전 시스템에 대한 고장의 영향

④ 위험성의 분류

⑤ 고장의 발견방식

⑥ 시정발견

바. FMEA의 장단점

① 장점

(a) CA(Criticality Analysis)와 병행하는 일이 많다.

(b) FTA보다 서식이 간단하고 비교적 적은 노력으로 특별한 노력 없이 분석이 가능하다.

② 단점

(a) 논리성이 부족하고 각 요소간의 영향분석이 어려워 두 가지 이상의 요소가 고장 날 경우 분석이 곤란하다.

(b) 요소가 통상 물체로 한정되어 있어 인적 원인규명이 어렵다.

사. 결함발생의 빈도구분

① 개연성(probability): 10,000시간 운전 내에 결함 발생이 1건일 때 개연성이 있다고 추정한다.

② 추정적 개연성(reasonable probability): 10,000～100,000시간 운전 내에 결함발생이 1건일 때 추정적 개연성이 있다고 한다.

③ 희박: 100,000～10,000,000시간 운전 내에 결함발생이 1건일 때 개연성이 희박하다고 한다.

④ 무관: 10,000,000시간 운전 이상에서 결함발생이 1건일 때 무관하다고 한다.

(3) MORT(Management Oversight and Risk Tree)

가. 1970년 이후 미국의 W. G. Johnson 등에 의해 개발된 최신 시스템 안전 프로그램으로서 원자력 산업의 고도 안전달성을 위해 개발된 분석기법이다.

나. 이는 산업안전을 목적으로 개발된 시스템 안전 프로그램으로서의 의의가 크다.

다. FTA와 같은 논리기법을 이용하여 관리, 설계, 생산, 보전 등의 광범위한 안전을 도모하는 원자력 산업 외에 일반 산업안전에도 적용이 기대된다.

(4) 운용 및 지원위험분석(Operating and Support[O&S] Hazard Analysis)

가. 정의: 시스템의 모든 사용단계에서 생산, 보전, 시험, 운반, 저장, 운전, 비상탈출, 구조, 훈련 및 폐기 등에 사용되는 인원, 순서, 설비에 관하여 위험을 동정하고 제어하며, 그들의 안전 요건을 결정하기 위하여 실시하는 해석이다.

나. 운용 및 지원위험 해석의 결과는 다음의 경우에 있어서 기초 자료가 된다.

① 위험의 염려가 있는 시기와 그 기간 중의 위험을 최소화하기 위해 필요한 행동의 동정

② 위험을 배제하고 제어하기 위한 설계변경

③ 방호장치, 안전설비에 대한 필요조건과 그들의 고장을 검출하기 위하여 필요한 보전순서의 동정

④ 운전 및 보전을 위한 경보, 주의, 특별한 순서 및 비상용순서

⑤ 취급, 저장, 운반, 보전 및 개수를 위한 특정한 순서

(5) Decision Tree(또는 Event tree)

가. decision tree는 요소의 신뢰도를 이용하여 시스템의 신뢰도를 나타내는 시스템 모델의 하나로 귀납적이고, 정량적인 분석방법이다.

나. decision tree가 재해사고의 분석에 이용될 때는 event tree라고 하며, 이 경우 tree는 재해사고의 발단이 된 초기사상에서 출발하여 2차적 원인과 안전 수단의 적부 등에 의해 분기되고 최후에 재해 사상에 도달한다.

다. decision tree의 작성방법

① 통상 좌로부터 우로 진행된다(그림 3.2.1 참조).

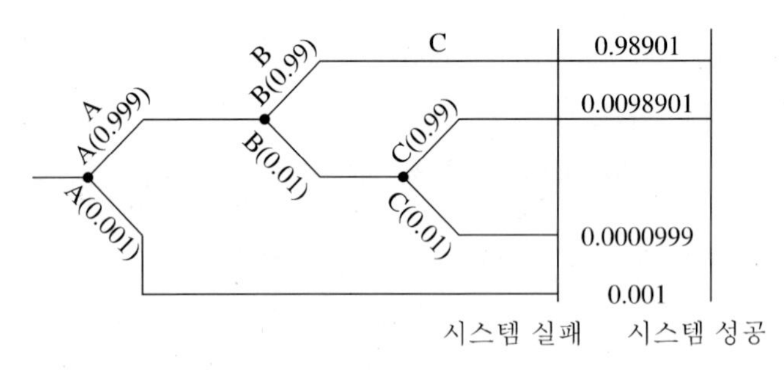

그림 3.2.1 decision tree의 사용 예제

② 요소 또는 사상을 나타내는 시점에서 성공 사상은 상방에, 실패 사상은 하방에 분기된다.

③ 분기마다 안전도와 불안전도의 발생확률(분기된 각 사상의 확률의 합은 항상 1이다)이 표시된다.

④ 마지막으로 각 시스템 성공의 합계로써 시스템의 안전도가 계산된다.

(6) THERP(Technique for Human Error Rate Prediction)

가. 시스템에 있어서 인간의 과오(human error)를 정량적으로 평가하기 위하여 1963년 Swain 등에 의해 개발된 기법이다.

나. 인간의 과오율의 추정법 등 5개의 스텝으로 되어 있다. 여기에 표시하는 것은 그 중 인간의 동작이 시스템에 미치는 영향을 나타내는 그래프적 방법이다.

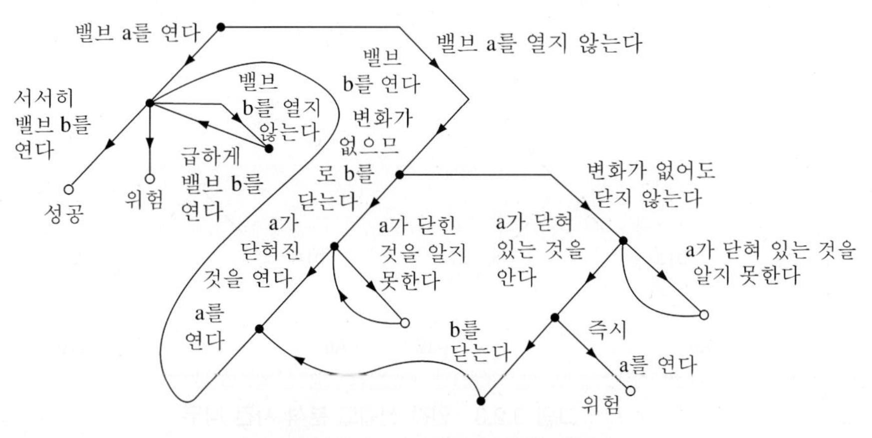

그림 3.2.2 THERP의 사용 예제

다. 기본적으로 ETA의 변형이라고 볼 수 있는 바 루프(loop: 고리), 바이패스(bypass)를 가질 수가 있고, man-machine system의 국부적인 상세분석에 적합하다(그림 3.2.2 참조).

라. 인간신뢰도 분석사건나무

① 사건들을 일련의 2지(binary) 의사결정 분지들로 모형화한다.

② 각 마디에서 직무는 옳게 혹은 틀리게 수행된다.

③ 첫 번째 분지를 제외하면 나뭇가지에 부여된 확률들은 모두 조건부확률이다.

④ 대문자는 실패를 나타내고, 소문자는 성공을 나타낸다.

⑤ 사건 나무가 작성되고 성공 혹은 실패의 조건부확률의 추정치가 각 가지에 부여되면, 나무를 통한 각 경로의 확률을 계산할 수 있다.

⑥ 종속성은 하나의 직무에서 일하는 사람들 간에 혹은 한 개인에서도 여러 가지 관련되는 직무를 수행할 때 발생할 수 있으며, 완전독립에서부터 완전종속까지 5단계 이산 수준의 종속도로 나누어 고려한다: 완전독립(0%), 저(5%), 중(15%), 고(50%), 완전종속(100%)

⑦ 상호 간의 종속성을 고려했을 때 $N-1$ 직무의 성공(또는 실패)에 따른 다른 직무 N의 조건부 확률은 다음과 같다.

$$\mathrm{Prob}\{N \mid N-1\} = (\%_{\mathrm{dep}})1.0 + (1-\%_{\mathrm{dep}})\mathrm{Prob}\{N\}$$

$$\mathrm{Prob}\{n \mid n-1\} = (\%_{\mathrm{dep}})1.0 + (1-\%_{\mathrm{dep}})\mathrm{Prob}\{n\}$$

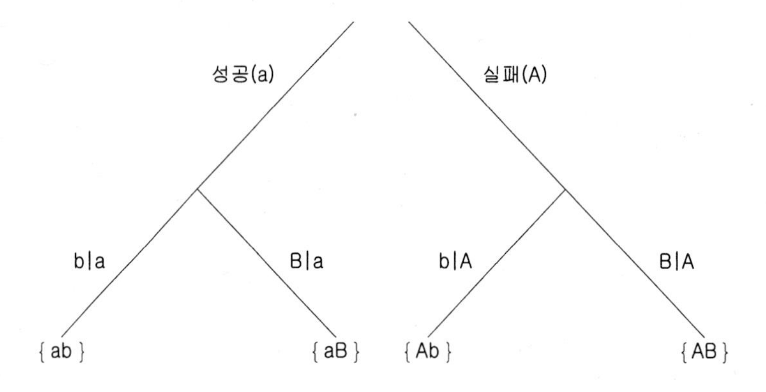

그림 3.2.3 인간 신뢰도 분석 사건 나무

예제

원전 주제어실의 직무는 4명의 운전원으로 구성된 근무조에 의해 수행되고 이들의 직무 간에는 서로 영향을 끼치게 된다. 근무조원 중 1차 계통의 운전원 A와 2차 계통의 운전원 B 간의 직무는 중간 정도의 의존성(15%)이 있다. 그리고 운전원 A의 기초 HEP Prob{A}=0.001일 때 운전원 B의 직무실패를 조건으로 한 운전원 A의 직무실패확률은? (단, THERP 분석법을 사용한다.)

풀이

$\text{Prob}\{N \mid N-1\} = (\%_{\text{dep}})1.0 + (1-\%_{\text{dep}})\text{Prob}\{N\}$

B가 실패일 때 A의 실패확률:

$\text{Prob}\{\text{A}|\text{B}\} = (0.15)\times 1.0 + (1-0.15)\times(0.001) = 0.15075 \fallingdotseq 0.151$

(7) 조작자행동나무(Operator Action Tree; OAT)

위급직무의 순서에 초점을 맞추어 조작자 행동 나무를 구성하고, 이를 사용하여 사건의 위급경로에서의 조작자의 역할을 분석하는 기법이다. OAT는 여러 의사결정의 단계에서 조작자의 선택에 따라 성공과 실패의 경로로 가지가 나누어지도록 나타내며, 최종적으로 주어진 직무의 성공과 실패확률을 추정해낼 수 있다(Hall 등).

(8) FAFR(Fatality Accident Frequency Rate)

가. 클레츠(Kletz)가 고안하였다.

나. 위험도를 표시하는 단위로 10^8시간당 사망자수를 나타낸다. 즉, 일정한 업무 또는 작업행위에 직접 노출된 10^8시간(1억 시간)당 사망확률

다. 단위시간당 위험률로서, 작업자수가 1,000명의 사업장에서 50년간 총 근로시간수를 의미한다.

라. 화학공업의 FAFR: 0.35~0.4 → 4×10^7시간당 1회 사망을 의미한다.

(9) CA(Criticality Analysis, 위험도분석)

가. 고장이 직접 시스템의 손실과 인명의 사상에 연결되는 높은 위험도(criticality)를 분석한다.

나. 고장의 형태가 기기 전체의 고장에 어느 정도 영향을 주는가를 정량적으로 평가하는 방법이다.

다. 정성적 방법에 의한 FMEA에 대해 정량적 성격을 부여한다.

라. 고장등급의 평가

$$치명도(C_r) = C_1 \times C_2 \times C_3 \times C_4 \times C_5$$

여기서, C_1: 고장영향의 중대도

C_2: 고장의 발생빈도

C_3: 고장검출의 곤란도

C_4: 고장방지의 곤란도

C_5: 고장시정 시 단의 여유도

(10) PHECA(Potential Human Error Cause Analysis)

작업수행 단계에서 예견적 휴먼에러를 분석하는 방법으로 목적은 시스템 설계 시 고려해야 할 중요한 휴먼에러 관련 설계 요소 목록을 제공하는 데 있다.

(11) GEMS(Generic Error Modeling System)

사고원인 및 과실유형화시스템으로 사고가 발생하기까지의 최초의 안전하지 못한 행동이나 의사결정에서 시작하여 그 행동이나 의사결정이 의도적인가 비의도적인가를 구별하며, 고의위반(Violation)과 착각(Slip), 망각(Lapse), 실수(Mistake)와 같은 과실의 종류를 파악하고, 최종적으로 구체적인 과실유형을 결정하는 과실분류기법이다.

(12) 결함나무분석(Fault Tree Analysis; FTA)

가. 개요

① FTA는 결함수분석법이라고도 하며, 기계설비 또는 인간-기계 시스템의 고장이나 재해발생 요인을 FT 도표에 의하여 분석하는 방법이다. 즉, 사건의 결과(사고)로부터 시작해 원인이나 조건을 찾아나가는 순서로 분석이 이루어진다.

② 1962년 Watson이 Bell 연구소에서 유도탄(minuteman)의 발사 시스템 연구에 참여하고 있을 때 이 기법을 창안하였다.

나. FTA의 특징

① FTA는 고장이나 재해요인의 정성적인 분석뿐만 아니라 개개의 요인이 발생하는 확률을 얻을 수 있으며, 재해발생 후의 규명보다 재해발생 이전의 예측기법으로서 활용가치가 높은 유효한 방법이다.

② 정상사상인 재해현상으로부터 기본사상인 재해원인을 향해 연역적인 분석을 행하므로 재해현상과 재해원인의 상호관련을 해석하여 안전대책을 검토할 수 있다.

③ 정량적 해석이 가능하므로 정량적 예측을 행할 수 있다.

다. FTA의 논리기호: 다음 표 3.2.3은 FTA의 논리기호를 나타내고 있다.

표 3.2.3 FTA에 사용되는 논리기호

등급	기호	명칭	설명
1		결함사상	개별적인 결함사상
2		기본사상	더 이상 전개되지 않는 기본적인 사상
3		통상사상	통상발생이 예상되는 사상 (예상되는 원인)
4		생략사상	정보부족 해석기술의 불충분으로 더 이상 전개할 수 없는 사상작업 진행에 따라 해석이 가능할 때는 다시 속행한다.
5		AND gate	모든 입력사상이 공존할 때만이 출력사상이 발생한다.
6		OR gate	입력사상 중 어느 것이나 하나가 존재할 때 출력사상이 발생한다.
7		전이기호	FT 도상에서 다른 부분에의 연결을 나타내는 기호로 사용한다.

라. FTA의 순서: FTA의 순서는 그 목적이 해석조건에 따라 다르나 대체로 다음과 같은 3단계로 나누어진다.

① 정성적 FT의 작성단계

(a) 해석하려고 하는 시스템의 공정이나 작업내용 등을 충분히 파악한다.

(b) 예견되는 재해를 과거의 재해사례나 재해통계를 근거로 가능한 한 폭넓게 조사한다.

(c) 재해의 빈도, 강도, 시스템에 미치는 영향 등을 검토한 후 해석의 대상으로 할 재해를 결정한다.

(d) 해석하는 재해에 관련 있는 기계, 재료, 산업대상물의 불량상태나 작업자의 에러(error), 환경의 결함, 기타 관리, 감독, 교육 등의 결함원인과 영향을 될 수 있는데로 상세히 조사하고 필요하면 PHA나 FMEA를 실시한다.

(e) FT(Fault Tree)를 작성한다.

② FT를 정량화 단계: 작성한 FT를 수식화하여 재해의 발생확률을 계산하는 단계이다.

(a) Cut set, Minimal cut set을 구한다.

(b) 작성한 FT를 수식화하여 수학적 처리(boolean 대수 사용)에 의해 간소화한다.

(c) 기계, 자료, 작업 대상물의 불량상태나 작업자의 에러, 환경의 결함, 기타 관리, 감독, 교육의 결함상태의 발생확률을 조사나 자료에 의해 정하여 FT에 표시한다.

(d) 해석하는 재해의 발생확률을 계산한다.

(e) (d)의 결과를 과거의 재해 또는 중간적 사고의 발생률과 비교하고 그 결과가 다르면 ①의 (d)로 되돌아가서 재검토한다.

③ 재해방지 대책의 수립단계

(a) 재해의 발생확률이 목푯값을 상회할 때는 중요도해석 등을 하여 가장 유효한 시정수단을 검토한다.

(b) 그 결과에 따라서 FT를 수정, 재분석한다. 필요에 따라서 (a), (b)를 반복한다.

(c) 비용이나 기술 등의 제조건을 고려하여 가장 적절한 재해방지 대책을 세워 그 효과를 FT로 재확인한다.

마. FT의 작성방법

① FT의 작성

(a) FT를 작성하는 데는 우선 분석하려고 하는 재해(정상사상 또는 목표사상이라고 부름)를 최상단에 쓰고, 그 하단에는 그 재해의 직접 원인이 되는 기계 등의 불량상태나 작업자의 에러(결함사상)를 연이어 쓰고 정상사상과의 사이를 게이트로 연결한다.

(b) 다음 2단계째의 각각 결함사상의 직접원인이 되는 것과의 결함사상을 각각 제3단계째로, 순차적으로는 자세하게 원인이 되는 사상을 써 나간다. 수목을 거꾸로 한 것 같은 끝이 퍼진 모양이 되므로 Tree라 불린다.

(c) 상하의 사상을 연결하는 게이트는 기본적으로는 논리적 또는 논리화이다. 논리적이란 "B_1 이고 B_2 이면 A가 일어난다."는 것으로 AND gate로 표시하며, 논리화란 "B_1 또는 B_2 라면 A가 일어난다."는 것으로 OR gate로 표시한다. B가 3개 이상인 경우도 모두 마찬가지이다.

(d) FT의 최하단은 통상 다음의 어느 것에 해당한다.

㉠ 통상의 기계나 작업의 상태(통상사상)

㉡ 기본적인 기계의 고장이나 인간의 실수나 착오(기본사상)

㉢ 그 이하의 분석을 생략하는 사상(생략사상)

㉣ 이하는 FT의 타부분과 동일의 사상(전이기호)

(e) 이와 같이 해서 만들어진 간단한 FT의 예는 그림 3.2.4와 같다.

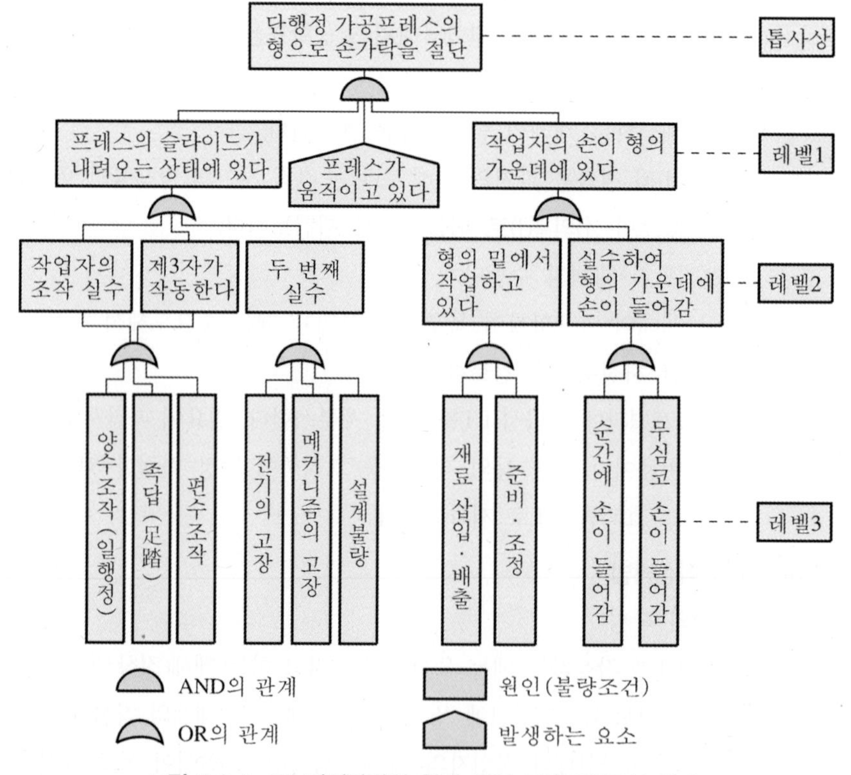

그림 3.2.4 FT 작성방법의 형에 끼인 재해요인구성 예제

② FT의 간략화 및 수정

(a) FT의 간략화

㉠ 모든 사상이 OR gate로 이어져 있는 Tree의 부분은 그림 3.2.5와 같이 간략하게 할 수 있다.

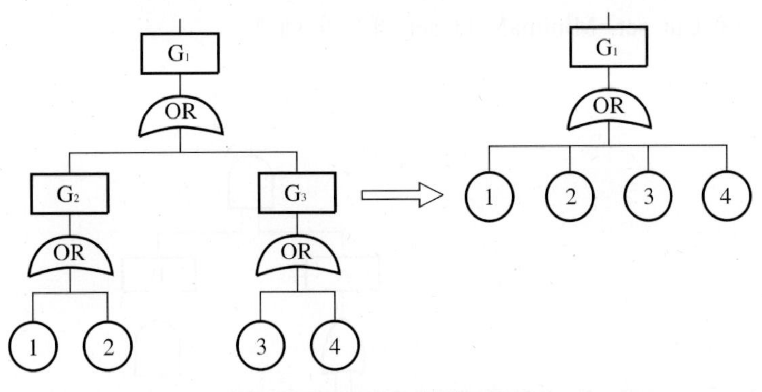

그림 3.2.5 FT의 간략화 예제 1

㉡ 모든 사항이 AND gate로 이루어져 있는 Tree의 부분은 그림 3.2.6과 같이 간략하게 나타낼 수 있다.

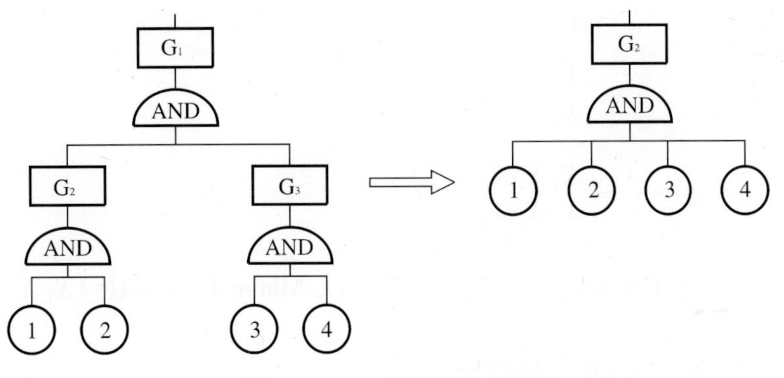

그림 3.2.6 FT의 간략화 예제 2

바. FTA에 의한 고장확률의 계산방법

① AND gate의 경우

n개의 기본사상이 AND 결합으로 그의 정상사상(top event)의 고장을 일으킨다고 할 때, 정상사상이 발생할 확률 F는 다음과 같다.

$$F = F_1 \cdot F_2 \cdots F_n = \prod_{i=1}^{n} F_i$$

② OR gate의 경우

n개의 기본사상이 OR 결합으로 그의 정상사상(top event)의 고장을 일으킨다고 할 때, 정상사상이 발생할 확률 F는 다음과 같다.

$$F = 1-(1-F_1)(1-F_2)\cdots(1-F_n) = 1-\prod_{i=1}^{n}(1-F_i)$$

③ Cut set, Minimal cut set 계산의 예제

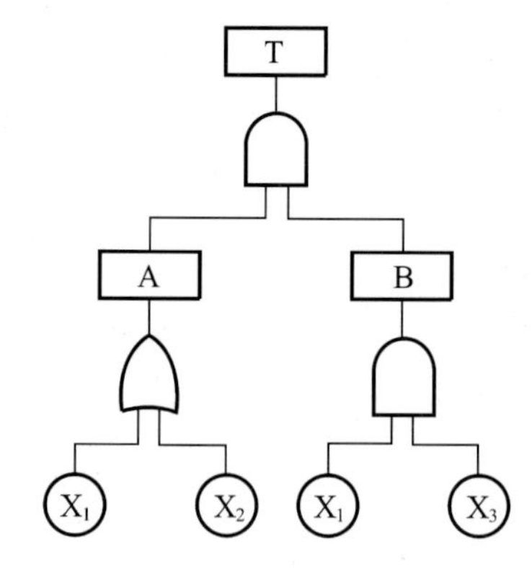

그림 3.2.7 Cut set, Minimal cut set 계산 예제

$$T = A \cdot B$$

$$= \begin{matrix} X_1 \\ X_2 \end{matrix} \cdot B$$

$$= \begin{matrix} X_1 \cdot X_1 \cdot X_3 \\ X_2 \cdot X_1 \cdot X_3 \end{matrix}$$

즉, Cut set는 $(X_1 \cdot X_3)(X_1 \cdot X_2 \cdot X_3)$, Minimal cut set는 $(X_1 \cdot X_3)$이다.

사. FTA에 의한 재해 사례연구

FTA의 사용에 따른 재해의 사례연구는 표 3.2.4와 같다.

표 3.2.4 FTA의 재해사례연구

단계	단계별 설명
제1단계: 톱사상의 선정 (1) system의 안전보건문제점 파악 (2) 사고, 재해의 모델화 (3) 문제점의 중요도, 우선순위의 결정 (4) 해석할 톱사상 결정	(1) 생산공정의 구성, 기능, 작동 및 작업방법이나 동작 등의 system에 대하여 현장의 정보에 의거 안전보건상의 문제점을 파악한다. (2) 작업자의 error나 mistake 및 기계, 설비의 트러블(trouble)이 사고나 재해를 가져오게 한 경과를 모델화한다. (3) 대책을 세워야 할 문제점에 대한 중요도 또는 우선순위를 결정한다. (4) 해석할 사상이 되는 항목을 톱사상으로 결정

단계	단계별 설명
제2단계: 사상마다 재해원인, 요인의 규명 (1) Level 1: 톱 사상의 재해요인의 결정 (2) Level 2: 중간사상의 재해요인의 결정 (3) Level 3: 말단사상까지의 전개	(1) Level 1 ① 톱사상에 연결되는 재해원인(1차 원인)을 물질 및 사람의 측면에서 열거하고 음미한다. ② 톱사상과 재해원인과의 인과관계를 논리기호로 잇는다. (2) Level 2 ① 1차 원인 재해원인마다 2차 원인(재해요소)을 물질 및 사람의 측면에서 해석한다. 이들의 재해원인 및 재해요인을 중간사상이라고 한다. ② 필요하면 중간사상의 발생조건을 첨가한다.
제3단계: FT도의 작성 (1) 부분적 FT도를 다시 본다. (2) 중간사상 발생조건 (3) 전체의 FT도의 완성	(1) 제2단계에서 작성한 부분적 FT도의 재해원인 및 요인의 상호관계를 다시 보고 필요한 간략화나 수정을 한다. 논리적 기호를 OR로 할 것인가, AND로 할 것인가, 애매할 때는 먼저 대책을 생각하게 되며 결정하기 쉽다. (2) 중간사상이 발생조건에 대하여 재검토한다. (3) 전체의 FT도를 완성한다.
제4단계: 개선계획의 작성 (1) 안전성이 있는 개선안의 검토 (2) 제약의 검토와 타협 (3) 개선안의 결정 (4) 개선안의 실시계획	(1) FT도에 의거 안전성을 배려한 효과적인 개선안을 검토한다. 이때 Success Tree도(ST도)를 작성하면 편리하다. (2) 비용, 공간, 시간 등의 제약을 검토하고 필요에 따라 타협안을 세운다. (3) 개선안을 경제성, 보수성, 조작성의 면에서 검토하여 취사선택하고 채용할 안을 결정한다. (4) 개선안에 의거 실시계획을 세운다. ① FT도의 OR에 대해서는 모든 재해원인 및 요인에 대해 대책을 세운다. ② FT도의 AND에 대해서는 재해원인 또는 요인 가운데 어느 하나에 대해서 대책을 세우면 재해를 방지할 수 있으나 되도록 많은 요인에 대하여 대책을 수립, 이중삼중의 안전대책을 수립하는 것이 유효하다.

아. FTA 활용 및 기대효과: FTA를 이용하여 시각적·정량적으로 사고원인을 분석하여 재해발생확률이 높은 인적, 물적, 환경상의 위험 및 위험 사상에 대한 안전 대책을 강구함으로써 재해 발생확률의 지속적인 감소를 통한 재해예방 활동으로 체계적이고 과학적인 산업안전관리를 행할 수 있으며, 동시에 다음과 같은 장·단기적인 안전관리 체제의 기초를 이룰 수 있다.

① 사고원인 규명의 간편화: 사고의 세부적인 원인 목록을 작성하여 전문지식이 부족한 사람도 목록만을 가지고 해당 사고의 구조를 파악할 수 있다.

② 사고원인 분석의 일반화: 모든 재해발생 원인들의 연쇄를 한눈에 알기 쉽게 Tree상으로 표현할 수 있다.

③ 사고원인 분석의 정량화: FTA에 의한 재해 발생원인의 정량적 해석과 예측, 컴퓨터 처리 및 통계적인 처리가 가능하다.

④ 노력, 시간의 절감: FTA의 전산화를 통하여 최소 cut, 최소 pass, 발생확률이 높은 기본사건을 파악함으로써 사고발생에의 기여도가 높은 중요원인을 분석·파악하여 사고예방을 위한 노력과 시간을 절감할 수 있다.

⑤ 시스템의 결함진단: 복잡한 시스템 내의 결함을 최소시간과 최소비용으로 효과적인 교정을 통하여 재해발생 초기에 필요한 조치를 취할 수 있어 재해를 예방할 수 있고, 또한 재해가 발생한 경우에는 이를 극소화할 수 있다.

⑥ 안전점검 체크리스트(checklist) 작성: FTA에 의한 재해원인 분석을 토대로 최소 cut과 재해 발생확률이 높은 기본사상을 파악하여 안전점검상 중점을 두어야 할 부분 등을 체계적으로 정리한 안전 점검 체크리스트를 작성할 수 있다.

(13) Human Error Simulator

컴퓨터를 사용한 모의실험을 통해서 해당 직무에서의 인간신뢰도를 예측하는 기법들을 총칭하여 휴먼에러 시뮬레이터 기법이라고 한다. 이와 같은 시뮬레이터 실험을 크게 확률적 모형을 사용하는 Monte Carlo 시뮬레이션과(Siegel 등) 입력과 출력 간의 관계를 묘사하는 수식을 사용하는 확정적 모의실험의 두 가지로 구분해 볼 수 있다.

가. Monte Carlo Simulation: 확률적 모형을 만들어서 체계 내의 과도, 과소부하 부문 분석 및 직무의 기간 내 완수여부를 결정하고 인간 신뢰도 달성 배분, 조기예측 및 평가를 위한 종합적 인간기계 신뢰모형이다.

나. 확정적 모의실험(Human Operator Simulation): 인간기계조업을 확정적으로 모의실험하는 것으로, 모수들(기억, 습관, 강도 등)과 성능출력과의 함수관계를 통하여 시간 라인과의 유대분석, 체계평가의 효과 등을 비교분석하는 것이다.

3장 | 조직, 집단 및 리더십

01 조직이론

(1) 조직은 공통의 목적을 가지며, 이 목적을 달성하기 위하여 인적, 물적 요소의 상호작용을 통하여 하나의 구조적 과정을 형성한다.

(2) 조직은 구조적 과정을 형성하기 위하여 제기능을 분화하고 권한을 배분하여 개개인에게 할당하여 목적 달성에 기여토록 하고, 그들의 활동을 조정함으로써 유효한 사회체제로서 유지시켜 나가는 특성을 갖는다.

(3) 조직은 일정한 공통된 목적을 달성하려는 인간의 복합적인 의사결정의 체계로 정의할 수 있다.

(4) 조직이론에는 크게 두 가지 종류가 있다.

가. 전통적 관리조직의 이론: 과학적 관리론, 인간관계론, 관리과정론, 관료제도 등

나. 근대적 관리조직의 이론: 의사 결정론, 시스템 이론, 행동과학론 등

1.1 관료주의

출제빈도 ★★★★

(1) 관료주의는 막스 베버(Max Weber)에 의해 산업혁명 초기 조직의 특징인 기업주와 종업원의 불평등, 정직함, 착취 등을 시정하기 위해 고안되었다.

(2) 관료주의는 합리적·공식적 구조로서의 관리자 및 작업자의 역할을 규정하여 비개인적, 법적인 경로(업무분장)를 통하여 조직이 운영되며, 질서 있고 예속 가능한 체계이며, 정확하고 효율적이다.

(3) 개인적인 편견의 영향을 받지 않고 종업원 개인의 능력에 따라 상위층으로의 승진이 보장된다.

(4) 베버는 관료주의조직을 움직이는 네 가지 기본원칙을 다음과 같이 설명하였다.

가. 노동의 분업: 작업의 단순화 및 전문화

나. 권한의 위임: 관리자를 소단위로 분산
다. 통제의 범위: 각 관리자가 책임질 수 있는 작업자의 수
라. 구조: 조직의 높이와 폭

(5) 관료조직의 중요한 문제점은 조직 자체가 아무리 훌륭하여도 인간이 언제나 공식적인 조직에 순종하지 않는다는 점이다. 따라서, 관료조직에 대한 비판을 정리하면 다음과 같다.
가. 인간의 가치와 욕구를 무시하고 인간을 조직도 내의 한 구성요소로만 취급한다.
나. 개인의 성장이나 자아실현의 기회가 주어지지 않는다.
다. 개인은 상실되고 독자성이 없어질 뿐 아니라 직무 자체나 조직의 구조, 방법 등에 작업자가 아무런 관여도 할 수가 없다.
라. 사회적 여건이나 기술의 변화에 신속히 대응하기가 어렵다.

1.2 민주주의

(1) 현대조직이론은 조직을 구성하는 개개 작업자에게 초점을 맞추어 전체 조직의 행동을 이해하기 전에 개개인의 행동에 대한 이해를 필요로 한다.
(2) 개인의 일에 대한 태도, 직무만족, 동기, 지도력의 심리적 측면에 대한 고려가 우선된다. 이런 것들은 고전적 관료조직에서는 간과했던 것으로 다음과 같은 효과가 있어서 조직 전체의 특성이나 목표가 이루어진다고 믿는다.
가. 직무의 충실화 및 확대
나. 모든 수준의 정책결정 시 활동적인 작업자의 참여
다. 개인의 의사표현
라. 창의력 발휘
마. 자아충족의 기회 제공 등

(3) 현대조직이론은 조직의 의사결정이나 직무 등에 작업자의 참여가 전제되어야 한다. 작업자 참여의 조건은 다음과 같다.
가. 작업자들의 참여에 심리적으로 몰입할 수 있어야 한다.
나. 참여에 작업자들이 동의해야 한다.
다. 의사결정은 작업자들과 개인적으로 관련된 것이어야 한다.
라. 작업자들은 스스로 표현할 수 있어야 한다.
마. 의사결정 시 충분한 시간을 필요로 한다.

바. 참여로 인해 발생되는 비용이 생산성에 문제가 되어서는 곤란하다.

사. 작업자는 보복으로부터 안전해야 한다.

아. 작업자의 참여가 관리자의 명예를 훼손해서는 안 된다.

자. 효율적인 의사소통 경로가 제공되어야 한다.

차. 작업자의 참여과정에 대한 훈련이 되어 있어야 한다.

1.3 조직의 형태

출제빈도 ★★★★

(1) 조직의 형태는 기능을 분화하고 그것을 분담한 구성원이 협동해서 합리적으로 직능을 수행할 수 있도록 한 분업과 협업의 관계로서의 구조를 말한다.

(2) 조직구조는 경영의 제반업무 활동이 분화, 발달함에 따라 점차 복잡한 양상을 띠고 있어 순수한 조직형태(직계식 조직, 직능식 조직, 직계참모조직)를 채택하고 있는 회사는 거의 없다.

(3) 모든 산업조직에는 라인과 스탭이 있으며, 또한 각종 위원회도 설치함으로써 조직의 다원적 운용을 꾀하고 있다.

1.3.1 직계식 조직(line organization)

(1) 직계식 조직은 라인 조직, 직계 조직, 또는 군대식 조직이라고도 한다.

(2) 그림 3.3.1과 같이 최고 상위에서부터 최하위의 단계에 이르는 모든 직위가 단일 명령권한의 라인으로 연결된 조직형태를 말한다. 이와 같은 직계식 조직에서 하위자는 1인

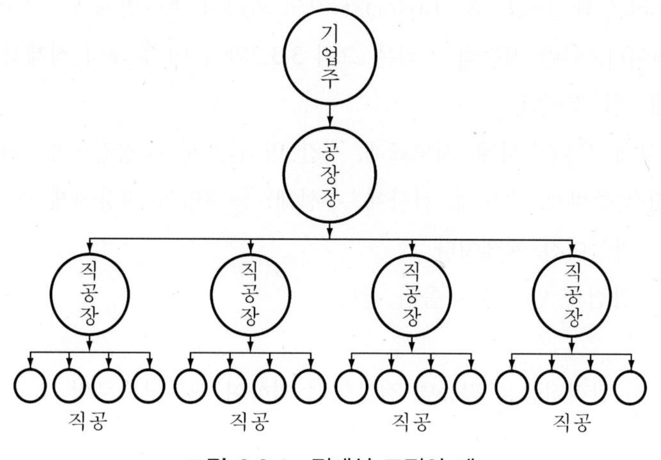

그림 3.3.1 직계식 조직의 예

직속상사 이외의 사람과는 직접적인 관계를 갖지 않게 된다.

(3) 소규모 조직에 적용하기에 적합한 조직의 형태이다.

(4) 이런 조직의 장점과 단점은 다음과 같다.

가. 장점

① 조직은 명령계통이 일원화되어 간단하면서 일관성을 가진다.

② 책임과 권한이 분명하다.

③ 경영 전체의 질서유지가 잘 된다.

나. 단점

① 상위자의 1인에 권한이 집중되어 있기 때문에 과중한 책임을 지게 된다.

② 권한을 위양하여 관리단계가 길어지면 상하 커뮤니케이션에 시간이 걸린다.

③ 횡적 커뮤니케이션이 어렵다.

④ 전문적 기술확보가 어렵다.

(5) 이런 라인조직을 형성하는 라인 관계는 모든 조직 및 단위 조직에 공통되는 조직편성의 기본이 되지만, 규모가 확대되고 환경변화에의 적응이 긴요한 현대의 산업조직에 있어서의 라인 권한관계만으로는 성립할 수 없다.

1.3.2 직능식 조직(functional organization)

(1) 직능식 조직은 기능식 조직이라고도 한다.

(2) 이 조직은 관리자가 일정한 관리기능을 담당하도록 기능별 전문화가 이루어지고, 각 관리자는 자기의 관리직능에 관한 것인 한 다른 부문의 부하에 대하여도 명령·지휘하는 권한을 수여한 조직을 말한다.

(3) 직능식 조직은 테일러(F. W. Taylor)가 그의 과학적 관리법에서 주장한 조직형태로부터 비롯된 것이다. 이런 직능식 조직은 그림 3.3.2와 같이 종래의 직계식 조직하의 만능적 직장에 대신한 것이다.

(4) 기획부에 4개 직장(순서계, 지도표계, 시간 및 원가계, 공장감독계 등)과 현장에 있어서의 4개 직장(준비계, 속도계, 검사계, 수선계) 등 8명의 직장에게 관리기능을 분담시키는 것으로 만들어진 예제이다.

(5) 이 조직의 장점과 단점은 다음과 같다.

가. 장점

① 상위자의 관리직능을 직능별 전문화에 의하여 배분함으로써 그 부담을 경감시킬 수가 있다.

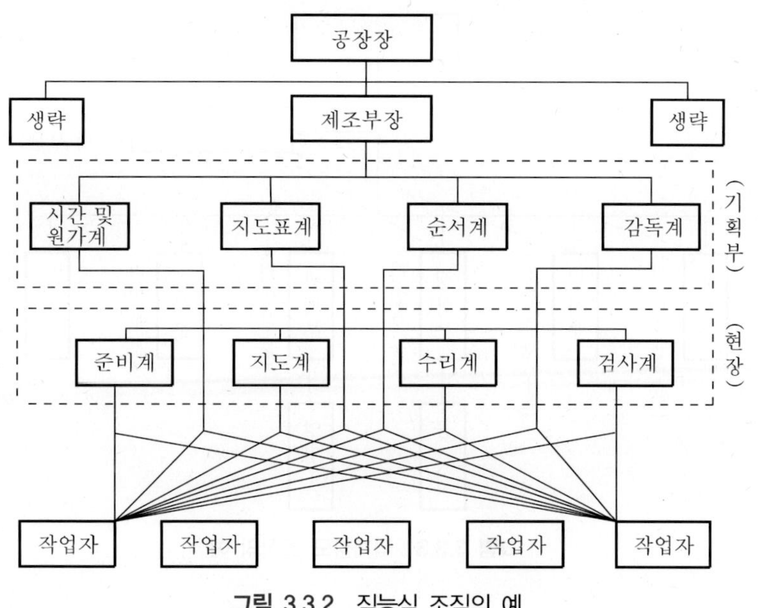

그림 3.3.2 직능식 조직의 예

② 상위자의 전문적 능력을 충분히 발휘할 수 있다.

③ 관리자의 양성이 용이하다.

나. 단점

① 작업자는 몇 명의 상위자로부터 명령을 받게 되므로 혼란을 야기할 염려가 있다.

② 책임의 소재가 불명하기 쉽다.

③ 동기계층의 관리자 간의 의견대립이 있을 때에 그 조정이 어렵다.

1.3.3 직계참모 조직(line and staff organization)

(1) 직계참모 조직은 라인-스탭 조직이라고도 한다. 대규모 조직에 적합한 조직형태이다.

(2) 직능별 전문화의 원리와 명령 일원화의 원리를 조화할 목적으로 다음 그림 3.3.3과 같이 라인과 스탭을 결합하여 형성한 조직이다.

(3) 여기에 라인 직능과 스탭 직능의 결합은 라인의 결정과 명령을 실시할 수 있는 체계로 보고, 스탭은 라인에 대하여 조언과 조력을 행하는 체계로 보는 권한관계의 양식을 기초로 한다.

(4) 이 조직은 미국의 에머슨(H. Emerson)이 프러시아 군대의 참모제도를 참고로 하여 제창한 것이다.

(5) 이 조직의 장점과 단점은 다음과 같다.

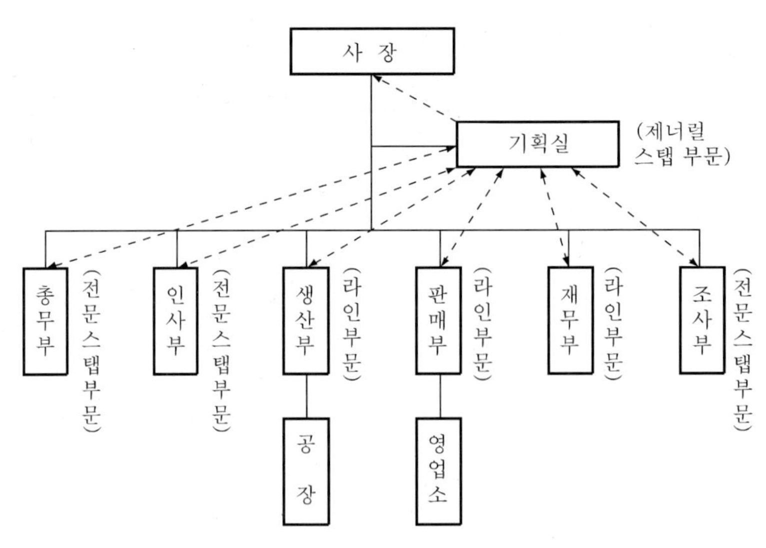

그림 3.3.3 직계참모 조직의 예

가. 장점

① 이 조직은 명령의 통일성을 확보할 수 있다.

② 전문가를 활용함으로써 일의 질과 능률을 향상시킬 수 있다.

나. 단점

① 스탭을 중용할 때 스탭이 라인부문의 집행에 개입하여 명령체계의 혼란이 야기될 수 있다.

② 스탭이 경시되면 조언·조력이 라인에 의하여 활용되지 못하는 결과를 가져온다.

(6) 이 조직형태는 현실적인 기업경영에서 널리 채용되고 있으므로 라인과 스탭의 관계를 명확히 하는 반면, 양자의 관계가 원만하게 조화되도록 쌍방에서 노력할 것이 필요하다.

1.3.4 위원회 조직(committee organization)

(1) 위원회 조직은 앞에서 설명한 3가지 조직형태의 보완적 조직이다. 이 조직은 특정목적을 위하여 집단으로서 공동의사를 결정하는 회의체이다. 현대의 많은 기업체에서 경영의 실천과정에서 이 조직형태가 활용되고 있다.

(2) 이 조직의 본질은 집단에 의한 공동의사결정이라는 데서 찾을 수 있으며, 이 조직에 있어서 결정은 대체로 조언적 성질을 가지는 경우가 많으나, 기능적으로는 협의 또는 조정기능이 높이 평가되고 있다.

1.3.5 사업부제 조직(divisionalized organization)

(1) 사업부제 조직은 그림 3.3.4와 같이 기업의 경영활동을 각 사업부별로 독자적 시장과 제품을 갖는 시장책임단위, 독립채산적인 관리제도를 행하는 이익책임단위, 그리고 마치 타 기업과도 같은 이권화단위 등으로 나눌 수 있다.

(2) 이런 사업부는 기업경영의 이익관리를 위한 책임중심점으로서 제품의 생산계획 및 판매계획 등을 독자적으로 수행하게 되는 것이다.

(3) 현재 대기업이 사업부제 경영조직을 채택하게 된 이유는 다음과 같다.

가. 경영다각화 전략에 적응

나. 토탈(total) 마케팅의 요구에 부응

다. 의사결정의 합리화

라. 책임체제의 명확화

마. 실천에 의한 경영자를 양성

바. 모티베이션(motivation)을 개선

(4) 사업부제 조직에는 제품별 조직과 지역별 조직이 있다.

가. 제품별 사업부제 조직(product divisionalization)

① 이 조직은 분리할 수 있는 제품 종류의 하나하나가 거의 독립된 사업체로서 설립되고, 그 장(長)은 거기서의 제품, 판매 기타 모든 직능에 관한 책임을 지는 조직체이다.

② 제품별 사업부제 조직은 회사 전체로서의 제품계열 중에서 제조상 또는 판매상 동질성을 갖는 어떤 제품을 일괄 분리하여 비교적 자주적인 제품단위가 되도록 독자적인 제품사업부를 마련하는 것을 말한다.

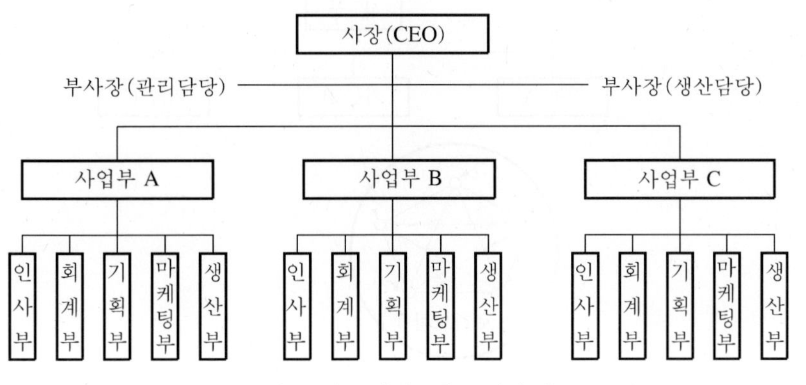

그림 3.3.4 사업부제 조직의 예

나. 지역별 사업부제 조직(district divisionalization)

① 이 조직은 지리적인 지구 또는 지역을 명확히 하고, 그곳에서의 사업일체에 관하여 사업부장이 직접 책임을 지는 조직이다.

② 기업의 사업단위를 지역단위로 분화하여 책임경영을 시키기 위해서 채택되는 조직구조이다.

③ 이 조직구조 하에서 각 사업부의 책임자는 일부지역 내에서의 모든 경영활동에 대하여 광범위한 권한과 책임을 가진다. 이 경우 각 사업부는 독자적인 손익계산과 독립채산을 할 수 있는 이익 센터(profit center)가 된다.

1.3.6 프로젝트 조직(project organization)

(1) 프로젝트 조직은 그림 3.3.5와 같이 특정한 프로젝트, 즉 과제를 처리하기 위하여 일시적·잠정적으로 형성된 조직체를 말한다. 이와 같은 필요에서 만들어진 조직을 프로젝트 조직(task force) 또는 과제기동식 조직이라고 말한다.

(2) 프로젝트(과제)를 처리함에 있어서 직능별 조직이나 사업부 조직 또는 직계참모 조직으로는 불가능하다. 예컨대, 우주개발 프로젝트, 미사일 개발 프로젝트, 플랜트 건설 프로젝트, 도시개발 프로젝트, 연구개발 프로젝트 등 이들 모든 프로젝트를 유효하게 실현하기 위해서는 확고한 책임자 중심의 계획과 그 추진을 위한 조직이 필요하다.

(3) 일반적으로 프로젝트 조직에는 다음과 같은 특성이 있다.

가. 경영조직 내부에 프로젝트별로 조직화를 꾀한 조직형태이다.

나. 원칙적으로 일시적이며, 잠정적인 조직이다.

다. 프로젝트 매니저는 라인의 장이며, 프로젝트를 기획·실시하는 권한과 책임을 가지고 있다.

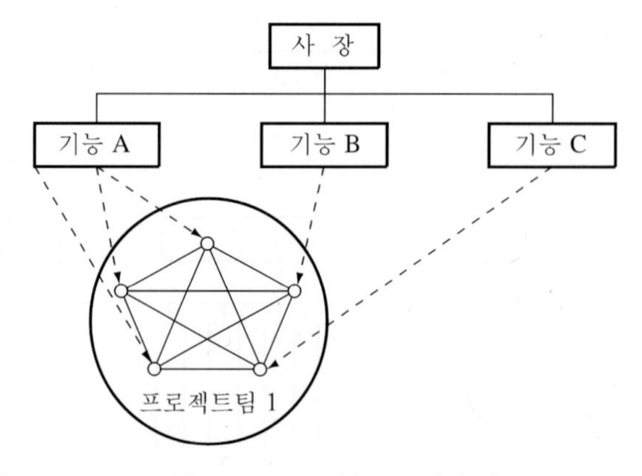

그림 3.3.5 프로젝트 조직의 예

라. 직능부문 조직이나 사업부제 조직이 조직구조를 중심으로 한 것임에 비하여 프로젝트 조직은 과정을 중심으로 하여 이것과 구조를 통합하는 새로운 조직이다.
마. 프로젝트 조직에는 직능분화에 의한 전문화가 이루어지지 못한다는 단점이 있다.

(4) 프로젝트 조직의 책임자는 다음과 같은 세 가지 유형이 있다.
가. 프로덕트 매니저(product manager)
나. 프로젝트 매니저(project manager)
다. 프로그램 매니저(program manager)

1.4 조직에서의 업무평가

(1) 업무평가의 목적은 한 사람이 그의 업무를 얼마나 잘 수행했느냐를 정확하게 평가하는 것이다.
(2) 후광효과오류: 단지 하나의 자질 또는 성격을 토대로 하여 개인의 모든 행동측면을 평가하려는 경향을 말한다. 감독자가 어떤 작업자가 평가의 한 요소에서 매우 뛰어나다는 것을 발견하게 되면 그의 다른 요소도 높게 평가하는 오류이다.

02 집단역학

2.1 집단역학의 개념

(1) 집단역학(group dynamics)은 사회심리학의 한 영역으로서 1930년대 후반에 레빈(Kurt Lewin)에 의하여 창안되었다.
(2) 개인의 행동은 소속하는 집단으로부터의 영향을 어떻게 받는가, 그 영향력에 대한 저항을 집단은 어떠한 집단과정을 통하여 극복하려 하는가라는 문제를 가설 검증적인 방법에 의해 연구한다.
(3) 집단역학에서 대상으로 하는 집단은 구성원들의 상호교우관계에 있다. 따라서, 많은 대면적 소집단에 있어서 그러한 집단의 심리과정에서 나타나는 다음과 같은 역학적 특성을 규명하려는 것을 목적으로 한다.
가. 집단규범

나. 집단응집성
다. 과업수행의 촉진방법
라. 집단규범을 내면화하는 과정
마. 동기
바. 리더나 집단의 난관 대처방법
사. 집단의 의사소통 구조 차이에 의한 능률이나 만족의 차이

(4) 집단역학은 집단의 성질, 집단발달의 법칙, 집단과 개인 간의 관계, 집단과 집단 간의 관계, 집단과 조직과의 관계 등에 관한 지식을 얻는 것을 목적으로 하는 연구 분야이다.
(5) 소시오메트리(Sociometry): 구성원 상호 간의 선호도를 기초로 집단 내부의 동태적 상호관계를 분석하는 기법이다. 소시오메트리는 구성원들 간의 좋고 싫은 감정을 관찰, 검사, 면접 등을 통하여 분석한다.

2.2 집단의 구조

출제빈도 ★★★★

(1) 집단은 둘 이상의 사람의 모임으로 공통목적을 가지고 있다.
(2) 집단의 목적은 조직의 목적보다 더욱 구체적이고 실질적이며 명확해야 한다.
(3) 집단은 구성원의 동기와 요구만족을 강조하며, 구성원 간의 상호의존관계에서 구두, 서신 혹은 직접적인 접촉을 통한 상호작용이 일어난다.
(4) 집단은 일반적으로 심리적 집단과 사회적 집단으로 유형화할 수 있다.
(5) 집단이 형성되어 발전함에 따라 모든 집단 내에는 어떠한 형태의 구조가 생기게 된다.
(6) 구성원들은 그들이 가지고 있는 전문지식, 권력, 지위 등의 요인에 따라 서로 구별되며, 그 집단 내에서 어떤 직위를 차지하게 된다.
(7) 집단의 구조를 형성하는 중요한 요소는 역할, 규범, 지위, 목표 등이 있다.
(8) 집단은 자생적 내부조직을 갖고 있으며, 이 내부구조를 통하여 구성원들의 상호관계가 형성된다.
(9) 개인의 행위는 집단에서 주어진 역할과 규범에 의해서 이루어지면서 구성원들 상호 간의 영향관계가 조성되고, 상호 간의 영향관계는 지위관계와 밀접한 관계를 갖게 된다.
(10) 지위신분의 결정요인을 중심으로 공식적인 권한 계층(authority hierarchy)과 자생적인 영향력 서열(influence ranking)이 일치될 수 있는 방안을 모색함으로써 보다 자연적이고 효율적인 집단을 운영해 나갈 수 있다.

2.2.1 집단역할(role)

(1) 집단의 구성원은 각기 소속집단 내에서 해야 할 일이 있다. 역할은 구성원이 집단 내에서 자기의 지위를 보존하기 위해서 해야 할 일을 의미한다.

(2) 역할은 어떤 직위를 가진 구성원이 해야 할 것으로 기대되는 행위라고 정의할 수 있다. 이러한 기대는 직위에 대한 기대일 뿐이지 개인적 특성에 대한 것은 아니다.

(3) 기대되는 행위는 역할담당자 자신뿐만 아니라 다른 모든 구성원들에 의해서도 일반적으로 동의되어진 것이다. 여기에서 말하는 기대된 역할(expected role)은 역할의 한 가지 형태이다.

(4) 지각된 역할(perceived role)은 어떤 직위의 구성원이 스스로 해야 한다고 생각하는 행위이다.

(5) 행해진 역할(enacted role)은 실제로 수행된 역할이다. 이상과 같이 3가지 역할행위가 있으며, 이들 사이에 차이가 있을 때 갈등과 좌절이 발생하게 된다.

(6) 일반적으로 안정되고 영구적인 집단에서는 기대된 역할과 지각된 역할이 거의 일치하고 있다.

2.2.2 집단규범(norms)

(1) 규범은 집단의 구성원들에 의해 공유되거나 받아들여질 수 있는 행위의 기준이다. 즉, 구성원들이 어떤 상황 하에서 어떻게 행동을 취해야 한다는 행동기준이다.

(2) 어느 집단이 자기의 규범을 인정할 때 그 규범은 최소한의 외적 통제력을 갖고 구성원의 개인행위에 영향을 미치게 된다. 따라서 규범은 집단의 목적을 달성하고 집단구성원 간의 동일성을 유지하는 데 중요한 역할을 하고 있다.

(3) 일단 규범이 정립되면 구성원들이 그 규범에 동조할 것을 요구하게 된다. 규범에 대한 구성원들의 동조는 구성원들의 개성(personality), 자극, 상황요인, 그리고 집단 내의 관계 등의 영향을 받아 결정된다.

(4) 구성원이 집단의 규범에 동조할 때 그는 집단의 보호를 받고 심리적 안정을 얻을 수 있으나 자신의 개성발전과 성숙에는 도움이 되지 못한다.

(5) 반면에 동조하지 않는 경우에는 고립되거나 국외인물(isolate or deviant)로 취급받게 되어 심리적 충격을 받을 수 있다.

(6) 규범은 구성원들에게 순기능적 역할과 역기능적 역할을 하는 양면성을 지니고 있다. 따라서 경영자나 관리자는 공식조직의 보완적 역할을 해주는 규범의 순기능적 측면을 강화하고, 역기능적 측면을 제거하여 개인의 성장 및 집단의 성과를 높일 수 있도록 노력해야 한다.

2.2.3 집단지위(status)

(1) 지위는 집단이나 조직, 또는 사회에서 어느 개인의 상대적 가치와 서열을 나타내는 것이다.
(2) 보통 어떤 사람의 지위는 그가 소속된 집단이나 다른 구성원들이 부여한다. 지위는 단위와 권한, 그리고 근속년수와 조직체 내에서 받는 대우 등 공식적인 요소와 개인의 인격, 성격, 실력, 연령과 가족배경 등 개인적 특색을 중심으로 집단구성원에 의하여 개인에게 부여되는 상호 간의 자생적 서열관계이다.
(3) 지위는 공식단위와 밀접한 관계가 있지만 반드시 그렇지는 않고 공식적인 지위서열과 자생적인 지위서열이 일치되지 않는 경우도 적지 않다.
(4) 집단에서의 지위는 조직의 계층구조 내에서 상이한 수준의 구성원들 간의 행위를 설명해 주며 계층 간의 수직적 분화를 나타낸다. 따라서 지위는 집단에서의 대인관계 및 상호관계를 설정시키는 데 도움을 준다.
(5) 집단에서의 지위는 연령, 재산, 가문, 지식, 업적 등에 의해서 결정되는 사회적 지위(social status), 직업의 귀천에 따른 직업적 지위(occupational status), 조직 내에서 차지하는 위치에 의한 조직적 지위(organizational status) 등으로 나눌 수 있다.
(6) 또한, 가문, 혈통, 성, 연령, 가족의 위치와 같이 태어날 때부터 부여되는 귀속적 지위(ascribed status), 개인의 업적, 기술적 자질, 능력 등으로 인하여 생기는 획득적 지위(achieved status)로 나누기도 한다.

2.3 집단의 관리

출제빈도 ★★★★

2.3.1 집단의 종류

집단은 그 구조에 따라 분류하면 공식적 집단과 비공식 집단으로 나눌 수 있다.

(1) 공식적 집단(formal group)

가. 공식적 집단은 전체조직의 목표와 관련된 사업을 수행하거나 특별한 필요가 있는 경우에 공식적으로 만들어진 집단이다.
나. 각 구성원들의 직무가 명확하고 집단의 목표나 계층도 잘 규정되어 있다. 그리고 권력, 권한, 책임, 업무 등이 명확하게 주어지고 있으며, 의사소통(communication)의 경로도 뚜렷하게 되어 있다.
다. 공식적 집단에는 상사와 그 직접적인 부하로 구성된 명령집단과 조직 내에서 특수한 프로젝트나 직무에 입각해서 일을 할 수 있도록 공식적으로 구성된 과업집단이 있다.

(2) 비공식적 집단(informal group)

가. 비공식적 집단은 각 구성원들이 그들의 작업환경에서 사회적 욕구를 충족시키기 위해 자연발생적으로 형성된 모임을 말한다.

나. 비공식적 집단의 특성은 자연발생적으로 형성되며, 내면적이고 불가시적이며, 감정의 논리에 따라 구성되고, 정서적 요소가 강하고, 일부분의 구성원들만으로 이루어지며 소집단의 성격을 띤다.

다. 비공식적 집단은 여러 가지 형태로 존재할 수 있지만 크게 이익집단과 우정집단으로 나눌 수 있다.

라. 이익집단은 공통적인 이해와 태도에 따라 형성되는 집단으로 이들의 목적은 조직의 목적과는 관련성이 없고, 각 집단마다 다르다. 그리고 우정집단은 구성원 상호간에 우호관계를 위하여 모인 집단이다.

(3) 사회집단의 유형

집단을 사회에 기여하는 유형에 따라서 분류하면 다음과 같다.

가. 퇴니에스(F. Tönnies)의 분류: 사회집단을 조직구성원의 결합의지에 따라 공동사회(gemeinschaft)와 이익사회(gesellschaft)로 나누었다.

나. 쿨리(C. H. Cooley)의 분류: 사회집단을 조직구성원의 접촉방식에 따라 1차 집단과 2차 집단으로 구분하였다.

다. 스미스(W. R. Smith)의 분류: 1차 집단이나 2차 집단에 포함시킬 수 없는 집단을 중간집단(intermediate group)이라고 하였다.

라. 브라운(Brown)의 분류: 모든 집단과 구별되는 것으로 3차 집단이라는 개념을 추가하였다.

2.3.2 집단과 인간관계

(1) 인간관계

사람 대 사람의 상호적 행위의 양식을 말한다.

(2) 호손(Hawthorne) 연구

인간관계관리의 개선을 위한 연구로 미국의 메이요(E. Mayo) 교수가 주축이 되어 호손 공장에서 실시되었다.

가. 작업능률을 좌우하는 것은 단지 임금, 노동시간 등의 노동조건과 조명, 환기, 기타 작업환경으로서의 물적 조건만이 아니라 종업원의 태도, 즉 심리적·내적 양심과 감정이 보다 중요하다.

나. 물적 조건도 그 개선에 의하여 효과를 가져올 수 있으나 오히려 종업원의 심리적 요소가 더욱 중요하다.

다. 종업원의 태도 및 감정을 좌우하는 것은 개인적·사회적 환경, 사내의 협력관계, 그가 소속하는 비공식적 집단의 힘이라는 것을 발견하였다.

(3) 인간관계의 메커니즘(mechanism)

심리학적으로 인간의 정신발달과정은 다음과 같은 단계를 거친다. 각 단계는 일정한 시기에 시작하여 끝나는 단계는 명확하지 않고 일생 동안 계속되는 경우가 대부분이다.

가. 일체화: 인간의 심리적 결합이다.

나. 동일화(identification): 다른 사람의 행동양식이나 태도를 투입시키거나 다른 사람 가운데서 자기와 비슷한 것을 발견하려는 것이다.

다. 역할학습: 유희

라. 투사(projection): 자기 속에 억압된 것을 다른 사람의 것으로 생각하는 것이다.

마. 커뮤니케이션(communication): 갖가지 행동인식이나 기호를 매개로 하여 어떤 사람으로부터 다른 사람에게 전달되는 과정(언어, 몸짓, 신호, 기호 등)이다.

바. 공감: 이입 공감, 그러나 동정과 구분해야 한다.

사. 모방(imitation): 남의 행동이나 판단을 표본으로 하여 그것과 같거나, 또는 그것에 가까운 행동, 또는 판단을 취하려는 것이다. 예를 들면, 직접모방, 간접모방, 부분 모방이 있다.

아. 암시(suggestions): 다른 사람으로부터의 판단이나 행동을 무비판적으로 논리적, 사실적 근거 없이 받아들이는 것이다. 예를 들면, 각성 암시, 최면 암시가 있다.

2.3.3 집단적 사회행동과 특성

(1) 집단에 있어서 사회행동의 기초

가. 욕구

① 1차적 욕구: 기아, 갈증, 성, 호흡, 배설 등의 물리적 욕구와 유해 또는 불쾌자극을 회피 또는 배제하려는 위급욕구로 구성된다.

② 2차적 욕구: 경험적으로 획득된 것으로 대개 지위, 명예, 금전과 같은 사회적 욕구들을 말한다.

나. 개성: 인간의 성격, 능력, 기질의 3가지 요인이 결합되어 이루어진다.

다. 인지: 사태 또는 사상에 대하여 미리 어떠한 지식을 가지고 있느냐에 따라 규정된다.

라. 신념 및 태도

① 신념: 스스로 획득한 갖가지 경험 및 다른 사람으로부터 얻어진 경험 등으로 이루어지는 종합된 지식의 체계로 판단의 테두리를 정하는 하나의 요인이 된다.

② 태도: 어떤 사태 또는 사상에 대하여 개인 또는 집단 특유의 지속적 반응경향을 말한다.

(2) 집단에 있어서 사회행동의 기본형태

가. 협력: 조력, 분업 등

나. 대립: 공격, 경쟁 등

다. 도피: 고립, 정신병, 자살 등

라. 융합: 강제, 타협, 통합 등

(3) 사회집단의 특성

가. 공동사회와 1차 집단: 보다 단순하고 동질적이며, 혈연적인 친밀한 인간관계가 있는 사회집단이다. 이러한 집단은 공동체 의식으로 인하여 자발적인 협동, 소속감, 책임감 등이 강하다. 예로서 가족, 이웃, 동료, 지역사회 등이 있다.

나. 이익사회와 2차 집단: 계약에 의해 형성되는 집단으로 비교적 이해관계를 중심으로 하는 인위적인 협동사회이다. 예로서 시장, 회사, 학회, 강당, 국가 등이 있다.

다. 중간집단: 학교, 교회, 우애단체 등이 있다.

라. 3차 집단: 유동적인 중간집단으로 일시적인 동기가 인연이 되어 어떤 목적이나 조건 없이 형성되는 집단으로 버스 안의 승객, 경기장의 관중 등이 여기에 해당한다.

2.3.4 집단의 기능

(1) 집단응집성(group cohesiveness)

가. 집단응집성은 구성원들이 서로에게 매력적으로 끌리어 그 집단목표를 공유하는 정도라고 할 수 있다.

나. 응집성은 집단이 개인에게 주는 매력의 소산, 개인이 이런 이유로 집단에 이끌리는 결과이기도 하다. 집단응집성의 정도는 집단의 사기, 팀 정신, 구성원에게 주는 집단 매력의 강도, 집단과업에 대한 성원의 관심도를 나타내 주는 것이다.

다. 응집성이 강한 집단은 소속된 구성원이 많은 매력을 갖고 있는 집단이며, 나아가서 구성원들이 서로 오랫동안 같이 있고 싶어 하는 집단인 것이다.

라. 집단응집성의 정도는 구성원들 간의 상호작용의 수와 관계가 있기 때문에 상호작용의 횟수에 따라 집단의 사기를 나타내는 응집성지수(cohesiveness index)라는 것을 계산할 수 있다.

마. **응집성지수**: 이 지수는 집단 내에서 가능한 두 사람의 상호작용의 수와 실제의 수를 비교하여 구한다.

$$\text{응집성지수} = \frac{\text{실제 상호작용의 수}}{\text{가능한 상호작용의 수}}$$

바. 집단응집성은 상대적인 것이지 절대적인 것은 아니다.

사. 응집성이 높은 집단일수록 결근율과 이직률이 낮고, 구성원들이 함께 일하기를 원하며, 구성원 상호 간에 친밀감과 일체감을 갖고, 집단목적을 달성하기 위해 적극적이고 협조적인 태도를 보인다.

아. 집단응집성을 결정하는 요인은 다음과 같다.

① 함께 보내는 시간

(a) 사람들은 함께 보내는 시간을 많이 가질수록 더욱 친하게 되고, 상호 간의 이해와 매력이 증진된다.

(b) 어떤 집단에서 구성원들이 같이 지낼 수 있는 시간은 보통 그들의 근무위치에 따라 달라진다. 따라서, 가까운 위치에서 근무하는 사람들끼리 보다 더 친해지고자 노력하며, 상호작용의 수도 가장 많다.

② 집단가입의 어려움

(a) 집단에 가입하기 어려운 집단일수록 그 집단의 응집성은 커진다.

(b) 예컨대 들어가기가 어려운 명문 의과대학의 1학년 학생들은 매우 응집성이 크다.

③ 집단의 크기

(a) 집단은 그 크기, 즉 구성원 수가 많을수록 응집력이 적어진다. 왜냐하면 구성원의 수가 많을수록 한 구성원이 모든 구성원과 상호작용을 하기가 더욱 어렵기 때문이다.

(b) 만약 집단의 구성원이 남녀로 구성되어 있을 때에는 그 양상이 달라질 수 있다는 것이 연구조사에 의하여 밝혀진 바가 있다.

④ 외부의 위협

(a) 집단의 구성원들은 외부세력으로부터 위협을 받는 경우에 자신들을 보호하

고 집단의 안전을 위하여 협동목적을 찾고 서로 단결함으로써 집단의 응집성을 강화하는 경향이 있다.

(b) 외부의 위협이 너무 강할 때에는 집단의 기존 응집성 여하에 따라서 구성원들 간의 단합이 분열될 수도 있고, 또한 더욱 강화될 수도 있다.

⑤ 과거의 경험

(a) 집단은 과거의 성공 또는 실패의 경험이 응집성에 영향을 미친다.

(b) 경쟁에서 이긴 경험을 가진 집단은 자기 집단을 새롭게 인식하고 집단 성원들도 그 집단에 소속된 것을 자랑스럽게 생각하나, 반대로 경쟁에서 실패한 경험을 가진 집단은 상당한 긴장과 불안을 느끼며 응집성이 약해지게 된다.

자. 이러한 집단의 응집성은 구성원들의 욕구충족과 직접적인 관계가 있지만, 조직체의 목적을 달성하는 집단의 성과와는 일관적인 관계를 갖지 않는다.

차. 응집력이 강한 집단에서는 일반적으로 규범적인 동조행위가 강하고 구성원들의 욕구충족도 높지만, 이것이 반드시 조직의 목표달성에 기여한다고 볼 수 없다.

카. 응집성이 높다 하더라도 집단과 조직의 목적이 일치하지 않으면 오히려 생산성이 저하되며, 그러나 응집성이 낮다 하더라도 목표가 일치하면 생산성은 증가한다. 따라서, 목표가 일치하지 않으면 의미 있는 영향을 미치지 못한다.

타. 집단의 목표가 조직의 목적과 일치될 때 집단응집성과 집단성과의 사이에 긍정적인 관계가 성립한다.

예제

원자력발전소의 주제어실에는 SRO(발전부장), RO(원자로과장), TO(터빈과장), EO(전기과장) 및 STA(안전과장)가 1조가 되어 3교대 방식으로 근무하고 있다. 각 운전원의 인화관계는 발전소 안전에 중대한 영향을 미칠 수 있다. 한 표본운전조를 대상으로 인화 정도를 조사하여 아래와 같은 소시오그램을 작성하였다.

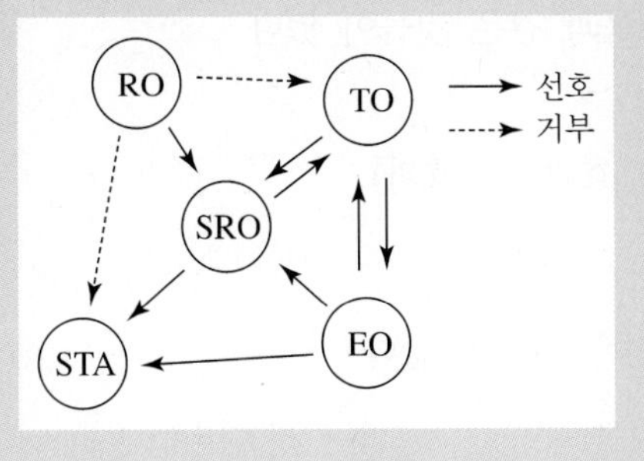

(1) 이 그림을 바탕으로 각 운전원의 선호신분지수를 구하고 이 표본운전조의 실질적 리더를 찾으시오.

(2) 이 집단의 응집성지수를 구하시오.

(3) 이 운전조의 인화관계를 평가하고 문제점을 지적하시오.

풀이

(1) $\text{선호신분지수} = \dfrac{\text{선호총계(선호} - \text{거부)}}{\text{구성원} - 1}$

$$SRO = \frac{3}{5-1} = 0.75,\ RO = \frac{0}{5-1} = 0,\ TO = \frac{2-1}{5-1} = 0.25,$$

$$EO = \frac{1}{5-1} = 0.25,\ STA = \frac{2-1}{5-1} = 0.25$$

∴ 발전부장(SRO)이 가장 높은 선호신분지수값을 얻어 이 표본운전조의 실질적 리더이다.

(2) $\text{응집성지수} = \dfrac{\text{실제상호관계의 수}}{\text{가능선호관계의 총수}(={}_nC_2)} = \dfrac{2}{{}_5C_2} = \dfrac{2}{10} = 0.2$

(3) 터빈과장과 전기과장, 발전부장과 터빈과장은 상호선호관계를 갖지만 응집성지수로 평가하면 이 운전조의 인화관계는 낮은 편이다. 모두가 원자로과장을 무시하고 있고 안전과장은 모두를 무시한다. 전 구성원 상호 간 친밀감이 부족하고 규범적 동조행위가 약하다.

(2) 행동의 규범(behavior norms)

가. 집단규범은 집단을 유지하고 집단의 목표를 달성하기 위한 것으로 집단에 의해 지지되며 통제가 행해진다.

나. 집단이 존속하고 집단구성원의 상호작용이 이루어지고 있는 동안 집단규범은 그 집단을 유지하며, 집단의 목표를 달성하는 데 필수적인 것으로서 자연 발생적으로 성립되는 것이다.

(3) 집단의 목표(group target)

집단이 하나의 집단으로서의 역할을 다하기 위해서는 집단목표가 있어야 한다.

2.3.5 집단효과와 결정요인

(1) 집단의 효과로는 다음과 같은 것들이 있다.

가. 동조효과(응집성)

나. 시너지(synergy) 효과(상승효과)

다. 견물효과 등

(2) 집단효과의 결정요인은 다음과 같다.

가. 참여와 분배

나. 문제해결 과정

다. 갈등해소
라. 영향력과 동조
마. 의사결정 과정
바. 리더십(leadership)
사. 의사소통
아. 지지도 및 신뢰 등

03 집단갈등

(1) 갈등(conflict)이란 개인이나 집단이 함께 일을 수행하는데 애로를 겪는 형태로서 정상적인 활동이 방해되거나 파괴되는 상태라고 정의할 수 있다. 조직에서 갈등은 필연적인 현상이며, 조직은 수많은 부서와 집단으로 구성되어 있고, 이들 부서와 집단은 각자가 맡은 업무를 수행하는 과정에서 상호작용을 하면서 조직의 목표달성에 기여하고 있기 때문이다.

(2) 갈등은 당사자들에 의하여 지각(perception)되어서 현실화되는 것이며, 갈등의 정의 속에 공통된 개념으로 다음과 같은 것이 들어 있다.
가. 반대의 개념(concepts of opposition)
나. 제한된 자원(scarcity sources)의 개념
다. 방해(blockage)의 개념
라. 당사자의 존재 등

(3) 갈등은 순기능과 역기능의 역할을 가진다. 갈등의 순기능은 기능적 갈등(functional conflict) 또는 건설적 갈등(constructive conflict)이라고 하며, 이는 조직이나 집단의 효율성을 추진하는 잠재적 힘이 있기 때문에 갈등을 촉진시키고 자극하는 기법을 연구하여야 한다.

(4) 갈등의 역기능은 역기능적 갈등(functional conflict) 또는 파괴적 갈등(destructive conflict)이라고 하며, 이는 조직이나 집단의 업적(성과)에 방해가 되기 때문에 제거하거나 예방하는데 노력해야 한다는 것이다.

(5) 기업조직의 경우 순기능과 역기능을 동시에 지니고 있기 때문에, 갈등과 관련된 경영자의 과제는 갈등을 완전히 없애는 것보다는 갈등의 역기능을 최소화하는 방향에서 갈등을 해결하는 것이라고 할 수 있다. 한걸음 더 나아가서 갈등이 지나치게 없을 경우에는 이를 조성하여야 될 필요성까지 생기게 된다.

3.1 집단 간 갈등의 원인

출제빈도 ★★★★

집단과 집단 사이에는 다음과 같은 여러 가지 요인이 복합적으로 작용하여 갈등을 야기한다고 보아야 한다.

(1) 작업유동의 상호의존성(work flow interdependence)

가. 두 집단이 각각 다른 목표를 달성하는 데 있어서 상호 간에 협조, 정보교환, 동조, 협력행위 등을 요하는 정도가 작업유동의 상호의존성이다.

나. 한 개인이나 집단의 과업이 다른 개인이나 집단의 성과에 의해 좌우되게 될 때 갈등의 가능성은 커진다.

다. 예컨대 영업부서에서 요청하는 제품을 생산부서에서 정해진 시간 내에 공급해 주지 못하는 경우에 이 두 부서 간, 즉 집단 간의 갈등이 생기게 된다.

(2) 불균형 상태(unbalance)

가. 한 개인이나 집단이 정기적으로 접촉하는 개인이나 집단이 권력, 가치, 지위 등에 있어서 상당한 차이가 있을 때, 두 집단 간의 관계는 불균형을 가져오고 이것이 갈등의 원인이 된다.

나. 예컨대 권력이 낮은 사람이 성의 없는 상급자에게 도움이 필요할 때, 가치관이 다른 사람이나 집단이 함께 일해야 할 때에 불균형 상태에서 갈등이 생기게 된다.

(3) 역할(영역) 모호성(sphere ambiguity)

가. 한 개인이나 집단(부서)이 역할을 수행함에 있어서 방향이 분명하지 못하고 목표나 과업이 명료하지 못할 때 갈등이 생기게 된다.

나. 개인 간에는 서로 일을 미루는 사태가, 집단 간에는 영역이나 관할권의 분쟁사태가 발생한다. 즉, 누가 무엇에 대해 책임이 있는가를 분명히 이해하지 못할 때 갈등이 발생하기 쉽다.

(4) 자원부족(lack of resources)

가. 부족한 자원에 대한 경쟁이 개인이나 집단 간의 작업관계에서 갈등을 유발시키는 원인이 된다.

나. 한정된 예산, 한정된 예금, 컴퓨터 사용시간, 행정지원 등에 대한 경쟁이 갈등을 야기시킬 수 있다.

다. 한 개인이나 집단은 자기 몫을 최대한으로 확보하려 하고, 다른 쪽은 자기 몫을 지키려고 저항하는 과정, 즉 제로섬 게임(zero-sum game)에서 다툼이 벌어지게 된다.

3.2 집단적 갈등의 관리

출제빈도 ★★★★

집단 간 갈등의 관리는 크게 두 가지로 나누어 볼 수 있다. 그 하나는 집단 간 갈등이 너무 심해서 이미 역기능적인 역할을 하고 있는 집단 간 갈등의 문제를 해결해야 하는 관리문제이고, 또 다른 하나는 집단 간 갈등이 너무 낮아서 집단 간 갈등을 순기능적 수준까지 성공적으로 자극해야 하는 관리문제이다. 이 두 가지 관리상의 문제를 해결하는 여러 가지 기법들은 다음과 같다.

3.2.1 갈등해결의 방법

집단 간 갈등이 지나쳐 해결하여야 할 필요가 있을 때 사용하는 기법으로 다음과 같은 것을 들 수 있다.

(1) 문제의 공동해결 방법(problem solving together)

가. 문제의 공동해결 방법은 갈등관계에 있는 두 집단이 직접 만나서 갈등을 감소시키기 위한 대면방법(confrontation)이다.

나. 두 집단이 모일 때에는 그 모임의 목적이 명확하게 결정되어야 하고 문제가 해결될 때까지 모든 관련된 정보를 갖고서 공개적으로 토의해야 한다.

다. 집단 간 갈등이 서로간의 오해나 언어장애 때문에 발생한 것이라면 이 방법이 매우 효과적이지만, 집단이 서로 다른 가치체계 때문에 생긴 갈등일 때에는 해결되기 어렵다.

(2) 상위목표의 도입(superordinate goal setting)

가. 집단 간 갈등을 초월해서 서로 협조할 수 있는 상위의 공동목표를 설정하여 집단 간의 단합을 조성하는 방법이다.

나. 이 방법은 집단들의 공통된 목표의 강도에 따라서 그 효과가 발생한다. 그러나 이 방법은 단기간의 효과에만 국한되고, 공동목표가 달성되면 집단 간의 갈등이 재현될 가능성이 많다.

(3) 자원의 확충(expanding resources)

가. 집단 간의 갈등이 제한된 자원으로 말미암아 집단 간의 제로섬(zero-sum) 게임의 결과로서 나타나는 경우가 많다.

나. 조직에서는 자원의 공급을 보강해 줌으로써 집단 간의 과격한 경쟁이나 과격한 행동들을 감소시킬 수 있다.

다. 계열회사나 자회사에 승진시키거나 전직기회를 확대시킴으로써 구성원들 간의 과격한 긴장과 경쟁을 조정해나가는 것이 자원 확충의 좋은 예가 될 수 있다.

(4) 타협(compromise)

가. 갈등관계에 있는 두 집단이 타협하는 방법으로서 갈등해결을 위해 사용되어온 전통적인 방법이다.

나. 타협된 결정은 두 집단 모두에게 이상적인 것이 아니기 때문에 명확한 승리자도 패배자도 존재하지 않는다.

다. 이 방법은 추구하는 목표가 분리될 수 있을 때 매우 효과적으로 사용될 수 있다. 만약 그렇지 못하면 한 집단은 양보하기 위하여 어떤 것을 포기해야 한다.

라. 이 방법은 교섭이나 의결을 위해서 전체집단이나 대표단 또는 제3자의 개입, 진단이 필요할 때도 있다.

(5) 전제적 명령(authoritative command)

가. 이 방법은 공식적인 상위계층이 하위집단(subgroup)에게 명령하여 갈등을 제거하는 방법으로서 가장 오래되고 가장 자주 사용되어온 방법이다.

나. 하위관리자(submanager)들은 그들이 동의하든지 하지 않든지 간에 상부의 명령을 지켜야 하기 때문에 이 방법은 단기적 해결책으로만 적용될 수 있는 것이다.

(6) 조직구조의 변경(altering the structural variables)

가. 조직구조의 변경은 조직의 공식적 구조를 집단 간 갈등이 발생하지 않도록 변경하는 것을 말한다. 그러나 조직구조의 변경은 집단 간 갈등을 촉진시킬 수 있으므로 조심하여야 한다.

나. 예컨대 집단구성원의 이동이나 집단 간 갈등을 중재하는 지위를 새로 만드는 것 등을 말한다.

(7) 공동 적의 설정(identifying a common enemy)

가. 외부의 위협이 집단 내부의 응집성을 강화시키는 것처럼 갈등관계에 있어서는 두 집단에 공통되는 적을 설정하게 되면, 이 두 집단은 공동 적에 대한 효과적인 대처를 위하여 집단끼리의 차이점이나 갈등을 잊어버리게 된다.

나. 이 방법이 성공하기 위해서는 집단들이 위협을 피해야 할 것으로 인식하고 공동노력이 개별적인 노력보다 효과적인 점을 인식해야 한다.

3.2.2 갈등촉진의 기법

집단 간 갈등이 너무 낮기 때문에 집단 간 갈등을 기능적인 수준까지 성공적으로 자극하여 관리하는 방법은 다음과 같은 것을 들 수 있다.

(1) 의사소통의 증대(communication increasing)

가. 관리자들은 의사소통의 경로를 통하여 갈등을 촉진하는 방향으로 조종할 수 있다.

나. 모호하고 위협적인 전언내용은 갈등을 촉진시킬 수 있는데, 이러한 전언내용은 공식적인 권한계통을 통해서 전달될 수도 있고, 비공식 경로를 통해서 소문으로 전달될 수도 있다.

다. 그렇게 함으로써 성원들의 무관심을 감소시키고, 성원들로 하여금 의견 차이에 직면하도록 하고 현재의 절차를 재평가하도록 고무하여 새로운 아이디어를 창출하도록 자극한다.

(2) 구성원의 이질화(heterogeneity of members)

가. 이 방법은 기존 집단구성원들과 상당히 다른 태도, 가치관, 배경을 가진 성원을 추가시켜 침체된 집단을 자극하는 방법이다.

나. 새로 가입한 성원들에게 이질적인 역할을 수행하도록 하고, 공격적인 업무를 할당함으로써 현상유지 상태에 혼란이 오도록 하는 것이다.

다. 예컨대 대학교수를 선발할 때 자기대학 출신보다도 타 대학 출신을 더 많이 선발함으로써 교수들의 학문적 분위기를 자극시키는 방법과 같다.

(3) 조직구조의 변경(altering structural variables)

가. 이 방법은 갈등해결의 방법으로서뿐만 아니라 갈등을 촉진하는 방법으로 매우 효과적인 방법이다.

나. 예컨대 조직구조상 침체된 분위기일 때에 경쟁 부서를 신설하여 갈등을 자극함으로써 집단성과를 증대시키는 것과 같은 방법이다.

(4) 경쟁에 의한 자극(stimulus by competition)

가. 이 방법은 보다 높은 성과를 올린 집단에 대해서 보상이나 보너스를 지급함으로써 집단 간에 경쟁을 유발시키는 것과 같이 경쟁을 통해서 집단 간의 갈등이 발생하도록 하는 것이다.

나. 이처럼 적절하게 사용된 인센티브(incentive)가 집단 간에 선의의 경쟁을 자극할 수 있다면 그러한 경쟁은 갈등을 야기시켜 성과를 향상시키는데 중요한 역할을 하게 된다.

3.2.3 인간관계의 관리방법

(1) 인간관계 관리의 필요성

산업의 발전에 따라 조직과 집단의 규모가 확대되고, 작업의 기계화가 가속됨으로써 인간이 소외되고 노동조합의 발전으로 노사의 이해가 요구됨으로써 인간관계 관리가 절실하게 되었으며, 이제는 경영전반에 걸쳐 매우 중요한 과제로 등장하게 되었다.

(2) 카운슬링(counseling) 방법

가. 직접충고(수칙불이행 시 적합)
나. 설득적 방법
다. 설명적 방법

(3) 카운슬링의 순서

가. 장면구성
나. 대담자대화
다. 의견재분석
라. 감정표출
마. 감정의 명확화

(4) 카운슬링의 효과

가. 정신적 스트레스 해소
나. 동기부여
다. 안전태도 형성 등

04 리더십의 의의

(1) 조직의 모든 구성원은 의사결정의 주체로서 생각하고 행동하는 인간인 까닭에, 상하 간의 명령, 복종관계가 잘 이루어져야만 그 조직은 목표수행을 효율적으로 실현할 수 있게 된다.
(2) 조직구성원 상호 간의 바람직한 협조체계를 확보하는 방법의 하나로서 리더십(leadership)은 대단히 중요하다.

4.1 리더십의 개념

리더십이란 조직의 바람직한 목표를 달성하기 위하여 조직 내의 여러 집단 또는 개인의 자발적이고 적극적인 노력을 유도, 촉진하는 능력을 말한다.

(1) 리더십은 목표와 관련된다. 즉, 리더십은 목표를 전제로 행동이 전개되는 과정으로서 조직관리에 있어서 불가결의 요소이다.
(2) 리더십은 지도자(leader)와 추종자(follower) 간의 관계이다. 지도자는 그가 통솔하는 조직이나 집단 전체의 목표와 그 자신의 권위에 입각하여 추종자의 행동에 영향을 미친다.
(3) 리더십은 공식적 조직의 책임자만이 갖는 것은 아니다. 리더십은 조직이나 집단의 목표를 달성하기 위하여 그 조직이나 집단구성원의 의견, 태도, 행동에 대해 효과적인 영향을 주는 능력이라고 이해한다면 리더십은 반드시 공식적인 조직책임자만의 전유물은 아니다. 따라서, 조직책임자의 헤드십(headship)과 리더십(leadership)은 구별되어야 한다.
(4) 리더십은 지도자가 추종자에게 일방통행식으로 강요하는 것이 아니라 어디까지나 상호작용의 과정을 통해서 발휘되는 것이다.
(5) 리더십은 지도자의 권위(authority)를 통해서 발휘되는 것이다. 지도자의 권위는 공식적, 법적으로 주어진 지위뿐만 아니라, 전문적인 기술능력과 기타 여러 가지 지도자의 자질과 특성에 내재하는 것이다. 지도자의 권위가 그 추종자들에 의하여 수락(acceptance)되는 정도와 그가 리더십을 발휘하는 정도 간에는 밀접한 상관관계가 있다.
(6) 리더가 구성원에 영향력을 행사하기 위한 9가지 영향 방략은 감흥, 합리적 설득, 자문, 합법적 권위, 비위, 집단형성, 강요, 고집, 교환이다.

05 리더십에 관한 이론

리더십에 관한 고찰방법에는 크게 나누어 두 가지 기본적인 접근방법이 있는데, 하나는 자질론(traits theory)이라고 하는 특성적 접근방법(traits approach)이고, 또 하나는 상황론(situational theory)이라고 하는 정황적 접근방법(situational approach)이다.

5.1 자질이론(traits approach)

(1) 자질이론은 유효한 리더십을 발휘하기 위해서는 리더의 소질이나 능력과 같은 자질 내

지 성격특성이 필요하다고 생각한다. 따라서, 리더십을 발휘하기 위해서는 리더에 알맞은 자질과 특성을 구비한 자를 임명하고 교육훈련에 의해 이 능력을 신장시켜야 한다.

(2) 자질이론에서 능력이나 특성이 어떤 것인가에 대한 대표적인 견해에는 다음과 같은 것이 있다.

가. 페이율(H. Fayol)은 리더는 책임을 지는 용기, 사려 있는 주의, 관리능력, 일반교양, 도덕적 자질, 건강과 육체적 적응성, 정신력 등이 필요하다고 한다.

나. 바나드(C. I. Barnard)는 과단성, 설득력, 지적 능력, 책임감, 활력과 인내력을 들고 있다.

다. 쿠퍼(A. M. Cooper)는 지능, 성실, 충실, 공평, 활기, 판단, 친절, 직무지식, 건강, 협조성을 들고 있다.

(3) 자질이론은 크게 통일적 자진이론과 자질의 성좌이론으로 나눌 수 있다.

가. 통일적 자질이론(unitary traits)

① 가장 오래된 리더십 이론으로서, 일정한 자질(또는 특성)을 지닌 자가 지도자가 되는 것이며, 지도자가 되려면 반드시 이러한 자질(또는 특성)을 지녀야 한다는 이론이다.

② 이 이론의 주장자들은 실제로 지도자적 역할을 한 사람들에게서 공통적인 특색을 찾아내는 방법을 썼고, 그 결과 리더십의 요인으로 건강, 성실, 지능, 근면, 경력, 분석력, 판단력, 지식, 열의, 자제력, 철저한 기질 등 100여 종 이상을 들고 있다.

나. 성좌적 자질이론(constellation traits)

① 이 이론은 앞의 통일적 자질이론(unitary traits)을 수정한 것으로, 지도자에게는 이질한 자질(또는 특성)이 요구되기는 하지만, 어떠한 경우를 막론하고 지도자가 될 수 있는 통일적 자질이란 존재하지 않는다.

② 각 지도자에게는 그에게 고유한 리더십을 구성하고 있는 자질의 성격이 있다는 것이며, 이 성격패턴은 그가 놓여 있는 지위, 사정 등에 따라 각각 다르다는 것이다.

(4) 자질이론의 공통점과 문제점으로는 다음과 같다.

가. 통일적 자질이론과 성좌적 자질이론이 구체적으로 차이가 있으나 양자 모두 리더십의 요인을 지도자의 개인적 자질에서 구하고 있다는 것이 공통점이다.

나. 자질이론의 문제점으로는 다음과 같다.

① 지도자로서 구비해야 할 우수한 능력과 특성에 대한 자질이 너무 많은데, 이러

한 자질을 구비한 사람이 과연 현실에 존재할 것인가.

② 실제적으로 각 지도자들이 가지고 있는 개인적 자질들 간에는 모순된 것이 많은데, 그 내용에 대한 엄밀한 과학적 검토나 측정들을 과연 통일성 있게 파악할 수 있는가.

③ 어떤 사람이 지도자가 되는 데에는 그 자신의 자질보다도 그가 처하는 상황에 의존하는 경우도 많은데 이를 설명할 수 있는가, 또한 같은 능력과 특성을 가진 리더가 있는 곳에서는 충분히 리더십을 발휘할지라도, 상황이 변화되거나 다른 조직체에서는 실패하는 경우가 있다는 문제점이 있다.

5.2 상황이론(situational approach)

(1) 자질이론은 본질적으로 지도자의 리더십이 발휘되는 시간과 장소, 그리고 조직이나 집단의 성격 등이 고려되지 않고 있다. 이러한 결점을 비판하고 등장한 것이 상황이론이다.

(2) 상황이론은 어떤 사람이 지도자로 되는 까닭은 그가 지닌 생리적 속성 때문이 아니라 그가 처한 상황에 따라 지도에 적합한 형태를 보이기 때문이라고 주장한다. 즉, 이 이론은 리더십 현상의 결정요소가 리더 개인의 자질에 있는 것이 아니고 리더가 처해 있는 상황, 즉 리더와 추종자를 둘러싼 상황에 있다고 하는 견해이며, 리더십은 직무상황의 함수라고 하는 입장이다.

(3) 지도자는 그가 속하는 집단, 조직의 목표, 구조, 성격, 그 집단, 조직이 속하는 사회, 문화의 성격, 유형, 발전 등이 지도자의 기대, 요구 등의 상황적 조건에 따라 결정되는 것이라고 주장하는 이론이다.

(4) 상황이론은 리더 개인의 자질의 분석에 중점을 두지 않고 리더가 속해 있는 조직의 환경이나 상황의 분석에 중점을 두고 있다. 즉, 일정한 상황 하에서는 어떠한 지도행동이 적절하며, 또 어떠한 리더가 적당한가를 결정하며, 그 지도행동이나 리더가 그 상황에 적합한가 어떤가 하는 것이 리더십의 결정요소라고 하는 이론이다.

(5) 상황추구의 입장에서 이들 상황구성요소 중의 하나 또는 몇 가지의 조합에 의하여 리더십의 기능이 발휘되기 때문에 이들의 분석을 통한 리더십의 이해가 이루어진다고 한다. 이러한 견해에서는 리더십은 강한 리더나 현명한 리더에 의해서가 아니라, 리더가 처한 상황 면에서 가장 적절한 행동을 취하는 것이다.

(6) 상황이론은 지도자의 자질보다는 구체적인 상황이 리더십을 형성하는 기본요인이라고 본다. 그러나 이 이론은 순전히 상황만이 리더십의 요인이라면 동일한 상황하에서 다른 사람들을 물리치고 어느 특정인이 지도자로 되는 이유를 해명하지 못하는 단점을 가지고도 있다.

(7) 피들러(F. E. Fiedler)의 상황적합적 리더십 특성

가. 리더-구성원 관계: 리더가 집단의 구성원들과 좋은 관계를 갖느냐 나쁜 관계를 갖느냐 하는 것이 상황이 리더에게 호의적이냐의 여부를 결정하는 중요한 요소가 된다.

나. 리더의 직위권한: 리더의 직위가 구성원들로 하여금 명령을 받아들이게끔 만들 수 있는 정도를 말한다. 따라서 권위와 보상 권한들을 가질 수 있는 공식적인 역할을 가진 직위가 상황에 제일 호의적이다.

다. 과업구조: 한 과업이 보다 구조화되어 있을수록 그 상황은 리더에게 호의적이다. 리더가 무엇을 해야 하고, 누구에 의하여 무엇 때문에 해야 하는가를 쉽게 결정할 수 있기 때문이다. 과업의 구조화 정도는 목표의 명확성, 목표에 이르는 수단의 다양성 정도, 의사결정의 검증가능성이다.

5.3 행동이론(behavior approach)

(1) 리더가 취하는 행동에 중점을 두고서 리더십을 설명하는 이론이다. 행동이론에 입각한 리더는 그 자신의 행동에 따라 집단구성원에 의해 리더로 선정되며, 나아가 리더로서의 역할과 리더십이 결정된다고 한다.

(2) 리더십은 교육훈련에 의해서 향상되므로, 좋은 리더는 육성할 수 있다는 이론이다.

5.4 상호작용 이론(interaction approach)

출제빈도 ★★★

(1) 상호작용 이론에 의하면 리더십은 지도자 개인의 자질이나 그가 처한 특정한 상황조건 중 어느 하나의 요인에 의해서 결정되는 것이 아니라 많은 여러 가지 변수, 즉 지도자의 개인적 자질(traits), 그가 처한 상황(situation), 추종자(follower) 상호작용에 의해서 결정된다는 것이다.

(2) 이에 대한 상호관계를 다음 공식에서 보여주고 있다.

$$L = f(T \cdot S \cdot F)$$

여기서, L: 지도력(leadership)

f: 함수관계(function)

T: 개인적 자질(traits)

S: 개인이 처한 상황(situation)

F: 추종자(follower)

(3) 상호작용 이론은 너무 많은 변수를 결합시키고 있기 때문에 엄밀한 과학성을 결여하고 있다는 비판이 제기되고 있으나, 리더십의 요인을 설명하는 가장 종합적인 이론이라는 점에서 많은 관심을 끌고 있다.

5.5 지도방식의 유형(전제형과 민주형)이론

출제빈도 ★★★★

(1) 산업경영에 있어서 리더십 연구는 개인의 인격적 특성에 의한다기보다는 오히려 지도방식의 유형에 관한 기술적인 문제라는 관점에서 이루어지고 있다.

(2) 리더십의 유형이 개인의 행동이나 집단행동에 미치는 효과에 대하여 레빈은 다음과 같은 실험을 실시하였다.

가. 남자 20명을 실험 대상으로 하여 5인 1조의 등질화 집단으로 나누고, 이 집단에 대학원생을 리더로 참가시켜 민주형과 전제형의 리더십을 발휘시키고, 그것이 집단에 미치는 효과를 비교하였다.

나. 이 실험에서 다음과 같은 사실이 판명되었다.

① 전제형은 민주형보다 구성원 상호 간에 공격적이고 냉담한 경향이 강하고, 또한 냉담한 반응을 나타내는 집단도 리더의 부재중에는 공격적인 반응이 높았다.

② 민주형은 리더가 잠시 외출할지라도 열심히 작업을 계속했지만, 전제형은 리더가 외출하면 바로 작업대에서 떠났다.

③ 민주형이 집단의 응집도가 높고 안정된 구조를 보였다.

④ 민주형이 구성원 상호간에 우호적이고 일을 중심으로 한 대화가 많이 오갔다.

(3) 이 연구는 후에 리더십 관에 커다란 영향을 미쳐서 리더는 민주적이어야 한다는 결론을 만들었다. 그러나 그 뒤 많은 연구에서 확실히 민주적 리더십이 많은 경우에 구성원에게 자발성이나 모랄(moral) 향상이 된다는 것이 인정되었지만, 상황에 따라서는 전제적 리더십이 더 효과적일 때도 있다는 것이 입증되었다.

5.6 경로-목표이론(path-goal theory)

(1) 오하이오 주립대학의 리더십 연구에서 주장하는 경로-목표이론(path-goal theory)에서 리더 행동에 따른 4가지 범주는 다음과 같다.

가. 성취적 리더: 높은 목표를 설정하고 의욕적 성취동기 행동을 유도하는 리더이다.

나. 배려적(후원적) 리더: 관계지향적이며, 부하의 요구와 친밀한 분위기를 중시하는 리더이다.

다. 주도적 리더: 구조주도적(initiating structure) 측면을 강조하며, 부하의 과업계획을 구체화하는 리더이다.

라. 참여적 리더: 부하의 정보자료를 활용하고 의사결정에 부하의 의견을 반영하며, 집단 중심 관리를 중시하는 리더이다.

5.7 관리격자모형 이론

출제빈도 ★★★★

(1) 블레이크(R. R. Blake)와 모튼(J. S. Mouton)은 조직구성원의 기본적인 관심을 업적에 대한 관심과 인간에 대한 관심의 두 가지에 두고서 관리 스타일을 측정하는 그리드(grid) 이론을 전개하였다.

(2) 그림 3.3.6에서 X축과 Y축을 각각 1에서 9까지의 점으로 구분하여 1을 관심도의 최저, 9를 관심도의 최고로 나타내었다. 그리고 각 점을 중심으로 직선을 서로 직교시킴으로써 합계 9×9=81개의 격자도를 만들었다.

(3) 여기에서 (1 · 1), (1 · 9), (9 · 1), (9 · 9), (5 · 5)형의 다섯 가지가 전형적인 리더십 모델을 다음과 같이 정의하였다.

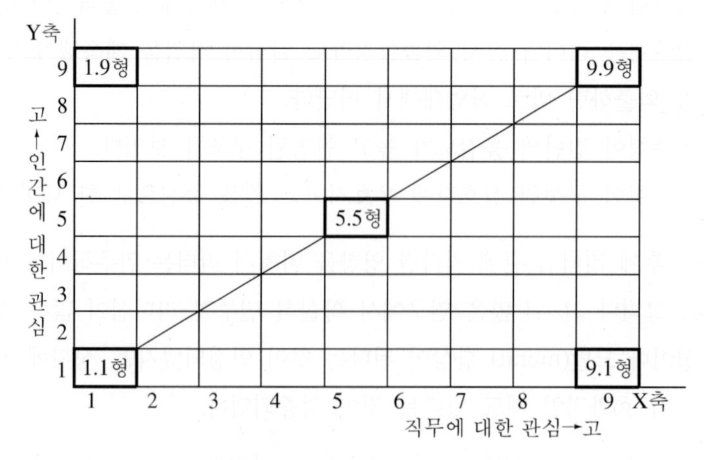

그림 3.3.6 관리격자 리더십 모델

가. (1 · 1)형: 인간과 업적에 모두 최소의 관심을 가지고 있는 무관심형(impoverished style)이다.

나. (1 · 9)형: 인간중심 지향적으로 업적에 대한 관심이 낮다. 이는 컨트리클럽형(country-club style)이다.

다. (9 · 1)형: 업적에 대하여 최대의 관심을 갖고, 인간에 대하여 무관심하다. 이는 과업형(task style)이다.

라. (9 · 9)형: 업적과 인간의 쌍방에 대하여 높은 관심을 갖는 이상형이다. 이는 팀형(team style)이다.

마. (5 · 5)형: 업적 및 인간에 대한 관심도에 있어서 중간값을 유지하려는 리더형이다. 이는 중도형(middle-of-the road style)이다.

(4) 블레이크와 모튼은 이중에서 가장 이상적인 리더는 (9 · 9)형의 리더라고 설명하였다.

5.8 PM 이론

(1) 일본 구주대학의 미우 교수는 PM식 리더십 모델을 주장하였다.

(2) 여기에서 P(performance)는 조직의 목표달성 기능이며, M(maintenance)은 집단유지기능을 의미한다.

(3) PM식 모델은 그림 3.3.7에서 보는 바와 같이 (p · m)형, (p · M)형, (P · m)형, (P · M)형의 네 가지 리더십 스타일로 나누어진다.

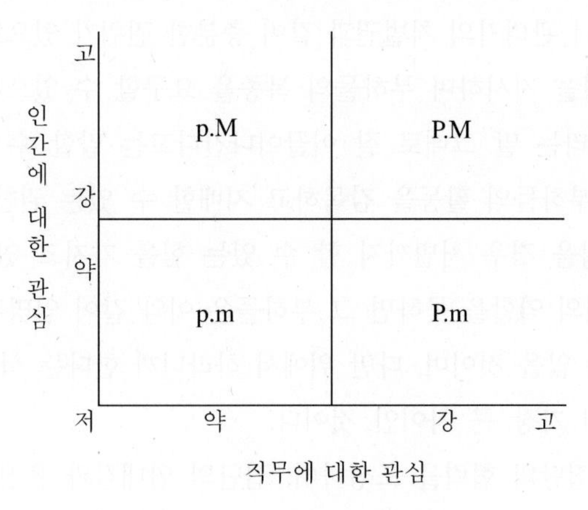

그림 3.3.7 PM식 리더십 모델

(4) 생산성과 부하의 만족도는 (P · M)형 리더의 집단이 최고이고, (p · m)형 리더의 집단이 최저이며, 단기적으로는 (P · m)형 리더 쪽이 (P · M)형 리더의 쪽보다 집단 업적이 뛰어나지만, 장기적으로 볼 때는 (P · M)형 리더 쪽이 (P · m)형 리더 쪽보다 뛰어난 집단 업적을 올린다는 것이 밝혀졌다.

06 리더십의 유형

리더들이 어떻게 행동하는가, 즉 리더십의 유형과 행동에 관한 연구는 증가하고 있으며, 그 유형을 결정하는 데에도 여러 가지 기준들이 있다. 다음에는 이러한 리더십의 여러 가지 유형에 대하여 설명한다.

6.1 헤드십(headship)과 리더십(leadership)

출제빈도 ★★★★

(1) 리더십 유형을 구분하는 기본적인 요소가 되는 것은 리더를 선출하는 결정권이 누구에게 부여되는가 하는 것이다. 집단의 구성원들에 의해 선출되는가, 아니면 집단의 외부 요소에 의해 선출되는가에 의한 것이다.

(2) 외부에 의해 선출된 리더들의 경우를 헤드십 혹은 명목상의 리더십이라고 하며, 반면에 집단 내에서 내부적으로 선출된 리더의 경우를 리더십 혹은 사실상의 리더십이라 한다.

(3) 리더의 위치에 지명된 사람들은 자동적으로 상관으로서의 지위와 권한을 부여받는다.

(4) 예로서 군 장교나 관리자의 처벌권과 같이 충분한 권위가 있으므로 임명된 헤드들은 그 단체의 활동사항을 지시하며 부하들의 복종을 요구할 수 있으나, 그렇다고 해서 그 단체를 리드(lead)라는 말 그대로 잘 이끌어나간다고는 말할 수 없다.

(5) 헤드십은 보통 부하들의 활동을 감독하고 지배할 수 있는 권한을 보장받고, 만약 부하가 말을 듣지 않을 경우 처벌까지 할 수 있는 힘을 가지고 있다.

(6) 헤드가 리더로서의 역할을 못하면 그 부하들은 이와 같이 임명된 헤드를 위해 자진해서 열심히 일하지는 않을 것이며, 다만 위에서 하라니까 한다는 식이 된다. 이것이 바로 헤드십과 리더십의 가장 큰 차이인 것이다.

(7) 진정한 리더는 집단의 협력을 조성하며, 집단의 연대감과 응집력을 증가시켜서 구성원들이 자발적으로 리더와 함께 일을 해나갈 수 있게 만들어야 한다.

(8) 임명된 헤드들이 리더십의 특혜(상징, 지위, 사무실)를 지니고 그들의 역할을 수행하지만, 그들이 얼마나 효율적으로 잘 리드해 나갈 수 있는지를 결정하는 것은 부하직원과 함께 일을 처리해 나가는 능력이다.

(9) 임명된 리더들이 비록 상관의 자리에 앉아 있다 하더라도 부하들로부터 지지, 신임, 그리고 신뢰를 얻지 못하면 그 부하들을 진정으로 이끌어 나갈 수 없다.

(10) 표 3.3.1에 헤드십과 리더십의 차이가 설명되어 있다.

표 3.3.1 헤드십과 리더십의 차이

개인과 상황변수	헤드십	리더십
권한행사	임명된 헤드	선출된 리더
권한부여	위에서 위임	밑으로부터 동의
권한근거	법적 또는 공식적	개인능력
권한귀속	공식화된 규정에 의함	집단목표에 기여한 공로인정
상관과 부하와의 관계	지배적	개인적인 영향
책임귀속	상사	상사와 부하
부하와의 사회적 간격	넓음	좁음
지휘형태	권위주의적	민주주의적

6.2 전제적 리더십과 민주적 리더십

출제빈도 ★★★★

(1) 전제적 리더십(autocratic leadership)

조직활동의 모든 것을 리더(leader)가 직접 결정, 지시하며, 리더는 자신의 신념과 판단을 최상의 것으로 믿고, 부하의 참여나 충고를 좀처럼 받아들이지 않으며, 오로지 복종만을 강요하는 스타일이다.

(2) 민주적 리더십(democratic leadership)

참가적 리더십이라고도 하는데, 이는 조직의 방침, 활동 등을 될 수 있는 대로 조직구성원의 의사를 종합하여 결정하고, 그들의 자발적인 의욕과 참여에 의하여 조직목적을 달성하려는 것이 특징이다. 민주적 리더십에서는 각 성원의 활동은 자신의 계획과 선택에 따라 이루어지지만, 그 지향점은 생산향상에 있으며, 이를 위하여 리더를 중심으로 적극적인 참여와 협조를 아끼지 않는다.

(3) 자유방임적 리더십(laissez-faire leadership)

리더가 소극적으로 조직활동에 참가하는 것으로서 리더가 직접적으로 지시, 명령을 내리지 않으며, 그렇다고 하여서 추종자나 부하들의 적극적인 협조를 얻는 것도 아니다. 리더는 어느 의미에서 대외적인 상징이거나 심벌적(symbol) 존재에 불과하다.

(4) 전제적 리더의 행동과 민주적 리더의 행동을 비교하면 표 3.3.2와 같으며, 전자는 과업 지향적(task oriented)이며, 후자는 집단 지향적(group oriented)으로 볼 수 있다.

(5) 방임적 리더의 행동은 민주적 리더의 행동을 넘어서서 발생하며, 사실상 방임적 리더의 행동에서는 리더십이 존재하지 않는다.

표 3.3.2 전제적 리더십, 민주적 리더십 및 자유방임적 리더십의 차이

전제적 리더십	민주적 리더십	자유방임적 리더십
1. 리더에 의한 모든 정책의 결정	1. 모든 정책은 리더에 의해서 지원을 받는 집단토론(group discussion)식 결정	1. 리더가 최소한 개입함으로써 그룹 혹은 개인적인 결정을 위한 완전한 자유
2. 권한에 의해 지시를 받는 기술과 활동단계이고, 한 번에 하나의 지시가 있으므로 대체로 미래의 단계를 알 수가 없다.	2. 토의기간 중에 활동에 대한 대략적인 파악이 있고 도움이 필요할 때 리더가 대안을 제시해 준다.	2. 여러 가지 필요한 것들이 필요할 때 정보를 제공해 주려는 리더에 의해서 공급된다. 작업토의(work discussion)에 거의 개입하지 않는다.
3. 리더는 보통 과업과 그 과업을 함께 수행할 구성원을 지정해 준다.	3. 구성원들은 그들이 선택하는 사람과 일을 할 수 있으며, 업무의 분할은 그룹에 일임된다.	3. 과업과 동료의 결정에 있어서 리더의 개입이 거의 없다.
4. 각 구성원의 업적을 평가할 때 주관적이기 쉽고, 능동적인 그룹의 참여는 어려운 형편이다.	4. 각 구성원을 평가하는 데 있어서 객관적이며, 많은 일은 하지 않지만 구성원이 되려고 노력한다.	4. 요청받지 않으면 자발적인 평가는 거의 하지 않으며, 평가 자체를 하지 않으려 한다.

07 리더십의 기능과 권한

출제빈도 ★★★★

(1) 리더십의 기능(function of leadership)은 각양각색이지만, 일반적인 원칙으로서 다음과 같이 세 가지 기능으로서 요약할 수 있다.

가. 환경판단의 기능

① 이 기능은 모든 리더에게 불가결하게 요구되는 기능으로서, 리더 자신을 포함하

여 처해 있는 집단 내외의 형상에 대한 정확한 정보를 얻어 일정한 집단효과를 얻기 위한 자료로 분석, 정리하는 것을 의미한다.

② 이 기능의 예로서 부하를 이해하는 일, 사회적·심리적 환경을 이해하는 일, 커뮤니케이션의 통로를 개방하는 일, 모든 상황에 대하여 고려하는 일 등의 제 원칙의 표현은 다르지만, 상황판단 기능의 내용을 이루는 것이다.

나. 통일유지의 기능

① 이 기능은 첫째로 지도적 지위의 유지에 노력함과 동시에 집단을 구성하는 단위의 이해를 조정함으로써 집단구성원의 일체감, 연대감을 조장하고 최종적으로 집단의 통일성을 유지, 강화하기 위한 활동을 내용으로 한다.

② 이 기능의 예로서 리더의 지위확보, 집단기준에 충실하는 일, 조직목표와 개인목표의 조정, 부하를 하나의 팀으로서 훈련하는 일 등의 행동원칙은 모두 이 기능의 내용을 구성한다.

다. 집단목표 달성의 기능

① 집단목표를 설정하고 이를 위한 구체적인 계획을 세워서 보다 생산적인 집단활동의 참가가 가능하도록 집단구성원의 조직화, 모랄 향상을 내용으로 하는 행동 등이다.

② 요약한다면 방침결정 또는 동기부여의 행동이다. 예로서 부하를 집단목표에 동기 부여시키는 일, 부하에게 정보를 제공하는 일, 제도의 사명과 역할을 규정하는 일, 행위를 유도하고 지시하는 일 등의 행동이 그 중요한 내용이다.

(2) 리더십의 기능이 실제의 직장에 적용될 경우를 구체적으로 생각해 보면 다음과 같다.

가. 집행자(executive)로서의 기능: 집단은 방침이나 목표를 결정하고 그것을 집행한다.

나. 정책결정자(policy maker)로서의 기능: 집단목표나 정책을 확립하고, 상위집단으로부터의 기대나 구성원들의 희망을 근거로 구체적인 정책을 결정한다.

다. 계획입안자(planner)로서의 기능: 목표달성을 위한 수단이나 방법을 결정한다.

라. 전문가(expert)로서의 기능: 이용가능한 정보나 기술에 있어서 정보원으로서의 역할을 수행한다.

마. 대외적 대표자(external group representative)로서의 기능: 집단이 커짐에 따라서 집단구성원 전부가 외부와 직접적으로 접촉할 수 없다. 그러므로 리더가 집단을 대표하는 역할을 하게 된다.

바. 집단관계의 조정자(controller of internal relations)로서의 기능: 직장조직 안에 있는 집단에서 여러 가지 문제가 발생한다. 이때 집단 내의 세부사항에 이르기까지 조정, 통괄한다.

사. 상벌의 집행자(purveyor of rewards and punishment)로서의 기능: 리더는 구성원에 대하여 상이나 벌을 주는 권한을 가져 그에 의하여 집단을 총괄한다.

아. 조정자, 중재자(arbitrator 또는 mediator)로서의 기능: 집단 내의 갈등을 조정하거나 중재하는 역할을 수행한다.

자. 모범자(exemplar)로서의 기능: 집단구성원이 취해야 할 행동의 모델로서의 역할로 집단구성원에 대한 행동의 지침이 된다.

차. 집단의 상징(symbol)으로서의 기능: 집단의 통일적인 중심으로서 정신적인 지주가 된다.

카. 개개인의 책임의 대행자(substitute for individual responsibility)로서의 기능: 개별 구성원이 수행하는 행동이나 결정에 대하여 책임을 대행한다.

타. 이데올로기의 대표자(ideologist)로서의 기능: 집단의 신념, 가치, 규범 등 이른바 이데올로기의 원천이고 제공자로서의 역할을 수행한다.

파. 이상적인 상(father figure)으로서의 기능: 개별 구성원이 동일시해야 할 이상적인 상으로서의 역할을 담당한다.

하. 희생자로서의 기능: 집단으로서의 실패나 구성원의 욕구불만에 대한 공격의 표적이 되고 희생물의 역할을 담당한다.

(3) 리더는 주어진 상황이나 부하들의 특성, 리더의 개인적인 특성(예를 들면, 리더로서 얼마나 자신이 있는가)에 의해 여러 가지 서로 다른 권한을 가지고 있으며, 심리학자들은 다음과 같은 다섯 가지의 권한을 파악하였다.

가. 보상적 권한

① 조직의 리더들은 그들의 부하들에게 보상할 수 있는 능력을 가지고 있다. 예를 들면, 봉급의 인상이나 승진 등이다.

② 이로 인해 리더들은 부하직원들을 매우 효과적으로 통제할 수 있으며, 부하들의 행동에 대해 여러 가지로 영향을 끼칠 수 있다.

나. 강압적 권한

① 리더들이 부여받은 권한 중에서 보상적 권한만큼 중요한 것이 바로 강압적 권한인데 이 권한으로 부하들을 처벌할 수 있다.

② 예를 들면, 승진누락, 봉급 인상 거부, 원하지 않는 일을 시킨다든지 아니면 부하를 해고시키는 등이다.

다. 합법적 권한

① 조직의 규정에 의해 권력구조가 공식화한 것(헤드십의 경우처럼)을 말한다.

② 예를 들면, 군대나 정부기관, 교실에서의 통제위계는 부하직원들을 통제하거나 부하직원들에게 영향을 끼칠 수 있는 리더의 권리와 이 권한을 받아들여야 하는 부하직원들의 의무를 합법화한다.

위의 세 가지 권한은 조직이 리더들에게 부여하는 권한이지만 다음의 두 가지 권한은 리더 자신이 자신에게 부여한 것이다. 즉, 부하직원들이 그들의 리더의 성격이나 능력을 인정하고 자진해서 따르는 것이다. 따라서 이 두 가지는 권한이라기보다는 존경이라고 할 수 있다.

라. 위임된 권한

① 이것은 부하직원들이 리더의 생각과 목표를 얼마나 잘 따르는지와 관련된 것이다.

② 진정한 리더십으로 파악되며, 부하직원들이 리더가 정한 목표를 자신의 것으로 받아들이고, 목표를 성취하기 위해 리더와 함께(리더를 위해서라기보다는) 일하는 것이다.

마. 전문성의 권한

① 리더가 집단의 목표수행에 필요한 분야에 얼마나 많은 전문적인 지식을 갖고 있는가와 관련된 권한이다.

② 리더가 주어진 업무에 전문적인 지식을 갖고 있다는 것을 부하직원들이 인정하게 되면 이들은 더욱 자발적으로 리더를 따르게 된다.

4장 | 직무스트레스

01 스트레스의 개념과 기능

1.1 스트레스의 개념

출제빈도 ★★★★

1.1.1 스트레스의 어원

(1) 스트레스(stress)는 라틴어인 stringere(to draw tight, 꽉 조이다)에서 유래된 용어이다.

(2) 17세기에는 물리학과 관련된 물체를 변형시키는 어떤 힘의 작용에 의하여 일어나는 내부적인 힘(stress, strain, load)으로 정의되었으며, 17세기 이후에야 인체에 미치는 외부적인 힘에 대한 저항 및 회복에 관련된 의학적 용어로 사용되었다.

(3) 힘이 가해진 물체나 인간은 외부압력에 저항해서 통합성을 유지하기 위해 긴장을 일으킨다는 물리학적 개념이 조직행위 연구에 도입되면서부터 스트레스의 개념이 일반화되었다.

1.1.2 스트레스의 특성

(1) 스트레스는 단순한 불안과 같은 정서적 문제만이 아니며, 불안이 전적으로 감정적이고 심리적인 영역에서 일어나는 현상인데 반해, 스트레스는 신체적인 영역에서도 일어난다. 따라서, 많은 연구가들이 스트레스를 정의하는 데 있어서 자극과의 상호작용, 반응과의 상호작용, 자극-반응의 상호작용의 개념으로 구분하고 있다.

가. **자극개념**: 자극개념은 작업자의 특성과 상호작용하여 심리적·생리적 항상성을 파괴하는 작업의 조건을 스트레스로 보는 관점이다.

나. **반응개념**: 반응개념에서 스트레스는 환경적 요인에 의해 유발되는 개인의 생리적·심리적 반응을 의미한다. 즉, 스트레스 상태에서 일어나는 특정반응 또는 반응군을 스트레스로 보려는 관점이다.

다. **자극-반응개념**: 자극-반응개념에서 스트레스는 개인이 스스로 원하는 바를 이루려 하거나 그것을 성취하는 과정에서 기호, 제약, 요구에 직면할 때 발생하는 것으로서 해결 상황이 불확실성을 가지고 있다고 지각되는 동태적인 상태로 정의된다.

(2) 스트레스는 양면성을 갖고 있다는 것이다. 셀이에(Selye)는 스트레스가 아주 없거나 너무 많을 경우에는 부정적 스트레스로, 적정수준으로 유익한 것은 긍정적 스트레스로 구분하여 설명하였다. 그림 3.4.1은 이에 대하여 보여주고 있다. 루에(Rue)는 개인도 조직도 스트레스 없이는 성공할 수 없다고 하여 스트레스의 긍정적 측면도 강조하였으며, 스테인메츠(Steinmetz)는 긍정적·부정적 직무스트레스를 그림 3.4.2와 같이 구분하여 설명하였다. 스트레스는 이와 같이 상황에 따라서 건설적, 파괴적, 순기능적, 역기능적, 긍정적, 부정적 개념으로 나누어 설명되어야 할 것이다.

(3) 스트레스는 있는가 아니면 없는가 하는 이차원적인 성질의 것이 아니라 어느 정도 있는가 하는 정도의 차이를 설명하기 위해 자신이 어느 정도의 스트레스를 지니고 있는지를 측정하여야 한다는 것이다.

(4) 스트레스는 지각 또는 경험과 관련된다는 것이다. 즉, 스트레스를 지각하거나 경험하지

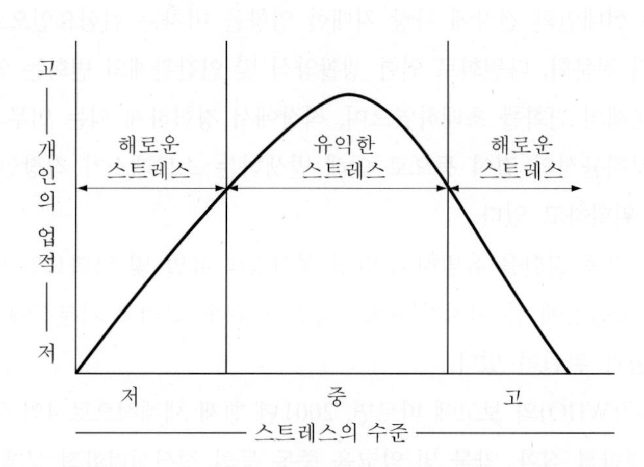

그림 3.4.1 스트레스와 직무업적과의 관계(Schnake 등)

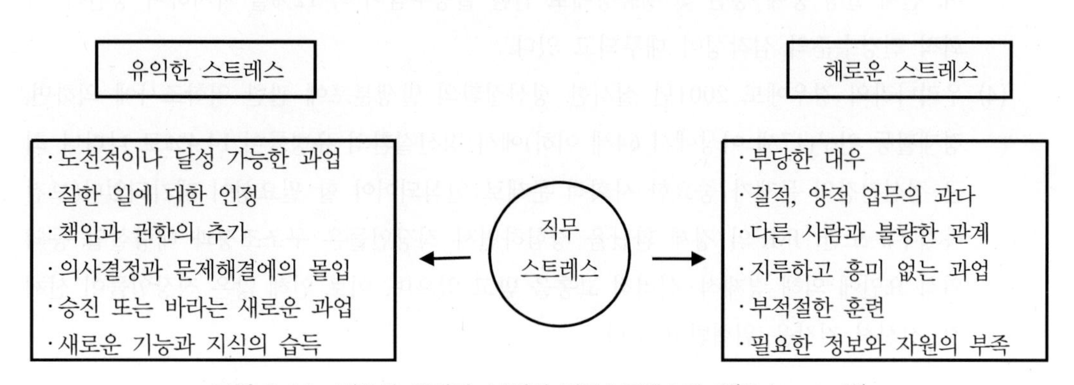

그림 3.4.2 직무상 긍정적, 부정적 직무스트레스의 예(Steinmetz 등)

않으면 스트레스가 일어나지 않는다는 것이다(Robbins). 지각된 스트레스를 실제적 스트레스(actual stress)라 하고, 지각되지 않은 스트레스를 잠재적 스트레스(potential stress)라고 한다.

(5) 스트레스는 적합성 결여나 부족에서 일어나는 불균형의 상태이므로 균형을 위한 적응적 반응이 요구된다. 즉, 스트레스는 자극, 반응, 자극과 반응의 상호작용으로 구성되기 때문에 개인의 적응적 반응이 강조된다. 개인의 적응적 반응이 잘 이루어져 자극과 반응 간 균형상태가 된다면 스트레스를 적게 받을 수 있다.

(6) 스트레스는 개인차에 의해서 스트레스 정도가 같다고 하더라도 같은 방법으로 같은 정도로 반응하지 않는다.

1.2 스트레스 관리의 중요성

(1) 스트레스는 현대인의 건강에 가장 지대한 영향을 미치는 위험요인으로 잘 알려져 있고, 현대 사회의 전문화, 다원화로 인한 생활양식 및 인간관계의 변화는 인간의 건강 수준과 제반 보건문제의 변화를 초래하였으며, 직장에서 경험하게 되는 업무과중이나 역할갈등, 그리고 업무자율성의 결여 등으로 인해 발생하는 스트레스가 직장인들의 육체적·정신적 건강을 위협하고 있다.

(2) 스트레스는 각종 질환을 유발하고 만성 성인병의 유발 및 악화요인으로 작용하며, 기억력의 감소, 학습장애 등 인지기능에도 영향을 준다. 그리고 기분장애, 불안장애 등의 여러 정신질환과 관련이 있다.

(3) 세계보건기구(WHO)의 보고에 따르면, 2001년 현재 세계적으로 4억 5천만 명 정도가 정신질환, 신경학적 질환, 약물 및 알코올 중독 등의 정신심리학적 문제로 고통 받고 있으며, 전체 질병 중에 정신 및 행동장애로 인한 질병부담이 약 12%를 차지하여 정신적·사회적 건강수준의 심각성이 대두되고 있다.

(4) 우리나라의 경우에도 2001년 실시한 정신질환의 발생분포에 관한 역학조사에 의하면, 경제활동 인구(17세 이상에서 64세 이하)에서 정신질환의 유병률이 14.4%로 나타나 최근 정신건강의 문제가 중요한 사회적 문제로 인식되어야 할 필요성이 제기되었다(보건복지부). 또한, IMF의 경제 환난을 경험하면서 직장인들은 구조조정과 대량실업 등의 외적 요인에 의해 경제적·심리적 고통을 받고 있으며, 이로 인해 많은 직장인들이 신체적·정신적 건강을 위협받고 있다.

(5) 급격한 산업화와 직장인들의 다양한 역할변화는 정신질환의 유병률을 증가시켜 이로 인한 근골격계, 뇌심혈관계, 당뇨병 등의 발생을 가속화시키는 결과를 초래하고 있으며, 최근의 성인병의 급속한 증가는 스트레스와 밀접히 관련되어 있는 것으로 보고되고 있다. 예로서, 영국에서 수행된 연구 보고에 의하면, 직무스트레스와 관련된 정신질환은 모든 업무관련성 질환의 1/3을 차지하였으며, 장기결근의 두 번째의 원인이며, 조기퇴직의 20%를 차지하였다(Pattani 등).

(6) 생활양식의 변화로 인한 식생활의 변화와 과중한 업무로 인한 스트레스는 심혈관 계질환의 위험인자로 잘 알려진 고혈압, 흡연, 체지방 분포 등과 관련이 있으며, 심혈관계질환의 이환률이나 사망률에 영향을 주는 것으로 보고되고 있다.

(7) 스트레스는 탈진이나 우울증, 직무불만족과 같은 심리학적 문제를 야기시키며, 저체중아 출산과 같은 임신장애를 유발시키는 것으로도 알려지고 있다. 이 외에도 근골격계질환, 위궤양, 류마티스성 관절염, 면역기능의 저하, 그리고 과로사 등과 관련이 있는 것으로 확인되었다.

(8) 스트레스는 육체적·정신적 질병 이외에도 흡연, 약물의존, 카페인 및 알코올 음용을 증가시키고 결근, 생산성 저하, 대인관계 기피 등과 같은 행동상의 변화를 유발시키게 된다고 보고되고 있다.

(9) 스트레스는 개인에 대한 임상적인 문제뿐만 아니라 개인이 소속되어 있는 조직차원, 즉 직장에서 개인 및 집단이 행하는 업무인 직무만족 및 성과 면에서도 큰 문제가 되고 있다.

(10) 스트레스는 정보처리의 수행에 있어서 의사결정의 질을 저하시키고, 효율적인 학습을 어렵게 하고, 다양한 가설을 고려하지 못하게 한다.

1.3 스트레스의 기능

출제빈도 ★★★★

(1) 스트레스의 순기능

가. 스트레스가 긍정적으로 영향을 미치는 경우이다.

나. 적정한 스트레스는 개인의 심신활동을 촉진시키고 활성화시켜 직무수행에 있어서 문제해결에 창조력을 발휘하게 되고 동기유발이 증가하며 생산성을 향상시키는 데 기여한다.

(2) 스트레스의 역기능

가. 스트레스가 부정적으로 영향을 미치는 경우이다.

나. 스트레스가 과도하거나 누적되면 역기능 스트레스로 작용하여 심신을 황폐하게 하거나 직무성과에 부정적인 영향을 미친다.

다. 그림 3.4.3은 역기능 스트레스의 작용으로 인해 스트레스 원인이 발생하는 직무스트레스 사이클을 보여주고 있다.

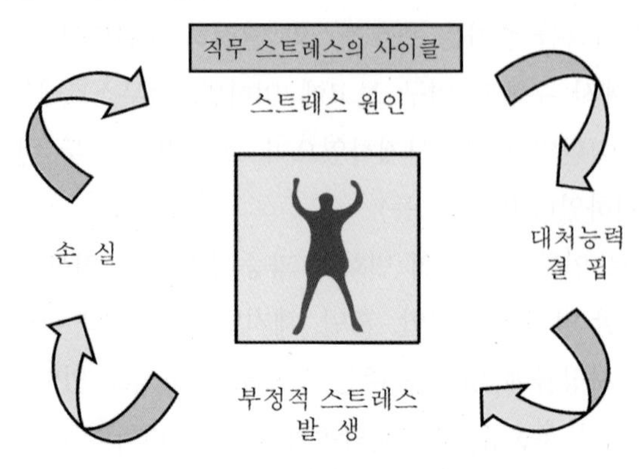

그림 3.4.3 직무스트레스의 역기능 사이클

(3) 그림 3.4.4는 스트레스의 순기능과 역기능에 대하여 설명하고 있다.

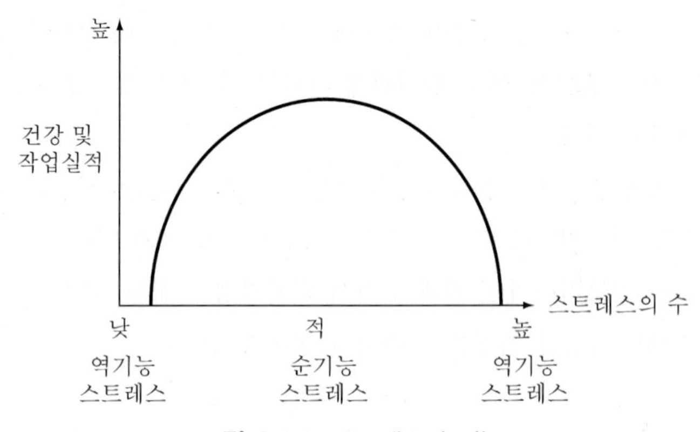

그림 3.4.4 스트레스의 기능

02 스트레스의 유발요인 및 반응결과

2.1 스트레스의 모형

(1) 스트레스 유발요인에 의해 스트레스가 발생하고 개인특성에 따라 반응이 다양하게 나타난다.
(2) 이러한 반응이 다시 스트레스 유발요인과 개인특성에 영향을 미친다.
(3) 개인특성은 스트레스 유발요인과 스트레스, 그리고 스트레스와 반응 사이의 관계를 조절하는 역할을 한다.

(4) 스트레스에 대한 현재의 반응이 미래에는 다르게 반응될 수 있고 현재의 반응이 미래에는 스트레스 유발요인이 될 수 있기 때문에 스트레스 과정은 동태적이다.

(5) 그림 3.4.5는 스트레스가 발생되는 모형을 나타내고 있다.

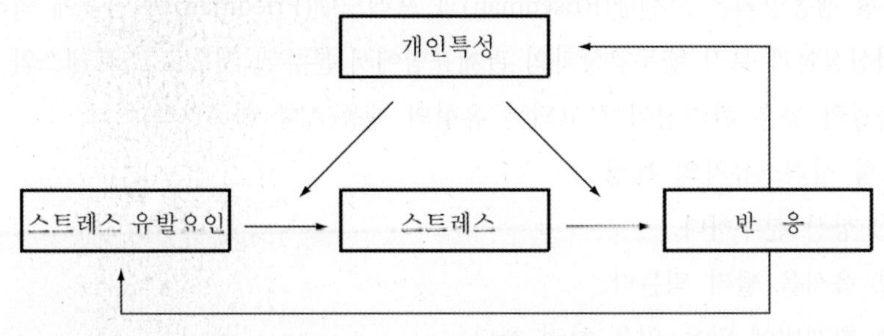

그림 3.4.5 스트레스의 모형

2.2 스트레스의 유발요인

(1) 스트레스 유발요인은 스트레스 수준에 영향을 미치는 환경적 요인을 말한다.

(2) 조직 내 스트레스 유발요인

가. 직무수행 중에 일어나는 모든 사건은 스트레스를 유발할 수 있는 잠재적인 요인이다.

나. 과업수행 중에 스트레스를 가장 많이 발생하는 스트레스 유발요인은 표 3.4.1과 같다.

표 3.4.1 스트레스 유발요인

스트레스 유발요인	세부요인		
물리적 환경요인	·조명 ·진동 ·사회적 밀도	·소음 ·대기오염 ·사무실설계	·기온 ·위험한 작업조건
직무관련 요인	·직무특성 ·역할갈등 ·의사결정 참여	·업무수행 과다 ·역할모호 ·업적평가	·업무수행 과소 ·시간의 압박 ·기술
경력개발 요인	·승진 ·직무만족 결여	·경력의 불확실성	·야망의 장애
대인관계 요인	·상사와의 관계 ·고객과의 관계	·동료와의 관계	·부하와의 관계
집단수준의 요인	·응집성 ·지위부조화	·집단압력	·집단 간 갈등
조직수준의 요인	·조직변화 ·의사소통 요인 ·조직정치	·작업교대 정책 ·훈련 프로그램	·조직풍토 ·통제 시스템

(3) 개인특성의 스트레스 유발요인

가. 개인특성의 스트레스 유발요인 중에 성격(personality)과 관련된 사항으로 A형 행동양식(Type A Behavior Pattern)이 있다.

나. A형 행동양식은 로센맨(Rosenman)과 프레드맨(Friedman)의 연구에 의하여 관상동맥심질환과 특정 행동양상과의 관계규명에서 분류된 것으로 스트레스와 심혈관계질환과의 높은 관련성이 보고되는 유형의 행동(A형 행동양식)이다.

다. A형 성격소유자의 특성

① 항상 분주하다.
② 음식을 빨리 먹는다.
③ 한꺼번에 많은 일을 하려 한다.
④ 수치계산에 민감하다.
⑤ 공격적이고 경쟁적이다.
⑥ 항상 시간에 강박관념을 가진다.
⑦ 여가시간을 활용하지 못한다.
⑧ 양적인 면으로 성공을 측정한다.

라. B형 성격소유자의 특성

① 시간관념이 없다.
② 자만하지 않는다.
③ 문제의식을 느끼지 않는다.
④ 온건한 방법을 택한다.
⑤ 느긋하다.
⑥ 승부에 집착하지 않는다.
⑦ 마감시간에 대한 압박감이 없다.
⑧ 서두르지 않는다.

마. A형 행동양식의 구성요소 중에 속도감, 조급함, 직장에의 열성 등은 사회적·조직적으로 유용한 측면이 있으나 지나친 적의나 공격성, 분노, 분노 표현의 억압, 신경질적 경향 등은 스트레스 관련 질환, 특히 관상동맥심질환 발병 위험요인으로 보고되고 있다.

바. A형 행동양식은 신체불안, 혈압, 우울증과 관련성이 있으며, 조직에서 높은 직무요구나 낮은 직무자율성과 높은 역할모호성의 인지와 같이 직무내용과도 유의한 연관성이 있다고 보고되고 있다.

2.3 스트레스의 반응결과

출제빈도 ★★★★

(1) 과도한 스트레스가 계속되고 누적되면 조직구성원에게는 역기능적인 결과로 나타난다. 부정적인 스트레스 반응결과를 생리적 반응, 심리적 반응, 행동적 반응으로 구분하여 보면 표 3.4.2와 같다.

(2) 코티졸은 스트레스를 받을 때 몸에서 생성되는 호르몬으로 스트레스 정도를 파악하는 데 사용된다. 코티졸은 부신피질에서 생성되는 스테로이드 호르몬 일종으로 신체기관의 포도당 사용을 억제하는 데 사용되는 호르몬이다.

표 3.4.2 역기능적인 스트레스 반응결과

생리적 반응	심리적 반응	행동적 반응		
		개인행동반응	조직에의 영향	
			직접비용	간접비용
·두통 ·불면증 ·호흡곤란 ·고혈압 ·높은 콜레스테롤 ·발한 ·설사 ·심장질환 ·위궤양 ·위장장애 ·관절염 ·암 ·당뇨병 ·간경변증 ·피부병	·불안 ·소외감 ·낮은 자존심 ·노이로제 ·의기소침 ·심신의 증후 ·집중력 상실 ·무관심 ·체념 ·권태 ·건망증 ·고착 ·분노 ·투쟁과 퇴행	·흡연 ·음주 ·카페인 사용 ·약물복용 ·갈등 ·공격성 ·자살 ·범법행위 ·성관계 곤란 ·과식 또는 소식 ·위험한 행동 ·야만행위 ·절도행위 ·원만하지 못한 인간관계	·지각 ·결근 ·파업과 휴업 ·이직 ·생산성의 질 ·생산성의 양 ·불평 ·물자와 공급품의 과소비 ·재고 부족 ·보상비 지급	·활력의 상실 - 낮은 사기 - 낮은 동기유발 - 불만족 ·의사소통 단절 - 접촉빈도의 감소 - 메시지의 왜곡 ·의사결정의 과오 ·작업관계의 질 - 불신 - 무례 - 적대감 ·기회비용

03 직무스트레스와 직무활동

(1) 직무스트레스란 직무수행 중에 받게 되는 스트레스를 말하며, 직무성과에 영향을 준다. 개인의 동기나 능력에 맞는 직무환경을 제공하지 못하거나, 개인의 능력이 직무환경을 감당하기 어려울 때 직무스트레스가 발생한다.

(2) 직무스트레스는 개인 및 조직에게 심리적, 물리적, 행동적 증후를 초래하여 직무수행에 영향을 미친다.

(3) 스켈멜혼(Schermerhorn)은 직무스트레스의 잠재적인 원인을 그림 3.4.6과 같이 제시하였다. 그는 직업상의 요인, 개인적인 요인, 그리고 비직업상의 요인으로 구분하여 설명하였다.

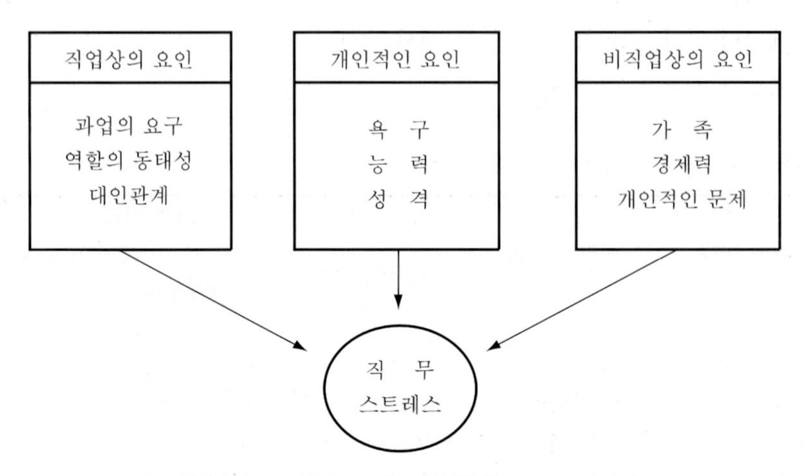

그림 3.4.6 직무스트레스의 원인(Schermerhorn)

(4) 로빈스(Robbins)는 표 3.4.3과 같이 작업현장에서 스트레스 원인의 영향정도를 보고하였다.

표 3.4.3 작업현장에서 스트레스 인자의 영향력 순위(Robbins)

영향력 순위	스트레스 인자	영향력 순위	스트레스 인자
1	대화의 중단 및 방해	11	상급자를 대함
2	역할갈등	12	업적, 평가검토
3	작업부담	13	역할모호성(기대의 모호성)
4	직무관리 시간	14	임금, 보상
5	조직의 정책	15	면접, 채용
6	외부활동을 위한 시간탐색	16	초과 근무
7	부하에 대한 책임	17	예산에 맞는 일처리
8	타인의 해고	18	컴퓨터를 이용한 작업
9	징계, 처벌	19	여행
10	사생활과 직장생활의 균형		

(5) 결과접근에서 슈나케(Schnake)는 결과와 스트레스에 관한 모형을 그림 3.4.7과 같이 제시하며, 개인에게 미치는 것과 조직에 미치는 것으로 구분하여 설명하였다.

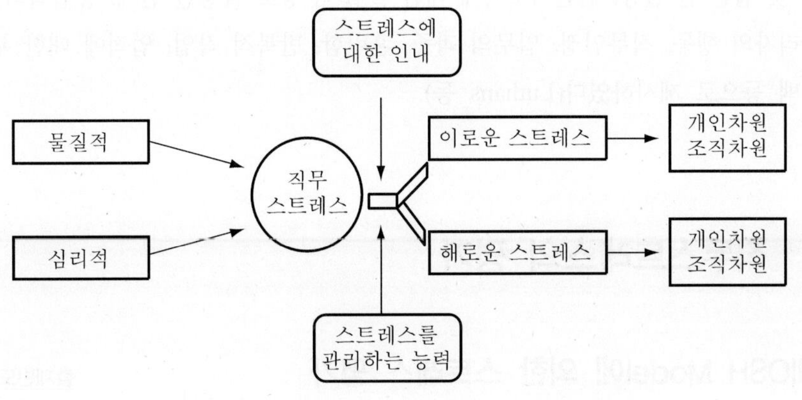

그림 3.4.7 결과에 관련된 스트레스 모형(Schnake)

04 직무스트레스와 직무만족의 관계

(1) 직무스트레스에 대한 행동적·생리적 효과에 관심을 갖고서 조직 내 요인, 조직 외 요인, 개인적 요인에 의해서 직무스트레스와 생활 스트레스가 결정되며, 이러한 스트레스가 결과적으로 직무만족에 부정적인 영향을 미치며, 이직의사를 높인다.

(2) 조직의 경영자는 직무스트레스를 최소화하여 직무만족의 유발요인을 규명, 고양시키며, 이와 관련하여 일어나는 회피반응에 대한 원인을 제거함으로써 긍정적인 결과, 즉 생산성이나 조직의 목표를 성취시키고자 노력해야 한다.

(3) 직무만족이란 직무에 대한 개인적 반응이며, 직무에 대한 감정적 반응으로 요약할 수 있다. 직무만족에 대한 개념은 작업동기, 특히 생산성과 인과관계에 근거하였기 때문에 행동 과학자들은 수행 실적과의 관계를 이해하는 데 상당한 관심을 가져왔다.

(4) 직무스트레스가 높으면 높을수록 직무만족 정도가 저하된다(김유창 등).

(5) 직무스트레스의 원인은 조직의 외적인 것과 내적인 것으로 구분할 수 있다. 이중 외적인 것은 경제적·사회적·정치적 및 기술적인 변화와 불확실성을 내용으로 한 환경적인 인자와 물리적인 것(소음, 조도, 온도, 공해 등)과 개인생활에서의 삶을 내용으로 하는 인자로 구분할 수 있다. 구체적으로 살펴보면, 가족의 문제, 경제적인 문제, 정치적 불확실성, 삶의 질, 가족의 기대, 친구의 기대, 종교적 문제, 노동법, 위기, 지역적 조건, 사회적 신분,

기술적 변화 등 생활사건과 관련된 인자들이다.

(6) 집단차원에서의 직무스트레스 원인은 불명확한 역할, 참여와 자원의 낮은 수준, 집단 내 및 집단 간 갈등, 집단지도력에 대한 불일치, 상호 불량한 관계, 응집력의 결여, 경영 관리자의 행동, 직무인정, 업무의 과중, 혼란함, 반복적 작업, 업적에 대한 부적절한 피드백 등으로 제시하였다(Luthans 등).

05 직무스트레스의 평가

5.1 NIOSH Model에 의한 스트레스 평가

출제빈도 ★★★★

(1) NIOSH의 멀피(Murphy)와 스켄보온(Schoenborn)은 광범위한 문헌자료의 검토와 다양한 연구가들(Caplan과 Jones, Cooper와 Marshall, House)의 모형에 근거하여 새로운 직무스트레스에 관한 모형을 제안하였다.

(2) 이 모형에 의하면, 직무스트레스는 어떤 작업조건(직무스트레스 요인)과 작업자 개인 간의 상호작용하는 조건과 이러한 결과로부터 나온 급성 심리적 파괴 또는 행동적 반응이 일어나는 현상이다. 이런 급성반응들이 지속되면 결국 다양한 질병에 이르게 된다. 따라서, 직무스트레스 요인과 급성반응 사이에는 개인적 요인과 조직 외 요인, 완충요인 등이 중재요인으로 작용한다. 그림 3.4.8은 이에 대하여 보여주고 있다.

(3) NIOSH 모형은 독창적인 모형이라고는 할 수 없으나, 지금까지의 직무스트레스와 관련된 주제들을 고찰하여 여기에 여러 개념들을 포괄한 모형으로서, 각 개념들의 지표가 되는 내용(indicator)과 그 측정을 위한 표준적 측정척도를 NIOSH 작업 스트레스 설문지(Job Stress Questionnaire)로 정리한 것에 그 특징이 있다.

(4) 이 모형에서 선정된 척도는 타당도, 신뢰도 및 사용빈도 등의 관점에서 이루어졌으며, 지금까지의 스트레스 연구에서 개발된 대표적인 각 측정도구를 총괄한 것으로 평가된다.

(5) NIOSH 모형의 각 개념별 주요내용(indicator)을 살펴보면 다음과 같다.

가. 직무스트레스 요인에는 크게 작업요구, 조직적 요인 및 물리적 환경 등으로 구분될 수 있으며, 다시 작업요구에는 작업과부하, 작업속도 및 작업과정에 대한 작업자의 통제(업무 재량도) 정도, 교대근무 등이 포함된다.

나. 조직적 요인으로는 역할모호성, 역할갈등, 의사결정에의 참여도, 승진 및 직무의 불안정성, 인력감축에 대한 두려움, 조기퇴직, 고용의 불확실성 등의 경력개발 관련요

인, 동료, 상사, 부하 등과의 대인관계, 그리고 물리적 환경에는 과도한 소음, 열 혹은 냉기, 환기불량, 부적절한 조명 및 인체공학적 설계의 결여 등이 포함된다.

다. 똑같은 작업환경에 노출된 개인들이 지각하고 그 상황에 반응하는 방식에서의 차이를 가져오는 개인적이고 상황적인 특성이 많이 있는데 이것을 중재요인(moderating factors)이라고 한다.

라. 그림 3.4.8에서 개인적 요인, 조직 외 요인 및 완충작용 요인 등이 이에 해당된다. 개인적 요인으로는 A형 행동양식이나 강인성, 불안 및 긴장성 성격 등과 같은 개인의 성격, 경력개발 단계, 연령, 성, 교육정도, 수입, 의사소통 기술의 부족, 자기주장 표현의 부족 등이 있다.

마. 조직 외 요인으로는 가족 및 개인적 문제, 일상생활 사건(사회적, 가족적, 재정적 스트레스 요인 등), 대인관계, 결혼, 자녀양육 관련 스트레스 요인 등이 포함되며, 완충요인으로는 사회적 지원, 특히 상사와 배우자, 동료 작업자로부터의 지원, 대처전략, 업무숙달 정도, 자아존중감 등이 여기에 포함된다.

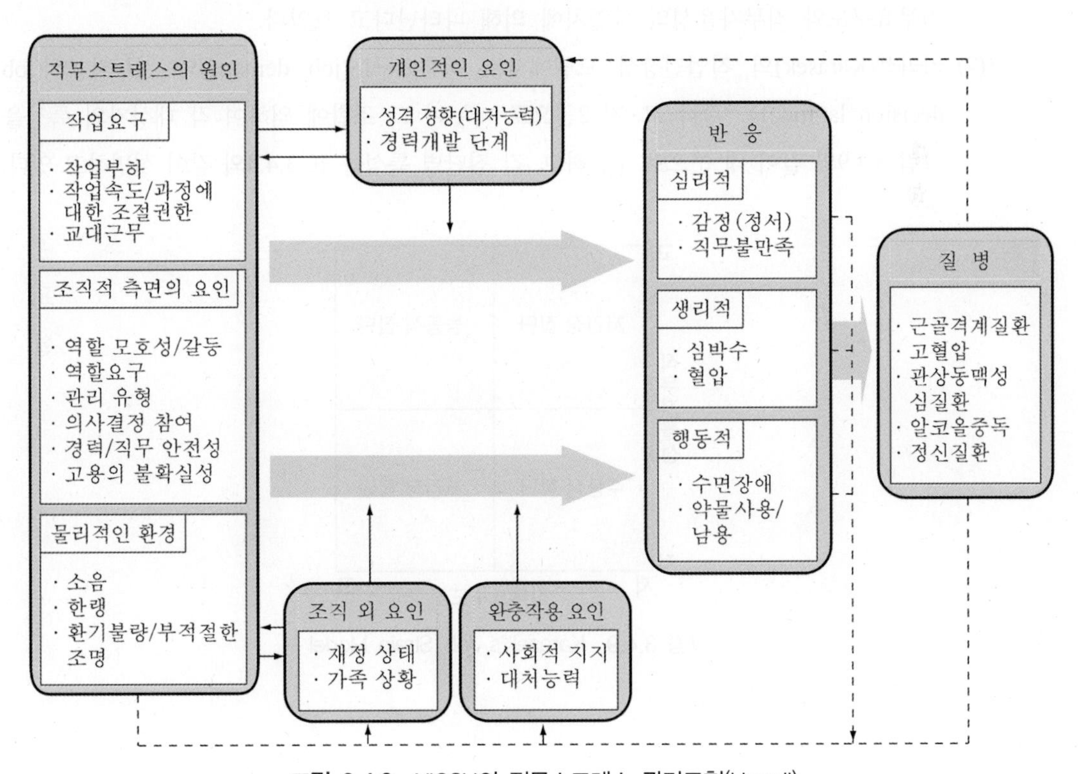

그림 3.4.8 NIOSH의 직무스트레스 관리모형(Hurrell)

바. 직무스트레스 반응은 다시 심리적, 생리적(생화학적), 행동적 변화로 분류될 수 있다. 불안, 우울, 분노, 낮은 직무만족도, 낮은 자아존중감 등이 심리적 반응에 포함되며, 흡연, 음주, 약물남용, 대인관계 장애, 파괴적 행위 등이 행동적 반응에 포함된다. 생리적 반응으로는 고혈압, 두통, 궤양, 수면장애 등이 포함된다. 직무스트레스 반응이 장시간 지속되면 결국 다양한 질병에 이르게 되며, 가장 일반적으로 연구되는 직무스트레스 관련 질병은 고혈압, 심혈관계질환, 알코올 중독, 정신질환 등이 있다.

5.2 Karasek's Job Strain Model에 의한 평가

출제빈도 ★★★★

(1) 카라섹(Karasek)은 직무스트레스 및 그로 인한 생리적·정신적 건강에 대한 직무긴장도(Job Strain) 개념 및 모델을 개발하였다. 이에 따르면 직무스트레스는 작업환경의 단일 측면으로부터 발생되는 것이 아니라, 작업상황의 요구정도와 그러한 요구에 직면한 작업자의 의사결정의 자유 범위의 관련된 부분으로 발생한다. 즉, 직무스트레스의 발생은 직무요구도와 직무자율성의 불일치에 의해 나타난다고 보았다.

(2) 카라섹(Karasek)의 직업긴장성 모델에서는 직무요구도(job demand)와 직무자율성(job decision latitude)을 각각 고·저 2군으로 나누어 그 조합에 의하여 각 대상자의 특징을 그림 3.4.9와 같이 네 군으로 구분하고, 각 집단별 특성을 표 3.4.4와 같이 설명하고 있다.

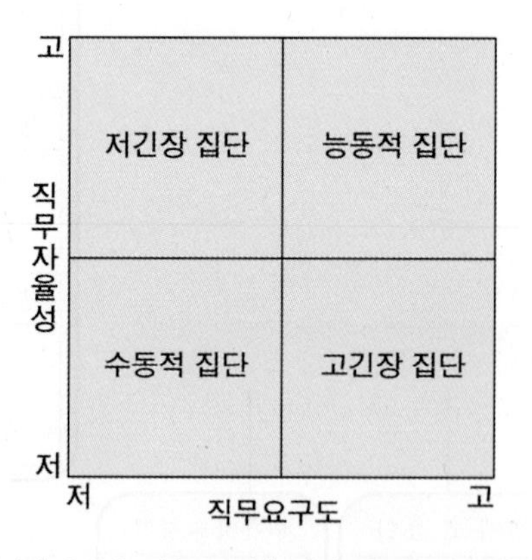

그림 3.4.9 Karasek's Job Strain Model

표 3.4.4 Karasek's Job Strain Model의 집단별 특성

집단	특성	대표 직업
저긴장 집단	직무 요구도가 낮고 직무 자율성이 높은 직업적 특성을 갖는 집단	사서, 치과의사, 수선공 등
능동적 집단	직무 요구도와 직무 자율성 모두가 높은 직업적 특성을 갖는 집단	지배인, 관리인 등
수동적 집단	직무 요구도와 직무 자율성 모두가 낮은 직업적 특성을 갖는 집단	경비원 등
고긴장 집단	직무 요구도가 높고 직무 사율성이 낮은 직업적 특성을 갖는 집단	조립공, 호텔·음식점 등에서 일하는 종업원, 창구 업무 작업자, 컴퓨터 단말기 조작자 등

5.3 기타 Model에 의한 평가

출제빈도 ★★★

설문조사에 의한 스트레스 평가법 중에서 객관적인 평가방법으로는 생활사건을 이용하여 스트레스를 측정하는 생활사건 척도법이 있다. 생활사건은 일반적으로 일상생활에서 개인이 보편적으로 경험할 수 있는 긍정적, 부정적 사건으로서 생활 변화와 적응이 요구되는 사건으로 정의된다.

설문조사에 의한 스트레스 평가법 중 주관적인 평가의 주요 방법들은 아래와 같다.

(1) Lazarus의 일상 골칫거리 척도법

(2) 지각된 스트레스 척도법

(3) DASS(우울분노스트레스 척도법)

06 직무스트레스의 관리방안

출제빈도 ★★★

(1) 직무스트레스가 적정수준인 경우를 제외하고는 개인, 집단, 조직에 있어서 업무의 만족과 성과에 대부분 부정적 영향을 미친다. 따라서, 스트레스 관리 역시 개인차원과 집단, 조직차원으로 과도한 수준의 스트레스에 이르지 않도록 하는 것이 우선이라 할 수 있다.

(2) 개인적이고 비작업적인 요인에서 생기는 스트레스 인자들은 그 어떤 것이든 함께 존재하며 완전히 벗어날 수 없기 때문에 가능하면 작업현장에서 스트레스가 부정적 영향을 미치지 않고 덜 존재하도록 예방해야 한다.

(3) 퀵(Quick 등)은 스트레스의 예방관리를 위하여 그림 3.4.10과 같이 스트레스 원인을 중심 단계, 반응중심 단계, 결과중심 단계로 구분하여 예방전략이 필요함을 제시하였다.

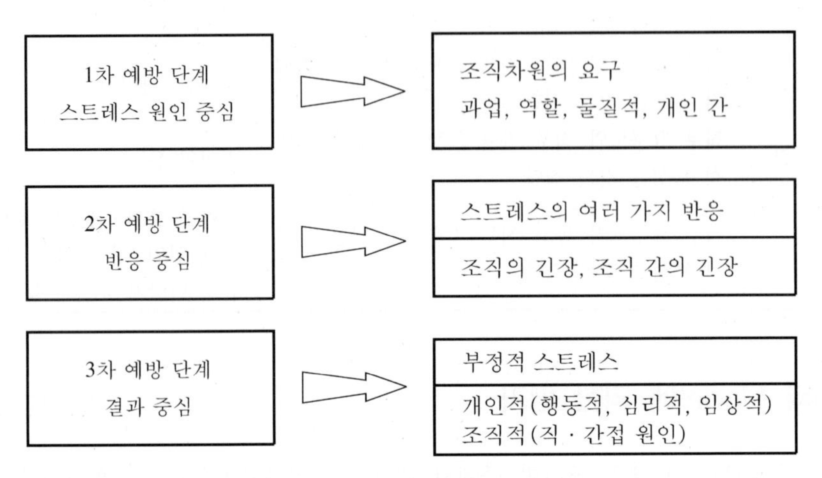

그림 3.4.10 스트레스 예방관리 단계(Quick 등)

(4) 과도한 스트레스를 예방하려는 노력에도 불구하고 스트레스에 직면하였을 때 우리는 스트레스 원인에 대처할 수 있는 기법을 동원해서 스트레스를 관리하여야 한다.

(5) 대처(coping)란 스트레스에 의해 일어나는 요구에 적응하거나 요구를 줄이거나 감소하는 행동이며, 또는 스트레스가 요구하는 상황을 조절하거나 개인이 스트레스를 통제할 수 있는 능력을 확장하기 위한 의식적인 시도이기 때문에 행동적이고 심리적인 방법이어야 한다.

(6) 대처방법으로 로쓰(Roth)와 코헨(Cohen)은 접근 및 회피(approach and avoidance coping) 모형을 제시하였다. 대처는 하나의 특정반응으로 구성되는 것이 아니라, 스트레스 원인을 통제할 수 있는 몇 개의 과정이 종합적으로 나타나며, 또한 그 효과도 같은 자극에 대한 스트레스 반응이 다른 것처럼 대처효과도 각자 다를 수 있다.

(7) 대처방법에서 개인차가 크기 때문에 일반적인 대처 원리에 따라 설명하기에는 어렵지만, 크레이트넬(Kreitner)은 표 3.4.5와 같이 네 가지의 원리를 제시하였다. 즉, 상황적 관리, 타인에 대한 자신의 개방, 자신의 조절, 운동과 긴장피로의 해소 등이다.

(8) 스트레스는 이미 언급한 것과 같이 개인과 집단, 조직 및 사회에 부정적 영향을 미치기 때문에 이에 대한 관리는 마땅히 개인차원, 조직차원 및 사회적 차원의 것으로 구분하여 논해야 할 것이다.

표 3.4.5 스트레스 대처원리(Kreitner)

구분	세부내용
상황의 관리	비현실적 마감일자를 피하하라. 자신의 한계를 알고 최선을 다하라. 스트레스 유발상황과 사람을 식별하고 자신의 노출을 제한하라.
타인에 대한 자신의 개방	자신과 대화가 통하는 사람과 자신의 문제 등을 자유롭게 논하라. 곤란한 상황이라도 가능하면 웃어라.
자신의 조절	하루의 계획을 탄력적으로 설계하라. 한꺼번에 여러 가지 일을 계획하지 마라. 자신의 능력에 따라 보조를 맞추며 여유로운 휴식도 가끔 필요하다. 반응을 하기 전에 생각하라. 분 단위가 아닌 일 단위에 기본을 두고 생활하라.
운동과 긴장, 피로의 해소	적절한 운동을 해라. 규칙적인 휴식과 이완을 하라. 피로 회복을 위한 구체적인 방법을 시도하라.

6.1 조직수준(작업 디자인)의 관리방안

출제빈도 ★★★★

(1) 최근 산업현장, 또는 일반기업 등에서 조직단위인 집단과 전체적인 조직에 있어서 스트레스 관리가 개인의 수행력과 생산성에 긍정적 영향을 미치고 있음을 인정하고, 이에 대한 대처 프로그램 등을 통해 스트레스를 관리하고 있다.

(2) 대처 프로그램은 개인적 기법에서부터 조직차원의 기법들이 모두 포함되어 있다. 이는 직장 내에서 개인적으로만 스트레스 원인을 극복하기엔 한계가 있기 때문이다. 즉, 모든 스트레스가 개인적이긴 하나 조직과 관련되기 때문에 조직구성원들로 하여금 스트레스를 극복하도록 해야 할 것이다.

(3) 대처 프로그램들은 조직의 특성에 따라 다소 다를 수 있겠지만, 일반적인 대처기법들을 소개하면 표 3.4.6과 같다.

표 3.4.6 조직차원의 스트레스 대처방법

구분	내용
종업원	참여정도, 의사소통, 목표설정, 업무설계의 충실화, 여가계획, 조직 외 활동, 독립성, 자기개발, 사회적 지지 등
관리자	경영계획의 지원, 선발, 직무배치의 적절성, 종업원 지원 프로그램, 융통성, 정서적 지원, 복지계획, 지원 시스템, 갈등 감소, 임무의 명료성, 참여적 의사결정, 환경변화, 역할분석, 적응 프로그램, 보상계획 등

(4) 과업재설계(task redesign)

조직구성원에게 이미 할당된 과업을 변경시키는 것이다.

가. 조직구성원의 능력과 적성에 맞게 설계한다.
나. 직무배치나 승진 시 개인적성을 고려한다.
다. 직무에서 요구하는 기술을 습득시키기 위한 훈련 프로그램을 개발한다.
라. 의사결정 시 적극적으로 참여시킨다.

(5) 참여관리(participative management)

참여관리는 권한을 분권화시키고 의사결정에의 참여를 확대하여 개인이 과업수행에서 재량권과 자율성을 증가시키는 것이다.

(6) 역할분석(role analysis)

역할분석은 개인의 역할을 명확히 정의하여 줌으로써 스트레스를 발생시키는 요인을 제거하여 주는 데 목적이 있다.

(7) 경력개발(career development)

조직구성원들의 경력개발에 대한 무관심은 성원들이 자신이 정체하고 있다는 느낌과 좌절감으로 이직성향이나 전직으로 나타나고, 과업성과가 떨어지고 조직의 유효성은 낮아지는 결과를 낳는다. 그러므로 관리자들은 조직구성원들의 경력개발을 위한 노력을 할 의무가 있다.

(8) 융통성 있는 작업계획(flexible work schedule)

융통성 있는 작업계획은 작업환경에서의 개인의 통제력과 재량권을 확대해 주는 것이다. 이는 조직구성원들이 상호독립적으로 작업하고 과업의 독특성이 높을수록 실행이 용이하다.

(9) 목표설정(goal setting)

목표설정은 개인의 직무에 대한 구체적인 목표를 설정해 주는 방법으로 이는 관리자와 조직구성원들 간의 상호이해를 증진시키는 역할을 한다.

(10) 팀 형성(team building)

팀 형성은 작업집단에서 일어나는 대인관계 과정을 매개하려는 방법이다. 또한, 팀 형성은 작업집단 내에서 협동적, 지원적 관계를 형성함으로써 작업에 대한 효과를 향상시키는 데 목적이 있다.

6.2 개인수준의 관리방안

출제빈도 ★★★★

(1) 조직이 개인의 스트레스를 관리하기 위해 시스템과 프로그램을 개발하기는 하나 스트레스 관리를 위한 일차적인 행동은 개인에게서 시작되어야 한다.

(2) 조직차원에서 직무환경을 개선하여 스트레스를 어느 정도 완화하거나 감소시킬 수는 있겠지만, 직무환경에서 발생하는 스트레스 요인을 완전히 제거한다는 것은 기업조직이 유효성을 추구하는 한 쉬운 일이 아니다. 따라서, 스트레스는 개인이 이를 지각함으로써 발생되는 상황이므로 스트레스를 극복할 수 있는 개인의 대처방안이 모색되어야 한다.

(3) 헬리에겔(Hellriegel)은 개인적 관리를 위한 일차적인 원리로서 현실적 완료시간 설정, 긍정적 사고방식, 비적절한 행동회피, 문제의 심각화 방지, 규칙적인 운동, 적절한 체중유지, 적절한 휴식 등을 제안하고 있다.

(4) 그린버그(Greenberg)와 그리핀(Griffin)은 체중조절과 음식물 섭취, 건강관리, 휴양, 훈련 및 명상과 같은 신체적 기법과 자신의 통제력 내에 있는 것만을 걱정하는 위험관리, 부적절한 수다 억제 등이 포함된 인지적 기법, 그리고 자신의 말이나 행동의 강도를 조절하고 스트레스 상황에서 다소 여유를 가질 수 있는 행동적 기법으로 구분하였다.

(5) 많은 학자들은 개인수준의 대처방법으로서 적절한 운동을 통한 스트레스 극복방안을 제시하였다.

가. 규칙적인 운동은 근육긴장과 고조된 정신적 에너지는 경감시켜 주고, 자신감, 행복감을 높여주며, 기억력을 향상시켜 줄 뿐만 아니라 생활의 활력을 얻고 생산성도 향상 된다. 다음은 운동의 예를 보여주고 있다.

① 에어로빅(산책, 조깅, 수영, 에어로빅댄스, 자전거 타기 등)
② 레크리에이션(볼링, 소프트볼, 라켓운동 등)
③ 유연성 및 근육이완(미용체조, 근육조건운동, 현대무용, 요가 등)
④ 근육강도 및 인내력훈련(역도, 산악등반 등)

나. 운동은 스트레스에 대한 완충역할을 하여 개인에게 편안함, 안전함, 그리고 특별한 경비부담 없이도 스트레스를 해소할 수 있는 방법이다(Kobasa 등).

다. 운동을 통하여 체력이 향상되면 스트레스를 감소시킬 수 있음을 연구를 통하여 보고하였다(Tucker 등).

라. 로쓰(Roth)와 홀메스(Holmes)는 스트레스 관련 생활사건과 체력, 신체적 질병 간의 관계를 조사한 결과 그림 3.4.11과 같이 생활 스트레스가 높은 자에게서 건강에 대한 문제가 높게 발생되었음을 보고하였다.

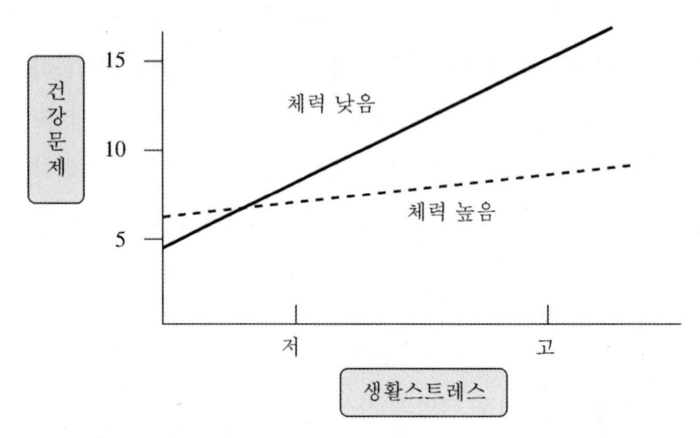

그림 3.4.11 생활 스트레스, 건강문제와 체력의 관계(Roth, Holmes)

마. 체력이 높은 성인들이 부정적 생활 스트레스의 영향을 덜 받는다(Beown).

바. 표 3.4.7은 스트레스에 대처하기 위한 개인적 기법들을 연구자별로 보여주고 있다.

표 3.4.7 개인차원의 스트레스 대처기법(이한검)

구분 / 연구자(연도)	운동	휴양	시간관리	바이오피드백	기타
Schnake(90)	○	○	○		취미, 레크리에이션
Szilagyi(90)	○	○			외부관심, 조정, 지각
White(91)	○	○		○	
Organ(91)	○	○		○	유머
Barney(92)	○	○			지원집단 개발, 유지
Kreitner(92)	○	○		○	조정, 인지의 재구성
Hellriegel(92)	○	○	○		가치관 확인, 음식조절
Moorhead(92)	○	○	○		지원집단, 역할관리
Luthans(92)	○	○			자기통제, 인지요법
Robbins(93)	○	○	○		사회적 지원망
Lussier(93)	○	○			영양, 적극적 사고, 지원망
Ivancevich(93)			○	○	조정

(6) 이완훈련을 통한 극복방안

근육이나 정신을 이완시킴으로써 스트레스를 효과적으로 통제할 수 있다. 다음은 이완훈련의 기법들을 나타내고 있다.

가. 점진적 이완기법

나. 종교적 명상기법

다. 정신적 심상 이용기법

(7) 정서표현

동료들과 대화를 하거나 노래방에서 가까운 친지들과 함께 자신의 감정을 표출하는 것 등이다.

6.3 사회적 지원의 관리방안

(1) 스트레스를 받는 상태에 있는 사람을 정서적 또는 물질적으로 위로하여 안정을 찾도록 해주는 것이다.

(2) 정서적 지원(emotional support)

동정, 애정, 신뢰 등을 제공하는 것이다.

(3) 도구적 지원

직무의 수행지원, 보살핌, 금전적 지원의 필요가 있는 사람을 도와주는 것이다.

(4) 평가적 지원

스스로 평가(판단)할 수 있게 하기 위하여 구체적 평가정보를 제공하는 것이다.

5장 | 제조물책임법

01 제조물책임법의 개요

(1) 현대의 급속한 산업발전은 우리에게 다양한 혜택을 제공해 주고 있지만, 반대로 여러 가지 형태의 위험들이 일상생활 속에서 소비자와 기업 모두에게 직·간접적으로 위협하고 있다.

(2) 이런 위험들은 소비자에게 안전이 확보되지 못한 제품(결함이 있는 제품)으로 인해 생명, 신체 또는 재산상의 피해를 입게 만들며, 기업에게는 대량생산, 대량판매, 그리고 대량소비라는 산업사회 구조 속에서 품질이나 미적 디자인에 최선을 다했다 하더라도 안전성이 결여된 제품으로 인해 소비자가 입게 되는 피해에 대한 배상을 해야 하는 위험에 처하게 한다.

(3) 제조물책임법 시행이전까지는 이런 소비자의 피해와 기업의 책임에 대해 손해의 공평한 분담을 기존의 민법으로 해결해왔지만, 현대사회의 구조적이며, 광범위한 소비자피해를 민법에 의하여 모든 것을 다 해결한다는 것은 쉬운 일이 아니며, 선진국에서는 이러한 문제를 효과적으로 해결하기 위해 제조물책임(Products Liability; PL)법을 제정하여 시행하고 있다.

(4) 결함제품으로부터 손해를 입은 소비자의 피해를 구제하고 기업에게는 제품 안전대책을 강구하도록 만드는 제조물책임법은 소비자의 생명과 신체의 안전을 확보하기 위해 노력한다는 점에서 인간존중의 정신이 담겨져 있다고도 말할 수 있다.

02 제조물책임법의 개념

2.1 제조물책임의 정의

(1) 제조물책임은 제조, 유통, 판매된 제조물의 결함으로 인해 발생한 사고에 의해 소비자나 사용자, 또는 제3자의 생명, 신체, 재산 등에 손해가 발생한 경우에 그 제조물을 제조,

판매한 공급업자가 법률상의 손해배상책임을 지도록 하는 것을 말한다.

(2) 제조물책임을 물을 수 있는 경우는 제품의 결함이 있고 그 결함으로 인하여 사용자 또는 제3자의 생명, 신체, 재산 등에 피해가 발생한 경우이다(제품 자체에만 그치는 손해는 제외).

(3) 제조물책임법 시행(2002. 7. 1.) 후부터는 제조, 공급업자의 고의, 과실여부에 관계없이 손해배상책임을 부담한다.

2.2 제조물책임의 목적

제조물책임은 제조물의 결함으로 인하여 발생한 손해에 대한 제조업자 등의 손해배상책임을 규정함으로써 피해자의 보호를 도모하고 국민생활의 안전향상과 국민경제의 건전한 발전에 기여함을 목적으로 한다.

2.3 기존소비자 보호제도와의 비교

(1) 애프터서비스(A/S)

애프터서비스는 가장 보편화되어 있는 소비자 보호제도인데, 하자가 있는 제품에 대해서 소비자가 불만이나 시정요구를 하는 경우에 이를 수리 또는 교환해 주는 제도로서 소극적 의미의 소비자 보호제도이다.

(2) 리콜(recall) 제도

가. 소비자의 안전과 관련이 있다는 점에서 제조물책임법과 리콜 제도는 유사한 제도이지만 엄밀히 말하자면 다르다고 할 수가 있다.

나. 제품의 리콜 제도는 소비자의 생명이나 신체, 재산상의 피해를 끼치거나 끼칠 우려가 있는 제품에 대하여 제조 또는 유통시킨 업자가 자발적 또는 의무적으로 대상제품의 위험성을 소비자에게 알리고 제품을 회수하여 수리, 교환, 환불 등의 적절한 시정조치를 해주는 제도를 말한다. 여기에는 소비자의 안전에 대한 사전적 예방과 재발방지의 의미가 포함되어 있다.

다. 리콜 제도는 사업자의 자발적인 리콜(voluntary recall)과 강제적인 리콜(mandatory recall)로 나눌 수 있다.

① 자발적인 리콜은 사업자 자신이 공급하는 물품 또는 용역이 소비자보호법상의 안전기준을 위반하거나 소비자의 생명, 신체 및 재산상의 피해를 계속, 반복적으로 끼치거나 끼칠 우려가 있어 스스로 결함을 시정하는 것을 말한다.

② 강제적인 리콜은 자발적인 리콜이 이루어지지 않거나 미흡한 경우 또는 중앙 행정기관의 장이 필요하다고 판단될 경우에는 소비자보호법의 규정에 의하여 사업자에게 수거, 파기를 명하거나 제조, 수입, 판매금지, 또는 당해 용역의 제공금지 등 필요한 조치를 명할 수 있는데 이를 강제적인 결함시정 제도라고 한다.

라. 표 3.5.1은 제조물책임 제도와 리콜 제도를 비교하여 보여주고 있다.

표 3.5.1 제조물책임(PL)과 리콜(recall) 제도의 비교

구분	제조물책임(PL) 제도	리콜(recall) 제도
성격	민사적 책임원칙의 변경	행정적 규제
특성	사후적 손해배상책임을 통해 간접적인 소비자 안전확보	사전적 회수를 통해 예방적, 직접적인 소비자 안전확보
법적 근거	제조물책임법	소비자보호법, 자동차관리법, 식품위생법, 대기환경보전법
성립요건	· 제조물의 결함 · 피해의 발생 · 결함과 피해와의 인과관계	제조물의 결함으로 피해가 발생하였거나 발생할 우려가 있을 때

03 제조물책임법에서의 결함

지금까지는 제품의 결함이 있다는 내용을 소비자가 직접 증명해야만 손해배상을 받을 수 있었지만, 현재는 제조물책임법이 발효된 상태이며, 제조 및 공급업자가 스스로 제품에 결함이 없다는 사실을 소비자에게 증명해야만 한다.

3.1 결함의 정의

(1) 제조물책임에서 중요하게 대두된 것이 결함이다. 과실책임에서는 제조자나 판매자의 과실행위의 존재 여부가 가장 중요한 책임요건이었지만, 무과실책임으로서의 제조물책임은 제조물에 결함이 존재하는가의 여부에 의해서 결정된다.

(2) 결함과 하자에 대한 개념은 아직 논란의 여지가 남아 있지만, 이들을 구별하여 다루는 것이 일반적이다. 결함은 제조물책임을 논하는 경우에 많이 사용되는 개념이며, 하자는 민법, 국가배상법에서 하자담보 책임이나 배상책임에서 많이 사용되는 개념이다.

(3) 결함과 하자를 동일시하는 견해에서는 하자의 전제가 되는 물건의 품질성능을 마땅히 도달하여야 할 수준의 품질성능을 의미한다고 봄으로써 결함과 하자를 같은 것으로 보아도 무방하다고 한다.

(4) 많은 사람들이 하자는 거래상 또는 사회통념상 갖추어야 할 품질(상품성)이 결여된 상태이고, 결함은 하자가 원인이 되어 새로운 손해나 위험성을 발생시킬 가능성이 있는 상태라고 본다. 즉, 하자는 상품성의 결여이고, 결함은 안전성의 결여라고 하여 양자에 대해 구별을 하고 있다.

(5) 상품성의 기준이란 제조물의 공급가격, 기타 계약조건에 따라서 달라지므로, 실정법상 결함의 개념을 정립하기란 매우 어렵다. 따라서 제조물책임법에서는 위험성을 가지는 제조물에 한정되어 엄격책임이 적용되며, 안전한 구조의 제조물에는 적용되지 않는다.

3.2 결함의 유형

제조물책임법에서 대표적으로 거론되는 결함으로는 설계상의 결함, 제조상의 결함, 지시·경고상의 결함의 3가지로 크게 구분된다. 지금까지 제조물의 결함이라고 하면 상식적으로 제품자체의 결함만을 나타내는 것이었지만 제조물책임에서는 지시·경고상의 결함이 크게 다루어지게 된다.

(1) 제조상의 결함

가. 제조상의 결함이란 제품의 제조과정에서 발생하는 결함으로, 원래의 도면이나 제조방법대로 제품이 제조되지 않았을 때도 여기에 해당된다.

나. 품질검사를 통해 이러한 제조상의 결함이 대부분 발견되지만, 검사를 통과한 일부 결함제품이 시장에 유통된 경우에 문제가 된다.

다. 설계상의 결함은 설계가 적용되는 모든 제품에 존재하지만 제조상의 결함은 개별제품에 존재한다.

라. 제조상의 결함의 예제로서 제조과정에서 설계와 다른 부품의 삽입 또는 누락, 자동차에 부속품이 빠져 있는 경우가 여기에 해당된다.

(2) 설계상의 결함

가. 설계상의 결함이란 제품의 설계 그 자체에 내재하는 결함으로 설계대로 제품이 만들어졌더라도 결함으로 판정되는 경우이다. 즉, 제조업자가 합리적인 대체설계를 채용하였더라면 피해나 위험을 줄이거나 피할 수 있었음에도 대체설계를 채용하지 아니하여 당해 제조물이 안전하지 못하게 된 경우이다.

나. 설계상의 결함이 인정되는 경우 그 설계에 의해 제조된 제품 모두가 결함이 있는 것으로 되기 때문에 제조업자에 대한 영향이 가장 심각한 경우이다.

다. 설계상의 결함의 예제로서 녹즙기에 어린이의 손가락이 잘려나간 경우, 소형 후드믹서에 어린이의 손이 잘려나간 경우, 전기냉온수기의 온수출수 장치로 인해 화상을 입은 경우가 여기에 해당된다.

(3) 지시·경고상의 결함

가. 제품의 설계와 제조과정에 아무런 결함이 없다 하더라도 소비자가 사용상의 부주의나 부적당한 사용으로 발생할 위험에 대비하여 적절한 사용 및 취급방법 또는 경고가 포함되어 있지 않을 때에는 지시·경고상의 결함이 된다.

나. 지시, 경고 등의 표시상의 결함의 예제로서 고온, 파열, 감전, 발화, 회전물, 손가락 틈새, 화기, 접촉, 사용환경, 분해금지 등의 경고성의 표현(문자 및 도형)을 하지 않은 경우가 여기에 해당된다.

(4) 제조물책임에서 분류하는 세 가지 결함을 요약하면 그림 3.5.1과 같다.

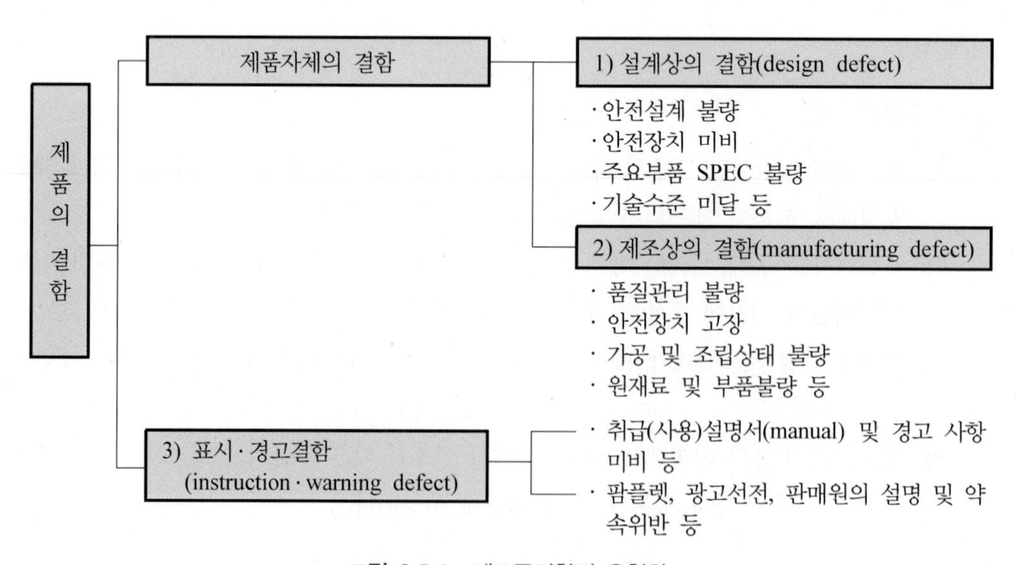

그림 3.5.1 제조물결함의 유형화

04 제조물책임법의 시행에 따른 영향

(1) 제조물책임법의 시행에 따른 장점은 다음과 같다.

가. 제조, 공급업자의 제조물의 안전성 강화 및 제품책임의 강화

① 제조물을 제조, 판매함에 있어서 사후의 손해배상책임의 성립 여부를 고려해서 이루어지기 때문에 제조물의 개발이나, 제조, 표시, 검사 등의 과정에 있어서 제조물 결함의 존재 여부 등 여러 가지 문제를 둘러싼 제조물책임의 성립 여부에 중요한 역할을 수행하게 된다.

② 기업 입장에서는 제품의 안전성 제고, 주의, 경고표시 개선 등이 이루어진다.

나. 소비자보호의 충실

① 제품결함의 고의, 과실 여부를 입증할 필요가 없고 제품의 결함에 의한 손해발생 여부만 입증할 필요가 있다.

② 따라서 제조물책임법은 제조물의 피해에 대한 구제를 용이하게 하는 점에서 소비자보호가 충실해지게 되며, 결함을 책임요건으로 하기 때문에 분쟁해결 기준이 명확하게 되어 재판이나 재판 외에서의 분쟁해결이 촉진된다.

다. 기업의 경쟁력 강화

① 제품의 안전에 대한 대책이 기업경영의 중요관심이 되므로, 보다 안전한 제품의 생산과 판매경쟁으로 소비자는 안전한 제품을 사용하게 된다.

② 기업은 제품안전에 철저를 기하게 되며, 제품경쟁에서 우위를 가지게 되어 경쟁력을 강화하는 효과가 있다.

(2) 제조물책임법의 시행에 따른 단점은 다음과 같다.

가. **제조원가의 부담**: 제품의 안전성 확보에 소요되는 비용과 PL보험 가입비 등이 새로운 비용부담으로 작용하여 기업의 수익성을 압박할 수 있다.

나. **인력자원의 낭비**: PL 관련 클레임이나 소송사건은 갈수록 복잡해지고 장기화되는 추세이므로 이에 소요되는 인력자원이 낭비되고 신규인력의 채용이 불가피하므로 인건비가 낭비된다.

다. **신제품 개발의 지연**: 제품안전에 대한 엄격한 대책이 강구되어야 하므로 신제품의 개발이 지연될 수 있다.

라. **기업의 이미지 실추**: 소비자의 생명, 신체, 또는 재산에 확대된 손해배상의 문제이므로 이에 대한 대응을 소홀히 할 경우 소비자의 기업에 대한 이미지가 급격히 실추될 수 있다.

(3) 중소기업에 미치는 영향은 다음과 같다.

가. **경제적 사정의 악화**: 중소기업의 자금사정을 고려해 볼 때 소송이 제기될 경우, 손해배상 능력이나 고객이탈에 의한 시장점유율 하락에 의한 운영자금 부족 등 많은 어려움을 겪게 될 것이다.

나. **취약한 사전교섭**: 문제발생 시 소송보다는 고객과의 협상으로 문제를 해결하는 것이 중소기업의 입장에서는 더 바람직하지만, 교섭력이 약해 피해의 규모가 실제보다 더 크게 산출될 수 있다.

다. **원가의 부담**: 제조물책임에 대비한 비용의 확보 때문에 제품당 비용이 높아질 수 있다.

라. **대기업과의 협력관계 약화**: 제조물책임법의 시행으로 인한 부담은 중소기업에 대한 대기업의 관리방식이 바뀌거나 발주품의 자체 생산 가능성으로 협력관계가 약화될 수 있다.

마. **혁신활동의 위축**: 제조물책임의 강조로 조직이 경직화될 수 있으며, 개발비용의 상승, 고성능 검사기기의 도입, 리드 타임의 증가 등으로 신제품 개발활동이 위축될 수 있다.

05 제조물책임법에서의 책임

(1) 제조물책임법의 적용대상은 다음과 같은 제조 또는 가공된 동산에 적용된다.

가. 고체, 액체, 기체와 같은 유체물과 전기, 열, 음향, 광선과 같은 무형의 에너지 등에 적용된다.

나. 완성품, 부품, 원재료 등은 물론 중고품, 재생품, 수공업품, 예술작품 등도 적용대상이 된다.

다. 부동산의 일부를 구성하고 있는 조명시설, 배관시설, 공조시설, 승강기 등도 적용대상에 포함된다.

(2) 제조물책임법의 적용이 제외되는 대상은 다음과 같다.

가. 아파트, 빌딩, 교량 등과 같은 부동산

나. 미가공 농산물(임·축·수산물 포함)

다. 소프트웨어, 정보 등 지적 재산물 등

(3) 제조물책임을 지는 자는 다음과 같다.

가. **제조업자:** 제품을 제조, 가공, 수입한 자

나. **표시 제조업자:** 제품에 성명, 상호, 상표 기타의 표시를 하여 자신을 제조업자로 표시하거나 오인할 수 있는 표시를 한 자

다. **공급업자:** 피해자가 제품의 제조업자를 알 수 없는 경우 판매업자가 책임(단, 판매업자가 제조업자 또는 자신에게 제품을 공급한 자를 피해자에게 알려준 때는 책임 면제)

(4) 손해배상의 범위

가. **신체, 건강, 재산상의 모든 피해:** 동일한 손해에 대하여 배상책임이 있는 자가 2인 이상인 경우 연대하여 손해를 배상한다.

나. 제조업자가 제조물의 결함을 알면서도 그 결함에 대하여 필요한 조치를 취하지 아니한 결과 생명 또는 신체에 중대한 손해를 입은 자가 있는 경우에는 그 자에게 발생한 손해의 3배를 넘지 아니하는 범위에서 배상책임을 진다.

(5) 제조물책임이 면책되는 경우

가. **당해 제품을 공급하지 아니한 경우:** 도난물, 유사표시 제조물 등

나. **당해 제품을 공급한 때의 과학, 기술수준으로는 결함의 존재를 알 수 없는 경우:** 개발상의 위험에 대해 손해배상책임을 인정할 경우 연구개발이나 기술개발이 저해되고 궁극적으로 소비자에게 손해가 될 수 있음을 고려한 것(개발 위험의 항변)

다. **당해 제품을 공급할 당시의 법령이 정하는 기준을 준수함으로써 결함이 발생한 경우:** 법령에서 정한 기준이라 함은 국가가 제조자에 대하여 법률이나 규칙 등을 통해 일정한(최고기준) 제조방법을 강제하고 있고 제조자로서는 제조상의 그 기준을 따를 수밖에 없고, 또한 국가가 정한 기준 자체가 정당한 안전에의 기대에 합치하지 않음으로 해서 필연적으로 결함 있는 제조물이 생산될 수밖에 없는 성격의 경우를 의미한다.

라. **당해 원재료 또는 부품을 사용한 완성품 제조업자의 설계 또는 제작에 관한 지시로 결함이 발생한 경우:** 부품, 원재료이더라도 결함이 존재하면 그 제조업자는 손해배상책임을 지게 된다.

(6) 면책사유가 인정되지 않는 경우

가. 제품에 결함이 존재한다는 사실을 알거나 알 수 있었음에도 적절한 조치를 하지 않은 경우

나. 제조자의 책임을 배제하거나 제한하는 계약을 한 경우(다만, 영업용 재산에 관한 특약은 제외)

(7) 제조물책임의 소멸시효

가. 피해자가 손해 및 손해배상 책임자를 안 날로부터 3년간 행사하지 않으면 시효가 소멸된다.

나. 제조업자가 제품을 공급한 날로부터 10년 이내에 행사하여야 한다.

① 일정기간 신체에 누적되거나 잠복기간이 경과한 후에 증상이 나타나는 경우는 손해가 발생한 날로부터 10년

(8) 제조물책임의 적용 예

2002년 7월 1일 이후 제조업자가 최초로 공급한 제조물부터 적용된다.

(9) 결함 및 인과관계의 입증책임

가. 제조물책임법은 입증책임에 관한 규정이 없으므로 피해자 측이 제품의 결함 유무, 손해발생 여부, 손해가 결함 때문에 발생하였다는 사실을 입증하여야 한다.

나. 재판상의 판례는 소비자가 통상적인 방법으로 사용하고 있었는데 사고가 발생하였다는 사실만 입증하면 해당 제품에 결함이 있고, 그 결함에 의해 사고가 발생한 것으로 추정한다(사실상의 추정원칙).

06 기업의 제조물책임 대책

6.1 제조물책임 사고의 예방(Product Liability Prevention; PLP) 대책

(1) 제조물책임에 대한 인식의 전환이 필요하다.

가. 소비자안전을 확보하는 것이 기업의 사회적 책임이라는 인식

나. 법규나 안전기준(안전인증)은 기업이 준수해야 할 최소한의 사항이라는 인식

다. 제품의 회수나 손해배상 비용보다 개발단계에서 안전대응이 결과적으로 비용의 최소화의 길이라는 인식

(2) 전사적으로 대응체제를 구축하여야 한다.

가. 본사, 공장마다 제품안전 시스템을 구축한다.

나. 제품안전 등에 관한 자체 세부규칙과 매뉴얼을 정비한다.

다. 전 사원에게 PL법의 내용, 대응방안을 교육한다.

(3) 제조물책임 사고의 예방(Product Liability Prevention; PLP) 대책을 마련하여 추진하여야 한다.

가. 설계상의 결함예방 대책

① 제품의 안전수준 설정 및 설계보완: 관련 규격, 법령기준, PL 사고사례 등을 참고한다.

② 제품의 사용방법 예측: 사용자, 사용환경, 제품상태 등을 참고한다.

③ 제품사용 시의 위험성 예측: 위험 발생빈도, 위험정도 등을 예측한다.

④ 제품의 위험성 제거: 제품품질의 안전화, 안전장치 추가, 주의경고 표시를 개선한다.

⑤ 안전성 검토내용의 기록 및 보관한다.

나. 제조상의 결함예방 대책

① 원재료 및 부품관리 개선: 구입사양, 수입검사, 보관, 관리방법 등을 개선한다.

② 제조검사 관리개선: 제조공정, 표준화, 품질관리, 작업표준, 검사방법 등을 개선한다.

③ PL 교육을 수시로 실시: 직원, 납품업자 등에 대한 PL 교육을 수시로 실시한다.

다. 출하판매 단계의 PL 예방대책

① 출하검사 철저: 계약사항 이행 여부, 품질검사 실시 여부, 제조번호 및 일자, 경고라벨 표시 여부, 모델에 따른 사용설명서 첨부 여부, 포장상태 및 취급상의 안전성 등

② 판매관리 철저: 판매원에게 제품의 특성(주의, 경고사항)을 주지, 판매자료 등에 안전에 관한 과대광고 금지, 제조사와 판매사의 책임한계 명시 등

③ 사후관리 철저: A/S 및 리콜대책의 충실화, 제품폐기 시의 PL 대책 강구 등

라. 경고라벨 및 사용설명서 작성(표시결함) 시 유의사항

① 경고라벨 작성 시

(a) 위험의 정도(위험, 경고, 주의, 금지)를 명시한다.

(b) 위험의 종류(고전압, 인화물질 등)와 경고를 무시할 경우 초래되는 결과(감전, 사망 등)를 명시한다.

(c) 위험을 회피하는 방법 등을 명시한다.

(d) 경고라벨은 가능한 위험장소에 가깝고 식별이 용이한 위치에 부착한다.

(e) 경고문의 문자 크기는 안전한 거리에서 확실하게 읽을 수 있도록 제작한다.

(f) 경고라벨은 제품수명과 동등한 내구성을 가진 재질로 제작하여 견고하게 부착한다.

② 사용설명서 작성 시

(a) 안전에 관한 주의사항, 제품사진, 성능 및 기능, 사용방법, 포장의 개봉, 제품의 설치, 조작, 보수, 점검, 폐기, 기타 주의사항 등을 명시한다.

(b) 안전을 위해 "사전에 반드시 읽어주세요."라는 내용과 제품명칭, 형식, 회사명, 주소, 전화번호 등을 표시한다(가급적 전문용어나 외래어 사용을 피하고 쉽게 읽을 수 있고, 이해할 수 있도록 글씨 크기 및 로고, 필요시 삽화 등을 사용).

마. 그림 3.5.2는 제조물책임 대책을 주요부문별로 나누어 대책과 고려사항을 나타낸 것이다.

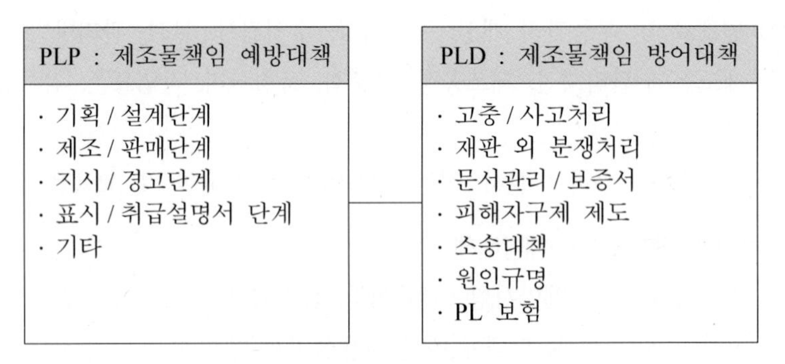

그림 3.5.2 PLP와 PLD와의 관계

6.2 제조물책임 사고의 방어(Product Liability Defense; PLD) 대책

(1) 사고발생 전의 방어대책

가. 사내의 PL 대응체제 구축

① PL 전담부서(민원창구) 또는 PL 위원회를 설치운영하여 소비자가 언제든지 제품에 대한 불만을 토로할 수 있는 체제를 구축한다.

② 클레임(배상청구)에 대하여 진지하게 상담할 수 있는 창구를 갖추어야 한다.

나. 사내의 문서관리 체제정비

① 설계 관련 문서(당시의 안전기준 포함)

② 외주, 납품 관련 문서(설계지시서 포함)

③ 제조공정, 품질관리, 검사성적서 등의 결과

④ 판매문서, 계약서, CM 관련 자료

⑤ 애프터서비스, 리콜 등에 대한 기록

다. 관련 기업과 책임관계의 명확화

① 사고원인 규명, 손해배상 및 구상권 행사에 관한 사항

② PL 사고 방어 및 협력에 관한 사항

③ 정보제공, PL보험 가입 등에 관한 사항

④ PL보험 가입 또는 손해배상 충당금의 적립

(2) 사고발생 후의 방어대책

가. PL 분쟁의 해결체제 구축

① 사내 민원창구 설치, 결함원인 규명, 피해자 교섭, 소송대책 등

나. 리콜체제의 정비

① 사고의 우려가 있는 제품에 대하여 리콜을 실시하여 분쟁을 미연에 방지한다.

② 사고정보의 피드백시스템 정비 등을 통해 재발방지 체계를 구축한다.

③ PL보험 가입 등을 통한 위험을 분산한다.

(3) 소송대응 체제 조기화해 제도의 확립

가. PL 분쟁이 야기되는 경우 변호사와 전문가의 자문을 받을 수 있는 소송대응 체제를 정비한다.

나. 재판 외 분쟁처리기관(대한상사중재원)을 활용하여 소송 전 단계에서 기업이 적극적으로 PL보험 가입 등을 통한 위험을 분산한다.

(4) PL보험 가입 등을 통한 위험의 분산(손해배상 대비)

(5) 표 3.5.2는 예상되는 PL 사고의 예제를 보여주고 있다.

표 3.5.2 예상되는 제조물책임(PL) 사고의 예제

구분	내용
설계상의 결함	① 워크맨을 장기간 사용하던 중에 점점 귀가 난청이 되는 경우 ② 자동개폐되는 문에 유아가 목이 끼어 질식사하는 경우 ③ 자동차운전 중 본네트가 열려 시야를 막아 사고를 일으키는 경우 ④ 유아가 몸을 뒤척일 때에 유모차가 균형을 잃고 넘어져 다친 경우 ⑤ 자동차의 자동개폐창에 어린이의 목이 끼어 부상을 입은 경우 ⑥ 냉장고의 온도가 내려가지 않아 음식물이 부패된 경우 ⑦ TV 내부에서 갑자기 불이나 집을 전소시킨 경우 ⑧ 물안경을 쓴 채로 풀에 다이빙을 했는데 안경이 깨져 부상을 입은 경우 ⑨ 화장품에 의하여 피부병이 생긴 경우
제조상의 결함	① 자전거를 타고 달리던 중 핸들이 꺾여 큰 부상을 입은 경우 ② 의자의 받침대가 부러지며 넘어져 부상을 입은 경우 ③ 통조림에 있는 이물질로 인하여 병에 걸린 경우 ④ 자전거를 타던 중에 브레이크를 밟았는데 차축이 부러져 전복되어 굴러 떨어져 큰 부상을 입은 경우 ⑤ 자동차 주행 중 히터의 호스가 빠져 실내에 뜨거운 물이 흩뿌려져 화상을 입은 경우 ⑥ 전산실의 에어컨이 돌연 기능을 정지해 온도가 올라가서 데이터가 망가진 경우 ⑦ 가게에서 구입한 햄버거에 들어 있는 금속이나 뼈에 입을 찔려 부상을 입은 경우
표시상의 결함	① 향수를 양초에 뿌렸는데 돌연 발화하여 어린이가 얼굴에 화상을 입은 경우 ② 휴대용 전화를 3년간 사용한 결과 뇌종양이 생긴 경우 ③ 어린이가 베이비오일을 잘못 마셔 뇌 장해를 일으킨 경우 ④ 다 쓴 라이터를 차 안에 방치했는데 폭발해 부상을 입은 경우 ⑤ 뢴트겐을 사용 중 X선이 누출되어 성불능이 된 경우 ⑥ 맥주를 계속 마시는 중에 알코올 중독증이 된 경우 ⑦ 포도당을 마신 어린이가 탈수증상을 일으킨 경우

6장 | 안전보건관리

01 안전보건관리의 개요 및 목적

1.1 안전보건관리의 정의

안전보건관리는 생산성의 향상과 재산손실(loss)의 최소화를 위하여 행하는 것으로 비능률적 요소인 안전사고가 발생하지 않은 상태를 유지하기 위한 활동, 즉 재해로부터의 인간의 생명과 재산을 보호하기 위한 계획적이고 체계적인 제반활동을 산업안전보건관리(industrial safety and health management)라 한다.

(1) 웹스터(Webster) 사전에서 정의한 안전의 의미

안전은 상해, 손실, 감손, 위해, 또는 위험에 노출되는 것으로부터의 자유를 말하며, 그와 같은 자유를 위한 보관, 보호, 또는 방호장치(guard)와 시건장치(locking system) 질병의 방지에 필요한 기술 및 지식을 안전이라고 한다.

(2) 하인리히(H. W. Heinrich)의 안전론

"안전은 사고의 예방"이며, "사고예방은 물리적 환경과 인간 및 기계의 관계를 통제하는 과학인 동시에 기술"이라고 하였다.

1.2 안전보건관리의 목적

(1) 인명의 존중(인도주의 실현)
(2) 사회복지의 증진
(3) 생산성의 향상
(4) 경제성의 향상

1.3 안전보건의 4M과 3E 대책

출제빈도 ★★★★

(1) 안전보건의 4M

가. 미국의 국가교통안전위원회가 채택하고 있는 방법

나. 4M은 인간이 기계설비와 안전을 공존하면서 근로할 수 있는 시스템의 기본조건이다.

다. 4M의 종류

① Man(인간): 인간적 인자, 인간관계

② Machine(기계): 방호설비, 인간공학적 설계

③ Media(매체): 작업방법, 작업환경

④ Management(관리): 교육훈련, 안전법규 철저, 안전기준의 정비

(2) 안전보건의 3E 대책

안전보건대책의 중심적인 내용에 대해서는 3E가 강조되어 왔다.

가. 3E의 종류

① Engineering(기술)

② Education(교육)

③ Enforcement(강제)

나. 3E는 산업재해가 기계적 또는 물리적으로 부적절한 환경, 지식 또는 기능의 결여·부적절한 태도, 육체적 부적합의 어느 것인가가 주원인이 되어 발생한다고 하는 이해가 기초로 되어 있다.

(3) 재해예방의 4원칙

가. 예방가능의 원칙　　나. 손실우연의 원칙

다. 원인계기의 원칙　　라. 대책선정의 원칙

02 산업재해

2.1 산업재해의 정의

출제빈도 ★★★★

(1) 산업안전보건법에 의한 산업재해의 정의

산업재해라 함은 근로자가 업무에 관계되는 건설물, 설비, 원재료, 가스, 증기, 분진 등

에 의하거나 작업 또는 그 밖의 업무로 인하여 사망 또는 부상하거나 질병에 걸리는 것을 말한다.

(2) 블레이크(R. P. Blake)의 산업재해의 정의

산업재해란 관련하는 산업활동의 정상적인 진행을 저지하고, 또는 방해하는 사건이 일어나는 것을 말한다.

(3) 중대재해

중대재해라 함은 산업재해 중 사망 등 재해의 정도가 심한 것으로서 고용노동부령이 정하는 다음과 같은 재해를 말한다.

가. 사망자가 1인 이상 발생한 재해

나. 3개월 이상 요양을 요하는 부상자가 동시에 2인 이상 발생한 재해

다. 부상자 또는 질병자가 동시에 10인 이상 발생한 재해

2.2 산업재해의 종류

(1) 재해와 사고의 의미

가. 재해: 물체, 물질, 인간 또는 방사선의 작용 또는 반작용에 의해서 인간의 상해 또는 그 가능성이 생기는 것과 같은 예상 외의 더욱이 억제되지 않은 사상을 말한다.

나. 사고: 상해·사망, 생산손실 또는 재산상의 피해를 초래하는 뜻하지 않은 사건을 말한다. 직무수행 준거 중 한 개인의 근무연수에 따른 변화는 결근, 이직, 생산성에 비해 사고는 빈도가 낮아 비교적 변화가 적다.

다. 아차사고(near-accident): 사고가 나더라도 손실을 전혀 수반하지 않는 경우를 말한다.

(2) 재해

일반적으로 재해는 천재(자연재해)와 인재(인위재해)의 두 가지로 나뉜다.

가. 천재(天災): 원칙적으로 인재는 예방할 수 있으나 현재의 기술로 천재의 발생을 미연에 방지한다는 것은 불가능하다.

① 지진 ② 태풍

③ 홍수 ④ 번개

⑤ 기타(적설, 동결, 이상건조, 갈수 등)

나. 인재(人災): 인재는 예방가능하며, 인재가 생긴 후에 대책만을 생각하는 것이 아니라 생기기 전의 대책을 고려하는 것이 중요하다.

① 공장재해: 근로상해, 공업중독, 직업병, 화재 및 폭발 등

② 광산재해: 낙반, 갱내 화재 등

③ 교통재해: 전복, 충돌 등

④ 항공재해: 추락 등

⑤ 선박재해: 표류, 화재 등

⑥ 도시재해: 화재, 오염 등

⑦ 학교재해: 학생, 교직원 재해 등

⑧ 공공재해: 광장 또는 공공건물에 모이는 군중에 의한 재해

⑨ 가정재해: 가정에서의 가스누출, 화재 등의 재해

2.3 재해위험의 분류

위험으로 인한 결과적인 현상으로서 부상재해가 발생하는 것이므로 안전의 반대는 재해가 아니라 위험이다.

(1) 위험과 유해의 정의

가. 위험: 물(物) 또는 환경에 의한 부상 등의 발생가능성을 갖는 경우(안전)

나. 유해: 물(物) 또는 환경에 의한 질병의 발생이 필연적인 경우(위생)

(2) 위험의 분류

가. 기계적 위험: 기계·기구 기타의 설비로 인한 위험을 기계적 위험이라 한다.

① 접촉적 위험: 틈에 끼임, 말려 들어감, 잘림, 스침, 격돌, 찔림

② 물리적 위험: 비래, 추락, 전락, 낙하물에 맞음

③ 구조적 위험: 파열, 파괴, 절단

나. 화학적 위험: 폭발성 물질, 발화성 물질, 인화성 물질, 그 밖에 산화성 물질, 가연성의 가스 또는 분진 등의 위험물질에 의한 위험을 말한다.

① 폭발, 화재위험: 폭발성 물질, 발화성 물질, 산화성 물질, 인화성 물질, 가연성 가스

② 생리적 위험: 부식성 물질, 독극성 물질

다. 에너지 위험: 전기에너지의 위험 또는 화염, 용융고열물, 기타 고온 물체 등에 의한 화상을 말한다.

① 전기적 위험: 감전, 과열, 발화, 눈의 장해

② 열 기타의 에너지 위험: 화상, 방사선 장해, 눈의 장해

라. 작업적 위험: 작업방법에 의한 위험 또는 작업장소 자체에서 발생하는 위험을 말한다.

① 작업방법적 위험: 추락, 전도, 비래, 낙하물에 맞음, 격돌, 사이에 낌

② 장소적 위험: 추락, 전도, 붕괴, 낙하물에 맞음, 격돌

2.4 산업재해의 발생과 원인

출제빈도 ★★★★

2.4.1 산업재해의 발생원리

(1) 하인리히의 산업안전의 원리

가. 상해의 발생은 항상 완성된 요인의 연쇄에서 일어난다. 이 가운데 최후의 요소는 바로 사고이다. 사고는 항상 사람의 불안전한 행동과 기계적·물리적 위험에 의해서 일어난다.

나. 사람의 불안전한 행동은 많은 사고 및 재해의 원인이 된다.

다. 불안전 행동에 의해서 영구노동 불능상해를 입은 자는 대개의 경우 같은 불안전 행동을 300회 이상이나 반복하면서 구사일생을 얻을 수 있었다는 것이다. 마찬가지로 사람은 하나의 상해를 입기 전에 수백 회의 기계적인 위험에 노출되고 있다.

라. 상해의 강도는 거의 우연이라는 것이다. 즉, 상해에 귀착하는 사고의 발생은 거의 예방할 수 있다.

마. 경영자측은 사고의 발생을 방지하는 기회와 능력을 보다 많이 가지고 있으므로 이에 대한 책임을 강구하여야 한다.

바. 산업안전에 대한 인도적 자극은 다음 두 가지의 강력한 경제적 요소에 의해서 보충된다.

① 안전의 확립은 생산적이며, 불안전은 비생산적이다.

② 배상의 요구나 치료에 대한 상해의 직접비용은 사용자가 지불하여야 할 비용합계의 1/4밖에 되지 않는다(하인리히 1 : 4).

사. 감독자는 산업재해 예방의 중심인물이다. 그의 감독기술을 작업자의 작업관리에 적용한다는 것은 재해를 예방하는 성공의 열쇠이다.

(2) 재해발생의 원인

재해원인은 통상적으로 직접원인과 간접원인으로 나누어지며, 직접원인은 불안전한 행

동(인적원인)과 불안전한 상태(물적원인)로 나누어진다.

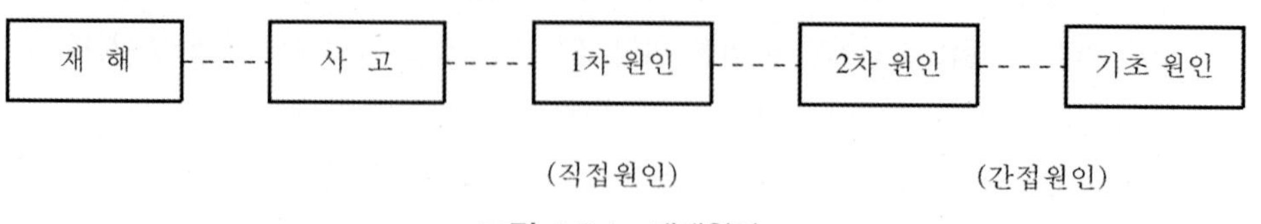

그림 3.6.1 재해원인

가. 직접원인

① 물적원인: 불안전한 상태

(a) 물 자체의 결함

(b) 안전방호 장치의 결함

(c) 복장, 보호구의 결함

(d) 기계의 배치 및 작업장소의 결함

(e) 작업환경의 결함

(f) 생산공정의 결함

(g) 경계표시 및 설비의 결함

② 인적원인: 불안전한 행동

(a) 위험장소 접근

(b) 안전장치의 기능 제거

(c) 복장, 보호구의 잘못 사용

(d) 기계, 기구의 잘못 사용

(e) 운전 중인 기계장치의 손실

(f) 불안전한 속도조작

(g) 위험물 취급부주의

(h) 불안전한 상태방치

(i) 불안전한 자세동작

나. 간접원인

① 기술적 원인: 기계·기구·설비 등의 방호 설비, 경계 설비, 보호구 정비 등의 기술적 불비 및 기술적 결함

② 교육적 원인: 안전에 관한 경험 및 지식부족 등

③ 신체적 원인: 신체적 결함(두통, 근시, 난청, 수면부족) 등

④ 정신적 원인: 태만, 불안, 초조 등

다. 기초원인

① 관리적 원인: 작업기준의 불명확, 제도의 결함 등

② 학교 교육적 원인: 학교의 안전교육의 부족 등

(3) 재해발생의 메커니즘

외부의 에너지가 작업자의 신체에 충돌, 작용하여 작업자의 생명기능 또는 노동기능을 감퇴시키는 현장을 산업재해라 하며, 재해발생의 기본적 모델은 다음과 같다.

가. 기인물: 그 발생사고의 근원이 된 것, 즉 그 결함을 시정하면 사고를 일으키지 않고 끝나는 물 또는 사상

나. 가해물: 사람에게 직접 위해를 주는 것

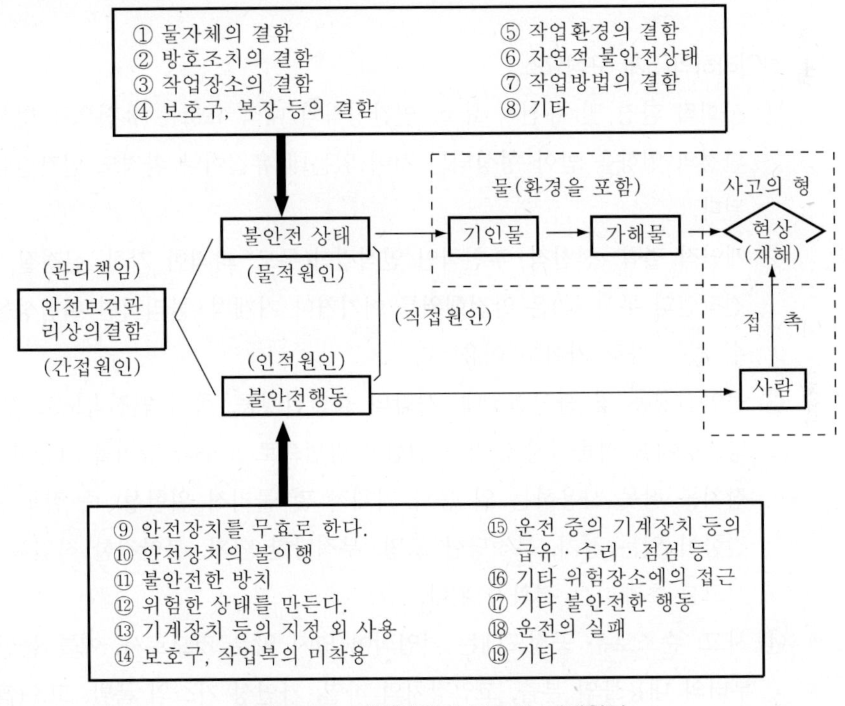

그림 3.6.2 재해발생의 구조와 재해원인

(4) 하인리히의 재해이론

가. 하인리히의 도미노 이론

각 요소들을 골패에 기입하고 이 골패를 넘어뜨릴 때 중간의 어느 골패 중 한 개를 빼어 버리면 사고까지는 연결되지 않는다는 이론이다.

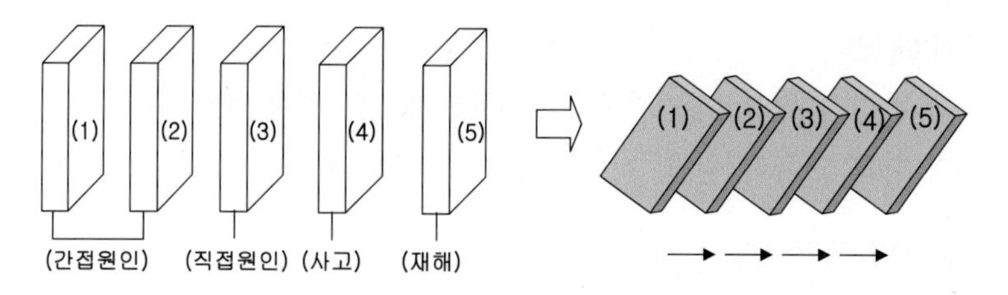

(1) 사회적 환경 및 유전적 요소
(2) 개인적 결함
(3) 불안전행동 및 불안전상태
(4) 사고
(5) 상해(산업재해)

그림 3.6.3 하인리히의 도미노 이론

나. 하인리히의 5개 구성요소

① 사회적 환경 및 유전적 요소: 인간성격의 내적 요소는 유전으로 형성되는 것과 환경의 영향을 받아 형성되는 것이 있는데 유전이나 환경도 인간결함의 원인이 된다.

② 개인적 결함: 선천적·후천적인 인적결함(무모, 과격한 기질, 신경질, 흥분성, 안전작업의 무시 등)은 안전행위를 어기거나 기계적·물리적인 위험성을 존재시킬 수 있는 가장 가까운 이유이다.

③ 불안전행동 및 불안전상태: 사람의 불안전행동, 즉 불안전속도로 작업하는 일, 방호장치를 작동하지 않거나 위험한 방법으로 도구나 장비를 사용하는 일, 방호장치를 잘못 사용하는 일 등과 기계적 및 물리적 위험성, 즉 잘못 관리되거나 결함이 있는 장치, 부적당한 조명, 부적당한 환기, 불안전한 작업복 등은 직접 사고를 초래하는 결과가 된다.

④ 사고: 순조로운 공정도에는 기입되어 있지 않은 것으로서, 예를 들면 배관으로부터의 내용물의 분출, 고압장치의 파열, 가연성 가스의 폭발, 고소(高所)로부터의 물체의 낙하, 전기기기의 누전 등 재해로 연결될 우려가 있는 이상상태를 말한다. 인적손실을 주는 사고를 인적 사고, 물적 손실을 주는 사고를 물적 사고라고 할 수 있다.

⑤ 상해(산업재해): 사람의 사망, 골절, 건강의 장해 등 사고의 결과로서 일어나는 상해이다. 예방될 수 있는 상해의 발생은 일련의 사건 또는 환경의 자연적 성취로서 그것은 항상 일정하고 논리적인 순서를 거쳐 일어나는 것이다.

다. 하인리히의 1 : 29 : 300의 법칙

동일사고를 반복하여 일으켰다고 하면 상해가 없는 경우가 300회, 경상의 경우가 29회, 중상의 경우가 1회의 비율로 발생한다는 것이다.

$$\text{재해의 발생} = \text{물적 불안전상태} + \text{인적 불안전행동} + \alpha$$
$$= \text{설비적 결함} + \text{관리적 결함} + \alpha$$
$$\alpha = \frac{300}{1+29+300} = \text{숨은 위험한 상태}$$

라. 재해예방의 5단계

하인리히는 산업안전 원칙의 기초 위에서 사고예방 원리라는 5단계적인 방법을 제시하였다.

① 제1단계(조직): 경영자는 안전목표를 설정하여 안전관리를 함에 있어 맨 먼저 안전관리 조직을 구성하여 안전활동 방침 및 계획을 수립하고 전문적 기술을 가진 조직을 통한 안전활동을 전개함으로써 작업자의 참여하에 집단의 목표를 달성하도록 하여야 한다.

② 제2단계(사실의 발견): 조직편성을 완료하면 각종 안전사고 및 안전활동에 대한 기록을 검토하고 작업을 분석하여 불안전요소를 발견한다. 불안전요소를 발견하는 방법은 안전점검, 사고조사, 관찰 및 보고서의 연구, 안전토의, 또는 안전회의 등이 있다.

③ 제3단계(평가분석): 발견된 사실, 즉 안전사고의 원인분석은 불안전요소를 토대로 사고를 발생시킨 직접적 및 간접적 원인을 찾아내는 것이다. 분석은 현장조사 결과의 분석, 사고보고, 사고기록, 환경조건의 분석 및 작업공장의 분석, 교육과 훈련의 분석 등을 통해야 한다.

④ 제4단계(시정책의 선정): 분석을 통하여 색출된 원인을 토대로 효과적인 개선방법을 선정해야 한다. 개선방안에는 기술적 개선, 인사조정, 교육 및 훈련의 개선, 안전행정의 개선, 규정 및 수칙의 개선과 이행 독려의 체제강화 등이 있다.

⑤ 제5단계(시정책의 적용): 시정방법이 선정된 것만으로 문제가 해결되는 것이 아니고 반드시 적용되어야 하며, 목표를 설정하여 실시하고 실시결과를 재평가하여 불합리한 점은 재조정되어 실시되어야 한다. 시정책은 교육, 기술, 규제의 3E 대책을 실시함으로써 이루어진다.

2.4.2 버드의 도미노 이론

(1) 버드는 제어의 부족, 기본원인, 직접원인, 사고, 상해의 5개 요인으로 설명하고 있다. 직접원인을 제거하는 것만으로도 재해는 일어날 수 있으므로, 기본원인을 제거하여야 한다.

그림 3.6.4 버드의 도미노 이론

가. 제어의 부족-관리

안전관리자 또는 손실제어 관리자가 이미 확립되어 있는 전문적인 관리의 원리를 충분히 이해함과 동시에 다음의 사항을 행하는 것이다.

① 안전관리 계획 및 스스로가 실시해야 할 직무계획의 책정

② 각 직무활동에서 하여야 할 실시기준의 설정

③ 설정된 기준에 의한 실적 평가

④ 계획의 개선, 추가 등의 수정

나. 기본원인-기원

재해 또는 사고에는 그 기본적 원인 또는 배후적 원인이 되는 개인에 관한 요인 및 작업에 관한 요인이 있다.

① 개인적 요인: 지식 및 기능의 부족, 부적당한 동기부여, 육체적 또는 정신적인 문제 등

② 작업상의 요인: 기계설비의 결함, 부적절한 작업기준, 부적당한 기기의 사용방법, 작업체제 등 재해의 직접원인을 해결하는 것보다도 오히려 근원이 되는 근본원인을 찾아내어 가장 유효한 제어를 달성하는 것이 중요하다.

다. 직접원인-징후

불안전한 행동 또는 불안전상태라고 말하는 것이다.

라. 사고-접촉

마. 상해-손실

2.4.3 아담스(Adams)의 연쇄이론

(1) 재해의 직접원인은 불안전한 행동과 불안전한 상태에서 유발되거나 전술적 에러를 방치하는 데에서 비롯된다는 이론이다.

그림 3.6.5 아담스(Adams)의 연쇄이론

가. 관리구조

① 목적(수행표준, 사정, 측정)

② 조직(명령체제, 관리의 범위, 권한과 임무의 위임, 스탭)

③ 운영(설계, 설비 등)

나. 작전적 에러: 관리자나 감독자에 의해 만들어진 에러이다.

① 관리자의 행동: 정책, 목표, 권위, 결과에 대한 책임 등과 같은 영역에서 의사결정이 잘못 행해지거나 행해지지 않는다.

② 감독자의 행동: 행위, 책임, 권위, 규칙 등과 같은 영역에서 관리상의 잘못 또는 생략이 행해진다.

다. 전술적 에러: 불안전한 행동 및 불안전한 상태를 전술적 에러라 일컫는다.

라. 사고: 사고의 발생 무상해사고, 물적 손실사고

마. 상해: 대인, 대물

2.5 재해 발생 형태

출제빈도 ★★★★

(1) 단순 자극형(집중형)

발생 요소가 독립적으로 작용하여 일시적으로 요인이 집중하는 형태이다.

(2) 연쇄형

연쇄적인 작용으로 재해를 일으키는 형태이다.

(3) 복합형

단순 자극형과 연쇄형의 복합적인 형태이며, 대부분의 재해 발생 형태이다.

03 재해조사와 원인분석

3.1 재해조사

(1) 재해조사의 목적

산업재해 조사는 같은 종류의 재해가 되풀이해서 일어나지 않도록 재해의 원인이 되는 위험한 상태 및 불안전한 행동을 미리 발견하고, 이것을 분석·검토하여 올바른 재해예방대책을 세우는 데 그 목적이 있다.

(2) 산업재해 발생보고

가. 사업주는 사망자 또는 3일 이상의 휴업이 필요한 부상을 입거나 질병에 걸린 자가 발생한 때에는 당해 산업재해가 발생한 날부터 1개월 이내에 산업재해 조사표를 작성하여 관할 지방고용노동청장 또는 지청장(이하 "지방고용노동관서의 장"이라 한다)에게 제출하여야 한다.

나. 사업주는 중대재해가 발생한 때에는 24시간 이내에 다음 각 호의 사항을 관할 지방노동관서의 장에게 전화·모사전송 등 기타 적절한 방법에 의하여 보고하여야 한다. 다만, 천재·지변 등 부득이한 사유가 발생한 경우에는 그 사유가 소멸된 때부터 24시간 이내에 이를 보고하여야 한다.

3.2 재해조사의 원리

(1) 재해조사에 참가하는 자는 항상 객관적이고 공평한 입장을 유지함이 중요하다.
(2) 재해조사는 발생 후 현장이 변경되지 않은 가운데 실시하는 것이 중요하다.
(3) 재해와 관계있다고 생각되는 것은 모두 수집하여 보관하는 것이 필요하다.
(4) 시설의 불안전상태나 작업자의 불안전행동에 유의하여 조사하다.
(5) 되도록이면 목격자나 현장책임자로부터 설명을 듣도록 해야 한다(피해자의 설명 포함).
(6) 현장의 평상시 상식이나 관습에 대해서도 직장의 책임자로부터 듣는다.
(7) 재해현장의 상황에 대해서는 될 수 있는 대로 사진이나 도면을 작성하여 기록하여 둔다.
(8) 목적에 맞지 않는 불필요한 항목의 조사는 피한다.

3.3 재해조사의 순서

(1) 사실의 확인

재해발생 상황을 피해자, 목격자 기타 관계자에 대하여 현장조사를 함으로써 작업의 개시부터 재해가 발생할 때까지의 경과 가운데 재해와 관계가 있었던 사실을 분명히 한다.

가. 사람에 관한 사항

작업명과 그 내용, 단독, 공동작업별 피해자 및 공동작업자의 성명, 성별, 연령, 직종과 소속, 경험 및 근무연수, 자격, 면허 등에 대해 조사하며, 사람의 불안전 행동의 유무에 대하여 관계자로부터 사정을 청취한다.

나. 작업에 관한 사항

명령·지시·연락 등 정보의 유무와 그 내용, 작업의 자세, 사전협의, 인원배치, 준비, 작업방법, 작업조건, 작업순서, 작업장소의 정리·정돈 기타 작업환경 조건 등에 대해 조사한다.

다. 설비에 관한 사항

레이아웃, 기계설비, 방호장치, 위험방호 설비, 물질, 재료, 하물, 작업용구, 보호구, 복장 등에 대하여 조사함과 동시에 이들의 불안전 상태의 유무에 대해 관계자로부터 사정을 청취한다.

라. 이상의 사실에 대하여 5W1H의 원칙에 의거 시계열적으로 정리한다. 조사자의 주관과 추리가 들어가는 것은 금물이다.

(2) 직접원인과 문제점 발견

파악된 사실에서 재해의 직접원인을 확정함과 동시에 그 직접원인과 관련시켜 사내의 제기준에 어긋난 문제점의 유무와 그 이유를 분명히 한다.

가. 물적원인(불안전 상태)과 인적원인(불안전 행동)은 고용노동부의 분류기준에 따르고 있으나 사업장에서는 독자적인 별도의 기준을 작성하고 분류하는 것이 바람직하다.

나. 물적원인과 인적원인의 양쪽이 존재하는 재해가 대부분이라는 것은 이미 기술한 바 있으나 현장에서 이들의 원인을 발생시킨 작업의 관리상태가 제기준에 벗어난 것인가, 아닌가를 검토한다.

(3) 기본원인과 문제점 해결

불안전 상태 및 불안전 행동의 배후에 있는 기본원인을 4M의 생각에 따라 분석, 결정하여야 한다.

가. 재해의 직접원인이 된 불안전 상태 및 불안전 행동이 잠재하고 있었던 애초부터의 기본적 원인과 그것을 해결하기 위해서의 근본적 문제점을 분명히 해야 한다.

나. 2단계 직접원인과 문제점 발견에서 분명하게 된 직접원인 및 3단계에서 결정된 기본원인이 기준과 비교할 때 어긋난 것이 있는지 없는지를 검토하여야 한다.

(4) 대책 수립

대책은 최선의 효과를 가져올 수 있도록 구체적이며, 실시 가능한 대책이어야 한다.

3.4 재해조사 항목과 그 내용

출제빈도 ★★★★

(1) 조사항목

일반적으로 이루어지고 있는 재해조사 항목은 다음과 같다.

가. 발생연월일, 시간, 장소

나. 피재자의 성명, 성별, 연령, 경험

다. 피재자의 작업, 종류

라. 피재자의 상병 정도, 부위, 성질

마. 사고의 형태(발생형태)

바. 기인물

사. 가해물

아. 피재자의 불안전한 행동

자. 피재자의 불안전한 인적 요소

차. 기인물의 불안전한 상태

카. 관리적 요소의 결함

타. 기타 필요한 사항

(2) 사고 및 재해의 분석방법

가. 발생형태(사고형태)

① 정의: 발생형태란 상병을 받게 되는 근원이 된 기인물의 관계한 현상을 말한다.

② 발생형태에 따른 재해분류

(a) 추락: 사람이 건축물, 비계, 기계, 사다리, 나무 등에서 떨어지는 것

(b) 전도: 사람이 평면상에 넘어졌을 때를 말함

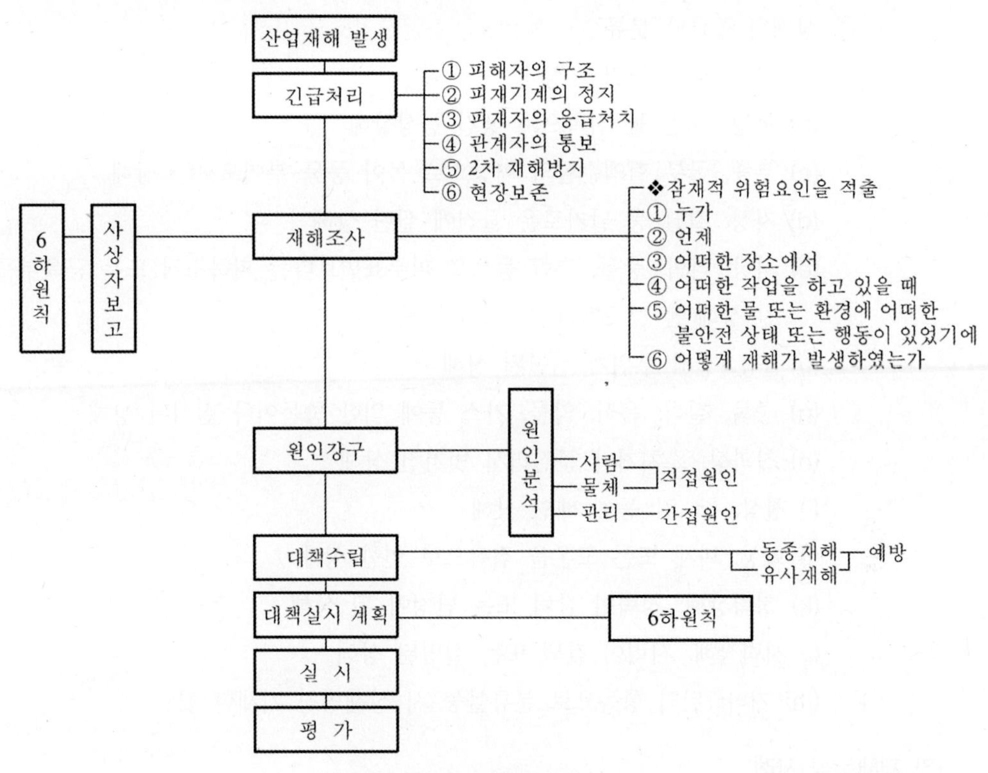

그림 3.6.6 재해발생 시의 조치

(c) 충돌: 사람이 정지물에 부딪친 경우

(d) 낙하, 비래: 물건이 주체가 되어 사람이 맞은 경우

(e) 붕괴, 도괴: 적재물, 비계 건축물 등이 넘어진 경우

(f) 협착: 물건에 끼워진 상태, 말려든 상태

(g) 감전: 전기 접촉이나 방전에 의해 사람이 충격을 받는 경우

(h) 폭발: 압력의 급격한 발생 또는 개방으로 폭음을 수반한 팽창이 일어난 경우

(i) 파열: 용기 또는 장치가 물리적 압력에 의해 파열된 경우

(j) 화재

(k) 무리한 동작: 부자연스런 자세 또는 동작의 반복으로 상해를 입은 경우

(l) 이상온도 접촉: 고온이나 저온에 접촉한 경우

(m) 유해물 접촉: 유해물 접촉으로 중독이나 질식된 경우

(n) 기타

나. 기인물: 재해를 가져오게 한 근원이 된 기계, 장치 기타의 물(物) 또는 환경을 말한다.

다. 상해의 종류: 부상이나 질병의 의학적 성질 또는 그 종류를 나타내는 것이다.

① 상해의 종류별 분류

(a) 골절: 뼈가 부러진 상태

(b) 동상: 저온 물 접촉으로 생긴 동상상해

(c) 부종: 국부 혈액순환의 이상으로 몸이 퉁퉁 부어오르는 상해

(d) 자상: 칼날 등 날카로운 물건에 찔린 상해

(e) 좌상: 타박, 충돌, 추락 등으로 피부표면보다는 피하조직 또는 근육부를 다친 상해(삔 것 포함)

(f) 절상: 신체 부위가 절단된 상해

(g) 중독, 질식: 음식, 약물, 가스 등에 의한 중독이나 질식된 상해

(h) 찰과상: 스치거나 문질러서 벗겨진 상해

(i) 창상: 창, 칼 등에 베인 상해

(j) 화상: 화재 또는 고온물 접촉으로 인한 상해

(k) 청력상해: 청력이 감퇴 또는 난청이 된 상해

(l) 시력장해: 시력이 감퇴 또는 실명된 상해

(m) 기타: 위의 항목으로 분류불능 시 상해명칭 기재할 것

(3) 재해분석 사례

가. 재해내용: 크레인으로 강재를 운반하던 도중 약해져 있던 와이어로프가 끊어지며 강재가 떨어졌다. 이때 작업구역 아래를 통행하던 작업자의 머리 위로 강재가 떨어졌으며, 안전모를 착용하지 않은 상태에서 발생한 사고라서 작업자는 큰 부상을 입었고, 이로 인하여 부상치료를 위해 4일간의 요양을 실시하였다.

나. 재해발생 형태: 낙하

다. 재해의 기인물: 크레인, 재해의 가해물: 강재

라. 불안전한 상태: 약해진 와이어로프, 불안전한 행동: 안전모 미착용과 위험구역 접근

04 산업재해 통계

일정기간에 발생한 산업재해에 대하여 재해 구성요소를 조사하여 발생요인을 해명함과 동시에 장래에 대한 효과적인 재해예방 대책을 수립함이 산업재해 통계의 목적이다.

4.1 산업재해의 정도

국제 통계회의에서 노동기능의 저하정도에 따라 구분(우리나라 사용)한다.

(1) 사망
(2) 영구전노동불능재해: 작업자로서의 노동기능을 완전히 상실
(3) 영구일부노동불능재해: 작업자로서의 노동기능을 일부상실
(4) 일시전노동불능재해: 신체장애를 수반하지 않은 일반의 휴업재해
(5) 일시일부노동불능재해: 취업시간 중 일시적으로 작업을 떠나서 진료를 받는 재해
(6) 구급처치재해: 구급처치를 받아 부상의 익일까지 정규작업에 복귀할 수 있는 재해

4.2 재해율

출제빈도 ★★★★

4.2.1 연천인율(年千人率)

(1) 작업자 1,000명당 1년을 기준으로 발생하는 사상자수를 나타낸다.

(2) 계산공식

$$\text{연천인율} = \frac{\text{연간 사상자수}}{\text{연평균 근로자수}} \times 1{,}000$$

(3) 연천인율의 특징

가. 재해발생 빈도에 근로시간, 출근율, 가동일수는 무관하다.
나. 산출이 용이하며 알기 쉬운 장점이 있다.
다. 작업자수는 총 인원을 나타내며, 연간을 통해 변화가 있는 경우에는 재적 작업자수의 평균값을 구한다.
라. 사상자수는 부상자, 직업병의 환자수를 합한 것이다.

4.2.2 도수율(Frequency Rate of Injury)

(1) 산업재해의 발생빈도를 나타내는 것으로 연근로시간 합계 100만 시간당 재해건수이다.

(2) 계산공식

$$\text{도수율}(FR) = \frac{\text{재해건수}}{\text{연근로시간수}} \times 10^6$$

(3) 현재 재해발생의 빈도를 표시하는 표준의 척도로서 사용하고 있다.

(4) 연근로시간수의 정확한 산출이 곤란할 때는 1일 8시간, 1개월 25일, 1년 300일을 시간으로 환산한 연 2,400시간으로 한다.

(5) 연천인율과 도수율과의 관계

가. 연천인율≃도수율 × 2.4

나. 도수율≃연천인율 ÷ 2.4

4.2.3 강도율(Severity Rate of Injury)

(1) 재해의 경중, 즉 강도를 나타내는 척도로서 연근로시간 1,000시간당 재해에 의해서 잃어버린 총요양근로손실일수를 말한다.

(2) 계산공식

$$\text{강도율}(SR) = \frac{\text{총요양근로손실일수}}{\text{연근로시간수}} \times 1,000$$

(3) 요양근로손실일수의 산정기준

표 3.6.1 요양근로손실일수의 산정기준

신체장해 등급	4	5	6	7	8	9	10	11	12	13	14
요양근로손실일수	5,500	4,000	3,000	2,200	1,500	1,000	600	400	200	100	50

※ 사망 및 1, 2, 3급의 요양근로손실일수: 7,500일

(4) 병원에 입원가료 시는 입원일수× $\frac{300}{365}$ 으로 계산한다.

(5) 요양근로손실일수=휴업일수(요양일수)× $\frac{300}{365}$

(6) 사망에 의한 요양근로손실일수 7,500일이란?

가. 사망자의 평균연령: 30세

나. 근로가능연령: 55세

다. 근로손실년수: 근로가능 연령－사망자의 평균연령＝25년

라. 연간근로손실일수: 약 300일

마. 사망으로 인한 요양근로손실일수＝연간근로일수×근로손실년수

＝300×25＝7,500일

4.2.4 환산강도율 및 환산도수율

도수율과 강도율을 생각할 경우 연근로시간은 10만 시간으로 하고, 10만 시간당 재해건수를 F(환산도수율), 근로손실일수를 S(환산강도율)라 하면 F와 S는 다음과 같이 나타낸다. 10만 시간은 작업자가 평생 일할 수 있는 시간으로 추정한 시간이다.

(1) 계산공식

가. $\text{환산도수율}(F) = \dfrac{\text{도수율}}{10}$

나. $\text{환신강도율}(S) = \text{강도율} \times 100$

(2) S/F는 재해 1건당 근로손실일수가 된다.

4.2.5 평균강도율

평균강도율은 재해 1건당 근로손실일수를 말한다.

$$\text{평균강도율} = \frac{\text{환산강도율}(S)}{\text{환산도수율}(F)} = \frac{\text{강도율}}{\text{도수율}} \times 1{,}000$$

4.2.6 체감산업안전평가지수

작업자가 느끼는 안전의 정도를 도수율과 강도율과의 관계를 밝혀 작업자가 느끼는 안전의 정도를 나타내는 지수로 한국의 작업자가 실제로 느끼는 위험정도를 나타낸다.

$$\text{체감산업안전평가지수} = 0.2 \times \text{도수율} + 0.8 \times \text{강도율}$$

4.2.7 종합재해지수(Frequency Severity Indicator; FSI)

일반적으로 재해통계에 사용되는 재해지수로 도수율, 강도율, 연천인율 등이 통계지수로 활용되고 있으나 기업 간의 재해지수의 종합적인 비교를 위하여 재해 빈도와 상해의 정도를 종합하여 나타내는 지수로 종합재해지수가 이용되고 있다. 그 산출공식은 다음과 같다.

$$\text{종합 재해지수} = \sqrt{\text{도수율} \times \text{강도율}}$$

05 재해손실비용

5.1 하인리히의 방식

(1) 총 재해비용＝직접비＋간접비(직접비의 4배)

(2) 직접비: 간접비＝1 : 4

(3) 직접비(재해로 인해 받게 되는 산재 보상금)

표 3.6.2 직접비의 구분

휴업급여	평균임금의 70/100
장애급여	1~14급(산재장애 등급)
요양급여	병원에 지급(요양비 전액)
유족급여	평균임금의 1,300일분
장의비	평균임금의 120일분
유족 특별급여	
장해 특별급여	

(4) 간접비: 직접비를 제외한 모든 비용

가. 인적 손실　　나. 물적 손실

다. 생산손실　　라. 특수손실

마. 기타손실

(5) 하인리히의 1 : 4는 미국 전 산업의 평균값으로 업종에 따라서는 다르기 때문에(제철업 1 : 17), 모든 사업장에 적용하기에는 문제가 있다.

5.2 시몬즈의 방식

(1) 총 재해비용＝보험비용＋비보험비용

(2) 보험비용＝산재보험료(반드시 사업장에서 지출)

(3) 비보험비용＝(A×휴업상해건수)＋(B×통원상해건수)＋(C×응급처치건수)
＋(D×무상해사고건수)

여기서, A, B, C, D는 장애정도별 비보험비용의 평균치이다.

표 3.6.3 상해의 구분

휴업상해	영구일부노동불능 및 일시전노동불능
통원상해	일시일부노동불능 및 의사의 처치를 필요로 하는 통원상해
응급처치상해	응급처치 및 20달러 미만의 손실 또는 7시간 미만의 휴업으로 되는 의료처치상해
무상해사고	의사처치를 필요로 하지 않을 정도의 상해 및 20달러 이상의 재산손실 또는 7시간 이상의 손실을 나타낸 사고

06 안전보건교육

6.1 안전보건교육의 필요성 및 목적

(1) 안전보건교육의 필요성

가. 생산 기술의 급격한 발전과 변화에 따라 생산 공정이나 작업 방법에 변화가 생기고 이에 해당되는 새로운 안전 기술 및 지식 등을 작업자에게 일깨워 줄 필요가 있다.

나. 작업자에게 생산 현장의 위험성이나 유해성, 원자재의 취급 지식과 방법에 대한 안전을 교육을 통하여 행동으로 옮길 수 있도록 태도를 형성시킬 필요가 있다.

다. 과거에 발생했던 중대재해의 사례를 분석하고, 적절한 대책을 세울 수 있는 능력을 배양하도록 교육시킬 필요가 있다.

라. 안전 지식과 태도 교육을 통하여 창의성 있는 특성을 개발시켜 자주적인 안전에 대한 가치관을 심어줄 필요가 있다.

(2) 안전보건교육의 목적

가. 사업장 산업재해의 예방

나. 작업자의 생명과 신체 보호

다. 안전 유지를 위한 안전한 지식과 기능 및 태도 형성

라. 생산능률과 생산성의 향상

6.2 교육의 3요소

교육의 3요소는 아래와 같다.

(1) 교육의 주체: 교사

(2) 교육의 개체: 학생

(3) 교육의 매개체: 교재

6.3 교육의 원칙

(1) 상대방의 입장에서 교육을 실시한다.

(2) 동기를 부여하여야 한다.

(3) 쉬운 것으로부터 점차 어려운 것으로 교육을 실시하여야 한다.

(4) 반복적으로 교육하여야 한다.

(5) 한 번에 한 가지씩 교육하여야 한다.

(6) 추상적이고 관념적이 아닌 구체적인 설명이 중요하다.

(7) 오감을 활용한다.

(8) '왜 그렇게 하지 않으면 안되는가'의 기능적 이해가 중요하다.

6.4 산업안전보건법상의 안전보건교육

(1) 신규채용 시 교육

가. 교육대상: 신규로 채용한 근로자

나. 교육시간

① 일용 근로자를 제외한 근로자: 8시간 이상

② 일용 근로자: 1시간 이상

다. 교육내용

① 기계, 기구의 위험성 및 취급방법

② 원재료의 유해성 및 취급방법

③ 안전장치 또는 보호구의 취급방법

④ 작업절차

⑤ 작업시작 전 점검사항

⑥ 위험 또는 건강장해의 예방방법

⑦ 사고 시 응급처치 및 대피요령

(2) 작업내용 변경 시 교육

가. 교육대상: 작업내용이 변경된 근로자

나. 교육시간

① 일용 근로자를 제외한 근로자: 2시간 이상

② 일용 근로자: 1시간 이상

(3) 특별안전보건 교육

가. 교육대상: 유해 또는 위험작업으로 인하여 특별 교육을 받아야 할 근로자

나. 교육시간

① 일용 근로자를 제외한 근로자: 16시간 이상

② 일용 근로자: 2시간 이상

다. 40종의 유해·위험작업 중 대표적인 작업 종류

① 고압실내 작업

② 용접 작업

③ 화학설비의 탱크 내 작업

④ 건설용 리프트·곤도라를 이용한 작업

⑤ 주물 및 단조작업

⑥ 로봇 작업

(4) 일반 근로자 교육

가. 교육대상: 신규채용 시 교육을 이수하고 사업장에 근무하고 있는 근로자

나. 교육시간: 연 24시간 이상

다. 교육내용

① 안전보건관리 개요

② 직장과 가정의 안전관리

③ 표준작업 방법

④ 작업환경의 안정화

⑤ 안전한 태도

⑥ 기타 안전관리자가 필요하다고 정하는 교육

(5) 관리감독자 교육

가. 교육대상: 관리감독자

나. 교육시간: 연 16시간 이상

다. 교육내용

① 현장관리 감독자의 안전보건 책임과 직무

② 작업환경관리 및 안전작업 방법
③ 안전보건 개선방법
④ 사고발생 시 조사방법
⑤ 산업안전보건법

07 보호구

작업자가 신체의 일부에 직접 착용하여 각종 물리적·화학적 위험요소로부터 신체를 보호하기 위한 보호장구를 말하며, 소극적인 보호 방법임을 유의해서 적극적인 대책을 먼저 강구하고 이 대책이 불가능할 경우에만 보호구를 사용한다.

7.1 보호구의 구비조건

보호구의 구비조건은 다음과 같다.

(1) 착용 시 작업이 용이할 것
(2) 유해 위험요소로부터 방호 성능이 충분할 것
(3) 재료의 품질이 우수할 것
(4) 구조 및 표면가공이 우수할 것
(5) 겉모양과 보기가 좋을 것

7.2 보호구 선정 시 유의사항

보호구 선정 시 유의사항은 다음과 같다.

(1) 사용목적에 적합한 것
(2) 공업 규정에 합격하고 보호 성능이 보장되는 것
(3) 작업에 방해되지 않는 것
(4) 착용이 쉽고 크기 등이 사용자에게 편리한 것

7.3 보호구의 종류

안전인증대상보호구에는 안전모, 보안경, 보안면, 방진마스크, 방독마스크, 송기마스크, 전동식 호흡보호구, 귀마개, 귀덮개, 안전장갑, 안전대, 보호복, 안전화 등이 있다.

보호구는 일반적으로 국가검정을 받은 후 판매되므로 보호구의 형식, 종류, 등급들이 정해져 있다. 그러므로 안전보건관리자는 산업안전보건법에서 정하고 있는 보호구에 대한 검정 규격을 알고 있어야 필요에 따라 보호구를 선택할 수 있다.

(1) 안전보호구

가. 두부에 대한 보호구: 안전모
나. 얼굴에 대한 보호구: 보안면
다. 손에 대한 보호구: 안전장갑
라. 추락방지를 위한 보호구: 안전대
마. 발에 대한 보호구: 안전화

(2) 위생보호구

가. 눈을 보호하기 위한 보호구: 보안경
나. 유해 화학물질의 흡입 방지를 위한 보호구: 방진마스크, 방독마스크, 송기마스크, 전동식 호흡보호구
다. 소음을 차단하기 위한 보호구: 귀마개, 귀덮개
라. 몸 전체를 방호하기 위한 보호구: 보호복

08 위험성평가 및 관리

8.1 위험성평가의 정의 및 개요

(1) 위험성평가의 정의

사업장의 유해·위험요인을 파악하고 해당 유해·위험요인에 의한 부상 또는 질병의 발생 가능성(빈도)과 중대성(강도)을 추정·결정하고 감소 대책을 수립하여 실행하는 일련의 과정을 말한다.

(2) 위험성평가의 개요

위험성평가는 최초평가 및 수시평가, 정기평가로 구분하여 실시한다. 최초평가와 정기평가는 전체 작업을 대상으로 하는 반면, 수시평가는 평가대상과 사유발생 시기에 실시하는 것이며 실시 방법은 동일하다고 할 수 있다.

8.2 위험성평가의 단계별 수행내역

(1) 1단계: 사전준비

가. 평가대상을 공정(작업)별로 분류하여 선정한다.

나. 작업공정 흐름도에 따라 평가대상 공정(작업)이 결정되면 사업장 안전보건상 위험정보를 작성하여 평가대상 및 범위를 확정한다.

(2) 2단계: 위험요인의 도출

위험을 주로 기계(Machine), 물질 및 환경(Media), 인적(Man), 관리(Management) 등의 4M으로 구분하여 평가한다.

(3) 3단계: 위험도 계산

2단계에서 도출된 위험요인별 사고 빈도(가능성)와 사고의 강도(피해 크기)를 조합하여 위험도를 계산하며, 사업장의 특성에 따라 사고의 빈도와 사고의 강도를 3~6단계로 정한다.

위험도＝사고의 빈도 × 사고의 강도

여기서, 사고의 빈도: 위험이 사고로 발전될 확률, 폭로 빈도와 시간

사고의 강도: 부상 및 건강장애 정도, 재산손실 크기

(4) 4단계: 위험도 평가

가. 3단계에서 도출된 위험도 계산 값에 따라 허용할 수 있는 범위의 위험인지, 허용할 수 없는 위험인지 여부를 판단하는 단계이다.

나. 위험성의 크기가 안전한 수준이라고 판단되면, 잔류 위험성이 어느 정도 존재하는지를 명기하고 종료 절차에 들어간다.

다. 안전한 수준이라고 인정되지 않으면 위험성을 감소시키는 개선대책을 수립하는 절차를 반복한다.

(5) 5단계: 개선대책 수립

가. 위험도가 높은 순으로 개선대책을 수립한다.

나. 개선대책은 현재의 안전조치 상태를 고려하여 구체적으로 수립한다.

다. 개선일정은 위험도 수준, 정비일정 및 소요경비 등을 고려해야 한다.

라. 개선대책 후 잔여 유해 및 위험요인에 대한 정보를 게시하고 교육을 실시한다.

09 안전보건실무

9.1 안전보건관리체제

(1) 산업안전보건법의 안전보건관리 체계

산업안전보건법에서 분류하는 안전보건관리 체계를 요약하면 그림 3.6.7과 같다.

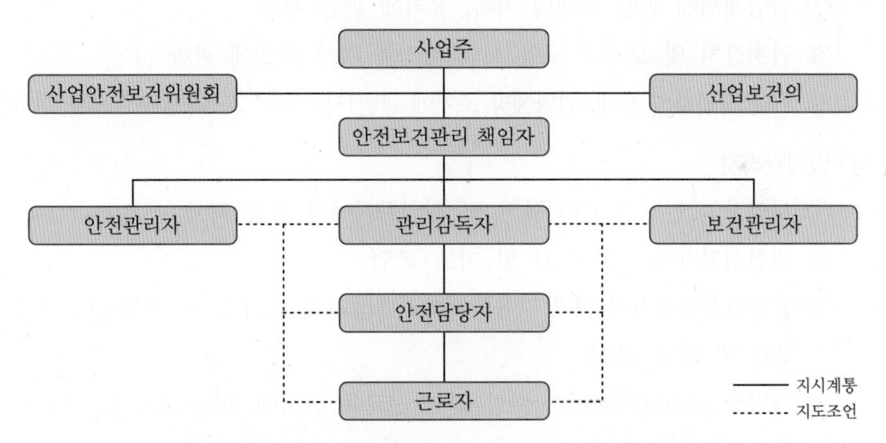

그림 3.6.7 산업안전보건법의 안전보건관리 체계

(2) 안전보건관리 조직의 목적 및 구비조건

가. 목적

① 모든 위험의 제거

② 위험 제거 기술의 수준 향상

③ 재해 예방율의 향상

④ 단위당 예방비용의 저감

나. 구비조건

① 회사의 특성과 규모에 부합되게 조직되어야 한다.
② 조직의 기능이 충분히 발휘될 수 있는 제도적 체계를 갖추어야 한다.
③ 조직을 구성하는 관리자의 책임과 권한이 분명하여야 한다.
④ 생산라인과 밀착된 조직이어야 한다.

(3) 안전보건관리 조직의 책임 및 업무

가. 안전보건관리 책임자

① 산업재해 예방계획의 수립에 관한 사항
② 안전보건관리규정의 작성 및 변경에 관한 사항
③ 작업자의 안전, 보건 교육에 관한 사항
④ 작업환경의 점검 및 개선에 관한 사항
⑤ 건강관리에 관한 사항
⑥ 산업재해 원인조사 및 재발방지 대책의 수립에 관한 사항
⑦ 산업재해에 관한 통계의 기록, 유지에 관한 사항
⑧ 안전장치 및 보호구 구입 시의 적격품 여부 확인에 관한 사항
⑨ 기타 작업자의 유해, 위험예방 조치에 관한 사항으로 고용노동부령으로 정하는 사항

나. 안전관리자

① 사업장의 안전보건관리규정 및 취업규칙에서 정한 직무
② 위험성평가에 관한 보좌 및 지도·조언
③ 안전인증대상기계 등과 자율안전확인대상기계 등 구입 시 적격품의 선정에 관한 보좌 및 지도·조언
④ 사업장 안전교육계획의 수립 및 안전교육 실시에 관한 보좌 및 지도·조언
⑤ 사업장 순회점검, 지도 및 조치 건의
⑥ 산업재해 발생의 원인 조사·분석 및 재발 방지를 위한 기술적 보좌 및 지도·조언
⑦ 산업재해에 관한 통계의 유지·관리·분석을 위한 보좌 및 지도·조언
⑧ 법 또는 법에 따른 명령으로 정한 안전에 관한 사항의 이행에 관한 보좌 및 지도·조언
⑨ 업무 수행 내용의 기록·유지
⑩ 기타 안전에 관한 사항으로서 고용노동부장관이 정하는 사항

다. 보건관리자

① 산업안전보건위원회 또는 노사협의체에서 심의·의결한 업무와 안전보건관리정

및 취업규칙에서 정한 업무

② 안전인증대상기계 등과 자율안전확인대상기계 등 중 보건과 관련된 보호구 구입 시 적격품 선정에 관한 보좌 및 지도·조언

③ 위험성평가에 관한 보좌 및 지도·조언

④ 물질안전보건자료의 게시 또는 비치에 관한 보좌 및 지도·조언

⑤ 산업보건의의 직무

⑥ 사업장 보건교육계획의 수립 및 보건교육 실시에 관한 보좌 및 지도·조언

⑦ 사업장의 근로자를 보호하기 위한 의료행위

⑧ 작업장 내에서 사용되는 전체 환기장치 및 국소 배기장치 등에 관한 설비의 점검과 작업방법의 공학적 개선에 관한 보좌 및 지도·조언

⑨ 사업장 순회점검, 지도 및 조치 건의

⑩ 산업재해 발생의 원인 조사·분석 및 재발 방지를 위한 기술적 보좌 및 지도·조언

⑪ 산업재해에 관한 통계의 유지·관리·분석을 위한 보좌 및 지도·조언

⑫ 법 또는 법에 따른 명령으로 정한 보건에 관한 사항의 이행에 관한 보좌 및 지도·조언

⑬ 업무 수행 내용의 기록·유지

⑭ 기타 보건과 관련된 작업관리 및 작업환경관리에 관한 사항으로서 고용노동부장관이 정하는 사항

9.2 안전보건관리 개선계획의 수립 및 평가

산업재해 예방을 위하여 종합적 개선조치가 필요한 사업장에 대하여 잠재 위험을 발굴하고 개선함으로써 재해 감소 및 근원적인 안전성을 확보하는 제도이다.

(1) 대상 사업장

가. 당해 사업장의 재해율이 동종업종의 평균 재해율보다 높은 사업장

나. 유해위험 업무를 수행하는 사업장으로서 작업환경이 현저히 불량한 사업장

다. 중대재해가 연간 2건 이상

라. 안전·보건 진단을 받은 사업장

마. 기타 고용노동부 장관이 정하는 사업장

(2) 안전보건관리계획의 주요 내용

가. 안전보건 시설

나. 안전보건 교육

다. 안전보건 관리체계

라. 산업재해 방지 및 작업환경의 개선을 위해 필요한 사항

9.3 건강진단 및 관리

(1) 건강진단의 정의

작업자는 일하는 동안 다양한 유해인자에 노출될 수 있기 때문에 건강진단을 통해 건강 이상을 조기에 발견하고 관리하여 직업성 질환을 예방하는 것이 필요하다.

(2) 건강진단의 종류

가. 일반건강진단

상시 작업자의 건강관리를 위하여 주기적으로 실시하는 진단

나. 특수건강진단

유해인자에 노출되는 업무에 종사하는 작업자에게 실시하는 진단

다. 배치 전 건강진단

특수건강진단 대상 업무에 종사할 작업자에 대하여 배치 예정업무에 대한 적합성 평가를 위해 실시하는 진단

라. 수시건강진단

특수건강진단 대상 업무로 인하여 건강장해를 의심하게 하는 증상을 보이거나 의학적 소견이 있는 작업자에 대하여 실시하는 진단

마. 임시건강진단

특수건강진단 대상 유해인자 또는 그 밖의 유해인자에 의한 중독 여부, 직업병 유소견자가 발생하거나 여러 명 발생할 우려가 있는 경우, 질병의 발생원인 등을 확인하기 위하여 실시하는 진단

9.4 물질안전보건자료(MSDS)

물질안전보건자료(Material Safety Data Sheet; MSDS)는 화학물질의 유해성, 위험성, 응급조치 요령, 취급방법 등을 설명한 자료이다. 사업주는 MSDS상의 정보를 통해 사업장에서 취급하는 화학물질에 대한 관리를 하고, 작업자는 이를 통해 화학물질의 유해성 및 위험성 등에 대한 정보를 알고 직업병이나 사고로부터 스스로를 보호할 수 있게 한다.

(1) 물질안전보건자료(MSDS)의 구성

가. 물질안전보건자료는 아래와 같은 항목으로 구성되어 있다.

① 화학제품과 회사에 관한 정보
② 유해성 및 위험성
③ 구성 성분의 명칭 및 함유량
④ 응급조치 요령
⑤ 폭발, 화재 시 대처방법
⑥ 누출 사고 시 대처방법
⑦ 취급 및 저장방법
⑧ 노출 방지 및 개인보호구
⑨ 물리화학적 특성
⑩ 안전성 및 반응성
⑪ 독성에 관한 정보
⑫ 환경에 미치는 영향
⑬ 폐기 시 주의사항
⑭ 운송에 필요한 정보
⑮ 법적 규제 현황
⑯ 그 밖의 참고사항

나. 사업장에서 취급되는 화학물질에 대한 MSDS는 상황에 따라 위 항목에서 필요한 정보를 이용할 수 있다.

(2) 물질안전보건자료(MSDS) 관련 주요 내용

가. 화학물질을 양도·제공하는 자

① 양도·제공받는 자에게 MSDS를 작성하여 제공하여야 한다.
② 용기 및 포장에 경고 표시를 하여야 한다.

나. 화학물질을 양도·제공받는 자

① 작업장 내에서 취급하는 화학물질의 MSDS를 작업자가 쉽게 볼 수 있는 장소에 게시하거나 비치하여야 한다.

② 화학물질을 담은 용기에 경고 표시를 하여야 한다.

③ 화학물질을 취급하는 작업공정별로 관리 요령을 게시하여야 한다.

④ 관리대상 유해물질을 취급하는 작업장의 보기 쉬운 장소에 명칭 등을 게시하여야 한다.

⑤ 화학물질을 취급하는 작업자에 대한 교육을 하고 교육시간·내용 등을 기록·보존하여야 한다.

9.5 안전보건표지

(1) 안전보건표지의 목적

위험한 기계·기구 또는 자재의 위험성을 표시로 경고하여 재해를 사전에 방지한다.

(2) 안전보건표지의 종류

가. 금지표지: 특정한 행동을 금지시키는 표지

① 바탕: 흰색

② 기본 모형: 빨간색

③ 관련 부호 및 그림: 검정색

나. 경고표지: 위해 또는 위험물에 대한 주의를 환기시키는 표지

① 바탕: 노란색

② 기본 모형: 검정색

③ 관련 부호 및 그림: 검정색

다. 지시표지: 보호구 착용을 지시하는 표지

① 바탕: 파랑색

② 관련 부호 및 그림: 회색

라. 안내표지: 비상구, 의무실, 구급용구 등의 위치를 알리는 표지

① 바탕: 흰색, 녹색

② 기본 모형: 녹색

③ 관련 부호 및 그림: 녹색, 흰색

그림 3.6.8 안전보건표지의 종류

필기시험 기출문제

PART III | 산업심리학 및 관계 법규

1 원전 주제어실의 직무는 4명의 운전원으로 구성된 근무조에 의해 수행되고 이들의 직무 간에는 서로 영향을 끼치게 된다. 근무조원 중 1차 계통의 운전원 A와 2차 계통의 운전원 B 간의 직무는 중간정도의 의존성(15%)이 있다. 그리고 운전원 A의 기초 HEP Prob{A}=0.001일 때 운전원 B의 직무실패를 조건으로 한 운전원 A의 직무실패확률은? (단, THERP분석법을 사용한다.)

㉮ 0.151
㉯ 0.161
㉰ 0.171
㉱ 0.181

> **해설** A의 직무실패확률: A와 B 간의 직무가 중간정도의 의존성(15%)이므로 여기에 A가 실패할 확률(0.001)을 더해 준다.
>
> 0.15 + 0.001 = 0.151

2 힉-하이만(Hick-Hyman)의 법칙에 의하면 인간의 반응시간(Reaction Time; RT)은 자극 정보의 양에 비례한다고 한다. 인간의 반응시간(RT)이 아래 식과 같이 예견된다고 하면, 자극정보의 개수가 2개에서 8개로 증가한다면 반응시간은 몇 배 증가하겠는가? (단, $RT = a \times \log_2 N$, a: 상수, N: 자극정보의 수)

㉮ 2배　　㉯ 3배
㉰ 4배　　㉱ 8배

> **해설** 인간의 반응시간(Reaction Time; RT)
> a는 상수이므로 자극정보의 수만으로 계산을 한다. $\log_2 2=1$이고 $\log_2 8=3$이므로, 3배 증가한다.

3 스트레스에 대한 적극적 대처방안으로 바람직하지 않은 것은?

㉮ 규칙적인 운동을 통하여 근육긴장과 고조된 정신에너지를 경감한다.
㉯ 근육이나 정신을 이완시킴으로서 스트레스를 통제한다.
㉰ 동료들과 대화를 하거나 노래방에서 가까운 친지들과 함께 자신의 감정을 표출하여 긴장을 방출한다.
㉱ 수치스런 생각, 죄의식, 고통스런 경험들을 의식해서 제거하거나 의식수준 이하로 끌어 내린다.

> **해설** ㉱는 스트레스에 대한 대처방안이 아니다.

4 다음 중 정신적 피로도를 측정하기 위한 방법으로 옳지 않은 것은?

㉮ 플리커법
㉯ 연속색명 호칭법
㉰ 근전도측정법
㉱ 뇌파측정법

> **해설** 근전도측정법은 근육활동의 전위차를 기록한 것으로 육체적 피로도를 측정하기 위한 방법이다.

해답 1 ㉮ 2 ㉯ 3 ㉱ 4 ㉰

5 부주의의 발생원인 중 내적요인이 아닌 것은?

㉮ 소질적 문제
㉯ 작업순서의 부자연성
㉰ 의식의 우회
㉱ 경험부족

> **해설** 부주의의 발생원인의 내적요인
> ① 소질적 문제
> ② 의식의 우회
> ③ 경험과 미경험

6 재해발생 원인 중 간접원인이 아닌 것은?

㉮ 기술적 원인
㉯ 교육적 원인
㉰ 신체적 원인
㉱ 물리적 원인

> **해설** 재해발생 원인의 간접원인
> ① 기술적 원인
> ② 교육적 원인
> ③ 신체적 원인
> ④ 정신적 원인

7 다음 중 조직이 리더에게 부여하는 권한의 유형이 아닌 것은?

㉮ 보상적 권한
㉯ 강압적 권한
㉰ 조정적 권한
㉱ 합법적 권한

> **해설** 조직이 리더에게 부여하는 권한
> ① 보상적 권한
> ② 강압적 권한
> ③ 합법적 권한

8 ( )에 알맞은 것은?

> Karasek 등의 직무스트레스에 관한 이론에 의하면 직무스트레스의 발생은 직무요구도와 ( )의 불일치에 의해 나타난다고 보았다.

㉮ 직무재량 ㉯ 직무분석
㉰ 인간관계 ㉱ 조직구조

> **해설** ( )에 '직무재량'이 들어가야 한다.

9 인간관계의 메커니즘에서 다른 사람의 행동양식이나 태도를 투입시키거나 다른 사람 가운데서 자기와 비슷한 것을 발견하는 것에 해당하는 것은?

㉮ 암시(suggestion)
㉯ 모방(imitation)
㉰ 투사(projection)
㉱ 동일화(identification)

> **해설** 위의 지문은 동일화(identification)에 대한 설명이다.

10 베버의 관료주의에서 주장하는 4가지 원칙이 아닌 것은?

㉮ 노동의 분업 ㉯ 통제의 범위
㉰ 창의력 중시 ㉱ 권한의 위임

> **해설** 베버의 관료주의 조직을 움직이는 4가지 기본원칙
> ① 노동의 분업: 작업의 단순화 및 전문화
> ② 권한의 위임: 관리자를 소단위로 분산
> ③ 통제의 범위: 각 관리자가 책임질 수 있는 작업자의 수
> ④ 구조: 조직의 높이와 폭

해답 5 ㉯ 6 ㉱ 7 ㉰ 8 ㉮ 9 ㉱ 10 ㉰

11 다음 중 성격이 다른 오류형태는?

㉮ 선택(selection)오류
㉯ 순서(sequence)오류
㉰ 누락(omission)오류
㉱ 시간지연(timing)오류

> **해설** omission error는 운전자가 직무의 한 단계 또는 전 직무를 누락시킬 때 발생하나 commission error는 운전자가 직무를 수행하지만 틀리게 수행할 때 발생한다. 후자는 넓은 범주로서 선택 오류, 순서 오류, 시간 오류 및 정성적 오류를 포함한다.

12 리더와 부하들 간의 역동적인 상호작용이 리더십 형태에 매우 중요하다고 보고 있는 리더십 연구의 접근방법은?

㉮ 특질접근법
㉯ 상황접근법
㉰ 행동접근법
㉱ 제한적 특질접근법

> **해설** 위의 지문은 상황접근법에 대한 설명이다.

13 산업재해 조사와 관한 설명으로 옳은 것은?

㉮ 사업주는 사망자가 발생했을 때에는 재해가 발생할 날로부터 10일 이내에 산업재해 조사표를 작성하여 관할 지방노동관서의 장에게 제출해야 한다.
㉯ 3개월 이상의 요양이 필요한 부상자가 2인 이상 발생하였을 때 중대재해로 분류한 후 피재자의 상병의 정도를 중상해로 기록한다.
㉰ 재해발생 시 제일 먼저 조치해야 할 사항은 직접원인, 간접원인 등 재해원인을 조사하는 것이다.
㉱ 재해 조사의 목적은 인적, 물적 피해상황을 알아내고 사고의 책임자를 밝히는 데 있다.

> **해설** 중대재해
> ① 사망자가 1인 이상 발생한 재해
> ② 3개월 이상 요양을 요하는 부상자가 동시에 2인 이상 발생한 재해
> ③ 부상자 또는 질병자가 동시에 10인 이상 발생한 재해

14 다음 중 규범(norms)의 정의를 맞게 설명한 것은?

㉮ 조직 내 구성원의 행동통제를 위해 공식화 문서화한 규칙
㉯ 집단에 의해 기대되는 행동의 기준을 비공식적으로 규정하는 규칙
㉰ 상사의 명령에 의해 공식화된 업무수행 방식이나 절차를 규정한 지침
㉱ 구성원의 행동방식에 대한 회사의 공식화된 규칙과 절차

> **해설** 규범(norms)
> 집단의 구성원들에 의해 공유되거나 받아들여질 수 있는 행위의 기준으로서 기대되는 행동의 기준을 비공식적으로 규정하는 규칙

15 휴먼에러 중 불필요한 작업 또는 절차를 수행함으로써 기인한 에러는?

㉮ commission
㉯ sequential error
㉰ extraneous
㉱ time error

> **해설** extraneous error
> 불필요한 작업 또는 절차를 수행함으로써 기인한 에러

해답 11 ㉰ 12 ㉯ 13 ㉯ 14 ㉯ 15 ㉰

16 산업재해 방지를 위한 대책으로 옳지 않은 것은?

㉮ 재해방지에 있어 근본적으로 중요한 것은 손실의 유무에 관계없이 아차사고(Near-miss)의 발생을 미리 방지하는 것이 중요하다.
㉯ 사고와 원인 간의 관계는 우연이라기보다 필연적 인과관계가 있으므로 사고의 원인분석을 통한 적질한 방지대책이 필요하다.
㉰ 불안전한 행동의 방지를 위해서는 적성배치, 동기부여와 같은 심리적 대책과 함께 인간공학적 작업장 설계 등과 같은 공학적 대책이 필요하다.
㉱ 산업재해를 줄이기 위해서는 안전관리체계를 자율화하고 안전관리자의 직무권한을 축소한다.

해설 산업재해 방지를 위하여 안전관리 체계를 강화하고 안전관리자의 직무권한을 확대한다.

17 피로의 원인은 기계적 요인과 인간적 요인으로 나눌 수 있다. 피로를 발생시키는 인간적인 요인이 아닌 것은?

㉮ 정신적인 상태
㉯ 작업시간과 속도
㉰ 작업숙련도
㉱ 경제적 조건

해설 피로요인

기계적 요인	인간적 요인
기계의 종류	생체적 리듬
조작부분의 배치	정신적 상태
	신체적 상태
조작부분의 감촉	작업시간과 시각, 속도, 강도
기계 이해의 난이	작업내용
	작업태도
기계의 색채	작업환경
	사회적 환경

18 다음 중 집단 간 갈등해소의 방법이 아닌 것은?

㉮ 문제해결 ㉯ 회피
㉰ 타협 ㉱ 방임

해설 집단 간 갈등해소 방법
① 문제의 공동해결 방법
② 상위목표의 도입
③ 자원의 확충
④ 타협
⑤ 전제적 명령
⑥ 조직구조의 변경
⑦ 공동 적의 설정

19 제조업자가 합리적인 대체설계를 채용하였더라면 피해나 위험을 줄이거나 피할 수 있었음에도 대체설계를 채용하지 아니하여 당해 제조물이 안전하지 못하게 된 경우에 해당하는 결함의 유형은?

㉮ 제조상의 결함 ㉯ 설계상의 결함
㉰ 지시상의 결함 ㉱ 경고상의 결함

해설 설계상의 결함
제품의 설계 그 자체에 내재하는 결함으로 설계대로 제품이 만들어졌더라도 결함으로 판정되는 경우

해답 16 ㉱ 17 ㉱ 18 ㉱ 19 ㉯

20 인간이 지닌 주의력의 특성에 해당하지 않는 것은?

㉮ 선택성 ㉯ 방향성
㉰ 대칭성 ㉱ 변동성

> **해설** 주의의 특성
> ① 선택성
> ② 변동성
> ③ 방향성

21 다음 중 스트레스에 대한 설명으로 틀린 것은?

㉮ 스트레스는 양면성을 가지고 있다.
㉯ 스트레스는 지각 또는 경험과 관계가 있다.
㉰ 스트레스는 있는지 혹은 없는지의 2차원적인 성질을 갖고 있다.
㉱ 스트레스가 항상 부정적인 것만은 아니다.

> **해설** 스트레스는 있는가 아니면 없는가 하는 2차원적인 성질의 것이 아니라 어느 정도 있는가 하는 정도의 차이를 설명하기 위해 자신이 어느 정도의 스트레스를 지니고 있는지를 측정하여야 한다.

22 재해의 기본원인을 조사하는 데에는 관련 요인들의 4M방식으로 분류하는데 다음 중 4M에 해당하지 않는 것은?

㉮ Machine ㉯ Material
㉰ Management ㉱ Media

> **해설** 4M의 종류
> ① Man(인간)
> ② Machine(기계)
> ③ Media(매체)
> ④ Management(관리)

23 재해발생 원인 중 간접적 원인으로 거리가 먼 것은?

㉮ 기술적 원인 ㉯ 교육적 원인
㉰ 신체적 원인 ㉱ 인적 원인

> **해설** 인적원인은 직접원인이다.

24 휴먼에러와 기계의 고장과의 차이점을 설명한 것 중 틀린 것은?

㉮ 인간의 실수는 우발적으로 재발하는 유형이다.
㉯ 기계와 설비의 고장조건은 저절로 복구되지 않는다.
㉰ 인간은 기계와는 달리 학습에 의해 계속적으로 성능을 향상시킨다.
㉱ 인간 성능과 압박(stress)은 선형관계를 가져 압박이 중간정도일 때 성능수준이 가장 높다.

> **해설** 스트레스가 아주 없거나 너무 많을 경우 부정적 스트레스로 작용하여 심신을 황폐하게 하거나 직무성과에 부정적인 영향을 미치므로 인간성능과 스트레스는 단순한 선형관계를 가지는 것이 아니다.

25 산업재해 조사표에서 재해발생 형태에 따른 재해분류가 아닌 것은?

㉮ 폭발 ㉯ 협착
㉰ 감전 ㉱ 질식

> **해설** 질식은 발생형태에 따른 분류가 아니라 상해의 종류에 속한다.

해답 20 ㉰ 21 ㉰ 22 ㉯ 23 ㉱ 24 ㉱ 25 ㉱

26 작업자가 작업 중에 소비한 에너지가 5 kcal/min이고, 휴식 중에는 1.5 kcal/min의 에너지를 소비하였다면 이 작업의 에너지 대사율(RMR)은 얼마인가? (단, 작업자의 기초대사량은 분당 1 kcal라고 한다.)

㉮ 2.5　　㉯ 2.8
㉰ 3.2　　㉱ 3.5

> **해설** 에너지대사율(RMR)
>
> $$R = \frac{\text{작업 시 소비에너지} - \text{안정 시 소비에너지}}{\text{기초대사량}}$$
> $$= \frac{\text{작업대사량}}{\text{기초대사량}}$$
> $$= \frac{5(\text{kcal/min}) - 1.5(\text{kcal/min})}{1(\text{kcal/min})}$$
> $$= 3.5(\text{kcal/min})$$

27 주의에 대한 특성 중 선택성에 대한 설명으로 옳은 것은?

㉮ 주의에는 리듬이 있어 언제나 일정한 수준을 지키지 못한다.
㉯ 사람의 경우 한 번에 여러 종류의 자극을 지각하는 것은 어렵다.
㉰ 공간적으로 시선에서 벗어난 부분은 무시되기 쉽다.
㉱ 한 지점에 주의를 하면 다른 곳의 주의는 약해진다.

> **해설** 주의의 특성 중 선택성
> 사람은 한 번에 여러 종류의 자극을 지각하거나 수용하지 못하며, 소수의 특정한 것으로 한정해서 선택하는 기능을 말한다.

28 인간이 과도로 긴장하거나 감정 흥분 시의 의식수준 단계로서 대뇌의 활동력은 높지만 냉정함이 결여되어 판단이 둔화되는 의식수준 단계는?

㉮ phase 1　　㉯ phase 2
㉰ phase 3　　㉱ phase 4

> **해설** 인간의 의식수준 단계
> ① phase 0: 의식을 잃은 상태이므로 작업수행과는 관련이 없다.
> ② phase 1: 과로했을 때나 야간작업을 했을 때 볼 수 있는 의식수준으로 부주의 상태가 강해서 인간의 에러가 빈발하며, 운전작업에서는 전방주시 부주의나 졸음운전 등이 일어나기 쉽다.
> ③ phase 2: 휴식 시에 볼 수 있는데, 주의력이 전향적으로 기능하지 못하기 때문에 무심코 에러를 저지르기 쉬우며, 단순 반복작업을 장시간 지속할 경우도 여기에 해당한다.
> ④ phase 3: 적극적인 활동 시에 명쾌한 의식으로 대뇌가 활발히 움직이므로 주의의 범위도 넓고, 에러를 일으키는 일은 거의 없다.
> ⑤ phase 4: 과도긴장 시나 감정흥분 시의 의식수준으로 대뇌의 활동력을 높지만 주의가 눈앞의 한곳에만 집중되고 냉정함이 결여되어 판단은 둔화한다.

29 인간의 실수의 요인 중 성격이 다른 한 가지는 무엇인가?

㉮ 단조로운 작업
㉯ 양립성에 맞지 않는 상황
㉰ 동일형상, 유사형상의 배열
㉱ 체험적 습관

> **해설** 체험적 습관은 휴먼에러의 심리적 요인이나 나머지 보기들은 휴먼에러의 물리적 요인이다.

해답 26 ㉱ 27 ㉯ 28 ㉱ 29 ㉱

30 지능과 작업 간의 관계에 대한 설명으로 가장 적절한 것은?

㉮ 작업수행자의 지능은 높을수록 바람직하다.
㉯ 작업수행자의 지능이 낮을수록 작업 수행도가 높다.
㉰ 작업특성과 작업자 지능 간에는 특별한 관계가 없다.
㉱ 각 작업에는 그에 적정한 지능수준이 존재한다.

> **해설** 각 작업에는 그에 적정한 지능수준이 존재한다.

31 조작자 한 사람의 성능 신뢰도가 0.8일 때 요원을 중복하여 2인 1조가 작업을 진행하는 공정이 있다. 전체 작업기간 60% 정도만 요원을 지원한다면, 이 조의 인간 신뢰도는 얼마인가?

㉮ 0.816　　㉯ 0.896
㉰ 0.962　　㉱ 0.985

> **해설** 신뢰도
> (0.8*0.4)+[{1−(1−0.8)(1−0.8)}*0.6]
> = 0.32+0.576 = 0.896

32 라스무센(Rasmussen)은 인간행동의 종류 또는 수준에 따라 휴먼에러를 3가지로 분류하였는데 이에 속하지 않는 것은?

㉮ 숙련기반 에러(skill-based error)
㉯ 기억기반 에러(memory-based error)
㉰ 규칙기반 에러(rule-based error)
㉱ 지식기반 에러(knowledge-based error)

> **해설** 라스무센의 인간행동의 종류 또는 수준에 따른 휴먼에러의 분류
> ① 숙련기반 에러(skill−based error)
> ② 규칙기반 에러(rule−based error)
> ③ 지식기반 에러(knowledge−based error)

33 민주적 리더십에 대한 설명으로 옳은 것은?

㉮ 리더에 의한 모든 정책의 결정
㉯ 리더의 지원에 의한 집단토론식 결정
㉰ 리더의 과업 및 과업수행 구성원지정
㉱ 리더의 최소개입 또는 개인적인 결정의 완전한 자유

> **해설** 민주적 리더십
> 참가적 리더십이라고도 하는데, 이는 조직의 방침, 활동 등을 될 수 있는 대로 조직구성원의 의사를 종합하여 결정하고, 그들의 자발적인 의욕과 참여에 의하여 조직목적을 달성하려는 것이 특징이다. 민주적 리더십에서는 각 구성원의 활동은 자신의 계획과 선택에 따라 이루어지지만, 그 지향점은 생산향상에 있으며, 이를 위하여 리더를 중심으로 적극적인 참여와 협조를 아끼지 않는다.

34 리더십 이론 중 '관리격자 이론'에서 인간중심 지향적으로 직무에 대한 관심이 가장 낮은 유형은?

㉮ (1.1)형　　㉯ (1.9)형
㉰ (9.1)형　　㉱ (9.9)형

> **해설** 관리격자 모형이론
> ① (1.1)형: 인간과 업적에 모두 최소의 관심을 가지고 있는 무관심형(impoverished style)이다.
> ② (1.9)형: 인간중심 지향적으로 업적에 대한 관심이 낮다. 이는 컨트리클럽형(country−club style)이다.
> ③ (9.1)형: 업적에 대하여 최대의 관심을 갖고, 인간에 대하여 무관심하다. 이는 과업형(task style)이다.
> ④ (9.9)형: 업적과 인간의 쌍방에 대하여 높은 관심을 갖는 이상형이다. 이는 팀형(team style)이다.
> ⑤ (5.5)형: 업적 및 인간에 대한 관심도에 있어서 중간값을 유지하려는 리더형이다. 이는 중도형(middle−of−the road style)이다.

해답 30 ㉱ 31 ㉯ 32 ㉯ 33 ㉯ 34 ㉯

35 인간의 불안전한 행동을 유발하는 외적 요인이 아닌 것은?

㉮ 인간관계 요인 ㉯ 생리적 요인
㉰ 직업적 요인 ㉱ 작업환경적 요인

> **해설** 생리적 요인은 내적요인이다.

36 스트레스에 대한 조직수준의 관리방안 중 개인의 역할을 명확히 해줌으로써 스트레스의 발생원인을 제거시키는 방법은?

㉮ 경력개발 ㉯ 과업재설계
㉰ 역할분석 ㉱ 팀 형성

> **해설** 역할분석(role analysis)
> 역할분석은 개인의 역할을 명확히 정의하여줌으로써 스트레스를 발생시키는 요인을 제거하여 주는 데 목적이 있다.

37 제조물책임법에서 분류하는 결함의 종류가 아닌 것은?

㉮ 제조상의 결함 ㉯ 설계상의 결함
㉰ 사용상의 결함 ㉱ 표시상의 결함

> **해설** 제조물책임에서 분류하는 세 가지 결함
> ① 설계상의 결함
> ② 제조상의 결함
> ③ 표시·경고결함

38 집단을 이루는 구성원들이 서로에게 매력적으로 끌리어 그 집단 목표를 공유하는 정도를 무엇이라고 하는가?

㉮ 집단협력성 ㉯ 집단단결성
㉰ 집단응집성 ㉱ 집단목표성

> **해설** 집단응집성
> 구성원들이 서로에게 매력적으로 끌리어 그 집단 목표를 공유하는 정도라고 할 수 있다.

39 조직에서 직능별, 전문화의 원리와 명령 일원화의 원리를 조화시킬 목적으로 형성한 조직은?

㉮ 직계참모 조직 ㉯ 위원회 조직
㉰ 직능식 조직 ㉱ 직계식 조직

> **해설** 직계참모 조직(line and staff organization)
> 직능별 전문화의 원리와 명령일원화의 원리를 조화할 목적으로 라인과 스탭을 결합하여 형성한 조직이다.

40 민주적 리더십 발휘와 관련된 적절한 이론이나 조직형태는?

㉮ X이론 ㉯ Y이론
㉰ 관료주의 조직 ㉱ 라인형 조직

> **해설** Y이론
> ① 인간행위는 경제적 욕구보다는 사회심리적 욕구에 의해 결정된다.
> ② 인간은 이기적 존재이기보다는 사회(타인)중심의 존재이다.
> ③ 인간은 스스로 책임을 지며, 조직목표에 헌신하여 자기실현을 이루려고 한다.
> ④ 동기만 부여되면 자율적으로 일하며, 창의적 능력을 가지고 있다.
> ⑤ 관리전략: 민주적 리더십의 확립, 분권화와 권한의 위임, 목표에 의한 관리, 직무확장, 비공식적 조직의 활용, 자체평가제도의 활성화, 조직구조의 평면화 등
> ⑥ 해당 이론: 인간관계론, 조직발전, 자아실현 이론 등

해답 35 ㉯ 36 ㉰ 37 ㉰ 38 ㉰ 39 ㉮ 40 ㉯

41 1963년 Swain 등에 의해 개발된 것으로 인간-시스템에 있어서 휴먼에러와 그로 인해 발생할 수 있는 오류확률을 예측하는 정량적 인간신뢰도 분석기법은?

㉮ FMEA
㉯ CA
㉰ ETA
㉱ THERP

해설 THERP
시스템에 있어서 인간의 과오(human error)를 정량적으로 평가하기 위하여 1963년 Swain 등에 의해 개발된 기법

42 의사결정나무를 작성하여 재해 사고를 분석하는 방법으로 확률적 분석이 가능하며 문제가 되는 초기사항을 기준으로 파생되는 결과를 귀납적으로 분석하는 방법은?

㉮ THERP
㉯ ETA
㉰ FTA
㉱ FMEA

해설 ETA(Event Tree Analysis)
초기사건이 발생했다고 가정한 후 후속사건이 성공했는지 혹은 실패했는지를 가정하고 이를 최종 결과가 나타날 때까지 계속적으로 분지해 나가는 방식

43 연평균 200명이 근무하는 어느 공장에서 1년에 8명의 재해자가 발생하였다. 이 공장의 연천인율은 얼마인가?

㉮ 1.6
㉯ 3.2
㉰ 20
㉱ 40

해설 연천인율

$$연천인율 = \frac{연간사상자수}{연평균근로자수} \times 1,000$$

$$연천인율 = \frac{8}{200} \times 1,000 = 40$$

44 다음 중 안전대책의 중심적인 내용이라 할 수 있는 "3E"에 포함되지 않는 것은?

㉮ Engineering
㉯ Environment
㉰ Education
㉱ Enforcement

해설 3E의 종류
① Engineering(기술)
② Education(교육)
③ Enforcement(강제)

해답 41 ㉱ 42 ㉯ 43 ㉱ 44 ㉯

45 다음 중 리더십과 헤드십에 대한 설명으로 옳은 것은?

㉮ 헤드십 하에서는 지도자와 부하 간의 사회적 간격이 넓은 반면, 리더십 하에서는 사회적 간격이 좁다.

㉯ 리더십은 임명된 지도자의 권한을 의미하고, 헤드십은 선출된 지도자의 권한을 의미한다.

㉰ 헤드십 하에서는 책임이 지도자와 부하 모두에게 귀속되는 반면, 리더십 하에서는 지도자에게 귀속된다.

㉱ 헤드십 하에서 보다 자발적인 참여가 발생할 수 있다.

해설 리더십과 헤드십

개인과 상황변수	리더십	헤드십
권한행사	선출된 리더	임명된 헤드
권한부여	밑으로부터 동의	위에서 위임
권한근거	개인능력	법적 또는 공식적
권한귀속	집단목표에 기여한 공로 인정	공식화된 규정에 의함
상관과 부하와의 관계	개인적인 영향	지배적
책임귀속	상사와 부하	상사
부하와의 사회적 간격	좁음	넓음
지위형태	민주주의적	권위주의적

46 다음 중 집단응집력의 영향요인에 대한 설명으로 틀린 것은?

㉮ 다른 모든 조건이 동일하다면 규모가 작은 집단에 비해 큰 집단의 응집력이 강하다

㉯ 목표달성 시 성공체험을 공유함으로써 집단의 응집력이 높아진다.

㉰ 집단구성원 간에 공유된 태도와 가치관은 응집력을 높인다.

㉱ 집단에 참가의 난이도가 높을수록 응집력은 커진다.

해설 구성원의 수가 많을수록 한 구성원이 모든 구성원과 상호작용을 하기가 더욱 어렵기 때문에 구성원 수가 많을수록 응집력이 적어진다.

47 인간의 실수를 심리학적으로 분류한 스웨인(Swain)의 분류 중에서 필요한 작업이나 절차를 수행하였으나 잘못 수행한 오류에 해당하는 것은?

㉮ omission error

㉯ commission error

㉰ timing error

㉱ sequential error

해설 작위 실수(commission error)
필요한 작업 또는 절차의 불확실한 수행으로 인한 에러이다.

48 다음 중 인간의 부주의에 대한 정신적 측면의 대책으로 적절하지 않은 것은?

㉮ 주의력집중 훈련

㉯ 스트레스 해소대책

㉰ 작업의욕의 고취

㉱ 표준작업 제도의 도입

해설 표준작업 제도의 도입은 설비 및 환경적 측면의 대책에 속한다.

해답 45 ㉮ 46 ㉮ 47 ㉯ 48 ㉱

49 다음 중 레빈(Lewin)의 행동방정식 B=f(P·E)에서 E가 나타내는 것은?

㉮ Environment　㉯ Energy
㉰ Emotion　㉱ Education

해설 레빈(K. Lewin)의 인간행동 법칙

B = f(P·E)

B: behavior(인간의 행동)
f: function(함수관계)
P: person(개체)
E: environment(심리적 환경)

50 다음 중 주의의 특성이 아닌 것은?

㉮ 선택성　㉯ 정숙성
㉰ 방향성　㉱ 변동성

해설 주의의 특성
① 선택성
② 변동성
③ 방향성

51 다음 중 산업현장에서 생산능률을 높이고, 작업자의 적응을 돕기 위해서 심리학을 도입해야 한다고 주장하며 산업심리학을 창시한 사람은 누구인가?

㉮ 분트(Wundt)
㉯ 뮌스터베르그(Münsterberg)
㉰ 길브레스(Gilbreth)
㉱ 테일러(Taylor)

해설
① 분트(W. Wundt): 인간의 의식을 과학적으로 연구해야 한다고 처음으로 주장함
② 뮌스터베르그(H. Münsterberg): 전통적인 심리학적 방법들을 산업현장의 실제적인 문제들에 적용해야 함을 주장하였고 '산업심리학의 아버지' 로 불림
③ 길브레스(Frank B. Gilbreth): 동작연구(Motion study)의 창시자
④ 테일러(F. W. Taylor): 과학적 관리법의 창시자로서 산업 및 조직심리학의 태동에 많은 기여를 함

52 샌더스(Sanders)와 쇼우(Shaw)는 사고 인과관계에 기여하는 요인들을 몇 가지로 분류하였다. 그 요인들 중 3차적이고 직접적인 요인에 해당하는 것은?

㉮ 조직의 관리
㉯ 도구의 설계
㉰ 작업 그 자체
㉱ 작업자 및 동료작업자

53 다음 중 휴먼에러 방지의 3가지 설계기법이 아닌 것은?

㉮ 배타설계　㉯ 제품설계
㉰ 보호설계　㉱ 안전설계

해설 휴먼에러 방지의 3가지 설계기법
① 배타설계
② 보호설계
③ 안전설계

해답 49 ㉮ 50 ㉯ 51 ㉯ 52 ㉱ 53 ㉯

54 맥그리거(McGregor)의 X-Y이론 중 Y 이론에 대한 관리 처방으로 볼 수 없는 것은?

㉮ 분권화와 권한의 위임
㉯ 경제적 보상체계의 강화
㉰ 비공식적 조직의 활용
㉱ 자체평가제도의 활성화

> **해설** Y이론의 관리전략
> ① 민주적 리더십의 확립
> ② 분권화와 권한의 위임
> ③ 목표에 의한 관리
> ④ 직무확장
> ⑤ 비공식적 조직의 활용
> ⑥ 자체평가제도의 활성화
> ⑦ 조직구조의 평면화

55 다음 중 결함수분석법(FTA)에서 사상기호나 논리 gate에 대한 설명으로 틀린 것은?

㉮ 결함사상: 고장 또는 결함으로 나타나는 비정상적인 사상
㉯ 기본사상: 불충분한 자료 또는 사상 자체의 성격으로 결론을 내릴 수 없는 관계로 더 이상 전개할 수 없는 말단사상
㉰ AND gate: 모든 입력이 동시에 발생해야만 출력이 발생하는 논리조작
㉱ 조건 gate: 제약 gate라고도 하며 어떤 조건을 나타내는 사상이 발생할 때만 출력이 발생

> **해설** 결함수분석법(FTA)
> ① 기본사상: 더 이상 전개되지 않는 기본적인 사상
> ② 생략사상: 정보부족 해석기술의 불충분으로 더 이상 전개할 수 없는 말단사상

56 매슬로우(Maslow)의 욕구단계설과 알더퍼(Alderfer)의 ERG 이론 간의 욕구구조비교에서 그 연결이 가장 적절하지 않은 것은?

㉮ 자아실현 욕구-관계욕구(R)
㉯ 안전욕구-생존욕구(E)
㉰ 사회적 욕구-관계욕구(R)
㉱ 생리적 욕구-생존욕구(E)

해설

욕구의 5단계 (Maslow)	ERG이론 (Alderfer)
1단계: 생리적 욕구	생존욕구
2단계: 안전욕구	
3단계: 사회적 욕구	관계욕구
4단계: 인정받으려는 욕구	
5단계: 자아실현의 욕구	성장욕구

57 오토바이 판매광고 방송에서 모델이 안전모를 착용하지 않은 채 머플러를 휘날리면서 오토바이를 타는 모습을 보고 따라하다가 머플러가 바퀴에 감겨 사고를 당하였다. 이는 제조물책임법상 어떠한 결함에 해당하는가?

㉮ 표시상의 결함
㉯ 책임상의 결함
㉰ 제조상의 결함
㉱ 설계상의 결함

> **해설** 표시·경고상의 결함
> 제품의 설계와 제조과정에 아무런 결함이 없다하더라도 소비자가 사용상의 부주의나 부적당한 사용으로 발생할 위험에 대비하여 적절한 사용 및 취급방법 또는 경고가 포함되어 있지 않을 때에는 표시·경고상의 결함이 된다.

해답 54 ㉯ 55 ㉯ 56 ㉮ 57 ㉮

58 다음은 재해의 발생사례이다. 재해의 원인분석 및 대책으로 적절하지 않은 것은?

> "○○유리(주) 내의 옥외작업장에서 강화유리를 출하하기 위해 지게차로 강화유리를 운반전용 팔레트에 싣고 작업자 2명이 지게차 포크 양쪽에 타고 강화유리가 넘어지지 않도록 붙잡고 가던 중 포크진동에 의해 강화유리가 전도되면서 지게차 백레스트와 유리 사이에 끼어 1명이 사망, 1명이 부상을 당하였다."

㉮ 불안전한 행동: 지게차 승차석 외의 탑승
㉯ 예방대책: 중량물 등의 이동 시 안전조치 교육
㉰ 재해유형: 협착
㉱ 기인물: 강화유리

> **해설** 기인물
> 재해를 가져오게 한 근원이 된 기계, 장치 기타의 물(物) 또는 환경을 말한다. 여기서는 지게차가 기인물이 된다.

59 호손(Hawthorne) 실험에서 작업자의 작업능률에 영향을 미치는 주요요인으로 밝혀진 것은 무엇인가?

㉮ 작업장의 온도
㉯ 작업장의 습도
㉰ 작업자의 인간관계
㉱ 물리적 작업조건

> **해설** 호손(Hawthorne)실험
> 작업능률을 좌우하는 요인은 작업환경이나 돈이 아니라 종업원의 심리적 안정감이며, 사내 친구관계, 비공식 조직, 친목회 등이 중요한 역할을 한다는 것이다.

60 뇌파의 유형에 따라 인간의 의식수준을 단계별로 분류할 수 있다. 다음 중 의식이 명료하며, 적극적인 활동이 이루어지고 실수의 확률이 가장 낮은 의식수준 단계는?

㉮ 0단계
㉯ I단계
㉰ III단계
㉱ IV단계

> **해설** 의식수준 단계
> ① 0단계: 의식을 잃은 상태이므로 작업수행과는 관계가 없다.
> ② Ⅰ단계: 과로했을 때나 야간작업을 했을 때 볼 수 있는 의식수준으로 부주의 상태가 강해서 인간의 에러가 빈발하며, 운전작업에서는 전방 주시 부주의나 졸음운전 등이 일어나기 쉽다.
> ③ Ⅱ단계: 휴식 시에 볼 수 있는데, 주의력이 전향적으로 기능하지 못하기 때문에 무심코 에러를 저지르기 쉬우며, 단순반복 작업을 장시간 지속할 경우도 여기에 해당한다.
> ④ Ⅲ단계: 적극적인 활동시의 명쾌한 의식으로 대뇌가 활발히 움직이므로 주의의 범위도 넓고, 에러를 일으키는 일은 거의 없다.
> ⑤ Ⅳ단계: 과도긴장 시나 감정흥분 시의 의식수준으로 대뇌의 활동력은 높지만 주의가 눈앞의 한곳에만 집중되고 냉정함이 결여되어 판단은 둔화된다.

해답 58 ㉱ 59 ㉰ 60 ㉰

61 다음 중 매슬로우(A.H. Maslow)의 인간 욕구 5단계를 올바르게 나열한 것은?

㉮ 생리적 욕구 → 사회적 욕구 → 안전 욕구 → 자아실현의 욕구 → 존경의 욕구
㉯ 생리적 욕구 → 안전욕구 → 사회적 욕구 → 자아실현의 욕구 → 존경의 욕구
㉰ 생리적 욕구 → 안전욕구 → 사회적 욕구 → 존경의 욕구 → 자아실현의 욕구
㉱ 생리적 욕구 → 사회적 욕구 → 안전 욕구 → 존경의 욕구 → 자아실현의 욕구

> **해설** 매슬로우(A.H. Maslow)의 욕구단계 이론
> 제1단계: 생리적 욕구
> 제2단계: 안전욕구
> 제3단계: 사회적 욕구
> 제4단계: 존경의 욕구
> 제5단계: 자아실현의 욕구

62 다음 중 Swain의 인간 오류 분류에서 성격이 다른 오류 형태는?

㉮ 선택(selection)오류
㉯ 순서(sequence)오류
㉰ 누락(omission)오류
㉱ 시간지연(timing)오류

> **해설** 누락(omission)오류는 필요한 작업 또는 절차를 수행하지 않는 데 기인한 에러이다.

63 다음 중 인간신뢰도에 대한 설명으로 옳은 것은?

㉮ 인간신뢰도는 인간의 성능이 특정한 기간 동안 실수를 범하지 않을 확률로 정의된다.
㉯ 반복되는 이산적 직무에서 인간실수확률은 단위시간당 실패수로 표현된다.
㉰ THERP는 완전독립에서 완전 정(正)종속까지의 비연속으로 종속정도에 따라 3수준으로 분류하여 직무의 종속성을 고려한다.
㉱ 연속적 직무에서 인간의 실수율이 불변(stationary)이고, 실수과정이 과거와 무관(independent)하다면 실수과정은 베르누이 과정으로 묘사된다.

> **해설** 인간신뢰도
> ① 반복되는 이산적 직무에서 인간실수확률은 사건당 실패수로 표현된다.
> ② THERP는 완전독립에서 완전 정(正)종속까지의 5 이상 수준의 종속도로 나누어 고려한다.
> ③ 연속적 직무에서 인간의 실수율이 불변(stationary)이고, 실수과정이 과거와 무관(independent)하다면 실수과정은 포아송 과정으로 묘사된다.

해답 61 ㉰ 62 ㉰ 63 ㉮

64 인간의 성향을 설명하는 맥그리거의 X, Y이론에 따른 관리처방으로 옳은 것은?

㉮ Y이론에 의한 관리처방으로 경제적 보상체제를 강화한다.

㉯ X이론에 의한 관리처방으로 자기 실적을 스스로 평가하도록 한다.

㉰ X이론에 의한 관리처방으로 여러 가지 업무를 담당하도록 하고, 권한을 위임하여 준다.

㉱ Y이론에 의한 관리처방으로 목표에 의한 관리방식을 채택한다.

해설
① X이론 관리전략
- 경제적 보상체계의 강화
- 권위적 리더십의 확립
- 엄격한 감독과 통제제도 확립
- 상부책임 제도의 강화
- 조직구조의 고층화

② Y이론 관리전략
- 민주적 리더십의 확립
- 분권화의 권한의 위임
- 목표에 의한 관리
- 직무확장
- 비공식적 조직의 활용
- 자체평가제도의 활성화
- 조직구조의 평면화

65 주의(attention)에는 주기적으로 부주의의 리듬이 존재한다는 것을 주의의 특징 중 무엇에 해당하는가?

㉮ 선택성 ㉯ 방향성
㉰ 대칭성 ㉱ 변동성

해설 변동성의 특성
① 주의력의 단속성(고도의 주의는 장시간 지속될 수 없다)
② 주의는 리듬이 있어 언제나 일정한 수준을 지키지는 못한다.

66 다음 중 집단규범의 정의를 가장 적절하게 설명한 것은?

㉮ 조직 내 구성원의 행동통제를 위해 공식적으로 문서화한 규칙이다.

㉯ 집단에 의해 기대되는 행동의 기준을 비공식적으로 규정하는 규칙이다.

㉰ 상사의 명령에 의해 공식화된 업무수행 방식이나 절차를 규정한 방식이다.

㉱ 구성원의 행동방식에 대한 회사의 공식화된 규칙과 절차이다.

해설 집단규범(norms)이란?
① 규범은 집단의 구성원들에게 의해 공유되거나 받아들여질 수 있는 행위의 기준이다. 즉, 구성원들이 어떤 상황 하에서 어떻게 행동을 취해야 한다는 행동기준이다.
② 어느 집단이 자기의 규범을 인정할 때 그 규범은 최소한의 외적 통제력을 갖고 구성원의 개인행위에 영향을 미치게 된다.
③ 일단 규범이 정립되면 구성원들이 그 규범에 동조할 것을 요구하게 된다. 규범에 대한 구성원들의 동조는 구성원들의 개선, 자극, 상황요인 그리고 집단 내의 관계 등의 영향을 받아 결정된다.
④ 구성원이 집단의 규범에 동조할 때 그는 집단의 보호를 받고 심리적 안정을 얻을 수 있으나 자신의 개성발전과 성숙에는 도움이 되지 못한다.
⑤ 반면에 동조하지 않는 경우에는 고립되거나 국외인물로 취급 받게 되어 심리적 충격을 받을 수 있다.
⑥ 규범은 구성들에게는 순기능적 역할과 역기능적 역할을 하는 양면성을 지니고 있다. 따라서 경영자나 관리자는 공식조직의 보완적 역할을 해주는 규범의 순기능적 측면을 강화하고, 역기능적 측면을 제거하여 개인의 성장 및 집단의 성과를 높일 수 있도록 노력해야 한다.

해답 64 ㉱ 65 ㉱ 66 ㉯

67 재해발생에 관한 하인리히(H.W. Heinrich)의 도미노 이론에서 제시된 5가지 요인에 해당하지 않는 것은?

㉮ 개인적 결함
㉯ 불안전한 행동 및 상태
㉰ 제어의 부족
㉱ 재해

해설 하인리히(H.W. Heinrich)의 재해발생 5단계
제1단계: 사회적 환경과 유선적 요소
제2단계: 개인적 결함
제3단계: 불안전행동 및 불안전상태
제4단계: 사고
제5단계: 상해(산업재해)

68 다음 중 안전대책의 중심적인 내용이라 볼 수 있는 "3E"에 포함되지 않는 것은?

㉮ Engineering ㉯ Environment
㉰ Education ㉱ Enforcement

해설 안전대책의 중심적인 내용에는 3E가 강조되어 있다.
① Engineering(기술)
② Education(교육)
③ Enforcement(강제)

69 과도로 긴장하거나 감정흥분 시의 의식수준 단계로 대뇌의 활동력은 높지만 냉정함이 결여되어 판단이 둔화되는 의식 수준 단계는?

㉮ phase Ⅰ ㉯ phase Ⅱ
㉰ phase Ⅲ ㉱ phase Ⅳ

해설 인간의 의식수준 단계
① phase Ⅰ: 과로했을 때나 야간작업을 했을 때 볼 수 있는 의식수준으로 부주의 상태가 강해서 인간의 에러가 빈발하며, 운전작업에서는 전방주시 부주의나 졸음운전 등이 일어나기 쉽다.
② phase Ⅱ: 휴식 시에 볼 수 있는데, 주의력이 전향적으로 기능하지 못하기 때문에 무심코 에러를 저지르기 쉬우며, 단순반복 작업을 장시간 지속할 경우도 여기에 해당한다.
③ phase Ⅲ: 적극적인 활동시의 명쾌한 의식으로 대뇌가 활발히 움직이므로 주의의 범위도 넓고, 에러를 일으키는 일은 거의 없다.
④ phase Ⅳ: 과도긴장 시나 감정흥분 시의 의식수준으로 대뇌의 활동력은 높지만 주의가 눈앞의 한곳에만 집중되고 냉정함이 결여되어 판단은 둔화된다.

70 작업자의 휴먼에러 발생확률이 0.05로 일정하고, 다른 작업과 독립적으로 실수를 한다고 가정할 때, 8시간 동안 에러의 발생 없이 작업을 수행할 확률은 약 얼마인가?

㉮ 0.60 ㉯ 0.67
㉰ 0.86 ㉱ 0.95

해설 에러확률상수 λ는 $\hat{\lambda}$으로부터 추정될 수 있으며, 주어진 기간 t_1에서 t_2 사이의 기간 동안 작업을 성공적으로 수행할 인간신뢰도는 다음과 같다.

$$R(t_1, t_2) = e^{-\lambda(t_2 - t_1)}$$
$$R(t) = e^{-0.05 \times (8-0)} = 0.6703 \fallingdotseq 0.67$$

71 다음 중 집단 간 갈등의 원인으로 볼 수 없는 것은?

㉮ 집단 간 목표의 차이
㉯ 제한된 자원
㉰ 집단 간의 인식차이
㉱ 구성원들 간의 직무순환

해설 집단과 집단 사이에는 작업유동의 상호의존성, 불균형 상태, 영역모호성, 자원부족으로 인해 갈등이 야기된다.

해답 67 ㉰ 68 ㉯ 69 ㉱ 70 ㉯ 71 ㉱

72 집단 내에서 권한의 행사가 외부에 의하여 선출, 임명된 지도자에 의한 경우는?

㉮ 멤버십 ㉯ 헤드십
㉰ 리더십 ㉱ 매니저십

해설 리더십과 헤드십

개인과 상황변수	리더십	헤드십
권한행사	선출된 리더	임명된 헤드
권한부여	밑으로부터 동의	위에서 위임
권한근거	개인능력	법적 또는 공식적
권한귀속	집단목표에 기여한 공로 인정	공식화된 규정에 의함
상관과 부하와의 관계	개인적인 영향	지배적
책임귀속	상사와 부하	상사
부하와의 사회적 간격	좁음	넓음
지위형태	민주주의적	권위주의적

73 제조물책임법상 결함의 종류에 해당하지 않는 것은?

㉮ 제조상의 결함 ㉯ 설계상의 결함
㉰ 표시상의 결함 ㉱ 사용상의 결함

해설 제조물책임법상에서 대표적으로 거론되는 결함으로는 설계상의 결함, 제조상의 결함, 지시·경고상의 결함의 3가지로 크게 구분된다.

74 다음 중 관리그리드 모형(management grid model)에서 제시한 리더십의 유형에 대한 설명으로 틀린 것은?

㉮ (1.1)형은 과업과 인간관계 유지 모두에 관심을 갖지 않는 무관심형이다.
㉯ (5.5)형은 과업과 인간관계 유지에 모두 적당한 정도의 관심을 갖는 중도형이다.
㉰ (9.9)형은 과업과 인간관계 유지의 모두에 관심이 높은 이상형으로서 팀형이다.
㉱ (9.1)형은 인간에 대한 관심은 높으나 과업에 대한 관심은 낮은 인기형이다.

해설 관리격자 모형이론
① (1.1)형: 인간과 과업에 모두 최소의 관심을 가짐
② (5.5)형: 업적 및 인간에 대한 관심도에 있어서 중간값을 유지함
③ (9.9)형: 과업과 인간의 쌍방에 대하여 높은 관심을 가짐
④ (9.1)형: 과업에 대하여 최대한 관심을 갖고, 인간에 대하여 무관심함

75 FTA 도표에서 입력사상 중 어느 하나라도 발생하면 출력사상이 발생되는 논리조작은?

㉮ OR gate ㉯ AND gate
㉰ NOT gate ㉱ NOR gate

해설 OR gate는 입력사상 중 어느 것이나 하나가 존재할 때 출력사상이 발생한다.

해답 72 ㉯ 73 ㉱ 74 ㉱ 75 ㉮

76 NIOSH의 직무스트레스 모형에서 직무 스트레스 요인을 크게 작업요인, 조직요인, 환경요인으로 나눌 때 다음 중 환경요인에 해당하는 것은?

㉮ 조명, 소음, 진동
㉯ 가족상황, 교육상태, 결혼상태
㉰ 작업 부하, 작업 속도, 교대 근무
㉱ 역할 갈등, 관리 유형, 고용불확실

해설 직무스트레스의 원인
① 작업요인: 작업부하, 작업속도/과정에 대한 조절권한, 교대근무
② 조직요인: 역할모호성/갈등, 역할요구, 관리 유형, 의사결정 참여, 경력/직무 안전성, 고용의 불확실성
③ 환경요인: 소음, 한랭, 환기불량/부적절한 조명

77 다음 중 스트레스에 대한 설명으로 틀린 것은?

㉮ 지나친 스트레스를 지속적으로 받으면 인체는 자기 조절능력을 상실할 수 있다.
㉯ 위협적인 환경특성에 대한 개인의 반응이라고 볼 수 있다.
㉰ 스트레스 수준은 작업성과와 정비례의 관계에 있다.
㉱ 적정수준의 스트레스는 작업성과에 긍정적으로 작용할 수 있다.

해설 직무스트레스의 원인
스트레스가 적을 때나 많을 때도 작업성과가 떨어진다. 따라서 스트레스 수준과 작업성과는 정비례 관계가 있지 않다.

78 다음 중 상해의 종류에 해당하지 않는 것은?

㉮ 협착
㉯ 골절
㉰ 중독·질식
㉱ 부종

해설 상해의 종류에는 골절, 동상, 부종, 자상, 좌상, 절상, 중독·질식, 찰과상, 창상, 화상, 청력상해, 시력상해 등이 있다.

79 검사업무를 수행하는 작업자가 조립라인에서 볼베어링을 검사할 때, 총 6,000개의 베어링을 조사하여 이 중 400개를 불량품으로 조사하였다. 그러나 배치(batch)에는 실제로 1,200개의 불량 베어링이 있었다면 이 검사작업자의 인간신뢰도는 약 얼마인가?

㉮ 0.13
㉯ 0.20
㉰ 0.80
㉱ 0.87

해설
휴먼에러확률$(HEP) \approx \hat{p}$

$$= \frac{\text{실제 인간의 에러횟수}}{\text{전체 에러기회의 횟수}}$$

$= \text{사건당 실패수}$

인간신뢰도 $R = 1 - HEP$
$= 1 - p$

$$p = \frac{1,200 - 400}{6,000} = \frac{800}{6,000} = 0.133 \fallingdotseq 0.13$$

인간신뢰도 $R = 1 - 0.13 = 0.87$

해답 76 ㉮ 77 ㉰ 78 ㉮ 79 ㉱

80 다음 내용은 비통제의 집단행동 중 어느 것에 해당하는가?

> "구성원 사이의 지위나 역할의 분화가 없고, 구성원 각자는 책임감을 가지지 않으며, 비판력도 가지지 않는다."

㉮ 군중(crowd)
㉯ 패닉(panic)
㉰ 모브(mob)
㉱ 심리적 전염(mental epidemic)

> **해설** 군중(crowd)은 집단구성원 사이에 지위나 역할의 분화가 없고, 구성원 각자는 책임감을 가지지 않으며, 비판력도 가지지 않는다.

81 다음 중 가정불화나 개인적 고민으로 인하여 정서적 갈등을 하고 있을 때 나타나는 부주의 현상은?

㉮ 의식의 이완　　㉯ 의식의 우회
㉰ 의식의 단절　　㉱ 의식의 과잉

> **해설** 의식의 우회
> 의식의 흐름이 샛길로 빗나갈 경우로 작업도중 걱정, 고뇌, 욕구불만 등에 의해서 발생한다.

82 다음 중 피로의 측정대상 항목에 있어 플리커, 반응시간, 안구운동, 뇌파 등을 측정하는 검사방법은?

㉮ 정신·신경기능 검사
㉯ 순환기능 검사
㉰ 자율신경 검사
㉱ 운동기능 검사

> **해설** 플리커, 반응시간, 안구운동, 뇌파는 정신, 신경기능 검사의 생리학적 측정방법이다.

83 컨베이어벨트에 앉아 있는 기계작업자가 동료작업자에게 시동 버튼을 살짝 눌러서 벨트가 조금만 움직이다가 멈추게 하라고 일렀는데, 이 동료작업자가 일시적으로 균형을 잃고 버튼을 완전히 눌러서 벨트가 전속력으로 움직여서 기계작업자가 강철 사이로 끌려 들어가는 사고를 당했다. 동료작업자가 일으킨 휴먼에러는 스웨인(Swain)의 휴먼에러 분류 중 어떠한 에러에 해당하는가?

㉮ extraneous error
㉯ omission error
㉰ sequential error
㉱ commission error

> **해설** 작위실수(commission error)
> 필요한 작업 또는 절차의 불확실한 수행으로 인한 에러

84 다음 중 반응시간에 관한 설명으로 옳은 것은?

㉮ 자극이 요구하는 반응을 행하는 데 걸리는 시간을 말한다.
㉯ 반응해야 할 신호가 발생한 때부터 반응이 종료될 때까지의 시간을 말한다.
㉰ 단순반응 시간에 영향을 미치는 변수로는 자극양식, 자극의 특성, 자극위치, 연령 등이 있다.
㉱ 여러 개의 자극을 제시하고, 각각에 대한 서로 다른 반응을 할 과제를 준 후에 자극이 제시되어 반응할 때까지의 시간을 단순반응 시간이라 한다.

> **해설** 단순반응 시간에 영향을 미치는 변수에는 자극양식, 공간주파수, 신호의 대비 또는 예상, 연령, 자극위치, 개인차 등이 있다.

해답 80 ㉮ 81 ㉯ 82 ㉮ 83 ㉱ 84 ㉰

85 Hick's Law에 따르면 인간의 반응시간은 정보량에 비례한다. 단순반응에 소요되는 시간이 150 ms이고, 단위정보량 당 증가되는 반응시간이 200 ms라고 한다면, 2 bits의 정보량을 요구하는 작업에서의 예상 반응시간은 몇 ms인가?

㉮ 400　　㉯ 500
㉰ 550　　㉱ 700

> **해설** 단순반응에 소요되는 시간은 150 ms이며, 1 bit당 증가되는 반응시간이 200 ms이므로 2 bit에서는 반응시간이 400 ms이다.
>
> 예상 반응시간 = 150 ms + (2 bit × 200 ms)
> = 550 ms

86 다음 중 레빈(Lewin)의 인간행동에 대한 설명으로 옳은 것은?

㉮ 인간의 행동을 개인적 특성(P)과 환경(E)의 상호함수관계이다.
㉯ 인간의 욕구(needs)는 1차적 욕구와 2차적 욕구로 구분된다.
㉰ 동작시간은 동작의 거리와 종류에 따라 다르게 나타난다.
㉱ 집단행동은 통제적 집단행동과 비통제적 집단행동으로 구분할 수 있다.

> **해설** 레빈(K. Lewin)의 인간행동 법칙
>
> B = f(P · E)
>
> 인간의 행동(Behavior)은 그 자신이 가진 자질, 즉 개체(Person)와 심리적인 환경(Environment)과의 상호관계에 있다고 하였다.

87 개인의 성격을 건강과 관련하여 연구하는 성격 유형 중 사람의 특성이 공격성, 지나친 경쟁, 시간에 대한 압박감, 쉽게 분출하는 적개심, 안절부절 못함 등의 성격을 가지는 행동 양식은?

㉮ A형 행동양식
㉯ B형 행동양식
㉰ C형 행동양식
㉱ D형 행동양식

> **해설** A형 행동양식을 소유한 사람은 공격성, 지나친 경쟁, 시간에 대한 압박감, 쉽게 분출하는 적개심, 안절부절 함, 마감시간에 대한 압박감 등의 성격특성을 가진다.

88 소비자의 생명이나 신체, 재산상의 피해를 끼치거나 끼칠 우려가 있는 제품에 대하여 제조 또는 유통시킨 업자가 자발적 또는 의무적으로 대상제품의 위험성을 소비자에게 알리고 제품을 회수하여 수리, 교환, 환불 등의 적절한 시정조치를 해주는 제도는?

㉮ 제조물책임(PL)법
㉯ 리콜(recall)제도
㉰ 애프터서비스제도
㉱ 소비자보호법

> **해설** 제품의 리콜제도는 소비자의 생명이나 신체, 재산상의 피해를 끼치거나 끼칠 우려가 있는 제품에 대하여 제조 또는 유통시킨 업자가 자발적 또는 의무적으로 대상 제품의 위험성을 소비자에게 알리고 제품을 회수하여 수리, 교환, 환불 등의 적절한 시정조치를 해주는 제도를 말한다.

해답 85 ㉰ 86 ㉮ 87 ㉮ 88 ㉯

89 다음 중 인간오류확률의 추정기법으로 가장 적절한 것은?

㉮ PHA ㉯ FHA
㉰ FMEA ㉱ OAT

> **해설** 조작자행동나무(Operator Action Tree)
> 위급직무의 순서에 초점을 맞추어 조작자행동나무를 구성하고, 이를 사용하여 사건의 위급경로에서의 조작자의 역할을 분석하는 기법이다. OAT는 여러 의사결정의 단계에서 조작자의 선택에 따라 성공과 실패의 경로로 가지가 나누어지도록 나타내며, 최종적으로 주어진 직무의 성공과 실패확률을 추정해낼 수 있다.

90 휴먼에러의 예방대책 중 회전하는 모터의 덮개를 벗기면 모터가 정지하는 방식에 해당하는 것은?

㉮ 정보의 피드백
㉯ 경보시스템의 정비
㉰ 대중의 선호도활용
㉱ 풀 프루프(fool－proof) 시스템 도입

> **해설** 풀 프루프(fool－proof)
> 사용자가 조작의 실수를 하더라도 사용자에게 피해를 주지 않도록 하는 설계 개념으로 사용자가 아무리 잘못된 조작을 해도 시스템이나 장치가 동작하지 않고 올바른 조작에만 응답하도록 하는 것이다.

91 다음 중 모든 입력이 동시에 발생해야만 출력이 발생되는 논리조작을 나타내는 FT도표의 논리기호 명칭은?

㉮ 부정 게이트 ㉯ AND 게이트
㉰ OR 게이트 ㉱ 기본사상

> **해설** AND 게이트: 모든 입력사상이 공존할 때만이 출력사상이 발생한다.

92 다음 중 최고상위에서부터 최하위의 단계에 이르는 모든 직위가 단일 명령권한의 라인으로 연결된 조직형태는?

㉮ 직능식 조직 ㉯ 직계식 조직
㉰ 직계·참모 조직 ㉱ 프로젝트 조직

> **해설** 직계식 조직
> 최고상위부터 최하위의 단계에 이르는 모든 직위가 단일명령 권한의 라인으로 연결된 조직형태를 말한다.

93 다음 중 하인리히가 제시한 사고예방대책의 기본원리 5단계에 해당되지 않은 것은?

㉮ 사실의 발견 ㉯ 시정방법의 선정
㉰ 시정책의 적용 ㉱ 재해보상 및 관리

> **해설** 하인리히의 재해예방 5단계
> 제1단계: 조직
> 제2단계: 사실의 발견
> 제3단계: 평가분석
> 제4단계: 시정책의 선정
> 제5단계: 시정책의 적용

94 재해에 의한 직접손실이 연간 100억 원이었다면 이 해의 산업재해에 의한 총 손실비용은 얼마인가? (단, 하인리히의 재해 손실비 평가방식을 따른다.)

㉮ 300억 원 ㉯ 400억 원
㉰ 500억 원 ㉱ 800억 원

> **해설** 하인리히의 방식
> 총 재해비용 = 직접비 + 간접비(직접비의 4배)
> 직접비 : 간접비 = 1 : 4
> 직접비 = 100억 원, 간접비 = 400억 원
> 총 재해비용= 100억 원＋400억 원 = 500억 원

해답 89 ㉱ 90 ㉱ 91 ㉯ 92 ㉯ 93 ㉱ 94 ㉰

95 연간 1,000명의 작업자가 근무하는 사업장에서 연간 24건의 재해가 발생하고, 의사진단에 의한 총휴업일수는 8,760일이었다. 이 사업장의 도수율과 강도율은 각각 얼마인가?

㉮ 도수율: 10, 강도율: 6
㉯ 도수율: 15, 강도율: 3
㉰ 도수율: 15, 강도율: 6
㉱ 도수율: 10, 강도율: 3

해설 도수율과 강도율

$$도수율 = \frac{재해건수}{연근로총시간수} \times 10^6 = \frac{24}{1,000 \times 8 \times 300} \times 10^6 = 10$$

$$강도율 = \frac{총요양근로손실일수}{연근로총시간수} \times 1,000 = \frac{8,760 \times \frac{300}{365}}{1,000 \times 8 \times 300} \times 1,000 = 3$$

96 다음 [표]는 동기부여와 관련된 이론의 상호 관련성을 서로 비교해 놓은 것이다. 빈칸의 ①~⑤에 해당하는 내용을 올바르게 연결한 것은?

위생요인과 동기요인 (Herzberg)	ERG 이론 (Alderfer)	X 이론과 Y 이론 (McGregor)
위생요인	①	④
	②	
동기요인	③	⑤

㉮ ①: 존재욕구, ②: 관계욕구, ④: X이론
㉯ ①: 관계욕구, ③: 성장욕구, ④: Y이론
㉰ ①: 존재욕구, ③: 관계욕구, ⑤: Y이론
㉱ ②: 성장욕구, ③: 존재욕구, ⑤: X이론

해설 동기부여 이론

위생요인과 동기요인 (F. Herzberg)	욕구의 5단계 (A. Maslow)	ERG 이론	X이론과 Y이론 (D. Mc Gregor)
위생요인	1단계: 생리적 욕구(종복보존)	존재욕구	X이론
	2단계: 안전욕구	관계욕구	
	3단계: 사회적 욕구(친화욕구)		
동기부여 요인	4단계: 인정받으려는 욕구(승인의 욕구)	성장욕구	Y이론
	5단계: 자아실현의 욕구(성취욕구)		

97 다음 중 NIOSH의 직무스트레스 관리모형에 관한 설명으로 틀린 것은?

㉮ 직무스트레스 요인에는 크게 작업요인, 조직요인 및 환경요인으로 구분된다.
㉯ 조직요인에 의한 직무스트레스에는 역할모호성, 역할갈등, 의사결정의 참여도, 승진 및 직무의 불안정성 등이 있다.
㉰ 똑같은 작업환경에 노출된 개인들이라도 지각하고 그 상황에 반응하는 방식에서 차이를 가져 오는데, 이와 같이 개인적이고 상황적인 특성을 완충요인이라고 한다.
㉱ 작업요인에 의한 직무스트레스에는 작업부하, 작업속도 및 작업과정에 대한 작업자의 통제정도, 교대근무 등이 포함된다.

해설 똑같은 작업환경에 노출된 개인들이라도 지각하고 그 상황에 반응하는 방식에서 차이를 가져 오는데, 이를 개인적인 요인이라 한다.

해답 95 ㉱ 96 ㉮ 97 ㉰

98 다음 중 스트레스를 조직수준에서 관리하는 방안으로 적절하지 않은 것은?

㉮ 참여관리 ㉯ 경력개발
㉰ 직무재설계 ㉱ 도구적 지원

> **해설** 조직수준의 스트레스 관리방안
> ① 과업재설계
> ② 참여관리
> ③ 역할분석
> ④ 경력개발
> ⑤ 융통성 있는 작업계획
> ⑥ 목표설정
> ⑦ 팀 형성

99 리더십의 이론 중 경로-목표이론에 있어 리더들이 보여주어야 하는 4가지 행동유형에 속하지 않는 것은?

㉮ 지시적 ㉯ 권위적
㉰ 참여적 ㉱ 성취지향적

> **해설** 경로-목표이론에서 리더들이 보여주어야 하는 4가지 행동이론은 지시적(directive), 지원적(supportive), 참여적(participative), 성취지향적(achievement oriented)이다.

100 다음 중 리더가 구성원에 영향력을 행사하기 위한 9가지 영향 방략과 가장 거리가 먼 것은?

㉮ 자문 ㉯ 무시
㉰ 제휴 ㉱ 합리적 설득

> **해설** 리더가 구성원에 영향력을 행사하기 위한 9가지 영향 방략은 감흥, 합리적 설득, 자문, 합법적 권위, 비위, 집단형성, 강요, 고집, 교환이다.

101 피로의 생리학적(physiological) 측정방법과 거리가 먼 것은?

㉮ 뇌파 측정(EEG)
㉯ 심전도 측정(ECG)
㉰ 근전도 측정(EMG)
㉱ 변별역치 측정(촉각계)

> **해설** 피로의 생리학적 측정방법
> ① 근전도(EMG): 근육활동의 전위차를 기록한다.
> ② 심전도(ECG): 심장근육활동의 전위차를 기록한다.
> ③ 뇌전도(ENG): 신경활동의 전위차를 기록한다.
> ④ 안전도(EOG): 안구운동의 전위차를 기록한다.
> ⑤ 산소소비량
> ⑥ 에너지 대사율(RMR)
> ⑦ 피부전기 반사(GSR)
> ⑧ 점멸융합주파수(플리커법)

102 스트레스 수준과 수행(성능) 사이의 일반적 관계는?

㉮ W형
㉯ 뒤집힌 U형
㉰ U자형
㉱ 증가하는 직선형

> **해설** 스트레스와 직무업적과의 관계

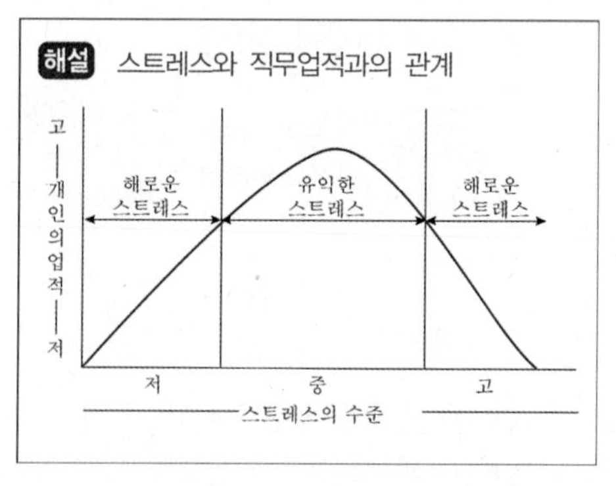

해답 98 ㉱ 99 ㉯ 100 ㉯ 101 ㉱ 102 ㉯

103 사고의 유형, 기인물 등 분류항목을 큰 순서대로 분류하여 사고방지를 위해 사용하는 통계적 원인분석 도구는?

㉮ 관리도(control chart)
㉯ 크로스도(cross diagram)
㉰ 파레토도(pareto diagram)
㉱ 특성요인도(cause and effect diagram)

> **해설** 파레토도(Pareto diagram)
> ① 문제가 되는 요인들을 규명하고 동일한 스케일을 사용하여 누적분포를 그리면서 오름차순으로 정리한다.
> ② 불량이나 사고의 원인이 되는 중요한 항목을 찾아내는 데 사용된다.

104 어느 사업장의 도수율은 40이고 강도율은 4이다. 이 사업장의 재해 1건당 근로손실일수는 얼마인가?

㉮ 1 ㉯ 10
㉰ 50 ㉱ 100

> **해설** 재해율
> ① 환산도수율(F) = 도수율/10
> ② 환산강도율(S) = 강도율×100
> S/F는 재해 1건당 근로손실일수
> = 400(S: 4×100)/4(F: 40/10) = 100

105 스트레스 상황하에서 일어나는 현상으로 틀린 것은?

㉮ 동공이 수축된다.
㉯ 스트레스는 정보처리의 효율성에 영향을 미친다.
㉰ 스트레스로 인한 신체 내부의 생리적 변화가 나타난다.
㉱ 스트레스 상황에서 심장박동수는 증가하나, 혈압은 내려간다.

> **해설** 스트레스 상황에서 심장박동수는 증가하고, 혈압도 증가한다.

106 데이비스(K. Davis)의 동기부여 이론에 대한 설명으로 틀린 것은?

㉮ 능력 = 지식 × 노력
㉯ 동기유발 = 상황 × 태도
㉰ 인간의 성과 = 능력 × 동기유발
㉱ 경영의 성과 = 인간의 성과 × 물질의 성과

> **해설** 데이비스(K. Davis)의 동기부여 이론
> ① 인간의 성과×물질의 성과=경영의 성과이다.
> ② 능력×동기유발
> =인간의 성과(human performance)이다.
> ③ 지식(knowledge)×기능(skill)
> =능력(ability)이다.
> ④ 상황(situation)×태도(attitude)
> =동기유발(motivation)이다.

107 10명으로 구성된 집단에서 소시오메트리(sociometry) 연구를 사용하여 조사한 결과 긍정적인 상호작용을 맺고 있는 것이 16쌍일 때 이 집단의 응집성지수는 약 얼마인가?

㉮ 0.222 ㉯ 0.356
㉰ 0.401 ㉱ 0.504

> **해설** 응집성지수
> 이 지수는 집단 내에서 가능한 두 사람의 상호작용의 수와 실제의 수를 비교하여 구한다.
>
> $$\text{가능한 상호작용의 수} = {}_{10}C_2 = \frac{10\times 9}{2} = 45$$
>
> $$\text{응집성지수} = \frac{\text{실제 상호작용의 수}}{\text{가능한 상호작용의 수}} = \frac{16}{45} = 0.356$$

해답 103 ㉰ 104 ㉱ 105 ㉱ 106 ㉮ 107 ㉯

108 인간의 행동과정을 통한 휴먼에러의 분류에 해당하지 않는 것은?

㉮ 입력오류　　㉯ 정보처리오류
㉰ 출력오류　　㉱ 조작오류

해설 조작오류

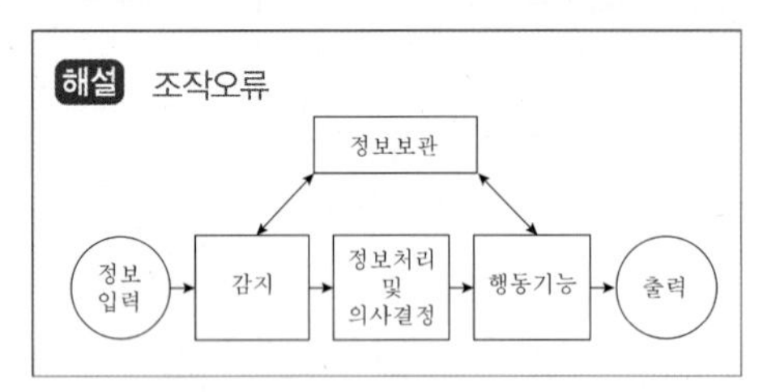

109 다음 중 대표적인 연역적 방법이며, 톱-다운(top-down) 방식의 접근방법에 해당하는 시스템 안전 분석기법은?

㉮ FTA　　㉯ ETA
㉰ PHA　　㉱ FMEA

해설 결함나무분석(FTA)
결함나무분석(FTA)는 결함수분석법이라고도 하며,기계설비 또는 인간-기계 시스템의 고장이나 재해발생 요인을 FT 도표에 의하여 분석하는 방법이다.

110 재해예방을 위하여 안전기준을 정비하는 것은 안전의 4M 중 어디에 해당되는가?

㉮ Man　　㉯ Machine
㉰ Media　　㉱ Management

해설 Management(관리)
① 관리조직
② 관리규정 및 수칙
③ 관리계획
④ 교육
⑤ 건강관리
⑥ 작업지휘 및 감독
⑦ 법규준수
⑧ 단속 및 점검 등

해답 108 ㉱ 109 ㉮ 110 ㉱

PART

근골격계질환 예방을 위한 작업관리

1장 | 근골격계질환의 개요

01 근골격계질환의 정의

1.1 작업관련성 근골격계질환

작업관련성 근골격계질환(work related musculoskeletal disorders)이란 작업과 관련하여 특정 신체 부위 및 근육의 과도한 사용으로 인해 근육, 연골, 건, 인대, 관절, 혈관, 신경 등에 미세한 손상이 발생하여 목, 허리, 무릎, 어깨, 팔, 손목 및 손가락 등에 나타나는 만성적인 건강장해를 말한다.

유사용어로는 누적외상성질환(Cumulative Trauma Disorders) 또는 반복성긴장상해(Repetitive Strain Injuries) 등이 있다.

1.2 근골격계질환의 특성

출제빈도 ★★★★

(1) 근육이나 조직의 미세한 손상으로 시작된다.
(2) 보통 차츰차츰 발생하지만, 때때로 갑자기 나타날 수도 있다.
(3) 초기에 치료하지 않으면 심각해질 수 있고, 완치가 어렵다.
(4) 신체기능적 장애를 유발한다.
(5) 집단발병하는 경우가 많다.
(6) 완전예방이 불가능하고 발생을 최소화하는 것이 중요하다.

02 근골격계질환의 원인

2.1 작업특성 요인

출제빈도 ★★★★

(1) 반복성
(2) 부자연스런 또는 취하기 어려운 자세
(3) 과도한 힘
(4) 접촉 스트레스
(5) 진동
(6) 온도, 조명 등 기타 요인

2.1.1 반복성

같은 동작이 반복해 일어나는 것으로 그 유해도는 반복횟수, 반복동작의 빠르기와 관련되는 근육군의 수, 사용되는 힘에 연관된다.

(1) 대책

가. 같은 근육을 반복하여 사용하지 않도록 작업을 변경(작업순환: job rotation)하여 작업자끼리 작업을 공유하거나 공정을 자동화시켜 주어야 한다.
나. 근육의 피로를 더 빨리 회복시키기 위해 작업 중 잠시 쉬는 것이 좋다.

(2) 반복성의 기준

작업주기(cycle time)가 30초 미만이거나, 작업주기가 30초 이상이라도 한 작업단위가 전체작업의 50% 이상을 차지할 때 위험성이 있는 것으로 판단하고 있으며(Silverstein et al., 1987), Kilbom(1994)은 반복성에 대한 고위험수준을 아래와 같이 정의하고, 만약 힘, 작업속도, 정적 혹은 극단적 자세, 속도 의존, 노출시간 등이 많아지면 위험성은 더 커져 매우 위험한 작업이라고 하였다.

가. 손가락: 분당 200회 이상
나. 손목/전완: 분당 10회 이상
다. 상완/팔꿈치: 분당 10회 이상
라. 어깨: 분당 2.5회 이상인 경우

2.1.2 부자연스런 또는 취하기 어려운 자세

작업활동이 수행되는 동안 중립자세로부터 벗어나는 부자연스러운 자세(팔다리, 인대, 허리 등이 신체에서 벗어난 위치)로 정적인 작업을 오래하는 경우를 말한다.

(1) 원인

작업 특성상의 이유도 있지만 대개 작업장의 설계에 의한 경우가 많이 발견되고 있다. 특히, 대형 작업장에 있는 작업라인의 경우, 작업공정과 작업공구 중심으로만 설계가 되어 있으며, 이의 개선이나 재설계 또한 쉽지 않아 근골격계질환의 예방을 더욱 어렵게 만들고 있다.

(2) 부자연스런 또는 취하기 어려운 자세의 예

가. 손가락에 힘을 주어 누르기
나. 손가락으로 집기
다. 팔을 들거나 뻗기
라. 손목을 오른쪽이나 왼쪽으로 돌리기
마. 손목을 굽히거나 뒤로 젖히기
바. 팔꿈치 들기
사. 팔 근육 비틀기
아. 목을 젖히거나 숙이기
자. 허리 돌리기, 구부리기, 비틀기
차. 무릎 꿇기, 쪼그려 앉기
카. 한발로 서기

2.1.3 과도한 힘

물체 등을 취급할 때 들어올리거나 내리기, 밀거나 당기기, 돌리기, 휘두르기, 지탱하기, 운반하기, 던지기 등과 같은 행위·동작으로 인해 근육의 힘을 많이 사용해야 하는 경우를 말한다.

(1) 작업 시 요구되는 힘의 크기가 증가하는 경우

가. 다루거나 들어올리는 제품의 부피가 증가할 경우
나. 부자연스러운 자세로 작업할 경우
다. 움직임의 속도가 증가할 경우
라. 다루는 제품이 미끄러울 경우(꽉 쥐는 힘이 요구될 경우)
마. 진동 시(예로 공구가 국부적으로 진동을 가할 때 쥐는 힘이 증가함)

바. 제품을 쥘 경우 집게손가락과 엄지손가락을 사용할 경우

(2) 대책

가. 과도한 힘을 요구하는 작업공구는 개선
나. 동력을 사용한 공구로 교체
다. 손에 맞는 공구를 선택하여 사용
라. 미끄러운 물체가 있는 경우 마찰력을 개선
마. 작업수행을 위한 적절한 작업공간을 제공

2.1.4 접촉스트레스

작업대 모서리, 키보드, 작업공구, 가위 사용 등으로 인해 손목, 손바닥, 팔 등이 지속적으로 눌리거나 손바닥 또는 무릎 등을 사용해 반복적으로 물체에 압력을 가함으로써 해당 신체 부위가 충격을 받게 되는 것을 말한다.

2.1.5 진동

손이나 팔의 진동과 같은 국부적 진동은 신체의 특정 부위가 동력기구(예로 사슬톱, 전기드릴, 전기해머) 또는 장비(예로 평삭반, 천공 프레스, 포장기계) 등과 같은 진동하는 물체와 접촉할 경우에 발생하며, 주로 손-팔과 같은 특정 신체 부위에서 문제되고 있다. 또한, 진동하는 환경(예로 울퉁불퉁한 도로에서 트럭을 운전하는 것)에 서거나 앉아 있을 경우 또는 전신을 이용해야 하는 무거운 진동장비(예로 수동착암기)를 사용할 경우에 전신의 진동이 발생하며, 주로 요통과 관련되어 있는 것으로 보고되고 있다.

(1) 대책

가. 진동을 경감시킬 수 있는 진동공구의 설계 및 개선
나. 진동공구의 제한된 사용관리
다. 진동공구의 보수관리 유지
라. 환경의 정비(신체의 보온)

2.1.6 온도, 조명 등 기타 요인

작업을 수행하면서 극심한 고온이나 저온, 적정 조명이 되지 않는 곳에서 신체가 노출된다면 손의 감각과 민첩성, 눈의 피로를 불러올 수 있다. 이러한 곳에서 작업을 하게 되면 동작수행을 위해 필요한 힘을 증가시켜서 손에 대한 혈액공급이 감소되면서 촉각이 둔해지고 궁극적

으로 조직에 대한 산소 및 에너지, 노폐물 제거를 둔화시켜 결국 통증과 상해로 연결되어진다.

2.2 개인적 특성요인

(1) 과거병력
(2) 생활습관 및 취미
(3) 작업경력
(4) 작업습관
(5) 나이
(6) 성별
(7) 음주
(8) 흡연

2.3 사회심리적 요인

(1) 직무스트레스
(2) 작업 만족도
(3) 근무조건
(4) 휴식시간
(5) 대인관계
(6) 사회적 요인: 작업조직 및 방식의 변화, 노동강도

2.4 근골격계질환과 유해인자 사이의 연관성

미국 산업안전보건연구원(1997)에 따르면 위험요소들과 근골격계질환 사이에 어떤 관련성이 있는지에 대하여 2,000개 이상의 역학조사의 결과를 분석하여 다음과 같은 결론을 얻었다.

(1) 목과 목-어깨 부위

작업자세가 강한 연관성이 있으며, 반복성과 힘은 연관성이 있으며, 진동은 연관성에 대한 증거가 불충분하다.

(2) 어깨 부위

작업자세와 반복성과 연관성이 있으며, 힘과 진동은 연관성에 대한 증거가 불충분하다.

(3) 팔꿈치 부위

작업자세, 반복성, 힘이 혼합된 위험요인들로 강한 연관성이 있으며, 힘은 연관성이 존

표 4.1.1 근골격계질환과 유해인자의 원인적 연관성(NIOSH)

신체 부위		위험요소	강한 증거 (+++)	증거 (++)	불충분한 증거(+/0)
목과 목-어깨 (neck and neck-shoulder)		반복(repetition)		V	
		힘(force)		V	
		자세(posture)	V		
		진동(vibration)			V
어깨 (shoulder)		자세(posture)		V	
		힘(force)			V
		반복(repetition)		V	
		진동(vibration)			V
팔꿈치 (elbow)		반복(repetition)			V
		힘(force)		V	
		자세(posture)			V
		진동(vibration)	V		
손/손목 (hand/wrist)	수근관증후군 (carpal tunnel syndrome)	반복(repetition)		V	
		힘(force)		V	
		자세(posture)			V
		진동(vibration)		V	
		혼합(combination)	V		
	건염 (tendinitis)	반복(repetition)		V	
		힘(force)		V	
		자세(posture)		V	
		혼합(combination)	V		
	수완진동증후군(hand-arm vibration syndrome)	진동(vibration)	V		
허리 (back)		들기/힘든 동작 (lifting/forceful movement)	V		
		부적절한 자세 (awkward posture)		V	
		과도한 육체작업 (heavy physical work)		V	
		전신 진동 (whole body vibration)	V		
		정적 작업자세 (static work posture)			V

재하고, 반복성과 작업자세는 연관성에 대한 증거가 불충분하다.

(4) 손 및 손목 부위(수근관증후군)

작업자세, 반복성, 힘이 혼합된 위험요인들로 강한 연관성이 있으며, 반복성, 힘, 진동은 연관성이 존재하고, 작업자세는 연관성에 대한 증거가 불충분하다.

(5) 손 및 손목 부위(건초염)

작업자세, 반복성, 힘이 혼합된 위험요인들로 강한 연관성이 있으며, 반복성, 힘, 작업자세가 연관성이 존재한다.

(6) 손 및 손목 부위(진동증후군)

진동만이 강한 연관성이 있다.

(7) 허리 부위

들기작업과 힘, 전신진동들이 강한 연관성이 있으며, 작업자세와 고된 작업은 연관성이 있으며, 정적인 자세는 연관성에 대한 증거가 불충분하다.

2.5 근골격계질환의 발병단계

(1) 1단계

가. 작업 중 통증을 호소, 피로감

나. 하룻밤 지나면 증상 없음

다. 작업능력 감소 없음

라. 며칠 동안 지속: 악화와 회복 반복

(2) 2단계

가. 작업시간 초기부터 통증 발생

나. 하룻밤 지나도 통증 지속

다. 화끈거려 잠을 설침

라. 작업능력 감소

마. 몇 주, 몇 달 지속: 악화와 회복 반복

(3) 3단계

가. 휴식시간에도 통증

나. 하루 종일 통증

다. 통증으로 불면

라. 작업수행 불가능

마. 다른 일도 어려움, 통증 동반

03 근골격계질환의 종류

3.1 직업성 근골격계질환

출제빈도 ★★★★

3.1.1 신체 부위별 분류

(1) 손과 손목 부위의 근골격계질환

가. 수근관증후군(Carpal Tunnel Syndrome): 손목의 수근터널을 통과하는 신경을 압박함으로써 발생하며, 손목이 꺾인 상태나 과도한 힘을 준 상태에서 반복적 손 운동을 할 때 발생한다. 특히 조립작업 등과 같이 엄지와 검지로 집는 작업자세가 많은 경우 손목의 정중신경 압박으로 많이 발생한다.

나. 결절종(ganglion)

다. 드퀘르뱅 건초염(Dequervain's Syndrome): 손목건초염

라. 백색수지증: 손가락에 혈액의 원활한 공급이 이루어지지 않을 경우에 발생하는 증상이다.

마. 방아쇠 수지 및 무지: 손가락을 구부릴 때 힘줄의 굴곡운동에 장애를 주는 질환

바. 무지수근 중수관절의 퇴행성관절염

사. 수완·완관절부의 건염이나 건활막염

(2) 팔과 팔목 부위의 근골격계질환

가. 외상과염과 내상과염: 팔꿈치 부위의 인대에 염증이 생김으로써 발생하는 증상이다.

나. 주두점액낭염

다. 전완부에서의 요골포착 신경병증(회의근증후군 및 후골간신경 포착 신경병증 포함)

라. 전완부에서의 정중신경 포착 신경병증(원회내근증후군, 전골간신경 포착 신경병증 및 Struthers 인대에서의 정중신경 포착 신경병증 포함)

마. 주관절 부위의 척골신경 포착 신경병증(주관절증후군 및 만기성 척골 신경마비 등 포함)

바. 전완부근육의 근막통증후군, 기타 주관절 전완 부위의 건염이나 건활막염

(3) 어깨 부위의 근골격계질환

가. 상완부근육(삼각근, 이두박근, 삼두박근 등)의 근막통증후군(MPS)

나. 극상근건염(Supraspinatus Tendinitis)

다. 상완이두건막염(Bicipital Tenosynovitis)

라. 회전근개건염(충돌증후군, 극상건파열 등을 포함)

마. 견구축증(유착성관절낭염)

바. 흉곽출구증후군(경늑골증후군, 전사각증후군, 늑쇄증후군 및 과외전군 등을 포함)

사. 견관절 부위의 점액낭염(삼각근하 점액낭염, 오구돌기하 점액낭염, 견봉하 점액낭염, 견갑하 점액낭염 등을 포함)

(4) 목 견갑골 부위의 근골격계질환

가. 경부·견갑부근육(경추주위근, 승모근, 극상근, 극하근, 소원근, 광배근, 능형근 등)의 근막통증후군

나. 경추신경병증

다. 경부의 퇴행성관절염

3.1.2 질환별 종류

근골격계질환은 연체조직질환, 신경혈관계통질환, 신경장해, 요통 등으로 나눌 수 있다.

표 4.1.2 근골격계질환별 종류

질환	종류
연체조직질환	건염: 근육과 뼈를 연결하는 건에 염증이 발생한 질환 건초염 활액낭염 결절종 근막통증후군
신경혈관계통질환	흉곽출구증후군 진동신경염
신경장해	수근관증후군 척골신경장애
요통	요통 요부염좌 근막통증후군 추간판탈출증 척추분리증 전방전위증

3.2 작업유형과 근골격계질환

출제빈도 ★★★★

표 4.1.3은 작업현장에서 작업자들이 어떠한 작업과정으로 인해 근골격계질환이 발생하는가를 알 수가 있으며, 이것을 토대로 작업요인과 질환과의 관계를 분석할 수 있다.

표 4.1.3 작업유형과 근골격계질환

작업의 종류	관련 질환	작업요인
연마작업	건초염	손목의 반복동작
	흉곽출구증후군	지속적인 어깨 들어 올림
	수근관증후군	진동
	드퀘르뱅 건초염	꺾인 손목자세
프레스 작업	손목과 어깨의 건염	손목의 반복동작
	드퀘르뱅 건초염	어깨의 반복동작
	수근관증후군	팔꿈치 꺾기, 손목 꺾임
용접, 페인트 작업	흉곽출구증후군	지속적인 팔의 들어올림 자세
	건염	어깨보다 높은 손의 자세
타이핑, 컨베이어 작업	어깨와 손목의 건염 수근관증후군 흉곽출구증후군	전후좌우로 들어올리는 손의 자세 손목의 반복동작
타이핑, 키펀치 작업	긴장성목증후군	정적이고 제한적인 자세
	흉곽출구증후군	손가락의 빠른 반복동작
	수근관증후군	꺾인 손목자세, 손바닥 압력
재봉사	흉곽출구증후군 드퀘르뱅 건초염 수근관증후군	반복적인 어깨 및 손목동작 손바닥 압력
음악가	손목의 건염 수근관증후군 외상과염	반복적인 어깨 및 손목동작 손바닥 압력
유리절단 작업	척골신경압박증후군	지속적인 팔꿈치 구부린 자세
포장작업	어깨와 손목의 건염	지속적인 어깨하중 손목의 반복작업 과도한 힘
트럭운전사	긴장성목증후군	정적인 목의 자세
	수근관증후군	과도한 손목의 힘
목공 및 벽돌작업	드퀘르뱅 건초염	손목의 반복작업
	수근관증후군	손목의 과도한 힘
가사일	흉곽출구증후군 주관절외상과염 주관절내상과염	손바닥 압력, 반복적인 어깨 및 손목동작
창고 작업	수근관증후군 기용관증후군 흉곽출구증후군 어깨의 건염	어색한 자세에서 어깨에 걸리는 지속적인 하중
육류가공 작업	드퀘르뱅 건초염	손목의 과도한 힘
	수근관증후군	반복동작

04 근골격계질환의 관리방안

4.1 근골격계질환의 초기관리의 중요성

(1) 손상된 신체 부위가 다른 부위에 영향을 미치고 또 다른 손상을 유발한다.
(2) 만성적인 상해는 영구적 신체장애를 유발한다.
(3) 상해의 초기단계에서의 치료가 효과적이다.
(4) 조기치료 후 복귀하는 것이 다른 작업자를 돕는 것이다.

4.2 근골격계질환 예방을 위한 전략

근골격계질환을 잘 예방하기 위해서는 노사협력, 작업자의 참여, 적극적인 경영진의 지원이 이루어지는 가운데 교육을 통해 적합한 조직구성, 의학적 관리, 복지시설(건강관리, 재활시설) 확충, 지속적인 작업환경 개선이 이루어져야 한다.

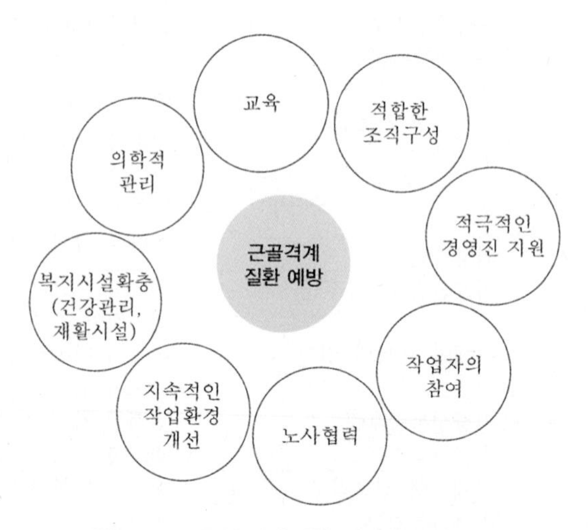

그림 4.1.1 근골격계질환 예방을 위한 전략

4.3 근골격계질환 예방을 위한 관리방안

출제빈도 ★★★★

4.3.1 단기적 관리방안

(1) 인간공학 교육(관리자, 작업자, 노동조합, 보건관리자 등)

(2) 위험요인의 인간공학적 분석 후 작업장 개선
(3) 작업자에 대한 휴식시간의 배려
(4) 교대근무에 대한 고려
(5) 안전예방 체조의 도입
(6) 안전한 작업방법 교육
(7) 재활복귀질환자에 대한 재활시설의 도입, 의료시설 및 인력 확보
(8) 휴게실, 운동시설 등 기타 관리시설 확충

4.3.2 중장기적 관리방안

(1) 근골격계질환에 대한 다각적 원인분석
(2) 근골격계질환 예방관리 프로그램 도입
(3) 직무스트레스 관리 및 노동강도 고려
(4) 관리적 방법의 고려(작업자 순환)
(5) 보건관리 체제도입
(6) 작업공구의 교체: 인간공학적 고려
(7) 작업자의 신체적 특성을 고려한 인체공학 개념을 도입한 작업장 설계
(8) 개선 후 주기적인 사후관리(개선효과 확인, 미비점 보완, 작업장 및 작업자에 대한 주기적인 추적조사)
(9) 정기적/체계적/지속적인 인간공학적 의식, 안전의식 교육
(10) 작업자의 자발적인 참여유도(위험요인 제거, 안전의식 개선)
(11) 의학적 관리(건강관리실의 활성화)

4.3.3 효과적인 근골격계질환 관리를 위한 실행원칙

효과적인 근골격계질환을 관리하기 위한 실행원칙은 표 4.1.4와 같다.

표 4.1.4 효과적인 근골격계질환 관리를 위한 실행원칙

– 인식의 원칙
– 노·사 공동참여의 원칙
– 전사적 지원의 원칙
– 사업장 내 자율적 해결의 원칙
– 시스템 접근의 원칙
– 지속성 및 사후평가의 원칙
– 문서화의 원칙

(1) 인식의 원칙

근골격계질환을 효과적으로 관리하기 위해서는 우선 작업특성상 근골격계질환 문제가 많이 존재할 수밖에 없다는 현실을 노·사 모두 정확히 인식하는 것이 문제해결의 출발점이 된다. 또한, 이러한 문제는 지속적인 관리를 통해서만이 문제점을 최소화할 수 있다는 접근방법에 대한 노·사 간의 동의가 필요하다.

(2) 노·사 공동참여의 원칙

근골격계질환 문제는 노·사 어느 일방만의 노력으로 절대 해결할 수가 없다. 아무리 좋은 대안을 가지고 있더라도 그것의 성공 여부는 노·사의 신뢰성 확보에 달려 있으므로 반드시 공동참여와 공동운영이 필수적이다.

실제로 직무스트레스 관리, 노동강도에 대한 고려, 직무순환, 휴식시간 조절 등과 같이 관리 대책의 상당부분이 노·사 합의를 통해 결정되어야 할 사안이다. 따라서, 노·사 공동참여는 아주 중요한 부분이 된다.

(3) 전사적 지원의 원칙

근골격계질환 예방사업은 보건관리자와 관련된 특정 부서만의 활동으로 소정의 목적을 달성할 수 없다.

설비, 인사, 총무 등 다양한 조직의 참여가 필요하며, 외국의 많은 사업장에서는 근골격계질환의 문제가 회사의 생존과도 관련된 문제로 인식을 하고 전사적인 지원에 의해 근골격계질환의 예방관리가 이루어지고 있다.

(4) 사업장 내 자율적 해결의 원칙

효과적인 근골격계질환 관리를 위해서는 질환의 조기발견 및 조기치료를 위하여 사업장 내에 일상적 자율 예방관리 시스템이 정착되어야 한다. 그러기 위해서는 지속적인 근골격계질환에 관한 교육과 개선이 이루어져야 한다.

(5) 시스템 접근의 원칙

근골격계질환은 기존의 중독성 직업병처럼 작업설비, 특정 물질 등만을 관리대상으로 할 수 없으며, 발생원인이 작업의 고유특성뿐 아니라 개인적 특성, 기타 사회적·심리적인 요인 등 복합적인 특성을 가짐에 따라 시스템적으로 접근을 해야 한다. 그리고 이러한 접근방법에 대한 노·사의 합의와 공동노력이 필요하다.

(6) 지속성 및 사후평가의 원칙

근골격계질환은 그 특성상 1회성 이벤트 사업으로 효과를 볼 수 없다.

그리고 예방사업의 효과도 단시간에 나타나지 않으므로 지속적 관리 및 평가에 따른 보완과정이 반드시 필요하다.

(7) 문서화의 원칙

근골격계질환의 일상적 예방관리를 위한 실행결과는 항상 기록보존이 되어야 하고, 이에 대한 감사 시스템을 통하여 활동에 대한 정확한 평가와 수정보완이 되어야 한다. 실제로 문서화는 일상적 관리가 제대로 수행되고 있는지에 대한 평가를 가능하게 한다.

4.4 근골격계질환 예방의 효과

근골격계질환을 예방관리하면 그림 4.1.2와 같은 효과를 얻을 수 있다.

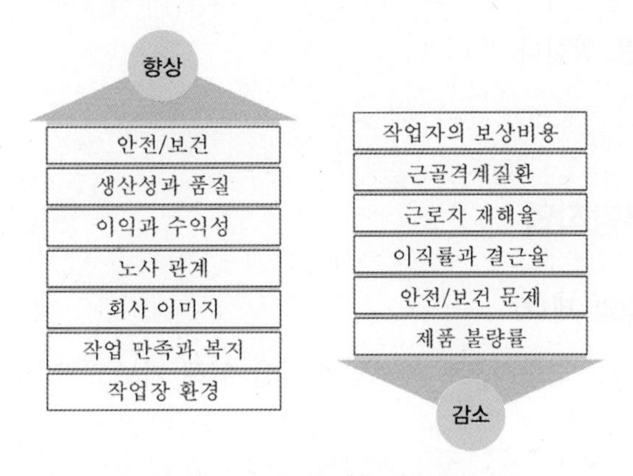

그림 4.1.2 근골격계질환 예방의 효과

05 근골격계 부담작업의 범위

5.1 근골격계 부담작업의 의의

(1) 근골격계 부담작업이라 함은 단순반복작업 또는 인체에 과도한 부담을 주는 작업으로서 작업량·작업속도·작업강도 및 작업장 구조 등에 따라 고용노동부장관이 정하여 고시하는 작업을 말한다(보건규칙 제142조 제1호).

(2) 근골격계 부담작업에 해당되는지 여부에 따라 사업주의 유해요인조사, 작업환경 개선,

의학적 조치, 유해성 주지 등 조치의무의 발생 여부가 결정된다.

5.2 근골격계 부담작업의 해설

근골격계 부담작업이라 함은 다음에 해당하는 작업을 말한다. 다만, 단기간작업 또는 간헐적인 작업은 제외한다.

(1) 단기간작업은 2개월 이내에 종료하는 작업을 말하며, 간헐적인 작업은 정기적·부정기적으로 이루어지는 작업으로서 연간 총 작업기간이 총 60일을 초과하지 않는 작업을 말한다.

(2) 근골격계 부담작업은 단기간작업 또는 간헐적인 작업에 해당되지 않는 작업 중에서 다음에 해당하는 작업이 주당 1회 이상 지속적으로 이루어지거나 연간 총 60일 이상 이루어지는 작업을 말한다.

5.3 근골격계 부담작업

출제빈도 ★★★★

(1) 근골격계 부담작업 제1호

하루에 4시간 이상 집중적으로 자료입력 등을 위해 키보드 또는 마우스를 조작하는 작업이다.

(2) 근골격계 부담작업 제2호

하루에 총 2시간 이상 목, 어깨, 팔꿈치, 손목 또는 손을 사용하여 같은 동작을 반복하는 작업이다.

(3) 근골격계 부담작업 제3호

하루에 총 2시간 이상 머리 위에 손이 있거나, 팔꿈치가 어깨 위에 있거나 팔꿈치를 몸통으로부터 들거나, 팔꿈치를 몸통 뒤쪽에 위치하도록 하는 상태에서 이루어지는 작업이다.

(4) 근골격계 부담작업 제4호

지지되지 않은 상태이거나 임의로 자세를 바꿀 수 없는 조건에서 하루에 총 2시간 이상 목이나 허리를 구부리거나 트는 상태에서 이루어지는 작업이다.

(5) 근골격계 부담작업 제5호

하루에 총 2시간 이상 쪼그리고 앉거나 무릎을 굽힌 자세에서 이루어지는 작업이다.

(6) 근골격계 부담작업 제6호

하루에 총 2시간 이상 지지되지 않은 상태에서 1 kg 이상의 물건을 한 손의 손가락으로 집어 옮기거나, 2 kg 이상에 상응하는 힘을 가하여 한 손의 손가락으로 물건을 쥐는 작업이다.

(7) 근골격계 부담작업 제7호

하루에 총 2시간 이상 지지되지 않은 상태에서 4.5 kg 이상의 물건을 한 손으로 들거나 동일한 힘으로 쥐는 작업이다.

(8) 근골격계 부담작업 제8호

하루에 10회 이상 25 kg 이상의 물체를 드는 작업이다.

(9) 근골격계 부담작업 제9호

하루에 25회 이상 10 kg 이상의 물체를 무릎 아래에서 들거나, 어깨 위에서 들거나, 팔을 뻗은 상태에서 드는 작업이다.

(10) 근골격계 부담작업 제10호

하루에 총 2시간 이상, 분당 2회 이상 4.5 kg 이상의 물체를 드는 작업이다.

(11) 근골격계 부담작업 제11호

하루에 총 2시간 이상, 시간당 10회 이상 손 또는 무릎을 사용하여 반복적으로 충격을 가하는 작업이다.

2장 | 작업관리

01 작업관리의 정의

1.1 작업관리의 개요

출제빈도 ★★★★

(1) 정의

가. 각 생산작업을 가장 합리적, 효율적으로 개선하여 표준화한다.

나. 표준화된 작업의 실시과정에서 그 표준이 유지되도록 통제한다.

다. 안전하게 작업을 실시하도록 하는 것이다.

(2) 작업관리의 절차

가. 조사·연구할 작업 내지 공정의 선정

나. 대상작업 내지 공정에 관한 사실의 수집 또는 관찰·기록

다. 사실의 분석·검토

라. 모든 제약조건을 고려하여 작업표준의 설정(작업설계)

마. 작업표준에 따라 표준시간의 산정

바. 작업의 표준시간의 설정(작업측정)

사. 표준을 토대로 한 작업관리의 실시(작업통제)

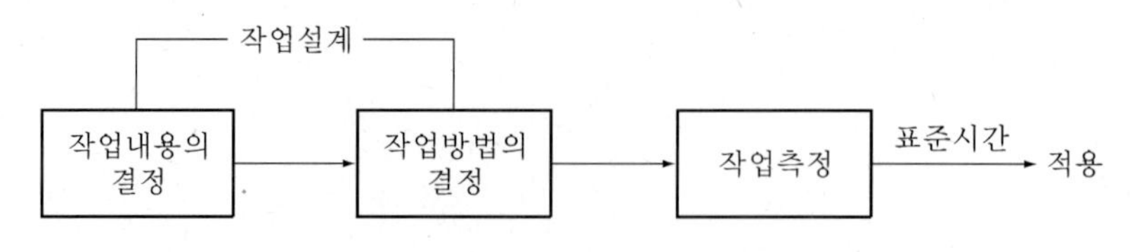

그림 4.2.1 작업관리의 내용

1.2 작업관리의 범위와 목적

출제빈도 ★★★★

(1) 작업관리의 범위

작업관리는 개개 작업의 합리화나 능률뿐만 아니라 공정계열 전체로서의 작업의 합리화, 능률화를 추구한다. 작업관리의 범위는 지금까지는 동작연구와 시간연구가 주가 되었으나 현재는 작업의 안전, 특히 근골격계질환의 관리가 포함되는 추세이다.

(2) 작업관리의 목적

가. 최선의 방법발견(방법개선)

나. 방법, 재료, 설비, 공구 등의 표준화

다. 제품품질의 균일

라. 생산비의 절감

마. 새로운 방법의 작업지도

바. 안전

1.3 방법연구

출제빈도 ★★★★

(1) 방법연구의 정의

작업 중에 포함된 불필요한 동작을 제거하기 위하여 작업을 과학적으로 자세히 분석하여 필요한 동작만으로 구성된 효과적이고 합리적인 작업방법을 설계하는 기법이다.

(2) 작업 시스템이나 작업방법의 분석·검토·개선에 사용되는 방법연구의 주요 기법

가. 공정분석

나. 작업분석

다. 동작분석

표 4.2.1 작업 시스템의 분석

구분단위	공정 > 단위작업 > 요소작업 > 동작요소		
분석기법	공정분석	작업분석	동작분석

(3) 방법연구(작업방법의 개선) 절차

가. 개선의 최종목표

① 피로 경감

② 시간 단축

③ 품질 향상

④ 경비 절감

나. 일반적인 절차

① 문제 발견

② 현장분석

③ 중요도 발견

④ 검토

⑤ 개선안 수립 및 실시

⑥ 결과평가

⑦ 표준작업과 표준시간 설정

⑧ 표준의 유지

다. 작업개선의 원칙: ECRS 원칙

① Eliminate: 불필요한 작업·작업요소 제거

② Combine: 다른 작업·작업요소와의 결합

③ Rearrange: 작업순서의 변경

④ Simplify: 작업·작업요소의 단순화·간소화

표 4.2.2 방법연구의 제도표

활동	방법연구 시의 사용도표
전반적인 생산 시스템	흐름선도(FD), 흐름공정도(F.P.C)
고정된 작업장 내 부동의 작업자	작업분석도표(operation chart), SIMO 차트, 동작경제의 원칙적용
작업자-기계 시스템	활동도표(activity chart), 작업자-기계분석도표(man-machine chart)
다수의 작업자 시스템	활동도표, 갱공정도표(gang process chart)

02 작업관리 절차

2.1 문제해결 절차

출제빈도 ★★★★

2.1.1 기본형 5단계의 절차

기본형 5단계는 문제점이 있다고 지적된 공정 혹은 현재 수행되고 있는 작업방법에 대한 현황을 기록하고 분석하여, 이 자료를 근거로 개선안을 수립하는 절차이다.

그림 4.2.2는 기본형 5단계 문제해결 절차를 나타낸 것이다.

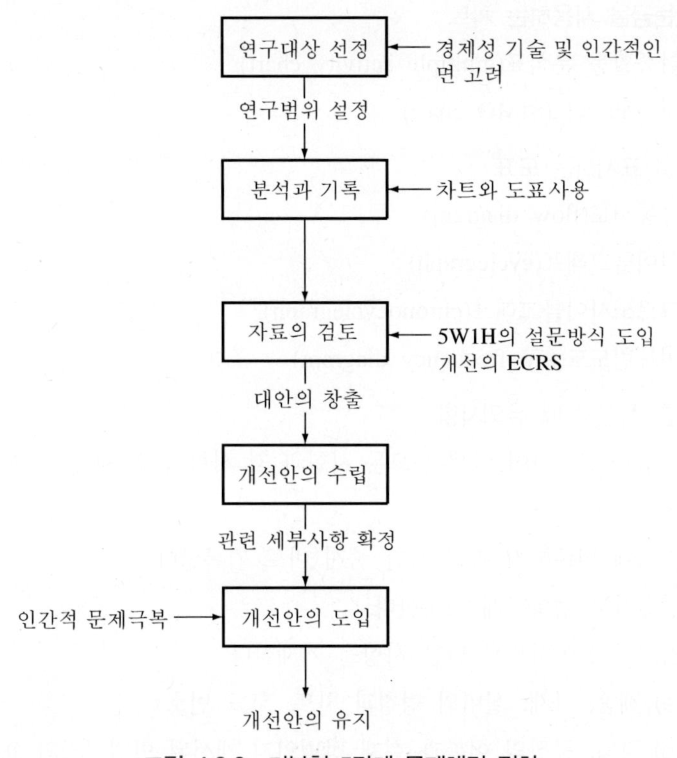

그림 4.2.2 기본형 5단계 문제해결 절차

(1) 연구대상의 선정

가. 경제적 측면의 고려: 애로공정, 물자이동의 양이 많고, 이동거리가 긴 작업, 노동집약적인 반복작업

나. 기술적 측면의 고려: 새로운 방법을 개발하더라도 기술적으로 용납하지 않으면 안 된다.

다. 인간적 측면의 고려: 작업은 결국 사람들에 의하여 수행되기 때문에 작업개선의 성패 여부는 작업자가 취하는 태도와 밀접한 관계가 있다.

(2) 현 작업방법의 분석

작업공정을 도표로 작성한다. 도표를 이용하면 미세한 사항이라도 빠짐없이 기록될 수 있으며, 표준화된 방식과 기호가 정해져 있기 때문에 의사소통이 용이하다.

가. 공정순서를 표시하는 차트

① 작업공정도(operation process chart)

② 유통공정도(flow process chart)

③ 작업자공정도(operator process chart)

나. 시간눈금을 사용하는 차트

① 다중활동 분석표(multiple activity chart)

② 사이모 차트(SIMO chart)

다. 흐름을 표시하는 도표

① 유통선도(flow diagram)

② 사이클그래프(cyclegraph)

③ 크로노사이클그래프(chronocyclegraph)

④ 이동빈도도(trip frequency diagram)

라. 차트를 작성할 때 유의사항

① 작업과 관련하여 발생된 모든 사항과 각 사항 간의 관계를 알아보기 쉽도록 기록한다.

② 기억에 의존하지 말고 관찰 즉시 바로 기록한다.

③ 간결하고 정확하게 기록한다.

④ 참고가 용이하도록 다음 사항을 기재한다.

(a) 제품, 자재, 설비의 명칭과 차트, 코드 번호

(b) 작업, 공정의 이름과 현재 방법인지 개선된 방법인지의 표시

(c) 작업장소

(d) 차트 번호와 페이지 번호/전체 페이지 수

(e) 관측자의 성명

(f) 관측일시

(g) 사용기호의 설명

(h) 요약표(소요시간, 운반거리, 노무비, 재료비 등의 항목에 대해 개선방법과 현재방법의 차이 설명)

⑤ 기록 후 다음 사항을 점검한다.

(a) 기록이 정확한가?

(b) 지나치게 단순화시켜 표기하지 않았는가?

(c) 중요한 사항 중 빠진 것이 없는가?

(3) 분석자료의 검토

다음과 같이 다양한 대안 도출방법론을 이용하여 보다 많은 대안을 창출한다.

가. 개선의 ECRS 원칙

① 제거(Eliminate): 이 작업은 꼭 필요한가? 제거할 수 없는가?
(불필요한 작업, 작업요소의 제거)

② 결합(Combine): 이 작업을 다른 작업과 결합시키면 더 나은 결과가 생길 것인가? (다른 작업, 작업요소와의 결합)

③ 재배열(Rearrange): 이 작업의 순서를 바꾸면 좀 더 효율적이지 않을까?
(작업순서의 변경)

④ 단순화(Simplify): 이 작업을 좀 더 단순화할 수 있지 않을까?
(작업, 작업요소의 단순화, 간소화)

나. 개선의 SEARCH 원칙

① S = Simplify operations(작업의 단순화)

② E = Eliminate unnecessary work and material(불필요한 작업이나 자재의 제거)

③ A = Alter sequence(순서의 변경)

④ R = Requirements(요구조건)

⑤ C = Combine operations(작업의 결합)

⑥ H = How often(얼마나 자주, 몇 번인가?)

다. 브레인스토밍(brainstorming)

① 브레인스토밍은 보다 많은 아이디어를 창출하기 위하여 가능한 한 자유분방하게 모든 의견을 비판 없이 청취하고, 수정발언을 허용하여 대량발언을 유도하는 방법이다.

② 수행절차는 리더가 문제를 요약하여 설명한 후에 구성원들에게 비평이 없는 자유로운 발언을 유도하고, 리더는 구성원들이 모두 볼 수 있도록 청취된 의견들을 다양한 단어를 이용하여 칠판 등에 표시한다. 이를 토대로 다양한 수정안들을 발언하도록 유도하고, 도출된 의견은 제약조건 등을 고려하여 수정보완하는 과정을 거쳐서 그중에서 선호되는 대안을 최종안으로 채택하는 방법이다.

라. 마인드멜딩(mindmelding)

① 마인드멜딩은 구성원들의 창조적인 생각을 살려서 많은 대안을 도출하기 위한 방법이다.

② 이 방법의 수행절차는 다음과 같다.

(a) 구성원 각자가 검토할 문제에 대하여 메모지를 작성한다.

(b) 각자가 작성한 메모지를 오른쪽 사람에게 전달한다.

(c) 메모지를 받은 사람은 내용을 읽은 후에 해법을 생각하여 서술하고, 다시 메모지를 오른쪽 사람에게 전달한다.

(d) 가능한 해가 나열된 종이가 본인에게 돌아올 때까지 반복(3번 정도)하여 수행한다.

마. 델파이 기법(Delphi Technique)

쉽게 결정될 수 없는 정책이나 쟁점이 되는 사회문제에 대하여, 일련의 전문가집단의 의견과 판단을 추출하고 종합하여 집단적 합의를 도출해내는 방법이다.

바. 5W1H 분석방법

① 대부분 사람들은 대안을 창출하는 데 있어 직감보다는 체계적인 접근 방법을 선호하며, 5W1H 분석은 이러한 문제를 분석할 때에 6하원칙에 의해 체계적인 질문을 함으로써 현재의 상태를 파악하고 개선안을 도출하는 방법이다.

② 5W1H는 Why(필요성), What(목적), When(순서), Where(장소), Who(작업자), How(방법)에 대한 의미를 갖고 있는 분석방법이다.

표 4.2.3 5W1H 설문방식

질문대상		질문목적
작업목적(What)	→	작업자체의 제거
작업장소(Where) 작업순서(When) 작업자(Who)	→	작업의 결합과 작업순서의 변경
작업방법(How)	→	작업의 단순화

(4) 개선안의 수립

개선의 ECRS와 5W1H 설문의 해답의 내용으로부터 개선안을 작성하여 발견된 개선점을 공정도에 기록함으로써 누락되는 사항의 발생을 방지할 수 있고, 또한 원래의 작업방법과 쉽게 비교할 수 있게 된다.

(5) 개선안의 도입

가. 유의사항

① 현재방법과 비교하여 개선된 요소를 측정하여 기록한다.

② 개선안을 상부에 보고하고 승인을 받도록 한다.

③ 개선안이 활용되는 부서의 실무진으로부터 이해를 구하고 요청사항을 전달한다.

④ 기대한 대로 잘 운용되도록 필요한 조치를 취한다.

나. 절감비용의 산출

개선안을 쉽게 도입하려면 개선방법에 의한 비용절감액이 개선안 도입 때문에 발생되는 비용보다 훨씬 크다는 것을 객관적으로 입증할 수 있어야 한다.

① 노무비(직접 혹은 간접노무비)에 고려되는 항목

(a) 작업시간

(b) 셋업(set-up) 시간

(c) 검사시간

(d) 재작업시간

(e) 운반시간

② 재료비(직접 혹은 간접재료비)에 고려되는 항목

(a) 소요자재량

(b) 자재의 크기

(c) 자재의 형태

(d) 자재의 품위등급

③ 기재비용에 고려되는 항목

(a) 전기, 수도, 연료 등의 유틸리티(utility) 비용

(b) 시설 재배치비용

(c) 작업자 훈련경비

(d) 작업지침서 등의 인쇄비용

(e) 폐기 처리되는 재고품비용

(f) 개선안에 의한 정상가동까지의 생산량 손실비용

다. 인간적 문제의 극복

① 유의사항

(a) 문제점 지적(identification): 작업자 자신들이 문제점을 지적하도록 하여 변화에 대한 저항감이 적어지도록 유도한다.

(b) 작업자의 안정(reassurance): 변화에 대해 느끼는 작업자의 불안감, 의구감을 없애도록 한다.

(c) 대화(communications): 개선안에 대하여 미리 여러 각도에서 의견을 교환한다.

(d) 참여(participation): 작업자가 개선안에 대하여 어떤 생각을 가지고 있는가를 질의한 후 타당한 아이디어는 보완해 줌으로써 작업자 자신이 변화에 참여하였다는 의식을 갖도록 한다.

(e) 상호이해: 경영자뿐만 아니라 작업자도 개선안에 의하여 이득을 얻을 수 있다는 점을 보여준다.

(f) 보완(follow-through): 주기적으로 개선안의 활용상태 및 작업자에게 미치는 영향을 점검하여 수정·보완한다.

2.2 디자인 개념의 문제해결 방식

출제빈도 ★★★★

2.2.1 디자인 개념의 필요성

오늘날 산업체에서는 첨단과학 기술의 발달로 지금가지 경험하지 못한 전혀 새로운 작업방법을 디자인해야 되는 경우가 자주 발생한다. 이러한 종류의 문제를 일반적인 문제해결절차로 다루기는 힘들기 때문에 디자인 개념의 문제해결 방식이 필요하게 되었다.

2.2.2 문제의 특성

(1) 두 가지 상태(상태 A와 B)

(2) 제약조건(restrictions)

(3) 대안(alternatives)

(4) 판단기준(criterion)

(5) 연구시한(time limit)

2.2.3 문제의 형성(formulation of the problem)

문제의 범위를 전체 시스템에서 분리시켜 명시하고, 문제 상태 A와 B, 주요 판단기준, 두 상태 간의 빈도수, 연구시한 등을 개괄적으로 기술해야 한다.

(1) 주의사항

가. 문제가 아닌 문제를 생각하여 해결안을 제시하려고 한다(실제 존재하지 않거나 풀

어도 소용없는 문제를 해결하려고 한다).

나. 문제 자체보다는 현재의 해결방안을 문제시하여 풀려고 한다.

(2) 문제형성 과정의 요약

가. 문제로서 해결할 가치가 어느 정도 있는지 확인한다.

나. 문제를 보는 시야를 넓게 가진다.

다. 자세한 문제내용과 제약조건은 이 시점에서는 피하도록 한다.

라. 실제로는 존재하지도 않는 가공의 문제가 아닌지 확인한다.

마. 현재의 해결방안에 압도되지 말아야 하며, 문제와 해결안을 혼동해서는 안 된다.

2.2.4 문제의 분석

문제가 지니고 있는 특성 중에서 상태 A와 B, 그리고 제약조건에 대하여 집중적이고 세밀한 분석을 한다.

(1) 제약조건의 발생

상태 A를 상태 B로 변화시키기 위하여 무엇을 해야 하는가의 질문으로부터 간접조건이 발생하며, 어떻게 해야 하는가에 대한 결정사항이 직접조건을 형성한다.

(2) 제약조건의 역할

제약조건은 실행가능 영역(feasible region)을 만들며, 그중에서 실행가능해(feasible solution)를 찾고, 그중에서 최적해(optimal solution)를 찾게 한다.

(3) 제약조건의 분류

가. 실제 존재하는 제약조건

① 반드시 수용하여야 할 조건

② 실제 존재하거나 상부 결정 요구사항

나. 허구적 제약조건: 디자이너가 무의식적으로 불필요하게 첨가하는 조건

(4) 문제의 분석

문제특성의 세부사항을 검토한다(상태 A와 B, 제약조건에 대한 관련 자료수집 및 제약조건을 파악한다).

(5) 현방안의 용도

가. 비용절감 효과를 강조하면서 새로운 해결방안을 추구해야 된다고 주장할 경우에는

현방안의 개략적인 사항을 알아야 된다.

나. 현방안이라고 해서 전부가 나쁜 것은 아니기 때문에 좋은 점은 취사선택하여 사용할 수 있다.

다. 현방안은 설치비용이 전무하다는 경쟁적 요건을 가지기 때문에 대안의 비교대상이 된다.

라. 현방안의 운영비에 대한 자료가 있어야 다른 대안의 우월성을 평가하여 내세울 수가 있다.

(6) 문제의 분석요약

가. 구체적으로 서술된 상태 A와 B

나. 실제적 제약조건

다. 최대한으로 확보된 자유재량 영역

라. 판단기준, 연구시한, 변환횟수 등에 대한 수집·분석된 자료를 확보하게 된다.

2.2.5 대안의 탐색

디자이너의 창의력 발휘 여부가 중요하고, 제약조건을 만족하는 대안을 선택하여야 한다.

(1) 대안을 용이하고 효과적으로 탐색하는 방법으로는 아래와 같다.

가. 정신적인 노력 없이는 창조적인 결과를 이룰 수 없기 때문에 이 방면에 집중적이며 적극적인 노력을 한다.

나. 왜(Why)라는 단어로 항상 탐구적 자세를 지닌다.

다. 체계적 접근방식(systematic approach)을 이용한다.

라. 체크리스트(checklist)를 사용한다.

마. 대안의 탐색 시에 질보다는 양에다 우선순위를 둔다.

바. 다른 사람에게 열심히 탐문한다.

사. 현재의 작업방법을 완전히 잊어버리도록 한다.

아. 브레인스토밍(brainstorming)과 같은 집단 아이디어 창출방식을 채택한다.

자. 보수적인 태도를 지양한다.

차. 대안탐색 과정에서 미리 대안을 평가하여 거부하거나 받아들이지 말아야 한다.

카. 유사한 문제로부터 아이디어를 얻도록 한다.

타. 사고하는 데 도움이 되는 쾌적하고 조용한, 창조적인 분위기 하에서 작업을 한다.

파. 앞에서 설명한 바와 같은 정신적 사고과정의 취약점을 항상 경계하도록 한다.

2.2.6 대안의 평가

대안자체의 평가, 대안 상호 간의 비교, 대안 간의 결합 등을 통하여 가장 좋은 것을 선정한다.

(1) 평가기준으로는 초기비용, 처분가격, 경제적 수명, 총수입, 운영비, 연간등가, 수익률 등이 있다.
(2) 대안의 만족도는 객관적 수치로 표시한다.
(3) 인간적 측면(부서 간의 갈등 등)을 고려한다.

2.2.7 선정안의 제시

선정된 디자인의 특성 및 성능상의 특징을 비롯하여 관련 사항의 세부내용을 자세히 밝히도록 해야 한다.

(1) 디자인 사이클(design cycle)

선정된 안이 명시에 그치는 것이 아니고 승인취득, 생산 혹은 기계 설치 시의 감독, 사용되고 있는 디자인의 관찰과 평가, 디자인을 다시 할 것인가의 결정까지 확대된다.

(2) 인간적 문제의 극복도 중요하다.

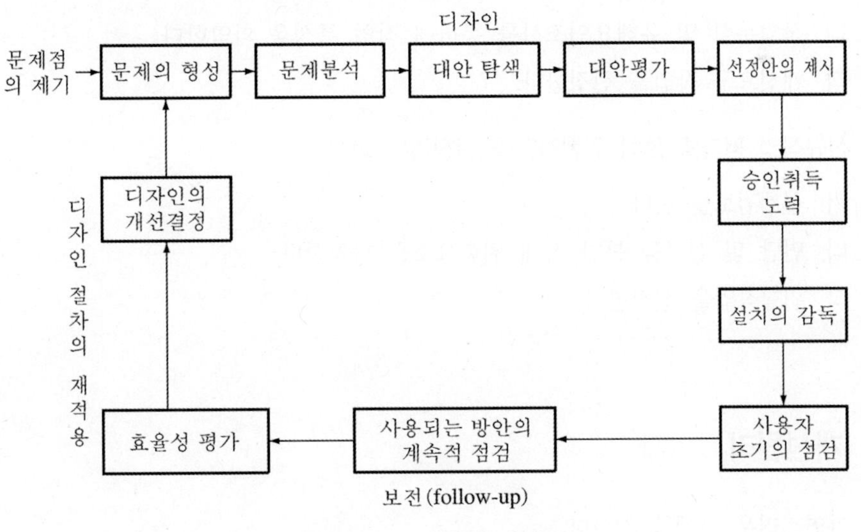

그림 4.2.3 디자인 사이클

03 작업개선 원리

3.1 개선안의 도출방법

개선안은 아래의 여러 가지 방법들을 이용해서 작업 개선안을 도출한다.

(1) 안전보건 기록의 분석을 통해 개선 우선순위 작업을 선정하는 과정

가. 안전보건 기록의 종류를 정한다.

나. 안전보건 기록을 사용한다.

다. 우선순위 부서 및 작업을 선정한다.

(2) 면담 또는 설문조사를 통해 개선요구 작업을 선정하는 과정

가. 설문대상자를 선정하고 대상작업 특성을 파악한다.

나. 설문조사 작성절차에 따라 설문지를 작성하고 설문을 한다.

다. 개선요구 작업을 정한다.

(3) 유해요인 기본조사를 통해 개선요구 작업을 선정하는 과정

가. 면담 또는 설문조사를 통하여 작업자 특성을 파악한다.

나. 작업분석 및 유해요인조사를 통하여 작업 특성을 파악한다.

다. 개선요구 작업을 선정한다.

(4) 신규작업 평가를 통해 위험작업을 선정하는 과정

가. 설계검토를 한다.

나. 면담 및 설문을 통한 잠재 위험요소를 파악한다.

다. 위험작업을 선정한다.

3.2 개선원리

(1) 자연스러운 자세를 취한다.

(2) 과도한 힘을 줄인다.

(3) 손이 닿기 쉬운 곳에 둔다.

(4) 적절한 높이에서 작업한다.

(5) 반복동작을 줄인다.
(6) 피로와 정적부하를 최소화한다.
(7) 신체가 압박받지 않도록 한다.
(8) 충분한 여유공간을 확보한다.
(9) 적절히 움직이고 운동과 스트레칭을 한다.
(10) 쾌적한 작업환경을 유지한다.
(11) 표시장치와 조종장치를 이해할 수 있도록 한다.
(12) 작업조직을 개선한다.

3장 | 작업분석

01 작업분석(operation analysis)

1.1 정의

출제빈도 ★★★★

방법연구의 목표인 생산량 증대 및 원가절감을 위하여 분석대상인 작업의 목적, 다른 작업과의 관련, 요소작업의 내용, 검사요건, 사용자재, 운반방법, 공구 및 기계설비, 작업방법 등 작업에 미치는 모든 문제를 분석·연구하고 작업과정, 작업자와 기계의 가동상태, 작업장, 작업방법의 합리성 등을 검토하는 절차이다.

1.2 작업분석의 목적

(1) 최선의 작업 방법 개발과 표준화
(2) 표준시간의 산정
(3) 최적 작업 방법에 의한 작업자 훈련
(4) 생산성 향상

1.3 문제의 분석도구

출제빈도 ★★★★

(1) 파레토 분석(Pareto analysis)

가. 경제학자 파레토(Vilfredo Pareto)의 분석도구이다.

나. 적용방법

① 문제가 되는 요인들을 규명하고 동일한 스케일을 사용하여 누적분포를 그리면서 오름차순으로 정리한다.

② 불량이나 사고의 원인이 되는 중요한 항목을 찾아내는 데 사용된다. 파레토 원칙(Pareto principle: 80-20 rule)이란 20%의 항목이 전체의 80%를 차지한다는

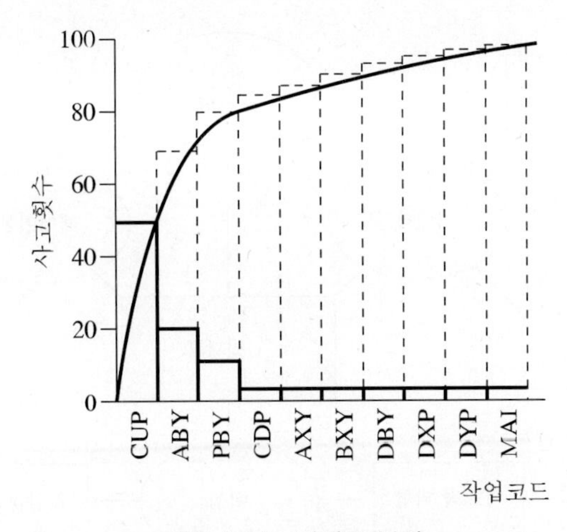

그림 4.3.1 파레토 분석

의미이며, 일반사회 현상에서 많이 볼 수 있는 파레토 원칙은 생산작업 현장에서의 불량의 원인, 사고의 원인, 재고품목 등에서 찾아 볼 수 있다. 파레토 차트(Pareto chart)는 20%에 해당하는 중요한 항목을 찾아내는 것이 주목적이며, 불량이나 사고의 원인이 되는 중요한 항목을 찾아서 관리하기 위함이다. 재고관리 분야에서는 파레토 차트를 ABC 곡선이라고도 한다. 다음 그림은 20%의 작업코드(CUP, ABY, PBY)가 80%의 사고를 유발하는 경우이다(80-20 법칙).

③ 파레토 차트의 작성방법은 빈도수가 큰 항목부터 순서대로 항목들을 나열한 후에 항목별 점유비율과 누적비율을 구한다. 다음으로 이들 자료를 이용하여 x축에 항목과 y축에 점유비율 및 누적비율로 막대−꺾은선 혼합그래프를 그린다.

(2) 마인드 맵핑(mind mapping)

가. 아이디어들과 그 상호연결상태를 시각적으로 보여주는 브레인스토밍 도구이며 수형도(tree diagram)와 같은 그래픽으로 보여줄 수 있는 학습기법이다.

나. 복잡한 아이디어와 정보를 이해하기 쉬운 쌍방향적인 시각자료로 만들어 의사소통을 할 수 있게 해 준다.

(3) 특성요인도(fishbone diagram)

가. 원인결과도(cause-and-effects diagram)라고도 불리며, 결과를 일으킨 원인을 5~6개의 주요원인에서 시작하여 세부원인으로 점진적으로 찾아가는 기법이다.

나. 원인결과도의 형태

① 바람직하지 않은 사건에 대한 결과를 물고기의 머리, 이러한 결과를 초래한 원인 을 물고기의 뼈로 표현하여 분석한다.

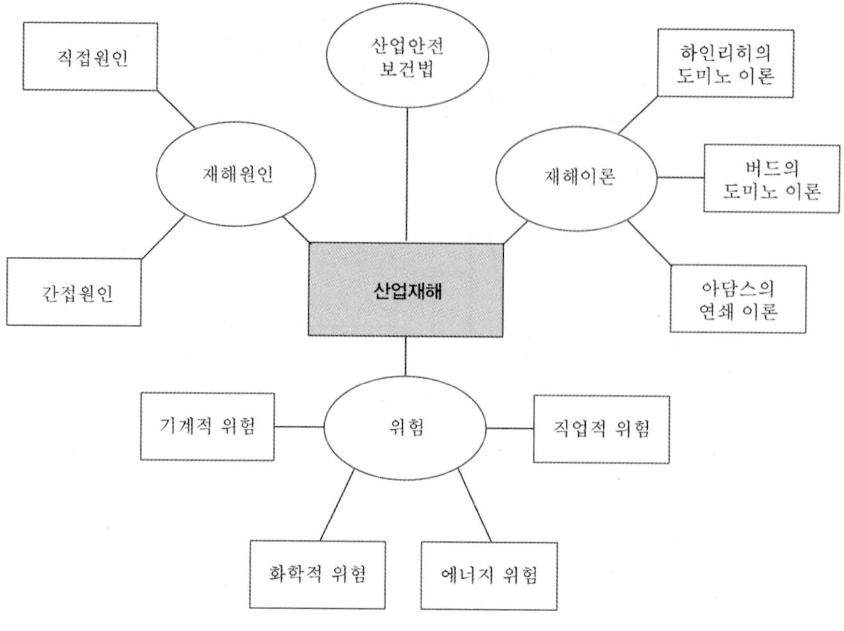

그림 4.3.2 마인드 맵핑

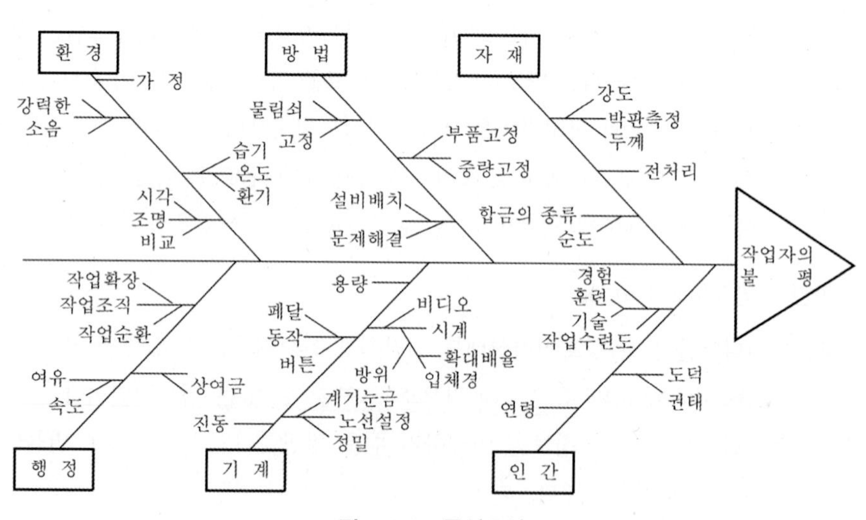

그림 4.3.3 특성요인도

② 주요원인의 구분은 인간, 기계, 방법, 자재, 환경, 행정 등으로 한다.

(4) 간트 차트(Gantt chart)와 PERT chart

가. 간트 차트의 개요

① 간트 차트는 가로선에 작업량, 일정, 시간 등 표시하고, 일정 계획 및 통제기능

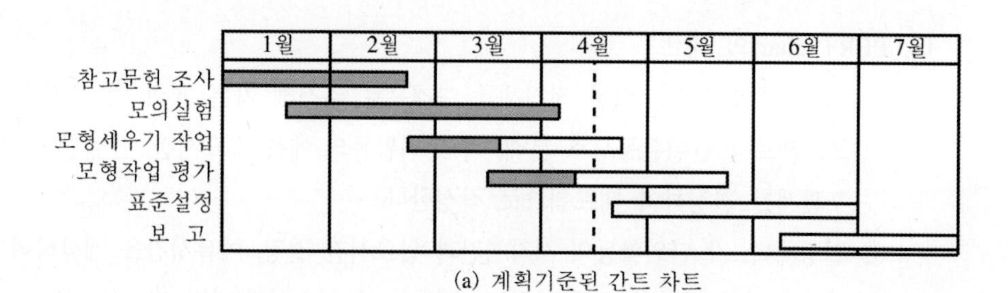

(a) 계획기준된 간트 차트

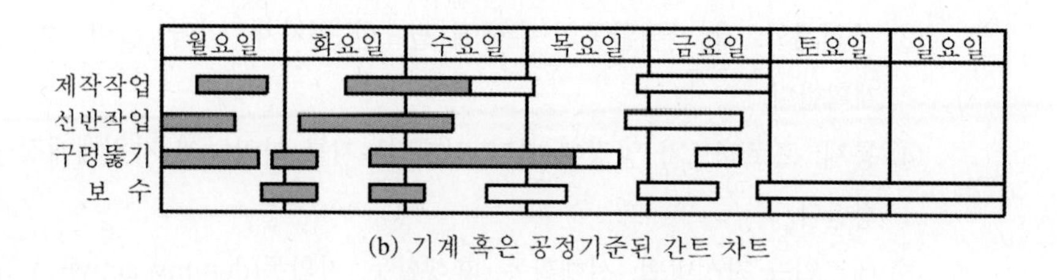

(b) 기계 혹은 공정기준된 간트 차트

▬=완성 ▭=일정계획

그림 4.3.4 간트 차트

을 가지는 전통적 일정관리법이다.

② 전체 공정시간, 각 작업의 완료시간, 다음 작업시간을 알 수가 있다.

③ 간트 차트는 각 활동별로 일정계획 대비 완성현황을 막대모양으로 표시하며, 각 종 프로젝트의 의사소통 및 연구개발 시 사용하면 용이하다.

④ 간트 차트의 사용목적에 따른 분류

(a) 작업실적의 기록을 위한 작업자 및 기계기록 도표

(b) 작업계획을 위한 작업할당 도표

(c) 진도관리를 위한 작업진도표

(d) 능력활용을 위한 작업부하 도표

⑤ 간트 차트의 장점

(a) 간헐적이고 반복적인 프로젝트의 일정을 계획하는 데 유용하다.

(b) 계획과 실적을 비교하여 작업의 진행상태를 보여주는 데 적합하다.

⑥ 간트 차트의 단점

(a) 변화 또는 변경에 약하다.

(b) 일정계획의 정밀성을 기대하기 어렵고, 대규모 복잡한 프로젝트를 계획하는 데 부적합하다.

(c) 작업 상호 간의 유기적인 관계가 명확하지 못하다.

나. PERT chart의 개요

① 정의: 목표달성을 위한 적정해를 그래프로 추적해 가는 계획 및 조정도구이다. 프로젝트를 단위활동으로 분해, 각 단위활동의 예측 소요시간, 단위활동 간의 선후관계를 결정하여 네트워크로 작성한다.

② 일정계획: 각 단위활동의 시작시간과 완료시간 결정, 여유시간을 계산하여 주 공정경로(가장 시간이 오래 걸리는 경로)와 주 공정시간(가장 긴 시간)을 파악한다.

③ 자원계획: 각 단위활동의 수행에 필요한 원자재, 인력, 설비, 자금 등의 배정을 계획한다.

④ 통제: 프로젝트가 일정에 따라 진행되는지를 파악하여 자원재배정 등을 통해 조정한다.

⑤ 네트워크 작성방법: 선행활동, 후행활동, 가활동(dummy activity) 등으로 표기하며 그림 4.3.5와 같이 작성한다.

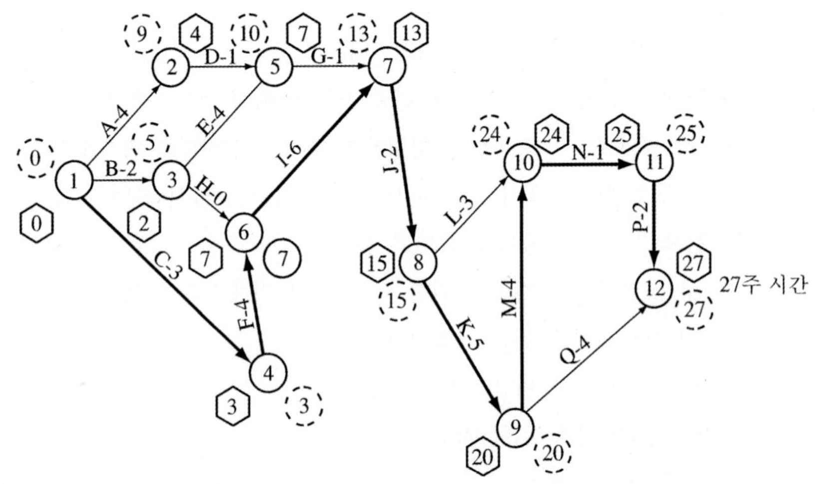

그림 4.3.5 PERT chart

예제

다음의 그림은 어느 조립공정의 요소작업을 PERT 차트로 나타낸 것이다. 주 공정경로와 주 공정시간을 구하시오.

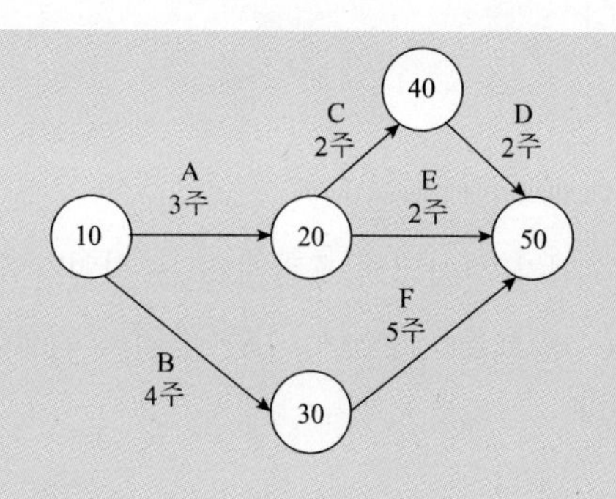

풀이

① 주 공정경로(가장 시간이 오래 걸리는 경로): 10 - 30 - 50
② 주 공정시간(가장 긴 시간): 9주

(5) 작업/작업장 분석지침

가. 특별한 영역의 작업부서, 작업장 등 실제 작업현장의 조사도구로 적합하다.
나. 작업자, 작업환경, 행정적인 요소 등을 조사하여 기록한다.

Job/Worksite: HOT END	Analyst: AF	Date: 1-27-
Description: INSERTING STEM TO FUNNEL		

Worker Factors

Name: Age: 42 Gender: (M) F Height: 6′ Weight: 180
Motivation: High Medium (Low) Job Satisfaction: High Medium (Low)
Education Level: Some HS (HS) College Fitness Level: High (Medium) Low
Personal Protective Equipment: (Safety Glasses) Hard Hat Safety Shoes (Ear Plugs) Other GLOVES SLEEVES

Task Factors	Refer To:
What happens? How do parts flow in/out? FUNNEL FROM BELT TO INSERTING MACHINE, THEN SEALER, THEN BACK TO BELT	Flow Process Charts
What kinds of motions are involved? REPETITIVE LIFTING, WALKING, GRASPING	Video Analysis, Principles of Motion Economy
Are there any jigs/fixtures? Automation? YES, POSITION FUNNEL, YES, FOR BASIC PROCESS NO FOR HANDLING	
Are any tools being used? NO	Tool Evaluation Checklist
Is the workplace laid out well? Any long reaches? NO - EXCESSIVE WALKING & REACHING	Workstation Evaluation Checklist
Are there awkward finger/wrist motions? How frequent? NO	CTD Risk Index
Is there any lifting? YES, HEAVY GLASS FUNNELS	NIOSH Lifting Analysis, UM2D Model
Is the worker fatigued? Physical workload? YES, YES	Heart Rate Analysis, Work-rest Allowances
Is there any decision making? Mental workload? MINIMAL	
How long is each cycle? What is the standard time? ~ 1 1/2 MIN	Time Study, MTM-2 Checklist

Work Environment Factors	Work Environment Checklist
Is the illumination acceptable? Is there glare? YES NO	IESNA Recommended Values
Is the noise level acceptable? NO - EARPLUGS REQUIRED	OSHA Levels
Is there heat stress? YES!	WBGT
Is there vibration? NO	ISO Standards

Administrative Factors	Remarks:
Are there wage incentives? NO	LOOK AT POSITIONING BELT & MACHINES CLOSER, VERY HOT!
Is there job rotation? Job enlargement? YES NO	
Is training or work hardening provided? YES	
What are the overall management policies? —	

그림 4.3.6 작업/작업장 분석지침

1.4 분석기법

출제빈도 ★★★★

(1) 다중활동 분석(multi-activity analysis)

가. 정의: 작업자와 작업자 사이의 상호관계 또는 작업자와 기계 사이의 상호관계에 대하여 다중활동 분석기호를 이용해서 이들 간의 단위작업 또는 요소작업의 수준으로 분석하는 수법이다.

나. 용도

① 가장 경제적인 작업조 편성

② 적정 인원수 결정

③ 작업자 한 사람이 담당할 기계 소요대수나 적정기계 담당대수의 결정

④ 작업자와 기계의(작업효율 극대화를 위한) 유휴시간 단축

다. 분석기법

① 작업자의 활동도표(activity chart): 작업공정을 세분한 작업활동을 시간과 함께 나타내는 도표

② 작업자(인간)－기계 분석도표(man-machine chart)

(a) 한 사람의 작업자가 1대의 기계를 조작하는 경우에 이용되는 도표이다.

(b) 작업자와 기계의 가동률 저하의 원인발견, 작업자의 담당 기계대수의 산정, 이동중점, 안전성, 기계의 개선, 배치검토 등에 활용된다.

③ 작업자－복수기계 분석도표(man-multimachine chart)

(a) 한 사람의 작업자가 2대 이상의 기계를 조작하는 경우에 적용되는 도표이다.

(b) 공작기계가 자동화 내지 반자동화가 됨에 따라 작업자 한 명이 같은 기계를 여러 대 담당하는 것이 가능하게 되었으며, 이를 Machine Coupling이라 한다.

(c) 이러한 경향은 인건비가 기계비용에 비하여 상대적으로 비싸지게 됨에 따라 가속화되었고, 이로부터 작업자와 설비의 유휴기간을 효율적으로 이용할 수 있는 방안을 모색함으로써 이들의 생산성 증대가 기대된다.

(d) 이론적 기계대수

$$n = \frac{a+t}{a+b}$$

여기서, a: 작업자와 기계의 동시작업 시간

b: 독립적인 작업자 활동시간

t: 기계가동 시간

(e) 정수가 아닌 경우에 이론적 기계대수는 n 대와 $n+1$대의 단위당 비용을 비교해서 작은 것을 선택한다.

㉠ cycle time

- n대 경우: $a+t$
- $(n+1)$대인 경우: $(n+1)(a+b)$

㉡ 기계대수에 따른 단위 제품당 비용

Co: 작업자 시간당 임금, Cm: 기계 시간당 비용

- 시간당 비용 = 작업자임금+기계비용

  n대: $Co + n \times Cm$

  $(n+1)$대: $Co + (n+1) \times Cm$

- 시간당 생산량 = 기계대수 / cycle time

  n대: $n/(a+t)$

  $(n+1)$대: $(n+1)/((n+1)(a+b)) = 1/(a+b)$

㉢ 단위제품 비용(Cost/개당) = 시간당 비용/시간당 생산량

- $TC(n) = Co + n \times Cm/n/(a+t)$
- $TC(n+1) = Co + (n+1) \times Cm/1/(a+b)$

④ 복수작업자(조작업, 공동작업) 분석도표(multiman chart): 'Gang process chart' 라고도 하며, 두 사람 이상의 작업자가 조를 이루어 협동적으로 하나의 작업을 하는 경우에 그 상호 관련 상태를 기록하는 공정도표(process chart)의 일종이다.

예제

어느 휴대폰 조립공정에 대한 작업자와 기계의 요소작업 및 작업시간, 소요비용은 다음과 같다. 최적 기계대수를 구하시오.

구분	요소작업	작업시간
작업자	• 휴대폰 본체에 덮개 부착 • 배터리 부착 • 전원 및 통화시험 • 성능시험 후 휴대폰 분류	1.2분 0.5분 0.9분 0.6분
기계	• 성능시험	8.5분
작업자 기계 동시작업	• 성능시험을 위한 준비	1.3분
비용	• 인건비 10,000원/시간 • 기계비용 20,000원/시간	

풀이

a: 작업자와 기계의 동시작업 시간 = 1.3

b: 독립적인 작업자 활동시간 = 1.2 + 0.5 + 0.9 + 0.6 = 3.2

t: 기계가동 시간 = 8.5

이론적 기계대수 $n' = (a+t)/(a+b) = (1.3+8.5)/(1.3+3.2) = 2.1$

	2대(n)	3대($n+1$)
Cycle time	$a+t = 1.3+8.5 = 9.8$	$(n+1)(a+b) = 3(1.3+3.2) = 13.5$
시간당 비용	$10{,}000+2*20{,}000 = 50{,}000$	$10{,}000+3*20{,}000 = 70{,}000$
시간당 생산량	$\{n/(a+t)\}*60 = \{2/(1.3+8.5)\}*60$ $= 12.24$	$\{(n+1)/(n+1)(a+b)\}*60$ $= \{1/(1.3+3.2)\}*60 = 13.33$
단위제품당 비용 =시간당 비용/ 시간당 생산량	$\frac{50{,}000}{12.24} = 4{,}084$	$\frac{70{,}000}{13.33} = 5{,}251$

따라서 기계를 2대 배정하는 것이 가장 경제적이다.

02 공정분석

2.1 공정분석의 개요

출제빈도 ★★★★

(1) 정의

공정분석(process analysis)이란 작업대상물(재료, 부자재, 반제품)이 순차적으로 가공되어 제품으로 완성되기까지 작업경로 전체를 처리되는 순서에 따라 각 공정의 조건(가공조건, 경과시간, 이동거리 등)과 함께 분석하는 기법이다.

가. 제품공정 분석

나. 작업자공정 분석

다. 사무공정 분석

(2) 공정분석의 목적

가. 공정자체의 개선·설계 및 공정계열에 대한 포괄적인 정보 파악

나. 설비 layout의 개선·설계

다. 공정관리 시스템의 문제점 파악과 기초자료의 제공

라. 공정편성 및 운반방법의 개선·설계

(3) 특징

가. 대상의 주체를 도시기호로 나타낸다.

나. 대상을 4요소(가공, 검사, 운반, 정체)로 나누어 분석한다.

다. 공정의 수준에서 분석한다.

라. 대상을 보다 상세히 전문적 분야에서 분석한다.

2.2 공정도

출제빈도 ★★★★

공정도(process chart)는 공정의 이해를 돕고 개선을 위해 간결하게 도표로 공정을 기록해 두는 방법으로, 길브레스(F.B. Gilbreth)가 사용했다.

2.2.1 공정도기호

공정에 사용되는 기호는 일종의 속기방법으로, 무엇이 관찰되었는가를 간결하고, 쉽게, 그리고 정확하게 기록해주는 역할을 한다.

표 4.3.1 공정기호

공정종류	공정기호 명칭	공정기호	설명
가공	가공	◯	원료, 재료, 부품 또는 제품의 모양, 성질에 변화를 주는 과정을 나타낸다.
운반	운반	○ / ⇨	원료, 재료, 제품의 위치에 변화를 주는 과정을 나타낸다.
검사	수량검사	□	원료, 재료, 부품 또는 제품의 양 또는 개수를 개량하여 그 결과를 기준과 비교하여 차이를 아는 과정을 나타낸다.
	품질검사	◇	원료, 재료, 부품 또는 제품의 품질특성을 시험하고, 그 결과를 기준과 비교하여 로트의 합격, 불합격 또는 개개 제품의 양호, 불량을 판정하는 과정을 나타낸다.
정체	저장	▽	원료, 재료, 부품 또는 제품의 계획에 따라 저장하고 있는 과정을 나타낸다.
	지체	D	원료, 재료, 부품 또는 제품이 계획에 반하여 지체되고 있는 상태를 나타낸다.

2.2.2 공정도의 종류

(1) 제품공정 분석

가. 작업공정도(operation process chart)

① 자재가 공정에 유입되는 시점과 공정에서 행해지는 검사와 작업순서를 도식적

으로 표현한 도표로 작업에 소요되는 시간이나 위치 등의 정보를 기입한다(단, 운반, 정체, 저장은 표시되지 않는다).

② 용도: 작업방법의 개선을 위해 개선의 ECRS 적용이 필요하다.

③ 작업공정도의 작성

(a) 작성방법

㉠ 수직선: 제조과정 순서를 나타낸다.

㉡ 수평선: 작업에 투입되는 자재의 명칭, 번호, 규격 등을 자재가 투입되는 수평선 위에 명시한다.

㉢ 공정도기호의 좌측: 소요시간을 기입한다.

㉣ 공정도기호의 우측: 작업의 개략적인 설명을 기입한다.

㉤ 유의사항: 작업의 주공정을 도표의 가장 오른쪽에 위치시키는 것이 보기에 좋다.

(b) 작업공정도의 작성예제

㉠ 작업내용: 부품 C는 2분간 가공작업을 거쳐 1분간의 검사를 마친 후 1분간의 조립작업을 실시한다. 부품 B는 완제품으로 구입되어 1분간의 검사를 거치며, 부품 A는 2분간의 가공작업을 마친 후, 부품 B, C와 함께 하나의 제품으로 조립되는 데 2분이 소요되며, 1분간의 품질확인 후 2분간의 포장작업을 마친 후 완성된다.

㉡ 작업공정도

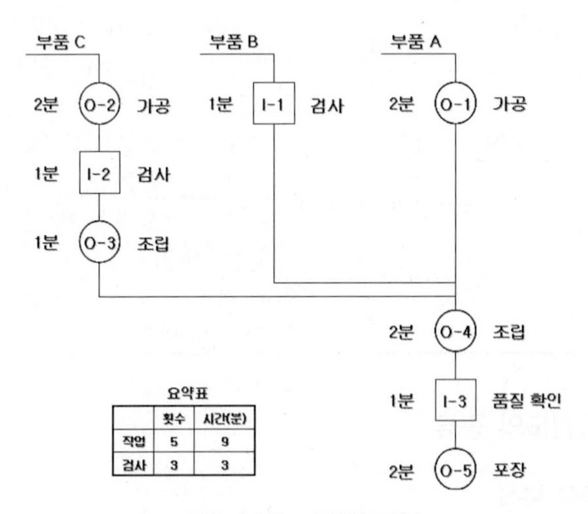

	횟수	시간(분)
작업	5	9
검사	3	3

그림 4.3.7 작업공정도

나. 유통공정도(flow process chart)

① 공정 중에 발생하는 모든 작업, 검사, 운반, 저장, 정체 등을 도식적으로 표현한 도표이다(소요시간, 운반거리 등의 정보기입).

② 용도: 잠복비용(hidden cost: 운반거리, 정체, 저장과 관련되는 비용)을 발견하고 감소시키는 역할을 한다.

③ 유통공정도의 작성예제

유통공정도

요약	현재방법		개선안		차이	
	횟수	시간	횟수	시간	횟수	시간
○ 작업	2	20	2	5	-	15
⇨ 운반	11	44	6	20	5	24
□ 검사	2	35	1	20	1	15
D 정체	7	80	2	10	5	70
▽ 저장	1		1		-	15
거리(단위:m)	56.2		32.2		24	

작업명 자재 입고
( ) 사람 (V) 자재
작업부서 자재 지원부서
도표번호 no. 864
작성자 홍길동 일시 2005. 12. 20

설명 ( ) 현재방법 (V) 개선안	기호	거리 (m)	시간 (분)	양	비고
1 트럭에서 자동 컨베이어 벨트에 하차한다.	○➡□D▽	1.2			작업자 2명
2 운반로로 민다.	○➡□D▽	6	5		작업자 2명
3 대차에 싣는다.	○➡□D▽	1			작업자 2명
4 하역장으로 운반한다.	○➡□D▽	6	5		작업자 1명
5 상자를 개봉한다.	●⇨□D▽		5		작업자 1명
6 지게차로 접수대에 운반한다.	○➡□D▽	9	5		작업자 1명
7 접수대에 내리기위해 대기한다.	○⇨□◗▽		5		
8 수량 및 품질 검사를 실시한다.	○⇨■D▽		20		검사자
9 마킹한 후 다시 상자에 넣는다.	●⇨□D▽				창고사무원
10 운반될 때까지 대기한다.	○⇨□◗▽		5		
11 보관창고로 운반한다.	○➡□D▽	9	5		작업자 1명
12 저장한다.	○⇨□D▼				
13	○⇨□D▽				
14	○⇨□D▽				
15	○⇨□D▽				

그림 4.3.8 유통공정도

다. 유통선도, 흐름도표(flow diagram)

① 제조과정에서 발생하는 작업, 운반, 정체, 검사, 보관 등의 사항이 생산현장의 어느 위치에서 발생하는가를 알 수 있도록 부품의 이동경로를 배치도상에 선으로 표시한 후, 유통공정도에서 사용되는 기호와 번호를 발생위치에 따라 유통선상에 표시한 도표이다.

② 용도

(a) 시설재배치(운반거리의 단축)

(b) 기자재 소통상 혼잡지역 파악

(c) 공정과정 중 역류현상 점검

③ 유통선도의 작성예제

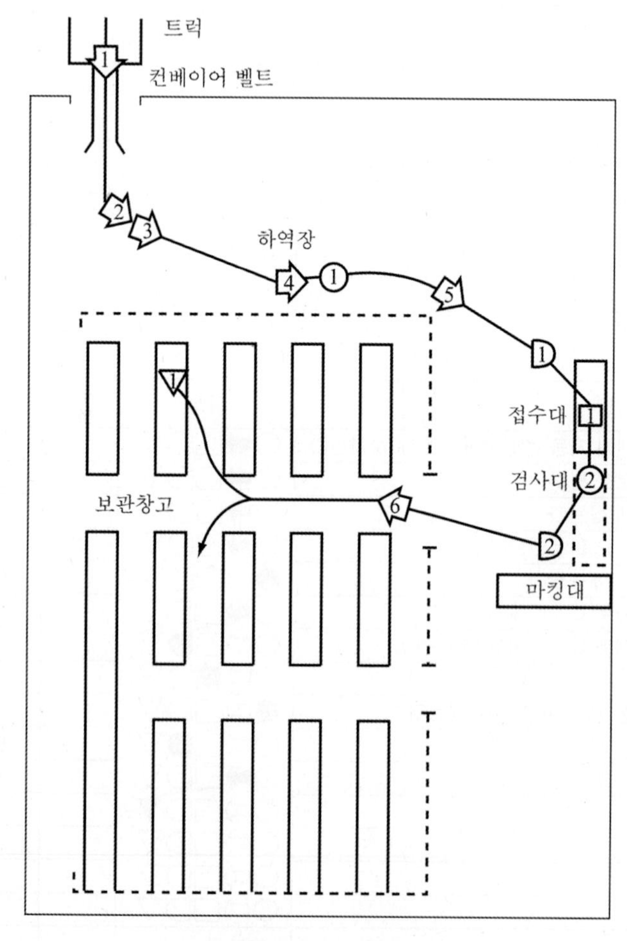

그림 4.3.9 유통선도

라. 조립도(assembly 또는 'Gozinto' chart)

① 많은 부분품을 조립하여 제품을 생산하는 공정을 작업 ○와 검사 □의 두 기호로서 나타내고, 부분품의 상호관계와 이들의 가공, 조립, 검사의 순서를 표시한다. 조립공정도(assembly process chart)라고도 한다.

② 조립공정도의 작성

(a) 작성방법

㉠ ○ 속에는 조립(Assembly: A) 순서를 의미하는 A-#와 중간조립(Subassembly: SA)의 순서를 의미하는 SA-#를 표시한다.

㉡ 공정도의 좌측: 공급되는 부품을 표시한다.

㉢ 공정도의 우측: 중간조립품이 만들어지는 과정을 부품의 우측에 표시한다. 또한, 주된 조립과정은 우측의 수직선을 따라 나타낸다.

㉣ 유의사항: 최종제품을 한 단계씩 분해해 가며 투입되는 부품까지 역순으로 그리는 것이 쉽다.

(b) 조립공정도의 작성 예제

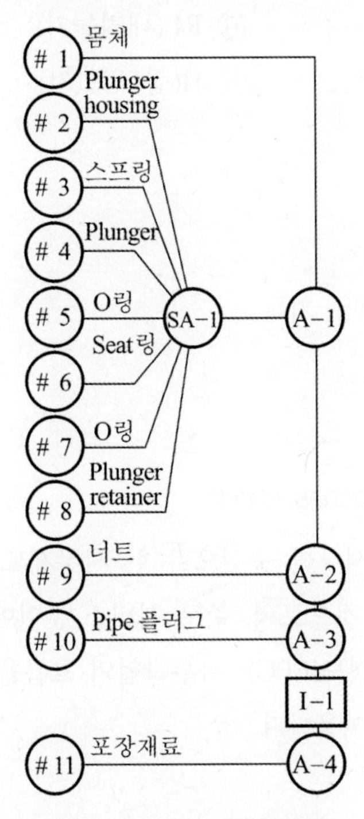

그림 4.3.10 조립공정도

마. 제품공정 분석표(product process chart)

① 작업, 운반, 저장, 정체 및 검사의 5가지 공정기호를 사용하여 소재가 제품화되는 과정을 분석하여 표시하는 도표이다.

② 설비계획 · 기계배치 · 운반계획 · 일정계획 · 인원계획 · 재고계획 등의 기초자료로 사용된다.

(2) 작업자공정 분석(operator process chart)

가. 용도

① 양손동작의 균형유지

② 비효율적 동작제거/감소

③ 효율적 동작은 동작시간 줄이는 방향으로

④ 작업방법 교육

⑤ 작업방법 개선전후 설명

나. 기호

① TE(빈손 이용) ② G(잡는다)

③ M(운반) ④ P(바로놓기)

⑤ U(사용) ⑥ RL(내려놓기)

⑦ D(지연) ⑧ H(잡고 있기)

다. 순서

① 작업내용 파악

② 작업장 스케치

③ 한 손의 작업내용 기록

④ 다른 손 분석

⑤ 개선

(3) 사무공정 분석(form process chart)

사무실이나 공장에서 서류를 중심으로 한 사무제도나 수속을 사무분석 기호를 사용해서 체계적으로 표현한 것으로써, 주로 서비스 분야에 적용된다. 한 종류의 서류 흐름을 분석하는 데는 흐름공정도(FPC), 사무작업의 흐름을 전체적으로 분석하는 데는 시스템 차트(system chart)를 이용한다.

2.3 시설배치

출제빈도 ★★★★

(1) 정의

시설(공장, 사무실 등) 내의 부서의 위치와 각 부서 내의 사람 및 장비의 배치를 최적으로 결정하는 것을 말한다.

(2) 시설배치의 목표

가. 생산성 향상

① 작업시간(기계가공시간, 작업자 작업시간) 단축

② 생산설비의 효율적 이용

③ 자재취급비용과 운반비용 감소

④ 기계, 인원, 공간의 이용률 향상

⑤ 유연성(flexibility) 제공

나. 종업원 직무만족도 증대

다. 물리적, 심리적 작업환경 개선

라. 고객만족도 증대

(3) 제품별 배치(라인별 배치)

특정 제품(서비스)을 생산하는데 필요한 설비와 작업자를 생산될 제품(서비스)의 작업 순서에 따라 배치하는 방식이다.

가. 제품별 배치의 특징

① 대부분의 소비재 생산을 위한 대량생산에서 많이 채택

② 소품종 대량생산방식에 적합

③ 연속생산(흐름생산, 라인생산)방식에 적합

④ 설비는 제품 작업순서에 따라 배치

⑤ 컨베이어벨트(conveyor belt) 등 자재운반장치 필요

⑥ 전용설비 주로 사용

⑦ 라인밸런싱(line balancing)이 중요

나. 제품별 배치의 장·단점

① 장점

(a) 작업순서에 따른 배치로 흐름이 부드럽고 논리적임

(b) 작업공간의 자재운반거리가 짧고, 대기시간이 줄어듦

(c) 중간재고가 소량이며, 보관면적이 적음

(d) 단위당 생산비용이 감소하고, 일정계획이 단순하여 관리가 용이

(e) 작업자의 감독과 훈련이 쉬움

② 단점

(a) 제품 및 공정의 변경이 어려우며, 융통성이 결여됨

(b) 생산라인 중에서 한 부분이 전체 공정에 영향을 크게 미침

(c) 작업자의 직무만족도 낮음

(d) 작업흐름의 속도가 애로기계(bottleneck machine)에 의하여 결정

(e) 많은 투자비 필요(전용장비 구입, 인력 확보 등)

(4) 공정별 배치(기능별 배치)

작업기능의 종류에 따라 공정(설비, 작업자)들을 분류하고, 같은 종류의 작업기능을 갖는 공정들을 한 곳에 모아 배치하는 방식이다.

가. 공정별 배치의 특징

① 기능별 배치(functional layout)이라고도 함

② 주문생산방식에 적합

③ 다품종소량생산방식에 적합

④ 범용설비를 주로 사용

나. 공정별 배치의 장·단점

① 장점

(a) 한 기계의 고장으로 인한 전체작업의 중단이 적고, 쉽게 극복할 수 있음

(b) 작업자의 자긍심 높음, 직무만족이 높음

(c) 제품설계, 작업순서 변경에 유연성 큼

(d) 전문화된 감독과 통제

② 단점

(a) 자재취급비용, 재고비용 등의 증가로 인한 단위당 생산원가 높음

(b) 총생산시간의 증가

(c) 숙련된 노동력 필요

(d) 생산일정계획 및 통제의 어려움

(5) 셀 생산방식

자기완결형 생산방식으로, 숙련된 직원이 컨베이어 라인이 아닌 셀 안에서 전체 공정을 책임지기 때문에 다양한 종류의 제품을 대량생산할 수 있으며, 탄력적으로 제품생산 라인을 조정할 수 있고, 공정을 개선하기 쉽다. 특히, 자동차 부품이나 컴퓨터 조립에 많이 활용된다.

2.4 라인밸런싱

출제빈도 ★★★★

(1) 개념

가. 라인밸런싱이란 생산가공 또는 조립라인에서 공정 간에 균형을 이루지 못하여 상대적으로 시간이 많이 소요되는 공정(애로공정, bottleneck operation)으로 인해서 공정의 유휴율이 높아지고 능률이 떨어지는 경우에, 각 공정의 소요시간이 균형이 되도록 작업장(workstation: 공정, 기계 또는 작업자 1인 등 특정한 작업장소)이나 작업장소를 배열하는 것이다.

나. 제품별 배치 형태를 하고 있는 기계가공, 조립공정 시스템에서는 각 작업장 간의 생산능력에 균형이 이루어지지 않을 경우에 공정에 정체현상(공정대기 현상) 또는 유휴현상이 발생하기 때문에 라인밸런싱(라인균형 또는 작업장균형)이 아주 중요시되고 있다.

(2) 공정대기 현상이 발생하는 경우

가. 각 공정이 평형화되어 있지 않을 경우
나. 여러 병렬공정으로부터 흘러들어올 때
다. 수주의 변경이 있을 때
라. 전후공정의 로트의 크기나 작업시간이 다를 경우 등

(3) 라인밸런싱의 대책

가. 작업방법의 개선과 표준화
나. 작업의 분할 또는 합병

(4) 라인밸런싱의 단계적 순서

가. 라인선정 및 시간관측
나. 현상의 평가
다. 애로공정 분할
라. 최적안 결정

(5) 라인밸런싱 문제의 해결

가. 탐색법(heuristic method)
나. 시뮬레이션
다. 선형계획법
라. 동적계획법

(6) 라인밸런싱 기법의 종류

가. 피치다이어그램(pitch diagram)에 의한 라인밸런싱

나. 피치타임(pitch time)에 의한 라인밸런싱

다. 도표법에 의한 라인밸런싱(설계의 문제)

라. COMSOAL(COmputer Method of Sequencing Operations for Assembly Lines): 컴퓨터 시뮬레이션에 의하여 조립라인의 밸런싱 문제의 해법을 찾는 소프트웨어 이용방법

(7) 조립공정의 라인밸런싱

가. 라인밸런싱 문제의 2가지 접근방법

① 일정한 사이클 타임에 대하여 작업장수를 최소로 하는 방법이다.

② 일정한 작업장 수에 대하여 사이클 타임을 최소로 하는 방법이다.

여기서, ①은 배치문제이고, ②는 일정계획 문제이다.

③ 다음은 배치문제 측면에서 라인밸런싱 문제를 전개한다.

(a) 이론적인 최소 작업장(공정)의 수(n)

$$n \geq \frac{\sum t_i}{c}$$

여기서, t_i: 공정 i에서의 작업시간

c: 1단위제품의 생산주기 시간(cycle time)

그리고, $c = T/Q$ 단, T: 생산시간, Q: 생산량

(b) 균형효율(라인밸런싱 효율, 공정효율)

$$\text{균형효율}(\%) = \frac{\text{총작업시간}}{\text{작업장수} \times \text{주기시간}} \times 100$$

$$Eb = \frac{\sum t_i}{nc} \times 100$$

여기서, n: 작업장의 수

(c) 불균형률(balance delay ratio)

$$d = 1 - \frac{\sum t_i}{nc} = \left(\frac{nc - \sum t_i}{nc}\right) \times 100 = \frac{\text{유휴시간}}{\text{투입시간}} \times 100 \ldots (\text{라인의 유휴율})$$

나. 조립공정의 라인밸런싱 과정

① 작업 간 순차적 관계를 밝힌다.

② 목표사이클 타임(Ct)을 결정한다.

$$Ct = \frac{1일\ 가용생산시간}{1일\ 필요생산량}$$

③ Ct를 충족시키는 최소작업장수를 결정한다.

$$최소작업장수 = \frac{\sum t_i}{목표\ 사이클\ 타임(Ct)}$$

④ 과업을 작업장에 할당할 배정규칙을 정한다. 이때 탐색법의 배정규칙은 다음과 같다.

(a) 규칙 1: 후속작업의 수가 많은 작업을 우선 배정한다.

(b) 규칙 2: 작업시간이 큰 작업을 우선 배정한다.

(c) 규칙 3: 선행작업의 수가 적은 작업을 우선 배정한다.

(d) 규칙 4: 후속작업 시간의 합이 큰 작업을 우선 배정한다.

⑤ 과업을 작업장에 할당한다.

⑥ 라인의 균형효율이나 유휴율을 평가한다.

예제

어느 회사의 컨베이어 라인에서 작업순서가 다음과 같이 구성되어 있다.

작업	①조립	②납땜	③검사	④포장
시간(초)	10초	9초	8초	7초

1) 공정손실은 얼마인가?

2) 애로작업은 어느 작업인가?

3) 라인의 주기시간은 얼마인가?

4) 라인의 시간당 생산량은 얼마인가?

풀이

1) $공정손실 = \frac{총유휴시간}{작업자수 \times 주기시간} \times 100$

$= \frac{6}{4 \times 10} \times 100 = 15\%$

2) 애로작업: 가장 긴 작업시간인 작업, 조립작업

3) 주기시간: 가장 긴 작업이 10초이므로 10초

4) 시간당 생산량

1개에 10초 걸리므로 $\frac{3,600초}{10초} = 360개$

03 동작분석

3.1 정의

동작분석(motion study)이란 작업을 분해가능한 세밀한 단위, 특히 미세동작(서블릭, therblig)으로 분석하고, "어떤 작업에도 적절한 동작의 조합에 의한 최선의 작업방법은 있다."는 사고방식에 근거하며, 무리·낭비·불합리한 동작을 제거해서 최선의 작업방법으로 개선하기 위한 기법이다.

3.2 동작분석(motion study)의 목적

(1) 작업동작의 각 요소에 대한 분석과 능률 향상
(2) 작업동작과 인간공학의 관계분석에 의한 동작 개선
(3) 작업동작의 표준화
(4) 최적동작의 구성

3.3 동작분석의 종류

출제빈도 ★★★★

(1) 목시동작 분석(visual motion study)

가. 작업현장을 직접 관찰하여 작업자공정도를 작성한 후, 동작경제 원칙을 적용하여 작업자의 동작을 개선한다.

나. 목시동작 연구는 대상작업의 사이클 시간이 길거나 생산량이 적은 수작업의 경우에 적합한 동작연구이다.

다. 목시동작 분석에는 서블릭(therblig), 작업자 공정도, 동작경제 원칙 등이 활용된다.

(2) 미세동작 분석(micromotion study)

가. 필름이나 테이프에 작업내용을 기록하여 분석하기 때문에 연구수행에 많은 비용이 소요된다.

나. 제품의 수명이 길고, 생산량이 많으며, 생산 사이클이 짧은 제품을 대상으로 한다.

다. 필름/테이프 분석에는 memomotion study, cyclegraph, chronocyclegraph, strobo, eye-camera 분석 등이 있다.

3.3.1 서블릭 분석(therblig analysis)

(1) 정의

작업자의 작업을 요소동작으로 나누어 관측용지(SIMO chart 사용)에 18종류의 서블릭 기호로 분석·기록하는 방법, '목시동작 분석(visual motion study)'이라고도 한다. 지금은 '찾아냄(F)'이 생략되었다.

(2) 특징

가. 작업을 기본적인 동작요소(서블릭)로 나눈다.
나. 작업내용을 확인하고 개선점을 구할 수 있다.
다. 목적분류로 서블릭을 사용하고 있다.
라. 정성적 분석이 주체이고, 정량적으로 유효하지 않다.
마. 간단한 심벌마크, 기호, 색깔로 서블릭을 표시하는 방법도 있다.

표 4.3.2 서블릭 기호(therblig symbols)

분류	명칭	기호		분류	명칭	기호	
제1류 (작업을 할 때 필요한 동작)	쥐다 (grasp)	G		제2류 (제1류의 동작을 늦출 경향이 있는 동작)	찾음 (search)	Sh	
	빈손이동 (transport empty)	TE			선택 (select)	St	
	운반 (transport loaded)	TL			준비함(미리놓기) (pre-position)	PP	
	내려놓기 (release load)	RL			계획, 생각 (plan)	Pn	
	바로놓기 (position)	P			찾아냄 (find)	F	
	검사 (inspect)	I		제3류 (작업이 진행되지 않는 동작)	잡고 있기 (hold)	H	
	조립 (assemble)	A			불가피한 지연 (unavoidable delay)	UD	
	분해 (disassemble)	DA			피할 수 있는 지연 (avoidable delay)	AD	
	사용 (use)	U			휴식 (rest)	R	

표 4.3.3 효율적 및 비효율적 서블릭 기호 분류

효율적 서블릭		비효율적 서블릭	
기본동작 부문	1. 빈손이동(TE) 2. 쥐기(G) 3. 운반(TL) 4. 내려놓기(RL) 5. 미리놓기(PP)	정신적 또는 반정신적인 부문	1. 찾기(Sh) 2. 고르기(St) 3. 검사(I) 4. 바로놓기(P) 5. 계획(Pn)
동작목적을 가진 부문	1. 조립(A) 2. 사용(U) 3. 분해(DA)	정체적인 부문	1. 휴식(R) 2. 피할 수 있는 지연(AD) 3. 잡고 있기(H) 4. 불가피한 지연(UD)

(3) 개선요령(동작경제의 원칙)

가. 제3류(정체적인 서블릭)의 동작을 없앤다.

나. 제2류의 동작, 정신적 서블릭인 '찾음', '선택', '계획'은 되도록 없애는 것이 좋다. 또한 미리놓기(준비함, PP)는 다음에 사용하기 위하여 정해진 위치에 놓는 것과 같이 정해진 장소에 놓는 동작을 말하며 가능하면 없애는 것이 좋다.

다. 제1류의 동작일지라도 특히 반정신적 서블릭인 '바로놓기', '검사'는 없앨 수 있다면 없애는 것이 좋다('정신적 및 반정신적' 서블릭은 비효율적인 서블릭으로서 제거하도록 한다).

3.3.2 동작경제의 원칙

Barnes의 동작경제의 원칙은 인간공학적 동작경제 원칙(The Principles of Motion Economy)이며, 이 원칙은 어떻게 하면 작업을 좀 더 쉽게 할 수 있을 것인가를 고려하여 작업장과 작업방법을 개선하는 데 유용하게 사용되는 원칙이다. 작업자가 경제적인 동작으로 작업을 수행함으로써 작업자가 느끼는 피로도를 감소시키고 작업능률을 향상시키기 위한 원칙이다. 다음과 같이 3가지 원칙이 있다.

(1) 신체의 사용에 관한 원칙

가. 양손은 동시에 동작을 시작하고, 또 끝마쳐야 한다.

나. 휴식시간 이외에 양손이 동시에 노는 시간이 있어서는 안 된다.

다. 양팔은 각기 반대방향에서 대칭적으로 동시에 움직여야 한다.

라. 손의 동작은 작업을 원만히 처리할 수 있는 범위 내에서 최소동작등급을 사용하도

록 한다. 3등급 동작이 손가락만의 동작보다 정확하고 덜 피곤하기 때문에 경작업의 경우에는 3등급 동작이 바람직하다.

동작등급	축
1등급	손가락관절
2등급	손목
3등급	팔꿈치
4등급	어깨
5등급	허리

마. 작업자들을 돕기 위하여 동작의 관성을 이용하여 작업하는 것이 좋다.

바. 구속되거나 제한된 동작 또는 급격한 방향전환보다는 유연한 동작이 좋다.

사. 작업동작은 율동이 맞아야 한다.

아. 직선동작보다는 연속적인 곡선동작을 취하는 것이 좋다.

자. 탄도동작(ballistic movement)은 제한되거나 통제된 동작보다 더 신속·정확·용이하다.

(2) 작업역의 배치에 관한 원칙

가. 모든 공구와 재료는 일정한 위치에 정돈되어야 한다.

나. 공구와 재료는 작업이 용이하도록 작업자의 주위에 있어야 한다.

다. 중력을 이용한 부품상자나 용기를 이용하여 부품을 부품 사용장소에 가까이 보낼 수 있도록 한다.

라. 가능하면 낙하시키는 방법을 이용하여야 한다.

마. 공구 및 재료는 동작에 가장 편리한 순서로 배치하여야 한다.

바. 채광 및 조명장치를 잘 하여야 한다.

사. 의자와 작업대의 모양과 높이는 각 작업자에게 알맞도록 설계되어야 한다.

아. 작업자가 좋은 자세를 취할 수 있는 모양, 높이의 의자를 지급해야 한다.

(3) 공구 및 설비의 설계에 관한 원칙

가. 치구, 고정장치나 발을 사용함으로써 손의 작업을 보존하고 손은 다른 동작을 담당하도록 하면 편리하다.

나. 공구류는 될 수 있는 대로 두 가지 이상의 기능을 조합한 것을 사용하여야 한다.

다. 공구류 및 재료는 될 수 있는 대로 다음에 사용하기 쉽도록 놓아두어야 한다.

라. 각 손가락이 사용되는 작업에서는 각 손가락의 힘이 같지 않음을 고려하여야 할 것이다.

마. 각종 손잡이는 손에 가장 알맞게 고안함으로써 피로를 감소시킬 수 있다.

바. 각종 레버나 핸들은 작업자가 최소의 움직임으로 사용할 수 있는 위치에 있어야 한다.

3.3.3 필름(영화) 분석법(film method)

(1) 필름/비디오 분석의 목적

가. 효율적 방법개선

나. 작업자훈련

(2) 종류

가. 미세동작 연구(Micromotion study): 화면 안에 시계와 작업진행 상황이 동시에 들어가도록 사진이나 비디오카메라로 촬영을 한 뒤 한 프레임씩 서블릭에 의하여 SIMO chart를 그려 동작을 분석하는 연구방법이다.

① 목적

(a) 기계와 작업자의 활동 간의 관계를 연구

(b) 표준시간을 측정하기 위해 작업시간 측정

② 대상

(a) 사이클(cycle)이 짧고, 반복적인 작업에 유용

(b) 대량생산을 하는 작업

③ 연구절차

(a) 숙련된 두 명의 작업자 내용을 촬영한다. 가능한 한 작업자의 좌, 우 측면에서 측정한다.

㉠ 숙련자: 동작경제 원칙활용, 자신감-동작 자연스러움, 협조적

㉡ 두 명: 작업 진행부분에 따라 작업방법 취사선택 가능성

(b) 필름을 한 프레임씩 분석하여 SIMO chart에 서블릭으로 기록, 시간값을 기입한다.

㉠ SIMO chart(Simultaneous Motion cycle chart): 작업을 서블릭의 요소동작으로 분리하여 양손의 동작을 시간축에다 나타낸 도표

(c) 작업방법을 개선한다.

(d) 개선방법 표준화하여 작업자에게 가르친다.

(e) 개선된 작업방법을 다시 촬영한다.

④ 장점

(a) 작업내용 설명과 동시에 작업시간 추정가능

(b) 관측자가 들어가기 곤란한 곳 분석가능

(c) 미세동작 분석과정을 그대로 다른 작업에 응용하기 용이

(d) 기록의 재현성, 복잡하고 세밀한 작업 분석가능

⑤ 단점

(a) 비용, 장시간 소요

(b) 작업자: 평상시 작업상태 유지 어려움

나. 메모모션 분석(memomotion study): 매우 저속으로 작업의 진행상황을 촬영한 후, 이를 도표로 그려 분석하는 방법이다.

① 용도

(a) 사이클(cycle)이 긴 작업, 불규칙한 작업

(b) 조작업, 장시간에 걸치는 작업

(c) 여러 설비 이용작업, 시설배치 개선

② 장점

(a) 장시간의 작업 기록, 빠른 시간 내 검토

(b) 서로 연관된 작업상황(조작업), 불규칙적으로 발생하는 상황기록 가능

다. 사이클그래프(cyclegraph)

① 신체 중에서 어떤 부분의 동작경로를 알기 위하여 원하는 부분에 광원을 부착하여 사진을 찍는 방법(still camera 사용)

② 작업자의 동작을 전구의 빛의 궤적으로 알아낸다.

라. 크로노사이클그래프(chronocycle－graph)

① 광원을 일정한 시간 간격으로 점멸시키면서 사진촬영을 한다.

② 작업경로 파악, 움직임 속도, 가속도 파악이 가능하다.

③ 손동작의 장애물에 의한 지연이나 급격한 방향 전환동작 등의 파악이 가능하다.

마. Strobo 분석

① 움직이는 동작을 1초 동안에 여러 번 찍은 사진들을 한 장의 사진에 합친 효과

② 동작 교정에 활용

바. VTR(Video Tape Recorder) 분석

① 즉시성, 확실성, 재현성 및 편의성을 갖고 있다.

② 레이팅의 오차한계가 5% 이내로 레이팅의 신뢰도가 높다.

사. 아이카메라(eye camera) 분석

아이카메라나 아이마크레코더(eye mark recorder)를 이용하여 눈동자의 움직임을 분석·기록하는 방법

4장 | 작업측정

01 작업측정의 개요

1.1 작업측정의 정의 및 기법

출제빈도 ★★★★

1.1.1 정의

작업측정(work measurement)이란 제품과 서비스를 생산하는 작업 시스템(work system)을 과학적으로 계획·관리하기 위하여 그 활동에 소요되는 시간과 자원을 측정 또는 추정하는 것이다.

1.1.2 목적

(1) 표준시간의 설정
(2) 유휴시간의 제거
(3) 작업성과의 측정

1.1.3 기법

(1) 직접측정법

가. 시간연구법(time study method)

측정대상 작업의 시간적 경과를 스톱워치(stopwatch) / 전자식 타이머(timer) 또는 VTR 카메라의 기록 장치를 이용하여 직접 관측하여 표준시간을 산출하는 방법이다.

① 스톱워치법(stopwatch time study): 테일러(Frederick W. Taylor) 의해 19세기 말에 도입되었고, 오늘날 이 방법은 작업측정 방법으로 가장 널리 이용되고 있다. 이 방법은 단기적, 반복적 작업에 적합하다.

② 촬영법(film study): 요소작업이나 동작요소의 시간치는 작업상황을 균일한 속도로 찍을 수 있는 동작사진 촬영기를 이용하여 계산할 수 있다.

③ VTR 분석법(video tape recorder method): 작업주기가 매우 짧은 고도의 반복 작업의 경우 가장 적합하다.

④ 컴퓨터 분석법(computer aided time study)

나. 워크샘플링(work-sampling)법

간헐적으로 랜덤한 시점에서 연구대상을 순간적으로 관측하여 대상이 처한 상황을 파악하고, 이를 토대로 관측기간 동안에 나타난 항목별로 차지하는 비율을 추정하는 방법이다.

(2) 간접측정법

가. 표준자료법(standard data system)

작업시간을 새로이 측정하기보다는 과거에 측정한 기록들을 기준으로 동작에 영향을 미치는 요인들을 검토하여 만든 함수식, 표, 그래프 등으로 동작시간을 예측하는 방법이다.

나. PTS법(Predetermined Time Standard system)

사람이 행하는 작업을 기본동작으로 분류하고, 각 기본동작들은 동작의 성질과 조건에 따라 이미 정해진 기준 시간치를 적용하여 전체 작업의 정미시간을 구하는 방법이다.

표 4.4.1 작업유형별 적용기법

작업유형	적합한 측정기법
1. 작업주기가 극히 짧은 반복작업	촬영법, VTR 분석, 컴퓨터 분석
2. 작업주기가 짧은 반복작업	스톱워치법, PTS법
3. 고정적인 처리시간을 요하는 설비작업	표준자료법
4. 작업주기가 길거나 비반복적인 작업	WS법, EOA(공학적 작업분석)
5. 노동을 많이 요하는 작업	생리적(physiological)

1.2 표준시간의 정의 및 구성

출제빈도 ★★★★

1.2.1 표준시간의 정의

(1) 정의

가. 정해진 작업환경 조건 아래 정해진 설비, 치공구를 사용(표준작업 조건)

나. 정해진 작업방법을 이용(표준작업 방법)

다. 그 일에 대하여 기대되는 보통 정도의 숙련을 가진 작업자(표준작업 능력)

라. 정신적, 육체적으로 무리가 없는 정상적인 작업 페이스(표준작업 속도)

마. 규정된 질과 양의 작업(표준작업량)을 완수하는 데 필요한 시간(공수)

(2) 주요용도(설정목적)

가. 경제적인 작업방법의 선택 또는 결정

나. 원가 및 판매가격의 사전견적(계획)

다. 능률급, 직무급의 결정에 필요한 기초자료의 작성

라. 공정관리에 필요한 표준공수 등 기초자료의 작성

마. 개인 또는 집단에 대한 표준생산고의 결정

바. 작업자와 기계설비의 합리적인 조합 및 1인 담당 기계대수의 결정

사. 작업의 수행도 및 생산성의 측정

아. 생산계획의 결정 및 실무검토

(3) 표준시간의 활용 시 고려해야 할 3가지 특성

가. 정당성

나. 신속성

다. 보편성

(4) 작업표준의 작성절차

가. 작업의 분류 및 정리

나. 작업분해

다. 동작순서 설정

라. 작업표준안 작성

마. 작업표준의 채점과 교육실시

1.2.2 표준시간의 구성

(1) 표준시간의 계산

가. 기본공식: 표준시간(ST)=정미시간(NT)+여유시간(AT)

① 정미시간(Normal Time; NT)

(a) 정상시간이라고도 하며, 매회 또는 일정한 간격으로 주기적으로 발생하는 작업요소의 수행시간

(b) 정미시간(NT)=관측시간의 대푯값$(T_0) \times \left(\dfrac{\text{레이팅 계수}(R)}{100}\right)$

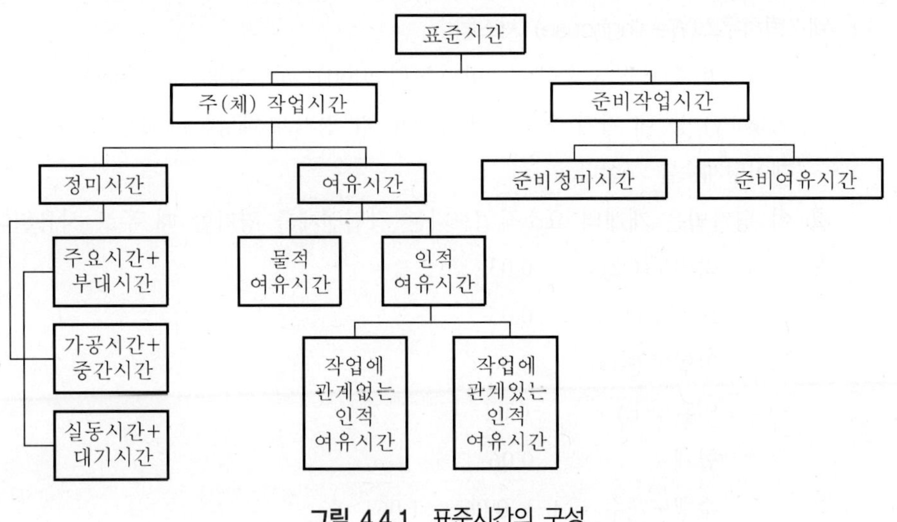

그림 4.4.1 표준시간의 구성

㉠ 관측시간의 대푯값은 관측평균시간(이상값은 제외)이다.

㉡ 레이팅(rating)계수(R)

- '평정계수', '정상화계수'라고도 하며, 대상작업자의 실제 작업속도와 시간연구자의 정상 작업속도와의 비
- 레이팅계수$(R)=\dfrac{\text{기준수행도}}{\text{평가값}}\times 100\%=\dfrac{\text{정상 작업속도}}{\text{실제 작업속도}}\times 100\%$

② 여유시간(Allowance Time; AT)

작업자의 생리적 내지 피로 등에 의한 작업지연이나 기계고장, 가공재료의 부족 등으로 작업을 중단할 경우, 이로 인한 소요시간을 정미시간에 가산하는 형식으로 보상하는 시간값이다. 여유율(allowance in percent; A)로 나타낸다.

(2) 수행도평가(performance－rating) 혹은 레이팅(rating)

관측 대상작업 작업자의 페이스가 너무 빠르면 관측평균시간치를 늘여주고, 너무 느리면 줄여줄 필요가 있다. 이렇게 작업자의 페이스를 정상작업 페이스(normal work pace) 혹은 표준 페이스(standard pace)와 비교하여 관측평균시간치를 보정해 주는 과정이다.

가. 속도평가법

① 관측자는 작업의 내용을 충분히 파악하여 작업의 난이도에 상응하는 표준속도를 마음속에 간직한 다음, 작업자의 속도와 비교하여 요소작업별로 레이팅한다.

② 속도평가법은 속도라는 한 가지 요소만 평가하기 때문에 간단하여 많이 사용하고 있는 기법이다.

나. 웨스팅하우스(Westinghouse) 시스템

① 작업자의 수행도를 숙련도(skill), 노력(effort), 작업환경(conditions), 일관성(consistency) 등 네 가지 측면을 평가하여, 각 평가에 해당하는 레벨점수를 합산하여 레이팅계수를 구한다.

② 이 평가법은 개개의 요소작업보다는 작업전체를 평가할 때 주로 사용된다.

③ 예제:

숙련도(C2)	0.03
노력(C1)	0.05
작업환경(D)	0.00
일관성(E)	−0.02
합계	0.06

수행도계수 = 1 + 0.06 = 1.06

다. 객관적 평가법(objective rating)

① 동작의 속도만을 고려하여 표준시간을 정한 다음, 작업의 난이도나 특성은 고려하지 않고 실제동작의 속도와 표준속도를 비교하여 평가를 행한다. 이 작업을 1차 평가라고 하며, 이때 추정된 비율을 속도평가계수 또는 1차 조정계수라고 부른다.

② 작업의 난이도나 특성은 2차 조정계수에 반영된다. 2차 조정계수는 사용되는 신체 부위, 발 페달의 사용 여부, 양손 사용정도, 눈과 손의 필요한 조화, 취급상 중량과 저항의 정도 등으로부터 구한다.

③ 정미시간 = 관측시간 × 속도평가계수 × (1 + 2차 조정계수)

예제

어떤 요소작업의 관측시간의 평균값이 0.08분이고, 객관적 레이팅법에 의해 1단계 속도 평가계수는 125%, 2차 조정계수는 신체사용 10%, 페달 사용 여부 0%, 양손 사용 여부 0%, 눈과 손의 조화 4%, 취급의 주의 정도 2%, 중량 31%로 평가되었다. 요소작업의 정미시간은 얼마인가?

풀이

(1) 2차 조정계수 = 10% + 4% + 2% + 31% = 47%

(2) 정미시간 = 관측시간의 평균값 × 속도평가계수 × (1 + 2차 조정계수)
= 0.08 × 1.25 × (1+0.47) = 0.147분

라. 합성평가법(synthetic rating)

① 레이팅 시 관측자의 주관적 판단에 의한 결함을 보정하고, 일관성을 높이기 위해 제안되었다.

② 레이팅계수 = PTS를 적용하여 산정한 시간치/실제 관측 평균치

마. 레이팅 훈련

① 관측자가 레이팅을 정확하고 일관성 있게 하기 위해서는, 미리 평가계수가 정해져 있는 필름을 통해 자기자신을 훈련하는 것이 효과적이다.

② 레이팅 훈련의 정량적 평가: 작업 페이스가 70% 이상 130% 이내인 작업을 대상으로 레이팅하여, 레이팅 오차가 올바른 레이팅의 ±5% 이내인 레이팅 결과를 얻을 수 있을 때 그 관측자는 정확한 레이팅하는 능력을 가진 것으로 평가된다. 평가절차는 다음과 같다.

(a) 장면 i의 레이팅오차 d_i를 구한다.

$$d_i = y_i - x_i,\ i = 1,\ 2,\ \cdots,\ n\ (n \geq 15)$$

(b) 평균값 $\bar{d}$를 구한다. $\bar{d} = \sum_{i=1}^{n} d_i / n$

(c) d_i의 샘플표준편차 S_d를 구한다.

$$S_d = \sqrt{\frac{\sum_{i=1}^{n}(d_i - \bar{d})^2}{n-1}}$$

(d) 표준정규분포상의 두 점 z_1과 z_2를 다음과 같이 구한다.

$$z_1 = (+5 - \bar{d})/S_d$$
$$z_2 = (-5 - \bar{d})/S_d$$

(e) 따라서 $\Phi(t) = \frac{1}{\sqrt{2\pi}} e^{-t^2/2}$라 할 때, $\int_{z_2}^{z_1} \Phi(t)dt$를 계산한다.

(3) 여유(시간)의 분류

가. 일반여유(PDF 여유): 어떤 작업에 대하여도 공통적으로 감안하는 기본적인 여유이다.

① 개인여유(personal allowance): 작업자의 생리적, 심리적 요구에 의해 발생하는 지연시간으로서 작업 중의 용변, 물 마시기, 땀 씻기 등 생리적 여유는 보통 3~5%이다.

② 불가피한 지연여유(unavoidable delay allowance): 작업자 능력의 한계 밖에서 발생된 사유로 인해서 작업이 지연되는 부분을 보상해 주는 개념이며, 작업자와 관계없이 발생하는 지연시간이다. 여기에 속하는 사항으로 조장, 직장 등에 의한 지연, 재료의 품질이 불균일함에 의한 지연, 기계나 공구의 보존 및 조정에 의한 지연, 작업이 완전히 끝나기 전의 간단한 청소 등이 해당된다.

③ 피로여유(fatigue allowance): 작업을 수행함에 따라 작업자가 느끼는 정신적·육체적 피로를 회복시키기 위하여 부여하는 여유이다.

나. 특수여유

① 기계간섭여유: 작업자 1명이 동일한 여러 대의 기계를 담당할 때 발생하는 기계간섭으로 인하여 생산량이 감소되는 것을 보상하는 여유

② 조(group) 여유, 소로트 여유, 장사이클 여유 및 기타 여유

다. ILO 여유율

ILO(국제노동기구)에서는 인적여유와 피로여유에 대한 여유율(%)을 제정하였다. 인적여유와 기본피로여유에는 어떤 작업이든 일정 퍼센트를 부여하며, 이외에 작업특성, 즉 작업자세, 중량물취급, 조명, 공기조건, 눈의 긴장도, 소음, 정신적 긴장도, 정신적 단조감, 신체적 단조감 등을 고려하여 추가로 여유율을 가산해준다.

(4) 표준시간 구하는 공식

가. 외경법

① 정미시간에 대한 비율을 여유율로 사용한다.

② $\text{여유율}(A) = \dfrac{\text{여유시간의 총계}}{\text{정미시간의 총계}} \times 100(\%)$

③ $\text{표준시간}(ST) = \text{정미시간} \times (1 + \text{여유율}) = NT(1 + A) = NT\left(1 + \dfrac{AT}{BT}\right)$

여기서, NT: 정미시간

AT: 여유시간

나. 내경법

① 근무시간에 대한 비율을 여유율로 사용한다.

② $\text{여유율}(A) = \dfrac{\text{(일반)여유시간}}{\text{실동시간}} \times 100 = \dfrac{\text{여유시간}}{\text{정미시간} + \text{여유시간}} \times 100$

$= \dfrac{AT}{NT + AT} \times 100(\%)$

③ 표준시간(ST)$=$정미시간$\times\left(\frac{1}{1-\text{여유율}}\right)$

예제

어떤 작업을 시간연구로서 관측했더니 1작업사이클의 관측평균시간은 80초이고, 레이팅계수는 90%였다. 만약 이 작업의 여유시간을 1일 실동시간 8시간(480분)에 대해 48분을 부여할 경우 여유율은 정미시간의 비율로 산정하면 표준시간은 약 몇 초인가?

풀이

① 여유율 $=\frac{\text{여유시간}}{\text{정미시간}}\times 100=\frac{48\text{분}}{480\text{분}-48\text{분}}\times 100(\%)=11.11\%$

② 표준시간 $=$ 정미시간 $\times(1+$여유율$)$

$=($관측평균시간$\times$ 레이팅계수$)\times(1+$여유율$)$

$=(80\text{초}\times 0.9)\times(1+0.1111)\simeq 80\text{초}$

1.3 스톱워치에 의한 시간연구

출제빈도 ★★★★

1.3.1 정의

스톱워치에 의한 시간연구(stopwatch time study)란 잘 훈련된 자격을 갖춘 작업자가 정상적인 속도로 완료하는 특정한 작업결과의 표본을 추출하여 이로부터 표준시간을 설정하는 기법이다.

1.3.2 표준시간 산정절차

(1) 작업(작업방법, 장소, 도구 등)을 표준화한다.

(2) 측정할 작업자(대상자)를 선정한다.

(3) 작업자의 작업을 요소작업으로 분할한다.

(4) 요소작업별로 실제 소요시간을 관측(작업자의 좌측전방 1.5~2 m 거리에서)하여 관측용지에 기입한다. 아울러 수행도 평정(performance rating: 정상화 작업, normalizing)을 행한다.

가. 사이클 작업의 경우는 미리 요소작업란에 각 요소작업명을 순서에 따라 기입한다.

나. 요소작업을 필요한 횟수만큼 연속적으로 관측한 후 시간값을 기입한다.

(5) 위에서 얻은 샘플데이터를 토대로 관측횟수를 결정한다.

(6) 정상시간(normal time)을 산정한다.

(7) 여유율(여유시간)을 결정한다.

(8) 표준시간을 산정한다.

1.3.3 관측방법의 결정

(1) 계속법(continuous time)

(2) 반복법(repetitive timing, snap back timing)

(3) 누적법(cumulative timing)

(4) 순환법(cycle timing)

1.3.4 관측횟수의 결정

관측횟수(N)는 관측시간의 변화성(variability), 요구되는 정확도, 요구되는 신뢰수준과 함수관계를 갖는다.

(1) 신뢰도 95%, 허용오차 ±5%인 경우

$$N = \left(\frac{t(n-1,\ 0.025) \times s}{0.05\,\overline{x}} \right)^2$$

여기서, $s = \sqrt{\dfrac{\sum (x_i - \overline{x})^2}{n}}$

(2) 신뢰도 95%, 허용오차 ±10%인 경우

$$N = \left(\frac{t(n-1,\ 0.025) \times s}{0.10\overline{x}} \right)^2$$

여기서, $s = \sqrt{\dfrac{\sum (x_i - \overline{x})^2}{n}}$

1.3.5 시간관측 결과에 대한 검토사항

(1) 표준자료나 경험적으로 기준이 되는 시간값이 있는 경우 관측결과를 그것과 비교하여 문제점을 발견한다.

(2) 관측결과를 master table로 작성해 두면, 후에 검토 자료로 사용할 수 있다.

(3) 동종작업을 2사람 이상 비교분석하는 경우에는 그 평균값이나 산포를 비교할 뿐만 아니

라, 동작분석이나 PTS에 의한 분석도 병행하여 검토한다.

(4) 기종·형상·치수가 다른 것이라도 같은 작업을 관측한 경우에는 그 크기순으로 관측시간값을 배열하여 비교한다.

02 워크샘플링에 의한 측정

2.1 정의

출제빈도 ★★★★

워크샘플링(work－sampling)이란 통계적 수법(확률의 법칙)을 이용하여 관측대상을 랜덤으로 선정한 시점에서 작업자나 기계의 가동상태를 스톱워치 없이 순간적으로 목시관측 하여 그 상황을 추정하는 방법이다.

2.2 용도

(1) 여유율 산정
(2) 가동률 산정
(3) 표준시간의 산정
(4) 업무개선과 정원설정

2.3 이론적 배경

출제빈도 ★★★★

2.3.1 이항분포(binomial distribution)

(1) $\overline{P} = \dfrac{\text{관측된 횟수}}{\text{총 관측횟수}}$

(2) 가정사항

가. 실험은 n번의 반복시행으로 이루어진다.

나. 각 시행의 결과는 두 가지로만 분류된다.

다. 한 가지 결과가 나타날 확률을 p라고 하면, p는 매 시행마다 같다.

라. 반복되는 시행은 독립적이다.

2.3.2 관측횟수의 결정

(1) $N = \dfrac{Z^2_{1-\alpha/2} \times \overline{P}(1-\overline{P})}{e^2}$

(2) 허용오차 e

가. 절대오차인 경우: $\pm e\,\%$

나. 상대오차인 경우: $\pm p \times e\,\%$

(3) 여기서, $\overline{P}$는 WS에 의하여 최종적으로 구하려는 것이므로 우선은 $\overline{P}$의 추정값으로 N을 계산하고 어느 정도 샘플링이 진행된 후에 $\overline{P}$를 구하여 N을 계산한다.

예제

워크샘플링 조사에서 $\overline{P}$ = 0.1867, 95% 신뢰수준, 절대오차 ±2 %의 경우 워크샘플링 횟수는 몇 회인가? (단, $Z_{0.975}$는 1.960이다.)

풀이

$$N = \frac{Z^2_{1-\alpha/2} \times \overline{P}(1-\overline{P})}{e^2}$$

$$= \frac{(1.96)^2 \times 0.1867(1-0.1867)}{(0.02)^2} = 1458.3$$

2.4 워크샘플링의 종류

출제빈도 ★★★★

(1) 퍼포먼스 워크샘플링(performance work-sampling)

워크샘플링에 의하여 관측과 동시에 레이팅하는 방법으로, 사이클이 매우 긴 작업이 대상이다.

$$\text{정미시간} = \frac{\text{총소요시간} \times \text{작업시간비율}}{\text{생산된 제품수}} \times \text{레이팅계수}$$

(2) 체계적 워크샘플링(systematic work-sampling)

관측시각을 균등한 시간간격으로 만들어 워크샘플링하는 방법으로, 편의의 발생염려가 없는 경우나 각 작업요소가 랜덤하게 발생할 경우나 작업에 주기성이 있어도 관측간격이 작업요소의 주기보다 짧은 경우에 적용된다.

(3) 계층별 샘플링(stratified sampling)

층별하여 연구를 실시한 후 가중평균값을 구하는 워크샘플링의 방법이다.

가. 일정계획을 수정하기가 용이하다.
나. 완전한 랜덤샘플링보다 관측일정을 계획하기 쉽다.
다. 적합하게 계층을 분류하면 층별로 하지 않은 경우보다 분산이 적어진다.

2.5 워크샘플링의 절차

(1) 연구목적의 수립
(2) 신뢰수준, 허용오차 결정
(3) 연구에 관련되는 사람과 협의
(4) 관측계획의 구체화
(5) 관측실시

2.6 워크샘플링의 오차

(1) 샘플링오차(sampling error)

샘플에 의하여 모집단의 특성을 추론할 경우 그 결과는 필연적으로 샘플링오차를 포함하게 된다. 그래서 샘플의 사이즈를 크게 하여 오차를 줄이도록 한다.

(2) 편의(bias)

편의는 관측자 혹은 피관측자의 고의적이고 의식적인 행동에 의하여 관측이 실시되는 과정에서 발생한다. 이 편의는 계획일정의 랜덤화를 통해서, 또한 연구결과에 의해 작업자가 손해보지 않는다는 상호신뢰하는 분위기 조정에 의해서 막을 수 있다.

(3) 대표성의 결여

추세나 계절적 요인을 충분히 반영해야 한다.

2.7 워크샘플링의 장점 및 단점

출제빈도 ★★★★

(1) 장점

가. 관측을 순간적으로 하기 때문에 작업자를 방해하지 않으면서 용이하게 작업을 진행시킨다.

나. 조사기간을 길게 하여 평상시의 작업상황을 그대로 반영시킬 수 있다.

다. 사정에 의해 연구를 일시 중지하였다가 다시 계속할 수도 있다.

라. 한 사람의 평가자가 동시에 여러 작업을 동시에 측정할 수 있다. 또한 여러 명의 관측자가 동시에 관측할 수 있다.

마. 분석자에 의해 소비되는 총 작업시간이 훨씬 적은 편이다.

바. 특별한 시간측정 장비가 필요 없다.

(2) 단점

가. 한 명의 작업자나 한 대의 기계만을 대상으로 연구하는 경우 비용이 커진다.

나. Time Study보다 덜 자세하다.

다. 짧은 주기나 반복작업인 경우 적당치 않다.

라. 작업방법 변화 시 전체적인 연구를 새로 해야 한다.

2.8 표준시간의 산정

출제빈도 ★★★★

(1) $\text{정미시간(단위당)} = \left(\dfrac{\text{총관측시간} \times \text{작업시간율}(P)}{\text{생산량}}\right) \times \text{레이팅계수}(\%)$

$= \text{단위당 실제작업시간} \times \text{레이팅계수}(\%)$

(2) $\text{표준시간(단위당)} = \text{정미시간(단위당)} \times (1 + \text{여유율})$ … < 외경법 >

$= \text{정미시간(단위당)} \times \left(\dfrac{1}{1 - \text{여유율}}\right)$ … < 내경법 >

예제

5개의 가공공정을 거쳐 완성되는 A 제품의 경우 제품단위당 각 공정의 소요시간을 각 10회씩 워크샘플링한 자료가 다음 표와 같다. 이 자료를 이용하여 평균시간, 정미시간, 표준시간을 구하시오. (단, 여유율은 정미시간에 대한 비율로 산정한다.)

공정	관측시간(분)										레이팅 계수	여유율
	1	2	3	4	5	6	7	8	9	10		
1	2.0	2.1	1.9	2.0	2.0	2.0	2.0	1.8	2.2	2.0	110%	10%
2	1.0	1.0	0.9	1.1	1.0	1.0	1.0	0.8	1.2	1.0	120%	11%
3	2.1	1.9	2.0	2.0	1.7	2.3	2.0	2.0	2.0	2.0	110%	12%
4	2.0	2.0	2.0	2.0	2.0	2.0	2.1	1.9	2.0	2.0	130%	11%
5	1.1	0.9	1.0	1.0	1.0	1.0	1.1	0.9	1.0	1.0	110%	10%

풀이

① 평균시간 $= \dfrac{\text{총 작업시간}}{\text{관측횟수}}$

② 정미시간 $= \dfrac{\text{관측평균시간} \times \text{레이팅계수}}{100}$

③ 표준시간 = 정미시간 × (1 + 여유율) … 외경법: 정미시간에 대한 비율을 여유율로 사용

공정	평균시간(분)	정미시간(분)	표준시간(분)
1	20/10 = 2	2×1.1 = 2.2	2.2×(1 + 0.10) = 2.42
2	10/10 = 1	1×1.2 = 1.2	1.2×(1 + 0.11) = 1.33
3	20/10 = 2	2×1.1 = 2.2	2.2×(1 + 0.12) = 2.46
4	20/10 = 2	2×1.3 = 2.6	2.6×(1 + 0.11) = 2.89
5	10/10 = 1	1×1.1 = 1.1	1.1×(1 + 0.10) = 1.21

03 표준자료

3.1 표준자료법(standard data system)

출제빈도 ★★★★

3.1.1 정의

작업요소별로 시간연구법 또는 PTS법에 의하여 측정된 표준자료(standard data)의 데이터베이스(data base)가 있을 경우, 필요시 작업을 구성하는 요소별로 표준자료들을 다중회귀분석법(multiple regression analysis)을 이용하여 합성함으로써 정상시간(정미시간)을 구하고, 여기에 여유시간을 가산하여 표준시간을 산정하는 방법으로, '합성법(synthetic method)'이라고도 한다.

3.1.2 특징

(1) 장점

가. 제조원가의 사전견적이 가능하며, 현장에서 직접 측정하지 않더라도 표준시간을 산정할 수 있다.
나. 레이팅이 필요 없다.
다. 표준자료의 사용법이 정확하다면 누구라도 일관성 있게 표준시간을 산정할 수 있다.
라. 표준자료는 작업의 표준화를 유지 내지 촉진할 수 있다.

(2) 단점

가. 표준시간의 정도가 떨어진다.
나. 작업개선의 기회나 의욕이 없어진다.
다. 표준자료 작성의 초기비용이 크기 때문에 생산량이 적거나 제품이 큰 경우에는 부적합하다.
라. 작업조건이 불안정하거나 작업의 표준화가 곤란한 경우에는 표준자료의 작성이 어렵다.

04 PTS법

4.1 PTS법 개요

출제빈도 ★★★★

4.1.1 정의

PTS법(Predetermined Time Standard system)이란 기본동작 요소(therblig)와 같은 요소동작(element motion)이나, 또는 운동(movement)에 대해서 미리 정해 놓은 일정한 표준요소 시간값을 나타낸 표를 적용하여 개개의 작업을 수행하는데 소요되는 시간값을 합성하여 구하는 방법이다.

4.1.2 PTS법의 가정(기본원리)

(1) 사람이 통제하는 작업은 한정된 종류의 기본동작으로 구성되어 있다.
(2) 각 기본동작의 소요시간은 몇 가지 시간변동 요인에 의하여 결정된다.
(3) 언제, 어디서 동작을 하든 변동요인만 같으면 소요시간은 기준시간값과 동일하다.

(4) 작업의 소요시간은 동작을 구성하고 있는 각 기본동작의 기준시간값의 합계와 동일하다.

4.1.3 종류

(1) WF(Work Factor, 1938)

(2) MTM(Method Time Measurement, 1948)

(3) MODAPTS(Modular Arrangement of Predetermined Time Standards)

(4) BMT(Basic Motion Time Study, 1950)

(5) DMT(Dimensional Motion Times, 1952)

4.1.4 특징

가. 장점

① 표준시간 설정과정에 있어서 현재의 방법을 보다 합리적으로 개선할 수 있다.

② 표준자료의 작성이 용이하다.

③ 작업방법과 작업시간을 분리하여 동시에 연구할 수 있다.

④ 작업자에게 최적의 작업방법을 훈련할 수 있다.

⑤ 정확한 원가의 견적이 용이하다.

⑥ 작업방법에 변경이 생겨도 표준시간의 개정이 신속 용이하다(표준시간의 수정을 위해 전체작업을 연구할 필요가 없다).

⑦ 작업방법만 알고 있으면 그 작업을 행하기 전에도 표준시간을 알 수 있다.

⑧ 흐름작업에 있어서 라인밸런싱을 고도화할 수 있다.

⑨ 작업자의 능력이나 노력에 관계없이 객관적인 표준시간을 결정할 수 있다. 따라서 레이팅이 필요 없다.

나. 단점

① 거의 수작업에 적용되며, 다만 수작업시간에 수 분 이상이 소요된다면 분석에 필요한 시간이 다른 방법에 비해 상당히 길어지므로 비경제적일 수도 있다. 그리고 비반복작업과 자유로운 손의 동작이 제약될 경우와 기계시간이나 인간의 사고판단 등의 작업측정에는 적용이 곤란하다.

② 작업표준의 설정 시에는 PTS법과 병행하여 스톱워치(stopwatch)법이나 워크샘플링(work-sampling)법을 적용하는 것이 일반적이다. 그리고 PTS법의 도입초기에는 전문가의 자문이 필요하고 교육 및 훈련비용이 크다.

③ PTS법의 여러 기법 중 회사의 실정에 알맞은 것을 선정하는 일 자체가 용이하

지 않으며, PTS법의 작업속도를 회사의 작업에 합당하도록 조정하는 단계가 필요하다.

4.1.5 용도

가. 표준시간의 설정
나. 작업방법의 개선
다. 작업개시 전에 능률적인 작업방법의 설계
라. 표준시간 자료의 작성
마. 작업자의 동작경제의 원칙을 고려한 설비·치공구의 설계
바. 표준시간에 대한 클레임 처리
사. 작업자에 대한 작업방법의 훈련

4.2 WF법(Work Factor system)

출제빈도 ★★★★

4.2.1 WF법(Work Factor system)의 개요

종래의 스톱워치 방법에 의한 표준시간은 노동조합 등에서 불신하였기 때문에 객관적이며 레이팅이 필요 없는 작업측정 방안인 WF법이 개발되었다. DWF(Detailed WF)와 RWF(Ready WF) 등 6가지 시스템이 개발되었다.

(1) 특징

가. 스톱워치를 사용하지 않는다.
나. 정확성과 일관성이 증대한다.
다. 동작개선에 기여한다.
라. 실제작업 전에 표준시간의 산출이 가능하다.
마. 작업방법 변경 시 표준시간의 수정을 위하여 전체작업을 재측정할 필요가 없다.
바. 유동공정의 균형유지가 용이하다.

표 4.4.2 WF법 적용범위

시스템	사용시간 단위	적용범위
DWF(Detailed WF)	1WFU(Work Factor Unit) =0.0001분(1/10,000분)	작업주기가 매우 짧은, 특히 0.15분 이하인 대량생산 작업
RWF(Ready WF)	1RU(Ready WF Unit)=0.001분	작업주기가 0.1분 이상인 작업

사. 기계의 여력계산 및 생산관리를 위한 기준이 된다.

(2) WF법의 구성: 인간의 육체적 동작시간에 영향을 주는 주요변수

가. 중량물을 취급하지 않으며 어떤 인위적 조절이 필요 없는 기초동작

나. 기초 동작을 방해하여 시간값을 증가시키는 워크팩터가 있다.

4.2.2 WF법(Work Factor System)

(1) 8가지 표준요소

가. 동작－이동(Transport; T)

나. 쥐기(Grasp; Gr)

다. 미리놓기(PrePosition; PP)

라. 조립(Assemble; Asy)

마. 사용(Use; Use)

바. 분해(Disassemble; Dsy)

마. 내려놓기(Release; Rl)

사. 정신과정(Mental Process; MP)

(2) 시간변동 요인(4가지 주요변수)

가. 사용하는 신체 부위(7가지): 손가락과 손, 팔, 앞팔회전, 몸통, 발, 다리, 머리회전

나. 이동거리(이상 '기초동작')

다. 중량 또는 저항(W) (이하 '워크팩터')

라. 인위적 조절(동작의 곤란성)

① 방향조절(S)

② 주의(P)

③ 방향의 변경(U)

④ 일정한 정지(D)

(3) WF법에 의한 표준시간 설정순서

가. 작업에 관한 자료를 기록한다.

나. 작업을 구분하여 요소동작으로 분해한다.

다. 요소동작을 표준시간 요소로 구분한다.

라. 각 표준요소의 시간값을 합계하고 여기에 필요한 여유시간을 가산하여 표준시간을 계산한다.

(4) 사용방법

가. WF법에서의 동작시간치는 워크팩터(work factor)가 중량에 의해 발생하든 S, P, U, D에 의해 발생하든지간에 구분하지 않고 그 수에 의해 결정된다.

나. 동작분석결과는 다음 순서에 의해 기록된다.

① 동작 신체 부위(7가지): 손가락, 손, 팔, 앞팔회전, 몸통, 발, 다리, 머리회전

② 동작거리(이상 '기초동작')

③ 워크팩터(work factor)−W, S, P, U, D의 순서를 따른다.

다. 사용 예

① 부품상자 속의 너트를 잡기 위해 팔 12 inch 뻗음: A12D = 65 WFU

② 작업대 위에 놓여 있는 3파운드의 부품을 다른 부품과 조립을 위해 20 inch 운반: A20WSD = 124 WFU

4.3 MTM법(Method Time Measurement)

출제빈도 ★★★★

4.3.1 MTM법 개요

모든 작업자가 세밀한 방법으로 행하는 반복성의 작업 또는 작업방법을 기본(요소)동작으로 분석하고, 각 기본동작을 그 성질과 조건에 따라 이미 정해진 표준시간값을 적용하여 작업의 정미시간을 구하는 방법이다. 시간을 구하고자 하는 작업방법의 분석수단으로서 작업방법과 시간을 결부한 것이 특징이다. 작업수행도 기준은 100%이다.

(1) MTM 시스템의 종류

가. MTM-1: 작업을 가장 정확하고 세밀하게 분석할 수 있으나 작업분석에 상당한 시간이 소요되는 시스템이다.

나. MTM-2: 반복성이 크지 않으면서 생산주기 중 작업장요소의 총 시간이 1분이 넘는 작업에만 적합하게 사용될 수 있다.

다. MTM-3: 생산주기가 길고 조업기간이 짧은 작업을 대상으로 개발된 것으로서 MTM에 속한 시스템 중 가장 단순하다.

(2) 적용범위

가. 대규모의 생산 시스템과 단사이클의 작업형 및 초단사이클의 작업형에 적용한다.

나. 주물과 같은 중공업, 대단히 복잡하고 절묘한 손으로 다루는 작업형, 사이클마다 아

주 다른 방법의 작업이나 동작 등에는 적용하기 곤란하다.

다. 기계에 의하여 통제되는 작업, 정신적 시간, 육체적으로 제한된 동작 등은 완전히 해결할 수 없으며, 스톱워치를 부분적으로 이용해야 한다.

(3) MTM의 시간값

$$1\ \text{TMU} = 0.00001\text{시간} = 0.0006\text{분} = 0.036\text{초}$$

$$1\text{시간} = 100{,}000\ \text{TMU}$$

여기서, TMU: time measurement unit

(4) 용도

가. 작업착수 전에 능률적인 작업방법 결정

나. 현행작업 방법개선

다. 표준시간 설정

4.3.2 MTM법

(1) MTM 기본동작

손동작, 눈동작, 팔, 다리와 몸통동작 등으로 인체동작을 구분하고 있으며, 각 동작의 구분과 각 구분에 따른 시간치가 있다.

가. 손을 뻗음(Reach; R)

나. 운반(Move; M)

다. 회전(Turn; T)

라. 누름(Apply Pressure; AP)

마. 잡음(Grasp; G)

바. 정치(Position; P)

사. 방치, 놓음(Release; RL)

아. 떼어놓음(Disengage; D)

자. 크랭크(Crank; K)

차. 눈의 이동(Eye Travel); ET)

카. 눈의 초점맞추기(Eye Focus; EF)

타. 신체, 다리와 발동작

(2) 변동요인

각 기본동작마다 변동요인이 있으며, 손을 뻗음(R)의 경우 변동요인은 다음과 같다.

가. 컨트롤의 필요정도(Case A, B, C, D, E)

나. 동작의 type(I, II, III)

다. 이동거리

(3) 기록방법

가. 손을 뻗음(R)의 경우 최소 3가지, 최대 5가지 요소로 기록된다.

① 첫 번째 요소: Reach의 시점에서 손이 움직인 경우만 m으로 표기

② 두 번째 요소: R

③ 세 번째 요소: 거리를 인치(inch)로 표시

④ 네 번째 요소: Case A, B, C, D, E를 표기

⑤ 다섯 번째 요소: Reach의 종점에서 손이 움직인 경우만 m으로 표기

나. 손을 뻗음(R)의 경우 사용예제: R6A, mR6A, R6Am , MR6Am

다. 이동(M) 기록방법: 기본동작 + 이동거리 + case + 중량 혹은 저항

라. 이동(M)의 경우 사용예제: 12Ib의 물건을 대략적인 위치로 20인치 운반(M20B12)

마. 결합동작에서의 소요시간은 작업자가 2개 이상의 기본동작을 행할 때, 가장 시간이 많이 소요되는 기본동작의 시간치로서 모든 동작의 소요시간을 대표한다.

5장 | 유해요인 평가

01 유해요인조사 법적근거

1.1 유해요인조사 법적사항

출제빈도 ★★★

(1) 사업주는 근골격계 부담작업에 근로자를 종사하도록 하는 경우에는 3년마다 다음 사항에 대한 유해요인조사를 실시하여야 한다. 다만, 신설되는 사업장의 경우에는 신설일부터 1년 이내에 최초의 유해요인조사를 실시하여야 한다.

가. 설비·작업공정·작업량·작업속도 등 작업장상황

나. 작업시간·작업자세·작업방법 등 작업조건

다. 작업과 관련된 근골격계질환 징후 및 증상 유무 등

(2) 사업주는 다음에 해당하는 사유가 발생한 경우에는 유해요인조사를 실시하여야 한다. 다만, '가'의 경우에는 근골격계 부담작업 외의 작업에서 발생한 경우를 포함한다.

가. 법에 의한 임시건강진단 등에서 근골격계질환자가 발생하였거나 근로자가 근골격계질환으로 산업재해보상보험법 시행규칙 제39조의 규정에 따라 요양결정을 받은 경우

나. 근골격계 부담작업에 해당하는 새로운 작업·설비를 도입한 경우

다. 근골격계 부담작업에 해당하는 업무의 양과 작업공정 등 작업환경을 변경한 경우

(3) 사업주는 유해요인조사에 근로자 대표 또는 당해 작업근로자를 참여시켜야 한다.

1.2 유해요인조사의 시기 및 주기

출제빈도 ★★★

(1) 정기 유해요인조사의 시기

사업주는 부담작업에 대한 정기 유해요인조사를 최초 유해요인조사를 완료한 날(최초 유해요인조사 이후 수시 유해요인조사를 실시한 경우에는 수시 유해요인조사를 완료한

날)로부터 매 3년마다 주기적으로 실시하여야 한다.

(2) 수시 유해요인조사의 사유 및 시기

가. 사업주는 다음에 해당하는 경우에 이전 최초, 정기 또는 수시 유해요인조사의 실시 여부와는 무관하게 당해 작업에 대한 수시 유해요인조사를 실시하여야 한다.

① 특정 작업에 종사하는 근로자가 임시건강진단 등에서 근골격계질환자로 진단받았거나 산업재해보상보험법 시행규칙에 따라 근골격계질환으로 요양결정을 받은 경우에 실시하여야 한다.

② 부담작업에 해당하는 새로운 작업·설비를 특정 작업(공정)에 도입한 경우 유해요인조사를 실시하여야 한다. 단, 종사근로자의 업무량 변화 없이 단순히 기존작업과 동일한 작업의 수가 증가하였거나 동일한 설비가 추가설치된 경우에는 동일 부담작업의 단순증가에 해당되므로 수시 유해요인조사를 실시하지 아니할 수 있다.

③ 부담작업에 해당하는 업무의 양과 작업공정 등 특정 작업(공정)의 작업환경이 변경된 경우에도 실시하여야 한다.

나. 신규입사자가 부담작업에 처음 배치될 때에는 수시 유해요인조사의 사유에 해당되지 않는다.

1.3 유해요인조사의 도구 및 조사자

(1) 유해요인조사의 도구

가. 유해요인조사는 다음의 세 가지 항목에 대한 조사가 가능한 도구를 가지고 근로자와의 면담, 인간공학적인 측면을 고려한 조사 및 증상설문조사 등 적절한 방법으로 실시한다.

① 작업설비·작업공정·작업량·작업속도 등 작업장 상황

② 작업시간·작업자세·작업방법·작업동작 등 작업조건

③ 부담작업과 관련된 근골격계질환의 징후 및 증상 유무

④ 주의사항으로 위 세 가지 항목 중 하나라도 빠져 있거나 적절한 방법이 아닌 경우에는 유해요인조사를 실시한 것으로 인정받을 수 없다.

나. 유해요인조사 도구를 자체 마련하기 어려운 사업장은 한국산업안전보건공단의 근골격계 부담작업 유해요인조사 조사표를 대신 사용할 수 있다.

다. 외국에서 개발된 인간공학적인 평가도구는 인간공학적인 측면을 고려한 조사에만 해당되므로 정밀평가 도구로 유해요인조사를 실시하는 경우에는 이에 해당되지 않는 나머지 항목 등에 대한 조사를 별도로 실시해야 한다.

① 주의사항으로 정밀평가 도구로 유해요인조사를 실시하면서 작업장 상황이나 근골격계질환 징후 및 증상 여부 등에 대한 조사를 하지 않은 경우에는 유해요인조사를 실시한 것으로 인정받지 못한다.

② 정밀평가 도구는 종류에 따라 적용할 수 있는 작업이 달라질 수 있으므로 조사하고자 하는 작업에 적합한 정밀평가도구를 선정하여 조사하여야 한다.

라. 사업주는 유해요인조사를 실시할 때에는 근로자 대표 또는 근로자를 반드시 참여시켜야 한다. 다만, 사업주가 참여를 요청하였음에도 근로자 대표 또는 근로자가 정당한 사유 없이 이에 응하지 않는 경우에는 관할 지방노동관서의 장에게 이러한 사실을 통보한 후 중재를 받아 유해요인조사를 실시하여야 한다.

(2) 유해요인조사의 조사자

유해요인조사의 조사자는 특별히 자격을 제한하지 않고 있으므로 사업주 또는 안전보건 관리책임자가 직접 실시하거나 근로자, 관리감독자, 안전담당자, 안전관리자(안전관리대행기관을 포함), 보건관리자(보건관리대행기관을 포함), 외부 전문기관 또는 외부 전문가 중에서 사업주가 조사자를 지정하여 유해요인조사를 실시하게 할 수 있다.

1.4 유해요인조사의 방법

(1) 유해요인조사의 기본원칙

가. 특별히 이 지침에서 정한 경우를 제외하고는 부담작업(부담작업이 단위작업으로 구분되는 경우에는 각 단위작업) 각각에 대하여 유해요인조사를 실시하여야 한다.

나. 근로자 1명이 둘 이상의 부담작업에 종사하는 경우에도 해당 부담작업 각각에 대하여 유해요인조사를 실시한다.

(2) 동일작업에 대한 유해요인조사의 방법

가. 한 단위 작업장소 내에서 10개 이하의 부담작업이 동일작업으로 이루어지는 경우에는 작업강도가 가장 높은 2개 이상의 작업을 표본으로 선정하여 유해요인조사를 실시해도 전체 동일 부담작업에 대한 유해요인조사를 실시한 것으로 인정한다.

나. 만일 한 단위 작업장소 내에 동일 부담작업의 수가 10개를 초과하는 경우에는 초과하는 5개의 작업당 작업강도가 가장 큰 1개의 작업을 표본으로 추가하여 유해요인조사를 실시한다.

다. 특정 설비를 다수의 근로자가 동시에 사용하는 작업 또는 교대제작업은 각각을 동일작업으로 간주하고 유해요인조사를 실시한다.

라. 동일작업에 대한 유해요인조사를 표본조사로 실시할 때 근로자 면담이나 증상 설문조사 등은 표본으로 선정된 부담작업의 종사 근로자에 대하여 실시한다.

마. 만일 유해요인조사 시 표본으로 선정되지 않은 부담작업에 종사하는 근로자가 근골격계질환의 징후를 호소할 때에는 보건규칙 제146조(통지 및 사후관리)의 규정에 의하여 조치한다.

(3) 수시 유해요인조사의 방법

가. 둘 이상의 독립작업에 종사하던 근로자에게 발생한 근골격계질환으로 수시 유해요인조사를 해야 할 경우에는 근골격계질환이 발생한 신체 부위에 주로 부담을 주는 작업을 선정하여 실시한다.

나. 근골격계질환자의 발생으로 수시 유해요인조사를 실시하여야 하는 경우 당해 작업의 작업장 상황 및 작업조건 조사는 반드시 실시하여야 하되, 근골격계질환으로 진단 또는 요양결정을 받은 근로자에 대한 증상 설문조사는 생략할 수 있으나 근골격계질환이 발생한 작업을 함께 수행해 온 동료 근로자가 있는 경우에는 당해 동료 근로자에 대한 증상 설문조사는 생략할 수 없다.

(4) 협력업체 근로자 종사작업에 대한 유해요인조사

가. 동일한 장소에서 행해지는 사업의 일부를 도급에 의하여 행하는 사업인 경우에는 근로자를 직접 사용하는 자(수급사업주)가 유해요인조사를 실시한다.

나. 다만, 유해요인조사에서 근골격계질환이 발생할 우려가 있어 도급사업주의 소유 설비의 변경 등 작업환경 개선 등의 조치가 필요한 경우 수급사업주는 이를 도급사업주에게 통지하고, 도급사업주는 수급사업주가 실시한 유해요인조사가 잘못되었다는 반증이 없는 한 필요한 조치를 하여야 한다.

1.5 작업환경 개선

(1) 유해요인조사 결과에서 근골격계질환이 발생할 우려가 있는 경우 사업주는 인간공학적

으로 설계된 인력작업 보조설비 및 편의설비 설치 등 작업환경 개선조치를 실시하여야 한다.

(2) 이를 위한 작업환경 개선계획은 유해요인조사 결과(유해요인 수준 및 증상설문 조사 등), 경제적 여건, 개선효과 등을 종합적으로 고려하여 수립·이행하되, 필요한 경우 정밀평가 도구를 통한 유해요인조사 추가실시나 외부전문가 등의 자문을 받는 것이 바람직하다.

02 유해요인조사

2.1 유해요인의 조사목적 및 적용대상

(1) 목적

산업보건기준에 관한 규칙 제9장의 규정에 의거 근골격계 부담작업의 유해요인조사 목적, 시기, 방법, 내용, 조사자, 개선과 사후조치 등을 제시하기 위함이다.

(2) 적용대상

근골격계 부담작업이 있는 사업장이다.

2.2 유해요인

(1) 반복성

같은 동작이 반복해 일어나는 것으로 그 유해도는 반복횟수, 반복동작의 빠르기, 관련되는 근육군의 수, 사용되는 힘에 달려 있다.

(2) 부자연스런 또는 취하기 어려운 자세

각 신체 부위가 취할 수 있는 중립자세를 벗어나는 자세를 말하며, 예를 들면 손가락에 힘을 주어 누르기, 손가락으로 집기, 팔을 들거나 뻗기, 손목을 오른쪽이나 왼쪽으로 돌리기, 손목을 굽히거나 뒤로 젖히기, 팔꿈치 들기, 팔근육 비틀기, 목을 젖히거나 숙이기, 허리 돌리기·구부리기·비틀기, 무릎 꿇기·쪼그려 앉기, 한 발로 서기 등의 작업자세 등이 있다.

(3) 과도한 힘

물체 등을 취급할 때 들어올리거나 내리기, 밀거나 당기기, 돌리기, 휘두르기, 지탱하기, 운반하기, 던지기 등과 같은 행위·동작으로 인해 근육의 힘을 많이 사용해야 하는 경우를 말한다.

(4) 접촉스트레스

작업대 모서리, 키보드, 작업공구, 가위 사용 등으로 인해 손목, 손바닥, 팔 등이 지속적으로 눌리거나 손바닥 또는 무릎 등을 사용해 반복적으로 물체에 압력을 가함으로써 해당 신체 부위가 충격을 받게 되는 것을 말한다.

(5) 진동

신체의 특정 부위가 동력기구 또는 장비와 같은 진동하는 물체와 접촉함으로써 영향을 받게 되는 것으로 버스, 트럭 등 장시간 운전으로 인한 전신진동 및 착암기, 연삭기, 임팩트 등 진동물체에 접한 손, 팔 부위에 받는 국소진동으로 구별할 수 있다.

(6) 정적자세

근로자 신체의 특정 부위가 움직임 없이 일정시간 이상 지속되는 작업자세를 말한다.

2.3 유해요인조사 목적

유해요인의 조사목적은 근골격계질환 발생을 예방하기 위해 근골격계 부담작업이 있는 부서의 유해요인을 제거하거나 감소시키는 데 있다. 유해요인조사 결과를 근골격계질환의 이환을 부정하는 근거 또는 반증자료로 사용할 수 없다.

2.4 유해요인조사 시기

(1) 회사는 매 3년 이내에 정기적으로 유해요인조사를 실시한다.
(2) 회사는 다음에서 정하는 경우에는 수시로 유해요인조사를 실시한다.
가. 산업안전보건법에 의한 임시건강진단 등에서 근골격계질환자가 발생하였거나 산업재해 보상보험법에 의한 근골격계질환자가 발생한 경우

나. 근골격계 부담작업에 해당하는 새로운 작업·설비를 도입한 경우

다. 근골격계 부담작업에 해당하는 업무의 양과 작업공정 등 작업환경을 변경한 경우

2.5 유해요인조사 방법

출제빈도 ★★★★

(1) 유해요인조사 전체 흐름도

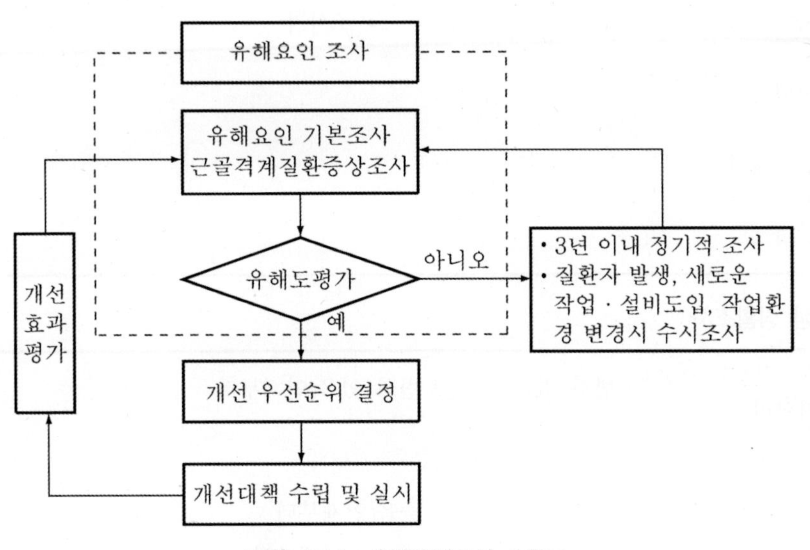

그림 4.5.1 유해요인조사 흐름도

(2) 유해요인 기본조사와 근골격계질환 증상조사

가. 유해요인 기본조사표와 근골격계질환 증상표를 사용한다.

나. 조사결과 추가적인 정밀평가가 필요하다면 작업분석·평가도구를 이용한다(OWAS, RULA, NLE 등).

유해요인 기본조사표

(※ 해당사항에 ∨ 하시고, 내용을 기재하시오.)

• 조사구분	□ 정기조사	수시조사 □ 근골격계질환자 발생 시 □ 새로운 작업 · 설비도입 시 □ 업무의 양과 작업공정 등 작업환경 변경 시
• 조사일시		• 조사자
• 부서명		
• 작업공정명		
• 작업명		

가. 작업장 상황조사

• 작업설비	□ 변화 없음	□ 변화 있음(언제부터)
• 작업량	□ 변화 없음	□ 줄음(언제부터) □ 늘어남(언제부터) □ 기타( )
• 작업속도	□ 변화 없음	□ 줄음(언제부터) □ 늘어남(언제부터) □ 기타( )
• 업무변화	□ 변화 없음	□ 줄음(언제부터) □ 늘어남(언제부터) □ 기타( )

그림 4.5.2 유해요인 기본조사표(계속)

나. 작업조건 조사

1단계: 작업별 과제 내용 조사(유해요인 조사자)

직종명(Job Title):
작업내용(Tasks):

2단계: 각 작업별 작업부하 및 작업빈도(근로자면담)

작업부하	점수	작업빈도(B)	점수
매우 쉬움	1	3개월마다(연 2~3회)	1
쉬움	2	가끔(하루 또는 주 2~3일)	2
약간 힘듦	3	자주(1일 4시간)	3
힘듦	4	계속(1일 4시간 이상)	4
매우 힘듦	5	초과근무 시간(1일 8시간 이상)	5

작업내용	작업부하(A)	작업빈도(B)	총 점수(A×B)

그림 4.5.2 유해요인 기본조사표(계속)

3단계: 유해요인 및 원인평가서			
직 종 명		근로자명	

유해요인 설명<부록 1, 2, 3 참조>

• 반복성	같은 근육, 힘줄 또는 관절을 사용하여 동일한 유형의 동작을 되풀이해서 수행함
• 부자연스런 또는 취하기 어려운 자세	반복적이거나 지속적인 팔을 뻗음, 비틂, 구부림, 머리 위 작업, 무릎을 꿇음, 쪼그림, 고정자세를 유지함, 손가락으로 잡기 등
• 과도한 힘	물체 등을 취급할 때 들어올리거나 내리기, 밀거나 당기기, 돌리기, 휘두르기, 지탱하기, 운반하기, 던지기 등과 같은 행위 · 동작으로 인해 근육의 힘을 많이 사용하는 것
• 접촉스트레스	작업대 모서리, 키보드, 작업공구, 가위 사용 등으로 인해 손목, 손바닥, 팔 등이 지속적으로 눌리거나 반복적으로 물체에 압력을 가함으로써 해당 신체 부위가 충격을 받게 되는 것
• 진 동	신체의 특정 부위가 동력기구 또는 장비와 같은 진동하는 물체와 접촉함으로써 영향을 받게 되는 것
• 기타 요인	극심한 저온 또는 고온, 너무 밝거나 어두운 조명

작업별로 관찰된 유해요인 원인분석

유해요인		유해요인에 대한 원인	총 점수
작업내용 1			
작업내용 2			

그림 4.5.2 유해요인 기본조사표

근골격계질환 증상조사표

I. 아래 사항을 직접 기입해 주시기 바랍니다.

성 명		연 령	만 세
성 별	□ 남 □여	현 직장경력	____ 년 개월째 근무 중
직업부서	________ 부 라인 ________ 작업(수행작업)	결혼여부	
현재 하고 있는 작업(구체적으로)	작업내용: 작업기간: 년 개월째 하고 있음		
1일 근무시간	________ 시간 근무 중 휴식시간(식사시간 제외) 분씩 회 휴식		
현 작업을 하기 전에 했던 작업	작업내용: 작업기간: 년 개월 동안 했음		

1. 규칙적인(한 번에 30분 이상, 1주일에 적어도 2~3회 이상) 여가 및 취미활동을 하고 계시는 곳에 (V)하여 주십시오.
   □ 컴퓨터 관련활동 □ 악기연주(피아노, 바이올린 등) □ 뜨개질 자수, 붓글씨
   □ 테니스/배드민턴/스쿼시 □ 축구/족구/농구/스키 □ 해당사항 없음

2. 귀하의 하루 평균가사노동시간(밥하기, 빨래하기, 청소하기, 2살 미만의 아이돌보기 등)은 얼마나 됩니까?
   □ 거의 하지 않는다. □ 1시간 미만 □ 1~2시간 미만 □ 2~3시간 미만 □ 3시간 이상

3. 귀하는 의사로부터 다음과 같은 질병에 대해 진단을 받은 적이 있습니까?(해당 질병에 체크) (보기: □ 류머티스 관절염 □ 당뇨병 □ 루프스병 □ 통풍 □ 알코올 중독)
   □ 아니오 □ 예('예'인 경우 현재상태는? □ 완치 □ 치료나 관찰 중)

4. 과거에 운동 중 혹은 사고로(교통사고, 넘어짐, 추락 등) 인해 손/손가락/손목/, 팔/팔꿈치, 어깨, 목, 허리, 다리/발 부위를 다친 적이 있습니까?
   □ 아니오 □ 예
   ('예'인 경우 상해 부위는? □ 손/손가락/손목 □ 팔/팔꿈치 □ 어깨 □ 목 □ 허리 □ 다리/발)

5. 현재 하고 계시는 일의 육체적 부담정도는 어느 정도라고 생각합니까?
   □ 전혀 힘들지 않음 □ 견딜만 함 □ 약간 힘듦 □ 매우 힘듦

그림 4.5.3 근골격계질환 증상조사표(계속)

II. 지난 1년 동안 손/손가락/손목, 팔/팔꿈치, 어깨, 허리, 다리/발 중 어느 한 부위에서라도 귀하의 작업과 관련하여 통증이나 불편함(통증, 쑤시는 느낌, 뻣뻣함, 화끈거리는 느낌, 무감각 혹은 찌릿찌릿함 등)을 느끼신 적이 있습니까?

- ㅁ 아니오(수고하셨습니다. 설문을 다 마치셨습니다.)
- ㅁ 예("예"라고 답하신 분은 아래 표의 통증 부위에 체크(∨)하고, 해당 통증 부위의 세로줄로 내려가며 해당사항에 체크(∨)해 주십시오.)

통증 부위	목( )	어깨( )	팔/팔꿈치( )	손/손목/손가락( )	허리( )	다리/발( )
1. 통증의 구체적 부위는?		□ 오른쪽 □ 왼쪽 □ 양쪽 모두	□ 오른쪽 □ 왼쪽 □ 양쪽 모두	□ 오른쪽 □ 왼쪽 □ 양쪽 모두		□ 오른쪽 □ 왼쪽 □ 양쪽 모두
2. 한 번 아프기 시작하면 통증기간은 **얼마 동안** 지속됩니까?	□ 1일 미만 □ 1일-1주일 미만 □ 1주일-1달 미만 □ 1달-6개월 미만 □ 6개월 이상	□ 1일 미만 □ 1일-1주일 미만 □ 1주일-1달 미만 □ 1달-6개월 미만 □ 6개월 이상	□ 1일 미만 □ 1일-1주일 미만 □ 1주일-1달 미만 □ 1달-6개월 미만 □ 6개월 이상	□ 1일 미만 □ 1일-1주일 미만 □ 1주일-1달 미만 □ 1달-6개월 미만 □ 6개월 이상	□ 1일 미만 □ 1일-1주일 미만 □ 1주일-1달 미만 □ 1달-6개월 미만 □ 6개월 이상	□ 1일 미만 □ 1일-1주일 미만 □ 1주일-1달 미만 □ 1달-6개월 미만 □ 6개월 이상
3. 그때의 아픈 정도는 **어느 정도**입니까? (보기 참조)	□ 약한 통증 □ 중간 통증 □ 심한 통증 □ 매우 심한 통증	□ 약한 통증 □ 중간 통증 □ 심한 통증 □ 매우 심한 통증	□ 약한 통증 □ 중간 통증 □ 심한 통증 □ 매우 심한 통증	□ 약한 통증 □ 중간 통증 □ 심한 통증 □ 매우 심한 통증	□ 약한 통증 □ 중간 통증 □ 심한 통증 □ 매우 심한 통증	□ 약한 통증 □ 중간 통증 □ 심한 통증 □ 매우 심한 통증
	<보기>	**약한 통증**: 약간 불편한 정도이나 작업에 열중할 때는 못 느낀다. **중간 통증**: 작업 중 통증이 있으나 귀가 후 휴식을 취하면 괜찮다. **심한 통증**: 작업 중 통증이 비교적 심하고 귀가 후에도 통증이 계속된다. **매우 심한 통증**: 통증 때문에 작업은 물론 일상생활을 하기가 어렵다.				
4. **지난 1년 동안** 이러한 증상을 얼마나 자주 경험하셨습니까?	□ 6개월에 1번 □ 2-3달에 1번 □ 1달에 1번 □ 1주일에 1번 □ 매일	□ 6개월에 1번 □ 2-3달에 1번 □ 1달에 1번 □ 1주일에 1번 □ 매일	□ 6개월에 1번 □ 2-3달에 1번 □ 1달에 1번 □ 1주일에 1번 □ 매일	□ 6개월에 1번 □ 2-3달에 1번 □ 1달에 1번 □ 1주일에 1번 □ 매일	□ 6개월에 1번 □ 2-3달에 1번 □ 1달에 1번 □ 1주일에 1번 □ 매일	□ 6개월에 1번 □ 2-3달에 1번 □ 1달에 1번 □ 1주일에 1번 □ 매일
5. **지난 1주일 동안**에도 이러한 증상이 있었습니까?	□ 아니오 □ 예	□ 아니오 □ 예	□ 아니오 □ 예	□ 아니오 □ 예	□ 아니오 □ 예	□ 아니오 □ 예
6. **지난 1년 동안** 이러한 통증으로 인해 어떤 일이 있었습니까?	□ 병원 · 한의원치료 □ 약국 치료 □ 병가, 산재 □ 부서전환 □ 해당 없음 기타 ( )	□ 병원 · 한의원치료 □ 약국 치료 □ 병가, 산재 □ 부서전환 □ 해당 없음 기타 ( )	□ 병원 · 한의원치료 □ 약국 치료 □ 병가, 산재 □ 부서전환 □ 해당 없음 기타 ( )	□ 병원 · 한의원치료 □ 약국 치료 □ 병가, 산재 □ 부서전환 □ 해당 없음 기타 ( )	□ 병원 · 한의원치료 □ 약국 치료 □ 병가, 산재 □ 부서전환 □ 해당 없음 기타 ( )	□ 병원 · 한의원치료 □ 약국치료 □ 병가, 산재 □ 부서전환 □ 해당 없음 기타 ( )

그림 4.5.3 근골격계질환 증상조사표

(3) 유해도평가

유해요인 기본조사 총 점수가 높거나 근골격계질환 증상호소율이 다른 부서에 비해 높은 경우에는 유해도가 높다고 할 수 있다.

(4) 개선 우선순위 결정

가. 유해도가 높은 작업 또는 특정 작업자 중에서도 다음 사항에 따른다.

① 다수의 작업자가 유해요인에 노출되고 있거나 증상 및 불편을 호소하는 작업

② 비용 편익효과가 큰 작업

(5) 유해요인조사 원칙

가. 근골격계 부담작업에 대하여 전수조사를 원칙으로 한다.

나. 동일한 작업조건의 근골격계 부담작업이 존재하는 경우에는 일부작업에 대해서 유해요인조사를 수행할 수 있다.

2.6 유해요인조사 내용

출제빈도 ★★★★

(1) 유해요인조사의 구성

유해요인조사의 구성은 유해요인 기본조사와 근골격계질환 증상조사가 있는데 유해요인 기본조사에는 작업장 상황조사와 작업조건 조사가 있다.

(2) 작업장상황

가. 작업공정 변화

나. 작업설비 변화

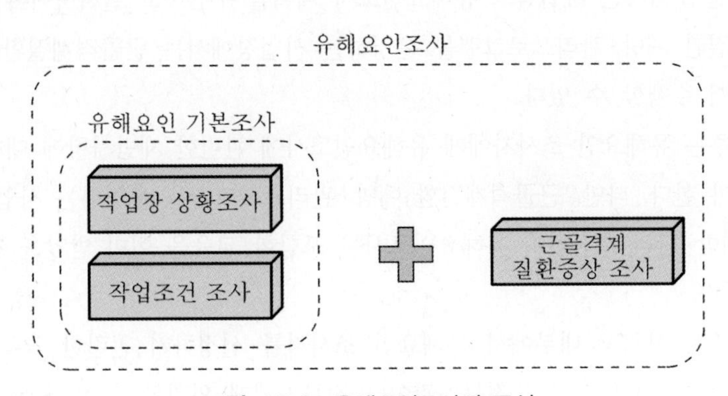

그림 4.5.4 유해요인조사의 구성

다. 작업량 변화

라. 작업속도 및 최근업무의 변화

(3) 작업조건

가. 반복성

나. 부자연스러운/취하기 어려운 자세

다. 과도한 힘

라. 접촉스트레스

마. 진동

바. 기타 요인(극저온, 직무스트레스 등)

(4) 근골격계질환 증상조사

가. 근골격계질환 증상과 징후

나. 직업력(근무력)

다. 근무형태(교대제 여부 등)

라. 취미활동

마. 과거 질병력 등

2.7 유해요인 조사자

(1) 사업주는 보건관리자에게 사업장 전체 유해요인조사 계획의 수립 및 실시업무를 하도록 한다. 다만, 규모가 큰 사업장에서는 보건관리자 외에 부서별 유해요인 조사자를 정해 조사를 실시할 수 있다.

(2) 사업주는 보건관리자가 선임되어 있지 않은 경우에는 유해요인 조사자를 지정하고, 유해요인 조사자는 사업장의 유해요인조사 계획을 수립하고 실시하여야 한다. 다만, 근골격계질환 예방·관리프로그램을 운영하는 사업장에서는 근골격계질환 예방·관리 추진팀에서 수행할 수 있다.

(3) 사업주는 유해요인 조사자에게 유해요인조사에 관련한 제반사항에 대하여 교육을 실시하여야 한다. 다만, 근골격계질환 예방·관리프로그램을 운영하는 사업장은 근골격계질환 예방·관리 추진팀이 유해요인조사를 포함한 교육을 이미 받았을 경우 이를 생략할 수 있다.

(4) 사업주는 사업장 내부에서 유해요인 조사자를 선정하기 곤란한 경우 유해요인조사의 일부 또는 전부를 관련 전문기관이나 전문가에게 의뢰할 수 있다.

2.8 유해요인의 개선과 사후조치

(1) 사업주는 개선 우선순위에 따른 적절한 개선계획을 수립하고, 해당 근로자에게 알려 주어야 한다.

(2) 사업주는 개선계획의 타당성을 검토하거나 개선계획 수립을 위하여 외부의 전문기관이나 전문가로부터 지도·조언을 들을 수 있다.

2.9 문서의 기록과 보존

(1) 사업주는 안전보건규칙에 따라 문서를 기록 또는 보존하되 다음을 포함하여야 한다.

가. 유해요인조사 결과

나. 의학적 조치 및 그 결과

다. 작업환경 개선계획 및 그 결과보고서

(2) 사업주는 작업자의 신상에 관한 문서는 5년 동안 보존하며, 시설·설비와 관련된 자료는 시설·설비가 작업장 내에 존재하는 동안 보존한다.

2.10 면담 또는 설문조사 요령

현장에서 문제로 지적되고 있는 요소들에 대한 작업자 및 관리자들의 목소리를 적극반영하는 방법이 면담 및 설문조사이다. 이러한 과정에서 작업자와 관리자는 충분한 논의를 통해 문제가 되는 작업이나 위험요소들을 파악해야 한다.

2.10.1 설문대상자 선정 및 포함내용

면담 또는 설문조사를 개선 대상작업 선정 시 활용하기 위해 다음의 요소를 고려해야 한다.

(1) 면담 또는 설문조사 대상자

가. 작업자

나. 감독자

다. 노동조합의 대의원

라. 안전환경팀(안전보건 관리자)

마. 의료진

(2) 면담 또는 설문조사가 필요한 작업특성

다음과 같은 특성을 가지는 작업에 대해서 설문지 작성 시 작업자들의 의견이 적극반영될 수 있도록 해야 한다.

가. 통증, 고통과 피로유발(특히, 교대 바로 전)
나. 작업에 대한 지나친 육체적 또는 정신적 요구
다. 육체적 위험에 대한 걱정이 존재
라. 높은 결근율
마. 높은 퇴직률
바. 많은 작업전환자의 수와 그들에 대한 작업배치 문제가 존재
사. 의료진에 의해 보고된 빈번한 작업관련 상해가 존재
아. 품질과 생산량의 목표를 만족시키는 어려움
자. 높은 불량률 또는 재작업률

2.10.2 면담 또는 설문조사 작성

(1) 설문지 작성절차

가. 설문할 중점정보를 확인하고 설문대상을 결정하라.
나. 질문의 각 항목을 완성하라.
다. 일관성 있는 배열을 위한 질문 항목별 순서를 결정하라.
라. 예비설문을 실시하라.
마. 설문지를 완성하라.

(2) 설문지 작성 시 유의사항

가. 해당 부서의 작업특성에 맞게 설문항목을 작성한다.
나. 작업자수가 많은 작업은 작업장소, 작업방법, 작업자세, 작업대상물 등을 고려하여 구체적인 작업으로 세분화한다.
다. 구체적인 작업으로 세분화하기 위해 실행위원회는 브레인스토밍 방법을 이용하여 작업을 세분화한다.

(3) 기대효과

가. 작업에 관한 걱정이나 불만을 말하는 분위기를 장려한다(긍정적 조치수반이 필요).
나. 비공식적 자료의 활용을 위한 최적의 방법이 제시된다.

다. 개선 우선순위 작업을 선정하는 데 있어 추가적으로 반영해야 하는 핵심요소를 파악할 수 있다.

라. 예방적인 효과를 기대할 수 있다.

마. 작업자들로부터 실행위원회에 대한 지지를 유도할 수 있어 작업자와 회사가 화합하고 조화될 수 있는 계기가 마련된다.

(4) 면담이나 설문조사 시 유의사항

가. 문제작업에 대한 불평과 보고의 출처를 찾아야 한다.

나. 문제점이 과장될 경우를 고려하여 간접적인 보고에만 너무 의존해서는 안 된다.

다. 보고의 출처를 확인하기 전 동일작업의 작업자나 관리자와 대화가 필요하다.

라. 면담을 통해 설문결과를 확인하고 기타 개선 대상작업을 선정하거나 선택된 작업을 세부적으로 나누기 위해 필요한 정보를 추가적으로 질문한다.

03 작업평가 기법

3.1 작업평가 기법의 개요

3.1.1 작업평가 기법의 의미

(1) 작업평가 기법은 그 결과가 해당 작업의 위험성을 평가하여 근골격계질환 예방을 위한 자료로 활용되어야 한다.

(2) 작업평가 기법은 보다 포괄적인 작업장의 분석과 개선을 위한 보조도구로서 사용되어야 한다.

3.1.2 작업평가 기법의 종류

(1) NIOSH Lifting Equation(NLE)

(2) Ovako Working-posture Analysing System(OWAS)

(3) Rapid Upper Limb Assessment(RULA)

(4) Rapid Entire Body Assessment(REBA)

(5) 기타(ANSI-Z 365, Snook's table, SI, 진동)

3.2 NLE(NIOSH Lifting Equation)

출제빈도 ★★★★

3.2.1 개발목적

들기작업에 대한 권장무게한계(RWL)를 쉽게 산출하도록 하여 작업의 위험성을 예측하여 인간공학적인 작업방법의 개선을 통해 작업자의 직업성 요통을 사전에 예방하는 것이다.

3.2.2 개요

(1) 취급중량과 취급횟수, 중량물 취급위치·인양거리·신체의 비틀기·중량물 들기 쉬움 정도 등 여러 요인을 고려한다.

(2) 정밀한 작업평가, 작업설계에 이용한다.

(3) 중량물취급에 관한 생리학·정신물리학·생체역학·병리학의 각 분야에서의 연구 성과를 통합한 결과이다.

(4) 개정된 NIOSH의 들기 기준은 40대 여성의 들기능력의 50퍼센타일을 기준으로 산정되었다.

표 4.5.1 NLE

작업분석/평가도구	분석가능 유해요인	적용 신체 부위	적용가능 업종
NIOSH 들기 작업지침 (NIOSH Lifting equation)	·반복성 ·부자연스런 또는 취하기 어려운 자세 ·과도한 힘	·허리	·포장물배달 ·음료배달 ·조립작업 ·인력에 의한 중량물취급 작업 ·무리한 힘이 요구되는 작업 ·고정된 들기작업

3.2.3 다음과 같은 중량물을 취급하는 작업에는 본 기준을 적용할 수 없다.

(1) 한 손으로 중량물을 취급하는 경우

(2) 8시간 이상 중량물을 취급하는 작업을 계속하는 경우

(3) 앉거나 무릎을 굽힌 자세로 작업을 하는 경우

(4) 균형이 맞지 않는 중량물을 취급하는 경우

(5) 운반이나 밀거나 당기는 작업에서의 중량물취급

(6) 빠른 속도로 중량물을 취급하는 경우(약 75 cm/초를 넘어가는 경우)

(7) 바닥면이 좋지 않은 경우(지면과의 마찰계수가 0.4 미만의 경우)

(8) 온도/습도 환경이 나쁜 경우(온도 19~26도, 습도 35~50%의 범위에 속하지 않는 경우)

3.2.4 NLE 장·단점

(1) 장점

가. 들기작업 시 안전하게 작업할 수 있는 작업물의 중량을 계산할 수 있다.

나. 인간공학적 작업부하, 작업자세로 인한 부하, 생리학적 측면의 작업부하 모두를 고려한 것이다.

(2) 단점

가. 전문성이 요구된다.

나. 들기작업에만 적절하게 쓰일 수 있으며, 반복적인 작업자세, 밀기, 당기기 등과 같은 작업에 대해서는 평가가 어렵다.

3.2.5 NLE 분석절차

NLE 분석절차는 먼저 자료수집(작업물하중, 수평거리, 수직거리 등)을 하여서 단순작업인지 복합작업인지를 밝혀야 한다. 복합작업이면 복합작업 분석을 해야 하고 단순작업일 때 NLE를 분석하는데, 분석할 때 권장무게한계(RWL)와 들기지수(LI)를 구해서 평가를 한다.

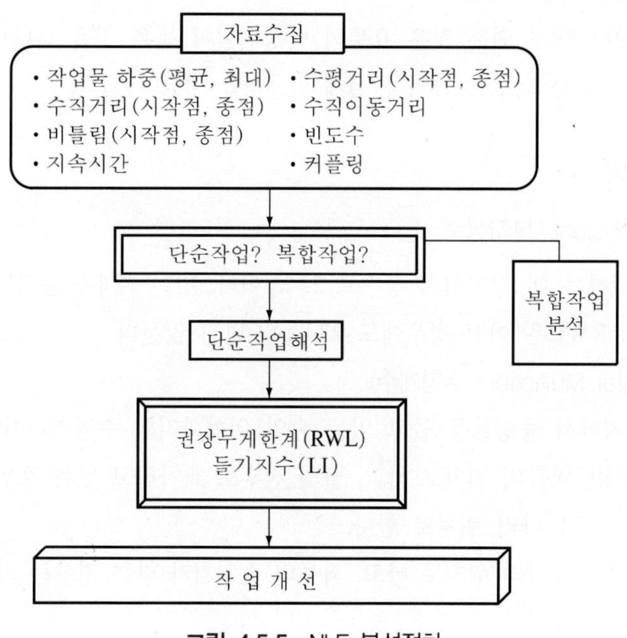

그림 4.5.5 NLE 분석절차

3.2.6 RWL과 LI

(1) 권장무게한계(Recommended Weight Limit; RWL)

가. 건강한 작업자가 그 작업조건에서 작업을 최대 8시간 계속해도 요통의 발생위험이 증대되지 않는 취급물중량의 한계값이다.

나. 권장무게한계값은 모든 남성의 99%, 모든 여성의 75%가 안전하게 들 수 있는 중량물값이다.

다. RWL = LC×HM×VM×DM×AM×FM×CM

LC = 부하상수 = 23 kg

HM = 수평계수 = 25/H

VM = 수직계수 = 1 − (0.003×|V − 75|)

DM = 거리계수 = 0.82 + (4.5/D)

AM = 비대칭계수 = 1 − (0.0032×A)

FM = 빈도계수(표 이용)

CM = 결합계수(표 이용)

(2) LI(Lifting Index, 들기지수)

가. LI = 작업물무게 / RWL

나. LI가 1보다 크게 되는 것은 요통의 발생위험이 높은 것을 나타낸다.

다. LI가 1 이하가 되도록 작업을 설계/재설계할 필요가 있다.

3.2.7 상수설명

(1) LC(Load Constant, 부하상수)

RWL을 계산하는 데 있어서의 상수로 23 kg이다. 다른 계수들은 전부 0~1 사이의 값을 가지므로 RWL은 어떤 경우에도 23 kg을 넘지 않는다.

(2) HM(Horizontal Multiplier, 수평계수)

가. 발의 위치에서 중량물을 들고 있는 손의 위치까지의 수평거리이다.

나. 발의 위치는 발목의 위치로 하고, 발의 전후로 교차하고 있는 경우는 좌우의 발목의 위치의 중점을 다리 위치로 한다.

다. 손의 위치는 중앙의 위치로 하고, 좌우의 손위치가 다른 경우는 좌우의 손위치의 중점이다.

라. $HM = 25/H \ (25 \leq H \leq 63 \text{ cm})$

$= 1 \ (H < 25 \text{ cm})$

$= 0 \ (H > 63 \text{ cm})$

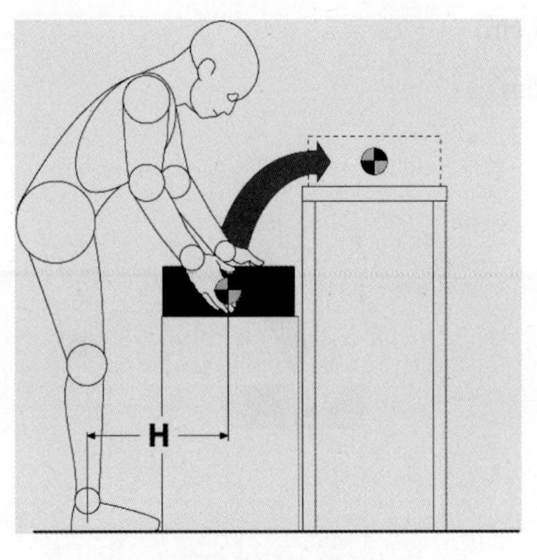

그림 4.5.6 수평계수

(3) VM(Vertical Multiplier, 수직계수)

가. 바닥에서 손까지의 거리(cm)로 들기작업의 시작점과 종점의 두 군데서 측정한다.

나. $VM = 1 - (0.003 \times |V - 75|) \ (0 \leq V \leq 175 \text{ cm})$

$= 0 \ (V > 175 \text{ cm})$

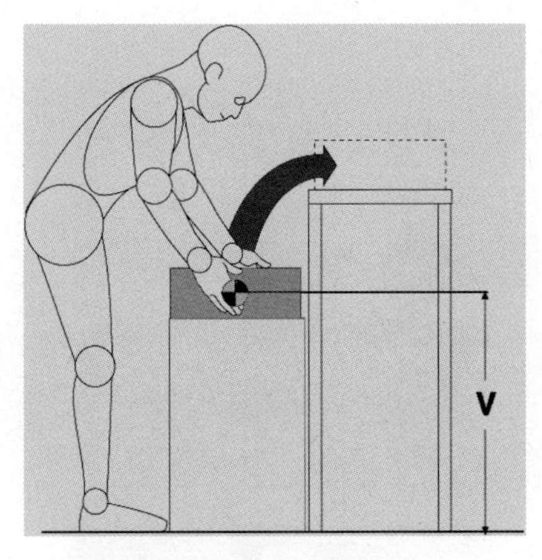

그림 4.5.7 수직계수

(4) DM(Distance Multiplier, 거리계수)

가. 중량물을 들고 내리는 수직방향의 이동거리의 절댓값이다.

나. $DM = 0.82 + 4.5/D$ $(25 \le D \le 175\ cm)$

$= 0$ $(D > 175\ cm)$

$= 1$ $(D < 25\ cm)$

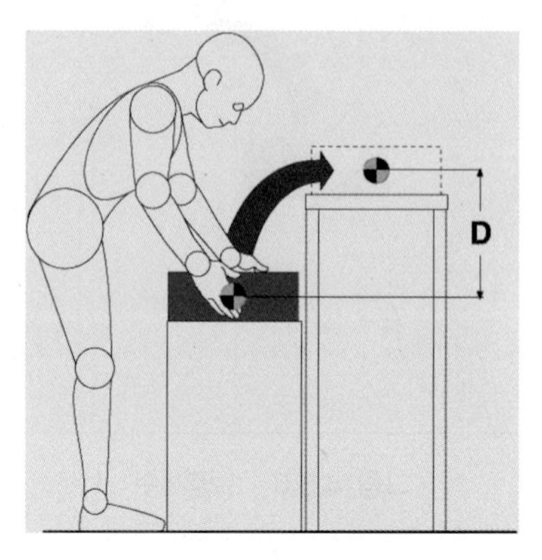

그림 4.5.8 거리계수

(5) AM(Asymmetric Multiplier, 비대칭계수)

가. 중량물이 몸의 정면에서 몇 도 어긋난 위치에 있는지 나타내는 각도이다.

나. $AM = 1 - 0.0032 \times A$ $(0° \le A \le 135°)$

$= 0$ $(A > 135°)$

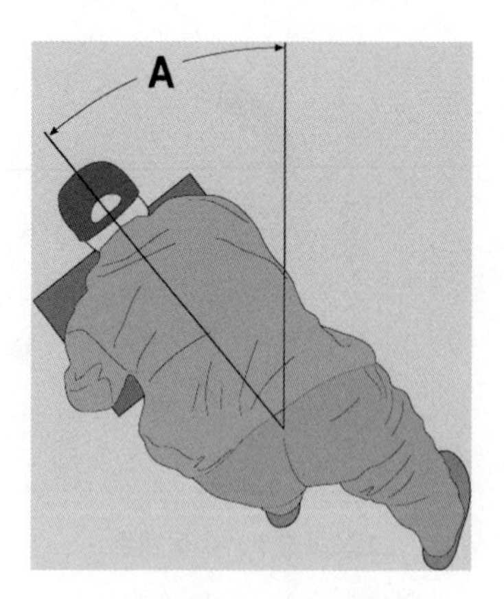

그림 4.5.9 비대칭계수

(6) FM(Frequency Multiplier, 빈도계수)

가. 분당 드는 횟수, 분당 0.2회에서 분당 16회까지이다.

나. 들기빈도 F, 작업시간 LD, 수직위치 V로부터 표 4.5.2를 이용해 구한다.

다. 들기빈도(Lifting Frequency; LF, 단위: 회/분)

① 15분간 작업을 관찰해서 구하는 것이 기본이다.

② 빈도가 다른 작업이 조합되어 있는 경우에는 전체적인 평균빈도를 이용한 해석도 가능하다.

③ 들기작업이 15분 이상 계속되지 않는 경우는 다음 방법에 따르다.

라. 작업시간(Lifting Duration; LD)

중량물 들기작업시간(Work Time)과 가벼운 작업 또는 휴식과 같은 회복시간(Recovery Time)의 관계로 정한다.

표 4.5.2 FM을 구하는 표

들기빈도 F(회/분)	작업시간 LD(Lifting Duration)					
	LD ≤ 1시간		1시간 < LD ≤ 2시간		2시간 < LD	
	V < 75 cm	V ≥ 75 cm	V < 75 cm	V ≥ 75 cm	V < 75 cm	V ≥ 75 cm
< 0.2	1.00	1.00	0.95	0.95	0.85	0.85
0.5	0.97	0.97	0.92	0.92	0.81	0.81
1	0.94	0.94	0.88	0.88	0.75	0.75
2	0.91	0.91	0.84	0.84	0.65	0.65
3	0.88	0.88	0.79	0.79	0.55	0.55
4	0.84	0.84	0.72	0.72	0.45	0.45
5	0.80	0.80	0.60	0.60	0.35	0.35
6	0.75	0.75	0.50	0.50	0.27	0.27
7	0.70	0.70	0.42	0.42	0.22	0.22
8	0.60	0.60	0.35	0.35	0.18	0.18
9	0.52	0.52	0.30	0.30	0.00	0.15
10	0.45	0.45	0.26	0.26	0.00	0.13
11	0.41	0.41	0.00	0.23	0.00	0.00
12	0.37	0.37	0.00	0.21	0.00	0.00
13	0.00	0.34	0.00	0.00	0.00	0.00
14	0.00	0.31	0.00	0.00	0.00	0.00
15	0.00	0.28	0.00	0.00	0.00	0.00
> 15	0.00	0.00	0.00	0.00	0.00	0.00

표 4.5.3 LD 선정기준

LD≤1시간	1시간 이하의 들기작업시간이 있고 잇따라 들기작업시간의 1.2배 이상의 회복시간이 있는 경우 예) 40분간 들기작업을 하고 60분간의 휴식이 있는 경우
1시간<LD≤2시간	1시간에서 2시간 이하의 들기작업시간이 있고 잇따라 들기작업시간의 0.3배 이상의 회복시간이 있는 경우 예) 90분간 들기 작업을 하고 30분간 휴식하는 경우
2시간<LD≤8시간	2시간부터 길게 8시간까지 들기 작업의 경우가 이에 속함

(7) CM(Coupling Multiplier, 결합계수)

가. 결합타입(coupling type)과 수직위치 V로부터 아래 표를 이용해 구한다.

표 4.5.4 CM을 구하는 표

결합타입	수직위치	
	V<75 cm	V≥75 cm
양호(good)	1.00	1.00
보통(fair)	0.95	1.00
불량(poor)	0.90	0.90

나. 양호(good): 손가락이 손잡이를 감싸서 잡을 수 있거나 손잡이는 없지만 들기 쉽고 편하게 들 수 있는 부분이 존재할 경우

다. 보통(fair): 손잡이나 잡을 수 있는 부분이 있으며, 적당하게 위치하지는 않았지만 손목의 각도를 90° 유지할 수 있는 경우

라. 불량(poor): 손잡이나 잡을 수 있는 부분이 없거나 불편한 경우, 끝부분이 날카로운 경우

3.3 OWAS

출제빈도 ★★★★

3.3.1 정의

OWAS(Ovako Working-posture Analysing System)는 핀란드의 철강회사인 Ovako사와 핀란드 노동위생연구소가 1970년대 중반에 육체작업에 있어서 부적절한 작업자세를 구별해낼 목적으로 개발한 평가기법이다.

3.3.2 특징

(1) 특별한 기구 없이 관찰에 의해서만 작업자세를 평가할 수 있다.

(2) 현장에서 기록 및 해석의 용이함 때문에 많은 작업장에서 작업자세를 평가한다.

(3) 평가기준을 완비하여 분명하고 간편하게 평가할 수 있다.

(4) 현장성이 강하면서도 상지와 하지의 작업분석이 가능하며, 작업 대상물의 무게를 분석 요인에 포함한다.

3.3.3 OWAS 장·단점

표 4.5.5 OWAS

작업분석/평가도구	분석가능 유해요인	적용 신체 부위	적용가능 업종
OWAS (Ovako Working-posture Analysing System)	·부자연스런 또는 취하기 어려운 자세 ·과도한 힘	·허리 ·다리 ·팔	·인력에 의한 중량물 취급작업 ·중공업 ·조선업

(1) 장점

가. 현장에서 작업자들의 작업자세를 손쉽고 빠르게 평가할 수 있는 도구이다.

(2) 단점

가. 작업자세 분류체계가 특정한 작업에만 국한되기 때문에 정밀한 작업자세를 평가하기 어렵다.

나. 상지나 하지 등 몸의 일부의 움직임이 적으면서도 반복하여 사용하는 작업 등에서는 차이를 파악하기 어렵다.

다. 지속시간을 검토할 수 없으므로 유지자세의 평가는 어렵다.

3.3.4 한계점

(1) 분석결과가 구체적이지 못하고, 상세분석이 어렵다. OWAS는 외국인의 인체계측을 바탕으로 만들어져, 무게의 분류구간 등은 한국인의 작업상황과 맞지 않는 부분이 존재한다(김유창).

(2) 상지나 하지 등 몸의 일부의 움직임이 적으면서도 반복하여 사용하는 작업 등에서는 차이를 파악하기 어렵다.

(3) 지속시간을 검토할 수 없으므로 유지자세의 평가는 어렵다.

3.3.5 OWAS에 의한 작업자세의 기록법

(1) 작업시작점의 작업자세를 허리, 상지, 하지, 작업물의 무게의 4개 항목으로 나누어 근골격계에 미치는 영향에 따라 크게 4수준으로 분류하여 기록한다.

(2) 이 자세의 분류는 불쾌감의 주관적 평가, 자세에 의한 건강영향, 실용가능성을 고려해 결정된 것이다.

3.3.6 자세의 기록법

(1) Snap-reading법(관찰간격이 일정한 워크샘플링법)을 이용한다. 즉, 일정한 간격으로 그 순간의 자세를 읽어내고, 자세코드를 용지에 기록한다.

(2) 문헌에서는 측정간격을 30초 또는 60초, 연속관찰시간은 20~40분, 10분 이상의 휴식을 하는 방법이 소개되고 있다.

3.3.7 작업자세 및 코드체계

다음 그림은 각 자세에 관한 코드 점수로서 신체 부위는 허리, 팔, 다리 부분이 있다. 실제 작업자세를 아래의 각 부위별로 맞추어 코드 점수를 가져오는 것이다.

자세코드 / 신체 부위	1	2	3	4	5	6	7
허리 (Back)							
팔 (Arms)							
다리 (Legs)							
하중 (Weight)	10 kg 이하	10~20 kg	20 kg 초과				

그림 4.5.10 작업자세 및 코드체계

3.3.8 OWAS의 작업분석 절차

(1) 전체 흐름도

OWAS는 먼저 4부분인 허리, 팔, 다리, 하중에 관해서 실제 작업자세와 맞추어 점수를 가져와 Table에서 각 해당 점수에 맞는 AC값을 찾는다. 마지막으로 나온 AC값에 맞는 조치를 내린다.

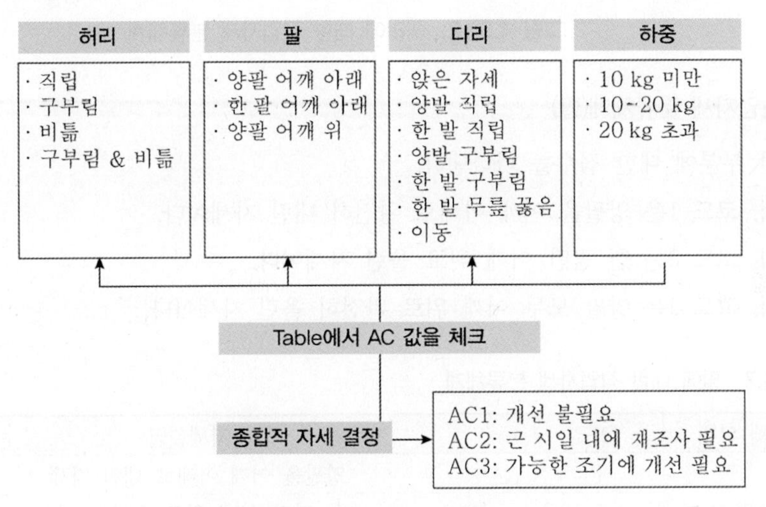

그림 4.5.11 OWAS의 작업분석 절차

(2) 작업자세 분류체계(허리)

허리부분에 대한 점수를 나타낸다.

가. 코드 1은 곧바로 편 자세, 즉 서 있는 자세이다.

나. 코드 2는 상체를 앞뒤로 굽힌 자세로 허리가 앞뒤로 굽혀진 경우이다.

다. 코드 3은 바로 서서 허리를 옆으로 비튼 자세이다.

라. 코드 4는 상체를 앞으로 굽힌 채 옆으로 비튼 자세로 코드 2와 코드 3이 동시에 나타나는 경우이다.

표 4.5.6 허리에 대한 작업자세 분류체계

신체 부위	코드	자세설명
허리	1	곧바로 편 자세
	2	상체를 앞뒤로 굽힌 자세
	3	바로 서서 허리를 옆으로 비튼 자세
	4	상체를 앞으로 굽힌 채 옆으로 비튼 자세

(a) 바로 섬 (b) 굽힘 (c) 비틂 (d) 굽히고 비틂

그림 4.5.12 허리에 대한 작업자세 분류체계

(3) 작업자세 분류체계(팔)

팔 부분에 대한 점수를 나타낸다.

가. 코드 1은 양팔을 어깨 아래로 완전히 내린 자세이다.

나. 코드 2는 한 팔만 어깨 위로 올린 자세이다.

다. 코드 3은 양팔 모두 어깨 위로 완전히 올린 자세이다.

표 4.5.7 팔에 대한 작업자세 분류체계

신체 부위	코드	자세설명
팔	1	양팔을 어깨 아래로 내린 자세
	2	한 팔만 어깨 위로 올린 자세
	3	양팔 모두 어깨 위로 올린 자세

(a) 양팔 어깨 아래 (b) 한 팔 어깨 아래 (c) 양팔 어깨 위

그림 4.5.13 팔에 대한 작업자세 분류체계

(4) 작업자세 분류체계(다리)

다리부분에 대한 점수를 나타낸다.

가. 코드 1은 의자에 앉은 자세로 엉덩이로 상지의 무게를 지지하면서 두 다리는 엉덩이 아래에 위치한 경우이다.

나. 코드 2는 두 다리를 펴고 선 자세로 다리 사이의 각도가 150°를 초과하는 경우이다.

다. 코드 3은 한 다리로 선 자세로 한 다리는 편 상태에서 체중을 완전히 지지하고 있는 경우이다.

라. 코드 4는 두 다리를 구부린 자세로, 두 다리로 몸을 지탱하는 경우이다. 여기서 쪼그린 자세도 포함된다.

마. 코드 5는 한 다리로 서서 구부린 자세를 나타내며, 한 다리로 몸을 지탱하는 경우이다.

바. 코드 6은 무릎 꿇는 자세를 나타내며, 이것은 한 다리 또는 두 다리 모두가 무릎을 꿇은 경우이다.

사. 코드 7은 작업장을 걷거나 이동하는 경우이다.

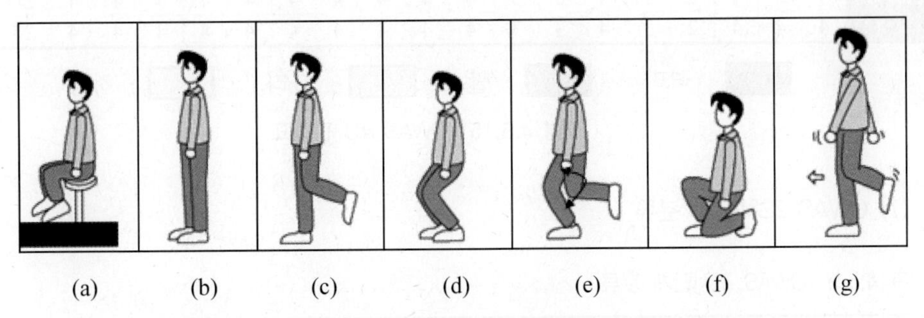

(a) 앉음, (b) 두 다리로 섬, (c) 한 다리로 섬, (d) 두 다리 구부림,
(e) 한 다리 구부림, (f) 무릎 꿇음, (g) 걷기

그림 4.5.14 다리에 대한 작업자세 분류체계

(5) 작업자세 분류체계(하중/힘)

하중/힘은 작업자가 취급하는 작업대상물의 무게나 수공구의 무게 등을 포함한다.

표 4.5.8 하중/힘에 대한 작업자세 분류체계

신체 부위	코드	자세설명
하중/힘	1	10 kg 이하
	2	10 kg 초과~20 kg 이하
	3	20 kg 초과

(6) OWAS AC 판정표

OWAS에서 AC 판정은 앞에서 실제 작업자세를 OWAS의 코드에서 찾은 4가지 점수(허리, 팔, 다리, 하중)를 가지고 아래의 표에서 AC 점수를 찾는다. 예를 들면, 허리가 3점이고, 팔이 2점이고, 다리가 5점이고, 하중이 2점이라면 각각의 점수에 해당하는 줄로 찾아가서 테이블에서 점수를 찾으면 된다. 여기서는 해당하는 AC값은 4점이 된다.

AC 값		(1)			(2)			(3)			(4)			(5)			(6)			(7)		
		(1)	(2)	(3)	(1)	(2)	(3)	(1)	(2)	(3)	(1)	(2)	(3)	(1)	(2)	(3)	(1)	(2)	(3)	(1)	(2)	(3)
(1)	(1)	1	1	1	1	1	1	1	1	1	2	2	2	2	2	2	1	1	1	1	1	1
	(2)	1	1	1	1	1	1	1	1	1	2	2	2	2	2	2	1	1	1	1	1	1
	(3)	1	1	1	1	1	1	1	1	1	2	2	3	2	2	3	1	1	1	1	1	2
(2)	(1)	2	2	3	2	2	3	2	2	3	3	3	3	3	3	3	2	2	2	2	3	3
	(2)	2	2	3	2	2	3	2	3	3	3	4	4	3	4	4	3	3	4	2	3	4
	(3)	3	3	4	2	2	3	3	3	3	3	4	4	4	4	4	4	4	4	2	3	4
(3)	(1)	1	1	1	1	1	1	1	1	2	3	3	3	4	4	4	1	1	1	1	1	1
	(2)	2	2	3	1	1	1	1	1	2	4	4	4	4	4	4	3	3	3	1	1	1
	(3)	2	2	3	1	1	1	2	3	3	4	4	4	4	4	4	4	4	4	1	1	1
(4)	(1)	2	3	3	2	2	3	2	2	3	4	4	4	4	4	4	4	4	4	2	3	4
	(2)	3	3	4	2	3	4	3	3	4	4	4	4	4	4	4	4	4	4	2	3	4
	(3)	4	4	4	2	3	4	3	3	4	4	4	4	4	4	4	4	4	4	2	3	4

■ : 허리 ■ : 팔 ■ : 다리 □ : 하중

그림 4.5.15 OWAS AC 판정표

(7) OWAS 조치단계 분류

표 4.5.9 OWAS 조치단계 분류

작업자세 수준	평가내용
Action category 1	이 자세에 의한 근골격계 부담은 문제 없다. 개선 불필요하다.
Action category 2	이 자세는 근골격계에 유해하다. 가까운 시일 내에 개선해야 한다.
Action category 3	이 자세는 근골격계에 유해하다. 가능한 한 빠른 시일 내에 개선해야 한다.
Action category 4	이 자세는 근골격계에 매우 유해하다. 즉시 개선해야 한다.

3.4 RULA

출제빈도 ★★★★

3.4.1 정의

RULA(Rapid Upper Limb Assessment)는 어깨, 팔목, 손목, 목 등 상지(upper limb)에 초점을 맞추어서 작업자세로 인한 작업부하를 쉽고 빠르게 평가하기 위해 만들어진 기법이다. 자동차 조립라인 등의 분석에 적합하다.

3.4.2 목적

(1) 작업성 근골격계질환(직업성 상지질환: 어깨, 팔꿈치, 손목, 목 등)과 관련한 유해인자에 대한 개인작업자의 노출정도를 신속하게 평가하기 위한 방법을 제공한다.

(2) 근육의 피로를 유발시킬 수 있는 부적절한 작업자세, 힘, 그리고 정적이거나 반복적인 작업과 관련한 신체적인 부담요소를 파악하고 그에 따른 보다 포괄적인 인간공학적 평가를 위한 결과를 제공한다.

3.4.3 장·단점

표 4.5.10 RULA

작업분석/평가도구	분석가능 유해요인	적용 신체 부위	적용가능 업종
RULA (Rapid Upper Limb Assessment)	·반복성 ·부자연스런 또는 취하기 어려운 자세 ·과도한 힘	·손목 ·아래팔 ·팔꿈치 ·어깨 ·목 ·몸통	·조립작업 ·관리업 ·생산작업 ·재봉업 ·정비업 ·육류가공업 ·식료품출납원 ·전화교환원 ·초음파기술자 ·치과의사/치과기술자

(1) 장점

가. 상지와 상체의 자세를 측정하기 용이하도록 개발되었다.

나. 상지의 정적인 자세를 측정하기 용이하다.

(2) 단점

상지의 분석에 초점을 두고 있기 때문에 전신의 작업자세 분석에는 한계가 있다(예로, 쪼그려 앉은 작업자세와 같은 경우는 작업자세 분석이 힘들다).

3.4.4 한계점

(1) 상지의 분석에만 초점을 맞추고 있기 때문에 전신의 작업자세 분석에는 한계를 가진다.
(2) 분석결과에 있어서도 총괄적인 작업부하 수준이 7개의 항목(category)으로만 나누어져 있고, 최종적인 분석결과도 정성적으로 이루어지므로 작업자세간의 정량적인 비교가 어렵다.

3.4.5 가정사항

(1) 단위시간당 동작의 횟수가 많아지거나 근력이 필요한 정적인 작업이 많아질수록, 또 보다 큰 힘이 요구되거나 나쁜 작업자세가 많을수록 작업부하가 증가할 것으로 가정한다.
(2) 자세분류별 부하수준을 평가할 때 작업부하에 영향을 주는 인자들은 매우 많지만, 특히 RULA가 평가하는 작업부하 인자는 다음과 같다.
   가. 동작의 횟수(number of movement)
   나. 정적인 근육작업(static muscle work)
   다. 힘(force)
   라. 작업자세(work posture)

3.4.6 RULA의 개요

(1) RULA의 평가표는 크게 각 신체 부위별 작업자세를 나타내는 그림과 3개의 배점표로 구성되어 있다.
(2) 평가대상이 되는 주요 작업요소로는 반복수, 정적작업, 힘, 작업자세, 연속작업시간 등이 고려된다.
(3) 평가방법은 크게 신체 부위별로 A와 B그룹으로 나누어지며 A, B의 각 그룹별로 작업자세, 그리고 근육과 힘에 대한 평가로 이루어진다.
(4) 평가의 결과는 1에서 7 사이의 총점으로 나타내어지며, 점수에 따라 4개의 조치단계(action level)로 분류한다.
(5) 충분한 훈련과 반복을 통하여 평가의 신뢰도와 일관성을 높일 수 있도록 하여야 한다.

3.4.7 RULA의 평가과정

RULA의 평가는 먼저 A그룹과 B그룹으로 나누어 평가한다. A그룹에서는 위팔, 아래팔, 손목, 손목 비틀림에 관해 자세 점수(a)를 구하고 거기에 근육사용과 힘에 대한 점수를 더해서 점수(c)를 구한다, B그룹에서는 목, 몸통, 다리에 관한 자세 점수(b)에 근육과 힘에 대한 점수(d)를 구한다. A그룹에서 구한 점수(c)와 B그룹에서 구한 점수(d)를 가지고 표를 이용해 최종 점수를 구한다.

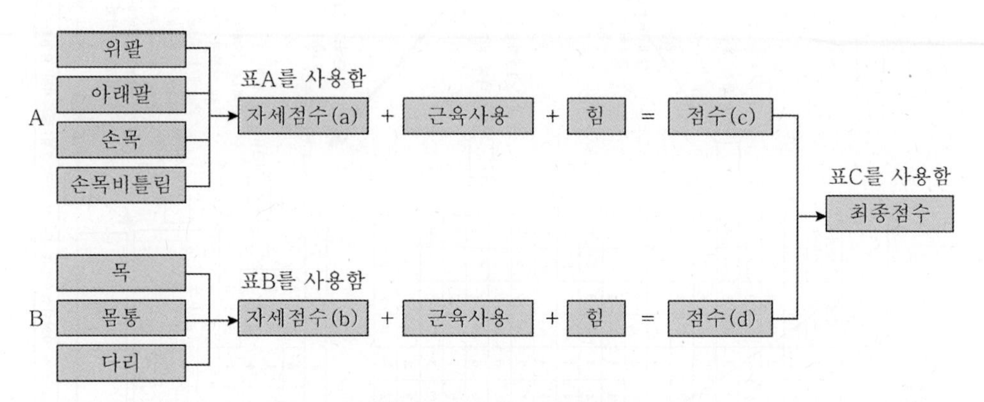

그림 4.5.16 RULA 평가과정

3.4.8 RULA의 분석방법

(1) 평가그룹 A. 팔과 손목분석

가. 단계 1. 위팔(upper arm)의 위치에 대한 평가: 위팔의 위치에 대해 평가를 해서 점수를 부여한다.

① 몸통전후 20° 이내에 있을 때는 +1점

② 뒤쪽으로 20° 이상 혹은 앞쪽으로 20~45°에 있을 때는 +2점

③ 앞쪽으로 45~90° 사이에 있을 때는 +3점

④ 앞쪽으로 90° 이상 있을 때 +4점

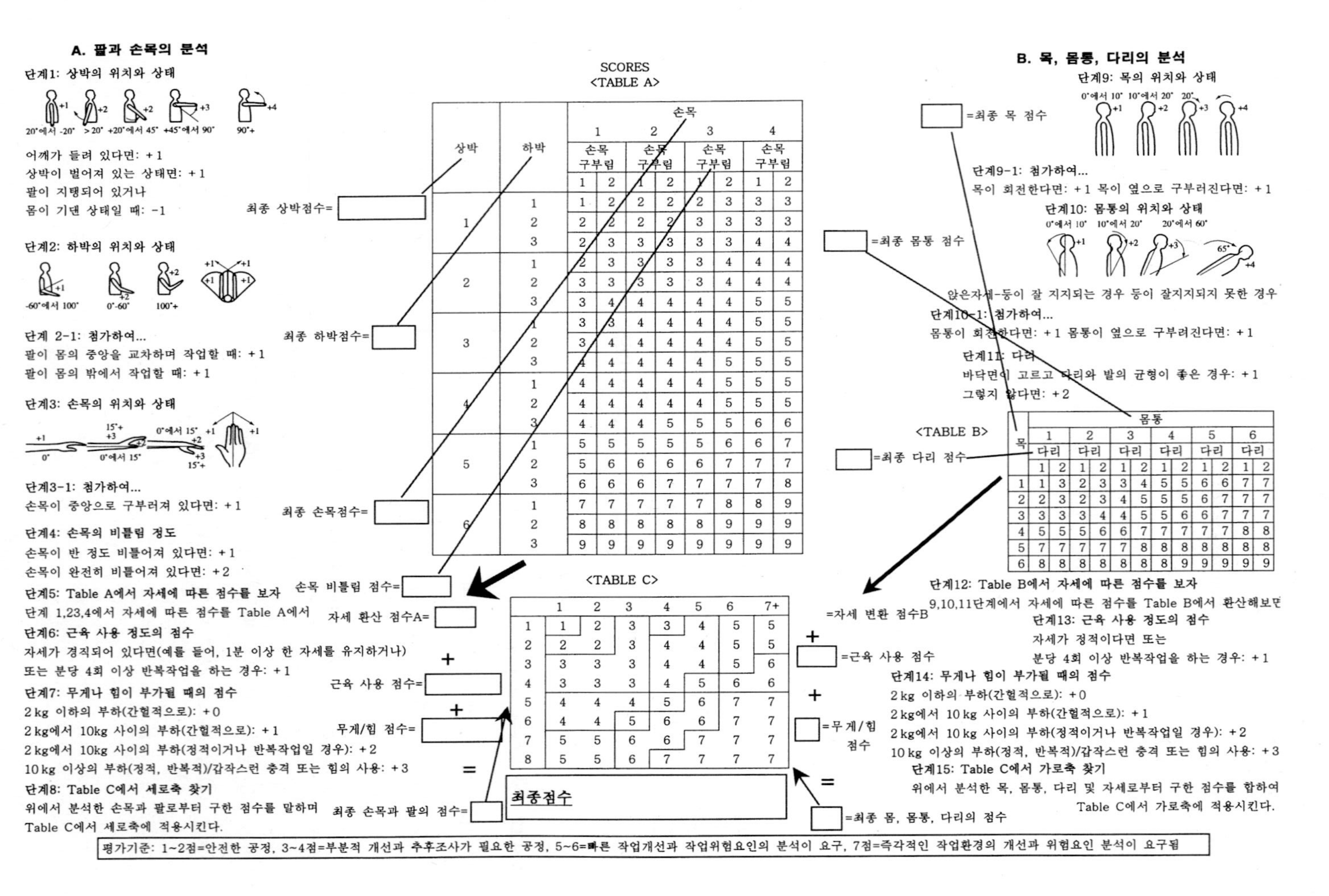

A. 팔과 손목의 분석

단계1: 상박의 위치와 상태

20°에서 -20° >20° +20°에서 45° +45°에서 90° 90°+

어깨가 들려 있다면: +1
상박이 벌어져 있는 상태면: +1
팔이 지탱되어 있거나
몸이 기댄 상태일 때: -1

최종 상박점수=

단계2: 하박의 위치와 상태

-60°에서 100° 0°-60° 100°+

최종 하박점수=

단계 2-1: 첨가하여...
팔이 몸의 중앙을 교차하며 작업할 때: +1
팔이 몸의 밖에서 작업할 때: +1

단계3: 손목의 위치와 상태

0° 15°+ 0°에서 15° 0°에서 15° 15°+

단계3-1: 첨가하여...
손목이 중앙으로 구부러져 있다면: +1

최종 손목점수=

단계4: 손목의 비틀림 정도
손목이 반 정도 비틀어져 있다면: +1
손목이 완전히 비틀어져 있다면: +2

손목 비틀림 점수=

단계5: Table A에서 자세에 따른 점수를 보자
단계 1,23,4에서 자세에 따른 점수를 Table A에서

자세 환산 점수A=

단계6: 근육 사용 정도의 점수
자세가 경직되어 있다면(예를 들어, 1분 이상 한 자세를 유지하거나)
또는 분당 4회 이상 반복작업을 하는 경우: +1

\+ 근육 사용 점수=

단계7: 무게나 힘이 부가될 때의 점수
2 kg 이하의 부하(간헐적으로): +0
2 kg에서 10kg 사이의 부하(간헐적으로): +1
2 kg에서 10kg 사이의 부하(정적이거나 반복작업일 경우): +2
10 kg 이상의 부하(정적, 반복적)/갑작스런 충격 또는 힘의 사용: +3

\+ 무게/힘 점수=

단계8: Table C에서 세로축 찾기
위에서 분석한 손목과 팔로부터 구한 점수를 말하며
Table C에서 세로축에 적용시킨다.

= 최종 손목과 팔의 점수=

SCORES
<TABLE A>

상박	하박	손목 1		손목 2		손목 3		손목 4	
		손목 구부림		손목 구부림		손목 구부림		손목 구부림	
		1	2	1	2	1	2	1	2
1	1	1	2	2	2	2	3	3	3
	2	2	2	2	2	3	3	3	3
	3	2	3	3	3	3	3	4	4
2	1	2	3	3	3	3	4	4	4
	2	3	3	3	3	3	4	4	4
	3	3	4	4	4	4	4	5	5
3	1	3	3	4	4	4	4	5	5
	2	3	4	4	4	4	4	5	5
	3	4	4	4	4	4	5	5	5
4	1	4	4	4	4	4	5	5	5
	2	4	4	4	4	4	5	5	5
	3	4	4	4	5	5	5	6	6
5	1	5	5	5	5	5	6	6	7
	2	5	6	6	6	6	7	7	7
	3	6	6	6	7	7	7	7	8
6	1	7	7	7	7	7	8	8	9
	2	8	8	8	8	8	9	9	9
	3	9	9	9	9	9	9	9	9

<TABLE C>

	1	2	3	4	5	6	7+
1	1	2	3	3	4	5	5
2	2	2	3	4	4	5	5
3	3	3	3	4	4	5	6
4	3	3	3	4	5	6	6
5	4	4	4	5	6	7	7
6	4	4	5	6	6	7	7
7	5	5	6	6	7	7	7
8	5	5	6	7	7	7	7

최종점수

B. 목, 몸통, 다리의 분석

단계9: 목의 위치와 상태

0°에서 10° 10°에서 20° 20°

=최종 목 점수

단계9-1: 첨가하여...
목이 회전한다면: +1 목이 옆으로 구부러진다면: +1

단계10: 몸통의 위치와 상태

0°에서 10° 10°에서 20° 20°에서 60° 65°

=최종 몸통 점수

앉은자세-등이 잘 지지되는 경우 등이 잘지지되지 못한 경우

단계10-1: 첨가하여...
몸통이 회전한다면: +1 몸통이 옆으로 구부러진다면: +1

단계11: 다리
바닥면이 고르고 다리와 발의 균형이 좋은 경우: +1
그렇지 않다면: +2

<TABLE B>

=최종 다리 점수

목	몸통 1		몸통 2		몸통 3		몸통 4		몸통 5		몸통 6	
	다리		다리		다리		다리		다리		다리	
	1	2	1	2	1	2	1	2	1	2	1	2
1	1	3	2	3	3	4	5	5	6	6	7	7
2	2	3	2	3	4	5	5	5	6	7	7	7
3	3	3	3	4	4	5	5	6	6	7	7	7
4	5	5	5	6	6	7	7	7	7	7	8	8
5	7	7	7	7	7	8	8	8	8	8	8	8
6	8	8	8	8	8	8	8	9	9	9	9	9

단계12: Table B에서 자세에 따른 점수를 보자
9,10,11단계에서 자세에 따른 점수를 Table B에서 환산해보면

=자세 변환 점수B

단계13: 근육 사용 정도의 점수
자세가 정적이다면 또는
분당 4회 이상 반복작업을 하는 경우: +1

\+ =근육 사용 점수

단계14: 무게나 힘이 부가될 때의 점수
2 kg 이하의 부하(간헐적으로): +0
2 kg에서 10 kg 사이의 부하(간헐적으로): +1
2 kg에서 10 kg 사이의 부하(정적이거나 반복작업일 경우): +2
10 kg 이상의 부하(정적, 반복적)/갑작스런 충격 또는 힘의 사용: +3

\+ =무게/힘 점수

단계15: Table C에서 가로축 찾기
위에서 분석한 목, 몸통, 다리 및 자세로부터 구한 점수를 합하여
Table C에서 가로축에 적용시킨다.

= =최종 몸, 몸통, 다리의 점수

평가기준: 1~2점=안전한 공정, 3~4점=부분적 개선과 추후조사가 필요한 공정, 5~6=빠른 작업개선과 작업위험요인의 분석이 요구, 7점=즉각적인 작업환경의 개선과 위험요인 분석이 요구됨

그림 4.5.17 RULA 평가표

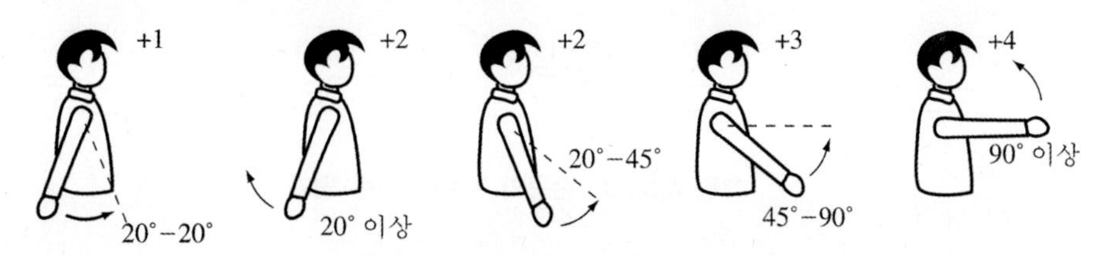

그림 4.5.18 위팔의 위치에 대한 평가

(a) 추가점수 부여

㉠ 어깨가 들려 있는 경우에는 +1점

㉡ 위팔이 몸에서부터 벌어져 있는 경우에는 +1점

㉢ 팔이 어딘가에 지탱되거나 기댄 경우에는 −1점

나. **단계 2. 아래팔(lower arm)의 위치에 대한 평가:** 아래팔의 위치에 대해 평가를 해서 점수를 부여한다.

① 아래팔이 앞쪽으로 60°~100° 사이에 위치할 때는 +1점

② 앞쪽으로 0°~60° 또는 앞쪽으로 100° 이상에 위치할 때는 +2점

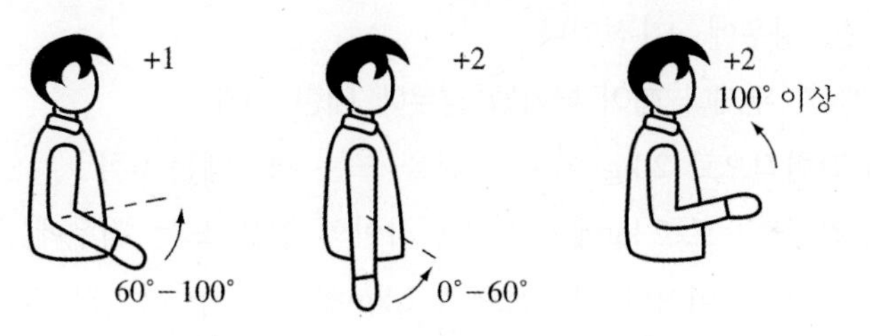

그림 4.5.19 아래팔의 위치에 대한 평가

(a) 추가점수 부여

㉠ 팔이 몸의 중앙을 교차하여 작업하는 경우에는 +1점

㉡ 팔이 몸통을 벗어나 작업하는 경우에는 +1점

다. **단계 3. 손목(wrist)의 위치에 대한 평가:** 손목의 위치에 대해 평가를 해서 점수를 부여한다.

① 손목이 자연스러운 위치, 즉 중립자세를 취할 때는 +1점

② 각각 위쪽으로 0°~15° 올려져 있거나 0°~15° 내려져 있을 때는 +2점

③ 15° 이상 올려져 있거나 15° 이상 내려져 있을 때는 +3점

(a) 추가점수 부여

㉠ 손목이 중앙선을 기준으로 좌우로 구부러져 있는 경우에는 +1점

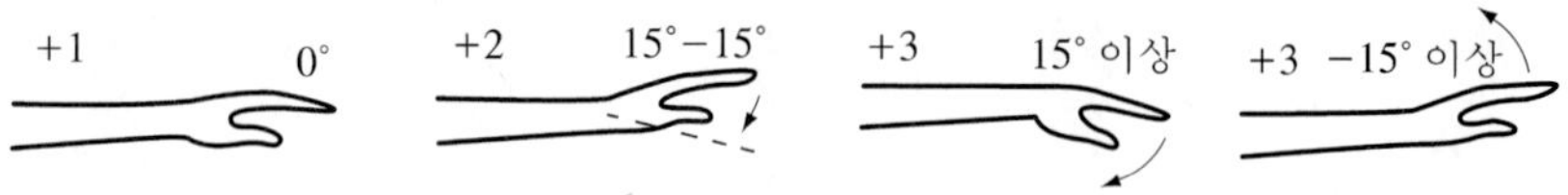

+1 0°　+2 15°−15°　+3 15° 이상　+3 −15° 이상

그림 4.5.20 손목의 위치에 대한 평가

라. 단계 4. 손목(wrist)의 비틀림(twist)에 대한 평가: 작업 중 손목의 비틀림의 정도가 아래의 2가지 평가기준 중 어디에 주로 속하는가에 따라 해당 점수를 부여한다.

① 작업 중 손목이 최댓값의 절반 이내에서 비틀어진 경우에는 +1점

② 작업 중 손목이 최댓값 범위까지 비틀어진 상태인 경우에는 +2점

마. 단계 5. 평가점수의 환산: 앞에서 평가한 4가지 단계의 점수에 따른 줄과 칸에 해당되는 점수를 평가표 Table A에서 찾아 평가그룹 A에서의 점수로 기록한다.

바. 단계 6. 근육 사용정도에 대한 평가

① 작업 중 근육의 사용정도를 평가하는 부분으로 작업 시 몸의 정적자세 여부와 작 업의 반복빈도를 평가하는 부분이다.

② 작업 시 작업자세가 고정된 자세를 유지하거나 분당 4회 이상의 반복작업을 하는 경우에 +1점이다.

사. 단계 7. 무게나 힘이 부가될 경우에 대한 평가

① 간헐적으로 2 kg 이하의 짐을 드는 경우에는 0점

② 간헐적으로 2 kg에서 10 kg 사이의 짐을 드는 경우에는 +1점

③ 정적작업이거나 반복적으로 2 kg에서 10 kg 사이의 짐을 드는 경우에는 +2점

④ 정적, 반복적으로 10 kg 이상의 짐을 들거나, 또는 갑작스럽게 물건을 들거나 충격을 받는 경우에는 +3점

아. 단계 8. 팔과 손목 부위에 대한 평가점수의 환산

제5단계에서 환산된 점수 A에 제6단계와 7단계의 점수를 합하여 평가그룹 A에서의 팔과 손목 부위에 대한 평가점수 C를 계산한다.

(2) 평가그룹 B. 목, 몸통, 다리의 분석

가. 단계 1. 목의 위치에 대한 평가: 목의 위치에 대해 평가를 해서 점수를 부여한다.

① 앞쪽으로 0°~10° 구부러져 있을 경우에는 +1점

② 앞쪽으로 10°~20° 구부러져 있을 경우에는 +2점

③ 앞쪽으로 20° 이상 구부러져 있을 경우에는 +3점

④ 뒤쪽으로 구부러져 있을 경우에는 +4점

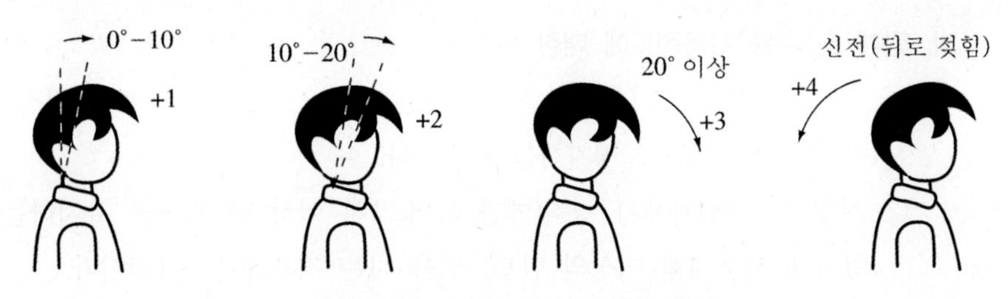

그림 4.5.21 목의 위치에 대한 평가

(a) 추가점수 부여

㉠ 작업 중 목이 회전(비틀림)되는 경우에는 +1점

㉡ 작업 중 목이 옆으로 구부러지는 경우에는 +1점

나. 단계 2. **몸통의 위치에 대한 평가**: 몸통의 위치에 대해 평가를 해서 점수를 부여한다.

① 몸통은 앉아 있을 때 몸통이 잘 지지될 경우에는 +1점

② 앞쪽으로 0°~20° 구부러져 있을 경우에는 +2점

③ 앞쪽으로 20°~60° 구부러져 있을 경우에는 +3점

④ 60° 이상 구부러져 있을 경우에는 +4점

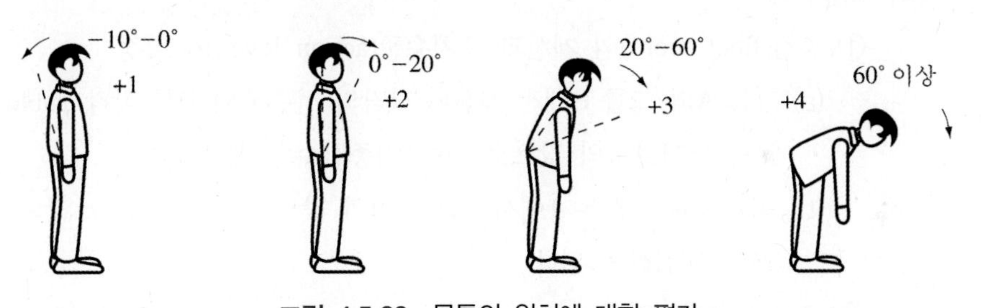

그림 4.5.22 몸통의 위치에 대한 평가

(a) 추가점수 부여

㉠ 작업 중 몸통이 회전(비틀림)하는 경우에는 +1점

㉡ 작업 중 몸통이 옆으로 구부러지는 경우에는 +1점

다. 단계 3. 다리와 발의 상태에 대한 평가

① 다리와 발이 지탱되고 균형이 잡혀 있을 경우에는 +1점

② 그렇지 않을 경우에는 +2점

라. 단계 4. **평가점수의 환산**: 위에서 평가한 3단계의 점수를 Table B에서 찾아서 자세 점수 B를 계산한다.

마. 단계 5. 근육 사용정도에 대한 평가

① 작업 중 근육의 사용정도를 평가하는 부분으로 작업 시 몸의 정적자세 여부와 작업의 반복빈도를 평가하는 부분이다.

② 작업 시 작업자세가 경직(예를 들어, 1분 이상 한 자세를 유지하는 경우)되어 있거나 분당 4회 이상의 반복작업을 하는 경우에는 +1점이다.

바. 단계 6. 무게나 힘이 부가될 경우에 대한 평가

① 간헐적으로 2 kg 이하의 짐을 드는 경우에는 0점

② 간헐적으로 2 kg에서 10 kg 사이의 짐을 드는 경우에는 +1점

③ 정적이거나 반복적으로 2 kg에서 10 kg 사이의 짐을 드는 경우에는 +2점

④ 정적, 반복적으로 10 kg 이상의 짐을 들거나, 또는 갑작스럽게 물건을 들거나 충격을 받는 경우에는 +3점

사. 단계 7. 목과 몸통, 다리 부위에 대한 평가점수의 환산

제4단계에서 환산된 점수 B에 제5단계와 6단계의 점수를 합하여 목과 몸통, 다리 부위에 대한 평가점수 D를 계산한다.

아. 최종단계

① 총점(final score)의 계산과 조치수준(action level)의 결정

(a) 그룹 A와 그룹 B에서 계산된 각각의 점수 C와 D를 각각 Table C에서의 세로축과 가로축의 값으로 하여 최종점수를 계산한다.

(b) 최종점수의 값은 1에서 7점 사이의 값으로 계산되면 그 값의 범위에 맞는 조치를 취하게 된다.

② 조치단계의 결정

(a) 조치수준 1(최종점수 1~2점): 수용가능한 작업이다.

(b) 조치수준 2(최종점수 3~4점): 계속적 추적관찰을 요구한다.

(c) 조치수준 3(최종점수 5~6점): 계속적 관찰과 빠른 작업개선이 요구된다.

(d) 조치수준 4(최종점수 7점 이상): 정밀조사와 즉각적인 개선이 요구된다.

3.5 REBA

3.5.1 개발목적

(1) 근골격계질환과 관련한 유해인자에 대한 개인작업자의 노출정도를 평가한다.

(2) 상지 작업을 중심으로 한 RULA와 비교하여 병원의 간호사, 수의사 등과 같이 예측이

힘든 다양한 자세에서 이루어지는 서비스업에서의 전체적인 신체에 대한 부담정도와 유해인자의 노출정도를 분석한다.

3.5.2 개요

(1) REBA(Rapid Entire Body Assessment)의 평가표는 크게 각 신체 부위별 작업자세를 나타내는 그림과 4개의 배점표로 구성된다.
(2) 평가 대상이 되는 주요 작업요소로는 반복성, 정적작업, 힘, 작업자세, 연속작업 시간 등을 고려한다.
(3) 평가방법은 크게 신체 부위별로 A와 B그룹으로 나뉘면, A, B의 각각 그룹별로 작업자세, 그리고 근육과 힘에 대한 평가로 이루어진다.
(4) 평가결과는 1~15점 사이의 총점으로 점수에 따라 5개의 조치단계(action level)로 분류한다.
(5) REBA는 RULA에서의 단점을 보완하여 개발된 평가기법이다.
(6) REBA에서는 RULA보다 하지의 분석을 좀 더 자세히 평가할 수 있다.

3.5.3 장·단점

표 4.5.11 REBA

작업분석/평가도구	분석가능 유해요인	적용 신체 부위	적용가능 업종
REBA (Rapid Entire Body Assessment)	·반복성 ·부자연스런 또는 취하기 어려운 자세 ·과도한 힘	·손목 ·아래팔 ·팔꿈치 ·어깨 ·목 ·몸통 ·허리 ·다리 ·무릎	·환자를 들거나 이송 ·간호사 ·간호보조 ·관리업 ·가정부 ·식료품창고 ·전화교환원 ·초음파기술자 ·치과의사/치위생사 ·수의사

(1) 장점

가. RULA가 상지에 국한되어 평가하는 단점을 보완한 도구이다.

나. 전신의 작업자세, 작업물이나 공구의 무게도 고려하고 있다.

(2) 단점

RULA에 비하여 자세분석에 사용된 사례가 부족하여 한국에서는 자동차 업종에서 주로 사용하고 있다.

3.5.4 REBA 평가과정

REBA의 평가는 두 그룹으로 나누어서 그룹 A에서는 허리, 목, 다리에 대한 점수와 부하/힘의 점수를 같이 해서 score A를 구하고, 그룹 B에서는 위팔, 아래팔, 손목에 대한 점수와 손잡이에 따른 점수로 score B를 구한다. score A와 score B를 이용해 score C를 구해 거기에 행동점수를 더해 최종점수를 구한다.

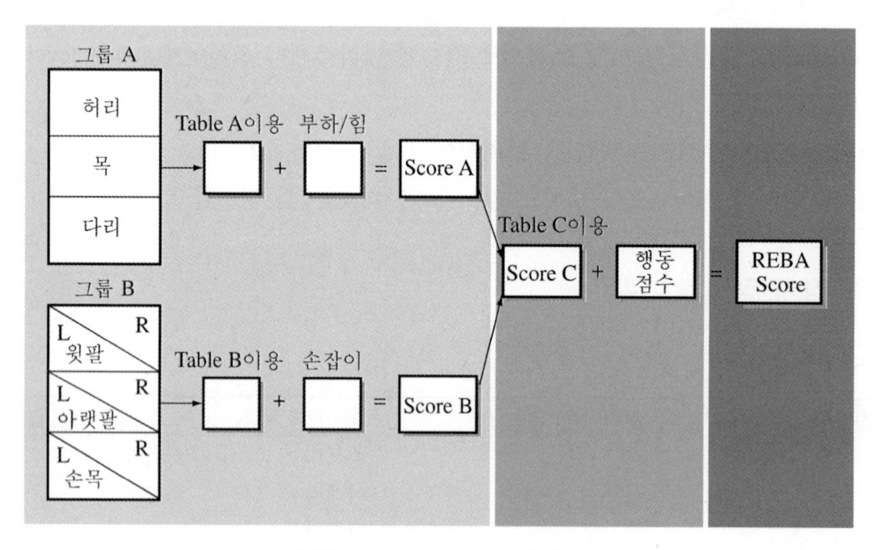

그림 4.5.23 REBA 평가과정

3.5.5 REBA의 분석방법

(1) 허리자세 평가

허리자세에 대해 평가를 해서 점수를 부여한다.

가. 똑바로 선 자세는 +1점

나. 허리를 앞 또는 뒤로 0~20° 구부린 자세는 +2점

다. 허리를 앞으로 0~60° 구부리거나 20° 이상 뒤로 젖힌 자세는 +3점

라. 60° 이상 앞으로 허리를 구부린 자세는 +4점

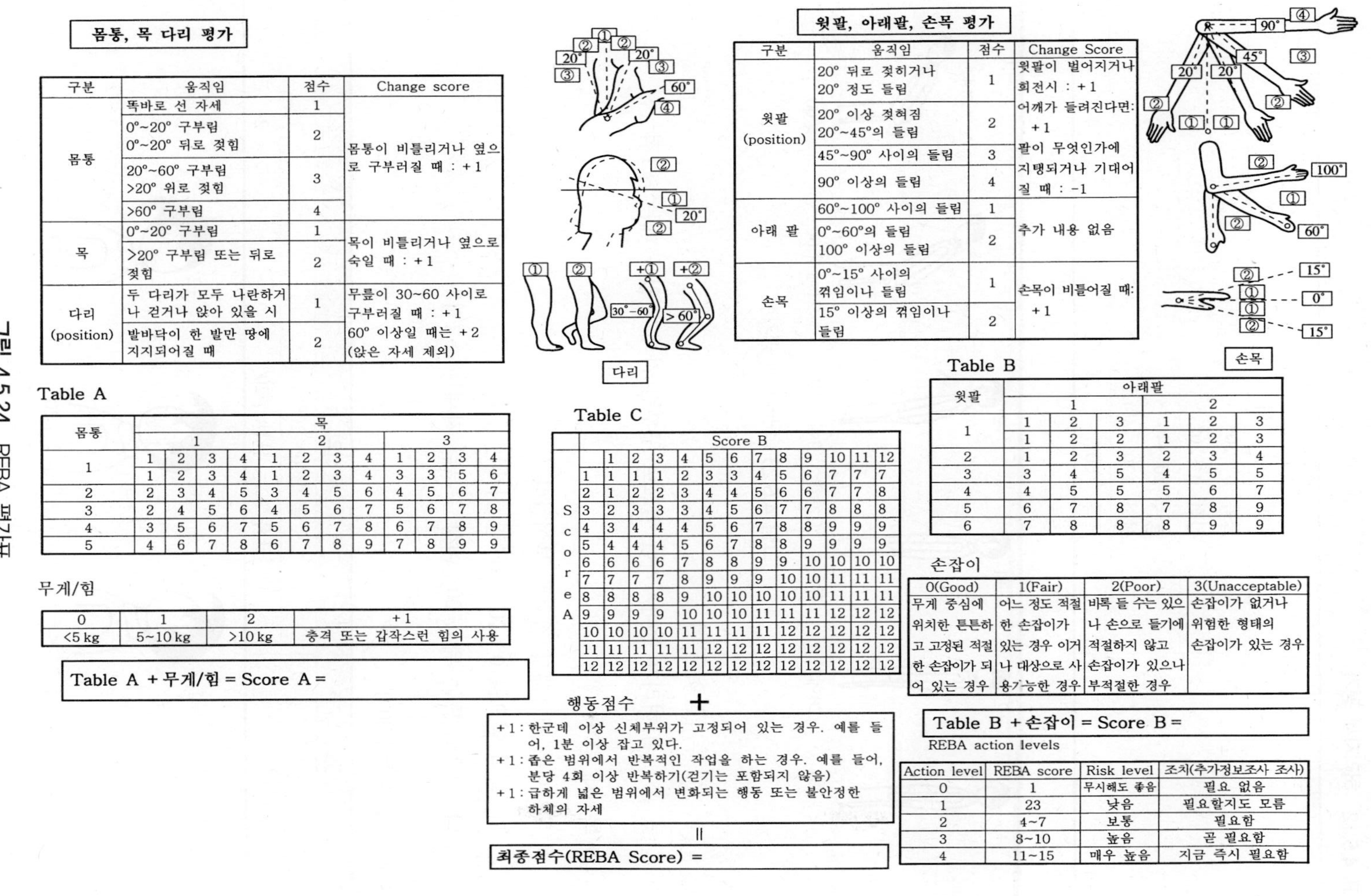

몸통, 목 다리 평가

구분	움직임	점수	Change score
몸통	똑바로 선 자세	1	몸통이 비틀리거나 옆으로 구부러질 때 : +1
	0°~20° 구부림 0°~20° 뒤로 젖힘	2	
	20°~60° 구부림 >20° 위로 젖힘	3	
	>60° 구부림	4	
목	0°~20° 구부림	1	목이 비틀리거나 옆으로 숙일 때 : +1
	>20° 구부림 또는 뒤로 젖힘	2	
다리 (position)	두 다리가 모두 나란하거나 걷거나 앉아 있을 시	1	무릎이 30~60 사이로 구부러질 때 : +1 60° 이상일 때는 +2 (앉은 자세 제외)
	발바닥이 한 발만 땅에 지지되어질 때	2	

Table A

몸통	목											
	1				2				3			
1	1	2	3	4	1	2	3	4	1	2	3	4
	1	2	3	4	1	2	3	4	3	3	5	6
2	2	3	4	5	3	4	5	6	4	5	6	7
3	2	4	5	6	4	5	6	7	5	6	7	8
4	3	5	6	7	5	6	7	8	6	7	8	9
5	4	6	7	8	6	7	8	9	7	8	9	9

무게/힘

0	1	2	+1
<5 kg	5~10 kg	>10 kg	충격 또는 갑작스런 힘의 사용

Table A + 무게/힘 = Score A =

윗팔, 아래팔, 손목 평가

구분	움직임	점수	Change Score
윗팔 (position)	20° 뒤로 젖히거나 20° 정도 들림	1	윗팔이 벌어지거나 회전시 : +1 어깨가 들려진다면: +1 팔이 무엇인가에 지탱되거나 기대어 질 때 : -1
	20° 이상 젖혀짐 20°~45°의 들림	2	
	45°~90° 사이의 들림	3	
	90° 이상의 들림	4	
아래 팔	60°~100° 사이의 들림	1	추가 내용 없음
	0°~60°의 들림 100° 이상의 들림	2	
손목	0°~15° 사이의 꺾임이나 들림	1	손목이 비틀어질 때: +1
	15° 이상의 꺾임이나 들림	2	

Table B

윗팔	아래팔					
	1			2		
1	1	2	3	1	2	3
	1	2	2	1	2	3
2	1	2	3	2	3	4
3	3	4	5	4	5	5
4	4	5	5	5	6	7
5	6	7	8	7	8	9
6	7	8	8	8	9	9

Table C

Score A	Score B											
	1	2	3	4	5	6	7	8	9	10	11	12
1	1	1	1	2	3	3	4	5	6	7	7	7
2	1	2	2	3	4	4	5	6	6	7	7	8
3	2	3	3	3	4	5	6	7	7	8	8	8
4	3	4	4	4	5	6	7	8	8	9	9	9
5	4	4	4	5	6	7	8	8	9	9	9	9
6	6	6	6	7	8	8	9	9	10	10	10	10
7	7	7	7	8	9	9	9	10	10	11	11	11
8	8	8	8	9	10	10	10	10	10	11	11	11
9	9	9	9	10	10	10	11	11	11	12	12	12
10	10	10	10	11	11	11	11	12	12	12	12	12
11	11	11	11	11	12	12	12	12	12	12	12	12
12	12	12	12	12	12	12	12	12	12	12	12	12

손잡이

0(Good)	1(Fair)	2(Poor)	3(Unacceptable)
무게 중심에 위치한 튼튼하고 고정된 적절한 손잡이가 되어 있는 경우	어느 정도 적절한 손잡이가 있는 경우 이거나 대상으로 사용가능한 경우	비록 들 수는 있으나 손으로 들기에 적절하지 않고 손잡이가 있으나 부적절한 경우	손잡이가 없거나 위험한 형태의 손잡이가 있는 경우

Table B + 손잡이 = Score B =

행동점수 +

+1 : 한군데 이상 신체부위가 고정되어 있는 경우. 예를 들어, 1분 이상 잡고 있다.
+1 : 좁은 범위에서 반복적인 작업을 하는 경우. 예를 들어, 분당 4회 이상 반복하기(걷기는 포함되지 않음)
+1 : 급하게 넓은 범위에서 변화되는 행동 또는 불안정한 하체의 자세

||

최종점수(REBA Score) =

REBA action levels

Action level	REBA score	Risk level	조치(추가정보조사 조사)
0	1	무시해도 좋음	필요 없음
1	23	낮음	필요할지도 모름
2	4~7	보통	필요함
3	8~10	높음	곧 필요함
4	11~15	매우 높음	지금 즉시 필요함

그림 4.5.24 REBA 평가표

표 4.5.12 허리자세 평가

구분	움직임	점수
허리	똑바로 선 자세	1
	굴곡: 0°~20° 신전: 0°~20°	2
	굴곡: 20°~40° 신전: >20°	3
	굴곡: >60°	4

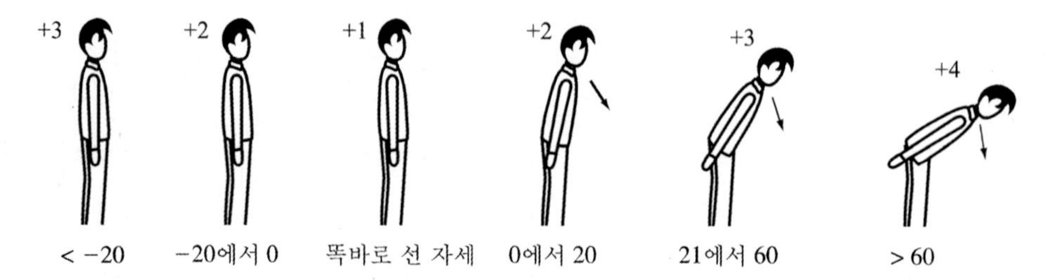

그림 4.5.25 허리자세 평가

① 추가점수 부여

(a) 허리가 돌아가거나 옆으로 구부린 자세가 있을 때는 +1점

(2) 목자세 평가

목자세를 평가해서 점수를 부여한다.

가. 목이 앞으로 0°~20° 구부린 자세는 +1점

나. 앞으로 또는 뒤로 20° 이상 구부린 자세는 +2점

표 4.5.13 목자세 평가

구분	움직임	점수
목	굴곡: 0°~20°	1
	굴곡 또는 신전: >20°	2

그림 4.5.26 목자세 평가

① 추가점수 부여

(a) 목이 좌우로 굽혀졌거나 회전을 하는 경우에 +1점

(3) 다리자세 평가

다리자세를 평가해서 점수를 부여한다.

가. 두 다리가 모두 나란하거나 걷거나 앉은 자세일 때는 +1점

나. 발바닥이 한 발만으로 바닥을 지지하는 불안정한 자세일 때는 +2점

표 4.5.14 다리자세 평가

구분	움직임	점수
다리	두 다리가 모두 나란하거나 걷거나 앉아 있을 때	1
	발바닥이 한 발만으로 바닥에 지지될 때	2

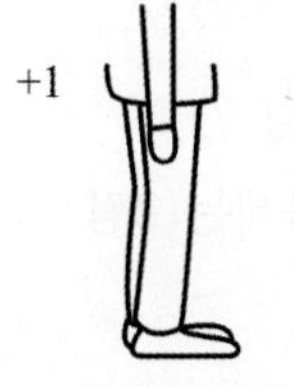

(a) 안정적인 자세

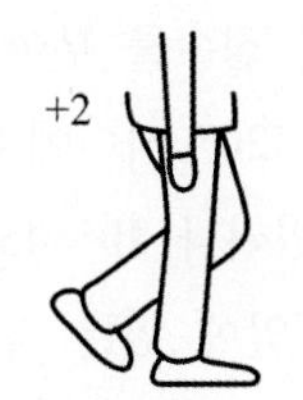

(b) 불안정적인 자세

그림 4.5.27 다리자세 평가

① 추가점수 부여

(a) 다리의 각도가 30°~60° 구부린 자세는 +1점

(b) 60° 이상 구부린 자세는 +2점

(4) 평가 Table A

여기서는 허리의 점수와 다리 점수, 목의 점수를 이용해서 각 점수에 해당하는 줄을 찾아가서 점수를 구한다.

허리	목											
	1				2				3			
다리	1	2	3	4	1	2	3	4	1	2	3	4
1	1	2	3	4	1	2	3	4	3	3	5	6
2	2	3	4	5	3	4	5	6	4	5	6	7
3	2	4	5	6	4	5	6	7	5	6	7	8
4	3	5	6	7	5	6	7	8	6	7	8	9
5	4	6	7	8	6	7	8	9	7	8	9	9

그림 4.5.28 평가 Table A

(5) 부하/힘에 대한 평가

가. 5 kg 미만일 때에는 0점

나. 5~10 kg일 때에는 +1점

다. 10 kg을 초과할 때에는 +2점

표 4.5.15 부하 / 힘에 대한 평가

점수	0	1	2	+1
무게	<5 kg	5~10 kg	>10 kg	충격 또는 갑작스런 힘의 사용

① 추가점수 부여

(a) 충격 또는 갑작스런 힘의 사용이 있을 때는 +1점

(6) 위팔자세 평가

위팔자세를 평가해서 점수를 부여한다.

가. 앞 또는 뒤로 0°~20° 사이에 있는 자세는 1점

나. 20° 이상 뒤에 있거나 20°~45° 앞에 있는 자세는 2점

다. 위팔이 45°~90° 앞에 있는 자세는 3점

라. 90° 이상 앞쪽으로 올라간 자세는 4점

표 4.5.16 위팔자세 평가

구분	움직임	점수
위팔 (어깨)	굴곡: 0°~20° 신전: 0°~20°	1
	굴곡: 20°~45° 신전: >20°	2
	굴곡: 45°~90°	3
	굴곡: >90°	4

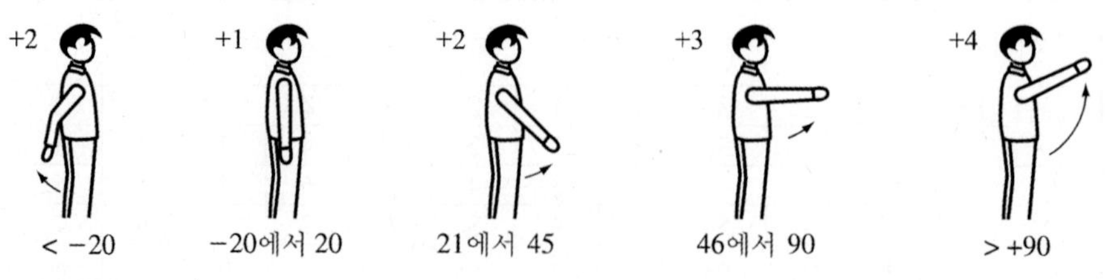

그림 4.5.29 위팔자세 평가

① 추가점수 부여

(a) 어깨가 올라가거나 위팔이 몸에서 벌어지거나 회전할 경우에는 +1점

(b) 팔의 무게가 지지되거나 기댄 경우에는 −1점

(7) 아래팔자세 평가

아래팔자세를 평가해서 점수를 부여한다.

가. 60°~100° 올라간 자세는 1점

나. 0°~60° 또는 100° 이상 올라간 자세는 2점

표 4.5.17 아래팔자세 평가

구분	움직임	점수
아래팔 (팔꿈치)	굴곡: 60°~100°	1
	굴곡: <60° 굴곡: >100°	2

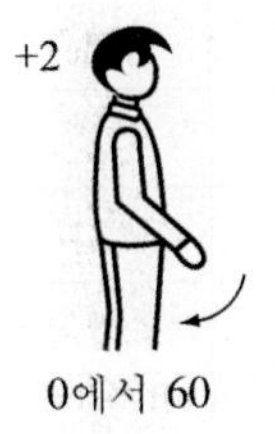

그림 4.5.30 아래팔자세 평가

(8) 손목자세 평가

손목자세를 평가해서 점수를 부여한다.

가. 손목이 앞 또는 뒤로 0°~15° 구부린 자세는 1점

나. 앞 또는 뒤로 15° 이상 구부린 자세는 2점

표 4.5.18 손목자세 평가

구분	움직임	점수
손목	굴곡: 0°~15° 신전: 0°~15°	1
	굴곡: >15° 신전: >15°	2

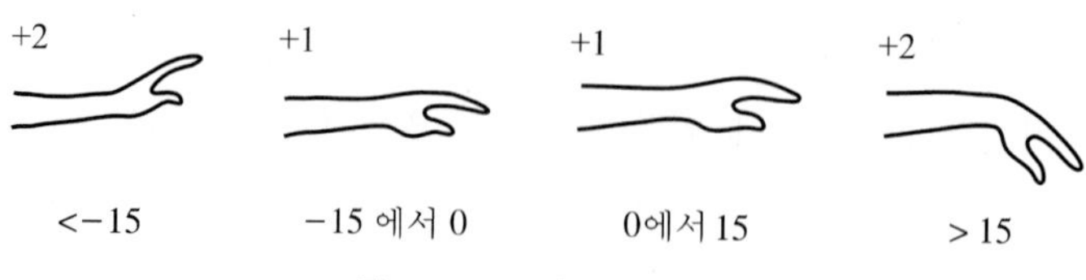

그림 4.5.31 손목자세 평가

① 추가점수 부여

(a) 손목이 굽어졌거나 회전된 경우에는 +1점

(9) 평가 Table B

여기서는 위팔, 아래팔, 손목의 점수를 구해서 각각의 점수에 해당하는 줄을 찾아가 점수를 구한다.

위팔	아래팔					
	1			2		
손목	1	2	3	1	2	3
1	1	2	2	1	2	3
2	1	2	3	2	3	4
3	3	4	5	4	5	5
4	4	5	5	5	6	7
5	6	7	8	7	8	8
6	7	8	8	8	9	9

그림 4.5.32 평가 Table B

(10) 손잡이에 대한 평가

표 4.5.19 손잡이에 대한 평가

점수(형태)	0 (Good)	1 (Fair)	2 (Poor)	3 (Unacceptable)
설명	무게중심에 위치한 튼튼하고 잘 고정된 적절한 손잡이가 있는 경우 (파워그립)	손으로 잡을 수 있지만 이상적인 것이 아님. 혹은 손잡이를 몸의 다른 부분에 의해서 사용할 수 있는 경우	비록 들 수는 있으나 손으로 잡을 수 없는 경우	부적절하고, 불안전하게 잡거나 손잡이가 없는 경우

(11) 평가 Table C

여기서는 score A와 score B를 이용해서 score C를 구하는 Table이다.

Table C		Score B											
		1	2	3	4	5	6	7	8	9	10	11	12
Score A	1	1	1	1	2	3	3	4	5	6	7	7	7
	2	1	2	2	3	4	4	5	6	6	7	7	8
	3	2	3	3	3	4	5	6	7	7	8	8	8
	4	3	4	4	4	5	6	7	8	8	9	9	9
	5	4	4	4	5	6	7	8	8	9	9	9	9
	6	6	6	6	7	8	8	9	9	10	10	10	10
	7	7	7	7	8	9	9	9	10	10	11	11	11
	8	8	8	8	9	10	10	10	10	10	11	11	11
	9	9	9	9	10	10	10	11	11	11	12	12	12
	10	10	10	10	11	11	11	11	12	12	12	12	12
	11	11	11	11	11	12	12	12	12	12	12	12	12
	12	12	12	12	12	12	12	12	12	12	12	12	12

그림 4.5.33 평가 Table C

(12) 행동점수

가. +1: 몸의 한 부위 이상이 정적인 경우. 예) 1분 이상 잡고 있기

나. +1: 좁은 범위에서 움직임이 반복되는 경우. 예) 분당 4회 이상 반복(걷는 것은 포함되지 않음)

다. +1: 빠르고 큰 수준의 자세변화에 의한 행동 혹은 불안정한 하체의 자세

(13) 조치단계의 결정

표 4.5.20 조치단계의 결정

조치단계	REBA score	위험수준	조치(추가정보 조사 포함)
0	1	무시해도 좋음	필요 없음
1	2~3	낮음	필요할지도 모름
2	4~7	보통	필요함
3	8~10	높음	곧 필요함
4	11~15	매우 높음	지금 즉시 필요함

3.6 기타

출제빈도 ★★★★

3.6.1 ANSI-Z 365 Quick Checklist

(1) 정의

가. 미국 표준연구원에서 개발한 것으로 상지에서 발생하는 CTDs 예방을 위한 구체적인 지침을 정의하였다.

나. 위험요인 평가를 위해 점검표를 활용하도록 되어 있다.

다. 평가결과 10점 이상이면 저위험성을 초과하는 작업으로 판정한다.

(2) 장점 및 단점

가. 장점

① 사용의 용이성

② 권위 있는 기관으로부터 출처되었다.

나. 단점

① 임계점수에 대한 명확한 근거가 부족하다.

② 민감도에 대한 검증결과가 제시되지 못하고 있는 실정이다.

(3) 구성요소

가. 반복동작

① 수 초마다 반복

② 수 분마다 반복

나. 중량물 들기

① 2.3~6.8 kg

② 6.8~13.5 kg

③ 13.5~22.5 kg

④ 22.5 kg

다. 밀기/당기기

① 가볍다(1, 2, 3, 4).

② 중간 정도다(5, 6, 7).

③ 무겁다(8, 9, 10)

라. 중량물 이동(3 m)

① 2.3~6.8 kg

② 6.8~13.5 kg

③ 13.5~22.5 kg

마. 작업자세

① 목/어깨

② extended reach

③ 팔꿈치/팔

④ 손/손목

⑤ 허리

⑥ 무릎

바. 기타

① 동력공구 사용

② 신체압박

③ 정적인 동작

④ 작업환경

⑤ 키보드 작업

⑥ 작업속도 조절불가능

사. 노출시간

① 1시간 이하

② 1~4시간 사이

③ 4시간 이상

(4) 분석방법 및 결과정리

가. 분석방법

한 사이클의 작업을 관찰한 뒤 시간과 해당 항목을 체크한 뒤 나중에 그 점수를 합산한다.

나. 결과정리

① 10점 미만은 정상작업군

② 10~15점은 저위험성 초과작업(계속적인 추가관찰 필요)

③ 16점 이상은 위험성 초과작업(적극적인 관리 필요)

ANSI Z-365 체크리스트

작업공정명		분석일자	
작 업 자		분 석 자	

위험요인		노출시간			특이사항
		<1시간	1~4시간	>4시간	
반복동작	수 초마다 반복(15회 이상/분)	0	1	3	
	수 분마다 반복	0	0	1	
중량물 들기	>2.3~6.8 kg	0	0	1	
	>6.8~13.5 kg	1	1	2	
	>13.5~22.5 kg	2	2	3	
	>22.5 kg	3	3	3	
밀기/당기기	가볍다(쉽다)	0	0	1	
	중간 정도다(견딜 만하다)	0	1	2	
	무겁다(힘들다)	1	2	3	
중량물 이동(>3 m)	>2.3~6.8 kg	0	0	1	
	>6.8~13.5 kg	0	1	2	
	>13.5~22.5 kg	1	2	3	
작업자세	목/어깨: overhead/bend	0	1	2	
	extended reach	0	1	2	
	팔꿈치/팔: twist	0	1	2	
	손/손목: bend/pinch	0	1	2	
	허리: twist/bend	0	1	2	
	무릎: squat/kneel	0	1	2	
동력공구 사용(power tools)		0	1	2	
신체압박(공구 혹은 작업대로부터)		0	1	2	
정적인 자세		0	1	2	
작업환경(저온, 고열, 광선, 진동, 글래어)		0	1	2	
키보드 작업		0	1	2	
인센티브 제도/작업속도 조절불가능		0	1	2	
총 점수					

그림 4.5.34 ANSI Z-365

3.6.2 Snook's Table 분석법

(1) 개요

인력 운반작업에서 안전한계값을 결정하기 위해 Snook에 의해 1978년에 개발되었다. 인력 운반작업에 포함된 요인들을 인지에 어떠한 영향을 주는지를 조사하는 것이다. 이러한 요인들은 들기빈도, 들기작업 최대무게, 작업의 종류(들기, 내리기, 밀기, 당기기, 운반), 성별, 물체 길이, 너비, 운반거리, 밀고/당기기 높이를 포함한다.

(2) 분석절차

아래의 절차는 Snook's Table 분석법 중 밀고/당기는 작업의 분석절차이다.

가. 단계 1. 해당 작업에 맞는 것을 테이블(Table)에서 선택한다.

나. 단계 2. 선택한 테이블에 각각의 입력값을 선택한다.

① 성별: 남성 또는 여성

② 바닥에서 손까지 높이

③ 신장의 Percentage

④ 밀기, 당기기 거리

⑤ 빈도

다. 단계 3. 단계 2에서 선택한 입력값들의 교차하는 지점의 최대허용무게를 읽는다.

라. 테이블에서 사용할 수 있는 자료가 작업특성과 정확하게 맞지 않을 경우, 다음과 같은 방법을 통해 입력값을 선택한다.

① 손까지의 거리는 테이블에서 가장 가까운 값을 선택한다.

② 수행거리는 테이블에서 가장 가까운 값을 선택한다.

③ 수행시간은 테이블에서 가장 가까운 값을 선택한다.

3.6.3 SI (Strain Index)

(1) 개요

SI(Strain Index)란 생리학, 생체역학, 상지질환에 대한 병리학을 기초로 한 정량적 평가기법이다. 상지질환(근골격계질환)의 원인이 되는 위험요인들이 작업자에게 노출되어 있거나 그렇지 않은 상태를 구별하는 데 사용된다. 이 기법은 상지질환에 대한 정량적 평가기법으로 근육사용 힘(강도), 근육사용 기간, 빈도, 자세, 작업속도, 하루 작업시간 등 6개의 위험요소로 구성되어 있으며, 이를 곱한 값으로 상지질환의 위험성을 평가한다.

(2) SI의 구성

가. step 1. 자료수집

① 힘의 강도

② 힘의 지속정도

③ 분당 힘의 빈도

④ 손/손목의 자세

⑤ 자세

⑥ 작업속도

⑦ 작업시간

나. step 2. SI의 점수계산

SI score = 힘의 강도계수 × 힘의 지속정도계수 × 분당 힘의 빈도계수 × 손과 손목의 자세계수 × 작업속도계수 × 하루 작업시간계수

다. step 3. 결과해석

① SI score < 3: 안전하다.

② 3 ≤ SI score < 7: 다소 위험하다.

③ 7 ≤ SI score: 위험하다.

3.6.4 진동

진동공구를 사용하는 작업자의 총 작업시간과 공구의 진동가속도(m/s^2)를 가지고 해당 작업을 평가한다. 다음 그림에서 총 작업시간과 공구의 진동가속도에 맞는 부분을 찾아가면 그래프에서 해당하는 부분이 나온다. 여기서 평가되는 단계는 총 3단계인데 OK, Caution, Hazard 부분으로 평가된다.

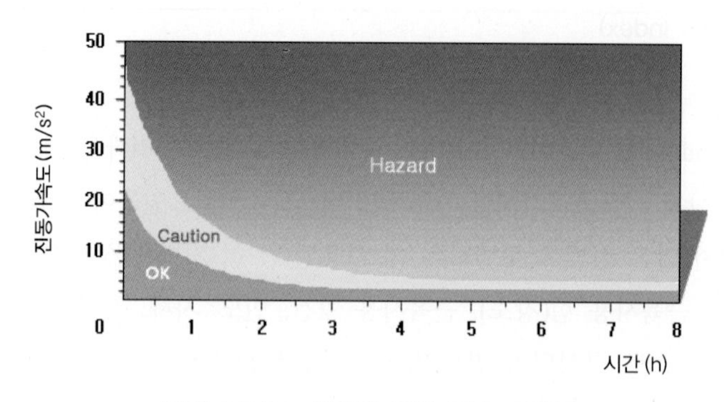

그림 4.5.35 진동에 관한 평가 그래프

04 사무/VDT 작업

4.1 적용대상

영상표시 단말기 연속작업을 하는 자로서 작업량, 작업속도, 작업강도 등을 작업자 임의로 조정하기가 어려운 자를 대상으로 한다.

4.2 용어의 정의

(1) VDT는 비디오 영상표시 단말장치(Video Display Terminal)로 컴퓨터, 각종 전자기기, 비디오 게임기 등의 모니터를 일컫는다.

(2) VDT 증후군은 영상표시 단말기 취급작업으로 인하여 발생되는 경견완증후군, 근골격계증상, 눈의 피로, 피부증상, 정신신경계증상 등을 말한다.

(3) 영상표시 단말기(VDT) 취급작업자는 영상표시 단말기의 화면을 감시, 조정하거나 영상표시 단말기 등을 사용하여 입력, 출력, 검색, 편집, 수정, 프로그래밍, 컴퓨터 설계(CAD) 등을 행하는 자를 말한다.

(4) 영상표시 단말기(VDT) 연속작업은 자료입력, 문서작성, 자료검색, 대화형 작업, 컴퓨터 설계(CAD) 등을 근무시간 동안 연속하여 화면을 보거나 키보드, 마우스 등을 조작하는 작업을 말한다.

4.3 VDT 증후군 발생원인

출제빈도 ★★★★

(1) 개인적 요인

나이, 시력, 경력, 작업수행도

(2) 작업환경 요인

가. 책상, 의자, 키보드 등에 의한 정적이거나 부자연스러운 작업자세

나. 조명, 온도, 습도 등의 부적절한 실내/작업 환경

다. 부적절한 조명과 눈부심, 소음

라. 질이 좋지 않은 컴퓨터 등

(3) 작업조건 요인

가. 연속적이고 과도한 작업시간

나. 과도한 직무스트레스

다. 반복적인 작업/동작

라. 휴식시간 문제

마. 불합리한 일의 진행 및 자기 일의 불만족

바. 동료 및 상사와의 불편한 관계 등

4.4 VDT 작업의 관리

출제빈도 ★★★★

4.4.1 작업기기의 조건

(1) 화면

가. 화면의 회전 및 경사조절이 가능해야 한다.

나. 화면이 깜박거리지 않고 선명해야 한다.

다. 문자, 도형과 배경의 휘도비(contrast)는 작업자가 용이하게 조절할 수 있는 것이어야 한다.

라. 작업자가 읽기 쉽도록 문자, 도형의 크기, 간격 및 형상 등을 고려해야 한다.

(2) 키보드와 마우스

가. 작업자가 조작위치를 조정할 수 있도록 이동 가능한 키보드를 사용해야 한다.

나. 키의 작동을 자연스럽게 느낄 수 있도록 촉각, 청각 등을 고려해야 한다.

다. 키에 새겨진 문자 기호는 명확해야 한다.

라. 키보드의 경사는 5°~15°, 두께는 3 cm 이하로 해야 한다.

마. 키보드는 무광택으로 해야 한다.

바. 키의 배열은 상지의 자세가 자연스럽게 유지되도록 배치되어야 한다.

사. 작업대 끝면과 키보드 사이의 간격은 15 cm 이상을 확보하여야 한다.

아. 손목부담을 경감할 수 있도록 적절한 받침대(패드 등)를 사용해야 한다.

자. 마우스를 쥐었을 때 손이 자연스러운 상태가 되도록 해야 한다.

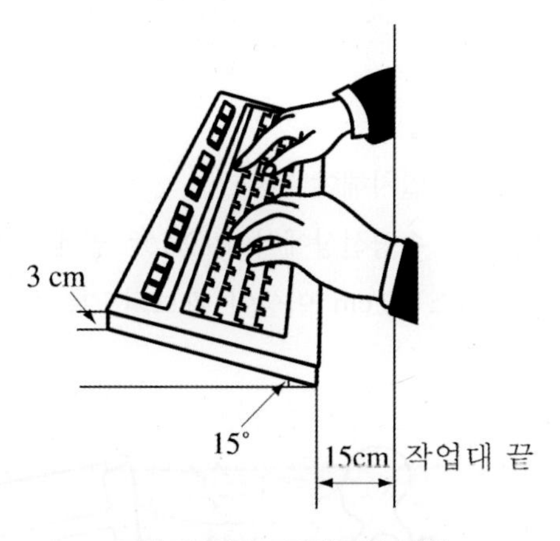

그림 4.5.36 키보드의 위치

(3) 작업대

가. 모니터, 키보드 및 마우스, 서류받침대, 기타 작업에 필요한 기구를 적절하게 배치할 수 있도록 충분한 넓이를 갖추어야 한다.

나. 가운데 서랍이 없는 것을 사용하도록 하며, 작업자의 다리 주변에 충분한 공간을 확보해야 한다.

다. 높이가 조정되지 않는 작업대를 사용하는 경우에는 바닥 면에서 작업대 높이가 60~70 cm 범위 내의 것을 선택해야 한다.

라. 높이 조정이 가능한 작업대를 사용하는 경우에는 바닥 면에서 작업대 표면까지의 높이가 65 cm 전후에서 작업자의 체형에 알맞도록 조정하여 고정해야 한다.

마. 작업대의 앞쪽 가장자리는 둥글게 처리해야 한다.

(4) 의자

가. 안정적이며, 이동, 회전이 자유롭고 미끄러지지 않는 구조로 되어야 한다.

나. 바닥면에서 앉는 면까지의 높이는 눈과 손가락의 위치를 적절히 조절할 수 있도록 적어도 35~45 cm의 범위 내에서 조정이 가능한 것으로 해야 한다.

다. 충분한 넓이의 등받이가 있어야 하며, 높이 및 각도의 조절이 가능해야 한다.

라. 조절 가능한 팔걸이를 제공하도록 한다.

마. 의자 끝부분에서 등받이까지의 깊이가 38~42 cm 범위가 적당하며, 의자의 앉는 면은 미끄러지지 않는 재질과 구조로 되어야 하며, 그 폭은 40~45 cm 범위가 적당하다.

4.4.2 작업자세

(1) 작업자의 시선범위

가. 화면상단과 눈높이가 일치해야 한다.

나. 화면상의 시야범위는 수평선상에서 10°~15° 밑에 오도록 한다.

다. 화면과의 거리는 최소 40 cm 이상이 확보되도록 한다.

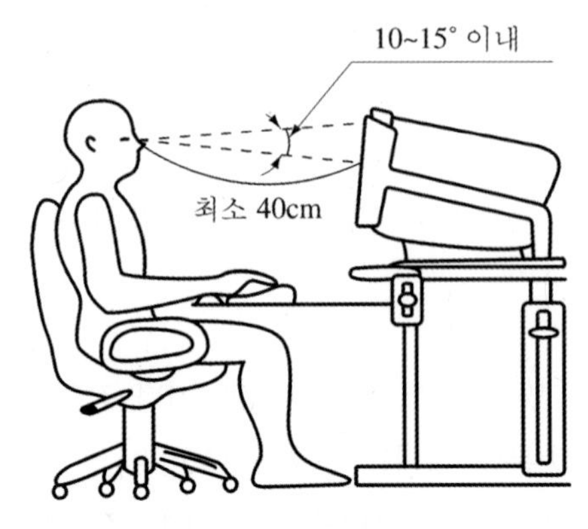

그림 4.5.37 작업자의 시선 범위

(2) 팔꿈치의 내각과 키보드의 높이

가. 위팔은 자연스럽게 늘어뜨리고 어깨가 들리지 않아야 한다.

나. 팔꿈치의 내각은 90° 이상 되어야 한다. 조건에 따라 70°~135°까지 허용가능해야 한다.

다. 팔꿈치는 가급적 옆구리에 밀착하도록 한다.

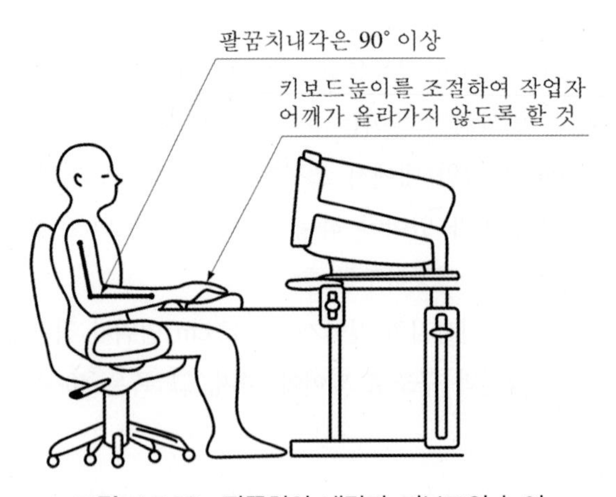

그림 4.5.38 팔꿈치의 내각과 키보드의 높이

(3) 아래팔과 손등

가. 아래팔과 손등은 일직선을 유지하여 손목이 꺾이지 않도록 한다.

나. 키보드의 기울기는 5°~15°가 적당하다.

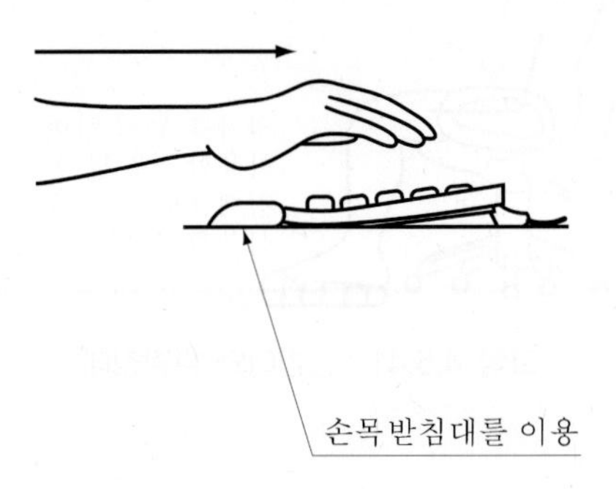

그림 4.5.39 아래팔과 손등

(4) 서류받침대 사용

가. 자료 입력작업 시 서류받침대를 사용하도록 하고, 서류받침대는 높이, 거리, 각도 등이 조절 가능하여 화면과 동일 높이와 거리를 유지하도록 한다.

나. 서류받침대의 위치는 작업자 시선이 좌, 우 35° 이내가 적당하다.

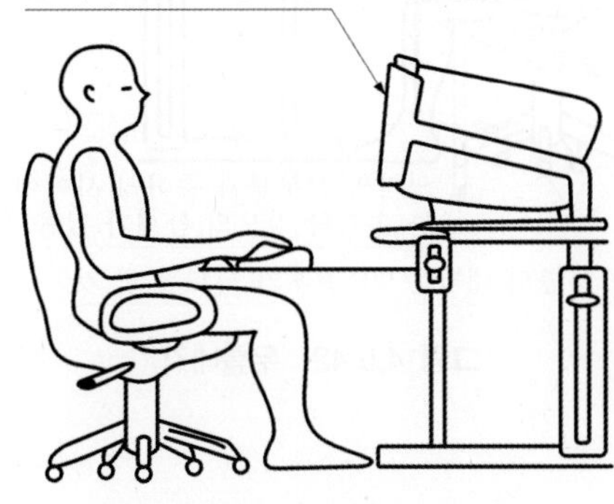

그림 4.5.40 서류받침대의 위치

(5) 등받이와 발받침대

가. 의자 깊숙이 앉아 등받이에 등이 지지되도록 한다.

나. 상체와 하체의 각도는 90° 이상이어야 하며(90°~120°), 100°가 적당하다.

다. 발바닥 전면이 바닥에 닿도록 하며, 그렇지 못할 경우 발받침대를 이용한다.

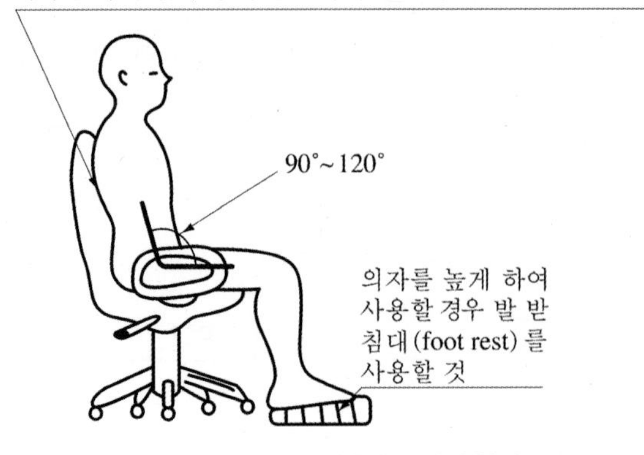

그림 4.5.41 등받이와 발받침대

(6) 무릎내각

가. 무릎의 내각은 90° 전후가 되도록 한다.

나. 의자의 앞부분과 종아리 사이에 손가락을 밀어 넣을 정도의 공간이 있어야 한다.

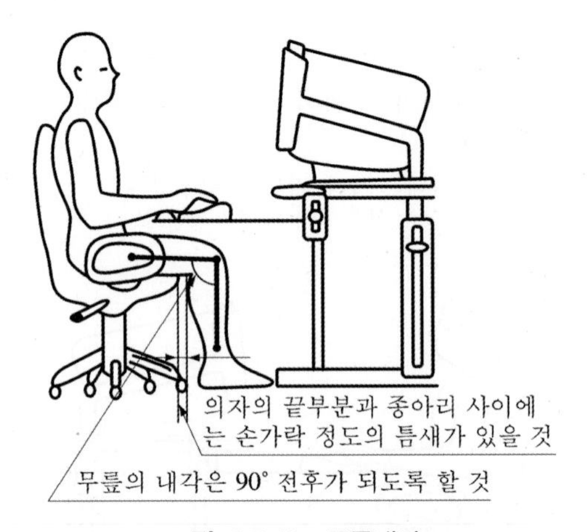

그림 4.5.42 무릎내각

4.4.3 작업환경 관리

(1) 조명과 채광

가. 창과 벽면은 반사되지 않는 재질을 사용해야 한다.

나. 조명은 화면과 명암의 대조가 심하지 않아야 한다.

다. 조도는 화면의 바탕이 검정색 계통이면 300~500 lux, 화면의 바탕이 흰색 계통이면 500~700 lux로 한다.

라. VDT 작업의 사무환경의 추천 조도는 300~500 lux이다.
마. 화면, 키보드, 서류의 주요 표면밝기를 같도록 해야 한다.
바. 창문에 차광망, 커튼을 설치하여 밝기 조절이 가능해야 한다.

(2) 눈부심 방지

가. 지나치게 밝은 조명과 채광 등이 작업자의 시야에 직접 들어오지 않도록 한다.
나. 빛이 화면에 도달하는 각도가 45° 이내가 되도록 한다.
다. 화면의 경사를 조절하도록 한다.
라. 저휘도형 조명기구를 사용한다.
마. 화면상의 문자와 배경의 휘도비(contrast)를 최소화한다.
바. 보안경을 착용하거나 화면에 보호기 설치, 조명기구에 차양막을 설치한다.

(3) 소음 및 정전기 방지

가. 프린터에서 소음이 심할 때에는 칸막이 설치 및 프린터의 배치 변경 등의 조치를 취하여야 한다.
나. 정전기는 알코올 등으로 화면을 깨끗이 닦아 방지해야 한다.

(4) 온도 및 습도

작업실 내의 온도는 18~24°C, 습도는 40~70%를 유지해야 한다.

(5) 기류 및 환기

작업실 내의 환기, 공기정화 등을 위하여 필요한 설비를 갖추도록 해야 한다.

(6) 점검 및 청소

가. 작업자는 작업을 하기 전 또는 휴식시간에 조명기구, 화면, 키보드, 의자 및 작업대 등을 점검하여 조정하도록 한다.
나. 작업자는 수시, 정기적으로 작업 장소, 영상표시 단말기 및 부대기구들을 청소하여 항상 청결을 유지해야 한다.

4.4.4 작업시간과 휴식시간

(1) VDT 작업의 지속적인 수행을 금하도록 하고, 다른 작업을 병행하도록 하는 작업확대 또는 작업순환을 하도록 한다.
(2) 1회 연속 작업시간이 1시간을 넘지 않도록 한다.
(3) 연속작업 1시간당 10~15분 휴식을 제공한다.

(4) 한 번의 긴 휴식보다는 여러 번의 짧은 휴식이 더 효과적이다.
(5) 휴식장소를 제공하도록 한다(스트레칭이나 체조).

4.5 VDT 증후군 건강관리

4.5.1 건강체조

(1) 사업주는 작업자에게 작업 전·후 또는 휴식시간 중에 체조를 실시할 수 있도록 적당한 프로그램과 장소를 제공하여야 한다.
(2) 작업자는 작업의 능률을 향상시키고 건강장해를 예방하기 위해서 사업주가 제공하는 프로그램에 따른 체조를 실시하여야 한다.

4.5.2 보건교육

(1) 영상표시 단말기작업과 건강관리
(2) 조명, 채광 및 반사 방지
(3) 작업시간 및 휴식시간 활용
(4) 올바른 작업자세
(5) 영상표시 단말기 등 작업환경의 유지관리
(6) 건강체조
(7) 건강상담
(8) 기타 영상표시 단말기 작업과 관련된 보건상의 유의사항

6장 | 작업설계 및 개선

01 인간공학적 작업장 설계원리

1.1 인체측정 자료를 이용한 설계

인체측정 자료를 이용해서 설계하거나 아니면 극단적이거나 가변적, 평균 등을 이용해서 설계를 할 수 있다.

1.2 작업장 설계 시 고려사항

출제빈도 ★★★★

(1) 여유공간
(2) 접근가능성
(3) 유지/보수편의성
(4) 조절가능성
(5) 시야
(6) 요소배열
  가. 중요도
  나. 사용빈도
  다. 기능적 집단화
  라. 사용순서

1.3 인간공학적 작업원리

출제빈도 ★★★★

(1) 자연스러운 자세를 취한다.
(2) 과도한 힘을 줄인다.

(3) 손이 닿기 쉬운 곳에 둔다.
(4) 적절한 높이에서 작업한다.
(5) 반복동작을 줄인다.
(6) 피로와 정적부하를 최소화한다.
(7) 신체가 압박받지 않도록 한다.
(8) 충분한 여유공간을 확보한다.
(9) 적절히 움직이고 운동과 스트레칭을 한다.
(10) 쾌적한 작업환경을 유지한다.
(11) 표시장치와 조종장치를 이해할 수 있도록 한다.
(12) 작업조직을 개선한다.

02 부적절한 작업설계

작업장이나 작업설비, 작업도구가 작업자에게 맞게 설계되지 않았을 때 근골격계질환이나 사고 등의 여러 가지 문제가 발생한다.

2.1 의미

전체 시스템에서 인간의 육체적 능력을 지나치게 많이 기대했다는 것을 의미한다. 육체의 한계를 간과할 때 이것은 주의 산만, 과실, 근무 중 사고, 장기간 건강문제를 낳을 수 있다.

2.2 부적절한 작업설계로 인해 나타나는 증상들

(1) 불편
(2) 피로
(3) 눈의 피로
(4) 통증과 고통
(5) 정신적 긴장(mental strain)

2.3 부적절한 작업설계로 인해 나타나는 현상들

(1) 결근(absenteeism)

작업자는 불쾌한 작업여건으로부터 기분전환이 되게 하거나 피로나 불안에서 회복하기 위해 병가(病暇)를 이용하게 된다.

(2) 전직(turnover)

작업자는 할 수 있다면 공장 내에서 작업을 바꾸거나 대체로 공장을 떠나 보다 좋은 작업환경에서 일하려고 한다.

(3) 불평(complaints)

작업자는 그들의 작업에 관해서 동료나 감독자 또는 노동조합의 대표에게 불평을 할 것이다.

(4) 작업성과의 하락

작업을 하는 동안 아픈 사람들은 보통 그들이 원한다고 하더라도 최선을 다할 수 없다.

2.4 부적절한 작업설계로 인한 작업상의 결과

(1) 많은 사고의 가능성
(2) 더 높은 에러율
(3) 제품의 문제
(4) 불량품 증가
(5) 낮은 품질

03 작업장 개선방안

3.1 전체 흐름도

출제빈도 ★★★★

공학적 관리 방안과 관리적 해결 방안으로 나눌 수 있는데, 공학적 관리 방안에는 작업자세 및 작업방법, 인력운반, 수공구, 부재의 취급, 기타 다른 요인들이 있고, 관리적 해결 방안에는 작업확대, 작업자교대, 작업휴식 반복주기, 교육, 스트레칭 등이 있다.

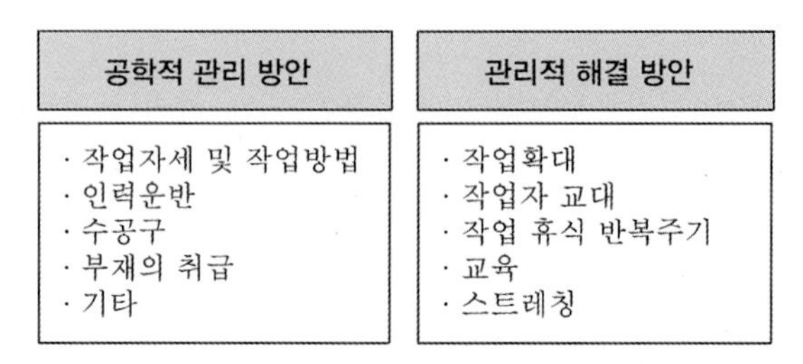

그림 4.6.1 작업장 개선의 흐름도

3.2 작업자세 및 작업방법

출제빈도 ★★★★

부적절한 자세 및 부적절한 방법으로 작업할 경우나 작업장설계에 결함(비인간공학적 설계)이 있는 경우에 작업자에게는 원하지 않는 직업병을 야기시키고, 회사에는 경제적 손실과 시간적 낭비를 초래하게 된다.

3.2.1 작업공간과 작업높이

공간위치에 의해 작업의 능력에 차이를 나타낼 수가 있다. 우선 양손 또는 양발을 뻗어 미칠 수 있는 물리적 공간을 조사한다. 그리고 인체측정학적인 면에서 인체치수가 대부분 95%(백분위수)의 사람들에게 적용할 수 있게 한다. 다음으로 이 작업영역의 범위 내에서 작업이 이루어지는지 살펴보아야 할 것이다.

(1) 작업공간 한계면

어떤 수작업을 앉아서 행할 경우 작업을 행하는 사람에게 최적에 가까운 3차원적 공간으로 구성하여 자주 사용하는 조정장치나 물체는 그러한 3차원적 공간 내에 위치해야 하며, 그 공간의 적정한계는 팔이 닿을 수 있는 거리에 의해 결정된다는 것이다.

(2) 평면작업대

일반적으로 앉아서 일하거나 빈번히 '서거나 앉는(sit-stand)' 자세에서 사용되는 평면작업대는 작업에 편리하게 팔이 닿는 거리 내에 있어야 한다.

가. 정상작업영역: 상완(上腕)을 자연스럽게 수직으로 늘어뜨린 채, 전완(前腕)만으로 편하게 뻗어 파악할 수 있는 구역(34~45 cm)이다.

나. 최대작업영역: 전완과 상완을 곧게 펴서 파악할 수 있는 구역(55~65 cm)이다.

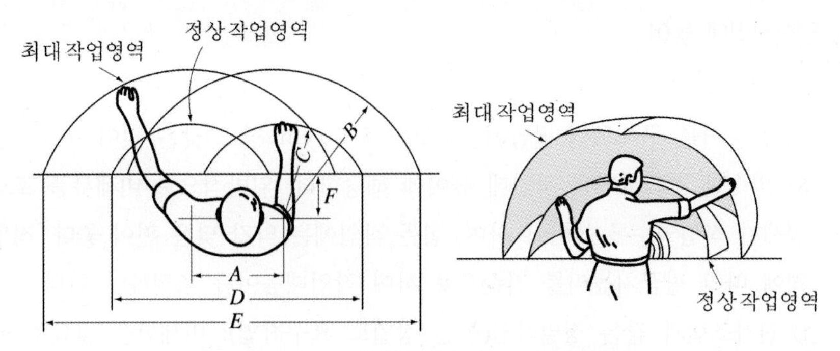

그림 4.6.2 정상작업영역과 최대작업영역

(3) 작업대 높이

작업면의 높이는 위팔이 자연스럽게 수직으로 늘어뜨려지고 아래팔은 수평 또는 약간 아래로 비스듬하여 작업면과 만족스러운 관계를 유지할 수 있는 수준으로 정해져야 한다.

가. 좌식작업대 높이

① 작업대 높이는 의자 높이, 작업대 두께, 대퇴여유 등과 밀접한 관계가 있고 관련되는 많은 변수들 때문에 체격이 다른 모든 사람들에게 맞는 작업대와 의자의 고정 배치를 설계하기는 힘들다.

② 작업의 성격에 따라서 작업대의 최적 높이도 달라지며, 일반적으로 섬세한 작업일수록 높아야 하고, 거친 작업에는 약간 낮은 편이 낫다.

③ 체격의 개인차, 선호차, 수행되는 작업의 차이 때문에 가능하다면 의자 높이, 작업대 높이, 팔걸이 등을 조절할 수 있도록 하는 것이 바람직하다.

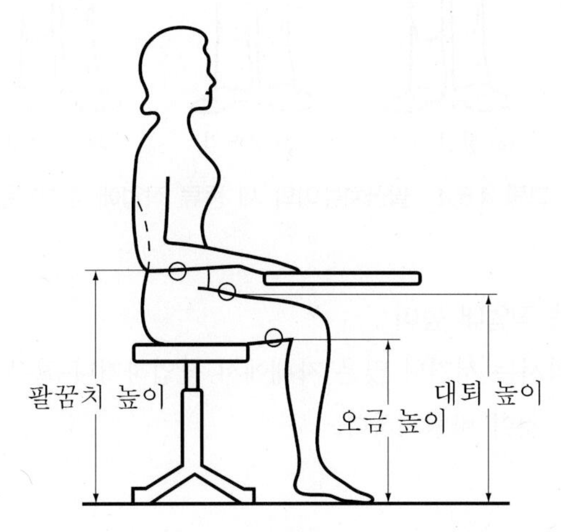

그림 4.6.3 신체치수와 작업대 및 의자 높이의 관계

나. 입식작업대 높이

근전도, 인체측정, 무게중심 결정 등의 방법으로 서서 작업하는 사람에 맞는 작업대의 높이를 구해보면 팔꿈치높이보다 5~10 cm 정도 낮은 것이 조립작업이나 이와 비슷한 조작작업의 작업대 높이에 해당한다. 일반적으로 미세부품 조립과 같은 섬세한 작업일수록 높아야 하며, 힘든 작업에는 약간 낮은 편이 좋다. 작업자의 체격에 따라 팔꿈치높이를 기준으로 하여 작업대높이를 조정해야 한다.

① 전자조립과 같은 정밀작업(높은 정밀도 요구작업): 미세함을 필요로 하는 정밀한 조립작업인 경우 최적의 시야범위인 15°를 더 가깝게 하기 위하여 작업면을 팔꿈치높이보다 5~15 cm 정도 높게 하는 것이 유리하다. 더 좋은 대안은 약 15° 정도의 경사진 작업면을 사용하는 것이 좋다.

② 조립라인이나 기계적인 작업과 같은 경작업(손을 자유롭게 움직여야 하는 작업)은 팔꿈치높이보다 5~10 cm 정도 낮게 한다.

③ 아래로 많은 힘을 필요로 하는 중작업(무거운 물건을 다루는 작업)은 팔꿈치높이보다 10~20 cm 정도 낮게 한다.

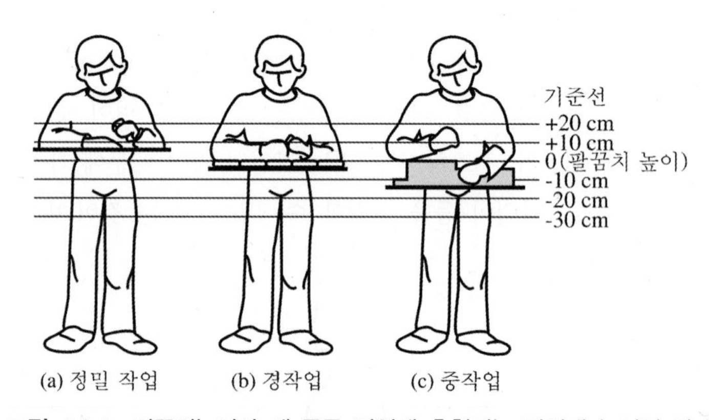

그림 4.6.4 팔꿈치높이와 세 종류 작업에 추천되는 작업대 높이의 관계

다. 입좌 겸용 작업대 높이

때에 따라서는 서거나 앉은 자세에서 작업하거나 혹은 두 자세를 교대할 수 있도록 마련하는 것이 바람직하다.

그림 4.6.5 입좌 겸용 작업대

3.2.2 작업방법(자세부분만 부담작업)

근골격계질환과 관련 있는 여러 작업방법(부자연스런 자세, 강한 손 힘, 반복동작, 반복적인 충격)과 허용할 수 있는 지속시간에 대한 지침은 아래와 같다.

(1) 부자연스런 자세

가. 머리 위로 손을 사용하는 작업이나 어깨 위에서 팔꿈치를 이용하는 작업

나. 분당 1회 이상, 머리 위로 손을 사용하는 반복작업 내지 어깨 위에서 팔꿈치를 반복 사용하는 작업

다. 목을 45° 이상 구부려서 작업하는 자세(자세의 변경 또는 지지대 없이)

라. 등을 30° 이상 앞으로 구부려서 작업하는 자세(자세의 변경 또는 지지대 없이)

마. 등을 45° 이상 앞으로 구부려서 작업하는 자세(자세의 변경 또는 지지대 없이)

바. 쪼그리고 앉은 자세

사. 구부리고 앉은 자세

(2) 강한 손 힘

가. 1 kg 이상의 손으로 집기가 어려운 물체를 집거나, 또는 2 kg 이상의 물체를 손으로 집는 것

나. 4.5 kg 이상의 손으로 잡기가 어려운 물체를 손으로 잡는 것

(3) 강하고 반복적인 동작

가. 몇 초당 같은 동작을 반복하는 자세(타자(keying)작업은 배제됨)

나. 과도한 타자작업

(4) 반복적인 충격

가. 분당 1회 이상, 손을 망치와 같은 역할로 사용하는 경우(손바닥의 손목부분/손바닥 부분)

나. 분당 1회 이상, 무릎을 망치와 같은 역할로 사용하는 경우

3.2.3 서서하는 작업과 앉아서 하는 작업

(1) 서서 하는 작업

작업대의 높이는 위팔을 자연스럽게 수직으로 늘어뜨린 상태에서, 아래팔이 수평 또는 약간 아래로 비스듬하여 작업면과 자연스러운 관계를 유지할 수 있는 수준으로 정해야 한다.

가. 서서 하는 작업을 해야 하는 경우

다음과 같은 경우 서서하는 작업이 앉아서 하는 작업보다 유리하기 때문에 앉아서 하는 작업일 경우 서서하는 작업으로 변경하는 것이 좋다.

① 앉아서 하는 작업 시 작업대 구조 때문에 다리의 여유공간이 충분하지 않은 경우

② 작업 시 큰 힘이 요구되는 경우

③ 주요 작업도구 및 부품이 한계범위 밖에 위치할 경우

④ 작업내용이 많아 작업 시 이동이 필요한 경우

나. 작업대 권장치수

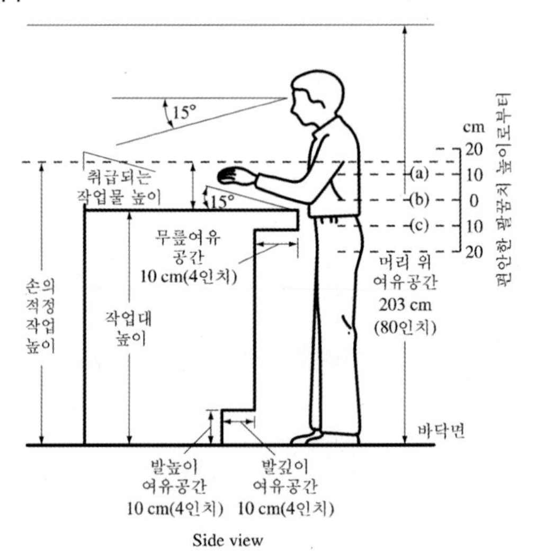

그림 4.6.6 서서 하는 작업 시 작업대 권장치수

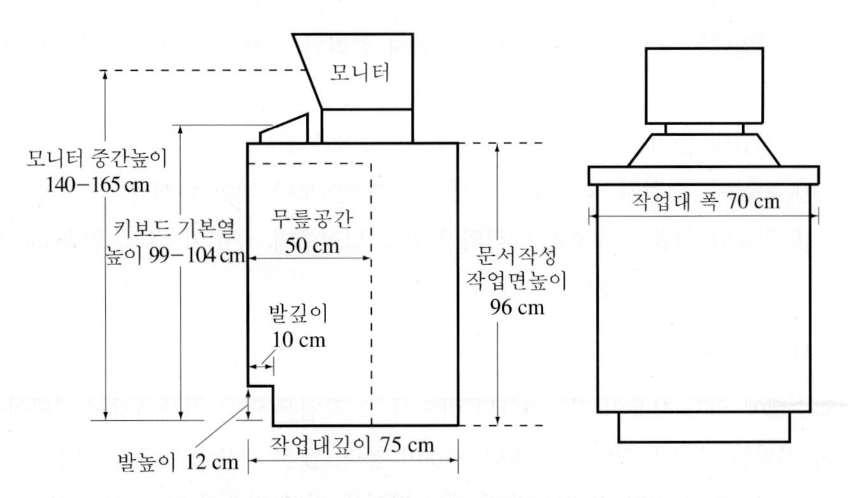

그림 4.6.7 서서 일하는 VDT 작업대의 권장치수

다. 서서 하는 작업 시 고려사항

① 부드러운 바닥에서 일하게 한다.

② 적당한 간격으로 팔을 벌리거나 필요할 때마다 움직일 수 있는 정도의 여유공간이 주어져야 한다.

③ 미끄러지지 않는 바닥이어야 한다.

④ 작업자가 계속해서 일하는 경우는 탄력이 있는 바닥이어야 한다.

⑤ 작업장 내의 요소들을 많이 움직이지 않고도 한눈에 볼 수 있게 배열한다.

⑥ 표지판이나 지시사항 등도 적정한 가시영역 내에 설치되어야 한다.

라. 피로를 감소시키는 작업조건

서서 하는 작업은 작업자에 피로를 많이 주기 때문에 다음과 같은 작업조건이 좋다.

① 작업상 필요한 것은 손이 쉽게 닿는 범위 내에 있어야 한다.

② 작업대상물을 항상 직시한다.

③ 신체를 작업대 가까이 유지한다.

④ 작업자세를 변화시킬 수 있는 충분한 공간이 확보되도록 작업장을 조정한다.

⑤ 양쪽 다리에서 한쪽 다리로 체중을 옮겨놓기 위해서 발을 걸치는 발받침대를 허용한다.

⑥ 가능하면 의자에 앉아서 작업한다. 작업을 계속하는 동안이나, 최소한 작업공정 중 휴식시간에 가끔이라도 앉을 수 있도록 한다.

⑦ 장시간 서 있는 작업자를 위해 다리에 피로감을 주지 않도록 floor 매트를 깔아주도록 한다.

⑧ 작업대는 작업자의 신장에 맞추어져 허리와 어깨를 펴고 편하게 서 있을 때의 팔꿈치와 같은 수준의 작업면에 있어야 한다.

⑨ 작업대 높이를 마음대로 조절할 수 있어야 한다.

⑩ 손잡이, 스위치 등의 조절장치는 어깨높이보다 낮아야 한다.

⑪ 적당한 신발은 척추와 다리의 부담을 덜어주며, 쿠션이 있고, 인솔(insole)을 갖춘 신발을 제공한다.

(2) 앉아서 하는 작업

작업수행에 의자 사용이 가능하다면 반드시 그 작업은 앉은 자세에서 수행되어야 한다. 특히 정밀한 작업은 앉아서 작업하는 것이 좋다. 앉은 자세의 목적은 작업자로 하여금 작업에 필요한 안정된 자세를 갖게 하여 작업에 직접 필요치 않는 신체 부위(다리, 발, 몸통 등)를 휴식시키자는 것이다. 그러나 하루 종일 앉아 있는 것은 좋지 않다. 따라서, 작업자가 앉아서만 일하지 않도록 여러 가지 일을 병행해야 한다.

가. 앉아서 하는 작업에 대한 인간공학적 기준

① 작업자는 불필요하게 팔을 뻗치거나 비틀지 않고 작업하는 모든 범위에 팔이 닿을 수 있어야 한다.

② 작업 테이블과 의자는 대략 팔꿈치와 같은 수준이 되도록 설계되어야 한다.

③ 등은 똑바로 하고, 어깨는 펴야 한다.

④ 가능한 팔꿈치, 팔의 앞부분 손의 보호를 위해 조정가능한 형태여야 한다.

나. 작업대 권장치수

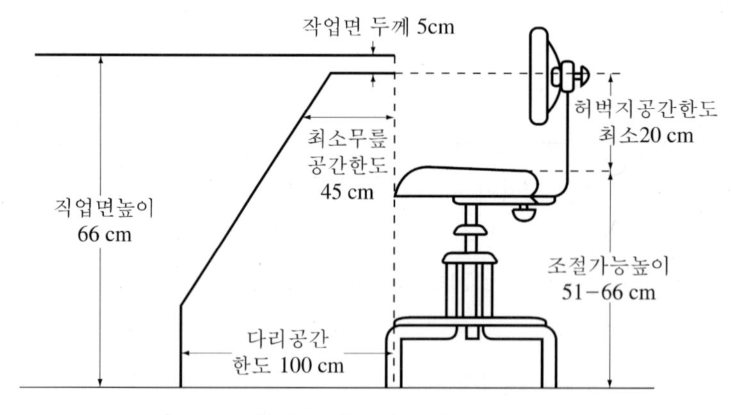

그림 4.6.8 발판이 없는 좌식 작업대의 권장치수

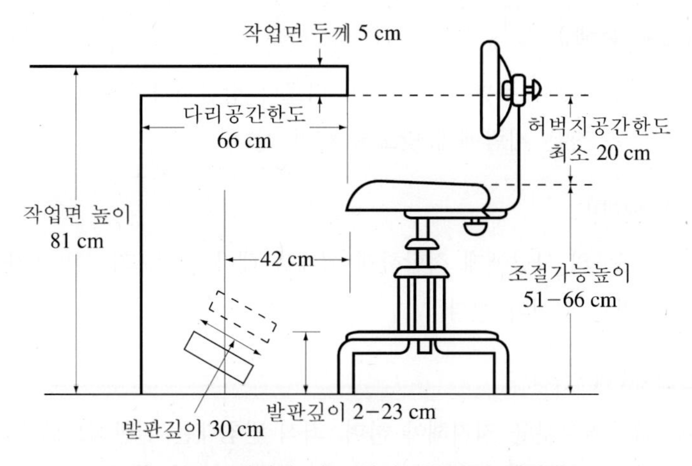

그림 4.6.9 발판이 있는 좌식 작업대의 권장치수

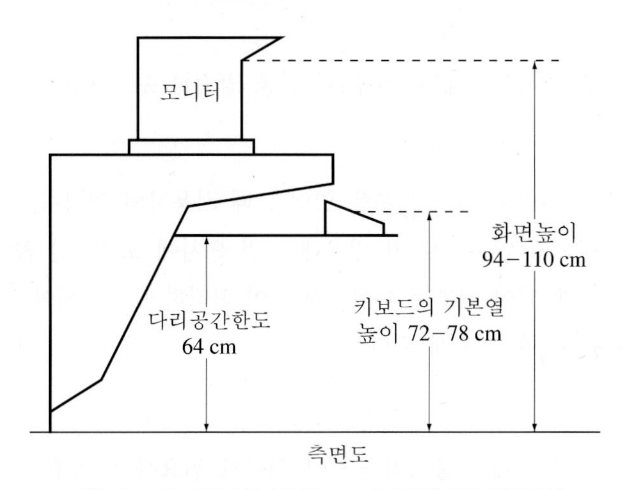

그림 4.6.10 앉아서 일하는 VDT 작업대의 권장치수

다. 앉은 작업대에 관한 인간공학적 원리

① 가능한 한 작업자의 신체치수에 맞도록 작업대 높이를 조정할 수 있는 조절식으로 한다.

② 작업대 높이가 팔꿈치높이와 같아져야 한다.

③ 작업대 하부의 여유공간이 적절하여 사람의 대퇴부가 자유롭게 움직일 수 있어야 한다.

3.2.4 의자의 설계

앉아서 일하는 목적을 충분히 만족시켜 주어야 하는 것이 의자의 기능이고, 이 기능을 충분히 만족시키려면 앉는 사람의 몸에 맞아야 한다.

(1) 의자깊이(seat depth)

의자깊이는 엉덩이에서 무릎길이에 따라 다르나 장딴지가 들어갈 여유를 두고 대퇴를 압박하지 않도록 작은 사람에게 맞도록 해야 한다.

(2) 의자폭(seat width)

의자폭은 큰 체구의 사람에게 적합하게 설계를 해야 한다. 최소한 의자폭은 앉은 사람의 허벅지 너비는 되어야 한다.

(3) 의자 등받침대(backrest)

등받침대는 요추골부분을 지지해야 하며, 좌석 받침대는 일반적으로 뒤로 약간 경사가 져야 한다.

가. 등받침대의 높이

특별히 지정된 치수는 없고 요추골부분을 받쳐줄 수 있어야 한다.

(4) 팔받침대(armrest)

팔받침대 사이의 거리는 최소한 옷을 입었을 때 사용자의 엉덩이 너비와 같아야 한다. 팔받침대가 사용되지 않은 경우가 많은데 이런 의자에 오랫동안 앉아 있게 되면 자세를 유지할 수 없게 되어 척추는 휘어지게 되어 딱딱하게 고정되어 있는 의자보다는 덜 하지만 약간의 통증을 느끼게 된다.

(5) 의자의 바퀴(chair caster)

의자의 바퀴는 작업대에서 움직임을 쉽게 하므로 필요하며, 바퀴는 바닥공간의 형태에 따라 선택한다.

(6) 발받침대(footrest)

발받침대의 높이는 의자의 조절이나 작업면의 범위, 아니면 둘 다에 의해 좌우되며 발은 편안하게 놓을 수 있어야 한다.

(7) 의자의 높이

대퇴를 압박하지 않도록 의자 앞부분은 오금보다 높지 않아야 하며, 신발의 뒤꿈치도 감안해야 한다.

(8) 체압분포와 앉은 느낌

의자에 앉았을 때, 엉덩이의 어떤 부분이 어느 정도의 압력이 걸리는가 하는 좌면의 체압분포는 앉은 느낌을 좌우하는 매우 중요한 요인이다. 어떤 사람이 의자에 앉았을 때 그 체압분포를 측정하는 방법에는 체압측정기에 의한 방법과 약품에 의한 방법이 있다.

(9) 몸통의 안정

의자에 앉았을 때 체중이 주로 좌골결절에 실려야 안정감이 생긴다. 그러므로 등판과 의자의 각도와 등판의 굴곡이 중요하나 등판의 지지가 미흡하면 척추가 평행에서 벗어나 압력이 한쪽으로 치우치게 되어 척추병의 원인이 된다.

3.3 인력운반

출제빈도 ★★★★

산업현장의 대부분의 사람들이 인력운반 작업을 하고 있다. 많은 작업자가 당면하게 되는 위험수준을 줄이기 위한 다양한 대책은 강구할 수 있다. 위험이 잠재된 직무를 확인하고, 건전한 인간공학적 원리를 적용하여 작업을 재설계하며, 작업자를 교육하고 훈련하면 인력운반 작업과 연관된 상해와 질병을 감소시킬 수 있다.

3.3.1 들기작업

들기작업은 인력운반 작업의 대부분을 차지하는 것으로 다른 유형의 인력운반 작업에 비해 허리손상이 아주 많다. 전 세계 인구의 70~80%가 일생 동안 1회 이상의 요통을 경험하고, 작업장 작업자는 80~90%가 경험한다고 한다.

(1) 들기작업의 안전작업 범위

가. 가장 안전한 작업범위: 팔을 몸체부에 붙이고 손목만 위, 아래로 움직일 수 있는 범위이다.

나. 안전작업 범위: 팔꿈치를 몸의 측면에 붙이고 손이 어깨 높이에서 허벅지 부위까지 닿을 수 있는 범위이다.

다. 주의작업 범위: 팔을 완전히 뻗쳐서 손을 어깨까지 올리고 허벅지까지 내리는 범위이다.

라. 위험작업 범위: 몸의 안전작업 범위에서 완전히 벗어난 상태에서 작업을 하면 물체를 놓치기 쉬울 뿐만 아니라 허리가 안전하게 그 무게를 지탱할 수가 없다.

(2) 들기작업 기준 및 작업방법

가. 들기작업 기준

운반작업을 하는 작업자가 감당할 수 있는 중량의 한계는 개개인에 대해 개별적으로 결정되어야 한다. 또한, 이것을 결정할 때에는 작업의 규모, 작업형태, 작업시간, 작업 숙련도도 함께 고려되어야 한다.

① 미국의 중량물취급(International Occupational Safety & Health Institute Center; IOSHIC)

표 4.6.1 미국의 중량물취급

성별	연령별 허용기준(kg)			
	18~19세	20~34세	35~49세	50세 이상
남	23	25	20	16
여	14	15	13	10

나. 들기작업 방법

① 중량물작업 시 일반적인 방법

(a) 허리를 곧게 유지하고 무릎을 구부려서 들도록 한다. 선 자세에서 중량물을 취급할 경우 팔을 편 상태의 주먹 높이에서 팔꿈치높이 사이에서 가장 편하게 할 수 있다.

(b) 손가락만으로 잡아서 들지 말고 손 전체로 잡아서 들도록 한다.

(c) 중량물 밑을 잡고 앞으로 운반하도록 한다.

(d) 중량물을 테이블이나 선반 위로 옮길 때 등을 곧게 펴고 옮기도록 한다.

(e) 가능한 한 허리부분에서 중량물을 들어올리고, 무릎을 구부리고 양손을 중량물 밑에 넣어서 중량물을 지탱시키도록 한다.

② 스트레스를 최소화시키는 방법

(a) 몸을 구부리는 자세를 피한다.

(b) 미끄러지거나 몸을 갑자기 움직이는 자세를 피한다.

(c) 활동을 바꾼다(들어 옮기는 대신에 밀거나 끈다).

(d) 움직이는 동안 몸을 비트는 동작을 피한다.

(e) 기계적 보조기구나 동력기구를 사용하도록 한다.

(f) 적은 무게를 여러 번 들도록 한다.

(g) 중량물을 몸에서 가깝게 들도록 한다.

(h) 휴식시간을 제공하도록 한다.

(i) 무릎관절 높이에서 물건을 들도록 한다.

(j) 몸에 가깝게 잡을 수 있는 손잡이가 있는 상자를 설계하도록 한다.

다. 중량물작업의 개선방안

① 자동화 및 보조기기를 사용한다. 특히 높이와 각도가 조절가능한 작업대를 제공한다.

② 부자연스러운 자세를 피한다.

③ 작업공간을 충분히 확보한다.

④ 작업대상물의 무게를 줄인다.

⑤ 작업자의 시야를 확보한다.

⑥ 중량물 취급방법을 숙지한다.

⑦ 가능한 당기는 것보다 미는 작업으로, 올리는 것보다 내리는 작업으로 설계한다.

⑧ 한 명이 작업하기 어려우면 두 명 이상 팀을 이루어 작업한다.

⑨ 취급중량을 표시한다.

⑩ 직무확대를 통하여 한 작업자가 할 수 있는 일의 다양성을 넓힌다.

⑪ 전문적인 스트레칭과 체조 등을 교육하고 작업 중 수시로 실시하게 유도한다.

3.3.2 밀고 당기는 작업과 작업방법

(1) 밀고 당기는 작업의 작업기준

밀고 당기는 작업에서는 Snook이 만든 Snook's table이 가장 많이 이용되고 있다. Snook은 밀고 당기는 작업에서 각 작업에 대한 작업요소(작업빈도, 작업시간, 운반거리, 손에서 물체까지의 수직거리 등)들을 고려하여 작업자에게 알맞은 물체의 최대허용무게를 제시하고 있다. 밀고 당기는 작업의 작업요소들을 이용하여 Snook's table에서 각 작업에 맞는 최대허용무게를 찾으면 된다.

(2) 작업방법

가. 당기는 것보다 미는 것이 더 좋다. 다리를 크게 벌려 허리를 낮추고 앞다리에 체중을 실어서 밀도록 한다.

나. 항상 허리를 곧게 유지한다. 운반물은 양손으로 끌고 또 다리를 모으지 않도록 해야 한다.

다. 운반물을 가능하면 옮길 방향 쪽으로 향해서 밀거나 당긴다.

3.4 수공구

출제빈도 ★★★★

보통 인간이 당하는 부상 중에서 손에 입는 부상의 비율은 5~10% 정도를 차지한다. 그래서 수공구설계는 인간의 육체적 부담을 덜어 준다는 측면 외에도 안전에 관한 면에서도 중요한 의미를 지니고 있다.

3.4.1 일반적인 수공구 설계 가이드라인

수공구를 선택할 때, 먼저 설명서에 따라 가장 효율적으로 작업을 할 수 있는 종류의 수공구를 찾도록 한다. 그런 다음 작업자에게 주는 스트레스가 최소화되도록 설계된 수공구를 선택하고, 만약 적절한 것이 없다면 수공구나 작업장을 재설계하도록 한다.

3.4.2 자세에 관한 수공구 개선

(1) 손목을 곧게 유지한다(손목을 꺾지 말고 손잡이를 꺾어라).
(2) 힘이 요구되는 작업에는 파워그립(power grip)을 사용한다.
(3) 지속적인 정적 근육부하(loading)를 피한다.
(4) 반복적인 손가락 동작을 피한다.
(5) 양손 중 어느 손으로도 사용이 가능하고 적은 스트레스를 주는 공구를 개인에게 사용되도록 설계한다.

3.4.3 수공구의 기계적인 부분 개선

(1) 수동공구 대신에 전동공구를 사용한다.
(2) 가능한 손잡이의 접촉면을 넓게 한다.
(3) 제일 강한 힘을 낼 수 있는 중지와 엄지를 사용한다.
(4) 손잡이의 길이가 최소한 10 cm는 되도록 설계한다.
(5) 손잡이가 두 개 달린 공구들은 손잡이 사이의 거리를 알맞게 설계한다.
(6) 손잡이의 표면은 충격을 흡수할 수 있고, 비전도성으로 설계한다.
(7) 공구의 무게는 2.3 kg 이하로 설계한다.
(8) 장갑을 알맞게 사용한다.

3.4.4 극한 온도에서의 수공구 사용

(1) 수공구에 단열된 손잡이를 준비한다.

(2) 적절히 맞는 장갑을 준비한다.

(3) 사람에게 유해한 물질이 손이나 팔에 직접 닿지 않도록 설계된 공구를 준비한다.

3.4.5 수공구진동

(1) 진동 폭로시간에 대한 진동가속도 수준

수공구의 진동가속도에 따른 하루 평균 폭로시간을 나타낸 표이다(출처: 미국 산업위생전문가협회(ACGIH) 기준).

표 4.6.2 진동 폭로시간에 대한 진동가속도 수준

하루 평균폭로시간	m/s^2(진동가속도)
4시간 이상 ~ 8시간 미만	4
2시간 이상 ~ 4시간 미만	6
1시간 이상 ~ 2시간 미만	8
1시간 미만	12

(2) 수공구 진동대책

가. 진동이 적은 수공구를 사용한다.

나. 진동공구를 잘 관리하고, 절삭연장은 날을 세워둔다.

다. 진동용 장갑을 착용하여 진동을 감소시킨다.

라. 공구를 잡거나 조절하는 악력을 줄인다.

마. 진동공구를 사용하는 일을 사용할 필요가 없는 일로 바꾼다.

바. 진동공구의 하루 사용시간을 제한한다.

사. 진동공구를 사용할 때는 중간 휴식시간을 길게 한다.

아. 작업자가 매주 진동공구를 사용하는 일수를 제한한다.

자. 진동을 최소화하도록 속도를 조절할 수 있는 수공구를 사용한다.

차. 적절히 단열된 수공구를 사용한다.

3.5 부재의 취급

산업연구에 의하면 공장 내 사고의 약 40%는 물자 취급과정에서 발생한다고 한다. 이 중 25%는 부재의 이동에서 발생한다. 부재취급의 조심스러움이 요구되며, 가능하면 기계화의 이용으로 작업자의 피로와 사고를 미연에 방지하도록 해야 한다.

3.5.1 운반통로의 설계

(1) 운반통로를 확실히 표시한다.
(2) 양방향 운반이 가능하도록 통로와 복도의 충분한 넓이를 확보한다.
(3) 운반통로의 표면은 평탄하고 미끄럽지 않게 하고, 장해물은 없도록 한다.
(4) 작업장 내에서 작은 계단 또는 급격한 높이차 대신에 5°~8°의 작은 구배의 경사로로 대치한다.

3.5.2 운반구와 재료의 설계

(1) 물자운반 시 수레, 핸드트럭, 바퀴가 달린 기구 또는 롤러를 이용한다.
(2) 무거운 물자들의 승·하강과 이동을 위해 기계장비를 이용한다.
(3) 불필요한 적재와 적하를 피하기 위한 이동식 저장 선반을 이용한다.
(4) 무거운 중량물을 취급하는 대신에 작고 가벼운 상자, 컨테이너 또는 트레이로 바꾼다.
(5) 모든 짐꾸러미와 상자에는 알맞은 손잡이를 만든다.

3.5.3 적절한 장갑의 공급

(1) 크기가 잘 맞는 장갑
(2) 보호가 필요한 손 부위만 덮는 장갑
(3) 부드러운 장갑
(4) 작업의 특성에 맞는 장갑

3.6 기타(환경조건 및 전신진동)

작업자들은 잠재적으로 광범위한 환경의 위험에 노출되어 작업을 하게 된다. 이러한 잠재위험요소들 중에서 인체에 직접적인 악영향을 미칠 수 있는 요인을 선정하여 이러한 환경의 악영향으로부터 작업자들을 보호해야만 한다.

3.6.1 조명

조명이 맞지 않으면 작업자에게 눈의 피로를 가져오고, 작업을 하는데 있어서 여러 가지 문제를 가진다. 조명의 명암 대비는 3 : 1이 가장 입체적으로 보인다.

3.6.2 소음

소음으로 인해 작업자는 작업량 감소, 에러 증대, 주의 집중력 저하 등 여러 가지 문제가 일어나므로 소음에 대해서 적절한 조치가 필요하다.

3.6.3 온도

작업장은 37°C의 일정한 온도를 유지한다. 그리고 가장 쾌적한 온도는 22.8~25°C이고, 습도는 25~50%이다.

3.6.4 색상

색상은 작업장에서 작업자의 주목을 끌어야 되고, 다른 물건과는 잘 대비되게 만들어야 하며, 밝은 색은 중요한 제어장치를 위해 사용되어야 한다.

3.6.5 전신진동

(1) 원인

트랙터, 트럭, 포크레인, 자동차, 기차, 각종 농기계에 탑승하였을 때 생긴다. 특히, 헬리콥터를 타면 심한 진동을 겪게 된다.

(2) 증후 및 증상

진동수가 클수록 또는 가속도가 클수록 전신장해와 진동감각이 증대하는데 이러한 진동이 만성적으로 반복되면 천장골좌상이나 신장손상으로 인한 혈뇨, 불쾌감, 불안감 및 동통을 호소하게 된다.

(3) 예방법과 치료

가. 예방법: 전신진동을 심하게 겪게 될 때 그 시간을 가능한 단축한다. 기계공학적으로

표 4.6.3 진동수에 따른 전신진동 장해

주파수(Hz)	영향을 받는 부분
3~4	경부의 척추골
4	요추(포크리프트와 트럭운전자 주의)
5	견갑대
20~30	머리와 어깨 사이
>30	손가락, 손 및 팔(전동도구 작업자 주의)
60~90	안구

진동이 완화되도록 기계를 설계한다.

나. 치료: 특별한 치료는 없고, 증상이 심하면 작업을 중단하고, 각 임상증상에 대해 병원에서 치료를 받는다.

(4) 대책

가. 작업방법의 변경

나. 작업시간의 단축

다. 방진보호구 착용과 증상에 대한 교육

라. 작업순환

마. 신체의 보온

3.7 관리적 해결방안

출제빈도 ★★★★

3.7.1 작업확대

(1) 단일작업자가 수행하는 작업의 수와 다양성을 증가시키는 것을 의미한다.

(2) 목적은 각 사람이 특정 순서를 수행하는 횟수의 수를 줄임으로써 근골격계 작업스트레스를 줄이는 것이다.

3.7.2 작업자교대

작업자교대에서 작업자는 일정한 시간 동안 하나의 작업을 수행하고 나서 또 다른 시간 동안 다른 작업으로 이동한다.

(1) 유의사항

가. 다른 작업은 작업자에게 다른 신체 부위에 작업 스트레스가 노출되도록 하여야 한다.

나. 작업자교대는 기술적 해결방안이 실행될 수 있을 때까지 작업위험에 대한 지나친 노출로부터 작업자를 보호하는 조치로서 사용될 수 있다.

3.7.3 작업휴식 반복주기

(1) 육체적인 노력을 요구하는 작업을 하는 작업자를 위한 규칙적인 휴식을 계획하는 것을 의미한다.

(2) 목적은 몸이 반복되고 지속적인 활동에서 회복하는 시간을 허용하는 것이다.

3.7.4 작업자교육

(1) 교육은 문제직종의 작업자들, 이들의 감독자들 및 인간공학 프로그램 실시관계자들에게 근골격계질환의 위험을 식별하고 개선하는 데 필요한 지식과 기술을 제공하기 위해 필요하다.

(2) 인간공학의 작업장 적용의 성공 여부는 작업자의 교육에 달려 있다.

3.7.5 스트레칭

근골격계질환의 의학적 예방에 있어서 가장 좋은 방법은 스트레칭이다. 스트레칭은 질병의 예방뿐만 아니라, 근골격계질환의 치료에도 적용될 수 있는 효과적인 방법이므로 반드시 의무적으로 실시하게 해야 한다.

(1) 매일 일정한 시간에 오전, 오후 각 1회씩 작업반 전체적으로 스트레칭을 공동으로 실시한다. 구령, 음악 등에 맞추어 선도자의 시범에 맞추어 실시한다.

(2) 작업군별로 근골격계질환을 예방할 수 있는 부위별 스트레칭을 중점적으로 적용한다.

7장 | 근골격계질환 예방·관리 프로그램

01 목적

근골격계질환 예방을 위한 유해요인조사와 개선, 의학적 관리, 교육에 관한 근골격계질환 예방·관리 프로그램의 표준을 제시함이 목적이다.

02 적용대상

유해요인조사 결과 근골격계질환 발생우려 작업이 있는 사업장으로 근골격계질환 예방·관리 프로그램을 작성하여 시행하는 경우에 적용한다.

03 용어의 정의

(1) 관리감독자라 함은 사업장 내 단위 부서의 책임자를 말한다.
(2) 보건담당자라 함은 보건관리자가 선임되어 있지 않은 사업장에서 대내외적으로 산업보건 관계업무를 맡고 있는 자를 말한다.
(3) 보건의료 전문가라 함은 산업보건 분야의 학식과 경험이 있는 의사, 간호사 등을 말한다.

04 근골격계질환 예방·관리 프로그램 기본방향

출제빈도 ★★★★

(1) 근골격계질환 예방·관리 프로그램은 그림 4.7.1에서 정하는 바와 같은 순서로 진행한다.

(2) 사업주와 작업자는 근골격계질환이 단편적인 작업환경 개선만으로는 예방하기 어렵고 전 직원의 지속적인 참여와 예방활동을 통하여 그 위험을 최소화할 수 있다는 것을 인식하고 이를 위한 추진체계를 구축한다.

(3) 근골격계질환 예방·관리 프로그램의 일반적 구성요소는 유해요인조사, 유해요인 통제(관리), 의학적 조치, 교육 및 훈련, 작업환경 등 개선활동으로 구성되어진다.

(4) 근골격계질환 예방·관리 프로그램의 추진절차는 다음과 같다.

가. 근골격계 유해요인조사 및 작업평가

나. 예방·관리 정책수립

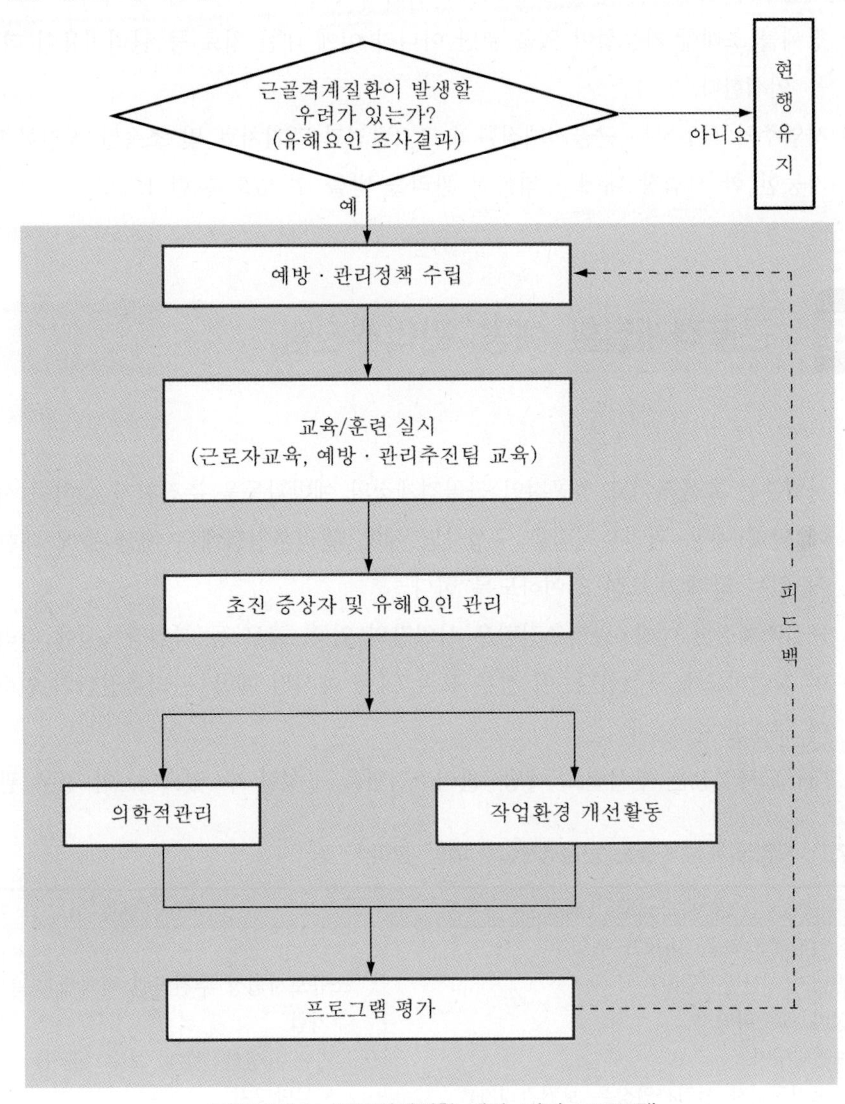

그림 4.7.1 근골격계질환 예방·관리 프로그램

다. 교육 및 훈련실시

라. 조진증상자 및 유해요인 관리

마. 작업환경 등 개선활동 및 의학적 관리

바. 프로그램 평가 등

(5) 사업주와 작업자는 근골격계질환 발병의 직접원인(부자연스런 작업자세, 반복성, 과도한 힘의 사용 등), 기초요인(체력, 숙련도 등) 및 촉진요인(업무량, 업무시간, 업무스트레스 등)을 제거하거나 관리하여 건강장해를 예방하거나 최소화한다.

(6) 사업주와 작업자는 근골격계질환의 위험에 대한 초기관리가 늦어지게 되면 영구적인 장애를 초래할 가능성이 있을 뿐만 아니라 이에 대한 치료 등 관리비용이 더 커지게 됨을 인식한다.

(7) 사업주와 작업자는 근골격계질환의 조기발견과 조기치료 및 조속한 직장복귀를 위하여 가능한 한 사업장 내에서 의학적 관리를 받을 수 있도록 한다.

05 근골격계질환 예방·관리추진팀

출제빈도 ★★★★

(1) 사업주는 효율적이고 성공적인 근골격계질환 예방활동을 추진하기 위하여 사업장 특성에 맞게 예방·관리추진팀을 구성하되 예방·관리추진팀에는 예산 등에 대한 결정권한이 있는 자가 반드시 참여하도록 한다.

(2) 근골격계질환 예방·관리추진팀은 사업장의 업종, 규모 등 사업장특성에 따라 적정인력이 참여하도록 구성한다. 이 경우 표 4.7.1에 예시된 예방·관리추진팀의 인력을 고려하여 구성할 수 있다.

(3) 대규모사업장은 부서별로 예방·관리추진팀을 구성할 수 있으며, 이 경우 관리자는 해

표 4.7.1 사업장 특성에 맞는 근골격계질환 예방·관리추진팀

중 · 소규모사업장	대규모사업장
· 작업자대표 또는 대표가 위임하는 자 · 관리자(예산결정권자) · 정비·보수담당자 · 보건담당자 (보건관리자 선임사업장은 보건관리자) · 구매담당자	소규모사업장 추진팀원 이외에 다음의 인력을 추가함 · 기술자(생산, 설계, 보수기술자) · 노무담당자

당부서의 예산결정권자 또는 부서장으로 할 수 있다. 그리고 산업안전보건위원회가 구성된 사업장은 예방·관리추진팀의 업무를 산업안전보건위원회에 위임할 수 있다.

06 근골격계질환 예방·관리 프로그램 실행을 위한 노·사의 역할

6.1 사업주의 역할

출제빈도 ★★★★

(1) 기본정책을 수립하여 작업자에게 알려야 한다.
(2) 근골격계 증상·유해요인 보고 및 대응체계를 구축한다.
(3) 근골격계질환 예방·관리 프로그램 지속적인 운영을 지원한다.
(4) 예방·관리 추진팀에게 예방·관리 프로그램 운영의무를 명시하여 부과한다.
(5) 예방·관리 추진팀에게 예방·관리 프로그램을 운영할 수 있도록 사내자원을 제공한다.
(6) 작업자에게 예방·관리 프로그램 개발·수행·평가의 참여기회를 부여한다.

6.2 작업자의 역할

(1) 작업과 관련된 근골격계 증상 및 질병발생, 유해요인을 관리감독자에게 보고한다.
(2) 근골격계질환 예방·관리 프로그램 개발·수행·평가에 적극적으로 참여·준수한다.

6.3 근골격계질환 예방·관리추진팀의 역할

출제빈도 ★★★★

(1) 예방·관리 프로그램의 수립 및 수정에 관한 사항을 결정한다.
(2) 예방·관리 프로그램의 실행 및 운영에 관한 사항을 결정한다.
(3) 교육 및 훈련에 관한 사항을 결정하고 실행한다.
(4) 유해요인 평가 및 개선계획의 수립과 시행에 관한 사항을 결정하고 실행한다.
(5) 근골격계질환자에 대한 사후조치 및 작업자 건강보호에 관한 사항 등을 결정하고 실행한다.

6.4 보건관리자의 역할

출제빈도 ★★★★

사업주는 보건관리자에게 예방·관리추진팀의 일원으로서 다음과 같은 업무를 수행하도록 한다.

(1) 주기적으로 작업장을 순회하여 근골격계질환을 유발하는 작업공정 및 작업유해 요인을 파악한다.
(2) 주기적인 작업자 면담 등을 통하여 근골격계질환 증상호소자를 조기에 발견하는 일을 한다.
(3) 7일 이상 지속되는 증상을 가진 작업자가 있을 경우 지속적인 관찰, 전문의 진단의뢰 등의 필요한 조치를 한다.
(4) 근골격계질환자를 주기적으로 면담하여 가능한 한 조기에 작업장에 복귀할 수 있도록 도움을 준다.
(5) 예방·관리 프로그램 운영을 위한 정책결정에 참여한다.

07 근골격계질환 예방·관리교육

7.1 작업자교육

출제빈도 ★★★★

7.1.1 교육대상 및 내용

사업주는 모든 작업자 및 관리감독자를 대상으로 다음 내용에 대한 기본교육을 실시한다.

(1) 근골격계 부담작업에서의 유해요인
(2) 작업도구와 장비 등 작업시설의 올바른 사용방법
(3) 근골격계질환의 증상과 징후 식별방법 및 보고방법
(4) 근골격계질환 발생 시 대처요령
(5) 기타 근골격계질환 예방에 필요한 사항

7.1.2 교육방법 및 시기

(1) 최초 교육은 예방·관리 프로그램이 도입된 후 6개월 이내에 실시하고 이후 매 3년마다 주기적으로 실시한다.

(2) 작업자를 채용한 때와 다른 부서에서 이 프로그램의 적용대상 작업장에 처음으로 배치된 자 중 교육을 받지 아니한 자에 대하여는 작업배치 전에 교육을 실시한다.
(3) 교육시간은 2시간 이상 실시하되 새로운 설비의 도입 및 작업방법에 변화가 있을 때에는 유해요인의 특성 및 건강장해를 중심으로 1시간 이상의 추가교육을 실시한다.
(4) 교육은 근골격계질환 전문교육을 이수한 예방·관리추진팀원이 실시하며 필요 시 관계 전문가에게 의뢰할 수 있다.

7.2 근골격계질환 예방·관리추진팀

7.2.1 교육대상 및 내용

사업주는 근골격계질환 예방·관리추진팀에 참여하는 자를 대상으로 다음 내용에 대한 전문교육을 실시한다.

(1) 근골격계 부담작업에서의 유해요인
(2) 근골격계질환의 증상과 징후의 식별방법
(3) 근골격계질환의 증상과 징후의 조기보고의 중요성과 보고방법
(4) 예방·관리 프로그램의 수립 및 운영방법
(5) 근골격계질환의 유해요인 평가방법
(6) 유해요인 제거의 원칙과 감소에 관한 조치
(7) 예방·관리 프로그램 및 개선대책의 효과에 대한 평가방법
(8) 해당 부서의 유해요인 개선대책
(9) 예방·관리 프로그램에서의 역할
(10) 기타 근골격계질환 예방·관리를 위하여 필요한 사항 등

7.2.2 교육방법

(1) 교육시간은 교육내용을 습득하여 작업자교육을 실시할 수 있을 만큼 충분한 시간 동안 실시한다.
(2) 전문교육은 전문기관에서 실시하는 근골격계질환 예방 관련 전문과정 교육으로 대체할 수 있다.

08 유해요인조사

유해요인조사는 근골격계 부담작업 유해요인조사 지침에 의한다.

09 유해요인의 개선

9.1 유해요인의 개선방법

(1) 사업주는 작업관찰을 통해 유해요인을 확인하고, 그 원인을 분석하여 그 결과에 따라 공학적 개선 또는 관리적 개선을 실시한다.

(2) 공학적 개선은 다음의 재배열, 수정, 재설계, 교체 등을 말한다.

가. 공구·장비

나. 작업장

다. 포장

라. 부품

마. 제품

(3) 관리적 개선은 다음을 말한다.

가. 작업의 다양성 제공

나. 작업일정 및 작업속도 조절

다. 회복시간 제공

라. 작업습관 변화

마. 작업공간, 공구 및 장비의 정기적인 청소 및 유지보수

바. 운동체조 강화 등

9.2 개선계획서의 작성과 시행

(1) 사업주는 개선 우선순위 등을 고려하여 개선계획서를 작성하고 시행한다.

(2) 사업주가 개선계획서를 작성할 때에는 해당 작업자의 의견을 수렴하고, 필요한 경우에는 관계전문가의 자문을 구한다.

(3) 사업주가 개선계획서를 작성하는 경우에는 공정명, 작업명, 문제점, 개선방안, 추진일정,

개선비용, 해당 작업자의 의견 또는 확인 등을 포함한다.

(4) 사업주는 수립된 개선계획서가 일정대로 진행되지 않은 경우에 그 사유, 향후 추진방안, 추진일정 등을 해당 작업자에게 알린다.

(5) 사업주는 개선이 완료되었을 경우에 다음과 같은 내용으로 평가를 실시하고, 문제점이 있을 경우에는 보완한다.

가. 유해요인 노출특성의 변화

나. 작업자의 증상 및 질환발생 특성의 변화(특정 기간의 빈도, 질환의 발생률, 강도율, 증상호소율, 의료기관 이용특성 등)

다. 작업자의 만족도

(6) 사업주는 문제되는 작업 중 개선이 불가능하거나 개선효과가 없어 유해요인이 계속 존재하는 경우에는 유해요인 노출시간 단축, 작업시간 내 교대근무 실시, 작업순환 등 작업조건을 개선할 수 있다.

(7) 사업주는 개선계획서의 수립과 평가를 문서화하여 보관한다.

9.3 휴식시간

2시간 이상 연속작업이 이루어지지 않도록 적정한 휴식시간을 부여하되 1회에 장시간 휴식을 취하기보다는 가능한 한 조금씩 자주 휴식을 제공할 수 있도록 한다.

9.4 새로운 시설 등의 도입방법

사업주는 새로운 설비, 장비, 공구 등을 도입하는 경우에는 작업자의 인체 특성과 유해요인 특성 등 인간공학적인 측면을 고려한다.

10 의학적 관리

의학적 관리는 그림 4.7.2에서 정하는 바와 같은 순서로 진행한다.

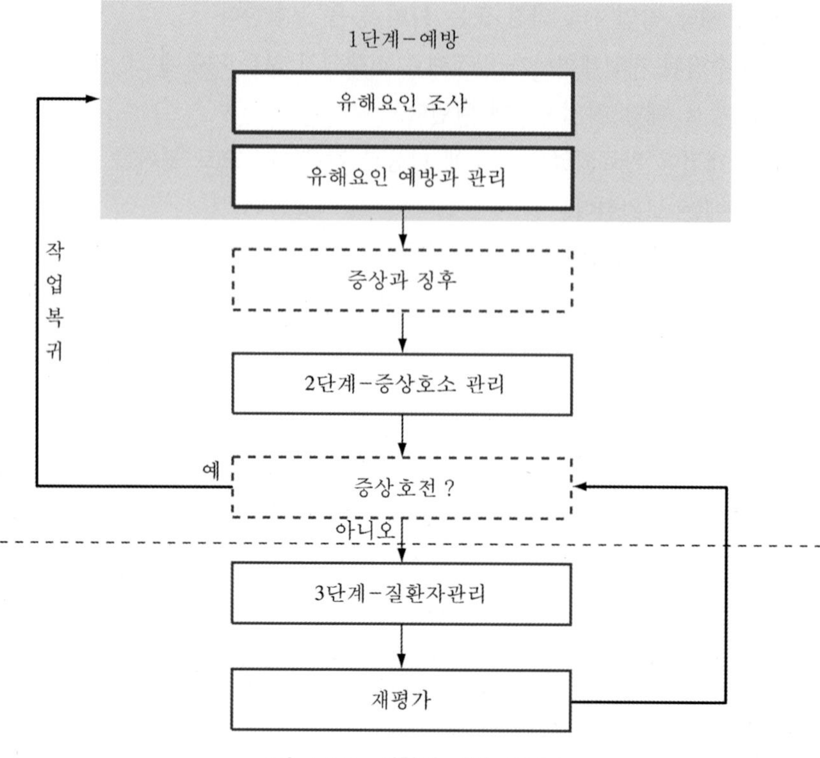

그림 4.7.2 의학적 관리 흐름도

10.1 증상호소자 관리

10.1.1 근골격계질환 증상과 징후호소자의 조기 발견체계 구축

(1) 사업주는 근골격계질환 증상의 조기 발견과 조치를 위하여 관련 증상과 징후가 있는 근로자가 이를 즉시 관리감독자에게 보고할 수 있도록 한다. 이를 위하여 사업주는 이러한 보고를 꺼리게 하거나 불이익을 당할 우려가 있는 기존의 관행이나 조치들을 제거한다.

(2) 사업주는 근로자로부터 근골격계질환 증상과 징후의 보고를 받은 경우에는 작업 관련 여부를 판단하여 보고일로부터 7일 이내에 적절한 조치를 한다.

(3) 사업주는 이를 위하여 보고를 접수하고 적절한 조치를 할 수 있는 체계를 갖추고 필요한 경우에는 관계전문가를 위촉할 수 있다.

(4) 사업주는 필요한 경우에는 작업자와의 면담과 조사를 통하여 근골격계질환이 있는 근로자를 조기에 찾아낸다.

10.1.2 증상과 징후보고에 따른 후속조치

(1) 사업주는 근골격계질환 증상과 징후를 보고한 근로자에 대하여는 보고에 대한 신속한 조치를 취하고 필요한 경우에는 의학적 진단과 치료를 받도록 한다.

(2) 사업주는 다음과 같은 신속한 해결방법을 확보하여 해당 업무를 개선한다.

가. 신속하게 근골격계질환의 증상호소자 관리방법 확보

나. 해당 업무의 작업자와 애로사항에 대하여 상담하고 유해요인이 있는지 확인

다. 유해요인을 제거하기 위하여 작업자의 조언 청취

10.1.3 증상호소자 관리의 위임

(1) 사업주는 근골격계질환의 증상호소자 관리를 위하여 필요한 경우에는 보건의료 전문가에게 이를 위임할 수 있다.

(2) 사업주는 위임한 보건의료 전문가에게 다음의 정보와 기회를 제공한다.

가. 작업자의 업무설명 및 그 업무에 존재하는 유해요인

나. 작업자의 능력에 적합한 업무와 업무제한

다. 근골격계질환의 증상호소자 관리방법

라. 작업장 순회점검

마. 기타 근골격계질환 관리에 필요한 사업장 내의 정보

(3) 사업주는 보건의료 전문가에게 근골격계질환자 관리에 대하여 다음과 같은 내용의 소견서를 제출하도록 한다.

가. 작업자의 업무에 존재하는 근골격계질환 유해요인과 관련된 작업자의 의학적 상태에 관한 견해

나. 임시 업무제한 및 사후관리에 대한 권고사항

다. 치료를 요하는 근골격계질환자에 대한 검사결과 및 의학적 상태를 근로자에게 통보한 내용

라. 작업자에게 근골격계질환을 악화시킬 수 있는 비업무적 활동에 대한 통보내용

10.1.4 업무제한과 보호조치

(1) 사업주는 근골격계질환 증상호소자에 대한 조치가 완료될 때까지 그 작업을 제한하거나 근골격계에 부담이 적은 작업으로의 전환 등을 실시할 수 있다.

(2) 증상호소자는 사업주가 시행하는 신체부담 작업완화를 위한 작업제한, 작업전환을 정당한 사유 없이 거부하여서는 아니 된다.

10.2 질환자관리

10.2.1 질환자의 조치

사업주는 건강진단에서 근골격계질환자로 판정된 자는 즉시 소견서에 따른 의학적 조치를 한다.

10.2.2 질환자의 업무복귀

(1) 사업주는 질환자나 보건의료 전문가를 통하여 주기적으로 질환자의 치료와 회복상태를 파악하여 작업자가 빠른 시일 내에 업무에 복귀하도록 한다.
(2) 사업주는 업무복귀 전에 근로자와 면담을 실시하여 업무적응을 지원한다.
(3) 사업주는 질환의 재발을 방지하기 위하여 필요한 경우 업무복귀 후 일정기간 동안 업무를 제한할 수 있다.
(4) 사업주는 치료 후 업무복귀 근로자에 대하여 주기적으로 보건상담을 실시하여 그 예후를 관찰하고 질환의 재발방지 조치를 한다.

10.2.3 건강증진 활동 및 재활 프로그램

(1) 사업주는 직장체조, 스트레칭 등 건강증진 활동을 제공하여 근골격계질환에 대한 근로자의 적응능력을 강화시킨다.
(2) 사업주는 회복기에 있는 근골격계질환자를 조기에 복귀시키기 위하여 작업자 면담, 스트레칭 및 근력강화 등 재활 프로그램을 운영함으로써 작업자의 적응능력 증대 및 재활을 지원한다.
(3) 작업자는 사업주가 제공하는 건강증진 활동과 재활 프로그램에 적극 참여한다.

11 근골격계질환 예방·관리 프로그램의 평가

(1) 사업주는 예방·관리 프로그램 평가를 매년 해당 부서 또는 사업장 전체를 대상으로 다음과 같은 평가지표를 활용하여 실시할 수 있다.
가. 특정 기간 동안에 보고된 사례수를 기준으로 한 근골격계질환 증상자의 발생빈도
나. 새로운 발생사례를 기준으로 한 발생률의 비교

다. 작업자가 근골격계질환으로 일하지 못한 날을 기준으로 한 근로손실일수의 비교

라. 작업개선 전후의 유해요인 노출특성의 변화

마. 작업자의 만족도 변화

바. 제품불량률 변화 등

(2) 사업주는 예방·관리 프로그램 평가결과 문제점이 발견된 경우에는 다음 연도 예방·관리 프로그램에 이를 보완하여 개선한다.

12 문서의 기록과 보존

(1) 사업주는 다음과 같은 내용을 기록 보존한다.

가. 증상보고서

나. 보건의료 전문가의 소견서 또는 상담일지

다. 근골격계질환자 관리카드

라. 사업장 근골격계질환 예방·관리 프로그램 내용

(2) 사업주는 작업자의 신상에 관한 문서는 5년 동안 보존하며, 시설·설비와 관련된 자료는 시설·설비가 작업장 내에 존재하는 동안 보존한다.

필기시험 기출문제

PART IV | 근골격계질환 예방을 위한 작업관리

1 작업관리의 주목적으로 가장 거리가 먼 것은?

㉮ 정확한 작업측정을 통한 작업개선
㉯ 공정개선을 통한 작업편리성 향상
㉰ 표준시간 설정을 통한 작업효율 관리
㉱ 공정관리를 통한 품질향상

> **해설** 작업관리의 주목적
> ① 최선의 경제적 작업방법의 결정(작업개선)
> ② 작업방법, 재료, 설비, 공구, 작업환경의 표준화(표준화)
> ③ 평균작업자에 의한 과업수행 시간의 정확한 결정(표준시간 설정)
> ④ 신방법의 작업지도(표준의 유지)

2 다음 중 VDT(Video Display Terminal) 증후군의 발생요인이 아닌 것은?

㉮ 인간의 과오를 중요하게 생각하지 않는 직장분위기
㉯ 나이, 시력, 경력, 작업수행도 등
㉰ 책상, 의자, 키보드(keyboard) 등에 의한 작업자세
㉱ 반복적인 작업, 휴식시간의 문제

> **해설** VDT 증후군 발생요인
> ① 개인적 특성요인
> ② 작업환경 요인
> ③ 작업조건 요인

3 다음 중 개선원칙의 설명으로 가장 적절한 것은?

㉮ 공학적 개선은 비용 때문에 가장 나중에 검토되어야 한다.
㉯ 가능한 한 위험작업 개선 시 작업자의 보호정책(보호장구 착용 등)을 우선적으로 검토하여야 한다.
㉰ 위험작업의 경우 직무순환을 우선적으로 검토하고 이후 보호정책을 검토한다.
㉱ 지속적인 교육훈련을 통하여 경영자, 작업자의 인식을 바꾸는 것이 중요하다.

> **해설** 경영자, 작업자의 인식을 바꾸기 위해 지속적인 교육훈련이 필요하다.

4 NIOSH Lifting Equation(NLE) 평가에서 권장무게한계(Recommended Weight Limit)가 20 kg이고 현재 작업물의 무게가 23 kg일 때, 들기지수(Lifting Index)의 값과 이에 대한 평가가 옳은 것은?

㉮ 0.87, 작업을 재설계할 필요가 있다.
㉯ 0.87, 요통의 발생위험이 낮다.
㉰ 1.15, 작업을 재설계할 필요가 없다.
㉱ 1.15, 요통의 발생위험이 높다.

> **해설** LI(들기지수) = 작업물의 무게/RWL(권장무게한계) = 23 kg/20 = 1.15, LI가 1보다 크게 되는 것은 요통의 발생위험이 높은 것을 나타낸다. 따라서 LI가 1 이하가 되도록 작업을 설계/재설계할 필요가 있다.

해답 1 ㉱ 2 ㉮ 3 ㉱ 4 ㉱

5 다음 중 작업관리의 내용과 가장 거리가 먼 것은?

㉮ 작업관리는 방법연구와 작업측정을 주 영역으로 하는 경영기법의 하나이다.

㉯ 작업관리는 작업시간을 단축하는 것이 주목적이다.

㉰ 작업관리는 생산성과 함께 작업자의 안전과 건강을 함께 추구한다.

㉱ 작업관리는 생산과정에서 인간이 관여하는 작업을 주 연구대상으로 한다.

> **해설** 작업관리의 목적
> 공장이나 작업장의 배치를 개선하고 설비의 디자인을 개량하고, 작업환경을 개선하여 작업자의 피로를 덜게 함으로써 토지, 공장건설, 노동의 이용을 유효하게 하려는 것이다.

6 다음 중 작업분석에 관한 설명으로 맞는 것은?

㉮ 필름을 이용한 미세동작 연구는 길브레스(Gilbreth) 부부가 처음 창안하였다.

㉯ 파레토 차트는 혹은 SIMO 차트라고 부른다.

㉰ 미세동작연구를 할 때에는 가능하면 작업방법이 서툰 초보자를 대상으로 한다.

㉱ 미세동작 연구에서는 작업수행도가 월등히 낮은 작업 사이클을 대상으로 한다.

> **해설**
> ㉮ 필름을 이용한 미세동작 연구: 길브레스(Gilbreth) 부부가 처음 창안
> ㉯ SIMO 차트: 작업을 서블릭의 요소동작으로 분리하여 양손의 동작을 시간축에 나타낸 도표
> ㉰ 미세동작 연구를 할 때에는 숙련된 두 명의 작업자 내용을 촬영한다.
> ㉱ 미세동작 연구의 대상은 cycle이 짧고, 반복적인 작업에 유용하며, 대량생산을 하는 작업에 적합하다.

7 다음 중 PTS법의 장점이 아닌 것은?

㉮ 직접 작업자를 대상으로 작업시간을 측정하지 않아도 된다.

㉯ 실제 생산현장을 보지 않고도 작업대의 배치와 작업방법을 알면 표준시간의 산출이 가능하다.

㉰ 전문가의 조언이 거의 필요하지 않을 정도로 PTS법의 적용은 쉽게 표준화되어 사용이 용이하다.

㉱ 표준시간의 설정에 논란이 되는 rating의 필요가 없어 표준시간의 일관성과 정확성이 높아진다.

> **해설** PTS법의 도입초기에는 전문가의 자문이 필요하고 교육 및 훈련비용이 크다.

8 다음 중 공정도에 사용되는 기호인 ○으로 표시하기에 부적절한 것은?

㉮ 작업대상물이 올바르게 시행되었는지를 확인할 때

㉯ 작업대상물이 분해되거나 조립될 때

㉰ 정보를 주고받을 때

㉱ 계산을 하거나 계획을 수립할 때

> **해설** 공정기호

가공	운반	지체	저장	검사
○	⇨	D	▽	□

※ 작업 대상물을 확인하는 것은 검사에 해당된다.

해답 5 ㉯ 6 ㉮ 7 ㉰ 8 ㉮

9 중량물 들기작업 방법에 대한 설명 중 틀린 것은?

㉮ 가능하면 중량물을 양손으로 잡는다.

㉯ 중량물 밑을 잡고 앞으로 운반하도록 한다.

㉰ 허리를 구부려서 작업을 수행한다.

㉱ 손가락만으로 잡지 말고 손 전체로 잡아서 작업한다.

> **해설** 허리를 곧게 유지하고 무릎을 구부려서 들도록 한다.

10 개선의 E.C.R.S에 해당되지 않는 것은?

㉮ Eliminate(제거)

㉯ Collect(모음)

㉰ Rearrange(재배열)

㉱ Simplify(단순화)

> **해설** 개선의 E.C.R.S
> ① E(Eliminate): 제거
> ② C(Combine): 결합
> ③ R(Rearrange): 재배열
> ④ S(Simplify): 단순화

11 다음 중 RULA와 관련하여 맞는 것은?

㉮ 몸통이 수직면 기준으로 앞으로 20°까지 구부릴 때, 각각 1점 부여한다.

㉯ 목이 비틀리는(회전) 경우, 또는 목이 옆으로 구부러지는 경우 1점 추가한다.

㉰ 손목의 굴곡/신전의 각도가 15° 이내이면 1점 부여한다.

㉱ 어깨가 위로 들려 있는 경우 2점 추가한다.

> **해설**
> ㉮ 몸통이 수직면 기준으로 20° 구부릴 때: 2점 부여
> ㉰ 손목의 굴곡/신전의 각도가 15° 이내이면: 2점 부여
> ㉱ 어깨가 들려 있을 경우: 1점 추가

12 다음 중 작업측정에 대한 설명으로 적절한 것은?

㉮ 작업측정은 자격을 가진 전문가만이 수행하여야 한다.

㉯ 반드시 비디오촬영을 병행하여야 한다.

㉰ 측정 시 작업자가 모르게 비밀촬영을 하여야 한다.

㉱ 측정 후 자료는 그대로 사용하지 않고, 작업능률에 따라 자료를 수정하여야 한다.

> **해설** 작업측정
> ㉮ 자격을 가진 전문가가 아니더라도 작업측정을 하는 작업측정 기법이 있다.
> ㉯ 비디오촬영을 병행하지 않아도 되는 작업측정 기법이 있다.
> ㉰ 비밀촬영을 하지 않는 작업측정 기법이 있다.

13 근골격계질환의 원인으로 거리가 먼 것은?

㉮ 반복동작 ㉯ 고온작업

㉰ 과도한 힘 ㉱ 부적절한 자세

> **해설** 근골격계질환의 원인
> ① 부적절한 작업자세
> ② 과도한 힘
> ③ 접촉스트레스
> ④ 반복적인 작업

해답 9 ㉰ 10 ㉯ 11 ㉯ 12 ㉱ 13 ㉯

14 근골격계 예방관리 프로그램의 일반적 구성요소가 아닌 것은?

㉮ 유해요인조사 ㉯ 유해요인 통제
㉰ 의료관리 ㉱ 집단검진

> **해설** 근골격계 예방관리 프로그램은 근골격계질환 예방을 위한 유해요인조사와 개선, 의학적 관리, 교육에 관한 근골격계질환 예방·관리 프로그램의 표준을 제시함이 목적이다.

15 근골격계질환의 발생원인 중 작업 특성 요인이 아닌 것은?

㉮ 작업경력
㉯ 반복적인 동작
㉰ 무리한 힘의 사용
㉱ 동력을 이용한 공구사용 시 진동

> **해설** 작업경력은 개인적 특성요인이다.

16 다음 중 근골격계질환 예방을 위한 바람직한 관리적 개선방안이 아닌 것은?

㉮ 규칙적이고 잦은 휴식을 통하여 피로의 누적을 예방한다.
㉯ 작업확대를 통하여 한 작업자가 할 수 있는 일의 다양성을 넓힌다.
㉰ 전문적인 스트레칭과 체조 등을 교육하고 작업 중 수시로 실시하게 유도한다.
㉱ 중량물운반 등 특정 작업에 적합한 작업자를 선별하여 상대적 위험도를 경감한다.

> **해설** 중량물운반에 적합한 작업자는 없다.

17 표준자료법에 대한 설명 중 틀린 것은?

㉮ 선반작업 같은 특정 작업에 영향을 주는 요인을 결정한 후 정미시간을 존속변수, 요인을 독립변수로 취급하여 두 변수 사이의 함수관계를 바탕으로 표준시간을 구한다.
㉯ 표준자료 작성은 초기비용이 적기 때문에 생산량이 적은 경우에 유리하다.
㉰ 일단 한번 작성되면 유사한 작업에 대한 신속한 표준시간 설정이 가능하다.
㉱ 작업조건이 불안전하거나 표준화가 곤란한 경우에는 표준자료 설정이 곤란하다.

> **해설** 표준자료 작성의 초기비용이 크기 때문에 생산량이 적거나 제품이 큰 경우에는 부적합하다.

18 문제해결을 위해 이해해야 하는 문제자체가 가지는 일반적인 다섯 가지 특성을 잘 나타낸 것은?

㉮ 선행조건, 제약조건, 작업환경, 대안, 개선방향
㉯ 두 가지 상태, 제약조건, 대안, 판단기준, 연구시한
㉰ 선행조건, 제약조건, 대안, 인력, 연구시한
㉱ 두 가지 상태, 제약조건, 대안, 판단기준, 작업환경

> **해설** 문제해결을 위해 이해해야 하는 문제자체가 가지는 일반적인 다섯 가지 특성
> ① 두 가지 상태 ② 제약조건
> ③ 대안 ④ 판단기준
> ⑤ 연구시한

해답 14 ㉱ 15 ㉮ 16 ㉱ 17 ㉯ 18 ㉯

19 유해요인조사 방법 중 OWAS(Ovako Working Posture Analysis System)에 관한 설명으로 틀린 것은?

㉮ OWAS는 작업자세로 인한 작업부하를 평가하는 데 초점이 맞추어져 있다.
㉯ 작업자세에는 허리, 팔, 손목으로 구분하여 각 부위의 자세를 코드로 표현한다.
㉰ OWAS는 신체 부위의 자세뿐만 아니라 중량물의 사용도 고려하여 평가한다.
㉱ OWAS 활동점수표는 4단계 조치단계로 분류된다.

> **해설** OWAS의 작업자세에는 허리, 팔, 다리, 하중으로 구분하여 각 부위의 자세를 코드로 표현한다.

20 다음 중 작업분석의 목적이 아닌 것은?

㉮ 인간주체의 작업계열을 포괄적으로 파악할 수 있다.
㉯ 작업개선의 중점발견에 이용한다.
㉰ 작업표준의 기초자료가 된다.
㉱ 기계 혹은 작업자의 유휴시간 단축에 이용된다.

> **해설** 작업분석의 목적
> 인간주체의 작업계열을 포괄적으로 파악할 수 있고 작업자가 실시하는 작업의 개선과 표준화가 목적이다.

21 정상작업영역(최소작업영역)의 설명으로 옳은 것은?

㉮ 상완(위팔)과 전완(아래팔)을 곧게 펴서 파악할 수 있는 구역을 말한다.
㉯ 상완을 수직으로 늘어뜨린 채, 전완만으로도 파악할 수 있는 구역을 말한다.
㉰ 모든 작업공구와 부품이 이 구역 내에 위치해야 한다.
㉱ 모든 작업자가 편안하게 작업할 수 있는 작업영역을 말한다.

> **해설** 정상작업영역
> 상완을 자연스럽게 수직으로 늘어뜨린 채, 전완만으로 편하게 뻗어 파악할 수 있는 구역(34~45 cm)이다.

22 워크샘플링(work-sampling)에 관한 설명으로 옳은 것은?

㉮ 표준시간 설정에 이용할 경우 레이팅이 필요 없다.
㉯ 작업순서를 기록할 수 있어 개개의 작업에 대한 깊은 연구가 가능하다.
㉰ 작업자가 의식적으로 행동하는 일이 적어 결과의 신뢰수준이 높다.
㉱ 반복작업인 경우 적당하다.

> **해설** 워크샘플링(work-sampling)
> 통계적 수법(확률의 법칙)을 이용하여 관측대상을 랜덤으로 선정한 시점에서 작업자나 기계의 가동상태를 스톱워치 없이 순간적으로 목시관측하여 그 상황을 추정하는 방법이다.

23 다음 중 유해요인조사의 내용과 거리가 먼 것은?

㉮ 표준시간
㉯ 작업조건
㉰ 작업장상황
㉱ 근골격계질환 증상

> **해설** 유해요인조사 내용
> ① 설비·작업공정·작업량·작업속도 등 작업장 상황
> ② 작업시간·작업자세·작업방법 등 작업조건
> ③ 작업과 관련된 근골격계질환 징후 및 증상유무 등

해답 19 ㉯ 20 ㉱ 21 ㉯ 22 ㉰ 23 ㉮

24 동작분석의 종류 중에서 미세동작 분석의 장점이 아닌 것은?

㉮ 직접 관측자가 옆에 없어도 측정이 가능
㉯ 적은 시간과 비용으로 연구 가능
㉰ 복잡하고 세밀한 작업분석 가능
㉱ 작업내용과 작업시간을 동시에 측정가능

> **해설** 미세동작 분석에는 많은 비용과 시간이 소요된다.

25 다음 설명 중 틀린 것은?

㉮ 부적절한 자세는 신체 부위들이 중립적인 위치를 취하는 자세이다.
㉯ 부적절한 자세는 강하고 큰 근육들을 이용하여 작업하는 것을 방해한다.
㉰ 서 있을 때는 등뼈가 S 곡선을 유지하는 것이 좋다.
㉱ pinch grip은 power grip보다 좋지 않다.

> **해설** 신체 부위들이 중립적인 위치를 취하는 것은 적절한 자세에 대한 설명이다.

26 근골격계질환의 발생에 기여하는 작업적 유해요인과 가장 거리가 먼 것은?

㉮ 과도한 힘의 사용
㉯ 불편한 작업자세의 반복
㉰ 부적절한 작업/휴식비율
㉱ 개인 보호장구의 미착용

> **해설** 개인 보호장구 미착용은 작업적 유해요인과 거리가 멀다.

27 작업관리의 목적으로 거리가 먼 것은?

㉮ 작업방법의 개선
㉯ 재료, 방법 등의 표준화
㉰ 비능률적 요소의 제거
㉱ 노동량의 단순증가

> **해설** 작업관리의 목적
> ① 최선의 방법발견(방법개선)
> ② 방법, 재료, 설비, 공구 등의 표준화
> ③ 제품품질의 균일
> ④ 생산비의 절감
> ⑤ 새로운 방법의 작업지도
> ⑥ 안전

28 작업장개선에 있어서 관리적 해결방안이 아닌 것은?

㉮ 작업확대
㉯ 작업자세 및 작업방법
㉰ 작업자교육
㉱ 작업자교대

> **해설** 관리적 해결방안
> ① 작업확대
> ② 작업자교대
> ③ 작업휴식 반복주기
> ④ 작업자교육
> ⑤ 스트레칭

해답 24 ㉯ 25 ㉮ 26 ㉱ 27 ㉱ 28 ㉯

29 작업관련성 근골격계질환의 유형으로 분류되기 어려운 것은?

㉮ 컴퓨터 작업자의 안구건조증
㉯ 전자제조업 조립작업자의 건초염
㉰ 물류창고 중량물 취급자의 활액낭염
㉱ 육류가공업 작업자의 수근관증후군

> **해설** 작업관련성 근골격계질환
> 작업과 관련하여 특정 신체 부위 및 근육의 과도한 사용으로 인해 근육, 연골, 건, 인대, 관절, 혈관, 신경 등에 미세한 손상이 발생하여 목, 허리, 무릎, 어깨, 팔, 손목 및 손가락 등에 나타나는 만성적인 건강장해를 말한다.

30 근골격계질환 예방·관리교육에서 작업자에 대한 필수적인 교육내용으로 틀린 것은?

㉮ 근골격계 부담작업에서의 유해요인
㉯ 예방·관리 프로그램의 수립 및 운영 방법
㉰ 작업도구와 정비 등 작업시설의 올바른 사용방법
㉱ 근골격계질환 발생 시 대처요령

> **해설** 근골격계질환 예방·관리 교육에서의 작업자 교육 내용
> ① 근골격계 부담작업에서의 유해요인
> ② 작업도구와 장비 등 작업시설의 올바른 사용방법
> ③ 근골격계질환의 증상과 징후 식별방법 및 보고방법
> ④ 근골격계질환 발생 시 대처요령
> ⑤ 기타 근골격계질환 예방에 필요한 사항

31 NIOSH의 들기방정식(Lifting Equation)에 관련된 설명으로 틀린 것은?

㉮ 권고중량한계(RWL)란 대부분의 건강한 작업자들이 요통의 위험 없이 작업시간 동안 들기작업을 할 수 있는 작업물의 무게를 말한다.
㉯ 들기지수(LI)는 물체 무게와 권고중량한계의 비율로 나타낸다.
㉰ 들기지수(LI)가 3을 초과하면 '일부' 작업자에게서 들기작업과 관련된 요통발생의 위험수준이 증가한다는 것을 의미한다.
㉱ 들기방정식은 물건을 들어 올리는 작업과 내리는 작업이 요통에 대해 같은 위험수준을 갖는다고 가정한다.

> **해설** 들기지수(LI)의 값이 3이 넘어가면 작업자가 현재작업의 무게한계보다 3배 이상인 무게를 취급하고 있으므로, 매우 위험한 작업이라고 할 수 있다. 따라서 들기지수가 3 이상인 경우에는 반드시 빠른 개선이 이루어져야 한다.

32 유해요인조사 방법에 관한 설명으로 틀린 것은?

㉮ NIOSH Guideline은 중량물작업의 분석에 이용된다.
㉯ RULA, OWAS는 자세평가를 주목적으로 한다.
㉰ REBA는 상지, RULA는 하지자세를 평가하기 위한 방법이다.
㉱ JSI는 작업의 재설계 등을 검토할 때에 이용한다.

> **해설** RULA는 상지, REBA는 상지, 하지자세를 평가하기 위한 방법이다.

해답 29 ㉮ 30 ㉯ 31 ㉰ 32 ㉰

33 신체사용에 관한 동작경제 원칙 중에서 가장 거리가 먼 것은?

㉮ 양손은 동시에 시작하고 멈춘다.
㉯ 양손이 항상 같이 쉬도록 한다.
㉰ 두 팔은 서로 반대방향으로 대칭적으로 움직이도록 한다.
㉱ 가능하다면 쉽고도 자연스러운 리듬이 생기도록 동작을 배치한다.

> **해설** 양손이 동시에 쉬는 일이 없도록 한다.

34 작업분석의 문제분석 도구 중에서 '원인결과도'라고도 불리며 결과를 일으킨 원인을 5~6개의 주요원인에서 시작하여 세부원인으로 점진적으로 찾아가는 기법은?

㉮ 파레토분석차트
㉯ 특성요인도
㉰ 간트차트
㉱ PERT차트

> **해설** 특성요인도
> 원인결과도라고도 부르며 바람직하지 않은 사건에 대한 결과를 물고기의 머리, 이러한 결과를 초래한 원인을 물고기의 뼈로 표현하여 분석하는 기법이다.

35 작업개선을 위해 검토할 착안사항과 거리가 먼 항목은?

㉮ "이 작업은 꼭 필요한가? 제거할 수는 없는가?"
㉯ "이 작업을 다른 작업과 결합시키면 더 나은 결과가 생길 것인가?"
㉰ "이 작업을 기계화 또는 자동화할 경우의 투자효과는 어느 정도인가?"
㉱ "이 작업의 순서를 바꾸면 좀 더 효율적이지 않을까?"

> **해설** 개선의 E.C.R.S
> ① 이 작업은 꼭 필요한가? 제거할 수는 없는가?(Eliminate)
> ② 이 작업을 다른 작업과 결합시키면(사람, 장소 및 시간 관점에서) 더 나은 결과가 생길 것인가?(Combine)
> ③ 이 작업의 순서를 바꾸면(사람, 장소 및 시간 관점에서) 좀 더 효율적이지 않을까?(Rearrange)
> ④ 이 작업을 좀 더 단순화할 수 있지 않을까?(Simplify)

36 A 공장에서 한 제품의 가공작업의 평균시간이 3분, 레이팅계수가 105%, 여유율이 15%라고 할 때 외경법에 의한 표준시간은?

㉮ 3.42분
㉯ 3.62분
㉰ 3.71분
㉱ 3.81분

> **해설** 표준시간(외경법)
> 표준시간(ST)=정미시간×(1+여유율)
> (정미시간=관측시간의 대표값×$\left(\frac{\text{레이팅 계수}}{100}\right)$)
> $= 3.15 \times (1 + 0.15) = 3.6225$

해답 33 ㉯ 34 ㉯ 35 ㉰ 36 ㉯

37 근골격계질환의 예방에서 단기적 관리 방안이 아닌 것은?

㉮ 관리자, 작업자, 보건관리자 등에 인간공학 교육

㉯ 근골격계질환 예방관리 프로그램 도입

㉰ 교대근무에 대한 고려

㉱ 안전한 작업방법 교육

> **해설** 근골격계질환 예방관리 프로그램 도입은 장기적 관리방안이다.

38 보다 많은 아이디어를 창출하기 위하여 가능한 모든 의견을 비판 없이 받아들이고 수정발언을 허용하며 대량발언을 유도하는 방법은?

㉮ Brainstorming ㉯ ECRS 원칙

㉰ Mind Mapping ㉱ SEARCH

> **해설** Brainstorming
> 참여자의 보다 많은 아이디어를 창출하기 위하여 가능한 모든 의견을 비판 없이 받아들이고 수정발언을 허용하며 대량발언을 유도하는 방법이다.

39 디자인 프로세스의 과정을 바르게 나열한 것은?

㉮ 문제분석 → 대안도출 → 문제형성 → 대안평가 → 선정안제시

㉯ 문제형성 → 대안도출 → 선정안제시 → 문제분석 → 대안평가

㉰ 문제형성 → 대안도출 → 대안평가 → 문제분석 → 선정안제시

㉱ 문제형성 → 문제분석 → 대안도출 → 대안평가 → 선정안제시

> **해설** 디자인 프로세스 과정
> 문제형성 → 문제분석 → 대안도출 → 대안평가 → 선정안 제시

40 수작업에 관한 작업지침으로 옳은 것은?

㉮ 내편향(우골편향) 손자세가 외편향(척골편향) 자세보다 일반적으로 더 위험하다.

㉯ 가능하면 손목각도를 5~10° 로 굽히는 것이 편안한 자세이다.

㉰ 장갑을 사용하면 쥐는 힘이 일반적으로 더 좋아진다.

㉱ 힘이 요구되는 작업에는 power grip을 사용한다.

> **해설** 수작업에서의 자세에 관한 수공구 개선
> ① 손목을 곧게 유지한다.
> ② 힘이 요구되는 작업에는 파워그립(power grip)을 사용한다.
> ③ 지속적인 정적근육부하(loading)를 피한다.
> ④ 반복적인 손가락동작을 피한다.
> ⑤ 양손 중 어느 손으로도 사용이 가능하고 적은 스트레스를 주는 공구를 개인에게 사용되도록 설계한다.

해답 37 ㉯ 38 ㉮ 39 ㉱ 40 ㉱

41 어떤 작업 한 사이클의 정미시간이 5분, 레이팅계수는 110%, 여유율 10%일 때 표준시간(standard time)은 약 몇 분인가? (단, 여유율은 정미시간을 기준으로 계산한 것이다.)

㉮ 6
㉯ 8
㉰ 10
㉱ 12

해설 외경법
표준시간(ST)=정미시간×(1+여유율)
$=5\times(1+0.1)$
$=5.5$

42 다음 중 위험작업의 관리적 개선에 속하지 않는 것은?

㉮ 작업자의 신체에 맞는 작업장 개선
㉯ 작업자의 교육 및 훈련
㉰ 작업자의 작업속도 조절
㉱ 적절한 작업자의 선발

해설 관리적 개선
① 작업의 다양성 제공
② 직무순환
③ 작업일정 및 작업속도 조절
④ 회복시간 제공
⑤ 작업습관 변화
⑥ 작업공간, 공구 및 장비의 주기적 청소 및 유지 보수
⑦ 작업자 적정배치
⑧ 직장체조(스트레칭) 강화

43 다음 중 작업장시설의 재배치, 기자재 소통상 혼잡지역 파악, 공정과정 중 역류현상 점검 등에 가장 유용하게 사용할 수 있는 공정도는?

㉮ Flow diagram
㉯ Operation process chart
㉰ Gantt chart
㉱ Man-machine chart

해설 Flow Diagram(유통선도)
제조과정에서 발생하는 작업, 운반, 정체, 검사, 보관 등의 사항이 생산현장의 어느 위치에서 발생하는가를 알 수 있도록 부품의 이동경로를 배치도상에 선으로 표시한 후, 유통공정도에서 사용되는 기호와 번호를 발생위치에 따라 유통선상에 표시한 도표이다.

44 Work factor 분석법 중 동작의 난이도를 결정하는 요소에 해당되지 않는 것은?

㉮ 방향조절
㉯ 일정한 정지
㉰ 방향변경
㉱ 동작의 거리

해설 Work factor
동작의 난이도를 나타내는 인위적 조절정도는 S(방향조절), P(주의), U(방향변경), D(일정한 정지)로 나타낸다.

해답 41 ㉮ 42 ㉮ 43 ㉮ 44 ㉱

45 영상표시 단말기 취급작업자 작업관리 지침에서 지정한 작업자세로 적절하지 않은 것은?

㉮ 작업화면상의 시야범위는 수평선상으로 할 것
㉯ 화면과 작업자의 눈과의 거리는 적어도 40 cm 이상을 유지할 것
㉰ 무릎의 내각은 90° 전후가 되도록 할 것
㉱ 팔꿈치의 내각은 90° 이상이 되도록 할 것

해설 화면상의 시야범위는 수평선상에서 10~15° 밑에 오도록 한다.

46 다음 중 작업개선을 위한 개선의 ECRS와 거리가 먼 것은?

㉮ Combine
㉯ Simplify
㉰ Redesign
㉱ Eliminate

해설 개선의 E.C.R.S
① E(Eliminate): 제거
② C(Combine): 결합
③ R(Rearrange): 재배열
④ S(Simplify): 단순화

47 어느 회사의 컨베이어 라인에서 작업순서가 다음 [표]의 번호와 같이 구성되어 있다. 다음 설명 중에서 옳은 것은?

작업	① 조립	② 납땜	③ 검사	④ 포장
작업시간(초)	10초	9초	8초	7초

㉮ 라인의 주기시간은 7초이다.
㉯ 애로작업은 검사작업이다.
㉰ 라인의 시간당 생산량은 6개이다.
㉱ 공정손실은 15%이다.

해설 라인밸런싱
① 주기시간: 가장 긴 작업이 10초이므로 10초
② 애로작업: 조립작업
③ 시간당 생산량: 1개에 10초 걸리므로

$$\frac{3,600\text{초}}{10\text{초}} = 360\text{개}$$

④ 공정손실: $\frac{\text{총 유휴시간}}{\text{작업자 수} \times \text{주기시간}} \times 100$

$$= \frac{6}{4 \times 10} \times 100 = 15\%$$

48 다음 중 워크샘플링(work－sampling)에 대한 설명으로 옳은 것은?

㉮ 자료수집 및 분석시간이 길다.
㉯ 관측이 순간적으로 이루어져 작업에 방해가 적다.
㉰ 시간연구법보다 더 정확하다.
㉱ 컨베이어 작업처럼 짧은 주기의 작업에 알맞다.

해설 워크샘플링(work－sampling)
통계적 수법(확률의 법칙)을 이용하여 관측대상을 랜덤으로 선정한 시점에서 작업자나 기계의 가동상태를 스톱워치 없이 순간적으로 목시관측하여 그 상황을 추정하는 방법으로, 관측을 순간적으로 하기 때문에 작업자를 방해하지 않으면서 용이하게 연구를 진행시킨다.

해답 45 ㉮ 46 ㉰ 47 ㉱ 48 ㉯

49 OWAS 평가방법에서 고려되는 평가항목으로 가장 적절하지 않은 것은?

㉮ 하중
㉯ 허리
㉰ 다리
㉱ 손목

> **해설** OWAS 평가항목
> ① 허리(back)
> ② 팔(arms)
> ③ 다리(legs)
> ④ 하중(weight)

50 다음 중 근골격계질환 예방관리 프로그램의 적용을 위한 기본원칙과 거리가 먼 것은?

㉮ 문서화의 원칙
㉯ 시스템 접근의 원칙
㉰ 노·사 공동참여의 원칙
㉱ 전사 일시 완전해결의 원칙

> **해설** 근골격계질환의 예방관리 원칙
> ① 노·사의 근골격계질환 문제인식의 원칙
> ② 노·사의 공동참여의 원칙
> ③ 전사적 지원의 원칙
> ④ 사업장 내 자율적 해결의 원칙
> ⑤ 시스템적 접근의 원칙
> ⑥ 지속적 관리 및 사후평가의 원칙
> ⑦ 문서화의 원칙

51 다음 중 작업관리에서 사용되는 기본형 5단계 문제해결 절차로 가장 적절한 것은?

㉮ 연구대상 선정 → 분석과 기록 → 자료의 검토 → 개선안의 수립 → 개선안의 도입
㉯ 연구대상 선정 → 자료의 검토 → 분석과 기록 → 개선안의 수립 → 개선안의 도입
㉰ 연구대상 선정 → 분석과 기록 → 개선안의 수립 → 자료의 검토 → 개선안의 도입
㉱ 연구대상 선정 → 자료의 검토 → 개선안의 수립 → 분석과 기록 → 개선안의 도입

> **해설** 기본형 5단계 문제해결 절차
> 연구대상 선정 → 분석과 기록 → 자료의 검토 → 개선안의 수립 → 개선안의 도입

52 다음 중 표준자료법의 특징에 관한 설명으로 관계가 가장 먼 것은?

㉮ 레이팅(rating)이 필요 없다.
㉯ 현장에서 직접 측정하지 않더라도 표준시간을 산정할 수 있다.
㉰ 표준자료 작성의 초기 비용이 저렴하다.
㉱ 표준자료의 사용법이 정확하다면 누구라도 일관성 있게 표준시간을 산정할 수 있다.

> **해설** 표준자료법
> ① 제조원가의 사전견적이 가능하며, 현장에서 직접 측정하지 않더라도 표준시간을 산정할 수 있다.
> ② 레이팅이 필요 없다.
> ③ 표준시간의 정도가 떨어진다.
> ④ 표준자료의 사용법이 정확하다면 누구라도 일관성 있게 표준시간을 산정할 수 있다.

해답 49 ㉱ 50 ㉱ 51 ㉮ 52 ㉰

53 다음 중 근골격계 부담작업의 범위에 속하지 않는 것은? (단, 단기간 작업 또는 간헐적인 작업은 제외한다.)

㉮ 하루에 5회 이상 25 kg 이상의 물체를 드는 작업

㉯ 하루에 4시간 이상 집중적으로 자료입력 등을 위해 키보드를 조작하는 작업

㉰ 하루에 총 2시간 이상 쪼그리고 앉거나 무릎을 굽힌 자세에서 이루어지는 작업

㉱ 하루에 총 2시간 이상, 분당 2회 이상 4.5 kg 이상의 물체를 드는 작업

> **해설** 근골격계 부담작업 제8호
> 하루에 10회 이상 25 kg 이상의 물체를 드는 작업이다.

54 다음 중 근골격계질환의 예방에서 단기적 관리방안으로 볼 수 없는 것은?

㉮ 안전한 작업방법 교육

㉯ 휴게실, 운동시설 등 기타 관리시설 확충

㉰ 근골격계질환 예방관리 프로그램 도입

㉱ 작업자에 대한 휴식시간의 배려

> **해설** 단기적 관리방안
> ① 인간공학 교육(관리자, 작업자, 노동조합, 보건관리자 등)
> ② 위험요인의 인간공학적 분석 후 작업장 개선
> ③ 작업자에 대한 휴식시간의 배려
> ④ 교대근무에 대한 고려
> ⑤ 안전예방 체조의 도입
> ⑥ 안전한 작업방법 교육
> ⑦ 재활복귀질환자에 대한 재활시설의 도입, 의료시설 및 인력확보
> ⑧ 휴게실, 운동시설 등 기타 관리시설 확충

55 다음의 서블릭(therblig)을 이용한 분석에서 비효율적인 동작으로 개선을 검토해야 할 동작은?

㉮ 분해(DA)

㉯ 잡고 있기(H)

㉰ 운반(TL)

㉱ 사용(U)

> **해설** 제3류(작업이 진행되지 않는 동작)
> ① 잡고 있기(H)
> ② 불가피한 지연(UD)
> ③ 피할 수 있는 지연(AD)
> ④ 휴식(R)

해답 53 ㉮ 54 ㉰ 55 ㉯

56 다음 중 NIOSH Lifting Equation(NLE)의 평가를 적용할 수 있는 가장 적절한 작업은?

㉮ 들기작업
㉯ 반복적인 작업
㉰ 밀기작업
㉱ 당기기작업

> **해설** NLE(NIOSH Lifting Equation)
> 들기작업에 대한 권장무게한계(RWL)를 쉽게 산출하도록 하여 작업의 위험성을 예측하여 인간공학적인 작업방법의 개선을 통해 작업자의 직업성 요통을 사전에 예방하는 것이다.

57 다음 중 OWAS(Ovako Working-posture Analysis System) 평가에 대한 설명으로 틀린 것은?

㉮ 워크샘플링에 기본을 두고 있다.
㉯ 몸의 움직임이 적으면서 반복하여 사용하는 작업의 평가에 용이하다
㉰ 정밀한 작업자세를 평가하기 어렵다.
㉱ 작업자세 측정간격은 작업의 특성에 따라 달라질 수 있다.

> **해설** OWAS의 한계점
> 상지나 하지 등 몸의 일부의 움직임이 적으면서도 반복하여 사용하는 작업 등에서는 차이를 파악하기 어렵다.

58 다음 중 근골격계질환의 위험요인으로 가장 거리가 먼 것은?

㉮ 반복적인 움직임
㉯ 강한 노동강도
㉰ 둥근 면과의 접촉
㉱ 국부적인 진동

> **해설** 근골격계질환의 작업특성 요인
> ① 반복성
> ② 부자연스런 또는 취하기 이려운 자세
> ③ 과도한 힘
> ④ 접촉스트레스
> ⑤ 진동
> ⑥ 온도, 조명 등 기타 요인

59 다음 중 작업대의 개선방법으로 옳은 것은?

㉮ 입식작업대의 높이는 경작업의 경우 팔꿈치의 높이보다 5~10 cm 정도 높게 설계한다.
㉯ 입식작업대의 높이는 중작업의 경우 팔꿈치높이보다 10~20 cm 정도 낮게 설계한다.
㉰ 입식작업대의 높이는 정밀작업의 경우 팔꿈치의 높이보다 5~10 cm 정도 낮게 설계한다.
㉱ 좌식작업대의 높이는 동작이 큰 작업에는 팔꿈치의 높이보다 약간 높게 설계한다.

> **해설** 아래로 많은 힘을 필요로 하는 중 작업(무거운 물건을 다루는 작업)은 팔꿈치높이를 10~20 cm 정도 낮게 한다.

해답 56 ㉮ 57 ㉯ 58 ㉰ 59 ㉯

60 다음 중 수공구의 개선방법으로 가장 관계가 먼 것은?

㉮ 손목을 똑바로 펴서 사용한다.
㉯ 지속적인 정적 근육부하를 방지한다.
㉰ 수공구 대신 동력공구를 사용한다.
㉱ 가능하면 손잡이의 접촉면을 작게 한다.

> **해설** 수공구 개선
> ① 손목을 곧게 유지한다(손목을 꺾지 말고 손잡이를 꺾어라).
> ② 힘이 요구되는 작업에는 파워그립(power grip)을 사용한다.
> ③ 지속적인 정적 근육부하(loading)를 피한다.
> ④ 반복적인 손가락동작을 피한다.
> ⑤ 양손 중 어느 손으로도 사용이 가능하고 적은 스트레스를 주는 공구를 개인에게 사용되도록 설계한다.

61 다음 중 문제분석 도구에 관한 설명으로 틀린 것은?

㉮ 파레토 차트(Pareto chart)는 문제의 인자를 파악하고 그것들이 차지하는 비율을 누적분포의 형태로 표현한다.
㉯ 특성요인도는 바람직하지 못한 사건이나 문제의 결과를 물고기의 머리로 표현하고 그 결과를 초래하는 원인을 인간, 기계, 방법, 자재, 환경 등의 종류로 구분하여 표시한다.
㉰ 간트 차트(Gantt chart)는 여러 가지 활동 계획의 시작시간과 예측 완료시간을 병행하여 시간축에 표시하는 도표이다.
㉱ PERT(Program Evalution and Review Technique)는 어떤 결과의 원인을 역으로 추적해나가는 방식의 분석 도구이다.

> **해설** PERT 차트는 목표달성을 위한 적정해를 그래프로 추적해 가는 계획 및 조정도구이다.

62 다음 중 NLE(NIOSH Lifting Equation)의 변수와 결과에 대한 설명으로 틀린 것은?

㉮ 수평거리 요인이 변수로 작용한다.
㉯ LI(들기지수)값이 1 이상이 나오면 안전하다.
㉰ 개정된 공식에서는 허리의 비틀림도 포함되어 있다.
㉱ 권장무게한계(RWL)의 최대치는 23 kg이다.

> **해설** LI(Lifting Index, 들기지수)
> LI = 작업물 무게/RWL
> LI가 1보다 크게 되는 것은 요통의 발생위험이 높은 것을 나타내기 때문에, LI가 1 이하가 되도록 작업을 설계/재설계할 필요가 있다.

해답 60 ㉱ 61 ㉱ 62 ㉯

63 다음 중 근골격계 부담작업에 해당하는 것은?

㉮ 25 kg 이상의 물체를 하루에 10회 이상 드는 작업
㉯ 10 kg 이상의 물체를 하루에 15회 이상 무릎 아래에서 드는 작업
㉰ 3.5 kg 이상의 물건을 하루에 총 2시간 이상 지지되지 않은 상태에서 한 손으로 드는 작업
㉱ 하루에 총 1시간 이상 쪼그리고 앉거나 무릎을 굽힌 자세에서 이루어지는 작업

해설
① 근골격계 부담작업 제5호: 하루에 총 2시간 이상 쪼그리고 앉거나 무릎을 굽힌 자세에서 이루어지는 작업
② 근골격계 부담작업 제6호: 하루에 총 2시간 이상 지지되지 않은 상태에서 1 kg 이상의 물건을 한 손의 손가락으로 집어 옮기거나, 2 kg 이상에 상응하는 힘을 가하여 한손의 손가락으로 물건을 쥐는 작업
③ 근골격계 부담작업 제8호: 하루에 10회 이상 25 kg 이상의 물체를 드는 작업
④ 근골격계 부담작업 제9호: 하루에 25회 이상 10 kg 이상의 물체를 무릎 아래에서 들거나, 어깨 위에서 들거나, 팔을 뻗은 상태에서 드는 작업

64 다음 중 서블릭(therblig)에 대한 설명으로 옳은 것은?

㉮ 작업측정을 통한 시간산출의 단위이다.
㉯ 빈손이동(TE)은 비효율적 서블릭이다.
㉰ 카메라 분석을 통하여 파악할 수 있다.
㉱ 21가지의 기본동작을 분류하여 기호화한 것이다.

해설 미세동작 연구(micromotion study)는 화면 안에 시계와 작업진행 상황이 동시에 들어가도록 사진이나 비디오카메라로 촬영한 뒤 한 프레임씩 서블릭에 의하여 SIMO chart를 그려 동작을 분석하는 연구방법이다.

65 다음 중 표준시간에 대한 설명으로 적절하지 않은 것은?

㉮ 숙련된 작업자가 특정의 작업 페이스(pace)로 수행하는 작업시간의 개념이다.
㉯ 표준시간에는 여유율의 개념이 포함되어 있다.
㉰ 표준시간에는 수행도평가(performance rating)값이 포함되어 있다.
㉱ 이론상으로는 작업시간을 실제로 측정하지 않아도 표준시간을 결정할 수 있다.

해설 표준시간의 정의
① 정해진 작업환경 조건 아래 정해진 설비, 치공구를 사용(표준작업 조건)
② 정해진 작업방법을 이용(표준작업 방법)
③ 그 일에 대하여 기대되는 보통정도의 숙련을 가진 작업자(표준작업 능력)
④ 정신적, 육체적으로 무리가 없는 정상적인 작업 페이스(표준작업 속도)
⑤ 규정된 질과 양의 작업(표준작업량)을 완수하는 데 필요한 시간(공수)

66 다음 중 근골격계질환 예방관리 프로그램의 일반적 구성요소로 볼 수 없는 것은?

㉮ 유해요인조사
㉯ 작업환경 개선
㉰ 의학적 관리
㉱ 집단검진

해설 근골격계질환 예방관리 프로그램은 예방·관리정책 수립, 교육/훈련실시, 유해요인 관리, 의학적 관리, 작업환경 등 개선활동, 프로그램 평가로 이루어져 있다.

해답 63 ㉮ 64 ㉰ 65 ㉮ 66 ㉱

67 다음 작업관리 용어 중 그 성격이 다른 것은?

㉮ 공정분석
㉯ 동작연구
㉰ 표준자료
㉱ 경제적인 작업방법

68 어느 조립작업의 부품 1개 조립당 평균 관측시간이 1.5분, rating계수가 110%, 외경법에 의한 일반 여유율이 20%라고 할 때, 외경법에 의한 개당 표준시간과 8시간 작업에 따른 총 일반 여유시간은 얼마인가?

㉮ 개당 표준시간: 1.98분,
총 일반 여유시간: 80분
㉯ 개당 표준시간: 1.65분,
총 일반 여유시간: 400분
㉰ 개당 표준시간: 1.65분,
총 일반 여유시간: 80분
㉱ 개당 표준시간: 1.98분,
총 일반 여유시간: 400분

> **해설** 여유율(외경법)
> 정미시간(NT)=관측시간의 대푯값(T_0) $\times \frac{\text{레이팅 계수}(R)}{100}$
> $= 1.5 \times \frac{110}{100} = 1.65$
> 표준시간(ST) =정미시간(NT)×(1+여유율)
> $= 1.65 \times (1+0.2) = 1.98$(분)
> 8시간 근무시간 중 총 정미시간
> $= 480 \times \frac{1.65}{1.98} = 400$
> 총 일반 여유시간$= 480 - 400 = 80$(분)

69 다음 중 작업관리의 문제해결 절차를 올바르게 나열한 것은?

㉮ 연구대상의 선정→작업방법의 분석→분석자료의 검토→개선안의 수립 및 도입→확인 및 재발방지
㉯ 연구대상의 선정→개선안의 수립 및 도입→분석자료의 검토→작업방법의 분석→확인 및 재발방지
㉰ 개선안의 수립 및 도입→연구대상의 선정→작업방법의 분석→분석자료의 검토→확인 및 재발방지
㉱ 분석자료의 검토→연구대상의 선정→개선안의 수립 및 도입→작업방법의 분석→확인 및 재발방지

> **해설** 문제해결 절차 5단계
> 연구대상 선정→분석과 기록→자료의 검토→개선안의 수립→개선안의 도입

70 다음 중 개선의 ECRS에 대한 내용으로 옳은 것은?

㉮ Economic: 경제성
㉯ Combine: 결합
㉰ Reduce: 절감
㉱ Specification: 규격

> **해설** 개선의 E.C.R.S
> Eliminate: 불필요한 작업·작업요소 제거
> Combine: 다른 작업·작업요소와의 결합
> Rearrange: 작업순서의 변경
> Simplify: 작업·작업요소의 단순화·간소화

해답 67 ㉰ 68 ㉮ 69 ㉮ 70 ㉯

71 다음 중 작업분석 시 문제분석 도구로 적합하지 않은 것은?

㉮ 작업공정도
㉯ 다중활동 분석표
㉰ 서블릭 분석
㉱ 간트차트

해설 서블릭 분석은 작업자의 작업을 요소동작으로 나누어 관측용지에 서블릭 기호로 기록·분석하는 방법이다.

72 다음 중 팔꿈치 부위에 발생하는 근골격계질환의 유형에 해당되는 것은?

㉮ 수근관증후군
㉯ 바를텐베르그증후군
㉰ 외상과염
㉱ 추간판탈출증

해설 외상과염은 손과 손목의 움직임을 제어하는 팔(상완)의 근육군들의 사용방법에 따라 발생한다.

73 PTS법을 스톱워치법과 비교하였을 때 PTS법의 장점으로 될 수 없는 것은?

㉮ 레이팅을 하여 정도를 높인다.
㉯ 작업방법만 알면 시간산출이 가능하다.
㉰ 표준자료를 쉽게 작성할 수 있다.
㉱ 작업방법에 대한 상세기록이 남는다.

해설 PTS법은 작업자의 능력이나 노력에 관계없이 객관적인 표준시간을 결정할 수 있다. 따라서 레이팅이 필요 없다.

74 OWAS 자세평가에 의한 조치수준 중 가까운 미래에 작업자세의 교정이 필요한 경우에 해당되는 것은?

㉮ 수준 1
㉯ 수준 2
㉰ 수준 3
㉱ 수준 4

해설 OWAS 조치단계 분류
Action category 1: 이 자세에 의한 근골격계 부담은 문제 없다. 개선이 불필요하다.
Action category 2: 이 자세는 근골격계에 유해하다. 가까운 시일 내에 개선해야 한다.
Action category 3: 이 자세는 근골격계에 유해하다. 가능한 한 빠른 시일 내에 개선해야 한다.
Action category 4: 이 자세는 근골격계에 매우 유해하다. 즉시 개선해야 한다.

75 여러 개의 스패너 중 1개를 선택하여 고르는 것을 의미하는 서블릭 기호는?

㉮ ST
㉯ H
㉰ P
㉱ PP

해설 서블릭(therblig) 기호
ST(select): 선택
H(hold): 잡고 있기
P(position): 바로놓기
PP(pre-position): 준비함

해답 71 ㉰ 72 ㉰ 73 ㉮ 74 ㉯ 75 ㉮

76 다음 중 상완, 전완, 손목을 그룹 A로, 목, 상체 다리를 그룹 B로 나누어 측정, 평가하는 유해요인의 평가기법은?

㉮ NIOSH 들기 지수
㉯ OWAS
㉰ RULA
㉱ REBA

> **해설** RULA의 평가과정
> RULA의 평가는 먼저 A그룹과 B그룹으로 나누는데 A그룹에서는 위팔, 아래팔, 손목, 손목 비틀림에 관해 자세 점수를 구하고, 거기에 근육사용과 힘에 대한 점수를 더해서 점수를 구하고, B그룹에서도 목, 몸통, 다리에 관한 점수에 근육과 힘에 대한 점수를 구해 A그룹에서 구한 점수와 B그룹에서 구한 점수를 가지고 표를 이용해 최종 점수를 구한다.

77 동작경제의 원칙 중 작업장의 배치에 관한 원칙에 해당하는 것은?

㉮ 두 손의 동작은 같이 시작하고 같이 끝나도록 한다.
㉯ 손의 동작은 완만하게 연속적인 동작이 되도록 한다.
㉰ 두 팔의 동작을 서로 반대방향으로 대칭적으로 움직인다.
㉱ 공구, 재료 및 제어장치는 사용위치에 가까이 두도록 한다.

> **해설** 작업장의 배치에 관한 원칙
> ① 모든 공구와 재료는 일정한 위치에 정돈되어야 한다.
> ② 공구와 재료는 작업이 용이하도록 작업자의 주위에 있어야 한다.
> ③ 중력을 이용한 부품상자나 용기를 이용하여 부품을 부품 사용장소에 가까이 보낼 수 있도록 한다.
> ④ 가능하면 낙하시키는 방법을 이용하여야 한다.
> ⑤ 공구 및 재료는 동작에 가장 편리한 순서로 배치하여야 한다.
> ⑥ 채광 및 조명장치를 잘 하여야 한다.
> ⑦ 의자와 작업대의 모양과 높이는 각 작업자에게 알맞도록 설계되어야 한다.
> ⑧ 작업자가 좋은 자세를 취할 수 있는 모양, 높이의 의자를 지급해야 한다.

78 다음 중 영상표시 단말기(VDT) 취급작업자의 작업자세로 적절하지 않은 것은?

㉮ 화면상단보다 눈높이가 낮아야 한다.
㉯ 화면상의 시야범위는 수평선상에서 10~15° 밑에 오도록 한다.
㉰ 화면과의 거리는 최소 40 cm 이상이 확보되어야 한다.
㉱ 위팔(upper arm)은 자연스럽게 늘어뜨리고, 팔꿈치의 내각은 90° 이상이 되어야 한다.

> **해설** 작업자의 시선범위
> ① 화면상단과 눈높이가 일치해야 한다.
> ② 화면상의 시야범위는 수평선상에서 10~15° 밑에 오도록 한다.
> ③ 화면과의 거리는 최소 40 cm 이상이 확보되도록 한다.

79 다음 중 근골격계질환의 일반적인 발생 원인과 가장 거리가 먼 것은?

㉮ 부자연스러운 작업자세
㉯ 과도한 힘의 사용
㉰ 짧은 주기의 반복적인 동작
㉱ 보호장구의 미착용

> **해설** 근골격계질환의 발생 원인으로는 반복성, 부자연스런 또는 취하기 어려운 자세, 과도한 힘, 접촉 스트레스, 진동, 온도, 조명 등이 있다.

해답 76.㉰ 77 ㉱ 78 ㉮ 79 ㉱

80 다음 중 자세에 관한 수공구의 개선사항으로 틀린 것은?

㉮ 손목을 곧게 펴서 사용하도록 한다.
㉯ 반복적인 손가락동작을 방지하도록 한다.
㉰ 지속적인 정적근육 부하를 방지하도록 한다.
㉱ 정확성이 요구되는 작업은 파워그립을 사용하도록 한다.

해설 자세에 관한 수공구 개선
① 손목을 곧게 유지한다(손목을 꺾지 말고 손잡이를 꺾어라).
② 힘이 요구되는 작업에는 파워그립(power grip)을 사용한다.
③ 지속적인 정적 근육부하(loading)를 피한다.
④ 반복적인 손가락동작을 피한다.
⑤ 양손 중 어느 손으로도 사용이 가능하고 적은 스트레스를 주는 공구를 개인에게 사용되도록 설계한다.

81 다음 중 [보기]와 같은 작업표준의 작성 절차를 올바르게 나열한 것은?

[보기]
a. 작업분해
b. 작업의 분류 및 정리
c. 작업표준안 작성
d. 작업표준의 제정과 교육실시
e. 동작순서 설정

㉮ a → b → c → e → d
㉯ a → e → b → c → d
㉰ b → a → e → c → d
㉱ b → a → c → e → d

해설 작업표준 작성절차
작업의 분류 및 정리 → 작업분해 → 동작순서 설정 → 작업표준안 작성 → 작업표준의 제정과 교육실시

82 다음 중 파레토 차트에 관한 설명으로 틀린 것은?

㉮ 재고관리에서는 ABC 곡선으로 부르기도 한다.
㉯ 20% 정도에 해당하는 중요한 항목을 찾아낸 것이 목적이다.
㉰ 불량이나 사고의 원인이 되는 중요한 항목을 찾아 관리하기 위함이다.
㉱ 작성방법은 빈도수가 낮은 항목부터 큰 항목 순으로 차례대로 나열하고, 항목별 점유비율과 누적비율을 구한다.

해설 파레토 차트의 작성방법은 먼저 빈도수가 큰 항목부터 낮은 항목 순으로 차례대로 항목들을 나열 한 후에 항목별 점유비율과 누적비율을 구하고, 이들 자료를 이용하여 x축에 항목, y축에 점유비율과 누적비율로 막대–꺾은선 혼합그래프를 그리면 된다.

83 다음 중 사람이 행하는 작업을 기본동작으로 분류하고, 각 기본동작들은 동작의 성질과 조건에 따라 이미 정해진 기준시간을 적용하여 전체작업의 정미시간을 구하는 방법은?

㉮ PTS법
㉯ Work sampling법
㉰ Therblig 분석
㉱ Rating법

해설 PTS법이란 기본동작 요소(therblig)와 같은 요소동작이나, 또는 운동에 대해서 미리 정해 놓은 일정한 표준요소 시간값을 나타낸 표를 적용하여 개개의 작업을 수행하는 데 소요되는 시간값을 합성하여 구하는 방법이다.

해답 80 ㉱ 81 ㉰ 82 ㉱ 83 ㉮

84 다음 중 유해요인의 공학적 개선사례로 볼 수 없는 것은?

㉮ 중량물 작업개선을 위하여 호이스트를 도입하였다.

㉯ 작업피로 감소를 위하여 바닥을 부드러운 재질로 교체하였다.

㉰ 작업량 조정을 위하여 컨베이어의 속도를 재설정하였다.

㉱ 로봇을 도입하여 수작업을 자동화하였다.

해설 공학적 개선은 ① 공구·장비, ② 작업장, ③ 포장, ④ 부품, ⑤ 제품의 재배열, 수정, 재설계, 교체 등을 말한다. 작업량 조정을 위하여 컨베이어의 속도를 재설정하는 것은 관리적 개선사례이다.

85 다음 중 워크샘플링법의 장점으로 볼 수 없는 것은?

㉮ 특별한 시간측정 설비가 필요하지 않다.

㉯ 짧은 주기나 반복적인 작업의 경우에 적합하다.

㉰ 관측이 순간적으로 이루어져 작업에 방해가 적다.

㉱ 조사기간을 길게 하여 평상시의 작업현황을 그대로 반영시킬 수 있다.

해설 워크샘플링의 장점

① 관측을 순간적으로 하기 때문에 작업자를 방해하지 않으면서 용이하게 연구를 진행시킨다.
② 조사기간을 길게 하여 평상시의 작업상황을 그대로 반영시킬 수 있다.
③ 사정에 의해 연구를 일시중지하였다가 다시 계속할 수도 있다.
④ 여러 명의 작업자나 여러 대의 기계를 한 명 혹은 여러 명의 관측자가 동시에 관측할 수 있다.
⑤ 자료수집이나 분석에 필요한 순수시간이 다른 시간연구 방법에 비하여 적다.
⑥ 특별한 시간측정 설비가 필요 없다.

86 워크샘플링 조사에서 초기 idle rate가 0.05라면, 99% 신뢰도를 위한 워크샘플링 횟수는 약 몇 회인가? (단, $Z_{0.005}$는 2.58이다.)

㉮ 1,232　　㉯ 2,557

㉰ 3,060　　㉱ 3,162

해설 관측횟수의 결정

$$N=\frac{Z_{1-\alpha/2}^2\times\overline{P}(1-\overline{P})}{e^2}$$

(이때 e는 허용오차, $\overline{P}$는 idle rate이다.)

$$N=\frac{2.58^2\times0.05\times0.95}{0.01^2}=3,162$$

87 관측평균시간이 30초이고, 제1평가에 의한 속도평가계수는 130%이며, 제2평가에 의한 2차 조정계수가 20%일 때 객관적 평가법에 의한 정미시간은 몇 초인가?

㉮ 23.40초　　㉯ 28.08초

㉯ 32.76초　　㉱ 46.80초

해설 객관적 평가법

객관적 평가법은 속도평가법의 단점을 보완하기 위해 개발되었다. 객관적 평가법에서는 1차적으로 단순히 속도만을 평가하고, 2차적으로 작업난이도를 평가하여 작업의 난이도와 속도를 동시에 고려한다.

정미시간(NT) = 관측 평균 × 속도 평가 계수 × (1 + 작업난이도계수)
= 30초 × 1.30 × (1 + 0.2)
= 46.80초

해답 84 ㉰ 85 ㉯ 86 ㉱ 87 ㉱

88 요소작업을 측정하기 위해 표본의 표준편차는 0.6이고 신뢰도계수는 2인 경우 추정의 오차범위 ±5%를 만족시키는 관측횟수는 얼마인가?

㉮ 476번 ㉯ 576번
㉰ 676번 ㉱ 776번

> **해설** $n=\left(\frac{t \cdot s}{e}\right)^2=\left(\frac{2\times0.6}{0.05}\right)^2=576$

89 다음 중 동작경제의 법칙에 대한 설명으로 틀린 것은?

㉮ 동작거리는 가능한 최소로 한다.
㉯ 양손동작은 가능한 동시에 하도록 한다.
㉰ 급격한 동작의 방향전환이 되도록 한다.
㉱ 눈의 초점을 모아야 작업할 수 있는 경우는 가능하면 없앤다.

> **해설** 구속되거나 제한된 동작 또는 급격한 방향전환보다는 유연한 동작이 좋다.

90 다음 중 5 TMU(Time Measurement Unit)를 초단위로 환산하면 몇 초인가?

㉮ 0.00036초 ㉯ 0.036초
㉰ 0.18초 ㉱ 1.8초

> **해설** MTM의 시간값
> 1 TMU = 0.00001시간 = 0.0006분 = 0.036초
> 5 TMU = 5*0.036 = 0.18초

91 다음 중 SEARCH 원칙에 대한 내용으로 틀린 것은?

㉮ Rearrange: 작업의 재배열
㉯ How often: 얼마나 자주?
㉰ Alter sequence: 순서의 변경
㉱ Simplify operations: 작업의 단순화

> **해설** SEARCH 원칙 6가지
> S = Simplify operations(작업의 단순화)
> E = Eliminate unnecessary work and material (불필요한 작업이나 자재의 제거)
> A = Alter sequence(순서의 변경)
> R = Requirements(요구조건)
> C = Combine operations(작업의 결합)
> H = How often(얼마나 자주?)

92 다음 중 근골격계질환 예방·관리 프로그램 실행을 위한 보건관리자의 역할로 볼 수 없는 것은?

㉮ 예방·관리 프로그램 지속적으로 관리·운영을 지원한다.
㉯ 주기적으로 작업장을 순화하여 근골격계질환 유발공정 및 작업유해요인을 파악한다.
㉰ 주기적인 작업자 면담을 통하여 근골격계질환 증상호소자를 조기에 발견할 수 있도록 노력한다.
㉱ 근골격계질환 예방·관리 프로그램의 운영을 위한 정책결정에 참여한다.

> **해설** 근골격계질환 예방 및 관리 프로그램 지속적인 운영을 지원하는 것은 사업주의 역할이다.

해답 88 ㉯ 89 ㉰ 90 ㉰ 91 ㉮ 92 ㉮

93 다음 중 영상표시 단말기(VDT) 취급에 관한 설명으로 틀린 것은?

㉮ 키보드와 키 윗부분의 표면은 광택으로 할 것
㉯ 화면을 바라보는 시간이 많은 작업일수록 밝기와 작업대 주변밝기의 차를 줄이도록 할 것
㉰ 빛이 작업화면에 도달하는 각도는 화면으로부터 45° 이내일 것
㉱ 작업자의 손목을 지지해 줄 수 있도록 작업대 끝 면과 키보드의 사이는 15 cm 이상을 확보할 것

> **해설** 키보드는 무광택으로 해야 한다.

94 다음 중 작업대 및 작업공간에 관한 설명으로 틀린 것은?

㉮ 가능하면 작업자가 작업 중 자세를 필요에 따라 변경할 수 있도록 작업대와 의자 높이를 조절식을 사용한다.
㉯ 가능한 한 낙하식 운반방법을 사용한다.
㉰ 작업점의 높이는 팔꿈치높이를 기준으로 설계한다.
㉱ 정상 작업영역이란 작업자가 위팔과 아래팔을 곧게 펴서 파악할 수 있는 구역으로 조립작업에 적절한 영역이다.

> **해설** 정상 작업영역은 상완을 자연스럽게 수직으로 늘어뜨린 채, 전완만으로 편하게 뻗어 파악할 수 있는 구역(34~45 cm)이다.

95 다음 중 다중활동도표 작성의 주된 목적으로 가장 적절한 것은?

㉮ 작업자나 기계의 유휴시간 단축
㉯ 설비의 유지 및 보수작업 분석
㉰ 기자재의 소통상 혼잡지역 파악 및 시설재배치
㉱ 제조과정의 순서와 자재의 구입 및 조립 여부 파악

> **해설** 다중활동 분석(multi-activity analysis)의 용도
> ① 가장 경제적인 작업조편성
> ② 적정인원수 결정
> ③ 작업자 한 사람이 담당할 기계 소요대수나 적정 기계 담당대수의 결정
> ④ 작업자와 기계의(작업효율 극대화를 위한) 유휴시간 단축

96 다음 중 근골격계 부담작업의 유해요인 조사 및 평가에 관한 설명으로 틀린 것은?

㉮ 조사항목으로 작업장의 상황, 작업조건 등이 있다.
㉯ 정기 유해요인조사는 수시 유해요인조사와는 별도로 2년마다 행한다.
㉰ 신설되는 사업장의 경우에는 신설일로부터 1년 이내에 최초의 유해요인조사를 실시해야 한다.
㉱ 사업주는 개선계획의 타당성을 검토하기 위하여 외부의 전문기관이나 전문가로부터 지도·조언을 들을 수 있다.

> **해설** 사업주는 부담작업에 대한 정기 유해요인조사를 최초 유해요인조사를 완료한 날로부터 매 3년마다 주기적으로 실시하여야 한다.

해답 93 ㉮ 94 ㉱ 95 ㉮ 96 ㉯

97 다음 중 동작분석에 관한 설명으로 틀린 것은?

㉮ 서블릭 분석, 필름/비디오 분석이 이에 해당된다.

㉯ SIMO chart는 미세동작 연구인 동시에 동작 사이클 차트이다.

㉰ 미세동작 연구를 할 때에는 가능하면 작업방법이 서투른 초보자를 대상으로 한다.

㉱ 미세동작 연구에서는 작업수행도가 월등히 뛰어난 작업 사이클을 대상으로 한다.

> **해설** 미세동작 연구방법을 수행할 때는 숙련된 두 명의 작업자 내용을 촬영한다.

98 각 한 명의 작업자가 배치되어 있는 세 개의 라인으로 구성된 공정의 공정시간이 각각 3분, 5분, 4분일 때, 공정효율은 얼마인가?

㉮ 60%　　㉯ 70%

㉰ 80%　　㉱ 90%

> **해설** 공정효율
>
> $$= \frac{\text{총 작업시간}}{\text{총 작업자수} \times \text{주기시간}} \times 100$$
>
> $$= \frac{12\text{분}}{3 \times 5\text{분}} \times 100$$
>
> $$= 80\%$$
>
> 주기시간은 가장 긴 5분이다.

99 다음 중 어깨, 팔목, 손목, 목 등 상지의 작업자세로 인한 작업부하를 빠르고 상세하게 분석할 수 있는 근골격계질환의 위험평가기법으로 가장 적절한 것은?

㉮ RULA　　㉯ OWAS

㉰ NIOSH　　㉱ WAC

> **해설** RULA(Rapid Upper Limb Assessment)
> 어깨, 팔목, 손목, 목 등 상지(upper limb)에 초점을 맞추어서 작업자세로 인한 작업부하를 쉽고 빠르게 평가하기 위해 만들어진 기법이다.

100 공정도에 표시되는 기호 중 우선 개선 대상이 되는 것은?

㉮ ○　　㉯ □

㉰ ⇨　　㉱ D

> **해설** 공정기호
> ① ○: 가공　　② □: 검사
> ③ ⇨: 운반　　④ D : 지체
>
> 유통공정도의 용도는 잠복비용(운반거리, 정체, 저장과 관련되는 비용)을 발견하고 감소시키는 역할을 한다.

101 유해요인조사 도구 중 JSI(Job Strain Index)의 평가 항목에 해당하지 않는 것은?

㉮ 손/손목의 자세

㉯ 1일 작업의 생산량

㉰ 힘을 발휘하는 강도

㉱ 힘을 발휘하는 지속시간

> **해설** SI(Strain Index)
> SI(Strain Index)란 생리학, 생체역학, 상지질환에 대한 병리학을 기초로 한 정량적 평가기법이다. 이 기법은 상지질환에 대한 정량적 평가기법으로 근육사용 힘(강도), 근육사용 기간, 빈도, 자세, 작업속도, 하루 작업시간 등 6개의 위험요소로 구성되어 있으며, 이를 곱한 값으로 상지질환의 위험성을 평가한다.

해답 97 ㉰ 98 ㉰ 99 ㉮ 100 ㉱ 101 ㉯

102 다음 설명은 수행도 평가의 어느 방법을 설명한 것인가?

- 작업을 요소작업으로 구분한 후, 시간연구를 통해 개별시간을 구한다.
- 요소작업 중 임의로 작업자 조절이 가능한 요소를 정한다.
- 선정된 작업에서 PTS시스템 중 한 개를 적용하여 대응되는 시간치를 구한다.
- PTS법에 의한 시간치와 관측시간 간의 비율을 구하여 레이팅계수를 구한다.

㉮ 속도평가법
㉯ 객관적평가법
㉰ 합성평가법
㉱ 웨스팅하우스법

해설 합성평가법(synthetic rating)
① 레이팅 시 관측자의 주관적 판단에 의한 결함을 보정하고, 일관성을 높이기 위해 제안되었다.
② 레이팅계수

$$= \frac{PTS\text{를 적용하여 산정한 시간치}}{\text{실제 관측 평균치}}$$

103 작업자가 동종의 기계를 복수로 담당하는 경우, 작업자 한 사람이 담당해야 할 이론적인 기계대수(n)를 구하는 식으로 맞는 것은? (단, a는 작업자와 기계의 동시 작업시간의 총합, b는 작업자만의 총 작업시간, t는 기계만의 총 가동시간이다.)

㉮ $n = \frac{(a+t)}{(a+b)}$ ㉯ $n = \frac{(a+b)}{(a+t)}$

㉰ $n = \frac{(a+b)}{(b+t)}$ ㉱ $n = \frac{(b+t)}{(a+b)}$

해설 이론적 기계대수

$$n = \frac{(a+t)}{(a+b)}$$

여기서, a: 작업자와 기계의 동시작업 시간
b: 독립적인 작업자 활동시간
c: 기계가동 시간

104 관측평균은 1분, Rating계수는 120%, 여유시간은 0.05분이다. 내경법에 의한 여유율과 표준시간은?

㉮ 여유율: 4.0%, 표준시간: 1.05분
㉯ 여유율: 4.0%, 표준시간: 1.25분
㉰ 여유율: 4.2%, 표준시간: 1.05분
㉱ 여유율: 4.2%, 표준시간: 1.25분

해설 내경법에 의한 여유율과 표준시간

정미시간(NT)

$= \text{관측시간의 대푯값}(T_0) \times \left(\frac{\text{레이팅계수}(R)}{100}\right)$

$\text{여유율}(A) = \frac{\text{여유시간}}{\text{정미시간} + \text{여유시간}} \times 100$

$\text{표준시간}(ST) = \text{정미시간} \times \left(\frac{1}{1-\text{여유율}}\right)$

$\text{정미시간}(NT) = 1 \times \left(\frac{120}{100}\right) = 1.2$

$\text{여유율}(A) = \frac{0.05}{1.2 + 0.05} \times 100 = 4(\%)$

$\text{표준시간}(ST) = 1.2 \times \left(\frac{1}{1-0.04}\right) = 1.25\text{분}$

해답 102 ㉰ 103 ㉮ 104 ㉯

105 레이팅 방법 중 Westinghouse 시스템은 4가지 측면에서 작업자의 수행도를 평가하여 합산하는데 이러한 4가지에 해당하지 않는 것은?

㉮ 노력 ㉯ 숙련도
㉰ 성별 ㉱ 작업환경

해설 웨스팅하우스(Westinghouse) 시스템
작업자의 수행도를 숙련도(skill), 노력(effort), 작업환경(conditions), 일관성(consistency) 등 네 가지 측면을 평가하여, 각 평가에 해당하는 레벨점수를 합산하여 레이팅계수를 구한다.

106 근골격계질환의 유형에 관한 설명으로 틀린 것은?

㉮ 외상과염은 팔꿈치 부위의 인대에 염증이 생김으로써 발생하는 증상이다.
㉯ 수근관증후군은 손의 손목뼈 부분의 압박이나 과도한 힘을 준 상태에서 발생한다.
㉰ 백색수지증은 손가락에 혈액의 원활한 공급이 이루어지지 않을 경우에 발생하는 증상이다.
㉱ 결절종은 반복, 구부림, 진동 등에 의하여 건의 섬유질이 손상되거나 찢어지는 등의 건에 염증이 생기는 질환이다.

해설 결절종
손에 발생하는 종양 중 가장 흔한 것으로, 얇은 섬유성 피막 내에 약간 노랗고 끈적이는 액체가 담긴 낭포성 종양

107 WF(Work Factor)법의 표준 요소가 아닌 것은?

㉮ 쥐기(Grasp; Gr)
㉯ 결정(Decide; Dc)
㉰ 조립(Assemble; Asy)
㉱ 정신과정(Mental Process; MP)

해설 WF법 8가지 표준요소
① 동작이동: T
② 쥐기: Gr
③ 미리놓기: PP
④ 조립: Asy
⑤ 사용: Use
⑥ 분해: Dsy
⑦ 내려놓기: Rl
⑧ 정신과정: MP

108 대안의 도출방법으로 가장 적당한 것은?

㉮ 공정도 ㉯ 특성요인도
㉰ 파레토 차트 ㉱ 브레인스토밍

해설 브레인스토밍(Brainstorming)
① 브레인스토밍은 보다 많은 아이디어를 창출하기 위하여 가능한 한 자유분방하게 모든 의견을 비판 없이 청취하고, 수정발언을 허용하여 대량발언을 유도하는 방법이다.
② 수행절차는 리더가 문제를 요약하여 설명한 후에 구성원들에게 비평이 없는 자유로운 발언을 유도하고, 리더는 구성원들이 모두 볼 수 있도록 청취된 의견들을 다양한 단어를 이용하여 칠판 등에 표시한다. 이를 토대로 다양한 수정안들을 발언하도록 유도하고, 도출된 의견은 제약조건 등을 고려하여 수정, 보완하는 과정을 거쳐서 그중에서 선호되는 대안을 최종안으로 채택하는 방법이다.

해답 105 ㉰ 106 ㉱ 107 ㉯ 108 ㉱

109 3시간 동안 작업 수행과정을 촬영하여 워크샘플링 방법으로 200회를 샘플링한 결과 이 중에서 30번의 손목꺾임이 확인되었다. 이 작업의 시간당 손목꺾임 시간은 얼마인가?

㉮ 6분 ㉯ 9분
㉰ 18분 ㉱ 30분

해설 손목꺾임 발생확률

$$= \frac{\text{관측된 횟수}}{\text{총 관측 횟수}} = \frac{30}{200} = 0.15$$

시간당 손목꺾임 시간

$$\begin{aligned} &= \text{발생확률} \times 60\text{분} \\ &= 0.15 \times 60\text{분} \\ &= 9\text{분} \end{aligned}$$

110 제조업의 단순 반복 조립 작업에 대하여 RULA(Rapid Upper Limb Assessment) 평가기법을 적용하여 작업을 평가한 결과 최종 점수가 5점으로 평가되었다. 다음 중 이 결과에 대한 가장 올바른 해석은?

㉮ 빠른 작업개선과 작업위험요인의 분석이 요구된다.

㉯ 수용가능한 안전한 작업으로 평가된다.

㉰ 계속적 추적관찰을 요하는 작업으로 평가된다.

㉱ 즉각적인 개선과 작업위험요인의 정밀조사가 요구된다.

해설 조치단계

① 조치수준 1(최종점수 1~2점): 수용가능한 작업이다.
② 조치수준 2(최종점수 3~4점): 계속적 추적관찰을 요구한다.
③ 조치수준 3(최종점수 5~6점): 계속적 관찰과 빠른 작업 개선이 요구된다.
④ 조치수준 4(최종점수 7점 이상): 정밀조사와 즉각적인 개선이 요구된다.

해답 109 ㉯ 110 ㉮

PART

부록

부록 1 산업안전보건 기준에 관한 규칙

부록 2 근골격계 부담작업의 범위고시

부록 3 근골격계질환 예방의무 해설

부록 4 근골격계 부담작업 유해요인조사 지침

부록 5 제조물책임법

부록 6 필기시험 기출문제

부록 1 | 산업안전보건 기준에 관한 규칙

제12장 근골격계 부담작업으로 인한 건강장해의 예방

제1절 통 칙

제656조(정의) 이 장에서 사용하는 용어의 뜻은 다음과 같다.

1. "근골격계 부담작업"이란 법 제24조 제1항 제5호에 따른 작업으로서 작업량·작업속도·작업강도 및 작업장 구조 등에 따라 고용노동부장관이 정하여 고시하는 작업을 말한다.
2. "근골격계질환"이란 반복적인 동작, 부적절한 작업자세, 무리한 힘의 사용, 날카로운 면과의 신체접촉, 진동 및 온도 등의 요인에 의하여 발생하는 건강장해로서 목, 어깨, 허리, 팔·다리의 신경·근육 및 그 주변 신체조직 등에 나타나는 질환을 말한다.
3. "근골격계질환 예방관리 프로그램"이란 유해요인조사, 작업환경 개선, 의학적 관리, 교육·훈련, 평가에 관한 사항 등이 포함된 근골격계질환을 예방관리하기 위한 종합적인 계획을 말한다.

제2절 유해요인조사 및 개선 등

제657조(유해요인조사)

① 사업주는 근로자가 근골격계 부담작업을 하는 경우에 3년마다 다음 각 호의 사항에 대한 유해요인조사를 하여야 한다. 다만, 신설되는 사업장의 경우에는 신설일부터 1년 이내에 최초의 유해요인조사를 하여야 한다.

1. 설비·작업공정·작업량·작업속도 등 작업장상황
2. 작업시간·작업자세·작업방법 등 작업조건
3. 작업과 관련된 근골격계질환 징후와 증상유무 등

② 사업주는 다음 각 호의 어느 하나에 해당하는 사유가 발생하였을 경우에 제1항에도 불구하고 지체 없이 유해요인조사를 하여야 한다. 다만, 제1호의 경우는 근골격계 부담작업이 아닌 작업에서 발생한 경우를 포함한다.

1. 법에 따른 임시 건강진단 등에서 근골격계질환자가 발생하였거나 근로자가 근골격계질환으로 「산업재해보상보험법 시행령」 별표 3 제2호 가목·라목 및 제6호에 따라 업무상 질병으로 인정받은 경우
2. 근골격계 부담작업에 해당하는 새로운 작업·설비를 도입한 경우
3. 근골격계 부담작업에 해당하는 업무의 양과 작업공정 등 작업환경을 변경한 경우

③ 사업주는 유해요인조사에 근로자 대표 또는 해당 작업근로자를 참여시켜야 한다.

제658조(유해요인조사 방법 등) 사업주는 유해요인조사를 하는 경우에 근로자와의 면담, 증상 설문조사, 인간공학적 측면을 고려한 조사 등 적절한 방법으로 하여야 한다.

제659조(작업환경 개선) 사업주는 유해요인조사 결과 근골격계질환이 발생할 우려가 있는 경우에 인간공학적으로 설계된 인력작업 보조설비 및 편의설비를 설치하는 등 작업환경 개선에 필요한 조치를 하여야 한다.

제660조(통지 및 사후조치)

① 근로자는 근골격계 부담작업으로 인하여 운동범위의 축소, 쥐는 힘의 저하, 기능의 손실 등의 징후가 나타나는 경우 그 사실을 사업주에게 통지할 수 있다.

② 사업주는 근골격계 부담작업으로 인하여 제1항에 따른 징후가 나타난 근로자에 대하여 의학적 조치를 하고 필요한 경우에는 제659조에 따른 작업환경 개선 등 적절한 조치를 하여야 한다.

제661조(유해성 등의 주지)

① 사업주는 근로자가 근골격계 부담작업을 하는 경우에 다음 각 호의 사항을 근로자에게 알려야 한다.

1. 근골격계 부담작업의 유해요인
2. 근골격계질환의 징후와 증상
3. 근골격계질환 발생 시의 대처요령
4. 올바른 작업자세와 작업도구, 작업시설의 올바른 사용방법
5. 그 밖에 근골격계질환 예방에 필요한 사항

② 사업주는 제657조 제1항과 제2항에 따른 유해요인조사 및 그 결과, 제658조에 따른 조사방법 등을 해당 근로자에게 알려야 한다.

제662조(근골격계질환 예방관리 프로그램 시행)

① 사업주는 다음 각 호의 어느 하나에 해당하는 경우에 근골격계질환 예방관리 프로그램을 수립하여 시행하여야 한다.

1. 근골격계질환으로 「산업재해보상보험법 시행령」 별표 3 제2호 가목·라목 및 제6호에 따라 업무상 질병으로 인정받은 근로자가 연간 10명 이상 발생한 사업장 또는 5명 이상 발생한 사업장으로서 발생비율이 그 사업장 근로자 수의 10퍼센트 이상인 경우
2. 근골격계질환 예방과 관련하여 노사 간 이견(異見)이 지속되는 사업장으로서 고용노동부장관이 필요하다고 인정하여 근골격계질환 예방관리 프로그램을 수립하여 시행할 것을 명령한 경우

② 사업주는 근골격계질환 예방관리 프로그램을 작성·시행할 경우에 노사협의를 거쳐야 한다.

③ 사업주는 근골격계질환 예방관리 프로그램을 작성·시행할 경우에 인간공학·산업의학·산업위생·산업간호 등 분야별 전문가로부터 필요한 지도·조언을 받을 수 있다.

제 3 절 중량물을 들어올리는 작업에 관한 특별조치

제663조(중량물의 제한) 사업주는 근로자가 인력으로 들어올리는 작업을 하는 경우에 과도한 무게로 인하여 근로자의 목·허리 등 근골격계에 무리한 부담을 주지 않도록 최대한 노력하여야 한다.

제664조(작업조건) 사업주는 근로자가 취급하는 물품의 중량·취급빈도·운반거리·운반속도 등 인체에 부담을 주는 작업의 조건에 따라 작업시간과 휴식시간 등을 적정하게 배분하여야 한다.

제665조(중량의 표시 등) 사업주는 근로자가 5킬로그램 이상의 중량물을 들어올리는 작업을 하는 경우에 다음 각 호의 조치를 하여야 한다.

1. 주로 취급하는 물품에 대하여 근로자가 쉽게 알 수 있도록 물품의 중량과 무게중심에 대하여 작업장 주변에 안내표시를 할 것
2. 취급하기 곤란한 물품은 손잡이를 붙이거나 갈고리, 진공빨판 등 적절한 보조도구를 활용할 것

제666조(작업자세 등) 사업주는 근로자가 중량물을 들어올리는 작업을 하는 경우에 무게중심을 낮추거나 대상물에 몸을 밀착하도록 하는 등 신체의 부담을 줄일 수 있는 자세에 대하여 알려야 한다.

부록 2 | 근골격계 부담작업의 범위고시

근골격계 부담작업의 범위

제정 2003. 7. 15. 고시 제2003-24호
제정(폐지 후 재발령) 2009. 9. 25. 고시 제2009-56호
개정 2011. 7. 29. 고시 제2011-38호

"근골격계 부담작업"이라 함은 다음 각 호의 1에 해당하는 작업을 말한다. 다만, 단기간 작업 또는 간헐적인 작업은 제외한다.

1. 하루에 4시간 이상 집중적으로 자료입력 등을 위해 키보드 또는 마우스를 조작하는 작업
2. 하루에 총 2시간 이상 목, 어깨, 팔꿈치, 손목 또는 손을 사용하여 같은 동작을 반복하는 작업
3. 하루에 총 2시간 이상 머리 위에 손이 있거나, 팔꿈치가 어깨 위에 있거나, 팔꿈치를 몸통으로부터 들거나, 팔꿈치를 몸통 뒤쪽에 위치하도록 하는 상태에서 이루어지는 작업
4. 지지되지 않은 상태이거나 임의로 자세를 바꿀 수 없는 조건에서 하루에 총 2시간 이상 목이나 허리를 구부리거나 트는 상태에서 이루어지는 작업
5. 하루에 총 2시간 이상 쪼그리고 앉거나 무릎을 굽힌 자세에서 이루어지는 작업
6. 하루에 총 2시간 이상 지지되지 않은 상태에서 1 kg 이상의 물건을 한손의 손가락으로 집어 옮기거나, 2 kg 이상에 상응하는 힘을 가하여 한손의 손가락으로 물건을 쥐는 작업
7. 하루에 총 2시간 이상 지지되지 않은 상태에서 4.5 kg 이상의 물건을 한손으로 들거나 동일한 힘으로 쥐는 작업
8. 하루에 10회 이상 25 kg 이상의 물체를 드는 작업
9. 하루에 25회 이상 10 kg 이상의 물체를 무릎 아래에서 들거나, 어깨 위에서 들거나, 팔을 뻗은 상태에서 드는 작업
10. 하루에 총 2시간 이상, 분당 2회 이상 4.5 kg 이상의 물체를 드는 작업
11. 하루에 총 2시간 이상 시간당 10회 이상 손 또는 무릎을 사용하여 반복적으로 충격을 가하는 작업

부록 3 | 근골격계질환 예방의무 해설

01 목적

산업안전보건법 및 산업보건 기준에 관한 규칙의 개정으로 사업주에게 부과된 근골격계질환의 예방을 위한 조치의무의 이행을 지원하기 위하여 예방의무를 구체적으로 설명하고 있다.

02 법적 근거

2.1 근골격계질환 관련법규

(1) 산업안전보건법

① 정부는 산업안전보건법 제24조(보건조치) 제1항 제5호를 신설하여 사업주에게 근골격계질환 예방의무를 부과하였다.

> 사업주는 사업을 행함에 있어서 발생하는 다음 각호의 건강장해를 예방하기 위하여 필요한 조치를 취하여야 한다.
> 1.~4. 생략
> 5. 단순반복 작업 또는 인체에 과도한 부담을 주는 작업으로 인한 건강장해

② 산업안전보건법 제24조(보건상의 조치) 제2항의 규정에 의하여 사업주의 구체적인 조치의무는 「산업보건 기준에 관한 규칙」에 정하도록 위임되어 있다.

> 제1항의 규정에 의하여 사업주가 하여야 할 보건조치는 고용노동부령으로 정한다.

(2) 산업안전보건 기준에 관한 규칙

산업안전보건 기준에 관한 규칙을 개정하여 제12장(근골격계 부담작업으로 인한 건강

장해의 예방)을 신설하고, 유해요인조사, 작업환경개선, 의학적 조치, 유해성 주지 및 근골격계질환 예방관리 프로그램의 수립·시행 등 구체적 사업주 조치의무를 규정한다.

(3) 근골격계 부담작업의 범위(고용노동부고시 제2003-24호)

① 산업안전보건 기준에 관한 규칙 제656조(정의) 제1호의 규정에 의하여 근골격계 부담작업의 범위는 고용노동부장관이 정하여 고시하도록 한다.

② 근골격계 부담작업의 범위를 고시하여 총 11개의 부담작업을 규정한다.

2.2 적용대상

근골격계 부담작업에 근로자를 종사하도록 하는 사업(단, 법 제24조는 모든 사업 또는 사업장에 적용되므로 규모, 업종에 따른 적용제외 규정 없다).

2.3 벌칙

5년 이하의 징역 또는 5천만 원 이하의 벌금(법 제67조).

03 근골격계 부담작업의 범위

3.1 근골격계 부담작업의 의의

근골격계 부담작업이라 함은 단순반복 작업 또는 인체에 과도한 부담을 주는 작업으로서 작업량·작업속도·작업강도 및 작업장 구조 등에 따라 고용노동부장관이 정하여 고시하는 작업을 말한다(산업안전보건 기준에 관한 규칙 제656조 1(정의)).

근골격계 부담작업에 해당되는지 여부에 따라 사업주의 유해요인조사, 작업환경 개선, 의학적 조치, 유해성 주지등 조치의무의 발생 여부가 결정된다.

3.2 근골격계 부담작업 해설

"근골격계 부담작업"이라 함은 다음 각 호의 1에 해당하는 작업을 말한다. 다만, 단기간 작업 또는 간헐적인 작업은 제외한다.

단기간작업은 2개월 이내에 종료하는 작업을 말하며, 간헐적인 작업은 정기적·부정기적으로 이루어지는 작업으로서 연간 총 작업기간이 총 60일을 초과하지 않는 작업을 말한다.

근골격계 부담작업은 단기간작업 또는 간헐적인 작업에 해당되지 않는 작업 중에서 각호의 1에 해당하는 작업이 주당 1회 이상 지속적으로 이루어지거나 연간 총 60일 이상 이루어지는 작업을 말한다.

근골격계 부담작업 제1호

하루에 4시간 이상 집중적으로 자료입력 등을 위해 키보드 또는 마우스를 조작하는 작업

- "하루"란 잔업근무 시간을 포함한 1일 총 근무시간을 의미한다.
- "4시간 이상"은 근골격계 부담작업에 실제 노출된 전체 누적시간을 의미한다.
- "집중적 자료입력"이란 키보드 또는 마우스로 하는 동작이 지속적으로 이루어지는 것을 의미한다.
  ※ 컴퓨터를 통한 검색이나 해독작업에서 일어나는 간헐적 입력작업, 쌍방향통신, 정보 취득 작업 등은 포함되지 않는다.
  ※ 근로자가 임의로 자료입력 시간을 조절할 수 있는 경우에는 집중적으로 수행되는 작업으로 보지 아니한다.
  ※ 임의로 자료입력 시간의 조절 여부는 직종별로 판단할 것이 아니라 개별 근로자의 작업 상황을 구체적으로 고려하여 판단하여야 한다.
- 키보드 또는 마우스를 조작하는 작업이므로 판매대에서 스캐너를 주로 활용하는 작업은 본 호의 적용대상이 아니다.
  ※ 다만, 고시 제2호, 제7호 등에 의한 근골격계 부담작업인지 확인이 필요하다.

근골격계 부담작업 제2호

하루에 총 2시간 이상 목, 어깨, 팔꿈치, 손목 또는 손을 사용하여 같은 동작을 반복하는 작업

- "총 2시간 이상"은 근골격계 부담작업에 실제 노출된 전체 누적시간을 의미한다.
- "같은 동작"은 동작이 동일할 필요는 없으나, 해당 동작들이 같은 근육군(筋肉群)을 사용하여 이루어지는 것을 의미한다.

※ (예시)

- 손 뻗기: 근로자가 상, 하, 좌, 우 어느 쪽으로 손을 뻗느냐와 무관하게 항상 상완근과 어깨근육을 사용
- 손가락으로 잡기: 어떤 동작을 취하든 언제나 손과 전완의 근육을 사용

<u>근골격계 부담작업 제3호</u>

하루에 총 2시간 이상 머리 위에 손이 있거나, 팔꿈치가 어깨 위에 있거나, 팔꿈치를 몸통으로부터 들거나, 팔꿈치를 몸통 뒤쪽에 위치하도록 하는 상태에서 이루어지는 작업

- 팔꿈치를 몸통으로부터 드는 경우란 팔꿈치가 몸통에서부터 어깨높이의 범위에 위치한 상태에서 상지에 부담을 주게 되는 작업을 말한다.
- 제3호의 범위 내에서 손이나 팔꿈치의 위치가 변경되는 경우에는 주로 사용되는 신체 부위가 동일한 지에 따라 판단한다. 머리 위에 손이 있거나 팔꿈치가 어깨 위에 있는 작업인 경우에는 통산하여 작업시간 계산이 가능하다.

※ (예시)

- 하루에 총 1시간은 머리 위에 손이 있는 작업을 수행하고 총 1시간은 팔꿈치가 어깨 위에 있는 상태에서 작업을 할 경우 총 2시간이 되는 것으로 계산한다.

<u>근골격계 부담작업 제4호</u>

지지되지 않은 상태이거나 임의로 자세를 바꿀 수 없는 조건에서 하루에 총 2시간 이상 목이나 허리를 구부리거나 트는 상태에서 이루어지는 작업

- "지지되지 않은 상태이거나 임의로 자세를 바꿀 수 없는 조건"이란 근로자 자신의 선택에 의한 것이 아니라 근로자의 작업위치가 본인에게 부적절한 자세를 취하게 만드는 경우를 의미한다.
- "목이나 허리의 굽힘"은 특별한 사정이 없는 한 수직상태를 기준으로 목이나 허리를 30° 이상으로 구부리는 작업을 의미한다.

※ 기는 자세의 경우에 수직상태를 기준으로 허리가 90° 이상 굽혀진 것이나, 허리굽힘으로 보지 않는다.

• "트는 상태"는 정도의 차이와 무관하게 비트는 동작이 포함되면 근골격계 부담작업에 포함된다.

<u>근골격계 부담작업 제5호</u>
하루에 총 2시간 이상 쪼그리고 앉거나 무릎을 굽힌 자세에서 이루어지는 작업

• "쪼그리고 앉기"는 근로자가 무릎을 굽힌 상태에서 인체중량을 주로 발이 감당하고 있는 자세를 말한다.
※ 무릎이 발가락보다 튀어나올 만큼 구부러진 경우는 언제든지 해당된다.
• "무릎을 굽힌 자세"는 근로자가 바닥면에 한쪽이나 양쪽 무릎을 대고 있는 자세로, 한쪽 혹은 양쪽 무릎이 인체중량의 상당부분을 지탱하고 있어야 한다.

<u>근골격계 부담작업 제6호</u>
하루에 총 2시간 이상 지지되지 않은 상태에서 1 kg 이상의 물건을 한손의 손가락으로 집어 옮기거나, 2 kg 이상에 상응하는 힘을 가하여 한손의 손가락으로 물건을 쥐는 작업

• "2 kg 이상에 상응하는 힘"이란 A4용지 약 250매를 집는 데 사용되는 힘에 해당된다.
※ 물건의 무게와 무관하게 어느 정도의 쥐는 힘이 사용되는지는 비교평가 방법을 사용한다(근로자에게 해당 작업을 여러 번 반복하게 한 다음 A4용지 약 250매 정도를 다루는 힘과 비교하게 함).

<u>근골격계 부담작업 제7호</u>
하루에 총 2시간 이상 지지되지 않은 상태에서 4.5 kg 이상의 물건을 한손으로 들거나 동일한 힘으로 쥐는 작업

• "지지되지 않은 상태"란 근로자 자신의 선택에 의한 것이 아니라 작업상황 등이 근로자에게 작업대 등에 의해 지지되지 않은 상태를 발생시키는 경우를 의미한다.
• "동일한 힘"이란 소형 자동차용 점프선 집게를 쥐는 힘에 해당된다.
※ 물건의 무게와 무관하게 어느 정도의 쥐는 힘이 사용되는지는 비교평가 방법을 사용한다(근로자에게 해당 작업을 여러 번 반복하게 한 다음 소형 자동차용 점프선 집게를 쥐는 힘과 비교하게 함).

근골격계 부담작업 제8호

하루에 10회 이상 25 kg 이상의 물체를 드는 작업

- "물체를 드는 작업"에는 밀거나 당기기, 중력을 이용한 낙하(기울임) 등은 포함되지 않는다.
- 근로자 2인 이상이 작업을 하는 경우 특별한 사유가 없는 한 작업자수로 나눈 물체의 무게로 계산한다.

  ※ (예시)

  30 kg의 물체를 근로자 2명이 드는 작업의 경우 특별한 사유가 없는 한 근로자 1명이 부담하는 물체의 무게는 15 kg이 되어 제8호의 적용을 받지 아니한다.
- 다만, 2인 이상이 실시하는 중량물 취급작업의 경우 개인의 무게부하에 대하여 노사 간 이견이 있는 경우에는 실제 부하를 평가하여 근골격계 부담작업 여부를 결정한다.

근골격계 부담작업 제9호

하루에 25회 이상 10 kg 이상의 물체를 무릎 아래에서 들거나, 어깨 위에서 들거나, 팔을 뻗은 상태에서 드는 작업

- "무릎 아래에서 들거나 어깨 위에서 들거나"는 물체가 무릎 아래 혹은 어깨 위에 있는 것이 아니라, 물체를 들고 있는 손의 위치가 무릎 아래 혹은 어깨 위에 있는 '상태'를 의미한다.
- "팔을 뻗은 상태"라 함은 중력에 반하여 팔을 들어 팔꿈치를 편 상태를 의미하며 중력의 방향으로 늘어뜨린 경우(중립자세)는 제외한다.

근골격계 부담작업 제10호

하루에 총 2시간 이상, 분당 2회 이상 4.5 kg 이상의 물체를 드는 작업

- 분당 2회 이상 4.5 kg 이상의 물체를 드는 경우 노출시간은 1분으로 계산한다.

근골격계 부담작업 제11호

하루에 총 2시간 이상 시간당 10회 이상 손 또는 무릎을 사용하여 반복적으로 충격을 가하는 작업

- 근로자가 강하고 빠른 충격을 전달하기 위하여 손 또는 무릎을 망치처럼 사용하는 작업을 말한다.

※ (예시)

단단하게 끼워지는 부품조립, 카펫 까는 작업

3.3 부담작업 판단곤란 시 처리절차

노사의 이견 등으로 근골격계 부담작업에 해당되는지 여부를 판단하기 곤란한 경우 사업주는 특정 작업에 대한 노사의 의견과 주장근거를 첨부하여 지방노동관서에 판단을 신청한다. 지방노동관서는 사업장에서 제출한 자료를 검토한 결과, 판단하기 곤란한 경우에 한하여 산업안전공단 지도원의 지원을 받아 근골격계 부담작업에 해당되는지 여부를 사업장에 통보한다.

부록 4 | 근골격계 부담작업 유해요인조사 지침(KOSHA Code)

01 목적

이 지침은 산업보건 기준에 관한 규칙(이하 "보건규칙"이라 한다) 제9장의 규정에 의거 근골격계 부담작업의 유해요인조사 목적, 시기, 방법, 내용, 조사자, 개선과 사후조치 등을 제시함을 목적으로 한다.

02 적용대상

이 지침은 근골격계 부담작업이 있는 사업장에 적용한다.

03 용어의 정의

(1) 이 지침에서 사용하는 용어의 정의는 다음과 같다.

가. "근골격계 부담작업 유해요인"이라 함은 작업방법, 작업자세 및 작업환경으로 인해 근골격계에 부담을 줄 수 있는 반복성, 부자연스런 또는 취하기 어려운 자세, 과도한 힘, 접촉스트레스, 진동 등을 말한다.

나. "조사자"라 함은 근골격계 부담작업이 있는 부서의 유해요인조사를 수행하는 자로서 보건관리자 또는 관련업무의 수행능력 등을 고려하여 사업주가 지정하는 자를 말한다.

(2) 기타 이 지침에서 사용하는 용어의 정의는 산업안전보건법, 시행령, 시행규칙, 보건규칙 및 고용노동부고시에서 정하는 바에 의한다.

04 유해요인조사 목적

유해요인조사의 목적은 근골격계질환 발생을 예방하기 위해 근골격계 부담작업이 있는 부서의 유해요인을 제거하거나 감소시키는 데 있다. 따라서, 유해요인조사의 결과를 근골격계질환의 이환을 부정하는 근거 또는 반증자료로 사용할 수 없다.

05 유해요인조사 시기

(1) 사업주는 매 3년 이내에 정기적으로 유해요인조사를 실시한다.

(2) 사업주는 다음 각 호에서 정하는 경우에는 수시로 유해요인조사를 실시한다.

가. 산업안전보건법에 의한 임시 건강진단 등에서 근골격계질환자가 발생하였거나 산업재해보상보험법에 의한 근골격계질환자가 발생한 경우

나. 근골격계 부담작업에 해당하는 새로운 작업·설비를 도입한 경우

다. 근골격계 부담작업에 해당하는 업무의 양과 작업공정 등 작업환경을 변경한 경우

06 유해요인조사 방법

(1) 유해요인조사는 부록 그림 1에서 정하는 바와 같이 유해요인 기본조사, 근골격계질환 증상조사와 유해도 평가로 이루어지며, 유해요인조사 결과에 따라 개선 우선순위 결정, 개선대책 수립과 실시 등의 유해요인 관리와 개선효과 평가의 순서로 진행한다.

(2) 유해요인 기본조사와 근골격계질환 증상조사는 <별표 1>에서 정하는 유해요인 기본조사표와 <별표 2>에서 정하는 근골격계질환 증상조사표를 사용한다. 다만, 유해요인 기본조사와 근골격계질환 증상조사 결과 추가적인 정밀평가가 필요하다고 판단되는 경우 <별표 3>을 참조하여 작업분석·평가도구를 이용한다.

(3) 유해도평가는 유해요인 기본조사 총 점수가 높거나 근골격계질환 증상호소율이 다른 부서에 비해 높은 경우에는 유해도가 높다고 할 수 있다.

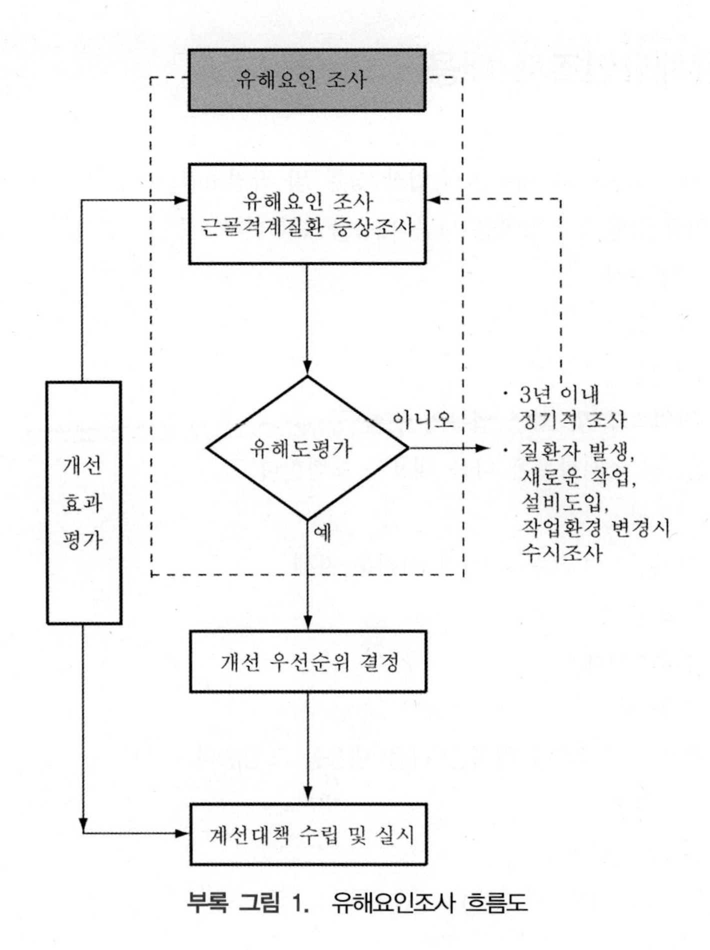

부록 그림 1. 유해요인조사 흐름도

(4) 개선 우선순위 결정은 유해도가 높은 작업 또는 특정 근로자 중에서도 다음 각 호의 사항에 따른다.

가. 다수의 근로자가 유해요인에 노출되고 있거나 증상 및 불편을 호소하는 작업

나. 비용편익 효과가 큰 작업

(5) 사업주는 사업장 내 근골격계 부담작업에 대하여 전수조사를 원칙으로 한다. 다만, 동일한 작업형태와 동일한 작업조건의 근골격계 부담작업이 존재하는 경우에는 일부 작업에 대해서만 단계적 유해요인조사를 수행할 수 있다.

I. 인간공학 개론
II. 작업생리학
III. 산업심리학 및 관계 법규
IV. 근골격계질환 예방을 위한 작업관리

07 유해요인조사 내용

(1) 유해요인 기본조사의 내용은 작업장 상황 및 작업조건 조사로 구성된다.

가. 작업장 상황조사 항목은 다음 내용을 포함한다.

① 작업공정

② 작업설비

③ 작업량

④ 작업속도 및 최근 업무의 변화 등

나. 작업조건 조사항목은 다음 내용을 포함한다.

① 반복성

② 부자연스런 또는 취하기 어려운 자세

③ 과도한 힘

④ 접촉스트레스

⑤ 진동 등

(2) 근골격계질환 증상조사 항목은 다음 내용을 포함한다.

① 증상과 징후

② 직업력(근무력)

③ 근무형태(교대제 여부 등)

④ 취미생활

⑤ 과거질병력 등

08 유해요인 조사자

(1) 사업주는 보건관리자에게 사업장 전체 유해요인조사 계획의 수립 및 실시업무를 하도록 한다. 다만, 규모가 큰 사업장에서는 보건관리자 외에 부서별 유해요인 조사자를 정해 조사를 실시하게 할 수 있다.

(2) 사업주는 보건관리자가 선임되어 있지 않은 경우에는 유해요인 조사자를 지정하고, 유해요인 조사자는 사업장의 유해요인조사 계획을 수립하고 실시한다. 다만, 근골격계질환 예방·관리프로그램을 운영하는 사업장에서는 근골격계질환 예방·관리추진팀에서 수행할 수 있다.

(3) 사업주는 유해요인 조사자에게 유해요인조사에 관련한 제반사항에 대하여 교육을 실시하여야 한다. 다만, 근골격계질환 예방·관리 프로그램을 운영하는 사업장은 근골격계질환 예방·관리추진팀이 유해요인조사를 포함한 교육을 이미 받았을 경우 이를 생략할 수 있다.

(4) 사업주는 사업장 내부에서 유해요인 조사자를 선정하기 곤란한 경우 유해요인조사의 일부 또는 전부를 관련 전문기관이나 전문가에게 의뢰할 수 있다.

09 유해요인의 개선과 사후조치

(1) 사업주는 개선 우선순위에 따른 적절한 개선계획을 수립하고, 해당 근로자에게 알려주어야 한다.

(2) 사업주는 개선계획의 타당성을 검토하거나 개선계획 수립을 위하여 외부의 전문기관이나 전문가로부터 지도·조언을 들을 수 있다.

10 문서의 기록과 보존

(1) 사업주는 다음과 같은 내용을 기록·보존하여야 한다.

가. 유해요인 기본조사표

나. 근골격계질환 증상조사표

다. 개선계획 및 결과보고서

(2) 사업주는 근로자의 신상에 관한 문서는 5년 동안 보존하며, 시설·설비와 관련된 자료는 시설·설비가 작업장 내에 존재하는 동안 보존한다.

〈별표 1〉 유해요인 기본조사표

(※ 해당사항에 V 하시고, 내용을 기재하시오.)

<table>
<tr><td rowspan="4">조 사 구 분</td><td rowspan="4">□ 정기조사</td><td colspan="2">수시조사</td></tr>
<tr><td colspan="2">□ 근골격계질환자 발생 시</td></tr>
<tr><td colspan="2">□ 새로운 작업·설비도입 시</td></tr>
<tr><td colspan="2">□ 업무의 양과 작업공정 등 작업환경 변경 시</td></tr>
<tr><td>조 사 일 시</td><td></td><td>조 사 자</td><td></td></tr>
<tr><td>부 서 명</td><td colspan="3"></td></tr>
<tr><td>작업공정명</td><td colspan="3"></td></tr>
<tr><td>작 업 명</td><td colspan="3"></td></tr>
</table>

가. 작업장 상황조사

작업 설비	□ 변화 없음 □ 변화 있음(언제부터)
작 업 량	□ 변화 없음 □ 줄음(언제부터) □ 늘어남(언제부터) □ 기타( )
작업 속도	□ 변화 없음 □ 줄음(언제부터) □ 늘어남(언제부터) □ 기타( )
업무 변화	□ 변화 없음 □ 줄음(언제부터) □ 늘어남(언제부터) □ 기타( )

나. 작업조건 조사

1단계: 작업별 과제내용 조사(유해요인 조사자)

직종명(Job Title):
작업내용(Tasks):

2단계: 각 작업별 작업부하 및 작업빈도(근로자면담)

작업부하(A)	점수	작업빈도(B)	점수
매우 쉬움	1	3개월마다(연 2~3회)	1
쉬움	2	가끔(하루 또는 주 2~3일)	2
약간 힘듦	3	자주(1일 4시간)	3
힘듦	4	계속(1일 4시간 이상)	4
매우 힘듦	5	초과근무 시간(1일 8시간 이상)	5

작업내용	작업 부하(A)	작업 빈도(B)	총점수(A×B)

3단계: 유해요인 및 원인평가서

직 종 명		근 로 자 명	

유해요인 설명 〈부록 1, 2, 3 참조〉

반 복 성	같은 근육, 힘줄 또는 관절을 사용하여 동일한 유형의 동작을 되풀이해서 수행함
부자연스런 또는 취하기 어려운 자세	반복적이거나 지속적인 팔을 뻗음, 비틂, 구부림, 머리 위 작업, 무릎을 꿇음, 쪼그림, 고정자세를 유지함, 손가락으로 집기 등
과도한 힘	물체 등을 취급할 때 들어올리거나 내리기, 밀거나 당기기, 돌리기, 휘두르기, 지탱하기, 운반하기, 던지기 등과 같은 행위·동작으로 인해 근육의 힘을 많이 사용해야 하는 것
접촉스트레스	작업대모서리, 키보드, 작업공구, 가위사용 등으로 인해 손목, 손바닥, 팔 등이 지속적으로 눌리거나 반복적으로 물체에 압력을 가함으로써 해당 신체 부위가 충격을 받게 되는 것
진 동	신체의 특정 부위가 동력기구 또는 장비와 같은 진동하는 물체와 접촉함으로써 영향을 받게 되는 것
기타 요인	극심한 저온 또는 고온, 너무 밝거나 어두운 조명

작업별로 관찰된 유해요인 원인분석

유해요인	유해요인에 대한 원인	총점수
작업내용1		
작업내용2		

〈별표 2〉 근골격계질환 증상조사표

I. 아래 사항을 직접 기입해 주시기 바랍니다.

성 명		연 령	만 세
성 별	□ 남 □ 여	현 직장경력	년 개월째 근무 중
작업부서	부 라인 작업(수행작업)	결혼여부	□ 기혼 □ 미혼
현재 하고 있는 작업(구체적으로)	작업내용: 작업기간: 년 개월째 하고 있음		
1일 근무시간	시간 근무 중 휴식시간(식사시간 제외) 분씩 회 휴식		
현작업을 하기 전에 했던 작업	작업내용: 작업기간: 년 개월 동안 있음		

1. 규칙적인(한번에 30분 이상, 1주일에 적어도 2~3회 이상) 여가 및 취미활동을 하고 계시는 곳에 표시(∨)하여 주십시오.

   □ 컴퓨터 관련활동 □ 악기연주(피아노, 바이올린 등) □ 뜨개질 자수, 붓글씨
   □ 테니스/배드민턴/스쿼시 □ 축구/족구/농구/스키 □ 해당사항 없음

2. 귀하의 하루평균 가사노동시간(밥하기, 빨래하기, 청소하기, 2살 미만의 아이 돌보기 등)은 얼마나 됩니까?

   □ 거의 하지 않는다. □ 1시간 미만 □ 1~2시간 미만
   □ 2~3시간 미만 □ 3시간 이상

3. 귀하는 의사로부터 다음과 같은 질병에 대해 진단을 받은 적이 있습니까?(해당질병에 체크)

   (보기: □ 류머티스 관절염 □ 당뇨병 □ 루프스병 □ 통풍 □ 알코올 중독)
   □ 아니오 □ 예('예'인 경우 현재상태는? □ 완치 □ 치료나 관찰 중)

4. 과거에 운동 중 혹은 사고로(교통사고, 넘어짐, 추락 등) 인해 손/손가락/손목, 팔/팔꿈치, 어깨, 목, 허리, 다리/발 부위를 다친 적이 있습니까?

   □ 아니오 □ 예
   ('예'인 경우 상해 부위는? □ 손/손가락/손목 □ 팔/팔꿈치 □ 어깨 □ 목 □ 허리 □ 다리/발)

5. 현재 하고 계시는 일의 육체적 부담정도는 어느 정도라고 생각합니까?

   □ 전혀 힘들지 않음 □ 견딜만 함 □ 약간 힘듦 □ 매우 힘듦

II. 지난 1년 동안 손/손가락/손목, 팔/팔꿈치, 어깨, 허리, 다리/발 중 어느 한 부위에서라도 귀하의 작업과 관련하여 통증이나 불편함(통증, 쑤시는 느낌, 뻣뻣함, 화끈거리는 느낌, 무감각 혹은 찌릿찌릿함 등)을 느끼신 적이 있습니까?

□ 아니오(수고하셨습니다. 설문을 다 마치셨습니다.)

□ 예("예"라고 답하신 분은 아래 표의 통증 부위에 체크(∨)하고, 해당 통증 부위의 세로줄로 내려가며 해당사항에 체크(∨)해 주십시오.)

통증 부위	목( )	어깨( )	팔/팔꿈치( )	손/손목/손가락( )	허리( )	다리/발( )
1. 통증의 구체적 부위는?		□ 오른쪽 □ 왼쪽 □ 양쪽 모두	□ 오른쪽 □ 왼쪽 □ 양쪽 모두	□ 오른쪽 □ 왼쪽 □ 양쪽 모두		□ 오른쪽 □ 왼쪽 □ 양쪽 모두
2. 한 번 아프기 시작하면 통증 기간은 얼마 동안 지속됩니까?	□ 1일 미만 □ 1일~1주일 미만 □ 1주일~1달 미만 □ 1달~6개월 미만 □ 6개월 이상	□ 1일 미만 □ 1일~1주일 미만 □ 1주일~1달 미만 □ 1달~6개월 미만 □ 6개월 이상	□ 1일 미만 □ 1일~1주일 미만 □ 1주일~1달 미만 □ 1달~6개월 미만 □ 6개월 이상	□ 1일 미만 □ 1일~1주일 미만 □ 1주일~1달 미만 □ 1달~6개월 미만 □ 6개월 이상	□ 1일 미만 □ 1일~1주일 미만 □ 1주일~1달 미만 □ 1달~6개월 미만 □ 6개월 이상	□ 1일 미만 □ 1일~1주일 미만 □ 1주일~1달 미만 □ 1달~6개월 미만 □ 6개월 이상
3. 그때의 아픈 정도는 어느 정도입니까?(보기 참조)	□ 약한 통증 □ 중간 통증 □ 심한 통증 □ 매우 심한 통증	□ 약한 통증 □ 중간 통증 □ 심한 통증 □ 매우 심한 통증	□ 약한 통증 □ 중간 통증 □ 심한 통증 □ 매우 심한 통증	□ 약한 통증 □ 중간 통증 □ 심한 통증 □ 매우 심한 통증	□ 약한 통증 □ 중간 통증 □ 심한 통증 □ 매우 심한 통증	□ 약한 통증 □ 중간 통증 □ 심한 통증 □ 매우 심한 통증
	<보기>	약한 통증: 약간 불편한 정도이나 작업에 열중할 때는 못 느낀다. 중간 통증: 작업 중 통증이 있으나 귀가 후 휴식을 취하면 괜찮다. 심한 통증: 작업 중 통증이 비교적 심하고 귀가 후에도 통증이 계속된다. 매우 심한 통증: 통증 때문에 작업은 물론 일상생활을 하기가 어렵다.				
4. 지난 1년 동안 이러한 증상을 얼마나 자주 경험하셨습니까?	□ 6개월에 1번 □ 2~3달에 1번 □ 1달에 1번 □ 1주일에 1번 □ 매일	□ 6개월에 1번 □ 2~3달에 1번 □ 1달에 1번 □ 1주일에 1번 □ 매일	□ 6개월에 1번 □ 2~3달에 1번 □ 1달에 1번 □ 1주일에 1번 □ 매일	□ 6개월에 1번 □ 2~3달에 1번 □ 1달에 1번 □ 1주일에 1번 □ 매일	□ 6개월에 1번 □ 2~3달에 1번 □ 1달에 1번 □ 1주일에 1번 □ 매일	□ 6개월에 1번 □ 2~3달에 1번 □ 1달에 1번 □ 1주일에 1번 □ 매일
5. 지난 1주일 동안에도 이러한 증상이 있었습니까?	□ 아니오 □ 예	□ 아니오 □ 예	□ 아니오 □ 예	□ 아니오 □ 예	□ 아니오 □ 예	□ 아니오 □ 예
6. 지난 1년 동안 이러한 통증으로 인해 어떤 일이 있었습니까?	□ 병원·한의원치료 □ 약국치료 □ 병가, 산재 □ 작업전환 □ 해당사항 없음 기타 ( )	□ 병원·한의원치료 □ 약국치료 □ 병가, 산재 □ 작업전환 □ 해당사항 없음 기타 ( )	□ 병원·한의원치료 □ 약국치료 □ 병가, 산재 □ 작업전환 □ 해당사항 없음 기타 ( )	□ 병원·한의원치료 □ 약국치료 □ 병가, 산재 □ 작업전환 □ 해당사항 없음 기타 ( )	□ 병원·한의원치료 □ 약국치료 □ 병가, 산재 □ 작업전환 □ 해당사항 없음 기타 ( )	□ 병원·한의원치료 □ 약국치료 □ 병가, 산재 □ 작업전환 □ 해당사항 없음 기타 ( )

부록 표 1 유해요인의 내용설명

유해요인	내용 설명
반복성	같은 근육, 힘줄 또는 관절을 사용하여 동일한 유형의 동작을 되풀이해서 수행함  
부자연스런 또는 취하기 어려운 자세	반복적이거나 지속적인 팔을 뻗음, 비틂, 구부림, 머리 위 작업, 무릎을 꿇음, 쪼그림, 고정자세를 유지함, 손가락으로 집기 등   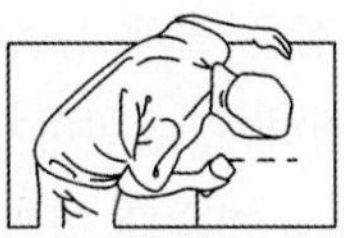 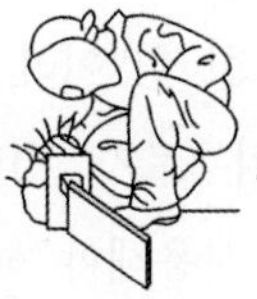 
과도한 힘	작업을 수행하기 위해 근육을 과도하게 사용함   
접촉스트레스	작업대모서리, 키보드, 작업공구, 가위 사용 등으로 인해 손목, 손바닥, 팔 등이 지속적으로 눌리거나 손바닥 또는 무릎 등을 사용하여 반복적으로 물체에 압력을 가함으로써 해당 신체 부위가 충격을 받게 되는 것 
진동	지속적이거나 높은 강도의 손-팔 또는 몸 전체의 진동  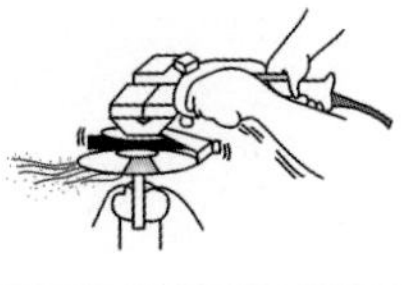
기타요인	극심한 저온 또는 고온, 너무 밝거나 어두운 조명

이 유해요인 및 원인평가서 사용을 위해 필요한 유해요인의 설명은 다음과 같다.

1. "반복성"이라 함은 같은 동작이 반복하여 일어나는 것으로 그 유해도는 반복횟수, 반복동작의 빠르기, 관련되는 근육군의 수, 사용되는 힘에 달려 있다.

2. "부자연스런 또는 취하기 어려운 자세"라 함은 각 신체 부위가 취할 수 있는 중립자세를 벗어나는 자세를 말하며, 예를 들면 손목을 뒤로 젖히거나 구부리기, 손가락에 힘을 주어 누르기, 손가락으로 집기, 팔을 들거나 뻗기, 손목을 오른쪽이나 왼쪽으로 돌리기, 손목을 굽히거나 뒤로 젖히기, 팔꿈치 들기, 팔근육 비틀기, 목을 젖히거나 숙이기, 허리 돌리기·구부리기·비틀기, 무릎 꿇기·쪼그려 앉기, 한발로 서기 등의 작업자세 등이 있다.

3. "과도한 힘"이라 함은 물체 등을 취급할 때 들어올리거나 내리기, 밀거나 당기기, 돌리기, 휘두르기, 지탱하기, 운반하기, 던지기 등과 같은 행위·동작으로 인해 근육의 힘을 많이 사용해야 하는 경우를 말한다.

4. "접촉스트레스"라 함은 작업대모서리, 키보드, 작업공구, 가위 사용 등으로 인해 손목, 손바닥, 팔 등이 지속적으로 눌리거나 손바닥 또는 무릎 등을 사용하여 반복적으로 물체에 압력을 가함으로써 해당 신체 부위가 충격을 받게 되는 것을 말한다.

5. "진동"이라 함은 신체의 특정 부위가 동력기구 또는 장비와 같은 진동하는 물체와 접촉함으로써 영향을 받게 되는 것으로, 버스, 트럭 등 장시간 운전으로 인한 전신진동 및 착암기, 연삭기, 임팩트 등 진동물체에 접하는 손, 팔 부위에서 받는 국소진동으로 구별할 수 있다.

6. "정적자세"라 함은 근로자 신체의 특정 부위가 움직임이 없이 일정 시간 이상 지속되는 작업자세를 말한다.

부록 5 | 제조물책임법

제정 2000. 1. 12. 법률 제6109호 재정경제부

제1조 (목적) 이 법은 제조물의 결함으로 인하여 발생한 손해에 대한 제조업자 등의 손해배상 책임을 규정함으로써 피해자의 보호를 도모하고 국민생활의 안전향상과 국민경제의 건전한 발전에 기여함을 목적으로 한다.

제2조 (정의) 이 법에서 사용하는 용어의 정의는 다음과 같다.

1. "제조물"이라 함은 다른 동산이나 부동산의 일부를 구성하는 경우를 포함한 제조 또는 가공된 동산을 말한다.
2. "결함"이라 함은 당해 제조물에 다음 각목의 1에 해당하는 제조·설계 또는 표시상의 결함이나 기타 통상적으로 기대할 수 있는 안전성이 결여되어 있는 것을 말한다.
   가. "제조상의 결함"이라 함은 제조업자의 제조물에 대한 제조·가공상의 주의의무의 이행여부에 불구하고 제조물이 원래 의도한 설계와 다르게 제조·가공됨으로써 안전하지 못하게 된 경우를 말한다.
   나. "설계상의 결함"이라 함은 제조업자가 합리적인 대체설계를 채용하였더라면 피해나 위험을 줄이거나 피할 수 있었음에도 대체설계를 채용하지 아니하여 당해 제조물이 안전하지 못하게 된 경우를 말한다.
   다. "표시상의 결함"이라 함은 제조업자가 합리적인 설명·지시·경고 기타의 표시를 하였더라면 당해 제조물에 의하여 발생될 수 있는 피해나 위험을 줄이거나 피할 수 있었음에도 이를 하지 아니한 경우를 말한다.
3. "제조업자"라 함은 다음 각목의 자를 말한다.
   가. 제조물의 제조·가공 또는 수입을 업으로 하는 자
   나. 제조물에 성명·상호·상표 기타 식별 가능한 기호 등을 사용하여 자신을 가목의 자로 표시한 자 또는 가목의 자로 오인시킬 수 있는 표시를 한 자

제3조 (제조물책임) ① 제조업자는 제조물의 결함으로 인하여 생명·신체 또는 재산에 손해(당해 제조물에 대해서만 발생한 손해를 제외한다)를 입은 자에게 그 손해를 배상하여야 한다.
② 제조물의 제조업자를 알 수 없는 경우 제조물을 영리목적으로 판매·대여 등의 방법에 의

하여 공급한 자는 제조물의 제조업자 또는 제조물을 자신에게 공급한 자를 알거나 알 수 있었음에도 불구하고 상당한 기간 내에 그 제조업자 또는 공급한 자를 피해자 또는 그 법정대리인에게 고지하지 아니한 때에는 제1항의 규정에 의한 손해를 배상하여야 한다.

제4조 (면책사유) ① 제3조의 규정에 의하여 손해배상 책임을 지는 자가 다음 각 호의 1에 해당하는 사실을 입증한 경우에는 이 법에 의한 손해배상 책임을 면한다.

1. 제조업자가 당해 제조물을 공급하지 아니한 사실
2. 제조업자가 당해 제조물을 공급한 때의 과학·기술수준으로는 결함의 존재를 발견할 수 없었다는 사실
3. 제조물의 결함이 제조업자가 당해 제조물을 공급할 당시의 법령이 정하는 기준을 준수함으로써 발생한 사실
4. 원재료 또는 부품의 경우에는 당해 원재료 또는 부품을 사용한 제조물 제조업자의 설계 또는 제작에 관한 지시로 인하여 결함이 발생하였다는 사실

② 제3조의 규정에 의하여 손해배상 책임을 지는 자가 제조물을 공급한 후에 당해 제조물에 결함이 존재한다는 사실을 알거나 알 수 있었음에도 그 결함에 의한 손해의 발생을 방지하기 위한 적절한 조치를 하지 아니한 때에는 제1항 제2호 내지 제4호의 규정에 의한 면책을 주장할 수 없다.

제5조 (연대책임) 동일한 손해에 대하여 배상할 책임이 있는 자가 2인 이상인 경우에는 연대하여 그 손해를 배상할 책임이 있다.

제6조 (면책특약의 제한) 이 법에 의한 손해배상 책임을 배제하거나 제한하는 특약은 무효로 한다. 다만, 자신의 영업에 이용하기 위하여 제조물을 공급받은 자가 자신의 영업용재산에 대하여 발생한 손해에 관하여 그와 같은 특약을 체결한 경우에는 그러하지 아니하다.

제7조 (소멸시효 등) ① 이 법에 의한 손해배상의 청구권은 피해자 또는 그 법정대리인이 손해 및 제3조의 규정에 의하여 손해배상 책임을 지는 자를 안 날부터 3년간 이를 행사하지 아니하면 시효로 인하여 소멸한다.

② 이 법에 의한 손해배상의 청구권은 제조업자가 손해를 발생시킨 제조물을 공급한 날부터 10년 이내에 이를 행사하여야 한다. 다만, 신체에 누적되어 사람의 건강을 해하는 물질에 의하여 발생한 손해 또는 일정한 잠복기간이 경과한 후에 증상이 나타나는 손해에 대하여는 그 손해가 발생한 날부터 기산한다.

제8조 (민법의 적용) 제조물의 결함에 의한 손해배상 책임에 관하여 이 법에 규정된 것을 제외하고는 민법의 규정에 의한다.

부록 6 | 필기시험 기출문제 1회(221)

PART I | 인간공학 개론

1 새로운 자동차의 결함원인이 엔진일 확률이 0.8, 프레임일 확률이 0.2라고 할 때 이로부터 기대할 수 있는 평균정보량은 얼마인가?

㉮ 0.26 bit ㉯ 0.32 bit
㉰ 0.72 bit ㉱ 2.64 bit

> **해설** 평균정보량(Bit)
> 여러 개의 실현가능한 대안이 있을 경우
> $H=\sum_{i-1}^{n} p_i \log_2(\frac{1}{p_i})$ (P_i : 각 대안의 실현확률)
> $=0.8\log_2(\frac{1}{0.8})+0.2\log_2(\frac{1}{0.2})$
> $=0.26+0.46$
> $=0.72\ bit$

2 다음 중 시식별에 영향을 주는 정도가 가장 작은 것은?

㉮ 시력 ㉯ 물체 크기
㉰ 밝기 ㉱ 표적의 형태

> **해설** 시식별에 영향을 주는 인자
> 시식별에 영향을 주는 인자는 조도, 밝기, 노출시간, 시력, 물체의 크기, 광도비, 과녁의 이동, 휘광, 연령, 훈련이 있다.

3 정보이론과 관련된 내용 중 옳지 않은 것은?

㉮ 정보의 측정 단위는 bit를 사용한다.
㉯ 두 대안의 실현 확률이 동일할 때 총 정보량이 가장 작다.
㉰ 실현 가능성이 같은 N개의 대안이 있을 때, 총 정보량 H는 $\log_2 N$이다.
㉱ 1 bit란 실현 가능성이 같은 2개의 대안 중 결정에 필요한 정보량이다.

> **해설** 정보이론
> Bit란 실현가능성이 같은 2개의 대안 중 하나가 명시되었을 때 우리가 얻는 정보량이며, 두 대안의 실현 확률의 차이가 커질수록 정보량은 줄어든다.

4 시력에 관한 내용으로 옳지 않은 것은?

㉮ 눈의 조절능력이 불충분한 경우, 근시 또는 원시가 된다.
㉯ 시력은 세부적인 내용을 시각적으로 식별할 수 있는 능력을 말한다.
㉰ 눈이 초점을 맞출 수 없는 가장 먼 거리를 원점이라 하는데 정상시각에서 원점은 거의 무한하다.
㉱ 여러 유형의 시력은 주로 망막 위에 초점이 맞추어지도록 홍채의 근육에 의한 눈의 조절능력에 달려 있다.

> **해설** 여러 유형의 시력은 주로 망막 위에 초점이 맞추어 지도록 수정체의 근육에 의한 눈의 조절능력에 달려 있다.

해답 1 ㉰ 2 ㉱ 3 ㉯ 4 ㉱

5 인체 각 부위에 대한 정적인 치수를 측정하기 위한 계측장비는?

㉮ 근전도(EMG)
㉯ 마틴(Martin)식 측정기
㉰ 심전도(ECG)
㉱ 플리커(Flicker) 측정기

> **해설** 정적측정(구조적 인체치수)
> 사용 인체측정기: 마틴식 인체측정기(Martin type Anthropometer)

6 인간-기계 시스템의 분류에서 인간에 의한 제어정도에 따른 분류가 아닌 것은?

㉮ 수동 시스템 ㉯ 기계화 시스템
㉰ 자동화 시스템 ㉱ 감시제어 시스템

> **해설** 인간-기계 체계의 유형
> ① 수동체계
> ② 기계화 체계
> ③ 자동체계

7 인간의 기억체계에 대한 설명으로 옳지 않은 것은?

㉮ 감각저장은 빠르게 사라지고 새로운 자극으로 대체된다.
㉯ 단기기억을 장기기억으로 이전시키려면 리허설이 필요하다.
㉰ 인간의 기억은 감각저장, 단기기억, 장기기억으로 구분된다.
㉱ 단기기억의 정보는 일반적으로 시각, 음성, 촉각, 감각코드의 4가지로 코드화된다.

> **해설** 단기기억
> 단기기억의 정보는 일반적으로 시각(visual), 음성(phonetic), 의미(semantic) 3가지로 코드화된다.

8 피부감각의 종류에 해당되지 않는 것은?

㉮ 압력감각 ㉯ 진동감각
㉰ 온도감각 ㉱ 고통감각

> **해설** 피부의 3가지 감각 계통
> ① 압력수용
> ② 고통
> ③ 온도 변화

9 조작자와 제어버튼 사이의 거리 또는 조작에 필요한 힘 등을 정할 때 사용되는 인체측정 자료의 응용원칙은?

㉮ 최소치설계 ㉯ 평균치설계
㉰ 조절식설계 ㉱ 최대치설계

> **해설** 최소집단값에 의한 설계
> ① 관련 인체측정 변수분포의 1%, 5%, 10%등과 같은 하위 백분위수를 기준으로 정한다.
> ② 선반의 높이, 조종장치까지의 거리 등을 정할 때 사용된다.
> ③ 예를 들어, 팔이 짧은 사람이 잡을 수 있다면, 이보다 긴 사람은 모두 잡을 수 있다.

해답 5 ㉯ 6 ㉱ 7 ㉱ 8 ㉯ 9 ㉮

10 최적의 C/R비 설계 시 고려해야 할 사항으로 옳지 않은 것은?

㉮ 조종장치와 조작시간 지연은 직접적으로 C/R비와 관계없다.
㉯ 계기의 조절시간이 가장 짧게 소요되는 크기를 선택한다.
㉰ 작업자의 눈과 표시장치의 거리는 주행과 조절에 크게 관계된다.
㉱ 짧은 주행시간 내에서 공차의 인정범위를 초과하지 않는 계기를 마련한다.

> **해설** 조작시간
> 조종장치의 조작시간 지연은 직접적으로 C/R비가 가장 크게 작용하고 있다.

11 동작 거리가 멀고 과녁이 작을수록 동작에 걸리는 시간이 길어짐을 나타내는 법칙은?

㉮ Fitts 법칙
㉯ Hick-Hyman 법칙
㉰ Murphy 법칙
㉱ Schmidt 법칙

> **해설** Fitts의 법칙
> 표적이 작을수록 또 이동거리가 길수록 작업의 난이도와 소요 이동시간이 증가한다.

12 비행기에서 20 m 떨어진 거리에서 측정한 엔진의 소음수준이 130 dB(A)이었다면, 100 m 떨어진 위치에서의 소음수준은 약 얼마인가?

㉮ 113.5 dB(A) ㉯ 116.0 dB(A)
㉰ 121.8 dB(A) ㉱ 130.0 dB(A)

> **해설** 거리에 따른 음의 강도 변화
> $dB_2 = dB_1 - 20\log\frac{d_2}{d1}$
> $dB_2 = 130\,dB(A) - 20\log\frac{100\,m}{20\,m} = 116.0\,dB(A)$

13 외이와 중이의 경계가 되는 것은?

㉮ 기저막 ㉯ 고막
㉰ 정원창 ㉱ 난원창

> **해설** 외이와 중이는 고막을 경계로 하여 분리된다.

14 양립성에 적합하게 조종장치와 표시장치를 설계할 때 얻을 수 있는 결과로 옳지 않은 것은?

㉮ 인간 실수 증가
㉯ 반응시간 감소
㉰ 학습시간의 단축
㉱ 사용자 만족도 향상

> **해설** 양립성(compatibility)
> 자극들 간의, 반응들 간의 혹은 자극-반응조합의 공간, 운동 혹은 개념적 관계가 인간의 기대와 모순되지 않는 것을 말한다. 표시장치나 조종장치가 양립성이 있으면 인간성능은 일반적으로 향상된다.

해답 10 ㉮ 11 ㉮ 12 ㉯ 13 ㉯ 14 ㉮

15 시각적 부호의 3가지 유형과 거리가 먼 것은?

㉮ 임의적 부호　　㉯ 묘사적 부호
㉰ 사실적 부호　　㉱ 추상적 부호

> **해설** 부호의 유형
> ① 묘사적 부호: 단순하고 정확하게 묘사
> ② 추상적 부호: 도식적으로 압축
> ③ 임의적 부호: 이미 고안되어 있는 부호를 배워야 한다.

16 인간-기계 시스템에서의 기본적인 기능이 아닌 것은?

㉮ 행동
㉯ 정보의 수용
㉰ 정보의 제어
㉱ 정보처리 및 결정

> **해설** 인간-기계 시스템에서의 기본적인 기능
> 인간-기계 시스템에서의 인간이나 기계는 감각을 통한 정보의 수용, 정보의 보관, 정보의 처리 및 의사결정, 행동기능의 네 가지 기본적인 기능을 수행한다.

17 인간공학(ergonomics)의 정의와 가장 거리가 먼 것은?

㉮ 인간이 포함된 환경에서 그 주변의 환경조건이 인간에게 맞도록 설계·재설계되는 것이다.
㉯ 인간의 작업과 작업환경을 인간의 정신적, 신체적 능력에 적용시키는 것을 목적으로 하는 과학이다.
㉰ 건강, 안전, 복지, 작업성과 등의 개선을 요구하는 작업, 시스템, 제품, 환경을 인간의 신체·정신적 능력과 한계에 부합시키기 위해 인간 과학으로부터 지식을 생성·통합한다.
㉱ 인간에게 질병, 건강장해, 심각한 불쾌감 및 능률저하 등을 초래하는 작업환경 요인과 스트레스를 예측, 인식(측정), 평가 관리(대책)하는 과학인 동시에 기술이다.

> **해설** 인간공학의 정의
> 인간공학이란 인간활동의 최적화를 연구하는 학문으로 인간이 작업활동을 하는 경우에 인간으로서 가장 자연스럽게 일하는 방법을 연구하는 것이며, 인간과 그들이 사용하는 사물과 환경 사이의 상호작용에 대해 연구하는 것이다.

18 정량적 표시장치의 지침을 설계할 경우 고려하여야 할 사항으로 옳지 않은 것은?

㉮ 끝이 뾰족한 지침을 사용할 것
㉯ 지침의 끝이 작은 눈금과 겹치게 할 것
㉰ 지침의 색은 선단에서 눈금의 중심까지 칠할 것
㉱ 지침을 눈금면과 밀착시킬 것

> **해설** 정량적 표시장치의 지침설계 시 고려사항
> ① (선각이 약 20°되는) 뾰족한 지침을 사용한다.
> ② 지침의 끝은 작은 눈금과 맞닿되, 겹치지 않게 한다.
> ③ (원형눈금의 경우) 지침의 색은 선단에서 눈금의 중심까지 칠한다.
> ④ (시차(時差)를 없애기 위해) 지침을 눈금면과 밀착시킨다.

해답 15 ㉰ 16 ㉰ 17 ㉱ 18 ㉯

19 신호검출이론에 대한 설명으로 옳은 것은?

㉮ 잡음에 실린 신호의 분포는 잡음만의 분포와 구분되지 않아야 한다.
㉯ 신호의 유무를 판정함에 있어 반응대안은 2가지뿐이다.
㉰ 신호에 의한 반응이 선형인 경우 판별력은 좋아진다.
㉱ 신호검출의 민감도에서 신호와 잡음 간의 두 분포가 가까울수록 판정자는 신호와 잡음을 정확하게 판별하기 쉽다.

> **해설** 신호에 의한 반응이 선형인 경우 판별력은 좋아진다.

20 통계적 분석에서 사용되는 제1종 오류(α)를 설명한 것으로 옳지 않은 것은?

㉮ $1-\alpha$를 검출력(power)이라고 한다.
㉯ 제1종 오류를 통계적 기각역이라고도 한다.
㉰ 발견한 결과가 우연에 의한 것일 확률을 의미한다.
㉱ 동일한 데이터의 분석에서 제1종 오류를 작게 설정할수록 제2종 오류가 증가할 수 있다.

> **해설** 제1종 오류, 제2종 오류
> ① 제1종 오류(α): 귀무가설이 맞을 때, 귀무가설을 기각하는 확률이다.
> ② 제2종 오류(β): 귀무가설이 틀렸을 때, 귀무가설을 채택하는 확률로 $1-\beta$를 검출력(power)이라고 한다

PART II | 작업생리학

21 소리 크기의 지표로서 사용하는 단위 중 8 sone은 몇 phon인가?

㉮ 60　　㉯ 70
㉰ 80　　㉱ 90

> **해설**
> $sone값 = 2^{(phon값-40)/10}$
> $8 = 2^{(phon값-40)/10}$
> $phon값 = 70$

22 육체적 작업에서 생기는 우리 몸의 순환기 반응에 해당하지 않는 것은?

㉮ 혈압상승
㉯ 심박출량의 증가
㉰ 산소소비량의 증가
㉱ 신체에 흐르는 혈류의 재분배

> **해설** 작업에 따른 인체의 생리적 반응
> 육체적인 작업을 할 경우 순환기계가 아닌 근육계에서 산소 소모량이 증가한다.

23 어떤 작업의 평균 에너지값이 6 kcal/min이라고 할 때 60분간 총 작업시간 내에 포함되어야 하는 휴식시간은 약 몇 분인가? (단, Murrell의 방법을 적용하여, 기초대사를 포함한 작업에 대한 권장 평균 에너지값의 상한은 4 kcal/min이다.)

㉮ 6.7　　㉯ 13.3
㉰ 26.7　　㉱ 53.3

해답 19 ㉰ 20 ㉮ 21 ㉯ 22 ㉰ 23 ㉰

해설 휴식시간의 산정

$Murrell$의 공식 : $R = \frac{T(E-S)}{E-1.5}$

R: 휴식시간(분)
T: 총 작업시간(분)
E: 평균에너지 소모량(Kcal/min)
S: 권장 평균에너지 소모량 = 4 kcal/min

따라서, $R = \frac{60(6-4)}{6-1.5}$ = 26.7(분)

24 신체부위를 움직이지 않으면서 고정된 물체에 힘을 가하는 상태의 근력을 의미하는 것은?

㉮ 등장성 근력(isotonic strength)
㉯ 등척성 근력(isometric strength)
㉰ 등속성 근력(isokinetic strength)
㉱ 등관성 근력(isoinertial strength)

해설 정적수축(static contraction)
물건을 들고 있을 때처럼 인체 부위를 움직이지 않으면서 고정된 물체에 힘을 가하는 상태로 이 때의 근력을 등척성 근력(isometric strength)이라고도 한다.

25 남성근로자의 육체작업에 대한 에너지대사량을 측정한 결과 분당 작업 시 산소소비량이 1.2 L/min, 안정 시 산소소비량이 0.5 L/min, 기초대사량이 1.5 kcal/min 이었다면 이 작업에 대한 에너지대사율(RMR)은 약 얼마인가?

㉮ 0.47 ㉯ 0.80
㉰ 1.25 ㉱ 2.33

해설 에너지대사율(RMR)
작업강도 단위로서 산소소비량으로부터 측정한다. (1 L=5 kcal)

$R = \frac{\text{작업 시 소비에너지} - \text{안정 시 소비에너지}}{\text{기초대사량}}$

$= \frac{(1.2\times5)-(0.5\times5)}{1.5} = 2.33$

26 사무실 공기관리지침상 공기정화 시설을 갖춘 사무실의 시간당 환기횟수 기준은?

㉮ 1회 이상 ㉯ 2회 이상
㉰ 3회 이상 ㉱ 4회 이상

해설 공기정화 시설을 갖춘 사무실에서 작업자 1인당 필요한 최소외기량은 0.57 m^3/min이며, 환기횟수는 시간당 4회 이상으로 한다.

27 어떤 작업자가 팔꿈치 관절에서부터 30 cm 거리에 있는 10 kg 중량의 물체를 한 손으로 잡고 있으며 팔꿈치 관절의 회전중심에서 손까지의 중력중심 거리는 14 cm 이며 이 부분의 중량은 1.3 kg이다. 이때 팔꿈치에 걸리는 반작용(Re)의 힘은?

㉮ 98.2N ㉯ 105.5N
㉰ 110.7N ㉱ 114.9N

해설 팔꿈치의 반작용력
팔꿈치에 걸리는 반작용 힘(R_E)은 다음과 같다.

$\sum F = 0$

$-$ 98N $-$ 12.74N + R_E = 0

R_E(반작용의 힘) = 110.7N

해답 24 ㉯ 25 ㉱ 26 ㉱ 27 ㉰

28 작업면에 균등한 조도를 얻기 위한 조명방식으로 공장 등에서 많이 사용되는 조명방식은?

㉮ 국소조명 ㉯ 전반조명
㉰ 직접조명 ㉱ 간접조명

> **해설** 전반조명
> 실내조명에서 광원을 배치하는 한 형식. 상당히 넓은 실내에 적당한 크기의 광원을 수많이 규칙적으로 배치하여 조도 분포를 고르게 한다. 공장, 사무실, 백화점 등에 많이 쓰인다.

29 일반적으로 소음계는 주파수에 따른 사람의 느낌을 감안하여 A, B, C 세 가지 특성에서 음압을 측정할 수 있도록 보정되어 있는데, A특성치란 몇 phon의 등음량 곡선과 비슷하게 주파수에 따른 반응을 보정하여 측정한 음압수준을 말하는가?

㉮ 20 ㉯ 40
㉰ 70 ㉱ 100

> **해설** 소음의 측정
> 소음계는 주파수에 따른 사람의 느낌을 감안하여 A, B, C 세 가지 특성에서 음압을 측정할 수 있도록 보정되어 있다. A 특성치는 40 phon, B는 70 phon, C는 100 phon의 등음량 곡선과 비슷하게 주파수에 따른 반응을 보정하여 측정한 음압수준을 말한다.

30 뇌간(brain stem)에 해당되지 않는 것은?

㉮ 간뇌 ㉯ 중뇌
㉰ 뇌교 ㉱ 연수

> **해설** 뇌간
> 뇌간(brain stem)은 중뇌, 뇌교, 연수로 이루어진다.

31 음식물을 섭취하여 기계적인 일과 열로 전환하는 화학적인 과정을 무엇이라 하는가?

㉮ 신진대사 ㉯ 에너지가
㉰ 산소부채 ㉱ 에너지소비량

> **해설** 신진대사(metabolism)
> 구성물질이나 축적되어 있는 단백질, 지방 등을 분해하거나 음식을 섭취하여 필요한 물질을 합성하여 기계적인 일이나 열을 만드는 화학적인 과정이다.

32 정신적 작업부하를 측정하는 생리적 측정치에 해당하지 않는 것은?

㉮ 부정맥지수 ㉯ 산소소비량
㉰ 점멸융합주파수 ㉱ 뇌파도 측정치

> **해설** 생리적 측정
> 주로 단일 감각기관에 의존하는 경우에 작업에 대한 정신부하를 측정할 때 이용되는 방법이다. 부정맥, 점멸융합주파수, 전기피부 반응, 눈 깜박거림, 뇌파 등이 정신작업 부하평가에 이용된다.

33 최대산소소비능력(MAP)에 관한 설명으로 옳지 않은 것은?

㉮ 산소섭취량이 일정하게 되는 수준을 말한다.
㉯ 최대산소소비능력은 개인의 운동역량을 평가하는데 활용된다.
㉰ 젊은 여성의 평균 MAP는 젊은 남성의 평균 MAP의 20~30% 정도이다.
㉱ MAP를 측정하기 위해서 주로 트레드밀(treadmill)이나 자전거 에르고미터(ergometer)를 활용한다.

해답 28 ㉯ 29 ㉯ 30 ㉮ 31 ㉮ 32 ㉯ 33 ㉰

> **해설** 최대산소소비능력
> 젊은 여성의 평균 MAP는 젊은 남성의 평균 MAP의 15~30% 정도이다.

34 골격의 구조와 기능에 대한 설명으로 옳지 않은 것은?

㉮ 신체에 중요한 부분을 보호하는 역할을 한다.

㉯ 소화, 순환, 분비, 배설 등 신체 내부 환경의 조절에 중요한 역할을 한다.

㉰ 골격은 뼈, 연골, 관절로 이루어지며 사지 및 몸통을 움직이는 피동적 운동기관으로 작용한다.

㉱ 혈구세포를 만드는 조혈기능과 칼슘과 인 등의 무기질을 저장하여 몸이 필요할 때 공급해 주는 역할을 한다.

> **해설** 골격의 구성 및 기능
> 골격계는 뼈, 연골, 관절로 구성되는 인체의 수동적 운동기관으로 인체를 구성하고 지주역할을 담당하며, 장기를 보호한다. 또한 칼슘, 인산의 중요한 저장고가 되며, 나트륨과 마그네슘 이온의 작은 저장고 역할을 한다. 소화, 순환, 분비, 배설 등 인체 내부 환경의 조절에 중요한 역할을 하는 기관은 순환계이다.

35 척추와 근육에 대한 설명으로 옳은 것은?

㉮ 허리부위의 미골은 체중의 60% 정도를 지탱하는 역할을 담당한다.

㉯ 인대는 근육과 뼈에 연결되어 있는 것으로 보통 힘줄이라고 한다.

㉰ 건은 뼈와 뼈를 연결하여 관절의 운동을 제한한다.

㉱ 척추는 26개의 뼈로 구성되어 경추, 흉추, 요추, 천골, 미골로 구성되어 있다.

> **해설** 척주(vertebral column)
> 척추골은 위로부터 경추 7개, 흉추 12개, 요추 5개, 선추 5개, 미추 3~5개로 구성된다. 성인에서는 5개의 선추가 유합하여 1개의 선골(sacrum)이 되고, 3~5개의 미추는 1개의 미골(coccyx)이 되어 있다. 따라서 성인의 척추는 26개의 뼈로 구성되어 있다.

36 저온환경이 작업수행에 미치는 영향으로 옳지 않은 것은?

㉮ 근육강도와 내성이 감소하여 육체적 기능도가 줄어든다.

㉯ 손 피부온도(HST)의 감소로 수작업과업 수행능력이 저하된다.

㉰ 저온 환경에서는 체내 온도를 유지하기 위해 근육의 대사율이 증가된다.

㉱ 저온은 말초운동신경의 신경전도 속도를 감소시킨다.

> **해설** 저온에서 인체는 36.5° C의 일정한 체온을 유지하기 위하여 열을 발생시키고, 열의 방출을 최소화한다. 열을 발생시키기 위하여 화학적 대사작용이 증가하고, 근육긴장의 증가와 떨림이 발생하며, 열의 방출을 최소화하기 위하여 체표면적의 감소와 피부의 혈관 수축 등이 일어난다.

37 다음 중 근육피로의 1차적 원인으로 옳은 것은?

㉮ 젖산 축적　　㉯ 글리코겐 축적

㉰ 미오신 축적　　㉱ 피루브산 축적

해답 34 ㉯ 35 ㉱ 36 ㉰ 37 ㉮

해설 근육의 피로
육체적으로 격렬한 작업에서는 충분한 양의 산소가 근육활동에 공급되지 못해 무기성 환원과정에 의해 에너지가 공급되기 때문에 근육에 젖산이 축적되어 근육의 피로를 유발하게 된다.

38 산소소비량과 에너지 대사를 설명한 것으로 옳지 않은 것은?

㉮ 산소소비량은 에너지 소비량과 선형적인 관계를 가진다.
㉯ 산소소비량이 증가한다는 것은 육체적 부하가 증가한다는 것이다.
㉰ 에너지가의 계산에는 2 kcal의 에너지 생성에 1리터의 산소가 소모되는 관계를 이용한다.
㉱ 산소소비량은 육체활동에 요구되는 에너지 대사량을 활동 시 소비된 산소량으로 간접적으로 측정하는 것이다.

해설 산소소비량
산소소비량과 에너지소비량 사이에는 선형관계가 있으며 1 L의 산소가 소비될 때 약 5 kcal의 에너지가 방출된다.

39 점광원으로부터 어떤 물체나 표면에 도달하는 빛의 밀도를 나타내는 단위로 옳은 것은?

㉮ nit ㉯ Lambert
㉰ candela ㉱ lumen/m^2

해설 조도는 어떤 물체나 표면에 도달하는 광의 밀도를 말한다.(단위: lumen/m^2).

40 진동이 인체에 미치는 영향으로 옳지 않은 것은?

㉮ 심박수 감소
㉯ 산소소비량 증가
㉰ 근장력 증가
㉱ 말초혈관의 수축

해설 진동의 영향
진동이 발생하면 혈관계에 대한 영향과 교감신경계의 영향으로 심박수가 증가한다.

PART III | 산업심리학 및 관계 법규

41 리더십은 교육 훈련에 의해서 향상되므로, 좋은 리더는 육성될 수 있다는 가정을 하는 리더십 이론은?

㉮ 특성접근법
㉯ 상황접근법
㉰ 행동접근법
㉱ 제한적 특질접근법

해설 행동이론(behavior approach)
리더가 취하는 행동에 중점을 두고서 리더십을 설명하는 이론이다. 행동이론에 입각한 리더는 그 자신의 행동에 따라 집단구성원에 의해 리더로 선정되며, 나아가 리더로서의 역할과 리더십이 결정된다고 한다.리더십은 교육훈련에 의해서 향상되므로, 좋은 리더는 육성할 수 있다는 이론이다.

해답 38 ㉰ 39 ㉱ 40 ㉮ 41 ㉰

42 R. House의 경로–목표이론(path–goal theory) 중 리더 행동에 따른 4가지 범주에 해당하지 않는 것은?

㉮ 방임적 리더 ㉯ 지시적 리더
㉰ 후원적 리더 ㉱ 참여적 리더

> **해설** 경로–목표이론(path–goal theory)
> 경로–목표이론에서 리더들이 보여주어야 하는 4가지 행동이론은 지시적(directive), 지원적(supportive), 참여적(participative), 성취지향적(achievement oriented)이다.

43 부주의에 대한 사고방지대책 중 정신적 측면의 대책으로 볼 수 없는 것은?

㉮ 안전 의식의 제고
㉯ 작업 의욕의 고취
㉰ 작업조건의 개선
㉱ 주의력 집중훈련

> **해설** 정신적 측면에 대한 대책
> ① 주의력 집중훈련
> ② 스트레스 해소대책
> ③ 안전 의식의 제고
> ④ 작업 의욕의 고취

44 집단행동에 있어 이성적 판단보다는 감정에 의해 좌우되며 공격적이라는 특징을 갖는 행동은?

㉮ crowd ㉯ mob
㉰ panic ㉱ fashion

> **해설** 모브(mob)
> 폭동과 같은 것을 말하며 군중보다 한층 합의성이 없고 감정만으로 행동한다.

45 제조물책임법에서 정의한 결함의 종류에 해당하지 않는 것은?

㉮ 제조상의 결함 ㉯ 기능상의 결함
㉰ 설계상의 결함 ㉱ 표시상의 결함

> **해설** 제조물책임법에서 결함의 유형
> ① 제조상의 결함
> ② 설계상의 결함
> ③ 표시·경고결함

46 인간 오류에 관한 일반 설계기법 중 오류를 범할 수 없도록 사물을 설계하는 기법은?

㉮ Fail-safe 설계 ㉯ Interlock 설계
㉰ Exclusion 설계 ㉱ Prevention 설계

> **해설** 배타설계(exclusion design)
> 오류의 위험이 있는 요소를 제거하거나, 배치 또는 구조상의 분리를 통하여 휴먼에러의 가능성을 근원적으로 제거하여 오류를 범할 수 없도록 사물을 설계하는 것을 말한다.

47 집단을 공식집단과 비공식집단으로 구분할 때 비공식집단의 특성이 아닌 것은?

㉮ 규모가 크다.
㉯ 동료애의 욕구가 강하다.
㉰ 개인적 접촉의 기회가 많다.
㉱ 감정의 논리에 따라 운영된다.

해답 42 ㉮ 43 ㉰ 44 ㉯ 45 ㉯ 46 ㉰ 47 ㉮

해설 비공식적 집단(informal group)
① 자연발생적으로 형성된다.
② 내면적이고 불가시적이다.
③ 일부분의 구성원들만으로 이루어지며 소집단의 성격을 띤다.
④ 감정의 논리에 따라 구성된다.

48 작업자가 제어반의 압력계를 계속적으로 모니터링하는 작업에서 압력계를 잘못 읽어 에러를 범할 확률이 100시간에 1회로 일정한 것으로 조사되었다. 작업을 시작한 후 200시간 시점에서의 인간신뢰도는 약 얼마로 추정되는가?

㉮ 0.02 ㉯ 0.98
㉰ 0.135 ㉱ 0.865

해설 연속적 직무에서 인간신뢰도

$$고장률(\lambda) = \frac{고장건수(r)}{총가동시간(t)} = \frac{1}{100}$$

$$신뢰도\ R(T) = e^{-\lambda t} = e^{-\frac{1}{100} \times 200} = 0.135$$

49 미국 국립산업안전보건연구원(NIOSH)에서 제안한 직무스트레스 요인에 해당하지 않는 것은?

㉮ 성능 요인 ㉯ 환경 요인
㉰ 작업 요인 ㉱ 조직 요인

해설 직무스트레스의 요인
① 작업요구
② 조직적 측면의 요인
③ 물리적인 환경

50 다음 조직에 의한 스트레스 요인은?

> 급속한 기술의 변화에 대한 적응이 요구되는 직무나 직무의 난이도나 속도를 요구하는 특성을 가진 업무와 관련하여 역할이 과부하되어 받게 되는 스트레스

㉮ 역할갈등 ㉯ 과업요구
㉰ 집단압력 ㉱ 역할모호성

해설 직무스트레스 요인
직무스트레스 요인에는 크게 작업요구, 조직적요인 및 물리적 환경 등으로 구분될 수 있으며, 작업요구에는 작업과부하, 작업속도 및 작업과정에 대한 작업자의 통제(업무 재량도) 정도, 교대근무 등이 포함된다.

51 반응시간(reaction time)에 관한 설명으로 옳은 것은?

㉮ 자극이 요구하는 반응을 행하는 데 걸리는 시간을 의미한다.
㉯ 반응해야 할 신호가 발생한 때부터 반응이 종료될 때까지의 시간을 의미한다.
㉰ 단순반응시간에 영향을 미치는 변수로는 자극 양식, 자극의 특성, 자극 위치, 연령 등이 있다.
㉱ 여러 개의 자극을 제시하고, 각각에 대한 서로 다른 반응을 할 과제를 준 후에 자극이 제시되어 반응할 때까지의 시간을 단순반응시간이라 한다.

해설 단순반응시간(simple reaction time)
단순반응 시간에 영향을 미치는 변수에는 자극 양식, 공간주파수, 신호의 대비 또는 예상, 연령, 자극위치, 개인차 등이 있다.

해답 48 ㉰ 49 ㉮ 50 ㉯ 51 ㉰

52 재해의 발생원인 중 직접원인(1차원인)에 해당하는 것은?

㉮ 기술적 원인　　㉯ 교육적 원인
㉰ 관리적 원인　　㉱ 물적 원인

> **해설** 직접원인(1차원인)
> ① 물적 원인: 불안전한 상태
> ② 인적 원인: 불안전한 행동

53 다음에서 설명하는 것은?

> 집단을 이루는 구성원들이 서로에게 매력적으로 끌리어 그 집단 목표를 달성하는 정도를 나타내며, 소시오메트리 연구에서는 실제 상호선호관계의 수를 가능한 상호선호관계의 총 수로 나누어 지수(index)로 표현한다.

㉮ 집단협력성　　㉯ 집단단결성
㉰ 집단응집성　　㉱ 집단목표성

> **해설** 집단응집성
> 집단응집성은 구성원들이 서로에게 매력적으로 끌리어 그 집단목표를 공유하는 정도라고 할 수 있다. 응집성은 집단이 개인에게 주는 매력의 소산, 개인이 이런 이유로 집단에 이끌리는 결과이기도 하다. 집단응집성의 정도는 집단의 사기, 팀 정신, 성원에게 주는 집단 매력의 강도, 집단과업에 대한 성원의 관심도를 나타내 주는 것이다.

54 A사업장의 도수율이 2로 산출되었을 때 그 결과에 대한 해석으로 옳은 것은?

㉮ 근로자 1,000명당 1년 동안 발생한 재해자수가 2명이다.
㉯ 연근로시간 1,000시간당 발생한 근로손실일수가 2일이다.
㉰ 근로자 10,000명당 1년간 발생한 사망자수가 2명이다.
㉱ 연근로시간 1,000,000시간당 발생한 재해건수가 2건이다.

> **해설** 도수율
> $$\text{도수율}(FR) = \frac{\text{재해건수}}{\text{연근로시간수}} \times 10^6$$
> 도수율은 산업재해의 발생빈도를 나타내는 것으로 연근로시간 합계 100만 시간당 재해 건수이다.

55 원자력발전소 주제어실의 직무는 4명의 운전원으로 구성된 근무조에 의해 수행되고, 이들의 직무 간에는 서로 영향을 끼치게 된다. 근무조원 중 1차 계통의 운전원 A와 2차계통의 운전원 B간의 직무는 중간 정도의 의존성(15%)이 있다. 그리고 운전원 A의 기초 인간실수확률 HER Prob{A} = 0.001일 때, 운전원 B의 직무실패를 조건으로 한 운전원 A의 직무실패확률은 약 얼마인가? (단, THERP 분석법을 사용한다.)

㉮ 0.151　　㉯ 0.161
㉰ 0.171　　㉱ 0.181

> **해설** THERP 분석법
> Prob$\{N|N-1\}$
> $= (\%_{dep})1.0 + (1-\%_{dep})$Prob{N}
> B가 실패일 때 A의 실패확률
> Prob{A|B} $= (0.15) \times 1.0 + (1-0.15) \times (0.001)$
> $= 0.15075 \fallingdotseq 0.151$

해답 52 ㉱ 53 ㉰ 54 ㉱ 55 ㉮

56 다음 중 상해의 종류에 해당하지 않는 것은?

㉮ 협착 ㉯ 골절
㉰ 부종 ㉱ 중독·질식

해설 골절, 중독, 질식, 부종은 상해의 종류이며, 협착은 발생형태(사고형태)에 해당한다.

57 인간의 의식수준과 주의력에 대한 다음의 관계가 옳지 않은 것은?

구분	의식수준	의식모드	행동수준	신뢰성
A	Ⅳ	흥분	감정흥분	낮다.
B	Ⅲ	정상(분명한 의식)	적극적 행동	매우 높다.
C	Ⅱ	정상(느긋한 기분)	안정된 행동	다소 높다.
D	Ⅰ	무의식	수면	높다.

㉮ A ㉯ B
㉰ C ㉱ D

해설 인간 의식수준 단계

구분	의식수준	의식모드	행동수준	신뢰성
A	Ⅳ	흥분	감정흥분	낮다.
B	Ⅲ	정상(분명한 의식)	적극적 행동	매우 높다.
C	Ⅱ	정상(느긋한 기분)	안정된 행동	다소 높다.
D	Ⅰ	정상 이하, 의식둔화(의식 흐림)	피로, 단조로움, 졸음	낮다.

58 하인리히의 도미노 이론을 순서대로 나열한 것은?

A. 유전적 요인과 사회적 환경
B. 개인의 결함
C. 불안전한 행동과 불안전한 상태
D. 사고
E. 재해

㉮ A → B → D → C → E
㉯ A → B → C → D → E
㉰ B → A → C → D → E
㉱ B → A → D → C → E

해설 하인리히의 도미노 이론
① 사회적 환경 및 유전적 요소
② 개인적 결함
③ 불안전행동 및 불안전상태
④ 사고
⑤ 상해(산업재해)

59 다음은 인적 오류가 발생한 사례이다. Swain과 Guttman이 사용한 개별적 독립행동에 의한 오류 중 어느 것에 해당하는가?

컨베이어벨트 수리공이 작업을 시작하면서 동료에게 컨베이어벨트의 작동버튼을 살짝 눌러서 벨트를 조금만 움직이라고 이른 뒤 수리작업을 시작하였다. 그러나 작동버튼 옆에서 서성이던 동료가 순간적으로 중심을 잃으면서 작동버튼을 힘껏 눌러 컨베이어벨트가 전속력으로 움직이며 수리공의 신체일부가 끼이는 사고가 발생하였다.

해답 56 ㉮ 57 ㉱ 58 ㉯ 59 ㉱

㉮ 시간 오류(timing error)
㉯ 순서 오류(sequence error)
㉰ 부작위 오류(omission error)
㉱ 작위 오류(commission error)

> **해설** 작위 오류(Commission error)
> 필요한 작업 또는 절차의 불확실한 수행으로 인한 에러이다.

60 Maslow의 욕구단계 이론을 하위단계부터 상위단계로 올바르게 나열한 것은?

> A. 사회적 욕구
> B. 안전에 대한 욕구
> C. 생리적 욕구
> D. 존경에 대한 욕구
> E. 자아실현의 욕구

㉮ C → A → B → E → D
㉯ C → A → B → D → E
㉰ C → B → A → E → D
㉱ C → B → A → D → E

> **해설** 매슬로우(A. H. Maslow)의 욕구단계이론
> ① 제1단계: 생리적 욕구
> ② 제2단계: 안전과 안정욕구
> ③ 제3단계: 소속과 사랑의 사회적 욕구
> ④ 제4단계: 자존의 욕구
> ⑤ 제5단계: 자아실현의 욕구

PART IV | 근골격계질환 예방을 위한 작업관리

61 작업관리의 문제해결 방법으로 전문가 집단의 의견과 판단을 추출하고 종합하여 집단적으로 판단하는 방법은?

㉮ SEARCH의 원칙
㉯ 브레인스토밍(Brainstorming)
㉰ 마인드 맵핑(Mind Mapping)
㉱ 델파이 기법(Delphi Technique)

> **해설** 델파이 기법(Delphi Technique)
> 쉽게 결정될 수 없는 정책이나 쟁점이 되는 사회문제에 대하여, 일련의 전문가 집단의 의견과 판단을 추출하고 종합하여 집단적 합의를 도출해 내는 방법이다.

62 시설배치방법 중 공정별 배치방법의 장점에 해당하는 것은?

㉮ 운반 길이가 짧아진다.
㉯ 작업진도의 파악이 용이하다.
㉰ 전문적인 작업지도가 용이하다.
㉱ 재공품이 적고, 생산길이가 짧아진다.

> **해설** 공정별 배치의 장점
> ① 한 기계의 고장으로 인한 전체작업의 중단이 적고, 쉽게 극복할 수 있음
> ② 작업자의 자긍심 높음, 직무만족이 높음
> ③ 제품설계, 작업순서 변경에 유연성 큼
> ④ 전문화된 감독과 통제

해답 60 ㉱ 61 ㉱ 62 ㉰

63 동작경제의 원칙 중 작업장 배치에 관한 원칙으로 볼 수 없는 것은?

㉮ 모든 공구나 재료는 지정된 위치에 있도록 한다.
㉯ 공구의 기능을 결합하여 사용하도록 한다.
㉰ 가능하다면 낙하식 운반 방법을 이용한다.
㉱ 작업이 용이하도록 적절한 조명을 비추어 준다.

해설 동작경제원칙 중 작업역의 배치에 관한 원칙
① 모든 공구와 재료는 일정한 위치에 정돈되어야 한다.
② 공구와 재료는 작업이 용이하도록 작업자의 주위에 있어야 한다.
③ 중력을 이용한 부품상자나 용기를 이용하여 부품을 부품사용 장소에 가까이 보낼 수 있도록 한다.
④ 가능하면 낙하시키는 방법을 이용하여야 한다.
⑤ 공구 및 재료는 동작에 가장 편리한 순서로 배치하여야 한다.
⑥ 채광 및 조명장치를 잘 하여야 한다.
⑦ 의자와 작업대의 모양과 높이는 각 작업자에게 알맞도록 설계되어야 한다.
⑧ 작업자가 좋은 자세를 취할 수 있는 모양, 높이의 의자를 지급해야 한다.

64 다음 중 허리부위와 중량물취급 작업에 대한 유해요인의 주요 평가기법은?

㉮ REBA ㉯ JSI
㉰ RULA ㉱ NLE

해설 NLE(NIOSH Lifting Equation)
취급중량과 취급횟수, 중량물 취급위치·인양거리·신체의 비틀기·중량물 들기 쉬움 정도 등 여러 요인을 고려하여 들기 작업에 대한 권장무게한계(RWL)를 쉽게 산출하도록 하는 평가기법이다.

65 NIOSH Lifting Equation 평가에서 권장무게한계가 20 kg이고 현재 작업물의 무게가 23 kg일 때, 들기 지수(Lifting Index)의 값과 이에 대한 평가가 옳은 것은?

㉮ 0.87, 요통의 발생위험이 높다.
㉯ 0.87, 작업을 재설계할 필요가 있다.
㉰ 1.15, 요통의 발생위험이 높다.
㉱ 1.15, 작업을 재설계할 필요가 없다.

해설 LI(Lifting Index, 들기지수)
LI = 작업물의 무게/RWL(권장무게한계)
LI = 23 kg/20 kg = 1.15
LI가 1보다 크게 되는 것은 요통의 발생위험이 높은 것을 나타낸다. 따라서 LI가 1 이하가 되도록 작업을 설계/재설계할 필요가 있다.

66 다중활동분석표의 사용 목적과 가장 거리가 먼 것은?

㉮ 작업자의 작업시간 단축
㉯ 기계 혹은 작업자의 유휴시간 단축
㉰ 조 작업을 재편성 또는 개선하여 조 작업 효율 향상
㉱ 한 명의 작업자가 담당할 수 있는 기계 대수의 산정

해설 다중활동분석표의 사용 목적
① 가장 경제적인 작업조 편성
② 적정 인원수 결정
③ 작업자 한 사람이 담당할 기계 소요대수나 적정기계 담당대수의 결정
④ 작업자와 기계의(작업효율 극대화를 위한) 유휴시간 단축

해답 63 ㉯ 64 ㉱ 65 ㉰ 66 ㉮

67 작업관리에서 사용되는 한국산업표준 공정도의 기호와 명칭이 잘못 연결된 것은?

㉮ ▽ - 이동　　　㉯ ○ - 운반
㉰ □ - 수량 검사　㉱ ◇ - 품질검사

> **해설** 공정기호
> ① 가공 – ○
> ② 운반 – ⇨ / ○
> ③ 지체 – D
> ④ 저장 – ▽
> ⑤ 검사 – 수량검사 □ , 품질검사 ◇

68 작업관리에서 사용되는 기본 문제해결 절차로 가장 적합한 것은?

㉮ 연구대상 선정 → 분석과 기록 → 분석 자료의 검토 → 개선안의 수립 → 개선안의 도입
㉯ 연구대상 선정 → 분석 자료의 검토 → 분석과 기록 → 개선안의 수립 → 개선안의 도입
㉰ 분석 자료의 검토 → 분석과 기록 → 개선안의 수립 → 연구대상 선정 → 개선안의 도입
㉱ 분석 자료의 검토 → 개선안의 수립 → 분석과 기록 → 연구대상 선정 → 개선안의 도입

> **해설** 문제해결 기본형 5단계 절차
> ① 연구대상 선정
> ② 분석과 기록
> ③ 자료의 검토
> ④ 개선안의 수립
> ⑤ 개선안의 도입

69 다음의 특징을 가지는 표준시간 측정법은?

> 연속적인 측정방법으로 스톱워치, 전자식 타이머, 비디오카메라 등이 사용되며 작업을 실제로 관측하여 표준시간을 산정한다.

㉮ PTS법　　　㉯ 시간연구법
㉰ 표준자료법　㉱ 워크 샘플링

> **해설** 시간연구법
> 측정대상 작업의 시간적 경과를 스톱워치(stopwatch)/전자식 타이머(timer) 또는 VTR 카메라의 기록 장치를 이용하여 직접 관측하여 표준시간을 산출하는 방법이다.

70 문제분석을 위한 기법 중 원과 직선을 이용하여 아이디어 문제, 개념 등을 개괄적으로 빠르게 설정할 수 있도록 도와주는 연역적 추론 기법에 해당하는 것은?

㉮ 공정도(process chart)
㉯ 마인드 맵핑(mind mapping)
㉰ 파레토 차트(Pareto chart)
㉱ 특성요인도(cause and effect diagram)

> **해설** 마인드 맵핑(Mind mapping)
> ① 아이디어들과 그 상호연결 상태를 시각적으로 보여주는 브레인스토밍 도구이며 수형도(tree diagram)와 같은 그래픽으로 보여줄 수 있는 학습기법이다.
> ② 복잡한 아이디어와 정보를 이해하기 쉬운 쌍방향적인 시각자료로 만들어 의사소통을 할 수 있게 해 준다.

해답 67 ㉮ 68 ㉮ 69 ㉯ 70 ㉯

71 작업연구의 내용과 가장 관계가 먼 것은?

㉮ 표준 시간을 산정, 결정한다.

㉯ 최선의 작업방법을 개발하고 표준화한다.

㉰ 최적 작업방법에 의한 작업자 훈련을 한다.

㉱ 작업에 필요한 경제적 로트(lot) 크기를 결정한다.

> **해설** 작업분석의 목적
> ① 최선의 작업 방법 개발과 표준화
> ② 표준시간의 산정
> ③ 최적 작업 방법에 의한 작업자 훈련
> ④ 생산성 향상

72 워크샘플링 조사에서 주요작업의 추정 비율(p)이 0.06이라면, 99% 신뢰도를 위한 워크샘플링 횟수는 몇 회인가? (단, $\mu_{0.005}$는 2.58, 허용오차는 0.01이다.)

㉮ 3744　　㉯ 3745

㉰ 3755　　㉱ 3764

> **해설** 워크샘플링에 의한 관측횟수 결정
> $$N = \frac{Z^2_{1-\alpha/2} \times \overline{P}(1-\overline{P})}{e^2}$$
> $$= \frac{(2.58)^2 \times 0.06(1-0.06)}{0.01^2} = 3755$$

73 근골격계질환의 유형에 대한 설명으로 옳지 않은 것은?

㉮ 외상과염은 팔꿈치 부위의 인대에 염증이 생김으로써 발생하는 증상이다.

㉯ 수근관 증후군은 손목이 꺾인 상태나 과도한 힘을 준 상태에서 반복적 손 운동을 할 때 발생한다.

㉰ 회내근 증후군은 과도한 망치질, 노젓기 동작 등으로 손가락이 저리고 손가락 굴곡이 약화되는 증상이다.

㉱ 결절종은 반복, 구부림, 진동 등에 의하여 건의 섬유질이 손상되거나 찢어지는 등의 건에 염증이 생기는 질환이다.

> **해설** 결정종
> 손에 발생하는 종양 중 가장 흔한 것으로, 얇은 섬유성 피막 내에 약간 노랗고 끈적이는 액체가 담긴 낭포성 종양

74 3시간 동안 작업 수행과정을 촬영하여 워크샘플링 방법으로 200회를 샘플링한 결과 30번의 손목꺾임이 확인되었다. 이 작업의 시간당 손목꺾임 시간은?

㉮ 6분　　㉯ 9분

㉰ 18분　　㉱ 30분

> **해설** 손목꺾임 발생확률
> $$= \frac{\text{관측된 횟수}}{\text{총 관측 횟수}} = \frac{30}{200} = 0.15$$
> 시간당 손목꺾임 시간
> = 발생확률×60분
> = 0.15×60분
> = 9분

해답 71 ㉱ 72 ㉰ 73 ㉱ 74 ㉯

75 동작분석을 할 때 스패너에 손을 뻗치는 동작의 적합한 서블릭(Therblig) 문자 기호는?

㉮ H ㉯ P
㉰ TE ㉱ Sh

> **해설** 서블릭(Therblig) 기호
> ① H: 잡고 있기
> ② P: 바로 놓기
> ③ TE: 빈손 이동
> ④ Sh: 찾음

76 작업수행도 평가 시 사용되는 레이팅 계수(rating scale)에 대한 설명으로 옳지 않은 것은?

㉮ 관측시간치의 평균값을 레이팅 계수로 보정하여 보통속도로 변환시켜준 개념을 표준시간이라 한다.
㉯ 정상기준 작업속도를 100%로 보고 100%보다 큰 경우 표준보다 빠르고, 100%보다 작은 경우 느린 것을 의미한다.
㉰ 레이팅 계수(%)가 125일 경우 동작이 매우 숙달된 속도, 장시간 계속 작업 시 피로할 것 같은 작업속도로 판정할 수 있다.
㉱ 속도평가법에서의 레이팅 계수는 기준속도를 실제속도로 나누어 계산하고 레이팅 시 작업속도만을 고려하므로 적용하기가 쉬워 보편적으로 사용한다.

> **해설** 정미시간(Normal Time; NT)
> 관측시간치의 평균값을 레이팅 계수로 보정하여 보통속도로 변환시켜준 개념을 정미시간이라고 한다.
> 정미시간(NT) = 관측평균시간 × 레이팅 계수(%)

77 근골격계질환 예방·관리추진팀 내 보건관리자의 역할로 옳지 않은 것은?

㉮ 근골격계질환 예방·관리프로그램의 기본정책을 수립하여 근로자에게 알린다.
㉯ 주기적으로 작업장을 순회하여 근골격계질환을 유발하는 작업공정 및 작업 유해요인을 파악한다.
㉰ 7일 이상 지속되는 증상을 가진 근로자가 있을 경우 지속적인 관찰, 전문의 진단의뢰 등의 필요한 조치를 한다.
㉱ 주기적인 근로자 면담 등을 통하여 근골격계질환 증상 호소자를 조기에 발견하는 일을 한다.

> **해설** 보건관리자의 역할
> ① 주기적으로 작업장을 순회하여 근골격계질환을 유발하는 작업공정 및 작업유해 요인을 파악한다.
> ② 주기적인 작업자 면담 등을 통하여 근골격계질환 증상호소자를 조기에 발견하는 일을 한다.
> ③ 7일 이상 지속되는 증상을 가진 작업자가 있을 경우 지속적인 관찰, 전문의 진단의뢰 등의 필요한 조치를 한다.
> ④ 근골격계질환자를 주기적으로 면담하여 가능한 한 조기에 작업장에 복귀할 수 있도록 도움을 준다.
> ⑤ 예방·관리 프로그램 운영을 위한 정책결정에 참여한다.

해답 75 ㉰ 76 ㉮ 77 ㉮

78 표준자료법의 특징으로 옳은 것은?

㉮ 레이팅이 필요하다.

㉯ 표준시간의 정도가 뛰어나다.

㉰ 직접적인 표준자료 구축비용이 크다.

㉱ 작업방법의 변경 시 표준시간을 설정할 수 없다.

> **해설** 표준자료법의 특징
> ① 제조원가의 사전견적이 가능하며, 현장에서 직접 측정하지 않더라도 표준시간을 산정할 수 있다.
> ② 레이팅이 필요 없다.
> ③ 표준시간의 정도가 떨어진다.
> ④ 표준자료 작성의 초기비용이 크기 때문에 생산량이 적거나 제품이 큰 경우에는 부적합하다.

79 산업안전보건법령상 근골격계 부담작업에 해당하지 않는 것은? (단, 단기간작업 또는 간헐적인 작업은 제외한다.)

㉮ 하루에 10회 이상 25 kg 이상의 물체를 드는 작업

㉯ 하루에 총 2시간 이상, 분당 2회 이상 4.5 kg 이상의 물체를 드는 작업

㉰ 하루에 총 1시간 이상 쪼그리고 앉거나 무릎을 굽힌 자세에서 이루어지는 작업

㉱ 하루에 4시간 이상 집중적으로 자료 입력 등을 위해 키보드 또는 마우스를 조작하는 작업

> **해설** 근골격계 부담작업 제5호
> 하루에 총 2시간 이상 쪼그리고 앉거나 무릎을 굽힌 자세에서 이루어지는 작업이다.

80 근골격계질환 예방대책으로 옳지 않은 것은?

㉮ 단순 반복 작업은 기계를 사용한다.

㉯ 작업순환(Job Rotation)을 실시한다.

㉰ 작업방법과 작업공간을 인간공학적으로 설계한다.

㉱ 작업속도와 작업강도를 점진적으로 강화한다.

> **해설** 작업속도와 작업강도를 점진적으로 강화하면 근골격계질환이 더욱 악화된다.

해답 78 ㉰ 79 ㉰ 80 ㉱

부록 6 | 필기시험 기출문제 2회(213)

PART I | 인간공학 개론

1 인간-기계 시스템에서 인간의 과오나 동작상의 실패가 있어도 안전사고를 발생시키지 않도록 하는 설계 시스템을 무엇이라고 하는가?

㉮ lock system
㉯ fail-safe system
㉰ fool-proof system
㉱ accident-check system

> **해설** 풀 프루프(Fool-proof)
> 풀(fool)은 어리석은 사람으로 번역되며, 제어장치에 대하여 인간의 오동작을 방지하기 위한 설계를 말한다. 미숙련자가 잘 모르고 제품을 사용하더라도 고장이 발생하지 않도록 하거나 작동을 하지 않도록 하여 안전을 확보하는 방법이다.

2 인간공학의 연구 목적과 가장 거리가 먼 것은?

㉮ 인간오류의 특성을 연구하여 사고를 예방
㉯ 인간의 특성에 적합한 기계나 도구의 설계
㉰ 병리학을 연구하여 인간의 질병퇴치에 기여
㉱ 인간의 특성에 맞는 작업환경 및 작업방법의 설계

> **해설** 인간공학의 목적
> 인간공학의 목적은 작업환경 등에서 작업자의 신체적인 특성이나 행동하는 데 받는 제약조건 등이 고려된 시스템을 디자인하여 인간과 기계 및 작업환경과의 조화가 잘 이루어질 수 있도록 하여 작업자의 안전, 작업능률을 향상시키는 데 있다.

3 인간 기억의 여러 가지 형태에 대한 설명으로 옳지 않은 것은?

㉮ 단기기억의 용량은 보통 7청크(chunk)이며 학습에 의해 무한히 커질 수 있다.
㉯ 단기기억에 있는 내용을 반복하여 학습(research)하면 장기기억으로 저장된다.
㉰ 일반적으로 작업기억의 정보는 시각(visual), 음성(phonetic), 의미(semantic)코드의 3가지로 코드화된다.
㉱ 자극을 받은 후 단기기억에 저장되기 전에 시각적인 정보는 아이코닉 기억(iconic memory)에 잠시 저장된다.

> **해설** 단기기억(작업기억)의 용량은 보통 7±2 chunk이다.

4 조종-반응 비율(C/R ratio)에 관한 설명으로 옳지 않은 것은?

㉮ C/R비가 증가하면 이동시간도 증가한다.
㉯ C/R비가 작으면(낮으면) 민감한 장치이다.

해답 1 ㉰ 2 ㉰ 3 ㉮ 4 ㉱

㉰ C/R비는 조종장치의 이동거리를 표시장치의 반응거리로 나눈 값이다.
㉱ C/R비가 감소함에 따라 조종시간은 상대적으로 작아진다.

> **해설** C/R비가 낮으면 표시장치의 이동시간은 단축되고, 제어장치의 조종시간은 증가하게 된다.

5 1000 Hz, 40 dB을 기준으로 음의 상대적인 주관적 크기를 나타내는 단위는?

㉮ sone　　㉯ siemens
㉰ bell　　㉱ phon

> **해설** sone은 40 dB의 1,000 Hz 순음의 크기를 말한다.

6 인체측정을 구조적 치수와 기능적 치수로 구분할 때 기능적 치수 측정에 대한 설명으로 옳은 것은?

㉮ 형태학적 측정을 의미한다.
㉯ 나체 측정을 원칙으로 한다.
㉰ 마틴식 인체측정 장치를 사용한다.
㉱ 상지나 하지의 운동범위를 측정한다.

> **해설** 기능적 인체치수(동적측정)
> ① 동적 인체측정은 일반적으로 상지나 하지의 운동, 체위의 움직임에 따른 상태에서 측정하는 것이다.
> ② 동적 인체측정은 실제의 작업 혹은 실제 조건에 밀접한 관계를 갖는 현실성 있는 인체치수를 구하는 것이다.
> ③ 동적측정은 마틴식 계측기로는 측정이 불가능하며, 사진 및 시네마 필름을 사용한 3차원(공간) 해석장치나 새로운 계측 시스템이 요구된다.
> ④ 동적측정을 사용하는 것이 중요한 이유는 신체적 기능을 수행할 때, 각 신체 부위는 독립적으로 움직이는 것이 아니라 조화를 이루어 움직이기 때문이다.

7 신호검출이론에서 판정기준(criterion)이 오른쪽으로 이동할 때 나타나는 현상으로 옳은 것은?

㉮ 허위경보(false alarm)가 줄어든다.
㉯ 신호(signal)의 수가 증가한다.
㉰ 소음(noise)의 분포가 커진다.
㉱ 적중 확률(실제 신호를 신호로 판단)이 높아진다.

> **해설** 반응기준의 오른쪽으로 이동할 경우 (β>1): 판정자는 신호라고 판정하는 기회가 줄어들게 되므로 신호가 나타났을 때 신호의 정확한 판정은 적어지나 허위경보를 덜하게 된다.

8 소리의 차폐효과(masking)란?

㉮ 주파수별로 같은 소리의 크기를 표시한 개념
㉯ 하나의 소리가 다른 소리의 판별에 방해를 주는 현상
㉰ 내이(inner ear)의 달팽이관(Cochlea) 안에 있는 섬모(fiber)가 소리의 주파수에 따라 민감하게 반응하는 현상
㉱ 하나의 소리의 크기가 다른 소리에 비해 몇 배나 크게(또는 작게) 느껴지는지를 기준으로 소리의 크기를 표시하는 개념

해답 5 ㉮ 6 ㉱ 7 ㉮ 8 ㉯

> **해설** 음의 차폐, 은폐효과(masking effect)
> 차폐 또는 은폐(masking)란 음의 한 성분이 다른 성분의 청각감지를 방해하는 현상을 말한다.

9 은행이나 관공서의 접수창구의 높이를 설계하는 기준으로 옳은 것은?

㉮ 조절식 설계
㉯ 최소집단치 설계
㉰ 최대집단치 설계
㉱ 평균치 설계

> **해설** 평균치를 이용한 설계
> ① 인체측정학 관점에서 볼 때 모든 면에서 보통인 사람이란 있을 수 없다. 따라서 이런 사람을 대상으로 장비를 설계하면 안 된다는 주장에도 논리적 근거가 있다.
> ② 특정한 장비나 설비의 경우, 최대집단치나 최소집단치를 기준으로 설계하기도 부적절하고 조절식으로 하기도 불가능할 경우 평균값을 기준으로 하여 설계하는 경우가 있다.
> ③ 평균 신장의 손님을 기준으로 만들어진 은행의 계산대가 난장이나 거인을 기준으로 해서 만드는 것 보다는 대다수의 일반손님에게 덜 불편할 것이다.

10 시각적 표시장치에 관한 설명으로 옳은 것은?

㉮ 정확한 수치를 필요로 하는 경우에는 디지털 표시장치보다 아날로그 표시장치가 우수하다.
㉯ 온도, 압력과 같이 연속적으로 변하는 변수의 변화경향, 변화율 등을 알고자 할 때는 정량적 표시장치를 사용하는 것이 좋다.
㉰ 정성적 표시장치는 동침형(moving pointer), 동목형(moving scale)등의 형태로 구분할 수 있다.
㉱ 정량적 눈금을 식별하는 데에 영향을 미치는 요소는 눈금 단위의 길이, 눈금의 수열 등이 있다.

> **해설** 정량적 눈금의 세부특성
> ① 눈금의 길이
> 눈금단위의 길이란 판독해야 할 최소측정단위 수치를 나타내는 눈금상의 길이를 말하며, 정상 시거리인 71 cm를 기준으로 정상조명에서는 1.3 mm, 낮은 조명에서는 1.8 mm가 권장된다.
> ② 눈금의 표시
> 일반적으로 읽어야 하는 매 눈금 단위마다 눈금표시를 하는 것이 좋으며, 여러 상황하에서 1/5 또는 1/10 단위까지 내삽을 하여도 만족할 만한 정확도를 얻을 수 있다.
> ③ 눈금의 수열
> 일반적으로 0, 1, 2, 3, …처럼 1씩 증가하는 수열이 가장 사용하기 쉬우며, 색다른 수열은 특수한 경우를 제외하고는 피해야 한다.

11 직렬시스템과 병렬시스템의 특성에 대한 설명으로 옳은 것은?

㉮ 직렬시스템에서 요소의 개수가 증가하면 시스템의 신뢰도도 증가한다.
㉯ 병렬시스템에서 요소의 개수가 증가하면 시스템의 신뢰도는 감소한다.
㉰ 시스템의 높은 신뢰도를 안정적으로 유지하기 위해서는 병렬시스템으로 설계하여야 한다.
㉱ 일반적으로 병렬시스템으로 구성된 시스템은 직렬시스템으로 구성된 시스템보다 비용이 감소한다.

해답 9 ㉱ 10 ㉱ 11 ㉰

해설 시스템의 높은 신뢰도를 안정적으로 유지하기 위해서는 병렬 시스템을 사용한다.

12 일반적으로 연구 조사에 사용되는 기준(criterion)의 요건으로 볼 수 없는 것은?

㉮ 적절성 ㉯ 사용성
㉰ 신뢰성 ㉱ 무오염성

해설 기준의 요건
① 적절성
② 무오염성
③ 기준 척도의 신뢰성

13 인간의 신뢰도가 70%, 기계의 신뢰도가 90%이면 인간과 기계가 직렬체계로 작업할 때의 신뢰도는 몇 %인가?

㉮ 30% ㉯ 54%
㉰ 63% ㉱ 98%

해설 직렬연결

$$R_s = R_1 \cdot R_2 \cdot R_3 \cdots R_n = \prod_{i=1}^{n} R_i$$
$$= 0.7 \times 0.9 = 0.63$$
$$= 63\%$$

14 다음 중 반응시간이 가장 빠른 감각은?

㉮ 청각 ㉯ 미각
㉰ 시각 ㉱ 후각

해설 감각기관별 반응시간
감각기관별의 반응시간은 청각 0.17초, 촉각 0.18초, 시각 0.20초, 미각 0.29초, 통각 0.70초이다.

15 정보이론(information theory)에 대한 내용으로 옳은 것은?

㉮ 정보를 정량적으로 측정할 수 있다.
㉯ 정보의 기본 단위는 바이트(byte)이다.
㉰ 확실한 사건의 출현에는 많은 정보가 담겨 있다.
㉱ 정보란 불확실성의 증가(addition of uncertainty)로 정의한다.

해설 정보이론
정보의 기본 단위는 bit(Binary Digit)이다. 확실한 사건의 출현에는 정보가 별로 담겨 있지 않다. 정보란 불확실성의 감소(Reduction of uncertainty)라 정의한다.

16 멀리 있는 물체를 선명하게 보기 위해 눈에서 일어나는 현상으로 옳은 것은?

㉮ 홍채가 이완한다.
㉯ 수정체가 얇아진다.
㉰ 동공이 커진다.
㉱ 모양체근이 수축한다.

해설 인간이 정상적인 조절능력을 가지고 있다면, 멀리 있는 물체를 볼 때는 수정체가 얇아지고 가까이 있는 물체를 볼 때에는 수정체가 두꺼워진다.

17 발생 확률이 0.1과 0.9로 다른 2개의 이벤트의 정보량은 발생 확률이 0.5로 같은 2개의 이벤트의 정보량에 비해 어느 정도 감소되는가?

㉮ 42% ㉯ 45%
㉰ 50% ㉱ 53%

해답 12 ㉯ 13 ㉰ 14 ㉮ 15 ㉮ 16 ㉯ 17 ㉱

해설 정보량

여러 개의 실현가능한 대안이 있을 경우

$$H = \sum_{i=1}^{n} p_i \log_2\left(\frac{1}{p_i}\right)$$

$$= 0.1 \times \log_2\left(\frac{1}{0.1}\right) + 0.9 \times \log_2\left(\frac{1}{0.9}\right) = 0.47$$

실현가능성이 같은 N개의 대안이 있을 경우

$H = \log_2 N = \log_2 2 = 1$

∴ 1 - 0.47 = 0.53 = 53%

18 손의 위치에서 조종장치 중심까지의 거리가 30 cm, 조종장치의 폭이 5 cm일 때 Fitts의 난이도 지수(index of difficulty) 값은 약 얼마인가?

㉮ 2.6 ㉯ 3.2

㉰ 3.6 ㉱ 4.1

해설 $ID(bits) = \log_2 \frac{2A}{W} = \log_2 \frac{2 \times 30}{5} = 3.6$

A = 표적 중심선까지 이동거리

W = 표적 폭

19 시(視)감각 체계에 관한 설명으로 옳지 않은 것은?

㉮ 동공은 조도가 낮을 때는 많은 빛을 통과시키기 위해 확대된다.

㉯ 안구의 수정체는 모양체근으로 긴장을 하면 얇아져 가까운 물체만 볼 수 있다.

㉰ 망막의 표면에는 빛을 감지하는 광수용기인 원추체와 간상체가 분포되어 있다.

㉱ 1디옵터는 1 m 거리에 있는 물체를 보기위해 요구되는 수정체의 초점 조절능력을 나타낸 값이다.

해설 수정체

수정체는 비록 작지만 모양체근으로 둘러싸여 있어서 긴장을 하면 두꺼워져 가까운 물체를 볼 수 있게 되고, 긴장을 풀면 납작해져서 원거리에 있는 물체를 볼 수 있게 된다.

20 시각 표시장치보다 청각 표시장치를 사용하는 것이 유리한 경우는?

㉮ 소음이 많은 경우

㉯ 전하려는 정보가 복잡할 경우

㉰ 즉각적인 행동이 요구되는 경우

㉱ 전하려는 정보를 다시 확인해야 하는 경우

해설 청각장치가 이로운 경우

① 전달정보가 간단할 때

② 전달정보는 후에 재참조되지 않음

③ 전달정보가 즉각적인 행동을 요구할 때

④ 수신 장소가 너무 밝을 때

⑤ 직무상 수신자가 자주 움직이는 경우

PART II | 작업생리학

21 교대작업의 주의사항에 관한 설명으로 옳지 않은 것은?

㉮ 12시간 교대제가 적정하다.

㉯ 야간근무는 2~3일 이상 연속하지 않는다.

㉰ 야간근무의 교대는 심야에 하지 않도록 한다.

해답 18 ㉰ 19 ㉯ 20 ㉰ 21 ㉮

㉱ 야간근무 종료 후에는 48시간 이상의 휴식을 갖도록 한다.

> **해설** 교대작업자의 건강관리
> 잔업을 하게 되면 피로는 더 하게 되고 상대적으로 휴식시간은 줄어들게 된다. 12시간 교대제는 적절하지 않다. 야간 근무는 연달아 2일이 적당하고, 야간 근무 후에는 1~2일의 휴일이 필요하다.

22 사람의 근골격계와 신경계에 대한 설명으로 옳지 않은 것은?

㉮ 신체골격구조는 206개의 뼈로 구성되어 있다.

㉯ 관절은 섬유질 관절, 연골관절, 활액관절로 구분된다.

㉰ 심장근은 수의근으로 민무늬의 원통형 근섬유구조를 가지고 있다.

㉱ 신경계는 구조적인 측면으로 중추신경계와 말초신경계로 나누어진다.

> **해설** 심장근
> ① 형태: 가로무늬근, 단핵세포로서 원주상이지만 전체적으로 그물조직이다.
> ② 특징: 심장벽에서만 볼 수 있는 근으로 가로무늬가 있으나 불수의근이다. 규칙적이고 강력한 힘을 발휘한다. 재생이 불가능하다.

23 근력(strength)과 지구력(endurance)에 대한 설명으로 옳지 않은 것은?

㉮ 동적근력(dynamic strength)을 등속력(isokinetic strength)이라 한다.

㉯ 지구력(endurance)이란 등척적으로 근육이 낼 수 있는 최대 힘을 말한다.

㉰ 정적근력(static strength)을 등척력(isometric strength)이라 한다.

㉱ 근육이 발휘하는 힘은 근육의 최대자율수축(MVC, maximum voluntary contraction)에 대한 백분율로 나타낸다.

> **해설** 지구력
> ① 지구력은 힘의 크기와 관계가 있으며, 근력을 사용하여 특정 힘을 유지할 수 있는 능력이다.
> ② 최대 근력으로 유지할 수 있는 것은 몇 초이며, 최대 근력의 15% 이하에서 상당히 오랜 시간을 유지할 수 있다.
> ③ 반복적인 동적작업에서는 힘과 반복주기의 조합에 따라 그 활동의 지속시간이 달라진다.
> ④ 최대 근력으로 반복적 수축을 할 때는 피로 때문에 힘이 줄어들지만 어떤 수준 이하가 되면 장시간 동안 유지할 수 있다.
> ⑤ 수축횟수가 10회/분일 때는 최대 근력의 80% 정도를 계속 낼 수 있지만, 30회/분일 때는 최대 근력의 60% 정도 밖에 지속할 수 없다.

24 다음 그림과 같이 작업할 때 팔꿈치의 반작용력과 모멘트 값은 얼마인가? (단, CG_1은 물체의 무게중심, CG_2는 하박의 무게중심, W_1은 물체의 하중, W_2는 하박의 하중이다.)

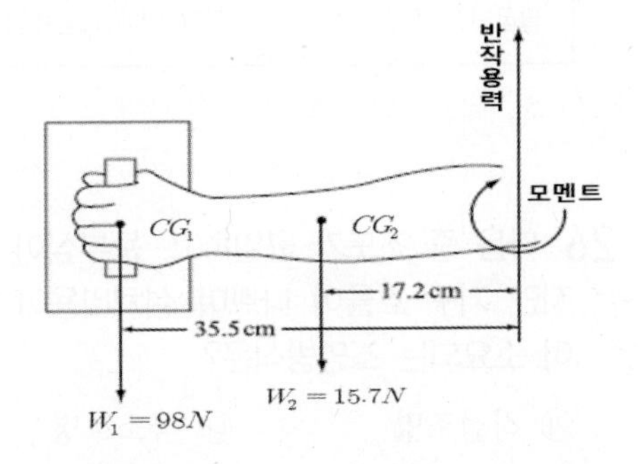

㉮ 반작용력: 79.3 N, 모멘트: 22.42 N·m

㉯ 반작용력: 79.3 N, 모멘트: 37.5 N·m

㉰ 반작용력: 113.7 N, 모멘트: 22.42 N·m

㉱ 반작용력: 113.7 N, 모멘트: 37.5 N·m

해답 22 ㉰ 23 ㉯ 24 ㉱

해설 팔꿈치의 반작용력

① 팔꿈치에 걸리는 반작용 힘(R_E)은 다음과 같다.

$\sum F = 0$
$-98N - 15.7N + R_E = 0$
$R_E = 113.7N$

② 팔꿈치 모멘트 M_E는 다음과 같다.

$\sum M = 0$
$(-98N \times 0.355m) + (-15.7N \times 0.172m) + M_E = 0$
$M_E = 37.5N \cdot m$

25 윤활관절(synovial joint)인 팔굽관절(elbow joint)은 연결 형태를 기준으로 어느 관절에 해당되는가?

㉮ 관절구(condyloid)
㉯ 경첩관절(hinge joint)
㉰ 안장관절(saddle joint)
㉱ 구상관절(ball and socket joint)

해설 경첩관절(hinge joint)
두 관절면이 원주면과 원통면 접촉을 하는 것이며, 한 방향으로만 운동할 수 있으며, 예로 들면 팔굽관절, 무릎관절, 발목관절이 이에 해당된다.

26 다음 중 조도가 균일하고, 눈부심이 적지만 기구 효율이 나쁘며 설치비용이 많이 소요되는 조명방식은?

㉮ 직접조명 ㉯ 국소조명
㉰ 반직접조명 ㉱ 간접조명

해설 간접조명
등기구에서 나오는 광속의 90~100%를 천장이나 벽에 투사하여 여기에서 반사되어 퍼져 나오는 광속을 이용한다.

① 장점: 방바닥면을 고르게 비출 수 있고 빛이 물체에 가려도 그늘이 짙게 생기지 않으며, 빛이 부드러워서 눈부심이 적고 온화한 분위기를 얻을 수 있다. 보통 천장이 낮고 실내가 넓은 곳에 높이감을 주기 위해 사용한다.
② 단점: 효율이 나쁘고 천장색에 따라 조명 빛깔이 변하며, 설치비가 많이 들고 보수가 쉽지 않다.

27 다음 중 유산소 대사의 하나인 크렙스 사이클(Kreb's cycle)에서 일어나는 반응이 아닌 것은?

㉮ 산화가 발생한다.
㉯ 젖산이 생성된다.
㉰ 이산화탄소가 생성된다.
㉱ 구아노신 3인산(GTP)의 전환을 통하여 ATP가 생성된다.

해설 무기성 운동이 시작되고 처음 몇 초 동안 근육에 필요한 에너지는 이미 저장되어 있던 ATP를 이용하며, ATP 고갈 후 CP를 통해 5~6초 정도 운동을 더 유지할 수 있는 에너지를 공급한다. 그 후에 당원(glycogen)이나 포도당이 무기성 해당과정을 거쳐 젖산(유산)으로 분해되면서 에너지를 발생한다.

28 진동에 의한 인체의 영향으로 옳지 않은 것은?

㉮ 심박수가 감소한다.
㉯ 약간의 과도(過度) 호흡이 일어난다.
㉰ 장시간 노출 시 근육 긴장을 증가시킨다.
㉱ 혈액이나 내분비의 화학적 성질이 변하지 않는다.

해답 25 ㉯ 26 ㉱ 27 ㉯ 28 ㉮

해설 진동이 생리적 기능에 미치는 영향
① 심장: 혈관계에 대한 영향과 교감신경계의 영향으로 혈압 상승, 맥박 증가, 발한 등의 증상을 보인다.
② 소화기계: 위장 내압의 증가, 복압 상승, 내장 하수 등의 증상을 보인다.
③ 기타: 내분비계 반응장애, 척수장애, 청각장애, 시각장애 등의 증상을 보인다.

29 다음 중 실내의 면에서 추천 반사율(IES)이 가장 낮은 곳은?

㉮ 벽
㉯ 천장
㉰ 가구
㉱ 바닥

해설 실내의 추천 반사율(IES)
① 천장: 80~90%
② 벽 blind: 40~60%
③ 가구, 사무용기기, 책상: 25~45%
④ 바닥: 20~40%

30 동일한 관절운동을 일으키는 주동근(agonists)과 반대되는 작용을 하는 근육은?

㉮ 박근(gracilis)
㉯ 장요근(iliopsoas)
㉰ 길항근(antagonist)
㉱ 대퇴직근(rectus femoris)

해설 근육작용의 표현
① 주동근(agonists): 운동 시 주역을 하는 근육
② 협력근(synergist): 운동 시 주역을 하는 근을 돕는 근육, 동일한 방향으로 작용하는 근육
③ 길항근(antagonist): 주동근과 서로 반대방향으로 작용하는 근육

31 다음 중 근육이 움직일 때 나오는 미세한 전기신호를 측정하여 근육의 활동 정도를 나타낼 수 있는 것을 무엇이라고 하는가?

㉮ ECG(electrocardiogram)
㉯ EMG(electromyogram)
㉰ GSR(galvanic skin response)
㉱ EEG(electroencephalogram)

해설 EMG(electromyogram)
근육이 움직일 때 나오는 미세한 전기신호를 근전도(electromyogram; EMG)라 한다.

32 한랭대책으로서 개인위생에 해당되지 않는 사항은?

㉮ 과음을 피할 것
㉯ 식염을 많이 섭취할 것
㉰ 따뜻한 물과 음식을 섭취할 것
㉱ 얼음 위에서 오랫동안 작업하지 말 것

해설 고열작업에서 작업자에 대한 보건관리상의 대책
개인의 질병이나 연령, 적성, 고온순화능력 등을 고려한 적성배치, 작업자들을 점진적으로 고열작업장에 노출시키는 고온순화, 작업주기단축 및 휴식시간, 휴게실의 설치 및 적정온도유지, 물과 소금의 적절한 공급 등

33 손-팔 진동 증후군의 피해를 줄이기 위한 방법으로 적절하지 않은 것은?

㉮ 진동수준이 최저인 연장을 선택한다.
㉯ 진동 연장의 하루 사용시간을 줄인다.

해답 29 ㉱ 30 ㉰ 31 ㉯ 32 ㉯ 33 ㉰

㉰ 연장을 잡거나 조절하는 악력을 늘린다.
㉱ 진동 연장을 사용할 때는 중간 휴식시간을 길게 한다.

해설 수공구 진동대책
① 진동이 적은 수공구를 사용한다.
② 진동공구를 잘 관리하고 날을 세워둔다.
③ 진동용 장갑을 착용하여 진동을 감소시킨다.
④ 공구를 잡거나 조절하는 악력을 줄인다.
⑤ 진동공구를 사용하는 일을 사용할 필요가 없는 일로 바꾼다.
⑥ 진동공구의 하루 사용시간을 제한한다.
⑦ 진동공구를 사용할 때는 중간 휴식시간을 길게 한다.
⑧ 작업자가 매주 진동공구를 사용하는 일수를 제한한다.
⑨ 진동을 최소화하도록 속도를 조절할 수 있는 수공구를 사용한다.
⑩ 적절히 단열된 수공구를 사용한다.

34 남성 작업자의 육체작업에 대한 대사량을 측정한 결과, 분당 산소 소모량이 1.5 L/min으로 나왔다. 작업자의 4시간에 대한 휴식시간은 약 몇 분 정도인가? (단, Murrell의 공식을 이용한다.)

㉮ 75분　　㉯ 100분
㉰ 125분　　㉱ 150분

해설 Murrell의 공식
$$R = \frac{T(E-S)}{E-1.5}$$
R: 휴식시간(분)
T: 총 작업시간(분)
E: 평균에너지소모량(kcal/min)
$= 1.5L/\text{min} \times 5kcal/L = 7.5kcal/\text{min}$
S: 권장 평균에너지소모량(kcal/min)

$$R: \frac{4 \times 60(7.5-5)}{7.5-1.5} = 100\text{분}$$

35 정신피로의 척도로 사용되는 시각적 점멸융합주파수(VFF)에 영향을 주는 변수에 관한 내용으로 옳지 않은 것은?

㉮ 암조응 시 VFF는 증가한다.
㉯ 휘도만 같으면 색은 VFF에 영향을 주지 않는다.
㉰ 조명 강도의 대수치(對數値)에 선형적으로 비례한다.
㉱ 사람들 간에는 큰 차이가 있으나, 개인의 경우 일관성이 있다.

해설 점멸융합주파수(VFF)
① VFF는 조명강도의 대수치에 선형적으로 비례한다.
② 시표와 주변의 휘도가 같을 때 VFF는 최대로 영향을 받는다.
③ 휘도만 같으면 색은 VFF에 영향을 주지 않는다.
④ 암조응 시는 VFF가 감소한다.
⑤ VFF는 사람들 간에는 큰 차이가 있으나, 개인의 경우 일관성이 있다.
⑥ 연습의 효과는 아주 적다.

36 산소소비량에 관한 설명으로 옳지 않은 것은?

㉮ 산소소비량과 심박수 사이에는 밀접한 관련이 있다.
㉯ 산소소비량은 에너지소비와 직접적인 관련이 있다.
㉰ 산소소비량은 단위 시간당 흡기량만 측정한 것이다.
㉱ 심박수와 산소소비량 사이의 관계는 개인에 따라 차이가 있다.

해답 34 ㉯ 35 ㉮ 36 ㉰

해설 산소소비량 측정
산소소비량을 측정하기 위해서는 Douglas낭 등을 사용하여 배기를 수집한다.

37 다음 중 엉덩이 관절(hip joint)에서 일어날 수 있는 움직임이 아닌 것은?

㉮ 굴곡(flexion)과 신전(extension)
㉯ 외전(abduction)과 내전(adduction)
㉰ 내선(internal rotation)과 외선(external rotation)
㉱ 내번(inversion)과 외번(eversion)

해설 구상(절구)관절
엉덩이 관절(hip joint)은 구상(절구)관절로써 관절머리와 관절오목이 모두 반구상의 것이며, 3개의 운동축을 가지고 있어 운동범위가 가장 크다. 구상(절구)관절에서 일어날 수 있는 움직임은 굴곡, 신전, 외전, 내전, 내선, 외선이 있다.

38 에너지 소비량에 영향을 미치는 인자 중 중량물 취급 시 쪼그려 앉아(squat) 들기와 등을 굽혀(stoop) 들기와 가장 관련이 깊은 것은?

㉮ 작업자세 ㉯ 작업방법
㉰ 작업속도 ㉱ 도구설계

해설 작업자세
특정 작업의 에너지소비량은 작업수행 방법에 따라 달라지며, 과업실행 중의 작업자의 자세도 에너지소비량에 영향을 미친다. 손으로 받치면서 무릎을 바닥에 댄 자세와 쪼그려 앉은 자세는 무릎을 펴고 허리를 굽힌 자세에 비해 에너지 소비량이 작다.

39 산업안전보건법령상 소음작업이란 1일 8시간 작업을 기준으로 얼마 이상의 소음(dB)이 발생하는 작업을 말하는가?

㉮ 80 ㉯ 85
㉰ 90 ㉱ 100

해설 우리나라의 소음허용 기준
"소음작업"이란 1일 8시간 작업을 기준으로 하여 85dB 이상의 소음이 발생하는 작업이다.

40 육체적 작업강도가 증가함에 따른 순환계(circulatory system)의 반응이 옳지 않은 것은?

㉮ 혈압상승 ㉯ 백혈구 감소
㉰ 근혈류의 증가 ㉱ 심박출량 증가

해설 작업에 따른 인체의 생리적 반응
작업강도가 증가하면 심박출량이 증가하고 그에 따라 혈압이 상승하게 된다. 그리고 혈액의 수송량 또한 증가하며, 산소소비량도 증가하게 된다.

PART III | 산업심리학 및 관계 법규

41 인간의 본질에 대한 기본 가정을 부정적인 시각과 긍정적인 시각으로 구분하여 주장한 동기이론은?

㉮ XY이론 ㉯ 역할이론
㉰ 기대이론 ㉱ ERG이론

해답 37 ㉱ 38 ㉮ 39 ㉯ 40 ㉯ 41 ㉮

> **해설** 맥그리거(McGregor)의 X, Y이론
> 맥그리거(McGregor)의 X, Y이론은 인간 불신감과 상호신뢰감, 성악설과 성선설 등과 같이 부정적인 시각과 긍정적인 시각으로 구분하여 주장한 이론이다.

42 심리적 측면에서 분류한 휴먼에러의 분류에 속하는 것은?

㉮ 입력오류 ㉯ 정보처리오류
㉰ 의사결정오류 ㉱ 생략오류

> **해설** 심리적 측면의 휴먼에러
> ① 부작위 에러, 누락(생략) 에러(omission error)
> ② 시간 에러(time error)
> ③ 작위 에러, 행위 에러(commission error)
> ④ 순서 에러(sequential error)
> ⑤ 과잉행동, 불필요한 행동 에러(extraneous act)

43 스트레스 상황에서 일어나는 현상으로 옳지 않은 것은?

㉮ 동공이 수축된다.
㉯ 혈당, 호흡이 증가하고 감각기관과 신경이 예민해진다.
㉰ 스트레스 상황에서 심장박동수는 증가하나, 혈압은 내려간다.
㉱ 스트레스를 지속적으로 받게 되면 자기조절능력을 상실하게 되고 체내 항상성이 깨진다.

> **해설** 스트레스 상황에서 심장박동수는 증가하고, 혈압도 증가한다.

44 어느 사업장의 도수율은 40이고 강도율은 4일 때 이 사업장의 재해 1건당 근로손실일수는?

㉮ 1 ㉯ 10
㉰ 50 ㉱ 100

> **해설** 평균강도율
> 평균강도율은 재해 1건당 근로손실일수를 말한다.
>
> $$\text{평균강도율} = \frac{\text{강도율}}{\text{도수율}} \times 1{,}000 = \frac{4}{40} \times 1{,}000 = 100$$

45 다음 ( ) 안에 들어갈 알맞은 것은?

> 산업안전보건법령상 사업주는 근로자가 근골격계 부담작업을 하는 경우에 ( )마다 유해요인조사를 하여야 한다. 다만, 신설되는 사업장의 경우에는 1년 이내에 최초의 유해요인 조사를 하여야 한다.

㉮ 1년 ㉯ 2년
㉰ 3년 ㉱ 4년

> **해설** 근골격계 부담작업 유해요인조사
> 사업주는 근골격계 부담작업에 근로자를 종사하도록 하는 경우에는 3년마다 다음 사항에 대한 유해요인조사를 실시하여야 한다. 다만, 신설되는 사업장의 경우에는 신설일로부터 1년 이내에 최초의 유해요인조사를 실시하여야 한다.

해답 42 ㉱ 43 ㉰ 44 ㉱ 45 ㉰

46 Hick–Hyman의 법칙에 의하면 인간의 반응시간(RT)은 자극 정보의 양에 비례한다고 한다. 자극정보의 개수가 2개에서 8개로 증가한다면 반응시간은 몇 배 증가하겠는가?

㉮ 3배 ㉯ 4배
㉰ 16배 ㉱ 32배

> **해설** Hick–Hyman의 법칙
> $RT = a \times \log_2 N$(a: 상수, N: 자극정보의 수)
> a는 상수이므로 자극정보의 수만으로 계산을 한다. $\log_2 2 = 1$ 이고, $\log_2 8 = 3$ 이므로, 3배 증가

47 보행 신호등이 막 바뀌어도 자동차가 움직이기까지는 아직 시간이 있다고 스스로 판단하여 건널목을 건너는 것과 같은 부주의 행위와 가장 관계가 깊은 것은?

㉮ 억측판단 ㉯ 근도반응
㉰ 생략행위 ㉱ 초조반응

> **해설** 억측 판단
> 자기 멋대로 주관적인 판단이나 희망적인 관찰에 근거를 두고 다분히 이래도 될 것이라는 것을 확인하지 않고 행동으로 옮기는 판단이다.

48 다음 중 휴먼에러(human error)를 예방하기 위한 시스템 분석기법의 설명으로 옳지 않은 것은?

㉮ 예비위험분석(PHA): 모든 시스템 안전프로그램의 최초 단계의 분석으로서 시스템 내의 위험요소가 얼마나 위험상태에 있는가를 정성적으로 평가하는 것이다.

㉯ 고장형태와 영향분석(FMEA): 시스템에 영향을 미치는 모든 요소의 고장을 형태별로 분석하여 그 영향을 검토하는 것이다.

㉰ 작업자공정도: 위급직무의 순서에 초점을 맞추어 조작자 행동나무를 구성하고, 이를 사용하여 사건의 위급경로에서의 조작자의 역할을 분석하는 기법이다.

㉱ 결함나무분석(FTA): 기계 설비 또는 인간-기계시스템의 고장이나 재해발생요인을 Fault Tree 도표에 의하여 분석하는 방법이다.

> **해설** 시스템 분석기법
> ① PHA: 모든 시스템 안전 프로그램의 최초 단계의 분석으로서 시스템 내의 위험요소가 얼마나 위험상태에 있는가를 정성적으로 평가하는 분석기법이다.
> ② FMEA: 서브시스템 위험분석을 위하여 일반적으로 사용되는 전형적인 정성적, 귀납적 분석기법이다.
> ③ OAT: 위급직무의 순서에 초점을 맞추어 조작자 행동 나무를 구성하고, 이를 사용하여 사건의 위급경로에서의 조작자의 역할을 분석하는 기법이다. OAT는 여러 의사결정의 단계에서 조작자의 선택에 따라 성공과 실패의 경로로 가지가 나누어지도록 나타내며, 최종적으로 주어진 직무의 성공과 실패 확률을 추정해 낼 수 있다.
> ④ FTA: FTA는 결함수분석법이라고도 하며, 기계설비 또는 인간-기계시스템의 고장이나 재해발생 요인을 FT 도표에 의하여 분석하는 기법이다. 즉, 사건의 결과(사고)로부터 시작해 원인이나 조건을 찾아나가는 순서로 분석이 이루어진다.

해답 46 ㉮ 47 ㉮ 48 ㉰

49 작업에 수반되는 피로를 줄이기 위한 대책으로 적절하지 않은 것은?

㉮ 작업부하의 경감
㉯ 작업속도의 조절
㉰ 동적 동작의 제거
㉱ 작업 및 휴식시간의 조절

> **해설** 정적자세
> 정적자세를 유지할 때는 평형을 유지하기 위해 몇 개의 근육들이 반대방향으로 작용하기 때문에, 정적자세를 유지한다는 것은 움직일 수 있는 자세보다 더 힘들다.

50 막스 웨버(Max Weber)의 관료주의에서 주장하는 4가지 원칙이 아닌 것은?

㉮ 노동의 분업　　㉯ 창의력 중시
㉰ 통제의 범위　　㉱ 권한의 위임

> **해설** 막스 웨버의 관료주의 4원칙
> ① 노동의 분업: 작업의 단순화 및 전문화
> ② 권한의 위임: 관리자를 소단위로 분산
> ③ 통제의 범위: 각 관리자가 책임질 수 있는 작업자의 수
> ④ 구조: 조직의 높이와 폭

51 인간 신뢰도에 대한 설명으로 옳은 것은?

㉮ 반복되는 이산적 직무에서 인간실수확률은 단위시간당 실패수로 표현된다.
㉯ 인간 신뢰도는 인간의 성능이 특정한 기간 동안 실수를 범하지 않을 확률로 정의된다.
㉰ THERP는 완전 독립에서 완전 정(正) 종속까지의 비연속을 종속정도에 따라 3수준으로 분류하여 직무의 종속성을 고려한다.
㉱ 연속적 직무에서 인간의 실수율이 불변(stationary)이고, 실수과정이 과거와 무관(independent)하다면 실수과정은 베르누이과정으로 묘사된다.

> **해설** 인간신뢰도
> ① 반복되는 이산적 직무에서 인간실수확률은 사건당 실패수로 표현된다.
> ② THERP는 완전독립에서 완전 정(正)종속까지의 5 이상 수준의 종속도로 나누어 고려한다.
> ③ 연속적 직무에서 인간의 실수율이 불변(stationary)이고, 실수과정이 과거와 무관(independent)하다면 실수과정은 포아송 과정으로 묘사된다.

52 10명으로 구성된 집단에서 소시오메트리(sociometry) 연구를 사용하여 조사한 결과 실제 긍정적인 상호작용을 맺고 있는 관계의 수가 16일 때 이 집단의 응집성지수는 약 얼마인가?

㉮ 0.222　　㉯ 0.356
㉰ 0.401　　㉱ 0.504

> **해설** 응집성지수
> 이 지수는 집단 내에서 가능한 두 사람의 상호작용의 수와 실제의 수를 비교하여 구한다.
>
> $$\text{가능한상호작용의 수} = {}_{10}C_2 = \frac{10\times 9}{2} = 45$$
>
> $$\text{응집성지수} = \frac{\text{실제상호작용의 수}}{\text{가능한상호작용의 수}} = \frac{16}{45} = 0.356$$

해답 49 ㉰ 50 ㉯ 51 ㉯ 52 ㉯

53 조직을 유지하고 성장시키기 위한 평가를 실행함에 있어서 평가자가 저지르기 쉬운 과오 중 어떤 사람에 관한 평가자의 개인적 인상이 피평가자 개개인의 특징에 관한 평가에 영향을 미치는 것을 설명하는 이론은?

㉮ 할로 효과(halo effect)
㉯ 대비오차(contrast error)
㉰ 근접오차(proximity error)
㉱ 관대화 경향(centralization tendency)

> **해설** 조직에서의 업무평가
> 할로 효과(halo effect): 후광효과오류라고 한다. 단지 하나의 자질 또는 성격을 토대로 하여 개인의 모든 행동측면을 평가하려는 경향을 말한다. 감독자가 어떤 작업자가 평가의 한 요소에서 매우 뛰어나다는 것을 발견하게 되면 그의 다른 요소도 높게 평가하는 오류이다.

54 사고의 유형, 기인물 등 분류항목을 큰 순서대로 분류하여 사고방지를 위해 사용하는 통계적 원인분석 도구는?

㉮ 관리도(Control Chart)
㉯ 크로스도(Cross Diagram)
㉰ 파레토도(Pareto Diagram)
㉱ 특성요인도(Cause and Effect Diagram)

> **해설** 파레토 분석(Pareto analysis)
> ① 문제가 되는 요인들을 규명하고 동일한 스케일을 사용하여 누적분포를 그리면서 오름차순으로 정리한다.
> ② 불량이나 사고의 원인이 되는 중요한 항목을 찾아내는 데 사용된다.

55 인간오류확률 추정 기법 중 초기 사건을 이원적(binary) 의사결정(성공 또는 실패)가지들로 모형화하고, 이 이후의 사건들의 확률은 모두 선행 사건에 대한 조건부 확률을 부여하여 이원적 의사결정 가지들로 분지해나가는 방법은?

㉮ 결함 나무 분석(Fault Tree Analysis)
㉯ 조작자 행동 나무(Operator Action Tree)
㉰ 인간오류 시뮬레이터(Human Error Simulator)
㉱ 인간실수율 예측기법(Technique for Human Error Rate Prediction)

> **해설** 인간실수율 예측기법
> 사건들을 일련의 2지(binary) 의사결정 분지들로 모형화하여 성공 혹은 실패의 조건부 확률의 추정치를 각 가지에 부여함으로써 에러율을 추정하는 기법이다.

56 다음 중 통제적 집단행동이 아닌 것은?

㉮ 모브(mob)
㉯ 관습(custom)
㉰ 유행(fashion)
㉱ 제도적 행동(institutional behavior)

> **해설** 통제 있는 집단행동
> ① 관습: 풍습, 도덕규범, 예의, 금기 등으로 나누어진다.
> ② 제도적 행동: 합리적으로 집단구성원의 행동을 통제하고 표준화함으로써 집단의 안정을 유지하려는 것이다.
> ③ 유행: 집단 내의 공통적인 행동양식이나 태도 등을 말한다.

해답 53 ㉮ 54 ㉰ 55 ㉱ 56 ㉮

57 NIOSH 직무스트레스 모형에서 직무스트레스 요인과 성격이 다른 한 가지는?

㉮ 작업 요인 ㉯ 조직 요인
㉰ 환경 요인 ㉱ 상황 요인

해설 NIOSH 직무스트레스 관리모형에서 직무스트레스의 원인
① 작업요인: 작업부하, 작업속도/과정에 대한 조절 권한, 교대근무
② 조직요인: 역할모호성/갈등, 역할요구, 관리유형, 의사결정 참여, 경력/직무 안전성, 고용의 불확실성
③ 환경요인: 소음, 한랭, 환기불량/부적절한 조명

58 재해예방의 4원칙에 해당되지 않는 것은?

㉮ 예방가능의 원칙
㉯ 보상분배의 원칙
㉰ 손실우연의 원칙
㉱ 대책선정의 원칙

해설 재해예방의 4원칙
① 예방가능의 원칙
② 손실우연의 원칙
③ 원인계기의 원칙
④ 대책선정의 원칙

59 헤드십(headship)과 리더십(leadership)을 상대적으로 비교, 설명한 것으로 헤드십의 특징에 해당되는 것은?

㉮ 민주주의적 지휘형태이다.
㉯ 구성원과의 사회적 간격이 넓다.
㉰ 권한의 근거는 개인의 능력에 따른다.
㉱ 집단의 구성원들에게 의해 선출된 지도자이다.

해설 헤드십 하에서는 지도자와 부하 간의 사회적 간격이 넓은 반면, 리더십 하에서는 사회적 간격이 좁다.

60 산업안전보건법령에서 정의한 중대재해의 범위 기준에 해당하지 않는 것은?

㉮ 사망자가 1인 이상 발생한 재해
㉯ 부상자가 동시에 10인 이상 발생한 재해
㉰ 직업성질병자가 동시에 5인 이상 발생한 재해
㉱ 3개월 이상 요양이 필요한 부상자가 동시에 2인 이상 발생한 재해

해설 중대재해
중대재해라 함은 산업재해 중 사망 등 재해의 정도가 심한 것으로서 고용노동부령이 정하는 다음과 같은 재해를 말한다.
① 사망자가 1인 이상 발생한 재해
② 3개월 이상 요양을 요하는 부상자가 동시에 2인 이상 발생한 재해
③ 부상자 또는 질병자가 동시에 10인 이상 발생한 재해

해답 57 ㉱ 58 ㉯ 59 ㉯ 60 ㉰

PART Ⅳ | 근골격계질환 예방을 위한 작업관리

61 유해요인조사도구 중 JSI(Job Strain Index)의 평가 항목에 해당하지 않는 것은?

㉮ 손/손목의 자세
㉯ 1일 작업의 생산량
㉰ 힘을 발휘하는 강도
㉱ 힘을 발휘하는 지속시간

> **해설** SI(Strain Index)
> SI(Strain Index)란 생리학, 생체역학, 상지질환에 대한 병리학을 기초로 한 정량적 평가기법이다. 상지질환에 대한 정량적 평가기법으로 근육사용 힘(강도), 근육사용 기간, 빈도, 자세, 작업속도, 하루 작업시간 등 6개의 위험요소로 구성되어 있으며, 이를 곱한 값으로 상지질환의 위험성을 평가한다.

62 공정 중 발생하는 모든 작업, 검사, 운반, 저장, 정체 등을 자재나 작업자의 관점에서 흘러가는 순서에 따라 표현한 분석방법은?

㉮ Man Machine Chart
㉯ Operation Process Chart
㉰ Assembly Chart
㉱ Flow Process Chart

> **해설** 유통공정도(Flow Process Chart)
> ① 공정 중에 발생하는 모든 작업, 검사, 운반, 저장, 정체 등을 도식적으로 표현한 도표이다(소요시간, 운반거리 등의 정보기입).
> ② 용도: 잠복비용(hidden cost: 운반거리, 정체, 저장과 관련되는 비용)을 발견하고 감소시키는 역할을 한다.

63 PTS법의 특징이 아닌 것은?

㉮ 직접 작업자를 대상으로 작업시간을 측정하지 않아도 된다.
㉯ 표준시간의 설정에 논란이 되는 rating이 필요가 없어 표준시간의 일관성이 증대된다.
㉰ 실제 생산현장을 보지 않고도 작업대의 배치와 작업방법을 알면 표준시간의 산출이 가능하다.
㉱ 표준자료 작성의 초기비용이 적기 때문에 생산량이 적거나 제품이 큰 경우에 적합하다.

> **해설** PTS법의 단점
> 작업표준의 설정 시에는 PTS법과 병행하여 스톱워치(stopwatch)법이나 워크샘플링(work-sampling)법을 적용하는 것이 일반적이다. 그리고 PTS법의 도입 초기에는 전문가의 자문이 필요하고 교육 및 훈련비용이 크기 때문에 초기비용이 많이 든다.

64 어깨(견관절) 부위에서 발생할 수 있는 근골격계질환은?

㉮ 외상과염　　㉯ 회내근증후군
㉰ 극상근건염　　㉱ 수완진동증후군

> **해설** 어깨 부위의 근골격계질환
> ① 상완부근육(삼각근, 이두박근, 삼두박근 등)의 근막통증후군(MPS)
> ② 극상근건염(Supraspinatus Tendinitis)
> ③ 상완이두건막염(Bicipital Tenosynovitis)
> ④ 회전근개건염(충돌증후군, 극상건파열 등을 포함)
> ⑤ 견구축증(유착성관절낭염)
> ⑥ 흉곽출구증후군(경늑골증후군, 전사각증후군, 늑쇄증후군 및 과외전군 등을 포함)

해답 61 ㉯ 62 ㉱ 63 ㉱ 64 ㉰

Ⅰ. 인간공학 개론 Ⅱ. 작업생리학 Ⅲ. 산업심리학 및 관계 법규 Ⅳ. 근골격계질환 예방을 위한 작업관리

⑦ 견관절 부위의 점액낭염(삼각근하 점액낭염, 오구돌기하 점액낭염, 견봉하 점액낭염, 견갑하 점액낭염 등을 포함)

65 작업 개선의 일반적 원리에 대한 내용으로 옳지 않은 것은?

㉮ 충분한 여유 공간
㉯ 단순 동작의 반복화
㉰ 자연스러운 작업 자세
㉱ 과도한 힘의 사용 감소

해설 작업개선 원리
① 자연스러운 자세를 취한다.
② 과도한 힘을 줄인다.
③ 손이 닿기 쉬운 곳에 둔다.
④ 적절한 높이에서 작업한다.
⑤ 반복동작을 줄인다.
⑥ 피로와 정적부하를 최소화한다.
⑦ 신체가 압박받지 않도록 한다.
⑧ 충분한 여유공간을 확보한다.
⑨ 적절히 움직이고 운동과 스트레칭을 한다.
⑩ 쾌적한 작업환경을 유지한다.
⑪ 표시장치와 조종장치를 이해할 수 있도록 한다.
⑫ 작업조직을 개선한다.

66 산업안전보건법령상 근골격계 부담작업 범위 기준에 해당하지 않는 것은? (단, 단기간작업 또는 간헐적인 작업은 제외한다.)

㉮ 하루에 5회 이상 25 kg 이상의 물체를 드는 작업
㉯ 하루에 4시간 이상 집중적으로 자료입력 등을 위해 키보드를 조작하는 작업
㉰ 하루에 총 2시간 이상 쪼그리고 앉거나 무릎을 굽힌 자세에서 이루어지는 작업
㉱ 하루에 총 2시간 이상, 분당 2회 이상 4.5 kg 이상의 물체를 드는 작업

해설 근골격계 부담작업
① 근골격계 부담작업 제1호
하루에 4시간 이상 집중적으로 자료입력 등을 위해 키보드 또는 마우스를 조작하는 작업이다.
② 근골격계 부담작업 제5호
하루에 총 2시간 이상 쪼그리고 앉거나 무릎을 굽힌 자세에서 이루어지는 작업이다.
③ 근골격계 부담작업 제8호
하루에 10회 이상 25 kg 이상의 물체를 드는 작업이다.
④ 근골격계 부담작업 제10호
하루에 총 2시간 이상, 분당 2회 이상 4.5 kg 이상의 물체를 드는 작업이다.

67 다음 표준시간 산정 방법 중 간접측정 방법에 해당하는 것은?

㉮ PTS법　　㉯ 스톱워치법
㉰ VTR 촬영법　　㉱ 워크 샘플링법

해설 간접측정법
① 표준자료법(Standard Data System)
작업시간을 새로이 측정하기보다는 과거에 측정한 기록들을 기준으로 동작에 영향을 미치는 요인들을 검토하여 만든 함수식, 표, 그래프 등으로 동작시간을 예측하는 방법이다.
② PTS법(Predetermined Time Standard system)
사람이 행하는 작업을 기본동작으로 분류하고, 각 기본동작들은 동작의 성질과 조건에 따라 이미 정해진 기준 시간치를 적용하여 전체 작업의 정미 시간을 구하는 방법이다.

해답 65 ㉯ 66 ㉮ 67 ㉮

68 근골격계질환의 위험을 평가하기 위하여 유해요인 평가도구 중 하나인 RULA(Rapid Upper Limb Assessment)를 적용하여 작업을 평가한 결과, 최종 점수가 4점으로 평가되었다면 결과에 대한 해석으로 옳은 것은?

㉮ 수용가능한 안전한 작업으로 평가됨
㉯ 계속적 추적관찰을 요하는 작업으로 평가됨
㉰ 빠른 작업개선과 작업위험요인의 분석이 요구됨
㉱ 즉각적인 개선과 작업위험요인의 정밀조사가 요구됨

> **해설** RULA 조치단계의 결정
> ① 조치수준 1(최종점수 1~2점): 수용가능한 작업이다.
> ② 조치수준 2(최종점수 3~4점): 계속적 추적관찰을 요구한다.
> ③ 조치수준 3(최종점수 5~6점): 계속적 관찰과 빠른 작업개선이 요구된다.
> ④ 조치수준 4(최종점수 7점 이상): 정밀조사와 즉각적인 개선이 요구된다.

69 근골격계질환 예방관리 프로그램상 예방·관리 추진팀의 구성원이 아닌 것은?

㉮ 관리자 ㉯ 근로자대표
㉰ 사용자대표 ㉱ 보건담당자

> **해설** 근골격계질환 예방·관리 추진팀
> ① 중·소규모사업장
> 가. 작업자 대표 또는 대표가 위임하는 자
> 나. 관리자(예산결정권자)
> 다. 정비·보수담당자
> 라. 보건담당자(보건관리자 선임사업장은 보건관리자)
> 마. 구매담당자
> ② 대규모 사업장
> 가. 기술자(생산, 설계, 보수기술자)
> 나. 노무담당자

70 어느 조립작업의 부품 1개 조립당 관측 평균시간이 1.5분, rating 계수가 110%, 외경법에 의한 일반 여유율이 20%라고 할 때, 외경법에 의한 개당 표준시간(A)과 8시간 작업에 따른 총 일반여유시간(B)은 얼마인가?

㉮ A : 1.98분, B : 80분
㉯ A : 1.65분, B : 400분
㉰ A : 1.65분, B : 80분
㉱ A : 1.98분, B : 400분

> **해설** 표준시간
> ① 외경법에 의한 개당 표준시간(A)
> 가. 정미시간(NT)
> $= \text{관측시간의 대푯값}(T_0) \times \frac{\text{레이팅계수}(R)}{100}$
> $= 1.5 \times \frac{110}{100} = 1.65$
> 나. 표준시간(ST)
> $= \text{정미시간}(NT) \times (1 + \text{여유율})$
> $= 1.65 \times (1 + 0.2) = 1.98(\text{분})$
> ② 8시간 작업에 따른 총 일반여유시간(B)
> 가. 8시간 근무시간 중 총 정미시간
> $= 480 \times \frac{1.65}{1.98} = 400$
> 나. 총 일반여유시간 $= 480 - 400 = 80(\text{분})$

71 동작분석의 종류 중 미세 동작분석에 관한 설명으로 옳지 않은 것은?

㉮ 복잡하고 세밀한 작업 분석이 가능하다.
㉯ 직접 관측자가 옆에 없어도 측정이 가능하다.
㉰ 작업 내용과 작업 시간을 동시에 측정할 수 있다.
㉱ 타 분석법에 비하여 적은 시간과 비용으로 연구가 가능하다.

해답 68 ㉯ 69 ㉰ 70 ㉮ 71 ㉱

> **해설** 미세동작 분석(micromotion study)
> ① 필름이나 테이프에 작업내용을 기록하여 분석하기 때문에 연구수행에 많은 비용이 소요된다.
> ② 제품의 수명이 길고, 생산량이 많으며, 생산 사이클이 짧은 제품을 대상으로 한다.

72 자세에 관한 수공구의 개선 사항으로 옳지 않은 것은?

㉮ 손목을 곧게 펴서 사용하도록 한다.
㉯ 반복적인 손가락 동작을 방지하도록 한다.
㉰ 지속적인 정적근육 부하를 방지하도록 한다.
㉱ 정확성이 요구되는 작업은 파워그립을 사용하도록 한다.

> **해설** 자세에 관한 수공구 개선
> ① 손목을 곧게 유지한다(손목을 꺾지 말고 손잡이를 꺾어라).
> ② 힘이 요구되는 작업에는 파워그립(power grip)을 사용한다.
> ③ 지속적인 정적 근육부하(loading)를 피한다.
> ④ 반복적인 손가락 동작을 피한다.
> ⑤ 양손 중 어느 손으로도 사용이 가능하고 적은 스트레스를 주는 공구를 개인에게 사용되도록 설계한다.

73 작업연구에 대한 설명으로 옳지 않은 것은?

㉮ 작업연구는 보통 동작연구와 시간연구로 구성된다.
㉯ 시간연구는 표준화된 작업방법에 의하여 작업을 수행할 경우에 소요되는 표준시간을 측정하는 분야이다.
㉰ 동작연구는 경제적인 작업방법을 검토하여 표준화된 작업방법을 개발하는 분야이다.
㉱ 동작연구는 작업측정으로, 시간연구는 방법연구라고도 한다.

> **해설** 방법연구와 작업측정
> ① 방법연구: 작업 중에 포함된 불필요한 동작을 제거하기 위하여 작업을 과학적으로 자세히 분석하여 필요한 동작만으로 구성된 효과적이고 합리적인 작업방법을 설계하는 기법이다(주요기법: 공정분석, 작업분석, 동작분석).
> ② 작업측정: 제품과 서비스를 생산하는 작업시스템을 과학적으로 계획·관리하기 위하여 그 활동에 소요되는 시간과 자원을 측정 또는 추정하는 것이다(주요기법: 시간연구법, 워크샘플링법, 표준자료법, PTS법).

74 NIOSH 들기 작업 지침상 권장 무게 한계(RWL)를 구할 때 사용되는 계수의 기호와 정의가 올바르게 짝지어지지 않은 것은?

㉮ HM - 수평계수
㉯ DM - 비대칭계수
㉰ FM - 빈도계수
㉱ VM - 수직계수

> **해설** RWL 기호와 정의
> ① LC = 부하상수 = 23 kg
> ② HM = 수평계수 = 25/H
> ③ VM = 수직계수 = 1 − (0.003 × |V − 75|)
> ④ DM = 거리계수 = 0.82 + (4.5/D)
> ⑤ AM = 비대칭계수 = 1 − (0.0032 × A)
> ⑥ FM = 빈도계수
> ⑦ CM = 결합계수

해답 72 ㉱ 73 ㉱ 74 ㉯

75 동작경제원칙 중 신체 사용에 관한 원칙으로 옳지 않은 것은?

㉮ 두 손의 동작은 같이 시작하고 같이 끝나도록 한다.

㉯ 휴식시간을 제외하고는 양손이 같이 쉬지 않도록 한다.

㉰ 손의 동작은 완만하게 연속적인 동작이 되도록 한다.

㉱ 두 팔의 동작은 같은 방향으로 비대칭적으로 움직이도록 한다.

> **해설** 신체의 사용에 관한 원칙
> ① 양손은 동시에 동작을 시작하고, 또 끝마쳐야 한다.
> ② 휴식시간 이외에 양손이 동시에 노는 시간이 있어서는 안 된다.
> ③ 양팔은 각기 반대방향에서 대칭적으로 동시에 움직여야 한다.
> ④ 손의 동작은 작업을 원만히 처리할 수 있는 범위 내에서 최소동작등급을 사용하도록 한다.
> ⑤ 작업자들을 돕기 위하여 동작의 관성을 이용하여 작업하는 것이 좋다.
> ⑥ 구속되거나 제한된 동작 또는 급격한 방향전환보다는 유연한 동작이 좋다.
> ⑦ 작업동작은 율동이 맞아야 한다.
> ⑧ 직선동작보다는 연속적인 곡선동작을 취하는 것이 좋다.
> ⑨ 탄도동작(ballistic movement)은 제한되거나 통제된 동작보다 더 신속·정확·용이하다.

76 간트차트(Gantt chart)에 관한 설명으로 옳지 않은 것은?

㉮ 각 과제 간의 상호 연관사항을 파악하기에 용이하다.

㉯ 계획 활동의 예측완료시간은 막대모양으로 표시된다.

㉰ 기계의 사용에 대한 필요시간과 일정을 표시할 때 이용되기도 한다.

㉱ 예정사항과 실제 성과를 기록 비교하여 작업을 관리하는 계획도표이다.

> **해설** 간트차트(Gantt chart)의 단점
> ① 변화 또는 변경에 약하다.
> ② 일정계획의 정밀성을 기대하기 어렵고, 대규모 복잡한 프로젝트를 계획하는 데 부적합하다.
> ③ 작업 상호 간의 유기적인 관계가 명확하지 못하다.

77 일반적인 시간연구방법과 비교한 워크샘플링방법의 장점이 아닌 것은?

㉮ 분석자에 의해 소비되는 총 작업시간이 훨씬 적은 편이다.

㉯ 특별한 시간 측정 장비가 별도로 필요하지 않는 간단한 방법이다.

㉰ 관측항목의 분류가 자유로워 작업현황을 세밀히 관찰할 수 있다.

㉱ 한 사람의 평가자가 동시에 여러 작업을 측정할 수 있다.

> **해설** 워크샘플링의 장점
> ① 관측을 순간적으로 하기 때문에 작업자를 방해하지 않으면서 용이하게 작업을 진행 시킨다.
> ② 조사기간을 길게 하여 평상시의 작업상황을 그대로 반영시킬 수 있다.
> ③ 사정에 의해 연구를 일시 중지하였다가 다시 계속할 수도 있다.
> ④ 한 사람의 평가자가 동시에 여러 작업을 동시에 측정할 수 있다. 또한 여러 명의 관측자가 동시에 관측할 수 있다.
> ⑤ 분석자에 의해 소비되는 총 작업시간이 훨씬 적은 편이다.
> ⑥ 특별한 시간측정 장비가 필요 없다.

해답 75 ㉱ 76 ㉮ 77 ㉰

78 작업개선을 위한 개선의 ECRS에 해당하지 않는 것은?

㉮ Eliminate ㉯ Combine
㉰ Redesign ㉱ Simplify

> **해설** 작업개선의 ECRS 원칙
> ① E(Eliminate): 불필요한 작업·작업요소 제거
> ② C(Combine): 다른 작업·작업요소와의 결합
> ③ R(Rearrange): 작업순서의 변경
> ④ S(Simplify): 작업·작업요소와의 단순화·간소화

79 4개의 작업으로 구성된 조립공정의 주기시간(cycle Time)이 40초일 때 공정효율은 얼마인가?

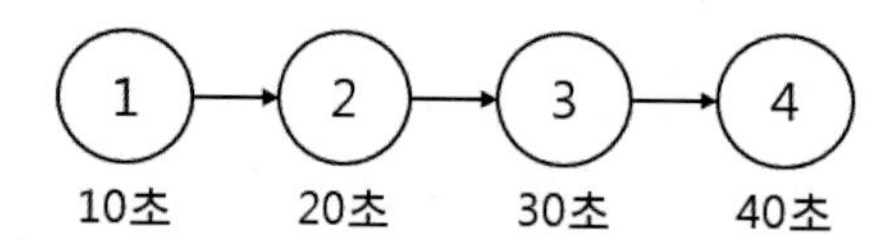

㉮ 40.0% ㉯ 57.5%
㉰ 62.5% ㉱ 72.5%

> **해설** 균형효율(라인밸런싱 효율, 공정효율)
>
> $$\text{균형효율}(\%) = \frac{\text{총 작업시간}}{\text{작업장 수} \times \text{주기시간}} \times 100$$
>
> $$= \frac{10+20+30+40}{4 \times 40} \times 100$$
>
> $$= 62.5\%$$
>
> ※ 주기시간: 가장 긴 공정의 작업시간

80 근골격계질환의 사전예방을 위한 적합한 관리대책이 아닌 것은?

㉮ 적합한 노동강도에 대한 평가
㉯ 작업장 구조의 인간공학적 개선
㉰ 산업재해보상 보험의 가입
㉱ 올바른 작업방법에 대한 작업자 교육

> **해설** 근골격계질환 예방을 위한 관리방안
> ① 인간공학 교육(관리자, 작업자, 노동조합, 보건관리자 등)
> ② 위험요인의 인간공학적 분석 후 작업장 개선
> ③ 작업장 대한 휴식시간의 배려
> ④ 교대근무에 대한 고려
> ⑤ 안전예방 체조의 도입
> ⑥ 안전한 작업방법 교육
> ⑦ 재활복귀질환자에 대한 재활시설의 도입, 의료시설 및 인력 확보
> ⑧ 휴게실, 운동시설 등 기타 관리시설 확충

해답 78 ㉰ 79 ㉰ 80 ㉰

부록 6 | 필기시험 기출문제 3회(211)

PART I | 인간공학 개론

1 표시장치와 제어장치를 포함하는 작업장을 설계할 때 고려해야 할 사항과 가장 거리가 먼 것은?

㉮ 작업시간
㉯ 제어장치와 표시장치와의 관계
㉰ 주 시각 임무와 상호작용하는 주제어장치
㉱ 자주 사용되는 부품을 편리한 위치에 배치

> **해설** 개별작업공간 설계지침
> 표시장치와 조종장치를 포함하는 작업장을 설계할 때 따를 수 있는 지침은 다음과 같다.
> 1순위: 주된 시각적 임무
> 2순위: 주 시각 임무와 상호작용하는 주 조종장치
> 3순위: 조종장치와 표시장치 간의 관계
> 4순위: 순서적으로 사용되는 부품의 배치
> 5순위: 체계 내 혹은 다른 체계의 여타 배치와 일관성 있게 배치
> 6순위: 자주 사용되는 부품을 편리한 위치에 배치

2 주의(attention)의 종류에 포함되지 않은 것은?

㉮ 병렬주의(parallel attention)
㉯ 분할주의(divided attention)
㉰ 초점주의(focused attention)
㉱ 선택적 주의(selective attention)

> **해설** 주의의 대상작업의 형태에 따른 분류
> ① 선택적 주의(selective attention)
> ② 집중적 주의(focused attention)
> ③ 분할주의(divided attention)

3 시스템의 사용성 검증 시 고려되어야 할 변인이 아닌 것은?

㉮ 경제성 ㉯ 낮은 에러율
㉰ 효율성 ㉱ 기억용이성

> **해설** 사용성 정의
> 닐슨은 사용성을 학습용이성, 효율성, 기억용이성, 에러 빈도 및 정도, 그리고 주관적 만족도로 정의하였다.

4 움직이는 몸의 동작을 측정한 인체치수를 무엇이라고 하는가?

㉮ 조절 치수
㉯ 파악한계 치수
㉰ 구조적 인체치수
㉱ 기능적 인체치수

> **해설** 동적측정(기능적 인체치수)
> ① 동적 인체측정은 일반적으로 상지나 하지의 운동, 체위의 움직임에 따른 상태에서 측정하는 것이다.
> ② 동적 인체측정은 실제의 작업 혹은 실제 조건에 밀접한 관계를 갖는 현실성 있는 인체치수를 구하는 것이다.
> ③ 동적측정은 마틴식 계측기로는 측정이 불가능하며, 사진 및 시네마 필름을 사용한 3차원(공간) 해석장치나 새로운 계측 시스템이 요구된다.
> ④ 동적측정을 사용하는 것이 중요한 이유는 신체적 기능을 수행할 때, 각 신체 부위는 독립적으로 움직이는 것이 아니라 조화를 이루어 움직이기 때문이다.

해답 1 ㉮ 2 ㉮ 3 ㉮ 4 ㉱

5 인체측정 자료의 최대 집단 값에 의한 설계원칙에 관한 내용으로 옳은 것은?

㉮ 통상 1, 5, 10%의 하위 백분위수를 기준으로 정한다.

㉯ 통상 70, 75, 80%의 상위 백분위수를 기준으로 정한다.

㉰ 문, 탈출구, 통로 등과 같은 공간의 여유를 정할 때 사용한다.

㉱ 선반의 높이, 조정 장치까지의 거리 등을 정할 때 사용한다.

> **해설** 최대집단값에 의한 설계
> ① 통상 대상집단에 대한 관련 인체측정변수의 상위 백분위수를 기준으로 하여 90, 95 혹은 99% 값이 사용된다.
> ② 문, 탈출구, 통로 등과 같은 공간여유를 정하거나 줄사다리의 강도 등을 정할 때 사용된다.
> ③ 예를 들어, 95% 값에 속하는 큰 사람을 수용할 수 있다면, 이보다 작은 사람은 모두 사용된다.

6 제어장치가 가지는 저항의 종류에 포함되지 않는 것은?

㉮ 탄성저항(elastic resistance)

㉯ 관성저항(inertia resistance)

㉰ 점성저항(viscous resistance)

㉱ 시스템저항(system resistance)

> **해설** 조종장치의 저항력
> ① 탄성저항
> ② 점성저항
> ③ 관성
> ④ 정지 및 미끄럼마찰

7 선형 표시장치를 움직이는 조종구(레버)에서의 C/R비를 나타내는 다른 식에서 변수 a의 의미로 옳은 것은? (단, L은 조종장치의 길이를 의미한다.)

$$C/R\text{비} = \frac{(a/360) \times 2\pi L}{\text{표시장치의 이동거리}}$$

㉮ 조종장치의 여유율

㉯ 조종장치의 최대 각도

㉰ 조종장치가 움직인 각도

㉱ 조종장치가 움직인 거리

> **해설** 조종-반응 비율 개념
> 조종장치의 움직이는 거리(회전수)와 체계반응이나 표시장치상의 이동요소의 움직이는 거리의 비이다. 표시장치가 없는 경우에는 체계반응의 어떤 척도가 표시장치 이동거리 대신 사용된다. 이는 연속 조종장치에만 적용되는 개념이고 수식은 다음과 같다.
>
> $$C/R\text{비} = \frac{(a/360) \times 2\pi L}{\text{표시장치의 이동거리}}$$
>
> 여기서, a: 조종장치가 움직인 각도
> L: 반지름(조종장치의 길이)

8 신호검출 이론(signal detection theory)에서 판정기준을 나타내는 우도비(likelihood ratio) β와 민감도(sensitivity) d에 대한 설명으로 옳은 것은?

㉮ β가 클수록 보수적이고, d가 클수록 민감함을 나타낸다.

㉯ β가 클수록 보수적이고, d가 클수록 둔감함을 나타낸다.

㉰ β가 작을수록 보수적이고, d가 클수록 민감함을 나타낸다.

㉱ β가 작을수록 보수적이고, d가 클수록 둔감함을 나타낸다.

해답 5 ㉰ 6 ㉱ 7 ㉰ 8 ㉮

해설 신호검출이론의 판단기준 및 민감도

반응 기준이 오른쪽으로 이동할 경우(β>1): 판정자는 신호라고 판정하는 기회가 줄어들게 되므로 신호가 나타났을 때 신호의 정확한 판정은 적어지나 허위경보를 덜하게 된다. 이런 사람을 일반적으로 보수적이라고 한다.
민감도는 d로 표현하며, 두 분포의 꼭짓점의 간격을 분포의 표준편차 단위로 나타낸다. 즉, 두 분포가 떨어져 있을수록 민감도는 커지며, 판정자는 신호와 잡음을 정확하게 판정하기가 쉽다.

9 인체의 감각기능 중 후각에 대한 설명으로 옳은 것은?

㉮ 후각에 대한 순응은 느린 편이다.
㉯ 후각은 훈련을 통해 식별능력을 기르지 못한다.
㉰ 후각은 냄새 존재 여부보다 특정 자극을 식별하는 데 효과적이다.
㉱ 특정 냄새의 절대 식별 능력은 떨어지나 상대적 비교능력은 우수한 편이다.

해설 후각
인간의 후각은 특정 물질이나 개인에 따라 민감도의 차이가 있으며, 어느 특정 냄새에 대한 절대 식별능력은 다소 떨어지나, 상대적 기준으로 냄새를 비교할 때는 우수한 편이다.

10 인간-기계 체계(Man-Machine System)의 신뢰도(R_S)가 0.85 이상이어야 한다. 이때 인간의 신뢰도(R_H)가 0.9라면 기계의 신뢰도(R_E)는 얼마 이상이어야 하는가? (단, 인간-기계 체계는 직렬체계이다.)

㉮ $R_E \geq 0.831$ ㉯ $R_E \geq 0.877$
㉰ $R_E \geq 0.915$ ㉱ $R_E \geq 0.944$

해설 설비의 신뢰도 직렬연결

$R_s = R_1 \cdot R_2 \cdot R_3 \cdots R_n = \prod_{i=1}^{n} R_i$ 이므로,

인간 신뢰도(R_H)×기계 신뢰도(R_E)$\geq R_S$
0.9×기계 신뢰도(R_E)$\geq$0.85
따라서 기계 신뢰도(R_E)는 0.944 이상이어야 한다.

11 인간공학에 관한 내용으로 옳지 않은 것은?

㉮ 인간의 특성 및 한계를 고려한다.
㉯ 인간을 기계와 작업에 맞추는 학문이다.
㉰ 인간 활동의 최적화를 연구하는 학문이다.
㉱ 편리성, 안정성, 효율성을 제고하는 학문이다.

해설 인간공학의 정의
인간공학이란 기계와 작업의 특성을 인간에게 맞추는 방법을 연구하는 학문이다.

12 인간의 기억 체계에 대한 설명으로 옳지 않은 것은?

㉮ 단위시간당 영구 보관할 수 있는 정보량은 7 bit/sec이다.
㉯ 감각저장(sensory storage)에서는 정보의 코드화가 이루어지지 않는다.
㉰ 장기기억(long-term memory)내의 정보는 의미적으로 코드화된 정보이다.
㉱ 작업기억(working memory)은 현재 또는 최근의 정보를 잠시 동안 기억하기 위한 저장소의 역할을 한다.

해답 9 ㉱ 10 ㉱ 11 ㉯ 12 ㉮

> **해설** 정보처리 과정에서의 정보량 추정
> 단위시간당 영구 보관할 수 있는 정보량은 0.7 bit/sec이다.

13 음 세기(sound intensity)에 관한 설명으로 옳은 것은?

㉮ 음 세기의 단위는 Hz이다.
㉯ 음 세기는 소리의 고저와 관련이 있다.
㉰ 음 세기는 단위시간에 단위면적을 통과하는 음의 에너지를 말한다.
㉱ 음압수준(sound pressure level) 측정 시 주로 1,000 Hz 순음을 기준 음압으로 사용한다.

> **해설** 음의 강도(sound intensity)
> 음의 세기는 단위면적당의 에너지(Watt/m^2)로 정의된다.

14 시각 및 시각과정에 대한 설명으로 옳지 않은 것은?

㉮ 원추체(cone)는 황반(fovea)에 집중되어 있다.
㉯ 멀리 있는 물체를 볼 때는 수정체가 두꺼워진다.
㉰ 동공(pupil)의 크기는 어두우면 커진다.
㉱ 근시는 수정체가 두꺼워져 원점이 너무 가까워진다.

> **해설** 수정체
> 수정체는 긴장을 하면 두꺼워져 가까운 물체를 볼 수 있게 되고, 긴장을 풀면 납작해져서 원거리에 있는 물체를 볼 수 있게 된다.

15 시식별에 영향을 주는 인자로 적합하지 않은 것은?

㉮ 조도 ㉯ 휘도비
㉰ 대비 ㉱ 온·습도

> **해설** 시식별에 영향을 주는 인자
> 시식별에 영향을 주는 인자로는 조도, 대비, 노출시간, 광도비, 과녁의 이동, 휘광, 연령, 훈련이 있다.

16 실제 사용자들의 행동 분석을 위해 사용자가 생활하는 자연스러운 생활환경에서 조사하는 사용성 평가기법으로 옳은 것은?

㉮ Heuristic Evaluation
㉯ Usability Lab Testing
㉰ Focus Group Interview
㉱ Observation Ethnography

> **해설** 관찰 에쓰노그래피(Observation Ethnography)
> 실제 사용자들의 행동을 분석하기 위하여 이용자가 생활하는 자연스러운 생활환경에서 비디오, 오디오에 녹화하여 시험하는 사용성 평가기법이다.

17 다음과 같은 확률 발생하는 4가지 대안에 대한 중복률(%)은 얼마인가?

결과	확률(p)	$-\log_2 p$
A	0.1	3.32
B	0.3	1.74
C	0.4	1.32
D	0.2	2.32

㉮ 1.8 ㉯ 2.0
㉰ 7.7 ㉱ 8.7

해답 13 ㉰ 14 ㉯ 15 ㉱ 16 ㉱ 17 ㉰

> **해설** 중복률
>
> $$중복률 = 1 - \frac{총평균정보량}{최대정보량} \times 100$$
>
> 총평균정보량: $-\sum p_i \log_2(p_i)$
> =(0.1×3.32+0.3×1.74+0.4×1.32+0.2×2.32)
> =1.846
> 최대정보량: $\log_2 n = \log_2 4 = 2$
>
> 따라서, 중복률 = $1 - \frac{1.846}{2} \times 100(\%)$ = 7.7%

18 정량적 표시장치의 지침(pointer) 설계에 있어 일반적인 요령으로 적합하지 않은 것은?

㉮ 뾰족한 지침을 사용한다.
㉯ 지침을 눈금면과 최대한 밀착시킨다.
㉰ 지침의 끝은 최소 눈금선과 맞닿고 겹치게 한다.
㉱ 원형 눈금의 경우 지침의 색은 지침 끝에서 중앙까지 칠한다.

> **해설** 정량적 표시장치의 지침설계 시 고려사항
> ① 뾰족한 지침을 사용한다.
> ② 지침의 끝은 작은 눈금과 맞닿되 겹치지 않게 한다.
> ③ 원형 눈금의 경우 지침의 색은 선단에서 중심까지 칠한다.
> ④ 시차를 없애기 위해 지침을 눈금면과 밀착시킨다.

19 암호체계의 사용에 관한 일반적 지침에서 암호의 변별성에 대한 설명으로 옳은 것은?

㉮ 정보를 암호화한 자극은 검출이 가능하여야 한다.
㉯ 자극과 반응 간의 관계가 인간의 기대와 모순되지 않아야 한다.
㉰ 두 가지 이상의 암호 차원을 조합하여 사용하면 정보전달이 촉진된다.
㉱ 모든 암호표시는 감지장치에 의하여 다른 암호표시와 구별될 수 있어야 한다.

> **해설** 암호의 변별성
> 암호체계 사용상의 일반적인 지침에서 암호의 변별성은 다른 암호표시와 구별되어야 하는 것이다.

20 통화이해도 측정을 위한 척도로 적합하지 않은 것은?

㉮ 명료도 지수 ㉯ 인식소음 수준
㉰ 이해도 점수 ㉱ 통화간섭 수준

> **해설** 통화이해도
> 여러 통신 상황에서 음성통신의 기준은 수화자의 이해도이다. 통화이해도의 평가척도로서, 명료도 지수, 이해도 점수, 통화간섭 수준 등이 있다.

해답 18 ㉰ 19 ㉱ 20 ㉯

21 어떤 작업에 대해서 10분간 산소소비량을 측정한 결과 100 L 배기량에 산소가 15%, 이산화탄소가 6%로 분석되었다. 에너지 소비량은 몇 kcal/min인가? (단, 산소 1 L가 몸에서 소비되면 5 kcal의 에너지가 소비되며, 공기 중에서 산소는 21%, 질소는 79%를 차지하는 것으로 가정한다.)

㉮ 2 ㉯ 3
㉰ 4 ㉱ 6

> **해설** 산소소비량
> ① 분당배기량 $= \frac{100L}{10분} = 10L/분$
> ② 분당흡기량
> $= \frac{(100\% - 15\% - 6\%)}{79\%} \times 10L/분$
> $= 10L/분$
> ③ 산소소비량
> $= (21\% \times 10L/분) - (15\% \times 10L/분)$
> $= 0.6L/분$
> ④ 에너지가 = 0.6 × 5 = 3 kcal/분

22 휴식 중의 에너지소비량이 1.5 kcal/min인 작업자가 분당 평균 8 kcal의 에너지를 소비한 작업을 60분 동안 했을 경우 총 작업시간 60분에 포함되어야 하는 휴식 시간은 약 몇 분인가? (단, Murrell의 식을 적용하며, 작업시 권장 평균 에너지소비량은 5 kcal/min으로 가정한다.)

㉮ 22분 ㉯ 28분
㉰ 34분 ㉱ 40분

> **해설** 휴식시간의 산정
> Murrell의 공식: $R = \frac{T(E-S)}{E-1.5}$
> R: 휴식시간(분)
> T: 총 작업시간(분)
> E: 평균 에너지소모량(kcal/min)
> S: 권장 평균에너지소모량
> 따라서,
> $R = \frac{60(8-5)}{8-1.5} = 27.69(분) \fallingdotseq 28(분)$

23 산업안전보건법령상 "소음작업"이란 1일 8시간 작업을 기준으로 얼마 이상의 소음이 발생하는 작업을 뜻하는가?

㉮ 80데시벨 ㉯ 85데시벨
㉰ 90데시벨 ㉱ 95데시벨

> **해설** 소음작업
> 1일 8시간 작업을 기준으로 하여 85데시벨 이상의 소음이 발생하는 작업을 말한다.

24 신체에 전달되는 진동은 전신진동과 국소진동으로 구분되는데 진동원의 성격이 다른 것은?

㉮ 크레인 ㉯ 지게차
㉰ 대형 운송차량 ㉱ 휴대용 연삭기

> **해설** 진동의 종류
> 크레인, 지게차, 대형 운송차량은 전신진동이고, 휴대용연삭기는 국소진동이다.

해답 21 ㉯ 22 ㉯ 23 ㉯ 24 ㉱

25 수의근(voluntary muscle)에 대한 설명으로 옳은 것은?

㉮ 민무늬근과 줄무늬근을 통칭한다.
㉯ 내장근 또는 평활근으로 구분한다.
㉰ 대표적으로 심장근이 있으며 원통형 근섬유 구조를 이룬다.
㉱ 중추신경계의 지배를 받아 내 의지대로 움직일 수 있는 근육이다.

> **해설** 수의근(voluntary muscle)
> 뇌와 척수신경의 지배를 받는 근육으로 의사에 따라서 움직이며, 골격근이 이에 속한다.

26 다음 중 안정 시 신체 부위에 공급하는 혈액 분배 비율이 가장 높은 곳은?

㉮ 뇌 ㉯ 근육
㉰ 소화기계 ㉱ 심장

> **해설** 휴식 시 혈액 분포
> ① 간 및 소화기관: 20~25%
> ② 신장: 20%
> ③ 근육: 15~20%
> ④ 뇌: 15%
> ⑤ 심장: 4~5%

27 신체 부위의 동작 유형 중 관절에서의 각도가 증가하는 동작을 무엇이라고 하는가?

㉮ 굴곡(flexion)
㉯ 신전(extension)
㉰ 내전(adduction)
㉱ 외전(abduction)

> **해설** 인체의 동작 유형 4가지
> ① 굴곡(flexion): 관절 각도가 감소하는 동작
> ② 신전(extension): 관절 각도가 증가하는 동작 (굴곡과 반대방향)
> ③ 내전(adduction): 인체 중심에서 멀어지는 동작
> ④ 외전(abduction): 인체 중심으로 가까워지는 동작(외전과 반대방향)

28 힘에 대한 설명으로 옳지 않은 것은?

㉮ 능동적 힘은 근수축에 의하여 생성된다.
㉯ 힘은 근골격계를 움직이거나 안정시키는데 작용한다.
㉰ 수동적 힘은 관절 주변의 결합조직에 의하여 생성된다.
㉱ 능동적 힘과 수동적 힘의 합은 근절의 안정길이의 50%에서 발생한다.

> **해설** 힘에 대한 설명
> 능동적인 힘은 근육의 안정길이에서 가장 큰 힘을 내며, 수동적인 힘은 근육의 안정길이에서부터 발생한다. 따라서, 능동적인 힘과 수동적인 힘의 합은 근절의 안정길이에서 최대로 발생한다.

29 다음 중 일정(constant) 부하를 가진 작업 수행 시 인체의 산소소비량 변화를 나타낸 그래프로 옳은 것은?

㉮
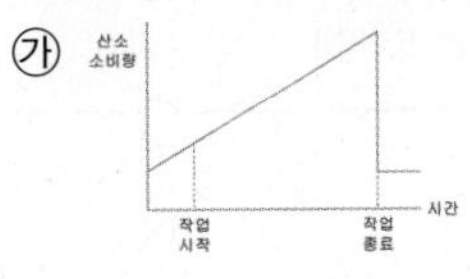

㉯
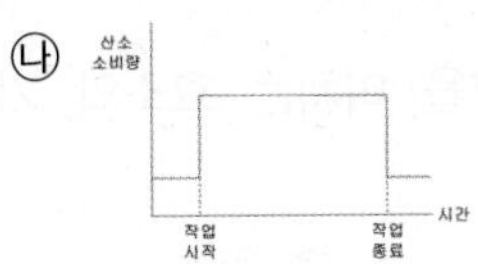

해답 25 ㉱ 26 ㉰ 27 ㉯ 28 ㉱ 29 ㉱

㉰ 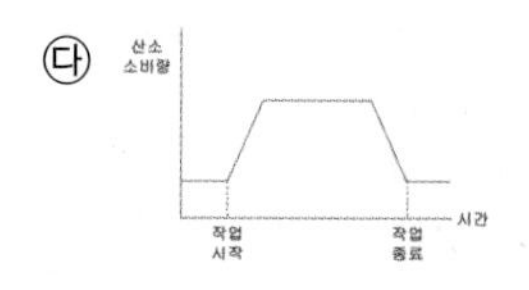

㉱ 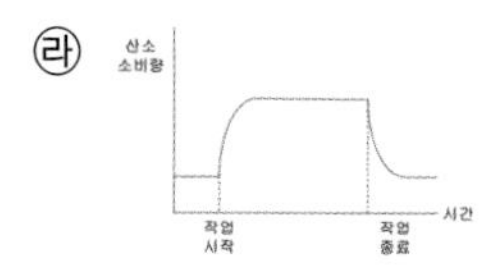

해설 산소소비량 변화 그래프

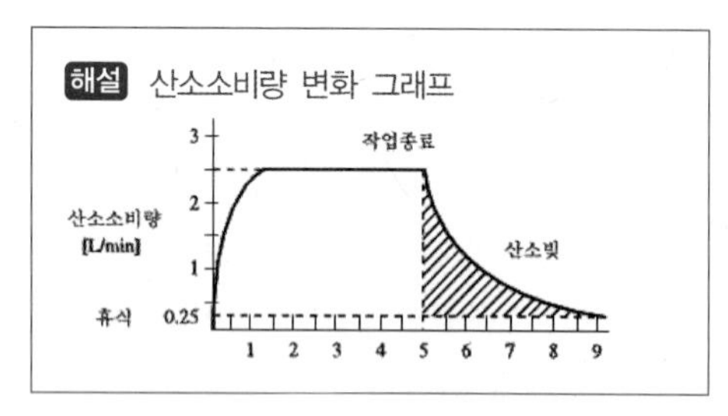

30 다음 생체신호를 측정할 때 이용되는 측정방법이 잘못 연결된 것은?

㉮ 뇌의 활동 측정 - EOG
㉯ 심장근의 활동 측정 - ECG
㉰ 피부의 전기 전도 측정 - GSR
㉱ 국부 골격근의 활동 측정 - EMG

해설 생리학적 측정방법
① 근전도(EMG): 근육활동의 전위차를 기록한다.
② 심전도(ECG): 심장근육의 전위차를 기록한다.
③ 뇌전도(EEG): 신경활동의 전위차를 기록한다.
④ 안전도(EOG): 안구운동의 전위차를 기록한다.
⑤ 산소소비량
⑥ 에너지 소비량(RMR)
⑦ 전기피부 반응(GSR)
⑧ 점멸융합주파수(플리커법)

31 열교환에 영향을 미치는 요소와 가장 거리가 먼 것은?

㉮ 기압 ㉯ 기온
㉰ 습도 ㉱ 공기의 유동

해설 열교환 과정
열교환 과정은 기온이나 습도, 공기의 흐름, 주위의 표면 온도에 영향을 받는다.

32 소음에 의한 회화 방해 현상과 같이 한 음의 가청 역치가 다른 음 때문에 높아지는 현상을 무엇이라 하는가?

㉮ 사정효과 ㉯ 차폐효과
㉰ 은폐효과 ㉱ 흡음효과

해설 음의 은폐효과(masking effect)
은폐(masking)란 음의 한 성분이 다른 성분의 청각감지를 방해하는 현상을 말한다. 즉, 한 음(은폐음)의 가청역치가 다른 음(은폐음) 때문에 높아지는 것을 말한다.

33 근력과 지구력에 관한 설명으로 옳지 않은 것은?

㉮ 근력에 영향을 미치는 대표적 개인적 인자로는 성(姓)과 연령이 있다.
㉯ 정적(static) 조건에서의 근력이란 자의적 노력에 의해 등척적으로(isometrically) 낼 수 있는 최대 힘이다.
㉰ 근육이 발휘할 수 있는 최대 근력의 50% 정도의 힘으로는 상당히 오래 유지할 수 있다.
㉱ 동적(dynamic) 근력은 측정이 어려우며, 이는 가속과 관절 각도의 변화가 힘의 발휘와 측정에 영향을 주기 때문이다.

해답 30 ㉮ 31 ㉮ 32 ㉰ 33 ㉰

> **해설** 지구력
> 최대 근력으로 유지할 수 있는 것은 몇 초이며, 최대 근력의 15% 이하에서 상당히 오랜 시간을 유지할 수 있다.

34 중추신경계(central nervous system)에 해당하는 것은?

㉮ 신경절(ganglia)
㉯ 척수(spinal cord)
㉰ 뇌신경(cranial nerve)
㉱ 척수신경(spinal nerve)

> **해설** 인간신경계의 구분
> 중추신경계에는 뇌, 척수가 있다.

35 다음 중 중추신경계의 피로, 즉 정신피로의 측정척도로 사용할 때 가장 적합한 것은?

㉮ 혈압(blood pressure)
㉯ 근전도(electromyogram)
㉰ 산소소비량(oxygen consumption)
㉱ 점멸융합주파수(flicker fusion frequency)

> **해설** 점멸융합주파수
> 점멸융합주파수는 피곤함에 따라 빈도가 감소하기 때문에 중추신경계의 피로, 즉 정신피로의 척도로 사용될 수 있다.

36 광도비(luminance ratio)란 주된 장소와 주변 광도의 비이다. 사무실 및 산업 상황에서의 일반적인 추천 광도비는 얼마인가?

㉮ 1:1 ㉯ 2:1
㉰ 3:1 ㉱ 4:1

> **해설** 광도비(luminance ratio)
> 시야 내에 있는 주시영역과 주변영역 사이의 광도의 비를 광도비라 하며 사무실 및 산업상황에서의 추천 광도비는 보통 3:1이다.

37 강도 높은 작업을 마친 후 휴식 중에도 근육에 추가적으로 소비되는 산소량을 무엇이라 하는가?

㉮ 산소부채 ㉯ 산소결핍
㉰ 산소결손 ㉱ 산소요구량

> **해설** 산소 빚(oxygen debt)
> 육체적 근력작업 후 맥박이나 호흡이 즉시 정상으로 회복되지 않고 서서히 회복되는 것은 작업 중에 형성된 젖산 등의 노폐물을 재분해하기 위한 것으로 이 과정에서 소비되는 추가분의 산소량을 의미한다.

38 중량물을 운반하는 작업에서 발생하는 생리적 반응으로 옳은 것은?

㉮ 혈압이 감소한다.
㉯ 심박수가 감소한다.
㉰ 혈류량이 재분배된다.
㉱ 산소소비량이 감소한다.

> **해설** 작업에 따른 인체의 생리적 반응
> ① 산소소비량의 증가
> ② 심박출량의 증가
> ③ 심박수의 증가
> ④ 혈류의 재분배

해답 34 ㉯ 35 ㉱ 36 ㉰ 37 ㉮ 38 ㉰

39 전체환기가 필요한 경우로 볼 수 없는 것은?

㉮ 유해물질의 독성이 적을 때
㉯ 실내에 오염물 발생이 많지 않을 때
㉰ 실내 오염 배출원이 분산되어 있을 때
㉱ 실내에 확산된 오염물의 농도가 전체적으로 일정하지 않을 때

> **해설** 전체환기
> ① 오염물질의 독성이 비교적 낮아야 함
> ② 오염물질이 분진이 아닌 증기나 가스여야 함
> ③ 오염물질이 균등하게 발생되어야 함
> ④ 오염물질이 널리 퍼져있어야 함
> ⑤ 오염물질의 발생량이 적어야 함

40 다음 중 작업장 실내에서 일반적으로 추천 반사율이 가장 높은 곳은?

㉮ 천정 ㉯ 바닥
㉰ 벽 ㉱ 책상면

> **해설** 실내의 추천반사율(IES)
> 천장 〉 벽 〉 바닥의 순으로 추천반사율이 높다.
> ① 천장: 80~90%
> ② 벽, blind: 40~60%
> ③ 가구, 사무용기기, 책상: 25~45%
> ④ 바닥: 20~40%

PART III | 산업심리학 및 관계 법규

41 Rasmussen의 인간행동 분류에 기초한 인간 오류에 해당하지 않는 것은?

㉮ 규칙에 기초한 행동(rule-based behavior) 오류
㉯ 실행에 기초한 행동(commission-based behavior)오류
㉰ 기능에 기초한 행동(skill-based behavior) 오류
㉱ 지식에 기초한 행동(knowledge-based behavior)오류

> **해설** 라스무센의 인간행동 분류에 기초한 휴먼에러
> ① 숙련기반 에러(skill based error)
> ② 규칙기반 에러(rule based error)
> ③ 지식기반 에러(knowledge based error)

42 리더십 이론 중 관리격자 이론에서 인간관계에 대한 관심이 낮은 유형은?

㉮ 타협형 ㉯ 인기형
㉰ 이상형 ㉱ 무관심형

> **해설** 관리격자모형 이론
> (1·1)형: 인간과 업적에 모두 최소의 관심을 가지고 있는 무관심형이다.

해답 39 ㉱ 40 ㉮ 41 ㉯ 42 ㉱

43 다음 중 에러 발생 가능성이 가장 낮은 의식수준은?

㉮ 의식수준 0　　㉯ 의식수준 Ⅰ
㉰ 의식수준 Ⅱ　　㉱ 의식수준 Ⅲ

> **해설** 의식수준 단계
> ① 0단계: 의식을 잃은 상태이므로 작업수행과 관계가 없다.
> ② Ⅰ단계: 과로했을 때나 야간작업을 했을 때 볼 수 있는 의식수준으로, 부주의 상태가 강해서 인간의 에러가 빈발하며, 운전작업에서는 전방주시 부주의나 졸음운전 등이 일어나기 쉽다.
> ③ Ⅱ단계: 휴식 시에 볼 수 있는데, 주의력이 전향적으로 기능하지 못하기 때문에 무심코 에러를 저지르기 쉬우며, 단순반복작업을 장시간 지속할 경우도 여기에 해당한다.
> ④ Ⅲ단계: 적극적인 활동 시의 명쾌한 의식으로, 대뇌가 활발히 움직이므로 주의의 범위도 넓고, 에러를 일으키는 일은 거의 없다.
> ⑤ Ⅳ단계: 과도 긴장 시나 감정흥분 시의 의식수준으로, 대뇌의 활동력은 높지만 주의가 눈앞의 한곳에만 집중되고 냉정함이 결여되어 판단은 둔화된다.

44 작업자 한 사람의 성능 신뢰도가 0.95일 때, 요원을 중복하여 2인 1조로 작업을 할 경우 이 조의 인간 신뢰도는 얼마인가? (단, 작업 중에는 항상 요원지원이 되며, 두 작업자의 신뢰도는 동일하다고 가정한다.)

㉮ 0.9025　　㉯ 0.9500
㉰ 0.9975　　㉱ 1.0000

> **해설** 병렬연결
> $R_p = 1-(1-R_1)(1-R_2)\cdots(1-R_n)$
> $= 1-\prod_{i=1}^{n}(1-R_i)$
> $= 1-(1-0.95)\times(1-0.95) = 0.9975$

45 시스템 안전 분석기법 중 정량적 분석 방법이 아닌 것은?

㉮ 결함나무 분석(FTA)
㉯ 사상나무 분석(ETA)
㉰ 고장모드 및 영향분석(FMEA)
㉱ 휴먼 에러율 예측기법(THERP)

> **해설** 시스템 분석기법
> FMEA는 서브시스템 위험분석을 위하여 일반적으로 사용되는 전형적인 정성적·귀납적 분석방법으로 시스템에 영향을 미치는 모든 요소의 고장을 형태별로 분석하여 그 영향을 검토하는 것이다.

46 조직의 리더(leader)에게 부여하는 권한 중 구성원을 징계 또는 처벌할 수 있는 권한은?

㉮ 보상적 권한　　㉯ 강압적 권한
㉰ 합법적 권한　　㉱ 전문성의 권한

> **해설** 강압적 권한
> 리더들이 부여받은 권한 중에서 보상적 권한만큼 중요한 것이 바로 강압적 권한인데 이 권한으로 부하들을 처벌할 수 있다. 예를 들면, 승진누락, 봉급 인상 거부, 원하지 않는 일을 시킨다든지 아니면 부하를 해고시키는 등이다.

47 인간의 불안전행동을 예방하기 위해 Harvey에 의해 제안된 안전대책의 3E에 해당하지 않는 것은?

㉮ Education　　㉯ Enforcement
㉰ Engineering　　㉱ Environment

해답 43 ㉱ 44 ㉰ 45 ㉰ 46 ㉯ 47 ㉱

> **해설** 안전의 3E 대책
> ① Engineering(기술)
> ② Education(교육)
> ③ Enforcement(강제)

48 재해 원인을 불안전한 행동과 불안전한 상태로 구분할 때 불안전한 상태에 해당하는 것은?

㉮ 규칙의 무시　　㉯ 안전장치 결함
㉰ 보호구 미착용　　㉱ 불안전한 조작

> **해설** 불안전한 상태(물적원인)
> ① 물 자체의 결함
> ② 안전방호 장치의 결함
> ③ 복장, 보호구의 결함
> ④ 기계의 배치 및 작업장소의 결함
> ⑤ 작업환경의 결함
> ⑥ 생산공정의 결함
> ⑦ 경계표시 및 설비의 결함

49 재해 발생에 관한 하인리히(H. W. Heinrich)의 도미노 이론에서 제시된 5가지 요인에 해당하지 않는 것은?

㉮ 제어의 부족
㉯ 개인적 결함
㉰ 불안전한 행동 및 상태
㉱ 유전 및 사회 환경적 요인

> **해설** 하인리히의 도미노 이론
> ① 사회적 환경 및 유전적 요소
> ② 개인적 결함
> ③ 불안전행동 및 불안전상태
> ④ 사고
> ⑤ 상해(산업재해)

50 개인의 기술과 능력에 맞게 직무를 할당하고 작업환경 개선을 통하여 안심하고 작업할 수 있도록 하는 스트레스 관리 대책은?

㉮ 직무 재설계
㉯ 긴장 이완법
㉰ 협력관계 유지
㉱ 경력계획과 개발

> **해설** 과업재설계(task redesign)
> 조직구성원에게 이미 할당된 과업을 변경시키는 것이다.
> ① 조직구성원의 능력과 적성에 맞게 설계한다.
> ② 직무배치나 승진 시 개인적성을 고려한다.
> ③ 직무에서 요구하는 기술을 습득시키기 위한 훈련 프로그램을 개발한다.
> ④ 의사결정 시 적극적으로 참여시킨다.

51 집단응집력(group cohesiveness)을 결정하는 요소에 대한 내용으로 옳지 않은 것은?

㉮ 집단의 구성원이 적을수록 응집력이 낮다.
㉯ 외부의 위협이 있을 때에 응집력이 높다.
㉰ 가입의 난이도가 쉬울수록 응집력이 낮다.
㉱ 함께 보내는 시간이 많을수록 응집력이 높다.

> **해설** 집단응집성(group cohesiveness)
> 집단은 그 크기, 즉 구성원 수가 많을수록 응집력이 적어진다. 왜냐하면 구성원의 수가 많을수록 한 구성원이 모든 구성원과 상호작용을 하기가 더욱 어렵기 때문이다.

해답 48 ㉯ 49 ㉮ 50 ㉮ 51 ㉮

52 선택반응시간(Hick의 법칙)과 동작시간(Fitts의 법칙)의 공식에 대한 설명으로 옳은 것은?

- 선택반응시간 = $a + b\log_2 N$
- 동작시간 = $a + b\log_2 (\frac{2A}{W})$

㉮ N은 자극과 반응의 수, A는 목표물의 너비, W는 움직인 거리를 나타낸다.
㉯ N은 감각기관의 수, A는 목표물의 너비, W는 움직인 거리를 나타낸다.
㉰ N은 자극과 반응의 수, A는 움직인 거리, W는 목표물의 너비를 나타낸다.
㉱ N은 감각기관의 수, A는 움직인 거리, W는 목표물의 너비를 나타낸다.

해설 선택반응시간과 동작시간
N은 가능한 자극-반응대안들의 수, A는 표적중심선까지의 이동거리, W는 표적 폭으로 나타낸다.

53 제조물책임법상 결함의 종류에 해당되지 않는 것은?

㉮ 재료상의 결함　　㉯ 제조상의 결함
㉰ 설계상의 결함　　㉱ 표지상의 결함

해설 결함의 유형
① 제조상의 결함
② 설계상의 결함
③ 지시(표시)·경고상의 결함

54 재해율과 관련된 설명으로 옳은 것은?

㉮ 재해율은 근로자 100명당, 1년간에 발생하는 재해자 수를 나타낸다.
㉯ 도수율은 연간 총 근로시간 합계에 10만 시간당 재해발생 건수이다.
㉰ 강도율은 근로자 1,000명당 1년 동안에 발생하는 재해자 수(사상자 수)를 나타낸다.
㉱ 연천인율은 연간 총 근로시간에 1,000시간당 재해 발생에 의해 잃어버린 근로손실일수를 말한다.

해설 재해율
① 연천인율은 근로자 1,000명을 1년을 기준으로 발생하는 사상자수를 나타낸다.
② 도수율은 연근로시간 합계 100만 시간당 재해건수이다.
③ 강도율은 연근로시간 1,000시간당 재해에 의해서 잃어버린 요양근로손실일수를 말한다.

55 휴먼 에러의 배후요인 4가지(4M)에 속하지 않는 것은?

㉮ Man　　㉯ Machine
㉰ Motive　　㉱ Management

해설 4M의 종류
① Man(인간)
② Machine(기계)
③ Media(매체)
④ Management(관리)

해답 52 ㉰ 53 ㉮ 54 ㉮ 55 ㉰

56 NIOSH의 직무 스트레스 모형에서 같은 직무 스트레스 요인에서도 개인들이 지각하고 상황에 반응하는 방식에 차이가 있는데 이를 무엇이라 하는가?

㉮ 환경요인 ㉯ 작업요인
㉰ 조직요인 ㉱ 중재요인

> **해설** NIOSH의 직무 스트레스 관리모형
> 똑같은 작업환경에 노출된 개인들이 지각하고 그 상황에 반응하는 방식에서의 차이를 가져오는 개인적이고 상황적인 특성이 많이 있는데 이것을 중재요인(moderating factors)이라고 한다.

59 레빈(Lewin. K)이 주장한 인간의 행동에 대한 함수식($B=f(P\cdot E)$)에서 개체(Person)에 포함되지 않는 변수는?

㉮ 연령 ㉯ 성격
㉰ 심신 상태 ㉱ 인간관계

> **해설** 레빈(Lewin. K)의 인간행동 법칙
> B: behavior(인간의 행동)
> f: function(함수관계)
> P: person(개체: 연령, 경험, 심신 상태, 성격, 지능 등)
> E: environment(심리적 환경: 인간관계, 작업환경 등)

57 허즈버그(Herzberg)의 동기요인에 해당되지 않는 것은?

㉮ 성장 ㉯ 성취감
㉰ 책임감 ㉱ 작업조건

> **해설** 허즈버그(Herzberg)의 동기요인
> 허즈버그의 동기요인에는 성취감, 책임감, 인정, 성장과 발전, 도전감, 일 그 자체가 있다.

58 사고발생에 있어 부주의 현상의 원인에 해당되지 않는 것은?

㉮ 의식의 우회
㉯ 의식의 혼란
㉰ 의식의 중단
㉱ 의식수준의 향상

> **해설** 부주의의 현상
> ① 의식의 단절
> ② 의식의 우회
> ③ 의식수준의 저하
> ④ 의식의 혼란
> ⑤ 의식의 과잉

60 막스 웨버(Max Weber)가 주장한 관료주의에 관한 설명으로 옳지 않은 것은?

㉮ 노동의 분업화를 전제로 조직을 구성한다.
㉯ 부서장들의 권한 일부를 수직적으로 위임하도록 했다.
㉰ 단순한 계층구조로 상위리더의 의사결정이 독단화되기 쉽다.
㉱ 산업화 초기의 비규범적 조직운영을 체계화시키는 역할을 했다.

> **해설** 관료주의
> 관료주의는 합리적·공식적 구조로서의 관리자 및 작업자의 역할을 규정하여 비개인적, 법적인 경로(업무분장)를 통하여 조직이 운영되며, 질서 있고 예측 가능한 체계이며, 정확하고 효율적이다.

해답 56 ㉱ 57 ㉱ 58 ㉱ 59 ㉱ 60 ㉰

61 팔꿈치 부위에 발생하는 근골격계질환 유형은?

㉮ 결절종(ganglion)
㉯ 방아쇠 손가락(trigger finger)
㉰ 외상과염(lateral epicondylitis)
㉱ 수근관 증후군(carpal tunnel syndrome)

> **해설** 외상과염과 내상과염
> 팔꿈치 부위의 인대에 염증이 생김으로써 발생하는 증상이다.

62 산업안전보건법령상 근골격계 부담작업에 해당하는 기준은?

㉮ 하루에 5회 이상 20 kg 이상의 물체를 드는 작업
㉯ 하루에 총 1시간 키보드 또는 마우스를 조작하는 작업
㉰ 하루에 총 2시간 이상 목, 허리, 팔꿈치, 손목 또는 손을 사용하여 다양한 동작을 반복하는 작업
㉱ 하루에 총 2시간 이상 지지되지 않은 상태에서 4.5 kg 이상의 물건을 한 손으로 들거나 동일한 힘으로 쥐는 작업

> **해설** 근골격계 부담작업
> ① 근골격계 부담작업 제1호: 하루에 4시간 이상 집중적으로 자료입력 등을 위해 키보드 또는 마우스를 조작하는 작업
> ② 근골격계 부담작업 제2호: 하루에 총 2시간 이상 목, 어깨, 팔꿈치, 손목 또는 손을 사용하여 같은 동작을 반복하는 작업
> ③ 근골격계 부담작업 제7호: 하루에 총 2시간 이상 지지되지 않은 상태에서 4.5 kg 이상의 물건을 한손으로 들거나 동일한 힘으로 쥐는 작업
> ④ 근골격계 부담작업 제8호: 하루에 10회 이상 25 kg 이상의 물체를 드는 작업

63 NIOSH 들기 공식에서 고려되는 평가요소가 아닌 것은?

㉮ 수평거리　　㉯ 목 자세
㉰ 수직거리　　㉱ 비대칭 각도

> **해설** NLE의 상수
> ① 부하상수(LC)　② 수평계수(HM)
> ③ 수직계수(VM)　④ 거리계수(DM)
> ⑤ 비대칭계수(AM)　⑥ 빈도계수(FM)
> ⑦ 결합계수(CM)

64 다음 서블릭(therblig) 기호 중 효율적 서블릭에 해당하는 것은?

㉮ Sh　　㉯ G
㉰ P　　㉱ H

> **해설** 효율적 및 비효율적 서블릭 기호
> ① 쥐기(G)는 효율적 서블릭이다.
> ② 찾기(Sh), 바로 놓기(P), 잡고 있기(H)는 비효율적 서블릭이다.

해답 61 ㉰ 62 ㉱ 63 ㉯ 64 ㉯

65 워크 샘플링(work sampling)의 특징으로 옳지 않은 것은?

㉮ 짧은 주기나 반복 작업에 효과적이다.
㉯ 관측이 순간적으로 이루어져 작업에 방해가 적다.
㉰ 작업 방법이 변화되는 경우에는 전체적인 연구를 새로 해야 한다.
㉱ 관측자가 여러 명의 작업자나 기계를 동시에 관측할 수 있다.

해설 워크샘플링의 장점 및 단점
① 장점
- 관측을 순간적으로 하기 때문에 작업자를 방해하지 않으면서 용이하게 작업을 진행시킨다.
- 조사기간을 길게 하여 평상시의 작업상황을 그대로 반영시킬 수 있다.
- 사정에 의해 연구를 일시 중지하였다가 다시 계속할 수도 있다.
- 한 사람의 평가자가 동시에 여러 작업을 동시에 측정할 수 있다.
- 특별한 측정 장치가 필요 없다.

② 단점
- 한 명의 작업자나 한 대의 기계만을 대상으로 연구하는 경우 비용이 커진다.
- Time Study보다 덜 자세하다.
- 짧은 주기나 반복작업인 경우 적당치 않다.
- 작업방법 변화 시 전체적인 연구를 새로 해야 한다.

66 사업장 근골격계질환 예방관리 프로그램에 있어 예방·관리추진팀의 역할이 아닌 것은?

㉮ 교육 및 훈련에 관한 사항을 결정하고 실행한다.
㉯ 예방·관리 프로그램의 수립 및 수정에 관한 사항을 결정한다.
㉰ 근골격계질환의 증상·유해요인 보고 및 대응체계를 구축한다.
㉱ 유해요인 평가 및 개선계획의 수립과 시행에 관한 사항을 결정하고 실행한다.

해설 근골격계질환 예방·관리추진팀의 역할
① 예방·관리 프로그램의 수립 및 수정에 관한 사항을 결정한다.
② 예방·관리 프로그램의 실행 및 운영에 관한 사항을 결정한다.
③ 교육 및 훈련에 관한 사항을 결정하고 실행한다.
④ 유해요인평가 및 개선계획의 수립과 시행에 관한 사항을 결정하고 실행한다.
⑤ 근골격계질환자에 대한 사후조치 및 작업자 건강보호에 관한 사항을 결정하고 실행한다.

67 관측평균시간이 0.8분, 레이팅계수 120%, 정미시간에 대한 작업 여유율이 15%일 때 표준시간은 약 얼마인가?

㉮ 0.78분 ㉯ 0.88분
㉰ 1.104분 ㉱ 1.264분

해설 표준시간의 산정(외경법)

표준시간(ST) = 정미시간 × (1 + 여유율)

= (관측시간의대푯값 × 레이팅계수) × (1 + 여유율)

$= (0.8 \times \frac{120}{100}) \times (1 + 0.15)$

= 1.104분

해답 65 ㉮ 66 ㉰ 67 ㉰

68 작업측정에 관한 설명으로 옳지 않은 것은?

㉮ 정미시간은 반복생산에 요구되는 여유시간을 포함한다.

㉯ 인적여유는 생리적 욕구에 의해 작업이 지연되는 시간을 포함한다.

㉰ 레이팅은 측정작업 시간을 정상작업 시간으로 보정하는 과정이다.

㉱ TV 조립공정과 같이 짧은 주기의 작업은 비디오 촬영에 의한 시간연구법이 좋다.

> **해설** 정미시간(Normal Time; NT)
> 정상시간이라고도 하며, 매회 또는 일정한 간격으로 주기적으로 발생하는 작업요소의 수행시간이다.

69 다음 중 작업개선에 있어서 개선의 ECRS에 해당하지 않는 것은?

㉮ 보수(Repair)

㉯ 제거(Eliminate)

㉰ 단순화(Simplify)

㉱ 재배치(Rearrange)

> **해설** 작업개선의 원칙: ECRS 원칙
> ① Eliminate: 불필요한 작업·작업요소 제거
> ② Combine: 다른 작업·작업요소와의 결합
> ③ Rearrange: 작업순서의 변경
> ④ Simplify: 작업·작업요소의 단순화·간소화

70 근골격계질환 예방을 위한 방안과 거리가 먼 것은?

㉮ 손목을 곧게 유지한다.

㉯ 춥고 습기 많은 작업환경을 피한다.

㉰ 손목이나 손의 반복동작을 활용한다.

㉱ 손잡이는 손에 접촉하는 면적을 넓게 한다.

> **해설** 자세에 관한 수공구 개선
> ① 손목을 곧게 유지한다(손목을 꺾지 말고 손잡이를 꺾어라).
> ② 힘이 요구되는 작업에는 파워그립(power grip)을 사용한다.
> ③ 지속적인 정적 근육부하(loading)를 피한다.
> ④ 반복적인 손가락 동작을 피한다.
> ⑤ 양손 중 어느 손으로도 사용이 가능하고 적은 스트레스를 주는 공구를 개인에게 사용되도록 설계한다.

71 작업관리의 주목적과 가장 거리가 먼 것은?

㉮ 생산성 향상

㉯ 무결점 달성

㉰ 최선의 작업방법 개발

㉱ 재료, 설비, 공구 등의 표준화

> **해설** 작업관리의 목적
> ① 최선의 방법발견(방법개선)
> ② 방법, 재료, 설비 공구 등의 표준화
> ③ 제품품질의 균일
> ④ 생산비의 절감
> ⑤ 새로운 방법의 작업지도
> ⑥ 안전

해답 68 ㉮ 69 ㉮ 70 ㉰ 71 ㉯

72 수공구를 이용한 작업 개선원리에 대한 내용으로 옳지 않은 것은?

㉮ 진동 패드, 진동 장갑 등으로 손에 전달되는 진동 효과를 줄인다.

㉯ 동력 공구는 그 무게를 지탱할 수 있도록 매달거나 지지한다.

㉰ 힘이 요구되는 작업에 대해서는 감싸쥐기(power grip)를 이용한다.

㉱ 적합한 모양의 손잡이를 사용하되, 가능하면 손바닥과 접촉면을 좁게 한다.

> **해설** 수공구의 기계적인 부분 개선
> ① 수동공구 대신에 전동공구를 사용한다.
> ② 가능한 손잡이의 접촉면을 넓게 한다.
> ③ 제일 강한 힘을 낼 수 있는 중지와 엄지를 사용한다.
> ④ 손잡이의 길이가 최소한 10 cm는 되도록 설계한다.
> ⑤ 손잡이가 두 개 달린 공구들은 손잡이 사이의 거리를 알맞게 설계한다.
> ⑥ 손잡이의 표면은 충격을 흡수할 수 있고, 비전도성으로 설계한다.
> ⑦ 공구의 무게는 2.3 kg 이하로 설계한다.
> ⑧ 장갑을 알맞게 사용한다.

73 동작분석(motion study)에 관한 설명으로 옳지 않은 것은?

㉮ 동작분석 기법에는 서블릭법과 작업측정기법을 이용하는 PTS법이 있다.

㉯ 작업과정에서 무리·낭비·불합리한 동작을 제거, 최선의 작업방법으로 개선하는 것이 목표이다.

㉰ 미세 동작분석은 작업주기가 짧은 작업, 규칙적인 작업주기시간, 단기적 연구대상 작업 분석에는 사용할 수 없다.

㉱ 작업을 분해 가능한 세밀한 단위로 분석하고 각 단위의 변이를 측정하여 표준작업방법을 알아내기 위한 연구이다.

> **해설** 미세동작 분석(micromotion study)
> 미세 동작분석은 제품의 수명이 길고, 생산량이 많으며, 생산 사이클이 짧은 제품을 대상으로 한다.

74 Work Factor에서 동작시간 결정 시 고려하는 4가지 요인에 해당하지 않는 것은?

㉮ 수행도　　㉯ 동작 거리

㉰ 중량이나 저항　　㉱ 인위적 조절정도

> **해설** 시간변동 요인(4가지 주요변수)
> ① 사용하는 신체 부위(7가지): 손가락과 손, 팔, 앞팔회전, 몸통, 발, 다리, 머리회전
> ② 이동거리
> ③ 중량 또는 저항(W)
> ④ 인위적 조절(동작의 곤란성): 방향조절(S), 주의(P), 방향의 변경(U), 일정한 정지(D)

75 작업 개선방법을 관리적 개선방법과 공학적 개선방법으로 구분할 때 공학적 개선방법에 속하는 것은?

㉮ 적절한 작업자의 선발

㉯ 작업자의 교육 및 훈련

㉰ 작업자의 작업속도 조절

㉱ 작업자의 신체에 맞는 작업장 개선

> **해설** 근골격계 부담작업의 공학적 개선
> 공학적 개선은 다음의 재배열, 수정, 재설계, 교체 등을 말한다.
> ① 공구·장비　　② 작업장
> ③ 포장　　④ 부품
> ⑤ 제품

해답 72 ㉱ 73 ㉰ 74 ㉮ 75 ㉱

76 어느 회사의 컨베이어 라인에서 작업순서가 다음 표의 번호와 같이 구성되어 있을 때, 다음 설명 중 옳은 것은?

작업	1. 조립	2. 납땜	3. 검사	4. 포장
시간(초)	10초	9초	8초	7초

㉮ 공정 손실은 15%이다.
㉯ 애로작업은 검사작업이다.
㉰ 라인의 주기시간은 7초이다.
㉱ 라인의 시간당 생산량은 6개이다.

해설 조립공정의 라인밸런싱

① 공정손실 $= \frac{\text{총 유휴시간}}{\text{작업자수} \times \text{주기시간}}$

$= \frac{6}{4 \times 10} = 0.15$

② 애로작업: 가장 긴 작업시간인 작업, 조립작업
③ 주기시간: 가장 긴 작업은 10초
④ 시간당 생산량

1개에 10초 걸리므로 $\frac{3,600\text{초}}{10\text{초}} = 360\text{개}$

77 유통선도(flow diagram)의 기능으로 옳지 않은 것은?

㉮ 자재흐름의 혼잡지역 파악
㉯ 시설물의 위치나 배치관계 파악
㉰ 공정과정의 역류현상 발생유무 점검
㉱ 운반과정에서 물품의 보관 내용 파악

해설 유통선도의 용도
① 시설재배치(운반거리의 단축)
② 기자재 소통상 혼잡지역 파악
③ 공정과정 중 역류현상 점검

78 영상표시 단말기(VDT) 취급작업자 작업관리지침상 작업기기의 조건으로 옳지 않은 것은?

㉮ 키보드와 키 윗부분의 표면은 무광택으로 할 것
㉯ 영상표시 단말기 화면은 회전 및 경사조절이 가능할 것
㉰ 키보드의 경사는 3° 이상 20° 이하, 두께는 4 cm 이하로 할 것
㉱ 단색화면일 경우 색상은 일반적으로 어두운 배경에 밝은 황·녹색 또는 백색문자를 사용하고 적색 또는 청색의 문자는 가급적 사용하지 않을 것

해설 키보드
키보드의 경사는 5°~15°, 두께는 3 cm 이하로 해야 한다.

79 동작경제의 원칙에서 작업장 배치에 관한 원칙에 해당하는 것은?

㉮ 각 손가락이 서로 다른 작업을 할 때 작업량을 각 손가락의 능력에 맞게 분배한다.
㉯ 중력이송원리를 이용한 부품상자나 용기를 이용하여 부품을 사용 장소에 가까이 보낼 수 있도록 한다.
㉰ 손과 신체의 동작은 작업을 원만하게 처리할 수 있는 범위 내에서 가장 낮은 동작등급을 사용한다.
㉱ 눈의 초점을 모아야 할 수 있는 작업은 가능한 적게 하고, 이것이 불가피할 경우 두 작업간의 거리를 짧게 한다.

해답 76 ㉮ 77 ㉱ 78 ㉰ 79 ㉯

해설 작업역의 배치에 관한 원칙

① 모든 공구와 재료는 일정한 위치에 정돈되어야 한다.
② 공구와 재료는 작업이 용이하도록 작업자의 주위에 있어야 한다.
③ 중력을 이용한 부품상자나 용기를 이용하여 부품을 부품 사용 장소에 가까이 보낼 수 있도록 한다.
④ 가능하면 낙하시키는 방법을 이용하여야 한다.
⑤ 공구 및 재료는 동작에 가장 편리한 순서로 배치하여야 한다.
⑥ 채광 및 조명장치를 잘 하여야 한다.
⑦ 의자와 작업대의 모양과 높이는 각 작업자에게 알맞도록 설계되어야 한다.
⑧ 작업자가 좋은 자세를 취할 수 있는 모양, 높이의 의자를 지급해야 한다.

80 산업안전보건법령상 근골격계 부담작업의 유해요인조사에 대한 내용으로 옳지 않은 것은? (단, 해당 사업장은 근로자가 근골격계 부담작업을 하는 경우이다.)

㉮ 정기 유해요인조사는 2년마다 유해요인조사를 하여야 한다.
㉯ 신설되는 사업장의 경우에는 신설일로부터 1년 이내 최초의 유해요인조사를 하여야 한다.
㉰ 조사항목으로는 작업량, 작업속도 등의 작업장의 상황과 작업자세, 작업방법 등의 작업조건이 있다.
㉱ 근골격계 부담작업에 해당하는 새로운 작업·설비를 도입한 경우 지체없이 유해요인조사를 해야 한다.

해설 정기 유해요인조사의 시기

사업주는 근골격계 부담작업에 대한 정기 유해요인조사를 최초 유해요인조사를 완료한 날(최초 유해요인조사 이후 수시 유해요인조사를 실시한 경우에는 수시 유해요인조사를 완료한 날)로부터 매 3년마다 주기적으로 실시하여야 한다.

해답 80 ㉮

부록 6 | 필기시험 기출문제 4회(203)

PART I | 인간공학 개론

1 회전운동을 하는 조종장치의 레버를 40° 움직였을 때 표시장치의 커서는 3 cm 이동하였다. 레버의 길이가 15 cm일 때 이 조종장치의 C/R비는 약 얼마인가?

㉮ 2.62　　㉯ 3.49
㉰ 8.33　　㉱ 10.48

> **해설** 조종－반응비율(C/R비)
>
> $$\text{C/R비} = \frac{(a/360) \times 2\pi L}{\text{표시장치 이동거리}}$$
>
> 여기서, a: 조종장치가 움직인 각도
> L: 반지름(조종장치의 길이)
>
> $$\text{C/R비} = \frac{(40/360) \times 2 \times 3.14 \times 15}{3} = 3.49$$

2 사용자의 기억 단계에 대한 설명으로 옳은 것은?

㉮ 잔상은 단기기억(Short-term memory)의 일종이다.
㉯ 인간의 단기기억(Short-term memory) 용량은 유한하다.
㉰ 장기기억을 작업기억(Working memory)이라고도 한다.
㉱ 정보를 수초 동안 기억하는 것을 장기기억(Long-term memory)이라 한다.

> **해설** 단기기억
> 단기기억의 용량은 7±2 청크(Chunk)이다.

3 정량적 표시장치(Quantitative display)에 대한 설명으로 옳지 않은 것은?

㉮ 시력이 나쁜 사람이나 조명이 낮은 환경에서 계기를 사용할 때는 눈금단위(Scale unit) 길이를 크게 하는 편이 좋다.
㉯ 기계식 표시장치에는 원형, 수평형, 수직형 등의 아날로그 표시장치와 디지털 표시장치로 구분된다.
㉰ 아날로그 표시장치의 눈금단위(Scale unit) 길이는 정상 가시거리를 기준으로 정상 조명 환경에서는 1.3 mm 이상이 권장된다.
㉱ 아날로그 표시장치는 눈금이 고정되고 지침이 움직이는 동목(Moving scale)형과 지침이 고정되고 눈금이 움직이는 동침(Moving pointer)형으로 구분된다.

> **해설** 정량적 표시장치
> ① 동침(Moving pointer)형: 눈금이 고정되고 지침이 움직이는 형
> ② 동목(Moving scale)형: 지침이 고정되고 눈금이 움직이는 형

4 작업장에서 인간공학을 적용함으로써 얻게 되는 효과로 볼 수 없는 것은?

㉮ 회사의 생산성 증가
㉯ 작업손실시간의 감소
㉰ 노·사 간의 신뢰성 저하
㉱ 건강하고 안전한 작업조건 마련

해답 1 ㉯ 2 ㉯ 3 ㉱ 4 ㉰

해설 인간공학의 기업적용에 따른 기대효과
① 생산성 향상
② 작업자의 건강 및 안전 향상
③ 직무만족도의 향상
④ 제품과 작업의 질 향상
⑤ 이직률 및 작업손실 시간의 감소
⑥ 산재손실비용의 감소
⑦ 기업 이미지와 상품 선호도의 향상
⑧ 노사 간의 신뢰 구축
⑨ 선진 수준의 작업환경과 작업조건을 마련함으로써 국제적 경제력의 확보

5 다음 중 기능적 인체치수(Functional body dimension) 측정에 대한 설명으로 가장 적합한 것은?

㉮ 앉은 상태에서만 측정하여야 한다.
㉯ 5~95%에 대해서만 정의된다.
㉰ 신체 부위의 동작범위를 측정하여야 한다.
㉱ 움직이지 않는 표준자세에서 측정하여야 한다.

해설 동적측정(기능적 인체치수)
일반적으로 상지나 하지의 운동, 체위의 움직임에 따른 상태에서 측정하는 것이며, 실제의 작업 혹은 실제 조건에 밀접한 관계를 갖는 현실성 있는 인체치수를 구하는 것이다.

6 음의 한 성분이 다른 성분의 청각 감지를 방해하는 현상은?

㉮ 은폐효과 ㉯ 밀폐효과
㉰ 소멸효과 ㉱ 도플러효과

해설 음의 은폐효과(Masking effect)
은폐(Masking)란 음의 한 성분이 다른 성분의 청각감지를 방해하는 현상을 말한다.

7 조종장치에 대한 설명으로 옳은 것은?

㉮ C/R비가 크면 민감한 장치이다.
㉯ C/R비가 작은 경우에는 조종장치의 조종시간이 적게 필요하다.
㉰ C/R비가 감소함에 따라 이동시간은 감소하고, 조종시간은 증가한다.
㉱ C/R비는 반응장치의 움직인 거리를 조종장치의 움직인 거리로 나눈 값이다.

해설 C/R비에 따른 이동시간과 조종시간의 관계 C/R비가 감소함에 따라 이동시간은 감소하고, 조종시간은 증가한다.

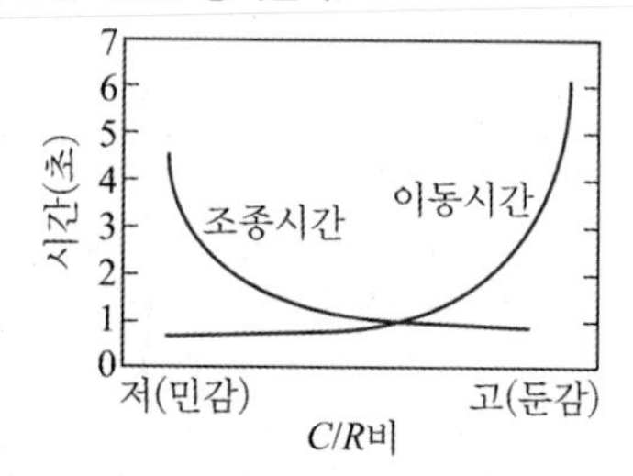

8 연구 자료의 통계적 분석에 대한 설명으로 옳지 않은 것은?

㉮ 최빈값은 자료의 중심 경향을 나타낸다.
㉯ 분산은 자료의 퍼짐 정도를 나타내 주는 척도이다.
㉰ 상관계수 값 +1은 두 변수가 부의 상관관계임을 나타낸다.
㉱ 통계적 유의수준 5%는 100번 중 5번 정도는 판단을 잘못하는 확률을 뜻한다.

해설 산포도와 상관계수 사이의 관계
① $-1 < r < 0$: 음(부)의 상관관계
② $0 < r < 1$: 양의 상관관계
③ $|1|$: 완전 상관관계
④ $r = 0$: 상관없음

해답 5 ㉰ 6 ㉮ 7 ㉰ 8 ㉰

9 시각적 표시장치와 청각적 표시장치 중 청각적 표시장치를 사용하는 것이 더 유리한 경우는?

㉮ 수신 장소가 너무 시끄러운 경우
㉯ 직무상 수신자가 한곳에 머무르는 경우
㉰ 수신자의 청각 계통이 과부하 상태일 경우
㉱ 수신 장소가 너무 밝거나 암조응이 요구될 경우

> **해설** 청각장치가 이로운 경우
> ① 전달정보가 간단할 때
> ② 전달정보는 후에 재참조 되지 않을 때
> ③ 전달정보가 즉각적인 행동을 요구할 때
> ④ 수신 장소가 너무 밝을 때
> ⑤ 직무상 수신자가 자주 움직이는 경우

10 신호검출이론(SDT)에서 신호의 유무를 판별함에 있어 4가지 반응 대안에 해당하지 않는 것은?

㉮ 긍정(Hit)
㉯ 누락(Miss)
㉰ 채택(Acceptation)
㉱ 허위(False alarm)

> **해설** 신호검출이론(SDT)
> 신호의 유무를 판정하는 과정에서 네 가지의 반응 안이 있으며, 각각의 확률은 다음과 같다.
> ① 신호의 정확한 판정(Hit): 신호가 나타났을 때 신호라고 판정, P(S/S)
> ② 허위경보(False Alarm): 잡음을 신호로 판정, P(S/N)
> ③ 신호검출 실패(Miss): 신호가 나타났는데도 잡음으로 판정, P(N/S)
> ④ 잡음을 제대로 판정(Correct Noise): 잡음만 있을 때 잡음이라고 판정, P(N/N)

11 암조응(Dark adaptation)에 대한 설명으로 옳은 것은?

㉮ 적색 안경은 암조응을 촉진한다.
㉯ 어두운 곳에서는 주로 원추세포에 의하여 보게 된다.
㉰ 완전한 암조응을 위해 보통 1~2분 정도의 시간이 요구된다.
㉱ 어두운 곳에 들어가면 눈으로 들어오는 빛을 조절하기 위하여 동공이 축소된다.

> **해설** 암순응(Dark adaptation)
> ① 어두운 곳에서 원추세포는 색에 대한 감수성을 잃게 되고, 간상세포에 의존하게 되므로 색의 식별은 제한된다.
> ② 완전 암순응에는 보통 30~40분 정도의 시간이 요구된다.
> ③ 어두운 곳에서는 동공이 확대되어 눈으로 더 많은 양의 빛을 받아들인다.

12 다음에서 설명하고 있는 것은?

> 모든 암호 표시는 다른 암호 표시와 구별될 수 있어야 한다. 인접한 자극들 간에 적당한 차이가 있어 전부 구별 가능하다 하더라도, 인접 자극의 상이도는 암호 체계의 효율에 영향을 끼친다.

㉮ 암호의 검출성(Detectability)
㉯ 암호의 양립성(Compatibility)
㉰ 암호의 표준화(Standardization)
㉱ 암호의 변별성(Discriminability)

> **해설** 암호의 변별성(Discriminability)
> 암호체계 사용상의 일반적인 지침에서 암호의 변별성(Discriminability)은 다른 암호표시와 구별되어야 하는 것이다.

해답 9 ㉱ 10 ㉰ 11 ㉮ 12 ㉱

13 다음 그림은 Sanders와 McCormick이 제시한 인간-기계 통합 체계의 인간 또는 기계에 의해서 수행되는 기본 기능의 유형이다. 그림의 A 부분에 가장 적합한 것은?

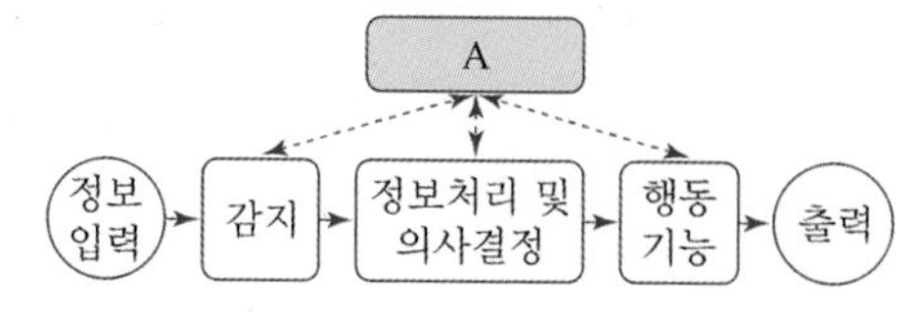

㉮ 통신　　㉯ 정보수용
㉰ 정보보관　　㉱ 신체제어

> **해설** 인간-기계 시스템의 기본 기능
>
> 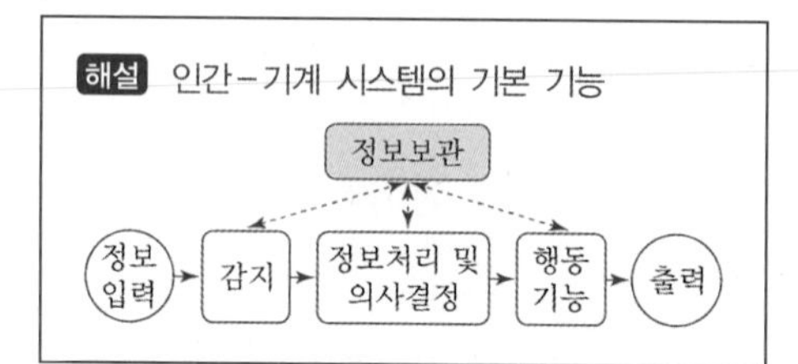
>

14 인간공학적 설계에서 사용하는 양립성(Compatibility)의 개념 중 인간이 사용한 코드와 기호가 얼마나 의미를 가진 것인가를 다루는 것은?

㉮ 개념적 양립성　　㉯ 공간적 양립성
㉰ 운동 양립성　　㉱ 양식 양립성

> **해설** 개념양립성(Conceptual compatibility)
> 개념양립성(Conceptual compatibility)이란 코드나 심볼의 의미가 인간이 갖고 있는 개념과 양립하는 것을 말한다.
> 예) 비행기 모형과 비행장

15 지하철이나 버스의 손잡이 설치 높이를 결정하는 데 적용하는 인체치수 적용원리는?

㉮ 평균치 원리　　㉯ 최소치 원리
㉰ 최대치 원리　　㉱ 조절식 원리

> **해설** 최소집단값에 의한 설계
> ① 관련 인체측정 변수분포의 1%, 5%, 10% 등과 같은 하위 백분위수를 기준으로 정한다.
> ② 선반의 높이, 조종장치까지의 거리 등을 정할 때 사용된다.
> ③ 예를 들어, 팔이 짧은 사람이 잡을 수 있다면, 이보다 긴 사람은 모두 잡을 수 있다.

16 시스템의 평가척도 유형으로 볼 수 없는 것은?

㉮ 인간 기준(Human criteria)
㉯ 관리 기준(Management criteria)
㉰ 시스템 기준(System-descriptive criteria)
㉱ 작업성능 기준(Task performance criteria)

> **해설** 시스템 평가기준의 유형
> ① 시스템 기준: 시스템이 원래 의도하는 바를 얼마나 달성하는가를 나타내는 척도이다.
> ② 작업성능 기준: 작업의 결과에 관한 효율을 나타낸다.
> ③ 인간 기준: 작업 실행 중의 인간의 행동과 응답을 다루는 것으로서 성능척도, 생리학적 지표, 주관적 반응 등으로 측정한다.

17 실현 가능성이 같은 N개의 대안이 있을 때 총 정보량(H)을 구하는 식으로 옳은 것은?

㉮ $H=\log N^2$　　㉯ $H=\log_2 N$
㉰ $H=2\log_2 N^2$　　㉱ $H=\log 2N$

> **해설** 정보의 측정단위
> 일반적으로 실현가능성이 같은 N개의 대안이 있을 때 총 정보량 $H=\log_2 N$로 구한다.

해답 13 ㉰ 14 ㉮ 15 ㉯ 16 ㉯ 17 ㉯

18 인간의 후각 특성에 대한 설명으로 옳지 않은 것은?

㉮ 훈련을 통하면 식별 능력을 향상시킬 수 있다.
㉯ 특정한 냄새에 대한 절대적 식별 능력은 떨어진다.
㉰ 후각은 특정 물질이나 개인에 따라 민감도의 차이가 있다.
㉱ 후각은 훈련을 통하여 구별할 수 있는 일상적인 냄새의 수는 최대 7가지 종류이다.

> **해설** 후각의 특성
> 훈련되지 않은 사람이 식별할 수 있는 일상적인 냄새의 수는 15~32종류이지만, 훈련을 통하여 60종류까지도 식별 가능하다.

19 작업 중인 프레스기로부터 50 m 떨어진 곳에서 음압을 측정한 결과 음압수준이 100 dB이었다면, 100 m 떨어진 곳에서의 음압수준은 약 몇 dB인가?

㉮ 90 ㉯ 92
㉰ 94 ㉱ 96

> **해설** 음압수준(SPL)
> $dB_2 = dB_1 - 20\log(d_2/d_1)$ 이므로,
> $= 100 - 20\log(100/50) = 94\text{dB}$

20 종이의 반사율이 70%이고, 인쇄된 글자의 반사율이 15%일 경우 대비(Contrast)는?

㉮ 15% ㉯ 21%
㉰ 70% ㉱ 79%

> **해설** 대비(Contrast)
> $$대비(\%) = \frac{L_b - L_t}{L_b} \times 100 = \frac{0.7 - 0.15}{0.7} \times 100 = 79\%$$

PART II | 작업생리학

21 물체가 정적 평형상태(Static equilibrium)를 유지하기 위한 조건으로 작용하는 모든 힘의 총합과 외부 모멘트의 총합이 옳은 것은?

㉮ 힘의 총합 : 0, 모멘트의 총합 : 0
㉯ 힘의 총합 : 1, 모멘트의 총합 : 0
㉰ 힘의 총합 : 0, 모멘트의 총합 : 1
㉱ 힘의 총합 : 1, 모멘트의 총합 : 1

> **해설** 힘의 평형
> 정적 평형상태(Static equilibrium)를 물체가 유지하기 위해서는 그것에 작용하는 외력의 총합이 반드시 0이 되어야 하며, 그 힘들의 모멘트 총합 또한 0이 되어야 한다.

22 전신의 생리적 부담을 측정하는 척도로 가장 적절한 것은?

㉮ 뇌전도(EEG) ㉯ 산소소비량
㉰ 근전도(EMG) ㉱ Flicker 테스트

> **해설** 산소소비량
> 산소소비량, 에너지소비량, 혈압 등은 생리적 부하측정에 사용되는 척도들이다.

해답 18 ㉱ 19 ㉰ 20 ㉱ 21 ㉮ 22 ㉯

23 최대 산소 소비능력(Maximum Aerobic Power; MAP)에 대한 설명으로 옳은 것은?

㉮ MAP는 실제 작업현장에서 작업 시 측정한다.

㉯ 젊은 여성의 MAP는 남성의 40~50% 정도이다.

㉰ MAP란 산소소비량이 최대가 되는 수준을 의미한다.

㉱ MAP는 개인의 운동역량을 평가하는데 널리 활용된다.

> **해설** 최대 산소소비량
> 작업의 속도가 증가하면 산소소비량이 선형적으로 증가하여 일정한 수준에 이르게 되고, 작업의 속도가 증가하더라도 산소소비량은 더 이상 증가하지 않고 일정하게 되는 수준에서의 산소 소모량이며, 최대 산소소비량을 측정함으로써 개인의 육체적 작업능력을 평가할 수 있다.

24 교대작업 운영의 효율적인 방법으로 볼 수 없는 것은?

㉮ 고정적이거나 연속적인 야간근무 작업은 줄인다.

㉯ 교대일정은 정기적이고 작업자가 예측 가능하도록 해 주어야 한다.

㉰ 교대작업은 주간근무 → 야간근무 → 저녁근무 → 주간근무 식으로 진행해야 피로를 빨리 회복할 수 있다.

㉱ 2교대 근무는 최소화하며, 1일 2교대 근무가 불가피한 경우에는 연속 근무일이 2~3일이 넘지 않도록 한다.

> **해설** 교대작업의 편성
> 가장 이상적인 교대제는 없으므로, 작업자 개개인에게 적절한 교대제를 선택하는 것이 중요하고, 오전근무 → 저녁근무 → 밤근무로 순환하는 것이 좋다.

25 생리적 측정을 주관적 평점등급으로 대체하기 위하여 개발된 평가척도는?

㉮ Fitts Scale

㉯ Likert Scale

㉰ Garg Scale

㉱ Borg-RPE Scale

> **해설** 보그 스케일(Borg' s scale)
> 자신의 작업부하가 어느 정도 힘든가를 주관적으로 평가하여 언어적으로 표현할 수 있도록 척도화한 것이다.

26 시각연구에 오랫동안 사용되어 왔으며 망막의 함수로 정신피로의 척도에 사용되는 것은?

㉮ 부정맥

㉯ 뇌파(EEG)

㉰ 전기피부반응(GSR)

㉱ 점멸융합주파수(VFF)

> **해설** 점멸융합주파수(Visual Fusion Frequency)
> 피곤함에 따라 빈도가 감소하기 때문에 중추신경계의 피로, 즉 '정신 피로'의 척도로 사용될 수 있다.

27 광도와 거리를 이용하여 조도를 산출하는 공식으로 옳은 것은?

㉮ $조도 = \frac{광도}{거리}$　　㉯ $조도 = \frac{광도}{거리^2}$

㉰ $조도 = \frac{거리}{광도}$　　㉱ $조도 = \frac{거리}{광도^2}$

해답 23 ㉱ 24 ㉰ 25 ㉱ 26 ㉱ 27 ㉯

> **해설** 조도(Illuminance)
> 거리가 증가할 때에 조도는 거리의 제곱에 반비례한다. 이는 점광원에 대해서만 적용된다.
> $조도 = \frac{광도}{거리^2}$

28 육체적으로 격렬한 작업 시 충분한 양의 산소가 근육활동에 공급되지 못해 근육에 축적되는 것은?

㉮ 젖산 ㉯ 피루브산
㉰ 글리코겐 ㉱ 초성포도산

> **해설** 근육의 피로
> 육체적으로 격렬한 작업에서는 충분한 양의 산소가 근육활동에 공급되지 못해 무기성 환원과정에 의해 에너지가 공급되기 때문에 근육에 젖산이 축적되어 근육의 피로를 유발하게 된다.

29 K작업장에서 근무하는 작업자가 90 dB(A)에 6시간, 95 dB(A)에 2시간 동안 노출되었다. 음압수준별 허용시간이 다음 표와 같을 때 소음 노출지수(%)는 얼마인가?

음압수준 dB(A)	노출 허용시간/일
90	8
95	4
100	2
105	1
110	0.5
115	0.25
–	0.125

㉮ 55% ㉯ 85%
㉰ 105% ㉱ 125%

> **해설** 소음노출지수
> 소음노출지수(D)(%)
> $= (\frac{C_1}{T_1} + \frac{C_2}{T_2} + \cdots + \frac{C_n}{T_n}) \times 100$
> $= (\frac{6}{8} + \frac{2}{4}) \times 100 = 125\%$

30 조명에 관한 용어의 설명으로 옳지 않은 것은?

㉮ 조도는 광도에 비례하고, 광원으로부터의 거리의 제곱에 반비례한다.
㉯ 휘도는 단위 면적당 표면에 반사 또는 방출되는 빛의 양을 의미한다.
㉰ 조도는 점광원에서 어떤 물체나 표면에 도달하는 빛의 양을 의미한다.
㉱ 광도(Luminous intensity)는 단위 입체각당 물체나 표면에 도달하는 광속으로 측정하며, 단위는 램버트(Lambert)이다.

> **해설** 광도(Luminance)
> 단위 면적당 표면적에서 반사 또는 방출되는 광량을 말하며, 단위로는 L(Lambert)을 쓴다.

31 어떤 작업자에 대해서 미국 직업안전위생관리국(OSHA)에서 정한 허용소음노출의 소음수준이 130%로 계산되었다면 이 때 8시간 시간가중평균(TWA)값은 약 얼마인가?

㉮ 89.3 dB(A) ㉯ 90.7 dB(A)
㉰ 91.9 dB(A) ㉱ 92.5 dB(A)

해답 28 ㉮ 29 ㉱ 30 ㉱ 31 ㉰

해설 시간가중 평균지수(TWA)

$$\text{TWA} = 16.61\log\left(\frac{D}{100}\right)+90(db(A))$$
$$= 16.61\log\left(\frac{130}{100}\right)+90(db(A)) \fallingdotseq 91.9$$

32 척추동물의 골격근에서 1개의 운동신경이 지배하는 근섬유군을 무엇이라 하는가?

㉮ 신경섬유 ㉯ 운동단위
㉰ 연결조직 ㉱ 근원섬유

해설 동일한 운동신경섬유 가지들에 의해 통제되는 근육섬유집단, 근육의 기본기능단위이다.

33 관절의 움직임 중 모음(내전, Adduction)을 설명한 것으로 옳은 것은?

㉮ 정중면 가까이로 끌어 들이는 운동이다.
㉯ 신체를 원형으로 또는 원추형으로 돌리는 운동이다.
㉰ 굽혀진 상태를 해부학적 자세로 되돌리는 운동이다.
㉱ 뼈의 긴축을 중심으로 제자리서 돌아가는 운동이다.

해설 내전(Adduction)
팔을 수평으로 편 위치에서 수직위치로 내릴 때처럼 중심선을 향한 인체 부위의 동작이다.

34 격심한 작업활동 중에 혈류분포가 가장 높은 신체 부위는?

㉮ 뇌 ㉯ 골격근
㉰ 피부 ㉱ 소화기관

해설 작업 시 혈액 분포
① 근육: 80~85%
② 심장: 4~5%
③ 간 및 소화기관: 3~5%
④ 뇌: 3~4%
⑤ 신장: 2~4%
⑥ 뼈: 0.5~1%
⑦ 피부, 피하: 비율 거의 없어짐

35 전신 진동에 있어 안구에 공명이 발생하는 진동수의 범위로 가장 적합한 것은?

㉮ 8~12 Hz ㉯ 10~20 Hz
㉰ 20~30 Hz ㉱ 60~90 Hz

해설 진동수에 따른 전신진동 장해
① 3~4 Hz: 경부의 척추골
② 4 Hz: 요추
③ 5 Hz: 견갑대
④ 20~30 Hz: 머리와 어깨 사이
⑤ >30 Hz: 손가락, 손 및 팔
⑥ 60~90 Hz: 안구

36 근육의 수축 원리에 관한 설명으로 옳지 않은 것은?

㉮ 근섬유가 수축하면 I대와 H대가 짧아진다.
㉯ 액틴과 미오신 필라멘트의 길이는 변하지 않는다.
㉰ 최대로 수축했을 때는 Z선이 A대에 맞닿는다.
㉱ 근육 전체가 내는 힘은 비활성화된 근섬유 수에 의해 결정된다.

해답 32 ㉯ 33 ㉮ 34 ㉯ 35 ㉱ 36 ㉱

해설 근육수축의 원리
① 액틴과 미오신 필라멘트의 길이는 변하지 않는다.
② 근섬유가 수축하면 I대와 H대가 짧아진다.
③ 최대로 수축했을 때는 Z선이 A대에 맞닿고 I대는 사라진다.
④ 각 섬유는 일정한 힘으로 수축하며, 근육 전체가 내는 힘은 활성화된 근섬유 수에 의해 결정된다.

37 해부학적 자세를 기준으로 신체를 좌우로 나누는 면(Plane)은?

㉮ 횡단면 ㉯ 시상면
㉰ 관상면 ㉱ 전두면

해설 인체의 면을 나타내는 용어
① 시상면: 인체를 좌우로 나누는 면
② 관상면: 인체를 전후로 나누는 면
③ 횡단면: 인체를 상하로 나누는 면

38 정적 근육 수축이 무한하게 유지될 수 있는 최대자율수축(MVC)의 범위는?

㉮ 10% 미만 ㉯ 25% 미만
㉰ 40% 미만 ㉱ 50% 미만

해설 지구력
최대근력으로 유지할 수 있는 것은 몇 초이며, 최대근력의 50% 힘으로는 약 1분간 유지할 수 있다. 최대근력의 15% 이하의 힘에서는 상당히 오래 유지할 수 있다.

39 인간과 주위와의 열교환 과정을 올바르게 나타낸 열균형 방정식은? (단, S는 열축적, M은 대사, E는 증발, R은 복사, C는 대류, W는 한 일이다.)

㉮ S = M − E ± R − C + W
㉯ S = M − E − R ± C + W
㉰ S = M − E ± R ± C − W
㉱ S = M ± E − R ± C − W

해설 열교환과정
S(열축적) = M(대사) − E(증발) ± R(복사) ± C(대류) − W(한 일)

40 생명을 유지하기 위하여 필요로 하는 단위시간당 에너지양을 무엇이라 하는가?

㉮ 산소소비량
㉯ 에너지소비율
㉰ 기초대사율
㉱ 활동에너지가

해설 기초대사량(BMR)
생명을 유지하기 위한 최소한의 에너지 소비량을 의미하며, 성, 연령, 체중은 개인의 기초 대사량에 영향을 주는 중요한 요인이다.

해답 37 ㉯ 38 ㉮ 39 ㉰ 40 ㉰

PART III | 산업심리학 및 관계 법규

41 Herzberg의 2요인론(동기-위생이론)을 Maslow의 욕구단계설과 비교하였을 때, 동기요인과 거리가 먼 것은?

㉮ 존경 욕구 ㉯ 안전 욕구
㉰ 사회적 욕구 ㉱ 자아실현 욕구

> **해설** 매슬로우의 욕구단계설의 안전 욕구는 허즈버그의 위생요인과 비슷하다.

42 직무 행동의 결정요인이 아닌 것은?

㉮ 능력 ㉯ 수행
㉰ 성격 ㉱ 상황적 제약

> **해설** 직무 행동의 결정요인
> 직무 행동의 결정요인에는 능력, 성격, 상황적 제약 등이 해당된다.

43 결함나무분석(Fault Tree Analysis; FTA)에 대한 설명으로 옳지 않은 것은?

㉮ 고장이나 재해요인의 정성적 분석뿐만 아니라 정량적 분석이 가능하다.
㉯ 정성적 결함나무를 작성하기 전에 정상사상(Top event)이 발생할 확률을 계산한다.
㉰ "사건이 발생하려면 어떤 조건이 만족되어야 하는가?"에 근거한 연역적 접근방법을 이용한다.
㉱ 해석하고자 하는 정상사상(Top event) 기본사상(Basic event)과의 인과관계를 도식화하여 나타낸다.

> **해설** FTA의 작성순서
> FTA의 작성순서는 크게 세 가지로 분류된다.
> ① 정성적 FT의 작성단계
> ② FT를 정량화 단계
> ③ 재해방지 대책의 수립단계
> 따라서, 정성적 결함나무를 작성한 후, 정상사상이 발생할 확률을 계산해야 한다.

44 버드의 신연쇄성이론에서 불안전한 상태와 불안전한 행동의 근원적 원인은?

㉮ 작업(Media)
㉯ 작업자(Man)
㉰ 기계(Machine)
㉱ 관리(Management)

> **해설** 버드의 신연쇄성이론
> 직접원인을 제거하는 것만으로도 재해는 일어날 수 있으며, 불안전한 상태와 불안전한 행동의 근원적 원인은 관리(Management)이다.

45 부주의의 발생원인과 이를 없애기 위한 대책의 연결이 옳지 않은 것은?

㉮ 내적원인 – 적성배치
㉯ 정신적 원인 – 주의력 집중 훈련
㉰ 기능 및 작업적 원인 – 안전의식 제고
㉱ 설비 및 환경적 원인 – 표준작업 제도의 도입

> **해설** 부주의 발생원인과 대책
> ① 내적원인 및 대책
> – 소질적 문제: 적성 배치
> – 의식의 우회: 상담(카운슬링)
> – 경험과 미경험: 안전 교육, 훈련

해답 41 ㉯ 42 ㉯ 43 ㉯ 44 ㉱ 45 ㉰

② 정신적 측면에 대한 대책
- 주의력 집중 훈련
- 스트레스 해소 대책
- 안전 의식의 재고
- 작업 의욕의 고취

③ 기능 및 작업 측면의 대책
- 적성 배치
- 안전작업 방법 습득
- 표준작업의 습관화
- 적응력 향상과 작업조건의 개선

④ 설비 및 환경 측면의 대책
- 표준작업 제도의 도입
- 설비 및 작업의 인전화
- 긴급 시 안전대책 수립

46 중복형태를 갖는 2인 1조 작업조의 신뢰도가 0.99 이상이어야 한다면 기계를 조종하는 임무를 수행하기 위해 한 사람이 갖는 신뢰도의 최댓값은 얼마인가?

㉮ 0.99　　㉯ 0.95
㉰ 0.90　　㉱ 0.85

해설 설비의 신뢰도 중 병렬연결

$R_p = 1-(1-R_1)(1-R_2)\cdots(1-R_n)$

$= 1-\prod_{i=1}^{n}(1-R_i) \geq 0.99$

$= (1-R_p)^2 \leq 0.01$

$= 1-R_p \leq 0.1$

$\therefore R_p \geq 0.9$

47 직무 스트레스의 요인 중 자신의 직무에 대한 책임 영역과 직무 목표를 명확하게 인식하지 못할 때 발생하는 요인은?

㉮ 역할 과소　　㉯ 역할갈등
㉰ 역할모호성　　㉱ 역할 과부하

해설 역할모호성(Sphere ambiguity)
개인 간에는 서로 일을 미루는 사태가, 집단 간에는 영역이나 관할권의 분쟁사태가 발생한다. 즉, 누가 무엇에 대해 책임이 있는가를 분명히 이해하지 못할 때 갈등이 발생하기 쉽다.

48 최고 상위에서부터 최하위의 단계에 이르는 모든 직위가 단일 명령권한의 라인으로 연결된 조직형태는?

㉮ 직능식 조직　　㉯ 프로젝트 조직
㉰ 직계식 조직　　㉱ 직계·참모 조직

해설 직계식 조직
최고 상위에서부터 최하위의 단계에 이르는 모든 직위가 단일 명령권한의 라인으로 연결된 조직형태를 말한다.

49 재해의 발생형태에 해당하지 않는 것은?

㉮ 화상　　㉯ 협착
㉰ 추락　　㉱ 폭발

해설 상해의 종류별 분류
화상은 상해의 종류별 분류에 해당한다.

50 주의를 기울여 시선을 집중하는 곳의 정보는 잘 받아들여지지만 주변의 정보는 놓치기 쉽다. 이것은 주의의 어떠한 특성 때문인가?

㉮ 주의의 선택성　　㉯ 주의의 변동성
㉰ 주의의 연속성　　㉱ 주의의 방향성

해답 46 ㉰ 47 ㉰ 48 ㉰ 49 ㉮ 50 ㉱

> **해설** 주의의 특성 중 방향성
> 한 지점에 주의를 하면 다른 곳의 주의는 약해지며, 공간적으로 보면 시선의 초점에 맞았을 때는 쉽게 인지되지만 시선에서 벗어난 부분은 무시되기 쉽다.

51 인간행동에 대한 Rasmussen의 분류에 해당되지 않는 것은?

㉮ 숙련기반 행동(Skill-based behavior)
㉯ 규칙기반 행동(Rule-based behavior)
㉰ 능력기반 행동(Ability-based behavior)
㉱ 지식기반 행동(Knowledge-based behavior)

> **해설** 라스무센의 인간행동 수준의 3단계
> ① 숙련기반 에러(Skill-based error)
> ② 규칙기반 에러(Rule-based error)
> ③ 지식기반 에러(Knowledge-based error)

52 연평균 작업자수가 2,000명인 회사에서 1년에 중상해 1명과 경상해 1명이 발생하였다. 연천인율은 얼마인가?

㉮ 0.5　　㉯ 1
㉰ 2　　㉱ 4

> **해설** 연천인율
> $$연천인율 = \frac{연간사상자수}{연평균근로자수} \times 1,000$$
> $$= \frac{2}{2,000} \times 1,000 = 1$$

53 NIOSH의 직무스트레스 관리모형 중 중재요인(Moderating factors)에 해당하지 않는 것은?

㉮ 개인적 요인
㉯ 조직 외 요인
㉰ 완충작용 요인
㉱ 물리적 환경 요인

> **해설** 중재 요인(Moderating factors)
> ① 개인적 요인　② 조직 외 요인
> ③ 완충작용 요인

54 리더십 이론 중 경로–목표이론에서 리더들이 보여주어야 하는 4가지 행동유형에 속하지 않는 것은?

㉮ 권위적　　㉯ 지시적
㉰ 참여적　　㉱ 성취지향적

> **해설** 경로–목표이론(Path–goal theory)
> 경로–목표이론에서 리더들이 보여주어야 하는 4가지 행동이론은 지시적(Directive), 지원적(Supportive), 참여적(Participative), 성취지향적(Achievement oriented)이다.

55 하인리히의 사고예방 대책의 5가지 기본원리를 순서대로 올바르게 나열한 것은?

㉮ 사실의 발견 → 안전조직 → 분석평가 → 시정책 선정 → 시정책 적용
㉯ 안전조직 → 사실의 발견 → 분석평가 → 시정책 선정 → 시정책 적용
㉰ 안전조직 → 분석평가 → 사실의 발견 → 시정책 선정 → 시정책 적용
㉱ 사실의 발견 → 분석평가 → 안전조직 → 시정책 선정 → 시정책 적용

해답 51 ㉰ 52 ㉯ 53 ㉱ 54 ㉮ 55 ㉯

> **해설** 하인리히의 재해예방 5단계
> ① 제1단계: 조직
> ② 제2단계: 사실의 발견
> ③ 제3단계: 평가분석
> ④ 제4단계: 시정책의 선정
> ⑤ 제5단계: 시정책의 적용

56 헤드십(Headship)과 리더십에 대한 설명으로 옳지 않은 것은?

㉮ 헤드십은 부하와의 사회적 간격이 넓다.
㉯ 리더십에서 책임은 리더와 구성원 모두에게 있다.
㉰ 리더십에서 구성원과의 관계는 개인적인 영향에 따른다.
㉱ 헤드십은 권한부여가 구성원으로부터 동의에 의한 것이다.

> **해설** 헤드십과 리더십의 차이
> 헤드십은 권한부여가 위에서 위임되는 반면, 리더십은 밑으로부터 동의에 의한 것이다.

57 제조물책임법령상 제조업자가 제조물에 대해 충분한 설명, 지시, 경고 등 정보를 제공하지 않아 피해가 발생하였다면 이것은 어떤 결함 때문인가?

㉮ 표시상의 결함 ㉯ 제조상의 결함
㉰ 설계상의 결함 ㉱ 고지의무의 결함

> **해설** 표시·경고상의 결함
> 제품의 설계와 제조과정에 아무런 결함이 없다 하더라도 소비자가 사용상의 부주의나 부적당한 사용으로 발생할 위험에 대비하여 적절한 사용 및 취급방법 또는 경고가 포함되어 있지 않을 때에는 표시·경고상의 결함이 된다.

58 인간의 정보처리 과정 측면에서 분류한 휴먼에러(Human error)에 해당하는 것은?

㉮ 생략 오류(Omission error)
㉯ 순서 오류(Sequential error)
㉰ 작위 오류(Commission error)
㉱ 의사결정 오류(Decision making error)

> **해설** 정보처리 과정 측면에서 휴먼에러의 분류
> ① 인지착오(입력) 에러
> ② 판단착오(의사결정) 에러
> ③ 조작(행동) 에러

59 다음 인간의 감각기관 중 신체 반응시간이 빠른 것부터 느린 순서대로 나열된 것은?

㉮ 청각 → 시각 → 미각 → 통각
㉯ 청각 → 미각 → 시각 → 통각
㉰ 시각 → 청각 → 미각 → 통각
㉱ 시각 → 미각 → 청각 → 통각

> **해설** 감각기관별 반응시간
> ① 청각: 0.17초 ② 촉각: 0.18초
> ③ 시각: 0.20초 ④ 미각: 0.29초
> ⑤ 통각: 0.70초

60 집단 간 갈등의 원인과 가장 거리가 먼 것은?

㉮ 제한된 자원
㉯ 조직구조의 개편
㉰ 집단 간 목표 차이
㉱ 견해와 행동 경향 차이

해답 56 ㉱ 57 ㉮ 58 ㉱ 59 ㉮ 60 ㉯

해설 집단 간 갈등의 원인
집단과 집단 사이에는 작업유동의 상호의존성, 불균형 상태, 역할(영역)모호성, 자원부족으로 인해 갈등이 야기된다.

해설 NLE의 변수
① 부하상수(LC) ② 수평계수(HM)
③ 수직계수(VM) ④ 거리계수(DM)
⑤ 비대칭계수(AM) ⑥ 빈도계수(FM)
⑦ 결합계수(CM)

PART IV | 근골격계질환 예방을 위한 작업관리

61 적절한 입식작업대 높이에 대한 설명으로 옳은 것은?

㉮ 일반적으로 어깨 높이를 기준으로 한다.
㉯ 작업자의 체격에 따라 작업대의 높이가 조정 가능하도록 하는 것이 좋다.
㉰ 미세부품 조립과 같은 섬세한 작업일수록 작업대의 높이는 낮아야 한다.
㉱ 일반적인 조립라인이나 기계 작업 시에는 팔꿈치 높이보다 5~10 cm 높아야 한다.

해설 입식작업대의 높이
① 작업자의 체격에 따라 팔꿈치높이를 기준으로 하여 작업대높이를 조정해야 한다.
② 미세부품 조립과 같은 섬세한 작업일수록 높아야 한다.
③ 무거운 물건을 다루는 작업은 팔꿈치높이를 10~20 cm 정도 낮게 한다.

62 NIOSH의 들기 작업 지침에서 들기 지수(LI)를 산정하는 식에서 반영되는 변수가 아닌 것은?

㉮ 표면계수 ㉯ 수평계수
㉰ 빈도계수 ㉱ 비대칭계수

63 사람이 행하는 작업을 기본 동작으로 분류하고, 각 기본 동작들은 동작의 성질과 조건에 따라 이미 정해진 기준 시간을 적용하여 전체 작업의 정미시간을 구하는 방법은?

㉮ PTS 법
㉯ Rating 법
㉰ Therblig 분석
㉱ Work Sampling 법

해설 PTS법의 정의
기본동작 요소와 같은 요소동작이나, 또는 운동에 대해서 미리 정해 놓은 일정한 표준요소 시간값을 나타낸 표를 적용하여 개개의 작업을 수행하는데 소요되는 시간값을 합성하여 구하는 방법이다.

64 공정도(Process chart)에 사용되는 기호와 명칭이 잘못 연결된 것은?

㉮ ⇨ : 운반 ㉯ □ : 검사
㉰ ○ : 가공 ㉱ D : 저장

해설 공정기호 중 'D'
D(지체): 원재료, 부품 또는 제품이 가공 또는 검사되는 일이 없이 정지되고 있는 상태이다.

해답 61 ㉯ 62 ㉮ 63 ㉮ 64 ㉱

65 다음 근골격계질환의 발생원인 중 작업요인이 아닌 것은?

㉮ 작업강도　　㉯ 작업자세
㉰ 직무만족도　　㉱ 작업의 반복도

> **해설** 작업특성 요인
> ① 반복성
> ② 부자연스런 또는 취하기 어려운 자세
> ③ 과도한 힘
> ④ 접촉 스트레스
> ⑤ 진동
> ⑥ 온도, 조명 등 기타요인

66 산업안전보건법령상 근골격계 부담작업의 유해요인조사를 해야 하는 상황이 아닌 것은?

㉮ 법에 따른 건강진단 등에서 근골격계 질환자가 발생한 경우
㉯ 근골격계 부담작업에 해당하는 기존의 동일한 설비가 도입된 경우
㉰ 근골격계 부담작업에 해당하는 업무의 양과 작업공정 등 작업환경이 바뀐 경우
㉱ 작업자가 근골격계질환으로 관련 법령에 따라 업무상 질환으로 인정받는 경우

> **해설** 유해요인조사 실시 법적사항
> ① 법에 의한 임시건강진단 등에서 근골격계질환자가 발생하였거나 작업자가 근골격계질환으로 요양결정을 받은 경우
> ② 근골격계 부담작업에 해당하는 새로운 작업·설비를 도입한 경우
> ③ 근골격계 부담작업에 해당하는 업무의 양과 작업공정 등 작업환경을 변경한 경우

67 근골격계질환 예방·관리프로그램 실행을 위한 보건관리자의 역할로 볼 수 없는 것은?

㉮ 사업장 특성에 맞게 근골격계질환의 예방·관리 추진팀을 구성한다.
㉯ 주기적으로 작업장을 순회하여 근골격계질환 유발공정 및 작업유해요인을 파악한다.
㉰ 주기적인 작업자 면담을 통하여 근골격계질환 증상호소자를 조기에 발견할 수 있도록 노력한다.
㉱ 7일 이상 지속되는 증상을 가진 작업자가 있을 경우 지속적인 관찰, 전문의 진단의뢰 등의 필요한 조치를 한다.

> **해설** 보건관리자의 역할
> ① 주기적으로 작업장을 순회하여 근골격계질환을 유발하는 작업공정 및 작업유해 요인을 파악한다.
> ② 주기적인 작업자 면담을 통하여 근골격계질환 증상호소자를 조기에 발견하는 일을 한다.
> ③ 7일 이상 지속되는 증상을 가진 작업자가 있을 경우 지속적인 관찰, 전문의 진단의뢰 등의 필요한 조치를 한다.
> ④ 근골격계질환자를 주기적으로 면담하여 가능한 조기에 작업장에 복귀할 수 있도록 도움을 준다.

68 작업자-기계 작업 분석 시 작업자와 기계의 동시작업 시간이 1.8분, 기계와 독립적인 작업자의 활동시간이 2.5분, 기계만의 가동시간이 4.0분일 때, 동시성을 달성하기 위한 이론적 기계 대수는 약 얼마인가?

㉮ 0.28　　㉯ 0.74
㉰ 1.35　　㉱ 3.61

해답 65 ㉰ 66 ㉯ 67 ㉮ 68 ㉰

해설 이론적 기계 대수

이론적 기계 대수$(n)=\frac{a+t}{a+b}$

여기서, a: 작업자와 기계의 동시작업시간

b: 독립적인 작업자 활동시간

t: 기계가동시간

$\therefore n=\frac{1.8+4}{1.8+2.5}=1.35$

69 문제해결 절차에 관한 설명으로 옳지 않은 것은?

㉮ 작업방법의 분석 시에는 공정도나 시간차트, 흐름도 등을 사용한다.

㉯ 선정된 개선안은 작업자나 관련 부서의 이해와 협조 과정을 거쳐 시행하도록 한다.

㉰ 개선절차는 "연구대상선정 → 현 작업방법 분석 → 분석 자료의 검토 → 개선안 선정 → 개선안 도입" 순으로 이루어진다.

㉱ 개선 분석 시 5W1H의 What은 작업순서의 변경, Where, When, Who는 작업의 자체의 제거, How는 작업의 결합 분석을 의미한다.

해설 5W1H 질문목적

① What: 작업자체의 제거

② Where, When, Who: 작업의 결합과 작업순서의 변경

③ How: 작업의 단순화

70 동작경제(Motion economy)의 원칙에 해당하지 않는 것은?

㉮ 가능한 기본동작의 수를 많이 늘린다.

㉯ 공구의 기능을 결합하여 사용하도록 한다.

㉰ 두 손의 동작은 같이 시작하고 같이 끝나도록 한다.

㉱ 공구, 재료 및 제어 장치는 사용 위치에 가까이 두도록 한다.

해설 동작경제의 원칙

① 신체의 사용에 관한 원칙

- 양손은 동시에 동작을 시작하고, 또 끝마쳐야 한다.
- 휴식시간 이외에 양손이 동시에 노는 시간이 있어서는 안된다.

② 작업역의 배치에 관한 원칙

- 공구와 재료는 작업이 용이하도록 작업자의 주위에 있어야 한다.
- 모든 공구와 재료는 일정한 위치에 정돈되어야 한다.

③ 공구 및 설비의 설계에 관한 원칙

- 공구류는 될 수 있는 대로 두 가지 이상의 기능을 조합한 것을 사용하여야 한다.
- 각종 손잡이는 손에 가장 알맞게 고안함으로써 피로를 감소시킬 수 있다.

71 산업안전보건법령상 사업주가 근골격계 부담작업 종사자에게 반드시 주지시켜야 하는 내용에 해당되지 않는 것은?

㉮ 근골격계 부담작업의 유해요인

㉯ 근골격계질환의 요양 및 보상

㉰ 근골격계질환의 징후 및 증상

㉱ 근골격계질환 발생 시의 대처 요령

해답 69 ㉱ 70 ㉮ 71 ㉯

> **해설** 작업자교육 내용
> ① 근골격계 부담작업에서의 유해요인
> ② 작업도구와 장비 등 작업시설의 올바른 사용 방법
> ③ 근골격계질환의 증상과 징후 식별방법 및 보고 방법
> ④ 근골격계질환 발생 시 대처요령

72 평균 관측시간이 0.9분, 레이팅 계수가 120%, 여유시간이 하루 8시간 근무시간 중에 28분으로 설정되었다면 표준 시간은 약 몇 분인가?

㉮ 0.926 ㉯ 1.080
㉰ 1.147 ㉱ 1.151

> **해설** 내경법에 의한 표준시간(여유율을 근무시간에 대한 비율로 사용)
> ① 정미시간
> $$= \text{관측시간의 대푯값} \times \frac{\text{레이팅 계수}}{100}$$
> $$= 0.9 \times \frac{120}{100} = 1.08$$
> ② 여유율
> $$= \frac{\text{여유시간}}{\text{실동시간}} \times 100$$
> $$= \frac{28}{60 \times 8} \times 100 \fallingdotseq 5.8\%$$
> ③ 표준시간
> $$= \text{정미시간} \times \left(\frac{1}{1-\text{여유율}}\right)$$
> $$= 1.08 \times \frac{1}{1-0.058} \fallingdotseq 1.147$$

73 손과 손목 부위에 발생하는 작업관련성 근골격계질환이 아닌 것은?

㉮ 방아쇠 손가락(Trigger finger)
㉯ 외상과염(Lateral epicondylitis)
㉰ 가이언 증후군(Canal of guyon)
㉱ 수근관 증후군(Carpal tunnel syndrome)

> **해설** 외상과염
> 팔과 팔목 부위의 근골격계질환이며, 팔꿈치 부위의 인대에 염증이 생김으로써 발생하는 증상이다.

74 근골격계질환 예방을 위한 바람직한 관리적 개선 방안으로 볼 수 없는 것은?

㉮ 규칙적이고 적절한 휴식을 통하여 피로의 누적을 예방한다.
㉯ 작업 확대를 통하여 한 작업자가 할 수 있는 일의 다양성을 넓힌다.
㉰ 전문적인 스트레칭과 체조 등을 교육하고 작업 중 수시로 실시하도록 유도한다.
㉱ 중량물 운반 등 특정 작업에 적합한 작업자를 선별하여 상대적 위험도를 경감시킨다.

> **해설** 유해요인의 개선방법 중 관리적 개선
> ① 작업의 다양성 제공
> ② 작업일정 및 작업속도 조절
> ③ 회복시간 제공
> ④ 작업습관 변화
> ⑤ 작업 공간, 공구 및 장비의 정기적인 청소 및 유지보수
> ⑥ 운동체조 강화

해답 72 ㉰ 73 ㉯ 74 ㉱

75 상완, 전완, 손목을 그룹 A로 목, 상체, 다리를 그룹 B로 나누어 측정, 평가하는 유해요인의 평가기법은?

㉮ RULA(Rapid Upper Limb Assessment)
㉯ REBA(Rapid Entire Body Assessment)
㉰ OWAS(Ovako Working Posture Analysis System)
㉱ NIOSH 들기작업지침(Revised NIOSH Lifting Equation)

해설 RULA(Rapid Upper Limb Assessment)
어깨, 팔목, 손목, 목 등 상지(Upper limb)에 초점을 맞추어서 작업자세로 인한 작업부하를 쉽고 빠르게 평가하기 위해 만들어진 기법이다.

76 서블릭(Therblig) 기호의 심볼과 영문이 잘못된 것은?

㉮ ➡ : TL
㉯ ╫ : DA
㉰ ⦶ : Sh
㉱ ∩ : H

해설 서블릭 기호(Therblig symbols)
① ➡ : 선택(St)
② ╫ : 분해(DA)
③ ⦶ : 찾음(Sh)
④ ∩ : 잡고 있기(H)
⑤ ◡ : 운반(TL)

77 다음 중 수행도 평가기법이 아닌 것은?

㉮ 속도 평가법
㉯ 합성 평가법
㉰ 평준화 평가법
㉱ 사이클 그래프 평가법

해설 수행도 평가기법
① 속도 평가법
② 웨스팅하우스 시스템
③ 객관적 평가법
④ 합성 평가법

78 파레토 원칙(Pareto principle : 80-20 원칙)에 대한 설명으로 옳은 것은?

㉮ 20%의 항목이 전체의 80%를 차지한다.
㉯ 40%의 항목이 전체의 60%를 차지한다.
㉰ 60%의 항목이 전체의 40%를 차지한다.
㉱ 80%의 항목이 전체의 20%를 차지한다.

해설 파레토 분석(Pareto analysis)
20%의 항목이 전체의 80%를 차지한다는 의미이며, 불량이나 사고의 원인이 되는 중요한 항목을 찾아내는 데 사용된다.

해답 75 ㉮ 76 ㉮ 77 ㉱ 78 ㉮

79 다음 중 간헐적으로 랜덤한 시점에 연구대상을 순간적으로 관측하여 관측기간 동안 나타난 항목별로 차지하는 비율을 추정하는 방법은?

㉮ Work Factor 법
㉯ Work-Sampling 법
㉰ PTS(Predetermined Time Standards) 법
㉱ MTM(Methods Time Measurement) 법

> **해설** 워크샘플링(Work-Sampling)
> 통계적 수법(확률의 법칙)을 이용하여 관측대상을 랜덤으로 선정한 시점에서 작업자나 기계의 가동상태를 스톱워치 없이 순간적으로 목시관측하여 그 상황을 추정하는 방법이다.

80 ECRS의 4원칙에 해당되지 않는 것은?

㉮ Eliminate: 꼭 필요한가?
㉯ Simplify: 단순화할 수 있는가?
㉰ Control: 작업을 통제할 수 있는가?
㉱ Rearrange: 작업순서를 바꾸면 효율적인가?

> **해설** ECRS 원칙
> ① 제거(Eliminate): 이 작업은 꼭 필요한가?, 제거할 수 없는가?
> ② 결합(Combine): 이 작업을 다른 작업과 결합시키면 더 나은 결과가 생길 것인가?
> ③ 재배열(Rearrange): 이 작업의 순서를 바꾸면 좀 더 효율적이지 않을까?
> ④ 단순화(Simplify): 이 작업을 좀 더 단순화 할 수 있지 않을까?

해답 79 ㉯ 80 ㉰

찾아보기

ㅇ

ㅈ

기타

집필진 소개

감수: 김유창 공학박사/인간공학기술사

동의대학교 인간·시스템디자인공학 교수

대한인간공학회 회장 역임

한국인간공학기술사회 회장

원자력환경공단 비상임 이사

부산광역시 안전위원회 위원

안전보건공단 자문위원

대통령소속 국가지식재산위원회 위원 역임

한국안전학회 편집위원 역임

한국소비자안전학회 이사 역임

한국근로복지공단 자문위원 역임

편저자: 세이프티넷 인간공학기사/기술사 연구회
(http://cafe.naver.com/safetynet)

도움을 주신 분들

공찬식	박경환	이준팔
곽희제	배창호	이현재
고명혁	배황빈	장은준
김나현	서대교	정현욱
김대수	신동욱	최성욱
김대식	신용석	최원식
김재훈	안대은	최은진
김창제	안욱태	홍석민
김효수	이병호	홍창우
류병욱	이상호